D1730505

# RIETSCHEL

## Raumklimatechnik
## Band 3: Raumheiztechnik

RIETSCHEL

# Raumklimatechnik

## Band 3: Raumheiztechnik

Herausgegeben von Klaus Fitzner

16., völlig überarbeitete
und wesentlich erweiterte Auflage
mit 450 Abbildungen und 63 Tabellen

 Springer

Professor a.D. Dr.-Ing. Klaus Fitzner
Hermann-Rietschel-Institut
FG Heizungs- und Raumlufttechnik
Technische Universität Berlin
Marchstr. 4
10587 Berlin
klaus.fitzner@tu-berlin.de

Ursprünglich erschienen in 2 Bänden unter dem Titel:
Rietschel/Raiß, Heiz- und Klimatechnik,
erster Band: Grundlagen, Systeme, Ausführung
zweiter Band: Verfahren und Unterlagen zur Berechnung

ISBN 3-540-57180-9  Springer Berlin Heidelberg New York

Bibliografische Information der Deutschen Bibliothek

Die Deutsche Bibliothek verzeichnet diese Publikation in der Deutschen Nationalbibliografie;
detaillierte bibliografische Daten sind im Internet über http://dnb.ddb.de abrufbar.

Springer. Ein Unternehmen von Springer Science+Business Media
springer.de

© Springer-Verlag Berlin Heidelberg 2005
Printed in Germany

Satz: medionet AG, Berlin
Einbandgestaltung: Struve & Partner, Heidelberg
Gedruckt auf säurefreiem Papier     68/3020/m – 5 4 3 2 1 0

# Vorwort zu Band 3: „*Raumheiztechnik*"

Der *Rietschel*, erstmals 1893 von Hermann Rietschel als *Leitfaden zum Berechnen und Entwerfen von Lüftungs- und Heizungsanlagen* herausgegeben, erschien zuletzt als eine komplette Ausgabe 1968/70 in zwei Bänden als 15. Auflage in der Bearbeitung von Wilhelm Raiß.

Mein Vorgänger am Hermann-Rietschel-Institut für Heizungs- und Klimatechnik, Horst Esdorn, hat begonnen, unter dem übergreifenden Thema *Raumklimatechnik* die Themen Heizungs-, Lüftungs- und Klimatechnik zu vereinen und das Gesamtwerk völlig neu zu konzipieren. Das Gesamtwerk in der 16. Auflage sollte nun aus vier Einzelbänden bestehen:

Band 1: Grundlagen
Band 2: Raumluft- und Raumkühltechnik
Band 3: Raumheiztechnik
Band 4: Physik des Gebäudes

Band 1 ist 1994 erschienen. Die anderen Bände sollten in kurzer Folge danach erscheinen. Esdorn schreibt allerdings in seinem Vorwort zum Gesamtwerk „Tragender Gedanke bei dieser neuen Struktur war auch, dass der Ingenieur der Raumlufttechnik für seine Arbeit kein weiteres Buch benötigen soll, wie eingehend er sich auch mit den Problemen unseres Faches beschäftigen möge."

Esdorn hat diesen Wunsch in der Gliederung der ersten drei Bände, in der Auswahl der Autoren und in der Betreuung der Manuskripte weit vorangebracht, aber es sind inzwischen schon wieder zehn Jahre vergangen, bis nun Band 3 erscheint. Ein Grund für diese Verzögerung dürfte der oben genannte „tragende Gedanke" gewesen sein, der das Buch sehr umfangreich werden ließ.

Der „tragende Gedanke" hätte sich in früheren Zeiten vielleicht im gewünschten Zeitrahmen umsetzen lassen. Die früheren Auflagen wurden von Ordinarien herausgegeben. Ordinarien hatten früher Mitarbeiter in ihrer Umgebung, die sie zur Unterstützung beim Schreiben von Büchern bewegen konnten. Jetzt müssen Fachleute aus der Branche gewonnen werden, denen nur bedingt Vorgaben für ihre Arbeit gemacht werden können, in Form der Vorgabe einer Gliederung und Umschreibung des Gebietes. Termine können kaum gesetzt werden.

Vor vier Jahren hat Esdorn die Aufgabe des Herausgebers an mich weitergegeben. Ich respektiere das hohe Ziel des umfangreichen Gesamtwerkes, zumal ich selbst als Autor einiger Kapitel in Band 2 versucht habe, die Idee umzusetzen. Ich glaube allerdings nicht, dass man heute noch das Ziel, ein so umfassendes Werk zu schreiben, so verwirklichen kann, dass auf unserem Gebiet Tätige in diesem Fachgebiet kein weiteres Buch für ihre Arbeit benötigten. Trotzdem soll an dieser Utopie so gut wie möglich festgehalten werden. Auch die Gliederung und die Auswahl der Autoren von Esdorn habe ich beibehalten. Die Einführung neuer Ideen hätte weiteren Zeitverzug bedeutet. Gestandene Fachleute, selbst Professoren, sind heute in ihrem Beruf so stark eingebunden, dass die umfassende Darstellung ihrer Kenntnisse, als eine ehrenhafte Nebenbeschäftigung, in angemessener Zeit kaum möglich ist.

Der Leser wird für die weit später als geplante Herausgabe dieses 3. Bandes und der noch später folgenden Bände 2 und 4 um Entschuldigung gebeten.

Dieser dritte Band greift vor allem im Beitrag von Bach eine Idee auf, die für viele Ingenieure neu ist. Ingenieure pflegen häufig, den Blick aufs technisch Notwendige zu beschränken. Sie erwarten entsprechend klare Vorgaben für ihre Arbeit und ärgern sich, dass sie die nicht bekommen, statt sie zum Teil ihrer Aufgabe zu machen. Die Vorgaben sind selbst das Ergebnis eines langen Besinnungsprozesses zwischen dem Bauherren, dem Nutzer, dem Architekten und dem Ingenieur. Häufig wird dieser Prozess nicht klar und deutlich durchgemacht, weil er entweder als selbstverständlich oder als überflüssig betrachtet wird. Es gibt dann große Überraschungen, während des Anlagenbaus oder manchmal, was viel schlimmer ist, erst nach der Inbetriebnahme. Es ist unglaublich, aber große Bauvorhaben werden häufig immer noch begonnen, ohne klare Vorgaben für das eigentliche Ziel. Bauherr und Ausführende haben vollkommen verschiedene Vorstellungen und bemühen zur Klärung später die Gerichte.

Bach versucht diesen Besinnungsprozess quantifizierbar zu machen, indem er Beurteilungskriterien für die Beteiligten definiert, die dann im Rahmen einer Wertanalyse abgearbeitet werden können. Das mag für viele Ingenieure zunächst fremd wirken, ist es aber wert, bedacht zu werden.

Deshalb nimmt das Kapitel A *Aufgaben, Anforderungen, Anlagenfunktionen* einen großen Anteil von Bachs Beitrag ein. Aber es tauchen auch für den Heizungsingenieur verhältnismäßig neue Begriffe in den folgenden Abschnitten auf, wie Nutzen oder Nutzenübergabe, die eine neue Durchdringung des Themas ermöglichen. Es bleibt aber auch genug zu lesen für alle, die diesen Teil überspringen wollen.

Obwohl das Thema Trinkwassererwärmung den Rahmen der Raumklimatechnik sprengt, wurde es doch mit aufgenommen, weil die Heizkessel diese Aufgabe mit erledigen und mit abnehmendem Heizwärmebedarf sogar zur bestimmenden Größe für die Kesselleistung werden.

Die Themen Regelung, Wasseraufbereitung und Technische Akustik wurden in ihren Grundlagen schon in Band 1 behandelt. Sie werden hier so weit es speziell für den Bereich der Heizungstechnik erforderlich ist, weiter vertieft. Baumgarth und Schernus haben in Abschnitt I *Regelung, Steuerung und Überwachung* bearbeitet.

Höhenberger, der schon in Band 1 die Wasserchemie behandelt hat, bringt in Abschnitt K *Wasserbehandlung in Systemen mit erwärmtem Brauch- oder Trinkwasser, sowie Dampferzeugungs- und Wasserheizanlagen* die notwendigen Ergänzungen für Heizungsanlagen.

Schaffert fasst die Aspekte, die der Praktiker im Hinblick auf Schall- und Schwingungsdämpfung in Heizanlagen zu beachten hat, in Kapitel L zusammen.

Es bleibt auch bei diesem Band die ursprüngliche Absicht bestehen, dass sich dieses Buch sowohl an Studenten, als auch an die in diesem Fach tätigen Ingenieure oder Techniker wendet, die zur Lösung anspruchsvoller Aufgaben in der Lage sein wollen.

Berlin im Juni 2004                                                         *Klaus Fitzner*

# Autorenverzeichnis

BACH, HEINZ, ORD. PROF. DR.-ING. (I.R.)
IKE, Lehrstuhl für Heiz- und Raumlufttechnik, Universität Stuttgart,
Pfaffenwaldring 35, 70550 Stuttgart

BAUMGARTH, SIEGFRIED, PROF. DR.-ING.
Vereidigter Sachverständiger
Homburgstraße 31, 38116 Braunschweig

HÖHENBERGER, LUDWIG, DIPL.-ING.
TÜV Süddeutschland, Bau und Betrieb
Westendstraße 199, 80686 München

SCHAFFERT, EDELBERT, DR.-ING.
BeSB GmbH, Schalltechnisches Büro,
Undinestraße 43, 12203 Berlin

SCHERNUS, GEORG-PETER, PROF. DR.-ING.
Labor für Elektrotechnik, Fachhochschule Braunschweig/Wolfenbüttel,
Institut für Verbrennungstechnik und Prozessautomation,
Salzdahlumer Straße 46–48, 38302 Wolfenbüttel

# Inhaltsverzeichnis

# A Aufgaben, Anforderungen, Anlagenfunktionen

Heinz Bach

## A1
## Einleitung

Über Heiztechnik hat jedermann Erfahrung. Und da jeder in einem beheizten Haus es einmal zu kalt oder zu warm gefunden hat, die Luft ihm zu trocken oder zu schlecht vorgekommen ist, die Heizung unbequem zu betreiben war und überhaupt die Heizkosten zu hoch waren, hat nahezu jeder eine Vorstellung davon (oder gar eine „Theorie"), wie man besser heizen könnte.

Durch die Begrenztheit der finanziellen Mittel und der Gelegenheiten werden die wenigsten Vorstellungen in der Wirklichkeit erprobt. So stehen die Fachleute mit all ihren Erfahrungen vor einem Überangebot an häufig nicht genügend überdachte „Theorien" (Vorurteilen) über eine bessere Heizung. Damit soll keinesfalls die Vorstellung geweckt werden, dass die realisierten Heizanlagen, die die technischen Grundanforderungen erfüllen und dem Gebäude genügend Heizwärme zuführen, bereits außerhalb jeglicher Kritik stünden. Die Fachleute haben mithin ein Doppelproblem zu lösen: Es ist nicht nur zu klären, welche Anlagenart die jeweils günstigste ist, und diese fachgerecht zu bauen, es muss auch die Überlegenheit des gewählten Konzepts gegenüber anderen Vorstellungen begründbar sein.

Es kann daher nicht Ziel eines Buches über die Heiztechnik sein, lediglich alle bekannten Techniken und die Berechnungsgrundlagen hierzu, also das Sachwissen, wiederzugeben. Ziel ist vielmehr, dem Heizungsmeister oder planenden Ingenieur und allen ihren Gesprächspartnern – dem Architekten oder Auftraggeber, bei großen Bauten auch dem ausführenden Ingenieur und Betriebsingenieur – neben dem Sachwissen zusätzlich die *Methode* zu vermitteln, wie eine Raumheizung für einen *vorliegenden Fall* zu konzipieren und zu planen ist. Die *Methode* soll nicht nur angeben, in welcher Reihenfolge zweckmäßigerweise die einzelnen Schritte zur Planung oder Entwicklung einer Anlage zu gehen sind, sie soll auch Auswahl- und Bewertungsverfahren beinhalten, mit denen die Richtung zu einem Optimum zu finden und zu begründen ist.

Der jeweils *vorliegende* Fall ist beschrieben durch seine *Randbedingungen* und die *Anforderungen* des Architekten oder Auftraggebers. Verdeutlicht an einem Beispiel: Bei einem Bürogebäude in einem Vorort einer Großstadt, mögen

*Randbedingungen* vorliegen wie das örtliche Außenklima mit vernachlässigbar geringen Schadstoffbelastungen, eine Fassadengestaltung, mit der sich äußere thermische Lasten durch Sonneneinstrahlung begrenzen lassen, und geringe innere Stofflasten wie Gerüche und Ausdünstungen; die vorgegebenen *Anforderungen* sind im Unterschied zu den Randbedingungen durch eine Fachberatung zu beeinflussen und nicht unabänderlich: Betriebsabläufe wie Heiz- und Absenkzeiten, Raumbelegung, Nutzungszonen, Umweltschutzwünsche usw. Auf der Basis seines Sachwissens leitet der hier angesprochene Fachmann aus den Randbedingungen und Anforderungen, also den Vorgaben, die zugehörigen *Funktionen* der Raumheizung ab; d.h., er formuliert die technischen Eigenschaften der zu konzipierenden Anlage, die *bewirken*, dass die Vorgaben eingehalten werden. Im vorgestellten Beispiel mit den speziellen Randbedingungen und Anforderungen ergäbe sich als Hauptfunktion das Heizen; die Räume oder die Raumluft zu kühlen oder sonst wie zu behandeln, ist hier nicht erforderlich, also damit auch keine raumlufttechnische Anlage (Band 2).

Die Funktionen, die eine anforderungsgerechte Heizanlage im einzelnen aufzuweisen hat, sind erst herzuleiten, wenn man die verschiedenen Vorgänge in einem Raum, der in der Wintersituation Wärme verliert, kennt. Wärmeverluste treten im wesentlichen an den Umfassungsflächen des Raums auf, die nach außen gerichtet sind; das sind vor allem die Fenster und in einem deutlich geringeren Maß die Außenwände und gegebenenfalls der Fußboden oder die Decke. Aber auch an den inneren Umfassungsflächen können Verluste auftreten, wenn diese an kältere Räume angrenzen. Verluste entstehen auch durch Infiltration von Außenluft durch allfällige Undichtigkeiten – ebenfalls insbesondere am Fenster – und durch bewusst herbeigeführte Lüftung. Auf Grund dessen, dass Wärme durch die erwähnten Umfassungsflächen abströmt (Transmission), erhalten sie auf ihrer Innenseite eine Temperatur unter der in dem Raum angestrebten mittleren Temperatur. Der größte Temperaturunterschied ist dabei am Fenster festzustellen. Nicht übersehen werden darf, dass auch die Innenumfassungsflächen, die nicht einer Transmission ausgesetzt sind, kälter als die Raumluft sein können, weil sie zu den kälteren Außenflächen abstrahlen. Auch an ihnen fällt – wenn auch nicht so ausgeprägt – abgekühlte Luft ab. Auf zweifache Weise können die kälteren Umfassungsflächen auf eine Person im Raum störend wirken, also ein Behaglichkeitsdefizit hervorrufen (Bild A-1):

- Einerseits wird die Abstrahlung einer Person einseitig verstärkt (im folgenden Strahlungsdefizit genannt),
- andererseits entsteht aufgrund der Thermik ein Fallluftstrom, durch den Kaltluft über dem Boden in den Raum fließt.

Der Begriff „Behaglichkeitsdefizit" wird eingeführt, um in Eingrenzung der umfassenden Beschreibung des Behaglichkeitsproblems (siehe Band 1, Teil C) allein die physikalisch messbaren Umgebungsbedingungen einer Person im Raum für die Gestaltung und Bewertung eines Heizsystems vereinfacht identifizieren und quantifizieren zu können. *Als Defizit wird der Unterschied zwi-*

**Bild A-1** Strahlungsdefizit und Fallluftströmung an „kalten" Flächen nach Bauer [A-1] und VDI 6030 [A-9]

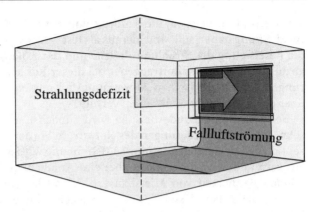

schen dem Zustand einer vorliegenden Umgebung zu dem als behaglich definierten Zustand einer angestrebten Umgebung angesehen.

Je nach dem, *wie* ein Raum beheizt wird, oder anders ausgedrückt, über welche *Funktionen* ein Heizsystem verfügt, lassen sich gezielt durch eine zweckmäßige Auswahl, Anordnung und Auslegung der Raumheizflächen für eine bestimmte Raumzone ein Strahlungsdefizit kompensieren und zusätzlich Fallluftströme abfangen, also die Behaglichkeitsdefizite beseitigen. Ein derartiges Heizsystem verfügt über die Hauptfunktion hinaus, lediglich den Raum zu beheizen – also nur die erforderliche Heizleistung dem Raum zuzuführen –, zusätzlich über diese weiteren Funktionen. Es wird empfohlen, dieses „Wie" in einem Pflichtenheft durch konkrete Vorgabe der Funktionen für eine bestimmte *Anforderungszone* (s. Bild A-2), in der die entsprechenden Eigenschaften wirksam sein sollen, festzulegen.

Wenn bei dem eingangs gebrachten Beispiel mit dem Bürogebäude die vom Auftraggeber vorgegebene Anforderung besteht, die Räume bis dicht an die

**Bild A-2** Grenzflächen der maximalen Anforderungszone (Beispiel für einen Raum mit einer Umfassungsfläche) nach VDI 6030 [A-9]

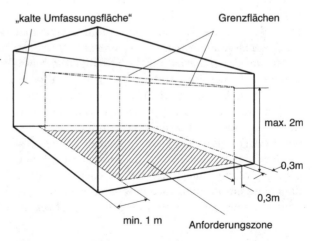

Fensterfront zu belegen, die Anforderungszone im Raum also eine maximale Ausdehnung haben soll, sind hieraus als fest geforderte Funktionen der Heizung die Beseitigung des Strahlungsdefizits und das Abfangen der Fallluftströmung abzuleiten. Bleibt der Auftraggeber bei dieser Konkretisierung seiner Anforderungen, kommt für seinen Anwendungsfall nur ein Heizsystem in Frage, das über die geforderten Funktionen verfügt.

Bei dem Bürogebäude-Beispiel wird zunächst selbstverständlich vorausgesetzt, dass die Anforderungen des Nutzers im Vordergrund stehen und die Konzeption der Heizanlage bestimmen. Sehr häufig wird aber von anderen Personen aus ganz anderen Blickwinkeln über eine Anlagenkonzeption entschieden. Dies können Bauherren von Mietshäusern, Hersteller von Heizungskomponenten (Öfen, Heizkörper, Kessel u.ä) oder die Anlagenbauer sein, die in scharfer Konkurrenz um einen Auftrag kämpfen. Jeder besitzt eine andere Wertvorstellung – der eine sieht nur die Kosten, der andere auch oder nur den Komfort. In jedem einzelnen Fall muss geklärt werden, aus wessen Sicht eine Bewertung vorgenommen wird, d.h. wer die Prioritäten setzt. Dabei ist der allgemeine Entwicklungsstand der Gebäudetechnik im Auge zu behalten.

In jedem Fall aber bestehen heute wenigstens für Wohn- oder Bürogebäude hohe Erwartungen in Hinblick auf Behaglichkeit, Bedienungskomfort und Sparsamkeit gegenüber der Heiztechnik. Es wird auch allgemein erwartet, dass eine Heizanlage über viele Jahre hinweg störungsfrei läuft und dabei alle Nutzererwartungen erfüllt. Dies setzt eine ganzheitliche Betrachtungsweise voraus sowohl in Hinblick auf die verschiedenen Interessen der am Entscheidungsprozess für die Anlage Beteiligten als auch in zeitlicher Hinsicht von der Inbetriebnahme über die Wartung, die Instandsetzung bis zur Anlagenerneuerung. Inhalt der ganzheitlichen Betrachtungsweise ist zunächst, gemeinsam festzulegen, wessen Wertevorstellungen Priorität besitzen. Erst danach lassen sich rational die Bedürfnisse des Bauherrn und Nutzers objektivieren und konkretisieren. Damit ist der Weg für eine optimierende Anlagengestaltung vorgegeben. Aber zugleich ausgesagt, dass unvermeidlich neben dem Optimalkonzept andere technisch ebenfalls denkbare Konzeptionen – unter Umständen vorgebracht durch Vorurteile – als weniger vorteilhaft oder gar falsch aus dem Entscheidungsprozess ausscheiden.

Mit der Ausrichtung auf die jeweiligen, d.h. objektbezogenen Erwartungen und Bedürfnisse eines Auftraggebers, ist die allgemeine Aussage verknüpft, dass es eine an sich und für *alle Anwendungsfälle optimale Heizanlage* nicht gibt. Im Idealfall gilt eine Heizanlage dann als optimal, wenn diese Anlage alle Sollfunktionen aufweist, die für die Randbedingungen erforderlich sind und die sich aus den Erwartungen und Bedürfnissen des Nutzers ableiten lassen. Eine derartige Gesamtzielvorgabe setzt die Vorstellung voraus, dass eine Heizanlage *mehr als eine* Aufgabe zu erfüllen hat, in jedem Fall mehrere Funktionen besitzt, und dass diese Funktionen auch bewertbar sein müssen, d.h. dass dazu Kriterien für Beurteilungen und Entscheidungen einzuführen sind.

Eine Übersicht über denkbare Sollfunktionen von Heizanlagen und die Einführung eines Verfahrens zur Bewertung der verschiedenen Heizsysteme z.B. nach den Regeln der Wertanalyse [A-2] liefert zunächst eine allgemeingültige Ordnungsstruktur für die Heiztechnik, dann aber auch ein Vorgehensmodell, mit dem man zum objektbezogen optimalen Konzept gelangt, und eine Methode, mit der sich unterschiedliche Varianten von Anlagenkonzepten oder einzelnen Komponenten miteinander vergleichen lassen.

## A2
## Wertanalyse in der Heiztechnik

Raiß leitet die fünfzehnte Auflage des Rietschelschen Lehrbuchs [A-3] so ein:

> *„Aufgabe der heiz- und klimatechnischen Einrichtungen ist es, in Aufenthalts- und Arbeitsräumen ein durch die Nutzung bedingtes Raumklima zu schaffen, unabhängig von der Witterung und von den Vorgängen im Gebäudeinneren."*

Hier ist in einer zweifelsfrei zeitlosen Formulierung eine Hauptfunktion[1] der „heiz- und klimatechnischen Einrichtungen" angegeben: „Raumklima schaffen".

Heute möchte der moderne Mensch in seiner Wohn- oder Arbeitsumgebung es nicht nur behaglich haben, er stellt wesentlich mehr Anforderungen, an die zur Zeit der Herausgabe des Rietschelschen Lehrbuchs bestenfalls ein verantwortlich eingestellter Ingenieur gedacht hätte: Er möchte z.B. möglichst wenig Energie verbrauchen und auch die Umwelt wenig belasten. Hinzu kommen weitere Anforderungen, wie sie die Komfortentwicklung mit sich bringt. Weiterhin haben sich seitdem die Randbedingungen verändert: Der Gesetzgeber hat z.B. in kurzer Zeitabfolge mehrere den Heizenergiebedarf senkende Wärmeschutzverordnungen erlassen. Aus alledem sind weitere Funktionen der Heizanlagen abzuleiten, wie z.B. „Anlagen-Energiebedarf minimieren" oder „Umweltbelastung minimieren". Sicher müssen solche anderen Funktionen bei der Konzeption oder vergleichenden Betrachtung von Heizeinrichtungen oder Heizanlagen neben oder zur Präzisierung der Hauptfunktion „Raumklima schaffen" mit beachtet werden. Dies setzt eine mehrere Ziele bündelnde ganzheitliche Vorgehensweise voraus, wie sie z.B. die in anderen Technikdisziplinen angewandte bereits bewährte Wertanalyse [A-2] vorgibt. Eine solche Vorgehensweise erleichtert auch eine flexible Anpassung an veränderte Randbedingungen und an neue Anforderungen durch ein methodisches Auffinden der erforderlichen Anlagenfunktionen.

Angewendet auf die Heiztechnik ist der Zweck der Formulierung von Funktionen:

---

[1] Funktion, wie auch schon in A1 eingeführt, bedeutet eine Eigenschaft, die im Sinne der Anforderungen etwas bewirkt.

- alle wichtigen Eigenschaften einer zu konzipierenden Heizanlage oder ihrer Komponenten möglichst vollständig zu erkennen,
- von einer unreflektiert übernommenen tradierten Vorgehensweise bei der Planung oder von marktgängigen Einrichtungen und Komponenten sich lösen zu können und den Spielraum für Varianten zu finden, also das Ideensuchfeld zu erweitern,
- das erweiterte Suchfeld auch auszunutzen, also die Kreativität zu stimulieren.

Zum Erreichen dieser Ziele sowie zum Erfüllen weiterer Forderungen hat sich in der Wertanalyse eine verbale Funktionenbeschreibung mit jeweils einem Substantiv und einem Verb durchgesetzt, z.B. „Umweltbelastung minimieren". Dies soll auch hier eingehalten werden, um bewusst Abstand zu der Übermacht der Erfahrungen und Vorurteile in der Heiztechnik und damit die nötige Kreativität bei den allfälligen Änderungen der Randbedingungen und Anforderungen zu gewinnen. Bild A-3 gibt eine Übersicht über den Gedankengang bei der Gestaltung einer Anlage von den *Vorgaben* mit den Randbedingungen und Anforderungen über die *Anlageneigenschaften* mit den Funktionen bis zur gewünschten Anlage.

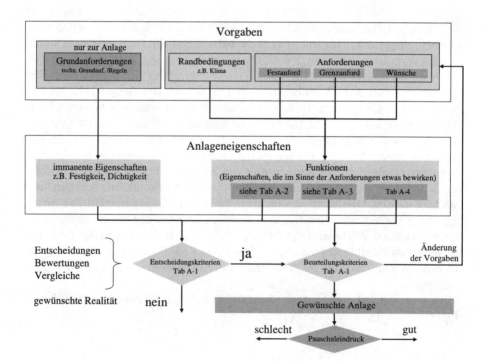

**Bild A-3** Der Gedankengang von den Vorgaben über die Anlageneigenschaften zur gewünschten Anlage

Nun gibt es aber auch wesentliche Anlageneigenschaften, die sich nicht durch Funktionen ausdrücken lassen (siehe Bild A-3). Sie ergeben sich aus technischen Grundanforderungen, die ebenfalls zu den Vorgaben zu zählen sind, und bedingen Eigenschaften wie Druckfestigkeit, Dichtigkeit oder Korrosionsbeständigkeit. Solche unabhängig von einem vorliegenden Vorhaben vorgegebenen Grundanforderungen sind auch Normen, Richtlinien und Verordnungen. Durch sie sind z. B. Anschluss- und Installationsmöglichkeiten oder Dämmstärken für die Rohre vorgeschrieben. Sie sollen „immanente Eigenschaften" genannt werden. Sie sind neben den fest geforderten Funktionen (siehe Bild A-3) als unabdingbar mit zu beachten. (Im Zusammenhang mit Produktentwicklung ist bei der Wertanalyse [A-2] auch von „lösungsbedingenden und lösungsbedingten Vorgaben" die Rede).

Zum Auswählen und Gestalten der relevanten Funktionen einer Heizanlage und zum Bewerten unterschiedlicher Konzepte hierfür sind „*Beurteilungskriterien*" (siehe Bild A-3) erforderlich, die aus Zielvorgaben und allgemeingültigen Regeln, Richtlinien, Gesetzen und Ähnlichem herleitbar sind. Jeder Funktion ist damit ein Beurteilungskriterium zugeordnet. Aussagekraft erhält aber jedes Kriterium erst durch die Einführung einer Werte-Definition. Unter Wert wird in diesem Zusammenhang die Wichtigkeit verstanden, die die Heizanlage oder die Anlagenkomponente für „jemanden" hat. Das kann eine Person, eine Institution oder ein Unternehmen sein (siehe Beispiel in Kap. A1).

Damit ist der Wert z. B. einer Heizanlage subjektiv aus der Sicht z. B. des Anlagenherstellers oder unterschiedlich dazu aus der des Nutzers zu definieren, in beiden Fällen aber klar gekennzeichnet und nicht als allgemeingültig behauptet.

Bewertet wird generell in zwei Schritten:
1. Durch die Einführung eines Erfüllungsgrades als Verhältnis von Realität zu Ziel und
2. die Gewichtung der Beurteilungskriterien

Nun gibt es Beurteilungskriterien, bei denen es nur ein Entweder-Oder gibt, die also als Erfüllungsgrad nur 1 oder 0 liefern. Dies sind eigentlich Entscheidungskriterien, bei denen die Zielvorgaben in Festanforderungen oder Grenzanforderungen ausgedrückt sind. Eine Festanforderung ist z. B., dass die Heizlast gedeckt ist; und eine Grenzanforderung, dass die Herstellungskosten für die Anlage einen bestimmten Betrag nicht überschreiten dürfen. Ein weiteres Beispiel für eine Grenzforderung, nun als Mindestanforderung formuliert, ist, dass z. B. der Schadstoffausstoß einer Feuerung mindestens auf den für das RAL-Umweltzeichen „Blauen Engel"[2] vorgeschriebenen Betrag reduziert wird.

---

[2] In so genannten RAL-Druckschriften des Deutschen Institutes für Gütesicherung und Kennzeichnung haben Herstellerverbände sich auf Umweltschutz-Standards geeinigt und kennzeichnen die entsprechenden Produkte durch Umweltschutzzeichen RAL-UZ [A-4]

Die dritte Kategorie der Beurteilungskriterien enthält Wunschanforderungen. So besteht generell der Wunsch, dass eine Heizanlage möglichst wirtschaftlich zu betreiben ist, d.h.es wird der Anlage bezüglich Wirtschaftlichkeit der
Vorzug gegeben, bei der die niedrigsten Gesamtkosten für die Herstellung und
für den späteren Verbrauch und Betrieb entstehen. Bei genauer Betrachtung
des Wunsches nach Wirtschaftlichkeit findet man übrigens, dass darin auch die
oben bereits erwähnte Grenzanforderung enthalten ist, nämlich einen Grenzpreis nicht zu überschreiten. So erleichtert die Erkenntnis, dass sich die Funktion „Wirtschaftlichkeit verwirklichen" in die zwei Unterfunktionen gliedern
lässt, Entscheidungen über konkurrierende Heizsysteme. Aus der Unterglie-
rung „Grenzpreis einhalten" und „Gesamtkosten minimieren" ist beispielsweise abzuleiten: Wenn bei einem System der Grenzpreis überschritten ist, erübrigt
sich eine ausführliche Gesamtkostenrechnung.

Werden für einen bestimmten Anwendungsfall mehrere Systemvarianten
untersucht und dabei festgestellt, dass eine unter ihnen auch nur eine der vorliegenden Fest- und Grenzanforderungen nicht erfüllt, ist die betreffende System-
variante für diesen Anwendungsfall untauglich. Befasst man sich mit Heizsystemen und deren Komponenten (Entwicklung, Auswahl, Auslegung, Analyse)
ist es daher notwendig, zuerst auf diese Kriterien einzugehen. Festanforderungen und Grenzanforderungen sind also in einer eigenen Gruppe von Entscheidungskriterien zusammenzufassen. Für sie müssen im Unterschied zu den
Wunschanforderungen keine besonderen Gewichtsfaktoren ermittelt werden;
sie liefern lediglich die Information „ja" oder „nein" (siehe Tabelle A-1). Die
Entscheidungsregel lässt sich mathematisch ausdrücken durch eine Entscheidungszahl $E_i$ für eine Variante $V_i$: Werden alle Erfüllungsgrade w bei den Kriterien $K_{Fj}$ (Festforderungen) und $K_{Gj}$ (Grenzforderungen) miteinander multipliziert, erhält man als Ergebnis 1 oder 0 (bzw. 1 v 0). Beispiele für das Aufstellen
von Entscheidungszahlen und Nutzwerten sind in Teil C1 gegeben.

Im folgenden sind nun denkbare Soll-Funktionen einer Raumheizung beispielhaft aufgelistet. Dabei wird naturgemäß kein Anspruch auf Vollständigkeit
erhoben, zumal eine vollständige Liste nur für ein konkretes Objekt aufstellbar
wäre.

Zunächst werden die Funktionen, untergliedert in Gesamt- und Teilfunktionen, aufgeführt, die aus der Sicht des Nutzers oder Anlagenbauers fest gefordert (Tabelle A-2) oder für die Grenzanforderungen (Tabelle A-3) aufstellbar
sind, danach die Funktionen, die aus Wünschen resultieren können (Tabelle
A-4). Grundsätzlich können gleiche Funktioneninhalte zugleich in Form einer
Fest- und Grenzanforderung oder einer Grenz- und Wunschanforderung vorgegeben sein.

Zur Konzeption einer Heizanlage für ein konkretes Gebäude wären als erstes aus der Funktionenliste die relevanten Funktionen auszusuchen und gegebenenfalls fehlende hinzuzufügen. Bereits hierbei muss entschieden sein, aus
wessen Sicht dies geschehen soll und wer damit die Bewertung vorgibt. Obwohl
prinzipiell diese Entscheidung frei ist, wird vorgeschlagen, generell den Nutzer

**Tabelle A-1:** Schema für eine Wertanalyse in Anlehnung an einen Vorschlag von Zangenmeister aus [A-2]

Erfüllungsgrad $w = \dfrac{\text{Realität}}{\text{Ziel}}$

| | | Varianten i (erste Index-Zahl) | | | |
|---|---|---|---|---|---|
| | Kriterien j | $V_1$ | $V_2$ | $V_i$ | $V_n$ |
| Festanforderungen | $K_{F1}$ | $w_{F11}$ | $w_{F21}$ | $w_{Fi1}$ | $w_{Fn1}$ |
| | $K_{Fj}$ | $w_{F1j}$ | $w_{F2j}$ | $w_{Fij}$ | $w_{Fnj}$ |
| | $K_{Fn}$ | $w_{F1n}$ | $w_{F2n}$ | $w_{Fin}$ | $w_{Fnn}$ |
| Grenzanforderungen | $K_{G1}$ | $w_{G11}$ | $w_{G21}$ | $w_{Gi1}$ | $w_{Gn1}$ |
| | $K_{Gj}$ | $w_{G1j}$ | $w_{G2j}$ | $w_{Gij}$ | $w_{Gnj}$ |
| | $K_{Gn}$ | $w_{G1n}$ | $w_{G2n}$ | $w_{Gin}$ | $w_{Gnn}$ |

Entscheidungszahl $E_i$ für Variante $V_i$: $\left[ \prod\limits_{j=1}^{n} w_{Fij} * \prod\limits_{j=1}^{n} w_{Gij} \right] = 1 \vee 0$

| Kriterien für Wunschanforderungen | Gewichtung | Varianten $V_i$ mit $E_i = 1$ | |
|---|---|---|---|
| $K_{W1}$ | $g_1$ | $w_{i1}$ | $g_1\, w_{i1}$ |
| $K_{Wj}$ | $g_j$ | $w_{ij}$ | $g_j\, w_{ij}$ |
| $K_{Wn}$ | $g_n$ | $w_{in}$ | $g_n\, w_{in}$ |

Gesamtnutzwert $N_i \; \sum\limits_{j=1}^{n} g_j w_{ij}\, , \; 0 \leq N_i \leq 1, \; N_i \sum\limits_{j=1}^{n} g_j = 1$

hierfür anzunehmen. Nur die Funktionen, die speziell mit der Herstellung verbunden sind und technische Grundanforderungen sowie technische Machbarkeit betreffen, sollen der Beurteilung des Anlagenbauers überlassen bleiben. Die Beurteilung des Nutzers zu bevorzugen, ist damit begründet, dass die weitaus meisten Funktionen einer Heizanlage sich unmittelbar beim Nutzer auswirken und es entscheidend auf die Akzeptanz durch ihn ankommt, weil damit auch ein systemgerechter, sparsamer Betrieb des jeweiligen Gebäudes mit seiner Anlage verbunden ist. In diesem Zusammenhang sei auf Untersuchungsergebnisse vom Anfang der 80er Jahre hingewiesen, die den überragenden Einfluss des Nutzers auf den Energieverbrauch belegen: Bei durchschnittlich gedämmten Gebäuden können Verbrauchsverhältnisse von 1:2, bei gut gedämmten sogar von 1:4 auftreten, auch Verbrauchsverhältnisse von 1:7 wurden in so genannten Niedrigenergiehäusern bereits nachgewiesen.

**Tabelle A-2** Funktionen aus Festanforderungen

| Gesamtfunktion | Teilfunktion |
|---|---|
| Heizlast decken (raumweise) | Transmissionsheizlast decken<br>Lüftungsheizlast decken<br>Norminnentemperatur gewährleisten |
| Leistungsbedarf decken<br>(bei der Verteilung<br>bei der Erzeugung) | |
| Sicherheit gewährleisten | offenes Feuer im Aufenthaltsbereich vermeiden<br>hohe Temperaturen vermeiden<br>scharfe Kanten vermeiden |
| Hygiene gewährleisten | Reinigung ermöglichen<br>Verschmutzung vermeiden<br>Schadstoffentstehung vermeiden (im Raum) |

Die Ausrichtung der Beurteilungskriterien auf den Nutzer hat zudem zur Folge, dass die Entwicklung der Anforderungen an Heizanlagen fester gekoppelt ist an die Entwicklung der Bedürfnisse in Bezug auf Bequemlichkeit, Behaglichkeit und Ästhetik. Im Unterschied dazu war in früheren Entwicklungsphasen der Heiztechnik eine stärkere Ausrichtung auf die Komponentenhersteller mit ihren Ansprüchen an eine rationelle Fertigung zu beobachten. So wurden über Jahrzehnte hinweg überwiegend einheitliche Heizkörper aus einer Massenproduktion eingebaut.

Die ständige Weiterentwicklung der Bedürfnisse des Nutzers ist nun nicht allein eine Folge des großen Marktangebots; die Bedürfnisse entwickeln sich

**Tabelle A-3** Funktionen aus Grenzanforderungen (Mindestanforderungen, Maximalanforderungen)

| Gesamtfunktionen | Teilfunktionen |
|---|---|
| Behaglichkeitsdefizite begrenzen | Strahlungsdefizit ausgleichen<br>Fallluftstrom abfangen<br>Zug vermeiden<br>Behaglichkeitszone einhalten<br>Geräuschentwicklung begrenzen<br>Aufheizreserve vorhalten |
| Hygiene gewährleisten | Grenzkonzentration einhalten |
| Anlagen-Energiebedarf begrenzen | Mindestnutzungsgrad einhalten<br>Mindestregelanforderung einhalten<br>Nutzereinfluss begrenzen<br>Verschwendungspotential begrenzen |
| Wirtschaftlichkeit verwirklichen | Herstellkosten begrenzen |
| Bedienbarkeit erleichtern | Wärmeerzeuger automatisch betreiben |
| Umweltbelastung minimieren | Schadstoffgrenzwerte einhalten |

**Tabelle A-4** Wunschfunktionen (Beispiele)

| Gesamtfunktionen | Teilfunktionen |
| --- | --- |
| Behaglichkeit schaffen | Bestimmte Luftströmung erzeugen<br>Bestimmte Temperaturen einhalten |
| Anlagen- Energiebedarf minimieren | Raumtemperatur regeln<br>Fremdlasten ausnutzen<br>(z. B. passive Solarenergienutzung)<br>Vorlauftemperatur regeln, Last absenken<br>(zeitweise, raumweise)<br>Fehleinfluss (durch Nutzer) begrenzen<br>Anordnungsbedingte Verluste vermeiden<br>Abluftwärme rückgewinnen<br>Regenerativ- Energien nutzen<br>(Wärmepumpe, Solarenergie) |
| Wirtschaftlichkeit verwirklichen | Gesamtkosten minimieren<br>(kapitalgebundene, verbrauchsgebundene,<br>betriebsgebundene) |
| Betriebsverhalten verbessern | Schalthäufigkeit minimieren<br>(beim Wärmeerzeuger) |
| Platzbedarf minimieren | |
| Technische Anpassungsfähigkeit schaffen | Umstellbarkeit vorbereiten<br>(auf andere Energieversorgungssysteme)<br>Kombinationsmöglichkeiten vorsehen<br>(von verschiedenen Wärmeerzeugern) |
| Bedienbarkeit erleichtern | Bedarfskontrolle einrichten<br>(Heizanlage vom Wohnbereich aus steuern<br>und überwachen) |
| Ästhetische Wirkungen erzielen<br>(Heizflächen als gestalterische Elemente ver-<br>wenden) | |
| Zusatznutzen vorsehen<br>(Badheizkörper als Handtuchhalter, Heizflä-<br>chen als Brüstung, Treppengeländer u. a., Wär-<br>meerzeuger auch für Trinkwassererwärmung) | |
| Umweltbelastung minimieren | Verbrennung optimieren,<br>Regenerativ- Energien nutzen<br>(Wärmepumpe, Solarenergie) |

auch aus sich selbst heraus. Diese zunächst wie eine unbewiesene Behauptung erscheinende Hypothese vermag jedermann aus seiner eigenen Erfahrung heraus als eine Tatsache erkennen, für die es sogar ein Gesetz gibt, das sog. „Psychophysikalische Grundgesetz" oder Weber-Fechnersche Gesetz. So lehrt die Erfahrung, dass man beispielsweise nach einer Wanderung bei regnerischem, kaltem und stürmischen Wetter sich in einer einfachen, schlecht gedämmten, lediglich mit einem alten holzgefeuerten Eisenofen beheizten Hütte recht behaglich fühlen kann. Die Zugerscheinungen an den klapprigen und undichten Fenstern werden keinesfalls als Behaglichkeitsdefizit, sondern eher als vorteilhaft angesehen, weil man erwartet, dass dadurch die nassen Kleider schneller trocknen. Wenn man am gleichen Tag noch in sein komfortables mit einer modernen Warmwasserheizung ausgerüstetes Urlaubshotel zurückkommt, findet man in dem rundherum warmen Zimmer eine von der Balkontür ausgehende Unbehaglichkeit. Man meint zunächst, sie sei undicht, ein genauerer – vielleicht fachlich geschulter – Blick lehrt jedoch, dass „nur" die Abstrahlung zur kalten Fensterfläche und ein kühler Fallluftstrom am Boden stören. Wie kommt es, dass von der gleichen Person fast zur gleichen Zeit – also ohne wesentliche Akklimatisierungseffekte – starke Reizunterschiede in einer Umgebung mit hohem Reizniveau etwa die gleichen oder gar geringere Empfindungsunterschiede bewirken wie nahezu nicht feststellbare Reizunterschiede in einer komfortablen Umgebung (also niedrigem Reizniveau)? Diese Frage nach dem Zusammenhang zwischen Reiz und Empfindung und damit auch nach dem auslösenden Moment für die Entwicklung von Bedürfnissen stellt sich nicht nur bei dem als Beispiel angesprochenen Behaglichkeitsproblem. Untersuchungen hierzu wurden zunächst ganz allgemein im Zusammenhang mit der Empfindlichkeit all unserer Sinne angestellt. So interessierte die Abhängigkeit unseres Sehvermögens von einem Lichtreiz und vor allem auch die des Hörens von einem akustischen Reiz. Das Problem liegt zunächst darin, dass sich der Reiz in einer messbaren physikalischen Größe (z. B. dem Schalldruck) angeben lässt, die dadurch ausgelöste Empfindung jedoch nicht messbar ist. Erschwert wird das Problem noch dadurch, dass Empfindungen einer subjektiven Bewertung unterliegen. Eine Lösung des Problems fanden bereits am Anfang des 19. Jahrhunderts E.H. Weber und – seinen einfachen Ansatz später weiterentwickelnd – G. Th. Fechner. Mit einem Kunstgriff wurde der subjektive Einfluss dadurch ausgeklammert, dass in den Experimenten der beiden Forscher lediglich ein Empfindungsunterschied $\Delta E$ einem Reizunterschied $\Delta R$ bei verschiedenen Reizniveaus $R$ zugeordnet wurde. In dem heute noch zugänglichen zweibändigen Werk von Fechner [A-5] wird Weber (er veröffentlichte in lateinischer Sprache) zitiert; er formulierte 1834 sinngemäß: „je intensiver der Ausgangsreiz $R$, desto stärker muss der Zuwachs $\Delta R$ sein, um eine Unterschiedswahrnehmung $\Delta E$ zu bewirken":

$$\Delta E \sim \frac{\Delta R}{R} \qquad\qquad\qquad\qquad (A\text{-}2\text{-}1)$$

Fechner verbessert diesen Ansatz mit der Erkenntnis, dass die Intensität $E$ einer Empfindung proportional ist dem Logarithmus des Reizes $R$

$$E = k \ln R \qquad\qquad\qquad\qquad (A\text{-}2\text{-}1)$$

Die Differentiation liefert die gegenüber der Proportionalität (A2-1) verbesserte Aussage

$$\frac{dE}{dR} = \frac{k}{R} \ oder \ dE \sim \frac{dR}{R} \qquad\qquad\qquad (A\text{-}2\text{-}3)$$

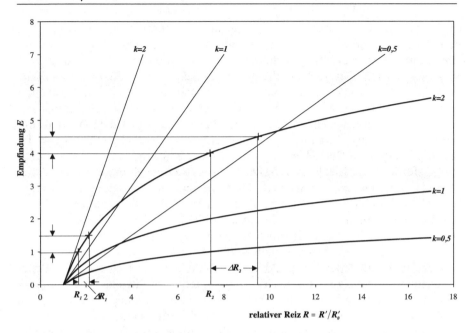

**Bild A-4** Die Intensität $E$ einer Empfindung in Abhängigkeit vom relativen Reiz $R = R'/R_0'$

Bild A-4 gibt diesen einfachen Zusammenhang wieder. Die Empfindung beginnt an einer Reizschwelle $R_0'$, die je nach Reiz eine bestimmte physikalische Größe ist. Dargestellt ist der auf die Reizschwelle bezogene relative Reiz $R=R'/R_0'$. Bei einem schwachen Reizniveau $R_1$ genügt eine kleine Reizabweichung $\Delta R_1$, um eine bestimmte Unterschiedswahrnehmung $\Delta E$, die bei dem hohen Reizniveau $R_2$ (aber größeren Reizunterschied $\Delta R_2$) die gleiche ist, zu empfinden. Genau dieses beschreibt mathematisch die Erfahrung des Urlaubers in den beiden kurz hintereinander erlebten unterschiedlichen Umgebungen.

Wendet man das in Bild A-4 dargestellte Gesetz auf die Veränderung der Ansprüche an, so könnte man in dem Beispiel für den Reiz $R_1$ das gesamte Störungspotential einsetzen, das bei einer modernen automatisch laufenden Warmwasserheizung auftritt. Dieses Störungspotential ist sicher kleiner als bei dem handgefeuerten Kanonenofen in der zugigen Hütte. Infolgedessen löst bereits ein kleiner Reizzuwachs bei der modernen Warmwasserheizung eine deutliche Unterschiedswahrnehmung $\Delta E$ aus, die beim Kanonenofen erst durch eine erhebliche Störung erreicht worden wäre. Oder mit anderen Worten, je komfortabler und störungsfreier eine Heizung ist, um so stärker wird ein Mangel oder eine Störung empfunden und auf Abhilfe gesonnen. Dies gilt in gleicher Weise für Behaglichkeitsansprüche, auch diese sind einer Entwicklung unterworfen. Wer Räume mit niedrigen Temperaturunterschieden zwischen den Wänden oder zur Luft gewohnt ist, wird eine geringfügige Abweichung z.B. der Fenstertemperatur als Störung wahrnehmen. Die Entwicklung hin zu besser gedämmten Gebäuden und damit verbunden geringeren Unterschieden zwischen den Temperaturen auf den Umfassungsflächen wird nicht dazu führen, dass dann diese Unterschiede praktisch nicht mehr wahrgenommen werden. Im Gegenteil, man wird sorgfältiger noch auf die Beseitigung der verbleibenden Temperaturunterschiede achten müssen. Wenn bei einem kleinen Störpotential $R$ und einer zugehörigen kleinen Abweichung $\Delta R$ noch eine deutliche Empfindungsstärke $\Delta E$ auftritt, bleibt auch ein entsprechender Bedürfnisanspruch. Er ist allerdings verfeinert, was sich durch das erwähnte Beispiel verdeutlichen lässt: Ist in der zugigen Hütte zum Herstellen der Behaglichkeit von dem Ofen nur eine Funktion gefordert „die Heizlast zu decken", werden in dem Komfort-Hotel zusätzliche Funktionen erwartet, nämlich der Ausgleich eines Strahlungsdefizits und das Abfangen eines Fallluftstroms. Dies bedeutet, dass die Weiterentwicklung der Bedürfnisse ganz allgemein die Anzahl und Diversifikation der Sollfunktionen technischer Produkte, also auch Heizsysteme, erweitert.

Nachdem grundsätzlich eine vollständige Funktionen-Liste nur für ein konkretes Objekt aufstellbar ist, gilt dies ebenso analog natürlich für einen Kriterienkatalog und die zugehörige Kriterienrangfolge. Im Einzelfall mag ein Bauherr auf eine oder mehrere der aufgeführten denkbaren Funktionen verzichten wollen, z. B. „offenes Feuer im Aufenthaltsbereich vermeiden", zumindest in dieser strikten Formulierung, weil er eben dies, also einen offenen Kamin genießen möchte. Oder er hält eine in der Liste nicht erwähnte Funktion für wichtig, z. B. „Heizkosten erfassen". Dennoch lässt sich allgemein für die Heizung eines durchschnittlichen Wohngebäudes in Mitteleuropa feststellen, welche Funktionen in aller Regel mit Fest- oder Grenzanforderungen belegt und welche nur gewünscht sind. Und es kann auch, abgesehen von einer Rangfolge bei den Wünschen, ermittelt werden, welche Funktionen leicht zu erfüllen sind und welche nur mit besonderen Anlagen oder Einrichtungen.

Mit einer derart allgemeinen Zielsetzung sollen im folgenden die aufgelisteten denkbaren Soll-Funktionen diskutiert werden. Dabei ist im Auge zu behalten, dass es nicht darum geht, eine Methode zu entwickeln, mit der möglichst einfach irgendeine Heizanlage konzipiert werden kann, sondern mit deren Hilfe man die denkbaren Varianten für eine Aufgabe erhält, dann analysiert und gezielt das Optimum für den Nutzer herausfindet. Bei der Wahl der Kriterien müssen demnach bewusst Unterscheidungsmerkmale herausgearbeitet und dürfen nicht mit dem Ziel der Vereinfachung vermieden werden.

Die zwei in Tabelle A-2 aufgeführten Gesamtfunktionen sind generell aus Festanforderungen abgeleitet. Sie sind so selbstverständlich, dass aus ihnen kein Kriterium im eigentlichen Sinne des Wortes, nämlich unterscheidendes Merkmal, abzuleiten ist. Dies gilt auch für die Funktion „Heizlast decken", wenn lösungsbedingende Vorgaben, wie sie z. B. die in Deutschland gültige Wärmeschutzverordnung [A-6] vorschreibt, beim Gebäude realisiert sind. Mit allen bekannten Heizsystemen ist die unter diesen Bedingungen anfallende Heizlast (berechnet als Normheizlast nach DIN 4701 [A-7]) zu decken. Man erhält also hierfür kein Grenzen setzendes und ein bestimmtes System ausschließendes

Kriterium. Fest verbunden mit der Norm-Heizlast ist die Norm-Innentemperatur und daraus abgeleitet die quasijuristische Verknüpfung „Heizlast decken
= Behaglichkeit". *Die so hergestellte Behaglichkeit liefert kein die verschiedenen
Heizsysteme unterscheidendes Merkmal.* Eine Unterscheidung der Systeme können nur Eigenschaften der Systeme selbst, also Umfang und jeweiliger Nutzwert
der Anlagenfunktionen mit Behaglichkeitswirkung, liefern.

Die Funktion „Sicherheit gewährleisten" ist bereits bei den Heizanlagen
im Altertum dadurch verwirklicht worden, dass man die Feuerstätte aus dem
Wohnbereich verbannt hat: Die Hypokaustenheizung [A-8]. In einer derartigen
Zentralheizung sind aber auch noch weitere Funktionen verwirklicht worden
wie z.B. „Hygiene gewährleisten" dadurch, dass auch keine Asche im Wohnbereich anfällt, oder die Funktion „Bedienbarkeit erleichtern", dass Sklaven den
Betrieb gewährleistet haben. Heute ist bei der Zentralheizung ein automatischer
Betrieb des Wärmeerzeugers möglich (ohne Sklaven). Bei der Funktion „Sicherheit gewährleisten" ist auch noch die Unterfunktion „hohe Temperaturen vermeiden" als Kriterium zu beachten. Heizflächentemperaturen in Aufenthalts-
bereichen sollten zum Schutz von Kindern 60 °C nicht überschreiten [A-9]. Das
Vermeiden von scharfen Ecken bei den Raumheizflächen garantiert allein noch
keine Sicherheit. Insgesamt führt mangelnde Sicherheit zu einer Einschränkung
der Einsetzbarkeit eines Heizsystems.

Einige Teilfunktionen der Hauptfunktion „Hygiene gewährleisten" sind
ebenfalls als Festforderungen zu verstehen: „Reinigung ermöglichen", „Verschmutzung vermeiden" und „Schadstoffentstehung vermeiden". Begreift man
die Raumluft als ein Lebensmittel, das selbstverständlich frei von Schad- und
Geruchstoffen sein sollte, dann müssen alle Anlagenteile, die mit der Raumluft
(Zuluft) in Berührung kommen, wie ein Wohnraum auch gut zu reinigen sein.
Dies betrifft insbesondere Raumheizflächen und bei Luftheizungen Zuluftkanäle sowie Lufterhitzer. Systeme, die aus technischen Gründen nicht reinigbar
sind, würden bei entsprechenden Anforderungen im Auswahlprozess herausfal-
len, auch wenn alle übrigen gewünschten Funktionen erfüllt wären. Gleiches gilt
für Systeme, bei denen die Gefahr besteht, dass sie Schadstoffe (z.B.Rauchgas)
in die Raumluft gelangen lassen, oder für Systeme, durch die Asche im Wohnzimmer anfällt.

Die Funktionen, für die in aller Regel Grenzanforderungen bestehen, sind
in Tabelle A-3 zusammengestellt. Sie hängen zum Teil mit den fest geforderten
zusammen, ermöglichen aber im Unterschied zu ihnen eine genauere Unterscheidung zwischen möglichen Anlagenvarianten und eine gezielte Anlagengestaltung.

Die wohl wichtigste Funktion, die hauptsächlich der Nutzer von einer Heizanlage erwartet, ist „Behaglichkeit schaffen". Gemeint ist hiermit vor allem thermische Behaglichkeit, aber auch ganz allgemein Wohlbefinden, das z.B.die Funktion „Geräuschentwicklung vermeiden" umfasst.

Der Nutzer erkennt zunächst nicht, dass die Funktion „Behaglichkeit schaffen"
sich in mehrere Teilfunktionen gliedert. So erscheint die fest geforderte Funkti-

on „Heizlast decken" in seiner Vorstellung erst nach einer entsprechenden Aufklärung durch einen Fachmann: Sie gewährleistet, dass bei der Norm-Außentemperatur die Norm-Innentemperatur eingehalten und so der für die Heizsituation erforderliche PMV-Index im Raum oder in einer Raumzone erreicht wird (siehe Band 1C2.5) und [A-10]). Während sich wie bereits erwähnt „Heizlast decken" nicht zur Bewertung unterschiedlicher Heizsysteme für einen Anwendungsfall eignet (die Funktion **muss** vorhanden sein), sind hierfür die anderen Teilfunktionen mit Behaglichkeitswirkung heranzuziehen und zwar die, die sich in ihrer Wirkung an Grenzanforderungen messen lassen: „Behaglichkeitsdefizite beseitigen" und weiter untergliedert „Strahlungsdefizit ausgleichen" oder „Fallluftstrom abfangen" (siehe Bild A-1). Beispielsweise muss eine für die gewollte Wirkung zweckmäßig angeordnete Raumheizfläche mindestens eine bestimmte zu einer Fensterfläche passende Größe und Temperatur haben. Erst derartige Teilfunktionen eignen sich für die Entscheidung über ein System, ermöglichen gezielte Verbesserungen und müssen daher auch bei dessen Auslegung beachtet werden.

Die weiter in Tabelle A-3 aufgeführte Teilfunktion „Zug vermeiden" ist mit „Fallluftstrom abfangen" verbunden, es sei denn, es wird eine Anlage mit maschineller Lüftung in die Betrachtung mit einbezogen, die unabhängig von Thermikströmungen Zug hervorrufen oder beseitigen kann.

Die Teilfunktion „Geräuschentwicklung vermeiden" hängt technisch mit der Forderung zusammen, denkbare Geräuschquellen, z. B. einen Ventilator, aus dem Aufenthaltsbereich herauszuhalten. Heizsysteme ohne derartige Geräuschquellen sind allgemeiner einsetzbar und daher – allgemein beurteilt – vorteilhaft.

Analog der thermischen Behaglichkeit ließe sich die Hauptfunktion „Hygiene gewährleisten" behandeln, wenn es um den Aspekt, Grenzkonzentrationen durch Lüftung einzuhalten, ginge. Hier wäre der Aufwand der Lüftung zu untersuchen, der erforderlich ist, um im Aufenthaltsbereich eines Raumes bestimmte Grenzwerte einzuhalten. Dies ist ein Problem, das sich vor allem bei der Beheizung und Belüftung von Fabrikhallen oder Versammlungsräumen stellt. Die übrigen Hygieneanforderungen werden in aller Regel als Festanforderungen diskutiert.

Die nachfolgend in Tabelle A-3 aufgelisteten Gesamtfunktionen enthalten überwiegend Teilfunktionen mit Wunschcharakter. So steht bei den meisten Teilfunktionen der Hauptfunktion „Anlagen- Energiebedarf minimieren" eben dies als Wunsch und nicht als Grenzanforderung im Vordergrund und der Erfolg der Einsparbemühungen ist wie bei allen Kriterien mit Wunschcharakter über einen Erfüllungsgrad bezifferbar. Zwei Teilfunktionen aber lassen sich durch eine Mindestforderung formulieren: „Mindestnutzungsgrad einhalten" und „Mindestregelanforderung einhalten". Die erstgenannte Funktion betrifft im wesentlichen die Wärmeerzeugung, die zweite die Wärmeübergabe in den Räumen; dahinter stehen Funktionen wie „raumweise regeln" oder „Solltemperaturen einhalten" oder die Fähigkeit, auf Lastschwankungen im Raum schnell reagieren zu können.

Die Funktion „Wirtschaftlichkeit verwirklichen" hat im wesentlichen ebenfalls Wunschcharakter mit Ausnahme der Teilfunktion „Herstellkosten begrenzen"; entscheidend ist bei letzterem ganz einfach ein vorgegebener Grenzbetrag.

Finanzierungsrechnungen aber mit der Bestimmung beispielsweise von Annuitäten sind erst bei der Ermittlung der Gesamtwirtschaftlichkeit mit einer Verrechnung der kapitalgebundenen, verbrauchsgebundenen und betriebsgebundenen Kosten erforderlich. Allein daraus erhielte man dann einen Erfüllungsgrad (zählt also zu den Wunschkriterien).

Auch die Funktion „Bedienbarkeit erleichtern" ist im wesentlichen den Wunschkriterien zuzuordnen. Hier gibt es verschiedene Stufen, in denen dieses Ziel verfolgt wird. Zweifellos gibt es aber eine Grundstufe, die in aller Regel als Mindestanforderung feststeht: „Wärmeerzeuger automatisch betreiben". Dies wird heute auch vom einfachsten Heizsystem als selbstverständlich erwartet. Die Bedienbarkeit wird erleichtert, wenn die verschiedenen Funktionen einer Heizanlage getrennt beeinflussbar sind.

Zu den Funktionen, die nur teilweise Grenzanforderungen beinhalten, im wesentlichen aber Wunschcharakter besitzen, gehört auch „Umweltbelastung minimieren". Grenzanforderung ist z.B. hier, bestimmte Schadstoffgrenzwerte einzuhalten. Dies betrifft im wesentlichen den Wärmeerzeuger. Sie kann aber auch so vorgebracht sein, dass der Wunsch besteht, fossile Brennstoffe zu substituieren und unabhängig von den Kosten einen möglichst großen Anteil der Heizwärme solar zu beschaffen (z.B. über Kollektoren).

Für alle die in Tabelle A-4 aufgelisteten Funktionen mit klarem Wunschcharakter müssen Bewertungskriterien aufgestellt werden. Obwohl zuletzt diskutiert, sind sie damit nicht nachrangig in ihrer Bedeutung, können aber bei Nicht- oder Schlechterfülllung bestimmte diskutierte Varianten nicht ausschließen. Sie beeinflussen über ihren Einzelnutzwert die Rangfolge für eine Entscheidung (siehe Tabelle A2-1).

Nach einer Durchsicht der aufgeführten Fest- und Grenzforderungen (Tabellen A-2 und -3) in Hinblick auf die Konzeption einer modernen Heizanlage für ein in Mitteleuropa übliches Wohngebäude ist festzustellen, dass praktisch auf keine Anforderung verzichtet werden kann, insbesondere nicht auf die Sicherheitsforderung, offenes Feuer im Aufenthaltsbereich zu vermeiden. Damit steht fest,
- dass bei einer modernen Heizung die Wärmeübergabe im Raum und die Wärmeerzeugung voneinander getrennt sein müssen.

Es ist noch eine zweite allgemeine Schlussfolgerung aus der Funktionenübersicht zu ziehen:
- Die vielen Anforderungen sind nur zu erfüllen mit einem Anlagensystem, das über genügend viele Freiheitsgrade für die Gestaltung sowohl im Raum wie bei der Erzeugung der Heizenergie und ihrer Verteilung verfügt (Die Zahl der Freiheitsgrade und der Umfang der Anforderungen entsprechen einander).

Daraus wiederum ist der Schluss zu ziehen:
- dass das Anlagensystem mit den meisten Freiheitsgraden den höchsten Entwicklungsstand aufweist im Vergleich zu allen anderen; es ist auch zugleich das allgemeinste, d. h. das System, das am breitesten einsetzbar ist.

Damit liegt nun ein allgemeiner Bewertungsmaßstab für die verschiedenen Heizsysteme und eine allgemeingültige Ordnungsstruktur vor, die die Grundlage bildet für einen Systemaufbau und eine Systemübersicht in Teil B.

Die wertanalytische Vorgehensweise liefert weiterhin ein Modell für die Methodik einer objektbezogenen Konzeption von Heizanlagen. In einem nachfolgenden Schritt sind hieraus auch die Sollfunktionen für einzelne Anlagenkomponenten abzuleiten, oder anders ausgedrückt, damit ist das Pflichtenheft für die Entwicklung von Anlagenkomponenten aufzustellen (Teil C1 und 2). Als Vorteil der wertanalytischen Vorgehensweise erweist sich, dass durch die Grobgliederung der Funktionen nach Festforderungen, Grenzforderungen oder Wünschen, die Zahl der genauer und rechnerisch zu untersuchenden Varianten scharf eingegrenzt werden kann. Viele – häufig durch Vorurteile – in die Diskussion eingebrachten Varianten können auf objektive und nachvollziehbare Weise ausgeschieden werden, es sei denn, sie werden nachträglich durch bewusste Veränderung der Anforderungen im Bewertungsprozess wieder eingeführt.

Die wertanalytische Vorgehensweise ist schließlich die Basis für den Vergleich von Anlagensystemen und -komponenten (siehe Teil C).

## A3
## Literatur

[A-1]   Bauer, M.: Methode zur Berechnung und Bewertung des Energieaufwandes für die Nutzenübergabe bei Warmwasserheizanlagen. Diss. Universität Stuttgart, 1999 (LHR-Mittlg. Nr. 3)

[A-2]   Wertanalyse; Idee-Methode-System. Hrsg. vom VDI-Zentrum Wertanalyse, 4. Aufl., VDI Verlag, Düsseldorf 1991.

[A-3]   Raiß, W.: Heiz- und Klimatechnik. 15. Aufl., Band 1, Springer-Verlag Berlin, Heidelberg, New York 1968

[A-4]   RAL-UZ Umweltzeichen-Richtlinien 3.79, Dt. Inst. f. Gütesicherung u. Kennzeichnung, Bonn.

[A-5]   Fechner, G. Th.: Die Elemente der Psychophysik. 2 Bde (1860), Nachdruck durch E. J. Bonset, Amsterdam, 1964.

[A-6]   Verordnung über einen energiesparenden Wärmeschutz bei Gebäuden (Wärmeschutzverordnung-Wärmeschutz V) vom 16.08.1994 (BGBl I); ersetzt durch die Energieeinsparverordnung (EnEV) vom 21.11.2001 (BGBl I, Seite 3085)

[A-7]   DIN 4701: Regeln für die Berechnung der Heizlast von Gebäuden. Entwurf August 1995, formal gültig Ausg. März 1983, ist ersetzt durch: DIN EN 12831, Verfahren zur Berechnung der Normheizlast. Ausg. 2003.

[A-8]   Usemann, K. W: Entwicklung von Heizungs- und Lüftungstechnik zur Wissenschaft Hermann-Rietschel. R. Oldenbourg Verl. München, Wien 1993.

[A-9]   VDI 6030: Auslegung von freien Raumheizflächen; Blatt 1: Grundlagen und Auslegung von Raumheizkörpern. Juli 2002.

[A-10]  DIN EN ISO 7730: Ermittlung des PMV und des PPD und Beschreibung der Bedingungen für thermische Behaglichkeit. Ausgabe September 1995.

# B  Systemaufbau und Systemeübersicht

Heinz Bach

## B1
## Systemaufbau

Wie aus den Anforderungen (Sollfunktionen) für eine Heizung abzuleiten ist, sind zwingend beim allgemeinsten Heizsystem – d.h. dem am allgemeinsten einsetzbaren – die Bereiche der **Wärmeübergabe** im Raum und der **Energiewandlung** räumlich getrennt. Ebenso zwingend entsteht durch die Trennung von Wärmeübergabe und Energiewandlung noch ein dritter Bereich: **Wärmeverteilung**. Zunächst zu den drei verwendeten Begriffen:

- Übergabe von Wärme umfasst den komplexen Prozess sowohl des Wärmeübergangs an der Oberfläche z.B. eines Heizkörpers oder eines Wärmetauschers als auch deren dynamisches Verhalten und der regeltechnischen Anpassung der Übergabe an den Bedarfsverlauf. Die Definition dieses Prozesses und die besondere Bezeichnung hierfür hat Ast [B-1] vorgeschlagen; sie hat sich inzwischen in der Fachwelt durchgesetzt.
- Wärmeverteilung ist nach den strengen Begriffregeln der Thermodynamik nicht korrekt. Es müsste eigentlich von einer Verteilung innerer Energie gesprochen werden, was aber fachsprachlich unüblich ist, ebenso wie
- Energiewandlung; in der Heiztechnik wird sie als Wärmeerzeugung bezeichnet.

Die Begriffe Übergabe, Verteilung und Erzeugung sowie die Anlagengliederung danach hat Eingang in die neueren Regeln und Normen gefunden, so auch in die neue VDI 2067 [B-2]. Da jeder dieser drei Bereiche aufgrund der Trennung für sich allein, abgestimmt auf die jeweiligen Anforderungen insbesondere des Nutzers, im Rahmen seiner Gestaltungs-Freiheitsgrade optimierbar ist, stellt das allgemeinste Heizsystem – d.h. das mit den meisten Freiheitsgraden – auch dasjenige mit dem höchsten Entwicklungsstand dar. In der Umkehrung dieses Gedankens führt die Beschränkung der Freiheitsgrade in jedem der drei Bereiche – Wärmeübergabe, Wärmeverteilung, Wärmeerzeugung – und schließlich auch eine Zusammenfassung der Bereiche zu einer Vereinfachung einerseits, aber auch zu einem Aufgeben von Gestaltungsmöglichkeiten andererseits. Dies mag für bestimmte Anwendungsgefälle durchaus angemessen sein, so dass dort das einfachere System mit dem niedrigeren Gestaltungsspielraum hierfür optimal sein kann.

Die Aufgliederung eines Heizsystems in die erwähnten drei Bereiche eröffnet erstens die Möglichkeit, durch entsprechende Gestaltung der Bereiche alle geforderten Funktionen einzurichten oder mindestens den Erfüllungsgrad bei den vorhandenen Funktionen festzustellen. Damit bietet sich die für das allgemeinste Heizsystem geltende Aufgliederung erstens als Systematik für eine kritische Betrachtung oder Bewertung an und ebenso für die Beschreibung der verschiedenen Heizsysteme. Diese Aufgliederung kann zweitens auch die Grundlage für eine Rechenstruktur zur Betriebssimulation der verschiedenen Heizsysteme sein, was sozusagen eine besonders informative Beschreibung darstellt. Durch sie ist auf reproduzierbare Weise neben anderem der Energiebedarf eines bestimmten Heizsystems und bei der gewählten Aufgliederung auch derjenige der einzelnen Bereiche zu erfahren (siehe Teil H). Der Energiebedarf ganz allgemein nimmt unter den Kriterien neben der Behaglichkeit eine Schlüsselposition ein, weil er für andere Kriterien wie den Umweltschutz und die Wirtschaftlichkeit die Basis bildet. Jeder der erwähnten Bereiche ist als ein Teilprozess aufzufassen, bei dem als Eingangsgröße ein Bedarf und als Ausgangsgröße ein Aufwand auftritt, der für einen nachfolgenden Teilprozess zu einem Bedarf wird. So entsteht eine *Bedarfsentwicklung* von der Basis eines so genannten *Referenzbedarfs* aus. Er ist im Übergabeteilprozess die Eingangsgröße.

Der Referenzenergiebedarf zum Heizen eines Gebäudes ist bei einem bestimmten Klima zunächst von Gebäudeeigenschaften (z.B. der Dämmung oder der Speicherkapazität), dann aber vor allem von der Nutzungsart und den Nutzererwartungen an den jeweiligen Raum, also auch der gewünschten Behaglichkeit, abhängig. Die spezielle Nutzung ist beispielsweise gegeben durch die gewünschte Temperatur und Lüftung, die Betriebszeiten und die beim Betrieb auftretenden inneren thermischen Lasten. Erwartet wird dabei sowohl Wärme als auch „Kühle", zum Beispiel durch rechtzeitige Heizunterbrechung in Absenkzeiten oder bei überhöhten Fremdlasten. Der für die Heiztechnik gewohnte Begriff „Wärme" als „Übergabeprodukt" im ersten Teilprozess trifft daher nicht das gesamte Aufgabenspektrum, so wird er neuerdings für die gesamte Technische Gebäudeausrüstung durch den zielsetzenden Überbegriff „Nutzen" miterfasst [B-2]. Er wird einengend – etwa gegenüber den Begriffen Wärme oder Kälte – verwendet und zwar *für das unmittelbar zu deckende Bedürfnis*, zum Beispiel eine behagliche Umgebung oder warmes Duschwasser zu erhalten. Damit dient der in diesem Zusammenhang neue Begriff **Nutzen** ganz allgemein:

- als Überbegriff für die verschiedenen Formen des Nutzens: Wärme, Kälte, Stoffe ( zum Beispiel Abfuhr von Schadstoffen oder Zufuhr erwärmten Trinkwassers) oder ästhetische Wirkungen, Zusatznutzen und
- zum Präzisieren der Bewertung, dass zum Beispiel nur der Anteil der zuzuführenden Heizwärme als Bedarf gezählt wird, der **exakt** für den vorgegebenen Nutzen erforderlich ist. Er liefert damit die **Definition des Referenzbedarfs.**

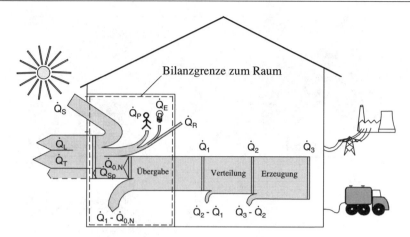

Übergabebereich: $\dot{Q}_{0,N}$ Grundbedarf vom Nutzer; $\dot{Q}_S$ Wärmegewinne durch Sonneneinstrahlung;

$\dot{Q}_E$ Wärmeabgabe der Einrichtungen; $\dot{Q}_P$ Wärmeabgabe der Personen; $\dot{Q}_R$ Wärmegewinne von Nebenräumen;

$\dot{Q}_L$ Lüftungsheizlast; $\dot{Q}_T$ Transmissionsheizlast; $\dot{Q}_{Sp}$ Wärmespeicherung in Umfassungsflächen;

Anlage: $\dot{Q}_1$ Bedarf der Übergabe; $\dot{Q}_2$ Bedarf der Verteilung; $\dot{Q}_3$ Bedarf der Erzeugung;

**Bild B-1** Aufbau des Leistungsbedarfs im Übergabebereich und Bedarfsentwicklung in der Anlage nach Bauer [A-1]

Um den als Eigenschaft von Gebäude und Nutzung vorliegenden Referenzenergiebedarf $Q_{0,N}$ zu decken, ist für die Übergabe der als Nutzen erforderlichen Heizwärme ein deutlich über den Bedarf hinausgehender Energieaufwand $Q_1$ zu treiben. Die Energiemengen $Q_{0,N}$ und $Q_1$ resultieren als Flächen aus dem Lastgang $\dot{Q}_{N,0}$ und dem Leistungsgang $\dot{Q}_1$ über der Zeit von einem Jahr (genau genommen sind es die Integrale). Bild B-1 zeigt sozusagen eine Momentaufnahme der Lasten aus den verschiedenen Wärmequellen und -senken in einem Raum sowie der zum Ausgleich der Lasten übergebenen Leistung $\dot{Q}_1$. Die in den dahinter stehenden Subsystemen „Verteilung" und „Erzeugung" sich aufbauenden Leistungen $\dot{Q}_2$ und $\dot{Q}_3$ sind ebenfalls eingetragen. Im Heizfall addieren sich die übergebene Leistung $\dot{Q}_1$ und die Lasten aus den Wärmequellen $(\dot{Q}_S+\dot{Q}_P+\dot{Q}_E+\dot{Q}_R)$; der Überschuss gegenüber der Transmissions- und Lüftungsheizlast $(\dot{Q}_T+\dot{Q}_L)$ verbleibt zunächst im Raum und wird in den Umfassungsflächen gespeichert oder wirkt als Überheizung. Ein Teilbetrag tritt zeitverschoben als Zusatzaufwand auf (gestrichelt eingezeichnet). Die Summe der Aufwände der Räume eines Gebäudes $\Sigma\dot{Q}_1$ liegt an der Systemgrenze zwischen Übergabe und Verteilung als Bedarf bei der Verteilung an, wo ebenfalls ein erhöhter Aufwand $\dot{Q}_2$ erforderlich ist, der an der nächsten Systemgrenze als Bedarf wiederum bei der Erzeugung auftritt und dort nur mit einem weiteren Zusatzaufwand $(\dot{Q}_3-\dot{Q}_2)$ zu decken ist. In Bild B-2 ist analog die Entwicklung der Energiemengen wiedergegeben. So wie bei der Beschreibung und rechnerischen Darstellung – immer mit dem Ziel der nutzenbezogen optimalen Anlagenkonzeption – ist es

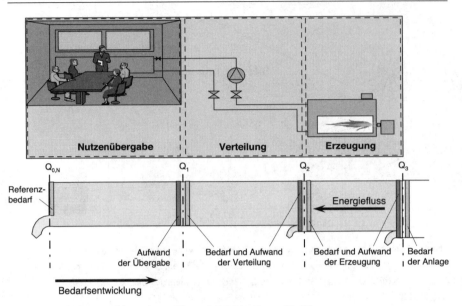

**Bild B-2** Bedarfsentwicklung (Begriffe nach VDI 2067 neu [B-2])

folgerichtig, den Gedanken- und auch Rechengang in derselben Richtung wie die Bedarfsentwicklung zu führen und nicht wie bisher den Weg der Energielieferung zu gehen. Zu beginnen hat man demnach bei der **Nutzenübergabe**, wie der erste Bereich mit dem vom Nutzer vorgegebenen Referenzbedarf $Q_{0,N}$ im Folgenden zielgebend heißen soll, und zu enden bei der Wärmeerzeugung, wo darüber hinaus auch der Aufwand für die Verteilung und für die Wandlung der eingesetzten Energie zu decken ist.

Die Bilder B-1 und B-2 zeigen die Systemgliederung einer Heizung. Ist zusätzlich eine maschinelle Lüftung mit Erwärmung der Luft vorgesehen, gliedert sich die Anlage analog: Die Grenze zwischen Verteilung und Übergabe stellt die Lufterwärmer-Oberfläche dar (Bild B-3); zur Nutzenübergabe gehört damit auch der Transport der Luft zum Raum und ihre Führung im Raum. In der gleichen Weise wird eine Anlage zur Trinkwassererwärmung gegliedert; auch hier beginnt die Übergabe an der Oberfläche des Trinkwassererwärmers (Bild B-4), und die Leitungen für das erwärmte Trinkwasser sowie die Armaturen zählen zum System der Übergabe.

Nutzenübergabe

Alle Soll-Funktionen einer Heizanlage (siehe Abschn. Teil A2), deren Vorhandensein vom Nutzer **direkt** erwartet wird, sind als Nutzenlieferer zu verstehen. Die Funktionen, die nur als Voraussetzungen hierfür aufzufassen sind, z.B.: „Technische Grundanforderungen erfüllen", „Sicherheit gewährleisten" oder „Anlagen- Energiebedarf minimieren", fallen nicht darunter. Um möglichst vollständig auf die Nutzererwartungen eingehen zu können, müssen die Soll-

**Bild B-3** Nutzenübergabe für
die Luftheizung
(Systemgrenze gestrichelt)

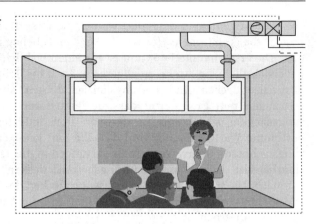

**Bild B-4** Nutzenübergabe für
die Trinkwassererwärmung
(Systemgrenze gestrichelt)

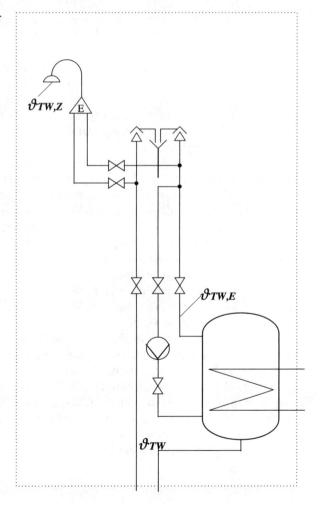

Funktionen genügend detailliert werden. So fasst die Funktion „Wärme übertragen" die Funktionen „Heizlast decken" und „Behaglichkeit schaffen" zusammen. Die erstgenannte Funktion ist für einen fachlich nicht geschulten Nutzer
unverständlich, die zweite zu allgemein. Auch die Teilfunktionen „Transmissionsheizlast decken" und „Lüftungsheizlast decken" sind aus der Sicht des Nutzers zu abstrakt. Er erwartet, dass die Temperaturen der Luft und der Umfassungsflächen des Raums in der von ihm festgelegten Anforderungszone
bestimmte Werte einhalten und dass die Luft genügend „frisch" ist. Der Hei-
zungsfachmann übersetzt diese Erwartungen in die Teilfunktionen „Transmissionsheizlast decken" und „Lüftungsheizlast decken". Als Nutzen erscheinen
demnach das Warmhalten der Umfassungsflächen des Raums und die erwärmte Außenluft, also das Erwärmen der Luft und die Außenluft an sich, die zum
Lüften erforderlich ist.

Die Funktion „Wärme übertragen" ist unter einem weiteren Aspekt zu allgemein: Es kann ein Teil der Wärme ohne Nutzwirkung übertragen werden, z.B.
konvektiv von Heizstrahlern unter der Hallendecke oder ganz allgemein auf
Grund einer unvollkommenen Anpassung der Heizleistung an die Heizlast.

Auch die Funktion „Behaglichkeit schaffen" muss stärker detailliert werden. Bestimmte Temperaturen der Umfassungsflächen einzuhalten, bedeutet,
dass die Störung durch eine kältere Umfassungsfläche wie das Fenster durch
Ausgleich der Abstrahlung und Abfangen des Fallluftstroms beseitigt, also eine
bestimmte Luftführung erzielt wird. Damit tragen auch diese beiden Funktionen zur Nutzenübergabe bei.

Ein weiterer Nutzen, der von einer Heizanlage erwartet wird und über die
Funktion „Wärme übertragen" hinausgeht, besteht darin, dass ein bestimmter
Betriebsablauf möglich sein muss. So werden bestimmte Räume nur zeitweise oder auch unterschiedlich genutzt, d.h. es werden zeitabhängig unterschiedliche Solltemperaturen erwartet. Ergänzend zum bisher beschriebenen ener-
gierelevanten Nutzen ist in diesem Zusammenhang auch eine entsprechende
Bedienbarkeit als Nutzen aufzuführen.

In eine Nutzenliste (siehe Tabelle B-1) kann schließlich auch aufgenommen
sein, dass ästhetische Wirkungen (z.B. Heizflächen als raumgestalterische Elemente) gewünscht sind oder dass ein Zusatznutzen (z.B. Badheizkörper als
Handtuchhalter) erwartet wird.

Der Kernbereich der Nutzenübergabe (Tabelle B-1) ist der Aufenthaltsraum[1]
des Nutzers. Seine Systemgrenzen (für eine Energiebilanz) sind einerseits die
Oberfläche der Raumumschließung (Wände. Böden, Decken und Fenster) und
andererseits die Raumheizflächen. Da die Temperaturen der Raumumschlie-
ßungsflächen nicht allein von der Heizanlage verursacht werden, sondern auch
vom Wetterablauf (Sonneneinstrahlung, Außentemperaturen) und den Gebäudeeigenschaften (Dämmung, Speicherfähigkeit), dürfen vor allem die dynamisch wirksamen Funktionen des Übergabesystems der Heizanlage nicht unab-

---

[1]   vorgegeben als „Anforderungszone" gemäß VDI 6030 [A-9]

**Tabelle B-1** Sollfunktionen für die Nutzenübergabe in der Heiztechnik

| | | | |
|---|---|---|---|
| Wärme übertragen<br>Umfassungsflächen erwärmen<br>Außenluft erwärmen | } | in der<br>Fachsprache { | Normheizlast decken<br>Transmissionsheizlast decken<br>Lüftungsheizlast decken<br>Norminnentemperatur gewährleisten |

Strahlungsdefizit ausgleichen
Falluftstrom abfangen

Sollraumtemperatur variieren
Bedienbarkeit bieten
Aufheizreserve vorhalten

Bestimmte Luftströmungen erzeugen
Luftschichten herstellen

Ästhetische Wirkung erzielen
Zusatznutzen vorsehen

hängig von den Gebäudeeigenschaften bewertet werden. Das System der Nutzenübergabe kennzeichnen demnach weiterhin als Anlageneigenschaften die thermische Trägheit und das Regelverhalten der Heizflächen zusammen mit den zugehörenden Regelorganen.

Die Funktion „Außenluft erwärmen" kann im einfachsten und meist vorkommenden Fall dadurch erfüllt sein, dass die durch geöffnete Fenster oder Undichtigkeiten dem Raum zuströmende Außenluft durch die Heizflächen im Raum miterwärmt wird. Einen größeren Gestaltungsspielraum erhielte man aber auf die andere denkbare Weise, dass die Außenluft über eine besondere Luftbehandlungsanlage (in der Mindestausstattung mit Lufterhitzer und Ventilator) dem Raum über Luftkanäle und einen Zuluftdurchlass zugeführt wird. Der Gestaltungsspielraum ist in diesem Fall nur dann erweitert, wenn im Raum zur Deckung der Transmissionsheizlast Raumheizflächen angeordnet sind. Das Zuluftgerät z. B. mit Lufterwärmer, Wärmerückgewinner und Ventilator ist über einen Luftkanal und einen Luftdurchlass mit dem Raum verbunden (unter Umständen auch mit mehreren Räumen). Wird nun einheitlich als Systemgrenze der Nutzenübergabe die Fläche betrachtet, an der die Wärme übertragen wird, gehört auch der Luftkanal zum Bereich der Nutzenübergabe (s. Bild B-3). Diese formal erscheinende, bei rechnerischer Behandlung aber sehr vorteilhafte Grenzziehung, ist auch in Hinblick auf den hygienischen Nutzen konsequent: Die Reinheit der Luftkanäle ist genauso bedeutsam wie die Reinheit im Raum. Bei genauer Betrachtung, insbesondere unter hygienischen Gesichtspunkten, gehört der Luftkanal zum Bereich der Nutzenübergabe. Mit dem Luftdurchlass sind zusätzliche Funktionen für eine Nutzenübergabe zu gewinnen. Mit ihm lassen sich im Raum bestimmte Luftströmungen mit definierten Strömungsrichtungen sowie Geschwindigkeits- und Temperaturverteilungen herstellen (Band 2). Auch dies ist als Nutzen zu bewerten, der gezielt zur Verbesserung der Luftqualität im Aufenthaltsbereich und zur Reduktion des erforderlichen Zuluftstroms herbeigeführt wird.

Insgesamt stehen demnach die Systemgrenzen des mit einer Zuluftanlage erweiterten Bereichs der Nutzenübergabe einerseits aus der Oberfläche der Raumumschließung und andererseits in der einfachsten Ausführung aus der Oberfläche des Lufterhitzers im Zuluftgerät sowie zusätzlich aus den Luftdurchlässen, im allgemeinsten Fall aus den Raumheizflächen, den Oberflächen der Luftkanäle und zusätzlich der Lufterwärmeroberfläche[2] sowie den Luftdurchlässen. Auch hier gehören die dynamischen Eigenschaften der Übergabeeinrichtungen mit der Regelung zum Übergabesystem.

Bei Räumen, in denen ein Aufenthaltsbereich für die Nutzer vom Gesamtraum definiert abgrenzbar ist, insbesondere bei großen Räumen wie z.B. Industriehallen, lässt sich der Gesamtluftraum durch gezieltes Herstellen von zwei stabilen Luftschichten (Begrenzungs- oder Zonierungsprinzip bei der Lastabfuhr) aufteilen in eine untere, den Aufenthaltsbereich (Anforderungszone), und eine obere ungenutzte Zone. Nur die Temperatur (und Zusammensetzung) der Luft in der unteren Schicht hat den Sollvorgaben zu genügen. Während die Strahlungswirkung von Raumheizflächen auf den Gesamtraum abgestimmt sein muss, kann die Luftbehandlung auf den unteren Aufenthaltsbereich beschränkt sein, sofern die Sorgfalt bei der Luftführung dieses erlaubt (Qualität der Nutzenübergabe). Die räumlichen Systemgrenzen für den Bereich der Nutzenübergabe können demnach in Hinblick auf den radiativen oder konvektiven Wirkungsbereich des Heizsystems unterschiedlich sein.

## Wärmeverteilung

Im Bereich der Wärmeverteilung geht es tatsächlich nur um den *Wärmetransport* und nicht wie im zuerst behandelten Bereich der Nutzenübergabe um deutlich mehr (thermodynamisch korrekt müßte eigentlich vom Transport „innerer Energien" gesprochen werden). Verteilmedien in zentralen Heizsystemen sind überwiegend Wasser, seltener Dampf oder Heißöl. Rein technisch könnte Luft auch als Verteilmedium verwendet werden, wenn auch hierfür ein geschlossenes Kanalsystem bestünde. Üblicherweise wird aber die Luft über offene Kanäle direkt dem Nutzungsbereich zugeführt und gehört daher, wie bereits erläutert, begrifflich und vom Anspruch her zur Nutzenübergabe. Damit umfasst die Wärmeverteilung alle Komponenten (geschlossener) hydraulischer Verteilnetze, wie Rohre, Pumpen, Stellorgane und letztlich auch die Raumheizflächen und Lufterhitzer im RLT-Gerät.

Systemgrenzen sind hier einerseits die Ausgänge der Wärmeerzeugungseinrichtung, andererseits die Oberflächen der Wärmetauscher im RLT-Gerät oder die Raumheizflächen. Die Art des Verteilmediums hat außer auf das Verteilsystem selbst auch Einfluss auf die Gestaltung der Einrichtungen zur Wärmeübergabe und zur Wärmeerzeugung. Damit charakterisiert sie die gesamte Heizan-

---

2   genauer: der wasserberührten Oberfläche des Lufterwärmers oder der Raumheizfläche.

lage. So unterscheidet man je nach Druck- und Temperaturniveau: Warmwasserheizung, Niederdruck-Heißwasserheizung, Hochdruck-Heißwasserheizung, Niederdruck-Dampfheizung, Hochdruck-Dampfheizung und Unterdruck-Dampfheizung. Für niedrige Überdrücke und hohe Temperaturen gibt es auch Heißölheizungen.

### Wärmeerzeugung

Wärmeerzeugung bezeichnet in der Heiztechnik die Wandlung von Brennstoffenergie oder elektrischer Energie in Heizwärme. Im weiteren Sinne ist hierunter auch die Wärmezuführung von einem Fernwärmesystem in eine Hausverteilung gemeint. Auch die Wärmezufuhr aus Solarkollektoren ist dem Bereich der Wärmeerzeugung zuzurechnen. Allerdings haben die Wärmerzeuger für beide Wärmezufuhrarten lediglich eine Wärmeübertragungsfunktion, keine Energiewandlungsfunktion. Wird unter Heizwärme sowohl die unmittelbar an den Raum abgegebene als auch die an das Heizwasser übertragene Wärme verstanden, dann geschieht die Wandlung von Brennstoffenergie in einem Verbrennungsprozess immer direkt (Ofen, Kessel); bei der Wandlung von elektrischer Energie kann auch eine Zwischenstufe auftreten, z.B. die Wandlung zunächst in mechanische Energie bei der Wärmepumpe.

Die Systemgrenzen werden hier gebildet durch die Eingangsgrenzen der Wärmeverteilung einerseits und andererseits die Eingangstellen für das Gesamtsystem, wo Brennstoff, elektrischer Strom, Fernwärme oder Solarenergie von Solarkollektoren zugeführt wird. Zum Wärmeerzeugungssystem gehört alles, was für den Betrieb des Wärmeerzeugers notwendig ist oder ihn unterstützt (z.B. auch ein Pufferspeicher).

## B2
## Systemeübersicht

Eine Übersicht über die Systeme der Heiztechnik beginnt im Sinne einer Bedarfsentwicklung (Bild B-2) mit dem Bereich der Nutzenübergabe. Hier gibt es die meisten Ausführungsvarianten und den größten Gestaltungsspielraum vom einfachsten Heizsystem, das lediglich die Hauptfunktion Wärme in den Raum zu übertragen bietet, bis zu einem komfortablen System mit einem Angebot aller in Tabelle B-1 beispielhaft zusammengestellten Sollfunktionen. Die Darstellungssystematik ist nun so aufgebaut, dass jeweils von der Einrichtung mit den geringsten Gestaltungs-Freiheitsgraden ausgegangen und zu der mit den meisten fortgeschritten wird. Zu beginn ist daher mit Einzelraum-Direktheizgeräten, bei denen die Wärmeabgabe an den Raum und die Wärmeerzeugung in einem Gerät stattfindet und eine gezielte Korrektur von Behaglichkeitsdefiziten, z.B. durch die Anlagenfunktion „Strahlungsdefizit ausgleichen" oder „Fallluftstrom abfangen" nicht möglich ist. Die Darstellung endet mit der Beschreibung der Raumheizflächen, die als Komponenten von Zentralheizsystemen allen Raumklima- und Sicherheitsanforderungen genügen, optimal anzuordnen und

**Tabelle B-2**  Systemeübersicht für die Nutzenübergabe

| | |
|---|---|
| Freiheitsgrade der Gestaltung<br><br>zunehmend<br><br>⇓ | Dezentrale Kleinraum-Heizgeräte<br>• Einzelraum Direkt-Heizgeräte<br>  – Kamine<br>  – Öfen für Festbrennstoffe<br>  – Ölheizöfen<br>  – Gasheizöfen<br>  – Elektro- Direktheizgeräte |

Dezentrale Kleinraum-Heizgeräte
• Einzelraum Direkt-Heizgeräte
  – Kamine
  – Öfen für Festbrennstoffe
  – Ölheizöfen
  – Gasheizöfen
  – Elektro- Direktheizgeräte

• Einzelraum-Speicherheizgeräte
  – Speicheröfen (Kachelöfen)
  – El. Speicherheizflächen
  – El. Speicherheizgeräte

• Mehrraum-Heizgeräte (Ofen-Luftheizung)
  – Direktheizgeräte
  – Speicherheizgeräte

Dezentrale Großraum-Heizgeräte
• Direktheizgeräte
  – Warmlufterzeuger
  – Heizstrahler

• Speicherheizgeräte

Luftheizung (Wasser-Luftheizung)
• Zentrale Luftheizung mit Luftkanälen
• Dezentrale Luftheizung (Ventilator- Konvektoren)

Raumheizflächen bei Zentralheizung
• Integrierte Heizflächen
  – Warmwasserfußbodenheizung          } Wärmeverteilung
  – Wandheizung
  – Deckenheizung

• Freie Heizflächen
  – Deckenstrahlplatten
  – Raumheizkörper

Systemkombinationen

zu regeln sind und die unter Umständen Zusatzfunktionen z.B. als raumgestalterische Elemente übernehmen können (Tabelle B-2).

Die Variantenvielfalt in den Bereichen Wärmeverteilung und Wärmeerzeugung ist wesentlich kleiner; die Varianten sind allen Zentralheizsystemen zuzuordnen und müssen auf die Wärmeübergabe abgestimmt sein. Auch hier wieder wird jeweils von den Einrichtungen mit den geringsten Gestaltungsfreiheitsgraden ausgegangen (Tabelle B-3 und 4).

**Tabelle B-3** Systemeübersicht für die Wärmeverteilung

| | |
|---|---|
| Freiheitsgrade der Gestaltung | Verteilsysteme mit Dampf |
| | • Hochdruckdampfnetze |
| zunehmend | Niederdruckdampfnetze |
| | Unterdruckdampfnetze |
| | |
| | Verteilsysteme mit Wasser |
| ⇓ | • Umwälzung |
| |    – Schwerkraft |
| |    – Pumpe |
| | |
| | • Anschlussart |
| |    – Einrohrsystem |
| |    – Zweirohrsystem |
| |       Normalverlegung |
| |       Tichelmann-Verlegung |
| | |
| | • Hydraulische Kreise |
| |    – Wärmeverteilkreis |
| |    – Wärmeverteilkreis mit Übergabekreis |
| |    – Wärmeverteilkreis mit Erzeugerkreis |
| |    – Wärmeverteilkreis mit Übergabekreis und Erzeugerkreis |
| | |
| | Verteilnetze mit Heißöl |
| | • Pumpenumwälzung, Zweirohranschluss |
| | • Hydraulische Kreise (wie bei Wasser) |

**Tabelle B-4** Systemeübersicht für die Wärmeerzeugung (Gebäude als Systemgrenze einer Heizwärmeversorgung)

| | |
|---|---|
| Freiheitsgrade der Gestaltung | Wärmeerzeugung durch Wärmeübertragung |
| | • von der Sonne |
| zunehmend |    – Luftkollektoren |
| |    – Wasserkollektoren |
| |       Solarabsorber |
| ⇓ |       Flachkollektor |
| |       Vakuumkollektor |
| |       Wärmerohrkollektor |
| | |
| | • aus Fernwärme (Fernwärmehausstation) |
| |    – Direkt |
| |    – Indirekt (Wasser-Wasser-Wärmetauscher) |

**Tabelle B-4** (Fortsetzung) Systemeübersicht für die Wärmeerzeugung (Gebäude als System-grenze einer Heizwärmeversorgung)

⇩      Wärmeerzeugung aus Brennstoff
- Feuerungen
  Feuerungsanlagen für Festbrennstoffe
  Ölbrenner
       Schichtungsbrenner („Verdampfungs"-)
       Zerstäuberbrenner
       mit Flammenmischung
       mit Vormischung

  Gasbrenner
       mit Flammenmischung
       mit Vormischung
- Heizkessel
  Feuerungsseite
       Feuerraum
       Nachschaltheizfläche

  Wasserseite
       Flammrohr-Rauchrohr-Kessel
           Gliederbauweise
           Blockbauweise
       Wasserrohrkessel
           Zwangsumlauf
           Zwangsdurchlauf

  Betriebsweise
       Standardbetrieb (ohne Kondensation)
       Niedertemperatur-Betrieb
       Brennwertnutzung

Wärmeerzeugung aus Strom
- Elektro-Heizkessel (direkt)
  mit Widerstandsheizkörpern
  mit Elektroden
- Elektro-Zentralspeicher
  Wasser-Zentralspeicher
  Feststoffzentralspeicher

Wärmeerzeugung aus Umweltenergie und Strom oder Brennstoff (Wärmepumpen)
- Kompressionswärmepumpen
  Verdichter

       Hubkolbenverdichter
       Schraubenverdichter
       Turboverdichter

  Antrieb
       Elektromotor
       Verbrennungsmotor
- Absorptionswärmepumpen

Gekoppelte Erzeugung von Strom und Wärme aus Brennstoff
- Blockheizkraftwerk (BHKW) mit Otto-Motor
- Blockheizkraftwerk (BHKW) mit Diesel-Motor

Die aus der beschriebenen Systematik folgende Systemeübersicht ist Grundlage der Gliederung des Teiles D.

# B3
# Literatur

[B-1]   Ast, H.: Energetische Beurteilung von Warmwasserheizanlagen durch rechnerische Betriebssimulation. Diss. Universität Stuttgart 1989.
[B-2]   VDI 2067 Bl.1 Wirtschaftlichkeit gebäudetechnischer Anlagen; Grundlagen und Kostenberechnung. VDI-Verlag, Düsseldorf, 2000.

# C Konzeption und Vergleich von Heizsystemen

HEINZ BACH

## C1
## Konzeption von Heizanlagen

Bei der Betrachtung der vielen Möglichkeiten zu heizen, etwa in der Übersicht der Tabelle B2 über die verschiedenen Arten der Nutzenübergabe in der Heiztechnik, stellt sich die Frage, wie eine Entscheidung für ein Heizsystem in einem bestimmten Anwendungsfall herbeizuführen ist. Der Praktiker wird rasch eine Antwort parat haben: Aus Erfahrung entscheidet man sich für dies oder jenes. Der Vorteil dieser Vorgehensweise ist zugleich ihr Nachteil – so knapp wie die Entscheidung ist ihre Begründung. Der meist fachlich nicht geschulte Käufer oder Anwender erfährt lediglich: Man macht es eben so. Bestenfalls wird der Lieferumfang beschrieben, aber nicht der Entscheidungs- oder gar Auswahlvorgang im einzelnen begründet (höchstens nach einer intensiven Nachfrage). Ein weiterer Nachteil ist, dass durch Veränderungen der Randbedingungen, wie beispielsweise die Erhöhung der Wärmedämmung von Gebäuden oder die Zunahme der Ansprüche der Nutzer, sich Erfahrung und Erfordernisse auseinander entwickeln und so zwar fachgerechte aber nicht bedarfsgerechte Anlagen entstehen.

Nun hängt die Vorgehensweise bei der Entscheidung für ein bestimmtes System wesentlich davon ab, wie komplex der jeweilige Anwendungsfall ist. Es seien die Extreme betrachtet:

Bei einem **einfachen** Anwendungsfall mag lediglich die eine Anforderung bestehen, einem Raum irgendwie Heizwärme zuzuführen (Baubude, Gartenhäuschen, Skihütte ...). Dann genügt es, lediglich ein Einzelheizgerät[1] zu beschaffen; hier fällt die Entscheidung wie beim Kauf irgendeines anderen Gebrauchsgegenstandes. Es zählen lediglich Überlegungen wie: kann ich mir das leisten? Oder: gefällt mir das Design? Technische Details wie die Anschlussleistung oder die Anschlussmöglichkeit sind vom Hersteller vorentschieden oder wie die Sicherheit durch Vorschriften gewährleistet. Die Kenntnis der üblichen Art und Ausstattung von Räumen, in denen die Einzelgeräte Anwendung finden könn-

---

[1] In Tabelle B2 der obere Block mit den dezentralen Heizgeräten.

ten, ist die Basis hierfür. Findet überhaupt eine Wahl einer Anschlussleitung statt, so richtet sie sich in einfachster Form nach der Größe des Raumes.

Der **komplexe** Anwendungsfall unterscheidet sich von dem einfachen dadurch, dass eine Vielzahl unterschiedlicher Anforderungen besteht: Hier soll den Räumen des zu beheizenden Gebäudes nicht irgendwie Heizwärme zugeführt werden können, es sollen z.B. zu vorgegebenen Zeiten in ihnen bestimmte Temperaturen der Luft und der Umfassungsflächen hergestellt werden. Die dazu erforderliche Anlage muss eine ganze Reihe von Funktionen aufweisen, die auf den jeweiligen Anwendungsfall abgestimmt sein müssen, um eine energiesparende, wirtschaftliche und komfortabel zu betreibende Anlage zu erhalten. Wird eine dem heutigen technischen Standard entsprechende und das Anforderungsprofil vollständig abdeckende Heizanlage verlangt, dann kann die Vielzahl der Entscheidungen für die mannigfaltigen Anlagenfunktionen nur in einem entsprechend komplexen Konzeptionsvorgang bearbeitet werden. Die in Teil A2 vorgestellte Wertanalyse liefert die dazu notwendige Methodik. Selbstverständlich lässt sich mit dieser Methodik auch der vorab beschriebene einfache Anwendungsfall behandeln: Den wenigen Anforderungen (Bild A2-1) sind entsprechend wenig Grundfunktionen zugeordnet. Oder umgekehrt: Die Entscheidung bei einem komplexen Anwendungsfall und daraus folgend vielen Anlagenfunktionen kann auch bei einem häufig vorkommenden annähernd gleichen Anforderungsprofil wie in einem einfachen Kaufvorgang fallen. Ein Beispiel hierfür ist die Etagen-Warmwasserheizung in einem Wohnhaus. Allerdings geht der einfachen Einbauentscheidung für den Installateur eine ausführliche musterhafte Konzeption der vollständigen Anlage von der Übergabe bis zur Erzeugung beim Hersteller der Hauptkomponente, z.B. des Umlauf-Gaswasserheizers, voraus (siehe Kap.C2)

Die ausführliche Diskussion der Entscheidungsmechanismen zeigt, dass hinter den stark unterschiedlichen Vorgehensweisen ein mehr oder weniger komplexer, prinzipiell aber in der Methodik einheitlicher Konzeptionsvorgang steht, der indes bei ganz unterschiedlichen Gelegenheiten vorgenommen sein kann: Bei den in großen Stückzahlen industriell hergestellten Einzelheizgeräten und auch den Kleinheizanlagen (mit der Massenproduktion beim Wärmeerzeuger) ist der Konzeptionsvorgang identisch mit einer Produktentwicklung, die zeitlich weit vor der Entscheidung für ein Heizsystem zu einem bestimmten Anwendungsfall stattfindet (siehe Kap. C2). Anders ist die Situation bei einzelgefertigten Heizgeräten und größeren Heizanlagen, die unmittelbar auf einen bestimmten Anwendungsfall hin konzipiert werden. Hier ist die Konzeption ein Teil der Planung, deren Ausführung entweder beim Anlagenbauer – also auch z.B. dem Handwerker – oder bei einem Planer liegt. In jedem Fall orientiert sich gezwungenermaßen das Vorgehen beim Planen an der Vergütung hierfür, die in der Honorarordnung für Architekten und Ingenieure, der HOAI, festgelegt ist [C1-1]. Die Entscheidungen bei der Planung stützen sich fast ausschließlich auf die Erfahrung des jeweils Planenden ab, wobei häufig der Entscheidungsspielraum durch den Auftraggeber (Architekt, Bauherr) eingeengt wird, gele-

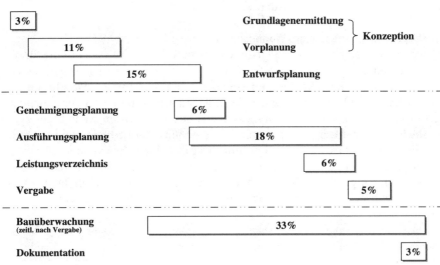

**Vorgegebene Honorargewichtung**

Bild **C1-1** Schematische Darstellung des Planungsablaufes nach HOAI

gentlich vorurteilhaft. Ein systematisches Vorgehen bei der Suche nach einer optimalen Lösung für den jeweils vorliegenden Fall ist bei dieser traditionellen Arbeitsweise nicht gegeben. Sie wird durch die Honorierungspraxis sogar verhindert, wozu die HOAI noch die Handhabe bietet: in allen Phasen des traditionellen Planungsprozesses (siehe Bild C1-1) sind jeweils **Grundleistungen**, d.h. vom Planer in jedem Fall zu erbringende Leistungen definiert, und **besondere Leistungen**, die im Umfang zu vereinbaren sind; gerade sie haben die in Wichtigkeit und Komplexität gemeinhin unterschätzten Arbeiten zur Begründung der Entscheidung für das zu planende Heizsystem zum Inhalt. Während für die Grundleistungen eine verbindliche Honorarermittlung vorgegeben ist, unterliegen die **besonderen Leistungen** der freien Vereinbarung. In der Regel werden nur Grundleistungen beauftragt und ausgeführt. Dies hat zur Folge, dass Alternativen nicht weiter beachtet werden und zugehörige Bewertungen von gewünschten Anlagenfunktionen, insbesondere Wirtschaftlichkeitsuntersuchungen, entfallen.

Um zu zeigen, wie die Entscheidungen für ein Heizsystem in einem bestimmten Anwendungsfall zustande kommen, soll die Methodik des Konzeptionsvorganges in Beispielen demonstriert werden. Die Konzeption umfasst die beiden ersten in der HOAI festgelegten Planungsphasen, Grundlagenermittlung und Vorplanung (siehe Bild C1-1); sie ist aber begrifflich stärker detailliert, etwa in der Weise, wie der Gedankengang in Bild A2-1 angelegt ist. Hervorzuheben ist, dass beim Konzipieren das *Entscheiden* zwischen denkbaren Varianten wesentlich ist und dazu vereinfachte Rechenansätze (Modelle) nicht nur ausreichen, sondern vorteilhaft sind. Genauere Rechnungen sind erst bei der Auslegung der auszuführenden Anlage erforderlich.

## 1. Beispiel: Ein mehrstöckiges Wohngebäude

Von den Vorgaben nach dem Begriffsschema in Bild A2-1 müssen nur die für den vorliegenden Fall geltenden Randbedingungen und Anforderungen beachtet werden, um zu einer Entscheidung für ein Heizsystem zu kommen. Sie sind im Sinne der HOAI die projektbezogenen Grundlagen. Die in Bild A2-1 zusätzlich aufgeführten Grundanforderungen müssen erst beachtet werden, wenn bereits eine grobe Vorentscheidung aus den projektbezogenen Randbedingen und Anforderungen abgeleitet ist, also z.B. Zentralheizung statt Einzelheizgeräten.

Die Randbedingungen – unbeeinflussbare Vorgaben – sind für das gewählte Beispiel, ein größeres Gebäude für „betreutes Altenwohnen", in Tabelle C1-1 zusammengestellt. Die Hauptpunkte sind der Standort, die Gebäudenutzung, die

**Tabelle C1-1**  Randbedingungen für 1. Beispiel

| Standort: | Mannheim | | | |
|---|---|---|---|---|
| **Klima:** | Normaußentemperatur | $\vartheta_a$ = | −12 | °C |
| | Heiztage (Heizgrenze 15 °C) | $t$ = | 242 | d/a |
| | Gradtage (gem. VDI 3807 [C1-2]) | $G_{15}$ = | 2189 | Kd/a |

| **Gebäudenutzung:** „Betreutes Altenwohnen" | | | |
|---|---|---|---|
| 40 | 1-Personenwohnungen je 44 m² | Σ: | 1721 m² |
| 4 | 1-Personenwohnungen (behindertengerecht) je 54 m² | Σ: | 217 m² |
| 16 | 2-Personenwohnungen je 54 m² | Σ: | 867 m² |
| 1 | Personalwohnung | Σ: | 77 m² |
| | Gemeinschafts- und Versorgungseinrichtungen | Σ: | 252 m² |

**Gebäudeabmessungen:**

4 Normalgeschosse, 1 ausgebautes Dachgeschoss, teilunterkellert, durch Treppenhaus in 2 Trakte gegliedert (Teilgrundriss siehe Bild C1-5),
Länge: 27,30 m + 5,26 m + 30,10 m, Breite 16,36 m

| | |
|---|---|
| Bauwerksvolumen | 16155 m³ |
| Umfassungsfläche | 4505 m² |
| A/V-Verhältnis | 0,28 m⁻¹ |
| Gesamtfläche [C1-2] | 3238 m² |

**Energieversorgung:**

Anschlussmöglichkeit an Fernwärme

**Relevante Vorschriften:**

Bauausführung gem. WSVO 95 [C1-3]
Anschluss an Fernwärme

Gebäudeabmessungen, die Energieversorgung und die objektrelevanten allgemeinen sowie örtlichen Vorschriften.

Aus den Anforderungen ergeben sich ganz allgemein die in den Tabellen A2-2 bis -4 beispielhaft zusammengetragenen Anlagenfunktionen. Im vorliegenden Fall stellen Bauherr und Architekt abgestimmt auf die Randbedingungen folgende Anforderungen:

- **Festanforderungen** gemäß Tabelle A2-2: Als Normheizlast sind, abgeleitet aus dem in Tabelle C1-1 angegebenen A/V-Verhältnis von $0,28 \, \text{m}^{-1}$ und Bild C1-2 unten, $43 \, \text{W/m}^2$ als flächenbezogene Heizlast[2] zu decken. Eine regelrecht berechnete Normheizlast liegt in der Konzeptionsphase noch nicht vor.

**Bild C1-2** oben: Maximaler Jahres-Heizwärmebedarf bezogen auf Nutzfläche $A_N$ nach [C1-3]
unten: Flächenbezogene „Quasi-Normheizlast" als Schätzwert aus oberem Diagramm

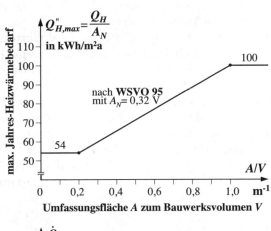

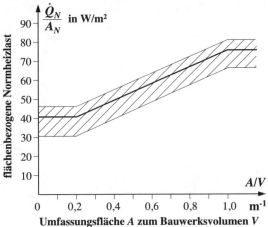

<hr>

2    Da als Bezugsfläche die Gesamtnettogrundfläche eingesetzt ist, aber nur 66% hiervon mit Heizflächen versorgt werden, ist die der Auslegung zugrunde zu legende flächenbezogene Heizlast $65 \, \text{W/m}^2$, bei Nassräumen mit mehr als einer Wohnungstrennfläche $105 \, \text{W/m}^2$.

Die weiteren Festanforderungen in Hinblick auf Sicherheit und Hygiene, wie sie in Tabelle A2-2 aufgeführt sind, gelten selbstverständlich bei der hier angestrebten Nutzung, also: kein offenes Feuer, maximale Heizflächentemperatur unter 60°C, keine scharfen Kanten an den Heizflächen, gute Reinigungsmöglichkeit, keine Verschmutzung und Schadstofffreisetzung im Aufenthaltsbereich.

- **Grenzanforderungen** gemäß Tabelle A2-3: Der Bauherr stellt sich vor, dass die Bewohner auch im Winter vor dem Fenster sitzend das Treiben auf der Straße betrachten können, ohne sich thermisch unbehaglich zu fühlen. Dies bedeutet, dass die anzuordnenden Heizflächen mindestens so groß und warm sein müssen, um das vom Fenster ausgehende Strahlungsdefizit ausgleichen und den am Fenster entstehenden Falluftstrom abfangen zu können. Als Wärmedurchganskoeffizient für die Fenster wird k=1,8 W/(m²K) angegeben, was einer Fensteruntertemperatur von 7,3 K entspricht (Bild C1-3). Auf unbeeinflussbare Zugerscheinungen braucht nicht weiter geachtet zu werden, da das Gebäude ja nach den Bestimmungen der WärmeschutzV [C1-3] genügend dicht sein wird. Die Forderung „Geräuschentwicklung zu vermeiden" (mit Vorgabe einer maximalen Geräuschbelastung) ist einfach zu erfüllen, wenn auf den Einsatz von Ventilatoren und ähnlichem verzichtet wird. Für die Funktion „Aufheizreserve vorhalten" liefert ein neue Europanorm als Nachfolgenorm der DIN 4701 (DIN pr EN 12831 [A-7]) Anhaltswerte in Abhängigkeit einer vorgegebenen Aufheizzeit und weiterer Randbedingungen. Im vorliegenden Fall soll die Reserve im Wohn/Schlafraum $20\,\text{m}^2 \cdot 20\,\text{W/m}^2 = 400\,\text{W}$ betragen und in der Küche 180 W.

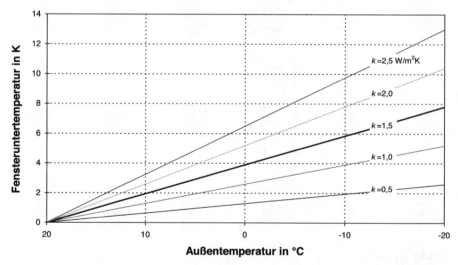

**Bild C1-3** Temperatur der "kalten" Umfassungsfläche (z.B. Fenster) bei einer Innentemperatur von 20 °C in Abhängigkeit von der Außentemperatur und dem k-Wert nach VDI 6030[A-9] (durch europäische Normung ist „k" durch „U" ersetzt)

Die Anforderungspunkte Hygiene, Bedienbarkeit und Umweltbelastung entfallen als Kriterien, da bei den Randbedingungen ein Anschluss an die bestehende Fernwärme vorgesehen ist.

Als Begrenzung für den Anlagen-Energiebedarf verbleibt für eine konzeptionelle Entscheidung nur eine Anforderung an die Nutzenübergabe: die Aufwandszahl (siehe Teil H 3.2 und [C1-4]) für die vorgesehene Nutzung mit Nachtabsenkung darf den Wert von 1,15 nicht überschreiten. Entsprechend sind Heizflächen und zugehörige Regeleinrichtungen auszuwählen.

Die Herstellkosten dürfen unter Berücksichtigung der besonderen Anforderungen zur Behaglichkeit und zum Energiebedarf das ortsübliche Kostenniveau nicht mehr als 10% überschreiten.

- Von den **Wünschen**, nach Tabelle A2-4 sind ausgenommen: Beim Anlagenenergiebedarf die Teilfunktionen „Abluftwärme rückgewinnen" und „Alternativenergien nutzen", ferner die Gesamtfunktionen „technische Anpassungsfähigkeit" und „Umweltbelastung". Bei der Bedienbarkeit wird gewünscht, dass wohnungsweise die Heizzeiten im Rahmen der zentral eingestellten Heizzeiten wählbar sind. Schließlich steht ein Badheizkörper mit dem Zusatznutzen, Handtücher zu trocknen, auf der Wunschliste.

Nachdem nun die Randbedingungen und Anforderungen bekannt sind, stellt sich die Frage, welches Anlagenkonzept am besten den Erwartungen des Bauherrn und Architekten entspricht. Bild C1-4 zeigt schematisch den Entschei-

**Bild C1-4** Konzeptionelle Entscheidungen für eine Heizanlage (die Steuerung der Übergabe ist häufig auch apparativ im Erzeugungssystem untergebracht)

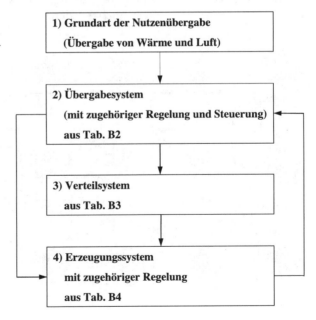

**Konzeptionelle Entscheidungen für eine Heizanlage**

1) Grundart der Nutzenübergabe

(Übergabe von Wärme und Luft)

2) Übergabesystem

(mit zugehöriger Regelung und Steuerung)

aus Tab. B2

3) Verteilsystem

aus Tab. B3

4) Erzeugungssystem

mit zugehöriger Regelung

aus Tab. B4

dungsweg. Zunächst ist zu klären, welche Grundart der Nutzenübergabe zu wählen ist (der mit einer Heizanlage lieferbare Grundnutzen ist Heizwärme). Aus den Randbedingungen (Nutzungsart, Energieversorgung, relevante Vorschriften) und aus den Anforderungen (insbesondere Grenzanforderungen) folgt, dass nur eine Warmwasser-Zentralheizung in Frage kommt. Eine Luftheizung (Wasser-Luftheizung) entfällt wegen der Behaglichkeitsanforderungen in Fensternähe. Eine mechanische Wohnraumlüftung scheidet aus wegen der Grenzanforderung in Hinblick auf Wirtschaftlichkeit. Nach diesen Vorüberlegungen sind als Übergabesysteme zu diskutieren: Raumheizkörper oder Fußbodenheizung ergänzt durch einen Badheizkörper.

In einem zweiten Schritt (Entscheidungsschema in Bild C1-4) ist zu entscheiden, welches von den beiden prinzipiell in Frage kommenden Übergabesystemen sich für den vorliegenden Fall am besten eignet. Hierzu ist das Pflichtenheft [A-9] mit den speziellen und allgemeinen Anforderungen der zu konzipierenden Heizung heranzuziehen. Es ist in Tabelle C1-2 beispielhaft für eine Wohnung im 1.OG (Bild C1-5) dargestellt. Aus dem Pflichtenheft lassen sich die Sollfunktionen für die Übergabesysteme (Heizflächen mit Regelorganen) ableiten. In dem Feld für die Nutzung sind z.B. die Anforderungen an die Regelfähigkeit der Raumheizflächen abzulesen. Sie sind im vorliegenden Fall wegen der niedrigen Innenlasten gering. Trotzdem müssen die Heizflächen wegen der besonderen Wünsche zur Bedienbarkeit (wohnungsweise Einstellung der Heizzeiten) und wegen der geforderten niedrigen Aufwandszahl eine möglichst kleine Speicherkapazität haben (Funktion: rasch reagieren können). Die im Vorgabenfeld angegebene Anforderungsstufe 3 bedeutet nach VDI 6030 [A-9]: „Die dritte Stufe liegt vor, wenn durch Anordnung, Abmessung und Übertemperatur der freien Raumheizfläche Behaglichkeitsdefizite (nach …) aufgrund baulicher

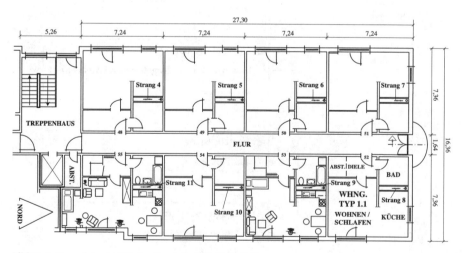

**Bild C1-5** Grundriss 1. OG des Bauteils B (1. Beispiel)

**Tabelle C1-2**  Beispiel für das Pflichtenheft in Anlehnung an VDI 6030 [A-9] zu einer 1-Personen-Wohnung (siehe Bild C1-2)

Projekt: „Betreutes Altenwohnen"
Gebäude:

| Raumbuch | | | | Nutzung | | | Auslegungsvorgaben | | | | Raumspezifikation für Heizen | | |
| --- | --- | --- | --- | --- | --- | --- | --- | --- | --- | --- | --- | --- | --- |
| | | | | | | | | | | | | weitere Vorgaben | |
| Ebene | Bez. | Raumart | Norm-heizlast[1] | Heizzeiten von  bis | Lüftungsart[2] | innere Lasten[3] | Innen-temperatur $\vartheta_{i,a}$ | $\vartheta_{Abs}$ | Anforde-rungszone[4] | Anforde-rungsstufe | Aufheiz-reserve[5] $\Delta\dot{Q}_{RH}$ | Zusatz-nutzen | Aufwands-zahl[6] $e_{1,max}$ |
| | | | W | Uhr | m / F | h / n | °C | °C | m | - | W | | |
| 1.OG | 121/1 | Wohn/Schlaf | 1300 | 7 – 22 | F | n | 20 | 18 | min | 3 | 400 | – | ≤1,15 |
| 1.OG | 121/2 | Küche | 585 | 7 – 22 | F | n | 20 | 18 | min | 3 | 180 | – | ≤1,15 |
| 1.OG | 120 | Bad | 630 | 0 – 24 | m | n | 24 | 24 | – | 3 | – | Handtuch-halter | ≤1,15 |
| 1.OG | 119 | Diele | – | – | – | – | – | – | – | – | – | – | – |

Raum 119, Diele, erhält keine Heizung, für alle übrigen Räume geltende weitere Vorgaben:
• Herstellkosten < + 10 % gegenüber Ortskostenniveau
• wohnungsweise Einstellbarkeit der Heizzeiten

[1] als „Quasi-Normheizlast" aus Nutzfläche mit 65W/m2 bzw. 105W/m2 berechnet (siehe Tab C1-3)
[2] bei maschineller Lüftung zusätzliche Informationen zum Zuluftstrom (Personenzahl, Geräteleistungen, Betriebszeiten, Gleichzeitigkeiten); sonst nur m oder F angeben
[3] Grenze zwischen hoch und niedrig ist: Innenlast/ Normheizlast ≥0,2
[4] Abstand zu „kalter" Umfassungsfläche
[5] nach DIN pr EN 12831
[6] für Nutzenübergabe nach VDI 2067 Bl. 20 [C1-4]

oder betrieblicher Bedingungen vollständig beseitigt sind. Dieses gilt insbesondere als erreicht, wenn

1. die Heizfläche aufgrund ihrer Länge und Anordnung eine Fallluftströmung abfängt (Heizkörperlänge ≈ Fensterbreite),
2. ein Strahlungsdefizit in der Anforderungszone nicht auftritt,
3. die Raumheizfläche unmittelbar vor derselben Ebene (parallel oder senkrecht) wie die „kalte" Umfassungsfläche angeordnet ist,
4. die Ansichtsfläche und die Übertemperatur der Raumheizfläche das Strahlungsdefizit der kalten Umfassungsfläche ausgleicht,
5. die Raumheizfläche die Normheizlast deckt,
6. die vereinbarte Aufheizreserve berücksichtigt ist."

Die dritte Stufe liegt ebenfalls vor, wenn baulich keine „kalten" Umfassungsflächen vorliegen sowie keine störende Luftströmungen die vorgegebenen Behaglichkeitszone erreichen und durch anlagentechnische Maßnahmen die oben angegebenen Bedingungen 5.) und 6.) erfüllt sind."

Die geforderten Funktionen sind hier: Fallluftstrom abfangen, Strahlungsdefizit ausgleichen, Normheizlast decken. Der Architekt hat in seinem ersten Entwurf für den Wohnraum dreigeteilte Fenster vorgesehen, die bis zum Boden reichen (siehe Grundriss Bild C1-5). Dabei ist der Mittelteil als so genanntes französisches Fenster ausgeführt (verglaste Balkontür ohne Balkon nur mit Außengitter); dazu stellt sich der Architekt eine Fußbodenheizung vor. Mit Hilfe einer einfachen Rechnung (hergeleitet in Teil D 1.2, Gleichung D 1.2-7) kann ihm vom Planer verdeutlicht werden, dass die vom Auftraggeber gewünschte Anforderungsstufe 3 (sogar verschärft durch verkürzten Abstand der Anforderunszone bis vor das Fenster) so nicht herzustellen ist: Der Abstand der Anforderungszone von dem Fenster müsste hier etwa 2,5 m betragen (siehe Bild C1-6, gerechnet nach Gl. D1.2-7) und wäre nur durch kräftiges Anheben der Raumlufttemperatur zu verkürzen (bei den vorliegenden Verhältnissen bringen 2 K eine Verkürzung von etwa 1 m auf 1,5 m Abstand, siehe Teil D1.2); im Rauminneren wäre es wegen der Zustrahlung vom Boden deutlich überheizt. Da die Behaglichkeitsanforderung vor dem Fenster nicht aufgegeben wird, modifiziert der Architekt seinen Entwurf, indem er auf das französische Fenster verzichtet und den unteren Teil der Fenster verblendet. Damit ist zugleich die Entscheidung für ein Übergabesystem mit Raumheizkörpern gefallen.

Die Verwirklichung der geforderten Funktionen ist durch eine entsprechende Anordnung und Auslegung der Raumheizflächen zu erreichen (Ablauf und Kenngrößen in Tabelle C1-3):

Es wird mit den Heizkörpern in *Räumen mit Fenstern* begonnen. Sie sollen ein Strahlungsdefizit beseitigen. Diese Funktion erfordert eine bestimmte Ansichtsfläche sowie Übertemperatur, woraus sich die Auslegungsvorlauftemperatur für die Gesamtheizung ableiten lässt. Hier sind es der Heizkörper im Wohnraum und der in der Küche. Im Wohnzimmer passt in die Fensternische von 2,8 m Breite ein 2,6 m langer Heizkörper, dessen Bauhöhe aus ästhetischen

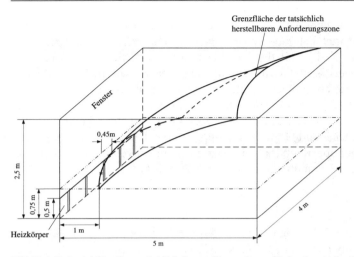

Grenzfläche der tatsächlich
herstellbaren Anforderungszone

Fenster

0,45m

2,5 m

0,75 m
0,5 m

Heizkörper   1 m

5 m

4 m

**Bild C1-6** Beispiel für die tatsächlich herstellbare Grenzfläche der Anforderungszone (mit Anforderungsstufe 3) berechnet mit Gleichung D1.2-7

**Tabelle C1-3** Wahl und Auslegung der Heizkörper in der Beispielwohnung (Ablauf und Kenngrößen), Arbeitsschritte (1), (2), (3), …

| Raum | | Wohn | | Küche | | Bad Einfach-HK | | Komfort-HK | |
|---|---|---|---|---|---|---|---|---|---|
| Nr. | | 1 | | 2 | | 3 | | 3* | |
| HK-Länge | (1) | 2,6 | m | (1) | 1,2 m | (1) | 1,0 m | (1) | 1,0 m |
| HK-Höhe | (2) | 0,4 | m | (2) | 0,3 m | (2) | 0,9 m | (2) | 1,8 m |
| $\Delta\vartheta_H$ | (3) | 29,5 | K | (3) | 27,6 K | | – | | – |
| $\sigma_{Aus}$ | (4) | 12 | K | (6) | 16,8 K | (6) | 9 K | (6) | 11 K |
| $\Delta\vartheta_V$ | (5) | 36 | K | (5) | 36 K | (5) | 32 K | (5) | 32 K |
| NGF[1] | | 20 | m² | | 9 m² | | 6 m² | | 6 m² |
| $\dot{Q}_N$[2] | | 1300 | W | | 585 W | | 630 W | | 630 W |
| $\dot{Q}_{Aus}/\dot{Q}_n$ | (7) | 0,52 | | (7) | 0,47 | (4) | 0,44 | (4) | 0,36 |
| $(\dot{Q}_{Aus}+\dot{Q}_{RH})/\dot{Q}_n$ bei $\Delta\vartheta_V=45\,K$ | | ≈ 0,68 | | | ≈0,63 | | – | | – |
| $\dot{Q}_n$[3] | (8) | 2500 | W | (8) | 1245 W | (3) | 1430 W | (3) | 1730 W |
| $\dot{m}_H$ | (9) | 93 | kg/h | (9) | 30,0 kg/h | (7) | 60,3 kg/h | (7) | 49,3 kg/h |
| DN[4] | (10) | 15 × 1 | | (10) | 12 × 1 | (8) | 12 × 1 | (8) | 12 × 1 |

[1] Nettogrundfläche nach VDI 3807
[2] geschätzt mit 65 W/m², für Nassräume mit 2 Wohnungstrennflächen 105 W/m² (abgestimmt auf WSVO 95 aus Bild C1-3), Auslegeleistung $\dot{Q}_{Aus}/\dot{Q}_N$
[3] Normleistung (75/65/20 °C) zur Vorauswahl
[4] Nennweite der Anbindungsleitungen (VDI 2073 [C1-5] oder Teile D2.5 und D2.6)

Erwägungen mit 0,4 m vorgegeben wird. Aus der verbleibenden Höhe von 1,5 m (Mauermaß) errechnet sich eine Fensterfläche von 4,2 m², durch deren Untertemperatur von 7,3 K das mit der Heizkörperansichtsfläche auszugleichende Strahlungsdefizit verursacht wird. Genaugenommen weisen auch die übrigen nach außen gerichteten Umfassungsflächen eine Untertemperatur auf, sie ist $\Delta\vartheta_{AW} = 2,3$ K bei $k_{AW} = 0,6$ W/(m²K). Dies soll als Bagatelledefizit nicht weiter verfolgt werden (VDI 6030 empfiehlt als Grenze 4 K[3]). Es genügt daher, lediglich das vom Fenster ausgehende Defizit zu kompensieren. Die hierfür erforderliche mittlere Heizflächenübertemperatur beträgt nach einem vereinfachenden linearen Ansatz für die Wärmeübertragung durch Strahlung:

$$\Delta\vartheta_H \geq \frac{A_F \Delta\vartheta_F}{L_{HK} H_{HK}}$$ (C1-1)

mindestens also 29,5 K. Analog hat man bei der Küche vorzugehen. Das Fenster mit einer Untertemperatur von ebenfalls 7,3 K hat eine Gesamtfläche von 1,36 m² und eine Breite von 1,1 m (hier fehlt die Nische). Damit die mittlere Heizflächenübertemperatur nicht zu weit unter 29,5 K liegt, wird als Höhe des Heizkörpers nur 0,3 m gewählt und als Länge 1,2 m; man erhält 27,6 K. Zur Bestimmung der gemeinsamen Übertemperatur am Vorlauf muss zunächst die Spreizung am wärmeren Wohnzimmerheizkörper festgelegt werden. Sie lässt sich aus der Maximalmassenstrom-Regel der VDI 6030 ableiten (hiernach soll in Hinblick auf eine gute Regelbarkeit die Spreizung größer als ein Drittel der Vorlaufübertemperatur sein, Herleitung in D1.6, siehe Bild C1-7): 12 K. Damit kommt die Vorlaufübertemperatur aufgerundet auf 36 K (vereinfacht wird für die mittlere Übertemperatur das arithmetische Mittel angesetzt), die einheitliche Vorlauftemperatur ist bei einer Raumtemperatur von 20 °C $\vartheta_V = 56$ °C. Nun ist mit dem vereinfachenden Ansatz $\Delta\vartheta_V - \Delta\vartheta_H = \sigma_{Aus}/2$ auch die Spreizung beim Küchenheizkörper zu berechnen: $\sigma_{Aus} = 16,8$ K.

Die Auslegedaten sind in Tabelle C1-3 zusammengestellt; zusätzlich ist die Reihenfolge der Arbeitschritte angegeben: Die erste Ziffer gilt für den jeweiligen Raum, die zweite für den Arbeitsschritt. Die ersten fünf Arbeitschritte beim Wohnzimmerheizkörper sind: HK-Länge, HK-Höhe, Übertemperatur, Spreizung und Vorlaufübertemperatur; die Spreizung beim 2. Heizkörper folgt erst aus der einheitlichen Vorlaufübertemperatur. In einer Zwischenrechnung wird überschlägig aus den in der Tabelle eingetragenen Nettogrundflächen NGF die Quasi-Normheizlast[4] $\dot{Q}_N$ ermittelt (die Auslegeleistung $\dot{Q}_{Aus}$ entspricht ihr). Dabei werden für den Wohnraum und die Küche als flächenbezogene Heizlast 65 W/m² und für das Bad 105 W/m² angesetzt. Die Leistungsanhebung beim zweiten Wert gegenüber dem ersten um 60% wird dadurch begründet, dass bei der hier gemeinten Auslegeleistung normgemäß die angrenzenden Räume

---

[3]  gilt strenggenommen nur für übliche Raumhöhen in Wohn- und Bürobauten
[4]  Die Anwendung des Begriffes Norm-Heizlast setzt eine Berechnung nach Norm voraus.

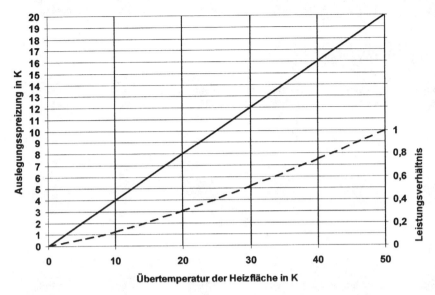

**Bild C1-7** Minimale Auslegungsspreizung $\sigma_{Aus}$ nach VDI 6030 [A-9] und erforderliches Leistungsverhältnis $\dot{Q}_{Aus}/\dot{Q}_n$ für Überschlagsrechnungen

mit einer Temperatur von nur 15 °C angenommen werden dürfen und die Wärmedurchgangskoeffizienten der Innenwände doppelt so hoch sind wie die der Außenwände.

Zur Auswahl der Heizkörper aus einem Firmenkatalog wird die Norm- oder Standardleistung $\dot{Q}_n$ benötigt. Das Leistungsverhältnis $\dot{Q}_{Aus}/\dot{Q}_n$ lässt sich in Bild C1-7 ablesen (6. Arbeitsschritt).Die eingetragene Kurve bildet vereinfacht die Abhängigkeit der Wärmeleistung von der mittleren Übertemperatur ab (arithmetisches Mittel der Übertemperatur und einheitliche Hochzahl, siehe Teil D1.6):

$$\frac{\dot{Q}_{Aus}}{\dot{Q}_n} = \left( \frac{\Delta\vartheta_H}{\Delta\vartheta_n} \right)^{1,3} \tag{C1-2}$$

Man erhält 0,52 für den 1. Heizkörper und 0,47 für den 2.in der Küche (7. Arbeitsschritt). Die gesuchten Normleistungen betragen 2500 W und 1244 W (8. Arbeitsschritt). Zu prüfen ist , ob ein Anheben der Vorlauftemperatur von $\Delta\vartheta_V = 36$ K auf 45 K die geforderte Aufheizreserve liefert. Aus Bild C1-8 kann für einen gleichbleibenden Wasserstrom ein Leistungsverhältnis von etwa 0.68 und 0.63 abgelesen werden. Die Differenz 0,68 – 0,52 = 0,16 multipliziert mit 2500 W ergibt die Reserve von 400 W – sie reicht demnach aus. Mit der gleichen Rechnung für die Küche sind 199 W zu erhalten – auch ausreichend.

Im 9. Arbeitsschritt erhält man aus der Auslegeleistung (sie ist hier $\dot{Q}_N$ gleich) sowie der bereits vorliegenden Spreizung den Wasserstrom

**Bild C1-8** Heizflächen-Auslegungsdiagramm für n = 1,3 und b = 1,25 (Normalanschluss)

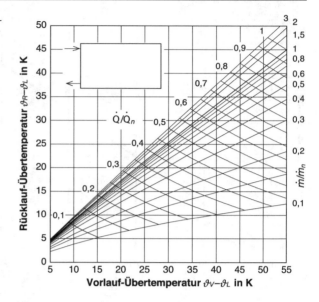

$$\dot{m}_H = \frac{\dot{Q}_{Aus}}{\sigma_{Aus}c_w} \tag{C1-3}$$

Die mit den Arbeitsschritten 4 und 6 bei der Berechnung der Spreizungen aus Vereinfachungsgründen hingenommenen Ungenauigkeiten wirken sich auch auf die Wasserströme aus. Dies ist im Vorplanungsstadium aber unerheblich, weil bei einer ausführlicheren Ausführungsplanung die in aller Regel etwas abweichenden Katalogleistungen der tatsächlich eingebauten Heizkörper ohnehin berücksichtigt werden müssen; bei der hier vorliegenden 3. Anforderungsstufe ist die Katalogleistung $\dot{Q}_n^* < \dot{Q}_n$. Dadurch verkleinern sich die Spreizungen ein wenig und erhöhen sich die Wasserströme. Eine genauere Rechnung wäre mit dem Heizkörperauslegungsdiagramm (Bild C1-8) möglich (siehe Kap. D1.6-6).

In einem letzten Arbeitsschritt können nun aus den Wasserströmen die in Stufen vorliegenden Nennweiten der Anbindungsleitungen festgelegt werden; hier folgt man zweckmäßigerweise den Dimensionierungsregeln der VDI 2073 [C1-5], wie sie in Kap. D2.5 und D2.6 wiedergeben sind.

Beim Heizkörper für das Bad wird nun anders vorgegangen, denn für die Wahl der Abmessungen ist nicht die Beseitigung von Behaglichkeitsdefiziten der Beweggrund, sondern der Wunsch, diesen Heizkörper auch zum Trocknen von Handtüchern zu nutzen. Für den vorliegenden Fall erscheinen zwei Ausführungen diskutabel: ein Einfachheizkörper, dessen Abmessungen und Normleistung in der Spalte 3 der Tabelle C1-3 eingetragen sind, und ein Komfortheizkörper, dessen Daten in der Spalte 3* stehen (Arbeitsschritte 1 bis 3). Aus den hiermit vorgegebenen Normleistungswerten können die Leistungsverhält-

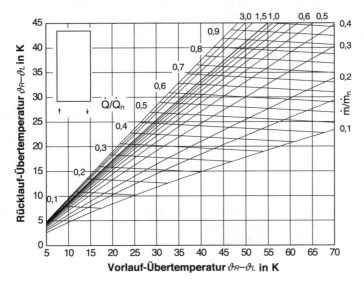

**Bild C1-9** Heizflächen-Auslegungsdiagramm für n = 1,3 und b = 10 (Reitender Anschluss)

nisse berechnet (4. Arbeitsschritt) und mit der für den Wohnraum bestimmten Vorlaufübertemperatur (Innentemperatur 24 °C – 5. Arbeitsschritt) aus den Auslegungsdiagrammen (Bilder C1-8 und -9) die Rücklaufübertemperaturen und damit die Spreizungen abgegriffen werden (6.Arbeitsschritt; für den Komfortheizkörper mit unterem Anschluss gilt das Auslegediagramm nach C1-9). In einem 7. Arbeitsschritt wird mit Gleichung C1-3 der Wasserstrom berechnet und daraus die Nennweite der Anbindungsleitungen bestimmt.

Die Entscheidung, welcher von den beiden Badheizkörper-Varianten der Vorzug gegeben wird, hängt nun von der Festlegung der Auswahlkriterien durch den Auftraggeber ab. Hier ist – wie es das Entscheidungsschema in Bild A2-1 zeigt – zum Vorgabenfeld zurückzugehen und bei den Wünschen zur Wirtschaftlichkeit und beim Zusatznutzen die Gewichtung festzulegen. Das Ergebnis der Diskussion zwischen Auftraggeber und Planer könnte aussehen wie das in Bild C1-10 gezeigte Schema. Dabei ist eine 10-Punkte-Wertung zugrunde gelegt. Für das Wirtschaftlichkeitskriterium werden 0 Punkte bei einem Mehrpreis von 10% und eine lineare Zuordnung angesetzt. Beim Kriterium „Zusatznutzen" soll die Möglichkeit, drei Handtücher aufzuhängen, 10 Punkte bringen und ein Handtuch mit der Benotung ausreichend nur 4 Punkte. Die Gewichtung wird so verabredet, dass für die Wirtschaftlichkeit 60% und für den Zusatznutzen 40% gezählt werden.

Die Investitionskosten für die Heizanlage in der betrachteten Wohnung mit einer Normheizlast von rund 1,5 kW wird auf € 1500 geschätzt. Der Mehrpreis für den Komfortheizkörper im Bad liegt unter Beachtung der üblichen Rabattsätze bei rund € 100; er verteuert also die Anlage um 6,66%. Wie aus Bild C1-10

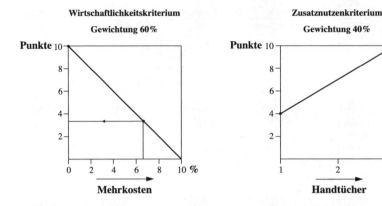

Einfachheizkörper (0,6·10)Punkte + (0,4·4) Punkte = 7,6 Punkte

Komfortheizkörper (0,6·3,3)Punkte + (0,4·10)Punkte = 6 Punkte

**Bild C1-10** Vereinbartes Entscheidungsschema für das 1. Beispiel

abzulesen ist, erreicht mit der vorgegebenen Gewichtung der Einfachheizkörper als Entscheidungszahl 7,6 und der Komfortheizkörper nur 6 Punkte. Damit fällt die Entscheidung zugunsten des Einfachheizkörpers (es sei denn, der Auftraggeber ändert seine Vorgaben).

Nachdem nun die Auswahl der Raumheizflächen für die Beispielwohnung abgeschlossen ist, wäre noch zu überprüfen, ob die vorgegebene Aufwandszahl von 1,15 einzuhalten ist und welche Anforderungen sich daraus für die noch nicht geklärte Einzelraumregelung ergeben. Zu beachten ist hierfür die VDI 2067 Blatt 20 [C1-4]: bei den gewählten Heizflächen ist die Vorgabe einzuhalten, wenn PI-Regler eingesetzt werden. Dies bedeutet, dass die üblichen preiswerten Thermostatventile (P-Regler) nicht verwendet werden können. Zu klären ist mit dem Auftraggeber, ob die durch diese Entscheidung entstehenden Mehrkosten gegenüber der üblichen Heizung in Kauf genommen werden oder ob die harte Vorgabe mit einer Aufwandszahl von 1,15 nicht doch zurückgenommen wird. Nachdem der Auftraggeber nach eingehender Prüfung weiterhin zu seinem Energieeinsparziel steht, wird als günstigste Lösung für das kombinierte Problem der Einzelraumregelung und der wohnungsweisen Heizbetriebssteuerung eine für die Wohnung zentrale Anordnung der Stellorgane mit PI-Reglern und eine sternförmige Verlegung der Anbindungsleitungen zu den 3 Heizkörpern („Spaghetti-Verlegung") vorgeschlagen. Damit entfallen die Regelventile an den Heizkörpern (ästhetischer Gewinn) und zusätzlich auch etwaige Geschossleitungen, da ein unmittelbarer Anschluss an den Vorlauf- und Rücklaufstrang im Bereich des Leitungsschachtes bei der Küche (siehe Bild C1-5) möglich wird. Die aus dem Grundriss abgreifbaren Rohrlängen betragen für die Küche 10 m, den Wohnraum 17 m und das Bad 7 m. Damit ist bereits der dritte Schritt nach dem Entscheidungsschema in Bild C1-4 zum Verteilsystem getan.

Die Überlegungen zur Einzelraumregelung und der daraus folgenden wohnungsweisen sternförmigen Verteilung bestimmen auch die Vorentscheidungen für das Verteilsystem; sie werden durch die sämtlichen Wohnungen zugeordneten insgesamt 14 Leitungsschächte erleichtert. In ihnen werden entsprechend 14 Stränge angeordnet, die an eine unten im Keller nach Tichelmann verlegte Hauptverteilung angeschlossen sind. Die Nennweite der Strangleitungen lässt sich nach VDI 2073 für die unteren Geschosse auf DN 32 und für die beiden oberen auf DN 25 festlegen. Die Gesamtlänge liegt bei 14×2×13 m für Vor- und Rücklauf. Die Nennweite der Hauptverteilung ist naturgemäß variabel zwischen DN 80 und DN 32. Die Gesamtlänge ist hier wegen der Ringanordnung 4×63 m. Die genauen Abmessungen können erst bei der Entwurfsplanung festgelegt werden, wenn die Bauzeichnungen im Maßstab 1:100 oder 1:50 vorliegen. Weiterhin ist zu beachten, dass es bei der Konzeption selbstverständlich nicht ausreicht, lediglich eine Wohnung beispielhaft durchzurechnen; wie Tabelle C1-1 zeigt, gibt es noch behinderungsgerecht gestaltete Wohnungen, 2-Personen Wohnungen, eine Personalwohnung sowie Gemeinschaft- und Versorgungsräume. Um eine unabhängige Steuerung der Vorlauftemperaturen zu erreichen, erhalten die Personalwohnung und die Gemeinschafträume je für sich eigene Stränge und Umwälzpumpen. Alle übrigen Wohnungen können mit einer zentralen Umwälzpumpe versorgt werden.

Die Einrichtung für die Wärmerzeugung (4. Schritt nach Bild C1-4) ist beim Anschluss an die Fernheizung lediglich ein Wasser-Wasser-Wärmeaustauscher. Seine Auslegeleistung lässt sich abschätzen aus der Gesamtnettogrundfläche von 3238 m² (Tabelle C1-1), der flächenbezogenen Normheizlast von 43 W/m² und einem Gleichzeitigkeitsfaktor von 70%. Danach wären 98 kW bei einer Normheizlast von 140 kW ausreichend. Auf der Fernwärmeseite liegt die Vorlauftemperatur bei 110 °C und die Rücklauftemperatur soll 55 °C betragen. Als Rücklauftemperatur auf der Heizungsseite werden 46 °C vorgegeben.

## 2. Beispiel: Ein Komfort-Einfamilienhaus

Im 2. Beispiel handelt es sich um ein Einfamilienhaus aus den 60ern in Bungalow-Bauweise, das erweitert, vollständig renoviert und bei der Wärmedämmung auf den Stand der Wärmeschutzverordnung von 1995 [C1-3] gebracht werden soll. Im Unterschied zum 1. Beispiel ist hier kein Einfluss auf den architektonischen Entwurf aufgrund von heiztechnischen Erwägungen möglich. Die Randbedingungen sind in Tabelle C1-4 zusammengestellt, die Ansichten des Gebäudes zeigt Bild C1-11, die Grundrisse und einen Querschnitt die Bilder C1-12 und 13 (die Erweiterung im Erdgeschoss ist durch Schraffur gekennzeichnet) .Das Haus ist mit einer Warmwasserheizung und Gliederradiatoren in allen beheizbaren Räumen ausgestattet. Auch die Heizung soll modernisiert werden. Als Ziele werden „energiesparend" und „umweltschonend" aufgestellt. Einzelraumheizgeräte werden allein wegen des mangelnden Bedienkomforts und des zu großen Platzbedarfs verworfen. Es bleibt bei einer Zentralheizung. Ein offener Kamin im Wohnzimmer wird vom Architekten geprüft. Da ein Anschluss

**Tabelle C1-4**  Randbedingungen für 2. Beispiel

| Standort: | Stuttgart | | | |
|---|---|---|---|---|
| **Klima:** | Normaußentemperatur | $\vartheta_a$ | = | −12 °C |
| | Heiztage (Heizgrenze 15 °C) | $t$ | = | 244 d/a |
| | Gradtage (gem VDI3807 [C1-2]) | $G_{15}$ | = | 2114 Kd/a |

**Gebäudenutzung:** Wohnen für 2 Erwachsene und 2 Kinder
Raumaufteilung siehe Grundrisse C1-12 und 13 und
Tabelle C1-5

**Gebäudeabmessungen:**

Erdgeschoss, teilunterkellert
Abmessungen siehe Bilder C1-12 und 13
beheizte Nutzfläche                                                    180  m²

**Energieversorgung:**
Öltank (erdverlegt)                                                     5000  l

**Relevante Vorschriften:**
Bauausführung gem. WSVO 95 [C1-3]

**Bild C1-11**  Ansichten des
Gebäudes (2. Beispiel)

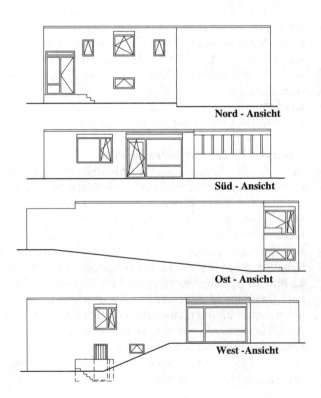

**Nord - Ansicht**

**Süd - Ansicht**

**Ost - Ansicht**

**West -Ansicht**

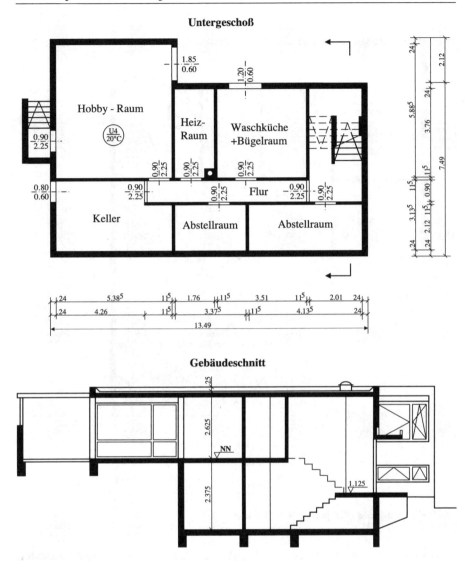

**Bild C1-12** Grundriss des Untergeschosses und Gebäudeschnitt (2. Beispiel)

an die Gasversorgung nicht gegeben und ein erdverlegter Öltank vorhanden ist (Vorschriften sind eingehalten), erübrigt sich die Untersuchung von Varianten zur Wärmeerzeugung mit einem modernen ölgefeuerten Kessel.

Wie beim 1. Beispiel werden auch hier die in Tabellen A2-2 zusammengetragen allgemein vorkommenden Anlagenfunktionen herangezogen. Für die vorliegende Gebäudeerneuerung stellen Bauherr und Architekt folgende Anforderungen:

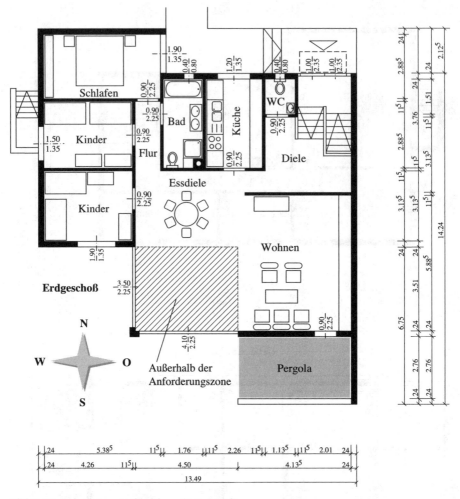

**Bild C1-13** Grundriss – Erdgeschoss (2. Beispiel)

- **Festanforderungen** gemäß Tabelle A2-2: Die zu deckenden Normheizlasten liegen aufgrund der nachträglich angebrachten zusätzlichen Dämmung und der erneuerten Fenster vor (siehe Tabelle C1-5).
  Es gelten die übrigen in A2-2 aufgeführten Festanforderungen: Kein offenes Feuer (ein offener Kamin ausgenommen), maximale Heizflächentemperatur unter 60 °C, keine scharfen Kanten an etwaigen Heizflächen und ihre gute Reinigungsmöglichkeit, keine Verschmutzung und Schadstofffreisetzung im Wohnbereich.
- **Grenzanforderungen** gemäß Tabelle A2-3: Der Bauherr fordert, dass in allen Wohnräumen im Erdgeschoss mit Ausnahme des kombinierten Wohn-Ess-zimmers die Anforderungszone jeweils maximal sein soll. Dies bedeutet,

**Tabelle C1-5** Normheizlasten und Grundflächen des Einfamilienhauses (2. Beispiel)

| Raum | Bezeichnung | Grundfläche in m² | Normheizlast $\dot{Q}_N$ in W |
|------|-------------|-------------------|-------------------------------|
| U4 | Hobby-Raum | 32 | 1418 |
| 01 | Wohnen | 41 | 1800 |
| 02 | Essen + Flur | 16,7 | 1030 |
| 03 | Kind | 14,1 | 670 |
| 04 | Kind | 12,3 | 450 |
| 05 | Schlafen | 15,5 | 740 |
| 06 | Bad | 6,6 | 440 |
| 07 | Küche | 8,5 | 370 |
| 08 | WC | 1,7 | 120 |
| 09 + U7 | Diele + Treppe | 31,4 | 1230 |
| | | 180 | 8330 |

dass hier die anzuordnenden Heizflächen mindestens so groß und so warm sein müssen, damit das vom Fenster ausgehende Strahlungsdefizit ausgeglichen und der am Fenster entstehende Fallluftstrom abgefangen wird. Als Wärmedurchgangskoeffizient für die Fenster wird $k = 1,5\,W/m^2K$ angegeben, was einer Fensteruntertemperatur von etwa 6 K entspricht (Bild C1-3). Beim Wohn-Esszimmer kann die Anforderungszone wegen der Größe des Raums (zusammen rund 58 m²) eingeschränkt werden: Der durch die Fenster gegebene Rechteckbereich (schraffiert in C1-13) soll ihr nicht angehören. Damit lässt sich auch ohne Raumheizkörper vor den bis zum Boden reichenden Fenstern nur mit einer Fußbodenheizung oder Luftheizung in der Anforderungszone die Anforderungsstufe 3 wie in allen anderen Räumen einhalten. Auf unbeeinflussbare Zugerscheinungen braucht nicht geachtet zu werden, da überall die Fenster erneuert sind. Ebenfalls ist die Forderung, Geräuschentwicklung zu vermeiden, einfach zu erfüllen, wenn auf den Einsatz von Ventilatoren und Ähnlichem verzichtet wird. Eine Aufheizreserve muss nur bei den Räumen mit der Anforderungsstufe 3 und größeren Heizbetriebsunterbrechungen vorgesehen werden. Dort soll sie allerdings großzügig mindestens 30 W/m² betragen.

Die Anforderungen zur Hygiene, Bedienbarkeit und Umweltbelastung stellen keine Hürden dar, sofern ein Wärmeerzeuger neuester Bauart eingesetzt wird. Nachdem die Gebäudeerneuerung wesentlich auch auf Energieeinsparung zielt, besteht für eine konzeptionelle Entscheidung bei der Heizung auch eine Anforderung an die Nutzenübergabe: Die Aufwandszahl für die vorgesehene Nutzung im Wohn-Esszimmer ohne und in allen übrigen mit Nachtabsenkung darf den Wert von 1,15 nicht überschreiten. Entsprechend sind Heizflächen und zugehörige Regeleinrichtungen auszuwählen.

Und schließlich: Bei den Herstellkosten wird keine feste Grenze vorgegeben, die Kostenanforderung steht bei den Wünschen.

- Von den denkbaren **Wünschen** nach Tabelle A2-4 sind ausgenommen: Beim Anlagenenergiebedarf die Teilfunktionen „Abluftwärme rückgewinnen" (eine mechanische Wohnungslüftung oder eine Luftheizung ist wegen des fehlenden Platzes für die Kanäle nicht einbaubar) und „Alternativenergien nutzen" (der Flachdachcharakter soll nicht verändert werden). Bei der Bedienbarkeit wird lediglich gewünscht, dass die derzeit erhältliche modernste Technik eingebaut wird. Als Zusatznutzen für das Bad wird neben einer Bodentemperierung auch ein Handtuchradiator gewünscht.

In gleicher Weise wie beim 1. Beispiel wird bei der Ableitung des Anlagenkonzepts aus den Randbedingungen und Anforderungen nach dem in Bild C1-4 dargestellten Entscheidungsschema vorgegangen. In einem 1. Schritt wird über die Grundart der Nutzenübergabe entschieden. Auch hier kommt nur eine Warmwasser-Zentralheizung in Frage; eine Luftheizung (Wasser-Luftheizung) entfällt wegen der Behaglichkeitsanforderungen in Fensternähe und auch der Nichteinbaubarkeit. Das Letztere spricht auch gegen eine zusätzliche mechanische Wohnraumlüftung. Nach diesen Vorüberlegungen sind als Übergabesysteme Raumheizkörper und Fußbodenheizung zu diskutieren.

In einem 2. Schritt ist zu klären, in welchen Räumen die beiden Übergabesysteme sich am besten eignen. Hierzu ist wieder ein Pflichtenheft mit den Sollfunktionen der zu konzipierenden Heizung anzulegen. Es lässt sich aus den Randbedingungen (Tabelle C1-4) sowie den beschriebenen Anforderungen ableiten und ist in Tabelle C1-6 wiedergegeben. Aus dem Feld für die Nutzung sind die Anforderungen an die Regelfähigkeit der Raumheizflächen abzulesen. Sie sind wegen der niedrigen Innenlasten und wegen der Vorgabe, dass im Wohn-Esszimmer ein Durchheizen beabsichtigt ist, nicht besonders hoch. Allerdings erfordern die Heizflächen in Räumen, in denen eine Nachtabsenkung vorgesehen ist, eine kleine Speicherkapazität und niedrige Auslegungstemperaturen, weil sonst die Vorgabe mit der Aufwandszahl von 1,15 nicht eingehalten werden kann.

Die Entscheidungen für die Raumheizflächen sind nun aus den Gegebenheiten in den einzelnen Räumen abzuleiten:

Im Wohn-Esszimmer einschließlich der an diesen Raum offen angrenzenden Flure empfiehlt sich wegen der Teilunterkellerung, der verkleinerten Anforderungszone und der bis zum Boden reichenden Fenster eine Fußbodenheizung. Im Bad ist sie ausdrücklich erwünscht. In allen übrigen Räumen sind wegen der maximalen Ausdehnung der Anforderungszone und der Anforderungsstufe 3 Heizkörper vor den Fenstern erforderlich; im Hobbyraum (U4), im Eingangsbereich (09) und in der Küche (07) stellen Heizkörper die einfachste Lösung dar, die Anforderungsstufe 1 zu erfüllen (nur Leistung bereitstellen). In den Bereichen für die Fußbodenheizung muss auch wegen des Anbaus der Boden bis zur Betondecke erneuert werden. Als neuer Bodenbelag sind überall Fliesen vorgesehen. Wegen der bisher auch in den übrigen Räumen vorhandenen großzügigen Bodendämmung kann die Gesamthöhe ab Oberkante Beton eingehalten werden, so dass die Böden in Kinder- und Schlafzimmer sowie der Küche erhalten bleiben.

**Tabelle C1-6** Pflichtenheft zum Komfort-Einfamilienhaus (2. Beispiel)

Projekt: Komfort-Einfamilienhaus, Erneuerung
Gebäude:

| Raumbuch | | | Nutzung | | | | | Auslegungsvorgaben | | | | Raumspezifikation für Heizen | | |
| --- | --- | --- | --- | --- | --- | --- | --- | --- | --- | --- | --- | --- | --- | --- |
| | | | | | | | | | | | | | weitere Vorgaben | |
| Ebene | Bez. | Raumart | Norm-heizlast[1] | Heizzeiten von | bis | Lüftungs-art[2] | innere Lasten[3] | Innentemperatur $\vartheta_{i,a}$ | $\vartheta_{Absenk}$ | Anforderungszone[4] | Anforderungsstufe[4] | Aufheizreserve[5] $\Delta\dot{Q}_{RH}$ | Zusatznutzen | Aufwandszahl[6] $e_{1,max}$ |
| | | | W | Uhr | | m / F | h / n | °C | °C | m | - | W | | - |
| UG | U4 | Hobby | 1418 | 14 – 18 | | F | h | 20 | 18 | - | 1 | - | - | 1,15 |
| EG | 01 | Wohnen | 1800 | 0 – 24 | | F | h | 20 | 20 | 3 | 3 | - | - | 1,15 |
| EG | 02 | Essen + Flur | 1030 | 0 – 24 | | F | h | 20 | 20 | 3 | 3 | - | - | 1,15 |
| EG | 03 | Kind | 670 | 13 – 20 | | F | h | 20 | 16 | min | 3 | 420 | - | 1,15 |
| EG | 04 | Kind | 450 | 13 – 20 | | F | h | 20 | 16 | min | 3 | 370 | - | 1,15 |
| EG | 05 | Schlafen | 740 | 1h – 24 | | F | h | 20 | 16 | min | 3 | 500 | - | 1,15 |
| EG | 06 | Bad | 440 | 0 – 24 | | F | h | 20 | 24 | min | 3 | - | Handtuch-halter | 1,15 |
| EG | 07 | Küche | 370 | 7 – 8 | | F+m | h | 20 | 18 | 2 | 1 | - | - | 1,15 |
| EG | 08 | WC | 120 | 0 – 24 | | F+m | n | 20 | 20 | - | 1 | - | - | 1,15 |
| EG+ UG | 09+ U7 | Diele + Trep | 1230 | 7 – 20 | | F | n | 20 | 18 | - | 1 | - | - | 1,15 |

[1] nach DIN 4701 [A-7] oder DIN pr EN 12831
[2] bei maschineller Lüftung zusätzliche Informationen (Personenzahl, Geräteleistungen, Betriebszeiten, Gleichzeitigkeiten) zum Zuluftstrom, sonst nur m oder F angeben
[3] Grenze zwischen hoch und niedrig ist: Innenlast/ Normheizlast ≥ 0,2
[4] Abstand zu „kalter" Umfassungsfläche in m
[5] Mindestreserve in Anlehnung an DIN pr EN 12831 [A-7]
[6] Nutzenübergabe nach VDI 2067 Blatt 20 [C1-4]

Nach der grundsätzlichen Entscheidung für die Übergabesysteme kann eine Variantendiskussion nur noch bei der Produktauswahl stattfinden. Wirtschaftliche und ästhetische Kriterien sind dann entscheidend.

Da im Bad wie in der Diele ein Teil der Heizleistung von der Fußbodenheizung übernommen wird, ist es zweckmäßig, als erstes die Fußbodenheizung auszulegen. Zunächst soll nur die erforderliche Wärmestromdichte ermittelt werden; die Bestimmung der Rohrabstände sowie der Wassertemperaturen ist erst nach der Systemwahl möglich. Die mit einer Fußbodenheizung auszustattenden Nutzflächen sind in Tabelle C1-7 zusammengestellt. Die Normheizlast des gemeinsamen Wohn-Esszimmers mit dem angrenzenden Flur beträgt 2830 W. Bei der hier anstehenden Vorplanung soll die sonst normgemäß abzuziehende Transmissionsheizlast durch den Boden vernachlässigt werden. Bei insgesamt 57,7 m² belegbarer Bodenfläche errechnet sich die erforderliche Wärmestromdichte zu 50 W/m². Dieser Betrag soll in gleicher Höhe im Bad, WC und in der Diele angesetzt werden. Demnach kann die Auslegeleistung des Badheizkörpers um 100 W und die des Heizkörpers im Eingangsbereich (09) um 325 W reduziert werden.

Für die Heizkörper ist dem Pflichtenheft (Tabelle C1-6) zu entnehmen, dass mit den Anforderungsstufen 3 und 1 zwei unterschiedlich auszulegende Gruppen bestehen. Für die Kinderzimmer (03) und (04), das Schlafzimmer (05) und das Bad (06) gilt die Anforderungsstufe 3. Nur beim Bad lässt sich im Fensterbereich keine Heizfläche anordnen, da – wie es in den 60ern üblich war – vor dem Fenster die Badewanne steht. Das vom Fenster ausgehende Behaglichkeitsdefizit kann durch einen innen schwenkbar (wie bei Duschkabinen) angebrachten gläsernen Strahlungsschutz weitgehend gemindert werden. Es genügt daher, den 1 m breiten und 1,8 m hohen Badheizkörper neben der Tür gegenüber dem Waschbecken anzubringen (siehe Grundriss in Bild C1-14). Bei den übrigen Räu-

**Tabelle C1-7** Fußbodenheizung (nass verlegt) mit 3 Kreisen

| Raum-Bez. | Bodenfläche $A_F$ m² | Leistung $\dot{Q}_F$ W | Kreis Nr. | $\dot{m}_H$ kg/h | Rohrlänge m |
|---|---|---|---|---|---|
| Wohn/Essen | } 53 | } 2650 | 1 | 142 | ca. 90 |
| Flur | | | 2 | 142 | ca. 90 |
| Bad | 2 | } 650 | } 3 | } 70 | } ca. 43 |
| Diele | 10 | | | | |
| WC | 1 | | | | |

Annahmen:
| | | |
|---|---|---|
| Wärmestromdichte (Auslegung) im Mittel | | 50 W/m² |
| Rohrteilung | | 300 mm |
| Mittlere Übertemperatur | ca. | 14 K |
| Spreizung | ca. | 8 K |
| Vorlauftemperatur | ca. | 38 °C |
| Rohr 17 × 2 | | |

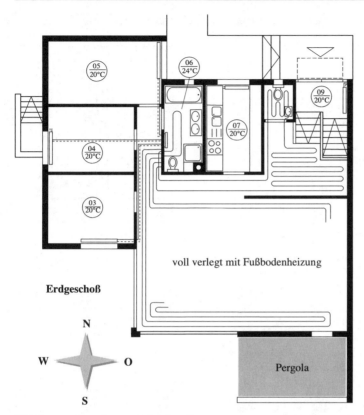

**Bild C1-14** Rohrverlegung im Erdgeschoss

men mit der Anforderungsstufe 3, ist die Fensterhöhe überall 1,35 m und damit auch die Heizkörperhöhe gleich; gewählt wird 0,4 m, die Heizkörperlänge wird der Fensterbreite gleichgesetzt. Sämtliche Auslegedaten sind in der Tabelle C1-8 zusammengestellt. Aus Gleichung C1-1 erhält man nun die erforderliche mittlere Übertemperatur mit 21 K (3. Arbeitsschritt), aus Bild C1-7 für die Mindestspreizung 8,5 K (4. Arbeitsschritt) und als Leistungsverhältnis 0,324 (5. Arbeitsschritt). Mit den in Tabelle C1-5 vorliegenden Normheizlasten ist daraus die Normleistungen der Heizkörper zu berechnen (6. Arbeitsschritt). Sie sind als Maximalwerte bei der Auswahl aus einem Heizkörperkatalog anzusehen, damit in jedem Fall die mittlere Übertemperatur eingehalten werden kann.

Aufgerundet ist die halbe Spreizung 5 K und demnach die Vorlaufübertemperatur $\Delta\vartheta_V = 26$ K (7. Arbeitsschritt). Die einheitliche Vorlauftemperatur beträgt somit 46 °C. Die Aufheizreserve bei den Heizkörpern 03, 04 und 05 soll durch Anheben der Vorlauftemperatur auf 65 °C bereitgestellt werden (konstanter Wasserstrom). Das Leistungsverhältnis steigt hierbei von 0,324 auf etwa 0,64 (Bild C1-8): ein ausreichende Reserve.

**Tabelle C1-8**  Wahl und Auslegung der Heizkörper (Ablauf und Kenngrößen)
(1), (2), (3), ... Arbeitsschritte

| Anforderungs-stufe | | 3 | | | 3 | | | 1 | |
|---|---|---|---|---|---|---|---|---|---|
| Raum-Nr. | | 03; 04; 05 | | | 06 | | | U4; 07; 09 | |
| HK-Länge | (1) | 03 | 1,9 m | (1) | | | (1) | U4 | 1,9 m |
|  |  | 04 | 1,5 m |  | 1,0 m |  |  | 07 | 1,0 m |
|  |  | 05 | 1,9 m |  |  |  |  | 09 | 1,0 m |
| HK-Höhe | (2) |  |  | (2) |  |  | (2) | U4 | 0,2 m |
|  |  |  | 0,4 m |  | 1,8 m |  |  | 07 | 0,4 m |
|  |  |  |  |  |  |  |  | 09 | 2,0 m |
| $\Delta\vartheta_H$ | (3) |  | 21 K |  |  |  |  |  |  |
| $\sigma_{Aus}$ | (4) |  | 8,5 K | (6) | 11,5 K |  | (4) |  | 13,3 K |
| $\dot{Q}_{Aus}$ |  | 03 | 670 W |  |  |  |  | U4 | 1480 W |
|  |  | 04 | 450 W |  | 340 W |  |  | 07 | 370 W |
|  |  | 05 | 740 W |  |  |  |  | 09 | 905 W |
| $\dot{Q}_n$ | (6) | 03 | 2062 W | (3) |  |  | (6) | U4 | 2643 W |
|  |  | 04 | 1385 W |  | 1730 W |  |  | 07 | 661 W |
|  |  | 05 | 2277 W |  |  |  |  | 09 | 1616 W |
| $\Delta\vartheta_V$ | (7) |  | 26 K | (5) | 22 K |  | (3) |  | 40 K |
| $\dot{Q}_{Aus}/\dot{Q}_n$ | (5) |  | 0,324 | (4) | 0,197 |  | (5) |  | 0,56 |
| $\dot{m}_H$ | (8) | 03 | 68 kg/h | (7) |  |  | (7) |  | 96 kg/h |
|  |  | 04 | 46 kg/h |  | 30,8 kg/h |  |  |  | 24 kg/h |
|  |  | 05 | 75 kg/h |  |  |  |  |  | 59 kg/h |
| DN | (9) | 03 |  | (8) |  |  | (8) | U4 |  |
|  |  | 04 | 12 × 1 |  | 12 × 1 |  |  | 07 | DN |
|  |  | 05 |  |  |  |  |  | 09 | 10 |

In einem 8. Arbeitsschritt werden nun aus der Auslegeleistung und der Spreizung von 8,5 K die Wasserströme berechnet. Mit ihnen können dann die Nennweiten der Anbindungsleitungen festgelegt werden ( Kap. D2.5 und D2.6 ).

Beim Badheizkörper wird nun anders vorgegangen. Er liegt nicht nur in den Abmessungen fest, er ist als Heizkörpertyp bereits ausgewählt und damit seine Normleistung mit 1730 W vorgegeben (1. bis 3. Arbeitsschritt). Die Auslegeleistung beträgt 440 W − 100 W = 340 W (Abzug für Bodenheizung); damit ist das Leistungsverhältnis 0,197 (4. Arbeitsschritt). Der Heizkörper im 24 °C warmen Bad soll die gleiche Vorlauftemperatur wie die bereits ausgelegten Heizkörper besitzen, also $\Delta\vartheta_V$ = 22 K (5. Arbeitsschritt). Damit kann aus dem Auslegungsdiagramm für reitend angeordnete Badheizkörper (Bild C1-9) die Rücklaufübertemperatur mit 12,5 K abgelesen und daraus die Spreizung von 9,5 K berechnet werden (6. Arbeitsschritt). In den letzten beiden Schritten erhält man den Heiz-mittelstrom und die Nennweite für die Anbindungsleitung.

Für die restlichen drei Heizkörper im Hobbyraum, der Küche und dem Trep-penhaus gilt die Anforderungsstufe 1; sie werden daher einheitlich ausgelegt. Im Hobbyraum und in der Küche richtet sich die Heizkörperlänge nach der Fensterlänge, die Heizkörperhöhe wird frei vorgegeben. Im Treppenhaus sind ästhetische Erwägungen für die Wahl der Abmessungen maßgebend: Man ent-scheidet sich für eine Höhe von 2m und eine Breite von 1m. Bei der Vorlauf-temperatur wird einheitlich der maximal mögliche Wert von 60°C, also eine Übertemperatur von 40 K festgelegt. Die Mindestspreizung nach der im 1. Bei-spiel erwähnten Maximalstrom-Regel (Bild C1-7) ist 40 K/3 = 13,3 K (4. Arbeits-schritt). Aus dem Auslegungsdiagramm (Bild C1-8) lässt sich über $\Delta\vartheta_V = 40$ K und $\Delta\vartheta_R = 26,7$ K ein Leistungsverhältnis von 0,56 abgreifen (5. Arbeitsschritt). Über die Auslegeleistungen erhält man in den drei letzten Arbeitsschritten jeweils die Normleistung, den Wasserstrom und die erforderlichen Nennwei-ten.

Die in Tabelle C1-7 für die Fußbodenheizung und in Tabelle C1-8 für die Heizkörper zusammengestellten Auslegedaten können nun einer Produktaus-wahl bzw. einer Ausschreibung zugrunde gelegt werden. Damit ist die Konzepti-on der Wärmeübergabesysteme beendet.

Nach den in Bild C1-4 wiedergegebenen Entscheidungsschema folgt im 3. Feld die Entscheidung für ein Verteilsystem. Die Rohrleitungen der Altanlage sollen für den Hobbyraum, die Küche und das Treppenhaus übernommen wer-den. Die Fußbodenheizung wird im Zuge der Bodensanierung völlig neu ver-legt, auch für die Kinder- und Schlafzimmer sowie das Bad sind neue Anbin-dungsleitungen vorgesehen, die im Fußboden verlegt werden sollen, um eine Verteilung im Keller zu vermeiden. Hierfür bietet sich ein Zwei-Rohranschluss mit *Einzelanbindung* der Heizkörper an einen zentral im Badbereich angeord-neten Verteiler an. Dort könnten dann auch die Regelorgane mit Fernfühlern in den verschiedenen Räumen installiert sein. Vom Hauptverteiler im Heizungs-keller gehen drei Stränge ab mit je einer Umwälzpumpe und Drei-Wege-Ventil für eine Vorlaufregelung: zur Fußbodenheizung, zu den Heizkörpern mit Anfor-derungsstufe 3 und zu den Heizkörpern mit Anforderungsstufe 1. Eine mög-liche Rohrverlegung im Erdgeschoss zeigt Bild C1-14. Die Nennweiten sowie geschätzten Rohrlängen (auch für die Fußbodenheizung) sind in Tabelle C1-9 zusammengestellt.

Die Einrichtung für die Wärmerzeugung (4. Schritt nach Bild C1-4) ist durch die Vorgaben mit dem erdverlegten Öltank und dadurch, dass eine Gasversor-gung nicht gegeben ist, bereits vorgezeichnet: Es ist ein moderner ölgefeuer-ter Kessel mit zentraler Trinkwassererwärmung und der kleinsten erhältli-chen Nennleistung einzubauen. Ein parallel zu schaltender Heizwasser-Puffer-speicher (Mindestgröße 100 l) wird empfohlen mit der Begründung, dass mit ihm die Anzahl der Brennerstarts reduziert wird (längere Wartungsintervalle, Verringerung der Emissionen). Damit an diesem Pufferspeicher eine maxima-

**Tabelle C1-9** Nennweiten und Längen der Rohre zu den Heizkörpern

| HK-Nr. | DN | ca. Länge in m | Bemerkung |
|--------|-----|----------------|-----------|
| 03 | 12 × 1 | 15 | |
| 04 | 12 × 1 | 11 | Einzelanschluss an |
| 05 | 12 × 1 | 4 | Verteiler |
| 06 | 12 × 1 | 1,5 | |
| 09 | 10 | 14,2 + 8,6 DN 15 + 6 DN 20 | |
| U4 | 10 | 4 | vorhandener Strang |
| 07 | 10 | 2 | |

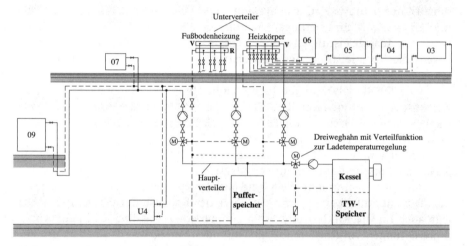

**Bild C1-15** Strangschema und Verlegeplan für Fußbodenheizung und Raumheizflächen (2. Beispiel)

le Temperaturspreizung anliegt, muss die Ladetemperatur regelbar sein. Hierzu ist ein Kesselbypass, ein Dreiweghahn mit Verteilfunktion und eine Kessel-Umwälzpumpe (mit minimaler Förderhöhe) erforderlich. Einen Vorschlag für die hydraulische Schaltung der Heizanlage zeigt Bild C1-15.

Dadurch, dass Fest- und Grenzforderungen für die neue Heizanlage umfassend vorgegeben sind, hat der Konzeptionsvorgang den beschriebenen stringenten Verlauf genommen. Als Ermessensentscheidungen bleiben die zum offenen Kamin, zu den Heizkörperarten und zum Pufferspeicher für den Kessel. Hier können die Entscheidungen durch das Ermitteln von Erfüllungsgraden und das Aufstellen von Gewichtsfaktoren über daraus gebildete Entscheidungszahlen (siehe 1. Beispiel) erleichtert werden.

# C2
# Entwicklung von Komponenten

Komponente bedeutet allgemein „Teil eines Ganzen". Betrachtet man als Ganzes hier eine Heizanlage, so sind die Komponenten Produkte wie Heizkörper, Kessel, Umwälzpumpen oder Stellorgane aber auch Halbzeuge wie Rohre. Meist sind es Massenprodukte, zunehmend seltener Einzelfertigungen. Komponenten können auch Teilsysteme sein, wie z.B. Fußbodenheizflächen, für die ein spezielles Rohr und ein besonderes Verlegeschema vorgegeben und die derart definiert einer wärmetechnischen Prüfung unterzogen werden. Ein Entwicklungsproblem stellt sich eigentlich nur bei den Komponenten, bei denen es eine Prüfung der Funktionen oder wärmetechnischen Eigenschaften gibt oder auch nur geben könnte. Die Entwicklung derartiger Komponenten wird einerseits in einem langen gewissermaßen evolutionären Prozess in kleinen Schritten vom Markt her und andererseits durch Eigenideen der Konstrukteure, sozusagen durch Mutationen, vorangetrieben. Nun gibt es als zweites neben der langsamen „natürlichen" Entwicklung auch „gewaltsam" herbeigeführte größere Entwicklungssprünge, die durch starke Unstetigkeiten bei den Randbedingungen, z.B. durch Energiepreissprünge oder die Einführung einer Energieeinsparverordnung erzwungen werden. Die hier gefragte rasche Neuorientierung ist nur mit einer methodischen Vorgehensweise zu finden, weil sonst bei dem Teilverlust der Erfahrungsbasis operative Hektik den Mangel an Zielen zu ersetzen droht. Auch in anderen Technikbereichen gibt es starke und rasche Veränderungen von Randbedingungen, z.B. in der Kraftfahrzeugtechnik oder Produktionstechnik. Hier hat sich seit mehreren Jahren bereits eine methodische Vorgehensweise bei der Entwicklung von Produkten eingebürgert. Eine davon, die Wertanalyse, ist in Teil A 2 behandelt. Als Beispiel für die Anwendung dieser Methode soll die Entwicklung der hydraulischen und regeltechnischen Seite eines Wärmerzeugungssystems für eine Etagenheizung durchgespielt werden. Das Entwicklungsziel ist nachfolgend mit den Wunschanforderungen formuliert.

Die vom Hersteller vorgegebenen **Randbedingungen** sind:
- Heizwasser und Trinkwasser sollen aus Kosten- und Platzgründen mit einem einzigen Gerät, einem so genannten Gas-Umlauf-Wassererwärmer, erwärmt werden.
- Als Modellwohnung dient eine durchschnittliche Dreizimmerwohnung (Grundriss siehe Bild C2-1) in einem Mehrfamilienhaus, dessen Dämmstandard dem der WSVO 95 [C1-3] entspricht (neuerdings wäre die EnEV zu beachten). Die Daten für die Modellwohnung sind in Tabelle C2-1 angegeben.
- Es sollen die Klimadaten nach DIN 4710 [C2-1] gelten.
- Die internen Wärmegewinne durch Personen und elektrische Geräte sind in Bild C2-2 vorgegeben und
- das Zapfprogramm für erwärmtes Trinkwasser in Bild C2-3.

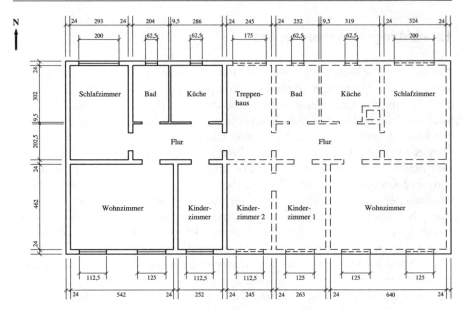

**Bild C2-1**  Grundriss der 3-Zimmer-Wohnung (links) für das Entwicklungsbeispiel

**Tabelle C2-1**  Daten der Modellwohnung

| | |
|---|---|
| Raumhöhe in m | 2,40 |
| Stockwerkshöhe in m | 2,70 |
| Fensterhöhe in m | 1,35 |
| k-Wert der Außenwand in W/(m² K) | 0,47 |
| k-Wert des Fensters in W/(m² K) (Glas und Rahmen) / g-Wert | 2,0 /0,6 |
| k-Wert von Außenwand und Fenster in W/(m² K) | 0,66 |
| Normheizlast $\dot{Q}_N$ in kW | 2,27 |

- Für die Wärmeübergabe sind Plattenheizkörper mit Thermostatventilen vorhanden. Ihre Vorlauftemperatur wird mit 45 °C und eine mittlere Rücklauftemperatur von 35 °C angenommen.
- Als Alternativen für das Wärmeerzeugungssystem sind zwei Kessel mit Nennleistungen von 20 und 5 kW vorgegeben, die mit modulierend betreibbaren Brennern für einen Leistungsbereich von 20 auf 8 kW oder von 5 auf 2 kW ausgestattet sind.

Als **Festanforderungen** verbleiben von der Auflistung in Tabelle A2-2 „Heizlast abführen" und „Bedarf an erwärmtem Trinkwasser decken"; alle übrigen Anforderungen sind durch die Vorgaben bei den Randbedingungen bereits erfüllt. Das Gleiche gilt für die technischen und gesetzlichen Grundanforderungen.

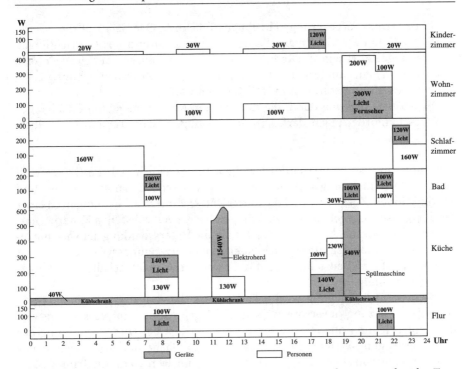

**Bild C2-2** Verteilung der inneren Lasten der elektrischen Geräte und Personen über den Tag

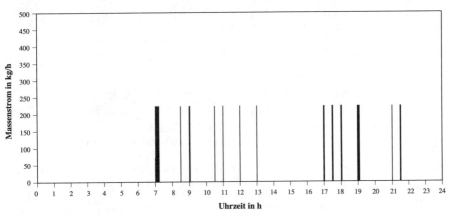

**Bild C2-3** Trinkwasserzapfungen über den Tag: Es wird jeweils ein Massenstrom von 224 kg/h entnommen.
Die Dauer der Zapfung beträgt:
0,015 h: um 8.30, 10.30, 11.00, 12.00, 13.00 und 21.00 Uhr
0,02 h: um 17.00 Uhr
0,03 h: um 9.00, 17.30, 18.00 und 21.30 Uhr
0,04 h: um 19.00 Uhr
0,25 h: um 7.00 Uhr

Bei den **Grenzanforderungen** bleibt aus Tabelle A2-3 lediglich übrig:
- Die zu diskutierenden hydraulischen Maßnahmen und Regeleinrichtungen müssen geeignet sein, die Rauminnentemperatur während der Heizzeit (6:30 bis 22 Uhr) auf mindestens 20 °C zu bringen (eine Zwischenrechnung zeigt, dass die Lufttemperatur dann 20,5 °C sein muss).
- Die Kostenanhebung durch die diskutierten Maßnahmen zum Erfüllen der Wunschanforderungen darf 30% der jeweiligen Grundversion nicht überschreiten.

Die Auflistung der **Wunschanforderungen** findet sich in Tabelle C2-2. Sie ist gegliedert in Anlehnung an Tabelle A2-4 in gewünschte Gesamtfunktionen und Teilfunktionen. Zusätzlich sind die durch Unternehmerentscheidung nach einer Marktanalyse vorgegebenen Gewichtungen für die verschiedenen Kriterien eingetragen. Hervorzuheben ist, dass es nur auf die Unterscheidung der verschiedenen Eigenschaften der zu vergleichenden Wärmeerzeugungssysteme ankommt und nicht auf eine Beurteilung der für diesen Zweck gleich gehaltenen Übergabe und Verteilung.

In einer Vorüberlegung wird erkannt, dass die Aufgabe, mit einem Gerät sowohl die Heizung zu versorgen als auch das geforderte Trinkwasser zu erwärmen, ein Dilemma offenbart: während die Heizlast bei Dimensionierung des Wärmeerzeugungssystems für das zwei- bis dreifache der Normheizlast mit einer Leistung von etwa 5 kW gedeckt werden kann, werden für die Trinkwassererwärmung im sog. Durchlauf deutlich höhere Leistungen benötigt, hier z. B.

**Tabelle C2-2** Gewichtung der Kriterien (Beispiel)

| Kriterium | Gesamtfunktion | Teilfunktion | Gewichtung von 100 |
|---|---|---|---|
| $K_{W1}$ | Behaglichkeit schaffen | Temperaturschwankungen vermeiden | $g_1 = 12$ |
| $K_{W2}$ | Anlagen-Energiebedarf | Brennstoffaufwand, | $g_2 = 9$ |
| $K_{W3}$ | minimieren | Hilfsenergieaufwand minimieren | $g_3 = 13$ |
| $K_{W4}$ | Wirtschaftlichkeit | Herstellkosten minimieren | $g_4 = 20$ |
| $K_{W5}$ | verwirklichen | Verbrauchskosten minimieren | $g_5 = 14$ |
| $K_{W6}$ | Betriebsverhalten verbessern | | $g_6 = 11$ |
| $K_{W7}$ | Platzbedarf minimieren | Schalthäufigkeit minimieren | $g_7 = 11$ |
| $K_{W8}$ | | $NO_X$ reduzieren | $g_8 = 7$ |
| $K_{W9}$ | Umweltbelastung minimieren | $CO_2$ reduzieren | $g_9 = 3$ |
| $K_{W10}$ | Technische Anpassungs-fähigkeit herstellen | Anpassungsfähigkeit an Gebäude-dämmstandard herstellen | $g_{10} = 0$ |

20 kW. Umgekehrt ist eine Wärmerzeugerleistung für 20 kW für eine Wohneinheit, die eine Normheizlast von etwas mehr als 2 kW besitzt, stark überdimensioniert. Dieses wirkt sich z.B. im Betriebsverhalten durch häufiges Tackten des Brenners aus, was Verschleiß und erhöhte Emissionen mit sich bringt. Das beschriebene Leistungsdilemma kann durch Einsatz eines Trinkwasser-Speichers und/oder eines Heizwasserpuffers entschärft werden. Welche Kombination der beiden vorgegebenen Wärmerzeuger mit Speicher und Puffer vorteilhaft ist, soll im Folgenden geklärt werden.

Um die Untersuchungsbreite nicht unübersichtlich werden zu lassen, beschränkt man sich auf vier Varianten. Der vollständig auf die Trinkwassererwärmung im Durchlaufbetrieb ausgerichtete 20 kW-Wärmerzeuger wird ohne und mit einem Heizwasserpuffer untersucht; die Schaltungen zeigen Bild C2-4 und -5. Bei dem vorgegebenen kleinen Wärmerzeuger für 5 kW ist ein Trinkwasserspeicher notwendig, um den Spitzenbedarf beim Zapfen erwärmten Trinkwassers decken zu können. Auch hier wird die Wirkung eines Pufferspeichers mit einer vierten Variante untersucht (Schaltungen siehe Bild C2-6 und -7).

Um sich nun eine experimentelle Voruntersuchung zu sparen, wird mit einer kombinierten Gebäude- Anlagen-Simulation für drei Typtage nach DIN 4710 [C2-1] überprüft, welche regeltechnischen Einstellungen bei den vorgegebenen Wärmerzeugern erforderlich sind, um die bei den Grenzanforderungen festgelegten Rauminnentemperaturen einhalten zu können. Es wird weiterhin untersucht, wie von vornherein regeltechnisch die Schalthäufigkeit der modu-

**Bild C2-4** Variante 1: Kombi-Wasserheizer hoher Leistung (20 kW) mit Trinkwassererwärmung im Durchlaufbetrieb

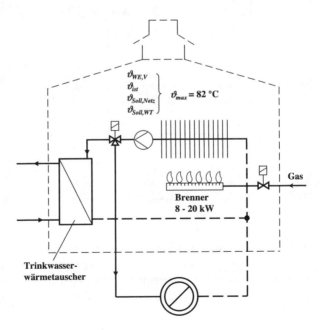

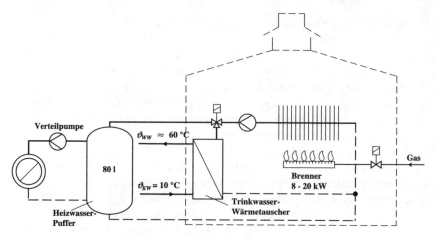

**Bild C2-5** Variante 2: Kombi-Wasserheizer hoher Leistung (20 kW) mit Heizwasserpuffer und Trinkwassererwärmung im Durchlaufbetrieb

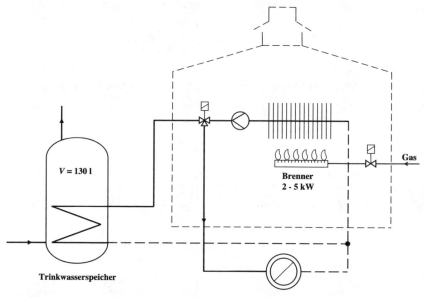

**Bild C2-6** Variante 3: Kombi-Wasserheizer niedriger Leistung (5 kW) mit Trinkwasserspeicher

lierbaren Brenner zu reduzieren ist. Es wird auch geklärt, ob die aus Erfahrung gewählte Größe des Trinkwasserspeichers mit etwas mehr als 100 l ausreicht. Simuliert wird ein so genannter Auslegetag (Januartag) ein Übergangstag im März und ein so genannter Jahrestag, der ein gewichtetes Mittel aus der Heizperiode wiedergibt.

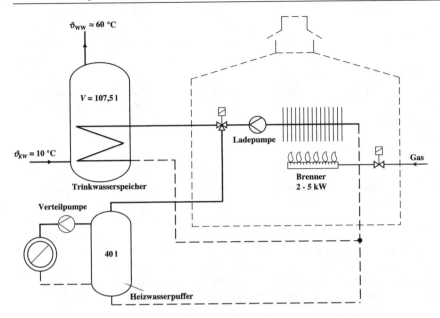

**Bild C2-7** Variante 4: Kombi-Wasserheizer niedriger Leistung (5 kW) mit Heizwasserpuffer und Trinkwasserspeicher

**Tabelle C2-3** Preise für die Varianten 1 bis 4

| Variante | Bild | Maßnahmen | Preise |
|---|---|---|---|
| 1 | C2-4 | Wiedereinschaltsperre, 5 min außentemperaturabhängiger Pumpennachlauf | € 2.280,00 |
| 2 | C2-5 | Puffer mit 80 l, Pumpe im Verteilkreis | € 2.960,00 |
| 3 | C2-6 | Wiedereinschaltsperre 5 min Pumpennachlauf 6 min Trinkwasserspeicher 130 l Laden vor Heizbeginn | € 2.020,00 |
| 4 | C2-7 | Puffer mit 40 l, Pumpe im Verteilkreis Trinkwasserspeicher mit 107,5 l Laden vor Heizbeginn und Nachladen nachmittags | € 2.040,00 |

Für die vier in Bild C2-4 bis 7 dargestellten Varianten, ist aus den berechneten Temperaturverläufen zu erkennen, dass in jedem Fall die Heizkurve von Betriebsbeginn bis 9 Uhr angehoben werden muss, um den Leistungseinbruch während der langen Trinkwasserzapfung um 7 Uhr (Bild C2-3) zu überbrücken. Die Maßnahmen zur Reduktion der Schalthäufigkeit der Brenner sind in Tabelle C2-3 angegeben. Dies sind eine Wiedereinschaltsperre für den Brenner von fünf Minuten und ein Pumpennachlauf nach der Brennerabschaltung (einmal außentemperaturabhängig und das andere Mal fest auf sechs Minuten eingestellt). Bei der Variante 3 ist festzustellen, dass der Trinkwasserspeicher 130 l fassen muss. Die Varianten mit Heizwasserpuffer (2 und 4) erfordern im Verteilkreis eine zusätzliche Umwälzpumpe. Bei Variante 2 wird wegen der hohen Wärmeerzeugerleistung das Puffervolumen etwa auf das doppelte des Wasserinhalts der Heizanlage gesetzt, auf 80 l. Bei Variante 4 genügen 40 l.

Die nach der Voruntersuchung festlegten und auf die Fest- und Grenzforderungen abgestimmten vier Varianten lassen sich in ihren Herstellungskosten nun kalkulieren; die voraussichtlichen Preise sind zusätzlich in Tabelle C2-3 eingetragen. Die Preise für die Umwälzpumpen im Verteilsystem bei den Varianten 2 und 4 sind enthalten.

Die Simulations- und sonstigen Rechenergebnisse für die vier Varianten zeigt Tabelle C2-4. Aus den stark unterschiedlichen Zahlenwerten für den Auslegetag, Jahrestag und Übergangstag ist der Einfluss der relativen Heizlast zu erkennen: Je größer sie ist, um so günstiger wird die Aufwandzahl (siehe Teil H 3.2 und [C1-4]) des gesamten Heizsystems. Am stärksten wirkt sich hier der Einfluss des Übergabebereichs aus – Einzelheiten sind in der zugrundeliegenden Arbeit von Eisenmann [C2-2] zu finden. Für die Bewertung der vier Varianten werden die Ergebnisse am Jahrestag (mittlere Spalte) verwendet. Dazu sind nach dem Beispiel der Tabelle A2-1 Erfüllungsgrade zu finden und mit den bereits vorgegebenen Gewichtungen aus Tabelle C2-2 zu multiplizieren. Für die Erfüllungsgrade wird ein 10-Punkte-System angenommen, bei dem jeweils 10 Punkte in etwa dem günstigsten Wert und 0 Punkte dem ungünstigsten Wert zugeordnet und linear interpoliert wird (siehe Bild C2-8). Die Ergebnisse zur Berechnung der Gesamtnutzwerte sind in Tabelle C2-5 zusammengestellt. Den höchsten Nutzwert erreicht die Variante 3 mit dem kleinen Wärmerzeuger und dem angeschlossenen 130 l Trinkwasserspeicher. In einem deutlichen Abstand folgt die Variante 4, die zusätzlich einen Pufferspeicher besitzt. Die Variante 1 mit dem 20 kW Wärmerzeuger steht an 3. Stelle und an 4. Stelle – deutlich abgeschlagen – die Variante 2, wo der große Wärmerzeuger noch durch einen Puffer ergänzt ist.

Die hier beispielhaft vorgeführte Entwicklung einer Komponente – eines Wärmeerzeugungssystems – und die dabei gezeigte Bewertung der vier Varianten liefert selbstverständlich keine allgemein gültigen Aussagen. Sie fußt auf speziellen durch Unternehmerentscheidungen festgelegten Vorgaben, darunter vor allem den vorab festgelegten Gewichtungen der Kriterien. Während bei der rechnerischen Erprobung der Varianten durch eine Gebäude-Anlagen-Simulation in strenger Weise physikalische und mathematische Maßstäbe angelegt werden, ist die Berechnung der Erfüllungsgrade hingegen eine Ermessensfrage. Trotz allem ist der Entscheidungsablauf nachvollziehbar und wäre bei Veränderung von Randbedingungen auch leicht zu korrigieren.

Im Prinzip wäre das als Beispiel entwickelte Wärmeerzeugungssystem in der Variante 1 im Vergleich zu den drei anderen Varianten vorteilhaft in der vorliegenden technischen Ausstattung einsetzbar. Dennoch haben sich im Zuge der Betriebssimulation weitere Entwicklungsperspektiven eröffnet. Die vorgeführte Entwicklung mit dem Herausschälen der vier Varianten und ihrem Vergleich

**Tabelle C2-4** Simulations- und sonstige Rechenergebnisse für die Varianten 1 bis 4 aus [C2-2]

| Variante | | 1 | | | 2 | | | 3 | | | 4 | | |
|---|---|---|---|---|---|---|---|---|---|---|---|---|---|
| Tag | | Auslege-tag | Jahres-tag | Über-gangstag | Auslege-tag | Jahres-tag | Über-gangstag | Auslege-tag | Jahres-tag | Über-gangstag | Auslege-tag | Jahres-tag | Über-gangstag |
| Schalthäufigkeit pro Tag | | 486 | 182 | 78 | 53 | 21 | 13 | 11 | 114 | 146 | 5 | 8 | 7 |
| Brennstoffbedarf in kWh/d | | 66,4 | 28,3 | 18,65 | | 28,7 | | 59,2 | 23,6 | 13,1 | | 24.05 | |
| Bedarf an elektrischer Energie in kWh/d | | 1,11 | 0,971 | 0,827 | | 1,048 | | | 1,06 | | | 1,32 | 1,13 |
| Tagesaufwandszahl[1] $e_3$ | | 1,31 | 1,83 | 2,46 | 1,35 | 1,86 | 2,31 | 1,17 | 1,53 | 1,76 | 1,24 | 1,56 | 1,89 |
| Summe der Emissionen in g/d | $SO_2$ | | 0,778 | | | 0,818 | | | 1,664 | | | 1,693 | |
| | $NO_x$ | | 3,044 | | | 0,304 | | | 0,307 | | | 0,382 | |
| | $CO_2$ | | 7,298 | | | 2,322 | | | 1,972 | | | 2,077 | |
| Kosten in DM/d 1 DM ≈ 0,5€ | Brennstoff | | 1,991 | | | 2,018 | | | 1,664 | | | 1,693 | |
| | Hilfsenergie | | 0,282 | | | 0,304 | | | 0,307 | | | 0,383 | |
| | Summe | | 2,273 | | | 2,322 | | | 1,972 | | | 2,077 | |
| Temperaturschwankungen in K | | | 0,1 | | | 0,4 | | | 0,4 | | | 0,2 | |
| Platzbedarf in m³ | | | 0,15 | | | 0,23 | | | 0,17 | | | 0,21 | |

[1] Tagesmittelwert der Gesamtaufwandszahl nach [B-1]

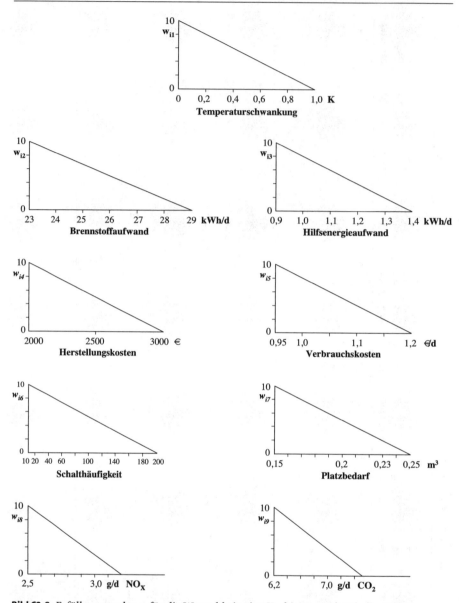

**Bild C2-8** Erfüllungsgrade $w_{ij}$ für die Wunschkriterien $K_{w1}$ bis $K_{w9}$ nach Tabelle C2-2

kann daher auch als eine Vorentwicklung aufgefasst werden – streng genommen ist dies das Wesen jeder Entwicklung. Weitere Arbeiten könnten z.B. gerichtet sein auf: eine Verkleinerung von Kessel und Brenner, eine Verkleinerung des Speichervolumens durch Verbesserungen am Ladesystem oder Vereinfachungen des Kesselkreises bei der Variante 4 mit dem Puffer in Kombination mit den

**Tabelle C2-5** Gewichtungen $g_i$ und Erfüllungsgrade $w_{ij}$ der Wunschkriterien $K_{Wj}$ für die Varianten $V_i$ des Beispiels zur Berechnung der Gesamtnutzwerte $N_i$ (nach Tabelle A-1)

| Kriterium $K_{Wj}$ | Gewichtung $g_j$ | Varianten $V_i$ (Bilder C2-4 bis -7) | | | | | | | |
|---|---|---|---|---|---|---|---|---|---|
| | | 1 | | 2 | | 3 | | 4 | |
| | | $w_{1j}$ | $w_{1j}g_i$ | $w_{2j}$ | $w_{2j}g_i$ | $w_{3j}$ | $w_{3j}g_i$ | $w_{4j}$ | $w_{4j}g_i$ |
| $K_{W1}$ | 0,12 | 9 | 1,08 | 6 | 0,72 | 6 | 0,72 | 8 | 0,96 |
| $K_{W2}$ | 0,09 | 1 | 0,09 | 1 | 0,09 | 9 | 0,81 | 8 | 0,72 |
| $K_{W3}$ | 0,13 | 9 | 1,17 | 7 | 0,91 | 6,5 | 0,845 | 2 | 0,26 |
| $K_{W4}$ | 0,20 | 7 | 1,40 | 0 | 0,00 | 10 | 2,00 | 5 | 1,00 |
| $K_{W5}$ | 0,14 | 3 | 0,42 | 2 | 0,28 | 9 | 1,26 | 6,5 | 0,91 |
| $K_{W6}$ | 0,11 | 1 | 0,11 | 9,5 | 1,045 | 4,5 | 0,495 | 10 | 1,10 |
| $K_{W7}$ | 0,11 | 10 | 1,10 | 2 | 0,22 | 8 | 0,88 | 4 | 0,44 |
| $K_{W8}$ | 0,07 | 2 | 0,14 | 1 | 0,07 | 8 | 0,56 | 6 | 0,42 |
| $K_{W9}$ | 0,03 | 1 | 0,03 | 0 | 0,03 | 9,5 | 0,285 | 7,5 | 0,225 |
| Gesamtnutzwert $N_i$ | | $N_1 = 5{,}54$ | | $N_2 = 3{,}365$ | | $N_3 = 7{,}855$ | | $N_4 = 6{,}035$ | |

Verbesserungen für die Variante 3. In jedem Fall wäre die Vorgehensweise wieder so, wie in dem Beispiel gezeigt.

# C3
# Voraussetzungen für eine Vergleichbarkeit

Bereits in Kapitel C1 und C2 trat immer wieder das Problem auf, Varianten von Anlagenkonzepten oder von Komponentenausführungen zu vergleichen. Das Vergleichsproblem stellt sich aber nicht nur dem planenden und gestaltenden Ingenieur, es besteht für alle, die sich mit Heizanlagen als Käufer, Benutzer oder auch nur als politisch Beurteilende befassen.

Heizsysteme werden im täglichen Marktgeschehen meist sehr einfach lediglich über den Preis verglichen. Dabei ist jedermann die Vergleichsproblematik geläufig, wenn er daran denkt, dass der sprichwörtliche Vergleich von Äpfeln mit Birnen gemeinhin nicht statthaft ist. Weiter in diesem Bild: Beim Kauf von Äpfeln wird nach einer Reihe von Kostproben darauf geachtet, dass sie sortenrein und aus einer Lage und einer Ernte stammen; es werden neben dem Preis also noch drei weitere Kriterien beachtet. Sicher sind Heizanlagen komplexere Produkte als Äpfel; es sind deshalb weit mehr Kriterien für einen korrekten (aussagekräftigen) Vergleich zu beachten.

Das Problem der Vergleichbarkeit stellt sich einem Käufer bei der Beurteilung unterschiedlicher Angebote vollständiger Anlagen für ein bestimmtes Bauobjekt, aber auch dem Verkäufer bei der Suche nach Argumenten für sein Angebot; es stellt sich bei der Konzeption von Anlagen, wie es beispielhaft in Kapitel C1 gezeigt wird, und bei der Entwicklung von Komponenten (Kapitel C2). Auch Politiker suchen nach zuverlässigen Regeln für die Vergleichbarkeit, wenn sie z. B. durch Verordnungen bestimmte technische Entwicklungen im Sinne einer Energie- oder Umweltpolitik fördern möchten.

Beim Angebotsvergleich genügt es nicht, lediglich darauf zu achten, dass die Anlagen für gleiche Lasten ausgelegt sind; weitere Gesichtspunkte sind je für sich z. B.: Behaglichkeit, Hygiene, Komfort, Energieaufwand, Umweltbelastung, Kosten durch Verbrauch und Betrieb. Bei der Entwicklung von Anlagenkonzepten sind gegenüber dem Angebotsvergleich, wie in C1 gezeigt, noch zusätzliche Kriterien, z. B. bauliche und betriebliche Varianten, zu beachten; die jeweils entwickelten, für den vorliegenden Fall prinzipiell möglichen Konzepte, sind zu bewerten und damit zu vergleichen. Weiter werden bei einer detaillierten Untersuchung und Bewertung von Anlagensystemen (siehe Kapitel C2) auch die Anforderungen an die Anlagenkomponenten deutlich. Daraus lässt sich dann ein Pflichtenheft für die Entwicklung von Komponenten ableiten, was ebenfalls eine Vergleichsbetrachtung beinhaltet. Die für Politiker zur Begründung staatlicher Eingriffe maßgeblichen Vergleichsregel stützen sich nicht nur auf die bereits erwähnten Kriterien, sondern mit einer politisch gewollten anderen Gewichtung zusätzlich z. B. auf Ressourcenschonung und Umweltschutz ab.

Ein Fachmann mag nun sehr schnell einsehen, dass eine Vergleichbarkeit bei verschiedenen Angeboten, Anlagenkonzepten oder Komponentenentwicklungen erst bei Beachtung einer ganzen Reihe von verschiedenen Kriterien möglich ist, für den Laien aber – und das sind meist die Auftraggeber – reduziert sich das Problem eines Vergleichs trotz aller guten Einwände auf einen Vergleich der Preise. Diese spielen zwar bei Vergleichsuntersuchungen als Ausgang für politische Maßnahmen kaum eine Rolle, dafür aber schwer widerlegbare mehrheitlich geglaubte Vorurteile. In jedem Fall ist es daher nützlich, unabhängig von einer konkreten Aufgabenstellung, die Grundlagen eines korrekten und aussagekräftigen Vergleiches aufzuzeigen (die dabei verwendeten Begriffe und ihren Zusammenhang erklärt Bild A2-1):

- Die Randbedingungen (z. B. Klima, Gebäude, Gebäudebetrieb),
- die Anforderungen (z. B. in Hinblick auf Lasten, Sicherheit, Behaglichkeit, Hygiene, Komfort, Wirtschaftlichkeit) und die sich daraus ergebenden
- Funktionen der Anlage („Eigenschaften die im Sinne der Anforderungen etwas bewirken")
  - müssen **gleich, vollständig** (enumerativ) und genügend **detailliert** sein!

Zu den Anforderungen gehören zusätzlich Toleranzregeln und Grenzwerte. Toleranzregeln beinhalten z. B., dass die Raumtemperaturen nur positiv vom Sollwert abweichen dürfen und im Kühlfall, der hier nicht weiter behandelt wird, nur negativ. Dabei müssen die Solltemperaturen im Heizfall ohne Berücksichtigung von Fremdlasten und im Unterschied dazu im Kühlfall mit Vorgabe von Fremdlasten eingehalten werden können.

Die genügende Detailliertheit ist vor allem bei den Anforderungen zu beachten. Bei den Randbedingungen liegt sie in der Regel vor; bei den Anforderungen muss sie durch systematische Erforschung der Vorstellungen des Auftraggebers oder Nutzers erarbeitet werden. So ist z.B. bei der Allgemeinanforderung „Behaglichkeit" zu fragen,

- was ist gemeint oder besser welche **Behaglichkeitsdefizite** sollen beseitigt (Abstrahlung, Fallluft) bzw. welche störenden Effekte vermieden werden (z.B. erhöhte Luftgeschwindigkeiten, Turbulenzen)?
- **Wo** sollen diese Anforderungen im Raum gelten und wo nicht? Das heißt, wie ist die Anforderungszone festgelegt?
- In welchem **Umfang** sollen die festgestellten Behaglichkeitsdefizite beseitigt werden? Dazu ist die gewünschte Anforderungsstufe z.B. nach VDI 6030 [A-9] anzugeben.
- **Wann** sollen diese Anforderungen gelten – Tageszeit, Wochentag?

Die so festgestellten Anforderungen sind in einem Pflichtenheft zusammenzustellen. Beispiele hierfür sind die Tabellen C1-2 und C1-6. Aus den Randbedingungen und dem Pflichtenheft lassen sich die Sollfunktionen für die zu vergleichenden Anlagen ableiten, wie es in Teil A2 erklärt und den Beispielen dort gezeigt ist. Dass die auf Gesetzen, Normen und sonstigen technischen Regeln beruhenden Grundanforderungen in Hinblick auf Sicherheit, Festigkeit, Dichtigkeit usw. bei den zu betrachtenden Anlagen verwirklicht sind, ist vorausgesetzt. Für die aus Fest- oder Grenzanforderungen folgenden Funktionen gelten Entscheidungskriterien, die nur eine Ja- oder Nein-Aussage erlauben; d.h. über sie ist zu klären, ob eine untersuchte Anlagenvariante für einen Vergleich überhaupt zugelassen ist oder ob sie ohne jede weitere Bewertung aus einem Vergleich herausfällt. Die fest geforderten Funktionen lassen sich meist ohne Mühe herstellen, so dass sie für eine Auswahl nicht sehr viel hergeben. Im Unterschied dazu müssen die mit Grenzforderungen belegten Funktionen auf die Auslegebedingungen für ein Übergabesystem abgestimmt sein. Zum Beispiel soll eine Raumheizfläche mindestens so groß und warm sein, dass sie die Abstrahlung einer kalten Umfassungsfläche ausgleicht, und zugleich so ausgewählt sein, dass sie die erforderliche Leistung erbringt. Dies ist – nun allgemein – häufig erst nach einer sorgfältigen Auswahl der Komponenten vor allem im Übergabebereich möglich. Es kommt daher auf die gleiche Detailliertheit der Anforderungen und auch gleiche Vollständigkeit (vollständige Aufzählung = enumerativ) an. Die Notwendigkeit derselben Detailliertheit und Vollständigkeit gilt konsequent auch für die sich daraus ergebenden Funktionen der Anlage. Erst bei der dritten Gruppe, den Wunschfunktionen, können unterschiedliche Erfüllungsgrade auftreten; hier sind Beurteilungskriterien aufzustellen. Mit den dabei eingeführten Gewichtungsfaktoren sind, wie in C2 gezeigt, die Erfüllungsgrade zu multiplizieren und ergeben aufsummiert schließlich einen Nutzwert. Mit ihm lässt sich eine Reihenfolge bei den vergleichbaren Anlagen oder Komponenten herstellen. Darin besteht der eigentliche Vergleich.

Nun ist sehr häufig ein Vergleich von Anlagensystemen gefordert – insbesondere bei geschäftspolitisch motivierten Studien –, bei denen *eine vollständige Gleichheit der aus den Grenzanforderungen resultierenden Funktionen nicht vorliegt* (eine Ungleichheit bei den Wunschfunktionen besteht in aller Regel – sie liefern ja die Beurteilungskriterien für eine Bewertung). Zum Beispiel kann die Funktion, ein Strahlungsdefizit auszugleichen oder kühle Fallluft abzufangen, fehlen. Bedingungen dieser Art liegen beim Vergleich einer Luftheizung mit einer Radiatorenheizung vor. Bei der Luftheizung ist ein Strahlungsausgleich nicht herstellbar, ähnlich ist es bei einer Kachelofenheizung oder einem an einer Rückwand im Rauminnern angebrachten Heizkörper; bei diesen Systemen kommt noch hinzu, dass sie kühle Fallluft nicht abfangen können. In den beschriebenen Fällen lassen sich die fehlenden Funktionen dadurch kompensieren, dass die Lufttemperatur im gesamten Raum angehoben wird. Der Preis für die Kompensation der fehlenden Funktionen im Einflussbereich der Behaglichkeitsdefizite muss aber an anderer Stelle bezahlt werden: Innerhalb der Anforderungszone erhöht sich die (empfundene) Rauminnentemperatur über den Sollwert hinaus und es muss geprüft werden, ob die vorgegebenen Toleranzen die für die Kompensation erforderliche Temperaturveränderung zulassen. Die damit außerdem verbundene Erhöhung der Wärmeverluste – insbesondere bei der Lüftung – wirkt sich negativ bei den Kriterien Energiebedarf und Wirtschaftlichkeit im Wunschbereich aus.

Die Auswirkung der fehlenden Funktionen lässt sich nicht genügend genau über eine mittlere Behaglichkeit im Raum erkennen, ebensowenig der Kompensationseingriff durch die Lufttemperaturanhebung. Zunächst sei der Fall der mangelhaften Beseitigung eines Strahlungsdefizits betrachtet. Partielle Gleichwertigkeit wäre hier gegeben, wenn ein örtlich wirksames Defizit statt durch Zustrahlung einer Heizfläche konvektiv über ein Anheben der Lufttemperatur um $\Delta\vartheta_L$ über das vorgegebene Behaglichkeitsniveau $\vartheta_e^* = \vartheta_L^* = \vartheta_r^*$ hinaus beseitigt wird. Der Index e weist auf eine Empfindung hin, der Index L auf Luft und der Index r auf (Halbraum-)Strahlung, mit * ist die in den Anforderungen vorgegebene Situation gemeint. Für die partielle Gleichwertigkeit ist gefordert, dass die Temperatur $\vartheta_{sk}$ eines Hautflächenelementes gleich bleibt, das einer kälteren Fläche, von der das Strahlungsdefizit ausgeht, zugewandt ist. Unter der vereinfachenden Annahme linearer Zusammenhänge bei der Strahlung lautet die Wärmeübergangsbedingung hierfür:

$$\alpha_K^* \left( \vartheta_{sk}^* - \vartheta_e^* \right) + \alpha_r \left( \vartheta_{sk}^* - \vartheta_e^* \right) = \alpha_K \left( \vartheta_{sk}^* - \vartheta_L^* \right) + \alpha_r \left( \vartheta_{sk}^* - \vartheta_r^* \right) \qquad \text{(C3-1)}$$

Mit den Definitionen für die Anhebung der Lufttemperatur $\vartheta_L = \vartheta_e^* + \Delta\vartheta_L$ und das Strahlungsdefizit $\vartheta_r = \vartheta_e^* + \Delta\vartheta_r$ und unter der Annahme, dass der Wärmeübergangskoeffizient für die Strahlung $\alpha_r$ bei den betrachteten kleinen Tem-

perunterschieden sich nicht ändert, erhält man eine Bestimmungsgleichung für
die Lufttemperaturanhebung

$$\Delta\vartheta_L = -\frac{\alpha_r}{\alpha_K^*}\frac{\alpha_K^*}{\alpha_K}\Delta\vartheta_r - \left(\frac{\alpha_K^*}{\alpha_K}-1\right)\left(\vartheta_{sk}^* - \vartheta_e^*\right) \tag{C3-2}$$

für die Hauttemperatur kann ein bestimmter Wert, z. B. 34 °C, angenommen werden, der sich voraussetzungsgemäß nicht ändern soll. Unbekannt ist zunächst
die Veränderung des konvektiven Wärmeübergangskoeffizienten durch die Tem-
peraturänderung, denn mit der Lufttemperatur im Raum ändern sich nicht nur
die Konvektion an dem betrachteten Hautelement, sondern auch die Temperaturen aller Rauminnenflächen und zudem auch der kalten Umfassungsfläche;
d.h. es verändert sich auch die am Hautflächenelement wirkende Halbraumstrahlungstemperatur $\vartheta_r$.

Vor einer Lufttemperaturanhebung habe das Fenster die Temperatur $\vartheta_{Fe,0}$. Sie
lässt sich unter der Annahme, dass die Ausgangstemperatur $\vartheta_e^*$ wie eine Innen-
raumtemperatur $\vartheta_i$ für die Transmission maßgeblich ist und als kalte Umfassungsfläche das Fenster (Index Fe,0) gelten möge, berechnen:

$$\frac{k_{Fe}}{\alpha_i}\left(\vartheta_e^* - \vartheta_a\right) = \left(\vartheta_e^* - \vartheta_{Fe,0}\right) \tag{C3-3}$$

Die Oberflächen, mit denen das betrachtete Hautflächenelement im Strahlungsaustausch steht, haben die Temperaturen $\vartheta_r^*$ und $\vartheta_{Fe,0}$. Die Einstrahlzahl
zum Fenster sei $\Phi_{Fe}$. Die durch den Fenstereinfluss hervorgerufene Halbraumstrahlungstemperatur $\vartheta_{r,0}$ lässt sich aus der Strahlungsbilanz für den Halbraum
berechnen:

$$\alpha_r\left(\vartheta_{sk} - \vartheta_r^*\right)\left(1 - \Phi_{Fe}\right) + \alpha_r\left(\vartheta_{sk} - \vartheta_{Fe,0}\right)\Phi_{Fe} = \alpha_r\left(\vartheta_{sk} - \vartheta_{r,0}\right) \tag{C3-4}$$

Unter der bereits getroffenen Annahme eines für alle Temperaturdifferenzen
gleichen Wärmeübergangskoeffizienten für die Strahlung $\alpha_r$ kürzt sich die Temperatur des Hautflächenelements heraus:

$$\Phi_{Fe}\left(\vartheta_e^* - \vartheta_{Fe,0}\right) = \vartheta_e^* - \vartheta_{r,0} \equiv -\Delta\vartheta_{r,0} \tag{C3-5}$$

Ersetzt man hiermit nun die ursprüngliche Untertemperatur des Fensters in
C3-3, dann erhält man die ursprüngliche Abweichung von der Halbraumstrahlungstemperatur

$$\Delta\vartheta_{r,0} = -\Phi_{Fe}\frac{k_{Fe}}{\alpha_i}\left(\vartheta_e^* - \vartheta_a\right) \; oder$$

$$= -\Phi_{Fe}\left(\vartheta_e^* - \vartheta_{Fe,0}\right) \tag{C3-6}$$

Unter der Annahme, dass die für die Wärmeabgabe des Raums maßgebliche Innentemperatur die Summe der Ausgangstemperatur und der Temperaturanhebung ist, gilt als Bestimmungsgleichung für die Fenstertemperatur $\vartheta_{Fe}$

$$\frac{k_{Fe}}{\alpha_i}\left(\vartheta_e^* + \Delta\vartheta_L - \vartheta_a\right) = \vartheta_e^* + \Delta\vartheta_L - \vartheta_{Fe} \tag{C3-7}$$

und analog zu Gleichung C3-5

$$\Phi_{Fe}\left(\vartheta_e^* - \vartheta_{Fe}\right) - \Delta\vartheta_L\left(1 - \Phi_{Fe}\right) = -\Delta\vartheta_r \text{ oder}$$

$$\Phi_{Fe}\left(\vartheta_e^* + \Delta\vartheta_L - \vartheta_{Fe}\right) = \Delta\vartheta_L - \Delta\vartheta_r \tag{C3-8}$$

Die neue Untertemperatur des Fensters nach der Lufttemperaturanhebung lässt sich in Gleichung C3-7 einsetzen, daraus folgt

$$\Phi_{Fe}\frac{k_{Fe}}{\alpha_i}\left[\left(\vartheta_e^* - \vartheta_a\right) + \Delta\vartheta_L\right] = \Delta\vartheta_L - \Delta\vartheta_r \tag{C3-9}$$

Zusammen mit der ursprünglichen Abweichung $\Delta\vartheta_{r,0}$ gemäß Gleichung C3-6 ist nun ein Zusammenhang zwischen der tatsächlichen Abweichung $\Delta\vartheta_r$ von der Halbraumstrahlungstemperatur und der Anhebung der Lufttemperatur $\Delta\vartheta_L$ herzustellen

$$\Delta\vartheta_r = \Delta\vartheta_L + \Delta\vartheta_{r,0}\left(1 + \frac{\Delta\vartheta_L}{\vartheta_e^* - \vartheta_a}\right) \tag{C3-10}$$

Nun kann in Gleichung C3-2 der Ausdruck $\Delta\vartheta_r$ eliminiert werden, und man erhält für die zur Kompensation des Strahlungsdefizits erforderliche Lufttemperaturanhebung

$$\Delta\vartheta_L = -\frac{\alpha_r}{\alpha_K^*}\frac{\alpha_K^*}{\alpha_K}\left[\Delta\vartheta_L + \Delta\vartheta_{r,0}\left(1 + \frac{\Delta\vartheta_L}{\vartheta_e^* - \vartheta_a}\right)\right] - \left(\frac{\alpha_K^*}{\alpha_K} - 1\right)\left(\vartheta_{sk}^* - \vartheta_e^*\right) \tag{C3-11}$$

Sie ließe sich leicht umformen in eine explizite Formel für $\Delta\vartheta_L$, das von den Variablen $\alpha_K^*/\alpha_K$ und $\Delta\vartheta_{r,0}$ abhängt (Gleichung C3-6). Für die übrigen Werte der Gleichung mag gelten: $\alpha_r/\alpha_K^* = 1{,}9$, $\vartheta_{sk}^* - \vartheta_e^* = 14\,\text{K}$ und im Auslegungsfall $\vartheta_e^* - \vartheta_a = 32\,\text{K}$. Als Bezugssituation für den Wärmeübergang ist hier freie Konvektion an einem bekleideten Körper mit der mittleren Oberflächentemperatur $\vartheta_{cl}$ vorausgesetzt. Hierfür gilt als Wärmeübergangskoeffizient in guter Näherung

$$\overline{\alpha_K} = 1{,}66\left(\frac{\overline{\vartheta_{cl}} - \vartheta_L}{1\,K}\right)^{0{,}25}\frac{W}{m^2 K} \tag{C3-12}$$

Daraus lässt sich eine Näherung für nicht allzu hohe Lufttemperaturanhebungen ableiten

$$\frac{\alpha_K^*}{\alpha_K} \approx 1 + 0,285 \frac{\Delta \vartheta_L}{\left(\overline{\vartheta}_{cl} - \vartheta_e^*\right)} \qquad \text{(C3-13)}$$

Mit diesem linearen Zusammenhang ist nun die implizite Bestimmungsgleichung C3-11 auszuwerten. Man erhält für den Auslegungsfall den in Bild C3-1 dargestellten Zusammenhang zwischen der ursprünglichen Abweichung von der Halbraumstrahlungstemperatur $\Delta \vartheta_{r,0}$ und der erforderlichen Lufttemperaturanhebung. Bei einer Untertemperatur des Fensters (vor einer Lufttemperaturanhebung) von etwa 7 K und einer Einstrahlzahl von 0,5 liegt die Abweichung von der Halbraumstrahlungstemperatur bei 3,5 K; dies erfordert eine Lufttemperaturanhebung bei fehlendem Strahlungsausgleich von rund 2 K. Damit ist rechnerisch auch eine alte Erfahrung belegt: in Räumen mit Heizsystemen ohne Strahlungsausgleich sind generell im beschriebenen Umfang überhöhte Lufttemperaturen anzutreffen. Die stärkste Überhöhung ist bei Auslegungsbedingungen zu beobachten, in der Übergangszeit ist sie entsprechend niedriger.

Rechnerisch analog kann die Kompensation der anderen fehlenden Funktion „Fallluft abfangen" behandelt werden. Dabei sei vorausgesetzt, dass kein Strahlungsdefizit besteht ($\Delta \vartheta_r = 0$). Die Gleichungen C3-1 und C3-2 vereinfachen sich dadurch. Weiterhin sei angenommen, dass der Fallluftstrom auf ein bekleidetes

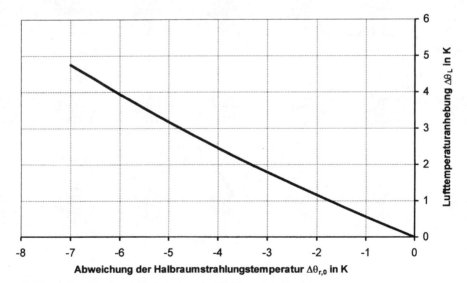

**Bild C3-1** Vergleich von Übergabesystemen bei ungleichen Anlagenfunktionen; hier fehlender Strahlungsausgleich: Lufttemperaturanhebung in Abhängigkeit der Abweichung der Halbraumstrahlungstemperatur

Körperoberflächenelement trifft. Die Bestimmungsgleichung für die Lufttemperaturanhebung lautet

$$\Delta\vartheta_L = \left(1 - \frac{\alpha_K^*}{\alpha_K}\right)\left(\vartheta_{cl}^* - \vartheta_e^*\right) \tag{C3-14}$$

Für den Wärmeübergangskoeffizienten gelte die Näherungsgleichung

$$\alpha_K \approx 15,6\sqrt{\frac{\overline{v}}{1\frac{m}{s}}}\ \frac{W}{m^2\,K} \tag{C3-15}$$

Unter der Annahme, dass die Übertemperatur des bekleideten Körpers 7 K beträgt, erhält man den in Bild C3-2 dargestellten Zusammenhang der erforderlichen Temperaturanhebung von der mittleren Geschwindigkeit.

Die vorstehenden Betrachtungen sind alle auf den Übergabebereich gerichtet, da vor allem hier der Fall auftritt, dass Anlagen mit unterschiedlichen Funktionen verglichen werden. In der Regel sind die beiden anderen Bereiche, Verteilung und Erzeugung, auf Grund technischer Zwänge in ihren Funktionen auf die Übergabe abgestimmt und unterscheiden sich nur bei den *gewünschten* Funktionen. Ein Vergleich in dieser Hinsicht ist beispielhaft in C2 gezeigt.

**Bild C3-2** Vergleich von Übergabesystemen bei ungleichen Anlagefunktionen; hier fehlendes Abfangen der Fallluft: Lufttemperaturanhebung in Abhängigkeit der mittleren Luftgeschwindigkei

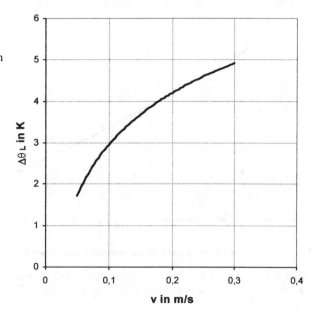

# C4
# Literatur

[C1-1] Honorarordnung für Architekten und Ingenieure (HOAI) vom 13.11.90 (BGBl. I S. 2707), geänd. 01.01.96 (BGBl. I 1995, S. 1174)

[C1-2] VDI 3807: Energieverbrauchskennwerte für Gebäude; Bl.1: Grundlagen. Ausgabe Juni 1994.

[C1-3] Verordnung über einen energiesparenden Wärmeschutz von Gebäuden vom 16.08.94 (BGBl. I S 2121), (Wärmeschutz V95 – WSVO 95), ersetzt durch: Verordnung über energiesparenden Wärmeschutz und energiesparende Anlagentechnik bei Gebäuden (Energiesparverordnung – EnEV) vom 21.11.2001, BGBl. I S. 3085

[C1-4] VDI 2067 Wirtschaftlichkeit gebäudetechnischer Anlagen; Bl. 20: Energiebedarf der Nutzenübergabe bei Warmwasserheizung. Beuth Verlag Berlin, Aug. 2000.

[C1-5] VDI 2073: Hydraulische Schaltungen in Heiz- und Raumlufttechnischen Anlagen. Beuth Verlag Berlin, Juli 1999.

[C2-1] DIN 4710 Meteorologische Daten zur Berechnung des Energieverbrauches von Heiz- und Raumlufttechnischer Anlagen; Beuth Verlag GmbH . Berlin, November 1982.

[C2-2] Eisenmann, G.: Entwicklung einer allgemeinen Bewertungsmethode für Heiz- und Trinkwassererwärmerssysteme am Beispiel einer Wohnung im einem Mehrfamilienhaus. Diss., Universität Stuttgart 1997.

# D Systembereiche für Übergabe, Verteilung und Erzeugung der Wärme

Heinz Bach

## D1 Nutzenübergabe

### D1.1 Einleitung

Die Nutzenübergabe (siehe Teil B) einer Heizanlage besitzt in jedem Fall die Funktion „Wärme übertragen" und in Abgrenzung zu den anderen Bereichen der Raumklimatechnik eben nicht die Funktionen „Kälte übertragen" oder „Stoffe übertragen", zum Beispiel Wasser zur Luftbefeuchtung. Meist wird zugleich so viel Wärme übertragen, dass es nicht nur für die Deckung der Transmissionsheizlast, sondern auch für die Erwärmung der durch Fenster und Undichtigkeiten in den Raum eindringende Außenluft reicht oder gar der Raum überheizt und die Überschusswärme nicht mehr als Nutzen empfunden wird. Hinter der übergeordneten Funktion „Wärme übertragen" stehen zwei Funktionen: „Transmissionsheizlast decken" und „Lüftungsheizlast decken". Je nach Anzahl der Gestaltungs-Freiheitsgrade bei den verschiedenen Heizeinrichtungen können weitere Funktionen für die Übergabe hergestellt werden (Tabelle B-1). Auch der jeweilige Erfüllungsgrad bei den verschiedenen Funktionen hängt vom Gestaltungsfreiraum ab. Der in Teil B vorgestellten Systematik folgend beginnt die Beschreibung jeweils bei den Einrichtungen mit der geringsten Anzahl an Gestaltungsfreiheitsgraden und damit den wenigsten Nutzenfunktionen.

Als erstes werden die Heizgeräte beschrieben, bei denen die Wärmeübergabe an den Raum und die Wärmeerzeugung in einem Gerät zusammengefasst sind. Dazu gehören z.B. Heizöfen. Hier ist der Gestaltungsspielraum für die Beheizung eines Raums allein schon deshalb eingeschränkt, weil die Aufstellung eines Ofens an den Anschluss eines Kamins gebunden ist. Hinzu kommen die Nachteile einer Feuerung im Raum mit den hohen Temperaturen, der Verschmutzungsgefahr usw.. Der einzige Nutzen ist hier die Übergabe von Wärme. Zusätzliche Gestaltungsmöglichkeiten und damit auch weitere Nutzenfunktionen gewinnt man, wenn der Ofen, wie dies z.B. bei Gasheizöfen möglich ist, an der Außenwand aufgestellt werden kann (ein weiterer Nutzen besteht nun darin, ein

Strahlungsdefizit oder die Fallluftströmung zu beseitigen). Als weitere Entwicklungsstufe in dieser Hinsicht sind elektrische Direktheizgeräte oder Speicherheizgeräte zu verstehen. Bei ihnen findet zwar die Wärmeerzeugung ebenfalls im selben Gerät wie die Wärmeübergabe statt, eine Feuerung ist aber vermieden. Damit ist man im Aufstellungsort frei, kann diese Geräte gezielt zur Beseitigung von Behaglichkeitsdefiziten einsetzen und bietet zusätzlich mit dem Vermeiden der Feuerung Komfort, also einen weiteren Nutzen. Sie stellen damit die höchste Entwicklungsstufe kombinierter Wärmeübergabe-Erzeugungs-Geräte als Einzelraum-Heizgeräte dar.

Bei Mehrraum-Heizgeräten (Ofen-Luftheizung) wird der Bedienungskomfort gegenüber den Einzelraum-Heizgeräten gesteigert, da nur eine Feuerstätte zu versorgen ist (ebenfalls ein Nutzen).

Erst mit der vollständigen Trennung von Wärmeübergabe und Wärmeerzeugung und der Einführung einer Wärmeverteilung mit einem Zwischenmedium (Heizmittel) erweitert sich der Gestaltungsspielraum beträchtlich. Die einfachste Ausführung stellt in diesem Zusammenhang die Luftheizung mit indirekter Lufterwärmung[1] über ein Heizmittel dar. Sie muss noch vor einer Zentralheizung mit Raumheizflächen aufgeführt werden, da mit ihr Behaglichkeitsdefizite durch Abstrahlung nicht beeinflusst werden können. Hierzu zählt sowohl die zentrale Luftheizung mit einem außerhalb des Raums angeordneten Lufterwärmer, Luftkanälen und Luftdurchlässen und die dezentrale Luftheizung wie Ventilatorkonvektoren im Raum.

Auf der nächsten Entwicklungsstufe steht die Zentralheizung mit Raumheizflächen, bei der es mehrere Varianten mit unterschiedlichem Gestaltungsspielraum gibt. Die meisten Gestaltungsmöglichkeiten bieten Raumheizkörper, die beliebig anzuordnen sind und je nach Anforderung auch für ästhetische Wirkungen eingesetzt werden oder einen Zusatznutzen bieten können.

Die höchste Entwicklungsstufe für eine Nutzenübergabe im Raum (nach der Definition im Teil B) bietet die Kombination einer Zentralheizung mit Raumheizflächen und einer maschinellen Lüftung (Außenlufterwärmung). Mit den Raumheizflächen lassen sich die Abstrahlung zu kalten Außenflächen ausgleichen und auch Fallluftströmungen abfangen; durch eine gezielte Zuführung der außerhalb des Raumes erwärmten Außenluft (Funktionen: „Ventilatorgeräusche fernhalten", „Luft reinigen") sind im Aufenthaltsbereich optimale Luftbedingungen zu halten.

---

[1]  mit direkter Lufterwärmung arbeitet die einfachere Ofen-Luftheizung

## D1.2
### Heizlast, Luftströmung und Strahlungsvorgänge im Raum

### D1.2.1
#### *Heizlast*

Nach der in Teil B beschriebenen Gliederung einer Heizanlage (siehe Bilder B-1 und -2) stellt die Nutzenübergabe das erste von drei Teilsystemen dar, deren Existenz nach den Regeln der Systemtheorie mindestens durch das Vorhandensein jeweils eines Eingangs und eines Ausgangs zu begründen ist[2]. Bei einer energetischen Betrachtung, wie sie in Teil B angestellt wird, ist die Eingangsgröße jeweils ein Bedarf und die Ausgangsgröße ein Aufwand (beides z.B. in einer Energiemenge pro Jahr). Der Weg vom Bedarf zum Aufwand gibt die Richtung der Bedarfsentwicklung an. Sie beginnt am Eingang der Nutzenübergabe mit dem Referenzbedarf. Analog entwickeln sich auch die Leistungswerte von einer **Heizlast** $\dot{Q}_{0,N}$ eines in definierter Weise genutzten Raumes (N für Nutzen) am Eingang zu einer **Heizleistung** $\dot{Q}_1$ eines Übergabesystems am Ausgang (siehe Bild D1.2-1a und auch B-1). Beide Größen sind im Realbetrieb nicht gleich, was bei flüchtiger Betrachtung vielleicht angenommen werden könnte (siehe weiter unten).

Im Unterschied zu dem beschriebenen instationären Heizbetrieb werden für den Auslegefall vereinfachend stationäre Bedingungen sowohl in der Umge-

**Bild D1.2-1** (a) Die Eingangs- und Ausgangsgrößen des Teilsystems Nutzenübergabe in der Betriebssituation: Heizlast und Heizleistung. (b) Die Eingangs- und Ausgangsgrößen des Teilsystems Nutzenübergabe in der Auslegungssituation: Norm-Heizlast und Auslegungswärmeleistung

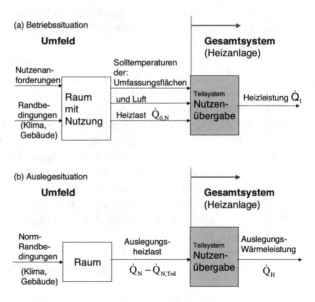

---

[2] Nach der Systemtheorie besitzt jedes System: eine Struktur, ein Umfeld, einen Zustand, ferner wenigstens eine Funktion und wenigstens je einen Eingang und Ausgang.

bung eines Raums als auch im Raum selbst vorausgesetzt. Darüber hinaus werden bestimmte Zustände (Temperaturen, Wärmeübergangskoeffizienten) innen
und außen festgelegt, und zwar so, dass sich ein als wahrscheinlich erwartba-
rer Maximalwert der Heizlast eines Einzelraums ergibt. Dazu werden alle ent-
lastenden Fremdeinflüsse und das Vorhandensein einer körperlich realen Heizung ausgeschlossen. Der Rechengang ist genormt, in Deutschland z.B. nach der
DIN 4701 [A-7] (siehe Band 4). Das Rechenergebnis ist die sog. **Norm-Heizlast**
$\dot{Q}_N$ (früher der Norm-Wärmebedarf). Unter den erwähnten Bedingungen ist die
Norm-Heizlast als ein Gebäudeeigenschaft anzusehen.

Nach Einführung der ersten DIN 4701 wurde zunächst über lange Zeit die
Norm-Heizlast unmittelbar der Auslegung zugrundegelegt, also die **Auslegungswärmeleistung** $\dot{Q}_H$ der Heizeinrichtung der **Norm-Heizlast** $\dot{Q}_N$ gleichgesetzt. Dies war auch gut begründet für z.B. Heizkörper, die die Transmissionsbe-
dingungen an den Umfassungsflächen des Raumes nur unwesentlich verändern.
Der vereinfachende Ansatz musste überdacht werden mit der verstärkten Einführung von Übergabesystemen, die in Umfassungsflächen des Raumes integriert sind wie z.B. Fußbodenheizungen (siehe Kap. D1.6.2). Durch sie wird
an dieser Stelle die Systemgrenze des betreffenden Raumes nach außen unterbrochen, es entfällt infolgedessen der dort sonst auftretende **Teil der Transmissionsheizlast** $\dot{Q}_{N,Teil}$, und zwar vollständig bei den integrierten Raumheizflächen und teilweise – Strahlungsanteil – bei den freien. Analog wirkt sich
der Einbau einer Zuluftanlage aus, wenn bei einem (fast) dichten Gebäude die
zur Lüftung erforderliche Außenluft über einen Ventilator und Lufterwärmer
(maschinell) mit der Raumsolltemperatur zugeführt wird; hier entfällt – bis auf
die Erwärmung einer Restluftrate – die Lüftungsheizlast (die Systemgrenze ist
hier am Zuluftdurchlass unterbrochen).

Soll eine Heizanlage stationär betrieben werden (z.B. ohne Nachtabsenkung),
sind die Einrichtungen im Systembereich Übergabe in jedem Fall so zu bemessen, dass sie die unter stationären Bedingungen auftretende „Auslegungsheizlast" – im allgemeinen Fall also $\dot{Q}_N - \dot{Q}_{N,Teil}$ – im Dauerbetrieb decken können. Systemtheoretisch ist die Eingangsgröße die Auslegungsheizlast und die
Ausgangsgröße die Auslegungswärmeleistung $\dot{Q}_H$ (siehe auch Bild D1.2-1b).
Die meisten Übergabeeinrichtungen vermögen für eine begrenzte Zeit eine
die Auslegungswärmeleistung deutlich überschreitende **Maximalleistung** $\dot{Q}_{max}$
zu übertragen. Dies geschieht z.B. bei den Heizgeräten mit eigener Feuerung
durch kurzzeitiges Steigern der Brennstoffzufuhr oder bei Heizkörpern in Zentralheizungen durch Anheben der Vorlauftemperatur über den Auslegewert
hinaus, sofern die Wärmeerzeugung einen genügenden Spielraum hierfür bietet. Besteht keine Steigerungsmöglichkeit, ist zur Sicherheit die Auslegungswärmeleistung $\dot{Q}_H$ z.B. nach [D1.2-1] um einen Auslegungszuschlag $x$ anzuheben:

$$\dot{Q}_H = \left(1 + x\right)\left(\dot{Q}_N - \dot{Q}_{N,Teil}\right) \tag{D1.2-1}$$

Im Unterschied zur Auslegungswärmeleistung $\dot{Q}_H$ ist bei Raumheizflächen in Zentralheizungen die **Normwärmeleistung** $\dot{Q}_n{}^3$ eine Nennleistung, die einer durch Norm festgelegten Übertemperatur zugeordnet ist; sie ist in aller Regel größer als die Auslegungswärmeleistung, d.h. die Übertemperatur zur Auslegung ist niedriger als die unter Normbedingungen und auch niedriger als die vom Wärmeerzeuger lieferbare, die die eigentliche Maximalleistung $\dot{Q}_{max}$ ermöglicht. Die durch letzteres entstehende Leistungsreserve ($\dot{Q}_{max}/\dot{Q}_H$) dient der Sicherheit und ist vor allem vorteilhaft bei Aufheizvorgängen (instationärer Heizbetrieb).

In der im Heizbetrieb auftretenden variablen **Heizlast** $\dot{Q}_{0,N}$ sind im Unterschied zur konstanten Normheizlast sowohl Fremdlasten (solare Einstrahlung, Geräte usw.) als auch zeitvariable Nutzervorgaben für die Tempersturen im Raum enthalten. Sie wird in Anlehnung an DIN 1946 Teil 1 [D1.2-3] als der Energiestrom definiert, den ein Raum benötigt, um eine vom Nutzer angestrebte thermische Umgebung (Luft- und Wandtemperaturen) zu erhalten. Sie besteht mithin aus dem Energiestrom, der zu einem bestimmten Zeitpunkt dem Raum über eine **virtuelle ideale Heizanlage** zugeführt werden muss, um eine vorgegebene Temperatur der Wände und der Luft einzuhalten. Diese virtuelle ideale Heizanlage ist trägheitslos, ideal geregelt, hat unendliches Leistungsvermögen und ein auf den Bedarf genau abgestimmtes Strahlungs- und Konvektionsverhältnis. Die so definierte Heizlast entspricht analog der sog. „trockenen Kühllast" der VDI-Richtlinie 2078 [D1.2-4]. Sie liefert aufintegriert über ein Jahr den Referenzheizenergiebedarf nach VDI 2067, Bl. 10 u. 11 [D1.2-5].

Die Heizlast wird wesentlich beeinflusst durch:
- Klima bzw. Wetter
- Baukörper mit Bauausführung
- Nutzervorgaben und -verhalten

Während das Klima und die Nutzervorgaben (für Simulationsrechnungen) oder das Wetter und das Nutzerverhalten (für den realen Betrieb) für die zeitlich veränderlichen und sogar unstetig auftretenden Energieströme in und aus dem Raum direkt ursächlich sind, wirkt sich der Baukörper mit seiner Dämmung und seinem Speichervermögen dämpfend und verzögernd auf diese Energieströme und damit auf die Heizlast aus.

Klima und Wetter werden in Band 1 Teil B behandelt. Die Wirkung des Baukörpers mit der Bauausführung auf die Heizlast wird in Band 4 beschrieben.

Der Nutzer beeinflusst über seine *Vorgaben* (und im Realbetrieb sein *Verhalten*) die Heizlast durch:
- Tätigkeit und Aufenthaltszeit
- Anforderungszone
- Verlauf der Sollinnentemperaturen

---

[3]  nach DIN-EN 442 [D1.2-2] ist die Bezeichnung für die Normwärmeleistung $\Phi_S$

- Außenluftanforderung
- Einschaltzeiten und Leistungen wärmeabgebender Geräte.

Maßgeblich für die Anlagengestaltung und -auslegung sind allein die ausdrücklich festgelegten *Vorgaben,* auch ein erwartetes Verhalten muss als Vorgabe formuliert sein. Mit der Art der Tätigkeit und damit verbunden der Aufenthaltszeit und der Anforderungszone ist die Art der Nutzung des Raums vorgegeben. Daraus folgt in aller Regel der Verlauf der Soll-Innentemperaturen, die Außenluftanforderung sowie die Einschaltzeiten und Leistungen wärmeabgebender Geräte, die für die Nutzung benötigt werden. Meist sind die Räume nach der in ihnen ausgeübten typischen Tätigkeit benannt, z.B. Wohnzimmer, Schlafzimmer, Schulraum, Büro, Fabrikhalle usw. Mit der Tätigkeit verbunden ist die körperliche Aktivität der sich im Raum aufhaltenden Personen und ihre Wärmeabgabe, was nicht nur die Heizlast beeinflusst, sondern auch ursächlich ist für die Außenluftanforderung und die Wahl der Soll-Innentemperatur. So sind für die Nutzungsart des Raums typische Verläufe der Soll-Innentemperatur angebbar (Bild D1.2-2). Die oberen und unteren Grenzwerte der Soll-Innentemperatur sind als Mindestwerte zu verstehen, d.h. sie dürfen nicht unterschritten

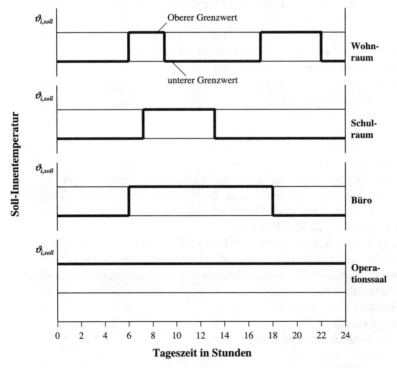

**Bild D1.2-2** Typische Verläufe der Soll-Innentemperatur von Räumen für verschiedenen Nutzungsarten (Beispiele)

werden. Die Phasen mit den oberen Grenzwerten kennzeichnen die üblichen Soll-Nutzungszeiten. In ihnen wird ein Überschwingen der Temperatur (1 bis 2 K) nicht als komfortmindernd akzeptiert. Der untere Grenzwert ist für Kurzaufenthalte bemessen. Eine Ausnahme bilden Schlafräume. Hier wird häufig gewünscht, dass während der Schlafzeiten (auch sie sind Nutzungszeiten) die Raumtemperatur einen bestimmten Maximalwert nicht überschreitet, was häufig nicht allein durch Abschalten der Heizanlage, sondern nur durch Fensteröffnen zu erreichen ist – was im übrigen sowieso geschieht, lediglich der Lüftung wegen.

Die Anforderungszone ist ein zum Zweck der Auslegung von Raumheizflächen in VDI 6030 [A-9] definierter Begriff. Sie ist der „Teil des Raumes, in dem die gewünschten Anforderungen im Hinblick auf die Behaglichkeit und damit auch die weitgefassten nach DIN-EN-ISO 7730 [A-10] erfüllt sind. Ihre Ausdehnung und Lage wird von der Größe und Anordnung der freien Raumheizfläche, also ihrer Auslegung, bestimmt". Diese Definition gilt für die real hergestellte Raumzone. Die als Anforderung vorgegebene Anforderungszone ist kleiner und geometrisch einfacher beschrieben: durch horizontale und vertikale Flächen begrenzt (siehe Bild A-2 und Näheres im Kap.1.6).

Die Außenluftanforderung, und demzufolge die Lüftungsheizlast, wird bei den neueren recht dichten Gebäuden im wesentlichen vom Nutzer festgelegt. Sie liegt dadurch meist über dem Normbedarf nach DIN 4701 [D1.2-1]. Nur bei älteren Gebäuden mit all ihren Undichtigkeiten – nicht nur bei den Fenstern – ist die Lüftungsheizlast, wie früher (und definitionsgemäß nach DIN 4701) vorausgesetzt wurde, eine Gebäudeeigenschaft und mithin die Außenluftzufuhr nutzerunabhängig.

Zur Bestimmung der Außenluftanforderung kann bei Räumen, die nach Art und Größe Wohnräumen entsprechen, mit einem aus der Erfahrung stammenden Luftwechsel gerechnet werden (Luftwechsel = Außenluftstrom / Raumvolumen in $m^3/h/m^3$). Die Beträge liegen zwischen 0,5 und 1 $h^{-1}$. Für Büronutzung sind etwas höhere Werte anzusetzen. Bei größeren Räumen richtet sich der Außenluftbedarf nach Anzahl und Intensität der Schadstoff-, Geruchstoff- und Wärmequellen. Darüber hinaus ist der Außenluftbedarf erheblich von der Art der Luftzuführung abhängig. In jedem Fall aber treten diese Bedarfswerte nur während der Nutzungszeit des jeweiligen Raums auf. Außerhalb der Nutzungszeiten ist nur eine Grundlüftung erforderlich. In vielen Fällen genügt hier die Luftinfiltration durch die Undichtigkeiten in der Gebäudehülle.

Die begrifflichen Unterschiede zwischen Maximalleistung, Auslegeleistung und Normwärmeleistung sollen an einem Beispiel für ein Wohnzimmer verdeutlicht werden. Vereinfachend sei die Außenbelastung über mehrere Tage als konstant angenommen (konstante Außentemperatur, keine Sonneneinstrahlung, siehe Bild D1.2-3a); ferner soll keine Innenlast auftreten. Mit der Vorgabe der Normaußentemperatur sind mithin die Bedingungen für die Normheizlast nach DIN 4701 gewählt. Es sollen zwei Übergabesysteme verglichen werden, die vereinfachend als trägheitslos angenommen werden und mit einer ideal wir-

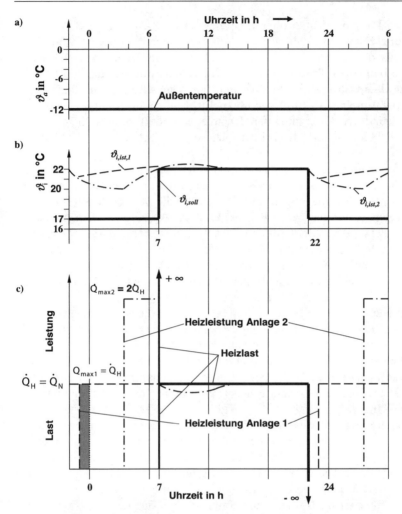

**Bild D1.2-3** a) Außentemperatur, b) Soll- und Ist-Innentemperatur, c) Heizlast und Heizleistung für zwei Beispielanlagen über der Tageszeit

kenden Regelung ausgerüstet sind. Annähernd könnte dies mit einer entsprechend gestalteten Elektro-Direktheizung realisiert werden. Die beiden Anlagen sollen sich – wie man bei einer Elektroheizung sagen würde – in der installierten Leistung unterscheiden; sie entspricht bei der Warmwasserheizung der Maximalleistung $\dot{Q}_{max}$, die mit der vom Wärmeerzeuger lieferbaren höchsten Übertemperatur bereitzustellen wäre. Die Auslegeleistung $\dot{Q}_H$ sei in beiden Fällen vereinfacht der Normheizlast gleichgesetzt (der Auslegungszuschlag $x$ also zu 0 angenommen). Bei der ersten Anlage soll die Auslegeleistung gerade so groß sein wie die Maximalleistung. Bei der zweiten Anlage sei die Auslegungs-

übertemperatur so tief unter die vom Wärmerzeuger lieferbare maximale Übertemperatur gesetzt, dass die Maximalleistung doppelt so groß ist wie die Auslegeleistung. In beiden Fällen stimmen die Normwärmeleistungen $\dot{Q}_n$ der auszu-
wählenden Raumheizflächen **nicht** überein mit der Auslegungswärmeleistung.
Da die Normvorlauftemperatur mit 75 °C meist über der vom Wärmeerzeuger
lieferbaren Vorlauftemperatur liegt, sind die Normwärmeleistungen selbst für
den ersten Fall größer als die Auslegungsleistungen.

Das Beispiel-Wohnzimmer sei, wie Bild D1.2-3b für den Verlauf der Soll-
Innentemperatur zeigt, zwischen 7 Uhr und 22 Uhr genutzt. Während dieser
Nutzungszeit soll die Innentemperatur 22 °C betragen. Außerhalb der Nutzungs-
zeit darf sie auf 17 °C absinken, was aber tatsächlich gar nicht geschieht, weil die
Wärmespeicherung des hier betrachteten Beispielgebäudes nur je nach Behei-
zungszeit eine Abkühlung auf höchstens 21 oder etwas über 20 °C zulässt.

In Bild D1.2-3c sind neben dem Heizlastgang auch die Heizleistungs-Gang-
linien der beiden Anlagenvarianten eingetragen (Fall 1 gestrichelt, Fall 2 strich-
punktiert). Auffällig für den Heizlastgang ist die Unstetigkeit im Aufheizmo-
ment: Um die vertikale Solltemperaturflanke zu realisieren, springt die Heizlast
in diesem Augenblick nach Unendlich und wieder zurück auf das Niveau der
Normheizlast. Dort verharrt sie – da voraussetzungsgemäß keine Laständerun-
gen auftreten – bis zum Ende der Nutzungszeit. Während der anschließenden
Absenkzeit liegt keine Heizlast vor, da die Innentemperatur über dem unteren
Grenzwert liegt. Würde verlangt werden, dass die vertikale Solltemperaturflanke
und ebenfalls der untere Grenzwert eingehalten werden sollen, müsste zusätzlich zur gedachten idealen Heizanlage eine entsprechende Kühlanlage vorgesehen werden, die auch hier eine Unstetigkeit (Sprung einer Kühllast nach Unendlich) zulässt.

Die vorgegebene Anforderung, dass bei Beginn der Nutzungszeit um 7:00 Uhr
die Sollinnentemperatur erreicht ist, führt dazu, dass bei der kleinen Anheizleistung der ersten Variante fast 8 Stunden vor Beginn der Nutzungszeit angeheizt
werden muss (die Energieeinsparung durch Nachtabsenkung entspricht etwa
der Einstundenlücke ab 22:00 Uhr, sie ist demnach minimal). Bei der größeren
Anheizleistung im Fall 2 verkürzt sich die Anheizzeit auf mehr als die Hälfte,
so dass eine zusätzliche Einsparung in der Größe der eingezeichneten schraf-
fierten Fläche eintritt. Insgesamt zeigt das einfache Beispiel, dass der Einspareffekt durch Nachtabsenkung entgegen der Laienvorstellung gering ist. Wird
aber eine Temperaturabsenkung aus Komfortgründen gewünscht, weil während
der Nachtruhe niedrigere Raumtemperaturen bevorzugt werden, dann ist bei
der Bemessung der Raumheizflächen ein möglichst hohes Leistungsvermögen
– also eine möglichst große Normwärmeleistung – bei kleinstmöglicher Trägheit vorzusehen.

## D1.2.2
### *Luftströmungen und Strahlungsvorgänge im Raum*

Ein zu beheizender Raum besitzt immer mindestens eine Umfassungsfläche, deren Temperatur deutlich unterhalb aller anderen Flächen liegt ("kalte" Umfassungsfläche). Meist ist dies eine Außenwand mit Fenster; es kann aber auch eine mäßig gedämmte Innenwand sein, die an einen unbeheizten Raum (z.B. Treppenhaus) angrenzt. Bei Hallen tritt als "kalte" Umfassungsfläche auch die Hallendecke auf. Die Temperaturen derartiger Flächen lassen sich für die im Folgenden weiter betrachteten Auslegungsbedingungen, wie sie durch DIN 4701 [D1.2-1] vorgegeben sind, in guter Annäherung in Abhängigkeit vom Wärmedurchgangskoeffizenten (k-Wert) angeben. Dies sei am Beispiel des Fensters als "kalte" Umfassungsfläche aufgezeigt (siehe Bild D1.2-4). Die Wärmestromdichte am Fenster ist unter Normbedingungen [D1.2-1]:

$$\dot{q}_{Fe} = k_{Fe}\left(\vartheta_i - \vartheta_a\right) \tag{D1.2-2}$$

Wärmedurchgangskoeffizient des Fensters $k_{Fe}$
Temperaturen im Raum $\vartheta_i$ und außen $\vartheta_a$

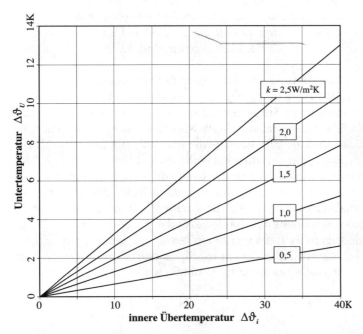

**Bild D1.2-4** Untertemperatur einer "kalten" Umfassungsfläche (z.B. eines Fensters) in Abhängigkeit von der inneren Übertemperatur gegenüber außen

Dieselbe Wärmestromdichte besteht auch auf der Innenseite des Fensters mit der Temperatur $\vartheta_{Fe}$ bei einem Wärmeübergangskoeffizienten $\alpha_i$:

$$\dot{q}_{Fe} = \alpha_i \left( \vartheta_i - \vartheta_{Fe} \right) \tag{D1.2-3}$$

Aus den beiden Gleichungen D1.2-2 und 3 lässt sich der in Bild D1.2-4 dargestellte Zusammenhang der Untertemperatur des Fensters mit der inneren Übertemperatur ableiten:

$$\vartheta_i - \vartheta_{Fe} = \frac{k_{Fe}}{\alpha_i} \left( \vartheta_i - \vartheta_a \right) \tag{D1.2-4}$$

Für den inneren Wärmeübergangswiderstand $1/\alpha_i$ wird der Normwert $0{,}13\,\mathrm{W^{-1}m^2K}$ gesetzt. Es sei hervorgehoben, dass die aus der Norm übernommenen Werte für den Wärmeübergang innen und außen Maximalwerte darstellen, damit liefert Gleichung (D1.2-4) eine Mindestuntertemperatur im Auslegezustand, d.h. in Wirklichkeit sind die Untertemperaturen größer oder die „kalten" Flächen kälter.

Die Temperaturen der übrigen Umfassungsflächen des Raumes und der Luft in verschiedenen Raumtiefen und -höhen sind abhängig von der Art und dem Ort der Heizwärmezufuhr. Dabei werden die Oberflächentemperaturen maßgeblich vom Strahlungsaustausch (siehe Band 1, Teil G1) und die Lufttemperaturen vom Strömungsgeschehen bestimmt. Das heißt, die Übergabesysteme unterscheiden sich in ihrer Wirkung auf den Raum, je nach dem ob sie allein oder ganz überwiegend die Heizwärme dem Raum konvektiv zuführen oder ob ein nennenswerter (über 20% liegender) Anteil durch Strahlung eingebracht wird. Als Regel lässt sich aufstellen:

- Bei überwiegend konvektiver Heizwärmezufuhr sind die inneren (unbeheizten) Umfassungsflächen wegen der Abstrahlung an die „kalte" Umfassungsfläche im Mittel geringfügig kälter als die Luft in Raummitte.
- Bei überwiegender Heizwärmezufuhr durch Strahlung sind mit Ausnahme der „kalten" Umfassungsfläche die übrigen Flächen je nach Anordnung der Heizfläche wärmer als die Luft in Raummitte. Durch geeignete Anordnung radiativ wirkender Raumheizflächen lassen sich nicht nur die Abstrahlung zur „kalten" Umfassungsfläche kompensieren, sondern auch die Temperaturunterschiede der übrigen Umfassungsflächen zur Luft vermeiden.

Auch die Richtung der Luftbewegung im Raum lässt sich durch die Anordnung der wärmeabgebenden Flächen (Heizgeräte, Raumheizflächen) beeinflussen. Wird z.B. ein Heizkörper mit dem üblicherweise gegebenen Konvektionsanteil von mehr als 60% frei vor der „kalten" Umfassungsfläche aufgestellt, dann ist der im Bereich des Heizkörpers entstehende Auftrieb stark genug, die an dieser Fläche abfallende Luft am Eindringen in den Raum zu hindern und eine Gegenströmung zu erzeugen, die zu einer Umwälzströmung führt, wie sie in Bild D1.2-5 prinzipiell dargestellt ist. Da Heizkörper häufig nicht die glei-

**Bild D1.2-5** Raumluftströmung bei Beheizung mit Raumheizkörpern

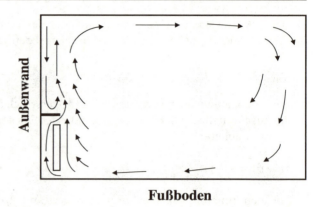

**Fußboden**

**Bild D1.2-6** Raumluftströmung bei Fußbodenheizung

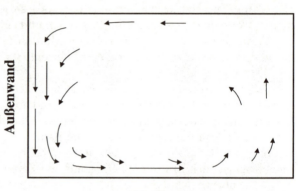

**Fußboden**

che Länge wie die „kalte" Umfassungsfläche besitzen, stellt das gezeigte zweidimensionale Strömungsbild nur die Hauptluftbewegung dar; seitlich neben dem Heizkörper kann abgekühlte Luft in entgegengesetzter Richtung in den Bodenbereich einfließen.

Wird dagegen die wärmeabgebende Fläche an einer Innenwand angeordnet, z.B. als Kachelofen, oder in eine der inneren Umfassungsflächen integriert, z.B. als Bodenheizung, dann entsteht eine entgegengesetzte Umwälzströmung, wie sie Bild D1.2-6 zeigt. Bei horizontaler Anordnung der Heizfläche (Fußbodenheizung, Deckenheizung) ist die jeweils kälteste vertikale Umfassungsfläche bestimmend für Richtung und Intensität einer die ganze Raumluft bewegenden Umwälzströmung: Die kalte Luft an dieser Fläche fällt nach unten mit Maximalgeschwindigkeiten, wie sie Bild D1.2-7 zu entnehmen sind, und dringt am Boden mit abnehmender Geschwindigkeit und zunehmender Temperatur in den Raum ein. Die dabei erreichte Einströmtiefe hängt (in einem leeren Raum ohne weitere Wärmequellen) bei einfachster Betrachtung von dem Verhältnis Raumtiefe $l$ zur Raumhöhe $h$ und der Raumhöhe selbst ab: bis $l/h = 2$ liegt der Grenzwert für die Einströmtiefe bei etwa $0{,}7 \cdot l$, darüber bei $1{,}5 \cdot h$. Die Rückströmung zur Außenfläche hin wird vom Fallluftwandstrahl induziert. Bei einer

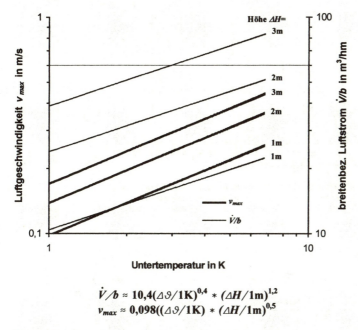

$$\dot{V}/b \approx 10{,}4(\Delta\vartheta/1\mathrm{K})^{0{,}4} * (\Delta H/1\mathrm{m})^{1{,}2}$$
$$v_{max} \approx 0{,}098((\Delta\vartheta/1\mathrm{K}) * (\Delta H/1\mathrm{m})^{0{,}5}$$

**Bild D1.2-7** Maximale Luftgeschwindigkeit und breitenbezogener Luftstrom abhängig von der Untertemperatur und der Höhe $\Delta H$ der „kalten" Umfassungsfläche nach [D1.2-6]

Fußbodenheizung vermögen selbst höher temperierte Boden-Randstreifen vor der Außenfläche oder sog. Estrichkonvektoren diese stabile Umwälzströmung nicht umzukehren. Auch eine Aufwärtsströmung vom erwärmten Boden, wie man sie z.B. im Kochtopf beobachtet („Bénard-Konvektion"), kann sich nur bei genügend großem Abstand von der Außenwand ausbilden.

Aufgrund der beschriebenen Strömungen entstehen im Raum für die beiden Beispiele (Heizkörper, Fußbodenheizung) typische Temperaturverteilungen gemäß Bild D1.2-8. Das Strömungsbild für die Fußbodenheizung (Bild D1.2-6) lässt sich prinzipiell auch auf das bei einem Kachelofen oder einem an der Innenwand montierten Heizkörper übertragen; auch die Temperaturverteilung stimmt im Bodenbereich überein, weist aber unter der Decke eine Ausbeulung auf wie bei dem kurzen Heizkörper mit der hohen Übertemperatur, ferner sind die Geschwindigkeiten über der inneren Heizeinrichtung und unter der Decke deutlich höher.

In Räumen mit Luftheizung bestimmen Ort und Temperatur der Zuluftstrahlen aus den Luftdurchlässen sowie die Fallströmung an „kalten" Außenflächen die Strömung im Raum. In aller Regel ist das Geschwindigkeitsniveau höher als bei Raumheizflächen. Nach dem Ort der Luftzufuhr lassen sich zwei Arten von Raumluftströmungen unterscheiden; sie sind in Bild D1.2-9 nebeneinander dargestellt. Wird Warmluft an der Decke oder den Innenwänden ein-

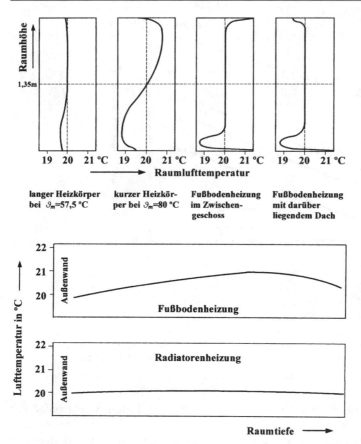

**Bild D1.2-8** Beispiele typischer Temperaturverteilungen im Raum bei unterschiedlichen Beheizungsarten nach [D1.2-7]

geblasen (oberes Bild), so hält der Auftrieb sie im oberen Raumbereich. Falls der Zuluftstrahl mit einem zu kleinen Impuls eingeblasen wird, kann unter Umständen keine ausreichende Durchmischung der Zuluft mit der Raumluft erreicht werden, es entsteht unter der Decke eine stabile Warmluftschicht. Selbst bei großen Zuluftgeschwindigkeiten behält man große Temperaturdifferenzen zwischen der Luft unter der Decke und der über dem Boden: Die verstärkte Mischung wirkt nur örtlich unter der Decke und der Kaltluftabfall an der Außenfläche bleibt. Im zweiten Fall mit der Luftzufuhr aus dem Boden vor der „kalten" Außenfläche (Bild D1.2-9 unten) kommt man im Vergleich zum ersten Fall mit etwas geringeren Austrittsgeschwindigkeiten des Zuluftstrahls aus, da die zugeführte Luft aufgrund der Dichteunterschiede bei der hier gewählten Ausströmrichtung beschleunigt wird. Die Zuluftstrahlen mischen sich sowohl mit Luft aus dem Rauminnern als auch aus dem Fenster-

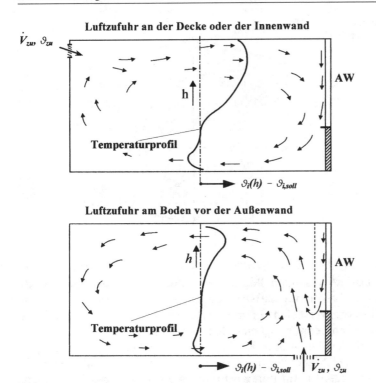

**Bild D1.2-9** Raumluftströmung bei Luftheizungen (Prinzipdarstellung)

raum; es entsteht eine den gesamten Raum ausfüllende walzenförmige Strömung. Die Lufttemperaturen unterscheiden sich damit örtlich nicht mehr so stark wie im ersten Fall.

Das Einströmen kälterer Luft über den Boden, wie es in Teilen der Bilder D1.2-8 und -9 zu erkennen ist, lässt sich vollständig vermeiden, wenn an allen vertikalen Umfassungsflächen des Raums eine nach oben gerichtete Thermikströmung hergestellt wird. Dieses ist entweder dadurch zu erreichen, dass am Fuß aller gegenüber der Raumluft kälteren vertikalen Flächen konvektiv wirksame Heizflächen angeordnet werden, oder mit einem Raumheizkörper unterhalb von Fensterflächen, der einerseits die Fallluftströmung mit einer entsprechenden Gegenkonvektion abfängt und andererseits die Abstrahlung zur Fensterfläche in den Raum hinein ausgleicht. Sehr häufig ist ein vollständige Kompensation dieser von einer „kalten" Umfassungsfläche ausgehenden Behaglichkeitsdefizite wegen der Gegebenheiten im Raum nicht möglich. In derartigen Fällen stellt sich die Aufgabe, zu klären, wie weit in den Raum hinein sich die Behaglichkeitsdefizite auswirken oder, wie die Heizflächen anzuordnen und zu gestalten sind, dass eine vorgegebene Anforderungszone etwa so wie in Bild A-2 eingehalten werden kann.

**Bild D1.2-10** Wärmeübertragung an einem Körperoberflächenelement $dA_P$

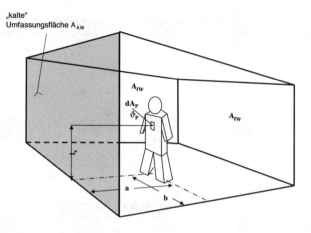

Zunächst wird nur der Effekt eines Strahlungsdefizits untersucht und dabei vorausgesetzt, dass im gesamten Raum eine einheitliche Lufttemperatur $\vartheta_L$ herrscht und nirgends störende Luftströmungen vorkommen. In dem betrachteten Raum soll es drei verschieden temperierte Oberflächen geben: Eine kalte Oberfläche mit der Temperatur $\vartheta_{AW}$, eine Heizfläche mit der Temperatur $\vartheta_H$ und die Restflächen mit der Temperatur $\vartheta_{IW}$. Ein die Wärmeübergangsbedingungen z.B. einer Person wiedergebender quaderförmiger Körper diene als Versuchsobjekt (siehe Bild D1.2-10). Auf ihm wird nur ein ebenes Oberflächenelement $dA_P$ mit dem Wärmestrom $d\dot{Q}_P$ betrachtet. Die Temperatur des Oberflächenelements ist $\vartheta_P$. Das Oberflächenelement soll parallel zur „kalten" Umfassungsfläche angeordnet sein. Zwischen dem Versuchskörper und der „kalten" Umfassungsfläche befindet sich die Heizfläche, deren Strahlungswirkung untersucht werden soll. Es werden ausschließlich die Wärmeströme in dem durch diese Anordnung hergestellten Halbraum erfasst, keinesfalls also unter Umständen kompensierende Wärmeströme aus dem anderen, hinteren Halbraum. Der quaderförmige Versuchskörper soll verschiedene Positionen im Raum einnehmen, und es soll auch die Höhe des Flächenelements verändert werden.

Die durch Strahlung und Konvektion hervorgerufene Wärmestromdichte des Körperflächenelements ist:

$$\frac{d\dot{Q}_P}{dA_P} = \alpha_K \left( \vartheta_P - \vartheta_L \right) + \alpha_r \cdot \Big[ \Phi_{P,H} \left( \vartheta_P - \vartheta_H \right)$$
$$+ \Phi_{P,AW} \left( \vartheta_P - \vartheta_{AW} \right) + \left( 1 - \Phi_{P,AW} - \Phi_{P,H} \right) \left( \vartheta_P - \vartheta_{IW} \right) \Big]$$

(D1.2-5)

Für die Konvektion gilt der Wärmeübergangskoeffizent $\alpha_K$ (er wird vereinfachend einheitlich zu 3 W/m²K angenommen) und für den Strahlungsaustausch der Wärmeübergangskoeffizent $\alpha_r = 5{,}15$ W/m²K (siehe Band 1, Teil G1.2, Gleichung G1-21); die örtliche Einstrahlzahl $\Phi$ ist gekennzeichnet durch die Indizes der im Strahlungsaustausch stehenden Flächen.

Als Einstrahlzahlen sind hier nicht die (mittleren) Einstrahlzahlen für den Strahlungsaustausch von Flächen endlicher Größe, wie sie in Band 1 Teil G1.2 wiedergegeben sind, zu verwenden, sondern die in den Bilder D1.2-11 und -12 dargestellten Einstrahlzahlen für den Austausch zwischen einer endlich großen Fläche und einem Flächenelement [D1.2-8 und D1.2-9].

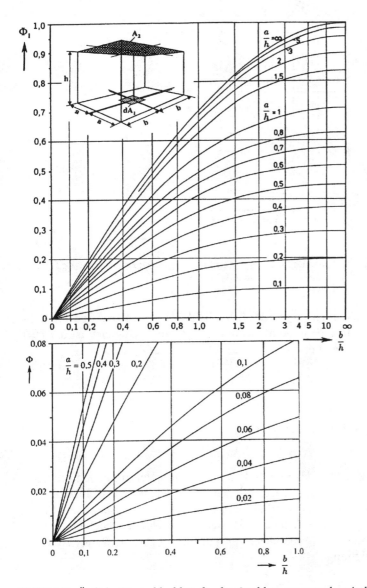

**Bild D1.2-11** Örtliche Einstrahlzahl $\Phi_1$ für den Strahlungsaustausch zwischen einem Flächenelement $dA_1$ und der dazu parallelen Fläche $A_2$

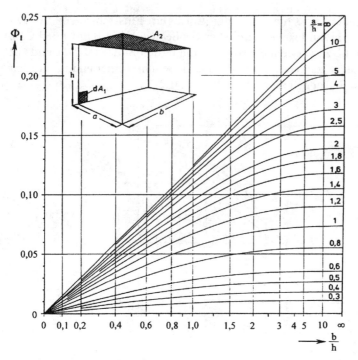

**Bild D1.2-12** Örtliche Einstrahlzahl $\Phi_1$ für den Strahlungsaustausch zwischen einem Flächenelement $dA_1$ und der dazu senkrecht stehenden Fläche $A_2$

An der festzustellenden Grenze der Behaglichkeitszone soll auf den Versuchskörper die Temperatur $\vartheta^*$ wirken, die an dieser Stelle auch gleich ist der Lufttemperatur $\vartheta_L$ und der Halbraumstrahlungstemperatur $\vartheta_r$.

Für die Wärmestromdichte an der Grenzfläche erhält man aus Gleichung D1.2-4:

$$\left(\frac{d\dot{Q}_P}{dA_P}\right)^* = \left(\vartheta_P - \vartheta^*\right)\left[\alpha_K + \alpha_r\right] \tag{D1.2-6}$$

Für einen Vergleich werden beide Wärmestromdichten und auch die Oberflächentemperatur $\vartheta_P$ gleichgesetzt. Mit der vorgegebenen Einstrahlzahl $\Phi_{P,AW}$ zur „kalten" Umfassungsfläche erhält man eine Bestimmungsgleichung für die Einstrahlzahl $\Phi_{P,H}$ zur Heizfläche und daraus für verschiedene Stellen im Raum (Tiefe, Höhe, Breite) die Grenzfläche der Anforderungszone. Damit lautet die Bestimmungsgleichung:

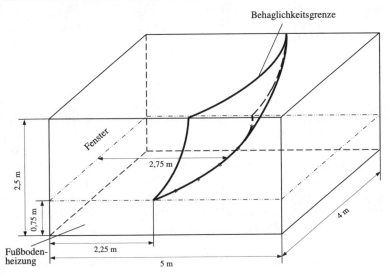

**Bild D1.2-13** Beispiel für die tatsächlich herstellbare Grenzfläche der Anforderungszone (mit Anforderungsstufe 3), berechnet mit Gleichung D1.2-7

$$\left(\frac{d\dot{Q}_P}{dA_P}\right)^* - \left(\frac{d\dot{Q}_P}{dA_P}\right) = 0 = \alpha_K\left(\vartheta_L - \vartheta^*\right) + \alpha_r \cdot \left[\Phi_{P,H}\left(\vartheta_H - \vartheta^*\right)\right. \qquad \text{(D1.2-7)}$$

$$\left. + \Phi_{P,AW}\left(\vartheta_{AW} - \vartheta^*\right) + \left(1 - \Phi_{P,H} - \Phi_{P,AW}\right)\left(\vartheta^* - \vartheta_{IW}\right)\right]$$

Beispiele für die Grenzen der real herstellbaren Anforderungszone zeigen die Bilder C1-6 für einen Radiator als Raumheizfläche und D1.2-13 für einen beheizten Fußboden. Nach VDI 6030 [A-9] gilt es als ausreichend für die gewünschte Behaglichkeit, wenn die wirksame Temperatur $\vartheta^*$ auf einer horizontalen Schnittebene im Raum in 0,75 m Höhe erreicht wird und die vereinfachte quaderförmige Anforderungszone an dieser Grenzstelle anliegt (siehe auch Bild A-2). Die real herstellbare segelförmige Grenzfläche der Anforderungszone (Bild D1.2-13) kann zur kalten Fassungsfläche hin gestrafft werden, wenn abweichend von der Vorgabe die Lufttemperatur über die Solltemperatur $\vartheta^*$ angehoben wird. Auch der Einfluss erhöhter örtlicher Luftgeschwindigkeiten lässt sich wiedergeben. Es müssen nur örtlich variable Wärmeübergangskoeffizienten für die Konvektion in Gleichung D1.2-5 eingesetzt werden.

## D1.3
### Dezentrale Kleinraum-Heizgeräte

### D1.3.1
*Allgemeines*

Bei dezentralen Heizgeräten (in Kleinraum- und Großraumausführung) sind Wärmeübergabe und Wärmeerzeugung in einem Gerät zusammengefasst. Nach der in Teil B vorgegebenen Gliederung wird mit dem einfachsten Heizsystem, also dem Feuer im offenen Kamin, begonnen und über Öfen mit abgeschlossenem Feuerraum fortgeschritten zu speichernden Systemen wie Kachelöfen, die eine bequemere Bedienung und erhöhte Behaglichkeit liefern. Andere Entwicklungsmöglichkeiten bietet die Art der Energiezufuhr. Erleichterungen insbesondere bei der Bedienung der Heizgeräte sind in der Reihenfolge Festbrennstoffe, Öl oder Gas und elektrischer Strom festzustellen. Auch Einschränkungen begründen eine Reihenfolge: Alle mit Festbrennstoffen oder Öl gefeuerten Öfen müssen an einen Schornstein angeschlossen sein; bei Gasheizöfen dürfen die Abgase auch durch eine Öffnung in der Außenwand direkt nach außen abgeführt werden. Um zu verhindern, dass sich das Rauchgas im Schornstein zu stark abkühlt, werden Schornsteine vorzugsweise im Gebäudeinnern angeordnet (siehe auch Abschn. D 3.3.2.4). Damit ist auch der Aufstellungsort dieser an den Schornstein angeschlossener Heizeinrichtungen an einer Innenwand mit allen damit verbundenen Nachteilen vorgegeben: Stellfläche für Möbel geht verloren, eine gleichmäßige Behaglichkeit ist nicht herstellbar (s. Abschn. D1.2).

Einige dezentrale Heizgeräte sind durch konstruktive Besonderheiten, die vor allem hohe Leistungsdichten beinhalten, besonders geeignet für die Beheizung von Großräumen wie z.B. Werkstätten, Fabrikhallen, Kirchen oder Versammlungsräumen ganz allgemein. Sie werden gesondert behandelt in Kapitel D1.4. Unterschieden wird auch hier jeweils in Direkt- und Speicherheizgeräte.

### D1.3.2
*Einzelraumheizgeräte*

### D1.3.2.1
*Kamine*

Einrichtungen für ein offenes Kaminfeuer stellen die einfachste – häufig aber auch dekorativste – Form der Einzelraum-Direktheizgeräte dar. Der offene Kamin entstand aus der ältesten Feuerstätte, dem offenen Herdfeuer. Er ist auch heute noch als einzige Heizeinrichtung weit verbreitet in Ländern mit einem milden Winterklima, z.B. den Mittelmeerländern. Sehr häufig aber ist er neben einer modernen Zentralheizung eingerichtet und dient dekorativen oder unterhaltenden Zwecken.

Die Anschaffungskosten sind im Allgemeinen vergleichsweise gering, Brennstoffkosten fallen häufig gar nicht an, wenn Holz aus dem eigenen Garten oder Wald verbrannt wird; dagegen ist der Bedienungsaufwand hoch, was einen Teil des Unterhaltungswertes ausmachen kann.

Offene Kamine werden ein-, zwei-, drei- oder allseitig offen ausgeführt (s. Bild D1.3-1 und -2). In neuerer Zeit gibt es auch Ausführungen für einen niedrigeren Bedienungsaufwand mit eisernem Rost und Aschensammler sowie für

**Bild D1.3-1** Offener Kamin, einseitig geöffnet

**Bild D1.3-2** Offener Kamin, dreiseitig geöffnet

**Bild D1.3-3** Offener Kamin
mit Sichtfenster

**Bild D1.3-4** Kaminofen

eine verbesserte Feuerung und Brennstoffausnutzung mit Unterluftregelung und Sichtfenster (s. Bild D1.3-3) oder Nutzung der Abwärme in den Verbrennungsgasen.

Der herkömmliche offene Kamin wird durch Ofensetzer vor Ort errichtet. Weiterentwicklung der Kamine sind Kaminöfen (s. Bild D1.3-4), die in Werkstätten serienmäßig hergestellt werden und mit einem geschlossenen oder zu öffnenden Sichtfenster ausgerüstet sind. Manche Kaminöfen haben auch Rohrsysteme oder Doppelwände zum Anschluss an die Warmwasserheizung. Sobald das Wasser im Kaminofen eine bestimmte Temperatur erreicht hat, wird es in das Zentralheizungsnetz eingespeist.

Die Anforderungen an offene Kamine, ihre Aufstellung und ihr Betrieb sind nach DIN 18895, Teil 1, genormt [D1.3-1].

Die Wärme wird hauptsächlich durch Strahlung übertragen, konvektive Wärmeabgabe ist nur an den dem Raum zugewandten Oberflächen der Heizzüge möglich. Die Ausnutzung der eingebrachten Brennstoffenergie ist sehr gering: 20 bis 30% sind erreichbar.[4] Hier von einem Nutzungsgrad zu sprechen, ist problematisch, weil der Nutzen und deshalb der Bedienungsablauf nicht vorgebbar, sondern das hingenommene Ergebnis des Feuerungsablaufs ist. Ein energetischer Vergleich mit anderen Heizsystemen ist daher prinzipiell nicht möglich, es sei denn der offene Kamin wird zusammen mit einem anderen, regelfähigen Heizsystem betrieben und dann insgesamt gewertet.

Die Prüfung der grundsätzlichen Anforderungen ist ebenfalls geregelt, es gilt DIN 18895, Teil 2, [D1.3-2]. Für die Prüfung sind bestimmte Brennstoffe festgelegt; gemessen werden die Abgastemperatur, der $CO_2$- und CO-Gehalt des Abgases sowie der Förderdruck (Zug).

Für die Gestaltung eines offenen Kamins ist zu beachten, dass nur ein kleiner Teil der dem Kamin zuzuführenden Luft an der Verbrennung teilnimmt. Für die Luftgeschwindigkeit im Feuerraum kann eine Geschwindigkeit von etwa 0,3 m/s angenommen werden. Manche Kamine sind auch mit direkter Luftzufuhr aus dem Freien in den Feuerraum ausgestattet. Ein eigener Schornstein ist vorgeschrieben; der Schornsteinquerschnitt ist für eine mittlere Abgastemperatur von 50–60 °C zu berechnen (die wirksame Höhe muss ausreichend sein für den Abgas-Luftstrom). Die auf die Kaminöffnung bezogene Heizleistung kann mit 3500 und 4500 W/m² angenommen werden. Die Verbrennungsluftzufuhr muss mindestens 360 m³/(hm²) betragen. Bei Kaminöfen für feste Brennstoffe ist DIN 18891 [D1.3-3] maßgebend (Bild D1.3-4). Mit ihnen ist eine deutlich bessere Brennstoffausnutzung zu erreichen (etwa 70%).

---

[4]  es liegen auch keine in einer Norm vorgegebenen diesbezüglichen Anforderung vor; Wirkungsgradangaben wären prinzipiell falsch

### D1.3.2.2
*Öfen für Festbrennstoffe*

Im Unterschied zum offenen Kamin oder Kaminofen gibt es auch Öfen mit einer sog. Füllfeuerung; sie verfügen daher über Dauerbrandfähigkeit und werden deshalb Dauerbrandöfen genannt. Die erforderliche Heizleistung wird durch Veränderung des Verbrennungsluftstroms eingestellt. Anforderungen, Prüfung und Kennzeichnung sind genormt; DIN 18890, Teil 1 gilt für die Verfeuerung von Kohleprodukten, Teil 2 für die von Scheitholz [D1.3-4].

Man unterscheidet Durchbrandöfen und Unterbrandöfen. Beim Durchbrandofen (man spricht auch vom „Irischen Ofen" oder Ofen mit oberem Abbrand, s. Bild D3.3-4) gerät der gesamte im Brennraum befindliche Brennstoff in Glut, beim Unterbrandofen (Amerikaner-Ofen, s. Bild D3.3-5) nur der untere Teil der Brennstofffüllung. Mit dem sog. Universal-Dauerbrandofen gibt es noch eine Weiterentwicklung der beiden Bauarten. Die Verbrennungsluft wird hier nicht nur von unten, sondern auch von oben und seitlich an den Brennstoff herangeführt. Damit wird insbesondere die Verbrennung der Schwelgase verbessert.

Der Durchbrandofen zeichnet sich dadurch aus, dass fast alle Brennstoffe in ihm verbrannt werden können. Im Maximum erreicht er Wirkungsgrade zwischen 75% und 80%; die Abgastemperatur liegt bei Volllast bei 250 °C und 300 °C, die Luftzahl bei 2 und der Verbrennungsluftstrom bei 2,7 m³/(kWh). Brennstoffausnutzung und Luftzahl sind stark von der Füllung (Abbrandzeit) abhängig.

Bei Unterbrandöfen sind Füllschacht und Verbrennungsraum voneinander getrennt. Als Brennstoff wirt Anthrazit bevorzugt. Die Regelung ist deutlich besser als beim Durchbrandofen. Die Wirkungsgrade liegen im Maximum zwischen 80% und 85% (unabhängig von der Füllung).

Die Öfen sind mit einer Regelung ausgestattet. Dadurch können entweder die Heizleistung oder die Raumtemperatur auf einem gewünschten Wert gehalten und Zugschwankungen abgefangen werden. Die Leistungsregelung lässt sich auf zwei Weisen verwirklichen: durch Regelung der Abgastemperatur mit einer Bimetallspirale im Abgasrohr, die die Lufteintrittsöffnung entsprechend verstellt, oder durch einen Oberflächentemperaturregler, bei dem der Temperaturfühler auf der Ofenoberfläche auf die Luftklappe wirkt. Bei der Raumtemperaturregelung betätigt ein Temperaturfühler im Raum (Bimetall oder flüssigkeitsgefüllter Federbalg) die Verbrennungsluftklappe.

Wegen der vergleichsweise kleinen Heizfläche der Öfen entstehen hohe Oberflächentemperaturen mit weit über 100 °C, was vor allem für Kinder eine große Verletzungsgefahr bedeutet. Der Strahlungsanteil bei der Wärmeabgabe liegt bei etwas über 50%. Die in Kap. 1.3.1 erwähnten Nachteile der Innenwandaufstellung von Öfen führen zu einem erhöhten Energieaufwand oder deutlichen Behaglichkeitseinbußen. Neuere Öfen sind mit einer vom eigentlichen Ofenkörper getrennten emaillierten Blechmantelverkleidung ausgerüstet. Dadurch wird die äußere Oberflächentemperatur gesenkt und zugleich die (konvektive) Wärmeabgabe erhöht (der Strahlungsanteil sinkt).

**Tabelle D1.3-1**

| Ofen-Nennleistung in kW | 2 | 3 | 4 | 6 | 8 |
|---|---|---|---|---|---|
| zu beheizender Raum in m³ | vor WärmeschutzV 1984 | | | | |
| günstig | 31 | 56 | 88 | 165 | – |
| weniger günstig | 20 | 35 | 53 | 95 | 145 |
| ungünstig | 12 | 22 | 34 | 65 | 98 |
| | nach WärmeschutzV 1984 | | | | |
| günstig | 60 | 107 | 160 | | |
| weniger günstig | 36 | 63 | 95 | 169 | |
| ungünstig | 24 | 43 | 66 | 118 | 175 |

Die Nennwärmeleistung eines Ofens wird ausgehend von einer Heizflächenbelastung von höchstens $4000\,W/m^2$ aus der anrechenbaren Heizfläche errechnet. Es werden Werte zwischen 3,7 und 9,3 kW angegeben. Die Oberflächentemperatur am Fußboden und an der Stellwand 0,2 m hinter dem Ofen darf nicht mehr als 60 K über der Raumtemperatur liegen.

Grundsätzlich ist jeder Ofen so zu bemessen, dass er die Normheizlast des Raumes zu decken vermag und gewisse Reserven für das Anheizen enthält. Da von vornherein der Heizkomfort einer Zentralheizung nicht angestrebt wird, ist ein vereinfachtes Berechnungsverfahren nach DIN 18893 [D1.3-5] zulässig: Die auszuwählende Leistung des Ofens richtet sich nach dem Raumvolumen und danach, ob günstige, weniger günstige oder ungünstige Heizbedingungen vorliegen. Die Heizbedingungen hängen ab von der Lage der Raumbegrenzungswände im Gebäude und der Güte der Wärmedämmung:

- Als günstig gilt, wenn nur eine Außenwand vorliegt, der Fußboden und eine Innenwand an unbeheizte, zwei Innenwände und die Decke an beheizte Nachbarräume angrenzen.
- Als weniger günstig gilt, wenn ebenfalls nur eine Außenwand besteht, aber drei Innenwände und die Decke an unbeheizte und nur der Fußboden an einen beheizten Nachbarraum angrenzt.
- Als ungünstig gilt, wenn zwei Außenwände bestehen und die restlichen Begrenzungsflächen an unbeheizte Räume angrenzen.

Die Nennleistungen sind der Tabelle D1.3-1 zu entnehmen.

### D1.3.2.3
### Ölheizöfen

Ölheizöfen werden ähnlich verwendet wie Festbrennstofföfen, vorwiegend in Räumen, die nur zeitweise beheizt werden sollen. Öl als Brennstoff bietet gegenüber den Festbrennstoffen eine Reihe von Vorteilen: Die Öfen sind dadurch sauberer im Betrieb, einfacher in der Bedienung, schneller hochzuheizen und besser zu regeln, und der Brennstoff kann an dafür geeigneter Stelle außerhalb des zu beheizenden Raumes gelagert werden. Es gibt aber auch Ölheizöfen mit an- oder eingebautem Ölbehälter; insgesamt ist der Platzbedarf für die Brennstofflagerung aber sehr viel kleiner als bei den Festbrennstofföfen. Als Verbrennungseinrichtung werden generell Verdampfungsbrenner eingesetzt (siehe Kapitel 3.1). Nachteilig ist der gelegentliche Ölgeruch.

Das äußere Erscheinungsbild der Ölheizöfen entspricht dem der Öfen mit anderen Brennstoffen, auch im Hinblick auf die Vielfalt. Hervorzuheben wäre lediglich, dass sie überwiegend die bereits erwähnten Blechmantelverkleidung besitzen.

Für den Bau, die Bewertung und Prüfung einerseits und andererseits die Aufstellung von Ölöfen sind eine Reihe von Richtlinien zu beachten:
- DIN EN 1: 1993 [D1.3-6] als Weiterentwicklung von DIN EN 1: (1980) und DIN 4730
- DIN 4736 (1991) Ölversorgungsanlagen für Ölbrenner [D1.3-7]
- DIN 18160 (2.87) Hausschornsteine [D1.3-8]
- Muster-Feuerungsverordnung von 1980 [D1.3-9]

Die Nennleistungen liegen zwischen 3 und 11 kW. Als Wirkungsgrad ist mindestens 0,75 gefordert, die Fußbodenübertemperatur darf bei Betrieb mit Destillat-Heizöl 45 K und bei Betrieb mit Kerosin 35 K nicht überschreiten. Für die Übertemperatur an den Oberflächen der nahe liegenden Stellwände gilt als Maximalwert 60 K.

Bei Nennleistung und einer Luftzahl von 2 liegt die Abgastemperatur bei knapp 400 °C. Bild D1.3-5 zeigt beispielhaft für einen Ölofen mit einer Nennleistung von 5,5 kW den Verlauf der Luftzahl, des Wirkungsgrades, der Abgastemperatur und des Abgas- sowie Luftstromes in Abhängigkeit von der Leistung.

Wie erwähnt ist die Prüfung der Ölheizöfen mit Verdampfungsbrennern in DIN EN 1 (1993) geregelt:

Der Ofenwirkungsgrad wird allein aus dem Abgasverlust berechnet. Damit ergibt sich nach Bd. 1, Gleichung (H2-20):

$$\eta_{Ofen} = 1 - l_G \qquad (D1.3-1)$$

Für den sog. bezogenen Abgasverlust $l_G$ gilt nach Bd 1, Gleichung (H2-22):

$$l_G = \frac{\mu_G}{H_u} c_{pG} \left( \vartheta_G - \vartheta_b \right) \qquad (D1.3-2)$$

Mit $\mu_G$ dem auf den Brennstoffstrom bezogenen Abgasmassenstrom

$H_U$ dem Heizwert für die durch Norm festgelegte Bezugstemperatur $\vartheta_b$
(in DIN EN 1 steht hierfür $t_r$ als Referenztemperatur)

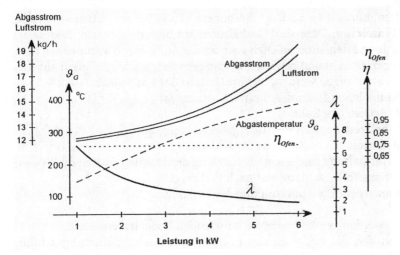

**Bild D1.3-5** Leistungsabhängigkeit von: Luftzahl $\lambda$, Wirkungsgrad $\eta_{Ofen}$, Abgastemperatur $\vartheta_G$, Abgas- und Luftstrom am Beispiel eines Ölheizofens mit einer Nennleistung von 5,5 kW nach [D1.3-10]

$c_{pG}$   der spezifischen Wärmekapazität
$\vartheta_G$   der Temperatur des Abgases.

Die bezogene Rauchgasmasse $\mu_G$ wird durch eine Rauchgasanalyse festgestellt. Die Wärmeleistung erhält man aus dem Brennstoffstrom $\dot{m}_B$ gemäß Bd 1, Gleichung (H2-43):

$$\dot{Q} = \dot{m}_B \, H_u \, \eta_{Ofen} \qquad\qquad\qquad\qquad (D1.3-3)$$

Die Bezeichnungen in DIN EN 1 weichen nahezu vollständig von den in Deutschland üblichen und hier verwendeten ab; dafür wird erstmalig der Abgasverlust korrekt mit der genormten Bezugstemperatur und nicht wie bisher fälschlich mit der Verbrennungslufttemperatur bestimmt.

### D1.3.2.4
### Gasheizöfen

Für Gasheizöfen besteht die Normbezeichnung Raumheizer; es soll im Folgenden wegen der begrifflichen Einheitlichkeit bei den verschiedenen Einzelraumöfen bei der Bezeichnung Gasheizöfen bleiben. Die Begriffe, Anforderungen, Kennzeichnung und Prüfung sind ausführlich in DIN 3364 Teil 1 [D1.3-11] beschrieben. Die erfolgreiche Weiterentwicklung der Gasheizöfen, das steigende Erdgasangebot und die allgemeinen Vorteile der Gasheizung haben zu einer verstärkten Verbreitung der Gasheizöfen geführt. Anwendung finden sie in

Wohnräumen, Büros oder Läden – besonders häufig bei der Altbausanierung. Von allen Einzelraum-Öfen sind Gasheizöfen am besten zu regeln; und da sie im Unterschied zu den anderen Öfen auch an der Außenwand anzuordnen sind, kann mit ihnen so in einem gewissen Umfang ein Behaglichkeitsdefizit aus diesem Bereich abgefangen werden. Weitere Vorteile der Gasheizöfen sind:
* Bequeme Bedienung, ständige Betriebsbereitschaft,
* sauberer Betrieb (im Raum),
* kurze Anheizzeit, damit hoher Übergabe-Nutzungsgrad,
* kein Schornstein bei Außenwand-Anschluss,
* keine Vorratshaltung und leichte Ermittlung der Heizungskosten durch Gaszähler (Brennstoffbezahlung erst nach Verbrauch),
* keine nennenswerte Verunreinigung der Außenluft.

Gasheizöfen werden gemäß Norm nach folgenden **Bauarten** eingeteilt:
* A: Gasheizöfen, die weder an einen Schornstein noch an eine Abgasabführung angeschlossen sind (von DIN 3364 nicht abgedeckt und kaum noch in Anwendung).
* B: Gasheizöfen, mit gegenüber dem Aufstellungsraum offener Verbrennungskammer und Schornsteinanschluss. Die Abgase werden in einem Schornstein mit natürlichem Zug abgeführt (Bild D1.3-6).
* $C_1$: Gasheizöfen mit gegenüber dem Aufstellungsraum geschlossener Verbrennungskammer und *Außenwandanschluss*. Sie haben eine Einrichtung, durch die über nahe beieinander angeordnete Öffnungen dem Brenner von außen Verbrennungsluft zuströmt und die Abgase nach außen entweichen (Bild D1.3-7 links).

**Bild D1.3-6** Gasheizofen mit Schornsteinanschluß (Bauart B)

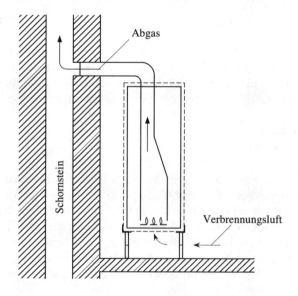

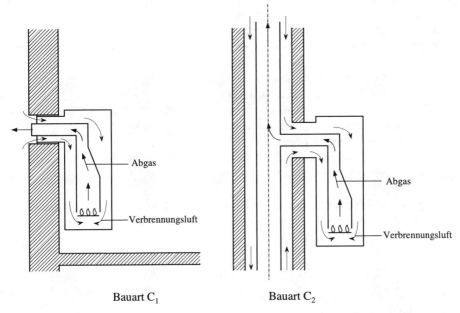

Bauart $C_1$ Bauart $C_2$

**Bild D1.3-7** Gasheizofen mit Außenwandanschluss (links) und mit Luft-Abgas-Schornstein (rechts)

- $C_2$: Gasheizöfen mit gegenüber dem Aufstellungsraum geschlossener Verbrennungskammer und an einen *Luft-Abgas-Schornstein* angeschlossen, durch den die Verbrennungsluft zuströmt und die Abgase auch entweichen (Bild D1.3-7 rechts).

Weiterhin werden die Gasheizöfen in unterschiedliche **Kategorien** geordnet, je nachdem mit welchen Gasen (DVGW Arbeitsblatt D 260 [D1.3-12]) sie betrieben werden können (s. untenstehende Tabelle D1.3-2).

Schließlich werden die Gasheizöfen eingeteilt nach der **Art der konvektiven Wärmeabgabe:**
- freie Konvektion,
- Zwangskonvektion durch ein an- oder eingebautes Gebläse.

**Tabelle D1.3-2** Gasfamilien nach DVGW Arbeitsblatt D 260

| Kategorie | I | | II | | III |
|---|---|---|---|---|---|
| | $I_{2HL}$ | $I_3$ | $II_{12HL}$ | $II_{HL3}$ | |
| Gasfamilie | 2. Erdgas, Erdölgas | 3. Flüssiggase | 2.+ Gas-Luft-Gemische | 2. u. 3. | 1., 2. u. 3.+ Gas-Luft-Gemische |

Je nach Bauart und Kategorie ist die Ausstattung unterschiedlich; in jedem Fall muss aber eine Flammenüberwachungseinrichtung nach DIN EN 125 [D1.3-13] oder DIN 3258 Teil 2 (D1.3-14) vorhanden sein. Die meisten Geräte werden heute vollautomatisch betrieben, das heißt bei Wärmeanforderung durch den Thermostaten wird nicht nur automatisch gezündet, sondern auch die Leistung geregelt. Die Nennwärmeleistungen sind gestuft von 1 bis 11 kW.

Als Kennwerte für den verwendeteten Brennstoff werden nicht nur der Heizwert $H_u$, der Brennwert $H_o^5$ und der theoretische Luftbedarf $L_{min}$ benötigt, sondern noch drei weitere Größen:

- Die relative Dichte $d_V$, die der Quotient aus der Dichte des Gases und der Dichte der trockenen Luft unter gleichen Druck- und Temperaturbedingungen darstellt.
- Die Wobbewerte[6] $W_0$ und $W_u$; sie stellen eine Kenngröße für verschieden zusammen gesetzte Brenngase dar, die bei gleichen Werten an einem Brenner annähernd die gleiche Wärmebelastung ergeben. Nach Bd 1 Gleichung (H3-12) gilt:

$$W_o = \frac{H_o}{\sqrt{d_V}}$$

und analog                                                                                    (D1.3-4)

$$W_u = \frac{H_u}{\sqrt{d_V}}$$

Die Einheit[7] des Wobbewertes ist $[W] = MJ/m^3$
- Die maximale laminare Flammengeschwindigkeit $\lambda_{max}$; sie ist die größte Fortpflanzungsgeschwindigkeit der Verbrennung, die ein Gas bei der Mischung mit Luft bei laminarer Gasströmung und einer bestimmten Temperatur erreichen kann; sie wird angegeben in cm/s.

Abgesehen von den Besonderheiten der Gasheizöfen ist die Prüfung der Nennwärmeleistung analog aufgebaut wie bei Öfen mit anderen Brennstoffen (die Feuerungsleistung heißt nach DIN 3364 Wärmebelastung). Anzumerken wäre, dass der Abgasverlust hier fehlerhaft mit der durchschnittlichen Temperatur der Verbrennungsluft und nicht mit der Referenztemperatur, die für den Heizwert oder Brennwert gilt, berechnet wird (die zahlenmäßige Auswirkung dieses Fehlers ist allerdings vernachlässigbar).

---

[5]  Europaweit gelten für gasförmige Brennstoffe nun die Bezeichnungen $H_i$ für $H_u$ und $H_s$ für $H_o$
[6]  fälschlich auch „Wobbeindex" oder „Wobbezahl"
[7]  In Bd 1, Teil H3 ist $[W] = kJ/m^3$

Für die Auslegung ist grundsätzlich die Normheizlast nach DIN 4701 maßgebend. Zulässig ist aber auch ein vereinfachtes Verfahren in der Art wie für
Ölheizöfen (s. Abschn. 1.3.2.3).

## D 1.3.2.5
### Elektrische Direktheizgeräte

Die elektrische Raumheizung stellt in dem in Teil B dargelegten Systemaufbau
die höchste Entwicklungsstufe der Geräte mit kombinierter Wärmeübergabe
und -erzeugung dar, vor allem weil eine Feuerung vermieden ist. Damit ist
man im Aufstellungsort frei und kann diese Geräte gezielt zur Beseitigung von
Behaglichkeitsdefiziten einsetzen (s. Kap. D1.2.2). Die elektrische Einzelraumheizung ist zwar nicht die allgemeinste Form einer Heizung (die von der
Energiewandlung getrennte Wärmeübergabe bietet mehr Erzeugungsvari-
anten), dennoch ist sie, wenn alle ihre Möglichkeiten ausgeschöpft werden,
technisch einer Zentralheizung überlegen, weil grundsätzlich auf ein Wärmeverteilsystem und auch auf eine Feuerung im Haus verzichtet werden kann
(eine Stromverteilung ist einfacher als eine Wärmeverteilung). Freilich gibt
es Ausführungen der elektrischen Raumheizung, die nur sehr unvollkommen
die Anforderungen an eine Nutzenübergabe im Raum (s. Teile B und D1.2.2)
erfüllen. Der relativ hohe Wärmepreis der elektrischen Energie hat zu einer
eingeschränkten Verwendung der elektrischen Raumheizung in Deutschland
geführt. Hier sind, wie man aus [D1.3-15] erfährt, mit Stand von 1990 in den
alten Bundesländern nur 2,3 Mio. Wohnungen elektrisch beheizt; das sind 8,9%
des Wohnungsbestandes. Der Anteil der strombeheizten Wohnungen liegt in
Ländern mit anderer Stromversorgungsstruktur deutlich höher (z.B. Frank-
reich, Norwegen oder Kanada mit ihren höheren Anteilen an Kernenergie oder
Wasserkraft). Noch ein zweiter Grund behindert die stärkere Verbreitung der
elektrischen Raumheizung: die Scheu, die hochwertigste Energie, die uns zur
Verfügung steht, zum Heizen auf niedrigem Temperaturniveau zu verwenden.
Bei der Stromerzeugung in thermischen Kraftwerken entstehen Umwandlungs-
verluste, die fast zwei Drittel der Einsatzenergie betragen. Bei einer gesamt-
energetischen Betrachtung wird daher die aus der Steckdose bezogene Energiemenge etwa verdreifacht, um den eigentlichen Primär-Energieeinsatz zu erfahren. Der Vergleich mit Heizsystemen, die die in Gebäuden üblichen Brennstoffe
benötigen (heute meist Öl oder Gas) fällt dann sehr ungünstig für die Strom-
heizung aus. Übersehen wird dabei häufig der Aspekt, dass für die Stromerzeugung neben Wasserkraft als Primärenergie auch Brennstoffe eingesetzt werden,
die sich in keinem Fall für die Verbrennung in Heizanlagen eignen (z.B. Müll)
oder aufgrund der hohen Komfort- und Umweltschutzanforderungen gemie-
den werden, wie Braun- und Steinkohle sowie Schweröl. Die über Hausheizun-
gen nicht direkt verwendbaren Brennstoffe wären höchstens über eine Fernheizung meist in Verbindung mit einer Stromerzeugung direkt zu nutzen. In
jedem Fall wäre aber der aus heiztechnisch ungeeigneten Brennstoffen erzeug-

te Strom in vielen Anwendungsbereichen energetisch effektiver einsetzbar als für die Heizung.

Für die Einzelraumheizung sind Direkt- und Speicherheizung zu unterscheiden. Da Elektrizitätswerke umso wirtschaftlicher arbeiten, je gleichmäßiger sie Strom liefern können, führen die starken Lastschwankungen zwischen Tag und Nacht die Energieversorgungsunternehmen (EVU) zu einer Tarifgestaltung, bei der nachts erzeugter Strom zu niedrigeren Preisen angeboten wird. Vor diesem Hintergrund ist die Speicherheizung entwickelt worden. Ihr Anteil beträgt bei den ausgeführten Anlagen über 95%, während die Direktheizungen nur knapp 2% erreichen (der Rest sind Wärmepumpenheizungen). Dieser krasse Unterschied ist, abgesehen von Wirtschaftlichkeitsargumenten, nur damit zu erklären, dass die bisherige Marktentwicklung der elektrischen Raumheizung vom Energieversorgnungsdenken geprägt, d.h. das Geräteangebot dem Zweck des Stromverkaufs in Überschusszeiten untergeordnet ist. Neben den überwiegend frei angeordneten Heizgeräten gibt es bei der Elektro-Direktheizung, auch Fußboden-, Decken- und Wandheizungen, also integrierte Heizflächen. Im Einklang mit der in Teil B eingeführten Systematik wären diese Heizsysteme wegen des geringeren Gestaltungsfreiraums zuerst zu behandeln.

**Integrierte Heizflächen**

Um die Direktwirkung integrierter Elektroheizflächen herzustellen, sind diese Flächen unmittelbar unter dem Bodenbelag und gedämmt gegen speichernde Bodenschichten angeordnet (analog bei Wand- und Deckensystemen). Es sind die allgemeinen Hinweise zu integrierten Heizflächen aus Kap. D1.6.2 zu beachten. Die physikalischen Bedingungen für die Wärmeabgabe in den zu beheizenden Raum sind die gleichen wie bei integrierten Heizflächen mit Wasser als Heizmittel. Der wesentliche Unterschied liegt darin, dass bei einer Elektroheizung die Wärmeleistung der jeweiligen Raumumfassungsfläche aufgeprägt ist, d.h. die Temperaturen in der Heizebene würden – ergriffe man keine Gegenmaßnahmen – beliebig steigen, wenn die damit ausgerüstete Umfassungsfläche an der Wärmeabgabe gehindert wird (bei einer Warmwasserheizung würde im Maximum die Vorlauftemperatur erreicht). Alle Elektroheizungen besitzen daher einen Temperaturwächter, der die Stromzufuhr unterbricht, wenn eine bestimmte Grenztemperatur überschritten wird.

Als Heizelemente kommen für die integrierten elektrischen Heizflächen, Heizschleifen, Heizmatten (Bild D1.3-8), Röhrenheizmatten und Flächenheizleitungen in Frage. Für die Errichtung von integrierten Elektro**direkt**heizungen sind einige Regeln zu beachten, die speziell hierfür nicht niedergeschrieben, sondern den Regeln für die Fußboden-**Speicher**heizung DIN 44576 [D1.3-16] zu entnehmen sind. Zu beachten ist aber der besondere Einbau der Elektrodirektheizflächen unmittelbar unter dem Bodenbelag oder der Wandoberfläche u.ä. Die Grenztemperaturen hier dürfen nur unwesentlich über den an der Oberfläche angestrebten liegen. Ansonsten sind die Elektroheizflächen für Direkt- oder Speicherheizung gleich ausgeführt. Bei Heizschleifen können die

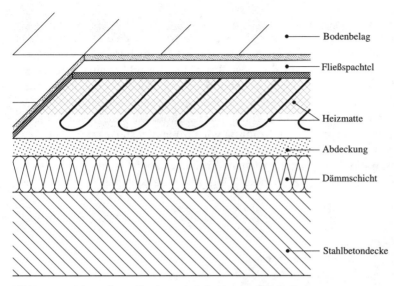

**Bild D1.3-8** Elektrische Fußboden-Direktheizung mit Kabelheizmatte

Leitungen frei verlegt werden, wobei eine gleichmäßige Belegung anzustreben ist. Bei Heizmatten sind die Leitungen fabrikmäßig in Matten eingelegt (Bild D1.3-8). Röhrenheizmatten bestehen aus u-förmig gebogenen konfektionierten Metall- oder Kunststoffrohren mit auswechselbaren Heizleitungen, die in einen Unterflur- oder Wandkanal, jeweils mit abnehmbarem Deckel enden. Sie sind besonders stark belastbar. Flächenheizleitungen bestehen aus zwei miteinander verklebten Polyesther-Folien, zwischen denen der Heizleiter flächig oder in Stegen aufgetragen angeordnet ist (Gemisch aus Kohlenstoff, Ruß, und Grafit). Die Folien können zusätzlich verstärkt sein.

Bei der Auslegung ist analog zu den Angaben in Kap. D1.6.2 vorzugehen.

Besonders vorteilhaft ist die integrierte Elektrodirektheizung in Ergänzung einer Hauptheizung zur thermischen Abschirmung von Räumen zu verwenden. Bei Außenflächen mit der heute üblichen guten Dämmung genügen da $10–15\,W/m^2$, um die Innenoberfläche einer Außenwand auf Rauminnentemperaturniveau zu halten (auf diese Weise lassen sich bauphysikalische Mängel bei Altbausanierungen und auch sonst ohne eine übertriebene Beheizung oder Belüftung des gesamten Raumes beheben. Siehe auch Kap. D1.6.2.2).

### Frei angeordnete Direktheizgeräte

Man unterscheidet hier ortsfeste und ortsbewegliche Heizeinrichtungen. Zuerst aufgeführt seien bei den **ortsfesten** die integrierten Heizflächen, die im Rauminnern zuweilen in feuerungsseitig stillgelegten Kachelöfen eingebaut werden. Vermieden werden dadurch zweifellos alle Unannehmlichkeiten im Zusammenhang mit einer Feuerung und die ästhetische Wirkung eines Kachelofens wird erhalten. Behaglichkeitsdefizite durch Abstrahlung und Fallluftströmungen lassen sich nicht beseitigen, ist auch meist nicht erforderlich, da diese Heizsysteme in der Regel nur als Ergänzungen zu einer Hauptheizung betrieben werden.

Deutlich mehr Einfluss auf die Gestaltung der Behaglichkeit gewinnt man mit Konvektoren, die als Konvektorleisten oder sog. Niedertemperaturkonvektoren (in der Ansicht wie Plattenheizkörper) angeboten werden (Bild D1.3-9 links). In diese Gruppe gehören auch Unterflurkonvektoren, die sich besonders zum Abfangen der Fallluftströmung vor großen Fenstern, insbesondere in Verbindung mit einer Fußbodenheizung, eignen. Die Wärmeabgabe der Konvektoren kann durch einen zusätzlichen Ventilator erhöht werden (Bild D1.3-9 rechts); diese sog. Schnellheizer oder Ventilatorheizer eigenen sich besonders

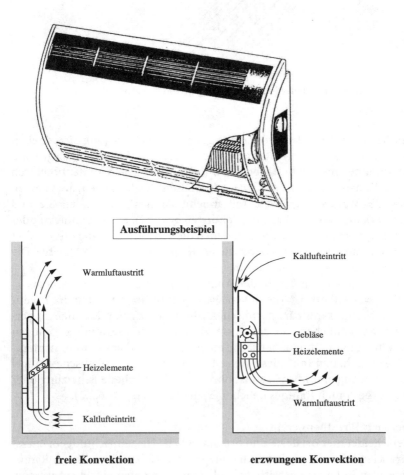

**Bild D1.3-9** Elektrische Direktheizgeräte (oben Ausführungsbeispiele für einen Konvektor und einen Schnellheizer, unten die zugehörigen Funktionsprinzipien freie Konvektion und erzwungene Konvektion)

**Bild D1.3-10** Elektrischer
Infrarotstrahler

für kurzzeitig genutzte Räume. Allen Konvektoren ist gemein, dass ein Strahlungsausgleich kalter Umfassungsflächen nicht möglich ist, was auch hier bei dieser eigentlichen Hilfsheizung meist nicht als Nachteil gewertet wird.

Geräte, die nahezu vollständig ihre Wärme durch Strahlung abgeben, sind Infrarotstrahler. Sie eignen sich für den Einsatz in Bädern als Ergänzungsheizung oder auch in großen Räumen (Kirchen, Turnhallen) für eine gezielte, kurzzeitige Beheizung und schließlich für den gleichen Zweck im Freien, auf Balkonen, Loggien, Terrassen usw.. Außer den Quarz- und Langfeldstrahlern (Bild D1.3-10) gibt es auch glühlampenartige Infrarotstrahler mit kleineren Anschlussleistungen.

Zu den elektrischen Heizkörpern, die sowohl konvektiv als auch durch Strahlung ihre Wärme abgeben, zählen Rohr- und Rippenrohrheizkörper (erstere werden kaum noch verwendet wegen ihrer hohen Temperaturen), Sockelheizkörper (Heizleisten- oder Fußleisten-Heizkörper oder auch Heizwände aus Naturstein oder Keramikplatten und neuerdings auch bildartige Glasheizplatten mit sichtbaren Heizleitern). Schließlich sind zu dieser Gruppe auch Raumheizkörper für Warmwasserheizungen zu zählen. Sie sind entweder an eine Warmwasserheizung angeschlossen und besitzen einen zusätzlichen Elektroheizstab, der bei abgestellter Heizung im Sommer für die erforderliche Behaglichkeit im Bad sorgt; oder sie sind separat angeordnet (mit Öl oder Wasser gefüllt) und heizen durchgehend. Der Marktanteil aller in diesem Absatz beschriebenen elektrischen Heizeinrichtungen ist trotz der Behaglichkeitsvorteile im Vergleich zu den oben behandelten Konvektoren gering.

**Ortsbewegliche** Direktheizgeräte – sie haben die weitaus größte Verbreitung – dienen insbesondere als Übergangs- und Zusatzheizung. Mit ihnen können räumlich und zeitlich gezielt, also schnell Behaglichkeitsdefekte ausgeglichen werden. Es gibt Konvektoren mit erzwungener Wärmeabgabe (Heizlüfter). Mit ihnen ist ein Strahlungsausgleich nicht zu erreichen. Das Gleiche gilt für Konvektoren mit freier Konvektion; sie haben den Vorteil, dass keine Lüftergeräusche stören. Als Drittes sind Infrarot-Strahler (auch Stand- oder Ampelstrahler) aufzuführen; sie sind in gleicher Weise einzusetzen wie die ortsfesten Strahler. Für eine gezielte Beheizung sind ferner Heizteppiche und Fußbodenheizplatten zu erwähnen.

Schließlich gibt es auch ortsbewegliche Direktheizgeräte als wasser- oder ölgefüllte Radiatoren, die vergleichbar denen einer Warmwasserheizung durch Strahlung und Konvektion Wärme abgeben und sich nicht nur für eine Teilbeheizung eignen.

Alle Direktheizgeräte sind mit Thermostaten ausgestattet.

**D1.3.3**
*Einzelraumspeicherheizung*

**D1.3.3.1**
*Speicheröfen (Kachelöfen)*

Die älteste uns bekannteste Form einer befeuerten Speicherheizung stellt die historische Hypokaustenheizung dar: Man ließ heißes Rauchgas durch gemauerte Boden- und Wandkanäle strömen. Diese alte Heizung hat mit dem modernen Kachelofen zwei wichtige vorteilhafte Funktionen gemein:

1. Der Brennstoff – bei der Hypokaustenheizung meist Holz – braucht nur ein- bis zweimal am Tag aufgegeben werden.
2. Die Wärme wird über große Flächen mit vergleichsweise niedrigen Temperaturen an den zu beheizenden Raum abgegeben.

Da sich Kacheln als dekorative Verkleidung der Speicheröfen durchgesetzt haben (es gibt auch gusseiserne oder Naturstein-Verkleidungen), spricht man allgemein von Kachelöfen. Auch die Bezeichnung Ofen ist etwas einengend; in ihnen findet zwar generell die Erzeugung der Wärme statt, aber nicht nur durch eine Feuerung, sondern gelegentlich auch über elektrische Heizstäbe (s. auch die folgenden Abschnitte). Weiterhin ist die mit dem Begriff Ofen gemeinhin verbundene Vorstellung einer quaderförmigen oder runden Gestalt nicht offen genug: Kachelöfen sind in allen Formen bis zur Wandheizung hin zu erhalten. Ihre raumgestalterische, ästhetisch anspruchsvolle Formgebung hebt sie über alle anderen Einzelheizgeräte hinaus. Die künstlerische Gestaltung hat dem Kachelofen in manchen Gegenden Deutschlands den Namen „die Kunst" eingetragen. Einzigartig ist auch sein nostalgischer Wert und der in ihn gesetzte Glaube, mit einer derartigen Heizeinrichtung über ein energiesparendes System zu verfügen[8].

Kachelöfen sind meist ortsfest und für den betreffenden Raum von einem Handwerker (Ofensetzer) individuell gestaltete Heizeinrichtungen. Meist sind sie mit Ofenkacheln verkleidet, die aus reinem oder mit Schamotte abgemagertem Ton hergestellt sind. Es gibt zwei verschiedene Kachelofen-Konstruktionen, den Grundkachelofen und den Warmluftkachelofen.

Der Urtyp aller Kachelöfen, der Grundkachelofen, wird nur noch wenig hergestellt. Er ist vollständig aus Steinen gesetzt. Der Feuerraum ist direkt von Steinen und Kacheln umgeben (Bild D1.3-11). Die hier freigesetzte Wärme wird verzögert an den Raum abgegeben. Die Konstruktion des Feuerraums ist auf den vorgesehenen Brennstoff abgestimmt (bei Holz ist ein großer Feuerraum erforderlich, bei Kohle ein Füllschacht).

---

[8]   Ist begründet, wie neuere Untersuchungen zeigen [D1.3-17]

**Bild D1.3-11** Grundkachelofen

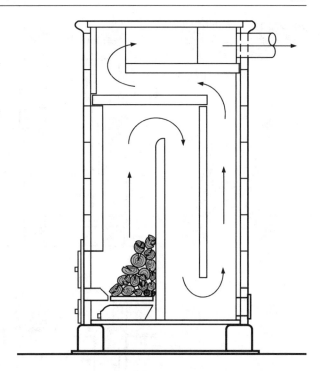

Bis ein Grundkachelofen seine Maximalleistung abgibt, benötigt er wenigstens zwei Stunden, bei entsprechender Ausmauerung auch mehr. Der Brennstoff
– meistens Holz – wird daher nur ein- oder zweimal aufgegeben und verbrennt
in verhältnismäßig kurzer Zeit. Danach muss verhindert werden, dass nachströ-
mende Luft den Ofen von innen auskühlt (Verschließen des Feuergeschränks).
Da die Regelfähigkeit sehr begrenzt ist, eignet sich der Grundkachelofen nur
für Dauerheizung in Räumen mit weitgehend gleichbleibender Heizlast. Nur in
Verbindung mit einem regelfähigen anderen Heizsystem ist ein Heizbetrieb mit
weitgehender Nutzung von Fremdlasten und ohne Behaglichkeitseinbußen, wie
er heute angestrebt wird, möglich.

Grundkachelöfen eignen sich zum Beheizen von einem Raum oder beim
Durchbau durch eine Wand auch von zwei Räumen. Sie sind dennoch nicht als
Mehrraum-Heizgeräte anzusehen (s. entsprechende Definition in Kap. D1.3.4).

Der sehr viel stärker verbreitete **Warmluftkachelofen** (Bild D1.3-12) besitzt
einen industriell hergestellten stählernen oder meist gusseisernen Heizeinsatz.
Auch die nachgeschalteten Heizgaszüge sind häufig aus Stahlblech oder Guss.
Zwischen diesen Einbauten und der Kachelwandung ist ein Zwischenraum,
durch den Luft strömt. Sie erwärmt sich an den heißen Einbauten und der durch
Strahlung aufgeheizten Kachelwandung.

Wie Bild D1.3-12 zeigt, tritt die Luft von unten in die von den Kachelwänden
gebildete Heizkammer ein und durch Luftgitter oben aus. Auf diese Weise wird

**Bild D1.3-12** Warmluftkachelofen

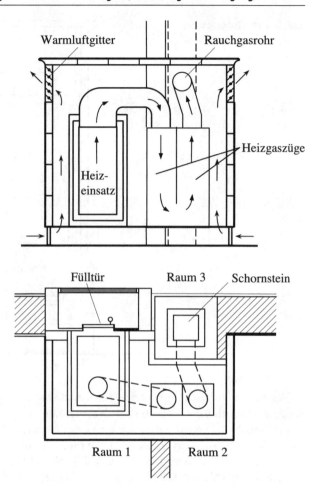

die Wärme zu über 80% durch Konvektion an den Raum abgegeben. Der Vorteil gegenüber dem Grundkachelofen besteht darin, dass die Raumluft sehr viel
schneller erwärmt werden kann; die Strahlung wird in ähnlicher Weise verzögert wirksam.

Die Anforderungen an Dauerbrandheizeinsätze sind in DIN 18892 festgelegt,
in Teil 1 für Kohle und Teil 2 für Holz [D1.3-18]. Wie aus dem Namen dieser
Norm hervorgeht, sind Warmluftkachelöfen für eine Dauerbefeuerung konzipiert. Sie eignen sich daher auch für den Einsatz von Gas und Öl als Brennstoff.
Die Einsätze sind ähnlich denen in Öl- und Gasheizöfen. Auch Strom wird zur
Beheizung verwendet, in der gleichen Weise wie bei elektrischen Speicherheizgeräten (s. Kap. D1.3.3.3).

Mit Warmluftkachelöfen sind in einer Ebene je nach Grundriss bis zu vier
(üblicherweise zwei) Räume zu beheizen. Mit Hilfe von Schächten und Kanälen
kann die vom Heizeinsatz erwärmte Luft auch zu weiteren Räumen im selben

oder darüber liegenden Geschoss geführt werden. In diesem Fall (wenn Kanäle oder Schächte erforderlich sind) spricht man von einer Warmluftheizung (s. Kap. D1.3.4).

Die Wärmeabgabe des Grundkachelofens (je nach Ausführung 50%–70% durch Konvektion) ist abhängig von der Gesamtoberfläche und der Schwere der Ausführung. Bei schwerer Ausführung kann mit etwa 600 W/m² und bei leichter mit 1000 W/m² (Mittelwerte) gerechnet werden.

Beim Warmluftkachelofen ist die Wärmeabgabe (über 80% durch Konvektion) von der Größe des Heizeinsatzes abhängig; der Leistungsbereich erstreckt sich von 4 bis 15 kW.

Als Mindestwirkungsgrad wird nach DIN 18892 für Kohle 75% und für Holz 70% vor geschrieben; erreicht werden aber auch Werte bis 85% (stark abhängig vom Ausbau des Kachelofens). Bei diesen Werten handelt es sich allerdings nur um die Ausnutzung der Brennstoffenergie. Die Wirksamkeit der Übergabe der Wärme im Raum ist hiermit nicht erfasst. Der energetische Aufwand dürfte im Vergleich zu einem Bedarf, der für ein bestimmtes wohnübliches Nutzenprofil erforderlich ist, bei einem Kachelofen als Alleinheizung unter Berücksichtigung der Übergangszeiten im Jahr mit den Ausnutzungsmöglichkeiten von Sonnenenergie (passive Solarenergienutzung) und sonstigen Fremdlasten etwa das Doppelte bis Dreifache betragen.

### D1.3.3.2
### *Elektrische Speicherheizflächen*

Der Fußboden ist üblicherweise aus Schallschutzgründen als sog. schwimmender Estrich ausgeführt; d.h. unter einer lastverteilenden Estrichschicht liegt eine Dämmschicht, die zunächst eine Körperschallübertragung auf die darunter liegende Stahlbetondecke verhindern soll (Bild D1.3-13). Es ist naheliegend, die Estrichschicht als Wärmespeicher zu nutzen, zumal die Dämmschicht ein allzu starkes Abfließen der Wärme in andere Räume behindert. Auf diese Weise kann elektrische Energie zu Tageszeiten, in denen ein Überangebot besteht, kostengünstig gespeichert und in Zeiten, in denen die elektrische Energie wesent-

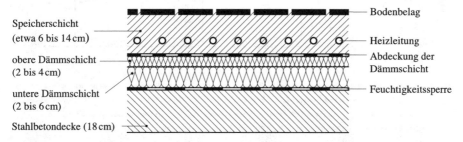

**Bild D1.3-13** Typischer Bodenaufbau bei elektrischer Fußbodenspeicherheizung

lich teurer ist, zum Heizen genutzt werden. Zum Zwecke der Wärmespeicherung kann der Estrich auf 6–14 cm verstärkt werden.

Die verwendeten Heizelemente sind dieselben wie in Kap. D1.3.2.5 beschrieben. Die Heizleitungen können, ähnlich der Warmwasserheizung, im Estrich oder zwischen Estrich und Dämmung verlegt werden. Maßgeblich für die Fußbodenspeicherheizung ist DIN 44576 Teil 1–4 [D1.3-16]. Für die zu verlegenden Leitungen gibt es Grenztemperaturen: für sog. Heizleitungen dürfen bei Verlegen im Estrich 90 °C, bei Verlegen an der Unterseite des Estrichs 100 °C und bei Trockenverlegung in Röhrenheizmatten 150 °C nicht überschritten werden; für Flächenheizleitungen (Verlegen unter dem Estrich) gilt 80 °C als Grenzwert und für Kaltleitungen 70 °C. Alle Leitungen sind nach außen gegen mechanische Beanspruchung geschützt.

Die Wirkungsweise der elektrischen Fußbodenspeicherheizung verdeutlicht Bild D1.3-14: Während der Freigabedauer $t_F$ (im wesentlichen nachts) wird die Speicherschicht elektrisch aufgeheizt; zusätzlich je nach Energieversorgungsunternehmen auch kurze Zeiten am Tag (Zusatzfreigabedauer $t_{ZF}$). Die gespeicherte Wärme wird sowohl nachts wie am Tag durch Strahlung und Konvektion nach den gleichen physikalischen Gesetzen wie bei der Warmwasserfußbodenheizung (s. Kap. D1.6.2.1) abgegeben („statische" Entladung); der Betrieb ist allerdings instationär: die Oberflächentemperaturen verändern sich gleitend und sind zeitweise deutlich höher als bei der Warmwasserfußbodenheizung. Die Aufwandszahl (Energieaufwand zu Bedarf) ist in zeitweise genutzten Räumen (z.B. von 7–22 Uhr) genauso ungünstig wie bei den Grundkachel-

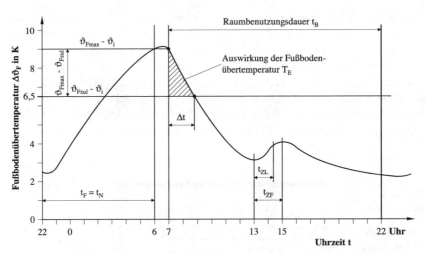

$\Delta t$ : Dauer der Überschreitung der zulässigen mittleren Fußbodenübertemperatur in h;   $t_B$ : Raumbenutzungsdauer in h;

$T_E$ : Auswirkung der Fußbodenübertemperatur in Kh;   $t_F$ : Freigabedauer in h;   $t_N$ : Nennaufladedauer in h;   $t_{ZF}$ : Zusatzfreigabedauer in h;

$t_{ZL}$ : Zusatzladedauer in h;   $\vartheta_{Fmax}$ : Maximale Fußbodenoberflächentemperatur innerhalb der Raumbenutzungsdauer in °C;

$\vartheta_{Fzul}$ : Zulässige Fußbodenoberflächentemperatur in °C;   $\vartheta_i$ : Norm-Innentemperatur in °C;   $\Delta\vartheta_F$ : Fußbodenübertemperatur in K

**Bild D1.3-14** Fußboden-Speicherheizung, Verlauf der Fußbodenübertemperatur

öfen (siehe oben), mit dem wesentlichen Unterschied, dass auch zum Schlafen genutzte Räume gerade während der Schlafzeit kräftig überheizt werden. Elektrofußbodenspeicherheizungen sind daher nicht nur aus Gründen einer rationellen Energieverwendung, sondern auch wegen mangelnden Heizkomforts für Wohnungen üblicher Nutzung abzulehnen. Denkbar sind sie nur für Räume, die 24 Stunden genutzt werden und bei denen eine kurzzeitige Überheizung sich nicht unangenehm auswirkt. Auf die Auslegung wird daher hier nicht weiter eingegangen und auf die entsprechende Norm verwiesen [D1.3-16].

### D1.3.3.3
### Elektrische Speicherheizgeräte

Bei den elektrischen Speicherheizgeräten ist, im Unterschied zu den Speicherheizflächen, das die Wärme speichernde Material gegen den Raum wärmegedämmt, um die ungesteuerte thermische Entladung in Grenzen zu halten. Als Speichermaterial werden Keramik-Formsteine (also gebrannte Steine, meist aus Magnesit) verwendet, die mit dazwischenliegenden oder -stehenden Rohrheizkörpern auf 600 bis 700 °C aufgeheizt werden können. Die Steine sind, von einer Dämmschicht umgeben, in ein Stahlblechgehäuse eingesetzt. Während der Boden mit einer druckbeständigen Kernauflage bedeckt ist, sind die restlichen Flächen mit Mineralwolldämmplatten geschützt (s. Bild D1.3-15). Die Geräte können auf den Boden gestellt oder an der Wand montiert werden. Statt

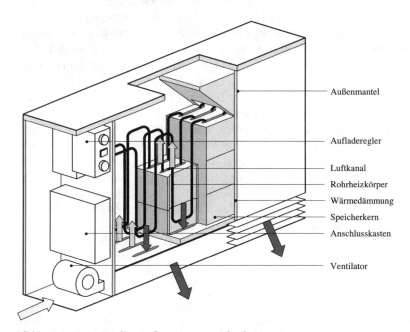

Außenmantel

Aufladeregler

Luftkanal
Rohrheizkörper
Wärmedämmung
Speicherkern
Anschlusskasten

Ventilator

**Bild D1.3-15** Prinzipieller Aufbau eines Speicherheizgerätes der Rohrheizkörper (durch einen Rohrmantel geschützte Heizleiter in einem Metalloxydpulverbett) werden auch gewendelte blanke Heizleiter auf keramischen Tragkörpern verwendet. Zusätzlich zur Blechverkleidung gibt es Kachel- oder Natursteinabdeckungen.

Zu unterscheiden sind Speichergeräte mit nichtsteuerbarer Wärmeabgabe nach DIN 44570 [D1.3-19] und Speichergeräte mit steuerbarer Wärmeabgabe nach DIN 44572 [D1.3-20].

Die „ungesteuerten" Geräte werden praktisch nicht mehr vorgesehen; sie eignen sich nur für ständig beheizte Räume ohne besondere Ansprüche an eine Temperaturkonstanz (z.B. Bäder, wo sie als bauphysikalischer Schutz von Vorteil sind).

Als Elektroheizungen am weitesten verbreitet sind Speicherheizgeräte mit steuerbarer Wärmeabgabe, d.h. Geräte mit einem Entladeventilator. In der herkömmlichen Ausführung haben sie eine Bautiefe von 25–30 cm und eine Leistungsaufnahme zwischen 1,2 und 9 kW. Heute werden wegen der erhöhten Wärmedämmung der Gebäude wesentlich kleinere „Nennaufnahmen" benötigt (im Maximum 3,6 kW); weiterhin stehen verbesserte Wärmedämmstoffe für die Speichergeräte zur Verfügung, so dass die Bautiefe der Geräte nur noch zwischen 16 und 18 cm liegt.

Unter steuerbarer Wärmeabgabe versteht man, dass ein raumthermostatisch geregelter Ventilator (meist Tangentiallüfter, s. Bild D1.3-16) Luft durch den Speicherkern und in eine Mischkammer bläst. Die heiße Luft aus dem Kern mischt sich dort mit der Raumluft und tritt über ein Luftgitter aus. Die Übertemperatur am Luftaustritt ist auf 120 K begrenzt (das Betriebsgeräusch auf 35 dB(A)). Die gesteuerte Wärmeabgabe mit Hilfe eines Ventilators wird unzutreffend häufig „dynamische Entladung" genannt. Der Begriff „dynamisch" ist in der Technik stark zeitvarianten Vorgängen zugeordnet. (Die Unkorrektheit wird noch deutlicher bei dem Antonym „statische Entladung". Bei der damit gemeinten freien thermischen Entladung liegt nun tatsächlich ein zeitvarianter Vorgang vor, der alles andere als statisch ist).

Die freie thermische Entladung beträgt heute meist, wie Bild D1.3-17 zeigt, etwa ein Drittel der aktiven Entladung mit Ventilator. Sie ist während der Heizzeit durchaus vorteilhaft, dadurch haben die Speicherheizgeräte einen Strahlungsanteil von etwa 15%. Außerhalb der Heizzeiten aber kann die freie thermische Entladung wie ein Überangebot wirken, d.h. in nachfolgenden Heizzeiten nur zum Teil als Nutzen gezählt werden. Die Aufwandszahl steigt daher mit abnehmender Heizzeit und steigender Fremdwärmezufuhr.

Um mit kleineren Speichern auszukommen, gibt es auch Speicherheizgeräte mit Direktheizung. Hier befinden sich am Luftaustrittsgitter zusätzliche Rohrheizkörper, die die am Speicher vorbeigeleitete Luft während der Heizzeit direkt aufwärmt. Die Direktheizung wird während der vom Energieversorgungsunternehmen vorgegebenen Zusatzfreigabedauer (meist in der Mittagszeit) eingeschaltet, so dass während dieser Zeit der Speicher nicht aktiv entladen wird.

**Bild D1.3-16** Schnitt durch ein Speicherheizgerät mit steuerbarer Wärmeabgabe (Prinzipskizze)

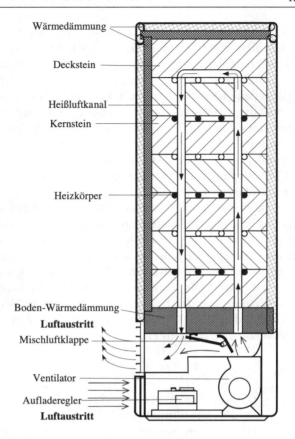

**Bild D1.3-17** Leistungs-Zeit-Diagramm für ein elektrisches Speicherheizgerät (Beispiel)

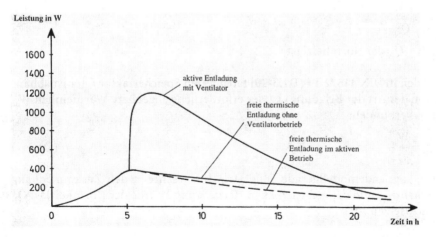

Alle elektrischen Speicherheizgeräte besitzen eine Aufladesteuerung; maßgeblich hierfür ist DIN 44574 [D1.3-21]. Mit der Aufladesteuerung wird bezweckt,
dass während der vom jeweiligen Energieversorgungsunternehmen vorgegebenen Stromlieferzeiten (meistens nachts aber auch in den Mittags- oder Nachmit-
tagsstunden), abgestimmt auf die Außentemperatur, genügend Strom der Speicherheizung zugeführt wird. Inzwischen gibt es auch besondere Rundsteueran-
lagen, mit denen die Energieversorgungsunternehmen, zu festen Zeiten oder
abgestimmt auf die Erzeugungs- und Verteilungssituation, durch Leistungsim-
pulse oder per Funk Zentralschaltungen vornehmen können.

Die Auslegung von Elektrospeichergeräten stützt sich auf die Berechnung der
Normheizlast nach DIN 4701.

In einem ersten Schritt wird die sog. Tagesnutzwärme $Q_d$ aus den Heizlasten
und den ihnen zugeordneten nach DIN 44572 [D1.3-20] festgelegten Tagesvollbenutzungsstunden $t_d$ berechnet. Genaugenommen ist die „Tagesnutzwärme"
der bei einer Speicherheizung erforderliche Energieaufwand, der deutlich größer ist als der mit den Nutzeranforderungen vorgegebene Bedarf (diesen könnte man eigentlich als Nutzwärme ansehen). Die Tagesvollbenutzungsstunden
sind abhängig von der Bauweise (definiert nach DIN 4701), der Nutzungsart
und damit der in DIN 44572 festgelegten Heizdauer $t_H$ (s. Tabelle D1.3-3). Als
Tagesnutzwärme ist definiert:

$$Q_d = \dot{Q}_T \, t_{dT} + \dot{Q}_L \, t_{dL} + \dot{Q}_{Ti} \, \dot{Q}_{Ti} \, t_{di}  \qquad (D1.3-5)$$

mit  $\dot{Q}_T$ der Normtransmissionsheizlast,
$\dot{Q}_L$ der Normlüftungsheizlast und
$\dot{Q}_{Ti}$ der Transmissionsheizlast durch Nebenräume.

Daraus erhält man die sog. „raumbezogenen Tagesvollbenutzungsstunden $t_d$"

$$t_d = \frac{Q_d}{\dot{Q}_N}  \qquad (D1.3-6)$$

mit  $\dot{Q}_N$ der Normheizlast

Über den in DIN 44572 T4 [D1.3-20] tabellierten Speicherfaktor $f_s$ (er ist abhängig von der Art der Beladung) ist der erforderliche abgebbare Wärmeinhalt $W_{se}$
mit $Q_d$ verbunden:

$$f_S = \frac{W_{se}}{Q_d}  \qquad (D1.3-7)$$

Die sog. Lademodellgerade (Bild D1.3-18) beschreibt den Zusammenhang
zwischen $W_{se}$ und der erforderlichen Heizleistung $P_{He}$, die der Normheizlast $\dot{Q}_N$
gleichzusetzen ist:

$$W_{se} = f_S \, t_d \, P_{He}  \qquad (D1.3-8)$$

**Tabelle D1.3-3** Tagesvollbenutzungsstunden [D1.3-19]

| Art der Gebäude bzw. Räume | Heizdauer in h/d | Absenk-dauer in h/d | Tagesvollbenutzungsstunden in h/d | | | |
|---|---|---|---|---|---|---|
| | $t_H$ | $t_{ab}$ | $t_{dT}$ | $t_{dL}$ | $t_{di}$ | $t_{dm}$ |
| Wohnräume und Räume ähnlicher Nutzung sowie Hotels und Gaststätten, Unterrichtsräume, Arzt- und Untersuchungsräume bei folgender Bauweise: | | | | | | |
| leicht | 6 bis | | 19,7 | 14,0 | 18,0 | 18,8 |
| schwer | 22 Uhr     8 | | 21,0 | 15,0 | 18,0 | 19,6 |
| sehr schwer | = 16 | | 22,1 | 16,0 | 18,0 | 20,5 |
| Verwaltungsgebäude, Büroräume, Sitzungsräume bei folgender Bauweise: | | | | | | |
| leicht | | $12 \leq$ | 18,7 | 11,5 | 16,5 | 17,3 |
| schwer | $24-t_{ab}$ | $t_{ab} \leq 14$ | 20,3 | 12,3 | 16,5 | 18,3 |
| sehr schwer | | | 21,7 | 13,5 | 16,5 | 19,5 |

Anhand von Firmenunterlagen lässt sich aus $t_d$ unter Beachtung der vom EVU vorgegebenen Freigabedauer $t_F$ und der Zusatzfreigabedauer $t_{ZF}$ jeweils der erforderliche abgebbare Wärmeinhalt $W_{se}$ ermitteln (s. nachfolgendes Rechenbeispiel).

Zusätzlich ist die erforderliche Leistungsaufnahme $P_{se}$ zu bestimmen aus:

$$P_{se} = \frac{Q_d}{t_F + t_{ZF}} \tag{D1.3-9}$$

Zur überschlägigen Bestimmung der „Tagesnutzwärme" kann aus Tabelle D1.3-3 auch der Wert für mittlere Tagesvollbenutzungsstunden $t_{dm}$ verwendet werden nach

$$Q_d \approx \dot{Q}_N \, t_{dm} \tag{D1.3-10}$$

**Auslegungsbeispiel**

Ein Wohnraum in einem Gebäude schwerer Bauart soll mit einem Speicherheizgerät ausgerüstet werden. Vom EVU ist eine Freigabedauer $t_F = 8\,h$ und eine nachrangig zu nutzende Zusatzfreigabedauer $t_{ZF} = 2\,h$ zu erfahren. Die Transmissionsheizlast wird nach DIN 4701 zu $\dot{Q}_T = 706\,W$, die Lüftungsheizlast zu $\dot{Q}_L = 350\,W$ und die Nebenraumheizlast zu $\dot{Q}_{Ti} = 40\,W$ bestimmt. Mithin ist die Normheizlast

$$\dot{Q}_N = \dot{Q}_T + \dot{Q}_L + Q_{Ti} = 1096\,W$$

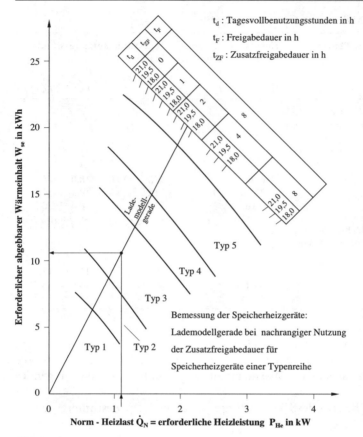

**Bild D1.3-18** Diagramm mit Gerätekennlinien und Lademodellgeraden nach [D1.3-20] als Beispiel aus einer Firmenunterlage für eine Typenreihe

Die den Teilheizlasten zugeordneten Tagesvollbenutzungsstunden sind in Tabelle D1.3-3 zu entnehmen und daraus die Tagesnutzwärme $Q_d$ nach Gl. D1.3-5 zu berechnen

$$Q_d = 706\,\text{W} \cdot 21\,\text{h/d} + 350\,\text{W} \cdot 15\,\text{h/d} + 40\,\text{W} \cdot 18\,\text{h/d}$$
$$Q_d = 20{,}769\,\text{kWh/d}$$

Die Tagesvollbenutzungsstunden sind nach D1.3-6

$$t_d = \frac{20{,}796\,\text{kW}\dfrac{\text{h}}{\text{d}}}{1{,}096\,\text{kW}} = 18{,}97\frac{\text{h}}{\text{d}}$$

Mit ihr wird die Lademodellgerade nach Gl. D1.3-8 in Bild D1.3-18 gefunden. Ihr Schnittpunkt mit $\dot{Q}_N$ liegt im Feld von Gerätetyp 3.

Die erforderliche Leistungsaufnahme $P_{Se}$ ist gemäß Gl. D1.3-9

$$P_{Se} = \frac{20,796\,\text{kW}\,\dfrac{\text{h}}{\text{d}}}{8\dfrac{\text{h}}{\text{d}}+2\dfrac{\text{h}}{\text{d}}} = 2,08\,\text{kW}$$

Für das Gerät Typ 3 bietet die betr. Firma vier Nennleistungsstufen $P_N$ an: 1,5 kW, 1,8 kW, 2,14 kW und 2,4 kW. Ausgewählt wird $P_N = 2,1$ kW.

## D1.3.4
### Mehrraumheizgeräte (Ofen-Luftheizung)

### D1.3.4.1
### Allgemeines (Berechnung von Luftheizungen)

Mehrraum-Heizgeräte sind Heizsysteme, die aus dem eigentlichen Heizgerät (Kap. 1.3.4.2 u. 3) und dem angeschlossenen Luftkanalsystem bestehen. Sie werden auch als Ofenheizung bezeichnet. Zu unterscheiden sind:
- Einzelraumheizgeräte, die über zusätzlich angeschlossene Luftkanäle weitere Räume beheizen können (s. Kap. D1.3.3.1) oder
- direkt befeuerte Luftheizgeräte („Warmluftautomaten"), die meist außerhalb der zu beheizenden Räume aufgestellt sind und über Luftkanäle mehrere Räume heizen[9].

Die hier gemeinten Ofen-Luftheizungen sind bewusst einfach gehalten, um den Komfortvorsprung der Luftheizung mit indirekter Lufterwärmung durch Warmwasser oder überhaupt der Warmwasserheizung durch einen Preisunterschied auszugleichen.

Nicht gemeint sind in diesem Zusammenhang Einzelraumöfen, die wie z.B. der Kachelofen zwischen zwei Räume gesetzt sind und diese zugleich beheizen.

Im Hinblick auf die Verlegung der Luftkanäle sind Schwerkraft- und Ventilator-Luftheizungen zu unterscheiden.

Bei **Schwerkraftluftheizungen** wird die Luft im Gebäude nur aufgrund der Dichteunterschiede zwischen der Warmluft und der zurückströmenden abgekühlten Luft d.h. mit geringsten Differenzdrücken umgewälzt. Die Luftkanäle müssen deshalb so kurz wie möglich sein und sind daher generell zentral angeordnet. Ebenso wird auf Luftfilter verzichtet. Die erwärmte Luft wird den zu beheizenden Räumen von einer Innenwand her zugeführt. Meistens besitzen derartige Luftheizungen nur Zuluftkanäle, zurück strömt die Luft über das Treppenhaus oder die Diele (nur bei Einfamilienhäusern vertretbar). Als Heizeinrichtungen kommen hier im wesentlichen nur Warmluftkachelöfen in Frage.

---

[9]  bei Wohn- und Büroräumen immer außerhalb, in Werkstätten auch innerhalb

Bei der **Ventilator-Luftheizung** stehen größere Förderdrücke zur Verfügung. Die Zuluft wird grundsätzlich gefiltert. Außerdem können die Luftkanäle geschossweise horizontal verlegt und infolgedessen die Zuluftdurchlässe im Fensterbereich im Fußboden oder Fenstersims angeordnet werden. Auf diese Weise ist eine deutliche Verbesserung der Behaglichkeit in den Räumen zu erreichen. Weiterhin ist es möglich die Luftqualität zu beeinflussen durch Außenluftbeimischung. Schließlich lässt sich eine kontrollierte Lüftung und auch Wärmerückgewinnung aus der Abluft verwirklichen.

Für die Erwärmung der Luft kommen neben Direkt- und Speicherheizgeräten in Sonderfällen auch solare Luftkollektoren in Frage. Die indirekte Lufterwärmung über Warmwasser oder Dampf als Wärmeträger wird in Kap. D1.5 behandelt.

Als Luftfilter werden in Warmluftheizungen entweder Matten- oder Taschenfilter eingebaut. Die Filter sollten im Zentralgerät bzw. im Kanalnetz so angeordnet sein, dass sie ohne großen Aufwand gereinigt oder ausgetauscht werden können. Dies ist in regelmäßigen Abständen erforderlich, um den Staubgehalt der Raumluft und Staubablagerungen in den Luftkanälen gering zu halten. Außerdem entsteht an verschmutzten Filtern ein zu hoher Druckabfall und Luftverunreinigung durch Desorption.

Die Warmluft wird im Gebäude über ein Kanalnetz verteilt. Die Abluft kann entweder ebenfalls über Kanäle aus jedem Raum geführt oder durch Luftdurchlässe, die z. B. in Türen eingebaut sind, in die Kernzone (z. B. Flur oder bei Einfamilienhäuser das Treppenhaus) geleitet und von dort abgesaugt werden. Mitentscheidend für die Kanalführung ist neben dem Ort der Luftzufuhr in den einzelnen Räumen auch das Platzangebot für die Verlegung der Luftkanäle. Für Produktionsstätten, Lagerhallen, Sporthallen etc. verwendet man häufig unter der Decke sichtbar verlegte Kanäle. In Wohnungen bestehen wegen der geringen Raumhöhe die größten Schwierigkeiten, auch in Hinblick auf die zwingend gebotene Reinigungsmöglichkeit. Hier werden die Kanäle über abgehängten Decken eingebaut (oft nur im Flur möglich), im Boden (Estrich) oder bei einstöckigen Gebäuden im Untergeschoss.

Für die Art des Verteilungssystems sind außerdem die Probleme der Schallübertragung, des Druckabgleichs und der Regelung ausschlaggebend. Zuluftnetze werden als Einkanal-, Sammelkanal- oder Perimeter-System ausgeführt (s. Bild D1.3-19). Der Luftverteilerkasten beim Ein-Kanal-System ist bei kleinen Anlagen zentral (z. B. direkt im Heizraum oder im Dachraum), bei mehrgeschossigen Gebäuden in jeder Etage oder wohnungsweise im Flur angeordnet. Für die Luftzufuhr am Fußboden (unter dem Fenster) werden die Kanäle im darunter liegenden Geschoss (abgehängte Decke), im Untergeschoss oder im Estrich (Flachkanäle) verlegt. Luftdurchlässe an der Decke oder an den Wänden müssen über Leitungen im Deckenhohlraum oder im darüber liegenden Dachraum versorgt werden. Die Einkanal-Verlegeart ist hinsichtlich der Leitungslängen aufwendig, die Kanäle lassen sich jedoch wegen der geringen Querschnitte gut unterbringen. Die Luftströme zu den einzelnen Luftdurchlässen können

**Bild D1.3-19** Schaltungen für die Luftverteilung (Zuluft – Kanalnetz)

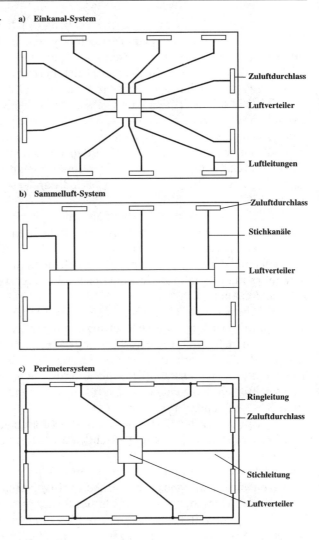

a) Einkanal-System

- Zuluftdurchlass
- Luftverteiler
- Luftleitungen

b) Sammelluft-System

- Zuluftdurchlass
- Stichkanäle
- Luftverteiler

c) Perimetersystem

- Ringleitung
- Zuluftdurchlass
- Stichleitung
- Luftverteiler

zentral am Verteilerkasten eingestellt werden. Geräuschübertragungen zwischen den einzelnen Räumen werden durch die langen engen Kanäle und durch einen zentral angeordneten Schalldämpfer stark vermindert.

Sammelkanal-Systeme (s. Bild D1.3-19b) werden dort verwendet, wo genügend Raum für einen Hauptverteilungskanal vorhanden ist. Diese Verlegeart wird vor allem in Hallen praktiziert, dort hängt man die Kanäle sichtbar unter der Decke auf. Der Vorteil dieser Luftverteilung liegt beim geringen Materialaufwand für das Kanalnetz und bei der besseren Zugänglichkeit. In Wohngebäuden sollten die Stichleitungen nur versetzt am Hauptkanal angeschlossen werden, damit die Schallübertragung zwischen den Räumen zusätzlich behindert wird.

Die geringsten Probleme mit dem Druckabgleich hat man aufgrund der speziellen Kanalführung mit dem Perimeter-System (s. Bild D1.3-19c). In dem Ringkanal, der dieses System kennzeichnet (aus dem Griechischen: περιμετρον ≙ Umkreis), soll in etwa ein gleicher Druck herrschen. Dies trifft zu, wenn die Geschwindigkeiten der Ausgleichsströme genügend klein sind.

Falls die Abluft aus jedem Raum getrennt abgesaugt (mit einem zusätzlichen „Abluftgerät") werden soll, kann das Kanalnetz hierzu ähnlich wie das Zuluftnetz aufgebaut sein. Bei einer anderen Version werden in den Türen nur Überströmöffnungen ausgespart. Die Abluft wird aus dem Flur zentral fortgeführt. Für Küche, Bad und WC sollte ein getrenntes Fortluftnetz vorgesehen werden, damit die Luft aus diesen Räumen nicht in die anderen oder deren Zuluft gelangen kann.

Als Luftkanäle werden Blechkanäle mit Rechteck- oder Kreisquerschnitt (verzinktes Stahlblech), Kunststoffrohre (nicht brennbar) oder auch als Ausnahme flexible Aluminiumrohre (schlecht zu reinigen) verwendet. Sie werden z.T. gleich bei der Herstellung mit einer Wärmedämmung versehen. Im Zuluftnetz muss man Kanäle, die in unbeheizten Räumen verlegt werden, auf jeden Fall wärmedämmen.

Zum Einstellen der Luftströme werden in den Luftkanälen Klappen (hand- oder motorbetrieben), und Drosselvorrichtungen an den Luftdurchlässen verwendet. Um im Brandfall eine Ausbreitung des Feuers oder Rauchgases auf andere Gebäudeteile zu verhindern, müssen in Kanälen, die durch Brandabschnitts-Trennwände (s. Bauordnung) führen, Brandschutzklappen eingebaut werden. Sie verschließen den Kanalquerschnitt selbsttätig, falls die geförderte Luft eine vorgegebene Temperatur überschreitet.

Damit in zwangsbelüfteten Räumen die zulässigen Schallpegel nach DIN 1946, Teil 2 [D1.3-22] bzw. VDI-Richtlinie 2081 [D1.3-23] nicht überschritten werden, sollte man im Kanalsystem geringe Luftgeschwindigkeiten vorsehen oder Schalldämpfer einbauen. Diese Vorschriften müssen jedoch bei kleineren Wohneinheiten nicht zwingend eingehalten werden. Für die Geräusche, die der Ventilator verursacht, muss hinter ihm ein Schalldämpfer angeordnet werden. Weitere lufttechnische Einzelheiten sind in Bd. 2 behandelt, wobei jeweils – voraussetzungsgemäß – nur die Einfachlösungen anzuwenden sind.

Die geringere und auch weiter abnehmende Verbreitung der Ofen-Luftheizung im Mitteleuropa ist begründet durch eine Reihe von Nachteilen gegenüber der dominierenden Warmwasserheizung:

- Durch die Vermischung der Luft aus allen Bereichen einer Wohnung werden Gerüche übertragen.
- Wegen der schlechten Reinigungsmöglichkeit der Kanäle und auch mangelhafter Wartung wird den Räumen hygienisch bedenkliche Luft zugeführt („Luft ist ein Lebensmittel und eigentlich kein Energieträger!")
- Wegen der begrenzten Schalldämpfung werden Geräusche vom Ventilator und anderen Räumen übertragen.

- Wegen der Beeinflussbarkeit der Luftverteilung ist die Leistungszufuhr raumweise wenig lastgerecht und eine Einzelraumregelung gar nicht oder nur schwer möglich.
- Daher und von den angehobenen Raumlufttemperaturen rührt der erhöhte Energieaufwand; hinzukommt der Stromaufwand für den Ventilator (mehr als das zehnfache einer entsprechenden Umwälzpumpe).
- Großer Platzbedarf

Als Vorteile sind aufzuzählen:
- der niedrige Anschaffungspreis,
- schnelles Aufheizen der Raumluft,
- Kombinationsmöglichkeit mit einer Lüftung und einer Luftbefeuchtung,
- keine Probleme mit Wasserleckagen (z.B. in Museen),
- keine Einfriergefahr (Wochenendhäuser).

Beim Auslegen einer Luftheizung wird wie folgt vorgegangen:
1. Berechnen der Normheizlast der zu beheizenden Räume.
2. Festlegen der Anordnung und Anzahl der Zuluftdurchlässe und der Abluftdurchlässe.
3. Festlegen des Aufstellungsortes für das Heizgerät, Planen der Kanalführung im Gebäude und Unterteilen des Kanalsystems in Teilstrecken.
4. Berechnen der Durchlass-Luftströme für die Anzahl $i$ der Luftdurchlässe je Raum. Warmluftheizung bewirkt Mischlüftung im Raum; die Enthalpie der Abluft kann daher der der Raumluft gleichgesetzt werden:

$$\dot{m}_{L,i} = \frac{\dot{Q}_N}{i\left(h_{ZU} - h_{RA}\right)} \tag{D1.3-11}$$

Die Enthalpiedifferenz errechnet sich aus der Temperaturdifferenz mit dem Feuchtegehalt $x$ der Luft aus

$$h_{ZU} - h_{RA} = \left[1,007\frac{kJ}{kgK} + 1,86\frac{kJ}{kgK}x\right]\left(\vartheta_{ZU} - \vartheta_{RA}\right) \tag{D1.3-12}$$

oder näherungsweise mit $x = 0,008$

$$h_{ZU} - h_{RA} \approx 1,02\left(\vartheta_{ZU} - \vartheta_{RA}\right)$$

Die Temperaturdifferenz ist meist vom Heizgerät her vorgegeben und sollte möglichst 10 K nicht überschreiten.
5. Mit den Luftgeschwindigkeiten aus Tabelle D1.3-4 können die Kanalquerschnitte festgelegt werden (siehe Gleichung D2.6-4).
6. Es folgt nun die Berechnung des Druckabfalls in den Teilstrecken des Kanalsystems wie in Bd. 1, Teil J und Bd. 2 beschrieben.

**Tabelle D1.3-4** Luftgeschwindigkeit in Kanälen

| Kanalart | Luftgeschwindigkeit in m/s |
|---|---|
| Hauptkanal | 5–6 |
| Nebenkanäle | 3–4 |
| Luftdurchlass (abhängig von der Luftführung) | 1,5–4,0 |

### D1.3.4.2
### Mehrraum-Direktheizgeräte

Mehrraum-Direktheizgeräte sind mit Öl oder Gas befeuert, selten elektrisch beheizt. Früher kamen auch Festbrennstoffe in Frage; sie finden eigentlich nur noch in Warmluft-Kachelöfen Anwendung (s. Kap. D1.3.3.1).

Prinzipiell sind die öl- und gasbefeuerten Direktheizgeräte so aufgebaut wie Warmwasserkessel: Sie bestehen aus einer Brennkammer und nachgeschalteten Heizflächen, meist Rohren, durch die entweder

- innen das heiße Rauchgas strömt – wie beim Rauchrohrkessel – und außen die Luft oder
- durch die innen die Luft strömt – entsprechend Wasserrohrkessel – und außen das Rauchgas.

Der Hauptunterschied zum Warmwasserkessel besteht darin, dass auf der Luft- und Rauchgassseite die Wärmeübergangskoeffizienten von der gleichen Größenordnung sind; die Trennwandtemperatur liegt daher etwa in der Mitte zwischen der des Rauchgases und der der Luft. Dies erfordert den Einsatz zunderbeständiger Stähle. Eine Variante der weitverbreiteten Rohrkonstruktionen zeigt Bild D1.3-20. Sie ist auf Gas als Brennstoff zugeschnitten. Die Heizfläche besteht hier aus gewendelten Blechtaschen, die von Luft umströmt sind [D3.1-24].

Generell sind Direktluftheizgeräte (oder kürzer „Luftheizer") – wie das Bild zeigt – modular aufgebaut. Sie können auch durch ein Wärmerückgewinner-Modul ergänzt werden.

Der Bereich der Nennleistungen entspricht dem von Einzelraum-Direktheizgeräten. Die darauf abgestimmten Luftströme betragen bei 10 K Übertemperatur 300 m³/h/kW. Die Wirkungsgrade liegen im gleichen Bereich wie die der Einzelraum-Direktheizgeräte.

Elektrisch beheizte Geräte besitzen ein Heizmodul, das genauso aufgebaut ist wie bei einem Einzelheizgerät. Der Leistungsbereich erstreckt sich bis 9 kW.

Auch Wärmepumpen finden Einsatz als Mehrraum-Direktheizgeräte. Bei ihnen lässt sich in besonders günstiger Weise eine Wärmerückgewinnung integrieren (s. Bild D1.3-21). Der Kondensator (Verflüssiger) ist im Zuluftkanal, der Verdampfer im Abluftkanal eingebaut.

**Bild D1.3-20** Direktluftheiz-
gerät mit Gasfeuerung (soge-
nannter „Warmlufterzeu-
ger")

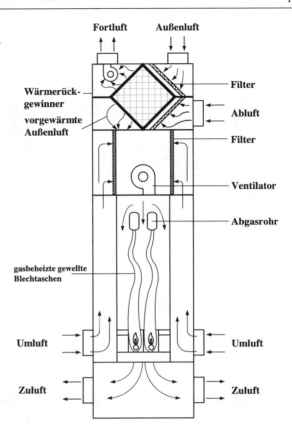

**Bild D1.3-21** Schematische Darstellung eines Mehrraum-Direktheizgerätes mit Wärmerückgewinner (Plattenwärmeaustauscher) und Wärmepumpe

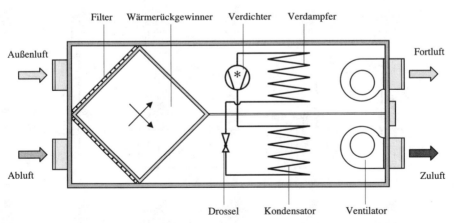

### D1.3.4.3
*Mehrraum-Speicherheizgeräte*

Bei den befeuerten Speicherheizgeräten sind die Warmluft-Kachelöfen (s. Kap.
D1.3.3.1) aufzuführen. Sie eignen sich, im Unterschied zu den Direktheizgeräten, besonders für die Verfeuerung von Festbrennstoffen, insbesondere Holz.

Als Speicherheizgeräte dienen auch elektrisch beheizte Feststoff-Zentralspeicher. Sie sind im Prinzip genauso aufgebaut wie elektrische Speicherheizgeräte
(s. Kap. D1.3.3.3), nur hat der Speicher eine fast würfelförmige Form – also kein
flacher Quader – und ist von Luftkanälen durchzogen.

Die im Zentralspeicher erhitzte Luft gelangt in eine Mischkammer und
mischt sich dort mit der Umluft auf die erforderliche Zulufttemperatur (s. Bild
D1.3-22). Bei kleinen Speichergeräten ist die Mischkammer integriert, bei großen modulartig angesetzt. Generell sind gemäß Bild D1.3-22 Umluft-, Außenluft
und Mischluftbetrieb möglich.

### D1.4
**Dezentrale Großraum-Heizgeräte**

### D1.4.1
*Allgemeines zu Großräumen*

Die Normalgröße von Räumen richtet sich nach unserer Vorstellung von Wohnräumen. Großräume sind nun nicht einfach nur größer und höher als Wohnräume, sie besitzen in aller Regel mehrere äußere, d.h. kältere Umfassungsflächen

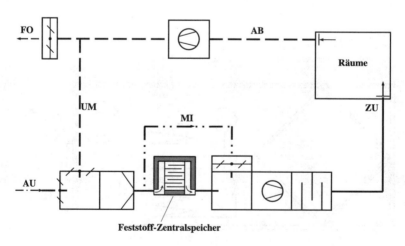

AB: Abluft,  AU: Außenluft,  FO: Fortluft,  MI: Mischluft,  UM: Umluft,  ZU: Zuluft

**Bild D1.3-22** Prinzipielle Darstellung einer Warmluftheizung mit elektrisch beheiztem Feststoff-Zentralspeicher

(darunter meist die Decken) und werden auch anders genutzt; zudem ist die Außenluftversorgung des Aufenthaltsbereiches wegen des größeren Abstandes zur Außenwand und möglichen Fenstern erschwert. Weiterhin ist kennzeichnend, dass der Aufenthaltsbereich – dort, wo Anforderungen an Temperaturen und Luftzusammensetzung gestellt sind – meist deutlich kleiner, d.h. niedriger ist als der umfassende Großraum.

Großräume sind z.B. Werkstätten, Fabrikhallen, Flugzeughallen, Sporthallen, Versammlungsräume, Kirchen. Viele dieser Räume waren in früheren Zeiten – und sind es heute noch in weiten Gegenden dieser Welt – gar nicht beheizt. Nicht nur die gestiegenen Komfortanforderungen, auch die gewachsene Leistungserwartung an die in Großräumen tätigen Menschen, haben die Notwendigkeit einer Heizung begründet. Zusammen damit stellt sich zusätzlich das Problem der Lüftung, insbesondere unter den bereits über 20 Jahren geltenden Bedingungen der Wärmeschutzverordnung [A-6]. Hiernach sind Hallen – darunter fallen sicher Großräume – wie andere Gebäude auch, im Rahmen des technisch Möglichen, luftdicht zu gestalten. Ausnahmen von dieser Vorschrift gelten nur für Hallen, „soweit sie nach ihrem üblichen Verwendungszweck großflächig und langanhaltend offen gehalten werden müssen". Ausnahmen stellen auch sog. Hitzebetriebe dar, die „ihren Heizenergiebedarf überwiegend durch die im Innern des Gebäudes anfallende Abwärme decken". Bei den meisten Großräumen gilt demnach das Gebot: luftdicht. In Verbindung mit der Arbeitsstättenrichtlinie [D1.4-1] und der Gefahrstoffverordnung [D1.4-2], die eine ausreichende Belüftung des Arbeitsbereiches fordern, folgt aus der Gesamtzielsetzung der Wärmeschutzverordnung, dass mindestens die Außenluftversorgung über eine maschinelle Lüftungsanlage (s. Bd. 2) zu erfolgen hat. Jede freie Lüftung über Fenster und Türen hätte eine erheblich höhere Lüftungsheizlast zur Folge. Dies gilt umso mehr, je stärker die Großraumhöhe die Normalhöhe des Aufenthaltsbereiches (2 m, siehe Bild A-2) überschreitet und Undichtigkeiten im Deckenbereich oder Dachluken vorhanden sind. Sofern im Großraum keine raumfüllende Mischströmung z.B. durch Luftzufuhr im Deckenbereich besteht, bildet sich immer auch ohne nutzungsbedingte Wärmequellen im Großraum unter der Decke eine Warmluftschicht aus, weil die an den „kalten" Umfassungsflächen abfallende Luft in den unteren Raumbereich einströmt. Diese Gegebenheit lässt sich nicht nur im Sinne eines erhöhten Wärmeschutzes, sondern auch zur Sicherung der Luftqualität vorteilhaft dadurch nutzen, dass unter Beachtung des Standes der Raumlufttechnik (siehe Bd. 2) der Aufenthaltsbereich im Großraum gezielt belüftet und dazu die darüber liegende Warmluftschicht stabil gehalten wird. Dieses Konzept ist im Heizfall nur mit einer kombinierten Lüftungs- und Heizanlage zu verwirklichen und schließt eigentlich die Anwendung der weitverbreiteten alleinigen Warmluftheizung wegen der zum Heizen erforderlichen höheren Zulufttemperaturen aus. Bei der anzustrebenden kombinierten Anlage sollte die Temperatur der Zuluft keinesfalls über der der Raumluft im Aufenthaltsbereich liegen, d.h. eine Zuluftanlage hätte nur die Lüftungsheizlast zu decken und das erforderliche zusätzliche Heizsystem an den Grenzflächen des Aufenthaltsbereiches die geforderte Halbraumstrahlungstemperaturen herzustellen. Hierfür eignen sich besonders Strahlungsheizflächen (siehe Kap. 1.4.2.2 und 1.6.3), die im oberen Hallenbereich anzuordnen sind; sie erlauben auch Lufttemperaturen im Aufenthaltsbereich, die unter der Soll-Raumtemperatur (Operativtemperatur) liegen (siehe Bd. 1, C2.3). Warmluftheizungen, die generell eine vollständige Durchmischung der Raumluft bewirken, eignen sich aus diesem Grund nur für Großräume mit geringer Raumhöhe (unter 3,5 m) und mit unerheblicher Belastung durch Schad- oder Geruchsstoffe.

Die hier zu behandelnden dezentralen Großraum-Heizgeräte, die – mit Ausnahme der Heizstrahler – alle Luftheizer (normgemäß: „Warmlufterzeuger") sind, unterscheiden sich von den in Kap. 1.3 beschriebenen Geräten darin, dass sie über konstruktive Besonderheiten verfügen, die ihren Einsatz in Kleinräumen, vor allem wegen der mangelnden Deckenhöhe oder wegen hoher Betriebstemperaturen, nicht zulassen. Sie sind generell einfach aufgebaut mit dem Ziel, preiswert die Normheizlast für eingeschränkte Behaglichkeitsbedingungen zu decken.

### D1.4.2
*Großraumdirektheizgeräte*

### D1.4.2.1
*Großraum-Luftheizer*

Großraum-Luftheizer unterscheiden sich von den in Kap. D1.3.4.2 beschriebenen Mehrraum-Direktheizgeräten darin, dass sie mit Luftdurchlässen ausgestattet wie dezentrale Heizgeräte eingesetzt werden und nicht an Luftkanäle angeschlossen sind. Die Heizfläche ist in der gleichen Weise gestaltet wie die der Mehrraumdirektheizgeräte. Wegen der höheren Leistungen kommen bei den gasbefeuerten Luftheizern auch Gasgebläsebrenner in Frage und bei den ölbefeuerten Zerstäubungsbrenner. Neben den auf dem Boden aufgestellten Geräten („Stand-Luftheizer", s. Bild D1.4-1) gibt es auch solche für Wand- und Deckenmontage. Üblicherweise wird die Luft im unteren Teil des Luftheizers angesaugt und seitlich oben ausgeblasen. Es gibt auch Ausführungen von Luftheizern für eine Außenmontage auf dem Hallendach. Über kurze Stutzen wird die Umluft aus der Halle abgesaugt mit Außenluft gemischt und erwärmt über einen Kanalstutzen in die Halle geblasen. Die im Großraum aufgestellten Luftheizer müssen in aller Regel an einen Schornstein angeschlossen sein; außen montierte Geräte mit einem Abgasventilator benötigen keinen Schornstein.

Die Begriffe, Anforderungen und die Prüfung für Großraum-Luftheizer („Warmlufterzeuger") sind in DIN 4794 festgelegt [D1.3-24].

Für die Auslegung ist wegen der Gesamtraumbeheizung die Normheizlast nach DIN 4701 maßgebend. Die Übertemperatur der Zuluft liegt zwischen 30 und 60 K.

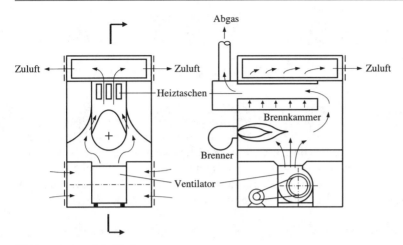

**Bild D1.4-1** Stand-Luftheizer

Als Besonderheit gibt es auch Luftheizer ohne Wärmeaustauscher. Sie sind gasbefeuert. Die Verbrennungsgase werden mit Außenluft gemischt und direkt dem Großraum zugeführt. Die Anforderungen an die Geräte und ihre Prüfung sind in DIN 4794 Teil 7 [D1.4-3] geregelt. Die Luftheizer ohne Wärmeaustauscher dürfen nur in Räumen betrieben werden, die so groß sind, dass das Verhältnis ihrer Nennwärmeleistung zum Volumen des Aufstellungsraumes kleiner ist als 5 W/m³ (eigentlich wäre eine CO-Grenze vorzuschreiben).

Großraum-Luftheizer sind die billigste Hallenheizung, die allerdings mit einer Reihe von Nachteilen verbunden ist: Die eingangs (D1.4.2.1) als erstrebenswert herausgestellte kombinierte Lüftungs- und Heizanlage ist nicht verwirklicht, und wegen der dadurch notwendigen Gesamtraumbeheizung ist der Energiebedarf überhöht, durch hohe Austrittsgeschwindigkeiten und große Strahlweiten ist der thermische Komfort reduziert, Zugerscheinungen durch freie Lüftung und Fallluft an den kalten Umfassungsflächen treten auf und es fehlt die Möglichkeit eines Strahlungsausgleichs.

### D1.4.2.2
### Heizstrahler

Typische Großraum-Direktheizgeräte sind Heizstrahler, so benannt in DIN 3372 [D1.4-4]. Sie sind auch unter dem Namen Hochtemperaturstrahler oder Deckenstrahler bekannt. Gelegentlich wird noch der Hinweis „infrarot" angefügt. Die meisten in Großräumen eingesetzten Heizstrahler werden mit Gas beheizt – hierfür gilt auch DIN 3372 –; bei geschlossenen Systemen findet man auch ölbefeuerte. Sie werden im Deckenbereich von Großräumen einzeln oder in großen Abständen (mehr als 6 m) aufgehängt. Ihre Breite beträgt 0,3 bis 0,8 m, ihre Länge 4 bis 60 m und ihre Feuerungsleistung („Wärmebelastung") 10 bis 140 kW.

Es sind zwei Systeme zu unterscheiden:

- Hellstrahler; hierfür gilt DIN 3372 Teil 1, danach werden sie auch „Glühstrahler" genannt.
- Dunkelstrahler; nach DIN 3372 Teil 6 auch „Dunkelstrahler mit Brenner und Gebläse".

Die Wärme wird, wie der Name sagt, weit überwiegend durch Strahlung abgegeben. Beim Hellstrahler sind dies 60–80%, die im zu beheizenden Bereich wirksam werden (man spricht hier auch vom Strahlungswirkungsgrad, Bezugswert ist die Feuerungsleistung). Der Abgasverlust wird mit 5–7% angegeben, der Rest setzt sich aus Konvektion und Abstrahlung in andere Bereiche zusammen. Bei Dunkelstrahlern ist der nutzbare Strahlungsanteil 50–65 %, der Abgasverlust 7–10%.

Beim **Hellstrahler** wirkt eine glühende gelochte Keramikplatte als Strahlfläche. Ein Luft-Gasgemisch tritt aus den Kapillaren der Keramikplatte aus und wird an der Oberfläche verbrannt. Die Temperatur der Platte beträgt dabei 850–900 °C. Die Abgase (pro 1 kW rund 3 m³/h) können frei in den Raum entweichen, wenn eine Abluftanlage vorhanden ist (für die meisten Großräume in der Wärmeschutzverordnung [D1.4-1] vorgeschrieben) oder wenn der Großraum unabschließbare Lüftungsöffnungen besitzt (nach Wärmeschutzverordnung nur noch in Ausnahmen gestattet). In beiden Fällen spricht man von einer „indirekten Abgasführung". Im Zweifelsfall werden die Abgase zu einem Schornstein abgeführt („Feuerstätte mit direkter Abgasabführung"); auch hier muss die Zuströmmöglichkeit für die Verbrennungsluft sichergestellt sein.

An den Hellstrahler ist ein Brenner angeschlossen, der als sog. Vollvormischbrenner (Kap. 3.3.1.5) arbeitet: die zur Verbrennung erforderliche Luft wird durch Induktion vom Gasstrahl angesaugt (die Luftzahl ist dabei mindestens $\lambda = 1,0$). Das Luft-Gasgemisch verteilt sich oberhalb der Keramikplatte in einem gewölbten Raum (s. Bild D1.4-2 links). Ein Strahlungsschirm schützt den Ver-

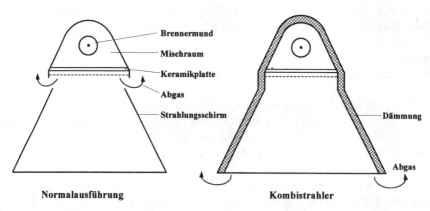

Normalausführung          Kombistrahler

**Bild D1.4-2** Hellstrahler

brennungsbereich, bündelt die Strahlung und reduziert die konvektive Wärmeabgabe. Bei einer verbesserten Ausführung, dem Kombistrahler, ist der Strahlungsschirm gedämmt und dicht angeschlossen (Bild D1.4-2 rechts). Durch die
heißen Abgase erwärmt er sich und wirkt so zusätzlich als Temperaturstrahler. Die spektrale Ausstrahlung der Keramikplatte hat bei einer Wellenlänge zwischen 2 und 3 μm ihr Maximum, d.h. ein erheblicher Teil der Strahlung
liegt noch im sichtbaren Bereich (und durchdringt daher in einem erheblichen
Umfang auch Fensterscheiben, siehe Bd. 1, Bild G1-1 und -9). Im Unterschied
dazu liegt das Maximum der spektralen Ausstrahlung des Reflektors (ca. 300 °C)
etwa beim Doppelten dieser Wellenlänge („Dunkelstrahlung"). Durch die Dämmung des Reflektors wird die Abgastemperatur gesenkt und die konvektive
Wärmeabgabe (bei der Normalausführung fast 25%) erheblich reduziert.

Hellstrahler werden meist waagrecht unter der Decke (übliche Mindesthöhe
4 m), gelegentlich auch schräg an der Wand befestigt (dann stark erhöhte Konvektion).

Ihre Wärmestromdichte (als Bezug gilt die gesamte Strahlfläche) beträgt etwa
100 kW/m² (im Gasfach spricht man auch von der „flächenbezogenen Wärmebelastung").

**Dunkelstrahler** sind Rohre, meist in U-Form gebogen, durch die heiße Verbrennungsgase oder gelegentlich auch heiße Luft strömen (siehe Bild D1.4-3). Sie
sind entweder direkt an einen Gebläsebrenner (meist für Gas, gelegentlich auch
Öl) angeschlossen oder in einigen Fällen über Kanäle mit einem zentralen Lufterwärmer („Warmlufterzeuger") oder einer Brennkammer verbunden. Die Verbrennungsgase können auch mit einem Saugzug in Einzel- oder Sammelanschluss
abgesaugt werden. Die Verbrennungsluft wird meist mit einer besonderen Zuluftanlage den Brennern zugeführt; wenn nicht, kann die unkontrolliert eindringende Verbrennungsluft Zugerscheinungen im Aufenthaltsbereich oder mindestens
einen Mehraufwand bei der zusätzlich wünschenswerten Lüftungsanlage verursachen. Um die Strahlung zu bündeln und die Konvektion zu reduzieren, ist oberhalb des Rohres ein Reflektor angebracht (in der besseren Ausführung mit Dämmung nach oben). Die U-Form des Rohres sorgt für eine Vergleichmäßigung der
Ausstrahlung; die mittlere Temperatur liegt zwischen 250 und 300 °C (Grenzwert
nach DIN 3372 Teil 6 ist 500 °C). Die Prüfung der Geräte regelt DIN 3372 [D1.4-4].

Die Sinnfälligkeit des in Teil B eingeführten Begriffes *Nutzenübergabe* ist
bei den Heizstrahlern im Vergleich zu anderen Übergabesystemen besonders

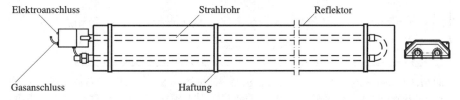

**Bild D1.4-3** Dunkelstrahler

deutlich. Hier ist – und dies gilt für Hell- und Dunkelstrahler gemeinsam – zu erkennen, dass es nicht das alleinige Ziel sein kann, möglichst viel Wärme je Gerät in den Raum zu übertragen, sondern dass es auf den Nutzen der Übergabe ankommt. Die Nutzwirkung der Heizstrahler in den Aufenthaltsbereich („Anforderungszone", s. Bild A1-2) besteht immer in der Wärmestrahlung nur in diese Richtung. Die konvektiv an die Luft oder durch Strahlung nach oben abgegebene Wärme hat keinen Einfluss auf die thermischen Bedingungen im Aufenthaltsbereich und ist daher als in Kauf genommener Zusatzaufwand, also als Verlust anzusehen (es sei denn, dass eine Lüftungsanlage für eine vollständige Durchmischung der Raumluft sorgt). Die Luft im Aufenthaltsbereich erwärmt sich indirekt an den durch Zustrahlung in ihrer Temperatur angehobenen Flächen.

Die Ungleichmäßigkeit der Einstrahlung sei beispielhaft an der oberen Grenzfläche des Aufenthaltsbereichs in einem Großraum mit gleichmäßig unter der Decke verteilten Heizstrahlern untersucht (siehe Bild D1.4-4). Das in seiner Position variierte Flächenelement $dA_1$ stehe im Strahlungsaustausch mit den Flächen $A_2$ (Strahler), $A_3$ (Zwischenraum), $A_4$ (Nachbarstrahler) und restlichen Umfassungsflächen im Halbraum über dem Aufenthaltsbereich. Die in Bd. 1, Teil G1.2.5 beschriebenen Einstrahlzahlen $\Phi_{1i}$ sollen nur für eine Mittelposition unter den Strahlern (halbe Strahlerlänge b) bestimmt werden (siehe Bild D1.2-11). Dabei lässt sich z.B. $\Phi_{12}$ für die in Bild D1.4-4 gezeigte Position direkt ablesen und $\Phi_{13}$ sowie $\Phi_{14}$ mit der Additionsregel berechnen:

$$\Phi_{13} + \Phi_{12} = \Phi_{1(2+3)}$$
$$\Phi_{14} + \Phi_{1(2+3)} = \Phi_{1(2+3+4)}$$

(D1.4-1)

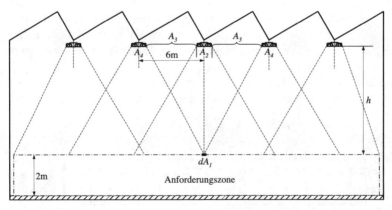

**Bild D1.4-4** Schematisch Darstellung des Strahlungsaustausches zwischen den in einem Großraum mit gleichmäßig unter der Decke verteilten Heizstrahlern und dem Flächenelement $dA_1$

Die Einstrahlzahl zu den Restflächen $\Phi_{1\,Rest}$ ergibt sich aus Bd. 1 Gleichung G1-2.4 zu

$$\Phi_{1\,Rest} = 1 - \Phi_{1(2+3+4)} \tag{D1.4-2}$$

Bezieht man die Wärmestromdichte $q_r$ durch Einstrahlung auf das Flächenelement $dA_1$ vereinfachend auf einen einheitlichen Strahlungsaustauschkoeffizienten $C_{1i} = C_{12}$ (Bd. 1, Teil G1.2.4) und führt weiter vereinfachend gemäß Bd. 1 Gleichung G1-21 den linearen Zusammenhang mit der Temperaturdifferenz ein, gilt zunächst

$$\frac{\dot{q}_{r12}}{C_{12}} = a_{r12}\,\Phi_{12}\left(\vartheta_2 - \vartheta_1\right) \tag{D1.4-3}$$

Der sog. Temperaturfaktor $a_r$ ist definiert als das Verhältnis:

$$a_r = \left[\left(\frac{T_1}{100}\right)^4 - \left(\frac{T_2}{100}\right)^4\right]\frac{1}{\left(T_1 - T_2\right)} \tag{D1.4-4}$$

Er ist Bild D1.4-5 für die Temperaturen $\vartheta_1$ und $\vartheta_2$ zu entnehmen. Gesucht ist nun die Halbraumstrahlungstemperatur $\vartheta_{rh}$, die die gleiche Einstrahlung auf $dA_1$ bewirkt wie die Flächen $A_2$, $A_3$, $A_4$ usw. mit ihren stark unterschiedlichen Temperaturen $\vartheta_2$, $\vartheta_3$, $\vartheta_4$ und $\vartheta_{Rest}$:

$$a_{r12}\Phi_{12}\left(\vartheta_2 - \vartheta_1\right) + a_{r13}\Phi_{13}\left(\vartheta_3 - \vartheta_1\right) + a_{r14}\Phi_{14}\left(\vartheta_4 - \vartheta_1\right)$$
$$a_{r1R}\Phi_{1R}\left(\vartheta_{Rest} - \vartheta_1\right) = \left(\frac{T_{rh}}{100}\right)^4 - \left(\frac{T_1}{100}\right)^4 \tag{D1.4-5}$$

Für drei verschiedene Höhen $h$ der Strahler über dem Aufenthaltsbereich (Bild D1.4-4) sind die Halbraumtemperaturen in Bild D1.4-6 über der Raumbreite dargestellt. Erst bei einer Strahlerhöhe von 7 m + 2 m = 9 m ist die Halbraumtemperatur unter den Beispielbedingungen in etwa ausgeglichen. In jedem Fall liegt aber die Strahlungstemperatur – Asymmetrie $\Delta\vartheta_{rh} = \vartheta_{rh} - 20\,°C$ (siehe Bd. 1, Bild C2-14) weit über dem als zulässig angesehenen Wert von 5 K bei 6% Unzufriedenen und 7 K bei 10% Unzufriedenen. Entgegen den üblichen Empfehlungen ist die Mindestmontagehöhe nicht allgemein für Heizstrahler angebbar; sie ist stark von der Temperatur und Breite des Strahlers abhängig und sollte für jeden Anwendungsfall in der beschriebenen Weise nachgeprüft werden.

Bei der Auslegung ist prinzipiell so vorzugehen wie bei wasserbeheizten Deckenstrahlplatten (s. D1.6.3). Vorzugsweise sollte – wie in D1.4.1 begründet – der zu beheizende Großraum maschinell belüftet und damit die Lüftungsheizlast durch eine Zuluftanlage gedeckt werden. Die Heizstrahler haben dann lediglich an den Grenzflächen des Aufenthaltsbereiches die angeforderte

**Bild D1.4-5** Temperaturfaktor

$$a_r = \frac{T_1^4 - T_2^4}{T_1 - T_2} \cdot 10^{-8}$$

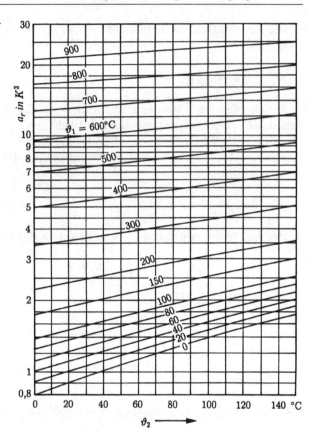

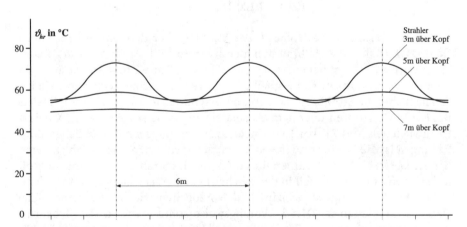

**Bild D1.4-6** Darstellung der Halbraumtemperaturen über der Raumbreite für drei verschiedene Höhen h über Kopf (Beispiel entspricht Bild D1.4-4: Heizstrahlerbreite: 0,4 m, -länge: 12 m, $\vartheta_2 = \vartheta_4 = 300\,°C$, $\vartheta_3 = 15\,°C$, $\vartheta_U = 20\,°C$)

Halbraumstrahlungstemperatur herzustellen. Wegen der hohen Strahlertemperaturen kommt man im Vergleich zu wasserbeheizten Deckenstrahlplatten mit einer wesentlich kleineren Strahlfläche aus, hat dadurch aber – auch wegen der höheren Temperaturen – eine stärkere Ungleichmäßigkeit der Einstrahlung im zu beheizenden Bereich (s. Bild D1.4-6). Die Strahlungsasymetrie und der Mindestabstand zwischen Aufenthaltszone und Anbringungsort der Strahler ist einzeln zu überprüfen (siehe oben).

Heizstrahler haben gegenüber Luftheizern den Vorteil, dass ihre Heizwirkung auf die vorgesehene Aufenthaltszone einzuschränken und damit eine Ganzraumheizung entbehrlich ist. Von Vorteil sind auch wegen der geringeren Speicherkapazität und der direkten Strahlungswirkung die kurzen Aufheizzeiten. Weiterhin ist die über die Raumtemperatur $\vartheta_R$ angehobene Ganzraumstrahlungstemperatur $\bar{\vartheta}_r$ (siehe Bd. 1, C2) vorteilhaft, weil entsprechend die Lufttemperatur $\vartheta_L$ gemäß Gleichung C2-4 (in Bd. 1) abgesenkt werden kann (geringere Lüftungsheizlast). Allerdings darf, wie bereits erwähnt, die Halbraumstrahlungstemperatur $\vartheta_{rh}$ aus der Strahlerrichtung nicht allzu hoch sein; auch ist die Ungleichmäßigkeit der Einstrahlung problematisch (s. Bild D1.4-6). Damit ist die Einsetzbarkeit der Heizstrahler im Vergleich zu wasserbeheizten Deckenstrahlplatten eingeschränkt.

### D1.4.3
#### Großraum-Speicherheizgeräte

Elektro-Feststoffspeicher, wie sie in Kap. D1.3.4.3 beschrieben sind, eignen sich auch für die Beheizung von Großräumen. Sie werden hier direkt im Großraum aufgestellt und sind ähnlich wie Luftheizer mit eigenen Zuluftdurchlässen ausgerüstet. Ein Anschluss an die Außenluft und Mischluftbetrieb ist ebenfalls möglich. Zu den erwähnten Nachteilen der Luftheizer kommen noch die erhöhten Energiekosten.

### D1.5
#### Luftheizung (indirekte Lufterwärmung)

### D1.5.1
#### Allgemeines

Bei der Luftheizung mit indirekter Lufterwärmung wird die Luft in Wärmeaustauschern (Rippenrohren, Konvektoren u.ä.) erwärmt und dann direkt oder über Kanäle den Räumen zugeführt. Im Unterschied zur Ofen-Luftheizung (Kap. D1.3.4) mit in einem Gerät zusammengefasster Wärmeübergabe und Wärmeerzeugung (durch eine Feuerung oder elektrisch) ist bei ihr ein Wärmeverteilsystem zwischen den Übergabe- und Erzeugungsbereich geschaltet. Je nach Anordnung und Aufteilung der Wärmeaustauscher gibt es Anlagen mit zentraler oder dezentraler Lufterwärmung. Man unterscheidet die Anlagen

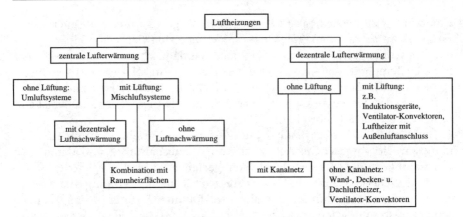

**Bild D1.5-1** Kombinationsmöglichkeiten von Lufterwärmung und Lüftung bei Luftheizungen

auch dadurch, dass die einen die Räume nur erwärmen, die anderen sie zusätzlich belüften (Außenluftzufuhr). Eine Übersicht über die verschiedenen Ausführungen von Luftheizanlagen gibt Bild D1.5-1.

Durch die indirekte Lufterwärmung ist der Gestaltungsspielraum gegenüber der Ofen-Luftheizung beträchtlich erweitert:

- Auch bei größeren Gebäuden genügt ein Wärmeerzeuger (bessere Auslastung, höhere Nutzungsgrade).
- Der Aufwand an Luftkanälen kann gesenkt werden (Platzersparnis, bessere Reinigungsmöglichkeiten).
- Eine raumweise Regelung der Heizung wird erleichtert (insbesondere bei dezentralen Anlagen).
- Die Lufterwärmer lassen sich auf die Bedürfnisse der Raumnutzung abstimmen.
- Eine einfache Umstellung bestehender Anlagen auf weiterentwickelte Wärmeerzeugungsanlagen ist möglich (Einsatz von Fernwärme, Wärmepumpen, Solarenergie).

Die erweiterten Gestaltungsmöglichkeiten werden allerdings mit einem erhöhten Preis (eher teurer als Warmwasserheizung), einer Vielzahl von Wartungsstellen oder zusätzlichen Geräuschquellen im Raum erkauft.

Für eine Luftheizung mit indirekter Lufterwärmung kommt nur eine maschinelle Luftförderung in Frage. Dies gilt sowohl für die zentrale Ausführung mit einem außerhalb des Raums angeordneten Lufterhitzer, Luftkanälen und Luftdurchlässen wie für die dezentrale z.B. mit Ventilatorkonvektoren im Raum oder mit Luftheizern in einer Halle. Beide Systeme besitzen gegenüber einer Warmwasserheizung mit Raumheizflächen den Nachteil der Geräuschbelästigung und, dass mit ihnen Behaglichkeitsdefizite durch Abstrahlung an kältere Außenflächen nicht ausgeglichen werden können. Dem erhöhten Einsatz von Heizenergie zum Ausgleich dieses Mangels durch Anheben der Raumlufttemperaturen steht die gute Anpassungsfähigkeit an den Heizlastgang und der damit verbundene kleinere Energieaufwand gegenüber.

### D1.5.2
#### Zentrale Luftheizung

Luftheizungen mit zentral angeordnetem Lufterwärmer können sowohl als Umluftanlagen als auch – mit der Lüftung kombiniert – als Mischluftanlagen ausgeführt sein. Im Unterschied zu den in Bd. 2 behandelten raumlufttechnischen Anlagen, zu denen Luftheizungen im Prinzip auch zählen, haben sie nicht die Aufgabe, nennenswerte Stofflasten – über den in Wohnungen auftretenden Umfang hinaus – abzuführen.

Bei Umluftanlagen besteht der Nachteil, dass die Abluft aus Nassräumen (Küche, Bad und Toilette) in Aufenthaltsräume gelangen kann. Um dies zu vermeiden, sollten Nassräume mit einer maschinellen Fortluftanlage ausgestattet sein; die Außenluft strömt hierbei durch Undichtigkeiten und Fenster zu.

Bei Mischluftanlagen wird ein Teil der Umluft mit Außenluft vermischt und nach dem Filtern und Erwärmen wiederum den Räumen zugeführt. Die Fortluft wird über die Nassräume abgesaugt. Innenliegende Nassräume (ohne Transmissionsheizlast) benötigen keine erwärmte Zuluft. Sie erhalten statt dessen Abluft benachbarter Räume über Überströmöffnungen in den Türen. Dadurch ist allerdings in diesen Räumen die Lufttemperatur genauso hoch oder gar niedriger (Trocknungsvorgänge) wie in den übrigen. Gegebenenfalls ist deshalb z. B. eine elektrische Zusatzheizung erforderlich. Da die Außenluft bei Mischluftanlagen durch einen Kanal angesaugt wird, kann sie durch einen Wärmerückgewinner vorgewärmt werden. Ein Schaltschema für eine Mischluftanlage mit getrennter Abluftführung aus den Nassräumen zeigt Bild D1.5-2. Mischluftanlagen können

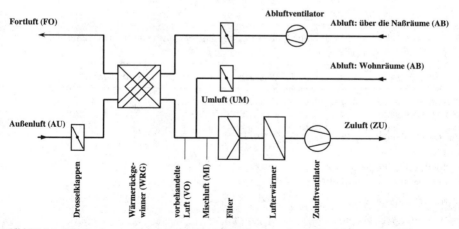

**Bild D1.5-2** Schaltschema einer Mischluftanlage mit getrennter Abluftführung aus den Nassräumen ($\dot{m}_{FO} = \dot{m}_{AU}$)

auch mit Raumheizflächen kombiniert werden. Die Luftheizung deckt dabei nur noch den zeitlich veränderlichen Anteil der Heizlast.

Die Komponenten in den Zentralgeräten von Warmluftheizungen wie Lufterwärmer, Luftfilter, Wärmerückgewinner, Ventilatoren sowie Schalldämpfer sind in Bd. 2 behandelt.

Dem Druckabfall bei Luftheizungen ist im Vergleich mit Raumheizflächen-Systemen ein besonderes Augenmerk zu schenken. Wie die Tabelle D1.5-1 zeigt, ist der Leistungsaufwand und damit der Energieaufwand für die Förderung der Luft etwa zehnmal höher als bei der Wärmeverteilung mit Wasser. Der Beispielrechnung liegen zwei Gleichungen zur Bestimmung des Wasser- oder Luftstroms $\dot{m}$ und der Antriebsleistung $P$ zu Grunde. Ausgegangen wird von einer einheitlichen Heizleistung $\dot{Q}$ und den unterschiedlichen Werten für die Spreizung $\sigma$, die spezifische Wärmekapazität $c$, die Dichte $\rho$, die Totaldruckerhöhung $\Delta p$ und den Gesamtwirkungsgrad $\eta$.

$$\dot{m} = \frac{\dot{Q}}{\sigma c} \qquad\qquad\qquad (D1.4\text{-}6)$$

Werden im Falle der Wasserheizung neben $\dot{Q} = 20\,\text{kW}$ für die Spreizung $\sigma = 15\,\text{K}$ und für die spez. Wärmekapazität $c = 4{,}18\,\text{kJ/(kg K)}$ eingesetzt, ist ein Wasserstrom von 0,318 kg/s zu errechnen, bei der Luft mit 20 K und 1,007 kJ/(kg K) ein Luftstrom von 0,990 kg/s.

Für die Antriebsleistung gilt folgende Gleichung:

$$P = \frac{\dot{m}\,\Delta p_t}{\rho\,\eta_{ges}} \qquad\qquad\qquad (D1.4\text{-}7)$$

Die einzusetzenden Werte sind in der nachstehenden Tabelle zusammengestellt. Der größte Unterschied zwischen Wasser und Luft besteht bei den Dichten mit 983 kg/m$^3$ und 1,2 kg/m$^3$. Die Antriebsleistung des Pumpenmotors ist:

**Tabelle D1.5-1** Vergleich der Förderleistung bei Luftheizung und Warmwasserheizung für 20 kW Heizleistung (Beispiel).

| Heizung mit: | Wasser | Luft (Umluft) |
|---|---|---|
| Temperaturen bei Auslegungsbedingungen | $\vartheta_V = 65\,°\text{C}$ <br> $\vartheta_R = 50\,°\text{C}$ | $\vartheta_{ZU} = 40\,°\text{C}$ <br> $\vartheta_{AB} = \vartheta_{RA} = 20\,°\text{C}$ |
| Wasserstrom, Luftstrom | 0,318 kg/s <br> 0,00032 m$^3$/s | 0,990 kg/s <br> 0,861 m$^3$/s |
| Totaldruckerhöhung durch die Pumpe bzw. den Ventilator | 15 kPa | 0,2 kPa |
| theoretische Leistung | 5 W | 172 W |
| Wirkungsgrad (gesamt) | $\eta_{Pumpe} = 0{,}1$ | $\eta_{Ventilator} = 0{,}25$ |
| Antriebsleistung des Motors | 50 W | 690 W |

$$P = \frac{0,318 kg/s \times 15000 Pa}{983 kg/m^3 \times 0,1} \approx 50W$$

und beim Ventilatorantrieb:

$$P = \frac{0,990 kg/s \times 200 Pa}{1,2 kg/m^3 \times 0,25} \approx 690W$$

### D1.5.3
#### *Dezentrale Luftheizung (Raum-Luftheizgeräte)*

Die Geräte für dezentrale Luftheizung („Raumluftheizgeräte") besitzen immer einen Lufterwärmer und einen Ventilator. Zusätzlich können Filter eingebaut sein.

In der einfachen Ausführung arbeiten sie nur im Umluftbetrieb, sie kommen daher häufig mit einem Axialventilator aus. Bei Außenanschluss ist auch ein Außen- oder Mischluftbetrieb möglich. Größere Geräte besitzen zusätzlich einen Abluftventilator (größer als 2000 m³/h); meistens ist dann auch ein Wärmerückgewinner eingebaut (s. Bild D1.5-3). Vorteilhaft ist die einfache und billige Regelmöglichkeit über Ein- und Ausschaltung oder über polumschaltbare Motoren durch Raumthermostate.

**Bild D1.5-3** Schematische Darstellung eines dezentralen Luftheizungssystem mit Wärmerückgewinner (Plattenwärmeaustauscher)

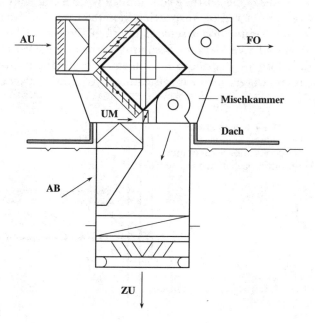

Für den Einbau bei untergehängten Decken oder aufgeständerten Böden gibt es besonders flache Konstruktionen (s. Bild D1.5-4). Im Normalfall aber werden die Geräte frei angeordnet. Man unterscheidet je nach Anbringungsort und Einsatzgebiet:

- Wandluftheizer (s. Bild D1.5-5 unten),
- Deckenluftheizer (s. Bild D1.5 -3 und -5 oben), beides für Industriehallen,
- Heiztruhe (s. Bild D1.5-6), auch Ventilatorkonvektor oder Raumluftheizer genannt, für Komfortbereiche

Wandluftheizer können auch an Säulen angebracht sein; ist Außenluftbetrieb gewünscht, müssen sie über einen kurzen Luftkanal z.B. vom Dach her versorgt werden.

Deckenluftheizer sind entweder unterhalb der Decke aufgehängt (Bild D1.5-5) oder in das Dach eingesetzt (Bild D1.5-3). Sie können auch vor einer Toröffnung zur Erzeugung eines Luftschleiers verwendet werden (Bild D1.5-5); dann sind mehrere Geräte dicht nebeneinander angeordnet.

Heiztruhen (Ventilatorkonvektoren, Bild D1.5-6) sind ähnlich flach konstruiert wie die Geräte für den Decken- oder Bodeneinbau. Sie besitzen daher meist einen Querstromventilator.

Für die Wärmeabgabe und die Auslegung der Luftheizgeräte gilt dasselbe wie für die Luftheizung allgemein. Die Wärme wird immer konvektiv abgegeben. Dadurch lässt sich ein Strahlungsausgleich von kalten Raumumfassungsflächen nicht erzielen – es sei denn, sie werden direkt angeblasen; dagegen können starke konvektive Störungen – z.B. in einer Toreinfahrt – gemindert werden. Für die Auslegungsleistung soll, ähnlich wie bei den Raumheizflächen, kein Gleichzeitigkeitsgrad in Anspruch genommen werden. Weiterhin darf die Heizmitteltemperatur höher sein als die für Raumheizflächen vorgegebenen 70 °C, da wegen der Verkleidung des Lufterwärmers keine Verletzungsgefahr besteht und die Komfortansprüche im Allgemeinen niedriger anzusetzen sind. Insgesamt ist, im Unterschied zur Auslegung von Raumheizflächen, die Wahl der Heizmit-

**Bild D1.5-4** Schematische Darstellung eines Flachluftheizgeräts im Zwischenraum bei einer abgehängten Decke

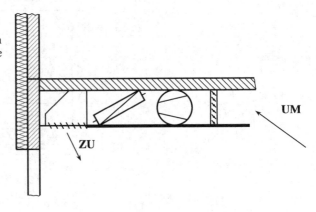

**Bild D1.5-5** Prinzipielle Darstellung eines Wandluftheizers (unten) und eines Deckenluftheizers (oben) für Industriehallen

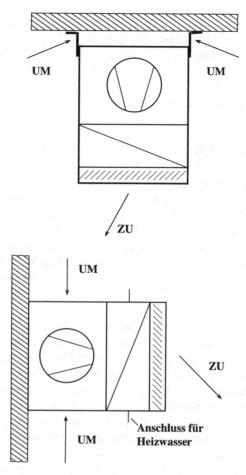

**Bild D1.5-6** Schematische Darstellung einer Luftheiztruhe

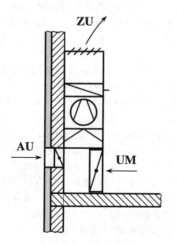

teltemperatur unabhängig von Behaglichkeitserwägungen. Begrenzend wirken sich in diesem Zusammenhang lediglich die mit der Heizmitteltemperatur steigenden Verluste der Wärmeverteilung aus.

## D1.6
## Raumheizflächen bei Zentralheizung

### D1.6.1
### *Allgemeines*

Je nach Anordnungsweise und damit Gestaltungsfreiraum für eine Nutzenübergabe, wie sie in Teil B und Kap D1.1 definiert ist, sind drei Arten von Raumheizflächen bei einer Zentralheizung zu unterscheiden:
1. **integrierte Raumheizflächen.** Hier sind die Heizflächen in Bauteile – Boden, Wand oder Decke – integriert. Allein durch diesen Einbau in eine Umfassungsfläche ist die Strahlungsrichtung festgelegt und damit der Gestaltungsfreiraum sowie die Einflussmöglichkeit auf Luftströmungen im Raum eingeengt. Nur bei der Wandheizung ist ein geringer Einfluss auf Konvektionsströme im Raum möglich.
2. **Deckenstrahlplatten.** Sie gehören zu den „freien Heizflächen", weil sie je nach Nutzungsbedingungen im Raum im dazu passenden Abstand von der Decke aufgehängt werden können. Mit ihnen lassen sich **gezielt** bestimmte Raumbereiche durch Strahlung erwärmen; eine Beeinflussung der Luftströmung im Aufenthaltsbereich ist aber auch mit ihnen nicht möglich. Konvektiv oberhalb des Aufenthaltsbereiches (s. Bild A-2) abgegebene Wärme muss als überhöhter Aufwand gerechnet werden (siehe auch Kap D1.6-3).
3. **Raumheizkörper.** Für sie wurde der Begriff „freie Heizflächen" geprägt [A-1]. Denn sie lassen sich überall anordnen, wo es zweckmäßig erscheint oder in gewünschter Weise Einfluss auf die Strahlungsbedingungen oder Luftströmungen genommen werden kann. Sie können darüber hinaus Zusatznutzen bieten oder für ästhetische Wirkungen eingesetzt werden. Dadurch ist bei ihnen grundsätzlich der Gestaltungsspielraum am größten.

Bei den „integrierten Heizflächen" (1.) kommt ausschließlich Wasser als Heizmittel in Frage, da hier Temperaturen deutlich unter 50 °C zum Heizen ausreichen, d.h. bestimmte Grenztemperaturen nicht überschritten werden dürfen. Bei den „freien Heizflächen" (2. und 3.) lässt sich grundsätzlich auch Dampf oder Heißöl als Heizmittel einsetzen, sofern Sicherheitsbedingungen eingehalten und bei Dampf durch Wahl geeigneter Werkstoffe Korrosionsprobleme nicht zu erwarten sind. Von der Temperaturbegrenzung her gibt es bei den Deckenstrahlplatten am wenigsten Einschränkungen. Von allen Raumheizflächen sind die integrierten (1.) in ihrer Wärmeabgabe am weitaus stärksten von den thermischen Umgebungsbedingungen abhängig, weil ihre Temperaturdifferenz zu den umgebenden Oberflächen und der Luft am kleinsten ist. Der Unterschied zwischen der genormten und der realen Wärmeabgabe wird daher besonders behandelt.

## D1.6.2
### *Integrierte Heizflächen*

**Allgemeines**

Als „integrierte Heizflächen" sind Fußboden-, Wand- und Deckenheizungen zu verstehen. Die häufig gebrauchte Bezeichnung „Flächenheizung" erscheint als nicht geeignet, da hierunter auch Deckenstrahlplatten (s. Kap. D1.6.3) oder Plattenheizkörper (s. Kap. D1.6.4), die zu den „freien Heizflächen" zählen, als ebenfalls flächig gestaltete Wärmeübertragungselemente verstanden werden können. Integrierte Heizflächen sind hingegen Teil einer Umfassungsfläche. Die Verschiedenheit der Systeme drückt sich daher nicht wie bei den Raumheizkörpern in einer unterschiedlich gestalteten Oberfläche aus, sondern nach der Art der Verlegung und Einbettung der Rohre oder sonstigen wasserführenden Elemente in Boden, Wand oder Decke.

Alle integrierten Raumheizflächen bieten die Möglichkeit, einen Raum nach außen oder gegen einen unbeheizten Raum thermisch abzuschirmen, indem sie in der entsprechenden Umfassungsfläche angeordnet und etwa auf Rauminnentemperatur gehalten werden (siehe D1.2.1). Sie heben dann an dieser Stelle die Transmissionsheizlast des Raumes auf (dies ist bei ihrer Auslegung zu berücksichtigen). Mit einer höheren Heizmitteltemperatur können sie aber auch dazu beitragen, die Gesamtheitslast des betreffenden Raums teilweise oder ganz zu decken. Da eine Beheizung vom Boden her als wesentlich angenehmer empfunden wird als von der Decke (hier ist ein oberer Grenzwert der Einstrahlung zu beachten, siehe Bd. 1, Teil C2.6), hat die Bodenheizung von den integrierten Raumheizflächen die stärkste Verbreitung gefunden. Der Einbau von Wandheizungen ist wegen der möglichen Anordnung von Möbeln vor den Wänden in aller Regel problematisch. In ästhetischer Hinsicht unterscheiden sich die integrierten Raumheizflächen von den freien, dass sie überhaupt nicht in Erscheinung treten. Ein Zusatznutzen der Fußbodenheizung ist z. B. in Nassräumen mit einem beschleunigten Abtrocknen von Spritzwasser am Boden herzustellen.

## D1.6.2.1
### *Warmwasserfußbodenheizungen*

**Aufbau**

Bei der Warmwasser-Fußbodenheizung sind im Fußboden wasserdurchströmte Rohre oder andere Hohlprofile eingebettet. Es gibt vier grundsätzlich unterschiedliche Aufbauten (siehe Bild D1.6-1):
1. Die Rohre sind im Estrich eingebettet; sie können dabei auf der Dämmschicht aufliegen oder vom Estrich umschlossen sein (Bauarten A1, A2 und A3 nach DIN 18560 Teil 2 [D1.6-1]). Der Estrich wirkt wie eine Rippe für die Querwär-

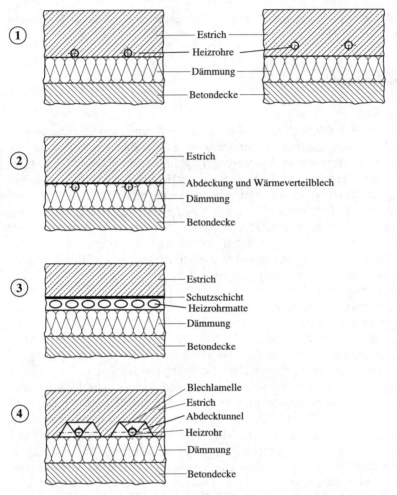

**Bild D1.6-1** Die vier grundsätzlich unterschiedlichen Aufbauten von Fußbodenheizungen

meleitung und Vergleichmäßigung der Temperatur auf der Bodenoberfläche. Die Dämmschicht unterhalb des Estrichs dient zugleich als Trittschall- und Wärmedämmung. Nach der Herstellungsweise spricht man beim Fall 1 auch von „Nassverlegung".

2. Die Heizrohre sind unterhalb der Lastverteilschicht in der Dämmschicht verlegt (Bauart B nach DIN 18560 Teil 2); die Wärmequerleitung wird durch ein Wärmeverteilblech erhöht. Bei dieser Bauart dominiert die „Trockenverlegung".

3. Flächig durchflossene flache Hohlprofile liegen unterhalb einer dünnen Schutzschicht, (z.B. Blech) auf einer Dämmschicht. Über der Schutzschicht sind beliebige Bodenaufbauten auch in Nassverlegung möglich.

4. Die Heizrohre werden auf einer Dämmschicht unter tunnelförmigen Abdeckungen verlegt; Blechlamellen sorgen für eine Wärmequerleitung.

Die Rohre sind aus Kunststoff, Kupfer, Weichstahl (Aluminium und Edelstahl sind auch zu finden). Werkstoffe bei Kunststoff sind vernetztes Polyäthylen, Polypropylen und Polybuten. Ein Teil der Kunststoffrohre ist auch mit einer besonderen Diffusionssperre gegen Sauerstoffdiffusion ausgerüstet. Allgemein gilt als Anforderung für den Rohrwerkstoff, dass er gegen Korrosion sowohl von außen wie von innen unempfindlich ist. Es wird die gleiche Lebensdauer wie für das Gebäude erwartet; ein vorzeitiger Ausbau und Austausch wäre nicht nur schwierig, sondern auch teuer. Die geforderte Dichtheit gegen Sauerstoffdiffusion dient dem Schutz der übrigen Heizanlage.

Weichstahlrohre werden generell mit Kunststoffschutzmantel verlegt. Es gibt auch Kunststoffrohre mit einer wärmedämmenden Ummantelung, allerdings hier zu dem Zweck, dass die Bodenheizung mit den gleichen Vorlauftemperaturen betrieben werden kann wie Raumheizkörper; die Bodenheizung ist dadurch einerseits kombinierbar mit Raumheizkörpern, andererseits in der Wärmeabgabe wesentlich unempfindlicher beim Einsatz unterschiedlicher Bodenbeläge. Das gleiche Argument gilt auch für den Bodenaufbau nach Fall 4. Eine Begründung hierfür wird im nachfolgenden Abschn. **Prüfung** mit der unterschiedlichen Steilheit der Leistung/Übertemperatur-Kennlinie gegeben.

Die unterschiedlichen Rohrverlegearten zeigt Bild D1.6-2. Die meisten Firmen bevorzugen eine ringförmige Verlegung (a), bei der mäanderförmigen Ver-

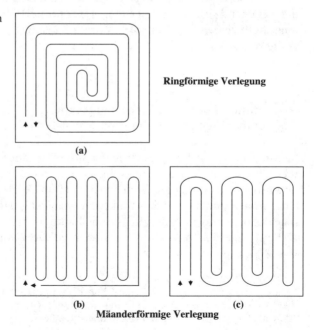

**Bild D1.6-2** Rohrverlegearten bei der Fußbodenheizung

Ringförmige Verlegung

(a)

(b)          (c)

Mäanderförmige Verlegung

legung (b) lässt sich gezielt ein Temperaturgefälle z. B. von außen nach innen im Raum herstellen. Mit beiden Verlegearten ist durch Nebeneinanderlegen von Vor- und Rücklauf eine Vergleichmäßigung der Bodenoberflächentemperatur zu erreichen (a) und (c). Die Rohre werden auf dem Untergrund entweder durch Kunststoffklipse oder ähnliches fixiert; sehr häufig werden sie auch in entsprechend profilierte Warmedämmplatten eingeklemmt.

In aller Regel sind Fußbodenheizungen heute geschoss- oder wohnungsweise an einen zentralen Verteiler im Gebäudeinnern angeschlossen; dort befinden sich auch die Armaturen für eine raumweise Regelung der Wärmeabgabe sowie für den Wasserstromabgleich und die Absperrung.

### Wärmeabgabe

Im Unterschied zu den Bedingungen bei freien Raumheizflächen steht für die Wärmeabgabe am Fußboden ein Temperaturabstand (zwischen Heizfläche und Umgebung) von in der Regel weniger als 10 K zur Verfügung; dort sind es meist mehr als 30 K. Selbst kleine Abweichungen bei den Temperaturen der Umfassungsflächen und in der Luft können daher die Wärmeabgabe stark beeinflussen. Hinzu kommt, dass die für die Konvektion am Boden maßgeblichen Luftströmungen in weiten Grenzen variieren. Wie in der Einführung bereits angemerkt, muss daher der Unterschied zwischen der genormten und der realen Wärmeabgabe besonders beachtet werden.

Wie bei allen integrierten Raumheizflächen dominiert die Wärmeabgabe durch Strahlung. Sie ist in dem engen Temperaturbereich von Fußboden – der nachfolgend im wesentlichen behandelt wird – und Umfassungsflächen genügend genau der Übertemperatur proportional. Mit dem Wärmeübergangskoeffizienten für Strahlung $\alpha_S$ (etwa 5,2 W/m²K, siehe Bd. 1, Gl. G1-21) gilt für die Wärmestromdichte durch Strahlung

$$\dot{q}_S = \alpha_S \left( \overline{\vartheta}_F - \overline{\vartheta}_{SU} \right) \tag{D1.6-1}$$

$\overline{\vartheta}_F$ mittlere Bodenoberflächentemperatur
$\overline{\vartheta}_{SU}$ mittlere Temperatur der Umfassungsfläche (Bd. 1, Gl. G1-46)

Die Konvektion wird im wesentlichen ausgelöst durch die Fallluftströmung an einer kälteren vertikalen Umfassungsfläche (in der Auslegesituation) [D1.6-2]. Die Auftriebsströmung am Boden selbst ist im Vergleich zur Fallluftströmung sehr schwach und kann daher praktisch vernachlässigt werden[10]. Wenn der mit einer Fußbodenheizung auszurüstende Raum mehr als eine kalte Wand besitzt, verstärkt sich die Konvektion; zusätzlich ist die Wandhöhe von Einfluss (vgl.

---

[10] Die Auftriebsströmung, auch Bénard-Konvektion genannt, würde z. B. im Falle, dass nur Wärmeverluste an der Decke auftreten, nach Bd. 1, Gleichung G1-108 einen konvektiven Wärmeübergangskoeffizienten von weniger als 0,05 W/(m²K) hervorrufen.

Bild D1.2-7). Unter Berücksichtigung auch der Raumlüftung gibt Schlapmann [D1.6-2] für den Wärmeübergangskoeffizienten durch Konvektion folgende Formel an:

$$\bar{\alpha}_K \approx 1,47 \left( \bar{\vartheta}_L - \bar{\vartheta}_{AW} \right)^{\frac{1}{3}} \qquad \text{(D1.6-2)}$$

$\bar{\alpha}_K$ mittlerer Wärmeübergangskoeffizient durch Konvektion in W/(m²K)
$\bar{\vartheta}_L$ mittlere Lufttemperatur im Raum
$\bar{\vartheta}_{AW}$ mittlere Oberflächentemperatur einer kalten vertikalen Umfassungsfläche

Maßgeblich für die Bodenströmung und damit den Wärmeübergangskoeffizienten ist also die mittlere Untertemperatur einer Außenwand oder Fensterfläche (Bezeichnungen und Vorgänge s. Bild D1.6-3). Am Boden bildet sich eine Strömungs- und Temperaturgrenzschicht aus; sie hat eine Untertemperatur $\Delta\vartheta_{K,P}$ Nach Schlapmann ist sie etwa proportional der Untertemperatur der Außenwand

$$\Delta\vartheta_{K,F} \approx -0,13 \left( \bar{\vartheta}_L - \bar{\vartheta}_{AW} \right) \qquad \text{(D1.6-3)}$$

$\vartheta_{K,F}$ Temperatur der Bodengrenzschicht, $\vartheta_{K,F} = \bar{\vartheta}_L + \Delta\vartheta_{K,F}$

Daraus errechnet sich die konvektive Wärmestromdichte:

$$\dot{q}_K = \bar{\alpha}_K \left( \bar{\vartheta}_F - \bar{\vartheta}_L - \Delta\vartheta_{K,F} \right) \qquad \text{(D1.6-4)}$$

Im Auslegungsfall besitzt die kalte Umfassungsfläche eine bestimmte Untertemperatur $\bar{\vartheta}_L - \bar{\vartheta}_{AW}$ (siehe Bild D1.2-4). Somit bestehen konstante

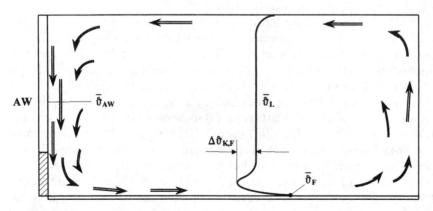

**Bild D1.6-3** Strömung und Temperaturen der Luft in einem Raum mit einer Außenwand und Fußbodenheizung

Bedingungen sowohl für den Konvektions-Wärmeübergangskoeffizienten wie auch für die Untertemperatur in der Strömungsgrenzschicht am Boden. Man erhält daraus eine **Auslegungs-Wärmestromdichte**, die linear von der Übertemperatur des Bodens abhängig ist:

$$\dot{q} = \dot{q}_S + \dot{q}_K = f_1\left(\overline{\vartheta}_F - \overline{\vartheta}_L\right) + f_2 \qquad\qquad (D1.6\text{-}5)$$

Hierin sind:

$$f_1 = \alpha_S + \overline{\alpha}_K$$
$$f_2 = -\alpha_S\,\Delta\vartheta_{SU} - \overline{\alpha}_K\,\Delta\vartheta_{K,F}$$

mit

$$\overline{\vartheta}_{SU} = \overline{\vartheta}_L + \Delta\vartheta_{SU}$$

Unter der Annahme, dass die Rauminnentemperatur $\vartheta_i$ um einen etwa konstanten Betrag von der Lufttemperatur abweicht: $\vartheta_i = \overline{\vartheta}_L + \Delta\vartheta_i$, lässt sich Gleichung D1.6-5 umformen zu

$$\dot{q} = f_1\left(\overline{\vartheta}_F - \overline{\vartheta}_i\right) + f_3 \qquad\qquad (D1.6\text{-}6)$$

mit

$$f_3 = \left(\alpha_s + \overline{\alpha}_K\right)\Delta\vartheta_i - \alpha_S\,\Delta\vartheta_{SU} - \overline{\alpha}_K\,\Delta\vartheta_{K,F}$$

Die lineare Funktion D1.6-6 ist die für die jeweiligen Auslegungsbedingungen geltende *Auslegungskennlinie*. Die Konstanz der Faktoren $f_1$ und $f_3$ besteht nur in einem begrenzten Übertemperaturbereich $\overline{\vartheta}_F - \vartheta_i$, da die Fußbodentemperatur ja auch $\Delta\vartheta_i$ und $\Delta\vartheta_{SU}$ beeinflusst.

In Bild D1.6-4 sind drei verschiedene Auslegungskennlinien als Beispiele eingetragen. Die Daten zu den gewählten Auslegungsbedingungen sind in Tabelle D1.6-1 zusammengestellt. In dem betrachteten Raum wird die jeweils eine kalte Umfassungsfläche variiert: im Fall (1) habe sie eine Temperatur von $\overline{\vartheta}_{AW} = 13\,°C$, im Fall (2) von $\overline{\vartheta}_{AW} = 17\,°C$ und im Fall (3) liegt im Unterschied zu (1) und (2) eine horizontale Fläche vor, die Decke, mit einer Temperatur von $\overline{\vartheta}_D = 13\,°C$ (eine Infiltration kalter Außenluft sei bei (3) nicht gegeben). Die Zuordnung der Flächen am Boden beschreiben die Einstrahlzahlen $\Phi_{F,AW} = 0{,}14$, $\Phi_{F,D} = 0{,}38$ und $\Phi_{F,IW} = 0{,}48$. Die Innenwände haben eine einheitliche Temperatur (vereinfachende Annahme für das Beispiel). Die drei gezeigten Auslegungskennlinien unterscheiden sich deutlich, vor allem in der Steigung: je günstiger die Wärmeabgabebedingungen sind, um so höher muss die Übertemperatur $\overline{\vartheta}_F - \vartheta_i$ sein. Offenbar gibt es auch keine „Einheitsauslegungskennlinie" wie häufig falsch aus der in DIN EN 1264 [D1.6-3] angegebenen sog. „Basiskennlinie" geschlossen wird.

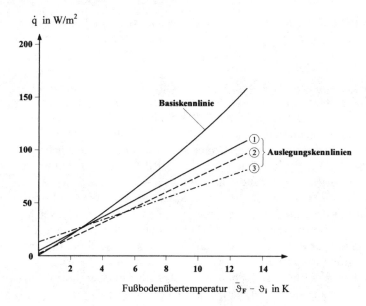

**Bild D1.6-4** Drei verschiedene Auslegungskennlinien (gem. Gl.D1.6-5) als Beispiele nach Tabelle D1.6-1

**Tabelle D1.6-1** In drei Beispielen variierte Thermische Umgebung für einen beheizten Fußboden; die Koeffizienten $f_1$ und $f_3$ gehören zu Gleichung D1.6-6.

| Größe | $\overline{\vartheta}_L$ | $\overline{\vartheta}_{AW}$ | $\overline{\vartheta}_D$ | $\overline{\vartheta}_{IW}$ | $\overline{\vartheta}_{SU}$ | $\Delta\vartheta_{SU}$ | $\Delta\vartheta_i$ | $\Delta\vartheta_{K,F}$ | $f_1$ | $f_3$ |
|---|---|---|---|---|---|---|---|---|---|---|
| Einheit | °C | °C | °C | °C | °C | K | K | K | $\dfrac{W}{m^2K}$ | $\dfrac{W}{m^2K}$ |
| Fall 1 | 20 | 13 | 24 | 21 | 21 | 1 | 1 | –0,9 | 8,0 | 5,0 |
| Fall 2 | 20 | 17 | 24 | 21 | 21,6 | 1,6 | 1,3 | –0,4 | 7,3 | 2,0 |
| Fall 3 | 20 | 20 | 13 | 20 | 17,4 | –2,6 | 0 | 0 | 5,2 | 13,5 |

Diese stellt eigentlich nur die vereinbarte Basissituation für die Wärmeabgabe bei der wärmetechnischen Prüfung dar (siehe oben). Sie stützt sich auf Versuche von Konzelmann [D1.6-4] und ist genaugenommen eine Betriebskennlinie für einen speziellen Versuchsraum (mit wachsender Wärmestromdichte am Boden sinken die Temperaturen der Umfassungsflächen). Die Wärmestromdichte ist hier infolgedessen überproportional von der Übertemperatur abhängig und im Auslegungsbereich (bei $\overline{\vartheta}_F - \vartheta_i = 9\,K$) gegenüber Gleichung D1.6-6 überhöht (siehe Bild D1.6-4). Die Gleichung der „Basiskennlinie" lautet:

$$\dot{q} = 8,92\left(\overline{\vartheta}_F - \vartheta_i\right)^{1,1}$$

(D1.6-7)

Bei der Übertemperatur $(\overline{\vartheta}_F - \vartheta_i) = 9\,\mathrm{K}$ ist die Wärmestromdichte exakt $\dot{q} = 100\,\mathrm{W/m^2}$.

## Prüfung

Ziel einer Prüfung ist, die systembedingten wärmetechnischen Eigenschaften unterschiedlicher Fußbodenheizungen festzustellen. Unterschiede entstehen durch die Art der Rohrverlegung, des Fußbodenaufbaus und der verwendeten Materialien. Die wärmeübertragende Fläche ist bei allen Systemen einheitlich die ebene Fußbodenoberfläche. Daher sind für die Wärmeabgabe der Fußbodenheizung in den zugehörigen Raum die mittlere Oberflächentemperatur des Bodens und die thermische Umgebung maßgeblich: Bei gegebener mittlerer Oberflächentemperatur des Fußbodens hat ein spezieller Fußbodenaufbau keinen Einfluss auf die Wärmeleistung, wohl aber darauf, mit welcher Heizmitteltemperatur die zur gewünschten Wärmeabgabe erforderliche mittlere Oberflächentemperatur erreicht werden kann. Genau dies wird bei der wärmetechnischen Prüfung festgestellt.

Im Unterschied zu den freien Heizflächen (Deckenstrahlplatten und Raumheizkörper) werden Fußbodenheizungen, abgesehen von der Herstellung der erforderlichen Rohre oder wasserführenden Hohlprofile, handwerklich einzeln gefertigt; dies gilt sowohl für die Rohrverlegung wie für den Bodenaufbau. Wegen der damit verbundenen fertigungsbedingten Unterschiede bei den ausgeführten Produkten wäre die experimentelle Prüfung von Prototypen im Labor im Hinblick auf eine Reproduzierbarkeit mit erheblichen Unsicherheiten verbunden. Aus diesem Grund werden Warmwasser-Fußbodenheizungen im Regelfall rechnerisch nach Zeichnungsunterlagen geprüft (DIN EN 1264 Teil 2 [D1.6-5]). Durch Norm sind die Verfahren und Bedingungen festgelegt, nach denen die Wärmestromdichte $\dot{q}$ von Warmwasserfußbodenheizungen in Abhängigkeit von der Heizmittelübertemperatur $\Delta\vartheta_H$ bei üblichen Konstruktionen berechnet werden kann. Der Rechengang und die zugehörigen Rechenwerttabellen entstammen einer Arbeit von Kast, Klan und Bohle [D1.6-6]. Bei Sonderkonstruktionen sind die zusätzlichen Einflussfaktoren experimentell zu ermitteln und in die Berechnung einzuführen.

Als Prüfergebnisse werden Kennlinienfelder angegeben, die den Zusammenhang zwischen der Wärmestromdichte $\dot{q}$ und der erforderlichen Heizmittelübertemperatur $\Delta\vartheta_H$ bei verschiedenen Bodenbelägen und Rohrteilungen oder anderen maßgeblichen Einflussgrößen darstellen (siehe Bilder D1.6-5 und -6). Für die Wärmeabgabe von der Bodenoberfläche an den Raum ist einheitlich und systemunabhängig der lineare Zusammenhang zwischen der Wärmestromdichte $\dot{q}$ und der mittleren Oberflächenübertemperatur $\overline{\vartheta}_F - \vartheta_i$ festgelegt:

$$\dot{q} = \left( \frac{100\,\dfrac{W}{m^2}}{9\,K} \right) \left( \overline{\vartheta}_F - \vartheta_i \right) \tag{D1.6-8}$$

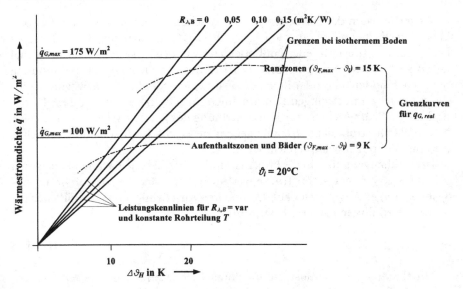

**Bild D1.6-5** Kennlinienfeld $q = K_H \Delta\vartheta_H$ mit eingezeichneten Grenzkurven $q_G = f(\Delta\vartheta_H)$ für ein Fußbodenheizsystem mit konstanter Rohrteilung $T$ (Beispiel, qualitativ); der Wärmeleitwiderstand des Bodenbelags zählt als Parameter. Zusätzlich ist die bei einem isothermen Boden mit $(\vartheta_{F,max} - \vartheta_i) = 9\,\mathrm{K}$ oder $15\,\mathrm{K}$ theoretisch zu erwartende Grenzwärmestromdichte $q_{G,max}$ eingetragen.

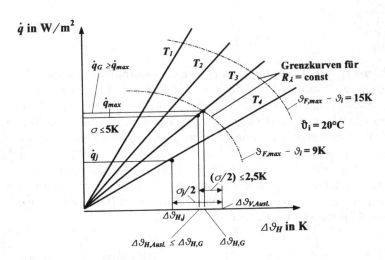

**Bild D1.6-6** Bestimmung der Auslegungsvorlauftemperatur für den „Leitraum" und der Spreizungen $\sigma_j$ für die übrigen Räume

Weiterhin ist in der Norm aus physiologischen Gründen eine maximale örtliche Oberflächentemperatur $\vartheta_{F,max} = 29\,°C$ (für Randzonen $35\,°C$[11]) verankert. Damit existiert für jedes Fußbodenheizsystem eine systemeigene maximal zulässige Wärmestromdichte, die Grenzwärmestromdichte $\dot{q}_G$. Die Verbindung der je nach Bodenbelag oder Rohrteilung unterschiedlichen Grenzwärmestromdichten bilden im jeweiligen Kennlinienfeld die Grenzkurven (s. Bilder D1.6-5 und -6). Im Prüfbericht ist zur Kennzeichnung des jeweiligen Systems auch eine Norm-Wärmestromdichte $\dot{q}_N$ anzugeben; sie ist die Grenzwärmestromdichte, die ohne Fußbodenbelag erreicht wird.

Der Rechengang für eine Prüfung ist unterschiedlich, je nachdem, ob es sich um ein Nassverlegesystem, Trockenverlegesystem oder flächig durchflossenes System handelt. Abgestimmt auf den linearen Ansatz mit Gl. D1.6-8 gilt auch für die $\Delta\vartheta_H$-Kennlinien nach Kast [D1.6-6]:

$$\dot{q} = K_H \, \Delta\vartheta_H \qquad \qquad (D1.6\text{-}9)$$

Mit einem in Simulationsrechnungen nach der Methode der finiten Elemente hergeleiteten Koeffizienten $K_H$

$$K_H = B\,\Pi_i \left( a_i^{m_i} \right) \qquad \qquad (D1.6\text{-}10)$$

Hierin ist $B$ ein systemabhängiger Koeffizient in $W/(m^2K)$ und $\Pi_i \, (a_i^{m_i})$ ein Potenzprodukt, das die Einflussgrößen des Fußbodenaufbaus miteinander verknüpft (näheres s. DIN EN 1264 Teil 2).

Für die Heizmittelübertemperatur ist einzusetzen

$$\Delta\vartheta_H = \frac{\vartheta_V - \vartheta_R}{\ln\dfrac{\vartheta_V - \vartheta_i}{\vartheta_R - \vartheta_i}} \qquad \qquad (D1.6\text{-}11)$$

Der Koeffizient $K_H$ und damit die Steigung der $\Delta\vartheta_H$-Kennlinie ist um so größer je schwächer die Dämmwirkung des Gesamtbodenaubaus zwischen dem wasserführenden Rohr und der Bodenoberfläche ist. Bei einer steilen Kennlinie bewirkt bereits eine kleine Veränderung der Wassertemperatur eine starke Veränderung der Wärmestromdichte: Bodenheizsysteme mit steiler Kennlinie sind besser regelbar als die mit flacher.

Andererseits aber sind sie empfindlicher gegenüber Unterschieden beim Bodenbelag, da dessen Dämmwert hier relativ hoch ist. Um die Unempfindlichkeit zu steigern, werden daher gezielt die Rohre z.B. in einem Hohlraum verlegt oder zusätzliche Dämmschichten angebracht.

---

[11] Die Randzone $A_R$ ist die mit einer höheren Temperatur heizende Fußbodenfläche, die sich im Allgemeinen vor Außenwänden in einer maximalen Breite von 1m befindet. Sie dient nicht dem Daueraufenthalt.

**Auslegung**

Die Bestimmung der Heizleistung und die Auslegung sind in DIN EN 1264 Teil 3 geregelt [D1.6-7]. Bei Fußbodenheizungen (und analog bei den anderen integrierten Heizflächen) ist als Besonderheit zu beachten, dass von der Normheizlast $\dot{Q}_N$ eine Teilheizlast (siehe D1.2.1), nämlich die Transmissionsheizlast des entsprechenden Fußbodenbereichs $A_F$ abzuziehen ist. Die Auslegungsheizlast ist hier:

$$\dot{Q}_N^* = \dot{Q}_N - A_F k_F \left( \vartheta_i - \vartheta_u \right) \tag{D1.6-12}$$

Darin ist $k_F$ der Wärmedurchgangskoeffizient des Bodens und $\vartheta_u$ die Temperatur im Raum unterhalb der mit Fußbodenheizung ausgerüsteten Decke (siehe Bild D1.6-7). Wird der Raum allein über den Boden beheizt und besteht kein Spielraum für eine Anhebung der Vorlauftemperatur über den Auslegungswert, dann ist nach Gleichung D1.2-1 im Einklang mit DIN 4701, Teil 3 [D1.2-1], die Auslegungswärmeleistung um einen Auslegungszuschlag x anzuheben:

$$\dot{Q}_H = \left( 1 + x \right) \dot{Q}_N^* \tag{D1.6-13}$$

Nur wenn der Abstand von der vorgeschriebenen maximalen Oberflächentemperatur bei der Auslegung groß genug gewählt und damit eine Erhöhung der Heizmitteltemperatur möglich ist, darf der Auslegungszuschlag auf $x = 0$ gesetzt werden. Für die Auslegung ist als Wärmestromdichte vorzusehen:

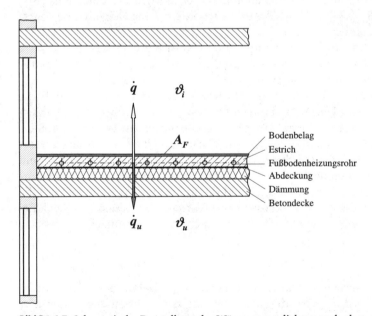

**Bild D1.6-7** Schematische Darstellung der Wärmestromdichten nach oben und unten

$$\dot{q}_{Ausl} = \frac{\dot{Q}_H}{A_F} \qquad\qquad (D1.6\text{-}14)$$

Diese Auslegungswärmestromdichte ist über die für die Auslegungsbedingungen gültige („reale") $\dot{q}, \Delta\vartheta_H$-Kennlinie einer Heizmittelübertemperatur $\Delta\vartheta_H$ zuzuordnen (s. Bild D1.6-6). Üblicherweise wird dazu unmittelbar eine aus der genormten Prüfung vorliegende $\dot{q}, \Delta\vartheta_H$-Kennlinie verwendet. Sie hat die Gültigkeit für die Normbedingung nach Gl. D1-6-8 mit dem Wärmeübergangswiderstand $R_{\alpha,N} = 9\,\mathrm{K}/100\mathrm{W}/\mathrm{m}^2$. Sollen nun die realen, für den jeweiligen Auslegungsfall gültigen, Wärmeübergangsbedingungen berücksichtigt werden, sind Auslegungskennlinien $\dot{q}, \Delta\vartheta_F$-Kennlinien wie in Bild D1.6-4 anzuwenden. Sie lassen sich durch Ursprungsgeraden annähern, die bei der Übertemperatur von 9 K die Wärmestromdichte $\dot{q}_9$ besitzen:

$$\dot{q} = \frac{1}{R_{\alpha,real}} \left( \vartheta_F - \vartheta_i \right) \qquad\qquad (D1.6\text{-}15)$$

Mit dem realen Wärmeübergangswiderstand $R_{\alpha,real} = 9\,\mathrm{K}/\dot{q}_9$. Er wirkt sich aus wie eine Veränderung beim Fußbodenbelag:

$$\Delta R_{\lambda,B} = R_{\alpha,real} - R_{\alpha,N} \qquad\qquad (D1.6\text{-}16)$$

Die „reale" $\Delta\vartheta_H$-Kennlinie ist z.B. mit dem Kennlinienfeld nach Bild D1.6-5 aus der „Norm"-Kennlinie abzuleiten, indem der tatsächliche Bodenbelagswiderstand um $\Delta R_{\lambda,B}$ verändert wird. Auf ihr ist die gesuchte Heizmittelübertemperatur $\Delta\vartheta_H$ abzulesen.

Die erforderliche Vorlaufübertemperatur $\Delta\vartheta_V$ ist etwas größer als $\Delta\vartheta_H$. Da üblicherweise die unterschiedlichen Räume einer Wohnung mit einer einheitlichen Vorlauftemperatur versorgt werden, wird zur Bestimmung der Auslegungs-Vorlauftemperatur der Raum mit der höchsten Auslegungswärmestromdichte $\dot{q}_{max}$ herangezogen („Leitraum"); die Bäder sind dabei ausgenommen. Vorausgesetzt werden darf, dass die mit einer Bodenheizung auszurüstenden Räume Bodenbeläge mit einem einheitlichen Wärmeleitwiderstand besitzen (laut Norm $R_{\lambda,B} = 0{,}1\,\mathrm{m}^2\,\mathrm{K}/\mathrm{W}$ bei Bädern $R_{\lambda,B} = 0$). Üblicherweise besteht bei dem vorgegebenen Fußbodenbelag nun die Auswahl zwischen mehreren Rohrteilungen. Es wird aus dem $\Delta\vartheta_H$-Kennlinienfeld die Rohrteilung gewählt, bei der die Auslegungsvorlauftemperatur gerade noch unterhalb der Grenzkurve liegt. Bei den meist gewählten kleinen Spreizungen (unter 5 K) gilt demnach

$$\Delta\vartheta_{V,Ausl} \leq \Delta\vartheta_{H,G} \qquad\qquad (D1.6\text{-}17)$$

Mit der zur Auslegungswärmestromdichte $\dot{q}_{max}$ gehörenden Heizmittelübertemperatur $\Delta\vartheta_{H,Ausl}$ ist die maximal zulässige Vorlaufübertemperatur dann:

$$\Delta\vartheta_{V,Ausl} = \Delta\vartheta_{H,Ausl} + \frac{\sigma}{2} \qquad\qquad (D1.6\text{-}18)$$

wenn $\sigma/\Delta\vartheta_H < 0,5$ mit der Spreizung $\sigma = \vartheta_V - \vartheta_R$.

Bei allen übrigen Räumen mit derselben Vorlauftemperatur, aber unterschiedlichen $\dot{q}_j$ und $\Delta\vartheta_{Hj}$ errechnet sich die Spreizung zu

$$\sigma_j = 2\left(\Delta\vartheta_{V,Ausl} - \Delta\vartheta_{H,j}\right) \qquad\qquad (D1.6\text{-}19)$$

Für den Fall, dass $\sigma/\Delta\vartheta_H > 0,5$, ist genauer mit der logarithmischen Temperaturdifferenz nach Gl. D1.6-11 zu rechnen:

$$\ln\frac{\Delta\vartheta_{V,Ausl}}{\Delta\vartheta_{V,Ausl} - \sigma} = \frac{\sigma}{\Delta\vartheta_H} \quad \text{oder} \quad \frac{\Delta\vartheta_{V,Ausl} - \sigma}{\Delta\vartheta_{V,Ausl}} = e^{\frac{-\sigma}{\Delta\vartheta_H}}$$

$$\Delta\vartheta_{V,Ausl} = -\Delta\vartheta_H\,\frac{-\dfrac{\sigma}{\Delta\vartheta_H}}{1-e^{-\frac{\sigma}{\Delta\vartheta_H}}} \approx \Delta\vartheta_H + \frac{\sigma}{2} + \frac{\sigma^2}{12\,\Delta\vartheta_H}\frac{\sigma}{\Delta\vartheta_H} \qquad (D1.6\text{-}20)$$

Wird die aus der Reihenentwicklung abgeleitete Näherung der Gl. D1.6-20 aufgelöst nach der Spreizung $\sigma$, erhält man für die übrigen Räume mit der gleichen Vorlauftemperatur, aber unterschiedlichen $\dot{q}_j$ und $\Delta\vartheta_{H,j}$:

$$\sigma_j = 3\Delta\vartheta_{H,j}\left[\sqrt{1 + \frac{4(\Delta\vartheta_{V,Ausl} - \Delta\vartheta_{H,j})}{3\,\Delta\vartheta_{H,j}}} - 1\right] \qquad (D1.6\text{-}21)$$

Ist mit der Wärmeleistung der Fußbodenheizung die Auslegungswärmeleistung $\dot{Q}_H$ nicht zu decken, sind Zusatzheizflächen vorzusehen.

Der erforderliche Heizmittelstrom $\dot{m}_H$ eines Heizkreises wird berechnet nach

$$\dot{m}_H = \frac{A_F\dot{q}}{\sigma c_w}\left(1 + \frac{\dot{q}_u}{\dot{q}}\right) \qquad\qquad (D1.6\text{-}22)$$

hierin gilt für die anteilige Wärmestromdichte nach unten in einem Raum mit der Temperatur $\vartheta_u$ näherungsweise[12]:

$$\frac{\dot{q}_u}{\dot{q}} = \frac{R_o}{R_u} + \frac{\vartheta_i - \vartheta_u}{q\,R_u} \qquad\qquad (D1.6\text{-}23)$$

---

[12] Wird die Wärmeleistung im Bodenaufbau vereinfacht als ebenes Problem angesehen (Bd. 1, Teil G1.3.7), gilt für den Wärmefluss nach oben: $\dot{q}\,R_o = \Delta\vartheta_m$ mit einer mittleren Übertemperatur der Heizschicht $\Delta\vartheta_m$. Und nach unten $\dot{q}_u\,R_u = \Delta\vartheta_m + \vartheta_i - \vartheta_u$
Die Differenz beider Gleichungen lautet $\dot{q}_u\,R_u - \dot{q}\,R_o = \vartheta_i - \vartheta_u$

Der Teilwärmedurchgangswiderstand nach oben $R_o$ erfasst die Wärmeleit- und Wärmeübergangswiderstände nach oben (s. Bild D1.6-7)

$$R_o = \frac{1}{\alpha} + R_{\lambda,B} + \frac{s_{\ddot{u}}}{\lambda_{\ddot{u}}} \qquad (D1.6\text{-}24)$$

Die Summe der Widerstände nach unten ist

$$R_u = R_{\lambda,D\ddot{a}} + R_{\lambda,Decke} + R_{\lambda,Putz} + R_{\alpha,Decke} \qquad (D1.6\text{-}25)$$

Für Fußbodenheizsysteme mit profilierten Wärmedämmplatten (s. Bild D1.6-8a) wird die wirksame Dämmschichtdicke $s_{D\ddot{a}}$ flächenanteilig gewichtet berechnet:

$$s_{D\ddot{a}} = \frac{1}{T}\left[ s_o\,(T-D) + s_u\,D \right] \qquad (D1.6\text{-}26)$$

Beim Betrieb von Fußbodenheizungen – also bei von der Auslegung abweichenden Vorlauftemperaturen und Heizmittelströmen – gilt folgender Zusammenhang (ausführliche Herleitung in Kap. D1.6-4):

$$\ln\left[ \frac{\Delta\vartheta_V}{\Delta\vartheta_V - \dfrac{\dot{q}}{\dot{q}_{Ausl}}\dfrac{\dot{m}_{Ausl}}{\dot{m}}\sigma_{Ausl}} \right] = \frac{\dot{m}_{Ausl}}{\dot{m}}\frac{\sigma_{Ausl}}{\Delta\vartheta_{H,Ausl}} \qquad (D1.6\text{-}27)$$

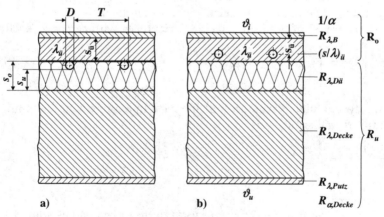

**Bild D1.6-8** Schematischer Aufbau einer Deckenkonstruktion mit Warmwasser-Fußbodenheizung für Fußbodenheizsystem mit a) profilierten Wärmedämmplatten (Trockenverlegung) und b) in Nassverlegung

oder

$$\frac{\dot{q}}{\dot{q}_{Ausl}} = \frac{\dot{m}}{\dot{m}_{Ausl}} \frac{\Delta\vartheta_V}{\sigma_{Ausl}} \left[ 1 - e^{-\frac{\dot{m}_{Ausl}}{\dot{m}} \frac{\sigma_{Ausl}}{\Delta\vartheta_{H,Ausl}}} \right]$$

(D1.6-28)

Im Unterschied zu den Formeln für den Heizkörperbetrieb gibt es hier keine Mischeffekte (b = 1) und auch keinen nennenswerten Einfluss der Übertemperatur $\Delta\vartheta_H$ auf den Wärmeübergang (n = 1).

**Beispiel**

Für das Wohnzimmer (40 m²) in einem komfortablen Einfamilienhaus wird beispielhaft eine Bodenheizung ausgelegt. Der Dämmstandard des Hauses entspricht der WärmeschutzV [C1-3]; die Fenster besitzen einen $k$-Wert von 1,1 W/m²K. Der Raum liegt über einem ungeheizten Keller (6 °C nach DIN 4701). Die Normheizlast des Raumes beträgt 2400 W. Die zunächst ohne Bodenheizung geplante Kellerdeckenkonstruktion besitzt einen Wärmeleitwiderstand $R_{\lambda B}$ = 0,783 m²K/W. Mit einem Wärmeübergangswiderstand $R_i$ = 0,17 m²/W am Boden und der Kellerdecke wird der Gesamtwiderstand $R_k$ = 1,123 m²K/W. Die (Transmissions-)Wärmestromdichte ist demnach $\dot{q}$ = (20-6) 1,123 m² K/W = 12,5 W/m² und damit die Bodentemperatur (ungeheizt) $\vartheta_F$ = 20 °C – 12,5 W/m² · 0,17 m²K/W = 17,9 °C.

Die Norm-Heizlast des bodenbeheizten Raumes $\dot{Q}_N^* = \dot{Q}_N - \dot{q} \cdot 40\,\text{m}^2$ = 1900 W. Unter den Fenstern mit $k$ = 1,1 W/m²K und einer Untertemperatur von 4,5 K sollen Heizkörper angebracht sein ($\dot{Q}_{HK}$ = 900 W). Die erforderliche Wärmestromdichte der Fußbodenheizung ist demnach $\dot{q}$ = 25 W/m². Das heißt, man kommt nach der „Norm"-$\Delta\vartheta_F$-Kennlinie

$$\dot{q} = \left(\frac{100}{9}\right) \frac{W}{m^2 K} \left(\bar{\vartheta}_F - \vartheta_i\right)$$

mit einer mittleren Übertemperatur von

$$\bar{\vartheta}_F - \vartheta_i = \frac{9}{4} K$$

aus. Die reale $\Delta\vartheta_F$-Kennlinie für die vorliegende Auslegungssituation nach Gl. D1.6-15 führt wegen der guten Gebäudedämmung in etwa zu der $\Delta\vartheta_F$-Kennlinie 2 in Bild D1.6-4 mit $R_{\lambda,real}$ = 9 K/69 W/m² = 0,130 m²K/W. In dem Auslegungsdiagramm aus der Normprüfung müsste daher ein fiktiver Zusatzbodenbelag mit $\Delta R_{\lambda B}$ = (0,130 – 0,09) m²K/W = 0,04 m²K/W nach Gl. D1.6-16 berücksichtigt werden, also bei dem gefliesten Boden bei $R_{\lambda B}$ = 0,05 m²K/W die Heizmittelübertemperatur abgelesen werden (siehe Bild D1.6-9). Man findet $\Delta\vartheta_H$ = 15 K. Die Grenzübertemperatur wird demnach bei weitem nicht erreicht. Als Spreizung werden hier $\sigma$ = 4 K vorgegeben. Die Vorlauftemperatur beträgt nach Gl.

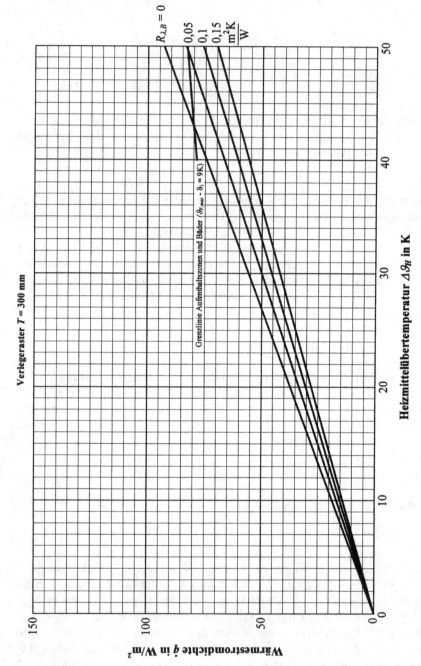

**Bild D1.6-9** Diagramm zur Ermittlung der Heizmittelübertemperatur $\Delta\vartheta_H$ in Abhängigkeit der Oberbeläge

D1.6-18 folglich $20\,°C + \Delta\vartheta_H + 2\,K = 37\,°C$. Der Anteil der Wärmestromdichte nach unten an der Wärmestromdichte nach oben $\dot{q}_u/\dot{q}$ ist mit einem Widerstandsverhältnis $R_o/R_u = 0{,}133/2{,}47$ nach Gl. D1.6-23 $\dot{q}_u/\dot{q} = 0{,}28$, also weit mehr als gemeinhin von der Prüfbedingung $\dot{q}_u/\dot{q} = 10\%$ abgeleitet wird; die niedrige Wärmestromdichte von $25\,W/m^2$ ist in diesem Beispiel die Ursache. Dennoch darf hier nicht voreilig von einem Verlust von 28% gesprochen werden. Ohne Bodenheizung hätte die Wärmestromdichte nach unten $12{,}5\,W/m^2$ betragen (s. oben). Mit der Bodenheizung ist eine bessere Dämmung eingebaut worden, so dass trotz erhöhter Temperatur in der Heizebene nur $\dot{q}_u = 7\,W/m^2$ in den Keller strömen. Die Differenz von $5{,}5\,W/m^2$ wäre bei einem Vergleich mit anderen Heizsystemen als Verlustminderung zu verrechnen.

### D1.6.2.2
### Wandheizung

Für die Wandheizung gelten die gleichen Gründe und Möglichkeiten ihres Einsatzes wie bei allen integrierten Heizflächen, insbesondere wie bei der Fußbodenheizung. Sie kann prinzipiell genauso aufgebaut sein wie die Fußbodenheizung (s. Bild D1.6-1), auch lassen sich dieselben Rohrmaterialen verwenden. Sofern die Wandheizung über eine Wandtemperierung hinaus zur Deckung der Heizlast herangezogen wird, ist ihre Einsatzmöglichkeit dadurch eingeschränkt, dass häufig die Wandflächen für das Aufstellen von Möbeln benötigt werden.

Für die Wärmeabgabe der Wandheizung ist zunächst festzuhalten, dass im Unterschied zur Fußboden- und Deckenheizung eine Behaglichkeitserfordernisse berücksichtigende Grenztemperatur nicht besteht (siehe Bd. 1, Bild C2-14). Prinzipiell gibt es hier die gleiche Freiheit bei der Wahl der Oberflächentemperaturen wie bei Raumheizkörpern. Niedrigen Temperaturen aber den Vorzug zu geben, möglichst unter $35\,°C$, ist insbesondere wegen der anordnungsbedingten Verluste nach außen oder in andere Räume anzustreben.

Es besteht noch ein weiterer Unterschied zur Fußboden- und Deckenheizung: Der konvektive Wärmeübergang ist bei ihr direkt von der Übertemperatur der Wandfläche gegenüber der Raumluft abhängig; sie bewirkt die Strömung an der Wand. Es gilt (zuerst mitgeteilt von Jakob [D1.6-8], später bestätigt von Kast [D1.6-9]):

$$\bar{\alpha}_K = 1{,}6\left(\bar{\vartheta}_W - \vartheta_L\right)^{\frac{1}{3}} \tag{D1.6-29}$$

mit $\alpha_K$ in $W/m^2K$. Die Folge davon ist, dass im Unterschied zur Fußboden- oder Deckenheizung die Wärmestromdichte nicht wie nach Formel D1.6-6 linear, sondern nach einer Potenzfunktion von der Übertemperatur abhängig ist.

$$\dot{q}_W \approx 7{,}4\left(\bar{\vartheta}_W - \vartheta_L\right)^{1{,}1} \tag{D1.6-30}$$

mit $\dot{q}_W$ in $W/m^2$.

Da wie bei der Bodenheizung auch, die verschiedenen Wandheizungssysteme die gleiche Heizfläche (Oberfläche) besitzen und auch gleich angeordnet sind, unterscheiden sich die Systeme darin, welche Heizmittelübertemperatur erforderlich ist, um eine bestimmte Wärmestromdichte zu erreichen. Der durch Prüfung festzustellende Zusammenhang zwischen Wärmestromdichte und Heizmittelübertemperatur ist daher wie bei der Fußbodenheizung auch, gemäß DIN EN 1264, Teil 2 [D1.6-5], nach einem Vorschlag von Kast, Klan und Rosenberg [D1.6-10] durch Rechnung festzustellen. Der Näherungsansatz ist der gleiche wie bei der Fußbodenheizung und man erhält wie auch dort lineare Kennlinien, analog zu Bild D1.6-5 und -6.

Und ebenfalls analog zur Fußbodenheizung lässt sich die Wärmestromdichte $\dot{q}_a$ nach außen oder in einen unbeheizten Nebenraum berechnen. Ausgehend vom Wärmedurchgangskoeffizienten $k$ der Wand ohne Wandheizsystem gilt hier mit den Bezeichnungen nach Bild D1.6-10

$$\frac{\dot{q}_a}{\dot{q}_W} = \frac{R_i}{\left(\dfrac{1}{k} - R_{a,i} + R_{\lambda,Dä}\right)} + \frac{\vartheta_i - \vartheta_a}{\left(\dfrac{1}{k} - R_{a,i} + R_{\lambda,Dä}\right)\dot{q}_W} \qquad \text{(D1.6-31)}$$

**Bild D1.6-10** Wärmeströme bei einer Wandheizung. Die Wand ohne Heizsystem und Innenputz besitzt einen Wärmedurchgangskoeffizienten $k$, für den der Norminnenwiderstand $R_{\alpha,i} = 0{,}13\,\text{m}^2\text{K/W}$ gilt.

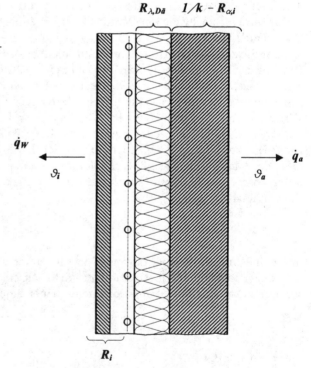

Da aber vor allem interessiert, ob gegenüber der Situation ohne Wandheizung mit $q_a^* = k \, (\vartheta_i - \vartheta_a)$ eine Verschlechterung im Wärmeschutz eingetreten ist, wird die Gleichung umgeformt zu:

$$\frac{\dot{q}_a}{\dot{q}_a^*} = \frac{R_i}{\left(\dfrac{1}{k} + R_{\lambda,D\ddot{a}} - R_{a,i}\right)} \frac{\dot{q}_W}{\dot{q}_a^*} + \frac{\dfrac{1}{k}}{\left(\dfrac{1}{k} + R_{\lambda,D\ddot{a}} - R_{a,i}\right)}$$

oder weiter zu

$$\frac{\dot{q}_W}{\dot{q}_a^*} = \frac{\dfrac{1}{k} + R_{\lambda,D\ddot{a}} - R_{\alpha,i}}{R_i} \frac{\dot{q}_a}{\dot{q}_a^*} - \frac{1}{kR_i} \qquad\qquad (D1.6\text{-}32)$$

oder

$$\frac{\dot{q}_W}{\dot{q}_a} = \frac{\dfrac{1}{k} + R_{\lambda,D\ddot{a}} - R_{\alpha,i}}{R_i} - \frac{1}{kR_i \dfrac{\dot{q}_a}{\dot{q}_a^*}} \qquad\qquad (D1.6\text{-}33)$$

Diese Gleichung ist in Bild D1.6-11 graphisch wiedergegeben. Auf der Ordinate ist das Wärmestromverhältnis $\dot{q}_W/\dot{q}_a$ aufgetragen und auf der Abszisse das Widerstandsverhältnis

$$\left(\frac{\dfrac{1}{k} + R_{\lambda,D\ddot{a}} - R_{a,i}}{R_i}\right)$$

Parameter ist der dimensionslose Ausdruck

$$\left(k \, R_i \, \frac{\dot{q}_a}{\dot{q}_a^*}\right)^{-1}$$

Der Wärmeleitwiderstand $R_{\lambda,D\ddot{a}}$ wird mit dem Wandheizsystem zusätzlich (gegenüber der Wand mit $k$) eingebracht; dies gilt auch für $R_i$ (siehe auch Bild D1.6-10). Für den Fall, dass nach innen keine Wärme übertragen wird, die Wand also nur die Transmissionsheizlast $q_a$ deckt, ist das Wärmestromverhältnis nach außen (aus Gl. D1.6-32)

$$\frac{\dot{q}_a}{\dot{q}_a^*} = \frac{\dfrac{1}{k}}{\dfrac{1}{k} + R_{\lambda,D\ddot{a}} - R_{\alpha,i}} \qquad\qquad (D1.6\text{-}34)$$

**Bild D1.6-11** Das Wärme-
stromverhältnis $q_W/q_a$ in
Abhängigkeit von dem
Widerstandsverhältnis $(1/$
$k + R_{\lambda,Dä} - R_{\alpha,i})/R_i$ und dem
Ausdruck $((q_a/q_a^*)kR_i)^{-1}$ als
Parameter

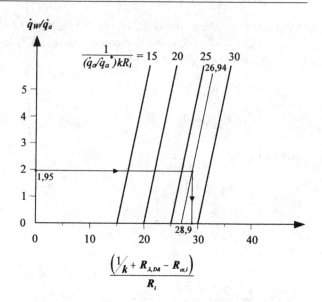

Der Widerstand $R_i$ spielt hier erwartungsgemäß keine Rolle. Wird der Wärmeleitwiderstand $R_{\lambda,Dä}$ über $R_{\alpha,i} = 0,13\,\mathrm{m^2K/W}$ angehoben, lässt sich die Transmissionsheizlast absenken.

**Beispiel**
Die Seiten-Außenwände ($k = 0,32\,\mathrm{W/m^2K}$) im Wohnzimmer eines Bungalows
haben im Auslegungsfall ($\vartheta_a = -12\,°\mathrm{C}$, $\vartheta_i = 20\,°\mathrm{C}$) eine Transmissionswärmestromdichte ist $\dot{q}_a^* = 10,24\,\mathrm{W/m^2}$ und somit eine Untertemperatur von $0,32 \cdot 32 \cdot$
$0,13 = 1,3\,\mathrm{K}$. Mit einer Wandheizung soll dieses geringe Behaglichkeitsdefizit
nicht nur beseitigt, sondern die innere Oberflächentemperatur der Außenwände um $2\,\mathrm{K}$ über $\vartheta_i$ angehoben werden. Nach Gleichung D1.6-30 ist die Wärmestromdichte $\dot{q}_W = 16\,\mathrm{W/m^2}$. Das in Aussicht genommene Wandheizsystem
besitzt ein $R_i = 0,145\,\mathrm{m^2K/W}$. Das Verhältnis $\dot{q}_a/\dot{q}_a^*$ soll auf 80% gedrückt werden. Gefragt ist nach dem erforderlichen Widerstand der Zusatzdämmung $R_{\lambda,Dä}$.
Der Parameter im Diagramm Bild D1.6-11 ist

$$\frac{1}{\left(\dfrac{\dot{q}_a}{\dot{q}_a^*} k\, Ri\right)} = 26,94$$

und der Ordinatenwert

$$\frac{\dot{q}_W}{\dot{q}_a} = \frac{\dot{q}_W}{\dot{q}_a^*}\frac{\dot{q}_a^*}{\dot{q}_a} = \frac{16}{10,24 \cdot 0,8} = 1,95$$

Aus dem Diagramm wird auf der Abszisse 28,9 abgelesen. Also muss der gesuchte Widerstand folgenden Wert annehmen:

$$\left( 28,9 \cdot 0,145 + 0,13 - \frac{1}{0,32} \right) \frac{m^2 K}{W} = R_{\lambda,D\ddot{a}} = 1,1955 \frac{m^2 K}{W}$$

Das entspricht bei PUR-Schaumstoff mit $\lambda = 0,035\,W/mK$ einer Dicke von 4 cm. Würde man auf eine Heizwirkung der Wand verzichten und trotzdem $\dot{q}_a/\dot{q}_a^* = 0,8$ anstreben, wäre aus Gl. 1.6-34

$$R_{\lambda,D\ddot{a}} = \frac{1}{k}\left( \frac{\dot{q}_a^*}{\dot{q}_a} - 1 \right) + R_{\lambda,i} = \left( \frac{0,25}{0,32} + 0,13 \right)\frac{m^2 K}{W} = 0,91\frac{m^2 K}{W}$$

abzuleiten, also eine Dämmschicht von 3,2 cm.

### D1.6.2.3
### Deckenheizung

Die Deckenheizung unterscheidet sich von den Deckenstrahlplatten (Kap. D1.6.3) dadurch, dass sie in die Decke integriert und vollflächig oder teilflächig angeordnet ist. Prinzipiell kann sie genauso aufgebaut sein wie die Fußbodenheizung (s. Bild D1.6-1). Da eine Deckenkonstruktion, im Unterschied zu einem Fußboden, keine Lasten zu tragen hat, ist die Deckenheizung meist in eine abgehängte Decke integriert (s. Bild D1.6-12). Sie wird überwiegend in Räumen mit Raumhöhen wie bei Wohnungen und Bürogebäuden eingesetzt. Zu beachten ist, dass die Oberflächentemperatur der Decke einen von den Einstrahlbedingungen abhängenden Grenzwert nicht überschreitet, da sonst durch überhöhte Wärmezustrahlung auf den Kopf einer Person im Raum eventuell Unbehaglichkeit erzeugt wird. Chrenko [D1.6-11] und Kollmar [D1.6-12] haben die Grenzbelastung untersucht und Regeln für ihre Berücksichtigung angegeben (s. Bild D1.6-13). Die Bestimmungsgleichung für die wärmephysiologisch zulässige Deckentemperatur lautet danach:

$$\vartheta_{D,Zul} = \left( 2 - \Phi \right)\left( 18°C + \frac{2K}{\Phi} \right) \tag{D1.6-35}$$

Die Einstrahlzahl $\Phi$ ist in Band 1, Teil G1.2.5 erläutert; sie lässt sich für den vorliegenden Fall aus Bild D1.6-13 ablesen. Nahezu dieselbe Aussage liefert auch Bild C2.14 in Band 1.

Für die Wärmeabgabe ist die Strahlung maßgebend. Die Konvektion an der Decke ist wegen der stabilen Schichtung minimal, sie wird auch nicht nennenswert durch Thermikströmungen aus dem unteren Raumbereich angefacht. Für den Wärmeübergangskoeffizienten durch Konvektion kann daher ein konstanter Wert etwas unter $1\,W/m^2K$ angenommen werden. Für die *Gesamtwärmestromdichte* an der Decke gilt daher:

**Bild D1.6-12** Schematische
Darstellung einer Vollbeton-
Deckenheizung

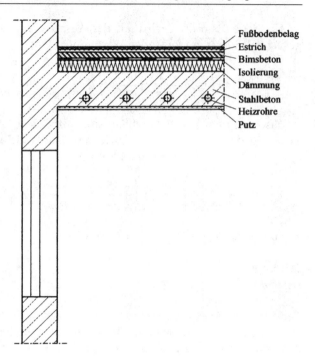

Fußbodenbelag
Estrich
Bimsbeton
Isolierung
Dämmung
Stahlbeton
Heizrohre
Putz

$$\dot{q}_D \approx \left(6{,}0\,bis\,6{,}3\,\frac{W}{m^2 K}\right)\left(\overline{\vartheta}_D - \vartheta_i\right) \qquad\qquad (D1.6\text{-}36)$$

Da die Deckenheizfläche außerhalb der Anforderungszone angeordnet ist,
wirkt sich unmittelbar auf diese Zone nur der Strahlungsanteil (etwa 5,2 W/m²K
($\overline{\vartheta}_D - \vartheta_i$)) aus, insbesondere, wenn unter der Decke Abluftdurchlässe vorhanden sind. Gleichung D1.6-36 gilt streng genommen nur, wenn für eine ausrei-
chende Mischung der Luft im Raum gesorgt ist.

**Prüfung**
Wie bei der Boden- und Wandheizung ist auch bei der Deckenheizung für die
verschiedenen Systeme kennzeichnend, mit welcher Heizmittelübertemperatur eine bestimmte (Gesamt-)Wärmestromdichte übertragen wird. Die zugehörigen Kennlinien (Geraden) werden vorzugsweise rechnerisch nach dem von
Kast, Klan und Rosenberg vorgeschlagenen Verfahren bestimmt [D1.6-10].
Für die **Auslegung** ist zunächst zu beachten, dass durch eine Deckenheizung
die Fallluftströmung an einer kalten Umfassungsfläche (z.B. Außenwand mit
Fenster) nicht abgefangen werden kann. Insofern sind alle integrierten Heizflächen mit einer Heizung durch Raumheizkörper nicht ohne weiteres vergleichbar (s. Kap. C3). Es ist daher eine Randzone mit verminderter Behaglichkeit

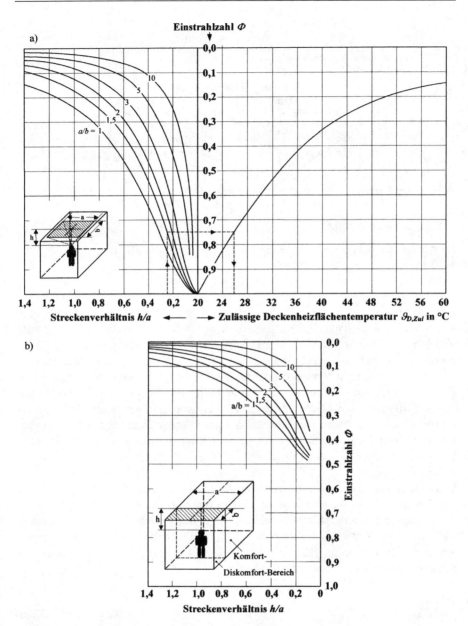

**Bild D1.6-13** a) Zulässige Deckenheizflächentemperatur $\vartheta_{D,Zul}$ in Abhängigkeit der Einstrahl-zahl der Deckenheizfläche nach Chrenko[D1.6-12] und Kollmar[D1.6-13] ; b) die Einstrahl-zahl für eine an der Grenze des Diskomfort-Bereichs stehende Person

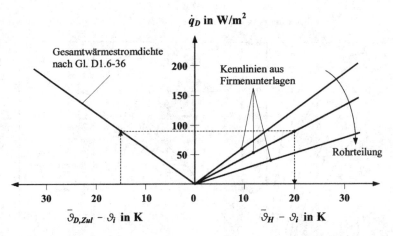

**Bild D1.6-14** Beispiel für die Bestimmung der mittleren Heizmittelübertemperatur ($\overline{\vartheta}_H - \vartheta_i$) aus der zulässigen Deckentemperatur

von wenigstens 2 m Raumtiefe in Kauf zu nehmen. Ist für diesen Bereich eine Deckenheizung gleicher Breite angeordnet, so ist wenigstens ein Strahlungsausgleich herstellbar (s. Glück [D16-13]). Lässt man bewusst einen derartigen „Diskomfort-Bereich" zu – gibt also eine entsprechend kleinere Anforderungszone vor –, so könnte dort auch die zulässige Deckentemperatur (berechnet nach Bild D1.6-13a) für eine *mittig* unter der beheizten Decke befindliche Person überschritten werden. Die Einstrahlzahl für eine an der Grenze des Diskomfort-Bereichs stehende Person ist Bild D1.6-13b zu entnehmen. Mit der so gefundenen maximal zulässigen Übertemperatur lässt sich mit den in Bild D1.6-14 beispielhaft eingetragenen Kennlinien für die Deckenheizung die maximal zulässige mittlere Heizmitteltemperatur abgreifen. Die maximal zulässige Vorlauftemperatur erhielte man, wenn zu dem gefundenen Wert die Hälfte der Spreizung $\sigma = \vartheta_V - \vartheta_R$ addiert wird. In Räumen ohne ausreichende Luftumwälzung oder mit einem Abluftdurchlass im Deckenbereich dürfen nur 5,2/6,8 = 84% der insgesamt eingebrachten Leistung zur Deckung der Heizlast angesetzt werden (von der Normheizlast des Raumes ist nach Gleichung D1.2-1 die Transmissionsheizlast der Decke abzuziehen).

### D1.6.3
#### *Deckenstrahlplatten*

Deckenstrahlplatten (s. Bilder D1.6-15 und -16) gehören wie die Raumheizkörper zu den freien Heizflächen; d.h. sie sind nicht in eine der Umfassungsflächen des zu beheizenden Raumes integriert, sondern frei im Raum unterhalb der Decke aufgehängt (s. Bild D1.6-17). Sie haben damit gegenüber den integrierten Heizflächen ähnliche Vorteile wie die Raumheizkörper:

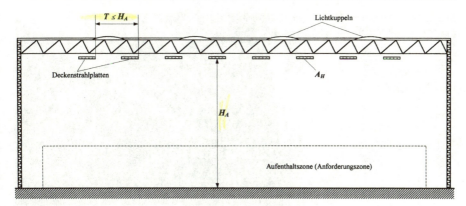

**Bild D1.6-15** Deckenstrahlplatten in einer Fertigungshalle (Beispiel)

**Bild D1.6-16** Grundschemen von Deckenstrahlplatten: Typ A: nach unten eben, Typ B: nach unten konkav

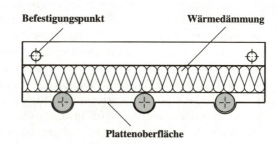

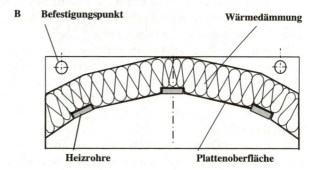

- Sie sind industriell gefertigte Heizflächen und daher qualitätsüberwacht herstellbar und auch prüfbar.
- Sie lassen sich vorteilhaft dort anordnen, wo gezielt thermische Diskomforteffekte (Abstrahlung, Fallluftströmung) beseitigt werden sollen und wo in aller Regel der Platz nicht für andere Nutzungen benötigt wird.
- Sie sind vergleichsweise gut regelbar, da sie mit dem Baukörper praktisch nicht thermisch gekoppelt sind.

**Bild D1.6-17** Deckenstrahlplatten in einer Turnhalle

Im Unterschied aber zu Raumheizkörpern ist die durch sie abgeschirmte äußere Umfassungsfläche relativ groß (besonders bei Hallen), so dass der Strahlungs-anteil der dort auftretenden Transmissionsheizlast als eine nach Gleichung D1.2-1 von der Norm-Heizlast abzuziehende Teilheizlast $\dot{Q}_{N,Teil}$ nicht vernach-lässigt werden darf. Dies ist gegenüber anderen Heizsystemen, z. B. der Luftheizung, ein Vorteil, weil Deckenstrahlplatten für eine deutlich kleinere „Restheizlast" auszulegen sind (die Auslegenorm für die Fußbodenheizung [D1.6-7] ist hier analog anzuwenden). Allerdings haben sie – wie auch die Deckenheizung – den Nachteil, dass die konvektiv abgegebene Wärme eine Warmluftschicht unter der Decke entstehen lässt, die in den meisten Fällen nicht in die Anforde-rungszone hineinwirkt und somit auch nicht zum Heizen der Anforderungszo-ne beiträgt; immerhin deckt dieser konvektive Wärmestrom den Konvektions-anteil der Transmission an der Decke.

Gegenüber einer Luftheizung haben sie den Vorteil, dass nicht das gesam-te Raumluftvolumen auf eine Temperatur deutlich über der angestrebten Raumlufttemperatur erwärmt werden muss, weil sie durch Strahlung unmit-telbar in den Aufenthaltsbereich einwirken. Dieser Vorteil wird besonders deutlich bei stark wechselndem Raumbetrieb (z. B. Flugzeug-, Eisenbahnwar-tungshallen).

Deckenstrahlplatten werden daher vor allem zur Beheizung von Hallen ein-gesetzt, vorzugsweise bei Raumhöhen von mehr als 4 m. Sie werden streifenför-mig angeordnet, wobei größtmögliche Baulängen angestrebt werden. Um eine annähernd gleichmäßige Einstrahlung am Boden zu erhalten, sollte der Mit-tenabstand der Strahlplattenbänder etwa der Aufhängehöhe $H_A$ entsprechen (s. Bild D1.6-15); häufig bestimmt die Dachkonstruktion mit der Dachfenster-teilung die Abstände. Meistens liegt die Strahlplattenebene, wie das Bild zeigt, parallel zur Bodenfläche; eine schräge Anordnung zur Erzielung besonderer Einstrahleffekte im Bodenbereich wird gelegentlich auch angewandt, hat aber den Nachteil, dass der für die Hallenheizung nicht nutzbare Konvektionsanteil stark ansteigt und dadurch den Heizaufwand erhöht.

Bis vor wenigen Jahren waren die verschiedenen Produkte bei den Decken-strahlplatten im Prinzip gleich gestaltet (s. Bild D1.6-16A). Die bestehende DIN-Prüfnorm [D1.6-14] ist daher auf diesen **Typ A** zugeschnitten: Die nach unten gerichtete Fläche ist abgesehen von ihrer Profilierung eben. Die wasserführen-den Rohre (Teilung 150 oder 200 mm) sind in die Profilrillen der etwa 0,6 bis 1,5 m (maximal 1,8 m) breiten Blechbahnen eingelegt. Häufig gliedern sich die Blechbahnen in 0,2 oder 0,3 m schmale Einzelstreifen (Module). Nach oben ist die Platte wärmegedämmt. Unterschiede sind in der Rohrbefestigung, der Plat-tenaufhängung und der Anschlüsse zu finden. Eine neue Form der Deckenstrahl-platten (**Typ B**) ist nach unten nicht eben, sondern konkav (s. Bild D1.6-16B), die Rohre (vorzugsweise flach rechteckig) sind zudem von unten eingeklemmt. Vor-teilhaft ist bei dieser Konstruktion eine höhere mittlere Oberflächentempera-tur (bei gleicher Wassertemperatur) und insbesondere ein wesentlich kleinerer Konvektionsanteil.

Die Wärme wird bei den marktgängigen Deckenstrahlplatten des Typs A an der Unterseite etwa im Verhältnis 58% Strahlung zu 35% Konvektion abgegeben und zu 7% an der gedämmten Oberseite. Der Strahlungsanteil ist deutlich klei-ner als bei der (integrierten) Deckenheizung. Der hohe Konvektionsanteil rührt einerseits von den konvexen Flächenanteilen (siehe Bild D1.6-16A) her, ande-rerseits von den glatten seitlichen Abströmkanten (fehlende Schürzen). Beim Typ B lautet das Verhältnis 80% Strahlung zu 13% Konvektion nach unten und ebenfalls 7% nach oben.

Zur Beheizung von Hallen ist der Strahlungsanteil maßgeblich. Der konvek-tive Leistungsanteil wird nicht im Aufenthaltsbereich wirksam, deckt aber die konvektive Last an der Decke und fängt Fallluftströmungen an schräg oder ver-tikal angeordneten Fenstern (Sheddach) ab. Ein zu hoher konvektiver Leistungs-anteil führt dazu, dass die Hallenluft oberhalb der Anforderungszone über die Solltemperatur hinaus erwärmt wird und damit sich die Wärmeverluste erhö-hen. Daraus ist zu schlussfolgern, dass Deckenstrahlplatten mit hoher Gesamt-leistung und damit hohem Konvektivanteil wegen des überhöhten Energieauf-wandes eigentlich nicht das Entwicklungsziel sein sollten.

## Prüfung und Ergebnisauswertung

Der Zusammenhang zwischen Wärmeleistung und Übertemperatur der Deckenstrahlplatte wird, wie bei Raumheizkörpern auch, experimentell nach einem genormten Verfahren ermittelt, derzeit noch nach DIN 4706 [D1.6-14], künftig nach DIN EN 14037 [D1.6-15]. Verwendet wird dazu der nach DIN EN 442 [D1.6-16] als Referenzprüfraum vorgesehene geschlossene, wassergekühl-te Raum. Die zu prüfende Deckenstrahlplatte ist 2,5 m über dem Boden aufge-hängt (Raumhöhe insgesamt 3 m). Als Bezugstemperatur wird die mit einem Globe-Thermometer in 0,75 m mittig über dem Boden festgestellte Temperatur verwendet. Die Normleistung gilt für eine Übertemperatur von 55 K und einen Wasserstrom, der so hoch ist, dass die Reynolds-Zahl bei einer Wassertempera-tur von 50 °C bei 4500 ±500 liegt. Ansonsten bestehen die gleichen Bedingungen wie bei einer Heizkörperprüfung. Auch werden die in der selben Weise gemessenen Wärmeleistungen über einer Übertemperatur des Wassers durch eine Kennlinie dargestellt (siehe Gleichungen D1.6-54 und -55):

$$\dot{Q} = C \left( \frac{\Delta \vartheta_H}{1K} \right)^n \qquad\qquad (D1.6\text{-}37)$$

(In DIN 4706-1 [D1.6-14] steht für die Wärmeleistung $\dot{Q}$ die Bezeichnung $\Phi$ und für die Übertemperatur $\Delta t$). Die Hochzahl n beträgt bei Deckenstrahlplatten unter den genormten Versuchsbedingungen etwa *n = 1,1 bis 1,2*. In der neuen DIN EN 14037 ist vorgeschrieben, zwei $\dot{Q}$,$\Delta t$-Kennlinien zu messen: eine für die „aktive Länge" der Platte und eine für die Gesamtplatte mit ungedämmten Anschlussbauteilen; die Ergebnisse werden mit $\Phi_{act}$ und $\Phi_{tot}$ bezeichnet, die Indizes der übrigen Ausdrücke in der Potenzfunktion D1.6-37 entsprechend.

Neu gegenüber der bisherigen DIN 4706 ist, dass der Zusammenhang zwischen der mittleren Temperatur der für die Strahlung maßgebenden Oberfläche $A_S$ und der mittleren Wassertemperatur während der Kennlinienmessung mitzuerfassen und darzustellen ist. Die mittlere Oberflächentemperatur wird mit einem thermographischen Gerät, dessen Eigenschaften in DIN EN 14037 detailliert beschrieben sind, gemessen. Vorbereitend hierzu ist der Emissionsgrad der Strahlplatte mit Proben, die die gleiche Oberflächenbeschichtung besitzen, zu ermitteln (eigentlich wäre es richtiger, den „erhöhten Emissionsgrad" der unteren Hüllfläche $A_S$ im Einklang mit Ausführungen in Band 1 (Teil G1.2.5, Bild G1-28) festzustellen). Die gemessene Temperaturdifferenz $(\vartheta_H - \overline{\vartheta}_S)$ ist in guter Näherung der ebenfalls gemessenen Wärmeleistung proportional. Dem dabei verwendeten physikalischen Modell liegt die Annahme zugrunde, dass der wesentliche Temperaturabstand zu $\vartheta_H$ in Richtung der Plattenbreite $b$ (also senkrecht zu den Rohren) auftritt. Wird zum Zweck einer Mittelung der Temperaturen die gemessene Wärmeleistung $\dot{Q}$ auf die („aktive") Plattenlänge $L_{act}$ bezogen, ist mit $A_S = b \cdot L_{act}$ ein „Wärmetransportkoeffizient" $K_S$ mit der Einheit W/(Km²) zu erhalten:

$$\left( \vartheta_H - \overline{\vartheta}_S \right) = \frac{\dot{Q}}{A_S \cdot K_S} \qquad\qquad (D1.6\text{-}38)$$

Aus dem Prüfversuch ist weiterhin die mittlere Oberflächentemperatur der Innenflächen der Prüfkabine $\vartheta_W$ bekannt. Mit den thermodynamischen Temperaturen $T = \vartheta + 273\,K$ kann nun die Strahlungswärmeleistung nach der in Band 1 hergeleiteten Gl. G1-14 berechnet werden:

$$\dot{Q}_S = \varepsilon_H \, C_S \, A_S \left( \overline{T}_S^4 - T_W^4 \right) \qquad\qquad (D1.6\text{-}39)$$

Der Emissionsgrad $\varepsilon_H$ ist als „erhöhter Emissionsgrad" der unteren Hüllfläche (der für die Strahlung wirksamen Fläche) $A_S$ zu verstehen. Die Strahlungskonstante des schwarzen Körpers ist $C_S = 5{,}67 \cdot 10^{-8}\,W/(m^2 K^4)$.

Zur Auswertung der Prüfergebnisse mit dem Ziel, Auslegungsunterlagen zu erhalten, wird vorteilhaft mit Wärmestromdichten gerechnet, also $\dot{q}_M = \dot{Q}/A_S$ oder $\dot{q}_S = \dot{Q}_S/A_S$. Die Wärmestromdichte nach oben ist abhängig von der mittleren Übertemperatur der Plattenoberfläche, also daher auch von $\dot{q}_M$:

$$\dot{q}_M = \dot{q}_S + \dot{q}_K + f_0\,\dot{q}_M \tag{D1.6-40}$$

mit $\dot{q}_K$, der konvektiven Wärmestromdichte (unten). Unter Prüfstandsbedingungen mit der vorgeschriebenen Wärmedämmung der Platte auf der Oberseite wurde ein Verlustfaktor $f_0 = 0.07$ festgestellt. Aus den Messwerten für die Gesamtleistung $\dot{Q}$ und die Oberflächentemperatur $\overline{\vartheta}_S$ werden die Wärmestromdichten $\dot{q}_M$ und $\dot{q}_S$ sowie mit Gl. D1.6-40 auch $\dot{q}_K$ abgeleitet. Eigentlich wäre es ausreichend, die Gesamtwärmestromdichte $\dot{q}_M$ lediglich zu zweiteilen in die nach unten wirksame Strahlungswärmestromdichte $\dot{q}_S$ und den nach oben abgegebenen Rest $(\dot{q}_K + f_0\dot{q}_M)$.

Die Prüfergebnisse lassen sich nicht unmittelbar bei einer Auslegungsrechnung anwenden, weil die konvektive Wärmeabgabe unter den Einsatzbedingungen gegenüber der im Prüfstand erhöht ist. Aus Feldmessungen ist bekannt [D1.6-17], dass die *unter Praxisbedingungen auftretenden Wärmestromdichten* $\dot{q}_H$ *bis zu 8% höher sein können als das Prüfergebnis* $\dot{q}_M$. Zu erklären ist dies mit einer Anhebung des Konvektivanteils durch eine größere Temperaturdifferenz und eine stärkere Konvektion im Deckenbereich. Nach der Norm ist

$$\dot{q}_H = 1{,}1\,\dot{q}_M$$

zu setzen. Die überhöhte Wärmestromdichte hat nach Gleichung D1.6-38 einen stärkeren Temperaturabstand vom Wasser zur Oberfläche zur Folge:

$$\Delta\overline{\vartheta}_S = \Delta\vartheta_H - 1{,}1\dot{q}_M/K_S \tag{D1.6-41}$$

Mit Gleichung D1.6-37, also der (gemessenen) Plattenkennlinie, folgt daraus:

$$\Delta\overline{\vartheta}_S = \Delta\vartheta_H - 1{,}1\frac{C}{K_S A_S}\Delta\vartheta_H^n$$

$$\Delta\overline{\vartheta}_S = \Delta\vartheta_H\left(1 - 1{,}1\frac{C}{K_S A_S}\Delta\vartheta_H^{n-1}\right) \tag{D1.6-42}$$

Die Größen $C$, $K_S$ und $A_S$ sowie die Hochzahl $n$ liegen aus der Prüfung vor; damit kann die aus der erforderlichen Oberflächenübertemperatur und weiter die (unter Praxisbedingungen auftretende) Gesamtwärmestromdichte $\dot{q}_H$ aus der Wasserübertemperatur berechnet werden (siehe Bilder D1.6-18a und b).

Zur **Auslegung** einer Hallenheizung mit Deckenstrahlplatten ist vor der üblichen Berechnung der Norm-Heizlast der betreffenden Halle zu klären, wel-

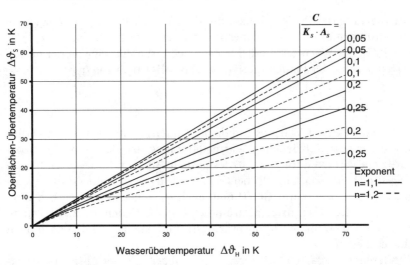

**Bild D1.6-18a** Oberflächen-Übertemperatur $\Delta\vartheta_S$ abhängig von der Wasserübertemperatur $\Delta\vartheta_H$ nach Gleichung D1.6-42 mit dem aus der Prüfung bekannten Parameterwert $C/(K_S A_S)$ gemäß den Gleichungen D1.6-37 und -38

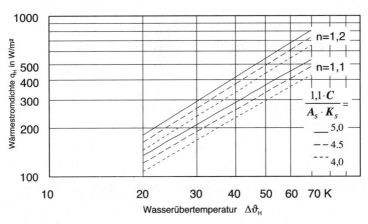

**Bild D1.6-18b** Wärmestromdichte $q_H$ abhängig von der Wasserübertemperatur $\Delta\vartheta_H$ nach Gleichung D1.6-37 mit dem aus der Prüfung bekannten Parameterwert $C/A_S$ und der Normvereinbarung $q_H = 1{,}1 \cdot q_M$

che Teilheizlasten $\dot{Q}_{N,Teil}$ unberücksichtigt bleiben können (siehe Kap. D1.2.1). Bei ausreichend gleichmäßiger Belegung der Hauptaußenfläche der Halle, der Decke, mit Strahlplatten ist dies mindestens der Strahlungsanteil ihrer Transmissionsheizlast. Es genügt demnach, die Abstrahlung aus der Anforderungszone zur Decke auszugleichen. Die dazu erforderliche mittlere Temperatur der Deckenstrahlplatten $\overline{\vartheta}_S$ lässt sich nach folgender einfachen Regel bestimmen:

$$\left(A_D - \Sigma A_S\right)\left(\vartheta_i - \vartheta_D\right) < \Sigma A_S\left(\overline{\vartheta}_S - \vartheta_i\right) \tag{D1.6-43}$$

mit   $A_D$, der Deckenfläche
      $\vartheta_D$, der Deckentemperatur unter Auslegungsbedingungen.

Zu begründen ist dieser einfache Rechenansatz folgendermaßen: Der Aufenthaltsbereich in der Halle (s. Bild D1.6-15) steht im Strahlungsaustausch mit der kälteren Deckenfläche. Als warme Fläche erscheint die Summe aller Strahlplattenflächen $\Sigma A_S$ und als kalte Fläche verbleibt $A_D - \Sigma A_S$. Vereinfachend wird auch hier wieder wie in Gleichung D1.6-1 die Wärmeübertragung durch einen linearen Zusammenhang mit der Temperaturdifferenz abgebildet:

$$\alpha_{S,D}\left(A_D - \Sigma A_S\right)\left(\vartheta_i - \vartheta_D\right) \leq \alpha_{S,H}\,\Sigma A_S\left(\overline{\vartheta}_S - \vartheta_i\right)$$

Mit der weiter vereinfachenden Annahme gleicher Wärmeübergangskoeffizienten $\alpha_{S,D}$ und $\alpha_{S,H}$ für die beiden verschieden warmen Flächen folgt daraus Gleichung D1.6-43.

In gleicher Weise wie bei der Decke könnte auch bei den Wänden einschließlich der Fenster vorgegangen werden. Mit entsprechend dimensionierten Heizkörpern (siehe D1.6.4) ließen sich ein Strahlungsausgleich und ein Abfangen der Fallluftströme herstellen. Meist unterbleibt dies aber, da die hierdurch wegfallende Teilheizlast vergleichsweise klein ist oder die von den Seiten möglicherweise ausgehenden Behaglichkeitsdefizite sich nicht bis in die Anforderungszone auswirken. In diesem Fall müssen die Deckenstrahlplatten nicht nur den Strahlungsausgleich an der Decke, sondern auch die übrigen Teilheizlasten (z.B. am Fußboden) übernehmen.

Wegen gesetzlicher Vorschriften stellt die Lüftungsheizlast eine Besonderheit dar. Nach der Energieeinsparverordnung [A-6] sind Hallen wie andere Gebäude auch im Rahmen des technisch Möglichen luftdicht zu gestalten. Ausnahmen von dieser Vorschrift gelten nur für Hallen, „soweit sie nach ihrem üblichen Verwendungszweck großflächig und lang anhaltend offen gehalten werden müssen". Bei der meist vorliegenden Nutzung gilt demnach das Gebot: luftdicht (im Rahmen des Machbaren)! Die Konsequenz aus dieser Vorschrift ist, dass die Lüftungsheizlast – abgesehen von einem Sockelbetrag für den Luftwechsel durch unvermeidliche Infiltration ($0{,}2\,\mathrm{h}^{-1}$) – keine Gebäudeeigenschaft ist, sondern von der Nutzung abhängt. Für Industriehallen gilt zusätzlich, dass die Außenluftversorgung über eine maschinelle Lüftung, vorzugsweise mit Wärmerückgewinnung, sicherzustellen ist. Vorteilhaft wird bei einer Kombination von Deckenstrahlplatten und maschineller Lüftung der Aufenthaltsbereich (Anforderungszone) gezielt belüftet (siehe Band 2) und die darüber entstehende Warmluftschicht zur Stabilisierung und Abgrenzung dieses Bereiches genutzt. Die Temperatur der Zuluft darf daher keinesfalls höher sein als die der Luft im Aufenthaltsbereich. Damit ist die durch die Nutzung bedingte Lüftungsheizlast gedeckt, d.h. die nach Gleichung D1.2-1 zusätzlich abzuziehende Teilheizlast ist $\dot{Q}_{N,Teil} = \dot{Q}_L$.

Der investive Aufwand für die Deckenstrahlplatten steigt mit ihrer Gesamt-fläche $\sum A_S$. Infrage kommt hierfür nur die zum Boden parallele untere Hüllflä-che. Das Maß für den Aufwand ist demnach die Belegung $\Psi = \sum A_S / A_D$. Die im Minimum erforderliche Heizflächenübertemperatur ist abhängig von der Bele-gung darzustellen:

$$\Delta\bar{\vartheta}_{S\min} = \left(\bar{\vartheta}_S - \vartheta_i\right)_{\min} = \left(\frac{1}{\Psi} - 1\right)\left(\vartheta_i - \vartheta_D\right) \qquad (D1.6\text{-}44)$$

Diesen Zusammenhang zeigt Bild D1.6-19a. Unter der Annahme, dass die Umgebungstemperatur in Gl. D1.6-39 $\vartheta_W = \vartheta_i$ und der Emissionsgrad $\varepsilon = 0,92$ ist, kann die Übertemperatur $\Delta\bar{\vartheta}_{S\,min}$ einer Strahlungswärmestromdichte $\dot{q}_{Smin}$ zugeordnet werden (Bild D1.6-19b). Mit der Mindestübertemperatur $\Delta\vartheta_{S\,min}$ und dem Mindestwärmestrom $\dot{Q}_{S\,min} = \dot{q}_{S\,min}\sum A_S$ ist sichergestellt, dass die Hallendecke in ihrer Gesamtheit im Aufenthaltsbereich mit der Innentempera-tur $\vartheta_i$ (bzw. der Auslegungs-Innentemperatur $\vartheta_{iA}$) wahrgenommen wird (also deutlich unter der maximal zulässigen Deckentemperatur nach Bild D1.6-13).

Strahlplatten vom Typ A besitzen im Allgemeinen eine seitliche Aufkantung, die als zusätzliche Heizfläche $\Delta A_S$ wirkt. Sie besitzt dieselbe mittlere Übertem-peratur und damit auch Strahlungsstromwärmedichte wie die Platte (der Mit-

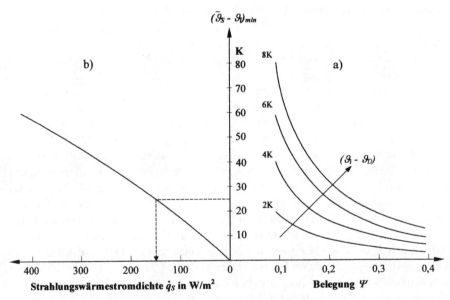

**Bild D1.6-19** a) Die im Minimum erforderliche Heizflächenübertemperatur $(\vartheta_S - \vartheta_i)_{\min}$ in Abhängigkeit von der Belegung $\Psi = \sum A_S / A_D$ und $(\vartheta_i - \vartheta_D)$ als Parameter nach Gleichung D1.6-44, b) Die Strahlungswärmestromdichte $q_S$ in Abhängigkeit von der Heizflächenüber-temperatur nach Gleichung D1.6-39 mit $\vartheta_W \approx \vartheta_i$

telwert wird demgemäß so gebildet). Allerdings erreichen von der Abstrahlung einer vertikalen Aufkantung nur etwa 75% die Seitenwände und den Boden, der Rest wird zur Decke abgestrahlt. Gewissermaßen ist nur $0{,}75\,\Delta A_S$ wirksam. Die Übertemperatur der Strahlplatten muss nun so stark über die Mindestübertemperatur $\Delta\vartheta_{S\,min}$ angehoben werden, dass die Restheizlast $\dot{Q}_N - \dot{Q}_{N,Teil}$ mit $\dot{q}_S(\sum A_S + \sum \Delta A_S)$ gedeckt ist. Nur dieser Strahlungsanteil ist für die Heizwirkung der Deckenstrahlplatten maßgebend. Den Zusammenhang mit der Wasserübertemperatur $\vartheta_H - \vartheta_i$ liefert Gl. D1.6-42 oder Bild D1.6-19a; daraus ist mit Bild D1.6-19b die Gesamtwärmestromdichte $\dot{q}_H$ zu bestimmen.

## Beispiel

Eine Produktionshalle soll mit Deckenstrahlplatten beheizt werden. Die Halle besitzt ein Flachdach mit Lichtkuppeln (10% der Dachfläche). Die Innenabmessungen betragen 50 m · 100 m und die Höhe 12 m. Die langen Seitenwände besitzen ein Fensterband (10% der Seitenfläche). An einer kurzen Seitenwand grenzt ein Bürogebäude an. Das Dach und die Wände haben einen Wärmedurchgangskoeffizienten von $k_D = k_W = 0{,}35\,\text{W/m}^2\text{K}$, die Oberlichter $k_{DF} = 3{,}0\,\text{W/m}^2\text{K}$ und die Fenster in den Seitenwänden $k_F = 1{,}4\,\text{W/m}^2\text{K}$. Der äquivalente Wärmedurchgangswiderstand des Hallenbodens zum Grundwasser ist $R_{GW} = 5\,\text{m}^2\text{K/W}$.

Der Aufenthaltsbereich (Anforderungszone) soll in 5 m Entfernung von den Außenseitenwänden beginnen (Platz für Verkehrswege) und eine Höhe von 2 m haben; an der Büroseitenwand schließt er unmittelbar an. In der Behaglichkeitszone soll eine Auslegungs-Innentemperatur $\vartheta_{iA} = 18\,^\circ\text{C}$ herrschen. Für die Berechnung der Normheizlast und der inneren Oberflächentemperaturen der Umfassungsflächen ist eine Außentemperatur $\vartheta_a = -12\,^\circ\text{C}$ vorgegeben. Ein Ausgleich der Behaglichkeitsdefizite durch Abstrahlung zu den Außenwänden und Fallluftströmung am Rand der Anforderungszone wird nicht angestrebt (in die Randzonen der Halle sollen Verkehrswege gelegt werden).

Um unkontrollierte Zuluftströmungen durch Fenster und Türen und entsprechend unbegrenzbare Energieverluste während der Heizperiode zu vermeiden und um ganz allgemein über geführte Lüftung (siehe Bd. 2) die Qualitätsanforderungen für die Luft in den Arbeitsbereichen über das ganze Jahr hinweg sicherzustellen, soll eine raumlufttechnische Anlage vorgesehen werden, die die Lüftungsheizlast zu decken hat (Temperatur der Zuluft $\vartheta_{ZU} = \vartheta_{iA} = 18\,^\circ\text{C}$). Da in den Randbereichen der Anforderungszone ein Ausgleich der von den Seitenwänden ausgehenden Behaglichkeitsdefizite (Abstrahlung, Fallluft) nicht gefordert ist, genügt es, wenn die vorgesehenen Deckenstrahlplatten mit ihrer Leistung die Transmissionslast der Seitenwände übernehmen. Die Transmissionsheizlast der Decke mit den Lichtkuppeln braucht zunächst nicht beachtet zu werden.

Die Anordnung der Deckenstrahlplatten, die mit Rücksicht auf die Unterzüge 2 m unterhalb der 12 m hohen Decke aufgehängt werden sollen, richtet sich nach dem durch die Lichtkuppeln gegebenen Raster: parallel zu den langen Seitenwänden in einem Raster von $T = 10\,\text{m}$. Von den 5 Plattenstreifen sollen aus gestalterischen Gründen die drei mittleren eine Breite je 1 m und die beiden äußeren Streifen zur Übernahme der Heizlast an den Seitenwänden eine Breite von je 1,6 m erhalten. Die Heizwasserrohre der Platten werden nach oben hin angeschlossen, so dass die Plattenstreifen die volle Hallenlänge einnehmen können. Die zum Boden parallele Hüllfläche beträgt demnach $A_S$ = (3 · 1 m + 2 · 1,6 m) · 100 m = 620 m, damit ist die Belegung $\Psi$ = 12,4%. Ausgewählt wird eine Strahlplatte vom Typ A mit einer seitlichen ungedämmten 0,07 m hohen Aufkantung (Zusatzheizfläche $\Delta A_S$).

Gefragt ist in einem ersten Rechenschritt nach der geringst möglichen mittleren Temperatur der Deckenstrahlplatten $\overline{\vartheta}_{Smin}$, die herzustellen ist, um die gesamte Deckenfläche wie eine Innenraumfläche erscheinen zu lassen. Die Bedingung hierfür formuliert Gleichung D1.6-43. Die im Auslegungsfall zu erwartende mittlere Untertemperatur der Decke (einschließlich Deckenlichter folgt aus dem mittleren Transmissionswärmestrom der Decke und dem genormten Wärmeübergangswiderstand $R_{\alpha,i}$ = 0,13 m$^2$K/W. Der mittlere Wärmedurchgangskoeffizient ist

$$\overline{k}_D = 0,9k_D + 0,1k_{DF} = 0,615\frac{W}{m^2K}$$

und die mittlere Transmissionswärmestromdichte

$$\overline{q}_{T,D} = \overline{k}_D\left(\vartheta_i - \vartheta_a\right) = 18,45\frac{W}{m^2}$$

Die mittlere Untertemperatur der gesamten Dachfläche ist demnach

$$\Delta\vartheta_D = \overline{q}_{T,D} \cdot R_{a,i} = 2,4K$$

Die Heizflächenbelegung $\Psi$ = 0,124 in Gleichung D1.6-44 eingesetzt liefert die Mindestübertemperatur der Deckenheizfläche

$$\overline{\Delta\vartheta}_{Smin} = \left(\frac{1}{\Psi} - 1\right)\Delta\vartheta_D = 17,0K$$

Über die Ausgangsgleichung von D1.6-39 ist die Mindest-Strahlungswärmestromdichte zu errechnen:

$$\dot{q}_{Smin} = \varepsilon C_S\left(T_{Smin}^4 - T_W^4\right) = 0,92 \cdot 5,67 \cdot 10^{-8}\frac{W}{m^2K^4}\left[\left(308K\right)^4 - \left(291K\right)^4\right] = 95,4\frac{W}{m^2}$$

Diese Strahlungswärmestromdichte reicht aus, die gesamte Deckenfläche im Aufenthaltsbereich mit einer Temperatur von 18 °C im Mittel erscheinen zu lassen. Die zugehörige Strahlungswärmeleistung $\dot{Q}_{Smin}$ = 95,4 W/m$^2$ · 620 m$^2$ = 59,15 kW.

Zusätzlich müssen die Deckenstrahlplatten die Transmissionsheizlast der Außenseitenwände und des Bodens übernehmen können. Diese betragen:

$$\dot{Q}_{T,Wände} = \left[50m \cdot 12m \cdot 0,35 + 200m\left(10,8m \cdot 0,35 + 1,2m \cdot 1,4\right)\right]\frac{W}{m^2 K} \cdot 30K = 39,1kW$$

$$\dot{Q}_{T,Boden} = \frac{\vartheta_i - \vartheta_{GW}}{R_{GW}} A_{Boden} = \frac{8K}{5m^2 KW^{-1}} 5000m^2 = 8kW$$

Es müssen demnach insgesamt weitere 47,1 kW in den unteren Hallenraum (Boden und Seitenwände) eingestrahlt werden. Einen Teil davon übernehmen die Aufkantungen mit $\Delta\dot{Q}_{Smin}$= 0,75 · 70 m² · 95,4 W/m² = 5,01 kW. Die durch Temperaturanhebung aufzubringende Restleistung beträgt 42,09 kW. Die mittleren 1 m-Plattenstreifen sollen den kleineren Teil hiervon dadurch beitragen, dass ihre Übertemperatur von 17 auf 22 K angehoben wird. Ihre Strahlungswärmestromdichte steigt so auf:

$$\dot{q}_S = 0,92 \cdot 5,67 \cdot 10^{-8} \frac{W}{m^2 K^4}\left[\left(313K\right)^4 - \left(291K\right)^4\right] = 133\frac{W}{m^2}$$

Bei einer Gesamtfläche von (300 + 0,75 · 42) m² übertragen die Mittelstreifen zusätzlich 331,5 m² · (133 – 95,4) W/m² = 12,46 kW. Die 1,6 m-Streifen mit (320 + 0,75 · 28) m² müssen daher noch 42,09 kW – 12,46 kW = 29,63 kW übernehmen, also eine Strahlungswärmestromdichte von (29630/341 + 95,4) W/m² = 182,3 W/m² besitzen. Eingesetzt in Gleichung D1.6-39, ist daraus die erforderliche Temperatur der Strahlplatten zu erhalten:

$$\overline{T}_S = \sqrt[4]{\frac{\dot{q}_S}{\varepsilon C_S} + T_W^4} = \sqrt[4]{\frac{182,31 Wm^{-2}}{0,92 \cdot 5,67 \cdot 10^{-8} Wm^{-2}K^{-4}} + \left(291K\right)^4}$$

$$= 321,4K \rightarrow \overline{\vartheta}_S = 48,4°C \rightarrow \Delta\overline{\vartheta}_S = 30,4K$$

Die mittlere Heizwasserübertemperatur ist aus den vorgegebenen 22 K und den errechneten 30,4 K mit der impliziten Bestimmungsgleichung D1.6-42 zu berechnen. Für die in Aussicht genommenen Platten wird aus Firmenunterlagen (z. B. Prüfbericht) der Ausdruck $C/(K_S A_S)$ = 0,157 (1m-Platte) und 0.156 (1,6 m-Platte) entnommen. Die Hochzahlen sind einheitlich n = 1,19. Die 1 m-Platte mit $\Delta\vartheta_S$ = 22 K benötigt eine Wasserübertemperatur von $\Delta\vartheta_H$ = 32,5 K, also $\vartheta_H$ = 50,5 °C, die 1,6 m-Platte mit $\Delta\vartheta_S$ = 30,4 K eine Übertemperatur von 47,0 K und damit $\overline{\vartheta}_H$ = 65,0 °C. Die Übertemperaturen hätte man auch Bild D1.6-18a entnehmen können.

Als nächstes ist entweder rechnerisch mit Gleichung D1.6-37 oder grafisch aus Bild D1.6-18b die Gesamtwärmestromdichte $\dot{q}_H$ zu bestimmen. Bei der schmalen Platte ist nach den Firmenunterlagen der Ausdruck $C/A_S$= 4,1 W/m² und bei der breiten 4,05 W/m². Somit ist die Gesamtwärmestromdichte $\dot{q}_H$ = $(C/A_S) \cdot \Delta\vartheta^n$ = 258,2 W/m² bzw. 395,6 W/m². Den schmalen Platten mit einer aktiven Oberfläche von 300 m² müssen über das Heizwasser 258,2 W/m² · 300 m² = 77,46 kW zugeführt werden, den breiten 126,59 kW, also insgesamt 204,05 kW.

Die Vorlauftemperatur für die breiten Platten wird zu 73 °C gewählt, demnach ist die Rücklauftemperatur 57 °C (arithmetische Mittelung) und die Spreizung 16 K. Der erforderliche Heizwasserstrom ist somit

$$\dot{m}_H = \frac{\dot{Q}_H}{\sigma\,c_W} = \frac{126,59 kW}{16 K\,4,18\dfrac{kJ}{kg\,K}} = 1,89\frac{kg}{s} = 6814\frac{kg}{h}$$

Für die schmalen Platten wird die Vorlauftemperatur auf 57 °C festgelegt, so dass sie aus dem Rücklauf der breiten Platten versorgt werden können; die Rücklauftemperatur muss dann 44 °C betragen und die Spreizung 13 K. Der Wasserstrom ist hier 5132 kg/h. Die Gesamtrücklauftemperatur liegt bei 47,2 °C.

Die Gesamttransmissionsheizlast durch Decke, Wände und Boden beträgt

$$\dot{Q}_T = \dot{Q}_{T,W\ddot{a}nde} + \left[ \dot{q}_{T,D} + \frac{\left(\vartheta_i - \vartheta_{GW}\right)}{R_{GW}} \right] 5000 m^2$$

$$= 39,1 kW + \left[ 18,45\frac{W}{m^2} + \frac{8K}{5\left(m^2\dfrac{K}{W}\right)} \right] 5000 m^2 = 139,35 kW$$

Über die Deckenstrahlplatten werden der Halle insgesamt 204,5 kW zugeführt, die wirksame Strahlungsleistung hat daran nur einen Anteil von 106,24 kW, also rund 52%; sie wäre ausreichend gewesen, um in der Aufenthaltszone die geforderten thermischen Bedingungen aufrechtzuerhalten. Der Konvektionsanteil der Transmissionsheizlast der Decke beträgt etwa 33 kW, so dass von der Restleistung (204,5 – 106,24) kW = 98,26 kW etwa 65 kW verloren gehen ohne jegliche Wirkung auf den Aufenthaltsbereich. Sie führen lediglich zu einer Anhebung der Lufttemperaturen im Deckenbereich über die Raumsolltemperaturen hinaus. Eine Platte vom Typ B hätte diese Verluste nicht, sie käme auch mit einer geringeren Strahlfläche oder niedrigeren Übertemperaturen aus.

### D1.6.4
*Raumheizkörper*

### Allgemeines
Als Raumheizkörper werden die Heizflächen bei Zentralheizung bezeichnet, die frei in dem Raum, der beheizt werden soll, angeordnet sind.

Die freie Anordnungsmöglichkeit eines Raumheizkörpers erlaubt es, die Behaglichkeitsfunktionen „Abstrahlung ausgleichen" und „Fallluft abfangen" in bestmöglicher Weise zu verwirklichen. Bei der Auswahl und Auslegung eines Raumheizkörpers sollte daher gerade dieser Vorteil gegenüber allen anderen

Wärmeübergabesystemen besonders beachtet werden. Dass mit Raumheizkörpern noch weitere Funktionen im Hinblick auf Sicherheit, Hygiene, Bedienbarkeit, Ästhetik oder Zusatznutzen zu verwirklichen sind, spielt bei der Auswahl ebenfalls eine Rolle. In erster Linie werden Raumheizkörper unter Beachtung der Behaglichkeitskriterien aber nach ihren Eigenschaften für die Wärmeübertragung beurteilt. Es ist daher naheliegend, hieraus die wesentlichen Unterscheidungsmerkmale für ihre Einteilung abzuleiten.

Für die Wärmeübertragung ist der Wärmeübergang durch Konvektion und Strahlung auf der Luftseite maßgebend; der Wärmeübergangskoeffizent auf der Wasserseite ist so viel höher als auf der Luftseite, dass hier Unterschiede in der Formgebung nicht ins Gewicht fallen. Es ist demnach die äußere Form maßgeblich.

Da die durch Strahlung übertragene Wärme, einheitlich für alle Bauformen, im wesentlichen von der Größe und mittleren Temperatur der Hüllfläche des Heizkörpers abhängt, wird diese durch die konstruktive Gestaltung der Heizfläche kaum beeinflusst. Auf die **Konvektion am Heizkörper** und auch auf die **Luftströmung im Raum** dagegen hat die Formgebung einen starken Einfluss. Die Unterschiede hier werden daher zur Unterscheidung der Heizkörperarten herangezogen.

### Heizkörperarten

Man kann vier grundsätzlich unterschiedlich thermisch wirksame Luftströmungsformen an Raumheizkörpern unterschieden (Bild D1.6-20):

1. Beim **Konvektor** besteht eine kräftige Auftriebsströmung im geschlossenen Schacht und eine alleinige Zuströmung über den Boden. Die Wärme wird nahezu vollständig konvektiv übertragen. Die Abstrahlung des Menschen zu

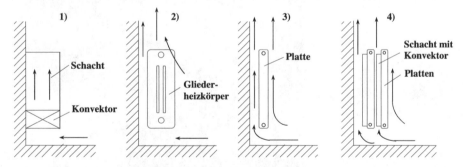

1) Auftriebsströmung im Schacht, Zuströmung über den Boden (Konvektoren)

2) Strömung durch die Glieder, großflächige Anströmung (Stahlradiator, Gußradiator, Röhrenradiator, Aluminiumdruckgußradiator, Handtuch-Rohrheizkörper)

3) Strömung im seitlich offenen Schacht zwischen Heizkörper und Rückwand, freie Konvektion an der Frontfläche (Plattenheizkörper, „Flachheizkörper")

4) Kombination der Strömung von 1) und 3) (mehrreihige Plattenheizkörper mit Konvektionsfläche)

**Bild D1.6-20** Luftströmungsformen bei verschiedenen Raumheizkörperarten

kalten Umfassungsflächen ist mit diesem Heizkörper nicht auszugleichen; sehrwohl aber lässt sich mit ihm ein Kaltluftabfall gezielt abfangen.

Es gibt Konvektoren (Bilder D1.6-21 und -22) mit und ohne Verkleidung, mit Stahlrohr und Stahlrippen, mit Kupferrohr- und Aluminiumrippen. Sonderbauformen sind Fußleisten-Heizkörper mit Kupferrohr und Aluminiumrippen (Frontverkleidung aus Stahlblech oder Aluminiumstrangpressprofil), Unterflurkonvektoren oder Estrichkonvektoren mit und ohne Gebläse, Badewannen-Konvektoren.

2. Beim **Gliederheizkörper** strömt die Luft großflächig zu und über die ganze Höhe hinweg durch die Glieder. Die Zuströmgeschwindigkeit ist wesentlich kleiner als beim Konvektor, der Strahlungsanteil liegt bei etwa 25%. Hierzu gehören die DIN-Guss- und -Stahlradiatoren, Röhrenradiatoren, Aluminiumdruckgußradiatoren, Handtuch-Rohrheizkörper (Bilder D1.6-23 bis -26).

3. Beim **Plattenheizkörper** (auch „Flachheizkörper") herrscht freie Konvektion nur an der Frontfläche und im seitlich offenen „Schacht" zwischen Platte und Rückwand. Die Luftgeschwindigkeiten in der An- und Abströmung sind hier am kleinsten. Der Strahlungsanteil liegt zwischen 40% und 50% der Gesamtleistung. Der Plattenheizkörper kann eine profilierte oder plane

**Bild D1.6-21** Konvektor mit Schacht

**Bild D1.6-22** Unterflurkonvektor

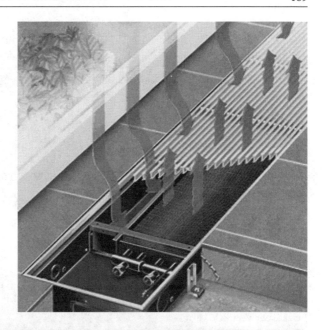

**Bild D1.6-23** Gliederheizkörper, links aus Gussgliedern, rechts aus Stahlrohren (in gebogener Ausführung); in beiden Fällen liegt horizontale Verteilung und vertikale Durchströmung vor

vordere Ansichtsfläche besitzen (Bilder D1.6-27 und -28). Er kann aus profilierten Blechplatten oder aus aneinandergesetzten Rechteckrohren bestehen („Rohrwand", siehe Bild D1.6-28).

4. Durch **mehrreihige Plattenheizkörper** oder zusätzliche „Konvektorbleche" kann die längenbezogene Wärmeleistung stark erhöht werden. Es liegt eine

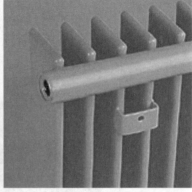

**Bild D1.6-24** Gliederheizkörper aus stehenden Flachrohren, links als Treppengeländer und rechts der konstruktive Aufbau (horizontale Verteilung und vertikale Durchströmung)

**Bild D1.6-25** Gliederheizkörper mit liegenden Rohren in Bankausführung (Röhrenheizkörper, vertikale Verteilung und horizontale Durchströmung)

Kombination der Strömung von Typ 1. und 3. vor. Damit werden die Luftgeschwindigkeiten erhöht, der Strahlungsanteil sinkt auf etwa 25%. Das Konvektorblech besteht in der Regel aus mäanderförmig geprägtem etwa 0,5 mm dünnen Blech und ist jeweils am Fuß auf die Platte gepunktet. (Bilder D1.6-29 und -30). Der wasserführende Teil entspricht dem von Typ 3. Die für den vierten Typ kennzeichnende geschlossene Frontfläche lässt sich auch durch aneinandergereihte Aludruckgussglieder (Bild D1.6-31), Alustrangpressprofile oder Graugussglieder erreichen.

Bei den Bauarten 2. und 3. sind die luft- und wasserseitigen Oberflächen praktisch gleich groß. Bei den Bauarten 1. und 4. können sich die beiden Oberflächen stark unterscheiden, was zu einer erkennbaren Abhängigkeit der Wärmeleistung vom wasserseitigen Wärmeübergangskoeffizienten führt. Bei diesen Bauarten kann auch die konvektive Wärmeabgabe erheblich durch zusätzlich ein-

**Bild D1.6-26** Badheizkörper (vertikale Verteilung und horizontale Durchströmung)

**Bild D1.6-27** Flachheizkörper, einlagig („Platte", horizontale Verteilung und vertikale Durchströmung), profiliert links und plan rechts

**Bild D1.6-28**  Rohr-Flachheiz-
körper („Rohrwand", links
vertikale Verteilung und
horizontale Durchströmung,
rechts horizontale Verteilung und vertikale Durch-
strömung)

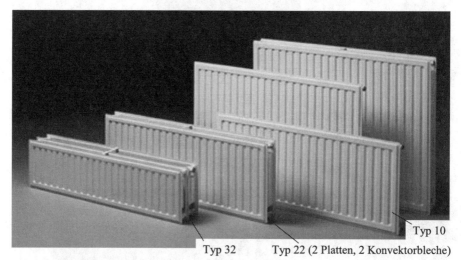

Typ 10

Typ 32          Typ 22 (2 Platten, 2 Konvektorbleche)

**Bild D1.6-29**  Ein und mehrreihige Platten verschiedener Höhe (profiliert, horizontale Verteilung und vertikale Durchströmung)

gebaute Ventilatoren verstärkt werden (Übergang zu den Ventilator-Konvekto-
ren (siehe Kap. D1.5.2).

Neben den beschriebenen vier Bauarten gibt es sog. Designheizkörper, bei
denen die ästhetische Wirkung weit wichtiger ist als Wärmeabgabe und Strö-

**Bild D1.6-30** Flachrohrheiz-
körper mit 2 Konvektorble-
chen (vertikale Verteilung
und horizontale Durchströmung)

**Bild D1.6-31** Aludruckguss-
radiator (horizontale Verteilung und vertikale Durch-
strömung)

mung. Ihre Zuordnung zu einer der vier Bauarten wäre zwar möglich aber für planerische Überlegungen nicht weiter hilfreich (Beispiele zeigt Bild D1.6-32).

Für die Anordnung des Heizkörpers im Raum ist maßgeblich, dass die Behaglichkeitsfunktionen „Abstrahlung ausgleichen" und „Fallluft abfangen" erfüllt werden, d.h. in aller Regel ist er unter dem Fenster, in jedem Fall aber im Außenwandbereich anzubringen. Die Montage eines Heizkörpers an einer Innenwand bietet eine Vereinfachung der Rohrführung, sie verringert jedoch – abgesehen von der Einbuße an Behaglichkeit und einer nachteiligen Luftströmung

**Bild D1.6-32**  Beispiele für Designheizkörper: a) wand-hängend, b) freistehend mit Deckenfluter, c) Elefant für Kinderzimmer

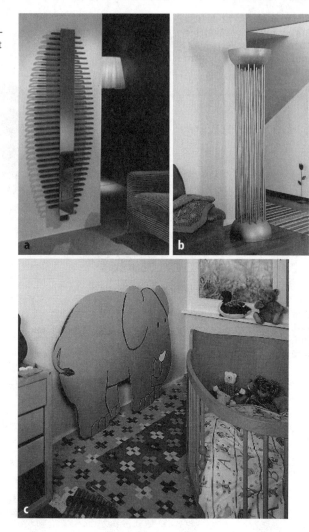

im Raum – den Nutzwert des Raums: Es gehen Stellflächen für Möbel verloren. Bei der Anordnung eines Heizkörpers vor einer Glasfläche war nach der alten[13] Wärmschutzverordnung [A-6] ein Strahlungsschirm zwischen Heizkörper und Fenster vorzusehen (der Einspareffekt ist am höchsten bei der 3. Bauart und liegt auch dort unter 3%).

Die Anschlussarten für Raumheizkörper zeigt Bild D1.6-33. Der gleichseiti-ge Anschluss ist der Regelfall; er ist auch für die genormte Leistungsmessung vorgeschrieben. Ein wechselseitiger Anschluss kann Montagevorteile haben,

---

[13]  Überholt durch die Energieeinspar-Verordnung (EnEv) [A-11]

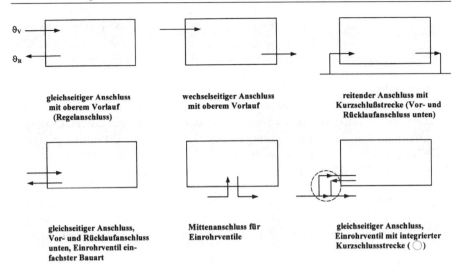

**Bild D1.6-33** Anschlussarten bei Raumheizkörpern

führt jedoch nicht zu einer Leistungserhöhung. Alle übrigen Anschlüsse bewirken wegen der internen Mischvorgänge eine Leistungseinbuße gegenüber dem Regelanschluss, es sei denn, die Wasserführung innerhalb des Heizkörpers ist darauf abgestimmt, dass sich das wärmere Wasser im Vorlauf nicht mit bereits abgekühlten Wasser vermischen kann. Bei der Wasserführung kann eine horizontale Verteilung mit einer vertikalen Durchströmung kombiniert sein (z.B. Bild D1.6-23) oder umgekehrt (z.B. Bild D1.6-25 u. -26). Es gibt auch bei unterem Vorlaufanschluss eine Zwangsführung nach oben oder überhaupt einen Zwangsdurchlauf.

Bei der Auswahl der Heizkörper aus der vorgestellten Typenvielfalt sind folgende Kriterien zu beachten:

• Aussehen,
• Abmessungen (Maßanpassung),
• Norm-Wärmeleistung (bezogen auf Länge oder Ansichtsfläche des Heizkörpers),
• Zusatznutzen (Handtuchhalter, Sitzbänke, Geländer ...),
• Kanten (Sicherheit),
• Reinigungsmöglichkeit (Hygiene),
• Gewicht und Wasserinhalt (bezogen auf die Wärmeleistung; Regelfähigkeit),
• Montagemöglichkeit (kleines Gewicht, Montage mit der Verpackung als Schutz, vollständiges Zubehör einschließlich Verrohrung und Armaturen),
• Korrosionsbeständigkeit (technische Grundanforderung),
• Druckfestigkeit (insbesondere für Anlagen mit erhöhten Drücken wie z.B. Fernheizungen, technische Grundanforderung),
• Investitionskosten.

Der Aufzählung liegt eine Rangfolge zu Grunde, wie sie für eine anspruchsvolle Anlage gilt. Bei einer Billiganlage zählen neben den Grundanforderungen und der Norm-Wärmeleistung nur die Investitionskosten als maßgebend.

### Wärmeabgabe

Die Wärmeabgabe durch Strahlung ist in dem Temperaturbereich, in dem Heizkörper üblicherweise betrieben werden, genügend genau der Übertemperatur proportional. Mit dem Wärmeübergangskoeffizienten für Strahlung $\alpha_r$ (etwa $6,3\,W/m^2K$ bei $\Delta\vartheta_r \approx 35\,K$, siehe auch Bd. 1, Bild G1-18) gilt für die Wärmestromdichte aus der Hüllfläche $\dot{q}_r$

$$\dot{q}_r = \alpha_r\,\Delta\vartheta_r \qquad\qquad\qquad (D1.6\text{-}45)$$

Mit der Übertemperatur $\Delta\vartheta_r$ der Hüllfläche gegenüber den umgebenden Flächen (Index $W$).

$$\Delta\vartheta_r = \overline{\vartheta}_{H\ddot{u}ll} - \overline{\vartheta}_W$$

Im Unterschied zum Strahlungswärmeübergang ist der Wärmeübergangkoeffizient für Konvektion abhängig von der Übertemperatur. Der Zusammenhang ist genügend genau durch eine Potenzfunktion zu beschreiben:

$$\alpha_k \sim \Delta\vartheta_k^{m_k} \qquad\qquad\qquad (D1.6\text{-}46)$$

Die Hochzahl wird experimentell festgestellt, sie liegt zwischen 0,2 und 0,4 für die verschiedenen Heizkörperformen. Die Übertemperatur der Oberfläche gegenüber der Luft ist

$$\Delta\vartheta_k = \overline{\vartheta}_{Oberfl} - \vartheta_L$$

Daraus folgt für die Wärmestromdichte

$$\dot{q}_k = \alpha_k\,\Delta\vartheta_k \sim \Delta\vartheta_k^{1+m_k} \qquad\qquad\qquad (D1.6\text{-}47)$$

Insgesamt gibt der Heizkörper über die konvektiv wirksame Oberfläche $A_K$ und die Hüllfläche $A_r$ den Wärmestrom $\dot{Q}$ ab

$$\dot{Q} = \alpha_k A_k\,\Delta\vartheta_k + \alpha_r A_r\,\Delta\vartheta_r \qquad\qquad\qquad (D1.6\text{-}48)$$

Obwohl hier eine Summe von zwei verschiedenen Funktionen vorliegt, nämlich

$$\alpha_k A_k \Delta\vartheta_k \sim \Delta\vartheta_k^{1+m_k}$$

und näherungsweise

$$\alpha_r \, A_r \, \Delta\vartheta_r \sim \Delta\vartheta_r$$

(Bd. 1, Gl. G1-21), lässt sich für die Gesamtwärmeleistung $\dot{Q}$ ähnlich dem Konvektionsanteil ebenfalls eine Potenzfunktion angeben:

$$\dot{Q} \sim \Delta\vartheta^{1+m} = \Delta\vartheta^n \tag{D1.6-49}$$

Dabei liegt die Hochzahl m etwas unter $m_k$. Als Übertemperatur $\Delta\vartheta$ wird im Prüfversuch der Abstand zwischen der mittleren Wassertemperatur und einer Lufttemperatur (Referenztemperatur [D1.6-15]) eingesetzt, weil die zunächst verwendeten Übertemperaturen $\Delta\vartheta_r$ und $\Delta\vartheta_k$ auch wegen der unterschiedlichen Wand- und Lufttemperaturen nur umständlich zu messen sind. Der Übergang auf die Wasserübertemperatur $\Delta\vartheta$ führt ebenfalls zu einer Abweichung der Hochzahl $m$ von $m_k$ nicht zuletzt durch die Art der Temperaturverteilung auf der Wasserseite.

Allein durch den Linearisierungseffekt mit der Summierung von Strahlung und Konvektion, wie es die Gleichung D1.6-48 wiedergibt, kann der Summenexponent $1 + m_k$ von z.B. 1,25 auf ein $n = 1,12$ herabgedrückt werden. Die Betrachtung der Hochzahl ist insofern von Interesse, als mit ihr einerseits bei der Heizkörperprüfung Versuchsergebnisse kontrolliert und andererseits auch der Einfluss des Luftdruckes berücksichtigt werden kann. Für letzteres verwendet man (siehe Band 1, G1.4.6) die Kennzahlenbeziehung:

$$Nu \sim Gr^{m_k^*} \tag{D1.6-50}$$

In dieser Beziehung zwischen Nußelt- und Grashofzahl ist die Hochzahl $m_k^*$, wegen des Temperatureinflusses auf die Stoffwerte, verschieden von der Hochzahl $m_k$ in Gleichung D1.6-46. Unter Verwendung der dynamischen Viskosität $\eta = \nu \cdot \varrho$ lautet die Grashof-Zahl (Bd. 1, Gl. G102):

$$Gr = \frac{\rho_0^2 \, l^3 \, g}{\eta_0^2} \frac{\rho_\infty - \rho_0}{\rho_0}$$

$l$      charakteristische Länge
$g$      Fallbeschleunigung
$\varrho_0/\varrho_\infty$   Dichte der Luft an der Oberfläche und in der Umgebung
$\eta$      dynamische Viskosität

Gegenüber der in Bd. 1 angegebenen kinematischer Viskosität $\nu$ hat die dynamische den Vorteil, dass sie für die Bedingungen im vorliegenden Fall nur von der Temperatur (an der Oberfläche) abhängig ist, nicht vom Druck $p$. Sein Einfluss beschränkt sich nur auf die Dichte $\varrho_0$ oder $\varrho_\infty$ mit $\varrho \sim p$. Für das Dichteverhältnis gilt nach dem Gasgesetz:

$$\frac{\rho_\infty - \rho_0}{\rho_0} = \frac{T_0 - T_\infty}{T_\infty} = \frac{\Delta \vartheta_k}{T_\infty}$$

Da im Prüfversuch die Umgebungslufttemperatur $T_\infty$ konstant gehalten wird, wirkt sich die Übertemperatur $\Delta \vartheta_k$ einerseits direkt und zusätzlich über $\eta_0$ aus (näherungsweise über eine Potenzfunktion, die analog auch für den Wärmeleitkoeffizienten $\lambda$ in der Nusselt-Zahl gilt).

Aus der Kennzahlengleichung D1.6-50 lässt sich für den Druck- und Temperatureinfluss ableiten:

$$\alpha_K \sim p^{2m_K^*} \Delta \vartheta_k^{m_K} \tag{D1.6-51}$$

Da wie gezeigt zwischen dem im Prüfversuch bestimmten Exponenten $m$ und dem für die Konvektion maßgeblichen Exponenten $m_k^*$ ein stark von der Heizkörperform, dem Strahlungsanteil und auch den Versuchsbedingungen abhängende Beziehung besteht, ist für die Druckkorrektur in den entsprechenden Prüfnormen [D1.6-15 und D1.6-17] ein theoretisch berechneter Exponent $n_p \int 2$ $m_k^*$ vorgeschrieben (siehe Tabelle D1.6-2). Die dort angegebenen Werte basieren auf einer Arbeit von Sauter[D1.6-18].

Der im Prüfversuch festgestellte Zusammenhang zwischen Wärmeleistung und Übertemperatur bei einem konstanten Wasserstrom wird in Anlehnung nach Gl. D1.6-51 durch eine Kennlinie in der Form einer Potenzfunktion wiedergegeben:

$$\dot{Q} = C \Delta \vartheta^n \tag{D1.6-52}$$

Darin ist die Übertemperatur als arithmetisches Mittel der Übertemperaturen im Vorlauf und Rücklauf vorgeschrieben:

$$\Delta \vartheta = \frac{\vartheta_V + \vartheta_R}{2} - \vartheta_L = \frac{\Delta \vartheta_V + \Delta \vartheta_R}{2} \tag{D1.6-53}$$

mit der Bezugslufttemperatur $\vartheta_L$ (nach DIN EN 442 Referenztemperatur $t_r$, Vor- und Rücklauftemperatur $t_1$ und $t_2$).

Findet der Prüfversuch unter genormten Bedingungen statt (Prüfraum nach DIN EN 442 [D1.6-15], Normbezugstemperatur 20 °C, Normluftdruck 1013 mbar) und ist der Wasserstrom so eingestellt, dass sich bei einer Vorlauftemperatur von 75 °C eine Rücklauftemperatur von 65 °C ergibt, erhält man die Norm-Kennlinie. Bei der Normübertemperatur von 50 K wird die Norm-Wärmeleistung abgelesen (in früheren Normen [D1.6-17] war der Normpunkt für $\vartheta_V = 90$ °C und $\vartheta_R = 70$ °C festgelegt).

Abweichungen von der Norm-Kennlinie treten auf, wenn
1. durch einen besonderen Einbau des Heizkörpers die Luftströmung behindert ist (Heizkörpernischen, Verkleidungen),

**Tabelle D1.6-2** Korrekturbeiwerte für die Luftdruckkorrektur [D1.6-18] gemäß [D1.6-15]

| Bauart des Heizkörpers | | Strahlungsanteil der Wärmeleistung $S_P$ | Exponent $n_p$ für Korrektur des Barometerdrucks Höhe des Heizkörpers | |
|---|---|---|---|---|
| | | | < 400 mm | ≥ 400 mm |
| Gliederheizkörper vertikal | Tiefe $b \leq 110$ mm | 0,30 | 0,40 | 0,50 |
| | Tiefe $b > 110$ mm | 0,25 | 0,45 | 0,65 |
| Gliederheizkörper horizontal | Tiefe $b \leq 110$ mm | 0,27 | 0,36 | 0,40 |
| | Tiefe $b > 110$ mm | 0,25 | 0,40 | 0,45 |
| Gliederheizkörper vertikal Frontseite geschlossen | | 0,25 | 0,55 | 0,65 |
| Faltenradiator | | 0,25 | 0,55 | 0,70 |
| Rohrregisterheizkörper | | 0,20 | 0,65 | 0,75 |
| Plattenheizkörper einreihig ohne Konvektionsteil | | 0,50 | 0,40 | 0,50 |
| Plattenheizkörper einreihig mit 1 Konvektionsteil (PK) | | | | |
| | Rippenteilung ≤ 25 mm | 0,35 | 0,60 | 0,70 |
| | Rippenteilung > 25 mm | 0,35 | 0,55 | 0,60 |
| Plattenheizkörper einreihig mit 2 Konvektionsteilen (KPK) | | | | |
| | Rippenteilung ≤ 25 mm | 0,25 | 0,65 | 0,75 |
| | Rippenteilung > 25 mm | 0,25 | 0,60 | 0,65 |
| Plattenheizkörper zweireihig ohne Konvektionsteil | | 0,35 | 0,40 | 0,55 |
| Plattenheizkörper zweireihig mit 1 Konvektionsteil bzw. mit 2 innenliegenden Konvektionsteilen (PKP, PKKP) | | | | |
| | Rippenteilung ≤ 25 mm | 0,20 | 0,60 | 0,75 |
| | Rippenteilung > 25 mm | 0,20 | 0,55 | 0,70 |
| Plattenheizkörper zweireihig mit 3 Konvektionsteilen bzw. mit je 1 Konvektionsteil innen und außen (PKKPK, PKPK) | | | | |
| | Rippenteilung ≤ 25 mm | 0,15 | 0,60 | 0,75 |
| | Rippenteilung > 25 mm | 0,15 | 0,55 | 0,70 |
| Plattenheizkörper drei- und mehrreihig ohne Konvektionsteil | | 0,20 | 0,40 | 0,55 |
| Plattenheizkörper drei- und mehrreihig mit 1 Konvektionsteil | | | | |
| | Rippenteilung ≤ 25 mm | 0,15 | 0,55 | 0,70 |
| | Rippenteilung > 25 mm | 0,15 | 0,50 | 0,65 |
| Plattenheizkörper drei- und mehrreihig mit mehreren Konvektionsteilen | | | | |
| | Rippenteilung ≤ 25 mm | 0,10 | 0,65 | 0,90 |
| | Rippenteilung > 25 mm | 0,10 | 0,60 | 0,80 |
| Konvektoren ohne Verkleidung | | | | |
| | Teilung > 2,5 mm und < 4 mm | 0,05 | 1,0 | |
| | Teilung > 4 mm | 0,05 | 0,8 | |
| Konvektoren mit Verkleidung Höhe der Verkleidung < 400 mm | | | | |
| | Teilung > 2,5 mm und < 4 mm | 0,00 | 0,90 | |
| | Teilung > 4 mm | 0,00 | 0,75 | |
| Konvektoren mit Verkleidung Höhe der Verkleidung > 400 mm | | | | |
| | Teilung > 2,5 mm und < 4 mm | 0,00 | 0,60 | |
| | Teilung > 4 mm | 0,00 | 0,55 | |

Die Exponenten $n_p$ sind fast unabhängig von der Übertemperatur $\Delta T$. Die Tabellen sind bei $\Delta T = 50$ K angegeben und können für alle $\Delta T$ eingesetzt werden.

2. der Heizmittelstrom stark unter den Normheizmittelstrom gedrosselt wird und

3. wenn vom üblichen Anschluss (oben Vorlauf, unten Rücklauf) abgewichen wird (siehe Bild D1.6-33).

Die Einflüsse nach 1. hat Schlapmann [D1.6-19] unter neueren Prüfbedingungen untersucht; sie sind in VDI 6030 [A-9] wiedergegeben, siehe auch Bild D1.6-34, -35 und -36.

Die beiden anderen Einflüsse 2. und 3. lassen sich unter der Annahme eines die komplexen Mischungsvorgänge innerhalb des Heizkörpers stark vereinfachenden Modells rechnerisch erfassen [D1.6-20]: Es wird angenommen, dass die höchste Temperatur im Heizkörper $\vartheta_{V,eff}$ durch Mischung (siehe Bild D1.6-37) unterhalb der Vorlauftemperatur $\vartheta_V$ liegt und die niedrigste der Rücklauftemperatur $\vartheta_R$ entspricht. Ist der Wärmekapazitätsstrom $W = \dot{m}\, c_W$ (mit der spezifischen Wärmekapazität des Wassers $c_W$), wird dem Heizkörper von außen $W \cdot \vartheta_V$ zugeführt und innen $(b-1) \cdot W \cdot \vartheta_R$ beigemischt, so dass insgesamt $b \cdot W \cdot \vartheta_{V,eff}$ im Eintrittsbereich auftritt. Somit wird lediglich wirksam:

$$\vartheta_{V,eff} = \frac{\vartheta_V + (b-1)\vartheta_R}{b} \tag{D1.6-54}$$

Experimentell ist nachgewiesen [D1.6-19], dass der sog. Beimischwert $b$ für jeden Heizkörper mit bestimmten Anschlüssen in weiten Grenzen unabhängig vom Wasserstrom als konstant angenommen werden kann. Über gemessene Oberflächentemperaturen wurde für die meist verwendeten Glieder- und Plattenheizkörper ein Wert von $b = 1,25$ und bei reitendem Anschluss und horizontaler Verteilung einer von $b \approx 7 \div 8$ gefunden (siehe auch [A-9]). Die mittlere effektive Übertemperatur eines Heizkörpers lässt sich erfahrungsgemäß genügend genau durch die sog. logarithmische Übertemperatur wiedergeben (Berücksichtigung niedriger Heizmittelströme bzw. großer Temperaturspreizungen zwischen Vorlauf und Rücklauf).

$$\Delta\vartheta_{lg,eff} = \frac{\vartheta_{V,eff} - \vartheta_R}{\ln\dfrac{\vartheta_{V,eff} - \vartheta_L}{\vartheta_R - \vartheta_L}} = \frac{\vartheta_V - \vartheta_R}{b\ln\left[\dfrac{b-1}{b} + \dfrac{\Delta\vartheta_V}{b\,\Delta\vartheta_R}\right]} \tag{D1.6-55}$$

Der Zusammenhang zwischen der Wärmeleistung und dieser logarithmischen Übertemperatur ist ebenfalls bei Gl. D1.6-52 durch eine Potenzfunktion zu beschreiben, allerdings mit der etwas veränderten Hochzahl $n_{eff}$ ($\geq n$).

$$\dot{Q} = C_{eff}\Delta\vartheta_{lg,eff}^{n_{eff}} \tag{D1.6-56}$$

Aus den Gleichungen D1.6-54, -55 und -56 lässt sich nun der Zusammenhang zwischen der relativen Wärmeleistung $\dot{Q}/\dot{Q}_n$ und den Übertemperaturen $\Delta\vartheta_V$ sowie $\Delta\vartheta_R$ herleiten.

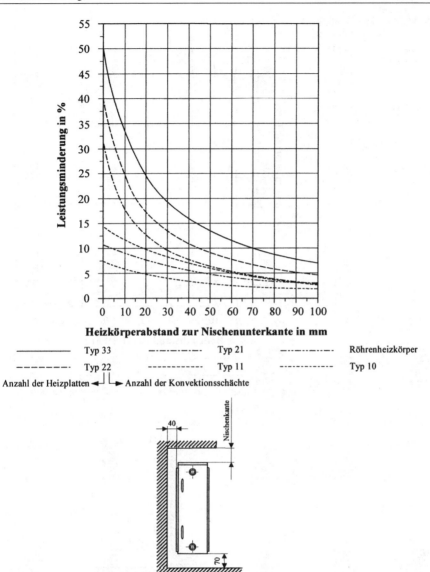

**Bild D1.6-34** Leistungsminderung in Abhängigkeit vom Heizkörperabstand zur Nischenunterkante für Flach- und Röhrenheizkörper nach VDI 6030 [A-9]

**Bild D1.6-35** Leistungsminderung in Abhängigkeit vom Bodenabstand eines Flachheizkörpers

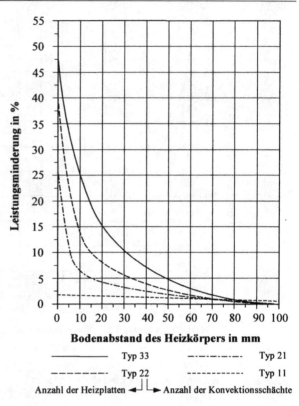

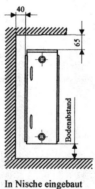

In Nische eingebaut

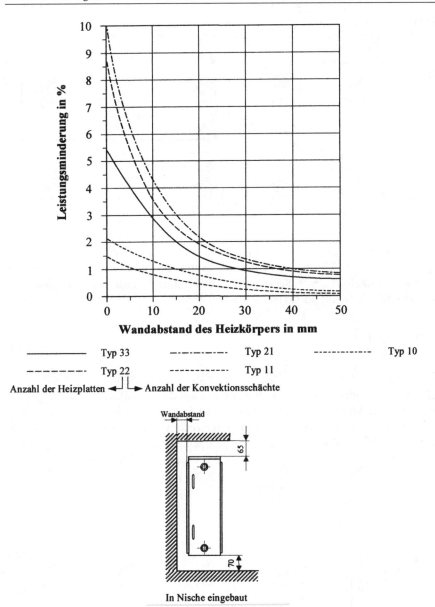

**Bild D1.6-36** Leistungsminderung in Abhängigkeit vom Wandabstand eines Flachheizkörpers

**Bild D1.6-37** Schematische
Darstellung der Beimischung
von Rücklaufwasser zum
Vorlaufwasser innerhalb des
Heizkörpers

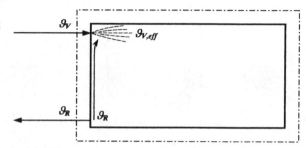

$$\left(\frac{\dot{Q}}{\dot{Q}_n}\right)^{\frac{1}{n_{eff}}} = \frac{b\,\Delta\vartheta_{lg,eff,n}}{\Delta\vartheta_V - \Delta\vartheta_R}\ln\left[\frac{b-1}{b} + \frac{\Delta\vartheta_V}{b\Delta\vartheta_R}\right]$$    (D1.6-57)

Diese Formel liegt dem bereits in Teil C verwendeten sog. Heizkörper-Auslegungsdiagramm (Bild C1-8) zugrunde. Es gilt für den Beimischwert $b = 1{,}25$ und die Hochzahl $n_{eff} = 1{,}30$. Das gleiche Diagramm kann auch für von 1,30 abweichende Hochzahlen verwendet werden nach

$$\frac{\dot{Q}}{\dot{Q}_n} = \left(\frac{\dot{Q}}{\dot{Q}_n}\right)^{\frac{n_{eff}}{1{,}3}}_{Diagr.}$$    (D1.6-58)

Die Gleichung D1.6-57 lässt sich weiterhin auf das Verhältnis von Heizkörperleistungen bei Änderung der Anschlussart (z. B. von Normalanschluss zu reitendem Anschluss) anwenden. Zweckmäßigerweise werden dabei nur die Normleistungen ($\Delta\vartheta_V = 55\mathrm{K}, \Delta\vartheta_R = 45\,\mathrm{K}$) verglichen. Die Größen für den Normalanschluss (gleichseitig, Vorlauf oben, Rücklauf unten) sind mit * gekennzeichnet.

$$\left(\frac{\dot{Q}_n}{\dot{Q}_n^*}\right) = \left[\frac{b^* \ln\left(\dfrac{b^*-1}{b^*} + \dfrac{\frac{11}{9}}{b^*}\right)}{b \ln\left(\dfrac{b-1}{b} + \dfrac{\frac{11}{9}}{b}\right)}\right]^{n_{eff}}$$    (D1.6-59)

Für dieses Leistungsverhältnis ist in DIN 4703 Tl. 3 [D1.6-21] der Begriff „Minderleistungsfaktor" eingeführt. Wird z.B. für ein Heizkörpermodell (gleiche Bauart und Abmessung, Begriff nach DIN EN 442 [D1.6-15]) mit der Norm-Wärmeleistung im Normalanschluss $\dot{Q}_n^*$ eine Norm-Wärmeleistung $\dot{Q}_n$ bei einem geänderten Anschluss gemessen, lässt sich mit Gleichung D1.6-59 der

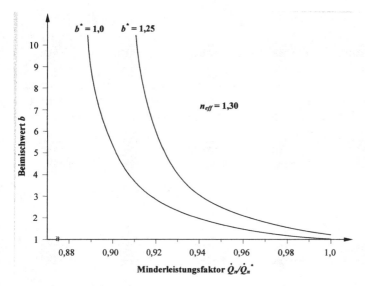

**Bild D1.6-38** Der Beimischwert in Abhängigkeit vom Minderleistungsfaktor für die Normal-anschluss-Beimischwerte $b^* = 1,25$ und $1,0$

Beimischwert b berechnen. Dabei wird $b^*$ entweder aus den gemessenen Temperaturen auf der Heizkörperoberfläche abgeleitet, also $\vartheta_{V,eff}$ gemessen und $b^*$ mit Gleichung D1.6-54 berechnet, oder auf Erfahrungswerte zurückgegriffen, für Normalanschluss $b^* = 1,25$ beziehungsweise nach einem vereinfachenden Ansatz von DIN 4703 Tl.3 [D1.6-21] $b^* = 1$. In Bild D1.6-38 ist die Abhängigkeit des Beimischwertes $b$ vom Minderleistungsfaktor $\dot{Q}_n/\dot{Q}_n^*$ für die Normalanschluss-Beimischwerte $b^* = 1,25$ und $1,0$ dargestellt. Mit dem auf diese beiden Weisen ermittelten Beimischwert $b$ kann die Leistungsabhängigkeit von den Übertemperaturen im Vor- und Rücklauf nach Gleichung D1.6-57 ( mit Gleichung D1.6-55) angegeben werden. Nach Norm [D1.6-21] ist auch ein vereinfachtes Vorgehen zulässig:

- Bei Normalanschluss reicht Gleichung D1.6-52 mit der gemessenen Hochzahl $n$ und der logarithmischen Norm-Übertemperatur von $49,83\,K$; gemäß Norm also:

$$\dot{Q}/\dot{Q}_n = \left(\Delta\vartheta / 49,83K\right)^n$$

- Bei reitendem Anschluss ist mit der effektiven logarithmischen Übertemperatur nach Gl. D1.6-55 und der gemessenen Hochzahl $n$ zu rechnen. Dabei sind in Gleichung D1.6-57 für Heizkörper mit horizontaler Verteilung und vertikaler Durchströmung (wie Bild D1.6-23 aber mit reitendem Anschluss) $\Delta\vartheta_{V,eff,n}^* = 45,62\,K$ und $b^* = 8$ sowie für Heizkörper mit vertikaler Verteilung und horizontaler Durchströmung (wie Bild D1.6-26) $\Delta\vartheta_{V,eff,n}^* = 45,50\,K$ und $b^* = 10$ einzusetzen.

- Zur Berechnung des Minderleistungsfaktors bei Änderung der Anschlussart ist Gleichung D1.6-59 mit $b^* = 1$ für reitenden Anschluss bei horizontaler Verteilung $b = 8$ und bei vertikaler $b = 10$ anzuwenden.

Mit Gleichung D1.6-57 lässt sich gleichfalls die für die Drosselregelung wichtige Abhängigkeit der relativen Wärmeleistung $\dot{Q}/\dot{Q}_n$ vom relativen Heizmittelstrom $\dot{m}/\dot{m}_n$ mit der Vorlaufübertemperatur $\Delta\vartheta_V$ als Parameter angeben (siehe Bild D1.6-39):

$$\ln\left[\frac{b-1}{b} + \frac{\Delta\vartheta_V}{b\left(\Delta\vartheta_V - \dfrac{\dot{Q}}{\dot{Q}_n}\dfrac{\dot{m}_n}{\dot{m}}\sigma_n\right)}\right] = \left(\frac{\sigma_n}{b\Delta\vartheta_{\lg,eff,n}}\right)\frac{\dot{m}_n}{\dot{m}}\left(\frac{\dot{Q}}{\dot{Q}_n}\right)^{1-\frac{1}{n_{eff}}} \qquad (D1.6\text{-}60)$$

Für sehr kleine $\dot{m}/\dot{m}_n$ ($< 0{,}1$) gilt:

$$\left(\frac{\dfrac{\dot{Q}}{\dot{Q}_n}}{\dfrac{\dot{m}}{\dot{m}_n}}\right)_{\dot{m}\to 0} = \frac{\Delta\vartheta_V}{\sigma_n} \qquad (D1.6\text{-}61)$$

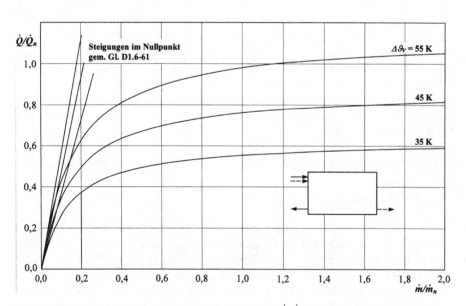

**Bild D1.6-39** Abhängigkeit der relativen Wärmeleistung $\dot{Q}/\dot{Q}_n$ vom relativen Heizmittelstrom $\dot{m}/\dot{m}_n$ mit der Vorlauf-Übertemperatur $\Delta\vartheta_V$ als Parameter (Beimischwert $b$ = konst.)

Statt der Normwerte für Leistung, Wasserstrom usw. können als Bezugswerte auch andere Ausgangswertekombinationen in die Gleichung D1.6-60 und-61 eingesetzt werden. Dies ist z.B. zur Untersuchung von Regeleingriffen am Heizkörper erforderlich. Statt der Normgrößen $\dot{Q}_n$, $\dot{m}_n$ und $\Delta\vartheta_{lg,eff,n}$ werden dazu die Ausgangsgrößen $\dot{Q}_0$, $\dot{m}_0$ und $\Delta\vartheta_{lg,eff,0}$ eingesetzt. Hierauf wird besonders in Teil E3.2 eingegangen und abgeleitet, dass Heizkörper ausgerüstet mit Reglern

- mit Regelabweichung (P-Regler, z.B. Thermostatventile) ein möglichst großes Verhältnis $\sigma_0/\Delta\vartheta_{V,0}$ im Auslegezustand besitzen sollten,
- ohne Regelabweichung (PI-Regler) lediglich eine Begrenzung des Wasserstroms $\dot{m}_0$ zu beachten ist (s. Kap. D2.5 und 2.6).

Das Verhältnis $\sigma/\Delta\vartheta_V$ ist die Abkühlzahl $\Phi$ (s. Teil E3.2). Führt man für den Auslegefall $\sigma_0/\Delta\vartheta_{V,0}$ einen Grenzwert $\Phi_{lim}$ ein (z.B. $\Phi_{lim} = 1/3$, was günstiger ist als das lange übliche Verhältnis 20/70 ), dann ist als Bedingung für die Auslegung

$$\sigma_0 \geq \Phi_{\lim} \cdot \Delta\vartheta_{V,0} \tag{D1.6-62}$$

einzuhalten. Da bei einer Auslegungsrechnung meist von einer mittleren Übertemperatur $\Delta\vartheta_H$ ausgegangen wird (siehe [A-9]) und es zur Bestimmung der Übertemperaturen im Vor- und Rücklauf genügend genau ist, $\Delta\vartheta_H$ als ein arithmetisches Mittel anzusehen, kann $\Delta\vartheta_{V,0} = \Delta\vartheta_H + \sigma_0/2$ gesetzt werden. Aus Gleichung D1.6-62 lässt sich nun die Regel ableiten:

$$\sigma_0 \geq \frac{\Delta\vartheta_H}{1/\Phi_{\lim} - 1/2} \tag{D1.6-63}$$

Mit $\Phi_{lim} = 1/3$ gilt somit

$$\sigma_0 \geq \frac{2}{5}\Delta\vartheta_H \tag{D1.6-64}$$

Der Zusammenhang zwischen der mindestens erforderlichen Spreizung und der Übertemperatur $\Delta\vartheta_H$ ist in VDI 6030 [A-9] als Regel angegeben und in Teil C (siehe Bild C1-7) angewandt. Die Gleichung D1.6-62 liefert mit $\Phi_{lim} = 1/3$ die im HK-Auslegungsdiagramm (Bild D1.6-40) als Beispiel eingetragene Grenzgerade $\Delta\vartheta_{R,max} = \Delta\vartheta_V (1 - \Phi_{lim}) = \Delta\vartheta_V \cdot 2/3$ (gestrichelt). Sie darf bei der gewählten Vorgabe nach oben hin nicht überschritten werden.

Das Bild D1.6-40 zeigt zusätzlich beispielhaft, wie bei den beiden Hauptanwendungsfällen vorzugehen ist:

- Beim Auslegungsfall ist die Vorlaufübertemperatur $\Delta\vartheta_{V,0}$ gegeben. Mit der Auslegungsleistung $\dot{Q}_0$ und der Normleistung des ausgewählten Heizkörpers $\dot{Q}_n$ wird das Leistungsverhältnis $\dot{Q}_0/\dot{Q}_n$ berechnet und am Schnittpunkt der $\Delta\vartheta_{V,0}$- und der $\dot{Q}_0/\dot{Q}_n$-Linien die Rücklaufübertemperatur $\Delta\vartheta_R$ abgelesen.
- Beim Nachrechnungsfall seien $\Delta\vartheta_V$ sowie $\Delta\vartheta_R$ gemessen und die Normleistung des vorhandenen Heizkörpers $\dot{Q}_n$ aus einem Katalog abgelesen. Durch

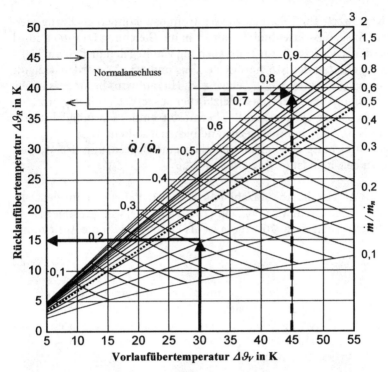

**Bild D1.6-40** Anwendung des Heizflächen-Auslegungsdiagramms ($n = 1{,}3$ und $b = 1{,}25$):
Auslegungsfall: $\longrightarrow \Delta\vartheta_{V,0} = 30\,\mathrm{K}$, $Q_0/Q_n = 0{,}31$  $\bullet\bullet\bullet$ Ergebnis: $\Delta\vartheta_R = 15\,\mathrm{K}$.
Nachrechnungsfall: $\text{-----}\blacktriangleright \Delta\vartheta_V = 45\,\mathrm{K}$, $\Delta\vartheta_R = 39\,\mathrm{K}$, $Q_n = 1200\,\mathrm{W}$, Ergebnis: $Q/Q_n = 0{,}8$, $Q = 960\,\mathrm{W}$,
$m = 137{,}8\,\mathrm{kg/h}$

den Schnittpunkt der $\Delta\vartheta_V$ – mit der $\Delta\vartheta_R$-Geraden läuft die Parameterkurve für das Leistungsverhältnis $\dot{Q}/\dot{Q}_n$. Mit der Normleistung des vorhandenen Heizkörpers $\dot{Q}_n$ lässt sich die während der Messung abgegebene Leistung $\dot{Q}$ und daraus mit

$$\dot{m} = \frac{\dot{Q}}{\sigma \cdot c_W} \qquad\qquad (D1.6\text{-}65)$$

der Wasserstrom berechnen.

### Heizkörperprüfung

Um eine einheitliche Bewertung der Wärmeleistung von Raumheizkörpern zu erreichen, sind die Prüfbedingungen und Prüfverfahren genormt [D1.6-15 und 17]. Wichtig ist vor allem eine definierte thermische Umgebung für den zu prüfenden Heizkörper. Hierfür hatte sich im Unterschied zu ausländischen Prüflabors mit ihren geschlossenen Prüfständen im deutschen Sprachraum die offene Prüfkabine als vorteilhaft durchgesetzt [D1.6-17]. Den ersten Entwurf hier-

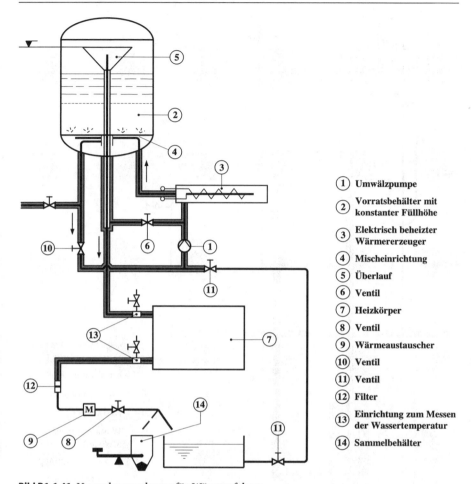

**Bild D1.6-41** Versuchsanordnung für Wägeverfahren

zu findet man 1887 bei H. Rietschel [D1.6-22] und den ersten Vorschlag für eine Norm bei O. Krischer und W. Raiß [D1.6-23]. Die offene Kabine ist in einer großen Halle aufgestellt, in der die beim Versuch vorhandene Wärmeleistung keinen Einfluss auf die thermischen Umgebungsbedingungen hat.

Nach der Herausgabe der europäischen Prüfnorm DIN EN 442 [D1.6-15] wird in einem geschlossenen Prüfraum gemessen. Hier muss die vom Heizkörper abgegebene Leistung über wassergekühlte Umfassungswände des Prüfraums abgegeben werden. Dies bedeutet, dass sich die Oberflächentemperaturen der Umfassungsflächen mit der Leistung des zu prüfenden Heizkörpers ändern. Die zur Vereinheitlichung des europäischen Heizkörper-Prüfwesens eingerichteten sog. Referenzprüfstände besitzen alle einen völlig einheitlich gestalteten geschlossenen wassergekühlten Prüfraum.

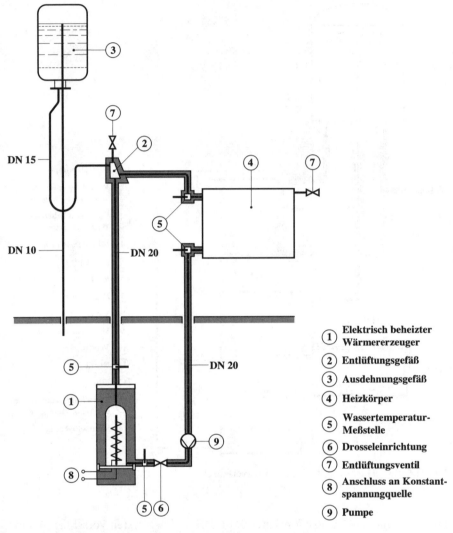

**Bild D1.6-42** Elektrisches Verfahren-Versuchsanordnung

Im geschlossenen Prüfraum wird die Lufttemperatur im Referenzpunkt auf etwa 20 °C konstant geregelt (die Wandtemperaturen entsprechend verändert). Bei der festgesetzten Höhe des Referenzpunktes von 0,75 m Höhe sind die früher im offenen Prüfraum gemessenen Wärmeleistungen etwa gleich den heute im geschlossenen Prüfraum festgestellten, wenn die Heizkörperleistungen nicht allzu groß sind (unter 2 kW; Abweichung bei Prüfständen mit genügender Prüfpraxis liegen unter 4 %, bei den Referenzprüfständen unter 1 %).

Die Leistung wird wasserseitig mit zwei Verfahren gemessen: Wägeverfahren oder elektrisches Verfahren.

Bei der Wägemethode (Bild D1.6-41) wird das durch den zu prüfenden Heizkörper strömende Wasser am Austritt zeitweise in einer bestimmten Zeitspanne in einem Behälter aufgefangen und gewogen; daraus wird der Wasserstrom berechnet. Die Enthalpiedifferenz zwischen Vor- und Rücklauf wird ebenfalls ermittelt. Aus beiden Werten wird die Wärmeleistung des Heizköpers bestimmt.

Bei der elektrischen Methode (Bild D1.6-42) strömt das Wasser im Kreislauf durch einen elektrisch beheizten Wärmeerzeuger und den zu prüfenden Heizkörper. Aus der zugeführten elektrischen Leistung abzüglich der in einem Kurzschlussversuch gemessenen Wärmeverluste des Wärmeerzeugers und der Rohrleitungen wird die Wärmeleistung des Heizkörpers bestimmt.

Die oben erwähnte hohe Genauigkeit (bei den Referenzprüfständen unter 1% Unsicherheit) wird wegen der Vergleichbarkeit der verschiedenen Produkte gefordert; keinesfalls ist eine solche Genauigkeit bei der Auslegung gefragt. Es wird daher auch nur bei der Prüfung der vorne beschriebene Druckeinfluss auf die Leistung berücksichtigt.

## Auslegung von Raumheizkörpern

In Teil C1 ist beispielhaft die Konzeption von Heizanlagen und damit auch teilweise die Auslegung von Raumheizkörpern behandelt. Es sei hier vertieft darauf eingegangen, auch um die Weiterentwicklung von der traditionellen Vorgehensweise zur neuen in der VDI 6030 [A-9] vorgeschlagenen verständlich zu machen.

Die *traditionelle* Vorgehensweise orientierte sich allein an den wärmetechnischen Gegebenheiten durch den Wärmeerzeuger mit der zentralen Vorlaufregelung sowie den Norm-Wärmebedarf in dem Raum, der mit den auszulegenden Heizkörpern ausgerüstet werden soll:

- Als der Wärmeerzeuger generell noch so betrieben wurden, dass eine Vorlauftemperatur von mindestens 90 °C lieferbar war und die Heizungsfachleute bei einer so hohen Temperatur noch keine Energiespar- oder Komfortbedenken hatten, war folgende Vorgehensweise bei der Auslegung üblich:
  1. „Norm-Wärmebedarf $\dot{Q}_h$"[14] berechnen
  2. Norm-Leistung des erforderlichen Heizkörpers (damals für $\vartheta_V = 90\,°C$, $\vartheta_R = 70\,°C$ und $\vartheta_L = 20\,°C$) dem Norm-Wärmebedarf gleichsetzen ($\dot{Q}_n = \dot{Q}_h$).
  3. Modell aus einem Heizkörperkatalog auswählen (wenig Modelle einer Modellreihe aber sehr feine, meist gliedweise Längenabstufung)
  4. Wasserstrom aus dem Katalog für 20 K Norm-Spreizung nehmen.
- Auch in der Zeit der generellen 90/70-Auslegung gab es davon abweichende Randbedingungen bei der Wärmeerzeugung mit gegenüber 90 °C weit höhe-

---

[14] Bis 1993 wurde der Norm-Wärmebedarf mit $\dot{Q}_h$ bezeichnet, danach mit $\dot{Q}_N$ und die Berechnung weiterentwickelt ($\dot{Q}_N < \dot{Q}_h$). Heute lautet der Begriff: Norm-Heizlast.

ren Vorlauftemperaturen (z.B. 110°C bei der Fernwärme). Über Gleichung D1.6-56 wurden die Katalogwerte umgerechnet und sonst vorgegangen, wie vor beschrieben.

- Mit der auch durch staatliche Verordnung geförderten breiten Einführung von sog. Niedertemperatur-Wärmeerzeugern mit einer maximalen Betriebstempertur von 75°C war in keinem Fall mehr der „$\dot{Q}_n = \dot{Q}_h$"-Ansatz richtig; die Heizkörperkataloge enthalten nun mehrere Temperaturpaarungen wie 70/60°C, 70/55°C oder auch 55/45°C. Die *neuere* Vorgehensweise knüpft dennoch an die traditionelle an:
  1. $\dot{Q}_N$ berechnen
  2. Auslegeleistung $\dot{Q}_H = (1 + x)\, \dot{Q}_N$ nach DIN 4701 T3 [D1.2-1] berechnen (mit $x = 0{,}15$, wenn die Vorlauftemperatur nicht anhebbar ist)
  3. Temperaturpaarung $\vartheta_V^*/\vartheta_R^*$ (* für Katalogangabe) vorgeben
  4. Modell aus einem Heizkörperkatalog (meist viele Modelle einer Modellreihe, gegenüber der Gliederstufung gröbere Längenstufung) auswählen; Katalogleistung $\dot{Q}^*$ für die Temperaturpaarung $\vartheta_V^*/\vartheta_R^*$
  5. Die tatsächliche Rücklauftemperatur $\vartheta_R < \vartheta_R^*$ berechnen mit Gleichung D1.6-56 in der Form

$$\Delta \vartheta_{lg} = \Delta \vartheta_{lg}^* \left( \frac{\dot{Q}_H}{\dot{Q}^*} \right)^{\frac{1}{n}}$$

und

$$\Delta \vartheta_R \approx 2\, \Delta \vartheta_{lg}^* \left( \frac{\dot{Q}_H}{\dot{Q}^*} \right)^{\frac{1}{n}} - \Delta \vartheta_V^* \qquad\qquad (D1.6\text{-}66)$$

6. Der bei der realen Spreizung $\sigma = \Delta\, \vartheta_V^* - \Delta\vartheta_R$ erforderliche Heizwasserstrom wird bestimmt mit Gleichung D1.6-65, also

$$\dot{m}_H = \frac{\dot{Q}_H}{\sigma\, c_W}$$

In der Auslegeleistung $\dot{Q}_H$ sind anordnungsbedingte Verluste durch Abstrahlung zu einer „kalten" Umfassungsfläche des Raumes nicht enthalten; sie sind auch im Rahmen der Gesamtrechnung bei heutiger Dämmgüte vernachlässigbar.

- Sehr häufig ersparen sich Praktiker den 5. Rechenschritt und setzen als Spreizung in Gleichung D1.6-65 unmittelbar den Katalogwert $\sigma^* = \vartheta_V^* - \vartheta_R^*$ ein. Der Heizwasserstrom ist dann im Verhältnis $\sigma/\sigma^*$ zu groß. Hierzu:

Beispiel
Die Auslegeleistung ist $\dot{Q}_H = 1000\,W$. Die nächstliegende Katalogleistung in der Tabelle für $\vartheta_V^* = 55°C$ und $\vartheta_R^* = 45°C$ ist $\dot{Q}^* = 1100\,W$. Aus Gl. D1.6-65 ist die reale Rücklauftemperatur und damit auch reale Spreizung zu erhalten:

$$\sigma = 2\left[\Delta\vartheta_V^* - \Delta\vartheta_{lg}^* \left(\frac{\dot{Q}_H}{\dot{Q}^*}\right)^{\frac{1}{n}}\right] = 2\left[35K - 29,72K\left(\frac{10}{11}\right)^{\frac{1}{1,3}}\right] = 14,8K$$

Der Katalog-Wasserstrom wäre um 48% zu groß.

Vor dem Hintergrund des zuletzt gebrachten Beispiels stellt sich die Frage, ob die üblichen Heizkörperkataloge mit den vielen Tabellen für fest vorgegebene Vorlauf-/Rücklauftemperaturpaarungen gar keine Rechenerleichterung bieten und eher zu Fehlauslegungen verleiten. Es würde nämlich völlig ausreichen, nur die längenbezogenen Norm-Wärmeleistungen der verschiedenen Modelle einer Modellreihe sowie die lieferbaren Längenabstufungen zu tabellieren. Eine Umrechnung auf die realen Auslegebedingungen ist in jedem Fall erforderlich. Soll sich die Auslegung mit einem vereinfachten „Normleistungskatalog" ebenfalls nur an den wärmetechnischen Gegebenheiten orientieren, wird folgendermaßen vorgegangen

1. Berechnen von $\dot{Q}_N$ und
2. $\dot{Q}_H$ wie vorn beschrieben.
3. Vorgabe einer Vorlaufübertemperatur $\Delta\vartheta_{V,0}$ (z.B. abgestimmt auf den Wärmerzeuger)
4. Ablesen von $\dot{Q}_H/\dot{Q}_n$ aus dem Heizkörper-Auslegungsdiagramm (z.B. Bild C1-8 oder in VDI 6030 [A-9]) bei ($\Delta\vartheta_{V,0} - \sigma_0$) nach Gleichung D1.6-64 oder aus Bild C1-7 den vorläufigen Wert von $\dot{Q}_n$ errechnen.
5. Modellauswahl aus einem „Normleistungskatalog"; mit dem gefundenen $\dot{Q}_n^* \geq \dot{Q}_n$ das endgültige $\dot{Q}_H/\dot{Q}_n^*$ ermitteln und aus dem Auslegungsdiagramm $\Delta\vartheta_R$ ablesen.
6. Heizwasserstrom mit Gl. D1.6-65 bestimmen.

Diese zuletzt gezeigte Vorgehensweise ist auch für die Anforderungsstufe 1 nach VDI 6030 [A-9] zweckmäßig. Hier ist, wie bisher bei der traditionellen Vorgehensweise, lediglich die Deckung der Norm-Heizlast gefordert, d.h. unter Auslegebedingungen nach DIN 4701 [A-7] darf in der sog. Anforderungszone nach VDI 6030 die Raumtemperatur nicht unter den Sollwert sinken. Die Anordnung (Ort im Raum) und Größe (Ansichtfläche) des Raumheizkörpers ist dabei frei wählbar. Nur bei der Vorgabe der Vorlauftemperatur $\vartheta_V$ sind gemäß VDI 6030 Grenzen nach oben und unten zu beachten: „Die untere Grenze ergibt sich aus psychologischen Überlegungen (die Heizfläche muss sich im Betrieb warm anfühlen, da sonst „keine Wärmelieferung" assoziiert wird) zu $\vartheta_{V,min} = 45\,°C$. Die obere Grenze ist aus Gründen der Energieeinsparung und der Unfallsicherheit (Körperkontakt von Kindern) auf $\vartheta_{V,max} = 60\,°C$ festgelegt. Für die Bereitstellung einer Aufheizreserve kann $\vartheta_{V,max}$ auch kurzzeitig 70° betragen".

Bereits in den Teilen A und B ist dargelegt, dass die Anforderungen an eine Heizung weit über den Einfachanspruch, nur die Norm-Heizlast zu decken, hinausgehen. In Teil C1 ist am Beispiel der Konzeption von Heizanlagen gezeigt, wie die Anforderungen in entsprechende Anlagenfunktionen umgesetzt werden. Die Richtlinie VDI 6030 [A-9] liefert mit der Einführung von Anforderungsbegriffen wie den der „Anforderungszone" und den der Anforderungsstufen zusammen mit einem Pflichtenheftmuster (s. Tab C1-2) die Grundlage hierzu. Die Anforderungsstufe 1 deckt den Einfachanspruch. Bei der zweiten Stufe dürfen sich durch entsprechende Anordnung der Raumheizflächen keine Strahlungsdefizite mehr in der vorgegebenen Anforderungszone auswirken. Das heißt, die Heizung muss über die Deckung der Heizlast hinaus die Funktion besitzen (Teil A), das von einer „kalten" Umfassungsfläche ausgehende Strahlungsdefizit auszugleichen. Bei Stufe 3 wird die vollständige Beseitigung aller in VDI 6030 aufgezählten (definierten) Behaglichkeitsdefizite gefordert. Gegenüber Stufe 2 dürfen insbesondere „störende Luftströmungen die vorgegebene Anforderungszone nicht erreichen" und es muss sichergestellt sein, dass „die Heizfläche aufgrund ihrer Länge und Anordnung eine Fallluftströmung abfängt (Heizkörperlänge = Fensterbereite)". Als „kalte" Umfassungsfläche (s. Auch Kap. D1.2) ist diejenige definiert, die kälter ist als eine Fläche mit Auslegungsinnentemperatur $\vartheta_{i,A}$; berücksichtigt werden jedoch nur Flächen mit $\vartheta_{i,A} - \vartheta_U > 4\,K$. Die Untertemperatur ist definiert zu:

$$\Delta\vartheta_U = k_U\,\frac{1}{\alpha_i}\left(\vartheta_{i,A} - \vartheta_a\right) \tag{D1.6-67}$$

mit   $k_U$, dem Wärmedurchgangskoeffizienten der „kalten" Umfassungsfläche $A_U$

$1/\alpha_i = 0{,}13\,m^2K/W$ gemäß DIN 4701 T1 [A-7].

Für den Nachweis der Beseitigung des Strahlungsdefizits wird vereinfachend angenommen, dass sich der Wärmeaustausch durch Strahlung mit der linearen Beziehung nach Bd. 1 Gl. G1-21 darstellen lässt sowie die Koeffizienten $\alpha_R$ für Heizfläche und „kalte" Fläche gleich sind (siehe Kap. D1.2 und Bild D1.2-10). Die erforderliche Übertemperatur $\Delta\vartheta_H$ einer oder mehrerer Heizflächen mit den jeweiligen Ansichtsmaßen $L_{HK}$ (Länge) und $H_{HK}$ (Höhe) ist:

$$\Delta\vartheta_H = \vartheta_H - \vartheta_i \geq \frac{A_U\,\Delta\vartheta_U}{\Sigma L_{HK} H_{HK}} \tag{D1.6-68}$$

und mit mehreren „kalten" Flächen $j$ und Heizfläche $k$:

$$\Delta\vartheta_H = \frac{\Sigma\left(A_{U,j}\cdot\Delta\vartheta_{U,j}\right)}{\Sigma\left(L_{HK,k}\cdot H_{HK,k}\right)} \tag{D1.6-69}$$

Beim Heizkörper mit der höchsten Übertemperatur $\Delta\vartheta_{Hmax}$ ist im Regelfall die Mindestspreizung $\sigma_{min}$ aus Bild C1-7 abzulesen und mit $\sigma_{Ausl} \gtrsim \sigma_{min}$ die Vorlaufübertemperatur für den betreffenden Heizkreis zu bestimmen:

$$\Delta\vartheta_V = \Delta\vartheta_{H\max} + \frac{\sigma_{Ausl}}{2} \qquad\qquad\qquad (D1.6\text{-}70)$$

Dieses Vorgehen gilt für Heizkörper, deren Regeleinrichtung eine bleibende Regelabweichung besitzt (z. B. Thermostatventile).

Bei Einsatz aufwendigerer Regler ohne bleibende Regelabweichung ist es energetisch vorteilhaft (Teil E3), die Auslegespreizung $\sigma_{Ausl}$ kleiner als $\sigma_{min}$ zu wählen, d.h. einen erhöhten Wasserstrom zuzulassen. Auch hier gilt Gl. D1.6-70, d.h. die bei den aufwendigeren Reglern erforderliche Vorlauftemperatur ist niedriger als bei den P-Reglern und somit die Aufheizreserve (z.B. bei kurzzeitigem Anheben auf die maximal mögliche Vorlauftemperatur) größer. Die Grenzwasserströme sind abhängig von den Nennweiten der angestrebten Anbindungsleitungen (s. Tabelle D1.6-2 oder Kap. D2.6).

Bei Vorgabe der Anforderungsstufe 2 oder 3 (nach VDI 6030, siehe oben) ist auf der Basis der übrigen im Pflichtenheft zusammengestellten Daten im Einzelnen folgendermaßen vorzugehen:

1. Festlegen der Anordnung und der Ansichtsabmessungen ($L_{HK}$, $H_{HK}$) des Raumheizkörpers:
   - Heizkörper neben der „kalten" Umfassungsfläche (Fenster) bei Stufe 2 oder unter dem Fenster bei Stufe 3.
   - Strahlungswirkfläche $L_{HK} \cdot H_{HK}$ abstimmen auf räumliche Gegebenheiten unter Beachtung ästhetischer Anforderungen (Stufe 2) oder Heizkörperlänge ausrichten an der Fensterlänge ($L_{HK} \geq L_{Fe}$) und Heizkörperhöhe für den vorhandenen Platz wählen (Stufe 3).
2. Berechnen der erforderlichen Heizflächenübertemperatur $\Delta\vartheta_{H,min}$
   - Untertemperatur der „kalten" Umfassungsfläche nach Gl. D1.6-67
   - Heizflächenübertemperatur $\Delta\vartheta_{H,min}$ nach Gl. D1.6-68 oder -69
3. Auslegungsmindestspreizung $\sigma_{min}$ aus Bild C1-7 ablesen. Sind Regler ohne bleibende Regelabweichung vorgesehen, richtet sich $\sigma_{min}$ nach dem maximal möglichen Wasserstrom. Er ist für übliche Anbindungsleitungen in Tabelle D1.6-2 angegeben. Aus Gleichung D1.6-65 folgt $\sigma_{min} = \dot{Q}_H/(\dot{m}_{max} \cdot c_W)$.
4. Vorlauf-Übertemperatur $\Delta\vartheta_V$ für den Heizkörper mit höherer Wasserübertemperatur $\Delta\vartheta_{Hmax}$ wählen nach Gl. D1.6-70 und Rücklaufübertemperatur $\Delta\vartheta_R = \Delta\vartheta_V - \sigma_{min}$ berechnen.
5. Bestimmen der erforderlichen Norm-Wärmeleistung der Heizkörper
   - aus Heizkörperauslegungsdiagramm (s. Bild C1-8) $(\dot{Q}/\dot{Q}_n)_{erf}$ ablesen und
   - $\dot{Q}_{n,erf} = \dot{Q}_H/(\dot{Q}/\dot{Q}_n)_{erf}$ berechnen. (Die erforderliche Norm-Wärmeleistung darf mit dem eingebauten Heizkörper nicht überschritten werden, da sonst $\Delta\vartheta_{Hmin}$ nicht eingehalten werden kann[15]).

---

[15] Bei Vorgabe der Anforderungsstufe 2 und 3 ist im Unterschied zur Anforderungsstufe 1 die Katalogleistung $\dot{Q}_n^* \leq \dot{Q}_{n,erf}$

6. Auswahl der Heizkörper mit den lieferbaren Abmessungen $L_{HK}$ und $H_{HK}$ und mit $\dot{Q}_n$, ist ($\leq \dot{Q}_{n,erf}$) und
   - gegebenenfalls für reale Abmessungen $L_{HK}$ und $H_{HK}$ die Punkte 2, 3 und 4 wiederholen (meist genügt eine Vorlauftemperatur-Anhebung von 1 oder 2 K).
   - $(\dot{Q}_H/\dot{Q}_n)_{ist}$ berechnen
   - im Heizkörperauslegungsdiagramm (Bild C1-8) über $\Delta\vartheta_V$ die jeweilige Rücklaufübertemperatur $\Delta\vartheta_{R,j}$ ablesen und Spreizung $\sigma_j$ berechnen.
7. Wasserströme $\dot{m}_j$ nach Gl. D1.6-65 berechnen.

## Beispiel

Es ist für ein Zimmer in einem Studentenwohnheim der bereits in der Konzeptionsphase (Vorplanung) vorgegebene Heizkörper auszulegen. In der Konzeptionsphase lag ein Pflichtenheft vor (siehe Tabelle D1.6-3). Aus den Plänen sind zusätzlich die Raumabmessungen (Breite 2,6 m, Tiefe 5 m, Höhe 2,4 m) und die Abmessungen für eine verglaste Tür sowie das Fenster zu entnehmen. Das sog. Mauermaß für die Tür lautet bei der Breite 0,85 m und der Höhe 2 m; beim Fenster sind Breite und Höhe 0,85 m. Für den Wärmedurchgangskoeffizienten von Fenster und Tür werden $k_{Fe} = 1,4\,W/m^2K$ angegeben. Die Anforderungszone soll eine maximale Ausdehnung besitzen, also bis 1 m vor die Außenwand reichen. Die zweite Anforderungsstufe wird von Auftraggeber und Architekt für ausreichend gehalten, das heißt, es ist nur die Beseitigung des Strahlungsdefizits gefordert. Eine von Tür und Fenster ausgehende Fallluftströmung wird hingenommen. Sie kann sich auch nur vor der Tür störend auswirken, da der einheitlich vorgesehene Schreibtisch an der Seiteninnenwand vor dem Fenster seitlich bis zum Boden geschlossen ist. Bereits in der Konzeptionsphase wurde daher festgelegt, den Heizkörper an dem 0,4 m breiten Außenwandstück zwischen Tür und Fenster anzuordnen.

Die sieben Schritte der Auslegung führen zu folgendem Ergebnis:

1. Der Heizkörper zwischen Tür und Fenster hat eine Höhe $H_{HK} = 1,8\,m$ (also 0,2 m Abstand vom Boden) und eine Länge $L_{HK} = 0,3\,m$ (weniger als 0,4 m, um Platz zu lassen für den Anschluss). Die Höhe des Heizkörpers ist fest vorgegeben; die Länge kann sich hier nach den lieferbaren Abmessungen richten.
2. Die Untertemperatur der „kalten" Umfassungsfläche – hier das Fenster – wird mit Gleichung D1.6-67 berechnet:

$$\Delta\vartheta_U = 1,4\frac{W}{m^2K} \cdot 0,13\frac{m^2K}{W} \cdot \left(20°C + 14°C\right) = 6,2K$$

Die mindestens erforderliche Heizflächenübertemperatur ist:

$$\Delta\vartheta_{H,min} = \frac{2,42m^2 \cdot 6,2K}{0,3m \cdot 1,8m} = 27,8K$$

3. Die Auslegungsmindestspreizung wird in Bild D1.6-39 über etwa 28 K zu $\sigma_{min} = 11,2\,K$ abgelesen (oder nach Gleichung D1.6-64).

**Tabelle D1.6-3**  Pflichtenheft zur Konzeption einer Warmwasserheizung (Beispiel)

Projekt:  Studentenwohnraum
Gebäude:  Studentenwohnheim, Straße..., Stadt...

| Raumbuch | | Nutzung | | | | | Auslegungsvorgaben | | | | | Raumspezifikation für Heizen | |
| --- | --- | --- | --- | --- | --- | --- | --- | --- | --- | --- | --- | --- | --- |
| | | | | | | | | | | | | weitere Vorgaben | |
| Ebene | Bez. | Raumart | Norm-heizlast[1] | Heizzeiten von – bis | Lüftungs-art[2] | innere Lasten[3] | Innen-tempe-ratur $\vartheta_{i,a}$ | $\vartheta_{Absenk}$ | Anforde-rungs-zone[4] | Anforde-rungs-stufe | Aufheiz-reserve[5] $\Delta\dot{Q}_{RH}$ | Zusatz-nutzen | Aufwands-zahl[6] $e_{1,\,max}$ |
| | | | W | Uhr | m / F | h / n | °C | °C | m | – | W | – | – |
| 2. OG | x | Wohnen/ Schlafen | 379 | 7 – 22 | F | h (≈0,4) | 20 | 16 | min | 2 | – | – | <1,2 |

[1] nach DIN 4701 [A-7] oder DIN pr EN 12831
[2] bei maschineller Lüftung zusätzliche Informationen (Personenzahl, Geräteleistungen, Betriebszeiten, Gleichzeitigkeiten) zum Zuluftstrom, sonst nur m oder F angeben
[3] Grenze zwischen **h**och und **n**iedrig ist: Innenlast/ Normheizlast ≥ 0,2
[4] Abstand zu „kalter" Umfassungsfläche in m
[5] Mindestreserve in Anlehnung an DIN pr EN 12831 [A-7]
[6] Nutzenübergabe nach VDI 2067 Blatt 20 [C1-4]

4. Nach Gleichung D1.6-70 ist die Vorlauf-Übertemperatur bei einer aufgerundeten Wasser-Übertemperatur $\Delta\vartheta_H = 28\,K$, ebenfalls aufgerundet, $\Delta\vartheta_V = 34\,K$ und die Rücklauf-Übertemperatur damit $\Delta\vartheta_R = 22\,K$.

5. Es kann nun mit diesen Übertemperaturen aus dem Heizkörperauslegungsdiagramm Bild C1-8 das erforderliche Leistungsverhältnis $\dot{Q}/\dot{Q}_n$ abgelesen werden; es ist 0,45. Die Auslegungsleistung $\dot{Q}_H$ darf hier der Normheizlast $\dot{Q}_N$ gleichgesetzt werden, da bei der niedrigen Vorlauftemperatur von 54 °C die notwendige Leistungsreserve über eine Vorlauftemperaturanhebung leicht zu verwirklichen ist. Die maximal erforderliche Normwärmeleistung des Heizkörpers $\dot{Q}_{n,erf}$

$$\dot{Q}_{n,erf} = \frac{\dot{Q}_N}{\left(\dfrac{\dot{Q}}{\dot{Q}_n}\right)_{erf}} = \frac{379W}{0,45} = 842W$$

6. Bei der Auswahl des Heizkörpers ist darauf zu achten, dass bei der geringen Länge eine genügend feine Längenunterteilung gegeben ist. Gliederheizkörper eignen sich hierfür am besten. Es wird ein Röhrenradiator mit einer Höhe von 1,8 m und einer Länge von 0,28 m ausgesucht (s. Tabelle D1.6-4). Er besitzt eine Normwärmeleistung von 824 W. Sie ist bewusst kleiner gewählt als die in Punkt 5 ermittelte erforderliche Normwärmeleistung, damit der Heizkörper über eine kleine Vorlauftemperaturanhebung an die vorliegenden Bedingungen angepasst werden kann, ohne dass die mittlere erforderliche Übertemperatur wie bei dem zunächst durchgerechneten Heizkörper (s. Tabelle D1.6-4) unterschritten wird. Sie ist bei den festgelegten Abmessungen nunmehr $\Delta\vartheta_H$ = 29,8 K, damit die Mindestspreizung $\sigma_{min}$ = 11,9 K und die neue Vorlaufübertemperatur $\Delta\vartheta_V$ = 36 K. Die Rücklaufübertemperatur wird bei $\Delta\vartheta_R = 22\,K$ festgehalten. Es folgt aus dem Heizkörperauslegungsdiagramm $(\dot{Q}_N/\dot{Q}_n)_{ist}$ = 0,46.

**Tabelle D1.6-4** Zur Auswahl eines Röhrenradiators (Beispiel)

| Höhe | Glieder | Glied-länge | Länge | $\Delta\vartheta_{H,min}$ | $\dot{Q}_{n,erf}$ | $\dot{Q}_{n,ist}$ | Bemerkungen |
|---|---|---|---|---|---|---|---|
| m | – | mm | m | K | W | W | |
| 1,80 | – | – | 0,30 | 28,0 | 842 | – | Wunschabmessung |
| 1,80 | 5 | 46 | 0,230 | 36,3 | 592 | 860 | zu starke Absenkung der Wassertemperatur erforderlich |
| 1,80 | 6 | 46 | 0,276 | 30,2 | 758 | 1032 | zu starke Absenkung der Wassertemperatur erforderlich |
| 1,80 | 8 | 35 | 0,280 | 29,8 | ≈824 | 824 | erforderliche Übertemperatur nur gering überschritten |

7. Mit der Spreizung $\sigma = 14\,K$ kann der Wasserstrom nach Gleichung D1.6-65 berechnet werden.

$$\dot{m} = \frac{379W \cdot 3600\,\dfrac{s}{h}}{4180\,\dfrac{J}{kgK}\,14K} = 23,3\,\frac{kg}{h}$$

Mit dem in diesem Beispiel ausgewählten Heizkörper wird:
- die Norm-Heizlast abgeführt,
- das Strahlungsdefizit beseitigt (die Normleistung des Heizkörpers liegt knapp unter dem Sollwert, sodass ein geringfügiger Strahlungsüberschuss hergestellt werden kann, ohne dass der Raum überheizt wird) und
- auch die energetische Sollvorgabe mit der maximalen Aufwandszahl von $e_1$ = 1,2 unterschritten; das Jahresmittel der relativen Heizlast gemäß VDI 2067 Bl. 20 liegt bei $\beta_Q = 0,15$ und somit $1,15 < e_1 < 1,2$ (siehe Teil H3). Würden für die Raumregelung PI-Regler eingebaut werden, wäre hier eine Aufwandszahl von $e_1 \approx 1,1$ erreichbar. Es wäre dann auch ein Anschluss an ein Rohr DN 8×1 in Kupfer oder Weicheisen möglich. Die Spreizung müßte nur geringfügig auf $\sigma = 10\,K$ und die Vorlaufübertemperatur auf 35 K abgesenkt werden.

## Literatur

### Literatur D1.2

[D1.2-1]   DIN 4701: Regeln für die Berechnung des Wärmebedarfs von Gebäuden, Teil 3: Auslegung der Raumheizeinrichtungen. Ausgabe August 1989.

[D1.2-2]   DIN EN 442: Radiatoren und Konvektoren, Teil 2: Prüfverfahren und Leistungsangaben. Ausgabe Februar 1997.

[D1.2-3]   DIN 1946: Raumlufttechnik, Teil 1: Terminologie und graphische Symbole. Ausgabe Oktober 1988.

[D1.2-4]   VDI 2078, Berechnung der Kühllast klimatisierter Räume. Ausgabe Juli 1996.

[D1.2-5]   VDI 2067, Wirtschaftlichkeit gebäudetechnischer Anlagen, Bl. 10: Energiebedarf beheizter und klimatisierter Gebäude. Entwurf Juni 1998; Blatt 11: Rechenverfahren zum Energiebedarf beheizter und klimatisierter Gebäude. Entwurf Juni 1998.

[D1.2-6]   Biegert, B.: Theoretische und experimentelle Untersuchung der Luftbewegung an wärmeabgebenden Körpern, Diplomarbeit Universität Stuttgart 1990.

[D1.2-7]   Hesslinger, S. und Schlapmann, D.: Wärmeübertragung an einer horizontaler Fläche bei Wärmedurchgang von unten nach oben. Nicht veröffentliche Forschungsarbeit IKE, Abt. HLK, Universität Stuttgart, März 1977.

### Literatur D1.3

[D1.3-1]   DIN 18895: Feuerstätten für feste Brennstoffe zum Betrieb mit offenem Feuerraum (offene Kamine). Teil 1: Anforderungen, Aufstellungen und Betrieb. Ausgabe August 1990.

[D1.3-2]   DIN 18895: Feuerstätten für feste Brennstoffe zum Betrieb mit offenem Feuerraum (offene Kamine). Teil 2: Prüfung und Registrierung. Ausgabe August 1990.

[D1.3-3]   DIN 18891: Kaminöfen für feste Brennstoffe. Ausgabe August 1984.

[D1.3-4]   DIN 18890: Dauerbrandöfen für feste Brandstoffe. Teil 1: Verfeuerung von Kohle-
           produkten Anforderungen, Prüfungen, Kennzeichnung, Ausgabe Entwurf Septem-
           ber 1990; Teil 2: Verfeuerung von Scheitholz, Anforderungen, Prüfung, Kennzeich-
           nung. Ausgabe Entwurf Oktober 1990.

[D1.3-5]   DIN 18893: Raumheizvermögen von Einzelfeuerstätten, Näherungsverfahren zur
           Ermittlung der Feuerstättengröße. Ausgabe August 1987.

[D1.3-6]   DIN EN 1: Ölheizöfen mit Verdampfungsbrennern und Schornsteinanschluss.
           Ausgabe August 1990

[D1.3-7]   DIN 4736: Ölversorgungsanlagen für Ölbrenner. Ausgabe April 1991

[D1.3-8]   DIN 18160: Hausschornsteine. Ausgabe Februar 1987.

[D1.3-9]   Muster-Feuerungsverordnung von 1980.

[D1.3-10]  Schüle, W. und Fauth, U.: Untersuchungen an Hausschornsteinen. HLH 13 (1962)
           Nr. 5, S. 133–146.

[D1.3-11]  DIN 3364: Gasgeräte Raumheizer, Teil1: Begriffe, Anforderungen, Kennzeichnung,
           Prüfung (Änderung 1). Ausgabe Entwurf April 1992.

[D1.3-12]  DVGW Arbeitsblatt D 260.

[D1.3-13]  DIN EN 125: Flammenüberwachungseinrichtungen für Gasgeräte, Thermoelektri-
           sche Zündsicherungen. Ausgabe September 1991.

[D1.3-14]  DIN 3258: Flammenüberwachung an Gasgeräten, Teil 2: Automatische Zündsiche-
           rung, Sicherheitstechnische Anforderungen und Prüfung. Ausgabe Juli 1988.

[D1.3-15]  Borstelmann, P. und Rohne, P.: Handbuch der elektrischen Raumheizung. Hüthig
           Buch Verlag Heidelberg, 7., überarbeitete Auflage 1993.

[D1.3-16]  DIN 44576: Elektrische Raumheizung, Fußboden-Speicherheizung; Teil 1: Begrif-
           fe; Teil 2: Prüfungen; Teil 3: Anforderungen; Teil 4: Bemessung für Räume, Ausga-
           be März 1987.

[D1.3-17]  Dipper, Jörg: Der Energieaufwand der Nutzenübergabe bei Einzelheizgeräten.
           Diss. Universität Stuttgart, 2002 (LHR-Mittlg. Nr. 9)

[D1.3-18]  DIN 18892: Dauerbrand-Heizeinsätze für feste Brennstoffe; Teil 1: Zur bevorzug-
           ten Verfeuerung von Kohle, Ausgabe April 1985; Teil 2: Heizeinsätze zur bevorzug-
           ten Verfeuerung von Holz mit verminderten Dauerbrandeigenschaften, Ausgabe
           Oktober 1989. Neue Ausgabe Mai 2000: Kachelofen- und/oder Putzofen-Heizgerä-
           te für feste Brennstoffe

[D1.3-19]  DIN 44570: Elektrische Raumheizung, Speicherheizgeräte mit nicht steuerbarer
           Wärmeabgabe; Teil 1: Begriffe; Teil 2: Prüfung; Teil 3: Anforderungen, Ausgabe
           September 1976; Teil 4: Bemessungen für Räume, Ausgabe Oktober 1977:

[D1.3-20]  DIN 44572: Elektrische Raumheizgeräte, Speicherheizgeräte mit steuerbarer Wär-
           meabgabe; Teil 1: Einleitung und Begriffe; Teil 2: Anforderungen; Teil 3: Prüfun-
           gen; Teil 4: Bemessungen für Räume; Teil 5 Messverfahren zur Ermittlung des
           Wärmeinhaltes (Kolorimeter), Ausgabe August 1989.

[D1.3-21]  DIN 44574: Elektrische Raumheizung, Aufladesteuerung für Speicherheizung;
           Teil 1: Begriffe; Teil 2: Prüfungen von Aufladesteuerungen von Speicherheizgerä-
           ten mit thermomechanischem Aufladeregler; Teil 3: Prüfungen von Aufladesteue-
           rungen von Speicherheizungseinheiten mit elektronischem Aufladeregler; Teil 5:
           Anforderungen an Aufladesteuerungen von Speicherheizungseinheiten mit elek-
           tronischem Aufladeregler, Ausgabe März 1985.

[D1.3-22]  DIN 1946: Raumlufttechnik; Teil 2: Gesundheitstechnische Anforderungen (VDI-
           Lüftungsregeln), Ausgabe Januar 1994.

[D1.3-23]  VDI 2081: Geräuscherzeugung und Lärmminderung in Raumlufttechnischen
           Anlagen, Ausgabe März 1983.

[D1.3-24]  DIN 4794: Ortsfremde Warmlufterzeugung; Teil 1: mit und ohne Wärmetauscher,
           allgemeine und lufttechnische Anforderungen, Prüfung; Teil 2: Ölbefeuerte Warm-
           lufterzeuger, Anforderungen; Teil 3: Gasbefeuerte Warmlufterzeuger mit Wärme-
           tauscher, Anforderungen, Prüfung, Ausgabe Dezember 1989; Teil 5: Allgemeine
           und sicherheitstechnische Grundsätze, Aufstellung, Betrieb, Ausgabe Juni 1980.

## Literatur D1.4

[D1.4-1]  Arbeitsstättenrichtlinie ASR 5 Lüftung (10. 1979).

[D1.4-2]  Gefahrstoffverordnung vom 26.08.1986.

[D1.4-3]  DIN 4794: Ortsfeste Warmlufterzeuger; Teil 7: Gasbefeuerte Warmlufterzeuger ohne Wärmeaustauscher; Sicherheitstechnische Anforderungen, Prüfung, Ausgabe Januar 1980.

[D1.4-4]  DIN 3372: Gasgeräte-Heizstrahler mit Brenner ohne Gebläse. Teil 1: Glühstrahler, Ausgabe Entwurf Januar 1988; Teil 6: Gasgeräte-Heizstrahler, Dunkelstrahler mit Brenner und Gebläse, Ausgabe Dezember 1988.

## Literatur D1.6

[D1.6-1]  DIN 18560: Estrich im Bauwesen; Teil 2: Estriche und Heizestriche auf Dämmschichten (schwimmende Estriche), Ausgabe April 2004.

[D1.6-2]  Schlapmann, D.: Konvektiver Wärmeübergang an beheizten Fußböden, Diss. Uni Stuttgart 1982.

[D1.6-3]  DIN EN 1264: Fußboden-Heizung, Systeme und Komponenten; Teil 1: Definitionen und Symbole, Ausgabe November 1997.

[D1.6-4]  Konzelmann, M. und Zöller, G.: Wärmetechnische Prüfungen von Fußbodenheizungen. HLH Bd. 33 (1982) Nr. 4, S. 136–142.

[D1.6-5]  DIN EN 2264: Fußboden-Heizung, Systeme und Komponenten; Teil 2: Bestimmung der Wärmeleistung, Ausgabe November 1997.

[D1.6-6]  Kast, W., Klan, H. und Bohle, J.: Wärmeleistung von Fußbodenheizungen. HLH Bd. 37 (1986) Nr. 4, S. 175–182 und Nr. 10, S. 497–502.

[D1.6-7]  DIN EN 1264: Fußboden-Heizung, Systeme und Komponenten; Teil 3: Auslegung, Ausgabe November 1997.

[D1.6-8]  Jakob, M.: Trans. Amer. Soc. mech. Engrs. 68 (1946), S. 189/194.

[D1.6-9]  Kast, W., Krischer, O., Reinicke, H. und Wintermantel, K.: Konvektive Wärme- und Stoffübertragung, Springer Verlag Berlin, Heidelberg, New York 1974.

[D1.6-10]  Kast, W., Klan, H. und Rosenberg, J.: Leistungen von Heiz- und Kühlflächen. HLH Bd. 45 (1994) Nr. 6, S. 278–281.

[D1.6-11]  Chrenko, F. A.: Heated Ceilings and Comfort, Jour. of the Inst. of Heat. a. Vent Eng.; London 20 (1953), No. 209, S. 375–396 und 21 (1953), No. 215, S. 145–154.

[D1.6-12]  Kollmar, A.: Welche Deckentemperatur ist bei der Strahlungsheizung zulässig? G.I. Heft. 1/2 (75. Jahrg. 1954) S. 22–29.

[D1.6-13]  Glück, B.: Grenzen der Deckenheizung – Optimale Heizflächengestaltung, HLH Bd. 45 (1994), Nr. 6, S. 293–298 .

[D1.6-14]  DIN 4706: Deckenstrahlplatten, Teil 1: Prüfregeln, Ausgabe Juni 1993; Teil 2: Wärmetechnische Umrechnung, Ausgabe August 1995. Neue Ausgabe August 2003: DIN EN 14037, Teil 1: Deckenstrahlplatten für Wasser mit einer Temperatur unter 120 °C. Technische Spezifikationen und Anforderungen, Teil 2: Prüfverfahren für Wärmeleistungen.

[D1.6-15]  DIN EN 442: Radiatoren, Konvektoren und ähnliche Heizkörper, Prüfung und Leistungsangabe, Ausgabe Februar 1997.

[D1.6-16]  Bitter, H., Mangelsdorf, R.: Wärmeleistung einer deckenstrahlplatte unter Prüfstands- und Praxisbedingungen. HLK-Brief Nr. 5, Dez. 1993, Verein der Förderer der Forsch. HLK Stuttgart e.V.

[D1.6-17]  DIN 4704: Prüfung von Raumheizkörpern, Ausgabe September 1988.

[D1.6-18]  Sauter, H.: Maßgebende Stoffwerttemperaturen und Einfluß des Luftdrucks bei freier Konvektion, Diss. Uni. Stuttgart 1993.

[D1.6-19]  Schlapmann, D.: Einfluß der Einbauanordnung, Anschlußart und Betriebsbedingungen auf die Wärmeabgabe von Heizkörpern. Forschungsvorhaben Nr. 3049 der AIF – DFBO, unveröffentlicher Bericht.

[D1.6-20]   Bach, H.: Die Wärmeabgabe von Raumheizkörpern bei extrem kleinen Heizmittel-
            strömen. HLH Bd. 34 (1983), Nr. 8, S. 336–337.
[D1.6-21]   DIN 4703, T 3 E Raumheizkörper, Umrechnung der Normwärmeleistung, Ausgabe
            Mai 1999.
[D1.6-22]   Esdorn, H. et al.: 100 Jahre Hermann-Rietschel-Institut für Heizungs- und Klima-
            technik, 1995.
[D1.6-23]   Krischer, O. und Raiß, W.: Richtlinien für die Prüfung von Raumheizkörpern. G.I.
            Heft 11 (83. Jahrg. 1962) S. 329–332.

# D2
# Wärmeverteilung

## D2.1
## Einleitung

Der Wunsch, die Wärmeerzeugung von der Wärmeübergabe zu trennen, sie vollständig aus dem Aufenthaltsbereich zu halten und zentral im Gebäude an einer Stelle anzuordnen, führt zu einem Verbindungssystem, in dem ein Heizmittel (Wärmeträger) die Wärme vom Erzeuger zur Übergabe transportiert. Da nahezu immer einem Wärmeerzeuger mehrere Übergabestellen zugeordnet sind, wird nie von einem Verbindungssystem, sondern von der Wärmeverteilung oder dem Verteilsystem (VDI 2073 [D2.1-1]) gesprochen. Abgesehen von der erhöhten Sicherheit, die durch die Entfernung des Feuers aus dem Aufenthaltsbereich erreicht wird, hat die Trennung von Übergabe und Erzeugung der Wärme eine Reihe weiterer Vorteile:
- Es lässt sich die Zahl der Feuerstellen und Schornsteine verringern, da einem Wärmeerzeugungssystem beliebig viele Übergabeeinrichtungen zugeordnet werden können; dadurch reduziert sich auch der Aufwand für die Bedienung des Wärmeerzeugers.
- Der Brennstoff- und Aschentransport in die und aus den Wohnungen entfällt.
- Übergabe- und Erzeugungssystem können unabhängig von einander optimiert werden. Dadurch lässt sich im Übergabebereich die Behaglichkeit beträchtlich steigern und zugleich der Energieaufwand senken; im Erzeugungsbereich ist eine bessere Brennstoffausnutzung und eine wesentlich geringere Umweltbelastung zu erreichen. Der Einsatz rationeller Erzeugungstechniken (z.B. Fernwärme, Wärmepumpe, Solarkollektoren) wird ermöglicht.

Nachteilig sind der zusätzliche Aufwand für das Verbindungssystem, auch an Energie zur Förderung des Heizmittels, ferner die Energieverluste und ggf. weitere Kosten für die Feststellung der in den einzelnen Übergabebereichen anfallenden Heizkosten [siehe Teil G].

Für die Planung, Entwicklung und Bewertung von Verteilsystemen ist es, wie in Teil A2 ausgeführt, vorteilhaft, die Sollfunktionen zusammenzustellen. Von den in den Tabellen A2-2 bis 4 aufgelisteten Funktionen für Gesamtheizanlagen entfallen bestimmungsgemäß die Funktionen, die einen direkten Nutzen bewirken und die für den Wärmeerzeuger gelten. Hinzu kommen aber Funktionen, mit denen ein Verteilsystem im Vergleich zu anderen detailliert zu beurteilen ist. Es entfallen demnach Funktionen, die aus technischen Grundanforderungen resultieren und damit grundsätzlich bei allen Verteilsystemen vorhanden sind, wie Druckfestigkeit, Dichtigkeit, Eigenstabilität, Korrosionsbeständigkeit, Ausdehnungsmöglichkeit, Luftabscheidemöglichkeit und Verhinderung von Sauerstoffeintrag. Die Tabelle D2.1-1 gibt eine Übersicht der Sollfunktionen in der Darstellung der VDI 2073 [D2.1-1].

Aus dem Hauptgrund für die Trennung von Übergabe und Erzeugung und der daraus folgenden Notwendigkeit für ein Verteilsystem ist eine besondere Festanforderung abzuleiten: Generell müssen die für das jeweilige Übergabe- oder Erzeugungssystem geforderten Funktionen ermöglicht werden.

Die je nach den Randbedingungen unterschiedlichen Grenzforderungen sind maßgeblich für die Auslegung eines Verteilsystems. Grenzwerte sind regelmäßig vorgegeben bei den Herstellkosten und dem Platzbedarf für ein Verteilsystem; die Wärmeverluste sind durch Vorschriften für die Wärmedämmung ebenfalls begrenzt.

**Tabelle D2.1-1**  Übersicht über die Sollfunktionen eines Verteilsystems

| | Sollfunktionen einer Verteilung | |
|---|---|---|
| | Hauptfunktionen | Unterfunktionen |
| **Fest-anforderungen** | Heizmittelströme verteilen | |
| | Temperaturen vorhalten | |
| | Regelungsaufgaben übernehmen (für Übergabe und Erzeugung) | Raumtemperatur regeln (anstelle des Übergabesystems) Rücklauftemperatur einhalten (für Erzeugung) Vorlauftemperatur absenken (zeitweise, bereichsweise) Wasserströme in Übergabe- oder Erzeugerkreisen konstant halten (z.B. Sicherheitsfunktion) |
| | Übergabe- und Erzeugerfunktionen herstellen | |
| **Grenz-anforderungen** | Herstellkosten begrenzen | |
| | Platzbedarf begrenzen | |
| | Energieaufwand begrenzen | |
| **Wunsch-anforderungen** | Übergabe- und Erzeugerfunktionen unterstützen | Raumregelung durch Vorlauftemperaturregelung unterstützen Rücklauftemperatur am Erzeuger einhalten |
| | Funktionenoptimierung ermöglichen (bei der Übergabe und Erzeugung) | |
| | Herstellkosten minimieren | |
| | Energiebedarf minimieren (Pumpe) | |
| | Energiekostenverteilung erreichen | |

Bei den Funktionen mit Wunschcharakter entscheiden die verschiedenen erreichbaren Erfüllungsgrade über eine Rangfolge bei einer vergleichenden Wertung. Hierzu gehört, dass Verteilsysteme in unterschiedlicher Weise Funktionen im Übergabe- und Erzeugungsbereich unterstützen. Dies sind vor allem Regelungsfunktionen. Damit verbunden ist auch die Fähigkeit, diese Funktionen zu optimieren. Weiterhin ist erwünscht, Verteilsysteme so zu gestalten, dass der für die Heizmittelumwälzung erforderliche Energiebedarf minimiert wird. Schließlich sind je nach Wahl des Verteilsystems unterschiedliche Heizkostenverteilsysteme verwendbar. Auch hier ist in wirtschaftlicher Hinsicht die erreichte Gesamtoptimierung ein Vergleichsmaß.

Ein Verteilsystem besteht aus mindestens einem geschlossenen Kreis, in dem das Heizmittel vom Erzeuger zur Übergabe und zurück zirkuliert (siehe Bild D2.1-1, Sinnbilder siehe Tabellen D2.1-2 und -3). Dieser sog. hydraulische Kreis ist durch einen überall gleichen Massenstrom gekennzeichnet. Da generell mehrere Übergabesysteme (Heizflächen, Wärmetauscher oder sonstige Verbraucher – alle symbolisiert durch die beiden konzentrischen Kreise in Bild D2.1-2 – von einem oder wenigen Erzeugern (symbolisiert durch einen Kessel) versorgt werden, überdecken sich streckenweise mehrere hydraulische Kreise; hier addieren sich die Einzelmassenströme. Diese Überdeckungen können in Stränge gegliedert sein (siehe Bild D2.1-2). Den Streckenbereich, in dem sich alle Verteilkreise

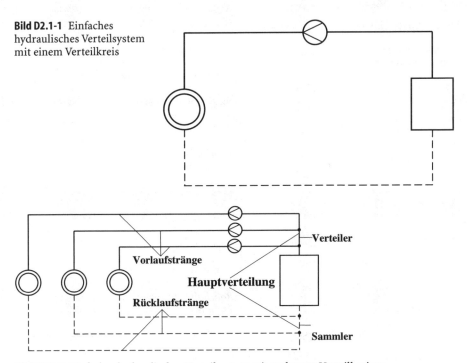

**Bild D2.1-1** Einfaches hydraulisches Verteilsystem mit einem Verteilkreis

**Bild D2.1-2** Einfaches hydraulisches Verteilsystem mit mehreren Verteilkreisen

**Tabelle D2.1-2** Sinnbilder für Verteilsysteme [D2.1-1 und -2]

| Benennung | Sinnbild | Benennung | Sinnbild |
|---|---|---|---|
| *Leitungen:* Rohr, allgemein | —— | Absperrorgan mit Handrad | |
| Rohr geheizt oder gekühlt | | mit Magnet | |
| Rohr gedämmt | | mit Motorantrieb | |
| Rohr gedämmt und beheizt oder gekühlt | | mit Membran | |
| Schlauch | | mit Schwimmer | |
| Kreuzende Leitung mit und ohne Verbindung | | Wasserstrom nicht veränderbar (Summenwasserstrom) | |
| Abzweigstelle | | Wasserstrom veränderbar (Teilwasserstrom) | |
| *Verbindungen:* Flanschverbindungen | | Dreiweg-Armatur (Mischer) | |
| Muffenverbindungen | | Dreiweg-Armatur (Verteiler, nicht zulässig für Ventile) | |
| Schraubverbindungen ohne bzw. mit Überwurfmutter | | *Ausgleicher:* U-Bogen-Ausgleicher | |
| Schweißnaht/Lötnaht | | Lyra- Ausgleicher | |
| *Absperrorgane:* Absperrschieber | | Dehnungs- Ausgleicher | |
| Hahn (Durchgang) | | Balgkompensator | |
| Eckhahn | | Schiebemuffe | |
| Absperrklappe | | *Zubehör:* Abscheider | |
| Absperrventil | | Kondenswasserabscheider | |
| Eckventil | | Schmutzfänger | |
| Sicherheitsventil mit Gewicht | | Regenhaube | |
| Sicherheitsventil mit Feder | | Abflusstrichter | |
| Druckminderventil | | *Rohrhalterungen:* Festpunkt | |
| Rückschlagorgan, allgemein | | Gleitlager | |
| Rückschlagklappe | | | |
| Rückschlagventil absperrbar | | | |
| Drosselklappe | | | |

**Tabelle D2.1–3** Graphische Symbole für Verteilsysteme und Heiztechnik allgemein[D2.1-1, -2 und -3]

| Benennung | Sinnbild | Benennung | Sinnbild |
|---|---|---|---|
| Dampfleitung | | Kondensatabscheider | |
| Kondensatleitung | | Stellarmatur | |
| Heizung Vorlauf | | Regelarmatur | |
| Heizung Rücklauf | | Rückschlagarmatur | |
| Luftleitung | | Drosselklappe | |
| Kessel | | Absperrarmatur | |
| | | Absperrarmatur mit Entleerung | |
| Speicher | | Absperrschieber | |
| | | Druckminderventil | |
| Heizkörper | | Sicherheitsventil, gewichtsbelastet | |
| Wärmeaustauscher (allgemein) | | Sicherheitsventil federbelastet | |
| Wärmeaustauscher (Rohrbündel) | | Standrohr | |
| Wärmeaustauscher mit Speicher | | Belüftungsventil | |
| Wandluftheizgerät: a Umluft b Außenluft | | Be- und Entüftungsstelle | |
| | | Druckmessung | |
| Behälter: offen | | Temperaturmessung | |
| geschlossen | | Pumpe | |
| Druckbehälter | | Wärmeverbraucher | |
| Wasserabscheider | | | |

überdecken, nennt man Hauptverteilung mit dem Verteiler im Vorlauf und dem Sammler im Rücklauf.

Um die Verteilung zu verbessern oder um bestimmte Übergabe- oder Erzeugerfunktionen zu ermöglichen, zu unterstützen oder gar zu optimieren, können im Übergabe- oder Erzeugungsbereich – oder in beiden – zusätzliche Kreise vorgesehen sein: Übergabekreis (Verbraucherkreis), Erzeugerkreis (siehe Bild D2.1-3). Die Kreise können direkt verbunden sein (sie besitzen das gleiche Heizmittel, das sich an der Verbindungsstelle mischt) oder indirekt über einen Wärmeaustauscher (die Heizmittel können dann verschieden sein oder verschiedene Drücke besitzen). Der häufig für Verteilsysteme auch verwendete Begriff „hydraulisches Netz" gilt streng genommen nur für die direkt verbundenen Systeme (Bild D2.1-3).

Da der Wärmeübergabekreis zum System der Wärmeübergabe zählt und analog der Wärmeerzeugerkreis zur Wärmeerzeugung (sie sind maßgeblich für die jeweiligen Funktionen), liegen die Systemgrenzen der Verteilung an den Verbindungsstellen dieser Kreise. Bei direkter Verbindung können sie Rückwirkungen auf den eigentlichen Verteilkreis haben („Vermaschung"). Zur hydraulischen Entkopplung von Erzeuger- und Verteilkreisen werden häufig speziell gefertigte Entkoppler, sog. „hydraulische Weichen", eingesetzt. Sie können in senkrechter Anordnung auch als Pufferspeicher genutzt werden.

Im Wärmeerzeugungssystem, z.B. bei Fernwärmeversorgung, können mehr als zwei Kreise miteinander verbunden sein. Auch in der Verteilung kann mehr als ein Kreis vorkommen, wenn z.B. unterschiedliche Temperaturniveaus gefordert sind.

Bei ausgedehnten Verteilsystemen mit mehreren unabhängig betriebenen Verbrauchern oder Verbrauchergruppen (Fernwärme-, Fabriknetze) werden gelegentlich jeweils Vor- und Rücklauf bereichsweise aus Sicherheitsgründen oder, um einfacher Reparaturen ausführen zu können, miteinander verbunden („Vermaschung", siehe Bild D2.1-4). Nachdem heute regelbare Pumpen zur Verfügung stehen und so die im Betrieb geforderten Drücke einzuhalten sind, blei-

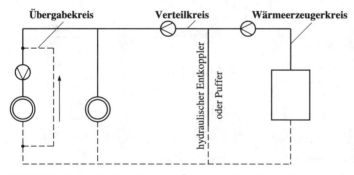

**Bild D2.1-3** Hydraulisches Netz mit Übergabe-, Verteil-, und Erzeugerkreis (nur bei Flüssigkeiten als Heizmittel)

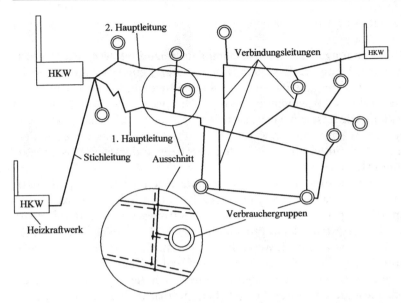

**Bild D2.1-4** Vermaschungen in einem vereinfachten realen Fernheiznetz mit 3 Einspeisungen, ältere Ausführung ohne im Betrieb abgeschieberte Verbindungsleitungen (aus [D2.1-4])

ben die Querverbindungen im Normalbetrieb geschlossen. Dadurch werden energetisch unerwünschte Anhebungen der Rücklauftemperatur vermieden und Verteilenergie gespart.

Die Wahl des Heizmittels in den verschiedenen Kreisen ist durch die aus den jeweiligen Sollfunktionen abzuleitenden Anforderungen vorbestimmt. Ergeben sich unterschiedliche Heizmittel für die Wärmeerzeugung und die Wärmeübergabe, sind jeweils mit dem Ziel, die Funktionen in den beiden Bereichen zu optimieren, entsprechende Heizkreise einzurichten und durch Wärmeaustauscher zu verbinden.

Als Heizmittel kommen generell in Frage: Wasser, Wasserdampf, Kältemitteldampf, Heißöl und Luft.

In Teil B wird begründet, warum erwärmte (oder gekühlte) Luft – auch wenn sie über Kanäle auf mehrere Räume verteilt wird – nicht zum Verteil-, sondern zum Übergabebereich zählt und insofern als Verteilmedium nicht in Frage kommt, es sei denn, sie zirkuliert in einem geschlossenen Kanalsystem und gelangt nicht in den Aufenthaltsbereich. Dieses ist z.B. bei bestimmten Elektro-Blockspeichern, in denen Luft im Kreislauf Wärme von dem Speicherkern zu einem Luft-Wasser-Wärmetauscher transportiert, realisiert. In diesem Anwendungsfall ist Luft das Heizmittel im Wärmeerzeugerkreis. Es gehört damit zu diesem System und nicht zur eigentlichen Wärmeverteilung (hier wäre es Wasser). Auch die erwärmte Luft aus Solarkollektoren ist kein Verteilmedium; die Absorberfläche im Kollektor ist zugleich Oberfläche des

Wärmeerzeugers und der Wärmeübergabe (Systemgrenze der Übergabe ist die Absorberfläche).

Bei der Verwendung von Kältemitteldampf als Heizmittel stellt meist die luftgekühlte Oberfläche des Verflüssigers (Kondensators) einer Wärmepumpe die Systemgrenze zur Übergabe dar und der Kältemitteldampf gehört damit zum Wärmeerzeugerkreis (Wärmepumpenkreis). Nur wenn der Verflüssiger mit Wasser gekühlt wird, ist ein Verteilsystem vorhanden. Außerhalb von Kältemaschinen oder Wärmepumpen werden Kältemittel des Aufwands wegen nicht eingesetzt. Als Heizmittel für Verteilsysteme verbleiben demnach Wasser, Wasserdampf und Heißöl.

Mit Wasser als Heizmittel lassen sich am einfachsten die meisten Sollfunktionen erfüllen. Im Zusammenhang mit sicherheitstechnischen Anforderungen (siehe Kap. D3.7) spricht man bis 100 °C von Warmwasser[1] und darüber von Heißwasser. Die Begriffsfestlegungen sind in DIN 4751 Tl 1 bis 3 und DIN 4752 zu finden; siehe Tabelle D3.7-1. Wenn die Temperatur im Verteilnetz unter 0 °C sinken kann, müssen dem Wasser Frostschutzmittel beigemischt werden. Wasser-Frostschutzmittel-Lösungen haben nicht nur einen herabgesetzten Gefrierpunkt, auch alle anderen Stoffgrößen (Dichte, spezifische Wärmekapazität, Viskosität und Wärmeleitfähigkeit) sind stark verändert.

Im Unterschied zu Wasser ist bei Dampf als Heizmittel der Gestaltungsspielraum erheblich eingeschränkt. Man unterscheidet nach der Dampfkesselverordnung (s. Tabelle D3.7-1) zwischen Niederdruckdampf (bis 2 bar Betriebsdruck), Hochdruckdampf (über 2 bar) und Unterdruckdampf (0,2 bis 1,1 bar). Bei Nieder- und Hochdruckdampf sind die Heizmitteltemperaturen mindestens 100 °C und konstant; bei Unterdruckdampf können sie niedriger sein und auch variabel.

Heißöl (Thermoöl) kommt als Heizmittel wegen der erhöhten Kosten nur für Beheizungs-, Trocknungs- und Kochprozesse mit Arbeitstemperaturen über 100 °C in Frage, wo der Hauptvorteil gegenüber Dampf und Heißwasser, dass es überdrucklos eingesetzt werden kann, zu nutzen ist. Im übrigen besitzt Heißöl gegenüber Dampf wegen des größeren Gestaltungsspielraums den gleichen Vorteil wie Wasser, hat allerdings die Nachteile, dass es teurer, feuergefährlich und teilweise gesundheitsschädlich ist, zu Alterung neigt und manchmal durch seinen Geruch belästigt und dass aufwendige Einrichtungen zum Füllen und Entleeren erforderlich sind.

Die Verteilsysteme werden im Folgenden für die verschiedenen Heizmittel beschrieben, wobei – der in Teil B vorgestellten Systematik folgend – jeweils bei dem Heizmittel, das die geringsten Gestaltungsfreiheitsgrade zulässt, begonnen wird.

---

[1]  Der Begriff „Warmwasser" sollte nicht für erwärmtes Trinkwasser verwendet werden

## D2.2
## Verteilsysteme

### D2.2.1
### *Dampfsysteme*

#### *D2.2.1.1*
#### *Allgemeines*

Dampf, oder genauer Wasserdampf, war als Heizmittel in Zentralheizungen bis etwa zur Mitte des 20. Jahrhunderts weit verbreitet und zwar so, dass unsere Großeltern für die Zentralheizung das Synonym Dampfheizung verwandten. In Nordamerika ist sie in großen Gebäuden heute noch häufig eingebaut, in Europa gibt es nur noch einige alte Anlagen.

In der Einführungszeit der Zentralheizung – Ende des 19. und Anfang des 20. Jahrhunderts – haben sich einige Vorzüge des Dampfes gegenüber dem Wasser als sehr förderlich ausgewirkt: Bei ausgedehnten Verteilsysteme kommt man ohne Umwälzpumpen aus; vor allem im Vergleich zur Schwerkraftheizung besitzt die Dampfheizung eine deutlich kleinere Trägheit und eine geringere Einfriergefahr; die Anlagenkosten waren niedriger. Mit der Einführung der Pumpenwarmwasserheizung und der verbesserten Wärmedämmung bei den Gebäuden verloren die Vorteile der Dampfheizung an Bedeutung und traten die Nachteile in den Vordergrund:
- Die Temperaturen der Raumheizflächen liegen weit über den heute als Höchstwert angesehenen 60 °C (nur bei unzugänglichen Heizflächen – z.B. Rippenrohrlufterhitzern – wären höhere Temperaturen vertretbar). Mit der Unterdruckdampfheizung wäre die angegebene Grenztemperatur gerade noch einzuhalten, aber dann eine Regelung kaum möglich.
- Da auch bei geschlossen ausgeführten Dampfheizungen und abgestellten Heizflächen Luft in das Verteilsystem eindringen kann, besteht gegenüber den heute generell geschlossen ausgeführten Warmwasserheizungen eine stark erhöhte Korrosionsgefahr (insbesondere in den Kondensatleitungen).
- Die allermeisten marktgängigen Raumheizflächen sind für eine Dampfheizung ungeeignet. Als Ausnahmen können aufgezählt werden: Guss-Heizkörper, Deckenstrahlplatten und Rippenrohrlufterhitzer (s. Abschn. D1.5).
- Vor allem beim Betrieb des Dampferzeugers besteht ein erhöhter Bedienungsaufwand (Aufbereitung des Kesselwassers).
- Wegen der eingeschränkten Regelfähigkeit und der hohen Temperaturen im Verteilsystem haben Dampfheizungen im Vergleich zu modernen Warmwasserheizungen einen überhöhten Energiebedarf.

Bei Neuanlagen wird Dampf als Heizmittel daher nur noch dann verwendet, wenn für verfahrens- oder fertigungstechnische Prozesse Dampf benötigt wird und eine zusätzliche Warmwasserheizung für Aufenthaltsräume mit niedrigen

Komfortanforderungen entfallen kann; meist lässt sich aber auch in solchen Situationen allein über die Energieeinsparung eine separate oder über einen Wärmeaustauscher verbundene Warmwasserheizung wirtschaftlich rechtfertigen.

Die Vorteile der Dampfheizung sind im wesentlichen darin begründet, dass durch die hohe Verdampfungsenthalpie des Wasserdampfes (s. Tabelle D2.2-1, [D2.2-1]) hohe Wärmestromdichten mit einem kleinen Aufwand an Förderenergie möglich sind:

$$\frac{\dot{Q}}{A_R} = r\,w_D\,\rho_D \qquad\qquad (D2.2\text{-}1)$$

Hierin ist $r$ die Verdampfungsenthalpie, $w_D$ die Geschwindigkeit des Dampfes mit seiner Dichte $\rho_D$ im Rohrquerschnitt $A_R$. Da die Dichte des Dampfes weit weniger als 1/1000 des Wassers beträgt, kann die Dampfgeschwindigkeit rund 40

**Tabelle D2.2-1** Stoffwerte von Wasser im Sättigungszustand [D2.2-1]

| $\vartheta$ °C | $p$ bar | $\varrho'$ kg/m³ | $\varrho''$ kg/m³ | $\eta''$ $10^{-6}$ kg/(ms) | $r$ kJ/kg |
|---|---|---|---|---|---|
| 0,01 | 0,006117 | 999,78 | 0,004855 | 9,216 | 2500,5 |
| 10 | 0,012281 | 999,69 | 0,009405 | 9,461 | 2476,9 |
| 20 | 0,023388 | 998,19 | 0,01731 | 9,727 | 2453,3 |
| 30 | 0,042455 | 995,61 | 0,03040 | 10,01 | 2429,7 |
| 40 | 0,073814 | 992,17 | 0,05121 | 10,31 | 2405,9 |
| 50 | 0,12344 | 987,99 | 0,08308 | 10,62 | 2381,9 |
| 60 | 0,19932 | 983,16 | 0,13030 | 10,93 | 2357,6 |
| 70 | 0,31176 | 977,75 | 0,19823 | 10,26 | 2333,1 |
| 80 | 0,47373 | 971,79 | 0,29336 | 11,59 | 2308,1 |
| 90 | 0,70117 | 965,33 | 0,42343 | 11,93 | 2282,7 |
| 100 | 1,0132 | 958,39 | 0,59750 | 12,27 | 2256,7 |
| 110 | 1,4324 | 951,00 | 0,82601 | 12,61 | 2229,9 |
| 120 | 1,9848 | 943,16 | 1,1208 | 12,96 | 2202,4 |
| 130 | 2,7002 | 934,88 | 1,4954 | 13,30 | 2174,0 |
| 140 | 3,6119 | 926,18 | 1,9647 | 13,65 | 2144,6 |
| 150 | 4,7572 | 917,06 | 2,5454 | 13,99 | 2114,1 |
| 160 | 6,1766 | 907,50 | 3,2564 | 14,34 | 2082,3 |
| 170 | 7,9147 | 897,51 | 4,1181 | 14,68 | 2049,2 |
| 180 | 10,019 | 887,06 | 5,1530 | 15,02 | 2014,5 |
| 190 | 12,542 | 876,15 | 6,3896 | 15,37 | 1978,2 |
| 200 | 15,536 | 864,74 | 7,8542 | 15,71 | 1940,1 |
| 210 | 19,062 | 852,82 | 9,5807 | 16,06 | 1900,0 |
| 220 | 23,178 | 840,34 | 11,607 | 16,41 | 1857,8 |
| 230 | 27,951 | 827,25 | 13,976 | 16,76 | 1813,1 |
| 240 | 33,447 | 813,52 | 16,739 | 17,12 | 1765,7 |
| 250 | 39,736 | 799,07 | 19,956 | 17,49 | 1715,4 |
| 260 | 46,894 | 783,83 | 23,700 | 17,88 | 1661,9 |
| 270 | 54,999 | 767,68 | 28,061 | 18,27 | 1604,6 |
| 280 | 64,132 | 750,52 | 33,152 | 18,70 | 1543,1 |

$\vartheta$ Celsius-Temperatur; $p$ Druck; $\varrho$ Dichte; $\eta$ dynamische Viskosität; $r$ Verdampfungsenthalpie; ′gesättigte Flüssigkeit; ″gesättigter Dampf

bis 50 mal so groß sein wie die des Wassers, um im Druckabfall etwa gleiche Werte zu erreichen (siehe Bd.1, Teil J). Bei der Wärmeabgabe im Wärmeverbraucher reduziert sich das Volumen entsprechend dem Verhältnis der Dichten, und im einfachsten Fall fließt das Kondensat von den höher gelegenen Verbrauchern zu einem über dem Dampferzeuger angeordneten Speisewasserbehälter, so dass allein die hierdurch eingehaltene Druckhöhe ausreichend ist, den Dampf zu den Verbrauchern strömen zu lassen. Die erforderliche Förderenergie wird durch die Wärmezufuhr im Dampferzeuger aufgebracht. Für die gewünschte Dampfverteilung im Netz sorgen die einzelnen Wärmeverbraucher sozusagen selbst: Durch die Kondensation des Dampfes im Wärmeverbraucher wird die erforderliche Dampfmenge angesaugt. Die Wärmeverluste der Dampfleitungen werden auf die gleiche Weise gedeckt (es sei denn, es wird überhitzter Dampf verwendet). Dadurch fällt auch in den Rohrleitungen Kondensat an. Damit dieses Kondensat in der gleichen Richtung fließt, wie der Dampf strömt, werden Dampfleitungen bei horizontaler Wegführung fallend verlegt (Gefälle etwa 1:100 bis 1:200) und müssen an Tiefpunkten entwässert werden. Bei größerer Entfernung entsteht so eine sägezahnförmige Verlegung (s. Bild D2.2-1). Würden sich größere Kondensatmengen im Rohr ansammeln, dann könnten sich Wasserpfropfen bilden, die sich mit der Dampfgeschwindigkeit im Rohr fortbewegen (eine Geschwindigkeit von 25 m/s entspricht 90 km/h!). Bei einer Verlegung in ansteigendem Gelände sind die vertikalen Zwischenstufen entsprechend höher zu bemessen (Bild D2.2-2). Dampfabzweigungen sind auf der Rohroberseite anzuordnen (s. Bild D2.2-3) und Rohrverengungen dürfen auf der Rohrunterseite keine Stufen bilden (s. Bild D2.2-4). In vertikalen Steigleitungen lässt es sich nicht vermeiden, dass das Kondensat entgegen der Dampfströmungsrichtung abfließt. Sie werden je für sich – wie auch die Wärmeverbraucher – entwässert. Bei geringen Druckdifferenzen im Netz genügt es, eine Kondensatschleife zwischen die Entwässerungsstelle und die Kondensatleitung zu legen (Bild D2.2-5), damit kein Dampf in die Kondensatleitung überströmt. Ansonsten sind Kondensatableiter nach DIN EN 26 704 [D2.2-2] vorzusehen.

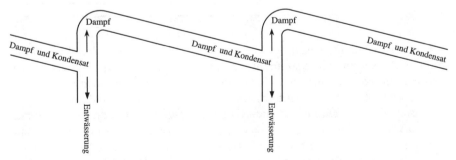

**Bild D2.2-1** Schematische Darstellung einer sägezahnförmigen Verlegung der Dampfleitungen bei größerer Entfernung (Gefälle etwa 1:1000 bei gleicher Strömungsrichtung von Dampf und Kondensat, sonst 1:50)

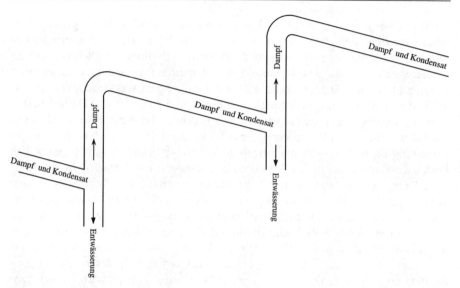

**Bild D2.2-2** Schematische Darstellung einer vertikal zwischenstufigen Verlegung der Dampfleitungen in ansteigendem Gelände (Steigungen siehe Bild D2.2-1)

**Bild D2.2-3** Dampfabzweigung

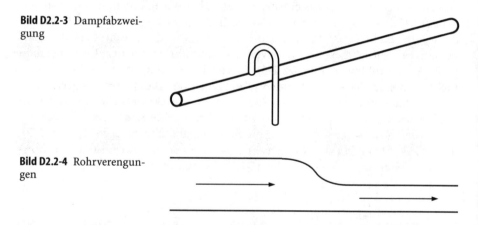

**Bild D2.2-4** Rohrverengungen

Um Korrosion im gesamten Verteilsystem (insbesondere den Kondensatleitungen) zu vermeiden, sollte ein Sauerstoffeintritt (Lufteintritt) vermieden werden. Auch bei Nieder- und Hochdrucksystemen entsteht nach dem Abstellen der Dampfzufuhr ein Unterdruck, so dass sogar bei geschlossenen Anlagen durch allfällige Undichtigkeiten Luft angesaugt wird. Bei der Inbetriebnahme (und auch während des Betriebes) muss eine zuverlässige Entlüftung möglich sein. Obwohl die Luft schwerer ist als der Dampf, sammelt sie sich nicht immer im unteren Bereich eines Wärmeaustauschers, Heizkörpers oder Rohres an. Durch die Dampfzuströmung wird die Luft häufig abgedrängt. Beispiele für eine Entlüftung zeigt schematisch Bild D2.2-6.

**Bild D2.2-5** Eine Kondensatschleife zwischen der Entwässerungsstelle und der
Kondensatleitung

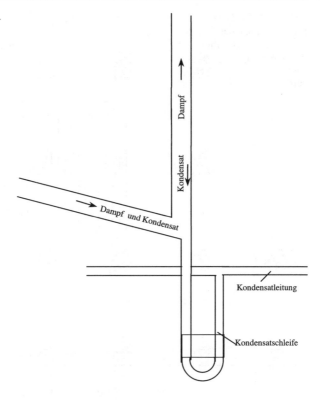

**Bild D2.2-6** Entlüftung bei
der Dampfheizung (Beispiel)

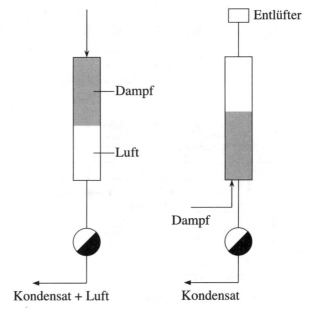

**Bild D2.2-7** Die Heizleistung der Heizfläche bei der Niederdruckdampfheizung in Abhängigkeit von dem Dampfstrom und der entsprechenden Höhe des Luftpolsters

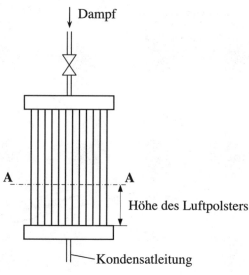

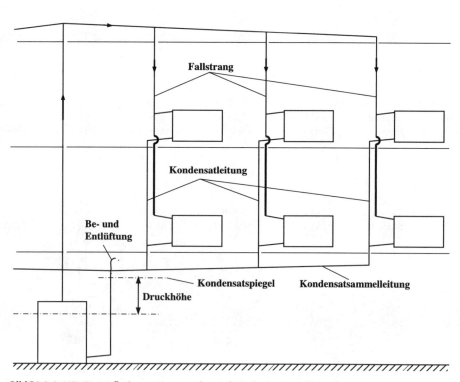

**Bild D2.2-8** ND-Dampfheizung, Strangschema bei oberer Verteilung

Trotz der Korrosionsgefahr wird Luft in Dampfheizungen bewusst zum Regeln (genauer: zum Steuern) der Wärmeabgabe genutzt (der Vorgang ist üblicherweise nicht selbsttätig). Hierzu eignet sich nur die Niederdruckdampfheizung, die zu diesem Zweck als offenes System ausgeführt ist (geschlossene Niederdruckdampfheizungen haben sich nicht durchgesetzt). Gesteuert wird hier dadurch, dass bei gedrosseltem Dampfstrom nur der obere Teil der Heizfläche durch den kondensierenden Dampf erwärmt wird. Der Dampfstrom reicht dann nicht aus, das Luftpolster im unteren Teil der Heizfläche zu verdrängen (siehe Bild D2.2-7). Eine deutlich von außen fühlbare Trennungsebene (A-A) zwischen der wirksamen heißen Heizfläche und der kalten ist in ihrer Höhe abhängig vom Dampfstrom. Das Kondensat rieselt aus dem oberen heißen Teil in den unteren kalten und rinnt in die offene Kondensatleitung (siehe z. B. Bild D2.2-8). Der Kondensatstrom ist sehr schwach: z. B. bei 1 kW Leistung nur 3600 kJ/h/2500 kJ/kg = 1,44 kg/h (daher ist die theoretisch denkbare Alternative, statt der Steuerung mit dem Luftpolster den Kondensatstrom anzudrosseln, unrealistisch). Wegen der Unsicherheit der Ventileinstellung ist der Steuererfolg mäßig. Bei geschlossenen Systemen, Überdruck- und Unterdruckdampfheizungen, kann die Wärmeabgabe nur über eine Änderung des Dampfdruckes geregelt werden.

### D2.2.1.2
### Hochdruckdampfsysteme

Wird Dampf mit Drücken über 2 bar (also über 120 °C) verwendet, besteht im Vergleich zu den anderen Druckbereichen (Niederdruck und Unterdruck) der geringste Gestaltungsfreiraum bei den Raumheizflächen. Es können nur Rohre, Rippenrohre oder Luftheizgeräte verwendet werden, bei denen sichergestellt ist, dass Personen mit den Heizflächen nicht in Berührung kommen. Um einen störungsfreien Betrieb zu erhalten, müssen unter den einzelnen Verbrauchern Kondensatableiter nach DIN EN 26 704 [D2.2-2] angeordnet werden; vorzugsweise sollte jeder Verbraucher seinen eigenen Kondensatableiter erhalten. Würde man mehrere zusammenfassen, bestände die Gefahr, dass einzelne Verbraucher „absaufen".

Wegen ihrer vielen Nachteile: erhöhter Wartungsaufwand auch in Verbindung mit strengen bauaufsichtlichen Vorschriften, niedriger Komfort, schlechte Regelbarkeit, umständliche Kondensatwirtschaft und hohe Wärmeverluste, ist eine Hochdruckdampfheizung nicht mehr Stand der Technik.

### D2.2.1.3
### Niederdruckdampfsysteme

Der Dampfdruck liegt in Niederdruckdampfsystemen maximal 1 bar über dem der Atmosphäre. Der Überdruck richtet sich nach dem im Verteilsystem zu überwindenden Druckabfall. In keinem Fall darf der Betriebsüberdruck nach

**Tabelle D2.2-2** Anhaltswerte für den erforderlichen Überdruck

| Waagrechte Ausdehnung bis | 200 m | 300 m | 500 m |
|---|---|---|---|
| Betriebsüberdruck (1 bar = 100 kPa) | 5–10 kPa | 15 kPa | 20 kPa |

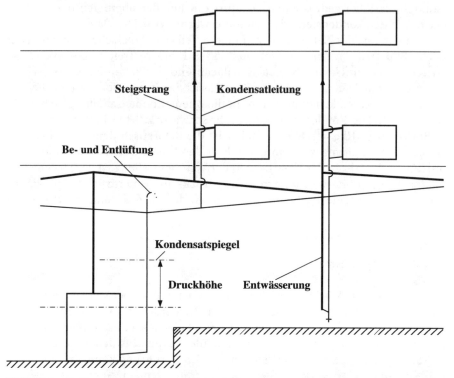

**Bild D2.2-9** ND-Dampfheizung, Strangschema bei unterer Verteilung, Kondensatleitung hochliegend

den gesetzlichen Bestimmungen (Dampfkesselverordnung, Tabelle D3.7-1) in Deutschland 1 bar überschreiten (vor dieser Verordnung betrug der höchstzulässige Betriebsüberdruck 0,5 bar). Anhaltswerte für den erforderlichen Überdruck richten sich nach der waagrechten Ausdehnung der zu versorgenden Gebäude; siehe Tabelle D2.2-2.

Eine Veränderung des Druckes bewirkt hier keine wesentliche Veränderung der Dampftemperatur. Die Regelung dieser offenen Netze ist bereits in D2.2.1.1 beschrieben (Bild D2.2-7). Die Kondensatleitungen sind in ihrem oberen luftgefüllten Teil mit der Atmosphäre über eine Entlüftung verbunden (s. Bild D2.2-8 bis -10). Die Dampfleitungen und Regelventile mit Voreinstellung müssen so dimensioniert sein, dass kein Dampf in die Kondensatleitung übertreten kann, da sonst mannigfache Störungen, z.B. Knattergeräusche („Dampfschläge"), auf-

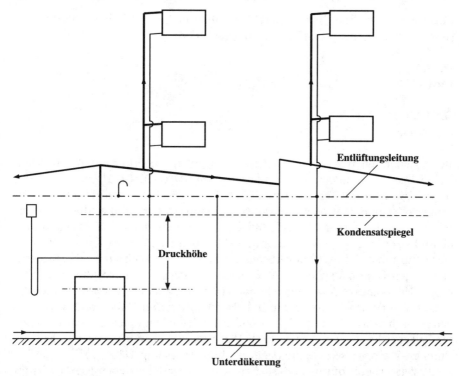

**Bild D2.2-10**  ND-Dampfheizung, Strangschema bei unterer Verteilung, Kondensatleitung tief-
liegend

treten. Nach der Erfahrung wird der Überdruck vor dem Regelventil auf etwa
2 kPa eingestellt.

### D2.2.1.4
### Unterdruckdampfsysteme

Bei Dampfdrücken unterhalb dem der Atmosphäre lässt sich die Dampftemperatur über den Druck regeln (siehe Tabelle D2.2-1). Der Dampfdruck wird zwischen 0,2 und 1,1 bar geregelt, so dass Heizmitteltemperaturen zwischen 60 und
etwas über 100 °C eingestellt werden können. Man spricht daher von Unterdruckdampfheizungen oder sprachlich nicht ganz korrekt von Vakuumdampfhei-
zungen. Hier muss das Verteilsystem sehr dicht ausgeführt sein, und es sind
besondere Armaturen (z.B. keine Stopfbüchsen), Regeleinrichtungen und Vaku-
umpumpen erforderlich. Dies verteuert derartige Anlagen erheblich gegenüber
der Niederdruckdampfheizung. Eine deutlich höhere Korrosionssicherheit ist
nicht gegeben; auch sind im Vergleich zu Warmwasserheizungen die Heizmitteltemperaturen zwar niedriger als bei anderen Dampfheizungen, aber immer
noch viel zu hoch. Ein weiterer Nachteil ist der erhöhte Wartungsaufwand. In

Mitteleuropa ist diese Heizungsart daher nur von akademischem Interesse (in den USA hat sie eine große Verbreitung gefunden).

## D2.2.2
*Wassersysteme*

### D2.2.2.1
*Allgemeines*

Beim Heizmittel Wasser unterscheidet man unter Sicherheitsaspekten Warmwasser bis zu einer maximalen Temperatur von 100 °C (DIN 4751, Tabelle D3.7-1) und Heißwasser mit Temperaturen über 100 °C. Das Wasser wird im Wärmeerzeuger oder in einem Wärmeaustauscher erwärmt, strömt über die Hauptverteilung und die Vorlaufstränge (Bild D2.1-3) zu den Verbrauchern, kühlt dort ab und strömt über die Rücklaufstränge und den Sammler wieder zurück zum Ausgangspunkt. Die Wärmeverbraucher können aus mehreren Übergabeeinrichtungen (Raumheizflächen, Wärmeaustauschern) bestehen, die auch über eigene Übergabekreise verfügen können (direkter oder indirekter Anschluss).

Das Wasser wird entweder durch Dichtedifferenzen (Temperaturdifferenzen) zwischen Vorlauf und Rücklauf oder durch eine Pumpe umgewälzt. Im ersten Fall spricht man von Schwerkraft-Warmwasserheizung, im zweiten Fall von Pumpen-Warmwasserheizung (siehe nachfolgendes Kap. D2.2.2.2).

Da Wassernetze mit veränderlichen Temperaturen betrieben werden, ist für eine Ausdehnungsmöglichkeit zu sorgen. Früher gab es offene Verteilsysteme (siehe Bilder D2.2-14 und -15) mit einem an höchster Stelle der Anlage angebrachten offenen Ausdehnungsgefäß (DIN 4751 Tl. 1, Tabelle D3.7-1). Dies wird heute praktisch nicht mehr ausgeführt, da durch den Sauerstoffeintrag in das Wasser Korrosionen im gesamten Heizsystem zu befürchten sind. Moderne Verteilsysteme sind geschlossen und besitzen meist Membran-Ausdehnungsgefäße (siehe Kap. D2.2.2.5).

Wassernetze sind gegenüber Dampfnetzen einfacher in der Bedienung und betriebssicherer. Sie sind weniger korrosionanfällig und Leckagen sind leichter auszugleichen (in aller Regel ist kein aufbereitetes Wasser erforderlich). Vor allem können sie direkt mit Raumheizflächen verbunden werden, da sie mit Temperaturen deutlich unter 90 °C zu betreiben sind und sich gut sowohl für eine zentrale Regelung der Vorlauftemperatur wie für eine dezentrale Regelung bei der Wärmeübergabe eignen. Als einziger Nachteil ist die Einfriergefahr aufzuführen, die aber heute unter den Bedingungen des erhöhten Wärmeschutzes [A-6] nur noch in Extremsituationen zu befürchten ist.

### D2.2.2.2
*Umwälzung*

Auf zwei Weisen wird das Wasser im Verteilkreis umgewälzt: Entweder durch Dichtedifferenzen zwischen Vor- und Rücklauf allein oder durch eine Pumpe (meist zusammen mit Dichtedifferenzen).

Dem Auftriebsprinzip folgend strömt das warme Wasser mit der kleineren Dichte im Vorlauf nach oben zu den Raumheizflächen hin und das abgekühlte Wasser mit der größeren Dichte nach unten zum Wärmeerzeuger. Man spricht hier von einer **Schwerkraft-Warmwasserheizung**. Sie wird heute wegen ihrer Nachteile kaum noch verwendet: Schlechte Regelbarkeit, große Rohrquerschnitte und Einschränkungen bei der Rohrführung. Eingesetzt wird sie nur dort, wo unabhängig von einer Umwälzpumpe der Heizbetrieb aufrecht erhalten werden soll (z.B. der „Sommerstrang" für innenliegende Nassräume).

Die Nachteile der Schwerkraftheizung sind die Vorteile der **Pumpen-Warmwasserheizung**. Hervorzuheben ist, dass nur mit ihr die gewünschte unabhängig Optimierung von Übergabebereich, Verteilbereich und Erzeugungsbereich zu bewerkstelligen ist. Z.B. ist die heute geforderte raumweise Regelung der Wärmeübergabe technisch einfach allein mit ihr möglich.

Nachteilig ist die Abhängigkeit von einer Stromversorgung, was aber auch für alle modernen Wärmeerzeuger gilt, und ein ständiger Stromverbrauch (allerdings nur bei ungesteuerten und ungeregelten Pumpen); auch ist bei Trockenläufern eine gewisse Wartung erforderlich (siehe Kap. D2.3.3).

### D2.2.2.3
*Verteilsysteme*

Zum Erreichen der Sollfunktionen nach Tabelle D2.1-1 ist es zweckmäßig, Verteilsysteme unter drei Aspekten zu betrachten:
* Hydraulische Aspekte
* Anschluss- und Regelungsaspekte
* Topographische Aspekte

Beim hydraulischen Aspekt geht es um die Betrachtung geschlossener Stromlinien zur Berechnung des Zusammenhangs von Geschwindigkeit und Druckunterschied, indem zunächst in die einzelnen Kreise (Bild D2.1-2 und -3) gegliedert wird und weiter in Teilstrecken mit jeweils gleichen Wasserströmen, Geschwindigkeiten und Rohrdurchmessern.

Der Anschluss- und Regelungsaspekt ist dann von Belang, wenn mehr als ein Verbraucher an die Unterverteilung anzuschließen ist. Hierfür gibt es drei Grundschaltungen (Bild D2.2-11): Entweder sind die Verbraucher in Reihe geschaltet und mit ihrem Vor- und Rücklauf am Vorlaufstrang angeschlossen, dann spricht man vom Einrohranschluss (c). Oder die Verbraucher sind parallel

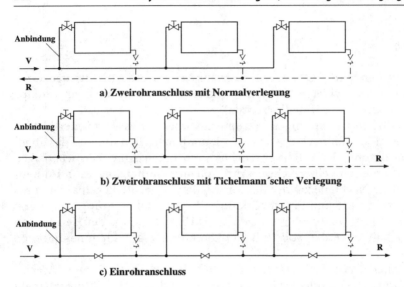

**Bild D2.2-11** Grundschaltungen für Anschluss- und Verlegeart

geschaltet und haben einen Anschluss am Vorlauf- und am Rücklaufstrang; man spricht dann von einem Zweirohranschluss (a, b).

Beim Zweirohranschluss sind die Temperaturen am Vorlauf für alle Verbraucher annähernd gleich, während sie beim Einrohranschluss bedarfsabhängig in Vorlaufströmungsrichtung abnehmen. Hauptverteilungen werden immer mit Zweirohranschluss ausgeführt.

Beim Zweirohranschluss gibt es zwei Verlegearten: Normal (a) und nach Tichelmann (b). Bei der Normalverlegung hat der Rücklauf die entgegengesetzte Strömungsrichtung wie der Vorlauf; bei der Verlegung nach Tichelmann ist sie gleichgerichtet. Gegenüber der Normalverlegung wird hier wie beim Einrohranschluss erreicht, dass die Summe der Strömungswege im Vor- und Rücklauf für alle Verbraucher gleich ist (unter Vernachlässigung etwaiger Unterschiede bei den Anbindungsleitungen).

Besonders vorteilhaft ist beim Zweirohranschluss nach Tichelmann und beim Einrohranschluss eine Ringverlegung: Vor- und Rücklauf können dann direkt bei der Strangleitung, dem Hauptverteiler oder Wärmeerzeuger zusammentreffen. Ist eine Ringverlegung nicht möglich, weil die Verbraucher hintereinander z.B. in einem langgestreckten Gebäude angeordnet sind, dann muss der Rücklauf in einer zusätzlichen Leitung zum Wärmeerzeuger, Hauptverteiler oder Strang zurückgeführt werden.

Fasst man den Druckabfall im Vor- und Rücklauf zu jedem Verbraucher zusammen und trägt ihn über dem Weg, den das Wasser insgesamt jeweils nehmen muss, auf, so erhält man drei unterschiedliche sog. Differenzdruck-Weg-Diagramme (Bild D2.2-12). Daraus ist zu erkennen, dass beim Zweirohranschluss mit Normalverlegung (oberes Diagramm) der Differenzdruck bei jedem

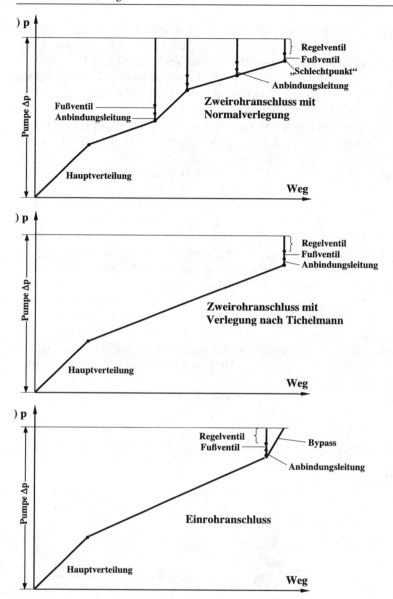

**Bild D2.2-12** Differenzdruck-Wegdiagramm der im Bild D2.2-11 dargestellten Schaltungen (Vor- und Rücklauf zusammengefasst)

Verbraucher mit dem Weg abnimmt. So gibt es innerhalb des gesamten Netzes einen Verbraucher, bei dem allein auf Grund seiner Anordnung im Netz der Differenzdruck am kleinsten ist; man spricht hier vom „Schlechtpunkt" des Netzes.

Beim Zweirohranschluss mit einer Verlegung nach Tichelmann (mittleres Diagramm) gibt es grundsätzlich keinen Verbraucher, der aufgrund seiner Anordnung die kleinste Druckdifferenz zur Verfügung hätte. Für alle Verbraucher sind bei korrekter Dimensionierung die Bedingungen gleich, mithin auch der Differenzdruck. Damit sind die Differenzdruck-Weg-Diagramme (Bild D2.2-12 in der Mitte) deckungsgleich.

Beim Einrohranschluss (unteres Diagramm) ist der Differenzdruck bei jedem Verbraucher abhängig von Druckabfall in der Bypassstrecke. Prinzipiell ist dieser damit ebenfalls gleichzuhalten (Bild D2.2-12 unten).

Insbesondere bei Rohrnetzen mit Zweirohranschluss können sich im instationären Betrieb die Verbraucher gegenseitig beeinflussen, dadurch, dass sich die Druckdifferenzen verändern. Auch der im Netz eingebundene Wärmeerzeuger ist davon betroffen. Die gegenseitige Beeinflussung ist dann am stärksten, wenn im gesamten Verteilnetz nur eine Umwälzpumpe existiert. Durch die Druckveränderungen kann die Regelung der Wärmeübergabe und der Wärmeerzeugung erheblich beeinträchtigt sein. Probleme treten im wesentlichen nur bei großen Verteilsystemen mit stark unterschiedlichen Verbrauchern auf (also nicht z. B. in Wohngebäuden). Üblicherweise werden zur Lösung der regeltechnischen Probleme vor oder nach den Verbrauchern Dreiwegarmaturen (beachte D2.3.3.2) und ein Kurzschluss vom Vorlauf zum Rücklauf angeordnet (Bild D2.2-13 mit Verteilung und -25 mit Mischung). Nachteilig bei diesen Schaltungen ist die Anhebung der Rücklauftemperatur. Ausführliche Hinweise geben die Richtlinie VDI 2073 [D2.1-1] und Knabe [D2.2-3].

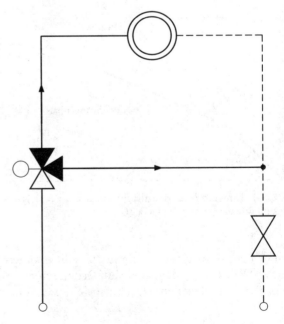

**Bild D2.2-13** Umlenkschaltung mit einer Dreiwegarmatur als Verteiler (beachte D2.3.3.2)

Die beschriebenen Probleme lassen sich energetisch und regeltechnisch günstiger lösen, wenn Wärmeverbraucher und Wärmeerzeuger eigene hydraulische Kreise erhalten (siehe Kap. D2.2.2.2.4).

Topographisch betrachtet gliedern sich Verteilsysteme grob zunächst in eine Haupt- und Unterverteilung.

Die Hauptverteilung als Verbindung mehrerer Unterverteil-Kreise (Bild D2.1-2) ermöglicht eine Anpassung an die Gebäudeform (Grundriss). Prinzipiell können der Vorlauf als Verteiler und der Rücklauf als Sammler getrennt verlegt werden. Dies ist insbesondere bei der Schwerkraft-Wasserheizung mit der sog. „oberen Verteilung" (Bild D2.2-14) gegenüber einer „unteren Verteilung" (Bild D2.2-15) von Vorteil: sie läuft wegen des stärkeren Auftriebs in der Steig-

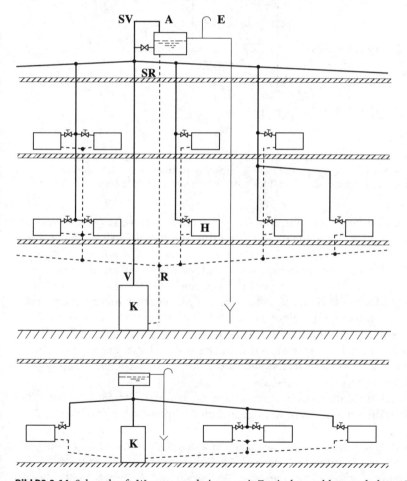

**Bild D2.2-14** Schwerkraft-Warmwasserheizung mit Zweirohranschluss und oberer Verteilung sowie oberem offenen Ausdehnungsgefäß A (unten: das offene Ausdehnungsgefäß liegt im gleichen Geschoss), Abkürzungen siehe Bild D2.2-15

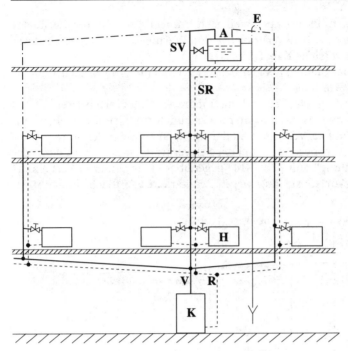

**Bild D2.2-15** Schwerkraft-Warmwasserheizung mit Zweirohranschluss, unterer Verteilung und offenem Ausdehnungsgefäß A, Kessel K, Sicherheitsverlauf SV, Sicherheitsrücklauf SR, Entlüftung E, Heizkörper H, Vor- und Rücklauf V, R (Abkürz. s. Bild D2.2-14)

leitung schneller an. Nachteilig sind die größeren Wärmeverluste vor allem im Dachbodenbereich. Da die Herstellkosten für eine untere Verteilung niedriger sind (Voraussetzung, der Wärmeerzeuger ist im unteren Gebäudebereich angeordnet), wird bei Pumpenwarmwasserheizungen überwiegend die untere Verteilung angewandt. Der Nachteil des langsameren Anlaufs tritt hier nicht ein.

Sehr häufig wird die Hauptverteilung in kompakter Form im Heizraum angeordnet (insbesondere bei kleinen Gebäuden); die Stränge der Unterverteilung übernehmen die Anpassung an die Gebäudeform (siehe Bild D2.2-17).

Bei Dachzentralen (Heizkessel auf dem Dachboden), die nur mit einer Pumpenwarmwasserheizung zu realisieren sind, ist die obere Verteilung naheliegend und auch vorteilhaft (Bild D2.2-16).

Vor allem bei kleineren Gebäuden dominiert heute zur Vermeidung von Wärmeverlusten die vertikale zentral angeordnete Hauptverteilung (Bilder D2.2-18 bis -22).

Die grundsätzlichen Verlegungsmöglichkeiten sollen mit den nachfolgend erläuterten Bildern vorgestellt werden. Als Beispiel wird hier hauptsächlich ein Einfamilienhaus mit einem Obergeschoss verwendet. Größere Bauten lassen sich entsprechend über eine grundrissangepasste Hauptverteilung (oder Vor-Hauptverteilung) erfassen.

**Bild D2.2-16** Schematische Darstellung einer Dachheizzentrale

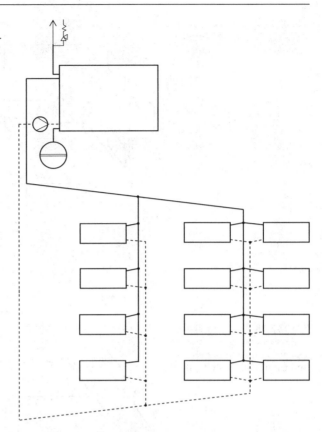

Bild D2.2-17 zeigt eine Zweirohrheizung mit unterer Hauptverteilung und senkrechten Strängen in Außenwänden. Mit größerem Aufwand wäre auch eine obere Verteilung mit einer Tichelmannschaltung denkbar. Beides wird wegen der erhöhten Wärmeverluste heute nicht mehr verwirklicht; die Tichelmannschaltung bei einem derart kleinen Objekt auch wegen des zusätzlichen Aufwandes nicht.

Üblich sind heute vertikale zentral angeordnete Hauptverteilungen, wie sie in den nachfolgenden Bildern gezeigt werden:

In Bild D2.2-18 ist die Unterverteilung waagrecht und ringförmig geführt. Die Rohre liegen in der Trittschalldämmung unter dem Estrich oder in Fußleisten an den Wänden; Wanddurchbrüche sind erforderlich.

In Bild D2.2-19 besteht ebenfalls eine waagrechte Verteilung mit zentraler Rohrführung; Wanddurchbrüche können weitgehend vermieden werden.

In Bild D2.2-20 ist eine Tichelmannschaltung mit ringförmiger Verlegung gezeigt; hier sind wieder Wanddurchbrüche erforderlich.

In Bild D2.2-21 sind stockwerksweise Verteiler eingebaut und jeder Heizkörper getrennt in Zweirohrschaltung angeschlossen. Damit wird eine gute Druck-

**Bild D2.2-17** Zweirohranschluss mit unterer Verteilung

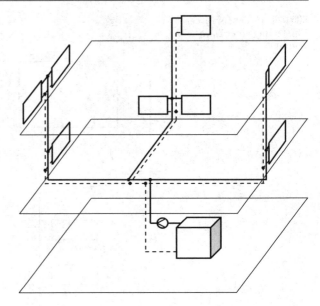

**Bild D2.2-18** Zweirohranschluss mit waagerechter
geschossweiser Verlegung
und ringförmiger Rohrfüh-
rung

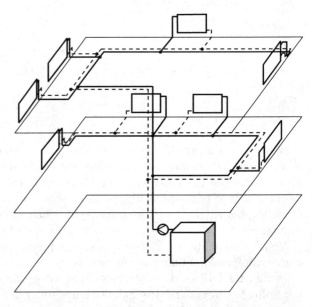

verteilung mit einem geringen Gesamtdruckabfall erreicht; allerdings ist der
Materialaufwand auch erhöht. Diese Verlegungsart setzt sich wegen ihrer Ver-
teil-Vorteile und ihrer geringen Gesamtmehrkosten zunehmend durch.

Die Verlegung einer Einrohrheizung für Einfamilienhäuser zeigt Bild D2.2.-22.
Zwei Anschlüsse sind heute üblich: Mit einer Kurzschlussstrecke oder einem
Spezialventil. Meistens wird letzteres verwirklicht; dann ist der Kostenvorteil

**Bild D2.2-19** Zweirohranschluss mit waagerech-
ter Verlegung und zentraler
Rohrführung

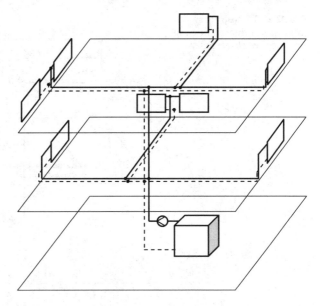

**Bild D2.2-20** Zweirohranschluss mit waagerechter
Verlegung nach Tichelmann

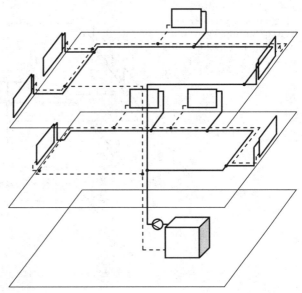

des geringeren Rohrverbrauchs durch die erhöhten Kosten der Spezialventile
etwas gemindert.

Bild D2.2-23 zeigt eine Einrohrheizung mit oberer Verteilung für ein viel-
stöckiges Gebäude. Nachteilig ist bei der Einrohrheizung allgemein der erhöhte Energiebedarf für die Umwälzpumpe und regeltechnisch, dass die Vorlauftemperaturen an den verschiedenen Verbraucherstellen unterschiedlich und die

**Bild D2.2-21** Zweirohrsystem
mit waagerechter Verlegung
und Stockwerksverteiler

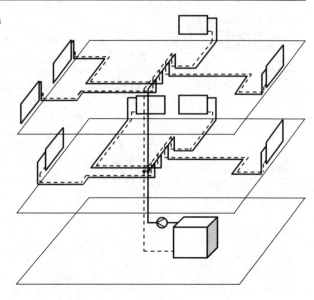

**Bild D2.2-22** Einrohrheizung mit waagerechter Verlegung (Einrohrregelventile
siehe Kap. D 2.3.3.2 und Bild
D2.3-16)

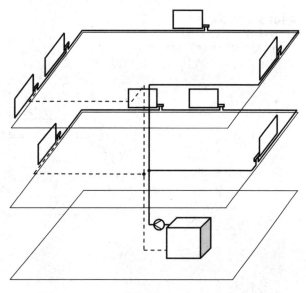

Spreizungen klein sind (siehe Teil E). Einrohrsysteme eignen sich nur bedingt
für Niedertemperaturheizungen und in keinem Fall für Anlagen mit Brennwertnutzung, da eine genügend niedrige Rücklauftemperatur nicht sicher vorliegt
(die Spreizung muss klein gewählt werden, damit die Heizkörper am Strangen-
de nicht zu groß werden, siehe auch Kap. 2.4).

Um die Berechnung von Rohrnetzen nach einen Vorschlag von Hirschberg
[D2.2-4] zu vereinfachen, ist es vorteilhaft, die Unterverteilung topographisch

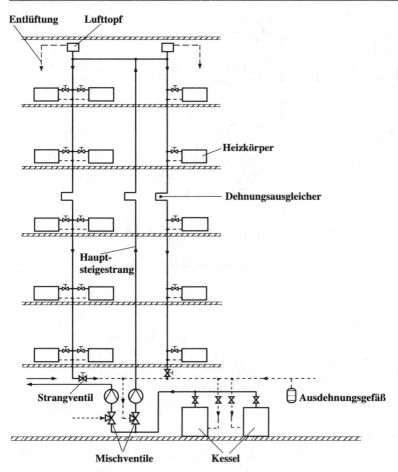

**Bild D2.2-23** Schematische Darstellung einer senkrechten Einrohrheizung mit oberer Verteilung

zu untergliedern (siehe Bild D2.2-24). Zusammen mit der Hauptverteilung lassen sich grundsätzlich vier Leitungsarten mit charakteristischen Eigenschaften definieren:

A – Anbindungsleitungen stellen die Verbindung des Rohrnetzes mit den Heizkörpern her. Die geometrische Lage ist frei (waagrecht oder senkrecht).

G – Geschossleitungen fassen die Anbindungsleitungen innerhalb eines Geschosses zusammen. Sie sind überwiegend horizontal verlegt, meist auf dem Boden (und benötigen daher keine besondere Eigenstabilität; Rohre aus Kupfer, Weichstahl, Kunststoff). Bei einer Verteilung nach Bild D2.2-21 erübrigen sie sich.

S – Strangleitungen verbinden sowohl Anbindungsleitungen als auch Geschossleitungen. Strangleitungen verlaufen im wesentlichen vertikal. Bei einfachen

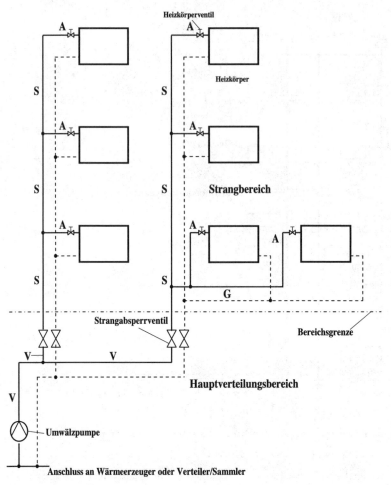

A – Anbindungsleitung,     S – Strangleitung,
G – Geschossleitung,       V – Verteilung.

**Bild D2.2-24** Verteilsystem mit dem Hauptverteilungs- und Strangbereich sowie den Leitungsarten (nach Hirschberg [D2.2-6])

Verteilsystemen, wenn es nur einen Strang gibt (vergleiche Bild D2.2-18 bis -22), ist die Strangleitung mit der Hauptverteilung identisch.

V – Verteilleitungen (Hauptverteilung) bilden einen eigenen Rohrnetzbereich und verbinden die meist vertikal verlaufenden Stränge. Verteilleitungen verlaufen wie Geschossleitungen überwiegend horizontal.

Die am Beispiel einer Zweirohrheizung gezeigte Strukturierung ist analog auch für die Tichelmannschaltung und für Einrohrheizungen anzuwenden.

### D2.2.2.4
**Wärmeübergabe- und Wärmeerzeugerkreise**

Wie bereits erwähnt, wirken sich im Heizbetrieb Druckänderungen durch gegenseitige Beeinflussung der Verbraucher untereinander aber auch des Verbrauchernetzes auf den Wärmeerzeuger ungünstig auf die Regelung der Wärmeübergabe und der Wärmeerzeugung aus. Durch eine Umlenkschaltung (Bild D2.2.-13) ist ein gewisser Ausgleich der Druckschwankungen zu erreichen. Besser ist es jedoch, sowohl für den Wärmeerzeugerbereich als auch für besondere Wärmeverbraucher eigene hydraulische Kreise einzurichten. Neben der geringeren Abhängigkeit von Druckveränderungen kann auch eine netzunabhängige Temperaturregelung eigene Kreise begründen. Dies mag eine Vorlauftemperaturregelung beim Verbraucher oder eine Rücklauftemperaturregelung beim Erzeuger sein.

Ein Beispiel für einen Verbraucherkreis zeigt Bild D2.2.-25. Das Heizwasser wird über die Verbraucherpumpe aus dem Verteilkreis angesaugt und der Wasserstrom mit einem Drosselventil im Rücklauf eingestellt. Mit einem Dreiweg-Mischventil im Vorlauf kann die Vorlauftemperatur für den Verbraucher geregelt werden. Während der Wasserstrom im Verbraucherkreis (bei ungeregelter Pumpe) konstant ist, variiert er abhängig von den übrigen Verbrauchern im Verteilkreis. Mit abnehmender Heizlast verkleinert sich die Temperaturspreizung.

**Bild D2.2-25** Beimisch-Schaltung mit Dreiweg-Mischarmatur im Vorlauf (vergl. Bild D2.2-13, hier ist nur ein Ventil generell möglich)

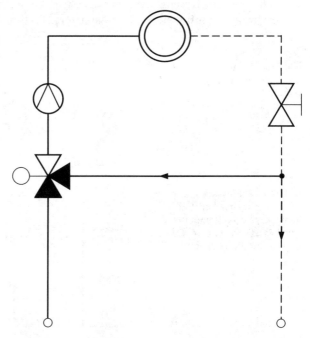

Für Wärmeerzeugerkreise seien drei Beispiele aufgeführt:
1. Einkesselanlage mit ungeregelter Beimischpumpe
2. Einkesselanlage mit Pufferspeicher und geregelter Vorlauftemperatur
3. Brennwertheizkessel mit Pufferspeicher

Moderne Heizkessel besitzen meist einen geringen Wasserinhalt. Dies erfordert einen Mindestvolumenstrom durch den Kessel. Die einfachste Schaltung hierfür zeigt Bild D2.2-26. Die Pumpe läuft etwa zur gleichen Zeit wie der Brenner. Um möglichst schnell die erforderliche Kesseltemperatur zu erreichen, startet die Pumpe mit Verzögerung und läuft nach, um eine Nachüberhitzung zu vermeiden. Eine hydraulische Entkopplung des Wärmeerzeugerkreises vom Verteilkreis ist hier nicht gegeben.

Das zweite Beispiel zeigt Bild D2.2-27 für einen Kessel, der unempfindlich gegen niedrige Rücklauftemperaturen ist („Niedertemperaturkessel"). Auch hier läuft die Kesselkreispumpe etwa zusammen mit dem Brenner wie im ersten Beispiel. Die Vorlauftemperatur für den Pufferspeicher und die Verteilung wird über ein Thermostatventil geregelt (über einem Mindestwert öffnet es mit steigender Kesselvorlauftemperatur). Kesselkreis und Verteilkreis sind hydraulisch getrennt. Diese Schaltung hat mehrere Vorteile. Sie eignet sich für:
• eine Verringerung der Schalthäufigkeit des Brenners;
• für eine Anhebung der Leistungsspitze;
• für eine Überbrückung von Abschaltzeiten z.B. bei einem Elektrokessel oder einer Wärmepumpe;
• bei Fernwärme für eine Senkung der Anschlussleistung;
• für Heizkessel mit instationärer Feuerung (Festbrennstoffe).

**Bild D2.2-26** Einkesselanlage mit ungeregelter Beimisch-pumpe

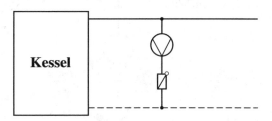

**Bild D2.2-27** Einkesselanlage mit Pufferspeicher und geregelter Vorlauftemperatur (Kesselwasserstrom auf Bypass und Pufferspeicher aufgeteilt)

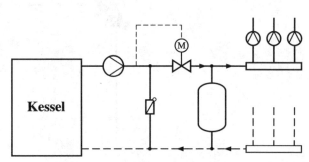

**Bild D2.2-28** Brennwertheizkessel mit Pufferspeicher
(Pumpe nach Vorlauftempe-
ratur geregelt)

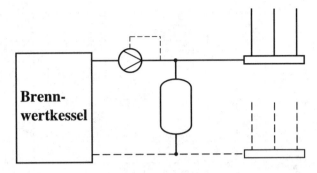

Im dritten Beispiel mit Brennwertkessel und Pufferspeicher (Bild D2.2-28) ist ebenfalls durch den Pufferspeicher die hydraulische Trennung des Kesselkreises vom Verteilkreis gewährleistet. Weil im Unterschied zum zweiten Beispiel der Bypass fehlt, behält hier die Rücklauftemperatur ihren niedrigstmöglichen Wert. Die Kesselkreispumpe sollte nach der Kesselvorlauftemperatur geregelt sein, um eine genügend hohe Vorlauftemperatur für den Pufferspeicher und die Anlage zu liefern.

Weitere Schaltmöglichkeiten für Verbraucher- und Erzeugerkreise sind in VDI 2073 [D2.1-1] und in Kap. D3 zu finden.

### D2.2.2.5
### Ausdehnung, Entlüftung, Entleerung

Der störungsfreie Betrieb eines Wasserverteilsystems mit den Einrichtungen für die Wärmeübergabe und Wärmeerzeugung setzt voraus,
- dass sich das Heizmittel Wasser von seiner Einfülltemperatur von etwa 10 °C bis zur maximal zulässigen Vorlauftemperatur genügend ausdehnen kann, ohne die Gesamtanlage zu gefährden,
- dass die Anlage entlüftet ist und
- dass die Anlage teilweise oder vollständig entleert werden kann.

Wasser dehnt sich bei Erwärmung oberhalb von 4 °C mit der Temperatur aus (s. Bild D2.2-29). Da Wasser praktisch inkompressibel ist, entstehen bei einem geschlossenen Volumen ohne Ausdehnungsmöglichkeiten sehr hohe Drücke, was zum Bersten eines Bauteiles der Anlage, in der Regel des Wärmeerzeugers, führen kann. Einrichtungen, die eine Ausdehnung des Wassers bei seiner Erwärmung ermöglichen, gehören daher auch zur sicherheitstechnischen Ausrüstung. Diesen Problemkreis regelt DIN 4751 (siehe auch Kap. D3.7 und Tabelle D3.7-1).

Bei der Abkühlung des Wassers und der entsprechenden Volumenreduktion muss das dabei entstehende Defizit und auch allfällige Leckageverluste aus einem Speicher gedeckt werden können.

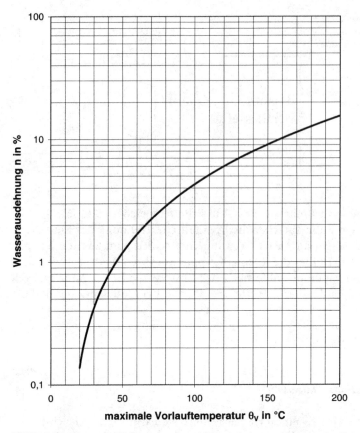

**Bild D2.2-29** Wasserausdehnung n in Abhängigkeit von der maximalen Vorlauftemperatur ausgehend von der Dichte bei einer Einfülltemperatur von 10 °C (Frischwassertemperatur) [D2.2-6]

Weiterhin muss ein Mindestüberdruck im Wassersystem aufrecht erhalten werden, um Kavitation an der Pumpe und Lufteintritt zu vermeiden.

Bei festbrennstoffgefeuerten Kesseln ist schließlich auch eine Wasserreserve für den Überlastfall notwendig, um Überschussleistung mit Dampf abblasen zu können.

Alle diese Funktionen wurden bei alten Anlagen durch ein offenes Ausdehnungsgefäß, das in ausreichender Höhe über dem Wärmeerzeuger angeordnet wurde, erfüllt. Ein Ausführungsbeispiel zeigt Bild D2.2-30. Das Ausdehnungsgefäß ist mit dem Wärmeerzeuger über eine Sicherheitsrücklaufleitung und eine Sicherheitsvorlaufleitung verbunden. Eine dritte Leitung am Ausdehnungsgefäß stellt die Verbindung mit der Atmosphäre her. Auf diesem Weg gelangt ständig Luft und damit Sauerstoff durch Absorption in das Wassernetz. Korrosionsschäden im Heizsystem und Luft- oder Gasansammlung im Rohrnetz mit den damit verbundenen Betriebsstörungen sind die Folge. Offene Wassersyste-

**Bild D2.2-30** Anlage mit offenem Ausdehnungsgefäß
nach DIN 4751,T1

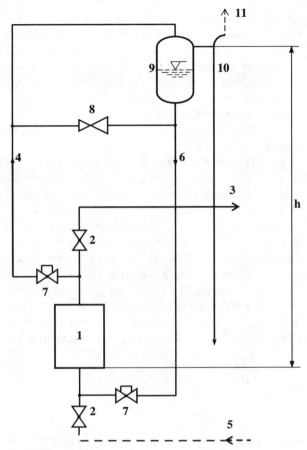

| | |
|---|---|
| 1 | Wärmeerzeuger |
| 2 | Absperrarmatur |
| 3 | Vorlauf |
| 4 | Sicherheitsvorlaufleitung |
| 5 | Rücklauf |
| 6 | Sicherheitsrücklaufleitung |
| 7 | Absperreinrichtung (gegen unbeabsichtigtes Schließen gesichert) |
| 8 | Drosseleinrichtung |
| 9 | Offenes Ausdehnungsgefäß |
| 10 | Überlauf zum Heizraum |
| 11 | Verbindung zur Atmosphäre, Überlauf |
| h | für den statischen Druck maßgebliche Höhe (nach Norm) |

me werden daher grundsätzlich nicht mehr ausgeführt. Einzelheiten über offene Systeme sind aus DIN 4751 Teil 1 (s. Tabelle D3.7-1) zu erfahren.

In modernen Heizanlagen werden geschlossene Ausdehnungsgefäße verwendet. Die Begriffe, gesetzlichen Bestimmungen, Prüfung und Kennzeichnung sind in DIN 4807 Teil 1 und weitere Einzelheiten in Teil 2 geregelt [D2.2-5].
Geschlossene Ausdehnungsgefäße gibt es mit und ohne Membran. Die Membran

trennt im Ausdehnungsgefäß den Gasraum vom Wasserraum. Man unterscheidet Umstülp-Membrane (Bild D2.2-31) und Blasenmembrane (Bild D2.2-32). Die Blasenmembrane kann mit Gas oder Wasser gefüllt sein.

Das Gas im Ausdehnungsgefäß ist meist Stickstoff und wird bei der Herstellung des Gefäßes mit dem erforderlichen Druck eingefüllt und verbleibt so. Das Ausdehnungsgefäß sorgt mit dieser Gasfüllung eigenständig für die **Druckhaltung** im Wassernetz.

Es gibt auch geschlossene Ausdehnungsgefäße, die erst vor Ort eine Gasfüllung mit dem erforderlichen Druck erhalten.

Bei geschlossenen Ausdehnungsgefäßen ohne Membrane wird zur Druckhaltung Stickstoff unter Druck zugeführt (Gasdruck-Volumenstromregelung). Gegebenenfalls vorhandene Pressluft zur Druckhaltung zu verwenden, sollte wegen der Korrosionsgefahr vermieden werden.

Bei großen Anlagen gibt es auch wassergesteuerte Systeme: Aufbereitetes, entgastes Wasser wird über druckabhängig drehzahlgeregelte Druckdiktierpumpen zugeführt. Der Druck im Netz wird mit einem Überströmventil geregelt.

Bei Fernwärmenetzen wird zur Druckhaltung auch Dampf verwendet. Im Ausdehnungsgefäß muss das Wasser dann auf Siedetemperatur erhitzt werden.

Die Berechnung der Ausdehnungsgefäße ist in DIN 4807 Teil 2 [D2.2-5] geregelt: aus dem Wasserinhalt der gesamten Anlage $V_A$ wird mit der Wasserausdehnung $n$ aus Bild D2.2-29 das Ausdehnungsvolumen $V_e$ berechnet.

$$V_e = n \frac{V_A}{100} \qquad\qquad\qquad (D2.2\text{-}2)$$

**Bild D2.2-31** Geschlossenes Ausdehnungsgefäß mit Membran und Gaspolster für Anlagen bis 350 kW Gesamtleistung und einem statischen Druck kleiner als 1,5 bar

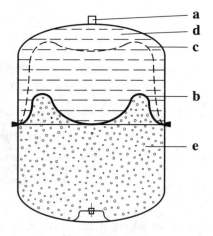

a Anschluss der Verbindungsleitung zum Kessel
b Membranstellung im Enddruckzustand, Anlage warm
c Membranstellung im Betriebszustand, Anlage kalt
d Wasserraum
e Gasraum

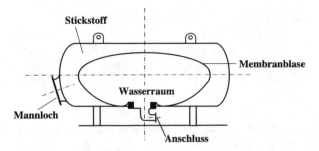

**Liegendes Ausdehnungsgefäß (Druckanstieg mit wachsender Anlagentemperatur)**

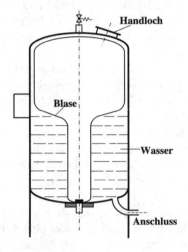

**Ausdehnungsgefäß mit konstanter Druckhaltung durch einen Kompressor**

**Bild D2.2-32** Druckausdehnungsgefäße mit auswechselbaren Blasenmembranen für Anlagen größer als 350 kW oder statische Drücke größer als 1,5 bar

Das Nennvolumen des geschlossenen Ausdehnungsgefäßes muss bei Geräten ohne Membrane mindestens

$$V_{n,\min} = 3 V_e \qquad \qquad \text{(D2.2-3)}$$

betragen und bei Gefäßen mit Membrane und Eigendruckhaltung

$$V_{n,\min} = 1,5 \left( V_e + V_V \right) \qquad \qquad \text{(D2.2-4)}$$

Darin ist $V_v$ die Wasservorlage des im Ausdehnungsgefäß bei niedrigster Temperatur zu speichernden Wassers; es muss bei Ausdehnungsgefäßen bis 15 l Nennvolumen mindestens 20% dieses Nennvolumens aufnehmen und bei größeren Gefäßen mindestens 0,5% des Wasserinhaltes der Anlage $V_A$ (im Minimum jedoch 3 l).

Bei Membran-Druckausdehnungsgefäßen gilt für das Nennvolumen:

$$V_{n,\text{min}} = \left( V_e + V_V \right) \frac{p_e + 1}{p_e + p_0} \tag{D2.2-5}$$

Darin sind $p_0$ der Vordruck und $p_e$ der Enddruck. Weitere Einzelheiten sind DIN 4807 Teil 1 und 2 zu entnehmen [D2.2-5].

Luft in Wassersystemen verursacht Strömungsgeräusche, Korrosion und Störungen in der Verteilung. Ein Rohrnetz muss daher nicht nur beim ersten Füllen und Nachfüllen, sondern auch im Betrieb sorgfältig entlüftet werden.

Wie kann Luft in ein mit Wasser gefülltes Rohrnetz gelangen?

1. Beim Füllen einer Anlage wird die Luft vom Wasser nach oben hin verdrängt; sie entweicht über eine zentrale und dezentrale Lüftungseinrichtung. In allen nach oben geschlossenen Hohlräumen, z. B. in Heizkörpern oder vor Armaturen, aber auch in horizontal mit nicht genügend Steigung verlegten Rohrleitungen kann Luft verbleiben.
2. Das Füllwasser selbst enthält absorbierte Luft.
3. Durch Unterdruck gegenüber der Atmosphäre (falsche Pumpenanordnung, keine ausreichende Druckhaltung) kann Luft durch Undichtigkeiten in das Verteilsystem eintreten.

Wenn Luft mit Wasser in Berührung kommt, löst sie sich in ihm bis zu einem bestimmten Sättigungsgrad. Bei einem Luftdruck von 1 bar vermag das Wasser bei 10 °C 29 mg Luft/kg Wasser aufzunehmen (siehe Bild D2.2-33). Da Luft ein Gasgemisch ist, im wesentlich aus Sauerstoff und Stickstoff, sind entsprechend der Zusammensetzung diese Bestandteile im Wasser enthalten. Ihre Löslichkeit ändert sich, wie das Bild zeigt, stark mit der Temperatur. Darüber hinaus ist die Löslichkeit nach dem Henry'schen Gesetz proportional dem Partialdruck der jeweils betrachteten Komponente. Würde der Druck in einem Wassernetz 2 bar betragen – also doppelt so viel wie in Bild D2.2-33 vorausgesetzt –, dann könnte das Wasser bei 10 °C z. B. 58 mg Luft/kg Wasser absorbieren (bei diesem Druck wären die Luftblasen im Netz etwa halb so groß wie bei 1 bar).

Üblicherweise wird Frischwasser zum Füllen einer Anlage verwendet. Liegt die Temperatur bei 10 °C, so tritt das Wasser mit einem Luftgehalt von 29 mg/kg Wasser ein. Besitzt die gefüllte Anlage einen Druck von 2 bar, dann kann das inzwischen auf 20 °C erwärmte Wasser 23 mg/kg · 2 = 46 mg/kg aufnehmen; die verbliebene Luft in den Hohlräumen wird zum Teil oder ganz absorbiert. Bei Inbetriebnahme des Kessels wird das Wasser z. B. auf 70 °C erhitzt und kann somit nur noch 13 mg/kg · 2= 26 mg/kg Luft halten. Im Kessel fallen somit 20 mg Luft je kg Wasser in Form von kleinen Bläschen an, die möglichst im Kesselbereich auch abgeschieden werden müssen, damit sie nicht wieder ins Netz zurückgelangen. Dieser im Betrag extreme Vorgang tritt nur in den ers-

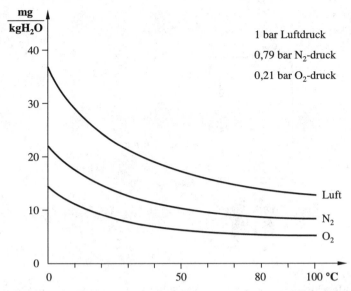

**Bild D2.2-33** Abhängigkeit der Löslichkeit von Luft, Sauerstoff und Stickstoff in Wasser von der Temperatur [D2.2-7]

ten Anfahrminuten auf, das Wasser hat sich danach im gesamten Netz schnell erwärmt und vermag nicht mehr so viel Luft zu absorbieren. Dennoch sind mit der Zeit alle Luftreste vom Füllvorgang aus den Hohlräumen absorbiert. Wird vermieden, dass Luft durch Undichtigkeiten bei nichtausreichender Druckhaltung eindringt und dass Frischwasser zum Ergänzen von Leckagen nachgefüllt wird, stellt sich im Heizwasser eine Luftkonzentration ein, wie sie der Kesseltemperatur und dem Druck entspricht.

Bisher wurde nur von Luft gesprochen. Tatsächlich ist im Wasser, infolge von elektrochemischen Reaktionen aber ein Gasgemisch von Wasserstoff und Kohlendioxid (und beim Anfahrvorgang auch von Stickstoff) vorhanden. Der Sauerstoff wird durch Oxydation gebunden.

Der Entlüftungsvorgang findet in zwei Schritten statt:
- Blasenabscheiden
- Luftableiten.

Die bei der Erwärmung des Wassers entstandenen Luft- oder Gasbläschen werden von der Strömung mitgetragen und können nur in Bereichen niedriger Geschwindigkeit aufsteigen und sich zu größeren Blasen sammeln. Der Abscheideprozess kann verstärkt werden durch Prallbleche oder eine Rotationsströmung, bei der das schwerere Wasser nach außen geschleudert und die Luftbläschen sich im Wirbelkern sammeln und nach oben steigen können. Eine andere Möglichkeit besteht darin, in einem strömungsberuhigten Bereich eine stark zerklüftete Oberfläche anzuordnen, z.B. ein Drahtnetz, an dem sich durch

**Bild D2.2-34** Prinzipdarstellung eines Schwimmerentlüfters

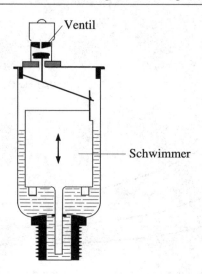

Ventil

Schwimmer

Adhäsion die Luftbläschen ansammeln. Beide Möglichkeiten werden in speziellen Abscheidearmaturen genutzt.

Aus einem Luftsammelraum oberhalb des Abscheidebereiches kann die Luft in der einfachsten Weise von Hand über einen Entlüftungsstopfen oder ein Entlüftungsventil abgeleitet werden. Diese Art der Entlüftung ist nur zweckmäßig dort, wo selten entlüftet werden muss. Üblich sind heute überwiegend automatische Entlüftungsventile.

Sie besitzen entweder im Ventileinsatz eingelegte quellfähige Scheiben, die im nassen Zustand dichten und trocken die Luft entweichen lassen, oder Schwimmer, wie es Bild D2.2-34 zeigt.

Alle Entlüftungs-Einrichtungen sind auch Belüftungseinrichtungen, die bei der Entleerung einer Anlage zu öffnen sind.

Bei der Konzeption eines Wasserverteilsystems ist nicht nur an den bestimmungsgemässen Betrieb zu denken, sondern auch an eine möglichst einfache Außerbetriebnahme für eine Instandhaltung oder Änderung der Anlage oder auch nur für eine Sicherheitsmaßnahme, wenn für eine bestimmte Zeit aus Frostschutzgründen die Anlage entleert werden muss.

In vielen Fällen ist es zweckmäßig, dass nicht das ganze Rohrsystem entleert wird. Hierzu erhalten alle Wärmeübergabeeinrichtungen (Heizkörper, Wärmetauscher usw.) ein Absperrventil am Rücklauf. Absperrventile werden weiterhin an jedem Strang, an den Umwälzpumpen und motorangetriebenen Stellorganen vorgesehen. Die Absperrventile an den Strängen sind meistens ergänzt durch einen Entleerungsstutzen. Die kleineren Einrichtungen können entleert werden über ihre Verschraubung.

### D2.2.3
*Heißölsysteme*

In Kapitel D2.1 sind die Besonderheiten von Heißöl oder Thermoöl, wie es auch genannt wird, gegenüber Dampf oder Heißwasser mit deren hohen Drücken dargelegt. Prinzipiell könnten die Verteilnetze für Heißöl genauso aufgebaut sein wie die für Wasser. Da aber der Einsatzbereich von Heißöl bestimmungsgemäß deutlich über 100°C liegt, kommt ein Einsatz dieses Heizmittels für Heizungen in Gebäuden nicht in Frage. Im wesentlichen ist es gedacht für verfahrenstechnische Zwecke. Dadurch eignen sich für eine Umwälzung nur Pumpen sowie ein Anschluss nach dem Zweirohrprinzip, normal oder nach Tichelmann. Je nach Regelaufgabe im Verbraucherbereich oder Erzeugerbereich genügt hier die Einrichtung eines einfachen Verteilkreises oder sind zusätzlich Wärmeübergabe- und Wärmeerzeugerkreise erforderlich. Ein besonderes Augenmerk ist auf die starke Ausdehnung des Thermoöls zu richten (bis zu 10% je 100 K); offene Ausdehnungsgefäße sind ausreichend und zweckmäßig.

### D2.3
**Bauelemente**

### D2.3.1
*Übersicht*

Wesentlicher Bestandteil eines Verteilsystems sind Rohre, mit denen die räumlich getrennten Anlagenbereiche, Übergabe und Erzeugung, miteinander verbunden werden. Dazu zählen auch flexible Leitungen (Schläuche), Rohrverbindungen, Halterungen und Dehnungsausgleicher. Weiterhin gehört zu diesem Bereich die Dämmung der Leitungen.

Die Funktionselemente der Wärmeverteilung stellen Armaturen dar (Hähne, Schieber, Klappen, Ventile).

Als Antriebseinrichtungen in Verteilsystemen dienen Pumpen.

Im folgenden wird nur auf Bauelemente von Wassernetzen eingegangen; Besonderheiten der Dampf- und Heißölnetze sind in den zugehörigen Kapiteln behandelt.

### D2.3.2
*Rohrleitungen und Zubehör*

### D2.3.2.1
*Rohre, Schläuche*

Der Werkstoff der Rohrleitungen in Verteilsystemen ist traditionell Stahl (unverzinkt!). Mit der verstärkten Einführung neuer Verbindungstechniken werden zunehmend auch sog. „Weichstahl", ferner Kupfer, Kunststoff und Verbundwerkstoffe (z. B. Kunststoff / Aluminium / Kunststoff) verwendet. Durchmesser und Wanddicke der Rohre sind genormt. Kennzeichnende Begriffe sind die Nennweite DN (diamètre normalisée) und der Nenndruck PN (pression normalisée). Weitere Begriffe sind der Betriebsdruck PB und der Prüfdruck PP.

Die Stufung der Nennweiten ist genormt ebenso wie die der Nenndrücke (s. Tabelle D2.3-1 und -2). Die Nennweiten entsprechen nur ungefähr den lichten Rohrdurchmessern in mm. Da aus Herstellungsgründen bei Rohren gleicher Nennweite die Außendurchmesser gleichgehalten werden, ändern sich in Wirklichkeit die lichten Weiten und damit die Rohrquerschnitte mit der Wanddicke. Die Nennweite kennzeichnet die zueinander passenden Einzelteile einer Rohrleitung wie Flansche, Verschraubungen, Armaturen usw.

Der Nenndruck ist derjenige Druck, für den Rohre, Verbindungselemente, Armaturen usw. ausgelegt sind. Maßgeblich für die festigkeitsmäßige Auslegung von Rohren ist jedoch der Betriebsdruck, der kleiner sein muss als der Nenndruck (ist in den speziellen Normen geregelt; gleiches gilt auch für den Prüfdruck, der – sofern keine besonderen Vorschriften gelten – im Allgemeinen etwa 1,5 mal so groß ist wie der Nenndruck).

Als Stahlrohre werden verwendet als:

- mittelschwere Gewinderohre nach DIN 2440 [D2.3-3] überwiegend im Nennweitenbereich 10–40 ($^3/_8''$ bis $1^1/_2''$, s. Tabelle D2.3-3),

**Tabelle D2.3-1** Nennweite-Stufen in mm nach DIN 2402 [D2.3-1]

| DN | DN | DN | DN |
|---|---|---|---|
| 3 | 12 | 40 | 150 |
| 4 | 15 | 50 | 200 |
| 5 | 16 | 65 | 250 |
| 6 | 20 | 80 | 300 |
| 8 | 25 | 100 | 350 |
| 10 | 32 | 125 | 400 |

**Tabelle 2.3-2** Nenndruck-Stufen in bar nach DIN 2401 Tl. 1 [D2.3-2]

| PN | PN | PN |
|---|---|---|
| – | 1 | 10 |
| – | – | 12,5 |
| – | 1,6 | 16 |
| – | 2 | 20 |
| – | 2,5 | 25 |
| – | 3,2 | 32 |
| – | 4 | 40 |
| 0,5 | 5 | 50 |
| – | 6 | 63 |
| – | 8 | 80 |

**Tabelle D2.3-3** Mittelschwere Gewinderohre (geschweißte oder nahtlose Stahlrohre) entsprechend DIN 2440 [D2.3-3]

| Nennweite | zugehörige Fittings | Stahlrohr | | | | | | | | Rohrgewinde | | | | | | Zugehörige Muffe nach DIN 2986 | |
|---|---|---|---|---|---|---|---|---|---|---|---|---|---|---|---|---|---|
| | | Außendurchmesser $d_a$ | Außenoberfläche $A_0$ | Wanddicke $s$ | Innendurchmesser $d_i$ | Lichter Querschnitt $A_i$ | Wasserinhalt $V$ | Gewicht des glatten Rohres $M$ | Gewicht des Rohres mit Muffe | Whitworth Rohrgewinde | Theoretischer Gewindedurchmesser $d_{GW}$ | Gangzahl auf 1 Zoll | Nutzbare Gewindelänge $l_{GW}$ | Abstand des Gewindedurchmessers $d_{GW}$ vom Rohrende $a$ max. | min. | Außendurchmesser $d_{Mu}$ min. | Länge $l_{MU}$ l min. |
| DN mm | DN Zoll | mm | m²/m | mm | mm | cm² | dm³/h | kg/m | kg/m | Zoll | mm | 1/Zoll | max. mm | mm | mm | mm | mm |
| 6 | 1/8 | 10,2 | 0,0320 | 2,0 | 6,2 | 0,302 | 0,030 | 0,407 | 0,410 | R 1/8 | 9,728 | 28 | 7,4 | 4,9 | 3,1 | 14,0 | 17 |
| 8 | 1/4 | 13,5 | 0,0424 | 2,35 | 8,8 | 0,608 | 0,061 | 0,650 | 0,654 | R 1/4 | 13,157 | 19 | 11,0 | 7,3 | 4,7 | 18,5 | 25 |
| 10 | 3/8 | 17,2 | 0,0540 | 2,35 | 12,5 | 1,227 | 0,123 | 0,852 | 0,858 | R 3/8 | 16,662 | 19 | 11,4 | 7,7 | 5,1 | 21,3 | 26 |
| 15 | 1/2 | 21,3 | 0,0669 | 2,65 | 16,0 | 2,011 | 0,201 | 1,22 | 1,23 | R 1/2 | 20,955 | 14 | 15,0 | 10,0 | 6,4 | 26,4 | 34 |
| 20 | 3/4 | 26,9 | 0,0845 | 2,65 | 21,6 | 3,664 | 0,366 | 1,58 | 1,59 | R 3/4 | 26,441 | 14 | 16,3 | 11,3 | 7,7 | 31,8 | 36 |
| 25 | 1 | 33,7 | 0,1059 | 3,25 | 27,2 | 5,811 | 0,581 | 2,44 | 2,46 | R 1 | 33,249 | 11 | 19,1 | 12,7 | 8,1 | 39,5 | 43 |
| 32 | 1 1/4 | 42,4 | 0,1332 | 3,25 | 35,9 | 10,122 | 1,012 | 3,14 | 3,17 | R 1 1/4 | 41,910 | 11 | 21,4 | 15,0 | 10,4 | 48,3 | 48 |
| 40 | 1 1/2 | 48,3 | 0,1517 | 3,25 | 41,8 | 13,723 | 1,372 | 3,61 | 3,65 | R 1 1/2 | 47,803 | 11 | 21,4 | 15,0 | 10,4 | 54,5 | 48 |
| 50 | 2 | 60,3 | 0,1984 | 3,65 | 53,0 | 22,069 | 2,207 | 5,10 | 5,17 | R 2 | 59,614 | 11 | 25,7 | 18,2 | 13,6 | 66,3 | 56 |
| 65 | 2 1/2 | 76,1 | 0,2391 | 3,65 | 68,8 | 37,176 | 3,718 | 6,51 | 6,63 | R 2 1/2 | 75,184 | 11 | 30,2 | 21,0 | 14,0 | 82 | 65 |
| 80 | 3 | 88,9 | 0,2793 | 4,05 | 80,8 | 51,276 | 5,128 | 8,47 | 8,64 | R 3 | 87,884 | 11 | 33,3 | 24,1 | 17,1 | 95 | 71 |
| 100 | 4 | 114,3 | 0,3591 | 4,5 | 105,3 | 87,086 | 8,709 | 12,1 | 12,4 | R 4 | 113,03 | 11 | 39,3 | 28,9 | 21,9 | 122 | 83 |
| 125 | 5 | 139,7 | 0,4389 | 4,85 | 130,0 | 132,733 | 13,273 | 16,2 | 16,7 | R 5 | 138,43 | 11 | 43,6 | 32,1 | 25,1 | 147 | 92 |
| 150 | 6 | 165,1 | 0,5187 | 4,85 | 155,4 | 189,668 | 18,967 | 19,2 | 19,8 | R 6 | 163,83 | 11 | 43,6 | 32,1 | 25,1 | 174 | 92 |

- schwere Gewinderohre nach DIN 2441 für höhere Drücke [D2.3-4],
- nahtlose Rohre nach DIN 2448 (Tabelle D2.3-4) vor allem für Nennweiten von 40–300 [D2.3-5] oder
- geschweißte Rohre nach DIN 2458 (Tabelle D2.3-5) ebenfalls für große Nennweiten [D23-6].

Hauptsächlich in Verbindung mit den vorerwähnten Stahlrohren werden als Geschoss- und Anbindungsleitungen auch sog. Weichstahlrohre mit Kunststoffummantelung eingesetzt (s. Tabelle D2.3-6). Sie haben die gleichen Abmessungen wie Rohre aus Kupfer und in hydraulischer Hinsicht eine gleich niedrige Rauhigkeit.

Das Einsatzgebiet der Kupferrohre ist ähnlich denen aus Weichstahl; größere Durchmesser werden aber auch verlegt (Tabelle D2.3-7).

Kunststoffrohre werden nicht nur für Fußbodenheizungen, sondern auch zunehmend für Verbindungs- und Geschossleitungen im Verteilbereich eingesetzt. Als Material für Heizanlagen kommen Polyolefine (Polyethylen, Polypropylen und Polybuten) in Frage. Weit überwiegend wird druckvernetztes Polyethylen (PEX) wegen der geforderten Sauerstoffdichtheit verwendet. Auch diese Rohre besitzen als Schutz noch eine Kunststoffummantelung (s. Tabelle D2.3-8). Gegenüber den Weichstahl- und Kupferrohren sind sie in ihrer Mindestabmessung wegen der Knickgefahr auf DN 12×2 begrenzt.

Als Neuigkeit sind innen und außen kunststoffbeschichtete Metallrohre (meist Aluminium, „Verbundmaterial") zu erwähnen. Sie weisen im Hinblick auf die Verbindungstechniken die gleichen Vorteile auf wie Weichstahl-, Kupfer- und Kunststoffrohre und sind gegenüber letzteren vollständig diffusionsdicht.

Für manche Anschlusszwecke sind flexible Leitungen (Schläuche) erforderlich. Metallschläuche werden aus Präzisionsrohren (Kupferlegierungen, Edelstahl) gefertigt und zwar so, dass gewindeähnliche Rillen unterschiedlich tief und eng eingewalzt werden. Gummischläuche mit einem Schutzgeflecht aus Stahl- oder Bronzedraht werden auch eingesetzt.

**Tabelle D2.3-4** Nahtlose Stahlrohre, Auszug aus DIN 2448 (zurückgezogen) und DIN 2440 [D2.3-5 und -3]. Die seit März 2003 geltende DIN EN 10220 enthält eine große Variationsbreite der Durchmesser und Wanddicken und hebt keine Normalwanddicken mehr hervor

| Nenn-weite | Außendurchmesser da | | | Außen-ober-fläche | Normal-wand-dicke | Innen-durch-messer | Lichter Quer-schnitt | Wasser-inhalt | Gewicht |
|---|---|---|---|---|---|---|---|---|---|
| DN | Reihe 1 | Reihe 2 | Reihe 3 | $A_0$ | $s$ | $d_i$ | $A_i$ | $V$ | $M$ |
| mm | mm | mm | mm | m²/m | mm | mm | cm² | dm³/m | kg/m |
| 6 | 10,2 | – | – | 0,0320 | 1,6 | 7,0 | 0,385 | 0,039 | 0,339 |
| 8 | 13,5 | – | – | 0,0424 | 1,8 | 9,9 | 0,770 | 0,077 | 0,519 |
| | – | 16 | – | 0,0530 | 1,8 | 12,4 | 1,207 | 0,121 | 0,630 |
| 10 | 17,2 | – | – | 0,0540 | 1,8 | 13,6 | 1,453 | 0,145 | 0,684 |
| | – | 19 | – | 0,0597 | 2,0 | 15,0 | 1,767 | 0,177 | 0,838 |
| | – | 20 | – | 0,0628 | 2,0 | 16,0 | 2,011 | 0,201 | 0,888 |
| 15 | 21,3 | – | – | 0,0669 | 2,0 | 17,3 | 2,351 | 0,235 | 0,952 |
| | – | 25 | – | 0,0785 | 2,0 | 21,0 | 3,464 | 0,346 | 1,13 |
| | – | – | 25,4 | 0,0798 | 2,0 | 21,4 | 3,597 | 0,360 | 1,15 |
| 20 | 26,9 | – | – | 0,0845 | 2,3 | 22,3 | 3,906 | 0,391 | 1,40 |
| | – | – | 30 | 0,0942 | 2,6 | 24,8 | 4,831 | 0,483 | 1,76 |
| | – | 31,8 | – | 0,0999 | 2,6 | 26,6 | 5,557 | 0,556 | 1,87 |
| 25 | 33,7 | – | – | 0,1059 | 2,6 | 28,5 | 6,379 | 0,638 | 1,99 |
| | – | 38 | – | 0,1194 | 2,6 | 32,8 | 8,450 | 0,845 | 2,27 |
| 32 | 42,4 | – | – | 0,1332 | 2,6 | 37,2 | 10,87 | 1,087 | 2,55 |
| | – | – | 44,5 | 0,1398 | 2,6 | 39,3 | 12,13 | 1,213 | 2,69 |
| 40 | 48,3 | – | – | 0,1517 | 2,6 | 43,1 | 14,59 | 1,459 | 2,93 |
| | – | 51 | – | 0,1602 | 2,6 | 45,8 | 16,47 | 1,647 | 3,10 |
| | – | – | 54 | 0,1696 | 2,6 | 48,8 | 18,71 | 1,871 | 3,30 |
| | – | 57 | – | 0,1791 | 2,9 | 51,2 | 20,59 | 2,059 | 3,87 |
| 50 | 60,3 | – | – | 0,1984 | 2,9 | 54,5 | 23,33 | 2,333 | 4,11 |
| | – | 63,5 | – | 0,1995 | 2,9 | 57,7 | 26,15 | 2,615 | 4,33 |
| | – | 70 | – | 0,2199 | 2,9 | 64,2 | 32,37 | 3,237 | 4,80 |
| | – | – | 73 | 0,2293 | 2,9 | 67,2 | 35,47 | 3,547 | 5,01 |
| 65 | 76,1 | – | – | 0,2391 | 2,9 | 70,3 | 38,82 | 3,882 | 5,24 |
| | – | – | 82,5 | 0,2592 | 3,2 | 76,1 | 45,48 | 4,548 | 6,26 |
| 80 | 88,9 | – | – | 0,2793 | 3,2 | 82,5 | 53,46 | 5,346 | 6,76 |
| | – | 101,6 | – | 0,3192 | 3,6 | 94,4 | 69,99 | 6,999 | 8,70 |
| | – | – | 108 | 0,3393 | 3,6 | 100,8 | 79,80 | 7,980 | 9,27 |
| 100 | 114,3 | – | – | 0,3591 | 3,6 | 107,1 | 90,09 | 9,009 | 9,83 |
| | – | 127 | – | 0,3990 | 4,0 | 119,0 | 111,2 | 11,12 | 12,1 |
| | – | 133 | – | 0,4178 | 4,0 | 125,0 | 122,7 | 12,27 | 12,7 |
| 125 | 139,7 | – | – | 0,4389 | 4,0 | 131,7 | 136,2 | 13,62 | 13,4 |
| | – | – | 152,4 | 0,4788 | 4,5 | 143,4 | 161,5 | 16,15 | 16,4 |
| | – | – | 159 | 0,4995 | 4,5 | 150,0 | 176,7 | 17,67 | 17,1 |
| 150 | 168,3 | – | – | 0,5287 | 4,5 | 159,3 | 199,03 | 19,93 | 18,2 |
| | – | – | 177,8 | 0,5617 | 5,0 | 167,8 | 221,1 | 22,11 | 21,3 |
| | – | – | 193,7 | 0,6085 | 5,6 | 182,5 | 261,6 | 26,16 | 26,0 |
| 200 | 219,1 | – | – | 0,6883 | 6,3 | 206,5 | 334,9 | 33,49 | 33,1 |
| | – | – | 244,5 | 0,7681 | 6,3 | 231,9 | 422,4 | 42,24 | 37,0 |
| 250 | 273 | – | – | 0,8577 | 6,3 | 260,4 | 532,6 | 53,26 | 41,4 |
| 300 | 323,9 | – | – | 1,0176 | 7,1 | 309,7 | 753,3 | 75,33 | 55,6 |

**Tabelle D2.3-5** Geschweißte Stahlrohre, Auszug aus DIN 2458 [D2.3-6] (zurückgezogen, es gilt DIN EN 10220 siehe Tabelle 2.3-4)

| Nenn-weite | Außendurchmesser da | | | Außen-ober-fläche | Normal-wand-dicke | Innen-durch-messer | Lichter Quer-schnitt | Wasser-inhalt | Gewicht |
|---|---|---|---|---|---|---|---|---|---|
| DN | Reihe 1 | Reihe 2 | Reihe 3 | $A_0$ | $s$ | $d_i$ | $A_i$ | $V$ | $M$ |
| mm | mm | mm | mm | m²/m | mm | mm | cm² | dm³/m | kg/m |
| 6 | 10,2 | – | – | 0,0320 | 1,6 | 7,0 | 0,385 | 0,039 | 0,339 |
| 8 | 13,5 | – | – | 0,0424 | 1,8 | 9,9 | 0,770 | 0,077 | 0,519 |
|  | – | 16 | – | 0,0530 | 1,8 | 12,4 | 1,207 | 0,121 | 0,630 |
| 10 | 17,2 | – | – | 0,0540 | 1,8 | 13,6 | 1,453 | 0,145 | 0,684 |
|  | – | 19 | – | 0,0597 | 2,0 | 15,0 | 1,767 | 0,177 | 0,838 |
|  | – | 20 | – | 0,0628 | 2,0 | 16,0 | 2,011 | 0,201 | 0,888 |
| 15 | 21,3 | – | – | 0,0669 | 2,0 | 17,3 | 2,351 | 0,235 | 0,952 |
|  | – | 25 | – | 0,0785 | 2,0 | 21,0 | 3,464 | 0,346 | 1,13 |
|  | – | – | 25,4 | 0,0798 | 2,0 | 21,4 | 3,597 | 0,360 | 1,15 |
| 20 | 26,9 | – | – | 0,0845 | 2,0 | 22,9 | 4,119 | 0,412 | 1,23 |
|  | – | – | 30 | 0,0942 | 2,0 | 26,0 | 5,310 | 0,531 | 1,38 |
|  | – | 31,8 | – | 0,0999 | 2,0 | 27,8 | 6,070 | 0,607 | 1,47 |
| 25 | 33,7 | – | – | 0,1059 | 2,0 | 29,7 | 6,928 | 0,693 | 1,56 |
|  | – | 38 | – | 0,1194 | 2,3 | 33,4 | 8,762 | 0,876 | 2,02 |
| 32 | 42,4 | – | – | 0,1332 | 2,3 | 37,8 | 11,22 | 1,122 | 2,27 |
|  | – | – | 44,5 | 0,1398 | 2,3 | 39,9 | 12,50 | 1,250 | 2,39 |
| 40 | 48,3 | – | – | 0,1517 | 2,3 | 43,7 | 15,00 | 1,500 | 2,61 |
|  | – | 51 | – | 0,1602 | 2,3 | 46,4 | 16,91 | 1,691 | 2,76 |
|  | – | – | 54 | 0,1696 | 2,3 | 49,4 | 19,17 | 1,917 | 2,93 |
|  | – | 57 | – | 0,1791 | 2,3 | 52,4 | 21,57 | 2,157 | 3,1 |
| 50 | 60,3 | – | – | 0,1984 | 2,3 | 55,7 | 24,37 | 2,437 | 3,29 |
|  | – | 63,5 | – | 0,1995 | 2,3 | 58,9 | 27,25 | 2,725 | 3,47 |
|  | – | 70 | – | 0,2199 | 2,6 | 64,8 | 32,98 | 3,298 | 4,32 |
|  | – | – | 73 | 0,2293 | 2,6 | 67,8 | 36,10 | 3,610 | 4,51 |
| 65 | 76,1 | – | – | 0,2391 | 2,6 | 70,9 | 39,48 | 3,948 | 4,71 |
|  | – | – | 82,5 | 0,2592 | 2,6 | 77,3 | 46,92 | 4,692 | 5,12 |
| 80 | 88,9 | – | – | 0,2793 | 2,9 | 83,1 | 54,24 | 5,424 | 6,15 |
|  | – | 101,6 | – | 0,3192 | 2,9 | 95,8 | 72,08 | 7,208 | 7,06 |
|  | – | – | 108 | 0,3393 | 2,9 | 102,2 | 82,03 | 8,203 | 7,52 |
| 100 | 114,3 | – | – | 0,3591 | 3,2 | 107,9 | 91,44 | 9,144 | 8,77 |
|  | – | 127 | – | 0,3990 | 3,2 | 120,6 | 114,2 | 11,42 | 9,77 |
|  | – | 133 | – | 0,4178 | 3,6 | 125,8 | 124,3 | 12,43 | 11,5 |
| 125 | 139,7 | – | – | 0,4389 | 3,6 | 132,5 | 137,9 | 13,79 | 12,1 |
|  | – | – | 152,4 | 0,4788 | 4,0 | 144,4 | 163,8 | 16,38 | 14,6 |
|  | – | – | 159 | 0,4995 | 4,0 | 151,0 | 179,1 | 17,91 | 15,3 |
| 150 | 168,3 | – | – | 0,5287 | 4,0 | 160,3 | 201,8 | 20,18 | 16,2 |
|  | – | – | 177,8 | 0,5617 | 4,5 | 168,8 | 223,8 | 22,38 | 19,2 |
|  | – | – | 193,7 | 0,6085 | 4,5 | 184,7 | 267,9 | 26,79 | 21,0 |
| 200 | 219,1 | – | – | 0,6883 | 4,5 | 210,1 | 346,7 | 34,67 | 23,8 |
|  | – | – | 244,5 | 0,7681 | 5,0 | 234,5 | 431,9 | 43,19 | 29,5 |
| 250 | 273 | – | – | 0,8577 | 5,0 | 263,0 | 543,3 | 54,33 | 33,0 |
| 300 | 323,9 | – | – | 1,0176 | 5,6 | 312,7 | 768,0 | 76,80 | 44,0 |
| 350 | 355,6 | – | – | 1,1172 | 5,6 | 344,4 | 931,6 | 93,16 | 48,3 |
| 400 | 406,4 | – | – | 1,2755 | 6,3 | 393,4 | 1215 | 121,5 | 62,2 |
| 450 | 457 | – | – | 1,4357 | 6,3 | 444,4 | 1551 | 155,1 | 70,0 |
| 500 | 508 | – | – | 1,5959 | 6,3 | 495,4 | 1928 | 192,8 | 77,9 |
| 600 | 610 | – | – | 1,916 | 6,3 | 597,4 | 2803 | 280,3 | 93,8 |
|  | – | – | 660 | 2,073 | 7,1 | 645,8 | 3276 | 327,6 | 114 |
| 700 | 711 | – | – | 2,233 | 7,1 | 696,8 | 3813 | 381,3 | 123 |
|  | – | 762 | – | 2,394 | 8,0 | 746,0 | 4371 | 437,1 | 149 |

**Tabelle D2.3-6** Installationsrohre aus Weichstahl (geschweißte Präzisionsrohre) mit Kunststoff-Isoliermantelung, Auszug der gängigen Größen aus DIN 2393 [D2.3-7] (zurückgezogen, es gilt DIN EN 10305-2). Die mit * gekennzeichneten Wanddicken gelten für ringförmig lieferbare Ware und die übrigen (ohne Sternchen) für stangenförmige Ware bis meist 6 m Länge.

| Nennweite | Stahlrohr | | | | | | | | Isoliermantel | | | Gesamtgewicht |
| DN | Außendurchmesser $d_a$ | zul. Abweichung ±mm | Außenoberfläche $A_0$ | Wanddicke $s$ | zul. Abweichung ±mm | Innendurchm. $d_i$ | lichter Querschnitt $A_i$ | Wasserinhalt $V$ | Schichtdicke $s_{iso}$ | Außendurchmesser $d_{iso}$ | Außenoberfläche $A_{iso}$ | $M$ |
| mm | mm | ±mm | m²/m | mm | ±mm | mm | cm² | dm³/m | ca. mm | ca. mm | ca. m²/m | ca. kg/m |
|---|---|---|---|---|---|---|---|---|---|---|---|---|
| 8 | 10 | 0,10 | 0,0314 | 1,0* | 0,07 | 8 | 0,0503 | 0,050 | 2,0 | 14 | 0,0440 | 0,267 |
|   |    |      |        | 1,2  | 0,09 | 7,6 | 0,454 | 0,045 | 2,0 | 14 | 0,0440 | 0,305 |
| 10 | 12 | 0,08 | 0,0377 | 1,0* | 0,07 | 10 | 0,785 | 0,079 | 2,0 | 16 | 0,0503 | 0,324 |
|   |    |      |        | 1,2  | 0,09 | 9,6 | 0,724 | 0,072 | 2,0 | 16 | 0,0503 | 0,373 |
| 12 | 15 | 0,08 | 0,471 | 1,0* | 0,07 | 13 | 1,327 | 0,133 | 2,0 | 19 | 0,0597 | 0,409 |
|   |    |      |        | 1,2  | 0,09 | 12,6 | 1,247 | 0,125 | 2,0 | 19 | 0,0597 | 0,472 |
| 15 | 16 | 0,08 | 0,0503 | 1,0* | 0,07 | 14 | 1,539 | 0,154 | 2,0 | 20 | 0,0628 | 0,440 |
|   |    |      |        | 1,2  | 0,09 | 13,6 | 1,453 | 0,145 | 2,0 | 20 | 0,0628 | 0,508 |
| 16 | 18 | 0,08 | 0,0565 | 1,0* | 0,07 | 16 | 2,011 | 0,201 | 2,0 | 22 | 0,0691 | 0,495 |
|   |    |      |        | 1,2  | 0,09 | 15,6 | 1,911 | 0,191 | 2,0 | 22 | 0,0691 | 0,573 |
| 20 | 22 | 0,08 | 0,0691 | 1,5 | 0,11 | 19 | 2,835 | 0,284 | 2,5 | 27 | 0,0848 | 0,874 |
| 25 | 28 | 0,08 | 0,0880 | 1,5 | 0,11 | 25 | 4,909 | 0,491 | 3,0 | 34 | 0,1068 | 1,155 |
| 32 | 35 | 0,15 | 0,1100 | 1,5 | 0,11 | 32 | 8,042 | 0,804 | 3,0 | 41 | 0,1288 | 1,454 |

**Tabelle D2.3-7** Installationsrohre aus Kupfer (nahtlos gezogen) aus DIN 1786 [D2.3-8] (zurückgezogen, es gilt DIN EN 1057)

| Verbindungs-Verfahren | Nenn-weite | Außen-durchmesser | | Außen-oberfläche | Wanddicke | | Innen-durch-messer | lichter Quer-schnitt | Wasser-inhalt | Gewicht |
|---|---|---|---|---|---|---|---|---|---|---|
| | DN | $d_a$ | zul. Abweichung | $A_0$ | $s$ | zul. Abweichung | $d_i$ | $A_i$ | $V$ | $M$ |
| Art | mm | mm | ± mm | m²/m | mm | ± mm | mm | cm² | dm³/m | kg/m |
| | 4 | 6 | 0,045 | 0,0188 | 0,8 | 0,11 | 4,4 | 0,152 | 0,015 | 0,117 |
| | | | | | 1,0 | 0,13 | 4 | 0,126 | 0,013 | 0,140 |
| | 6 | 8 | 0,045 | 0,0251 | 0,8 | 0,11 | 6,4 | 0,322 | 0,032 | 0,162 |
| | | | | | 1,0 | 0,13 | 6 | 0,283 | 0,028 | 0,196 |
| | 8 | 10 | 0,045 | 0,0314 | 0,8 | 0,11 | 8,4 | 0,554 | 0,055 | 0,206 |
| | | | | | 1,0 | 0,13 | 8 | 0,503 | 0,050 | 0,252 |
| | 10 | 12 | 0,045 | 0,0377 | 0,8 | 0,11 | 10,4 | 0,849 | 0,085 | 0,251 |
| | | | | | 1,0 | 0,13 | 10 | 0,785 | 0,079 | 0,309 |
| | 12 | 15 | 0,045 | 0,0471 | 0,8 | 0,12 | 13,4 | 1,410 | 0,141 | 0,319 |
| | | | | | 1,0 | 0,14 | 13 | 1,327 | 0,133 | 0,393 |
| | | | | | 1,5 | 0,19 | 12 | 1,131 | 0,113 | 0,568 |
| | 16 | 18 | 0,045 | 0,0565 | 1,0 | 0,14 | 16 | 2,011 | 0,201 | 0,477 |
| für | | | | | 1,5 | 0,19 | 15 | 1,767 | 0,177 | 0,694 |
| Kapillarlöt- | 20 | 22 | 0,055 | 0,0691 | 1,0 | 0,15 | 20 | 3,142 | 0,314 | 0,589 |
| verbindun- | | | | | 1,5 | 0,21 | 19 | 2,835 | 0,284 | 0,863 |
| gen | 25 | 28 | 0,055 | 0,0880 | 1,0 | 0,15 | 26 | 5,309 | 0,531 | 0,757 |
| | | | | | 1,5 | 0,21 | 25 | 4,909 | 0,491 | 1,115 |
| | 32 | 35 | 0,07 | 0,1100 | 1,5 | 0,23 | 32 | 8,042 | 0,884 | 1,406 |
| | 40 | 42 | 0,07 | 0,1319 | 1,5 | 0,23 | 39 | 11,95 | 1,195 | 1,70 |
| | | | | | 2,0 | 0,28 | 38 | 11,34 | 1,134 | 2,24 |
| | 50 | 54 | 0,07 | 0,1696 | 1,5 | 0,25 | 51 | 20,34 | 2,043 | 2,20 |
| | | | | | 2,0 | 0,32 | 50 | 19,64 | 1,964 | 2,91 |
| | - | 64 | 0,08 | 0,2011 | 2,0 | 0,32 | 60 | 28,27 | 2,83 | 3,47 |
| | 65 | 76,1 | 0,08 | 0,2391 | 2,0 | 0,32 | 72,1 | 40,83 | 4,08 | 4,14 |
| | | | | | 2,5 | 0,40 | 71,1 | 39,71 | 3,97 | 5,14 |
| | 80 | 88,9 | 0,10 | 0,2793 | 2,0 | 0,32 | 84,9 | 56,61 | 5,66 | 4,87 |
| | | | | | 2,5 | 0,40 | 83,9 | 55,29 | 5,53 | 6,05 |
| | 100 | 108 | 0,12 | 0,3393 | 2,5 | 0,40 | 103 | 83,32 | 8,33 | 7,38 |
| | | | | | 3,0 | 0,50 | 102 | 81,71 | 8,17 | 8,81 |
| nur für andere | 125 | 133 | 1,0 | 0,4178 | 3,0 | 0,5 | 127 | 126,7 | 12,7 | 10,9 |
| Verbindungs | 150 | 159 | 1,0 | 0,4995 | 3,0 | 0,5 | 153 | 183,9 | 18,4 | 13,1 |
| verfahren | 200 | 219 | 1,5 | 0,6880 | 3,0 | 0,5 | 213 | 356,3 | 35,6 | 18,1 |
| | 250 | 267 | 1,5 | 0,8388 | 3,0 | 0,5 | 261 | 535,0 | 53,5 | 22,1 |

**Tabelle D2.3-8** Kunststoffrohre nach DIN 8073 [D2.3-9] (in Vorbereitung: OENORMEN 12318-1)

| $d_a$ | $s$ | $d_i$ | $A_i$ | Wasserinhalt | min. Biegeradius |
|-------|-----|-------|-------|--------------|------------------|
| mm | mm | mm | cm$^2$ | dm$^3$/m | mm |
| 12 | 2 | 8 | 0,053 | 0,05 | 60 |
| 14 | 2 | 10 | 0,785 | 0,079 | 70 |
| 16 | 2 | 12 | 1,131 | 0,113 | 80 |
| 18 | 2 | 14 | 1,539 | 0,153 | 90 |
| 20 | 2 | 16 | 2,011 | 0,201 | 100 |

| | |
|---|---|
| Dichte | 938 kg/m$^3$ |
| Wärmeleitfähigkeit | 0,35 W/(mK) |
| linearer Ausdehnungskoeffizient | 1,4 · 10$^{-4}$ K$^{-1}$ bei 20 °C |
| | 2,05 · 10$^{-4}$ K$^{-1}$ bei 100 °C |
| max. Betriebsdruck | 6 bar |
| max. Betriebstemperatur | 90 °C |

### D2.3.2.2
### Rohrverbindungen

Man unterscheidet feste und lösbare Verbindungen. Als fest gilt eine Verbindung, die ohne eine Beschädigung nicht zu trennen ist. Hierzu zählen Verbindungen durch:
- Gewinde
- Schweißen
- Löten (nur bei Kupfer)
- Kleben (nur bei Kunststoff)
- Pressfitting

Lösbare Verbindungen sind:
- Verschraubungen
- Flansche
- Klemmfitting oder Klemmring
- Schneidringverschraubung
- Lötringverschraubung (bei Kupfer)

Lösbare Verbindungen werden nur beim Anschluss von Anlagenkomponenten wie Heizkörpern, Wärmeaustauschern, Kesseln, Pumpen, Armaturen und dergleichen vorgesehen. Im eigentlichen Rohrnetz verzichtet man auf lösbare Verbindungen, da sie erfahrungsgemäß leicht undicht werden, zum Teil auch im Bedarfsfalle nur schwer gelöst werden können.

Als älteste Verbindung von Rohren ist die Gewindeverbindung bekannt. Heute ist sie eigentlich nur noch bei Reparaturarbeiten zu finden. Zur Dichtung wird das Rohrgewinde mit Teflonband umwickelt (früher und zum Teil auch heute mit Hanf). Gerade Verbindungen, Querschnittsveränderungen, Abzweige und Richtungsänderungen (Winkel) lassen sich mit Gewindeformstücken aus Temperguss oder Stahl, sog. Fittings, ermöglichen.

Schweißverbindungen haben die Gewindeverbindung weitgehend verdrängt. Ihre Vorteile liegen in der sichereren Dichtheit des Rohrnetzes und der Vermeidung vielfältiger zum Teil teurer Form-Verbindungsteile. Richtungsänderungen lassen sich bei Rohren durch Einschweißen vorgefertigter Rohrbogen beliebiger Art herbeiführen; auch Abzweige und Querschnittsänderungen erfordern keine Sonderformstücke. Der Wegfall der Form- und Verbindungsteile bringt zugleich eine Vereinfachung und Verbilligung der Wärmedämmung und eine Verminderung der Wärmeverluste.

Lötverbindungen mit Lötfittings sind nur bei Kupferrohren üblich. Die Spaltweite zwischen Rohrfitting und Rohr liegt zwischen 0,05 und 0,2 mm und wirkt als Kapillare für das flüssige Lot.

Für eine unlösbare Verbindung von Weichstahl-, Kupfer- und Kunststoffrohren werden zunehmend Pressfittings mit eingelegten Dichtringen („O-Ringen") verwendet, der Pressvorgang wird mit einer besonderen Zange erzeugt (es gibt mehrere Verfahren s. Bild D2.3-1).

Bei den lösbaren Verbindungen sind Verschraubungen, insbesondere für Armaturen und Komponentenanschlüsse, sehr verbreitet. Es gibt sie mit ebenen und konischen Dichtungsflächen (Beispiele s. Bild D2.3-2).

Flansche dienen heute im wesentlichen nur noch dem lösbaren Anschluss von Rohrleitungen an Armaturen und Geräte, wenn Verschraubungen der Größe wegen nicht mehr zweckmäßig sind (über $1\,^1/_2$"). Überwiegend werden Vorschweißflansche nach DIN 2631 eingesetzt.

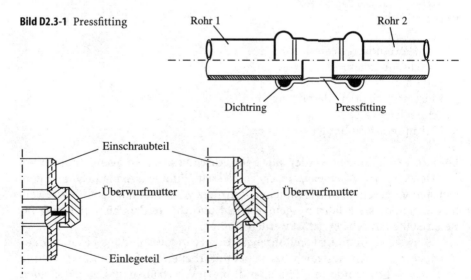

**Bild D2.3-1** Pressfitting

**Bild D2.3-2** Verschraubungsarten: links flachdichtend, rechts konisch dichtend

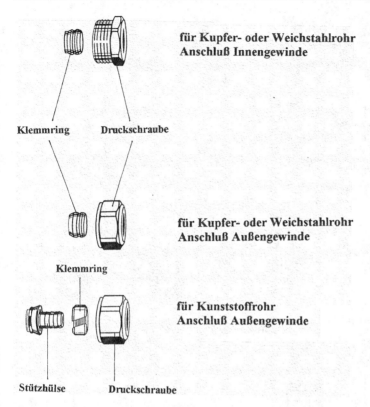

für Kupfer- oder Weichstahlrohr
Anschluß Innengewinde

Klemmring    Druckschraube

für Kupfer- oder Weichstahlrohr
Anschluß Außengewinde

Klemmring

für Kunststoffrohr
Anschluß Außengewinde

Stützhülse    Druckschraube

**Bild D2.3-3** Klemmverschraubungen

Für lösbare Verbindungen von Weichstahl- und Kunststoffrohren werden zunehmend Klemmring- oder Schneidringverschraubungen angewandt (s. Bild D2.3-3).

### D2.3.2.3
### Halterungen

Bei allen Befestigungen von Rohren ist daran zu denken, dass die Rohre sich bei Temperaturänderungen ausdehnen können (s. auch nachfolgenden Abschnitt) und diese Ausdehnungen keine lästigen Geräusche hervorrufen. Es sind daher immer zwischen der Halterung (auch Wand- oder Deckendurchbruch) und dem Rohr Schallschutzschichten einzulegen. Ausnahmen sind Stützlager als Festpunkt für das Rohr oder, wenn die Halterung beweglich (pendelnd oder Rollenlager) angeordnet ist. Beispiele zeigt Bild D2.3-4.

Für Abschätzungen beträgt die lineare Ausdehnung von Stahl bei einer Erwärmung um 100 K etwa 1,2 mm für 1 m Rohrlänge; bei Kupfer tritt etwa das 1,6-fache und bei Kunststoff (große Unterschiede, Tabelle beachten) mehr als das

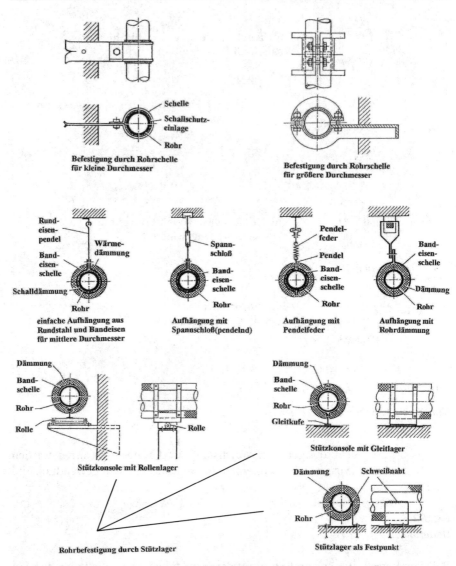

**Bild D2.3-4** Halterungsarten: oben mit Rohrschellen, in der Mitte durch Aufhängung, unten durch Stützlager

6-fache auf. Diese Längenänderungen sind bei der Leitungsführung zu berücksichtigen.

Man spricht von einem freien Dehnungsausgleich, wenn die Längenänderung durch die Elastizität des Verteilsystems selbst aufgenommen wird, da die Rohrführung ohnehin zu Richtungsänderungen zwingt. Unter der Dehnung des geraden Rohrstückes biegt sich der im Winkel anschließende Rohrschenkel aus.

Die Dehnungsaufnahme des Rohrschenkels ist umso größer, je länger er ist und je kleiner der Rohrdurchmesser. Mehrfache Abbiegungen erhöhen die Elastizität des Systems, wenn dafür gesorgt wird, dass die Rohre nicht durch Halterungen an der freien Ausdehnung und Verlagerung gehindert werden.

Bei den Strangsystemen normaler Zentralheizungen ist es fast immer möglich, die Längenänderungen durch geeignete Rohrführungen aufzunehmen. Zuweilen wird man dabei von der geraden Verbindung zweier Punkte abweichen und einige Umwege zur Unterbringung von Dehnungsschenkeln in Kauf nehmen müssen. Besondere Beachtung ist den Abzweigstellen zu schenken. Sie wandern mit, so dass also auch die Anschlussleitung auf Biegung beansprucht wird. Da Heizkörper heute ganz selten direkt an eine Strangleitung angeschlossen werden und die Geschossleitungen genügend lang und mehrfach umgelenkt sind, entstehen hier gegenüber früher keine Probleme mehr. Dennoch empfiehlt es sich, die Stränge in halber Höhe eines mehrgeschossigen Hauses festzulegen, um die Dehnung nach oben und unten in Grenzen zu halten (bei höheren Gebäuden ist mehr als ein definierter Festpunkt erforderlich).

Dehnungsausgleicher oder Dehnungskompensatoren sind immer dann einzubauen, wenn ein freier Dehnungsausgleich nicht mehr möglich ist. Dies ist vor allem bei längeren geraden Rohrstrecken und größeren Nennweiten der Fall. Die einfachste und zuverlässigste Bauart ist der Doppelschenkel in U-Form, elastischer wirkt die teurere Lyra-Form, wobei neben glatten Rohren auch Falten- oder Wellrohre verwendet werden. Für kleinere Durchmesser geeignet sind Feder- oder Wulstkompensatoren. Gelenkkompensatoren sind bei Rohrleitungen größeren Durchmessers erforderlich (s. Bild D2.3-5). Gelenkkompensatoren erfordern eine Richtungsänderung in der Leitungsführung. Als elastisches Zwischenstück dienen entweder Metallschläuche oder Stahlbälge, wie sie bei den bereits erwähnten Federrohr- oder Wulstkompensatoren (Axialdehnungskompensatoren) verwendet werden. Die Dehnungsaufnahme ist hoch im Verhältnis zur Ausladung, die Festpunktbelastung gering, weil die infolge des Innendrucks wirksam werdenden Kräfte durch seitliche, in Gelenken geführte Anker aufgenommen werden. Bei den Axialdehnungskompensatoren ist die Festpunktbelastung dagegen groß, weil neben den Federkräften auch die Kräfte infolge Innendruckes von den Festpunkten aufgenommen werden müssen. Aus diesem Grund sollten sie nur für Rohre größerer Nennweite, etwa ab DN 150, Anwendung finden, da Leitungen kleinerer Nennweite mit niedrigeren Widerstandsmomenten bei hohen Kräften ausknicken. Gegen diese Beanspruchungen sind Axialdehnungskompensatoren zu schützen. Sie werden daher mit einem Festpunkt auf der einen und einem axialen Führungslager auf der anderen Seite ausgeführt.

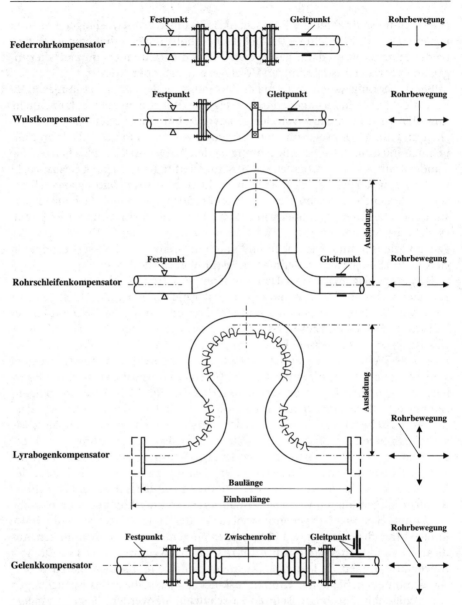

**Bild D2.3-5** Formen von Dehnungskompensatoren für Rohrleitungen größeren Durchmessers

### D2.3.2.4
### Dämmung

Bei modernen Heizanlagen sind alle Rohrleitungen und Armaturen gegen Wärmeverluste gedämmt. Die Dicke der Dämmschicht wird in Deutschland durch
die Energieeinsparverordnung [D2.3-10] vorgeschrieben (s. Tabelle D2.3-9). Bei
Rohren, deren Nennweite nicht durch Normung festgelegt ist, ist anstelle der
Nennweite der Außendurchmesser einzusetzen. Bei Dämmmaterialen mit einer
von 0,035 W/mK abweichenden Wärmeleitfähigkeit sind die Dämmschichtdicken entsprechend umzurechnen. Da generell bei der Verlegung von Rohrleitungen Platzprobleme bestehen, man also größere als die angegebenen Dämmdicken vermeidet, ist davon auszugehen, dass die real verwendeten Dämmmaterialen eher kleinere Wärmeleitkoeffizienten haben.

Mit den Bezeichnungen aus Bild D2.3-6 gilt für den Wärmedurchgangswiderstand $k$ eines gedämmten Rohres unter Vernachlässigung der sehr kleinen
Widerstände beim Wärmeübergang auf der Wasserseite und im Rohr näherungsweise (mittlere ebene Dämmschicht mit $\lambda_D$ angenommen).

$$\frac{1}{k} = \frac{1}{\alpha} + \frac{d_D}{\lambda_D} \frac{\left(d_D - d_a\right)}{\left(d_D + d_a\right)} \qquad (D2.3-1)$$

Zweckmäßigerweise wird der vom Rohr abgegebene Wärmestrom nicht über
die jeweilige Oberfläche der Dämmung berechnet, sondern direkt mit der Länge des jeweiligen Rohres. Deshalb ist es üblich, für die verschiedenen Rohrnennweiten die aus den vorgeschriebenen Dämmdicken bestimmbaren Produkte
$kd_D\pi$ zu berechnen (s. Bild D2.3-6).

**Tabelle D2.3-9** Vorgeschriebene Dämmschichtdicken [D2.3-10]

| Zeile | Nennweite (DN) der Rohrleitungen/Armaturen in mm | Mindestdicke der Dämmschicht, bezogen auf eine Wärmeleitfähigkeit $\lambda_D = 0{,}035\,\mathrm{W\,m^{-1}\,K^{-1}}$ |
|---|---|---|
| 1 | bis DN 20 | 20 mm |
| 2 | ab DN 22 bis DN 35 | 30 mm |
| 3 | ab DN 40 bis DN 100 | gleich DN |
| 4 | über DN 100 | 100 mm |
| 5 | Rohrleitungen und Armaturen nach den Zeilen 1 bis 4 in Wand- und Deckendurch- brüchen, im Kreuzungsbereich von Rohr- leitungen von nicht mehr als 8 m Länge als Summe von Vor- und Rücklaufleitung | Hälfte der Anforderungen der Zeilen 1 bis 4 |

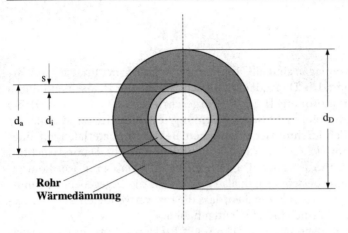

**Bild D2.3-6** Abmessungsbezeichnungen bei wärmegedämmten Rohren

**Tabelle D2.3-10** Gleichwertige Länge eines wärmegedämmten Rohres für Armaturen und Rohrbefestigungen (bei 50 °C Heizmitteltemperatur)

| Einbauteil | Nennweite DN in mm | Gleichwertige Rohrlänge in m |
|---|---|---|
| Rohraufhängung | – | 0,15 |
| Flanschpaar | | |
| – ungedämmt | 25 | 1,1 |
| | 50 | 1,2 |
| | 100 | 1,4 |
| | 200 | 1,8 |
| | 300 | 2,5 |
| – mit Dämmkappe | 25 | 0,2 |
| | 50 | 0,3 |
| | 100 | 0,5 |
| | 200 | 0,9 |
| | 300 | 1,5 |
| Ventil und Schieber | | |
| – ungedämmt | 25 | 3,0 |
| | 50 | 3,4 |
| | 100 | 4,0 |
| | 200 | 4,8 |
| | 300 | 5,9 |
| – mit Dämmkappe | 25 | 0,5 |
| | 50 | 0,7 |
| | 100 | 1,2 |
| | 200 | 1,9 |
| | 300 | 3,0 |

Der Wärmeverlust einer Rohrleitung mit der Länge $l$ beträgt daher

$$\dot{Q}_D = \left(\vartheta - \vartheta_U\right)\left(k\, d_D\, \pi\right) l \tag{D2.3-2}$$

mit $\vartheta$, der Wassertemperatur, und $\vartheta_U$, der Umgebungstemperatur.

Die Wärmeverluste von Armaturen und Rohrbefestigungen werden näherungsweise über gleichwertige Rohrlängen ausgedrückt (siehe Tabelle D2.3-10).

### D2.3.3
**Armaturen**

### D2.3.3.1
*Übersicht*

Armaturen sind die eigentlichen Funktionselemente in einem Verteilsystem:
- Über sie wird die Anlage oder Teile davon mit Wasser gefüllt oder entleert und mit ihnen
- Schmutzteilchen aus dem Wasserkreislauf aufgefangen,
- der Wasserstrom in den Leitungen gedrosselt, umgelenkt, aufgeteilt, abgesperrt oder nur in einer vorgegebenen Richtung durchgelassen,
- zwei Wasserströme gemischt.

Einige der aufgezählten Funktionen werden genutzt, um weitere Funktionen ausführen zu können, zum Beispiel durch Drosseln die Rücklauftemperatur begrenzen oder durch selbsttätiges Entleeren Überdruck verhindern.

Die meisten Armaturen können nur für eine Funktion eingesetzt werden. Sie seien zuerst behandelt, anschließend die Armaturen, die mehrere Funktionen haben und sich zum Steuern und Regeln eignen. Letztere sind mit der Definition nach DIN EN 763 [D2.3-11] gemeint, „ein Rohrleitungsteil, mit dem die Funktion des Schaltens und Stellens ausgeübt werden kann".

Der **Schmutzfänger** als Einbauarmatur hat nur eine Funktion, nämlich angeschwemmte Schmutzteilchen und grobe Schwebestoffe aus dem Wasserkreislauf aufzufangen, um nachgeschaltete Armaturen oder Apparate (Pumpen, Wärmetauscher) zu schützen. Den prinzipiellen Aufbau eines Schmutzfängers zeigt Bild D2.3-7.

Als Armaturen mit hydraulischen Funktionen sind bekannt: Hähne, Klappen, Schieber, Ventile. Alle diese Armaturen können die Strömung in einem Rohr absperren. Als Grundelement besitzen sie daher einen Absperrkörper (nach DIN EN 763 „Abschlusskörper"), der einen Absperrquerschnitt („Abschlussbereich") schließen kann. Maßgeblich für die Unterscheidung der Grundbauarten ist die Art der Arbeitsbewegung ihres Absperrkörpers und die Strömungsdichtung im Absperrquerschnitt, wie dies Bild D2.3-8 zeigt. Von den Grundbauarten gibt es zahlreiche Variationen, wonach sich auch ihre zusätzliche Benennung richtet. Variiert wird die Form des Absperrkörpers sowie des Gehäuses und die Funk-

**Bild D2.3-7** Prinzipieller Aufbau eines Schmutzfängers

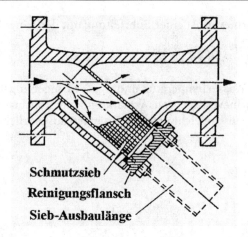

Schmutzsieb
Reinigungsflansch
Sieb-Ausbaulänge

| Arbeitsbewegung des Absperrkörpers | drehend um Achse quer zur Strömung | | geradlinig | |
|---|---|---|---|---|
| Strömung im Absperrquerschnitt | durch den Absperrkörper | um den Absperrkörper | quer zur Bewegung des Absperrkörpers | längs der Bewegung des Absperrkörpers |
| | Hahn 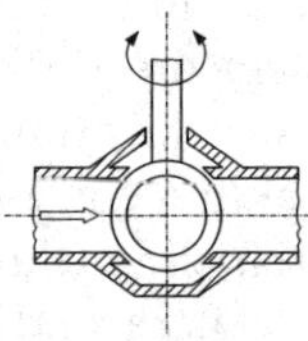 | Klappe 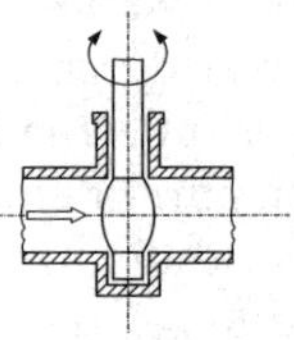 | Schieber 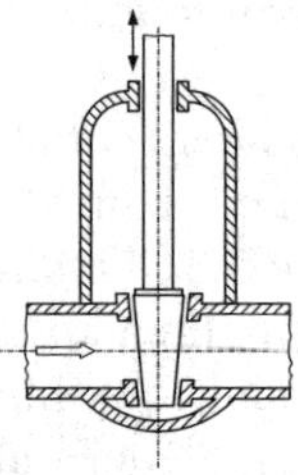 | Ventil 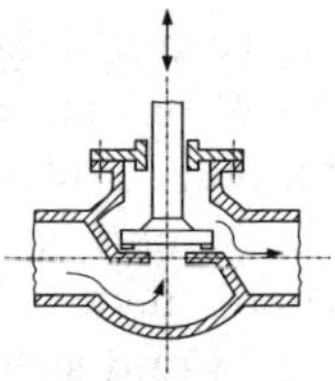 |
| Grundbauarten und Ausführungsbeispiele | | | | |

**Bild D2.3-8** Grundbauarten von Armaturen und deren Definition in Anlehnung an DIN EN 736 Tl. 1 [D2.3-1]

tion als Stell- oder Schaltarmatur. Die meisten Funktionsvariationen sind mit dem Ventil zu verwirklichen, es wird daher zuletzt behandelt; zusammen mit ihm auch die unterschiedlichen Gehäuseformen.

**Hähne** haben – abgesehen von ihrer Anwendung im Lebensmittelbereich oder in Labors – in der Heiztechnik nur eine Absperrfunktion zum Beispiel vor und nach Umwälzpumpen, im Rücklauf von Heizkörpern oder Wärmetauschern usw. Sie dienen als Füll- oder Entleerungshähne und auch als Entlüftungshähne. Der Absperrkörper („Küken") kann konisch, zylindrisch oder kugelförmig sein. Mit der Einführung von Teflon als Material für die Dichtringe im Absperrquerschnitt und zur Beschichtung des Absperrkörpers haben sich Kugelhähne nahezu vollständig durchgesetzt (s. Bild D2.3-9). In dieser Ausführung können sie auch Drosselfunktionen haben. Der Vorteil von Kugelhähnen

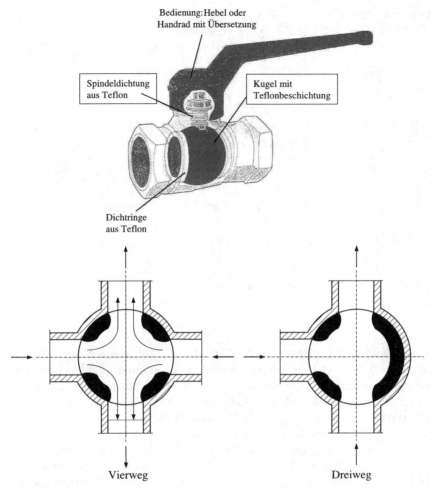

**Bild D2.3-9** Ansicht eines Durchgangs-Kugelhahnes, oben und unten schematische Darstellung von Mehrweg-Kugelhähnen

gegenüber allen anderen Armaturen ist, dass der Absperrquerschnitt genauso groß gehalten werden kann wie der des angeschlossenen Rohres (kleinstmöglicher Widerstand), auch neigen sie nicht zu Schwingungen. Dreiweg- oder Vierweghähne mit zylindrischem Absperrkörper haben als Regelorgane mit Verteil- oder Mischfunktion ebenfalls eine starke Verbreitung.

**Schieber** haben ebenfalls überwiegend Absperrfunktion. Auch bei ihnen weicht der Absperrquerschnitt nur gering von dem des Rohres ab. Damit haben sie nächst dem Kugelhahn einen geringen Strömungswiderstand. Eingesetzt werden sie üblicherweise für Nennweiten über DN 80. Der Absperrkörper (Schieber) kann als Keil („Keilschieberblatt"), Platte („Parallelschieberblatt")

**Bild D2.3-10** Prinzipdarstellung eines Keilflachschiebers

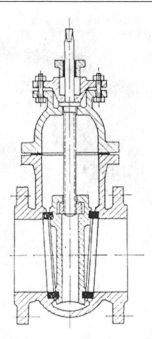

oder auch Kolben ausgeführt sein (s. Bild D2.3-10). Die Spindel kann, wie im Bild dargestellt, beim Drehen in ihrer Höhenlage unverändert bleiben, wenn das Hubgewinde im Schieberblatt ist. Es gibt auch eine Ausführung mit dem Hubgewinde außerhalb des Schiebergehäuses, bei der sich die Spindel beim Öffnen hebt, so dass eine Auf-Stellung von außen erkennbar ist.

**Klappen** findet man bei Wasserheizungen als Absperr-, Drossel- und Umlenkorgane sowie als Rückstromsperren. Ihre Vorteile gegenüber den nachfolgend behandelten Drossel- und Rückschlagventilen liegen in der Ansprechempfindlichkeit und dem geringen Widerstand im geöffneten Zustand. Rückschlagklappen lassen sich in einfacher Weise mit einer Dämpfungseinrichtung versehen. Ein dichter Abschluss kann mit ihnen nicht erzielt werden. Der Absperrkörper ist bei der Klappe eine Scheibe, die entweder mittig (Drossel- oder Umlenkklappe) oder am Rand (Rückschlagklappe) gelagert ist (s. Bild D2.3-11). Bei Drosselklappen gibt es zwei Gehäusearten: die Einschweiß-Drosselklappe und die Ring-Drosselklappe (s. Bild D2.3-12). Umlenkfunktionen sind beim Vierwegmischer verwirklicht (Bild D2.3-13).

**Ventile** können, wie bereits erwähnt, von allen Armaturen die meisten Funktionen ausüben. Wegen der Strömungsumlenkung am Absperrquerschnitt besitzen sie aber auch den höchsten Stömungswiderstand. Der Absperrkörper kann die Form einer Platte haben (s. Bild D2.3-14), oder kegelig sein (Tellerventil), zusätzlich Führungsrippen besitzen, ein Zylinder sein mit logarithmischen Toren, aus einem Vollkegel mit logarithmischem Anströmprofil bestehen oder schließlich wie bei dem gezeigten Rückschlagventil eine Kugel sein. Je nach Form des

**Bild D2.3-11** Beispiel einer
Rückschlagklappe

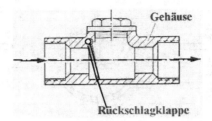

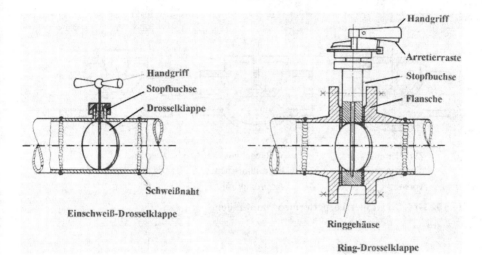

Einschweiß-Drosselklappe

Ring-Drosselklappe

**Bild D2.3-12** Prinzipdarstellung von Drosselklappen

**Bild D2.3-13** Prinzipdarstellung eines Vierwegemischers
mit Drehklappe

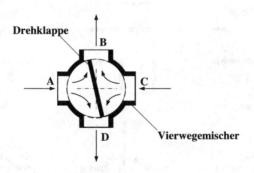

A,C Mischer-Eingänge

B,D Mischer-Ausgänge

Absperrkörpers hat die Kennlinie des Ventils (Zusammenhang von Volumenstrom und Hub) ein unterschiedliches Aussehen (siehe Band 1, Teil K5.2).
   Aufgegliedert nach der Gehäuseform kennt man, wie es Bild D2.3-14 zeigt,
das Durchgangsventil oder weiter in Bild D2.3-15 das Schrägsitzventil, das Eck-

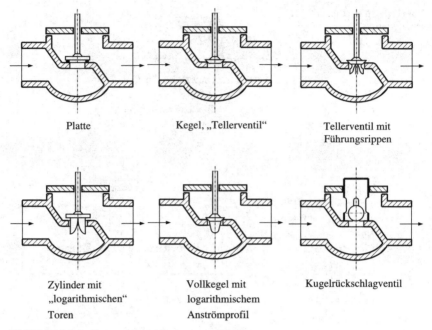

Platte                Kegel, „Tellerventil"        Tellerventil mit
                                                    Führungsrippen

Zylinder mit          Vollkegel mit                Kugelrückschlagventil
„logarithmischen"     logarithmischem
Toren                 Anströmprofil

**Bild D2.3-14**  Die Absperrkörperformen von Ventilen

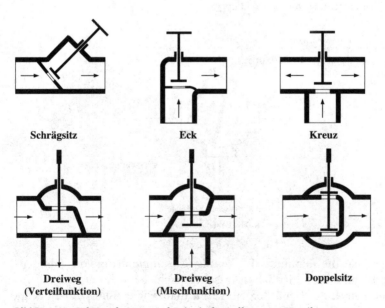

**Schrägsitz**              **Eck**                **Kreuz**

**Dreiweg**             **Dreiweg**            **Doppelsitz**
**(Verteilfunktion)**   **(Mischfunktion)**

**Bild D2.3-15**  Gehäuseformen und Prinzipdarstellung von Ventilen

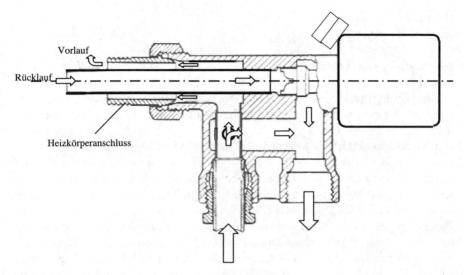

**Bild D2.3-16** Prinzipdarstellung eines Einrohrspezialventiles

ventil, das Kreuzventil, das Dreiwegventil und das Doppelsitzventil. Das Dreiwegventil besitzt generell eine Mischfunktion. Eine Verteilfunktion ist nur bei
kleinen Druckdifferenzen – z. B. als „Einrohr-Spezialventil", siehe Bild D2.3-16, –
herzustellen; bei höheren Druckdifferenzen neigt es zum Schwingen im Unterschied zu Hähnen.

Die Armaturen unterscheiden sich auch nach der Art, die Arbeitsbewegung des Absperrkörpers (Bild D2.3-8) zu erzeugen. Einfache Handeinstellun-
gen werden beim Hahn in seinen einfachsten Ausführungen und bei kleinen
Abmessungen mit einem Knebel, bei größeren Abmessungen mit einem Handhebel vorgenommen. Der Handhebel wird auch bei Klappen verwendet. In beiden Fällen genügt eine 90°-Bewegung. Bei Schiebern und Ventilen sind Hand-
räder erforderlich. Werden Armaturen als Stellglieder für Regelungszwecke verwendet, unterscheidet man Antriebe ohne und mit Hilfsenergie. Die üblichen
Thermostatventile zum Beispiel besitzen einen Antrieb ohne Hilfsenergie. Ein
Ausdehnungsbehälter, gefüllt mit einer dampfförmigen, flüssigen oder pastösen
Substanz, bewegt den Ventilstößel. Bei Einsatz von Hilfsenergie wird das Stellglied durch einen Elektromotor mit Getriebe oder mit Pressluft pneumatisch
bewegt; bei einfachen Auf-/Zu-Funktionen verwendet man auch Elektromag-
nete. Ferner sind elektrothermische Antriebe (mit einem Ausdehnungsbehälter
wie beim Thermostatventil, jedoch elektrisch beheizt) bekannt.

## D2.3.3.2
### Auswahlkriterien

Die Auswahl von Armaturen richtet sich zunächst nach den **Funktionsmerkmalen:**

**Absperrorgane** können Hähne, Schieber, Klappen oder Ventile sein. Hähne werden überwiegend verwendet (Kugelhähne), Schieber bei größeren Nennweiten.

**Drosselorgane** sind meist Ventile. Sie sind die wichtigsten Funktionselemente eines Verteilsystems: Mit ihnen wird die gewünschte Verteilung eingestellt und durch Regelung im Betrieb aufrechterhalten. Es ist daher in den meisten Fällen erforderlich, das Ventil in seinen Strömungseigenschaften (Ventilkennlinie, siehe Band 1, Teil K5.2) den örtlichen Bedingungen anzupassen, damit es bestmöglich regeln kann. Dabei kommt es auf die Kennlinie des gesamten Übergabesystems an (z.B. Wärmeaustauscher mit Ventil). Die einfachste Möglichkeit besteht hier in der sog. Hubbegrenzung: Der im Oberteil des Ventils gelagerte Absperrkörper (Ventilkegel mit Stößel) wird in seinem Abstand zum Absperrquerschnitt variiert (s. Bild D2.3-17). Die Ventilkennlinie bleibt dabei erhalten, lediglich der Arbeitsbereich wird bei enger werdendem Abstand kleiner (hierdurch verschlechtern sich die Regeleigenschaften).

Die zweite Anpassungsmöglichkeit besteht darin, nach dem Absperrquerschnitt einen weiteren in Stufen oder stufenlos veränderlichen Strömungswiderstand in Reihe zu schalten. Das geschieht häufig dadurch, dass auf einem drehbaren Einsatz Bohrungen unterschiedlichen Durchmessers oder ein in der Breite veränderlicher Schlitz als variable Blende angebracht werden (s. Bild D2.3-17). Mit dieser Maßnahme erhält man unterschiedliche gekrümmte Kennlinien (auf die hiermit angedeuteten hydraulischen Kriterien wird später eingegangen; siehe auch Band1, Teil K5.2).

**Dreiwegarmaturen** als Ventile (s. Bild D2.3-15) oder als Hähne werden zum Verteilen und zum Mischen verwendet. Verteilventile sind häufig bei Einrohrheizungen als Heizkörperspezialventile zu finden; hier wirkt sich ihre Neigung zu schwingen wegen der kleinen Druckunterschiede nicht aus. Im Allgemeinen aber wird für die Verteilfunktion die Hahnenausführung angewandt. Dreiwegmischer als Stellorgan für die Regelung der Vorlauftemperatur sind überwiegend ebenfalls als Dreiweghähne ausgeführt.

**Vierwegarmaturen** sind meist Hähne mit zylindrischem Absperrkörper (siehe Bild D2.3-9), seltener Klappen (siehe Bild D2.3-13). Sie werden für die Doppelfunktion Vorlauftemperaturregelung – Anhebung der Kesselrücklauftemperatur zum Vermeiden einer Taupunktsunterschreitung eingesetzt. Da die rauchgasseitigen Oberflächentemperaturen des Kessels heute auf eine andere Weise genügend hoch gehalten oder niedrige Werte erwünscht sind (Brennwertkessel), geht die Verwendung der Vierwegarmaturen zurück.

**Sicherheitsventile** werden zur Druckbegrenzung eingesetzt. Sie öffnen das geschlossene Verteilsystem, wenn ein bestimmter vorgegebener Druck über-

**Bild D2.3-17** Funktionsprinzipien von Heizkörper-Drosselventilen zur Voreinstellung

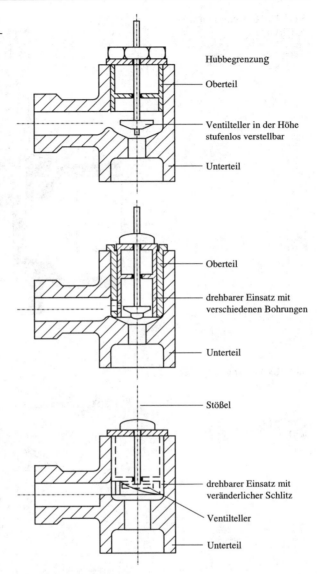

Hubbegrenzung

Oberteil

Ventilteller in der Höhe stufenlos verstellbar

Unterteil

Oberteil

drehbarer Einsatz mit verschiedenen Bohrungen

Unterteil

Stößel

drehbarer Einsatz mit veränderlicher Schlitz

Ventilteller

Unterteil

schritten wird. Ihr Ventilteller ist entweder feder- oder gewichtsbelastet (s. Bild D2.3-18). Begriffe und Definitionen für Sicherheitsventile sind in DIN 3320 [D2.3-12] festgelegt.

**Rückschlagventile** (ein Beispiel ist in Bild D2.3-14 gezeigt) sorgen dafür, dass das Wasser nur in einer bestimmten Richtung fließen kann. Der Absperrkörper kann als Kugel oder als Teller ausgeführt sein. Im letztgenannten Fall ist auch eine Federbelastung machbar; wenn nicht, muss das Ventil waagrecht eingebaut sein. Rückschlagventile werden häufig auch Rückflussverhinderer

**Bild D2.3-18** Sicherheitsven-
til (Beispiel)

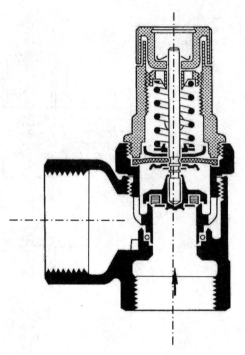

**Bild D2.3-19** Strangregulier-
ventil (Beispiel)

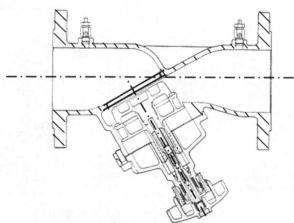

genannt. Einfacher als Rückschlagventile sind Rückschlagklappen (s. Bild D
2.3-11).

**Strangregulierventile** sollen auf einfache Weise erlauben, die Heizmittelströme in der gewünschten Weise auf die verschiedenen Stränge zu verteilen. Sie
sind daher vorzugsweise mit Anschlüssen für eine Druckmessung ausgestattet
(s. Bild D2.3-19) und meist als Schrägsitzventile ausgeführt. Sie dienen auch dem
Absperren des Stranges. Häufig besitzen sie zusätzlich einen Entleerungshahn.

**Sonstige** Funktionen übernehmen sog. „Fuß-" oder Absperrventile und Überströmventile. Erstere werden kaum noch verwendet, da für den gleichen Zweck günstiger Kugelhähne einzusetzen sind (Absperren des Heizkörperrücklaufs). Auch Überströmventile, die einen konstanten Druck und Durchfluss in einer Anlage mit Thermostatventilen halten sollen, erübrigen sich, wenn regelbare Umwälzpumpen eingebaut werden, was energetisch vorzuziehen ist.

Zu den **mechanischen Kriterien** für eine Auswahl von Armaturen zählen neben der bereits erwähnten Nennweite, dem Nenndruck und dem zulässigen Differenzdruck weitere, insbesondere für Thermostatventile in DIN EN 215 zur Prüfung vorgeschriebene Eigenschaften [D2.3-13]:

- Dichtheit des mechanisch mit der Schutzkappe geschlossenen Ventils,
- Dichtheit der Spindelabdichtung,
- Biegefestigkeit des Ventils,
- Drehfestigkeit des Sollwerteinstellers und
- Biegefestigkeit des Sollwerteinstellers.

Die hydraulischen und anlagentechnischen Auswahlkriterien sollen im Folgenden nur für Ventile behandelt werden; die Aussagen gelten für die anderen Armaturen sinngemäß.

Die hydraulischen Eigenschaften eines Ventils werden auf dem Prüfstand für eine ganz bestimmte konstante Druckdifferenz zwischen Eintritt und Austritt des Ventils gemessen. Man erhält einen Zusammenhang zwischen dem Durchfluss und dem Ventilhub, der beim Thermostatventil der Fühlertemperatur (Regelgröße) entspricht. Bei dem in einer Anlage eingebauten Ventil ist die im Labor gegebene konstante Druckdifferenz nicht vorhanden. Der Einfluss des veränderlichen Druckes ist daher als anlagentechnisches Auswahlkriterium zu berücksichtigen. Weiterhin ist zu beachten, dass bei Ventilen an Heizkörpern oder Wärmeaustauschern nicht die Funktion des Ventils für sich allein, sondern dessen Zusammenwirken mit dem zugehörigen Apparat entscheidend ist für das Regelveralten des gesamten Übergabesystems und damit für die richtige Auswahl des geeigneten Stellorgans.

### Hydraulische Eigenschaften

Das Durchflussverhalten von Ventilen wird nach den in der VDI/VDE-Richtlinie 2173 [D2.3-14] festgelegten Regeln festgestellt. Sie sind in Band 1, Teil K, Kapitel 5.2.1 beschrieben. Als Durchflusskenngröße gilt danach der sog. $k_V$-Wert, festgelegt durch

$$\dot{V} = k_V \sqrt{\frac{\Delta p_V}{\Delta p_{V0}} \frac{\rho_0}{\rho}} \qquad \text{(D2.3-3)}$$

Sie entspricht Formel K 5-2 im Band 1.

$\dot{V}$       Volumenstrom $m^3/h$,

$\Delta p_V$     Ventildruckdifferenz in bar,

$\Delta p_{V0}$    Bezugswert für die Druckdifferenz, $\Delta p_{V0} = 1\,\text{bar}$
$\varrho$       Dichte in kg/m$^3$.
$\varrho_0$      Bezugswert für die Dichte, $\varrho_0 = 1000\,\text{kg/m}^3$

Als Kennlinie gilt der Zusammenhang zwischen dem $k_V$-Wert und dem Ventilhub.

In der Heiztechnik liegen gegenüber der allgemeinen Anwendung von Ventilen vor allem sehr viel niedrigere Drücke und Druckdifferenzen vor. Der $k_V$-Wert stellt deshalb in den allermeisten Fällen keinen vernünftig direkt verwendbaren Durchflusskennwert dar. Man hat sich daher, insbesondere für thermostatische Heizkörperventile, auf andere Kenngrößen, auch international, geeinigt (s. DIN EN 215 [D2.3-13]). Als Kennlinie wird hier der Massenstrom durch das Ventil über der Fühlertemperatur als Regelgröße aufgetragen. Die Fühlertemperatur hängt fest mit dem Hub zusammen, so dass die in dieser Weise dargestellte Kennlinien etwa spiegelbildlich den üblichen $k_V$-Wert/Hub-Kennlinien sind (s. Bild D2.3-20). Die Kennlinien für Thermostatventile werden für einen konstanten Differenzdruck von 10 kPa (0,1 bar) aufgenommen. Alle Kenngrößen gelten für diesen Differenzdruck. Mit Veränderung des Differenzdruckes (Betriebsbe-

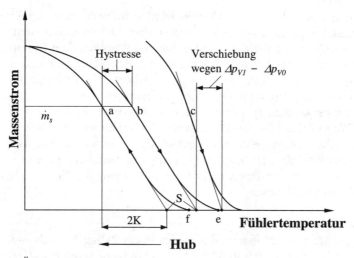

a  Öffnungskennlinie für $\Delta p_{V0}$
b  Schließkennlinie für $\Delta p_{V0}$
c  Schließkennlinie für $\Delta p_{V1}$
S  „Temperaturpunkt S"
f  Öffnungstemperatur
e  Schließtemperatur
$\dot{m}_S$ charakteristischer Durchfluss

**Bild D2.3-20** Thermostatventilkennlinien für zwei Differenzdrücke $\Delta p_{V0}$ und $\Delta p_{V1}$ nach [D2.3-13]

dingungen) ändert sich gemäß Gleichung D2.3-3 die Steigung der Kennlinie, wobei für Thermostatventile hinzukommt, dass der Absperrkörper (Ventilteller) nicht fest, sondern federnd gelagert ist. Er gibt dem sich ändernden Differenzdruck am Ventil unterschiedlich stark nach. Dadurch verschiebt sich die Kennlinie zusätzlich. Der sog. Temperaturpunkt S als Schnittpunkt der theoretischen linearen Kennlinie mit der Abszisse ist der Ausgangspunkt zur Ermittlung der Kenngröße für die verschiedenen Kennlinien, die durch die Sollwerteinstellung entstehen[2]. Bei Ventilen mit der Möglichkeit zur Hubbegrenzung oder Voreinstellung besteht noch eine weitere Variationsmöglichkeit. Für alle Einstellungen gibt es jeweils eine Öffnungs- und Schließkennlinie. Der Unterschied zwischen beiden entsteht dadurch, dass bei der Abdichtung des wasserführenden Ventilteils sowie im Regler Berührungsflächen zwischen festen und sich bewegenden Teilen bestehen. Die dadurch bedingten Reibungskräfte bewirken eine Verschiebung der Kennlinie bei Umkehr der Bewegungsrichtung. Der Abstand zwischen den beiden dadurch entstehenden Kennlinien wird Hysterese genannt (s. Bild D2.3-20).

Zur Kennzeichnung der durch die verschiedenen Einstellungen hergestellten Kennlinienpaare wird ein sie charakterisierender Durchfluss aus einer Messung festgestellt: Der charakteristische Durchfluss $\dot{m}_S$ (nach DIN EN 215 $q_{mS}$) wird auf einer Öffnungskennlinie (gemessen bei einem Differenzdruck von 10 kPa) bei der Fühlertemperatur $S - 2\,K$ in den Punkten a oder b (s. Bild D2.3-20) abgelesen. Nun ist dieser so festgestellte Massenstrom – in kg/h – zwar charakteristisch für irgendeine Öffnungskennlinie des jeweiligen Thermostatventils, aber nicht unbedingt kennzeichnend für das Ventil selbst. Hierfür wird ein sog. Nenndurchfluss $\dot{m}_N$ ($q_{mN}$) angegeben, der einem charakteristischen Durchfluss bei einer Zwischenstellung des Sollwerteinstellers entspricht. Besitzt das betreffende Ventil eine Voreinstell-Möglichkeit, gilt als Nenndurchfluss der Massenstrom bei nicht voreingestelltem Ventil (also der höchstmögliche bei einer mittleren Sollwerteinstellung). Der Nenndurchfluss darf nicht beliebig ausgewählt sein; er muss in bestimmter Weise zwischen den charakteristischen Durchflüssen bei höchster Sollwerteinstellung und niedrigster Sollwerteinstellung liegen (s. Bild D2.3-21).

Auch für die Steigung der Kennlinie, aus der der Nenndurchfluss abgeleitet ist, gibt es eine Forderung: Es muss der Durchfluss bei der Fühlertemperatur $S - 1\,K$ ermittelt werden; er hat kleiner zu sein als 70% des Nenndurchflusses. Des weiteren wird gefordert, dass die Hysterese bei Nenndurchfluss 1 K nicht überschreitet. Ebensowenig darf sich der Temperaturpunkt S um mehr als 1 K verschieben, wenn der Differenzdruck auf das 6-fache erhöht wird. Auf weitere, in DIN EN 215 vorgeschriebene Prüfpunkte sei hier nicht eingegangen.

---

[2] Diese für die Thermoventil-Prüfung getroffene Vereinbarung in DIN-En 215 hat zu einer Beschränkung auf Ventile mit linearer Kennlinie geführt; regeltechnisch vorteilhafte mit einer sog. gleichprozentigen Kennlinie (vom Ventilhub unabhängige konstante Wasserstromveränderung) finden keine Anwendung.

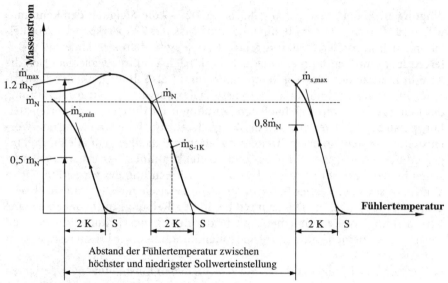

$\dot{m}_N$    Nenndurchfluss

$\dot{m}_{S,min}$ charakteristischer Durchfluss bei niedrigster Sollwerteinstellung, Anforderung: $0,5\dot{m}_N \leq \dot{m}_{S,min} \leq 1,2\dot{m}_N$

$\dot{m}_{S,max}$ charakteristischer Durchfluss bei höchster Sollwerteinstellung, Anforderung: $\dot{m}_{S,max} \geq 0,8\dot{m}_N$

$\dot{m}_{S,1K}$ Durchfluss bei der Fühlertemperatur S-1K, Anforderung: $\dot{m}_{S,1K} \leq 0,7\dot{m}_N$

**Bild D2.3-21** Öffnungskennlinien eines Thermostatventils bei $\Delta p_V = 10\,\text{kPa}$

Zur Auswahl von Ventilen für ein Verteilnetz sind die hydraulischen Eigenschaften des genormten Prüfstands, wie oben beschrieben, allein nicht ausreichend. Das Betriebsverhalten eines Ventils in einer Anlage kann erheblich von dem auf dem Prüfstand abweichen, weil sich in einer Anlage der Differenzdruck am Ventil während des Öffnungs- oder Schließvorganges, je nach den Bedingungen im Netz, verändern kann. Dies soll durch eine vereinfachende Betrachtung verdeutlich werden:

Die erste Vereinfachung sei, dass nur ein Ventil in dem betrachteten Netz verstellt wird und dass dabei als zweite Vereinfachung der im betrachteten Stromkreis wirksame Förderdruck $\Delta p_{ges}$ konstant bleibt. Die Widerstände im Stromkreis können als Reihenschaltung (in Analogie zur Elektrotechnik) aufgefasst werden (s. Bild D2.3-22), wobei der Leitungswiderstand $R_L$ als konstant und der Ventilwiderstand $R_V$ als variabel angesehen wird. Unter Vorwegnahme einer in Kapitel D2.6 näher beschriebenen Berechnungsweise wird allgemein gesetzt:

$$\Delta p = R \dot{V}^2 \tag{D2.3-4}$$

Wegen der Reihenschaltung sind die Volumenströme in der Leitung und im betrachteten Ventil gleich; damit sind die Druckabfallwerte:

$$\Delta p_L = R_L \, \dot{V}^2 \tag{D2.3-5}$$

**Bild D2.3-22** Reihenschaltung
hydraulischer Widerstände

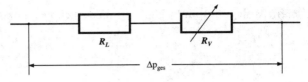

**Bild D2.3-23** Schematische
Darstellung der Veränderung
des Druckabfalls in der Leitung und am Ventil mit dem
Volumenstrom, also der Ventilöffnung, bis zum Auslegungszustand B

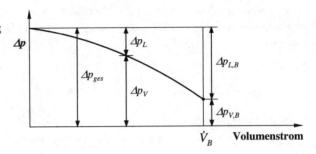

$$\Delta p_V = R_V \, \dot{V}^2 = R_V \left(\frac{\dot{m}}{\rho}\right)^2 \tag{D2.3-6}$$

Da sich der Gesamtdruckabfall im betrachteten Stromkreis nicht verändern soll (Bild D2.3-23), muss die Summe der Widerstände gleichbleiben:

$$\Delta p_{ges} = \left(R_L + R_L\right)\dot{V}^2 \tag{D2.3-7}$$

Beim bestimmungsgemäß für den Auslegungsfall geöffneten Ventil (dies muss nicht der bei der Prüfung geforderten vollständigen Öffnung entsprechen) sei der Druckabfall des Ventils $\Delta p_{V,B}$

$$\Delta p_{V,B} = R_{V,B} \, \dot{V}_B^2 = R_{V,B} \left(\frac{\dot{m}_B}{\rho}\right)^2 \tag{D2.3-8}$$

Es stellt sich dabei der Volumenstrom $\dot{V}_B$ beziehungsweise Massenstrom $\dot{m}_B$ ein.

Die Massenströme verhalten sich in dem in Bild D2.3-23 gezeigten Betriebs-bereich wie

$$\frac{\dot{m}}{\dot{m}_B} = \sqrt{\frac{R_L + R_{V,B}}{R_L + R_V}} = \sqrt{\frac{\dfrac{R_L}{R_{V,B}}+1}{\dfrac{R_L}{R_{V,B}} + \dfrac{R_V}{R_{V,B}}}} \tag{D2.3-9}$$

Im Auslegungspunkt B gilt für die Druckdifferenzen

$$1 = \frac{\Delta p_{L,B}}{\Delta p_{ges}} + \frac{\Delta p_{V,B}}{\Delta p_{ges}} \tag{D2.3-10}$$

Bei völlig geschlossenem Ventil liegt die Gesamtdruckdifferenz am Ventil an ($\Delta p_{ges} = \Delta p_{V,0}$). Das Verhältnis der Druckdifferenz am geöffneten Ventil im Auslegungszustand zu dem Differenzdruck beim geschlossenen wird Ventilautorität genannt.

$$\frac{\Delta p_{V,B}}{\Delta p_{V,0}} = a_V \tag{D2.3-11}$$

Mit Gleichung D2.3-10 kann nun der Druckabfall in der Leitung bei Auslegungsbedingungen auch ausgedrückt werden durch

$$\Delta p_{L,B} = (1 - a_V) \Delta p_{V,0} \tag{D2.3-12}$$

Mit den Gleichungen D2.3-5, -6 und -8 folgt hieraus

$$\frac{R_L}{R_{V,B}} = \frac{\Delta p_{L,B}}{\Delta p_{V,B}} = \frac{1 - a_V}{a_V} \tag{D2.3-13}$$

Damit erhält Gleichung D2.3-9 die Form

$$\frac{\dot{m}}{\dot{m}_B} = \frac{1}{\sqrt{1 + a_V \left( \dfrac{R_V}{R_{V,B}} - 1 \right)}} \tag{D2.3-14}$$

Der Widerstand am Ventil $R_V$ hängt mit dem $k_V$-Wert zusammen gemäß

$$R_V \sim \frac{1}{k_V^2} \tag{D2.3-15}$$

Damit gilt für den Massenstrom die in Band I, Teil K, Kapitel 5.2.1 mitgeteilte Formel (K5-6)

$$\frac{\dot{m}}{\dot{m}_B} = \frac{1}{\sqrt{1 + a_V \left( \left( \dfrac{k_{V,B}}{k_V} \right)^2 - 1 \right)}} \tag{D2.3-16}$$

Der $k_V$-Wert des Ventils im Auslegezustand muss nicht identisch mit dem in der Prüfung festgestellten $k_{VS}$-Wert sein (der wie erwähnt bei der Thermostat-

**Bild D2.3-24** Heizmittelstrom in Abhängigkeit der Fühlertemperatur für verschiedene Ventilautoritäten

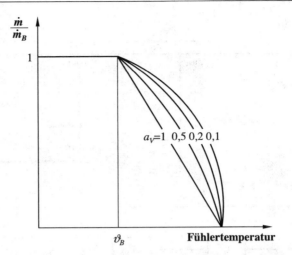

ventilprüfung auch gar nicht gemessen wird). Eine idealisierte lineare Kennlinie eines Ventils ändert sich unter dem Einfluss der Ventilautorität nach Bild D2.3-24.

Bei einer gegenüber Bild D2.3-22 detailliert in den Widerständen aufgegliederten Schaltung ist ein Druckverlauf zu erwarten, wie es Bild D2.3-25 am Beispiel eines Zweirohranschlusses zeigt. Hier gibt es im Unterschied zum Einrohranschluss oder zum Zweirohranschluss nach Tichelmann einen Heizkörper, der am ungünstigsten angeordnet ist ("Schlechtpunkt", vergl. Bild D2.2-12). Die übrigen Verbraucher – meist zum Anfang des Stranges hin – sind günstiger versorgt; damit auch sie ihren Sollmassenstrom erreichen, müssen sie mit zusätzlich unterschiedlich großen Abgleichwiderständen ausgestattet werden. Manche Ventile besitzen die Möglichkeit einer Voreinstellung, um ein breiteres Anwendungsspektrum abdecken zu können; diese Voreinstellung besteht häufig im Vor- oder Nachschalten eines Zusatzwiderstandes. Derartige Ventile sind hier eingezeichnet (die bei der Prüfung dieser Ventile gemessene Druckdifferenz ist die Summe von $\Delta p_V + \Delta p_{V,V}$). Wird das für die Auslegung maßgebliche, am ungünstigsten angeordnete Ventil geschlossen, strömt durch die Vor- und Rücklauf-Anbindungsleitung, den Heizkörper und den Voreinstellungswiderstand kein Wasser mehr: am Ventil liegt nun der Druck $\Delta p_{V,0}$ an. Bei ungeregelten Umwälzpumpen ist dabei zusätzlich zu berücksichtigen, dass, aufgrund der Pumpenkennlinie, die Pumpenförderhöhe mit abnehmendem Wasserstrom steigt. Wie aus Bild D2.3-25 zu erkennen ist, verschlechtern alle festen Widerstände neben dem variablen im Stellteil des betrachteten Ventils dessen Autorität (Gleichung D2.3-11). Je näher die Ventilautorität dem Wert 1 ist, umso gleichmäßiger verändert sich im Arbeitsbereich des Ventils der Wasserstrom. Für Auswahl und Auslegung eines Ventils muss daher ein Mindestwiderstand beachtet werden. Ihn als festen Wert in einer Regel anzugeben, ist – abgesehen von Kleinanlagen – ohne Einschränkungen nicht möglich, da hiermit die unter-

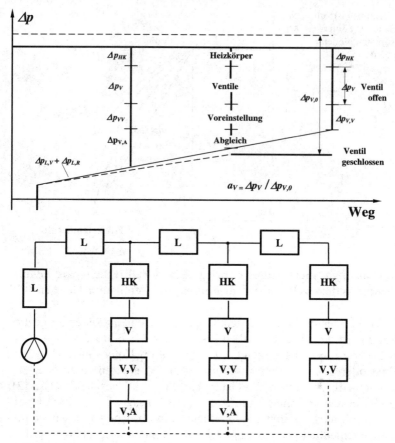

**Bild D2.3-25** Druckverlauf (oben) in einem Zweirohrverteilsystem mit drei Heizkörpern HK (Beispiel unten), den zugehörigen Ventilen V samt Voreistellung V,V und den Abgleichwiderständen V,A; Vor- und Rücklaufwiderstände in den Leitungen $\Delta p_{L,V}$ und $\Delta p_{L,R}$ sind zusammengefasst.

schiedlichen hydraulischen Verhältnisse in den mannigfaltigen Verteilsystemen nicht berücksichtigt werden können. Deshalb verwendet man als Dimensionierungskriterium die Ventilautorität und hat zur Berücksichtigung regelungstechnischer Anforderungen hierfür bei Thermostatventilen z.B. einen Mindestwert von 0,4 vereinbart. Einzelheiten hierzu werden in Kapitel D2.5 im Zusammenhang mit dem rechnerischen hydraulischen Abgleich mitgeteilt.

Wird mit der Wahl eines Ventils und der Vorgabe eines genügend hohen Druckabfalls am Ventil zunächst nur eine möglichst gleichmäßige Heizmittelzufuhr angestrebt, so ist dies regelungstechnisch noch nicht ausreichend, da im Hinblick auf die Wärmeleistung des Verbrauchers ein möglichst lineares Übertragungsverhalten der Regelstrecke insgesamt angestrebt wird. Das heißt, es ist zusätzlich das thermische Verhalten des zu versorgenden Heizkörpers oder

**Bild D2.3-26** Schematische Darstellung des thermischen Verhalten eines Heizkörpers oder Wärmeaustauschers, das durch den Zusammenhang von Wärmeleistung und Wasserstrom wiedergegebenen wird. Beide Größen werden auf die jeweiligen Auslegungswerte (B) bezogen. Mit der Nullpunktsteigung wächst die Krümmung.

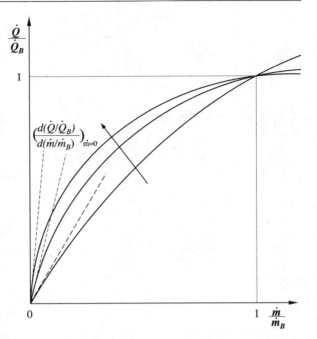

Wärmeaustauschers zu berücksichtigen. Dieses Verhalten wird wiedergegeben durch den Zusammenhang von Wärmeleistung und Wasserstrom, wie es Bild D2.3-26 zeigt. Beide Größen werden auf die jeweiligen Auslegungswerte bezogen. Der Zusammenhang $\dot{Q}/\dot{Q}_B$ von $\dot{m}/\dot{m}_B$ ist für Wärmeaustauscher und Heizkörper grundsätzlich gleich. Ein maßgeblicher Parameter ist die Steigung der Funktion im Nullpunkt. Sie ist bei Wärmeaustauschern:

$$\left(\frac{\dfrac{d\dot{Q}}{\dot{Q}_B}}{\dfrac{d\dot{m}_1}{\dot{m}_{1B}}}\right)_{m=0} = \frac{\left(\vartheta_{11} - \vartheta_{21}\right)_B}{\left(\vartheta_{11} - \vartheta_{12}\right)_B} = \frac{\left(\vartheta_{11} - \vartheta_{21}\right)_B}{\sigma_B} \tag{D2.3-17}$$

(dabei gilt für den 1. Index: 1 für den wärmeren Stoffstrom und 2 für den kälteren und der 2. Index für den Eintritt 1 und den Austritt 2) und für Heizkörper:

$$\left(\frac{\dfrac{d\dot{Q}}{\dot{Q}_B}}{\dfrac{d\dot{m}_1}{\dot{m}_{1B}}}\right)_{m=0} = \frac{\Delta\vartheta_{V,B}}{\sigma_B} \tag{D2.3-18}$$

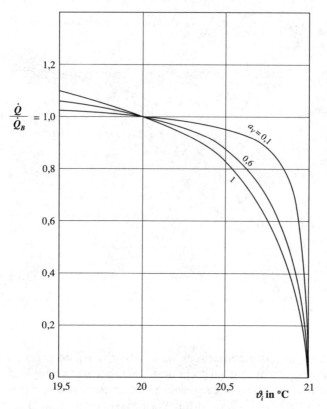

**Bild D2.3-27** Heizkörperleistung in Abhängigkeit der Raumtemperatur für verschiedene Ventilautoritäten $a_V$ (Ableitung aus Bild D2.3-24 und -26; Beispiel)

Um den Gesamtzusammenhang zwischen der Wärmeleistung und dem Massenstrom für die vollständige Regelstrecke zu erhalten, müssen die durch die Ventilautorität „verformte" Kennlinie nach Gleichung D2.3-14 und die thermische Kennlinie nach Gleichung D2.3-18 miteinander verknüpft werden. Man erhält dann Gesamtkennlinien, wie es beispielhaft Bild D2.3-27 zeigt.

Im Vorstehenden wird ausschließlich die Wirkung von Ventilen (mit linearer Kennlinie) bei *stetiger* Veränderung der Wasserströme behandelt. Neuerdings werden auch Regelkonzepte vorgeschlagen mit nichtstetiger Veränderung der Wasserströme. Zum Beispiel können Ventile auch taktend betrieben werden, so dass nur die Betriebszustände „AUF" und „ZU" möglich sind. Dies hätte bezüglich der Minimierung eines Kreiswiderstandes einen wichtigen Vorteil: da es keine Drosselstellungen bei den Ventilen gibt, hat auch der Differenzdruckanstieg beim Schließen keine Auswirkung auf die Regelgüte. Die Forderung nach einer Mindestautorität kann deshalb hier entfallen. Auch auf einen Teil der Abgleichwiderstände (s. Bild D2.3-25) kann verzichtet werden, wenn der „Abgleich" über die Taktrate der Ventile herbeigeführt wird.

### D2.3.4
*Pumpen*

### D2.3.4.1
*Bauarten*

Die Pumpenbauarten, die für den Einsatz in Wassernetzen grundsätzlich in Frage kommen, lassen sich im wesentlichen gliedern nach dem Arbeitsprinzip und nach konstruktiven Merkmalen.

Nach dem Arbeitsprinzip sind zu unterscheiden:
- **Kreiselpumpen** sind Strömungsmaschinen, bei denen die Energie in der Laufradbeschaufelung durch Änderung der Geschwindigkeit der Größe und Richtung nach übertragen wird. Die Gesamtdruckerhöhung der Kreiselpumpe ist auf Grund der Impulsveränderung proportional dem Quadrat der Pumpendrehzahl.
- **Verdrängerpumpen** (z.B. Kolbenpumpen oder Zahnradpumpen) fördern durch periodische Volumenveränderung von Arbeitsräumen, die durch Trennelemente gegen die Saug- und Druckleitung abgegrenzt werden. Ihre Gesamtdruckerhöhung ist von der Pumpendrehzahl unabhängig.
- Bei **Strahlpumpen** induziert ein aus einer Düse austretender Treibstrahl Wasser aus einem Saugstutzen und fördert das Gemisch durch eine Fangdüse in einen Diffusor, wo mit abnehmender Geschwindigkeit ein höherer Druck entsteht (siehe Bild D.2.3-28).

Überwiegend werden in Heizanlagen zur Umwälzung Kreiselpumpen eingesetzt, Kolbenpumpen als Druckdiktierpumpen zur Druckhaltung (Heißwassernetze, Fernwärmenetze) und Strahlpumpen zu Regelzwecken in Sekundärkreisen in Verbindung mit einer zentralen Kreiselpumpe, z.B. in Fernwärmenetzen.

Bei einer Gliederung nach konstruktiven Merkmalen ist bei den Kreiselpumpen zunächst die unterschiedliche Laufradform zu beachten. Weit überwiegend besitzen Umwälzpumpen Radialräder mit rückwärts gekrümmten Schaufeln (siehe Bild D2.3-29). Pumpen mit Axialrädern, die eine geringe Förderhö-

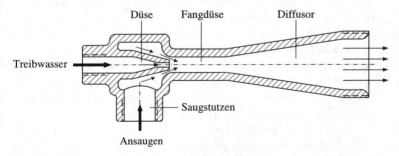

**Bild D2.3-28** Prinzipdarstellung einer Wasserstrahlpumpe

**Bild D2.3-29** Schematische Darstellung des Radialrades einer Umwälzpumpe mit rückwärts gekrümmten Schaufeln

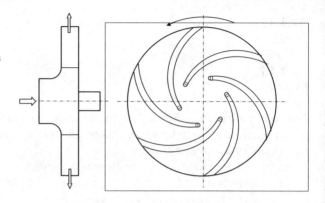

he besitzen (Propellerpumpen), werden gelegentlich in Wärmeerzeugerkreisen eingesetzt. Die Laufräder sind aus Kunststoff, Grauguss oder Edelstahlblech gefertigt.

Beim Spiralgehäuse (meist aus Grauguss) liegen der Saugstutzen und der Druckstutzen überwiegend in Linie („Inlinepumpen", siehe Bild D2.3-30), bei größeren Einheiten senkrecht zueinander (siehe Bild D2.3-31). Inlinepumpen werden auch wegen der Betriebssicherheit und Leistungsreserve als Doppelpumpen ausgeführt; d.h. in einem Gehäuse mit einem Saug- und Druckstutzen sind zwei Pumpen angeordnet, die getrennt durch eine Umschaltklappe auf der Druckseite je für sich, aber auch parallel betrieben werden können (Bild D2.3-32).

Ein weiterer konstruktiver Unterschied besteht in der Anordnungsart der Welle. Die meisten Pumpen werden mit waagrechter Welle in die Rohrleitungen eingebaut. Größere Pumpen sind auf einem Fundament befestigt (bei kleineren Leistungen – bis etwa 5 kW – das Pumpengehäuse, bei größeren der Motor wie z.B. in Bild D2.3-31). Die senkrechte Anordnung erfordert ein aufwendigeres Lager.

Ein wichtiger Unterschied ist die Einbauart des Antriebmotors. Man spricht von Nassläufermotor und Trockenläufermotor.

Beim Nassläufermotor liegen Rotor und Lager wie das Laufrad im Wasser. Die Statorwicklung wird durch ein Spaltrohr oder einen Spalttopf aus unmagnetischem Chrom-Nickel-Stahl (Spaltrohrmotor) trocken gehalten, eine Wellendichtung erübrigt sich. Die Rotorlager sind wassergeschmiert; dadurch sind Pumpen mit Nassläufermotor nahezu wartungsfrei und äußert geräuscharm. Wasseraustritt und Lufteintritt sind ausgeschlossen (siehe Bild D2.3-33).

Bei Trockenläuferpumpen (wie Bild D2.3-31) ist der Motor außerhalb des Wasserraums angeordnet und die Welle durch einen Leitring abgedichtet. Als Materialkombinationen hierfür kommen Keramik/Keramik oder Kohle/Keramik oder Hartmetall/Hartmetall in Frage (früher Stopfbuchsen). Die Antriebsmotoren der Trockenläuferpumpen haben einen besseren Wirkungsgrad als Nassläufer, weil das Magnetfeld weniger geschwächt ist. Ihr Einsatzbereich liegt daher bei größeren Leistungen (etwa oberhalb 2,5 kW).

**Bild D2.3-30** Schematische Darstellung einer Inlinepumpe (Saug- und Druckstutzen in einer Flucht)

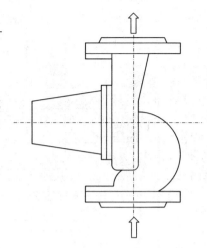

**Bild D2.3-31** Schematische Darstellung einer Kreiselpumpe, bei der Saug- und Druckstutzen senkrecht zueinander liegen.

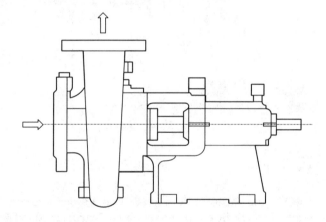

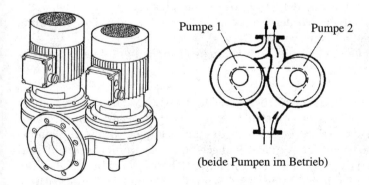

Pumpe 1    Pumpe 2

(beide Pumpen im Betrieb)

**Bild D2.3-32** Ansicht und Schema einer Inline-Doppelpumpe

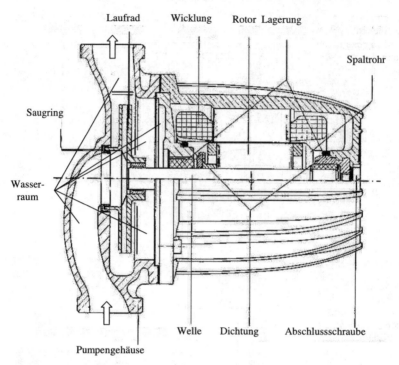

**Bild D2.3-33**  Beispiel einer Nassläuferpumpe

## D2.3.4.2
### *Kenngrößen*

Die für die Auswahl, Auslegung und Bewertung von Pumpen maßgeblichen Größen sowie die dafür verwendeten Begriffe sind in DIN 24260 Teil 1 festgelegt [D2.3-15]. Sie sind in Tabelle D2.3-11 zusammengestellt.

Um den Zusammenhang der Kenngrößen untereinander herzustellen, wie:
- die Abhängigkeit des Förderstroms, der Förderhöhe oder Förderleistung einer bestimmten Pumpe von der Drehzahl oder
- derselben Größen bei geometrisch ähnlichen Pumpen mit dem kennzeichnenden Durchmesser,

sind Ähnlichkeitskennzahlen nützlich (Tabelle D2.3-12). Mit ihrer Hilfe können für eine bestimmte Pumpengeometrie Kennlinien angegeben werden, die unabhängig sind von der Drehzahl, der Dichte des Fluids und der Größe der Pumpe.

Eine spezielle Form der Ähnlichkeitsbeziehungen (Affinitätsgesetze) sind die Proportionalitätsgesetze. Sie stellen in guter Näherung die Abhängigkeit des Förderstroms, der Förderhöhe oder des Gesamtdruckes und der Förderleistung von der Drehzahl derselben Pumpe beim selben Fördermedium dar ($D_I = D_{II}$

**Tabelle D2.3-11** Für die Auswahl, Auslegung und Bewertung von Pumpen maßgebliche Größen sowie die dafür verwendeten Begriffe nach DIN 24260, Teil 1 [D2.3-15].

| Kenngröße | Einheit | Bezeichnung | Erklärung | Gleichung |
|---|---|---|---|---|
| $\dot{V}$ | m³/s | Förderstrom | von der Pumpe geförderter Volumenstrom | |
| $H$ | m | Förderhöhe | von der Pumpe auf die Flüssigkeit übertragene Energie bezogen auf die Gewichtskraft der Flüssigkeit in Nm/N = m. Sie hängt mit der Gesamtdruckdifferenz $\Delta p_t$ (Abschn. D2.6.3 zusammen gemäß $\Delta p_t = H\varrho g$ | D2.3-19 |
| $H_H$ | m | Haltedruckhöhe (Mindestzulaufdruckhöhe) | Aussage über die Sicherheit gegen Kavitation; entspricht den in ISO 2548 [D2.3-6] festgelegten NPSH-Wert der Anlage (Net Positiv Suction Head) $NSPH = (p_{tot,s} - p_D)/(\varrho g)$ Die Haltedruckhöhe der Anlage muss größer sein als der vom Pumpenhersteller angegebene $NSPH$-Wert | D2.3-20 |
| $P$ | W | Förderleistung | Auf die Flüssigkeit übertragene nutzbare Leistung $P = \dot{V}H\varrho g = \dot{V}\Delta p_t$ | D2.3-21 |
| $P_m$ | W | Leistungsbedarf | Die von der Pumpenwelle aufgenommene mechanische Leistung $P_m = P/\eta$ | D2.3-22 |
| $P_{el}$ | W | Leistungsaufnahme | Leistungsaufnahme des elektrischen Antriebs $P_{el} = P_m/\eta_{el}$ | D2.3-23 |
| $\eta$ | – | Pumpenwirkungsgrad | | |
| $\eta_{el}$ | – | Motorwirkungsgrad | | |
| $n$ | min⁻¹ | Pumpendrehzahl | | |

**Tabelle D2.3-12** Ähnlichkeitsbeziehungen

| Kenn-zahl | Bezeich-nung | Erklärung | Anwendung | |
|---|---|---|---|---|
| $\varphi$ | Durch-flusszahl | Verhältnis von den Förderstrom bestimmender Meridiangeschwindigkeit $v_{2m}$ zu Umfangsgeschwindigkeit $u_2$ am Schaufelaustritt $$\varphi = \frac{v_{2m}}{u_2} = \frac{\dot{V}}{A_2 u_2} \qquad \text{D2.3-24}$$ und für Radialräder mit der Breite b und dem Durchmesser $D_2$: $$\varphi = \frac{\dot{V}}{\pi D_2 b u_2} \qquad \text{D2.3-25}$$ | Für geometrisch ähnliche Pumpen I und II mit $$\frac{b_I}{b_{II}} = \frac{D_I}{D_{II}}$$ und $$u_2 = \frac{\pi D_2 n}{60} \quad \text{folgt:}$$ $$\frac{\dot{V}_I}{\dot{V}_{II}} = \frac{n_I D_I^3}{n_{II} D_{II}^3}$$ | D2.3-26 |
| $\psi$ | Druckzahl | Verhältnis von Gesamtdruckdifferenz zu Staudruck von $u_2$ $$\psi = 2\frac{gH}{u_2^2} = \frac{\Delta p_t}{\frac{\rho}{2} u_2^2} \qquad \text{D2.3-27}$$ | $$\frac{\Delta p_{t,I}}{\Delta p_{t,II}} = \frac{\rho_I}{\rho_{II}} \frac{n_I^2}{n_{II}^2} \frac{D_i^2}{D_{II}^2}$$ | D2.3-28 |
| $\lambda$ | Leistungs-zahl | $$\lambda = \varphi\psi \qquad \text{D2.3-29}$$ | | |
| $n_q$ | „spez. Drehzahl" | Charakteristische Größe für den Einfluss der Laufradform $$n_q = \frac{n}{60 s/\min} \frac{\dot{V}^{1/2}}{H^{3/4}} \left(\frac{9{,}81}{g}\right)^{3/4} \quad \text{D2.3-31}$$ mit $[n] = \min^{-1}$ | $$\frac{P_I}{P_{II}} = \frac{\rho_I}{\rho_{II}} \cdot \frac{n_I^3 D_I^5}{n_{II}^3 D_{II}^5}$$ | D2.3-30 |

und $\varrho_I = \varrho_{II}$). Im allgemeinen verhält sich der Leistungsbedarf wie die Förderleistung, nur bei Nassläuferpumpen mit Spaltrohrmotor ist er nicht proportional der dritten, sondern der zweiten Potenz der Drehzahl.

Mit Hilfe der Ähnlichkeitsgesetze kann auch die Dichte bei anderen Flüssigkeiten als Wasser berücksichtigt werden. Zu beachten ist bei einer Stoffänderung aber auch der Einfluss der Viskosität auf die Strömung im Schaufelkanal (Re-Einfluss). Über den Dichteeinfluss hinaus verändert sich dadurch vor allem die Förderhöhe und der Wirkungsgrad. So sinken z.B. bei Glykol-Wassergemischen oder Salzsolen wegen der höheren Viskosität die Förderhöhe und der Wirkungsgrad gegenüber einem Betrieb mit Wasser, entsprechend steigt der Leistungsbedarf.

### D2.3.4.3
### Kennlinien

Der Zusammenhang der Kenngrößen Förderhöhe (Gesamtdruckerhöhung), Förderleistung, NPSH-Wert (Mindestzulaufdruckhöhe) und Pumpenwirkungsgrad mit dem Förderstrom lässt sich als Kennlinie einer Pumpe darstellen (siehe Bild D2.3-34). Häufig wird auch eine dimensionslose Darstellung gewählt, bei der alle Kenngrößen auf die jeweilige Größe bei maximalem Wirkungsgrad $\eta_{max}$ bezogen werden (siehe D2.3-35). In entsprechender Darstellung lässt sich auch

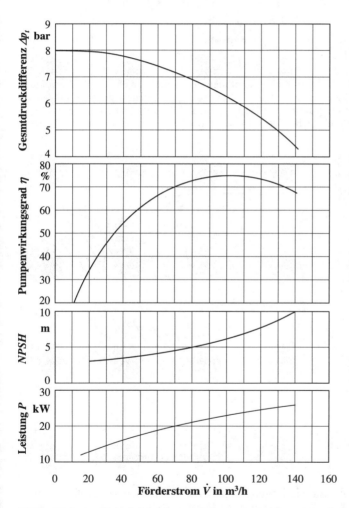

**Bild D2.3-34** Kennlinien für eine radiale Kreiselpumpe, spezifische Drehzahl $n_q \approx 20/60$ (Bezeichnungen und Formeln in Tabelle D2.3-11 und -12; bei der Zahlenangabe für $n_q$ unterbleibt üblicherweise die eigentlich erforderliche Umrechnung mit 60 s/min)

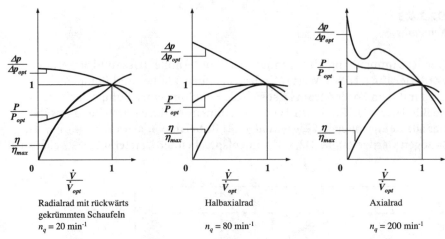

Radialrad mit rückwärts
gekrümmten Schaufeln
$n_q = 20$ min$^{-1}$

Halbaxialrad

$n_q = 80$ min$^{-1}$

Axialrad

$n_q = 200$ min$^{-1}$

**Bild D2.3-35** Qualitative Wiedergabe von Kennlinien der Grundformen von Kreiselpumpen bei verschiedenen spezifischen Drehzahlen $n_q$. Darstellung in Verhältnisgrößen, bezogen auf die entsprechenden Werte im Bestpunkt bei $\eta_{max}$. (Aus [D3.2-16]; Bezeichnungen und Formeln in Tabelle D2.3-11 und -12; hier ist $[n_q]=$ min$^{-1}$, also keine Umrechnung nach Gleichung D2.3-31)

**Bild D2.3-36** Kennfeld einer drehzahlgeregelten Kreiselpumpe (gemessen), spezifische Drehzahl $n_q \approx 20$ min$^{-1}$. Darstellung in Verhältnisgrößen, bezogen auf die entsprechenden Werte bei $n/n_N = 1$ im Bestpunkt bei $\eta_{max}$. (Aus [D2.3-16]; wegen der Wirkungsgradverschlechterung bei kleinen Drehzahlen weicht die $\eta_{max}$-Kurve von der Parabel $\Delta p \sim \dot{V}^2$ ab, Bezeichnungen und Formeln in Tabelle D2.3-11 und -12; hier ist $[n_q]=$ min$^{-1}$, also keine Umrechnung nach Gleichung D2.3-31)

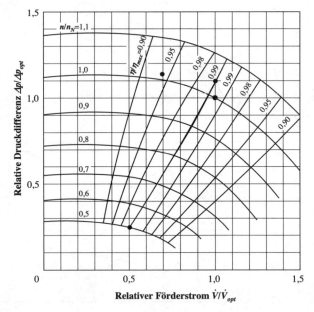

der Einfluss der Drehzahl wiedergeben (Bild D2.3-36) oder der Einfluss unterschiedlicher Laufraddurchmesser (Bild D2.3-37). Eine zusammenfassende Darstellung aller Größen ist mit Hilfe der Ähnlichkeitskennzahlen (Tabelle D2.3-12) möglich.

**Bild D2.3-37** Kennlinien geometrisch annähernd ähnlicher Pumpen mit verschiedenen Laufraddurchmessern (abgedreht) bei konstanter Drehzahl

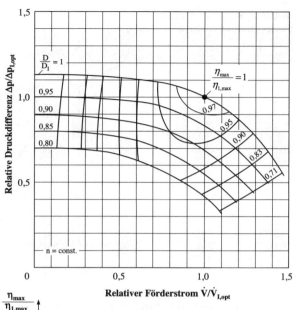

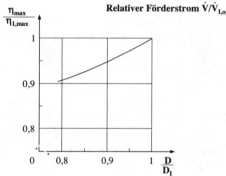

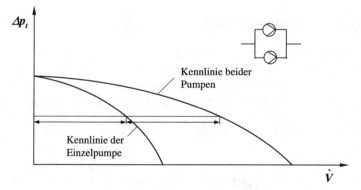

**Bild D2.3-38** Parallelschaltung zweier gleicher Pumpen

**Bild D2.3-39** Reihenschaltung zweier gleicher Pumpen

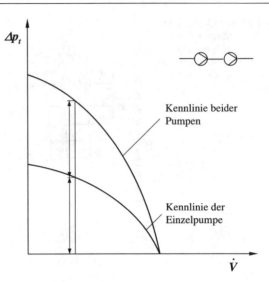

Die Kennlinien, die durch Parallel- oder Reihenschaltung von Pumpen entstehen, werden am Beispiel zweier gleicher Pumpen gezeigt (Bild D2.3-38 und -39).

Der Betriebspunkt einer oder mehrerer Pumpen in einem Netz ist der Schnittpunkt der Pumpenkennlinie mit der Netzkennlinie (Bild D2.3-40 oben). Die Netzkennlinie ist näherungsweise eine Parabel, die je nach Heizlast (Drosselstellung der Ventile) unterschiedlich steil ist. Zur Verdeutlichung eignet sich besonders das Auftragen der Kennlinien in einem Diagramm mit logarithmisch geteilten Achsen (Bild D2.3-40 unten). Die Netzkennlinien erscheinen dann je nach Drosselung im Netz als parallele Geraden (auch die Wirkungsgradkurven im Feld der Pumpenkennlinien würden hierbei im wesentlichen Betriebsbereich als parallele Geraden auftreten).

### D2.3.4.4
### *Pumpen in Heizanlagen, Steuerung und Regelung*

Generell sollen Pumpen so ausgewählt werden, dass sie den größten Teil ihrer Betriebszeit in der Nähe des optimalen Wirkungsgrades laufen. Da der Betrieb von Heizanlagen stark veränderlich ist und dabei der Förderstrom fast immer unter dem Auslegungswert liegt, sollte die Pumpe gewählt werden, deren Auslegungs-Betriebspunkt (siehe Bild D2.3-40 und Kap. D2.6) rechts vom Wirkungsgradoptimum im letzten Drittel auf der Pumpenkennlinie liegt.

Die der Bemessung der Pumpe zugrunde zu legende Gesamtdruckdifferenz ist, wie in Abschn. D2.6.3 erläutert, zu berechnen. Der erforderliche Volumenstrom richtet sich nach der Einsatzart der Pumpe, zentral in der Anlage, für einen Strang oder beim Verbraucher.

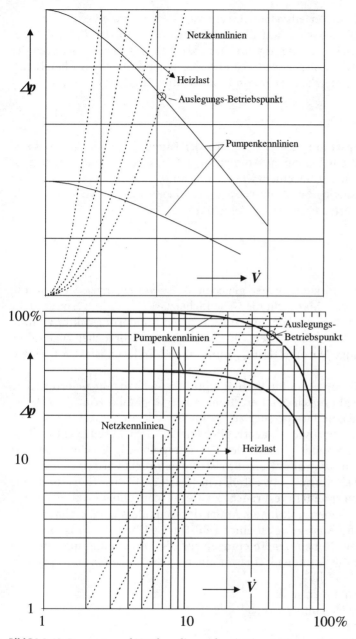

**Bild D2.3-40** Pumpen- und Netzkennlinen, oben in einem Diagramm mit linear und unten mit logarithmisch geteilten Achsen

Hat sie zentral ein Verteilsystem zu versorgen (Anordnung beim Wärmeerzeuger), ist der Wasserstrom auf die „wahrscheinliche Maximalleistung" der Wärmeerzeugung $\dot{Q}_{max}$ (siehe Abschn. D3) abzustimmen. Danach ist nach der Nutzungsart des zu versorgenden Gebäudes wegen der wahrscheinlichen Nichtgleichzeitigkeit der Heizlasten ein Minderungsfaktor zu berücksichtigen:

$$\dot{Q}_{max} = f_Q \dot{Q}_{N,Gebäude} \tag{D2.3-32}$$

Der Minderungsfaktor richtet sich nach der Nutzung des Gebäudes; so ist erfahrungsgemäß z.B. bei einem Wohngebäude $f_Q = 0{,}8$, bei einer Schule oder einem Bürogebäude 0,9, bei einem Krankenhaus 1,0.

Mit der Spreizung $\sigma$, dem Temperaturunterschied zwischen Vor- und Rücklauf, folgt für den erforderlichen Förderstrom

$$\dot{V} = \frac{\dot{Q}_{max}}{\rho_w c_w \sigma} \tag{D2.3-33}$$

Für Strangpumpen kann in der gleichen Weise vorgegangen werden, mit dem Unterschied, dass hier nicht die Gebäudeheizlast $\dot{Q}_{N,G} \leq \sum \dot{Q}_N$, sondern die Strangheizlast mit dem der Nutzung zugeordneten Minderungsfaktor zu multiplizieren ist. Bei Umwälzpumpen, die direkt einem Verbraucher zugeordnet sind, ist die jeweilige Normheizlast $\dot{Q}_N$ **ohne** einen Minderungsfaktor $f_Q$ einzusetzen.

Generell gilt: Pumpen sind in ihren Baugrößen nicht so fein abgestuft, dass ihre Kennlinie exakt durch den berechneten Betriebspunkt ($\Delta p_p, \dot{V}$) läuft. Im Zweifelsfall sollte eine Pumpe eher zu knapp als zu groß bemessen sein. Das damit verbundene geringe – nachträglich meist leicht beseitigbare – Risiko wird aus Gedankenlosigkeit in der Praxis regelmäßig gescheut, so dass im Allgemeinen ein zu großer Heizmittelstrom gefördert wird (durchschnittliche Überdimensionierung etwa dreifach! [D2.3-17]). Dies führt zu einem vermeidbaren Energiemehrverbrauch, zu Geräuschproblemen und zu Störungen bei den Anlagenfunktionen. Außer der Gedankenlosigkeit kann auch eine gewissenhafte Auslegung zu einer Fehl-(meist Über-)Dimensionierung der Pumpe führen: Neben den Toleranzen für die Berechnung und die Einregulierung sind die Gründe hierfür vor allem nachträgliche Änderungen im Netz.

Korrekturmaßnahmen sind:
1. Drosselung des Heizmittelstroms
2. Bypasschaltung
3. Anpassung des Laufraddurchmessers
4. Drehzahlumschaltung
5. Drehzahlregelung

**Bild D2.3-41** Anpassung des
Pumpenarbeitspunktes

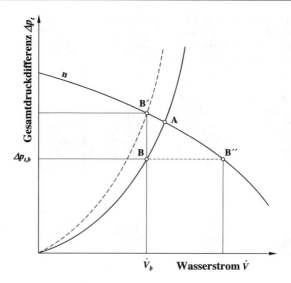

Die früher regelmäßig praktizierten Möglichkeiten der Drosselung des Heizmittelstroms und der Bypasschaltung sollten heute wegen des vermeidbaren
Energiemehraufwandes nicht mehr ergriffen werden. Durch die Drosselung
wird die Netzkennlinie so verschoben, dass ihr Schnittpunkt mit der Pumpenkennlinie beim gewünschten Heizmittelstrom liegt. Der Arbeitspunkt wandert
von A nach B′ (Bild D2.3-41). Für den Betriebspunkt B wäre nur eine Förderleistung, die dem Rechteck aus $\dot{V}_b$ und $\Delta p_{t,b}$ entspricht, erforderlich. Bei der Drosselung ist ein Mehrbedarf, der sich durch das Rechteck bis zum Punkt B′ darstellt, aufzuwenden. Noch ungünstiger ist die Bypasschaltung; bei ihr wird ein
Teilstrom des geförderten Wassers von der Druck- zur Saugseite geleitet. Der
Arbeitspunkt liegt bei B″.

Energetisch wesentlich günstiger ist die Wahl eines passenden kleineren
Laufraddurchmessers (siehe Bild D2.3-37). Die Pumpenkennlinie wäre dadurch
in die Nähe des Betriebspunkts zu legen. Der Anpassungsspielraum ist dabei
allerdings nicht sehr groß.

Eine ähnliche Wirkung ist durch Drehzahlumschaltung zu erreichen. Von
den Herstellern werden hier als Möglichkeiten Wicklungs-, Pol-, Kondensator-
und andere ähnlich wirkende Umschaltungen genannt.

Die fünfte Möglichkeit der Anpassung, eine drehzahlregelbare Pumpe auszuwählen, ist zweifellos die am wenigsten aufwendige. Sie hat darüber hinaus auch
den Vorteil, die Pumpe im Anlagenbetrieb an die veränderliche Last anpassen zu
können (bei 60% der Betriebszeit ist die Last kleiner als 30%, siehe Abschn. E).
Bei Großanlagen ist neben der Regelung auch eine grobe Lastanpassung durch
Zu- und Abschalten von Pumpen in Pumpengruppen und durch Umschalten
zwischen Drehzahlstufen (Polumschaltung) möglich.

**Bild D2.3-42** Schematische Darstellung der Betriebszustände in einer Heizanlage bei Variation der Wasserströme durch Einzelraumregelung (Simulationsergebnisse für ein Einfamilienhaus mit 13 Heizkörpern HK) mit einer durch Regelung der Pumpe für $\Delta p$ = const und einer dem Betrieb angepassten Kennlinie (aus [D2.3-18])

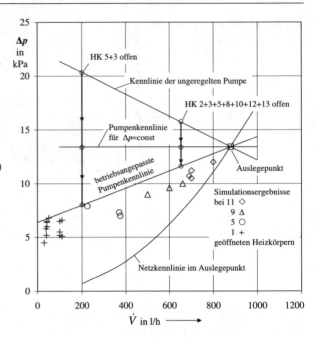

Durch die Einzelraumregelung, bei der überwiegend mit Thermostaten der Heizmittelstrom gedrosselt wird, entstehen Betriebszustände, wie sie Bild D2.3-42 schematisch zeigt [D2.3-8]. Ausführlicher wird hierauf in Teil E eingegangen. Bei den verschiedenen Betriebszuständen unterhalb der mit dem Volumenstrom ansteigenden Grenzgeraden ist vorausgesetzt, dass bei keinem Verbraucher-Regelventil der Auslegungsdifferenzdruck für den Auslegungsmassenstrom unterschritten und bei mindestens einem Ventil gerade erreicht wird (in keinem Fall sind damit die jeweiligen Regelbedingungen in Frage gestellt, unnötige Druckerhöhungen aber vermieden). Die Grenzgerade mit einer Regelung zu erreichen, stellt das idealisierte Ziel dar. Ein wesentlicher Fortschritt gegenüber der ungeregelten Pumpe ist die Regelung auf konstanten Differenzdruck. Sie lässt sich durch Verändern der Drehzahl erzielen. Hierfür gibt es die Hauptmöglichkeiten:

• Veränderung der Spannung oder
• der Frequenz des Motorstroms.

Der Effektivwert der Spannung lässt sich senken durch Wicklungs- oder Polumschaltung (nicht stufenlos), Phasenanschnittverfahren („hochgetaktete" Spannungsreduzierung), Aus- und Einschalten von Netzhalbperioden oder Kombinationen dieser Verfahren. Die Netzfrequenz für den Motor kann verändert werden durch Frequenzumformer; weit verbreitet sind beispielsweise pulsweitenmodulierte Umformer.

Die Steuer- und Regelgeräte werden zunehmend im Pumpenmotor integriert. Bei modernen Anlagen sind die Regeleinrichtungen kommunikationsfähig mit Gebäudeleitsystemen.

Regelgröße ist nicht allein ein Differenzdruck, der konstant gehalten wird (er kann auch mit dem Volumenstrom steigen); sie könnte auch eine Wasser- oder Raumtemperatur sein.

## D2.4
### Bewertung von Verteilsystemen (Wassersystemen)

Auch bei der Bewertung von Verteilsystemen ist die in den Kap. A2 und C2 vorgestellte wertanalytische Vorgehensweise anzuwenden. Danach ist ein Bewertungsschema aufzustellen, wie es Tabelle A2-1 prinzipiell und Tabelle C2-5 beispielhaft zeigen.

Als erstes ist zu überprüfen, ob die in Tabelle D2.1-1 angegebenen Sollfunktionen, die fest gefordert werden, erfüllt sind. Hier ist lediglich Ja oder Nein festzustellen. In einem zweiten Schritt sind die mit Grenzforderungen verbundenen Funktionen zu untersuchen. In aller Regel werden dazu die Herstellkosten, der Platzbedarf und die Energieverluste nicht direkt als Grenzwerte vorgegeben; der für alle drei Größen maßgebliche Rohrdurchmesser liegt in Verbindung mit den Auslegungswasserströmen in grober Stufung vor; für die erforderliche Wärmedämmung bestehen Vorschriften [D2.3-10].

Aus den mit Festforderungen und Grenzforderungen belegten Sollfunktionen leitet sich unter Beachtung der Form und Funktionen des Gebäudes sowie der Sollfunktionen der Wärmeübergabe und der Wärmeerzeugung die Konzeption des Verteilsystems ab (siehe Kap. D2.5). Bei korrekt entworfenen Verteilsystemen beginnt daher ihre eigentliche Bewertung mit der Feststellung der Erfüllungsgrade der Funktionen, die als **Wünsche** aufgelistet sind. Am einfachsten ist hier z.B. die Funktion „Heizkostenverteilung ermöglichen" zu behandeln: Der geringste Aufwand bei der Heizkostenverteilung entsteht dann, wenn der Einsatz von Heizkostenverteilern nach dem Verdunstungsprinzip (HKVV siehe H2.1.2) möglich ist. Dies ist im Bezug auf ein zu beurteilendes Verteilsystem dann gegeben, wenn Heizkörper als Verbraucher mit Zweirohranschluss versorgt werden. Bei Einrohranschluss ist ein größerer Aufwand z.B. mit HKVE (siehe H2.1.3) erforderlich. Liegt eine wohnungsweise Unterverteilung vor, können Wärmezähler verwendet werden. So lässt sich eine gestufte Bewertung für diese Funktion einführen.

Die „Übergabe- oder Erzeugerfunktionen zu unterstützen", geschieht über eine Regeleinrichtung im Verteilsystem (Beispiele Vorlaufregelung zur Unterstützung der Raumtemperaturregelung, Rücklaufbegrenzer für die „Brennwertausnutzung"). Je nach Aufwand sind dabei unterschiedliche Erfüllungsgrade zu erreichen. In der selben Richtung liegt „Funktionenoptimierung ermöglichen" (z.B. getrennte Regelung der Wasserkreise für eine kombinierte Heizkörper-Fußbodenheizung).

Während die drei beispielhaft angesprochenen Wunsch-Funktionen in Hinblick auf die Verteilsystemgestaltung und Rohrdimensionierung nur einen untergeordneten Einfluss haben, also mit einer geringen Gewichtung zu belegen sind, hat die Funktion „Energiebedarf minimieren" auf die Anschluss- und Verlegeart, die Bemessung der Rohre, die Wahl der Armaturen sowie der Umwälzpumpen einen wesentlichen Einfluss und damit ein hohes Gewicht bei der Bewertung. Da hier der Energiebedarf für die Wasserumwälzung in den hydraulischen Kreisen gemeint ist, sind Schwerkraftheizung und Dampfheizung in die folgenden Überlegungen nicht mit einbezogen.

Bei Energiewandlungsprozessen ist als Bewertungsmaßstab ein Wirkungsgrad oder eine Leistungsziffer geläufig. Einen vergleichbaren Maßstab für Verteilnetze gibt es nicht. Betrachtet man lediglich die Hauptfunktion eines Verteilsystems, nämlich Wärmeübergabe und Wärmeerzeugung räumlich zu trennen, dann dürfte beim idealen Verteilsystem kein Energiebedarf für die Verteilung entstehen. Dass sich aus einer solchen Idealvorstellung keine vernünftige Gestaltungsregel für ein Verteilnetz ableiten lässt, ist offenkundig. Zweckmäßiger ist es,

- ein idealisiertes Bezugsverteilsystem zu schaffen, mit dem **ohne vermeidbare** Verluste (z.B. durch zusätzliches Drosseln) jeder Verbraucher seinen Auslegungswasserstrom erhält und
- dabei für jeden Verbraucher bezogen auf seine Lage der **Aufwand gleichgehalten** ist.

Das idealisierte Bezugsverteilsystem soll die gleiche Netzstruktur besitzen und auslegungsüblich dimensioniert so sein wie das reale Verteilsystem, das zu bewerten ist. Auch sollen die Verbraucher genau so angeordnet und die selben sein. Damit sind die Strömungswege (Rohrlängen) gleich und auch die Anschlussarten.

Idealisiert ist das Bezugsnetz insofern, dass alle **vermeidbaren** Vorgänge, durch die fluidmechanische Energieverluste (siehe Bd. 1,Teil J2) entstehen (so genannte „Dissipationsvorgänge"), ausgeschlossen werden; demzufolge gibt es:

- keine Impulsänderungen an Einzelwiderständen (keine Einzelverluste),
- keine Drosselvorgänge zu Verteilzwecken und statt dessen
- ideale Umwälzpumpen (mit Wirkungsgrad 1, ideal regelbar, in jeder Größe verfügbar).

Die Forderung, Drosselvorgänge zu vermeiden, ist mit idealen Umwälzpumpen zu erfüllen, wenn jeder Verbraucher des betrachteten Verteilstranges eine eigene Pumpe erhält, die die Reibungsleistung für den zugehörigen hydraulischen Kreis aufbringt:

$$P_i = \Delta p_i \, \dot{V}_i \qquad\qquad\qquad\qquad (\text{D2.4-1})$$

(Dem Verbraucher $i$ mit der Länge $L_i$ seines hydraulischen Kreises wird eine Idealpumpe mit der Leistung $P_i$, der Druckerhöhung $\Delta p_i$ und dem Volumenstrom $\dot{V}_i$ zugeordnet.)

Die Bedingung, für jeden Verbraucher im idealisierten Verteilsystem den gleichen energetischen Aufwand zu treiben, gelte als erfüllt, wenn das Druckgefälle $R_L = \Delta p/L$ im gesamten betrachteten System gleich gehalten wird. Dies ist nur mit einem an den jeweiligen Wasserstrom genau angepassten (also nicht gestuften) Rohrdurchmesser zu erreichen. Wird für jeden Verbraucher darüber hinaus die Spreizung $\sigma = \sigma_0$ gleichgesetzt (gleicher Versorgungsaufwand!), dann ist der relative energetische Aufwand als Verhältnis der Pumpenleistung zur Wärmeleistung nur vom vorgegebenen Kreislaufweg $L_i$ abhängig:

Pumpenleistung $\qquad P = R_L\, L_i\, \dot{V}_i$ $\hfill$ (D2.4-2)

Wärmeleistung $\qquad \dot{Q}_i = \rho\, \dot{V}_i\, c_p\, \sigma_0$ $\hfill$ (D2.4-3)

Damit erhält man für den relativen energetischen Aufwand beim Verbraucher $i$:

$$\frac{P_i}{\dot{Q}_i} = \frac{R_L}{\rho c_p \sigma_0} L_i \qquad\qquad\text{(D2.4-4)}$$

Den schematischen Aufbau von Bezugsverteilsystemen (genaugenommen je eines Stranges) mit Zweirohr- und Einrohrschaltung zeigen Bild D2.4-1 und -2, den Druckverlauf hierfür Bild D2.4-3. Wie den ersten Bildern zu entnehmen ist, wird jedem Verbraucher (hier ein Heizkörper) eine Idealpumpe zugeordnet (im Zusammenhang mit der Netzbewertung gehören die Idealpumpen zum Verteilsystem, nicht zum Verbraucher). Lediglich bei der Einrohrheizung wird zusätzlich eine zentrale Idealpumpe benötigt; die den Verbrauchern zugeordneten Pumpen haben dann nur den Druckabfall in der Anbindungsleitung von der Verzweigung vor dem Verbraucher bis zur Vereinigung hinter dem Verbraucher zu überwinden.

Während beim Zweirohranschluss in Normalverlegung der Kreislaufweg $L_i$ für jeden Verbraucher unterschiedlich ist und mit der Entfernung von der Wärmerzeugung wächst, ist er bei der Tichelmannverlegung und bei Einrohranschluss, abgesehen von Unterschieden bei der Länge $L_{An,i}$ der Verbindungsleitung gleich, nämlich $L_i = L_{gem} + L_{An,i}$. Entsprechend ändern sich die Förderhöhen der einzelnen Idealpumpen bei Normalverlegung oder sind bei Tichelmannverlegung und der Einrohrheizung gleich im Falle $L_{An,i} = $ const.

Die aufsummierten hydraulischen Gesamtleistungen der idealisierten Bezugsverteilsysteme mit n Verbrauchern in den drei unterschiedlichen Schaltungen sind für:

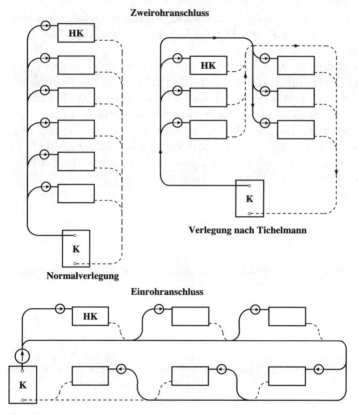

**Bild D2.4-1** Schematischer Aufbau (idealisierter) Bezugsverteilsysteme

- Zweirohrheizung in Normalverlegung (mit der jeweiligen Länge $L_i$ des hydraulischen Kreises):

$$P_{ges} = R_L \sum_{i=1}^{n} \left( L_i \, \dot{V}_i \right)$$
(D2.4-5)

- Zweirohrheizung in Tichelmannverlegung (mit der gemeinsamen Länge $L_{gem}$ der hydraulischen Kreise und der Länge der Anbindungsleitungen $L_{An,i}$):

$$P_{ges} = R_L \left[ L_{gem} \sum_{i=1}^{n} \dot{V}_i + \sum_{i=1}^{n} L_{An,i} \, \dot{V}_i \right]$$

$$P_{ges} = R_L \left[ L_{gem} \, \dot{V}_{ges} + \sum_{i=1}^{n} L_{An,i} \, \dot{V} \right]$$
(D2.4-6)

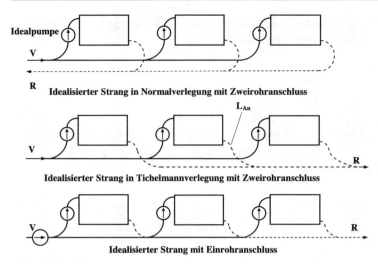

**Bild D2.4-2** Idealisierte Stränge

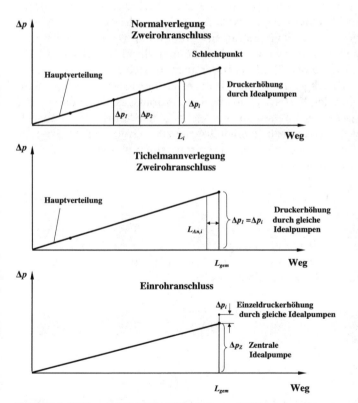

**Bild D2.4-3** Differenzdruck-Weg-Diagramme mit Zusammenfassung von Vor- und Rücklauf für idealisierte Verteilungen nach Bild D2.4-1 und -2

- Einrohrheizung (mit der Zusatzlänge $\Delta L_i$ der Anbindungsleitung, die über die Länge des Bypasseinrohrstücks hinausgeht):

$$P_{ges} = R_L \left[ L_{gem}\,\dot{V}_{ges} + \sum_{i=1}^{n} \Delta L_i\,\dot{V}_i \right] \qquad (D2.4\text{-}7)$$

Bei gleichen Anbindungsleitungen $L_{An,i} = L_{An}$ bzw. Zusatzlängen $\Delta L_i = \Delta L$ vereinfachen sich die beiden letzten Gleichungen für Zweirohrheizung in Tichelmannverlegung und Einrohrheizung zu:

$$P_{ges} = R_L \left( L_{gem} + L_{An} \right) \dot{V}_{ges} \qquad (D2.4\text{-}8)$$

oder

$$P_{ges} = R_L \left( L_{gem} + \Delta L \right) \dot{V}_{ges} \qquad (D2.4\text{-}9)$$

Alle Betrachtungen gelten für einen Strang mit n Verbrauchern. Bei Verteilsystemen mit mehr als einem Strang wird die hydraulische Leistung im Wärmeerzeugerbereich nur für den jeweiligen Strangwasserstrom erfasst. Sind mehrere Stränge gemeinsam zu untersuchen, können ihre hydraulischen Leistungen (Gleichung D2.4-5 bis -9) addiert oder auch für sich betrachtet werden.

Das einheitliche Druckgefälle $R_L$ im idealisierten Bezugsverteilsystem wird von dem zu beurteilenden Verteilsystem abgeleitet. Vorausgesetzt ist dabei, dass die Rohrnennweiten des realen Systems regelrecht (gemäß Tabelle D2.5-2 bis -4) festgelegt sind. Aus der dafür vorliegenden Rohrnetzberechnung (D2.6.2) ist die Reibungsleistung für den betrachteten Strang mit seinen m Teilstrecken $j$ und den zugehörigen Volumenströmen $\dot{V}_j$ bekannt:

$$P_{ges} = \sum_{j=1}^{m} \left( R_{L,j}\,L_j\,\dot{V}_j \right) \qquad (D2.4\text{-}10)$$

Sie wird der Reibungsleistung gleichgesetzt, wie sie für das idealisierte System mit $n$ Verbrauchern $i$ nach Gleichung D2.4-5 bis 9 zu berechnen ist. Beispielsweise wäre aus D2.4-5 zu erhalten:

$$R_L = \frac{\displaystyle\sum_{j=1}^{m} \left( R_{L,j}\,L_j\,\dot{V}_j \right)}{\displaystyle\sum_{i=1}^{n} \left( L_i\,\dot{V}_i \right)} \qquad (D2.4\text{-}11)$$

Die mit der Gleichung D2.4-10 berechnete Gesamtleistung $P_{ges}$ ist auch zu verstehen als die Summe der Idealpumpen-Leistungen in einem Verteilsystem mit real gestuften Rohrnennweiten (aber ohne Einzelverluste $Z_j$ und ohne Ventile). Der relative Aufwand für Rohrreibung und Einzelverluste (ohne Regelventile) ist demnach:

$$e_Z = \frac{\sum\limits_{j=1}^{m}\left(R_{L,j}\ L_j + Z_j\right)\dot{V}_j}{P_{ges}} \qquad \text{(D2.4-12)}$$

In einem zweiten Bewertungsschritt soll nun der weitere Aufwand für Drosselorgane oder Regelventile, die bei zentraler Wasserumwälzung und Wegfall der dezentralen Versorgung zum Einstellen der gewünschten Verteilung notwendig sind, herausgearbeitet werden. Hierzu ist wieder auf die vorliegende Rohrnetzberechnung (siehe Kap. D2.6.2) zurückzugreifen. Dabei genügt es, den Druckabfall in dem hydraulischen Kreis mit den meisten Widerständen zu bestimmen („Schlechtpunkt" siehe Bild D2.2-12). Hat dieser Kreis (für einen Verbraucher) m Teilstrecken $j$ und ist der Druckabfall am zugehörigen Ventil $\Delta p_V$, dann gilt für einen oder mehrere Stränge bei Zweirohranschluss:

$$e_{Z,V} = \frac{\dot{V}_{ges}\left[\Delta p_V + \sum\limits_{j=1}^{m}\left(R_{L,j}\ L_j + Z_j\right)\right]}{P_{ges}} \qquad \text{(D2.4-13)}$$

Bei Einrohranschluss für n Verbraucher $i$ und m Teilstrecken des betrachteten Kreises ist der relative Aufwand wegen der hintereinandergeschalteten Ventile (Bild D2.2-12) insbesondere bei vielen Verbrauchern größer als beim Zweirohranschluss:

$$e_{Z,V} = \frac{\dot{V}_{ges}\left[\sum\limits_{i=1}^{n}\Delta p_{V,i} + \sum\limits_{j=1}^{m}\left(R_{L,j}\ L_j + Z_j\right)\right]}{P_{ges}} \qquad \text{(D2.4-14)}$$

Bei der Bewertung mit den vorstehend hergeleiteten Aufwandszahlen $e_Z$ und $e_{Z,V}$ ist das Bezugssystem mit dezentralen Idealpumpen, aber mit real gestuften Rohren sozusagen „teilidealisiert" (mit Reibung ohne Einzelverluste). Man erhält Vergleichswerte zu einem in der Struktur gleichen „teilrealen" System. Wie groß aber der jeweilige energetische Aufwand für einen bestimmten Verteilzweck ist, beim Vergleich verschiedener Verlege- oder Anschlussarten oder Verteilsysteme mit unterschiedlichem Druckgefälle $R_L$, lässt sich so nur schwer erkennen.

Hierfür eignet sich der bereits mit Gleichung D2.4-4 für einen Einzelverbraucher hergestellte Bezug der Idealpumpenleistung $P_i$ auf die Wärmeleistung $\dot{Q}_i$. Auf einen Strang mit $n$ Verbrauchern angewandt, erhält man als Mittelwert für einen idealisiertes Verteilsystem:

• Zweirohranschluss, Normalverlegung (aus Gleichung D2.4-5):

$$\frac{\sum_{i=1}^{n} \frac{P_i}{\dot{Q}_i}}{n} = \frac{R_L}{\rho C_p \sigma_0} \frac{\sum_{i=1}^{n} L_i}{n} \qquad \text{(D2.4-15)}$$

• Zweirohranschluss, Tichelmannverlegung (aus Gleichung D2.4-6)

$$\frac{\sum_{i=1}^{n} \frac{P_i}{\dot{Q}_i}}{n} = \frac{R_L}{\rho c_p \sigma_0} \frac{L_{gem} + \sum_{i=1}^{n} L_{An,i}}{n} \qquad \text{(D2.4-16)}$$

• Einrohranschluss (aus Gleichung D2.4-7)

$$\frac{\sum_{i=1}^{n} \frac{P_i}{\dot{Q}_i}}{n} = \frac{R_L}{\rho c_p \sigma_0} \frac{L_{gem} + \sum_{i=1}^{n} \Delta L_i}{n} \qquad \text{(D2.4-17)}$$

In Bild D2.4-4 ist der mittlere auf die Wärmeleistung bezogene energetische Aufwand für idealisierte Verteilsysteme über der mittleren Länge aller ihrer hydraulischen Kreise aufgetragen. Als Parameter dient das die Anforderungen an das Verteilsystem zusammenfassende Verhältnis $R_L/\sigma_0$. Während beim Zweirohranschluss mit Normalverlegung die mittlere Länge der hydraulischen Kreise mit der Netzausdehnung wächst, ist sie bei Tichelmannverlegung und bei Einrohranschluss in etwa gleichbleibend und deutlich kleiner. Entsprechend verhält sich der mittlere bezogene energetische Aufwand.

Bei realen Netzen verändern sich die Relationen: Die Unterschiede im energetischen Aufwand zwischen dem bei Normalverlegung und dem nach Tichelmann vergrößern sich, das Verhältnis zwischen der zunächst günstigeren Einrohrheizung zur normal verlegten Zweirohrheizung kehrt sich wegen der deutlich höheren Einzelverluste und kleineren Spreizungen um.

In Kap. D2.6.4.2 wird in einem Rechenbeispiel die Aussagefähigkeit des beschriebenen Bewertungsverfahrens vorgestellt.

Aus der Betrachtung idealisierter Bezugsverteilsysteme ist neben den Bewertungsmöglichkeiten auch die Erkenntnis zu gewinnen, dass es energetisch vorteilhaft ist, statt der zur Verteilung sonst erforderlichen Drosselstellen Umwälzpumpen einzusetzen; dabei ist freilich auf den realen Wirkungsgrad von

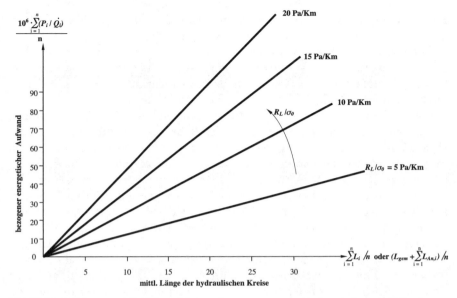

**Bild D2.4-4** Mittlerer auf die Wärmeleistung bezogener energetischer Aufwand abhängig von der mittleren Länge der hydraulischen Kreise mit dem Parameter $R_L/\sigma_0$ nach den Gleichungen D2.4-15, -16 und -17.

Pumpen und ihre Mindestgröße zu achten. Bei Verbrauchern oder Verbrauchergruppen mit mehr als 4000 kg/h Heizmittelstrom im Auslegungsfall kann es lohnend sein, ihnen eigene geregelte Pumpen zuzuordnen.

## D2.5
## Konzeption von Verteilsystemen (Wassersysteme)

Der Konzeption eines Verteilsystems geht der Entwurf der Wärmeübergabe in den zu beheizenden Räumen voraus; auch die Diskussion der mit der Übergabe zusammenhängenden Funktionen der Heizanlage sollte weitgehend abgeschlossen sein. Damit ist folgendes vorgeklärt:
1. Die Normheizlasten der zu beheizenden Räume,
2. der Heizbetrieb mit den zugehörigen Regel- und Steueranforderungen,
3. Art und Anordnung von Raumheizflächen oder sonstigen wärmeübertragenden Einrichtungen,
4. das Heizmittel und die erforderlichen Temperaturen,
5. die Heizmittelströme zu den einzelnen Verbraucherstellen.

Aus der Konzeption der Gesamtheizanlage, wie sie beispielhaft bereits im Teil C2 gezeigt wird, sollte weiterhin bereits bekannt sein, welche Art der Wärmeerzeugung, mindestens aber welche Varianten in Frage kommen. Häufig fällt eine

Entscheidung hierüber bereits beim architektonischen Entwurf; so ist dann auch der Aufstellungsort für die Wärmeerzeugung gegeben.

Zur eigentlichen Konzeption des Verteilnetzes sind die projektspezifischen Sollfunktionen aufzulisten. Eine beispielhafte Aufzählung von denkbaren Funktionen gibt Tabelle D2.1-1. Die fest oder mit Grenzbedingungen geforderten Funktionen sind für die Netzgestaltung maßgeblich. So können z.b. bei direktem Anschluss des Heizsystems an die Fernwärme besondere Anforderungen an die Druckfestigkeit der zu verwendenden Rohre gestellt und damit die Materialauswahl eingeengt sein. Ein weiteres Beispiel ist die Verlegung von Rohren in größeren Gebäuden, wo eine genügend hohe Eigenstabilität die freie Aufhängung der Hautpverteilleitungen oder Stränge unter Decken erleichtert. Die ebenfalls unter den technischen Grundanforderungen aufgeführten Funktionen „Dichtigkeit sichern", „Sauerstoffeintrag verhindern" und damit zusammenhängend „Korrosionsschutz erhalten" werden vom Nichtpraktiker als Selbstverständlichkeiten eingestuft, sind aber in real auszuführenden Anlagen nicht völlig sicher zu gewährleisten. Die Funktion „Luft abscheiden" muss daher nicht nur bei der Netzinbetriebnahme gegeben sein. Da gegenüber früher, als im wesentlichen die robusten Gussheizkörper verwendet wurden, überwiegend Stahlheizkörper oder Materialkombinationen mit Aluminium oder Kupfer eingesetzt werden, sind heute Verteilnetze grundsätzlich geschlossen auszuführen. Die strikte Vermeidung von Sauerstoffeintrag ist einer der Hauptgründe dafür, dass Niederdruck-Dampf als Heizmittel keine Rolle mehr spielt. Auch die Vorsicht beim Einsatz von Kunststoffrohren (Gefahr der Sauerstoffdiffusion) ist hierin begründet, obwohl heute überwiegend Kunststoffrohre mit zuverlässigen Diffusionsschutzschichten verwendet werden.

Von den Sollfunktionen nach Tabelle D2.1-1, die im übrigen in Kap. D2.1 kommentiert sind, bestimmen „Regelungsaufgaben übernehmen", „Übergabe- und Erzeugerfunktionen unterstützen" und „Funktionenoptimierung ermöglichen" die Entscheidung für die Anschlussart (Zweirohr- oder Einrohranschluss) und die Verlegeart (normal oder nach Tichelmann). Wenn z.B. die von einem Strang versorgten Verbraucher einen weitgehend einheitlichen Heizbetrieb besitzen, kann bei den entsprechenden topographischen Gegebenheiten der Einrohranschluss vorteilhaft sein. Soll aber bei einem unterschiedlichen Betrieb eine gegenseitige Beeinflussung vermieden werden, ist ein Zweirohranschluss vorzuziehen. Dies gilt auch, wenn ein Verbraucher einen eigenen Verbraucherkreis zur Regelung seiner Vorlauftemperatur erhält. Die Funktion „Heizmittelströme verteilen" ist mit einer Rohrverlegung nach Tichelmann ohne die sonst erforderlichen Drosselwiderstände zu verwirklichen, wenn die räumlichen Gegebenheiten eine Ringverlegung ermöglichen und so eine Verlängerung der Strömungswege (und Mehraufwand an Rohren) vermieden werden kann.

Wie aus der beispielhaften Diskussion der Sollfunktionen hervorgeht, lassen sich hieraus **ohne jede Rechnung** einige wichtige Entscheidungen für die Konzeption eines Verteilsystems ableiten:

1 Systemaufbau mit der Festlegung der hydraulischen Kreise (Verteilerkreise ggf. Verbraucherkreise; die Entscheidung über einen Erzeugerkreis fällt bei der Konzeption der Wärmeerzeugung)

2 Die Anschlussart (Zweirohr- oder Einrohranschluss)

3 Die Verlegeart bei Zweirohranschluss (normal oder nach Tichelmann)

4 Weitere Entscheidungen folgen aus der Wahl der Raumheizflächen, baulichen Gegebenheiten oder staatlichen Vorschriften (Energieeinsparverordnung, EnEV [A2-6]):

5 Anschluss der Anbindungsleitung (an Geschossleitung, an zentralen Verteiler).

6 Verlegeart der Geschossleitungen (ringförmig, sternförmig; frei im darunterliegenden Geschoss, im Deckenzwischenraum bei untergehängter Decke oder unterhalb eines aufgeständerten Bodens, als Fußleiste oder in der Trittschalldämmung unter dem Estrich).

7 Anzahl und Verlegung der Stränge.

8 Anordnung der Hauptverteilung (untere, obere Verteilung oder zentrale Anordnung, wenn kein Strang vorhanden).

9 Festlegung des Rohrmaterials und der Rohrdurchmesser (gestuft nach Heizmittelstrom gem. VDI 2073).

10 Anordnung von Umwälzpumpen (für einzelne (Groß-)Verbraucher, für spezielle Verbraucherkreise, für einzelne Stränge in der Hauptverteilung)

11 Überprüfen der Haltedruckhöhe (Mindestzulaufdruck) bei den Pumpen; gegebenenfalls den erforderlichen Druck am Anlagennullpunkt herstellen.

Da bei Schwerkraftheizungen der für die Umwälzung wirksame Druckunterschied außer von der Dichtedifferenz auch von einem Höhenunterschied abhängig ist (siehe Kap. D2.6) und damit von der Länge der vertikal angeordneten Rohre, ist bei der Zuordnung von Massenstrom und Rohrdurchmesser noch das Höhen-Gesamtweg-Verhältnis *(h/∑l)* zu beachten (siehe Tabelle D2.5-1 und Kap. D2.6). Bei Schwerkraftheizungen kommt nur ein Zweirohranschluss mit Normalverlegung in Frage.

Bei Pumpenwarmwasserheizungen genügt es, die Rohrnennweite in Abhängigkeit vom Massenstrom einer Tabelle aus VDI 2073 [D2.1-1] zu entnehmen (s. Tabelle D2.5-2)[3]. Diese Tabelle gilt für Stahlrohre (mittelschwere Gewinderohre nach DIN 2440). Die analog aufgebaute Tabelle D2.5-3 gilt für Kupferrohre und Weichstahlrohre; Tabelle D2.5-4 für Kunststoffrohre. Die in den Tabellen niedergelegten Empfehlungen resultieren aus einer Wirtschaftlichkeitsüberlegung: Ein größerer Rohrdurchmesser ermöglicht eine bessere Verteilung bei geringerem

---

3 Den erforderlichen hydraulischen Abgleich (s. Kap. D2.6) durch Festlegen der Nennweiten nach einer Iterationsberechnung herzustellen (z. B. auch für einen Betrieb mit Lastabsenkung), wird beim heutigen hohen Stand der Armaturen- und Pumpentechnik für vermeidbar gehalten.

**Tabelle D2.5-1** Schwerkraftheizung, Spreizung $\sigma = 20\,K$, Anteil der Einzelwiderstände am Gesamtdruckverlust $a_Z = 0{,}33$. Rechenansatz: $R_L \cdot \sum l = (1 - a_Z) \cdot g \cdot (\varrho_R - \varrho_V) \cdot \Delta h$.

| Stahlrohr | Massenstrom in kg/h für das Höhen-Gesamtweg-Verhältnis $\Delta h / \sum l$ | | |
|---|---|---|---|
| DN | $\Delta h / \sum l = 0{,}1$ | $\Delta h / \sum l = 0{,}3$ | $\Delta h / \sum l = 1{,}0$ |
| 10 | 24 | 43 | 90 |
| 15 | 47 | 93 | 175 |
| 20 | 108 | 209 | 400 |
| 25 | 202 | 380 | 720 |
| 32 | 430 | 810 | 1500 |

**Tabelle D2.5-2** Mittelschwere Gewinderohre DIN 2440

| Stahlrohr | Anbindungs- und Geschossleitungen | | | Stränge- und Hauptverteilungen | | |
|---|---|---|---|---|---|---|
| DN | Massen-strom kg/h | Druck-gefälle Pa/m | Geschwin-digkeit m/s | Massen-strom kg/h | Druck-gefälle Pa/m | Geschwin-digkeit m/s |
| 10 | 140 | 150 | 0,32 | | | |
| 15 | 280 | 156 | 0,39 | 320 | 199 | 0,45 |
| 20 | 580 | 135 | 0,45 | 750 | 217 | 0,58 |
| 25 | 1 100 | 142 | 0,54 | 1 300 | 197 | 0,63 |
| 32 | 2 200 | 128 | 0,62 | 2 800 | 196 | 0,78 |
| 40 | 3 000 | 107 | 0,63 | 4 100 | 194 | 0,84 |
| 50 | 5 500 | 113 | 0,70 | 7 200 | 170 | 0,93 |
| 65 | 10 000 | 86 | 0,76 | 12 500 | 130 | 0,95 |
| 80 | 15 000 | 82 | 0,83 | 20 000 | 143 | 1,10 |

**Tabelle D2.5-3** Kupfer- und Weichstahlrohre

| Kupfer-, Weich-stahlrohr | Anbindungs- und Geschossleitungen | | | Stränge- und Hauptverteilungen | | |
|---|---|---|---|---|---|---|
| DN | Massen-strom kg/h | Druck-gefälle Pa/m | Geschwin-digkeit m/s | Massen-strom kg/h | Druck-gefälle Pa/m | Geschwin-digkeit m/s |
| 8×1 | 20 | 150 | 0,20 | | | |
| 10×1 | 45 | 130 | 0,25 | | | |
| 12×1 | 80 | 140 | 0,28 | | | |
| 15×1 | 165 | 145 | 0,35 | | | |
| 18×1 | 290 | 145 | 0,40 | | | |
| 22×1 | 560 | 150 | 0,50 | 700 | 220 | 0,62 |
| 28×1,2 | 1100 | 151 | 0,59 | 1260 | 200 | 0,68 |
| 35×1,5 | 2000 | 149 | 0,69 | 2300 | 195 | 0,79 |
| 42×1,5 | 3200 | 150 | 0,74 | 4000 | 210 | 0,93 |
| 54,2 | 6300 | 150 | 0,89 | 8000 | 212 | 1,13 |

**Tabelle D2.5-4** Kunststoffrohre

| Kunststoffrohr DN | Anbindungs- und Geschossleitungen | | |
|---|---|---|---|
| | Massenstrom kg/h | Druckgefälle Pa/m | Geschwindigkeit m/s |
| 12×2 | 45 | 160 | 0,25 |
| 14×2 | 80 | 150 | 0,28 |
| 16×2 | 140 | 166 | 0,34 |
| 17×2 | 165 | 151 | 0,35 |
| 18×2 | 200 | 149 | 0,36 |
| 20×2 | 290 | 151 | 0,40 |
| 25×2,3 | 560 | 150 | 0,48 |

Bedarf an Förderleistung; er erfordert jedoch einen Mehraufwand an Material und Platz; bei kleineren Rohrdurchmessern steigt der Leistungsbedarf. Neben der Wirtschaftlichkeitsbetrachtung können auch andere Kriterien bestimmend sein für die Wahl des Rohrdurchmessers: Z.B. müssen die Anbindungsleitungen in ihrem Durchmesser aus ästhetischen Erwägungen zum Raumheizkörper passen und sie müssen auch stabil genug gegen Außeneinwirkungen sein; Rohrleitungen, die frei aufgehängt werden, sollten eine Mindestnennweite von DN 15 besitzen, damit sie nicht durchhängen. Ganz allgemein ist auch der Platzbedarf bei Verteilleitungen mit zu beachten (s. Tabelle D2.5-1, -2, -3 und -4). Schließlich können weiterhin Organisationsfragen bei der Montage eine Rolle spielen – die Montage ist einfacher zu organisieren, wenn z.B. alle Geschossleitungen den gleichen Durchmesser besitzen.

Für die Konzeption von Verteilsystemen ist auch die Wahl und Anordnung von Abgleichwiderständen wichtig. Grundsätzlich lassen sich die erforderlichen Abgleichwiderstände durch eine oder mehrere der folgenden Maßnahmen realisieren:

1. Dimensionierung der Rohre (siehe oben),
2. Einbau zusätzlicher von Hand einstellbarer Ventile (dezentral beim Verbraucher oder zentral zum Beispiel am Stranganfang),
3. Auswahl von Regelventilen mit unterschiedlichen Durchflusskennlinien oder zusätzlicher Möglichkeit zur Voreinstellung (s. Kap. D2.3.3.2).

Wie bereits gezeigt, scheidet die erste Maßnahme weitgehend aus Gründen der Praktikabilität aus. Mit der zweiten Maßnahme verschlechtert sich über die Ventilautorität die Regelgüte. Grundsätzlich ist es aber günstiger, Abgleichwiderstände dezentral den einzelnen Verbrauchern zuzuordnen und nicht zentral für Verbrauchergruppen in Form von Strangregulierventilen. Dies würde bei Teillast zu einem starken Anstieg des Differenzdruckes an den Stellventilen führen.

Bei einer Massenstromregelung sind unter regelungstechnischen Gesichtspunkten eindeutig Ventile mit unterschiedlichen Kennlinien (Maßnahme 3) zu bevorzugen, da diese immer mit maximaler Ventilautorität arbeiten.

Um die Nachteile von Strangregulierventilen zu vermeiden, ist es vorteilhaft, jeden Strang mit einer eigenen Umwälzpumpe auszurüsten und die Hauptverteilung differenzdruckfrei zu gestalten (Wärmeerzeugerkreis, „hydraulische Weiche", Pufferspeicher, s. Kap. D2.2.4 und D3.3.2.3).

Bei der Entscheidung, ob einzelne Verbraucher statt mit Drosselventilen mit regelbaren Pumpen ausgerüstet oder besondere Verbraucherkreise eingerichtet werden, sind Mindestheizmittelströme zu beachten (zum Beispiel 4000 kg/ h; die Wirkungsgradverschlechterung der gegenüber der Zentralpumpe kleineren „Holpumpe" darf den Energieaufwand der Drosselventile nicht überschreiten!).

## D2.6
## Berechnung der Verteilsysteme

### D2.6.1
### *Vorgehensweise*

Eine der wichtigsten fest geforderten Funktionen eines nach Kap. D2.5 konzipierten Verteilsystems, das damit in seiner Struktur und allen Abmessungen vorliegt, ist noch nicht sichergestellt: „Heizmittelströme verteilen". Dies lässt sich erst über richtig ausgewählte und dimensionierte Armaturen und Pumpen erreichen (bei Schwerkraftheizungen sind es nur die Armaturen). Die rechnerische Bestimmung und das Einstellen der gewünschten Widerstandswerte in der ausgeführten Anlage nennt man hydraulischen Abgleich. Ziel ist, den Aufwand an Pumpenergie für die Verteilung möglichst gering zu halten. Wie weit dies erreicht ist, lässt sich nach Kap. D2.4 bewerten. Diese einleitenden Bemerkungen zeigen, dass der Gedankengang auf die Pumpen-Warmwasserheizung gerichtet ist; er gilt aber auch für die Schwerkraftheizung und andere Heizmittel wie Dampf und Heißöl.

Generell sind für die vorgegebene Verteilung der Heizmittelströme im bereits konzipierten Verteilnetz die einzelnen Druckabfallwerte zu berechnen und die für die gewünschte Verteilung erforderlichen zusätzlichen Druckunterschiede an den Einstell- und Regelarmaturen zu bestimmen. Schließlich sind mit diesen Daten Anzahl und Größe der Umwälzpumpen auszuwählen. Das Vorgehen dabei ist je nach Anschlussart (Einrohr- oder Zweirohranschluss) und nach Verlegeart (normal oder nach Tichelmann) verschieden.

Wie in Kap. D2.2.2.3 dargelegt, stehen bei Zweirohranschluss mit Normalverlegung den Verbrauchern je nach Entfernung von der Hauptverteilung unterschiedliche Druckdifferenzen zur Verfügung. Es gibt in derartigen Netzen immer einen Verbraucher (meist am Ende des längsten Stranges), der am ungünstigsten liegt (der sog. „Schlechtpunkt"). Der Druckabfall in dem zu ihm gehörenden hydraulischen Kreis zusammen mit dem Druckabfall des für ihn ausgewählten Regelventils stellt den Gesamtdruckabfall im Netz dar; die Umwälzpumpe hat die entsprechende Druckerhöhung aufzubringen. Maßgeblich ist also die Ventil-

**Bild D2.6-1** Beispiel für die Bestimmung des Mindestwiderstandes $\Delta p_V$ der Armatur 1 im Teilkreis mit dem größten hydraulischen Widerstand nach VDI 2073 [D2.1-1] über $\Delta p_R$, dem Druckabfall im wasserstromvariablen Teilstrang, in dem $\sum \dot{m} \leq 4\,\dot{m}_1$.

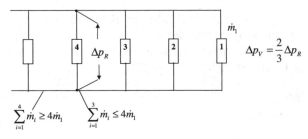

auslegung im Schlechtpunkt. Für sie wird von Striebel [D2.6-1] vorgeschlagen und in VDI 2073 [D2.1-1] empfohlen, den Druckabfall $\Delta p_V$ auf 2/3 des Druckabfalls $\Delta p_R$ in dem Teil des zugehörigen Stranges festzulegen, in dem der Massenstrom kleiner als das Vierfache des zu drosselnden Teilmassenstromes ist (siehe Bild D2.6-1). Begründet wird dies mit der regeltechnischen Notwendigkeit, die Mindestventilautorität auf $a_v = 0{,}4$ zu setzen. Es ist nämlich unter Beachtung der Definitionsgleichung für $a_v$ Gl. D2.3-11 der Druckunterschied $\Delta p_{V,0}$ am geschlossenen Ventil auf einfache Weise rechnerisch nicht zu erhalten; die häufig verwendeten Ersatzgrößen Gesamtdruckabfall im Strangkreis oder Nullförderhöhe der Pumpe sind viel zu groß. Führt man in Gl. D2.3-13 für den Druckabfall in der Leitung $\Delta p_{L,B}$ den des vorgeschlagenen Strangabschnitts $\Delta p_{L,B} = \Delta p_R + \Delta p_{V,B}$ ein [D2.6-2], erhält man eine „Ersatz"-Ventilautorität $a_V^*$, die ebenfalls mindestens 0,4 betragen soll. Es folgt daraus

$$\Delta p_{V,B} = \left[\frac{0{,}4}{(1-0{,}4)}\right]\Delta p_R = \frac{2}{3}\Delta p_R \qquad (D2.6-1)$$

Bei kleinen Anlagen mit weniger als 10 Heizkörpern kann der Mindestdruckabfall an der maßgeblichen Armatur auf 2000 Pa festgelegt werden [D2.1-1]. Bei Schwerkraftheizungen kommen derart hohe Mindestdruckabfallwerte nicht infrage. Hier sind für die gefundenen Rohrabmessungen passende spezielle Schwerkraftheizungs-Armaturen einzubauen (mit besonders hohen $k_V$-Werten).

Bei Einrohranschluss oder Zweirohranschluss mit Verlegung nach Tichelmann gibt es, wie in Abschn. D2.2.2.3 gezeigt, prinzipiell keinen Unterschied für die einzelnen Verbraucher (bei der Einrohrheizung könnte ein Unterschied „künstlich" herbeigeführt werden). Hier muss der Druckabfall für den gesamten Strang berechnet werden. Der etwa gleich zu haltende Druckabfall an den Regelventilen der Verbraucher richtet sich danach, welches Regelventil für den Verbraucher mit dem größten Heizmittelstrom zur Verfügung steht; es sollte in dem zur Auswahl vorliegenden Ventilprogramm dasjenige mit dem höchsten $k_V$-Wert sein (s. auch Abschn. D2.3.2). Empfohlen wird hier für Einrohranschluss das Ventil mit kleinstmöglichem $\Delta p_V$ auszuwählen; bei Tichelmann-Anschluss soll bei Anlagen bis zu 10 Heizkörpern (oder entsprechend) $\Delta p_V =$

1500 Pa gesetzt werden, bei größeren Anlagen ist der Gesamtdruckabfall im Strang bezogen auf die Heizkörperzahl maßgebend.

Zur Berechnung des Rohrnetzes werden die einzelnen hydraulischen Kreise getrennt betrachtet (s. Kap. D2.2.2.1 und D2.2.2.4).

### D2.6.2
*Druckabfall*

### D2.6.2.1
*Allgemeines*

Die hier zu beachtenden Grundlagen der Fluidmechanik werden ausführlich in Bd. 1, Kap. J2 behandelt. Die für Rohrnetzberechnungen wichtigsten Gedankengänge seien hier zusammengefasst wiedergegeben. In der Strömung einer Flüssigkeit (auch eines Gases oder Dampfes, zusammen kurz Fluid genannt) tritt stets eine der Strömungsrichtung entgegenwirkende Widerstandskraft auf, die durch Reibung an der Kanalwand hervorgerufen wird. Für die Überwindung dieser Kraft wird Energie aus der Strömung verbraucht: Reibungsenergie. Bei stationärer Strömung in einem zylindrischen Kanal entspricht die Reibungsenergie der Expansionsenergie, d.h. durch Reibung entsteht ein Druckabfall in der Strömung. Aber auch Geschwindigkeitsänderungen der Größe und Richtung nach – Impulsänderungen – verlaufen nicht verlustfrei: auch sie rufen einen Druckabfall hervor (Einzelwiderstände).

Zum Berechnen der Druckdifferenz zwischen Anfang und Ende einer Rohrstrecke ist es zweckmäßig, den Druckabfall in der geraden Rohrstrecke (Rohrreibung) und den an Einzelwiderständen (hervorgerufen durch Impulsänderungen) getrennt zu ermitteln. Zu den Einzelwiderständen zählen neben Drosselstellen (z.B. Armaturen) und Querschnittsänderungen (Diffusoren, Stöße) auch Stromumlenkungen (z.B. Krümmer, Stromverzweigungen, Stromvereinigungen).

Bei Wasserrohrsystemen wird der wesentliche Anteil des Druckabfalls durch Rohrreibung, bei Dampfleitungen und Luftkanälen durch Einzelwiderstände bewirkt.

Da sich in einem Rohrsystem die Strömungsquerschnitte und damit die Geschwindigkeiten sowie die Lage ändern können, muss der Zusammenhang zwischen Druck, Geschwindigkeit, Druckabfall in den Leitungen und „fluidmechanischer" Energiezufuhr durch eine Pumpe hergestellt werden. Für eine energetische Gleichgewichtsbetrachtung entlang eines Stromfadens werden als volumenbezogene Energie der statische Druck $p_s = p$, der dynamische Druck

$$p_d = \frac{\rho}{2} v^2 \tag{D2.6-2}$$

und der Lagedruck

$$p_L = \rho\, g\, z \tag{D2.6-3}$$

miteinander verknüpft. Es sind $\varrho$ die Dichte, $g$ die Fallbeschleunigung, $z$ eine Höhenkoordinate und $v$ eine mittlere Geschwindigkeit[4] im Leitungsquerschnitt $A$ beim Massenstrom $\dot{m}$:

$$v = \bar{v} = \frac{\dot{m}}{\varrho A} \qquad\qquad (D2.6\text{-}4)$$

Für die praktische Anwendung wird die Bernoullische Energiegleichung (Band 1, Gl. J1-34a) erweitert um einen „rechnerischen Energieverlust" $\Delta \bar{p}_{1\to2}$ zwischen den Stellen 1 und 2:

$$p_t = p_{s1} + p_{d1} + p_{L1} = p_{s2} + p_{d2} + p_{L2} + \Delta\bar{p}_{1\to2} \qquad (\text{Bd. 1, Gl. J2-4})$$

Die Summe $p_s + p_d + p_L$ wird als Gesamtdruck $p_t$ bezeichnet. Bei einer Pumpe mit $z_1 = z_2$, also $p_{L1} = p_{L2}$, entspricht $\Delta p_t$ (Gesamtdruckerhöhung oder Förderhöhe) der „fluidmechanischen" Energiezufuhr (Bd. 1, Kap. J2.2.4).

Nun interessiert in einem geschlossenen Rohrsystem nicht nur der Druckverlauf entlang eines Stromfadens, es muss auch zu erkennen sein, ob der Absolutdruck $p$ im Rohr unter den in der Umgebung herrschenden Atmosphärendruck $p_{amb}$ sinkt (Gefahr des Lufteinbruchs) oder die Mindestzulaufdruckhöhe an einer Pumpe ausreicht. Der örtliche Wasserdruck an der durchströmten Stelle $z_1$, über der eine Wassersäule der Höhe $h_1 = z_0 - z_1$ steht (die höchste Stelle mit $z_0$), ist angelehnt an Gl. J1-25 in Bd. 1:

$$p_1 = p_{amb} + \varrho g h_1 + \Delta p_{\ddot{u}} + p_{s1} \qquad\qquad (D2.6\text{-}5)$$

Der mit dem Ausdehnungsgefäß zur Sicherheit aufgeprägte Druck ist $\Delta p_{\ddot{u}}$. Bei größeren oder komplexen Verteilsystemen, gegebenenfalls mit mehr als einer Pumpe, treten oftmals nicht einfach überschaubare Druckverteilungen auf. Für diesen Fall ist es zweckmäßig, zunächst ein Differenzdruck-Weg-Diagramm zu erstellen, wie es für das Beispiel in Bild D2.6-2 das Bild D2.6-3 zeigt. Hier sind Vor- und Rücklauf im Unterschied zu Bild D2.2-12 getrennt aufgetragen. Verschiebt man nun dieses Differenzdruck-Weg-Diagramm im Anlagennullpunkt (Anschlusspunkt für die Druckhalteeinrichtung, z.B. ein Ausdehnungsgefäß) um den dort aufgeprägten Überdruck $\Delta p_{\ddot{u}}$ und addiert (gem. Gl. 2.6-5) an allen Stellen des Verteilsystems den Lagedruck, dann erhält man ein Druck-Weg-Diagramm für das Verteilsystem (siehe Bild D2.6-4a). Welcher Druck am Anlagennullpunkt einzustellen ist – er bleibt dort unbeeinflusst vom Pumpenbetrieb annähernd gleich –, ist abhängig von:

- der geodätischen Höhe der Anlage (also $p_{amb}$),
- dem Dampfdruck bei maximaler Betriebstemperatur,

---

4 als vereinfachende Annahme

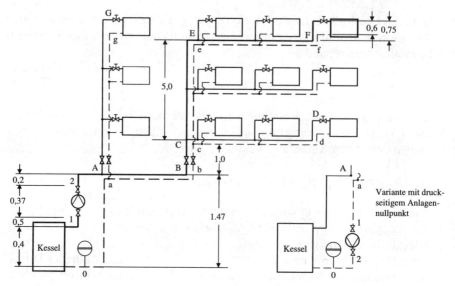

**Bild D2.6-2**  Struktur eines Verteilsystems (mit saugseitigem Anlagennullpunkt) für das Differenzdruck-Weg-Diagramm Bild D2.6-3 und die Druck-Weg-Diagramme Bild D2.6-4a und b.

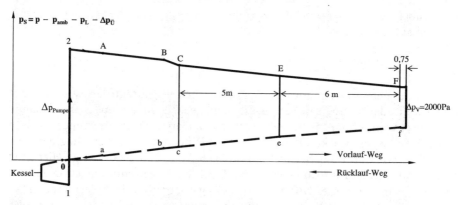

**Bild D2.6-3**  Differenzdruck-Weg-Diagramm für den Kreis (1,2,F,f,1) im Verteilsystem Bild D2.6-2

- dem vom Pumpenhersteller vorgeschriebenen Mindestzulaufdruck oder NPSH-Wert der betrachteten Pumpe,
- der Position des Anlagennullpunktes.

Der Druck am Anlagennullpunkt soll mindestens so hoch sein, dass nirgends im Verteilsystem der Druck $p$ unter $p_{amb}$ liegt und weiterhin auch größer ist als der Sattdampfdruck bei maximal möglicher Betriebstemperatur. Auch muss er, um Kavitation in der Pumpe zu vermeiden, über dem NPSH-Wert liegen.

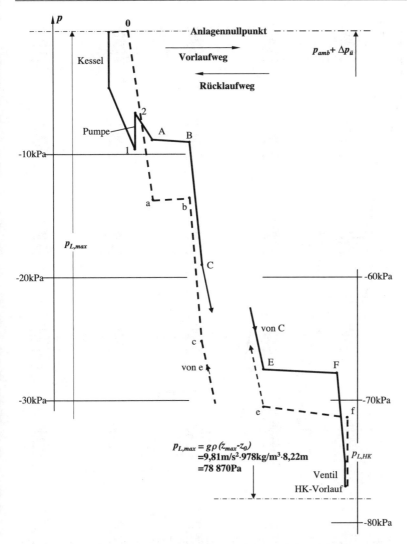

**Bild D2.6-4a** Druck-Weg-Diagramm für den Kreis (1,2, F,f,1) nach Bild D2.6-2

Wird die zentrale Umwälzpumpe anders wie in Bild D2.6-2, links, im kälteren Rücklauf mit druckseitigem Anlagennullpunkt angeordnet, verschiebt sich im gesamten Verteilsystem der Absolutdruck um die Druckhöhe der Pumpe zu niedrigeren Werten (s. Bild 2.6-4b). Gegebenfalls muss die Sicherheit $\Delta p_{\ddot{u}}$ entsprechend erhöht werden.

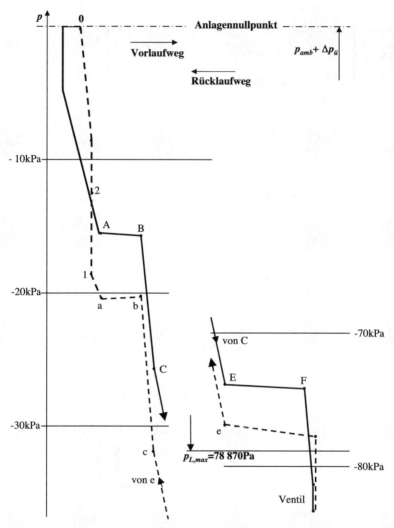

**Bild D2.6-4b**  Druck-Weg-Diagramm für den Kreis (1,2,F,f,1) nach Bild D2.6-2, aber die zentrale Umwälzpumpe wird im kälteren Rücklauf mit druckseitigem Anlagennullpunkt angeordnet

## D2.6.2.2
### Rohrreibung

Wird ein gerades Rohrstück mit konstantem Querschnitt von einem Fluid durchströmt, so nimmt der Gesamtdruck infolge Reibung zwischen Fluid und Wand im Bereich der ausgebildeten Strömung – also nach der Einlaufstrecke –

über der Rohrlänge linear ab. Bezieht man den Druckabfall auf die Rohrlänge, so erhält man das sog. Druckgefälle $R_L$:

$$R_L = \frac{\lambda}{D} \frac{\rho}{2} v^2 \qquad (D2.6\text{-}6)$$

Die Rohrreibungszahl $\lambda$ hängt von dem Zustand der Strömung (Reynoldszahl) und von der Oberflächenbeschaffenheit (Rauheitsparameter $K/D$) der Rohrwand ab. Das Druckgefälle wird gegenüber der bisherigen Praxis [D2.6-3] durch den Index $L$ von dem in Kap. D2.6.5 in Analogie zur Elektrizitätslehre eingeführten Widerstand $R$ abgegrenzt. Weitere Ausführungen sind in Bd. 1, Kap. J2.3.4 zu finden.

Mit der Rohrlänge $l$ folgt für den Druckabfall einer Rohrstrecke:

$$\Delta p_R = R_L\, l \qquad (D2.6\text{-}7)$$

Die Berechnungsverfahren sind so aufgebaut, dass in die Rohrlänge auch der Weg durch Einzelwiderstände mit konstanter Querschnittfläche, wie z.B. Krümmer oder T-Stücke, eingerechnet wird; nicht jedoch der Weg durch Anlagenteile mit stark veränderlichem Querschnitt wie z.B. Heizkörper oder Heizkessel. Als Rohrlänge ist die Länge der Rohrachse einzusetzen.

Wie die Tabellen D2.5-2, -3 und -4 zeigen, liegen die im Heizungsbau verwendeten Rohre für die verschiedenen Materialien oder Materialgruppen im Durchmesser DN nur gestuft vor. Die empfohlenen zugeordneten Massenströme sind so groß, dass im Auslegungszustand immer eine nicht vollständig ausgebildete turbulente Strömung herrscht. Die für diesen Bereich zu erwartende Rohrreibungszahl $\lambda$ lässt sich mit der Colebrook-White-Formel (Bd. 1, Gl. J2-13) berechnen. Jeder der drei aufgeführten Rohrgruppen (Stahlrohre, Kupfer- und Weichstahlrohre, Kunststoffrohre) ist eine Rauheitshöhe K zuzuordnen: Die Stahlrohre haben $K = 0,045$ mm (technisch glatt), alle übrigen $K = 0,0015$ mm (fluidmechanisch glatt, siehe Bd. 1, Bild J2-5). Mit diesen Angaben lassen sich für Handrechnungen praktische Rohrreibungsdiagramme aufstellen (s. Bilder D2.6-5, -6 und -7). Auf der Ordinate ist der Massenstrom aufgetragen, auf der Abszisse das Druckgefälle $R_L$, Parameter sind die Rohrnennweiten DN und der dynamische Druck.

### D2.6.2.3
#### Einzelwiderstände

Bei Einzelwiderständen wird der Druckabfall $\Delta p_E$ (in der Heiztechnik $\Delta p_E = Z$ abgekürzt) ebenfalls auf einen zweckmäßig gewählten dynamischen Druck bezogen, man erhält die Widerstandszahl $\zeta$:

$$\zeta = \frac{\Delta p_E}{\dfrac{\rho}{2} v^2} \qquad (D2.6\text{-}8)$$

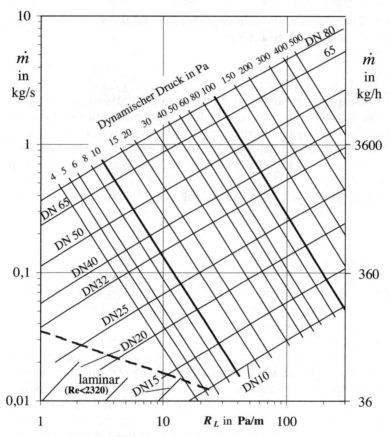

**Bild D2.6-5** Rohrreibungsdiagramm für Stahlrohre (mittelschwere Gewinderohre nach DIN 2440, Rauhigkeit $K = 0{,}045\,\text{mm}$)

Auf den dynamischen Druck in einem anderen Querschnitt * des Einzelwiderstandes (z. B. beim T-Stück) wird umgerechnet nach

$$\zeta^* = \zeta \left( \frac{v}{v^*} \right)^2 \tag{D2.6-9}$$

In der Fluidmechanik werden die Widerstandszahlen, z. B. bei Stromverzweigungen, für den Gesamtstrom angegeben. Für die Rohrsystemberechnung sind die so gebildeten Widerstandszahlen aber nicht unmittelbar anzuwenden, weil es zweckmäßiger ist, die Widerstände einer *Teilstrecke* gemeinsam zu berechnen. Definitionsgemäß sind nämlich entlang einer Teilstrecke Rohrinnendurchmesser und Wasserstrom, also auch der dynamische Druck, gleichbleibend. In ihr können somit nur Stromumlenkungen, Apparate und Armaturen, jedoch keine Stromverzweigungen (Trennungen im Vorlauf, Vereinigungen im Rück-

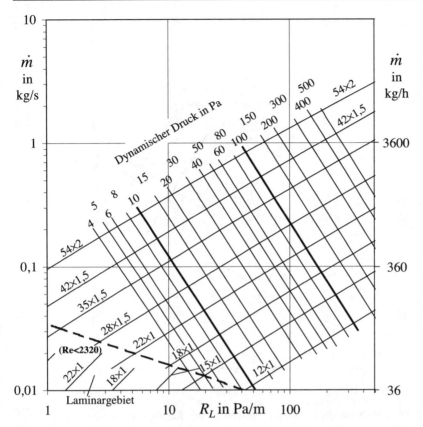

**Bild D2.6-6** Rohrreibungsdiagramm für Kupferrohre (Rauhigkeit $K = 0,0015\,\mathrm{mm}$)

lauf) enthalten sein. Man wählt daher als Bezugsgeschwindigkeit für die Widerstandszahl einer Stromverzweigung die des *Teilstromes*, da hier dann die Widerstandszahlen einer Teilstrecke zu einem Wert aufsummiert werden können. Jede Teilstrecke beginnt bei dieser Vorgehensweise daher mit der Stromtrennung im Vorlauf und endet mit der Stromvereinigung im Rücklauf (s. Bild D2.6-8). Der Vorteil hierbei ist, dass bei nachträglichen Änderungen des Rohrdurchmessers mit der Gesamtwiderstandszahl der Rohrstrecke weitergerechnet werden kann.

Zu den Einzelwiderständen zählen auch die für eine korrekte Verteilung maßgeblichen Regelventile, also insbesondere Thermostatventile (s. Kap. D2.3.2). Für den Zusammenhang zwischen dem Heizmittelstrom und dem Druckabfall an einem Ventil gilt abweichend von der Einzelwiderstandsdarstellung mit Gl. D2.6-8 allgemein die bereits erwähnte Beziehung:

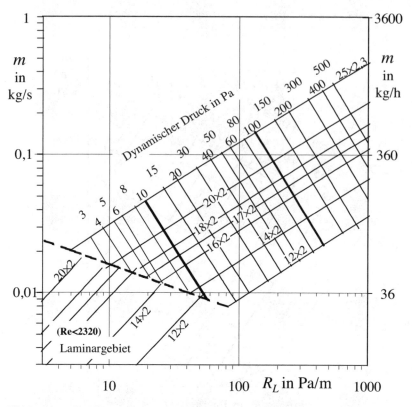

**Bild D2.6-7** Rohrreibungsdiagramm für Kunststoffrohre (Rauhigkeit $K = 0,0015\,\text{mm}$)

$$\dot{V} = \frac{\dot{m}_H}{\rho} = k_V \sqrt{\frac{\Delta p_V}{\Delta p_{V,0}} \frac{\rho_0}{\rho}} \qquad\qquad (\text{D2.3-3})$$

Der $k_v$-Wert gibt den Heizmittelstrom in $\text{m}^3/\text{h}$ bei einem Differenzdruck von 1 bar für einen bestimmten Ventilhub an (siehe Bild D2.6-9). Der Wert bei vollgeöffnetem Ventil wird als $k_{vs}$-Wert bezeichnet [Bd. 1, Teil K 5.2.1]. Aus den bei der Prüfung gemessenen Kennlinien können Auslegungsdiagramme abgeleitet werden. Ein von Striebel [D2.6-2] entwickeltes Auslegungsdiagramm zeigt beispielhaft Bild D2.6-10.

**Bild D2.6-8** Wahl der Bezugsgeschwindigkeit für den
dynamischen Druck am Bei-
spiel von T-Stücken

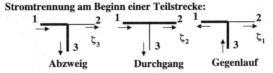

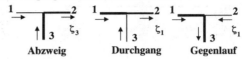

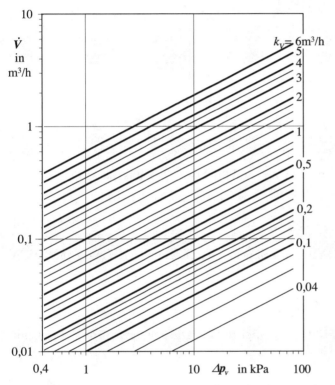

**Bild D2.6-9** Wasserstrom abhängig vom Differenzdruck an Heizkörperventilen unterschiedlicher Größe ($k_V$-Wert)

### D2.6.3
#### Gesamtdruckdifferenz, Auftriebsdruck

Zur Dimensionierung der Umwälzpumpe im jeweils betrachteten hydraulischen
Kreis (Verteil-, Wärmeübergabe- oder Wärmeerzeugerkreis) ist die Gesamtdruckdifferenz $\Delta p_t$ zwischen Eintritt und Austritt der Pumpe (Förderdruckhö-
he) zu berechnen. Zusammen mit der Druckdifferenz aufgrund der Dichteun-

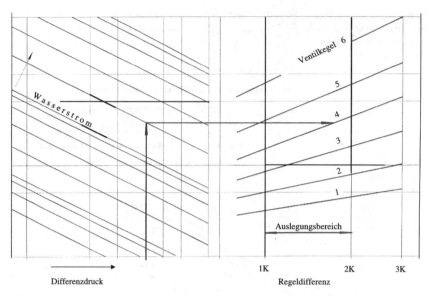

**Bild D2.6-10** Auslegungsdiagramm von Thermostatventilen (nur qualitativ) nach [2.6-2]

terschiede des Heizmittels im Vor- und Rücklauf $\Delta p_{\Delta\varrho}$ muss sie so groß sein wie die Summe aller Druckabfallwerte:

$$\Delta p_t + \Delta p_{\Delta\rho} = \Sigma\left(\Delta p_R + \Delta p_E\right) \tag{D2.6-10}$$

oder mit den in der Heiztechnik üblichen Bezeichnungen $R_L\,l$ und $Z$ für die Einzelverluste:

$$\Delta p_t + \Delta p_{\Delta\rho} = \Sigma\left(R_L\,l + Z\right) \tag{D2.6-11}$$

Darin ist die Druckdifferenz aufgrund der Dichteunterschiede des Heizmittels im Vor- und Rücklauf:

$$\Delta p_{\Delta\rho} = g\Delta h\left(\rho_R - \rho_V\right) \tag{D2.6-12}$$

Bei Pumpenwarmwasserheizungen ist für $\Delta h$ der Höhenunterschied zwischen der Mitte des am höchsten gelegenen Heizkörpers und der Kesselmitte einzusetzen.

Bei Schwerkraftheizungen ($\Delta p_t = 0$) muss für jeden Heizkörper die wirksame Druckhöhe $\Delta h_{\Delta\varrho,i}$ berechnet und mit der Summe der Druckabfallwerte verglichen werden, um die jeweils geeigneten Regelventile auswählen zu können. Dabei gilt jeweils für den Heizkörper i

$$\Delta p_{\Delta\rho,i} = \left[\Sigma\left(R_L\,l + Z\right)\right] \tag{D2.6-13}$$

**Bild D2.6-11** Schematische
Darstellung einer Warmwasser-Schwerkraftheizung (in
Anlehnung an Beispiel Bild
D2.6-12; Höhenunterschied
$\Delta h_1$ des ungünstigst liegenden Heizkörpers HK$_1$ und
Höhenunterschied $\Delta h_T$ für
die Tichelmann'sche Regel)

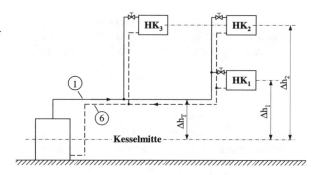

Bild D2.6-11 zeigt schematisch eine Schwerkraftheizung. Der Heizkörper HK$_1$
liegt am ungünstigsten; er ist maßgeblich für die Festlegung der Rohrdurchmesser über das Höhen-Längenverhältnis $\Delta h / \sum l$ (s. Kap. D2.5).

Bei der Berechnung von Schwerkraftheizungen ist zusätzlich das sog. *Anlauf-
kriterium* zu beachten. Hierdurch wird folgende Besonderheit der Schwerkraftheizung berücksichtigt: Ist bei derartigen Heizungen der hydraulisch
ungünstigste Strang durch Abschalten aller angeschlossenen Heizkörper längere Zeit stillgesetzt und abgekühlt, so zeigen sich häufig bei Wiederinbetriebnahme Umlaufstörungen. Der Strang bleibt kalt; zuweilen werden die Heizkörper sogar vom Rücklauf her erwärmt – das Heizwasser zirkuliert also in umge-
kehrter Richtung. Diese Erscheinung lässt sich bei Beachtung der so genannten
Tichelmann'schen Regel [D2.6-4] vermeiden:

*Der Gesamtdruckabfall $\sum (R_L\, l + Z)$ vom Kessel bis zum Abgang der letzten
Steigleitung (Strecken „1" und „6") darf nicht größer sein als die Auftriebs-
druckdifferenz für den Höhenunterschied $\Delta h_T$ zwischen Kesselmitte und
Hauptverteilung (siehe Bild D2.6-11).*

## D2.6.4
*Rechenbeispiele*

### D2.6.4.1
*Schwerkraftheizung*

Für die im Strangschema des Bildes D2.6-12 dargestellte Heizungsanlage mit
unterer Verteilung sind die Rohre zu dimensionieren und der hydraulische
Abgleich herzustellen (es sind Stahlrohre zu verwenden). Die Wärmeverluste
der Rohrleitung sollen nicht berücksichtigt werden. Die Temperatur des Wassers beträgt im Auslegungszustand im Vorlauf 70 °C, im Rücklauf 50 °C.

- Vorbereitung:
  Einteilen der Teilstrecken
  Eintragen der zugehörigen Wärmeleistungen

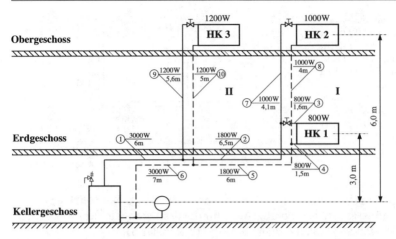

**Bild D2.6-12** Struktur des Verteilsystems einer Warmwasser-Schwerkraftheizung mit Zweirohranschluss und unterer Verteilung für das Rechenbeispiel Kap. 2.6.2.1

- Vorläufige Rechnung
  Der Anteil der Einzelwiderstände $\sum Z$ am gesamten Druckverlust wird auf $a_Z = 0,33$ geschätzt. Der Rohrreibungsanteil in Gleichung D2.6-13 lautet somit:

$$(1 - a_Z)\,\Delta p_{\Delta\varrho} = \sum(R_L\,l)$$

**Stromkreis des Heizkörpers 1** (das ist der ungünstige)mit den Teilstrecken 1 bis 6:
- Wirksamer Druck nach Gleichung D2.6-12 für $\Delta h_1 = 3$ m:
  $\Delta p_{\Delta\varrho} = 9,81$ m/s$^2 \cdot 3$ m $(988,1 - 977,7)$ kg/m$^3$ $\Delta p_{\Delta\varrho} = 306$ Pa
- Rohrreibung in den Teilstrecken 1 bis 6:
  $(1 - 0,33) \cdot \Delta p_{\Delta\varrho} = 0,67 \cdot 306$ Pa $= 205$ Pa
- Gesamtlänge dieser Teilstrecken :    28,6 m
- Druckgefälle:                        $R_L = 205$ Pa : 28,6 m $= 7,2$ Pa/m

**Stromkreis des Heizkörpers 2** (Teilstrecken 1, 2, 5 bis 8):
- Wirksamer Druck für $\Delta h_2 = 6$ m (s.oben):
  $\Delta p_{\Delta\varrho} = 612$ Pa
- Rohrreibung in den genannten Teilstrecken:
  $0,67 \cdot \Delta p_{\Delta\varrho} = 0,67 \cdot 612$ Pa $= 410$ Pa
- Hiervon aufgebraucht in den mit dem Stromkreis des Heizkörpers 1 gemeinsamen Teilstrecken 1, 2, 5, 6 mit einer Gesamtlänge von 25,5 m:
  25,5 m $\cdot$ 7,2 Pa/m $= 184$ Pa
- Für Rohrreibung bleibt in den Teilstrecken 7 und 8:
  410 Pa $-$ 184 Pa $= 226$ Pa
- Gesamtlänge dieser Teilstrecken:    8,1 m
- Druckgefälle:                       $R_L = 226$ Pa : 8,1 m $= 27,9$ Pa/m

**Stromkreis des Heizkörpers 3** (Teilstrecken 1, 6, 9 und 10):
- Wirksamer Druck für $\Delta h_3 = 6\,\text{m}$ (s.oben):
  $\Delta p_{\Delta\varrho} = 612\,\text{Pa}$
- Rohrreibung in den genannten Teilstrecken:
  $0{,}67 \cdot \Delta p_{\Delta\varrho} = 0{,}67 \cdot 612\,\text{Pa} = 410\,\text{Pa}$
- Hiervon aufgebraucht in den Teilstrecken 1 und 6 mit einer Gesamtlänge von 13 m:
  $13\,\text{m} \cdot 7{,}2\,\text{Pa/m} = 94\,\text{Pa}$
- Für Rohrreibung bleibt in den Teilstrecken 9 und 10:
  $410\,\text{Pa} - 94\,\text{Pa} = 316\,\text{Pa}$
- Gesamtlänge dieser Teilstrecken:   $10{,}6\,\text{m}$
- Druckgefälle:   $R_L = 316\,\text{Pa} : 10{,}6\,\text{m} = 29{,}8\,\text{Pa/m}$

- Bestimmung der Rohrdurchmesser auf 2 Weisen:
  **1.** Der Massen- und Volumenstrom wird errechnet aus:

$$\dot{m}_W = \frac{\dot{Q}}{c_{pW} \cdot \sigma}$$

Mit dem maximalen Druckgefälle aus der Vorrechnung und dem Rohrreibungsdiagramm Bild D2.6-5 wird der erforderlich Nenndurchmesser DN abgelesen (siehe nachfolgende Tabelle D2.6-1). Mit der Wahl des Nenndurchmessers ist eine Reserve beim Druckabfall verbunden. Sie kann mit den Regelventilen aufgebraucht werden. Gewählt werden zu den Nenndurchmessern passende spezielle Schwerkraftheizungsventile.

**Tabelle D2.6-1** Bestimmung der Rohrdurchmesser auf die 1. Weise

| Teilstrecke | $R_L$ (maximal) Pa/m | $\dot{Q}$ W | $\dot{m}_W$ kg/s | DN mm |
|---|---|---|---|---|
| 1 | | 3000 | 0,036 | 25 |
| 2 | | 1800 | 0,022 | 20 |
| 3 | 7,2 | 800 | 0,01 | 15 |
| 4 | | 800 | 0,01 | 15 |
| 5 | | 1800 | 0,022 | 20 |
| 6 | | 3000 | 0,036 | 25 |
| 7 | 27,9 | 1000 | 0,012 | 10 |
| 8 | | 1000 | 0,012 | 10 |
| 9 | 29,8 | 1000 | 0,014 | 10 |
| 10 | | 1200 | 0,014 | 10 |

2. Der Rohrdurchmesser jeder Teilstrecke wird zunächst unter der Annahme der Rohrreibungszahl $\lambda = 0,04$ und nach den vorläufigen Druckgefällen $R_L$ ausgerechnet.

$$\dot{V}_W = \frac{\dot{m}_W}{\rho_W} = \frac{\dot{Q}}{c_{pW} \cdot \sigma \cdot \rho_W}$$

$$v_W = \frac{\dot{V}_W}{A} = \frac{\dot{Q}}{\frac{\pi}{4} \cdot D^2 \cdot c_{pW} \cdot \sigma}$$

$$R_L = \left(\frac{\lambda}{D}\right) \cdot \left(\frac{\rho_W}{2}\right) \cdot v_W^2$$

$$D = D_{gerechnet} = \sqrt[5]{\frac{8 \cdot \lambda \cdot \dot{Q}^2}{\pi^2 \cdot c_{pW}^2 \cdot \rho_W \cdot R_L \cdot \sigma^2}}$$

Gerechnet wird mit dem bekannten $\dot{Q}$, mit $\sigma = 20\,K$, $R_L$ aus vorläufigen Rechnungen und der Annahme $\lambda = 0,04$ (liegt in den meisten Fällen in der Größenordnung von 0,02 bis 0,04). Aus der $D_{gerechnet}$ nächstliegenden Nennweite DN folgt der gewählte Durchmesser $D_{gewählt}$ (siehe Tabelle D2.6-2).

Dann werden die Geschwindigkeit $v_W$ und die entsprechende Reynolds-Zahl $Re$ für $D_{gewählt}$ berechnet (siehe Spalte f in Tabelle D2.6-3.1). Ausgehend von der gerechneten Re-Zahl und der relativen Rauheit der Rohrwände $K/D_{gewählt}$ ($K = 0,045\,mm$ für Stahlrohre) werden die Rohrreibungszahl $\lambda$ im

**Tabelle D2.6-2** Bestimmung der Rohrdurchmesser auf die 2. Weise, erster Rechengang

| Teilstrecke | $R_L$ (maximal) Pa/m | $\dot{Q}$ W | $D_{gerechnet}$ mm | DN mm | $D_{gewählt}$ (vorläufig) mm |
|---|---|---|---|---|---|
| 1 | | 3000 | 22,6 | 25 | 27,2 |
| 2 | | 1800 | 18,4 | 20 | 21,6 |
| 3 | 7,2 | 800 | 13,3 | 15 | 16,0 |
| 4 | | 800 | 13,3 | 15 | 16,0 |
| 5 | | 1800 | 18,4 | 20 | 21,6 |
| 6 | | 3000 | 22,6 | 25 | 27,2 |
| 7 | 27,9 | 1000 | 11,1 | 10 | 12,5 |
| 8 | | 1000 | 11,1 | 10 | 12,5 |
| 9 | 29,8 | 1200 | 11,8 | 10 | 12,5 |
| 10 | | 1200 | 11,8 | 10 | 12,5 |

**Tabelle D2.6-3.1** Bestimmung der Rohrdurchmesser auf die 2. Weise, 1. und 2. Nachrechnung für den Stromkreis des Heizkörpers 1

| Aus dem Rohrplan | | | | | Nachrechnung | | | | | | | | | | | Unterschied | |
|---|---|---|---|---|---|---|---|---|---|---|---|---|---|---|---|---|---|
| Teilstrecke | Wärme-leistung | Heizmittel-strom | Länge der Teilstrecke | Nennweite | mit vorläufigem Rohrdurchmesser | | | | | mit geändertem Rohrdurchmesser | | | | | | | |
| Nr. | $\dot{Q}$ | $\dot{V}$ | $l$ | DN | $v_W$ | $R_L$ | $R_L \cdot l$ | $\sum \zeta$ | $Z$ | DN | $v_W$ | $R_L$ | $R_L \cdot l$ | $\sum \zeta$ | $Z$ | $o-h$ | $q-k$ |
| – | W | m³/h | m | mm | m/s | Pa/m | Pa | – | Pa | mm | m/s | Pa/m | Pa | – | Pa | Pa | Pa |
| a | b | c | d | e | f | g | h | i | k | l | m | n | o | p | q | r | s |
| 1 | 3000 | 0,131 | 6,0 | 25 | 0,06 | 2,7 | 16 | 2,8 | 5 | – | – | – | – | – | – | – | – |
| 2 | 1800 | 0,079 | 6,5 | 20 | 0,06 | 3,8 | 25 | 0,4 | 1 | 15 | 0,109 | 14,5 | 94 | 1,7 | 10 | 69 | 9 |
| 3 | 800 | 0,035 | 1,6 | 15 | 0,048 | 2,8 | 5 | 7,5 | 9 | 10 | 0,08 | 7,4 | 12 | 7,8 | 25 | 7 | 16 |
| 4 | 800 | 0,035 | 1,5 | 15 | 0,048 | 2,8 | 4 | 2,0 | 2 | 10 | 0,08 | 7,4 | 11 | 1,6 | 5 | 7 | 3 |
| 5 | 1800 | 0,079 | 6,0 | 20 | 0,06 | 3,8 | 23 | 1,1 | 2 | 15 | 0,109 | 14,5 | 87 | 1,3 | 8 | 64 | 6 |
| 6 | 3000 | 0,131 | 7,0 | 25 | 0,06 | 2,7 | 19 | 1,6 | 3 | – | – | – | – | – | – | – | – |

Wirksame Druckdifferenz: $\Delta p_{\Delta Q} = 306$ Pa, Druckgefälle $R_L = 7,2$ Pa/m

**Stromkreis des Heizkörpers 1**

$$\sum (R_L \cdot l) + \sum Z = 92\,\text{Pa} + 22\,\text{Pa} = 114\,\text{Pa}$$

Änderung der Teilstrecken 2 bis 5 $\quad + 181\,\text{Pa}$

Somit ist $\sum (R_L \cdot l) + \sum Z$ für $HK_1 = 295\,\text{Pa} \quad < 306\,\text{Pa}$

(Unterschied: $\}$ 181 Pa)

Moody-Diagramm (Bild J2-4 in Bd. 1) abgelesen. Anschließend werden die vorläufigen Druckgefälle $R_L$ nach der Gleichung D2.6-5 mit den bekannten Größen: Rohrreibungszahl λ, Rohrdurchmesser $D_{gewählt}$ und Geschwindigkeit $v_W$ nachgerechnet und die realen bestimmt (siehe Spalte g in den Tabellen D2.6-3.1 bis -3.5); desgleichen die Einzelverluste Z (Spalte k). Die zugehörigen ζ-Werte sind in Tabelle D2.6-3.3 zusammengestellt. Da mit den vorläufig angenommen Durchmessern (Spalte e) die wirksame Druckdifferenz für den Stromkreis des Heizkörpers1 $\Delta p_{\Delta \varrho} = 306$ Pa nicht ausgeschöpft ist, werden die Rohrdurchmesser der Teilstrecken 2, 3, 4 und 5 um eine Nennweite (auf 15 oder 10 mm) reduziert (siehe Spalte l) und die erhöhten Druckabfälle (Spalten o und q) errechnet. Die zu den Einzelverlusten Z (Spalte q) gehörenden ζ- und $\sum$ζ-Werte sind in den Tabelle D2.6-3.3 und -3.4 aufgelistet. Im Stromkreis des Heizkörpers 1 werden von den 306 Pa nun 297 Pa aufgebracht, womit bei der gegebenen Rechenunsicherheit eine genügend genaue Annäherung bei den Rohrdurchmessern erreicht ist. Die noch verbleibenden größeren Drucküberschusswerte für die Stromkreise des Heizkörper 2 und 3 werden, weil sich hier die Rohrdurchmesser nicht verkleinern lassen, durch entsprechende Heizkörperventil-Voreinstellungen abgebaut.

· Überprüfung des Anlaufkriteriums:
Es wird die Tichelmann'sche Regel angewandt (siehe Kap. D2.6.3). Die Abgangsstelle des Stranges 1 von der Vorlaufleitung im Keller liegt $\Delta h_T = 1,5$ m über Kesselmitte. Der wirksame Druck an dieser Stelle beträgt demnach

$$\Delta p_{\Delta \rho} = 9,81 \frac{m}{s^2} \cdot 1,5m \cdot \left(988,1-977,7\right)\frac{kg}{m^3} = 153 Pa$$

Aufgebraucht in den Teilstrecken 1 und 6 (einschließlich Kessel) sind

$$\sum \left(R_L \cdot l\right) + \sum Z = \left(16+5+19+3\right)Pa = 43 Pa$$

Die verfügbare wirksame Druckdifferenz ist daher höher als der Druckabfall; die beiden Stränge laufen auch nach zeitweiser Abschaltung wieder an.

**Tabelle D2.6-3.2**  Bestimmung der Rohrdurchmesser auf die 2. Weise, 1. Nachrechnung für die Stromkreise der Heizkörpers 2 und 3

| Nr. | $\dot{Q}$ | $\dot{V}$ | $l$ | DN | $v_W$ | $R_L$ | $R_L \cdot l$ | $\sum \zeta$ | $Z$ | DN | $v_W$ | $R_L$ | $R_L \cdot l$ | $\sum \zeta$ | $Z$ | o – h | q – k |
|---|---|---|---|---|---|---|---|---|---|---|---|---|---|---|---|---|---|
| - | W | m³/h | m | mm | m/s | Pa/m | Pa | - | Pa | mm | m/s | Pa/m | Pa | - | Pa | Pa | Pa |
| a | b | c | d | e | f | g | h | i | k | l | m | n | o | p | q | r | s |

**Stromkreis des Heizkörpers 2**

Wirksamer Druck: $\Delta p_{\Delta Q}$ = 612 Pa, Druckgefälle $R_L$ = 27,9 Pa/m

Aufgebraucht in den Teilstrecken

|  |  |  |  |  |  |  | $R_L \cdot l$ | $\sum \zeta$ | $Z$ |  |  |  |  |  |  |  |  |
|---|---|---|---|---|---|---|---|---|---|---|---|---|---|---|---|---|---|
| 1 + 2: |  |  |  |  |  |  | 110 | - | 17 | - | - | - | - | - | - | - | - |
| 5 + 6: |  |  |  |  |  |  | 106 | - | 11 | - | - | - | - | - | - | - | - |
| 7 | 1000 | 0,044 | 4,0 | 10 | 0,1 | 19,3 | 80 | 5,2 | 26 | - | - | - | - | - | - | - | - |
| 8 | 1000 | 0,044 | 4,0 | 10 | 0,1 | 19,3 | 77 | 2,0 | 10 | - | - | - | - | - | - | - | - |

$$\sum (R_L \cdot l) + \sum Z = \qquad 373\,\text{Pa} + \qquad 64\,\text{Pa} = 437\,\text{Pa} < 612\,\text{Pa}$$

**Stromkreis des Heizkörpers 3**

Wirksamer Druck: $\Delta p_{\Delta Q}$ = 612 Pa, Druckgefälle $R_L$ = 29,8 Pa/m

Aufgebraucht in den Teilstrecken

|  |  |  |  |  |  |  | $R_L \cdot l$ | $\sum \zeta$ | $Z$ |  |  |  |  |  |  |  |  |
|---|---|---|---|---|---|---|---|---|---|---|---|---|---|---|---|---|---|
| 1: |  |  |  |  |  |  | 16 | - | 7 | - | - | - | - | - | - | - | - |
| 6: |  |  |  |  |  |  | 19 | - | 3 | - | - | - | - | - | - | - | - |
| 9 | 1200 | 0,0525 | 5,6 | 10 | 0,12 | 26,0 | 146 | 6,3 | 44 | - | - | - | - | - | - | - | - |
| 10 | 1200 | 0,0525 | 5,0 | 10 | 0,12 | 26,0 | 130 | 2,1 | 15 | - | - | - | - | - | - | - | - |

$$\sum (R_L \cdot l) + \sum Z = \qquad 311\,\text{Pa} + \qquad 69\,\text{Pa} = 380\,\text{Pa} < 612\,\text{Pa}$$

**Tabelle D2.6-3.3** $\sum\zeta$-Werte für Spalte i in den Tabelle 2.6-3.1 und -3.2 für den Stromkreis des Heizkörpers 1

| Teilstrecke | Anzahl | Benennung | r/D | $v_2/v_1$ | $\dot{m}_1/\dot{m}_2$ | $D_1/D_2$ | $\zeta$ |
|---|---|---|---|---|---|---|---|
| a | b | c | d | e | f | g | h |
| **Stromkreis des Heizkörper 1** | | | | | | | |
| 1 | 1 | Kessel | – | – | – | – | 2,5 |
|   | 1 | Krümmer | 3 | – | – | – | 0,3 |
| | | | | | | $\sum\zeta_1 = 2,8$ | |
| 2 | 1 | T-Stück, Trennung, Abzweig | – | 1,0 | – | 0,8 | 0,1 |
|   | 1 | Krümmer | 3 | – | – | – | 0,3 |
| | | | | | | $\sum\zeta_2 = 0,4$ | |
| 3 | 1 | T-Stück, Trennung, Abzweig | – | 0,8 | – | – | 2,5 |
|   | 1 | Krümmer | 1 | – | – | – | 0,5 |
|   | 1 | Heizkörper – Eckventil | – | – | – | – | 2,0 |
|   | 1 | Heizkörper | – | – | – | – | 2,5 |
| | | | | | | $\sum\zeta_3 = 7,5$ | |
| 4 | 1 | Ausbiegestück | – | – | 0,44 | 0,74 | 0,5 |
|   | 1 | T-Stück, Vereinigung, Abzweig | – | – | – | – | 1,5 |
| | | | | | | $\sum\zeta_4 = 2,0$ | |
| 5 | 1 | Krümmer | 3 | – | 0,6 | – | 0,3 |
|   | 1 | T-Stück, Vereinigung, Durchgang | – | – | – | < 1 | 0,8 |
| | | | | | | $\sum\zeta_5 = 1,1$ | |
| 6 | 2 | Krümmer | – | – | 0,44 | – | 0,6 |
|   | 1 | Anschluss an Ausdehnungsgefäß | – | – | – | 0,74 | 1,0 |
| | | | | | | $\sum\zeta_6 = 1,6$ | |

**Tabelle D2.6-3.4** $\sum\zeta$-Werte für Spalte i in den Tabelle 2.6-3.1 und -3.2 für die Stromkreise der Heizkörper 2 und 3

| Teilstrecke | Anzahl | Benennung | $r/D$ | $v_2/v_1$ | $\dot{m}_1/\dot{m}_2$ | $D_1/D_2$ | $z$ |
|---|---|---|---|---|---|---|---|
| a | b | c | d | e | f | g | h |

Stromkreis des Heizkörper 2

| | | | | | | | |
|---|---|---|---|---|---|---|---|
| 7 | 1 | T-Stück, Trennung, Durchgang | – | 0,92 | – | 0,78 | 0,2 |
| | 1 | Krümmer | 1 | – | – | – | 0,5 |
| | 1 | Heizkörper – Eckventil | – | – | – | – | 2,0 |
| | 1 | Heizkörper | – | | – | | 2,5 |

$$\sum\zeta_7 = 5,2$$

| | | | | | | | |
|---|---|---|---|---|---|---|---|
| 8 | 1 | Ausbiegestück | – | – | – | – | 0,5 |
| | 1 | Krümmer | 1 | – | – | – | 0,5 |
| | 1 | T-Stück, Vereinigung, Durchgang | – | – | 0,55 | < 1 | 1,0 |

$$\sum\zeta_8 = 2,0$$

Stromkreis des Heizkörpers 3

| | | | | | | | |
|---|---|---|---|---|---|---|---|
| 9 | 1 | T-Stück, Trennung, Abzweig | – | 2,0 | – | – | 1,3 |
| | 1 | Krümmer | – | – | – | – | 0,5 |
| | 1 | Heizkörper – Eckventil | – | – | – | – | 2,0 |
| | 1 | Heizkörper | – | – | – | – | 2,5 |

$$\sum\zeta_9 = 6,3$$

| | | | | | | | |
|---|---|---|---|---|---|---|---|
| 10 | 1 | Ausbiegestück | – | – | – | – | 0,5 |
| | 1 | Krümmer | 1 | – | – | – | 0,5 |
| | 1 | T-Stück, Vereinigung, Abzweig | – | – | 0,4 | 0,46 | 1,1 |

$$\sum\zeta_{10} = 2,1$$

**Tabelle D2.6-3.5** $\sum\zeta$-Werte für Spalte i in den Tabelle 2.6-3.1 und -3.2 für den Stromkreis des Heizkörpers 1 nach Reduktion der Rohrdurchmesser in den Teilstrecken 2, 3 4 und 5.

| Teilstrecke | Anzahl | Benennung | $r/D$ | $v_2/v_1$ | $\dot{m}_1/\dot{m}_2$ | $D_1/D_2$ | $z$ |
|---|---|---|---|---|---|---|---|
| a | b | c | d | e | f | g | h |
| 2 | 1<br>1 | T-Stück, Trennung,<br>Abzweig, DN15<br>Krümmer, DN15 | –<br>1 | 1,82<br>– | –<br>– | 0,59<br>– | 1,2<br>0,5 |
| | | | | | | $\sum\zeta_2 = 1,7$ | |
| 3 | 1<br><br>1<br>1<br><br>1 | T-Stück, Trennung,<br>Abzweig, DN10<br>Krümmer, DN10<br>Heizkörper – Eckven-<br>til, DN10<br>Heizkörper | –<br>1<br><br>–<br>– | 0,73<br>–<br><br>–<br>– | –<br>–<br><br>–<br>– | –<br>–<br><br>–<br>– | 2,8<br>0,5<br><br>2,0<br>2,5 |
| | | | | | | $\sum\zeta_3 = 7,8$ | |
| 4 | 1<br>1 | Ausbiegestück<br>T-Stück, Vereinigung,<br>Abzweig, alles DN10 | –<br><br>– | –<br><br>- | –<br><br>0,44 | –<br><br>0,58 | 0,5<br><br>1,1 |
| | | | | | | $\sum\zeta_4 = 1,6$ | |
| 5 | 1<br>1 | Krümmer<br>T-Stück, Vereinigung,<br>Durchgang, alles DN15 | 1<br><br>– | –<br><br>– | –<br><br>0,6 | –<br><br>< 1 | 0,5<br><br>0,8 |
| | | | | | | $\sum\zeta_5 = 1,3$ | |

## D2.6.4.2
### Pumpenwarmwasserheizung

Die Berechnung eines Verteilsystems soll am Beispiel einer Pumpenwarmwasserheizung für ein Einfamilienhaus gezeigt werden. Aus der Konzeption der Verteilung nach den Regeln von Kapitel D2.5 stehen die Struktur des Systems, die Anordnung einer zentralen Umwälzpumpe, das gewählte Rohrmaterial und die Rohrdurchmesser fest (siehe Bild D2.6-13). Auch die Auslegedaten für die Raumheizflächen liegen mit den Wärmeleistungen und Wasserströmen der Heizkörper vor (siehe Tabelle D2.6-4). Die auf die Behaglichkeitsanforderungen abgestimmte Vorlauftemperatur beträgt 55 °C, die Rücklauftemperaturen liegen unterschiedlich zwischen 38 und 40 °C, im Mittel knapp über 39 °C (bei den Wasserströmen sind die unterschiedlichen Rücklauftemperaturen berücksichtigt). Zur Herstellung des hydraulischen Abgleichs im Verteilsystem ist der Druckabfall im Teilkreis mit dem größten Widerstand zu berechnen und der

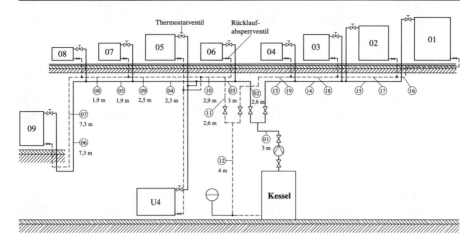

**Bild D2.6-13** Struktur des Verteilsystems einer Pumpenwarmwasserheizung für das Rechenbeispiel Kap. 2.6.4.2

**Tabelle D2.6-4** Ergebnisse der Heizkörperauslegung für Heizanlage nach Bild D2.6-13

| Heizkörper | | Normheizlast $\dot{Q}_N$ | Wasserstrom $\dot{m}$ |
|---|---|---|---|
| Nr. | Bezeichnung | W | kg/s |
| U4 | Hobby-Raum | 1350 | 0,020 |
| 01 | Wohnen | 1900 | 0,028 |
| 02 | Essen | 1100 | 0,016 |
| 03 | Kinder | 810 | 0,012 |
| 04 | Kinder | 540 | 0,0076 |
| 05 | Schlafen | 940 | 0,0141 |
| 06 | Bad | 720 | 0,0108 |
| 07 | Küche | 600 | 0,00897 |
| 08 | WC | 180 | 0,0029 |
| 09 | Diele | 1200 | 0,0191 |

Mindestdruckabfall am Regelventil festzustellen. Als zweites ist die Druckerhöhung durch die Pumpe (Förderhöhe) zu bestimmen.

Der hydraulische Kreis mit dem höchsten Widerstand ist mit dem Heizkörper 09 in der Diele gegeben (linker Strang der Anlage, Bild D2.6-13). Die Teilstrecken für diesen Kreis sind in Tabelle D2.6-5 aufgelistet, ebenso die zugehörigen Wasserströme. Aus der Konzeption der Verteilung sind das Rohrmaterial Kupfer und damit auch die Rohrabmessungen nach Tabelle D2.5-3 bekannt.

**Tabelle D2.6-5**  Teilstreckendaten für linken Strang in Bild D2.6-13

| Teil-stre-cke | Wasserstrom | | | | | | | | | |
| Nr. | $\dot{m}$ | $\dot{V}$ | $d_a$ | $L$ | $p_d$ | $R_L$ | $R_L \cdot L$ | $\Sigma\zeta$ | $Z$ | $R_L + Z$ |
| | kg/s | m³/h | mm | m | Pa | Pa/m | Pa | – | Pa | Pa |
| 01 | 0,141 | 0,506 | 22 | 3,0 | 100 | 160 | 480 | 1,65 | 165 | 645 |
| 02 | 0,076 | 0,274 | 18 | 2,6 | 72 | 160 | 416 | 2,7 | 194,4 | 610 |
| 03 | 0,065 | 0,235 | 18 | 3,0 | 54 | 115 | 345 | 0,2 | 10,8 | 356 |
| 04 | 0,031 | 0,112 | 15 | 2,3 | 28 | 82 | 189 | 0,35 | 9,8 | 199 |
| 05 | 0,022 | 0,079 | 12 | 1,9 | 40 | 160 | 304 | 0,2 | 8 | 312 |
| 06 | 0,019 | 0,069 | 12 | 7,3 | 30 | 120 | 876 | 14,9 | 447 | 2199 |
| 07 | 0,019 | 0,069 | 12 | 7,3 | 30 | 120 | 876 | | | |
| 08 | 0,022 | 0,079 | 12 | 1,9 | 40 | 160 | 304 | 0,2 | 8 | 312 |
| 09 | 0,031 | 0,112 | 15 | 2,5 | 28 | 82 | 205 | 0,4 | 11,2 | 216 |
| 10 | 0,065 | 0,235 | 18 | 2,9 | 54 | 115 | 334 | 0,2 | 10,8 | 345 |
| 11 | 0,076 | 0,274 | 18 | 2,6 | 72 | 160 | 416 | 5,05 | 363,6 | 780 |
| 12 | 0,141 | 0,506 | 22 | 4,0 | 100 | 160 | 640 | 2,35 | 235 | 875 |

Aus der Konzeption der Verteilung liegen weiterhin die Rohrlängen vor. Es kann nun aus Wasserstrom und Rohrabmessung aus dem Rohrreibungsdiagramm Bild D2.6-6 einerseits das Druckgefälle $R_L$ (unter Berücksichtigung der mittleren Wassertemperatur) und andererseits der dynamische Druck $p_d$ abgegriffen werden. Aus der Multiplikation von Druckgefälle und Rohrlänge wird der Reibungsdruckabfall in den Teilstrecken berechnet, die Druckabfallbeiwerte für die Einzelverluste müssen gesondert erfasst werden: In der Tabelle D2.6-6 sind die Einzelwiderstände für die Teilstrecken zusammengestellt. Die Teilstrecken sind durch einen konstanten Rohrquerschnitt und konstanten Heizmittelstrom, also auch konstanten dynamischen Druck $p_d$ gekennzeichnet. Bei den Verzweigungen im Vorlauf und den Vereinigungen im Rücklauf gelten für die Verlustbeiwerte die dynamischen Drücke der jeweiligen Teilstrecke. Es handelt sich generell um 90°-T-Stücke bei den Vorlaufstrecken mit Stromtrennung und Durchgang, am Anfang einen Verteiler mit Stromtrennung und Gegenlauf und bei den Rücklaufstrecken mit Stromvereinigung und Durchgang sowie einen Sammler als Stromvereinigung und Gegenlauf. Die Verlustbeiwerte können Bild D2.6-14 entnommen werden.

Die errechneten Verlustbeiwerte $\Sigma\zeta$ sind in Tabelle D2.6-5 eingetragen; sie werden mit dem dynamischen Druck $p_d$ multipliziert und liefern die Einzelwiederstände $Z$. Die Summe aller Reibungs- und Einzelwiderstände ist hier 7015 Pa.

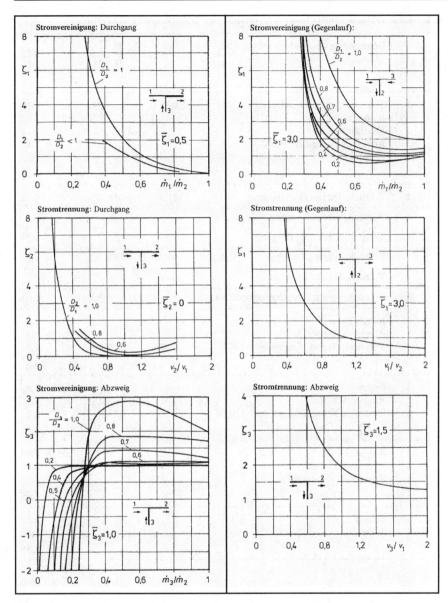

**Bild D2.6-14** Einzelwiderstände für Stromverzweigung in Rohrnetz (T-Stücke: 90°; vergl. Bild D2.6-8). Für Überschlagsrechnungen können die gemittelten Werte $\bar{\zeta}$ genommen werden.

Der Druckabfall am Regelventil für den Heizkörper 09 soll nach VDI 2073 für eine ausreichende Ventilautorität 2/3 des Druckabfalls in einem Strangabschnitt betragen, in dem der Wasserstrom kleiner als das Vierfache des Wasserstroms im Heizkörper 09 ist (siehe Bild D2.6-1). Im vorliegenden Fall (siehe

**Tabelle D2.6-6** $\zeta$-Werte für die Einzelwiderstände der Teilstrecken (s. Bild D2.6-13)

| Teil-strecke | Anzahl n | Benennung des Widerstandes | $\dfrac{\dot{m}_1}{\dot{m}_2}$ | $\dfrac{v_2}{v_1}$ | $\dfrac{D_1}{D_2}, \dfrac{D_2}{D_1}$ | $\zeta$ | $n \cdot \zeta$ |
|---|---|---|---|---|---|---|---|
| | 1 | T-Stück, Trenn., Durchgang | – | 0,87 | 1 | 0 | 0 |
| 06 | 10 | Bogen r/d = 2 | | | | 0,35 | 3,5 |
| und | 1 | Heizkörper | | | | | 2,5 |
| 07 | 1 | Rücklaufabsperr. (lt. Herst.) | | | | | 8,7 |
| | 1 | T-Stück, Verein. Durchgang | 0,87 | – | 1 | | 0,2 |
| | | | | | | | **14,9** |
| 05 | 1 | T-Stück, Trenn., Durchgang | – | 1,17 | 0,78 | | **0** |
| 08 | 1 | T-Stück, Verein., Durchg. | 0,715 | | 0,78 | | **0,3** |
| 04 | 1 | T-Stück, Trenn., Durchgang | – | 0,69 | 0,83 | | **0,35** |
| 09 | 1 | T-Stück, Verein., Durchg. | 0,475 | – | 0,83 | | **1,2** |
| 03 | 1 | T-Stück, Trenn., Durchgang | – | 0,86 | 1 | | **0** |
| 10 | 1 | T-Stück, Verein., Durchgang | 0,54 | – | 1 | | **5** |
| 02 | 2 | Bogen r/d = 2 | | | | 0,35 | 0,7 |
| | 1 | Absperrschieber | | | | | 0,3 |
| | 1 | Verteiler (Trenn., Gegenlauf) | – | 0,675 | 1,25 | | 2,5 |
| | | | | | | | **3,5** |
| 11 | 1 | Bogen | | | | | 0,35 |
| | 1 | Absperrschieber | | | | | 0,3 |
| | 1 | Sammler, Verein., Gegenlauf | 0,54 | | 1,25 | | 2,2 |
| | | | | | | | **2,85** |
| 01 | 3 | Bogen | | | | 0,35 | 1,05 |
| | 2 | Absperrschieber | | | | 0,3 | 0,60 |
| | 1 | Kessel mit Z = 1000 Pa | | | | – | – |
| | | | | | | | **1,65** |
| 12 | 1 | Bogen | 1 | | | | 0,35 |
| | 1 | T-Stück | | | | | 2,00 |
| | | | | | | | **2,35** |

Bild D2.6-13) ist dies der Druckabfall des Teilstranges mit den Strecken 03 bis 10: $\Delta p_r$ = 3939 Pa. Der Druckabfall am Ventil muss demnach 2626 Pa betragen. Vereinfacht könnte in diesem Fall auch ein Ventil-Druckabfall von 2000 Pa eingesetzt werden, da es sich hier um ein kleines System mit 10 Heizkörpern handelt. Natürlich wäre dann die Ventilautorität etwas kleiner als 0,4, was aber insbesondere bei dem vorliegenden Heizkörper 09 in der Diele zu keinen nennenswerten Einbußen führen würde (dies gilt auch deshalb, weil der Heizkörper für eine vergleichsweise große Spreizung ausgelegt ist). Rechnerisch erhält man mit dem großen Druckabfall am Ventil einen Gesamtdruckabfall von 9641 Pa. Für die Auslegung der Pumpe ist diese Druckdifferenz maßgebend. Bei den Pumpen wird in aller Regel von einer Druckhöhe gesprochen und diese in m Wassersäule angegeben. Ausreichend wäre dementsprechend eine Druckhöhe von etwa 1 m WS. Bei dem geförderten Wasserstrom sind etwa 0,5 m³/h ausreichend, bei einer angenommenen Gleichzeitigkeit von 80% sogar nur 0,4 m³/h. Vorzugsweise ist eine drehzahlgeregelte Pumpe mit steigender Kennlinie auszuwählen.

Ergänzend könnten nun für die übrigen hydraulischen Kreise des hier beispielhaft behandelten linken Stranges der Heizanlage, also durch die Heizkörper 08, 07, 05 mit U4 und 06, in den jeweiligen Anbindungsleitungen in analoger Weise der Reibungsdruckabfall und die Einzelverluste berechnet werden. Man erhielte aus der Differenz zum Gesamtdruck von 9641 Pa die jeweiligen Differenzdrücke für die zugehörigen Ventile. Analog ist ebenfalls beim rechten Strang vorzugehen.

Für eine energetische Bewertung des Verteilsystems wird die in Kapitel D2.4 vorgeschlagene Methode angewandt und dabei vereinfachend nur der linke Strang betrachtet. Seine Reibungsleistung $P_{ges}$ wird mit Gleichung D2.4-10 berechnet. Der Strang hat zum einen die in Tabelle D2.6-5 aufgeführten Teilstrecken $j = 01$ bis 12 und die in Tabelle D2.6-7 aufgelisteten Anbindungsleitungen für die Heizkörper U4 und 05 bis 08. Bei den zugehörigen Wasserströmen ist zu beachten, dass bei den Teilstrecken 01 und 12 nur der für den betrachteten linken Strang energetisch maßgebliche Wasserstrom von 0,076 kg/s einzusetzen ist. Man erhält

$$P_{ges} = \sum_{j=1}^{m} \left( R_{L,j} L_j \dot{V}_j \right) = \left( 0,220 + 0,027 \right) W = 0,247 W$$

Der erste Term mit 0,220 W ist die Reibungsleistung im Teilkreis mit dem größten hydraulischen Widerstand („Schlechtkreis"), der zweite die für die

**Tabelle D2.6-7** Anbindungsleitungen

| Heizkörper | DN | Länge m | |
|---|---|---|---|
| 01 | 15 × 1 | 6,5 | rechter Strang |
| 02 | 12 × 1 | 1,0 | |
| 03 | 10 × 1 | 5,2 | |
| 04 | 10 × 1 | 12,4 | |
| U4 | 12 × 1 | 6,7 | linker Strang |
| 05 | 12 × 1 | 4,0 | |
| 06 | 10 × 1 | 2,1 | |
| 07 | 10 × 1 | 2,1 | |
| 08 | 8 × 1 | 2,3 | |
| 09 | 12 × 1 | 14,6 | |

Anbindungsleitungen. Die Gesamtleistung $P_{ges}$ ist auch zu verstehen als die Summe der Idealpumpen-Leistungen in diesem Verteilstrang mit real gestuften Rohrnennweiten, zugleich aber auch in einem idealisierten System mit angepassten Rohrdurchmessern, wenn in ihm überall das gleiche Druckgefälle $R_L$ besteht. Man erhielte dies mit Gleichung D2.4-11, wenn man $P_{ges}$ durch die Summe der Weg-Wasserstrom-Produkte für die Verbraucher i dividiert:

$$\sum_{i=1}^{n} \left( L_i \dot{V}_i \right) = 2{,}059 \cdot 10^{-3} \frac{m^4}{s}$$

Das für die Vergleichsbetrachtung gültige einheitliche Druckgefälle ist

$$R_L = \frac{0{,}247W}{2{,}059 \cdot 10^{-3} \dfrac{m^4}{s}} = 120 \frac{Pa}{m}$$

Der relative Aufwand für Rohrreibung und Einzelverluste (ohne Regelventil) wird mit Gleichung D2.4-12 ermittelt; er ist

$$e_Z = \frac{0{,}247W + 0{,}169W}{0{,}247W} = 1{,}68$$

Der zweite Ausdruck im Zähler ist der Leistungsaufwand für die Einzelverluste.

In einem zweiten Bewertungsschritt wird nun der weitere Aufwand für die Regelventile aufgezeigt. Es genügt hier, nur den Druckabfall im „Schlechtkreis" und den Gesamtwasserstrom für den betrachteten Strang in Gleichung D2.4-13 einzusetzen.

$$e_{Z,V} = \frac{0{,}0759 \cdot 10^{-3} \dfrac{m^3}{s} \cdot 10641 Pa}{0{,}247W} = 3{,}27$$

Die für die Verteilung erforderlichen Drosselstellen (Regelventile) erfordern gemäß $e_{Z,V}/e_Z - 1 = 1{,}95$ einen Mehraufwand an Leistung von 95%.

Würde man die Rohre der Verteilung nicht normal, sondern nach Tichelmann verlegen, erhielte man eine geringfügige Reduktion bei $e_Z$ und eine erhebliche bei $e_{Z,V}$, vor allem deshalb, weil man bei den Regelventilen mit einem deutlich kleineren Druckabfall auskommt.

Abschließend interessiert noch, wie groß für die vorliegende Heizaufgabe der energetische Aufwand im Vergleich zu anderen Verlege- und Anschlussarten ist.

Bei dem hier vorgesehenen Zweirohranschluss mit Normalverlegung ist die mittlere Länge der hydraulischen Kreise des betrachteten Stranges mit den 6 Heizkörpern $\sum L_i/n = 158\,m/6 = 26{,}4\,m$. In Bild D2.4-4 kann man mit $R_L/\sigma_0 = 135\,Pa/15\,K = 8{,}44\,Pa/K$ einen auf die Wärmeleistung bezogenen energetischen Aufwand von $49 \cdot 10^{-6}$ ablesen.

Im Vergleich zu diesem zunächst unanschaulichen Zahlenwert liegt der entsprechende relative Aufwand bei einer Verlegung nach Tichelmann bei nur $7 \cdot 10^{-6}$; die zugehörige mittlere Länge der hydraulischen Kreise ist nur etwa 5,5 m.

### D2.6.5
*Analogieverfahren für rechnergestützte Betriebssimulation*

Für die rechnerische Simulation des Netzbetriebes, bei dem von der Auslegung unterschiedliche Wasserströme an den verschiedenen Stellen auftreten können, ist es zweckmäßig, einen der Elektrizitätslehre analogen Begriff des Widerstandes einzuführen. Ein entsprechender Vorschlag wurde bereits 1958 von Beck und Friedrichs vorgelegt [D2.6-5] und von Grammling [D2.6-6 und 7], später von Roos [D2.6-8] und Russo mit Smith [D2.6-9] aufgegriffen. Hirschberg [D2.6-10] hat das von Grammling zunächst nur auf die Betriebssimulation von Zweirohrheizungen angewandte Analogieverfahren auf alle Warmwasserheizungen in beliebiger Verschaltung und beliebiger Anzahl von Umwälzpumpen erweitert.

Analog zum Ohm'schen Gesetz wird eingeführt:

$$\Delta p = R \dot{V}^n \tag{D2.6-14}$$

Damit der hydraulische Widerstand $R$ dieselbe Einheit erhält wie der Druckabfall $\Delta p$, muss die Größe $\dot{V}$ ein dimensionsloser Volumenstrom sein, gemäß

$$\dot{V} = \frac{\dot{V}_{real}}{\dot{V}_0} \tag{D2.6-15}$$

mit dem realen Volumenstrom $\dot{V}_{real}$ in l/s und dem Einheitsvolumenstrom $\dot{V}_0 =$ 1 $\ell$/s (Es wird die Volumeneinheit 1 Liter gewählt, um für den Widerstand nicht allzu große Werte zu erhalten). In Heizungsnetzen sind nur zwei Zuordnungen von Widerständen zu finden: seriell und parallel geschaltete Widerstände.

Für die in Reihe geschalteten Widerstände (s. Bild D2.6-15) gilt:

$$\dot{V}_1 = \dot{V}_2 = \cdots = \dot{V}_i = \dot{V}_k = \dot{V}_{ges} \tag{D2.6-16}$$

und

$$\Delta p_{ges} = \Delta p_1 + \Delta p_2 + \cdots + \Delta p_k = \sum_{i=1}^{k} \Delta p_i \tag{D2.6-17}$$

Allgemein sind die Hochzahlen n in Gleichung D2.6-14 unterschiedlich; somit gilt

$$\Delta p_{ges} = \sum_{i=1}^{k} \left( R_i \dot{V}_{ges}^{n_i} \right) \tag{D2.6-18}$$

**Bild D2.6-15** Reihenschaltung hydraulischer Widerstände

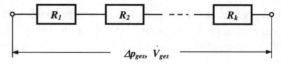

$\Delta p_{ges}, \dot{V}_{ges}$

Häufig unterscheiden sich die Hochzahlen aber sehr wenig, so dass mit $n_1$ $= n_2 = \cdots = n$ aus Gleichung D2.6-17 ein Ersatzwiderstand in einfacher Weise abzuleiten ist:

$$R_{Ers} = \Delta p_{ges} \dot{V}_{ges}^{-n} = \sum_{i=1}^{k}\left(R_i\right) \tag{D2.6-19}$$

Bei Parallelschaltung von $k$ hydraulischen Widerständen liegt an allen Widerständen derselbe Differenzdruck an (Bild D2.6-16), und die Volumenströme addieren sich. Aus der Definitionsgleichung D2.6-14 folgt für den Volumenstrom durch die einzelnen Zweige i

$$\dot{V}_i = \left(\frac{\Delta p_{ges}}{R_i}\right)^{\frac{1}{n}} \tag{D2.6-20}$$

Wird hier wieder vereinfachend die Gleichheit der Hochzahlen $n = n_i$ angenommen, ist der Gesamtvolumenstrom:

$$\dot{V}_{ges} = \sum_{i=i}^{k}\left(\dot{V}_i\right) = \Delta p_{ges}^{\frac{1}{n}}\sum_{i=1}^{k}\left(\frac{1}{R_i}\right)^{\frac{1}{n}} \tag{D2.6-21}$$

und der Ersatzwiderstand beträgt:

$$R_{Ers} = \left[\sum_{i=1}^{k}\left(R_i\right)^{-\frac{1}{n}}\right]^{-n} \tag{D2.6-22}$$

Einen hydraulischen Widerstand analog zum Ohm'schen Gesetz gemäß Gleichung D2.6-14 einzuführen, hat für eine Betriebssimulation gegenüber der in Kap. D2.6.4 gezeigten Vorgehensweise den großen Vorteil, dass mehrere Einzelwiderstände zusammengefasst in die Betriebssimulation eingehen und so die Rechnung übersichtlicher und der Rechenaufwand in Grenzen bleibt. Dies soll am Beispiel einer Zweirohrheizung in Normalverlegung verdeutlicht werden. Bild D2.6-17 zeigt hierfür ein einfaches Verteilsystem mit sechs Heizkörpern. Führt man für jeden Widerstand in diesem Netz, wie z. B. die Rohre, Bögen, T-Stücke oder Ventile eigene Widerstandselemente in der Darstellungsweise der Elektrotechnik ein, so erhält man das in Bild D2.6-18 wiedergegebene aufge-

**Bild D2.6-16** Parallelschaltung hydraulischer Widerstände

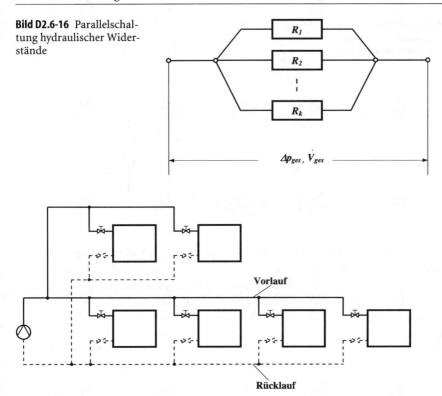

**Bild D2.6-17** Schema eines Heizungsnetzes mit sechs Heizkörpern

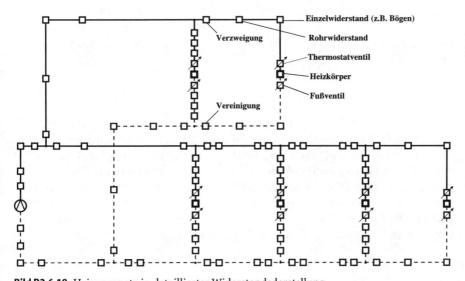

**Bild D2.6-18** Heizungsnetz in detaillierter Widerstandsdarstellung

**Bild D2.6-19** Vereinfachte
Widerstandsdarstellung des
Heizungsnetzes nach Bild
D2.6-18

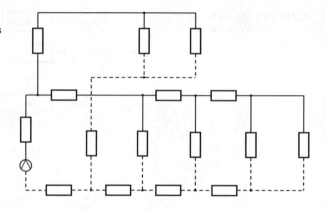

gliederte Widerstandsnetzwerk. Eine erste erhebliche Vereinfachung eines derartigen Verteilsystems ist dadurch zu erhalten, dass alle in Reihe geschalteten Widerstände in einer Teilstrecke – oder in der Sprache der Netztheoretiker in der Elektrotechnik zwischen jeweils zwei Knoten – zu einem Ersatzwiderstand zusammen gefasst werden. Man erhält eine Darstellung, wie sie Bild D2.6-19 zeigt.

Die Anzahl der Widerstände eines derart vereinfachten Netzwerkes, in Abhängigkeit von der Zahl der Heizkörper $n_H$, lässt sich allgemeingültig angeben:

$$i_R = 3\,n_H - 2 \qquad\qquad\qquad \text{(D2.6-23)}$$

Analog kann so auch bei einer Verlegung nach Tichelmann (s. Bild D2.6-20) und bei der Einrohrheizung (s. Bild D2.6-21) vorgegangen werden.

Die Anzahl der Widerstände bei der Verlegung nach Tichelmann ist die gleiche wie bei der Normalverlegung (Gleichung D2.6-25). Für die Einrohrheizung gilt:

$$i_R = 3\,n_H + 1 \qquad\qquad\qquad \text{(D2.6-24)}$$

Bei der Zweirohrheizung in Normalverlegung ist wegen der Symmetrie zwischen Vor- und Rücklauf (unter der Voraussetzung, dass Vor- und Rücklaufleitungen parallel verlegt sind) eine weitere Vereinfachung möglich (und wegen der Reihenschaltung auch notwendig). Hier kommt man von der Widerstandsverteilung in Bild D2.6-19 zu der in Bild D2.6-22. Bei diesem Vereinfachungsschritt sind die entsprechenden Widerstände im Vor- und Rücklauf zusammengefasst. Die für den Zweirohranschluss bei Normalverlegung mindestens notwendige und bei einer Analyse auch bestimmbare Anzahl der Widerstände ist

$$i_{R,\mathrm{min}} = 2\,n_H - 1 \qquad\qquad\qquad \text{(D2.6-25)}$$

**Bild D2.6-20** Vereinfachte Widerstandsdarstellung bei einer Verlegung nach Tichelmann

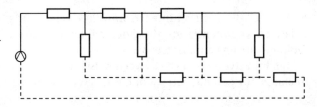

**Bild D2.6-21** Vereinfachte Widerstandsdarstellung bei der Einrohrheizung

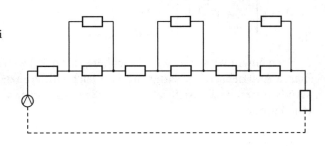

**Bild D2.6-22** Maximal vereinfachtes Widerstandsnetz (Ersatznetz) des Heizungsnetzes nach Bild D2.6-18

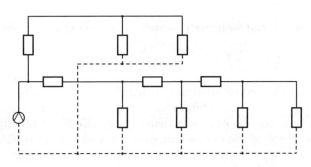

Bei Tichelmann-Verlegung sowie Einrohranschluss treten nur die Widerstände vor und hinter der Pumpe gemeinsam auf, sodass sich ihre Anzahl nur um 1 reduziert auf $3n_H - 3$ und $3n_H$. Wenn die nach der Definition D2.6-14 gebildeten Widerstände $R$ vorliegen, lässt sich ein Netz berechnen und auch simulieren.

Man erhält den Widerstand für einen Druckabfall durch **Wandreibung** aus

$$R_R = \frac{R_L\, l}{\dot{V}^n} \tag{D2.6-26}$$

Der Widerstand lässt sich auch durch die Rohrreibungszahl ausdrücken; mit Gleichung D2.6-7 und der Annahme, dass überwiegend kreisrunde Rohre verwendet werden, gilt

$$R_R = \frac{\lambda l}{D^5}\left[\left(\frac{4}{\pi}\right)^2 \frac{\rho}{2\cdot 10^6}\dot{V}_0^2\right]\dot{V}^{2-n} \tag{D2.6-27}$$

Für den Einheitsvolumenstrom gilt vereinbarungsgemäß $\dot{V}_0 = 1\,\ell/s$. Beim relativen Volumenstrom $\dot{V}$ ist der Zahlenwert des in l/s angegebenen realen Volumenstroms einzusetzen.

Bei **Einzelverlusten** ist es zweckmäßiger mit dem Strömungsquerschnitt $A$ zu rechnen, für den die betreffende Widerstandszahl gilt:

$$R_E = \zeta \left[ \frac{\rho}{2 \cdot 10^6} \left( \frac{\dot{V}_0}{A} \right)^2 \right] \dot{V}^{2-n} \tag{D2.6-28}$$

Nach einem Vorschlag von Hirschberg [D2.6-10] werden Pumpen und analog hierzu Auftriebseffekte aufgrund von Dichtedifferenzen mit negativen Widerstandswerten berücksichtigt. Mit den Bezeichnungen aus Abschn. 2.6.3 gilt für eine Pumpe

$$R_P = \frac{\Delta p_t}{\dot{V}^n} \tag{D2.6-29}$$

und für den Auftrieb in einer Teilstrecke mit dem Höhenunterschied $\Delta h$

$$R_{\Delta\rho} = \frac{\Delta p_{\Delta\rho}}{\dot{V}^n} = \frac{g\Delta h (\rho_r - \rho_V)}{\dot{V}^n} \tag{D2.6-30}$$

Maßgeblich ist, dass in jedem Fall für die Druckdifferenzen in einem hydraulischen Kreis die Bilanzgleichung D2.6-19 erfüllt sein muss. Dabei ist zu beachten, dass die hydraulischen Widerstände für die Pumpe und den Auftrieb sich erheblich mit dem Volumenstrom verändern (z.B. Einfluss der Pumpenkennlinie $\Delta p_t = f(\dot{V})$). Bei einer reinen Reihenschaltung im rechnerisch zu behandelnden hydraulischen Kreis erhält man eine implizite Bestimmungsgleichung für den sich in Abhängigkeit von den Widerständen einstellenden Volumenstrom nach:

$$\frac{\dot{V}^n}{f(\dot{V})} = \left[ \sum_{i=1}^{k} R_i \right]^{-1} \tag{D2.6-31}$$

Bei einer Parallelschaltung von Widerständen – was in jedem realen Heizungsnetz vorkommt – lässt sich der von der Pumpe geförderte Volumenstrom nur iterativ bestimmen, da die Aufteilung auf die einzelnen parallel geschalteten Widerstände zunächst nicht bekannt ist. Die Aufteilung der Volumenströme erhält man aus den Gleichung D 2.6-20 und D 2.6-21:

$$\frac{\dot{V}_i}{\dot{V}_{ges}} = \frac{R_i^{-\frac{1}{n}}}{\sum_{i=1}^{k} R_i^{-\frac{1}{n}}} \tag{D2.6-32}$$

Die Bestimmungsgleichung für den Volumenstrom lautet hier

$$\frac{\dot{V}^n}{f(\dot{V})} = \left[ \sum_{i=1}^{k} (R_i)^{-\frac{1}{n}} \right]^{+n} \tag{D2.6-33}$$

Für den Exponenten in der Widerstandsfunktion (D2.6-13) zeigt Grammling [D2.6-7], dass in den meisten Anwendungsfällen diese Hochzahlen sehr wenig voneinander abweichen und mit genügender Genauigkeit $n = 2$ gesetzt werden kann.

Häufig sind in einem hydraulischen Netz die Widerstände nicht bekannt und durch Rechnung auch nicht bestimmbar. Für diesen Fall bietet der Analogieansatz, wie Grammling [D2.6-7] zeigt, eine einfache Möglichkeit zur Analyse eines Verteilsystems.

Der einfachste, nichttriviale Fall eines hydraulischen Verteilsystems ist die Parallelschaltung zweier Widerstände und ein in Reihe geschalteter Widerstand in der Zuleitung (s. Bild D2.6-23). Die zunächst unbekannten Widerstände $R_1$, $R_2$ und $R_3$ lassen sich aus einer Messung von drei verschiedenen Widerständen $R_I$, $R_{II}$ und $R_{III}$ für drei verschiedene Betriebszustände berechnen. Für die Betriebszustände werden drei definierte Situationen hergestellt: Die Ventile an den Widerständen 1 und 2 sind je für sich geöffnet oder geschlossen (Betriebszustände I und II) oder beide geöffnet (Betriebszustand III). Im ersten und zweiten Fall gilt für die Gesamtwiderstände

$$R_I = R_3 + R_1 \tag{D2.6-34}$$

$$R_{II} = R_3 + R_2 \tag{D2.6-35}$$

Im dritten Fall liegt eine Parallelschaltung vor, und man erhält:

$$R_{III} = R_3 + \left( R_1^{-\frac{1}{n}} + R_2^{-\frac{1}{n}} \right)^{-n} \tag{D2.6-36}$$

**Bild D2.6-23** Parallelschaltung zweier hydraulischer Widerstände mit einem gemeinsamen Zuleitungswiderstand

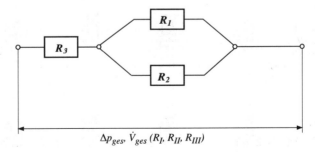

$$\Delta p_{ges}, \dot{V}_{ges} \, (R_I, R_{II}, R_{III})$$

Mit den Gleichungen D2.6-34 bis -36 hat man drei Bestimmungsgleichungen für die drei unbekannten Widerstände $R_1$, $R_2$ und $R_3$. Ersetzt man in Gleichung D2.6-37 die Widerstände $R_1$ und $R_2$ durch die gemessenen Gesamtwiderstände $R_I$ und $R_{II}$, dann läßt sich der Zuleitungswiderstand $R_3$ in einer impliziten Bestimmungsgleichung mit den gemessenen Werten darstellen:

$$R_{III} = R_3 + \left[ \left( R_I - R_3 \right)^{-\frac{1}{n}} + \left( R_{II} - R_3 \right)^{-\frac{1}{n}} \right]^{-n}$$

(D2.6-37)

oder in der Normalform:

$$\left( R_I - R_3 \right)^{-\frac{1}{n}} + \left( R_{II} - R_3 \right)^{-\frac{1}{n}} \left( R_{III} - R_3 \right)^{-\frac{1}{n}} = 0$$

(D2.6-38)

Die gezeigte Analysemethode ist nur dort anwendbar, wo je für sich abstellbare Verbraucher parallel geschaltet sind. Sie können auch Verbrauchergruppen sein, für die ein Ersatzwiderstand nach Gleichung D2.6-22 anzugeben ist. Nicht anwendbar ist diese Methode bei Einrohranschluss, da der parallel zu den Verbrauchern verlaufende Einrohrstrang nicht abstellbar ist.

Die sukzessive Analyse eines Heizungsnetzes mit Zweirohranschluss zeigt beispielhaft Bild D2.6-24. Hier wird die jeweils analysierte Parallelschaltung (I, II, III, IV und V) zu einem Ersatzwiderstand zusammengefasst und zum nächsten unbekannten Verbraucher parallel geschaltet. Jeder dieser zusammengefassten Parallelschaltungen enthält einen Teilwiderstand der Zuleitung. So sind auch die in Reihe liegenden Widerstände sukzessiv durch Subtraktion zu erhalten:

$$R_{ZU,j} = R_{ZU,ges,j} - R_{ZU,ges,i}$$

(D2.6-39)

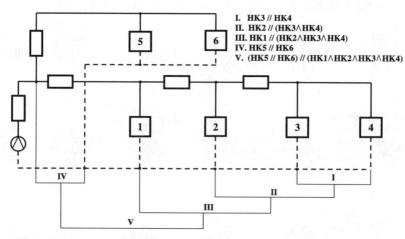

I.   HK3 // HK4
II.  HK2 // (HK3∧HK4)
III. HK1 // (HK2∧HK3∧HK4)
IV.  HK5 // HK6
V.   (HK5 // HK6) // (HK1∧HK2∧HK3∧HK4)

**Bild D2.6-24** Prinzip der Abarbeitung eines Rohrnetzes bei der Analyse

# Literatur

## Literatur D2.1

[D2.1-1]  VDI 2073: Hydraulische Schaltungen in Heiz- und Raumlufttechnischen Anlagen.

[D2.1-2]  DIN 2429, Teil 1: Rohrleitungen; Graphische Symbole für technische Zeichnungen; Allgemeines. Ausgabe Januar 1988.

[D2.1-3]  DIN 1946, Teil 1: Terminologie und graphische Symbole. Ausgabe Oktober 1988.

[D2.1-4]  Meerbeck, Bernhard: Nutzung der Kraft-Wärme-Kopplung zum Ausgleich elektrischer Leistungsschwankungen. Diss. Universität Stuttgart 2001

## Literatur D2.2

[D2.2-1]  VDI-Wärmeatlas: Berechnungsblätter für den Wärmeübergang, (Db7) Hrsg. VDI, 6. Auflage, Düsseldorf 1991.

[D2.2-2]  DIN EN 26704-1 Kondensatableiter, Klassifikation. 11.1991.

[D2.2-3]  Knabe, G.: Gebäudeautomation. Verlag Bauwesen, Berlin, München 1992.

[D2.2-4]  Hirschberg, Rainer: Rechnergestützte Planung heiz- und raumlufttechnischer Anlagen. Diss. Universität Stuttgart 1995.

[D2.2-5]  DIN 4751: Wasserheizungsanlagen. Teil 1: Offene und geschlossene physikalisch abgesicherte Wärmeerzeugungsanlagen mit Vorlauftemperaturen bis 120 °C, sicherheitstechische Ausrüstung; Teil 2: Geschlossene, thermostatisch abgesicherte Wärmeerzeugungsanlagen mit Vorlauftemperaturen bis 120 °C, Sicherheitstechnische Ausrüstung, Ausgabe Februar 1993. Ersetzt durch: DIN EN 12828 Heizungssysteme in Gebäuden – Planung von Warmwasser-Heizungsanlagen. 06.2003

## Literatur D2.3

[D2.3-1]  DIN 2402: Rohrleitungen; Nennweiten, Begriffe Stufung. 2.76. Zurückgezogen; ersetzt durch: DIN EN ISO 6708 Rohrleitungsteile – Definitionen und Auswahl von DN (Nennweite), 09.1995

[D2.3-2]  DIN 2401 T1: Rohrleitungen; innen- und außendruckbeanspruchte Bauteile; Druck- und Temperaturangaben; Begriffe, Nenndruckstufen 9.91. Zurückgezogen; ersetzt durch: DIN EN 13333 Rohrleitungsteile – Definitionen

[D2.3-3]  DIN 2440: Stahlrohre; Mittelschwere Gewinderohre 6.78

[D2.3-4]  DIN 2441: Stahlrohre; Schwere Gewinderohre 6.78

[D2.3-5]  DIN 2448: Nahtlose Stahlrohre; Maße, längenbezogene Massen. 2.81. Zurückgezogen; ersetzt durch: DIN EN 10220 Nahtlose und geschweißte Stahlrohre – Allgemeine Tabellen für Maße und längenbezogene Masse. 03.2003

[D2.3-6]  DIN 2458: Geschweißte Stahlrohre; Maße, längenbezogene Massen. 2.81. Zurückgezogen; ersetzt durch: DIN EN 10220

[D2.3-7]  DIN 2393 T1: Geschweißte Präzisionsstahlrohre besondere Maßgenauigkeit; Maße 7.81. Zurückgezogen; ersetzt durch: DIN EN 10305-2 Präzisionsstahlrohre – Technische Lieferbedingungen – Teil 2: Geschweißte und kaltgezogene Rohre. 02.2003

[D2.3-8]  DIN 1786: Installationsrohre aus Kupfer; nahtlos gezogen. 5.80. Zurückgezogen; ersetzt durch: DIN EN 1057 Kupfer und Kupferlegierungen – Nahtlose Rundrohre aus Kupfer für Wasser- und Gasleitungen für Sanitärinstallation und Heizungsanlagen. 05.1996

[D2.3-9]  (Entwurf) OENORM EN 12318-1: Kunststoff-Rohrleitungssysteme für Warm- und Kaltwasser – Vernetztes Polyethylen – Teil 1: Allgemeines 04.1996

[D2.3-10]  Verordnung über energiesparende Anforderungen an heizungstechnische Anlagen und Brauchwasseranlagen (Heizanlagen-Verordnung – HeizAnlV) vom 22. 3. 1994 (BGBl. I S. 613), ist ersetzt durch Energieeinsparverordnung (EnEV) vom 1. 2. 2002

[D2.3-11]  DIN EN 736: Armaturen. Teil 1: Definition der Grundbauarten, Ausgabe April 1995.

[D2.3-12]  DIN 3320: Sicherheitsventile. Teil 1: Begriffe, Größenbemessung und Kennzeichnung. Ausgabe September 1984. (Vorgesehen: DIN EN 764-7 Druckgeräte – Sicherheitseinrichtungen für unbefeuerte Druckgeräte. 07.2002)

[D2.3-13]  DIN-EN 215: Thermostatische Heizkörperventile. Teil 1: Anforderungen und Prüfungen. Ausgabe März 1988.

[D2.3-14]  VDI/VDE 2173: Strömungstechnische Kenngrößen von Stellventilen und deren Bestimmung. Ausgabe September 1962.

[D2.3-15]  DIN 24260: Kreiselpumpen und Kreiselpumpenanlagen. Teil 1: Begriffe, Formelzeichen, Einheiten. Ausgabe September 1986.

[D2.3-16]  KSB KREISELPUMPENLEXIKON, Hrg.: Klein, Schanzlin & Becker, Frankenthal Pfalz, 2. Aufl., 1980

[D2.3-17]  Bach, H.; Eisenmann G.: $CO_2$-Reduzierung durch Pumpensanierung, IKE Stuttgart 1991.

[D2.3-18]  Grammling, F.: Rohrnetzoptimierung durch Betriebssimulation. HLK-Brief 1. Stuttgart 1989.


## Literatur D2.6

[D2.6-1]  Striebel, D.: Hydraulischer Abgleich und Wärmestromerfassung in Heiznetzen. VDI Berichte Nr. 1010, 1992, S 103-113.

[D2.6-2]  Striebel, D.: Zum hydraulischenabgleich in Zweirohr-Netzen. HLK-Brief, Verein der Förderer der Forschung HLK, Stuttgart 12 1993.

[D2.6-3]  Rietschel/Raiß: Heiz- und Klimatechnik. 15 Auflage, Zweiter Band. Springer Verlag, Berlin, Heidelberg, New York 1970.

[D2.6-4]  Tichelmann, A,: Die Bewertung der in Warmwasserheizungssystemen tätigen Kräfte. Gesund.-Ing. Heft 34 (1911) S. 417/427.

[D2.6-5]  Beck, K. u. Friedrichs, K.H.: Erfahrungen mit dem elektrischen Analogierechner für die Wassernetzberechnung. GWF 99, 1071–1078, 1125–1130 (1958).

[D2.6-6]  Grammling, F.: Rechenmodell zur Simulation eines hydraulischen Netzwerks. Nichtveröffentliche Diplomarbeit, Universität Stuttgart, IKE Abt. HLK, November 1982.

[D2.6-7]  Grammling, F.: Rechnergestützte Analyse von Heizungsrohrnetzen. Diss., Universität Stuttgart, 1988.

[D2.6-8]  Roos, H.: Hydraulik der Wasserheizung. R Oldenbourg Verlag, München, Wien 1986.

[D2.6-9]  Russo, E.P. und Schmith, L.A.: Analyzing Piping Systems – A Simple Method of Calculating Flow Rates in Parallel-Systems. ASHRAE Journal, January 1996, S. 82–84.

[D2.6-10]  Hirschberg, R.: Rechnergestützte Planung heiz- und raumlufttechnischer Anlagen. Diss. Universität Stuttgart 1995.

# D3
# Wärmeerzeugung

## D3.1
### Ziele, Möglichkeiten und Bewertung

Das getrennte Betrachten und Gestalten des Bereiches „Wärmeerzeugung", wie es beim allgemeinsten Heizsystem mit der dafür notwendigen Aufgliederung in die drei Bereiche „Übergabe, Verteilung, Erzeugung" möglich ist, beginnt damit, die bereichseigenen Zielfunktionen aufzulisten. Sie lassen sich ableiten aus den von einer Heizanlage insgesamt erwarteten, bereits in Abschn. A2 in den Tabellen A2-2 bis 4 zusammengestellten Funktionen. Die meisten der Gesamt- oder Teilfunktionen gehören zur Übergabe wie „Behaglichkeit schaffen" oder „ästhetische Wirkung erzielen", andere sind allein durch die Trennung der Bereiche bereits umgesetzt wie „offenes Feuer im Aufenthaltsbereich oder hohe Temperaturen vermeiden". Die für die Wärmerzeugung denkbaren Soll-Funktionen sind in Tabelle D3.1-1 zusammengestellt. Wie bereits in Abschn. A2 vorweggeschickt, wird kein Anspruch auf Vollständigkeit erhoben; grundsätzlich wäre eine vollständige Liste nur für ein konkretes Objekt aufstellbar (siehe z. B. C2).

Die eine verbliebene Funktion aus den Festanforderungen „Leistungsbedarf decken" liefert in der Regel kein Unterscheidungsmerkmal, da sie selbstverständlich einzuhalten ist. Im Unterschied hierzu sind bei den Grenzforderungen und Wünschen die Erfüllungsgrade insbesondere für die Funktionen, die den Energiebedarf, die Wirtschaftlichkeit und Umweltbelastung betreffen, von entscheidender Bedeutung. Diese Erfüllungsgrade sind je nach Art der Wärmerzeugung stark unterschiedlich.

Die im Sinne der Thermodynamik unkorrekte Bezeichnung „Wärmeerzeugung" – Wärme kann, wie jede Energieform, nicht erzeugt werden – ist der Fachausdruck für einen Gewinnungsprozess, mit dem die Nutzenergieart Wärme zum Zweck des Heizens bereitgestellt wird. Dieser Gewinnungsprozess beinhaltet nicht immer und auch nicht allein einen Energiewandlungsprozess; er kann z. B. wie die Hausstation zwischen Fernwärmenetz und Gebäudeheiznetz lediglich als Energieübertragungsprozess wirken.

Das Thema Wärmerzeugung lässt sich unter zwei Aspekten betrachten:
- Sollen Wärmerzeuger als Apparate eines Heizsystems für ein Gebäude oder einen Gebäudekomplex beschrieben werden, ist es zweckmäßig, sich auf die Einrichtungen zu konzentrieren, die innerhalb der Systemgrenzen eines Gebäudes oder eines Gebäudekomplexes (Häuserblock) üblicherweise eingesetzt werden. Eine Übersicht über die Wärmeerzeuger in diesem Sinne ist in Teil B mit der Tabelle B-4 gegeben. Nachfolgend ist dieses Kapitel auch so gegliedert.
- Steht eine energetische Bewertung der Wärmerzeugung insgesamt im Vordergrund, muss sich die Betrachtung vom Ursprung der jeweiligen „Wärmeerzeugung" bis zur Einspeisung der Wärme in ein Heiznetz erstrecken.

**Tabelle D3.1-1** Sollfunktionen der Wärmeerzeugung

|  | Gesamtfunktionen | Teilfunktionen |
|---|---|---|
| Festanforderungen | Leistungsbedarf decken | – |
|  | Sicherheit gewährleisten | Überdruck verhindern |
|  | Bedienbarkeit sichern | Wärmeerzeuger automatisch betreiben |
| Grenzanforderungen | Behaglichkeitsdefizite begrenzen | Geräuschentwicklung begrenzen |
|  | Anlagen-Energiebedarf minimieren | Mindestnutzungsgrad einhalten, Maximaltemperatur einhalten (Abgas, Fernwärmerücklauf), Maximaldruckabfall einhalten, Mindestregelanforderung einhalten |
|  | Wirtschaftlichkeit herstellen | Herstellkosten begrenzen |
|  | Umweltbelastung minimieren | Schadstoffgrenzwerte einhalten |
| Wunschanforderungen | Anlagen-Energiebedarf mininieren | Erneuerbare Energien nutzen (Sonnenenergie, Biogas), Regenerativverfahrenen anwenden (Wärmepumpe, Abwärmenutzung) |
|  | Kosten minimieren | Gesamtkosten minimieren (kapitalgebunde, verbrauchsgebundene, betriebsgebundene) |
|  | Bedienbarkeit erleichtern | Bedarfskontrolle bieten (Wärmeerzeuger vom Wohnbereich aus steuern und überwachen) |
|  | Betriebsverhalten verbessern | Schalthäufigkeit minimieren |
|  | Platzbedarf minimieren | – |
|  | Technische Anpassungsfähigkeit schaffen | Kombinationsmöglichkeiten vorsehen (von verschiedenen Wärmeerzeugern) |
|  | Umweltbelastung minimieren | Verbrennung optimieren, Regenerativ-Energien nutzen (Wärmepumpe, Solarenergie) |

Die Systemgrenze kann demnach auch weit außerhalb des zu versorgenden Gebäudes liegen. Die hierfür zweckmäßige Gliederung zeigt Bild D3.1-1.

Je nach Prozessart sind die eine Wärmeerzeugungsart kennzeichnenden Erfüllungsgrade bei den energie- und umweltrelevanten Funktionen stark unterschiedlich. Es ist daher zweckmäßig, nach der Prozessart zu gliedern, siehe Bild D3.1-1. Es gibt eine Übersicht über die vier grundsätzlich unterschiedli-

**Bild D3.1-1** Übersicht über
Energiewandlung und -über-
tragung

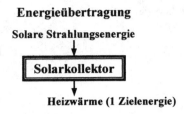

**Energieübertragung**

Solare Strahlungsenergie

Heizwärme (1 Zielenergie)

**Energiewandlung und -übertragung**

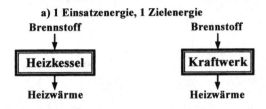

a) 1 Einsatzenergie, 1 Zielenergie

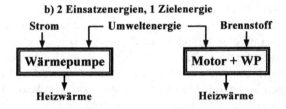

b) 2 Einsatzenergien, 1 Zielenergie

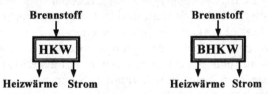

c) 1 Einsatzenergie, 2 Zielenergien
Kraft-Wärme-Kopplungsprozesse

chen Wärmeerzeugungsarten. Dabei wird die Anzahl der „Einsatzenergien"
(z.B. Brennstoff, Strom, Umweltenergie) und der „Zielenergien" (z.B. Heizwärme, Strom) zusätzlich als Klassifikationsmerkmal genutzt:

- Beim Solarkollektor tritt die zugeführte Energie aus der solaren Einstrahlung an der Kollektoroberfläche nur in der Energieform Wärme auf und wird
  im Kollektor an das Heizmittel und in einigen Fällen auch direkt an die Luft
  übertragen (1 Zielenergie).
- Beim Heizkessel ist die zugeführte Energie zunächst im Brennstoff chemisch
  gebunden. Sie wird, wie Bild D3.1-2 schematisch zeigt, durch Verbrennung in
  die innere Energie der Verbrennungsgase gewandelt und von ihnen an der
  Kesselwand durch Wärmeübertragung an das Heizmittel abgegeben. Ein Teil

**Bild D3.1-2** Energiewandlung
in einem Kessel

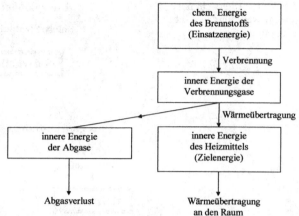

der inneren Energie geht mit den Abgasen an die Umwelt verloren (Abgasverlust). (1 Einsatzenergie, 1 Zielenergie)

· Bei der Wärmepumpe werden zwei Einsatzenergien zugeführt: Umweltenergie und eine „höherwertige" Energie wie z. b. elektrischer Strom oder Brennstoffenergie (Wärme auf einem höheren Temperaturniveau ist auch möglich). Den Wandlungsprozess zeigt Bild D3.1-3. Er beginnt auf dem niedrigen Temperaturniveau der jeweils zur Verfügung stehenden Umweltenergie
(Wärmequelle) und liefert die Zielenergie Heizwärme nach einer Wärmeübertragung vom erhitzten Arbeitsmittel auf einem zu Heizzwecken gerade
noch ausreichenden Temperaturniveau. In der Übersicht (Bild D3.1-1) ist die
am häufigsten eingesetzte Kompressions-Wärmepumpe in den beiden Varianten mit elektrischem und mit verbrennungsmotorischem Antrieb ange-
deutet. (2 Einsatzenergien, 1 Zielenergie)

· Bei den Kraftwärmekopplungsprozessen wird wieder wie beim Heizkessel nur eine Einsatzenergie (chemisch gebunden im Brennstoff) zugeführt,
aber zwei Zielenergien, nämlich Nutzarbeit (Kraft, d.h. meist elektrischer
Strom) und Heizwärme abgegeben. Beispiele sind Dampfkraftanlagen, Verbrennungskraftanlagen und die neuerdings intensiver untersuchten Brenn-
stoffzellen mit ihrer unmittelbaren Umwandlung der chemisch gebundenen
Brennstoffenergie in elektrischen Strom und in Wärme. Die Wandlungspro-
zesse einer Dampfkraftanlage (Heizkraftwerk) und einer Verbrennungskraftanlage (BHKW) zeigt schematisch Bild D3.1-4; die Brennstoffzelle
wird wegen ihrer derzeit geringen Anwendungsrelevanz im Folgenden nicht
behandelt. (1 Einsatzenergie, 2 Zielenergien)

Bei den in Bild D3.1-1 aufgelisteten Wärmeerzeugungsarten sind die Erfüllungsgrade für die Funktionen, die den Energiebedarf, die Wirtschaftlichkeit
und Umweltbelastung betreffen, nicht nur dem Betrag nach unterschiedlich,
sondern auch vom Grundsatz her:

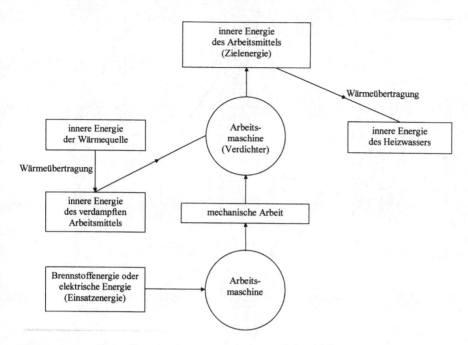

**Bild D3.1-3** Energiewandlung in einer Wärmepumpe nach [D3.1-1]

Wo die Wärmerzeugung lediglich in der Wärmeübertragung besteht, wie bei den Solarkollektoren und dem Unterprozess der Kraftwärmekopplung in der Hausstation, ist zwar ein die Konstruktion kennzeichnender „Kollektorwirkungsgrad" oder „Aufwärmgrad" des Wärmetauschers in der Hausstation angebbar, aber naturgemäß keine Bewertungsgröße für eine Energiewandlung. Hier interessiert nur der wirtschaftliche Aufwand für eine bestimmte Anschlussleistung (beim Wärmeaustauscher) oder für eine jährlich „einfangbare" Energiemenge beim Solarkollektor; dazu dient der sog. Deckungsgrad oder besser Deckungsanteil an der dem Wärmeerzeugungssystem insgesamt zuzuführenden Energie.

Bei der Wärmeerzeugung mit einem Energiewandlungsprozess lässt sich zusätzlich zu dem auf die Nennleistung meist bezogenen wirtschaftlichen Aufwand und den die Konstruktion kennzeichnenden **Wirkungsgrad** (Dauerlastbetrieb) auch ein Verhältnis der Jahresenergiemengen für Ertrag und Aufwand angeben. Dieses Verhältnis wird **Nutzungsgrad** $v$ genannt, wenn das Verhältnis des Ertrags an gewonnener Zielenergie zum Aufwand an eingesetzter Energie kleiner ist als 1. Dies gilt immer dann, wenn dem Wandlungsprozess nur eine Einsatzenergie zugeführt wird, wie dies z.B. beim Heizkessel und Kraftwärmekopplungsprozess der Fall ist (siehe Bild D3.1-1). Bei der Wärmepumpe ist im Unterschied dazu das Verhältnis von Ertrag zu Aufwand größer als 1, man spricht daher hier von der „**Arbeitszahl**" mit der Bezeichnung $\beta$ (gelegent-

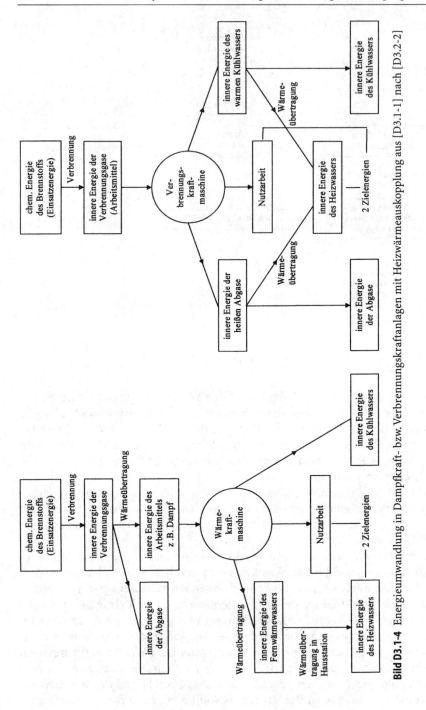

**Bild D3.1-4** Energieumwandlung in Dampfkraft- bzw. Verbrennungskraftanlagen mit Heizwärmeauskopplung aus [D3.1-1] nach [D3.2-2]

lich wird dafür auch der Begriff „Heizzahl" verwendet) . Diese Verhältnisse von Energiemengen müssen in ihren Bezeichnung deutlich abgegrenzt werden von Leistungsverhältnissen, die Wirkungsgrade genannt werden. Die Zahlenwerte beider Größen können bei dem selben Prozess je nach Prozessführung stark unterschiedlich sein. So sind Wirkungsgrade generell für stationären Betrieb definiert und eignen sich daher nur für die Beurteilung einer Konstruktion; Nutzungsgrade und Arbeitszahlen dagegen für die Bewertung von Funktionen, die den Energiebedarf, die Wirtschaftlichkeit und die Umweltbelastung betreffen.

Für rechnerische Operationen ist es zweckmäßig, den jeweiligen Aufwand in den Zähler und den Bedarf in den Nenner, d.h. den Kehrwert des Nutzungsgrades oder der Arbeitszahl zu setzen. Man erhält so eine **Aufwandszahl**[1] e, die z.B. auch einen relativen Brennstoffenergiebedarf darstellt.

Bei Kraftwärmekopplungsprozessen mit 2 Zielenergien (Strom, Wärme) gibt es jeweils mindestens zwei Nutzungsgrade oder Aufwandszahlen, je nach dem, welche Zielenergien betrachtet werden; werden zusätzlich beide Zielenergien addiert, sogar drei. Das Verhältnis der Zielenergien wird **Stromkennzahl** S genannt.

Eine Übersicht über die Bewertungsgrößen bei den Wärmeerzeugern mit Energiewandlung geben die Bilder D3.1-5, -6 und -7.

Bei der Energieübertragung oder Energiewandlung spielt die Temperatur oder genauer Übertemperatur eines Systems gegenüber einem ande-

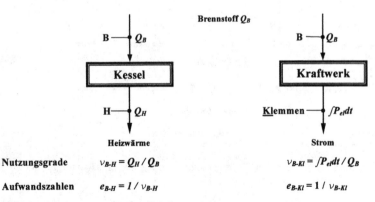

**Energiewandlung und -übertragung**

**- 1 Einsatzenergie, 1 Zielenergie -**

| | |
|---|---|
| Nutzungsgrade | $\nu_{B-H} = Q_H / Q_B$ |
| Aufwandszahlen | $e_{B-H} = 1 / \nu_{B-H}$ |

$\nu_{B-Kl} = \int P_{el} dt / Q_B$

$e_{B-Kl} = 1 / \nu_{B-Kl}$

**Bild D3.1-5** Bewertungsgrößen bei den Wärmeerzeugern mit einer Einsatzenergie und einer Zielenergie (Eingang: B, Ausgang: H oder Kl)

---

[1] Englisch für Aufwand: expenditure

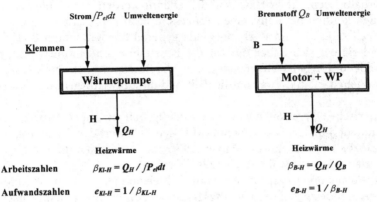

**Bild D3.1-6** Bewertungsgrößen bei den Wärmeerzeugern mit zwei Einsatzenergien und einer Zielenergie (Eingang: Kl oder B, Ausgang: H)

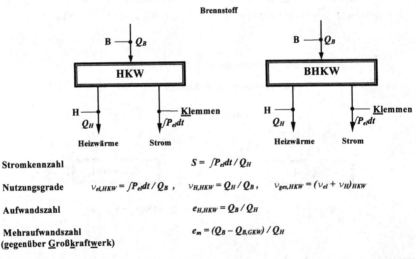

**Bild D3.1-7** Bewertungsgrößen bei den Wärmeerzeugern mit einer Einsatzenergie und zwei Zielenergien

ren eine maßgebende Rolle. Beginnt man mit einer bewertenden Betrachtung bei der Wärmeübergabe im zu beheizenden Raum mit der angestrebten Innentemperatur $\vartheta_i$ dann gilt hier wie in Abschn. D1 mehrfach dargelegt, dass die Übertemperatur der Raumheizfläche gegenüber dem Raum bei gleichem übertragenen Wärmestrom $\dot{Q}_H$ umgekehrt proportional ist zur Heizfläche $A$

$$\frac{\dot{Q}_H}{kA} = (\vartheta_H - \vartheta_i) \tag{D3.1-1}$$

Auch der Wärmedurchgangskoeffizient der Heizfläche $k$ ist abhängig von der Übertemperatur $(\vartheta_H - \vartheta_i)$, wenn – was meistens der Fall ist – die Wärme an der Raumheizfläche nur durch Strahlung und freie Konvektion übertragen wird, nicht durch Zwangskonvektion:

$$k = f(\vartheta_H - \vartheta_i) \tag{D3.1-2}$$

Der technische Aufwand und damit die Kosten für die Wärmeübergabe steigen mit abnehmender Übertemperatur und der damit verbundenen Vergrößerung der Austauschfläche. Allein schon aus diesem Grunde ist die Temperatur $\vartheta_H$ ein Maß für den Wert der inneren Energie des wärmeabgebenden Systems.

Aber nicht nur bei Wärmeübertragungsprozessen, auch bei Prozessen der Umwandlung innerer Energie eines Arbeitsmittels in mechanische und elektrische Energie steigt der Grad der Umwandelbarkeit in andere Energieformen mit der Temperatur. Neben der nur zum Teil umwandelbaren inneren Energie gibt es unbeschränkt umwandelbare Energieformen; hierzu gehören die mechanischen Energieformen, die elektrische Energie oder die chemisch gebundene Energie. Sie sind am vielfältigsten nutzbar und sollten daher wegen ihres daraus resultierenden Marktwertes – also Wertes auch ganz allgemein – am sorgfältigsten eingesetzt werden. Nach einem Vorschlag von Rant werden sie unter dem Oberbegriff Exergie zusammengefasst [D3.1-3].

Exergiequellen sind für uns vor allem die fossilen und nuklearen Brennstoffe, deren chemisch gebundene oder nukleare Energie in mechanische und elektrische oder auch nur innere Energie eines Wärmeträgers zu Heizzwecken umzuwandeln ist. Eine rationelle Nutzung der Exergiequellen kann nun darin bestehen, aus ihnen möglichst viel Energie in den unbeschränkt umwandelbaren Formen zu gewinnen und **die für Heizzwecke notwendige Wärme** – immerhin z.B. über 40% des Energieverbrauchs in Deutschland – **auf einer möglichst niedrigen Temperaturstufe** der Umwandlungsprozesse auszukoppeln, wo eine andere Nutzung technisch nicht oder nur sehr aufwendig möglich ist. Weil hier angepasst an einen Bedarf – vor allem in Hinblick auf das Temperaturniveau – Energie eingesetzt wird, spricht man bei dieser Art von Nutzung von „rationeller Energieanwendung". Die sog. „Niedertemperaturheizung" [D3.1-1] ist eine Ausführungsmöglichkeit rationeller Energieanwendung.

Die gezielte Nutzung des Auskoppelns von Wärme auf einer möglichst niedrigen Temperaturstufe ist bei allen Prozessen, wo Energiequellen gekoppelt „angezapft" (Wärmepumpen) oder Zielenergien gekoppelt erzeugt werden (Kraftwärmekopplung), möglich. Nur hier gelingt es mit vergleichsweise wenig hochwertiger und damit teuer zu bezahlender Einsatzenergie (Strom oder Brennstoff) viel Heizenergie zu erzeugen.

Dies soll am Beispiel der Wärmepumpe (siehe Abschn. D3.5) erläutert werden. Da die Temperaturstufe eine maßgebliche Größe für die Fähigkeit der Umwandelbarkeit von Energieformen darstellt, wird der Wandlungsprozess der Umweltenergie zusammen mit der zugeführten Exergie zur Heizwärme entlang einer Temperaturskala aufgetragen (siehe Bild D3.1-8).

Der Wandlungsprozess bei der Kompressionswärmepumpe besteht darin, dass der Dampf eines unter mäßigem Druck bei Umgebungstemperatur siedenden Stoffes (Arbeitsmittel) in einem geschlossenen System (mit einem Verdichter) auf einen höheren Druck gebracht und anschließend bei einer mit diesem höheren Druck zusammenhängenden erhöhten Temperatur kondensiert wird. Dabei fällt Kondensationswärme auf einem Temperaturniveau an, das gerade zur Nutzung als Heizwärme ausreicht. Danach strömt das verflüssigte Arbeitsmittel nach Druckwegnahme in einer Drossel wieder dem Verdampfer zu, und der Prozess beginnt vom neuem. Bei der Druckabsenkung in der Drossel findet eine teilweise Verdampfung statt.

Im Verdampfer kann Umweltenergie nur aufgenommen werden, wenn die Oberflächentemperatur des Verdampfers $\vartheta_O$ unter der der Umgebung $\vartheta_U$ liegt. Analog muss zur Übertragung der Kondensationswärme an das Heizwasser die

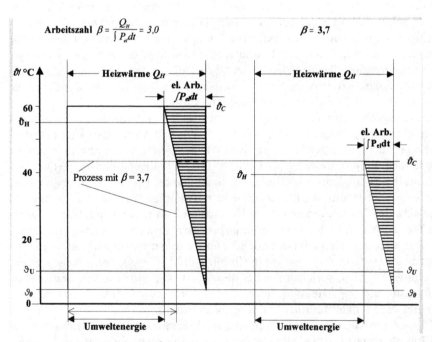

**Bild D3.1-8** Aufteilung der Energiemengen in Abszissenrichtung entlang der Temperaturskala bei Wärmepumpenprozessen (schematich) und Vergleich von zwei Prozessen mit $\beta = 3{,}0$ und 3,7 bei gleichem $Q_H$

Oberfläche des Kondensators mit der Temperatur $\vartheta_C$ wärmer sein als das Heizwasser ($\vartheta_H$).

Für die Verdichtung des Kältmitteldampfes ist z.B. bei einer elektrisch angetriebenen Kompressionswärmepumpe elektrische Arbeit erforderlich und zwar um so mehr, je größer der Temperaturabstand zwischen Verdampfer und Kondensator ist. Im gezeigten Beispiel (Bild D3.1-8) sinkt die Kondensationstemperatur von 60 auf 45 °C, die Arbeitszahl steigt dabei von 3 auf 3,7. Die Arbeitszahl erscheint in diesem Bild als Streckenverhältnis. Die Heizwärmemengen $Q_H$ sind in den beiden Beispielen gleich gehalten. Damit sinkt der energetische Aufwand an elektrischer Arbeit nicht nur relativ, sondern auch absolut mit dem Niveau der Heizmitteltemperatur.

Wird die Wärmepumpe nun statt mit einem Elektromotor mit einem Verbrennungsmotor angetrieben, so lässt sich auch die Abwärme des Verbrennungsmotors als Heizwärme nutzen; das ist die vollständige Abwärme aus dem Kühler und der größte Teil aus dem Abgas (der kleine Pfeilhaken im Bild D3.1-9 gibt die Restabwärme – Fortwärme – im Auspuff wieder).

Bild D3.1-9 zeigt den Vergleich mit einer elektrisch angetriebene Wärmepumpe. Beide Wärmeerzeuger liefern die gleiche Heizwärme. Auch die Arbeits-

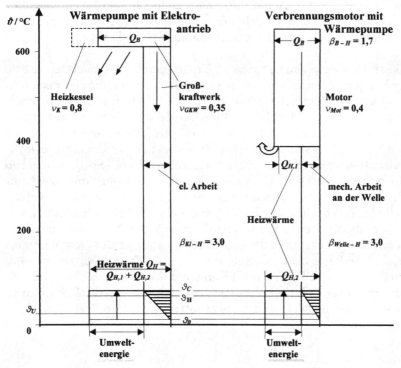

**Bild D3.1-9** Energetischer Vergleich eines Heizkessels mit elektrisch und verbrennungsmotorisch angetriebener Wärmepumpe (schematisch, Bezeichnungen siehe Bilder D3.1-5 bis -7)

zahlen – einmal von den Klemmen bis zur Heizwärme und zum zweiten von
der Welle bis zur Heizwärme gerechnet – seien gleich. Die Gesamtarbeitszahl
der aus Antriebsmotor, Verdichter und Wärmetauscher bestehenden Wärmepumpe erhält man aus einer Energiebilanz. Der Antriebsmotor habe den Nutzungsgrad $v_{Mot}$; darin ist auch ein Abgasverlust $l_G$ und ein Umgebungsverlust $l_U$
(Bezeichnungen nach Band 1 Abschn. H) enthalten.

$$Q_H = Q_B \left[1 - (l_G + l_U) - v_{Mot}\right] + Q_B \, \beta_{W-H} \, v_{Mot} \qquad \text{(D3.1-3)}$$

oder

$$\beta_{BH} = 1(l_G + l_U) + v_{Mot} \, (\beta_{W-H} - 1) \qquad \text{(D3.1-4)}$$

Mit den in Bild D3.1-9 eingetragenen Werten und einem Verlust über das
Abgas an die Umwelt von zusammen 10% errechnet sich die Gesamtarbeitszahl
$\beta_{B-H} = 1,7$.

Bei einem Gesamtvergleich von elektrisch und verbrennungsmotorisch angetriebener Wärmepumpe müsste auch der Nutzungsgrad des Großkraftwerks,
aus dem die Antriebsenergie für die Wärmepumpe bezogen wird, mit berücksichtigt werden. Man erhielte dann als Gesamtarbeitszahl 1,05. Zu berücksichtigen ist bei einem derartigen Vergleich, dass im Verbrennungsmotor ein höher-
wertigerer Brennstoff eingesetzt werden muss als im Großkraftwerk.

Beim Kraftwärmekopplungsprozess – 1 Einsatzenergie, 2 Zielenergien – ist die
Prozessrichtung zwar umgekehrt wie bei der Wärmepumpe, die Gedankenfüh-
rung jedoch analog. Beim Heizkraftwerk (HKW) – meist ausgeführt als Dampfkraftanlage[2] – oder beim Blockheizkraftwerk (BHKW) – immer ausgeführt als
Verbrennungskraftanlage[3] – wird die Heizwärme am kalten Prozessende ausgekoppelt. In Bild D3.1-10 sind nebeneinander die Energiewandlungsprozesse für
ein Kondensationskraftwerk, ein Dampfheizkraftwerk und ein BHKW neben
der Temperaturskala dargestellt. Das Kondensationskraftwerk produziert nur
Strom, das Heizkraftwerk Heizwärme und Strom. Der Wandlungsprozess (siehe auch Bild D3.1-4) beginnt mit der im Brennstoff chemisch gebundenen Energie, läuft über die Verbrennung zur inneren Energie der Rauchgase auf einem
hohen Temperaturniveau; es findet Wärmeübertragung an den Dampf im Kessel statt; die Wandlung läuft weiter von der inneren Energie im Dampf über
Druck- und Strömungsenergie zur mechanischen Energie an der Turbinenwel-
le und schließlich zur elektrischen Energie am Generatoraustritt. Der Strom an
das Verteilnetz wird nach einer Transformatorstation an den Kraftwerksklem-
men ausgeliefert.

---

[2]   mit Dampfkessel, Dampfturbine und Stromgenerator
[3]   z.B. als Kolbenmotor mit Stromgenerator (s. D3.6)

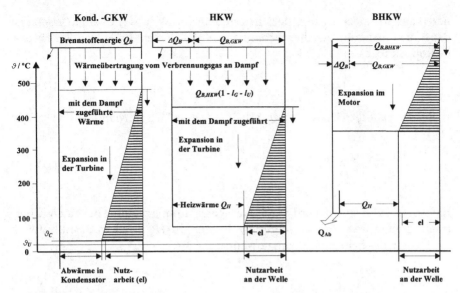

**Bild D3.1-10** Energiewandlungsprozesse für ein Kondensations-Großkraftwerk (GKW), ein Heizkraftwerk (HKW) und ein BHKW (Bezeichnungen siehe Bilder D3.1-5 und -7)

Der Wandlungsprozess in der Turbine hängt vom Temperaturniveau am Anfang und am Ende ab: Je tiefer die Endtemperatur, um so größer ist die Stromausbeute. Die Abwärme eines Kondensationskraftwerkes bei Temperaturen von 30 bis 40 °C ist zum Heizen nicht mehr zu nutzen. Sie wird über einen flusswassergekühlten Kondensator oder einen Kühlturm an die Umgebung abgegeben.

Bei einem Heizkraftwerk dagegen bricht man den Prozess ganz oder teilweise bei einer höheren Temperatur z.B. 100 °C ab und erhält „Abwärme", die für Heizzwecke noch verkaufbar ist. Dieser Vorteil ist allerdings mit einer Stromeinbuße verbunden; oder anders ausgedrückt, man benötigt bei gleicher Stromproduktion mehr Brennstoffenergie (sehr häufig auch deshalb, weil bei den im Vergleich zu Großkraftwerken kleineren Heizkraftwerken die Gesamtprozessführung weniger aufwendig gestaltet ist und somit niedrigere Prozesswirkungsgrade vorliegen – dargestellt durch die niedrigere Prozesseintrittstemperatur des HKW's in Bild D3.1-10.

Etwas anders sieht es bei den Blockheizkraftwerken aus (rechts im Bild D3.1-10), die üblicherweise als Verbrennungskraftanlagen ausgeführt sind. Bei ihnen dienen als Arbeitsmittel direkt die heißen Rauchgase; sie verlassen den Motor bei etwa 400 °C, so dass hieraus und aus dem Kühlwasser des Motors direkt ohne eine Leistungseinbuße Heizwärme ausgekoppelt werden kann.

In beiden Fällen – dem des Dampf-HKW und des BHKW – ist der Brennstoffenergieaufwand für die Heizwärmeerzeugung im Kopplungsprozess die Differenz der größeren Brennstoffenergiemenge im Kopplungsprozess und der kleineren auf Stromerzeugung spezialisierten im Großkraftwerk. Vorausgesetzt ist dabei die Erzeugung gleicher Strommengen (HKW steht im Folgenden für beide Koppelprozesse)

$$\Delta Q_B = Q_{B,HKW} - Q_{B,GKW} \tag{D3.1-5}$$

Bezogen auf die Heizwärme $Q_H$ erhält man eine Mehraufwandszahl nach Bild D3.1-7

$$e_m = \frac{Q_{B,HKW}}{Q_H} \frac{Q_{B,GKW}}{Q_H} = \frac{\Delta Q_B}{Q_H} \tag{D3.1-6}$$

mit dem Heizkraftwerk wird durch die eigene Stromerzeugung bei einem Übertragungsaufwand $e_{\ddot{U}}$ im Betrachtungszeitraum ($e_{\ddot{U}} \cdot \int P_{el} dt$) beim Großkraftwerk verdrängt; dies habe eine Stromaufwandszahl

$$e_{el,GKW} = \frac{Q_{B,GKW}}{e_{\ddot{U}} \int P_{el} \, dt} \tag{D3.1-7}$$

Die verdrängte Strommenge ist über die Stromkennzahl $S = \int P_{el} dt / Q_H$ mit der Heizwärme aus dem Heizkraftwerk verbunden. Die im Großkraftwerk für die Stromerzeugung erforderliche Brennstoffenergiemenge ist bezogen auf die Heizwärme somit

$$S \cdot e_{el,GKW} \cdot e_{\ddot{U}} = \frac{Q_{B,GKW}}{Q_H} \tag{D3.1-8}$$

Die Mehraufwandszahl des Heizkraftwerkes zur Heizwärmeauskopplung mit Stromverdrängung beim Großkraftwerk wird damit

$$e_m = e_{H,HKW} - S \cdot e_{el,GKW} \cdot e_{\ddot{U}} \tag{D3.1-9}$$

Die separate Aufwandszahl für das Heizkraftwerk $e_{H,HKW}$ lässt sich am einfachsten für ein BHKW (siehe auch D3.6) herleiten:

Mit dem Abgasverlust $l_G$ und dem Oberflächenverlust $l_U$ an die Umgebung sowie dem Generatornutzungsgrad $v_{Gen}$ lautet die Gesamtenergiebilanz des BHKW (Index HKW; siehe Bild D3.1-10):

$$Q_{B,HKW} (1 - l_G - l_U) = Q_H + \frac{\int P_{el} \, dt}{v_{Gen}} \tag{D3.1-10}$$

Hierbei ist angenommen, dass mit $v_{Gen}$ auch der Eigenbedarf erfasst ist und das BHKW den Strom direkt mit der Verbraucherspannung liefert (ist beabsichtigt, den Strom ins Netz einzuspeisen, müssen zusätzlich Transformatorverluste berücksichtigt werden). Man erhält so für die separate Aufwandszahl des BHKW

$$e_{H,HKW} = \frac{1}{1-l_G l_U}\left[1+\frac{S}{v_{Gen}}\right] \qquad \text{(D3.1-11)}$$

und damit für die Aufwandszahl des BHKW mit Stromverdrängung:

$$e = \frac{1}{1-l_G-l_U}\left[1-S\left(\frac{\left(1-l_G-l_U\right)e_{\ddot{U}}}{v_{el,GKW}}-\frac{1}{v_{Gen}}\right)\right] \qquad \text{(D3.1-12)}$$

Die Aufwandszahlen in Gleichung D3.1-9 sind in Bild D3.1-11 über der Stromkennzahl aufgetragen. Die ausgezogenen Geraden gelten für den Fall, dass nur die in den verglichenen Kraftwerken eingesetzten Sekundärenergiemengen berücksichtigt werden; die gestrichelten dafür, wenn die den Kraftwerksprozes-

**Bild D3.1-11** Bildung der Aufwandszahl des Heizkraftwerkes aus der Stromkennzahl bei unterschiedlichen Systemgrenzen der Energieversorgung

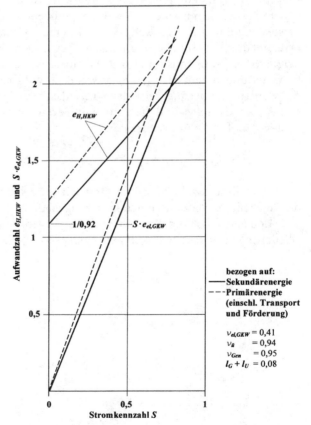

sen vorgelagerte Energieerzeugungskette mitberücksichtigt wird (einschließlich Transport und Förderung). Die Differenz zwischen den jeweiligen Geraden stellt die Aufwandszahl für die Heizwärmeauskopplung in einem BHKW dar. Sie sinkt mit wachsender Stromkennzahl (diese liegt bei BHKW etwa zwischen 0,5 und 0,8).

Die Energiekennwerte können auch für eine Bewertung der Kraftwärmekopplung in Hinblick auf die Umwelt angewandt werden. Man muss dann die Aufwandszahlen $e$ als Verhältnis von Brennstoffenergie zu Nutzwärme mit den Emissionszahlen $E_B$ als Verhältnis einer Emission zu Brennstoffenergie multiplizieren:

$$E_{H,HKW} = E_{B,HKW} \, e_{H,HKW} - E_{B,GKW} \, S \cdot e_{el,GKW} \cdot e_{ü} \qquad \text{(D3.1-13)}$$

In analoger Weise ist bei einem Dampfheizkraftwerk vorzugehen. Auch hier sind Aufwandszahlen – abnehmend mit wachsender Stromkennzahl – weit unter dem Wert 1 erreichbar.

Für einen Vergleich beliebiger Heizsysteme ist darauf zu achten, dass die Gleichheit der Systemgrenzen hergestellt wird. Wird z.B. ein Wärmerzeugungssystem bestehend aus einem BHKW und Spitzenlastkessel in einer Fernwärmeversorgung mit einem Heizungskessel in einem Gebäude selbst verglichen, so bedeutet dies, dass für alle verglichenen Systeme eine Wärmelieferung frei Haus herzustellen ist. Es müssen also die Verluste von einer Heizzentrale zum Verbraucher und zudem der Energieaufwand für die Umwälzpumpen berücksichtigt werden. Hat beispielsweise der Spitzenlastkessel einen Energieanteil $f_K$ und eine Aufwandszahl $e_K$ und die Pumpe im Fernwärmesystem eine Aufwandszahl $e_P$, dann gilt für die Aufwandszahl

$$e_{ges} = e\left(1 - f_K\right) + e_K \, f_K + e_P \qquad \text{(D3.1-14)}$$

Diese Aufwandszahl ist mit der des Heizkessels im Haus zu vergleichen. Für die Beurteilung von Emissionen ist vorzugehen, wie oben gezeigt.

In den nachfolgenden Kapiteln wird auf die einzelnen Wärmeerzeuger in der Gliederung nach Tabelle B-4 eingegangen.

## D3.2
**Wärmeerzeugung durch Wärmeübertragung**

### D3.2.1
*Wärmeübertragung von der Sonne*

#### D3.2.1.1
*Allgemeines*

Unter dem Eindruck einer drohenden Energieverknappung wird seit Mitte der siebziger Jahre intensiv nach Möglichkeiten gesucht, den Einsatz fossiler Brennstoffe weitgehend zu vermeiden. Neben vielem anderen bietet sich die Nutzung der Sonnenenergie sowohl direkt als auch indirekt aus dem Speicher der Umwelt („Biomasse", Luft, Erde, Wasser) an.

Die Vorgänge der Sonneneinstrahlung sind ausführlich in Band 1 Teil B, Kap. 2.2.1 behandelt.

Die Sonnenstrahlung lässt sich zu Heizzwecken direkt nutzen durch
- Maßnahmen am Gebäude, mit denen gezielt Sonneneinstrahlung im Raum herbeigeführt wird („passive Solarenergienutzung");
- Einsatz von Solarkollektoren zur Übertragung der Strahlungsenergie an ein Heizmittel (dies wird im nachfolgenden Absatz behandelt);

Indirekt wird Sonnenenergie genutzt, wenn
- ganz allgemein fossiler Brennstoff, aber bei dem angestrebten kurzfristigen Wandlungszyklus besser sog. Biomasse – z.B. Stroh oder Holz –, verfeuert wird oder
- Umweltenergie aus der Außenluft, dem Erdreich, dem Grundwasser oder offenen Fließgewässern über eine Wärmepumpe auf ein für die Heizung nutzbares Temperaturniveau gehoben wird (s. Kap. D3.5).

#### D3.2.1.2
*Bauarten der Solarkollektoren*

Bei den Solarkollektoren handelt es sich wie bei der in Bild D3.1-1 gezeigten Gliederung der Wärmeerzeuger um die einfachste Form der Bereitstellung von Heizwärme: Die zugeführte Energie aus der solaren Einstrahlung tritt an der Kollektoroberfläche nur in der Energieform Wärme auf und wird am Kollektor an das Heizmittel und in einigen Fällen auch direkt an die Luft übertragen. Heizmittel können Wasser, Gemische aus Wasser und Frostschutzmitteln (z.B. Äthylenglykol) oder auch Heißöl (bei Temperaturen über 100 °C) sein [D2.3-1]. Mit Heizmitteln betriebene Kollektoren werden vereinfachend auch Wasserkollektoren genannt. Bei den luftgekühlten Kollektoren („Luftkollektoren") wird die einem Raum zuzuführende Luft direkt im Kollektor erwärmt (die Luft ist daher kein Heizmittel).

Konzeptionell stellen **Luftkollektoren** vor den Wasserkollektoren nach der passiven Solarenergienutzung eine erste Entwicklungsstufe dar. In ihnen wird die Zuluft für den Raum direkt erwärmt; es ist kein Heizmittel dazwischengeschaltet. Im Unterschied zur Situation bei der passiven Solarenergienutzung ist hier jedoch die Temperatur der Oberflächen, die die Sonnenstrahlen absorbieren, sehr viel höher und damit auch die Verluste, wenn keine Gegenmaßnahmen getroffen werden. Weiterhin ist ein erheblicher Energieaufwand für die Förderung der Luft erforderlich. Aus den prinzipiellen Hauptproblemen eines Luftkollektors ergeben sich die konstruktiven Anforderungen. Die Absorberfläche muss auf jeden Fall durch eine Glasabdeckung geschützt und darüber hinaus durch die Luft wirkungsvoll und gleichmäßig gekühlt sein, wobei der Druckabfall als Folge der erforderlichen hohen Luftgeschwindigkeiten und der gewünschten Gleichmäßigkeit der Anströmung zu minimieren ist. Vier Grundformen haben sich herausgebildet (Bild D3.2-1): beim hinterströmten Absorber wird dessen Oberfläche auf einfache Weise wirkungs-

**Bild D3.2-1** Verschiedene Strömungsformen bei solaren Luftkollektoren [D3.2-2]

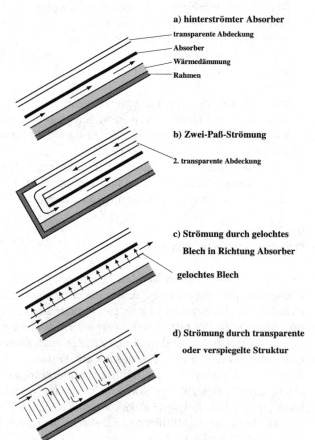

a) **hinterströmter Absorber**

transparente Abdeckung

Absorber

Wärmedämmung

Rahmen

b) **Zwei-Paß-Strömung**

2. transparente Abdeckung

c) **Strömung durch gelochtes Blech in Richtung Absorber**

gelochtes Blech

d) **Strömung durch transparente oder verspiegelte Struktur**

voll gekühlt, nicht jedoch die transparente Abdeckung. Eine Verbesserung in dieser Hinsicht ist mit der sog. Zweipass-Strömung und zwei transparenten Abdeckungen zu erreichen, allerdings mit einem erhöhten Druckabfall. Mit der dritten Variante soll der Wärmeübergang am Absorber und die Luftverteilung verbessert werde; hier ist wie bei der ersten ebenfalls die transparente Abdeckung ungekühlt. Ein konstruktives Optimum bildet die vierte Variante, bei der die Luft zunächst die transparente Abdeckung, dann ein strahlungsdurchlässiges Kapillarfeld und schließlich die Absorberfläche kühlt. Die optimale Kombination der Abmessungen des Kapillarfeldes (wegen der Temperaturbeständigkeit vorzugsweise aus Glas), des Zu- und Abströmkanals beschreibt Digel [D3.2-2].

Durch den Übergang auf ein flüssiges Heizmittel als Kühlmedium für den Kollektor kann den konstruktiven Schwierigkeiten beim Luftkollektor aus dem Wege gegangen werden und sind zusätzliche gestalterische Möglichkeiten eröffnet. Ferner bieten die verwendeten Flüssigkeiten wegen ihrer hohen volumenbezogenen Wärmekapazität eine einfache Möglichkeit, die eingefangene Energie zu speichern. Besonders vorteilhaft ist der etwa hundertfach höhere Wärmeübergangskoeffizient an der Absorberfläche, weiterhin die einfach erreichbare Gleichmäßigkeit der Kühlung und der weniger als ein Hundertstel kleinere Energieaufwand für die Förderung des Heizmittels.

Den Wasserkollektoren werden auch sog. Solarabsorber zugeordnet. Sie stellen die einfachste Ausführung von Strahlungsempfängern dar, da sie weder eine frontseitige transluzide Abdeckung noch eine rückseitige Wärmedämmung besitzen. Diese einfachen und preiswerten Absorber sind für Heizmitteltemperaturen unter 40 °C geeignet. Dies ist ausreichend zur Erwärmung von Schwimmbeckenwasser und auch als Wärmequelle für Wärmepumpen. Profilquerschnitte der meist aus schwarz eingefärbtem Kunststoff gefertigten Absorber zeigt Bild D3.2-2. Die vielfältig verlegbaren Profilmatten (z.B. auf dem Dach oder als Zaun) nehmen Umweltwärme nicht nur direkt von der Sonne, sondern auch indirekt von der Außenluft oder dem Regenwasser auf.

Die eigentlichen Solarkollektoren besitzen eine transluzide[4] Frontabdeckung und eine rückseitige Wärmedämmung. Sie sind als Flachkollektoren, Vakuumkollektoren oder Wärmerohr-Kollektoren ausgeführt (Bilder D3.2-3, -4 und -5).

Flachkollektoren enthalten als wichtigstes Bauteil einen Absorber, meist aus Metall, da nur wenige Kunststoffe für die Temperaturen von über 100 °C geeignet sind. Die Absorberfläche ist meist mit einem Material beschichtet, das selektive Strahlungseigenschaften besitzt (hohen Absorptionsgrad im kurzwelligen, niedrigen Emissionsgrad im langwelligen Strahlungsspektrum). Die transluzide Frontabdeckung besteht meist aus einer einfachen und gelegentlich einer zweifachen Glasscheibe.

Zur Vermeidung der Wärmeverluste durch Konvektion und Leitung wird beim Vakuumkollektor der Raum vor dem Absorber evakuiert. Die Röhrenform

---

[4] lichtdurchlässig

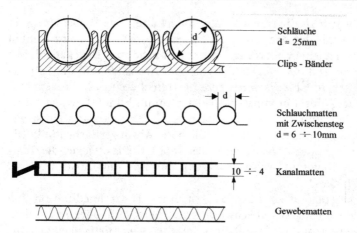

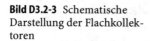

**Bild D3.2-2** Schematische Darstellung der Profiquerschnitte von Solarabsorbern

**Bild D3.2-3** Schematische Darstellung der Flachkollektoren

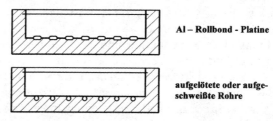

**Bild D3.2-4** Schematische Darstellung der Vakuumkollektoren

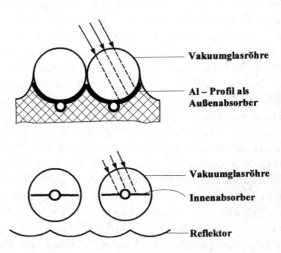

dieses Raums hat sich durchgesetzt. Der Absorber hat hier ebenfalls eine selektiv strahlende Oberfläche. Sie kann außerhalb oder in Hinblick auf eine Minimierung der Verluste besser innerhalb angeordnet sein (schwierig ist dann die Metall-Glasverbindung).

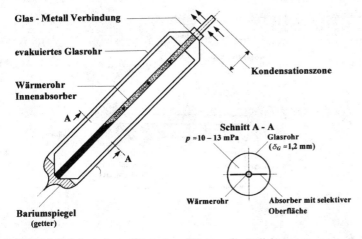

**Bild D3.2-5** Prinzipdarstellung eines Wärmerohr-Kollektors

Der Wärmerohrkollektor (siehe Bild D3.2-5) ist ebenfalls ein Vakuumkollektor, bei dem in die Absorberfläche ein „Wärmerohr" eingelegt ist. Es ist ein dicht verschlossenes Rohr, in dessen unteren Bereich eine Flüssigkeit siedet und dadurch den Kollektor kühlt; der Dampf wird außerhalb des Vakuumkollektors im oberen Rohrbereich kondensiert und fließt nach unten zurück.

Während Flachkollektoren für Heizmitteltemperaturen unter 100 °C eingesetzt werden, eignen sich Vakuumkollektoren und Wärmerohrkollektoren besonders für höhere Temperaturen (80–150 °C).

### D3.2.1.3
### Bewertung, Leistungsmessung, Auslegung

Abgesehen von den fest geforderten Funktionen, die ein Kollektor aufzuweisen hat (z.B. Beständigkeit gegen Wettereinflüsse) und abgesehen von Grenzanforderungen (Temperaturbeständigkeit) werden Kollektoren nach dem Flächenaufwand für eine bestimmte Leistung, nach dem Anschaffungspreis und dem Energieaufwand zur Förderung des Heizmittels bewertet. Letzteres hängt auch, wie der flächenbezogene Jahresenergieertrag, von der Anlage ab, in die der Kollektor eingebunden ist.

Das energetische Verhalten eines Solarkollektor soll beispielhaft für einen Flachkollektor gezeigt werden. Die Grundlagen hierzu wurden bereits 1942 von Hottel und Woerz [D3.2-3] gelegt. Bild D3.2-6 zeigt schematisch den Aufbau eines Flachkollektors und gibt eine Übersicht über die wesentlichen Wärmeströme. Begriffe und Bezeichnungen sind durch DIN und ISO unterschiedlich festgelegt und passen zum Teil nicht zu anderen in der Heiztechnik üblichen Vereinbarungen [D3.2-4 und -5].

**Bild D3.2-6** Schematischer
Aufbau eines Flachkollektors
mit Wärmeströmen

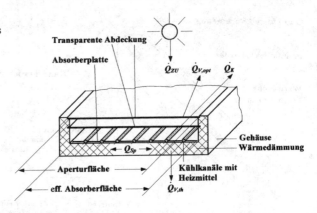

Die Leistungsbilanz am Kollektor lautet für den instationären Betrieb:

$$\dot{Q}_{ZU} = \dot{Q}_K + \dot{Q}_V + \frac{dQ_{Sp}}{dt} \qquad \text{(D3.2-1)}$$

Die von der Sonne zugeführte Leistung $\dot{Q}_{zu}$ findet sich wieder in der Kollektorleistung[5] $\dot{Q}_K$, den Verlusten $\dot{Q}_V$ und der vom Kollektor gespeicherten Energie

$$\frac{dQ_{Sp}}{dt} = m_K \, \bar{c}_K \, \frac{d\vartheta_K}{dt} \qquad \text{(D3.2-2)}$$

$m_K$    Kollektormasse
$c_K$    mittlere spez. Wärmekapazität
$\vartheta_K$    Kollektortemperatur

Die Verluste werden aufgeteilt in thermische und optische Verluste

$$\dot{Q}_V = \dot{Q}_{V,th} + \dot{Q}_{V,opt} \qquad \text{(D3.2-3)}$$

Zur Beschreibung der thermischen Verluste ist ein Gesamtwärmedurchgangskoeffizient k zwischen dem Kühlmedium (Fluid) und der Umgebung eingeführt; er fasst die frontseitigen und rückseitigen Verluste zusammen

$$\dot{Q}_{V,th} = A_{Ap} \, k \left( \bar{\vartheta}_{fl} - \vartheta_{amb} \right) \qquad \text{(D3.2-4)}$$

Der Index *fl* steht für Fluid, *amb* für Umgebung. Der eingeführte Wärmedurchgangskoeffizient gilt üblicherweise für die sog. Aperturfläche $A_{Ap}$ (s. Bild D3.2-6).

---

[5]   irreführend auch Nutzleistung genannt, weil hierin auch die Verluste in den nachgeschalteten Speichern und im Verbindungssystem enthalten sind.

Die optischen Verluste sind durch den Transmissionsgrad $\tau_G^*$ der transparenten Abdeckung und den Absorptionsgrad der Absorberbeschichtung $\alpha_A^*$ gegeben

$$\dot{Q}_{V,opt} = \dot{Q}_{ZU} \left(1 - \tau_G^* \, \alpha_A^*\right) \qquad \text{(D3.2-5)}$$

Es wird angestrebt, dass der Absorptionsgrad $\alpha_A^*$ im Solarspektrum (0,29 $< \lambda < 2{,}5\,\mu$m) hohe Werte annimmt (0,85–0,98 sind möglich) und im Bereich der Wärmestrahlung ($\lambda > 3\,\mu$m) niedrige Werte (ein Emissionsgrad unter 0,20 ist möglich). Die gewünschten Eigenschaften werden mit einer selektiv wirkenden Beschichtung erreicht.

Die Abdeckung soll einen hohen Transmissionsgrad $\tau_G^*$ für Solarstrahlung besitzen. Wie Gleichung D3.2-5 zeigt, kommt es auf das Produkt aus Transmissions- und Absorptionsgrad an; es ist der Anteil der Solarstrahlung, der vom Absorber effektiv absorbiert wird.

Kollektoren besitzen in der Regel eine kleine Speichermasse, so dass Speichereffekte vernachlässigt werden können. In diesem Fall gilt genügend genau (und bei stationärem Betrieb exakt) für die Kollektorleistung

$$\dot{Q}_K = \dot{Q}_{ZU} - \dot{Q}_{V,th} - \dot{Q}_{ZU} \left(1 - \tau_G^* \, \alpha_A^*\right) \qquad \text{(D3.2-6)}$$

$$\dot{Q}_K = \dot{Q}_{ZU} \, \tau_G^* \, \alpha_A^* - \dot{Q}_{V,th} \qquad \text{(D3.2-7)}$$

Die zugeführte Leistung errechnet sich aus der globalen Sonneneinstrahlung $E_G$, die sich aus der direkten und diffusen Einstrahlung (siehe Bd.1, Teil B3.6) zusammensetzt

$$\dot{Q}_{zu} = E_G \, A_{Ap} \qquad \text{(D3.2-8)}$$

$$E_G = E_{dir} + E_{diff} \qquad \text{(D3.2-9)}$$

Der Wirkungsgrad eines Kollektors ist nach DIN 4757 Teil 4 [D3.2-4] als Quotient aus der mittleren Kollektorleistung und der zugestrahlten Leistung definiert (quasistationäre Bedingungen vorausgesetzt).

$$\eta = \frac{\dot{Q}_K}{\dot{Q}_{ZU}} \qquad \text{(D3.2-10)}$$

Mit den Gleichungen D3.2-4, -7, -8 und -9 gilt für den Wirkungsgrad

$$\eta = \left(\tau_G^* \, \alpha_A^*\right) - \frac{k\left(\overline{\vartheta}_{fl} - \vartheta_{amb}\right)}{E_G} \qquad \text{(D3.2-11)}$$

Der Wärmedurchgangskoeffizient $k$ ist seinerseits abhängig von der Übertemperatur des Kollektors $(\overline{\vartheta}_{fl} - \vartheta_{amb})$. Eine Abhängigkeit dieser Art wird allgemein mit einer Potenzfunktion wiedergegeben; als Annäherung reicht hier eine lineare Funktion aus [D3.2-4 und 5]:

$$k = c_1 + c_2 \left( \overline{\vartheta}_{fl} - \vartheta_{amb} \right) \qquad\qquad \text{(D3.2-12)}$$

eingesetzt in Gleichung D3.2-11 gilt:

$$\eta = \left( \tau_A^* \, \alpha_G^* \right) - \frac{c_1 \left( \Delta\vartheta \right) + c_2 \left( \Delta\vartheta \right)^2}{E_G} \qquad\qquad \text{(D3.2-13)}$$

oder in abgekürzter Schreibweise

$$\eta = c_0 - c_1 \, \Omega - c_2 \, E_G \, \Omega^2 \qquad\qquad \text{(D3.2-14)}$$

Darin sind $c_0 = \eta_0 = \tau_G^* \cdot \alpha_A^*$ der Konversionsfaktor (auch optischer Kollektorwirkungsgrad oder Transmissions- Absorptionsprodukt genannt), $c_1$ und $c_2$ die Koeffizienten aus der Näherungsgleichung D3.2-12, $\Omega$ eine Betriebsvariable im wesentlichen mit der Übertemperatur des Kollektors.

Die Kennlinie eines Kollektors zeigt Bild D3.2-7. Wenn die Kollektorleistung und damit der Wirkungsgrad den Wert 0 annimmt, schneidet die Wirkungsgradkennlinie die Abszisse im sog. „Stagnationspunkt".

Die Leistung unterschiedlicher Kollektoren und damit ihr Wirkungsgrad wird auf zwei verschiedene Weisen bestimmt nach DIN 4757 Teil 4 und ISO 9806-1 [D3.2-4 und 5]. Die Unterschiede zwischen den beiden Verfahren zeigt Tabelle D3.2-1.

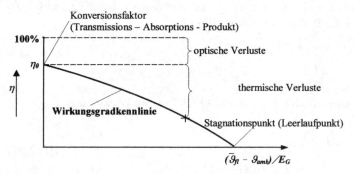

**Bild D3.2-7**  Prinzipieller Verlauf der Kennlinie eines Kollektors

**Tabelle D3.2-1** Vergleich der Normprüfungen von Solarkollektoren

| Prüfung nach DIN 4657 Teil 4 | Prüfung nach ISO 9806-1 |
|---|---|
| • „In-Door-Messung": Prüfstand im Gebäude mit künstlichem Wetter, definierte Randbedingungen. | • „Out-Door-Messung": Prüfstand im Freigelände, Randbedingungen müssen gemessen werden. |
| • Leistung des Kollektors wird auf Aperturfläche bezogen (siehe Bild D3.2-6). | • Leistung des Kollektors wird auf Absorberfläche bezogen (siehe Bild D3.2-6). |
| • Messung unter künstlichen Windverhältnissen (0 m/s oder 4 m/s). | • Messung unter natürlichen (max. 2 m/s) und zusätzlich künstlichen Windverhältnissen (bis 6 m/s). |
| • Der Wärmeverlust wird gemessen, indem heißes Wasser durch den Absorber gepumpt wird. Gemessen wird, wie viel Energie zwischen Kollektoreingang und -ausgang „verloren" geht. | • Der Wärmeverlust wird im realen Betrieb gemessen, indem er bestrahlt wird. Gemessen wird, wie viel Energie das Wasser zwischen Kollektoreingang und -ausgang aufnimmt. |

## Auslegung:

Im Unterschied zu Heizkesseln, für deren Dimensionierung die Norm-Gebäudeheizlast entweder direkt verwendet wird oder wenigstens ein Richtwert ist (siehe Kapitel D3.3.2.2), richtet sich die Wahl der Fläche von Solarkollektoren nach anderen Kriterien. Wichtig sind hier die Größe der vorhandenen Dachfläche und der vorgegebene Grenzbetrag für eine Investition zu Gunsten eines solaren Wärmerzeugungssystems (in der Hauptsache aus der Kollektorfläche und einem in der Größe darauf abgestimmten Speicher bestehend). Wegen der beiden genannten Kriterien und weil in der Auslegesituation das solare Energieangebot besonders niedrig ist, kann über die solare Wärmeerzeugung immer nur ein Anteil der insgesamt dem Heizsystem zuzuführenden Energie aufgebracht werden. Ziel einer Nachrechnung (nicht Auslegung!) eines solaren Wärmeerzeugungssystems ist es, diesen „Deckungsanteil" zu bestimmen. Hieran eine Wirtschaftlichkeitsrechnung zu knüpfen, um daraus die wirtschaftlich günstigste Kollektorfläche zu bestimmen, ist solange unsinnig, wie die Gesamtkosten für die erzeugte Solarenergie höher sind als die einer konventionellen Wärmerzeugung (die zur Spitzenlastdeckung sowieso benötigt wird; die Annuität des Kapitaleinsatzes für die Solaranlage wird verglichen mit den Jahreskosten für die durch die Solarerzeugung ersetzte Brennstoffenergie – siehe Band 1, Teil M3).

Bei einer wertanalytischen Entscheidungsfindung zu Gunsten eines ergänzenden solaren Wärmeerzeugungssystems (siehe Teil A2) muss dem Kriterium „Umweltbelastung minimieren" ein wesentlich höherer Gewichtungsfaktor g (siehe Tabelle A2-1) als dem Kriterium „Wirtschaftlichkeit verbessern" zugeteilt werden. Der wirtschaftliche Vergleich unterschiedlicher solarer Wärmeerzeugungssysteme miteinander ist über die unterschiedlichen Erfüllungsgrade w zu erreichen. Dabei wird der Deckungsanteil im Erfüllungsgrad beim ökolo-

gischen Kriterium berücksichtigt und der Nutzungsgrad der solaren Wärmerzeugung beim ökonomischen. Bezeichnet man mit $Q_{B,a}$ den Jahresenergiebedarf beim Kessel (als Kurzbezeichnung für eine konventionelle Wärmeerzeugung ohne einen solaren Anteil) und mit $Q_{Sol,a}$ die Nutzenergielieferung aus
einer Solaranlage (einschließlich Speicher und Verbindungssystem), dann lässt
sich der Deckungsanteil definieren zu

$$f_{Sol} = \frac{Q_{Sol,a}}{Q_{B,a}}$$  (D3.2-15)

und der Nutzungsgrad des solaren Wärmeerzeugungssystems zu

$$v_{Sol} = \frac{Q_{Sol,a}}{A_{Ap} \int E_G \, dt}$$  (D3.2-16)

Der Nennerausdruck umfasst die im Jahreszeitraum zugeführte Leistung aus
der globalen Sonneneinstrahlung $E_G$ (siehe Gleichung D3.2-8).

Den prinzipiellen Verlauf des solaren Deckungsanteils und des Nutzungsgrades des solaren Wärmerzeugungssystems in Abhängigkeit von der Kollektorfläche (Aperturfläche) zeigt Bild D3.2-8. Dem mit der Kollektorfläche steigenden
ökologischen Wert eines solaren Wärmerzeugungssystems steht die sinkende
Wirtschaftlichkeit gegenüber. Die Entscheidung für eine bestimmte maximale
Kollektorfläche ist allein abhängig vom vorgegebenen Grenzwert der Investiti-
onssumme für die solare Wärmeerzeugungsanlage.

Die tatsächliche Höhe von Deckungsanteil und Nutzungsgrad des Solarsys-
tems wird, abgesehen vom Standort der Anlage, wesentlich beeinflusst von der
Ausrichtung und Neigung der Kollektoren (siehe Bild D3.2-9) und von der Größe des zugeordneten Wasserspeichers. Der in Bild D3.2-10 dargestellte Zusammenhang zwischen dem Solarertrag, der Kollektorfläche und der Speichergröße ist mehr qualitativ zu verstehen. Weitere Einflüsse wie die Art des Speichers,
Länge und Dämmung der Rohrleitungen zwischen Kollektor und Speicher

**Bild D3.2-8** Prinzipieller Verlauf des solaren Deckungsanteils $f_{sol}$ und des Nutzungsgrades $v_{sol}$ eines solaren
Wärmeerzeugungssystems
abhängig von der Aperturfläche der Kollektoren

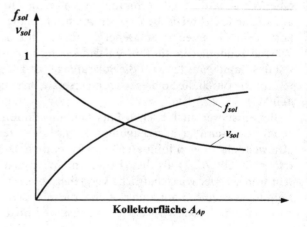

**Bild D3.2-9** Relativer Solarertrag abhängig von Aus-
richtung und Neigung des
Kollektors (Beispiel)

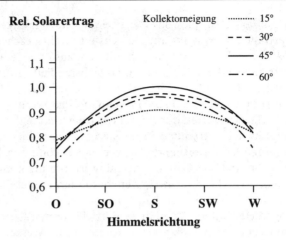

**Bild D3.2-10** Relativer Solarertrag abhängig von der Kollektorfläche und dem Spei-
cherinhalt (Beispiel)

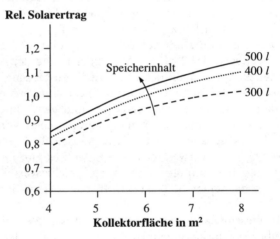

sowie die Regelstrategie des gesamten solaren Wärmeerzeugungssystems können im einzelnen etwa den gleichen Einfluss wie die Speichergröße haben, sind
aber allgemein nicht angebbar.

### D3.2.2
**Wärmeübertragung aus Fernwärme (Wasser/Wasser-Wärmeaustauscher)**

#### D3.2.2.1
**Allgemeines**

Eine besonders einfache Form der Heizwärmebereitstellung, also der Wärmeerzeugung, besteht darin, die Wärme aus einem anderen vorgeschalteten Verteilsystem (Primärsystem) zu entnehmen und in das eigentliche Verteilsystem

(Sekundärsystem), an das die Übergabeeinrichtungen angeschlossen sind, zu übertragen. Dies kann am einfachsten direkt geschehen, indem das Heizmittel aus dem Primärsystem sich mit dem aus dem Sekundärsystem mischt, oder etwas aufwendiger indirekt. Im einfachsten Fall genügt eine Mischarmatur, die in Kapitel D2.3.3 beschrieben ist. Im aufwendigeren Fall wird die Wärme über eine Trennwand vom Primärsystem auf das Sekundärsystem übertragen (Bild D3.2-11). Der Vorteil der indirekten Übertragung besteht darin, dass die Heizmittel in den getrennten Verteilsystemen verschieden sein und auch deutlich von einander abweichende Drücke haben können. Die Trennwandeinrichtung für die indirekte Wärmeübertragung ist nun nicht nur bei der Fernheizung zu finden, wo im Fernwärmenetz ein besonders aufbereitetes Wasser zirkuliert, das meist auch einen Druck hat, der mehrere bar über dem des eigentlichen Heizungsverteilsystems liegt, diese Einrichtung wird auch bei Solaranlagen angewandt. Hier fließt z.B. ein Frostschutzmittel/Wasser-Gemisch im Primärkreis mit den Kollektoren (siehe D3.2.1.1) und im Sekundärsystem übliches Heizwasser. Ein weiteres Anwendungsbeispiel ist die strikte Trennung von Heizwasser und erwärmtem Trinkwasser (siehe Kap. F2).

Die Einrichtung mit der Trennwand (Bild D3.2-11) heißt neuerdings Wärmeübertrager [D3.2-6], im Allgemeinen und seit vielen Jahrzehnten eingebürgerten Sprachgebrauch aber Wärmeaustauscher (oder kürzer Wärmetauscher). Es soll hier bei der üblichen Bezeichnung bleiben, die im übrigen auch stärker verwandt ist der englischen und damit internationalen Bezeichnung Heat Exchanger und daher in der europäischen Normung [D3.2-7] übernommen ist. Bei genauerer Betrachtung müsste die Bezeichnung Trennwand-Wärmeaustauscher verwendet werden, denn es gibt noch die in diesem Zusammenhang nicht infrage kommenden Speicherwärmeaustauscher oder Regeneratoren, bei denen die Wärme mittelbar über ein Speichermedium übertragen wird.

In diesem Kapitel werden Wasser/Wasser-Wärmeaustauscher für die Wärmeübertragung aus einem Fernwärmenetz behandelt. Die für diese Anwendung zu beachtenden Gesetzmäßigkeiten und die sich ergebenden Bauformen sowie Auslegungsregeln gelten gleichermaßen für verwandte Anwendungsgebiete wie

**Bild D3.2-11** Trennung des Primärsystems (z.B. Fernwärme) vom Sekundärsystem (Hausverteilsystem) durch einen Wärmeaustauscher

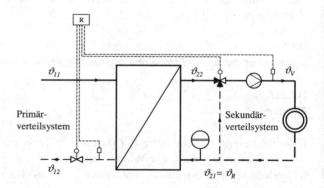

z.B. die bereits erwähnten Wärmeaustauscher zwischen einem Solarkollektorkreis und dem Heizkreis oder Wärmeaustauscher zur Trinkwassererwärmung. Auf die Wärmetauscher-Grundlagen lassen sich auch Näherungsbetrachtungen z.B. bei Kesseln und Raumheizflächen zurückführen.

### D3.2.2.2
### Bauarten der Wasser/Wasser-Wärmeaustauscher

Bei Wasser/Wasser-Wärmeaustauschern werden als Trennwand zwei Flächenarten angewendet: rohrförmige und plattenförmige. Das heißt, die den beiden Stoffströmen $\dot{m}_1$ und $\dot{m}_2$ zugewandten Oberflächen $A_1$ und $A_2$ sind etwas gleich groß. Berippungen auf einer oder beiden Seiten kommen selten vor, weil sie außer einer Ersparnis an Bauvolumen keine weiteren Vorteile bieten. Begründen lässt sich dies mit einer örtlichen differentiellen Betrachtung des Wärmedurchganges. Es wird hierbei an den in Band 1 Teil G mit der Gleichung G1-137 gebrachten allgemeinen Zusammenhang angeknüpft:

$$\frac{1}{k\,dA_1} = \frac{1}{\alpha_1\,dA_1} + \frac{1}{\alpha_2\,dA_2} + \frac{s}{\lambda dA_W} \qquad (D3.2\text{-}17)$$

Definitionsgemäß soll dem Wärmedurchgangskoeffizienten $k$ das Flächenelement $dA_1$ zugeordnet werden, die Wärmeübergangskoeffizienten auf der kalten Seite sind $\alpha_1$ und $\alpha_2$, der Wärmeleitkoeffizient der in aller Regel einschichtigen Wand der Dicke $s$ ist $\lambda$. Zur Darstellung der Flächenzusammenhänge seien $A_2$ und $A_w$ auf $A_1$ bezogen und diese Relationen $f_2$ und $f_W$ genannt. Unter Annahme quasihomogener Oberflächen gilt dann

$$\frac{1}{k} = \frac{1}{\alpha_1} + \frac{1}{\alpha_2\,f_2} + \frac{s}{\lambda f_W} \qquad (D3.2\text{-}18)$$

Die Glieder auf der rechten Seite der Gleichung werden Wärmeübergangsbzw. Wärmeleitwiderstand genannt. Ihr Verhältnis untereinander ist maßgeblich für die Beurteilung der Zweckmäßigkeit einer Berippung und für die Wahl des Wandmaterials. Um die Widerstandsverhältnisse abzuschätzen, sei für den Wärmeübergangskoeffizienten auf der warmen Seite $\alpha_1 = 3000\,\text{W}/(\text{m}^2\text{K})$ und auf der kalten Seite $\alpha_2 = \alpha_1$ angenommen; als Wandmaterial wird Edelstahl vorgegeben mit $\lambda = 25\,\text{W/mK}$, die Wanddicke sei $s = 0{,}5 \cdot 10^{-3}\,\text{m}$. Wird zunächst $f_2 = f_W = 1$ gesetzt, ist aus Gleichung D3.2-18 zu erhalten:

$$\frac{1}{k} = \left[ \frac{1}{3000} + \frac{1}{3000} + \frac{1}{50000} \right] \frac{\text{m}^2 K}{W} = \left( 0{,}66\overline{6} + 0{,}02 \right) 10^{-3}\,\frac{\text{m}^2 K}{W}$$

Daraus ist abzuleiten, dass bei der vorgegebenen kleinen Wandstärke von 0,5 mm der Wandwiderstand nur eine untergeordnete Rolle spielt (selbst bei dem verglichen mit Kupfer oder Aluminium niedrigen Wärmeleitkoeffizienten). Es braucht daher nicht auf Genauigkeit beim Faktor $f_W$ geachtet zu werden; auch die Form der Wand – gekrümmt oder eben – wirkt sich nur unwesentlich aus.

Würde nun die Relation $f_2$ durch einseitige Berippung z. B. auf 10 angehoben werden und alles andere sonst gleich bleiben (die Verschlechterung des Wärmedurchgangs durch die Berippung sei in $f_2$ berücksichtigt), sinkt der Widerstand $1/k$ lediglich von $0,686 * 10^{-3}$ auf $0,386 * 10^{-3}$ Km²/W, also auf 56,3%.

Ungleich stärker wirkt sich eine Berippung bei großen Wärmeübergangsunterschieden aus, wie dies bei einem Lufterwärmer der Fall wäre. Als Beispiel sei dafür $\alpha_2$ zu 30 W/(m²K) angenommen. Mit sonst gleichen Werten wie im ersten Rechenbeispiel erhielte man zunächst aus Gleichung D3.2-18

$$\frac{1}{k} = \left[ \frac{1}{3000} + \frac{100}{3000} + \frac{1}{50000} \right] \frac{m^2 K}{W} = \left( 33,66\overline{6} + 0,02 \right) 10^{-3} \frac{m^2 K}{W}$$

Hier wirkt sich eine Veränderung des Wärmeübergangswiderstandes auf der Wasserseite nur untergeordnet aus, und der Wandwiderstand ist völlig vernachlässigbar. Bei einer Berippung wie im ersten Beispiel mit $f_2 = 10$ verändert sich der Widerstand $1/k$ von 33,686 auf 3,686 m²K/W, also auf 10,9%. Bei einem Lufterwärmer würde sich in diesem Beispiel das Bauvolumen auf 10,9% verkleinern, bei einem Wasser/Wasser-Wärmeaustauscher auf nur 56,3% bei jeweils mehr als 10-facher Oberfläche auf der kälteren Seite 2.

Wärmeaustauscher-Konstruktionen mit rohrförmigen Trennwandflächen sind weit überwiegend als sog. Rohrbündelwärmetauscher ausgeführt (siehe Bild D3.2-12). Die Rohre, die das Heizmittel mit dem höheren Druck und der höheren Temperatur führen, sind meist U-förmig gebogen in nur einen Rohrboden eingeschweißt, eingelötet oder eingewalzt (je nach Rohrmaterial). Zwischen den beiden U-Schenkeln sorgt eine Trennwand dafür, dass die beiden Stoffströme gegeneinander fließen (Gegenstrom). Auch im Wärmeaustauscher-Kopf sind Ein- und Austritt des heißeren Stoffstroms durch eine Zwischenwand getrennt. Es gibt weiterhin Ausführungen mit geraden Rohren und dementsprechend zwei Rohrböden. Je nach Anzahl der Durchgänge sind ein oder mehrere Trennwände eingebaut. Wärmetauscher mit nur einem Rohrboden sind leichter

**Bild D3.2-12** Schematische Darstellung eines Rohrbündelwärmetauschers

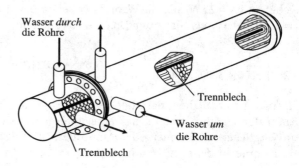

Wasser *durch* die Rohre

Trennblech

Wasser *um* die Rohre

Trennblech

zu öffnen und zu reinigen (es muss Platz für das ausziehbare Rohrbündel vorgesehen werden).

Eine ebenfalls rohrförmige Trennfläche haben die sog. Rohrwendel-Wärmeaustauscher, bei denen ein oder meist mehrere Rohre von einem Mantelrohr umgeben sind, das gemeinsam mit ihnen zu einer schraubenförmigen Rohrwendel gebogen ist (siehe Bild D3.2-13). Die gleiche Bezeichnung trägt weiterhin die im Speicher-Trinkwasser-Erwärmer eingebaute heizwasserdurchströmte Rohrwendel. Im Unterschied zu dem auf beiden Seiten zwangsdurchströmten eigentlichen Rohrwendel-Wärmeaustauscher wird hier auf der kalten Seite 2 der Wärmeübergang durch freie Konvektion hervorgerufen (siehe Teil F2.2).

Die plattenförmigen Trennflächen eines Plattenwärmeaustauschers besitzen eine Profilprägung derart, dass am Rand eine Dichtung eingelegt werden kann, im Mittelbereich durch wechselweises Stapeln der Platten ein ständig variierender Strömungsquerschnitt entsteht und sich die Platten auch gegenseitig abstützen. In der variabelsten Form werden die als Trennflächen dienenden Platten mit zwei Druckplatten und Zugankern zu einem Paket zusammengespannt. In diesem Fall lässt sich der Wärmetauscher leicht öffnen und reinigen (daher auch der breite Einsatz in der Molkerei-, Weinkeller- und Brauereitechnik). In einer stark vereinfachten Version gibt es gelötete Plattenwärmeaustauscher, die in Folge dessen ohne Dichtungen auskommen und noch kompakter und billiger sind. Während die Größe von Wärmaustauschern mit Dichtungen in weiten Grenzen nahezu beliebig variiert und auf den jeweiligen Anwendungsfall angepasst werden kann, liegen die gelöteten Plattenwärmeaustauscher mit festgelegten Plattenzahlen als Wärmeaustauschertypen vor. In beiden Fällen können die Strömungsspalte an die Massenstromrelation $\dot{m}_1 / \dot{m}_2$ angepasst werden. Neben der in Bild D3.2-14 gezeigten Serienschaltung gibt es eine Parallelschaltung für erhöhte Durchsätze und abgesenkte Abkühlgrade (siehe Kapitel 3.2.3). Platten-

**Bild D3.2-13** Rohrwendel-Wärmeaustauscher

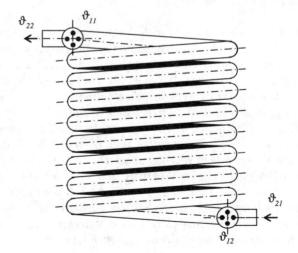

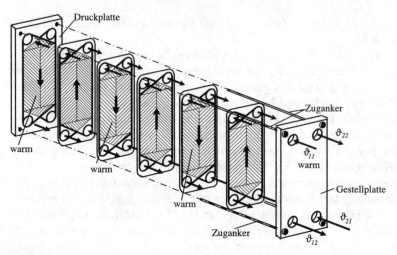

**Bild D3.2-14** Konstruktion des Plattenwärmeaustauschers

wärmeaustauscher haben wegen ihres vergleichsweise geringen Bauvolumens und niedrigen Preises in den letzten Jahrzehnten in der Heiztechnik eine große Verbreitung gefunden.

Allgemein gilt für alle hier beschriebenen Wärmeaustauscher, sowohl mit rohrförmiger als auch mit plattenförmiger Trennfläche, dass sie in Serien- oder Reihenschaltung kombinierbar sind. Insofern stellt das überwiegende Angebot von vorgefertigten Wärmeaustauschertypen nicht generell eine Einschränkung der Gestaltungsfreiheit dar.

### D3.2.2.3
### Bewertung, Leistungsmessung, Auslegung

Für die Bewertung von Wärmeaustauschern ist im Hinblick auf die Sollfunktionen in Tabelle D3.1-1 zunächst maßgeblich, dass der betrachtete Wärmeaustauscher den geforderten Leistungsbedarf deckt. Dies ist über eine korrekte Auslegung sicherzustellen. Dabei ist für den Fall der Wärmeübertragung aus Fernwärme ein Maximalwert der Rücklauftemperatur einzuhalten. Auch dürfen aus energetischen und wirtschaftlichen Gründen Maximalwerte für den Druckabfall auf beiden Seiten nicht überschritten werden. Weitere wichtige Sollfunktionen sind, die Herstellkosten zu begrenzen und den Platzbedarf zu minimieren.

Da die von einem Wärmeaustauscher übertragbare Wärmeleistung nicht nur vom Wärmedurchgangskoeffizienten und der Wärmeaustauscherfläche, also dem Produkt $k \, A_1$, abhängt, sondern auch vom mittleren wirksamen Temperaturabstand zwischen den beiden Stoffströmen, muss hierzu die Temperaturverteilung auf den beiden Seiten des Wärmetauschers bekannt sein (im Folgenden sollen weitgehend die in VDI 2076 [D3.2-8] eingeführten Begriffe verwendet werden). Die Temperaturverläufe werden beeinflusst von der Konstruktion des Wärmeaustauschers, der Stromführung und dem Verhältnis der beiden Wärmekapazitätsströme $W_1$ und $W_2$, die Produkte sind aus Massenstrom $\dot{m}$ und zugehöriger spezifischen Wärmekapazität c. Bei veränderlichen Wärmeübergangs- und damit auch Wärmedurchgangskoeffizienten haben auch diese Größen Einfluss auf den Temperaturverlauf. Im folgenden soll der Wärmedurchgangskoeffizient entlang der gesamten Wärmeaustauschfläche jedoch vereinfachend als konstant angenommen werden. Aus den Verläufen der Temperatur lässt sich nicht nur der mittlere wirksame Temperaturabstand zum Zweck der Auslegung ableiten, es ist daraus auch die Abhängigkeit der Aufwärmung oder Abkühlung der Stoffströme vom Verhältnis der Wärmekapazitätsströme sowie dem Wärmeleistungsvermögen kA des Wärmeaustauschers für allgemeine Auslegungsformeln zu folgern. Dieselben Formeln lassen sich auch anwenden, um das thermische Verhalten von Wärmeaustauschern für veränderte Betriebsbedingungen berechnen zu können.

Bei Wärmeaustauschern mit eindeutiger Stromführung und entlang der Wärmeaustauschfläche konstanten Wärmedurchgangskoeffizienten lässt sich der Temperaturverlauf in einfacher Weise berechnen. Mit Stromführung bezeichnet man den gegenseitigen Lauf der Stoffströme im Wärmeaustauscher; man unterscheidet die Hauptstromarten Gleichstrom und Gegenstrom, als Zwischenform auch den Kreuzstrom. Durch Kombinationen und Kopplungen können weitere Zwischenformen auftreten wie z.B. der Kreuzgegenstrom. Bei den Wasser/Wasser-Wärmeaustauschern liegt meist reiner Gegenstrom vor. Für die beiden Hauptstromführungen sind die Temperaturverläufe in Bild D3.2-15 nebeneinander aufgetragen. Als Abszisse dient der Flächenanteil $A_x/A_1$. Der Einfachheit wegen sei zunächst der Temperaturverlauf in einem Gleichstromwärmeaustauscher hergeleitet. Hier entwickelt sich die Abkühlung auf der warmen Seite und die Erwärmung auf der kalten Seite in der gleichen Richtung und deshalb gilt

$$dQ̇ = -W_1 d\vartheta_1 = W_2 d\vartheta_2 \qquad\qquad (D3.2\text{-}19)$$

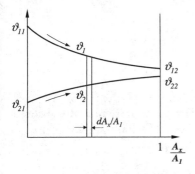
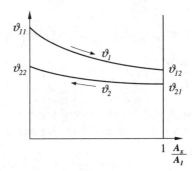

**Bild D3.2-15** Temperaturläufe in Wärmeaustauschern für Gleich- (links) und Gegenstrom (rechts) (vergl. Band 1, Bild G1-71)

Am Flächenelement $dA_x/A_1$ wird übertragen

$$d\dot{Q} = kA_1 \frac{dA_x}{A_1}\left(\vartheta_1 - \vartheta_2\right) \tag{D3.2-20}$$

Die Integration vom Wärmetauschereintritt bis zu der Stelle $A_x/A_1$ liefert für die Bilanzgleichung D3.2-19:

$$\int_0^{\frac{A_x}{A_1}} d\dot{Q} = W_1\left(\vartheta_{11} - \vartheta_1\right) = W_2\left(\vartheta_2 - \vartheta_{21}\right) \tag{D3.2-21}$$

und für die Wärmedurchgangsgleichung D3.2-20

$$\int_0^{\frac{A_x}{A_1}} \frac{d\dot{Q}}{\left(\vartheta_1 - \vartheta_2\right)} = kA_1 \frac{A_x}{A_1} \tag{D3.2-22}$$

Dieses Integral kann gelöst werden, wenn ein Zusammenhang zwischen $d\dot{Q}$ und dem Temperaturabstand $\vartheta_1 - \vartheta_2$ aus dem rechten Teil von Gleichung D3.2-21 hergeleitet ist. Um den Temperaturabstand als Funktion der Temperatur auf der warmen Seite $\vartheta_1$ zu erhalten, wird auf der linken und rechten Seite des Bilanzteils der Gleichung der Ausdruck $W_2\left(\vartheta_{11} - \vartheta_1\right)$ addiert

$$\left(\vartheta_{11} - \vartheta_1\right)\left(W_1 + W_2\right) = W_2\left(\vartheta_2 - \vartheta_1 - \vartheta_{21} + \vartheta_{11}\right)$$

und geordnet

$$\left(\vartheta_1 - \vartheta_2\right) = \left(\vartheta_{11} - \vartheta_{21}\right) - \frac{W_1 + W_2}{W_2}\left(\vartheta_{11} - \vartheta_1\right) \tag{D3.2-23}$$

Diese Gleichung wird nun nach $d\vartheta_1$ differenziert:

$$\frac{d\left(\vartheta_1 - \vartheta_2\right)}{d\vartheta_1} = \frac{W_1 + W_2}{W_2}$$

und mit der Bilanzgleichung D3.2-19 $d\vartheta_1$ eliminiert

$$d\dot{Q} = -\frac{W_1 W_2}{W_1 + W_2} d\left(\vartheta_1 - \vartheta_2\right)$$

Damit ist der Zusammenhang zwischen $d\dot{Q}$ und dem Temperaturabstand $\left(\vartheta_1 - \vartheta_2\right)$ hergestellt, und die Integralgleichung D3.2-22 erhält nun die Form:

$$\int_0^{\frac{A_x}{A_1}} \frac{d\left(\vartheta_1 - \vartheta_2\right)}{\left(\vartheta_1 - \vartheta_2\right)} = -kA_1 \frac{A_x}{A_1} \frac{W_1 + W_2}{W_1 W_2}$$

Die Integration ausgeführt:

$$\left(\vartheta_1 - \vartheta_2\right) = \left(\vartheta_{11} - \vartheta_{21}\right) \exp\left[-kA_x\left(\frac{1}{W_1} + \frac{1}{W_2}\right)\right] \tag{D3.2-24}$$

Der Verlauf der Temperatur $\vartheta_1$ ist durch Gleichsetzen der Temperaturabstände in Gleichung D3.2-23 und -24 zu erhalten:

$$\left(\vartheta_{11} - \vartheta_{21}\right) \exp\left[-kA_x\left(\frac{1}{W_1} + \frac{1}{W_2}\right)\right] = \left(\vartheta_{11} - \vartheta_{21}\right) - \frac{W_1 + W_2}{W_2}\left(\vartheta_{11} - \vartheta_1\right)$$

und geordnet:

$$\left(\vartheta_{11} - \vartheta_1\right) = \left(\vartheta_{11} - \vartheta_{21}\right) \frac{W_2}{W_1 + W_2}\left(1 - \exp\left[-kA_x\left(\frac{1}{W_1} + \frac{1}{W_2}\right)\right]\right) \tag{D3.2-25}$$

Mit der Bilanzgleichung D3.2-21 wird von $\vartheta_1$ auf $\vartheta_2$ umgerechnet:

$$\left(\vartheta_2 - \vartheta_{21}\right) = \left(\vartheta_{11} - \vartheta_{21}\right) \frac{W_1}{W_1 + W_2}\left(1 - \exp\left[-kA_x\left(\frac{1}{W_1} + \frac{1}{W_2}\right)\right]\right) \tag{D3.2-26}$$

Aus Gleichung D3.2-24 lässt sich für den vollständigen Wärmeaustauscher ableiten:

$$\frac{\left(\vartheta_{12} - \vartheta_{22}\right)}{\left(\vartheta_{11} - \vartheta_{21}\right)} = \exp\left[-kA_1\left(\frac{1}{W_1} + \frac{1}{W_2}\right)\right] \tag{D3.2-27}$$

Für den gesamten Wärmeaustauscher soll nun ein mittlerer wirksamer Temperaturabstand $\Delta\vartheta_m$ eingeführt werden, so dass für die insgesamt übertragene Wärmeleistung per definitionem der Zusammenhang gilt:

$$\frac{\dot{Q}}{\Delta\vartheta_m} = kA_1 \tag{D3.2-28}$$

Nun lässt sich in Gleichung D3.2-27 das Leistungsvermögen $kA_1$ durch $\dot{Q}\Delta\vartheta_m$ und die Wärmekapazitätsströme mit Gleichung D3.2-21

$$\frac{\dot{Q}}{W_1} = \vartheta_{11} - \vartheta_{12} \quad \text{und} \quad \frac{\dot{Q}}{W2} = \vartheta_{22} - \vartheta_{21} \tag{D3.2-29}$$

durch die Temperaturunterschiede ersetzen. Die mittlere Übertemperatur ist identisch mit der logarithmisch gemittelten Übertemperatur:

$$\Delta\vartheta_m \equiv \Delta\vartheta_{lg} = \frac{\left(\vartheta_{11} - \vartheta_{21}\right) - \left(\vartheta_{12} - \vartheta_{22}\right)}{\ln\dfrac{\vartheta_{11} - \vartheta_{21}}{\vartheta_{12} - \vartheta_{22}}} \tag{D3.2-30}$$

Bei der Herleitung der entsprechenden Formeln für einen Gegenstrom-Wärmeaustauscher muss beachtet werden, dass die Ein- und Austrittstemperaturen des zweiten Stoffstromes zwar ihre Bezeichnungen behalten, jedoch umgekehrt den Temperaturen des ersten Stoffstromes zugeordnet sind (siehe Bild D3.2-15). Dies bedeutet für die Wärmebilanz gemäß Gleichung D3.2-21:

$$W_1 \left( \vartheta_{11} - \vartheta_1 \right) = -W_2 \left( \vartheta_2 - \vartheta_{22} \right)$$

Man erkennt, dass in den Gleichungen D3.2-21, 25 und -26 lediglich das Vorzeichen vor dem zweiten Wärmekapazitätsstrom $W_2$ geändert und jeweils dort, wo $\vartheta_{21}$ steht, $\vartheta_{22}$ (bzw. umgekehrt) gesetzt werden muss.

Der Temperaturverlauf auf der warmen Seite lässt sich mit diesen Regeln aus Gleichung D3.2-25 ableiten und man erhält

$$\vartheta_{11} - \vartheta_1 = \left( \vartheta_{11} - \vartheta_{22} \right) \frac{-W_2}{W_1 - W_2} \left( 1 - \exp\left[ -kA_x \left( \frac{1}{W_1} - \frac{1}{W_2} \right) \right] \right) \tag{D3.2-31}$$

Die vollständige Abkühlung im Gegenstromwärmeaustauscher ist demnach

$$\vartheta_{11} - \vartheta_{12} = \left( \vartheta_{11} - \vartheta_{21} + \vartheta_{21} - \vartheta_{22} \right)$$

$$\frac{W_2}{W_1 - W_2} \left( 1 - \exp\left[ -kA_1 \left( \frac{1}{W_1} - \frac{1}{W_2} \right) \right] - 1 \right) \tag{D3.2-32}$$

Mit dieser Gleichung gelangt man durch einfache Umformungen zu der für Wasser/Wasser-Wärmeaustauscher maßgeblichen sog. Abkühlzahl $\Phi_1$. Die Formel für sie ist neben allen übrigen für Gegenstromwärmeaustauscher in Frage kommenden Gleichungen in Tabelle D3.2-2 angegeben.

Als Besonderheit gegenüber anderen Wärmeaustauschern wird zu ihrer Kennzeichnung zusätzlich noch der Begriff der sog. Grädigkeit verwendet. Sie ist der kleinstmögliche Temperaturabstand im Wärmeaustauscher, der hier am kalten Eingang auftritt:

$$\Delta\vartheta_{min} = \vartheta_{12} - \vartheta_{21} \tag{D3.2-37}$$

Bezeichnet man die Abkühlung auf der warmen Seite $\vartheta_{11} - \vartheta_{12}$ mit der Spreizung $\sigma_1$, so lässt sich aus der Gleichung für die Abkühlzahl D3.2-35 mit der angegebenen Abkürzung x (siehe Tabelle D3.2-2) eine Formel für die relative Grädigkeit ableiten

$$\frac{\Delta\vartheta_{min}}{\sigma_1} = \frac{1 - \dfrac{W_1}{W_2}}{e^x - 1} = \frac{1 - \dfrac{\sigma_2}{\sigma_1}}{e^x - 1} \tag{D3.2-38}$$

**Tabelle D3.2-2** Formelübersicht für Gegenstromwärmeaustauscher

| | | |
|---|---|---|
| mittlerer wirksamer Temperaturabstand | $\Delta\vartheta_m = \Delta\vartheta_{lg} = \dfrac{(\vartheta_{11} - \vartheta_{22}) - (\vartheta_{12} - \vartheta_{21})}{\ln\dfrac{\vartheta_{11} - \vartheta_{22}}{\vartheta_{12} - \vartheta_{21}}}$ | (D3.2-33) |
| Abkühlzahl | $\Phi_1 = \dfrac{\vartheta_{11} - \vartheta_{12}}{\vartheta_{11} - \vartheta_{21}}$ | (D3.2-34) |
| | $\Phi_1 = \dfrac{1 - e^{-x}}{1 - \dfrac{W_1}{W_2} e^{-x}}$ | (D3.2-35) |
| | mit $x = \dfrac{kA_1}{W_1}\left(1 - \dfrac{W_1}{W_2}\right) = \dfrac{kA_1}{W_2}\left(\dfrac{W_2}{W_1} - 1\right)$ | |
| Aufwärmzahl | $\Phi_2 = \dfrac{\vartheta_{22} - \vartheta_{21}}{\vartheta_{11} - \vartheta_{21}}$ | (D3.2-36) |
| Verhältnis der Wärmekapazitätsströme | $\dfrac{W_1}{W_2} = \dfrac{\Phi_2}{\Phi_1} = \dfrac{(\vartheta_{22} - \vartheta_{21})}{(\vartheta_{11} - \vartheta_{12})}$ | |
| Wärmetauscherkennzahl (auch Number of Transfer Units, NTU) | $\kappa_1 = \dfrac{kA_1}{W_1}$     warme Seite | |
| | $\kappa_2 = \dfrac{kA_1}{W_2}$     kalte Seite | |

Sie ist in Bild D3.2-16 über der Wärmeaustauscherkennzahl $\kappa_1$ mit dem Verhältnis der Wärmekapazitätsströme als Parameter aufgetragen. Für häufig vorkommende Spreizungen im Fernwärmenetz zwischen 60 und 80 K lassen sich die erforderlichen Wärmeaustauscherkennzahlen für die angestrebten kleinen Grädigkeiten von 2 bis 3 K aus dem Diagramm ablesen. In dem Diagramm ist als zweite Ordinate die zugehörige Abkühlzahl eingetragen. Sie lässt erkennen, welche hohe Anforderungen an Wasser/Wasser-Wärmeaustauscher bei Wärmeauskopplung aus einem Fernwärmenetz bestehen. Die eingetragenen kleinen Grädigkeiten zwischen 2 und 3 K sind mit Plattenwärmeaustauschern zu erreichen, bei Rohrwendelwärmeaustauschern zwischen 5 und 6 K bei Rohrbündelwärmeaustauschern zwischen 5 und 7 K.

**Bild D3.2-16** Die relative Grädigkeit $\Delta\vartheta_{min}/\sigma_1$ in Abhängigkeit von der Wärmeaustauscherkennzahl $\kappa_1$, das Verhältnis der Wärmekapazitätsströme als Parameter

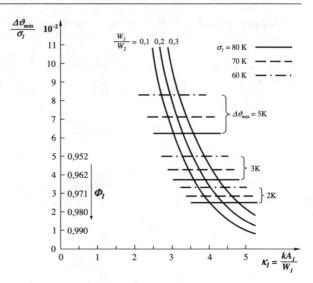

Das Vorgehen beim Auslegen eines Wärmeaustauschers ist unterschiedlich, je nach dem,

- ob die Wärmetauscherelemente (Rohre, Platten) für einen vorliegenden speziellen Fall (definiert durch die sog. wärmetechnischen Daten) frei bemessen wird oder
- ob der Wärmetauscher in typisierten Einheiten vorliegt und nachzurechnen ist, welche Wärmeleistung jeweils erreicht werden kann.

Bei Wärmeaustauschern für den Fernwärmeeinsatz ist immer die Eintrittstemperatur auf der wärmeren Fernwärmeseite $\vartheta_{11}$ gegeben und meistens die Abkühlung $\sigma_1 = (\vartheta_{11} - \vartheta_{12})$ vorgeschrieben. Auf der kälteren Heizungsseite liegen aus der Raumheizflächenberechnung die Temperaturen im Vorlauf und Rücklauf vor, also mit den Bezeichnungen am Ein- und Austritt des Wärmeaustauschers, $\vartheta_{21}$ und $\vartheta_{22}$. Weiterhin sind die Auslege-Wärmeleistung und der Wasserstrom auf der Heizungsseite bekannt. Ist beabsichtigt, aus Ersparnisgründen den Wärmeaustauscher nicht für den Maximalwert aus der Summe aller Normheizlasten auszulegen, sondern für eine kleinere Leistung (Lastfaktor $f_{FW} < 1$), bei der die erwartbaren Fremdlasten und Teilbetrieb berücksichtigt ist, muss neben der Reduktion der Last auch die der Rücklauftemperatur beachtet werden (siehe Heizkörperdiagramm Bild D1.6-36)

Unabhängig von der Vorgehensweise sind generell neben den wärmetechnischen Daten auch Werte für einen Grenzdruckabfall auf der warmen und kalten Seite vorgegeben. D.h., die Anströmflächen $A_{an1}$ und $A_{an2}$ (freier Querschnitt im Anströmbereich vor der eigentlichen Wärmeaustauschfläche) müssen groß genug und im Verhältnis zueinander auch so gewählt sein, dass unter Beachtung des Strömungsweges im Wärmeaustauscher $L_{WT}$ der Auslegedruckabfall unter dem Grenzdruckabfall bleibt. In guter Näherung (Umlenkverluste müssen auch beachtet werden) gilt die Proportionalität

$$\Delta p \sim L_{WT} \left( \frac{W}{A_{an}} \right)^p \tag{D3.2-39}$$

die Hochzahl $p$ liegt erfahrungsgemäß nicht bei 2,0, sondern zwischen 1,7 und 1,9, was auf eine Strömung mit einem gewissen Laminaranteil hindeutet (siehe Band 1, Teil J2-4). Zusätzlich zur Wärmeaustauschfläche noch eine Anströmfläche einzuführen, folgt der Überlegung, dass in aller Regel die Grundelemente eines Wärmeaustauschers (Rohre, Platten), unabhängig davon, ob es sich um frei konstruierte Wärmeaustauscher oder Wärmeaustauschertypen handelt, aus konstruktiven und wirtschaftlichen Gründen in fester Weise einander zugeordnet sind. So werden Rohre und Platten z. B. nur in einer bestimmten Teilung eingebaut. Über den Anströmquerschnitt und die Anströmgeschwindigkeit liegen daher auch alle übrigen Geschwindigkeiten an der Wärmeaustauschfläche und in Folge dessen der Wärmedurchgangskoeffizient und der Widerstandsbeiwert fest.

Das Wärmeleistungsvermögen (kA) eines Wärmetauschers sei, so wie der Druckabfall, abhängig vom Wärmekapazitätsstrom dargestellt. Eigentlich müsste als Wirkgröße eine Geschwindigkeit dienen; sie kann aber wegen des geringen Temperatureinflusses auf die Dichte und die spezifische Wärmekapazität auch durch einen Wärmekapazitätsstrom ausgedrückt werden. Selbstverständlich wirken beide Kapazitätsströme auf den Wärmedurchgangskoeffizienten ein. Den Zusammenhang zeigt Gleichung D3.2-18. Sie wird für die Berechnung auch herangezogen, wobei die Flächenrelationen $f_2$ und $f_W$ mit 1 und der Wärmedurchgangskoeffizient über den gesamten Strömungsweg im Wärmeaustauscher konstant angenommen werden. Das Ergebnis für den Einfluss der Stoffströme zeigt Bild D3.2-17. Er ist bei dem als Beispiel gewählten Plattenwärmetauschern gering; die durch einen Laborversuch festgestellte Ausgangssituation ist mit dem zusätzlichen Index 0 festgehalten. Als Parameter ist hier das Verhältnis der Wärmekapazitätsströme $W_1 / W_2$ gewählt.

Um nun die gezeigten Untersuchungsergebnisse auf eine ganze Typreihe übertragen zu können, sei angenommen, dass sich die verschieden großen Modelle der Typreihe lediglich im Anströmquerschnitt $A_{an1}$ und in der Strömungsweglänge $L_{WT1}$ unterscheiden. Der zweite Anströmquerschnitt – und entsprechend die Strömungsweglänge – stehe in einem festen Zusammenhang zum ersten, damit nur die Stoffströme (bei bestimmten mittleren Temperaturen) den Wärmedurchgang beeinflussen. Unter diesen Voraussetzungen gilt demnach für verschieden große Wärmaustauscher bei den Stoffströmen in der Ausgangssituation:

$$\frac{kA_1}{\left( kA_1 \right)_0} = \frac{A_{an1}}{A_{an1,0}} \frac{L_{WT1}}{L_{WT1,0}} \tag{D3.2-40}$$

Für einen begrenzten Stoffstrombereich lassen sich die in Bild D3.2-17 gezeigten Kurven in guter Näherung durch Potenzfunktionen wiedergeben, so dass das Wärmeleistungsvermögen einer Typreihe von Wärmaustauschern, ausgehend von einem gemessenen Modell, sich ausdrücken lässt durch

$$\frac{kA_1}{\left(kA_1\right)_0}=\frac{A_{an1}}{A_{an1,0}}\frac{L_{WT1}}{L_{WT1,0}}\left(\frac{W_1}{W_2}\right)^{m_1}\left(\frac{W_2}{W_{2,0}}\right)^{m_2} \tag{D3.2-41}$$

Kürzt man den Term mit der Anströmfläche und der Wärmetauscherlänge mit dem Abmessungsverhältnis $\Lambda_{WT}$ ab

$$\Lambda_{WT}=\frac{A_{an1}}{A_{an1,0}}\frac{L_{WT1}}{L_{WT1,0}} \tag{D3.2-42}$$

so erhält man als Wärmetauscherkennzahl

$$\kappa_1\equiv\frac{kA_1}{W_1}=\left(\frac{kA_1}{W_1}\right)_0\Lambda_{WT}\left(\frac{W_1}{W_2}\right)^{m_1-1}\left(\frac{W_2}{W_{2,0}}\right)^{m_2-1}\left(\frac{W_{1,0}}{W_{2,0}}\right) \tag{D3.2-43}$$

Sie ist in Bild D3.2-18 für das gleiche Beispiel wie in Bild D3.2-17 dargestellt.
Die Auslegung eines Wärmeaustauschers für eine Fernwärmehausstation soll anhand eines Beispiels erläutert werden. Dabei werden beide Auslegungssituationen durchgespielt. Es soll ein Plattenwärmeaustauscher sein, der im ersten Fall (im Rahmen eines Elementeprogramms) frei zu bemessen und im zweiten Fall für einen vorhandenen Wärmeaustauscher die mögliche Abkühlung bzw.

**Bild 3.2-17** Wärmeleistungsvermögen $kA_1/kA_0$ eines Wärmeaustauschers abhängig vom Wärmekapazitätsstrom $W_2/W_{2,0}$; das Verhältnis der Wärmekapazitätsströme $W_1/W_2$ als Parameter; die Achsen sind logarithmisch geteilt (Beispiel)

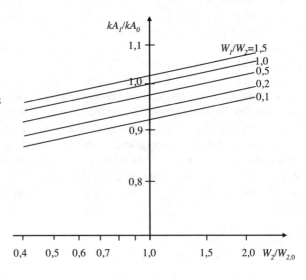

**Bild D3.2-18** Wärmeaustauscherkennzahl-Verhältnis $\kappa_2/$ $\kappa_{2,0}$ zu Abmessungsverhältnis $\Lambda_{WT}$ über dem Wärmekapazitätsstrom $W_2/W_{2,0}$; das Verhältnis der Wärmekapazitätsströme $W_1/W_2$ als Parameter (Gleichung D3.2-43, Beispiel)

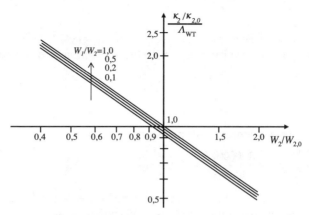

Erwärmung zu berechnen ist. In beiden Fällen gilt die Vorgabe des Fernwärmelieferanten, der verlangt, dass das Fernwärmewasser im Auslegefall von 120 °C auf 50 °C abgekühlt wird. Von der Heizanlage ist bekannt, dass sie eine Gesamtleistung von 140 kW haben soll und diese Leistung bei einer Vorlauftemperatur von 55 °C und einer Rücklauftemperatur von 44 °C abgibt.

Der Plattenwärmeaustauscher soll im ersten Fall (freie Bemessung) so dimensioniert sein, dass er das Fernwärmewasser von 120 auf 48 °C abkühlt und das Heizungswasser von 44 auf 60 °C erwärmt. Durch Rücklaufbeimischung werden die für das Heiznetz erforderlichen 55 °C hergestellt.

Im zweiten Auslegungsfall ist zu prüfen, wie weit ein als Typeinheit gegebener Wärmeaustauscher den Grenzwert 48 °C bei der Rücklauftemperatur auf der Fernwärmeseite überschreitet. In beiden Fällen sollen die Druckabfallwerte auf der Primärseite 1,2 und auf der Sekundärseite 1,8 kPa nicht überschreiten.

## 1. Beispiel

Bemessung eines Wärmeaustauschers

Das Heizwasser hat bei 60 °C eine Enthalpie von 60 K $\cdot$ 4,185 kJ/(kgK) = 251,1 kJ/kg und bei 44 °C eine von 183,92 kJ/kg. Die Differenz ist 67,18 kJ/kg und damit der Heizwasserstrom $\dot{m}_2$ = 140 kW/67,18 kJ/kg = 2,084 kg/s. Die Wärmekapazitätsströme verhalten sich umgekehrt wie die Temperaturunterschiede

$$\frac{W_1}{W_2} = \frac{\dot{m}_1 \bar{c}_{p1}}{\dot{m}_2 \bar{c}_{P2}} = \frac{16K}{72K}$$

Mit den genau gerechneten mittleren spezifischen Wärmekapazitäten $\bar{c}_{p1}$ = 4,199 und $\bar{c}_{p2}$ = 4,286 kJ/kg ist das Massenstromverhältnis

$$\frac{\dot{m}_1}{\dot{m}_2} = \frac{16K \cdot 4,286 \dfrac{kJ}{kgK}}{72K \cdot 4,199 \dfrac{kJ}{kgK}} = 0,2268$$

und der Fernwärmemassenstrom $\dot{m}_1 = 0,4727\,kg/s$.

Die logarithmisch gemittelte Übertemperatur ist mit Gl. D3.2-30

$$\Delta\vartheta_m = \frac{(60-4)K}{\ln\dfrac{60}{4}} = 20,68K$$

das geforderte Leistungsvermögen mit Gl. D2.3-28

$$kA_1 = \frac{140000W}{20,68K} = 6770\,\frac{W}{K}$$

Es soll möglichst genau erreicht werden. Dies gelingt am einfachsten mit einem geschraubten Platten-Wärmetauscher (Platten mit Dichtungen).

Infrage kommt bei dem vorliegenden Wasserdurchsatz ein Plattentyp mit einer Breite von 325 mm und einer Höhe von 815 mm (Plattendicke 0,8 mm, Plattenabstand 3,5 mm). Er hat bei $z$ Platten eine Wärmeaustauschfläche

$$A_1 = 0,13m^2\,(z-2)$$

Der Wärmedurchgangskoeffizient liegt bei diesem Elementtyp (vom Wasserdurchsatz näherungsweise unabhängig) bei $k = 3520\,W/(m^2K)$. Damit ist die Mindestfläche

$$A_{min} = \frac{(kA_1)}{k} = \frac{6770\,\dfrac{W}{K}}{3520\,\dfrac{W}{(m^2K)}} = 1,923m^2$$

und die Mindestplattenzahl

$$z_{min} = \frac{1,923m^2}{0,13m^2} + 2 = 16,79$$

gewählt wird $z = 17$. Die Wärmetauschfläche ist nun $A_1 = 1,95\,m^2$, d.h. das Leistungsvermögen ist etwa größer als gefordert: $(kA_1)^* = 6864\,W/K$, also um 1,39%. Der Wärmetauscher könnte nun auf beiden Seiten mit veränderten Wasserströmen betrieben werden, so dass beide Austrittstemperaturen mit dem Ziel der Reduktion des mittleren Temperaturabstandes bei gleicher Leistung verändert werden – auf beiden Seiten bestehen entsprechende Regeleinrichtungen. In wirtschaftlicher Hinsicht ist es aber günstiger, lediglich die Rücklauftemperatur auf der Fernwärmeseite abzusenken. Auf der Heizungsseite bleiben Wasserstrom und Temperaturen demnach gleich. Der Fernwasserstrom $\dot{m}_1$ wird etwas gedrosselt. Wegen der geringen Abhängigkeit des Wärmedurchgangskoeffizienten von den Wasserströmen, kann in guter Näherung das Leistungsvermögen als gleichbleibend angesehen werden $kA_1 = (kA_1)^* = 6864\,W/K$. Es genügt also, nur die Verkleinerung beim mittleren wirksamen Temperaturabstand zu beachten:

$$\Delta\vartheta_m^* = \Delta\vartheta_m \frac{\left(kA_1\right)^*}{kA_1} = \frac{20{,}68K}{1{,}0139} = 20{,}4K$$

Mit Gl. D3.2-33 kann die genaue „Grädigkeit" $(\vartheta_{12} - \vartheta_{21})^*$ mit $\vartheta_{11} - \vartheta_{22} = 60\,K$ berechnet werden:

$$1 = \frac{\left(\vartheta_{12} - \vartheta_{21}\right)^*}{60K} e^{\frac{60K}{\Delta\vartheta_m^*}\left(1 - \frac{\left(\vartheta_{12}-\vartheta_{21}\right)^*}{60K}\right)}$$

Sie ist $(\vartheta_{12} - \vartheta_{21})^* = 3{,}8\,K$ und damit $\vartheta_{12}^* = 47{,}8\,°C$. Bei einer Abkühlung des Fernwärmewassers von 120 °C auf 47,8 °C, also um 72,2 K, sinkt der Wasserstrom geringfügig auf $\dot{m}_1^* = 0{,}4714\,kg/s$. Aus den Firmenunterlagen lässt sich hierfür ein Druckabfall von 0,900 kPa auf der Primärseite und einer von 1,5600 kPa auf der Sekundärseite ablesen.

Weiter ist zu entnehmen, dass der Wärmetauscher mit seiner Breite von 325 mm und einer Höhe von 815 mm eine Länge von 340 mm besitzt. Sein Gewicht beträgt leer ca.126 kg.

## 2. Beispiel
Nachrechnung eines vorliegenden Wärmeaustauschers
Zum Vergleich soll überprüft werden, welche primärseitige Abkühlung ein fertig vorliegender *gelöteter* Plattenwärmetauscher erreicht. Er hat die Außenabmessungen: Breite 238 mm, Höhe 387 mm, Länge 79 mm. Sein Gewicht beträgt 14,3 kg. Es sind 30 Platten mit einem Abstand von 0,4 mm eingebaut. Die Wärmeaustauschfläche ist $A_1 = 2{,}6\,m^2$ und das Leistungsvermögen $kA_1 = 7904\,W/K$ (wie beim geschraubten ebenfalls konstant). Die erforderliche Leistung von 140 kW wird mit einem mittleren wirksamen Temperaturabstand $\Delta\vartheta_m = 17{,}7\,K$ übertragen (deutlich weniger als 20,7 K). Auch hier soll nur $\vartheta_{12}$ abgesenkt und entsprechend der Fernwasserstrom gedrosselt werden. Es wird in der gleichen Weise wie beim ersten Beispiel vorgegangen. Es wird $\vartheta_{12}^* = 46{,}3\,K$ erreicht und damit nur ein Wasserstrom $\dot{m}_1^* = 0{,}4618\,kg/s$ benötigt.

Der Druckabfall ist hier höher: $\Delta p_1 = 1{,}1\,kPa$ und $\Delta p_2 = 1{,}70\,kPa$ (nach Firmenunterlage).

Auf beiden Seiten werden die Grenzwerte beim Druckabfall eingehalten. Das Preisverhältnis liegt hier bei etwa 1:2,4 zu Gunsten des gelöteten Plattenpakets.

## D3.3
## Wärmeerzeugung aus Brennstoff

### D3.3.1
### *Feuerungen und Brenner*

Weit überwiegend stammt Heizwärme aus Verbrennungsprozessen, d.h. aus der chemisch gebundenen Energie eines Brennstoffs, die zunächst in innere Energie der Verbrennungsgase gewandelt und dann als Wärme an die Kesselwände übertragen wird, um von dort weiter in den zu beheizenden Raum über ein Heizmittel (z.B. Wasser) zu gelangen. Der komplexe Energiewandlungs- und -übertragungsprozess bis zur Kesselwand wird kurz Feuerung genannt. In der einfachsten Form des offenen Feuers gibt es auch eine direkte Wärmeübertragung. Der chemische Vorgang der Oxidation eines Brennstoffs durch das in der Heiztechnik allein verwendete Oxidationsmittel Luft ist gekoppelt an Strahlungs- und Strömungsvorgänge in der Feuerung. Ziel einer Feuerung ist daher:

- zunächst die vollständige Oxidation des Brennstoffs, dann aber vor allem,
- einen möglichst hohen Anteil der Brennstoffenergie in Heizwärme zu wandeln,
- bei der Verbrennung wenig Schadstoffe entstehen zu lassen und
- den Vorgang selbst mit wenig Aufwand an Bedienung und Wartung bei hoher Sicherheit zu beherrschen.

Je nach Brennstoffart – fest, flüssig oder gasförmig – ist der Verbrennungsvorgang und auch die technische Gestaltung einer Feuerung unterschiedlich. So benötigt man bei den flüssigen und gasförmigen Brennstoffen generell einen Brenner, mit dem die Brennstoffe und meist auch die Verbrennungsluft stetig der Verbrennung zugeführt werden. In Großfeuerungen bei Dampfkesseln mit Kohlenstaubfeuerung gilt dies ebenfalls für Festbrennstoffe, meist genügt aber in Heizkesseln ein Feuerungsraum, beim offenen Kaminfeuer lediglich eine Feuerstelle.

### D3.3.1.1
### *Verbrennungsvorgang*

Um die Gründe für die Unterschiedlichkeit der Feuerungsräume und Brennerkonstruktionen verstehen zu können, muss der Verbrennungsvorgang bekannt sein. Er soll zunächst bei einem gasförmigen Brennstoff erläutert und dann für die anderen Brennstoffe die notwendigen Ergänzungen und Abweichungen angegeben werden.

    Vier Vorgänge sind getrennt betrachtbar, wiewohl sie meist gemeinsam auftreten [D3.3-1, -2, -3]:

- Mischung von Brennstoff und Luft
- Erwärmung beider Reaktionspartner auf Zündtemperatur

- Verbrennungsreaktionen und Energiewandlung
- Wärmeabgabe aus der Flamme und den Verbrennungsgasen an die Umfassungsflächen der Feuerung.

**Mischung:** Ziel ist, die Sauerstoffmoleküle aus der Verbrennungsluft in stöchiometrisch vorgegebener Anzahl überall in die Nähe der Brennstoffmoleküle zu bringen, so dass eine homogene Verteilung insgesamt vorliegt. Gas und Luft können sich in einer laminaren Strömung durch Diffusion mischen – dies geschieht generell in der Flamme selbst – oder in einer turbulenten Strömung durch turbulente Mischbewegung und Diffusion – entweder in der Flamme oder davor (Vormischflamme). Man spricht von Diffusionsflammen, wenn sich Brenngas und Luft in der Flamme mischen und dieser Vorgang somit die Flammenlänge bestimmt. Bei Vormischflammen ist die Reaktionszeit maßgebend.

**Zündung:** Um den Reaktionsprozess auszulösen, muss im Gas-Luft-Gemisch örtlich eine bestimmte Energiedichte [D3.3-3] aufgebracht werden, d.h. das Gemisch muss auf die Zündtemperatur erwärmt werden. (Die Selbstzündungstemperatur ist u.a. abhängig von der Gas-Luft-Mischung und dem Zündungsvolumen; der in einem Normverfahren [D3.3-4] festgestellte Wert dient daher nur der Orientierung). Am Anfang einer Verbrennung muss die Zündenergie von außen z.B. durch ein Zündholz, eine Hilfsflamme oder elektrisch durch einen Lichtbogen zugeführt werden. Danach liefert die Flamme selbst durch ihre Strahlung oder die Rückströmung von heißen Abgasen die Zündenergie. Der Zündvorgang läuft der Gemischströmung mit der sog. Zündgeschwindigkeit (Flammengeschwindigkeit) entgegen. Bei stabilen Flammen ist die Flammenfront ortsfest, d.h. die Ausströmgeschwindigkeit eines Gas-Luft-Gemisches muss gleich sein der maximalen Zündgeschwindigkeit.

**Verbrennungsreaktionen:** Der räumliche Bereich, in dem die Verbrennungsreaktionen stattfinden, wird Flamme genannt. Ihre Form wird bestimmt vom Mischungsvorgang, der von der Brennerart und der Form der Feuerraums abhängt, ferner von der Reaktionsgeschwindigkeit. Die Verbrennungsrechnung (Bd. 1, Teil H) liefert die Anfangs- und Endwerte des jeweiligen Reaktionsvorganges. Der tatsächliche Reaktionsablauf enthält zahlreiche Zwischenreaktionen, in denen kurzzeitig Zwischenprodukte, insbesondere verschiedene Radikale, und zusätzlich Produkte entstehen, die als Schadstoffe wirken. Der Reaktionsablauf lässt sich durch gestufte Luft- oder Brennstoffzufuhr, durch Rückmischung von Verbrennungsgasen, durch besondere Kühlung der Flamme oder Anordnung katalytisch wirkender Flächen beeinflussen; Ziel ist dabei, die Menge der bei den vielfältigen Reaktionen mitentstehenden Schadstoffe (siehe unten) zu mindern. Der Reaktionsablauf ist soweit veränderbar, dass keine Flamme mehr auftritt („flammenlose Oxidation"). Da eine ideale Vermischung der Reaktionspartner nicht zu erreichen ist , aber eine vollständige Verbrennung angestrebt wird, muss Luft im Überschuss zugeführt werden. Der Verbrennungsprozess ist stets mit Energiewandlung verbunden. Die freigesetzte chemische Bindungsenergie fällt als Wärme an. Als Zwischenschritt – wie bei den

Reaktionen – erscheint die freigesetzte Energie zunächst als innere Energie der
Abgase, dann als Wärme.

**Wärmeabgabe:** Die Wärme wird direkt aus dem Reaktionsprozess und von
dem heißen Abgas im wesentlichen durch Strahlung und untergeordnet auch
durch Konvektion an die Umfassungsflächen der Flamme abgegeben. Die Ver-
brennungsprodukte $CO_2$ und $H_2O$ strahlen diskontinuierlich in für sie typischen Banden (Bandenstrahlung); in der Flamme vorhandene oder entstehende Festkörper, insbesondere Ruß, strahlen kontinuierlich in Abhängigkeit ihrer
Temperatur (Temperaturstrahlung). In der Flamme können auch metallische
und keramische Körper (Rohre, Stäbe) angeordnet sein, die durch die Flamme
vor allem konvektiv aufgewärmt werden und sekundär durch Strahlung an die
Umfassungsflächen des Feuerraums die Flamme kühlen. Die Wärmeabgabe der
Flamme und des Abgases beeinflusst die Temperaturverteilung und Strömung
im Feuerraum, damit auch den Mischvorgang und die Verbrennungsreaktionen
in der Flamme.

Bei **flüssigen** und bei **festen** Brennstoffen muss vor dem ersten Vorgang, der
Mischung, der Brennstoff so aufbereitet – zerkleinert, vorgewärmt – werden,
dass wenigstens zum Teil eine Verdampfung oder Vergasung ermöglicht wird
und der Sauerstoff in verbleibende Brennstoffstrukturen eindringen kann.

Öl wird entweder zu einer dünnen Schicht ausgebreitet (Verdampfungsbrenner, besser „Schichtungsbrenner") oder mit Druck über eine Düse zerstäubt (Zerstäuberbrenner). Über die damit erzeugte vergrößerte Oberfläche wird dem Öl
Energie (meist Wärme) zugeführt, um es zu verdampfen. Der Öldampf (gasförmige Kohlenwasserstoffe) mischt sich mit dem umgebenden Gas, das Sauerstoff
enthält. Nun kann der Verbrennungsvorgang in den beschriebenen vier Schritten – Mischung, Zündung, Reaktionen, Wärmeabgabe – ablaufen. Daneben aber
gibt es verbleibende Brennstoffstrukturen, die einer Pyrolyse ausgesetzt werden und wie ein Festbrennstoff weiterverbrennen. Ein stark vereinfachtes Reaktionsschema zeigt Bild D3.3-1. Die Bildung von Koks aus der Flüssigkeitsphase

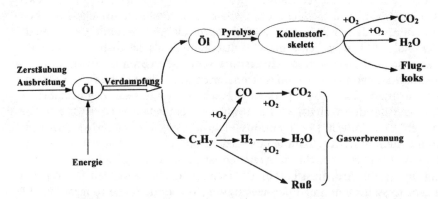

**Bild D3.3-1** Stark vereinfachtes Reaktionsschema bei Öl in Anlehnung an Görner [D3.3-2].

**Bild D3.3-2** Stark vereinfachtes Reaktionsschema bei Kohle in Anlehnung an Görner [D3.3-2].

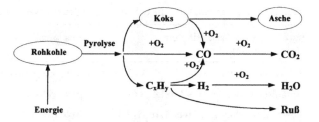

wird auf die im Innern einer Ölschicht (z. B. auch am Brennermund) oder eines Öltröpfchens ablaufende Verdampfung zurückgeführt, bei der ein Koksgerüst übrigbleibt. Bei der Verbrennung von Öl ist die Verdampfung der geschwindigkeitsbestimmende Teilvorgang.

Die Verbrennung von Festbrennstoffen soll am Beispiel des Brennstoffs Kohle erläutert werden. Auch hier steht am Anfang die Zerkleinerung, die bis zum Vermahlen zu Kohlenstaub gehen kann, hinzu kommt die Trocknung. Die Verbrennung von Kohle wird in drei wesentliche Teilprozesse gegliedert [D3.3-2]:

- Pyrolyse der Kohle,
- Koksabbrand
- Abbrand der Flüchtigen.

Bild D3.3-2 gibt eine Übersicht. Bei der Pyrolyse entstehen Koks und Flüchtige; letztere sind mit $C_xH_y$ bezeichnet und fassen sehr unterschiedliche Kohlenwasserstoffe von Methan bis zu den Teerdämpfen zusammen. Die in Bild D3.3-2 dargestellten Folgereaktionen laufen in der Realität parallel ab.

### D3.3.1.2
### Schadstoffentstehung

Die Kenntnis des Verbrennungsvorganges ist nicht nur wichtig für die technische Gestaltung einer Feuerung oder die Auswahl einer geeigneten Brenner-Feuerungsraum-Kombination, sie ist auch eine Voraussetzung für die Beurteilung der jeweils günstigsten Strategie, möglichst wenig Schadstoffe entstehen zu lassen. Je nach Entstehungsart und -ort stammen die Schadstoffe aus

- Brennstoffbestandteilen
- unvollständiger Verbrennung
- Sekundärreaktionen.

Eine Übersicht über die Schadstoffe gibt Tabelle D3.3-1. Im Vordergrund der staatlichen Schutzbestimmungen [D3.3-5] stehen Schwefeloxide ($SO_2$), ferner Kohlenmonoxid (CO), Stickoxide ($NO_2$) und organische Verbindungen ($C_xH_y$) sowie Staub.

Die Schadstoffe aus den Brennstoffbestandteilen (z. B. $SO_2$) lassen sich durch Veränderungen der Brennstoffzusammensetzung (mit erträglichem Aufwand

**Tabelle 3.3-1** Übersicht über die Schadstoffe in Rauchgasen (nach [D3.3-1])

| Aus Brennstoffbestandteilen (ohne C, H, O) | Aus unvollständiger Verbrennung |
|---|---|
| Schwefeloxide ($SO_2$, $SO_3$) | Kohlenwasserstoffe ($C_xH_y$) |
| organisch gebundener Schwefel (SX) | polyzyklische Aromate |
| Fluor-/Chlor-Verbindungen (HF, HCl, $Cl_2$) | Aldehyde |
| Phosphor-Verbindungen ($P_2O_5$) | organische Säuren |
| Brennstoffstickoxide (NO, $NO_2$) | Ketone |
| Alkalioxide ($Na_2O$) | Kohlenmonoxid (CO) |
| Metalle und Schwermetalle | Ruß |
| | Kokspartikel |
| **Aus Sekundärreaktionen** | |
| thermische Stickoxide (NO, $NO_2$) | |

nur bei Öl machbar) und durch Maßnahmen nach der Verbrennung (Entschwe-
felung oder Entstaubung der Rauchgase) vermindern. Im Unterschied dazu lässt
sich das Entstehen von Schadstoffen aus unvollständiger Verbrennung und aus
Sekundärreaktionen durch eine geeignete Gestaltung des gesamten Verbren-
nungsablaufs begrenzen oder gar vermeiden.

**Kohlenstoffmonoxid (CO)** entsteht bei einer unvollständigen Verbrennung
von Kohlenwasserstoffen durch:
• Sauerstoffmangel (unterstöchiometrische Verbrennung in Teilbereichen),
• unvollständige Mischung von Brennstoff und Sauerstoff und
• zu geringe Aufenthaltszeit der Reaktionspartner in der Feuerung.

Die beiden letztgenannten Bildungsursachen lassen sich durch eine geeignete
Brenner- und Feuerungsraumgestaltung weitgehend vermeiden.

**Stickoxide** treten in technischen Feuerungen etwa zu 95% als NO, zu fast 5%
als $NO_2$ und zum kleinsten Anteil als $N_2O$ (Lachgas) auf. Die Aufoxidation von
NO zu $NO_2$ beginnt erst unterhalb 650 °C und findet im wesentlichen in der
Atmosphäre statt. Bei Maßnahmen zur Vermeidung der Stickoxidbildung ist
daher im wesentlichen auf NO zu achten. Stickoxid kann auf drei unterschiedliche Weisen entstehen:
• Aus brennstoffgebundenem Stickstoff („Brennstoff-NO"),
• aus dem Luftstickstoff bei hohen Temperaturen („thermisches NO" oder
  „Zeldovich-NO"),
• bei niederen Temperaturen („promptes NO" oder „Fenimore-NO")

Bei allen drei Entstehungsmechanismen wächst die NO-Bildung mit der Temperatur, am stärksten beim thermischen NO. Der im Brennstoff in organischer

Form gebundene Stickstoff kommt im wesentlichen nur bei Kohle und Heizöl vor, in geringem Umfang auch im Heizöl EL. Das Brennstoff-NO spielt daher nur bei Großfeuerungen, in denen Kohle und Schweröl eingesetzt werden, eine nennenswerte Rolle.

Den größten Anteil an der Schadstoffentstehung hat das thermische NO. Da von mehreren Bildungsmechanismen die Reaktion zwischen atomarem Sauerstoff O und dem Stickstoff $N_2$ die Bildungsgeschwindigkeit bestimmt, ist die bei 1000 °C beginnende Dissoziation von Sauerstoff (Zerfall von $O_2$ in 2 O) maßgeblich; sie wächst oberhalb 1300 °C sehr stark an. Ist die Verweilzeit des Luftstickstoffs in diesem Temperaturbereich ausreichend, bildet sich entsprechend stark das thermische NO. Einflussgrößen sind somit die O-Konzentration, die Temperatur, die Verweilzeit der Gase im Verbrennungsraum und die Reaktionszeit.

Die Prompt-NO-Bildung spielt gegenüber der thermischen und der Brennstoff-NO-Bildung praktisch keine Rolle. Für den Anwendungsbereich der Heiztechnik erübrigt sich daher eine genauere Betrachtung des sehr komplexen Entstehungsprozesses.

Es gibt zwei Wege, möglichst wenig Stickoxid in die Umwelt gelangen zu lassen:

- Primärmaßnahmen haben zum Ziel, dass möglichst wenig Stickoxid in der Verbrennung entsteht. Sie werden überwiegend in der Heiztechnik angewandt.
- Die als Sekundärmaßnahme bezeichnete Beseitigung des $NO_x$ aus den Rauchgas wird nur bei der motorischen Verbrennung und bei Großfeuerungen angewandt.

Als Primarmaßnahmen zählen:
- Gestufte Luft- oder Brennstoffzufuhr,
- Rückmischung von Verbrennungsgasen,
- Kühlung der Flamme z. B. durch Vergrößerung der Flammenoberfläche oder durch Einbau warmfester Glühkörper im Flammenbereich,
- Anordnung katalytisch wirkender Flächen.

Die Stufung der Luft- oder Brennstoffzufuhr hat zum Ziel, in einer Primärflamme (Leistungszone) die Verbrennung unterstöchiometrisch zu führen. Dadurch entstehen niedrigere Verbrennungstemperaturen und reaktionskinetisch auch ungünstigere Bedingungen für die NO-Bildung.

Bei der Rauchgasrückführung unterscheidet man die interne und die externe Rückführung. Die interne Rückführung wird nur bei Ölbrennern verwirklicht: Heiße Rauchgase rezirkulieren im Brennerbereich; dadurch lässt sich zunächst das zerstäubte Öl vorverdampfen und so die Reaktionszeit verkürzen, dann die Sauerstoffkonzentration und die Flammtemperatur senken. Ähnlich wirkt sich auch eine Rezirkulation von bereites abgekühltem Rauchgas aus dem Verbrennungsraum in die Flammenwurzel aus. in beiden Fällen induziert der Brennstoff-Luft-Strahl die Rauchgase. Bei der externen Rückführung wird das Abgas

meist vom Kesselende entweder mit dem Verbrennungsluft-Ventilator angesaugt oder mit einem besonderem Ventilator erst in der Mischeinrichtung in die
Flamme eingedüst. Auch hierdurch erreicht man eine Reduktion des Sauerstoff-
gehaltes und der Flammentemperatur. Die externe Rauchgasrückführung wird
auch bei Feststofffeuerungen angewandt. Mit dem rückgeführtem Abgas wird
insbesondere bei der Verfeuerung von Öl zugleich Wasserdampf der Flamme
zugeführt. Es hat sich erwiesen, dass eine erhöhte $H_2O$-Konzentration zu einer
Reduktion der Stickoxide führt [D3.3-5]. In diesem Zusammenhang ist auch der
Einfluss des Feuchtegehalts in der Verbrennungsluft zu nennen.

Wie mehrfach erwähnt, spielt die Verbrennungstemperatur eine besonders
wichtige Rolle bei der Entstehung des thermischen NO. Eine naheliegende Maßnahme stellt daher die Flammenkühlung dar. Abgesehen davon, dass auch rück-
geführte Abgase zur Kühlung beitragen oder unvorgewärmte Verbrennungsluft
erst gar nicht überhöhte Verbrennungstemperaturen entstehen lässt, kann man
die Flamme kühlen durch:
- Absenken der Temperatur der Umfassungsflächen,
- Absenken der Feuerraumbelastung (Vergleichmäßigung der Temperatur und
  Vergrößerung der Umfassungsflächen),
- Vergrößerung der Flammenoberfläche,
- Einbau warmfester Kühlkörper im Flammenbereich, die konvektiv erhitzt
  und Wärme aus der Flamme abstrahlen.

Durch den Einbau katalytisch wirksamer Flächen wird in den Reaktionsablauf
eingegriffen und dadurch einerseits eine Reduktion von Stickoxid gefördert,
andererseits die Energiefreisetzung so gestreckt, dass keine allzu hohen Temperaturen entstehen – auch keine sichtbare Flamme.

**Unverbrannte Kohlenwasserstoffe ($C_xH_y$)** entstehen wie auch das CO bei
unvollständiger Verbrennung des Brennstoffes und lassen sich mit den gleichen

**Bild D3.3-3** Emissionen beim
An- und Abfahren eines Öl-
Zerstäuberbrenners (Beispiel
aus unveröffentlichten Mes-
sungen der Forsch.-Ges. HLK
Stuttgart mbH)

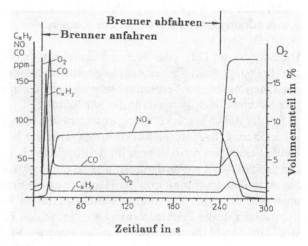

Maßnahmen weitgehend vermeiden. Sie treten im wesentlichen als Emissionen beim An- und Abfahren eines Brenners auf (siehe auch Bild D3.3-3).

Bei modernen Feuerungsanlagen stellen die Möglichkeiten der Einflussnahme auf die Schadstoffentstehung – namentlich bei Stickoxid – das wesentliche Beurteilungskriterium dar. Die wenigsten Möglichkeiten bieten sich bei Feuerungsanlagen für Festbrennstoffe, die meisten bei Gasbrennern. Im Einklang mit der bisherigen Vorgehensweise, zuerst die Komponenten- oder Anlagenvarianten zu behandeln, bei denen die geringste Anzahl von Freiheitsgraden für eine optimale Anlagengestaltung vorliegt, soll zunächst auf Feuerungsanlagen für Festbrennstoffe, dann auf Ölbrenner und schließlich auf Gasbrenner eingegangen werden.

### D3.3.1.3
#### Feuerungsanlagen für Festbrennstoffe

Als Festbrennstoffe kommen in der Heiztechnik die verschiedenen Kohlesorten, Koks, Holz, Torf, Stroh und ähnliches in Frage. Sie können verfeuert werden in Einzelraum-Öfen, Speicheröfen, Warmwasserkesseln oder Dampfkesseln. Während die Feuerungsanlage beim Einzelraum-Ofen mit diesem identisch ist, beschränkt sie sich z.B. bei einem großen Dampfkessel nur auf den Kohlenstaub-Brenner. Allgemein besteht eine Feuerungsanlage für Festbrennstoffe aus Feuerungsraum, Brennrost sowie Einrichtungen für Brennluftzufuhr und Brennstoffbeschickung. Bei Einsatz von Kohlenstaubbrennern in Großfeuerungen entfällt der Brennrost.

Bei einer Feuerung mit Brennrost, auf der der Festbrennstoff lagert, unterscheidet man oberen und unteren Abbrand.

Bei oberem Abrand (auch Durchbrand) gerät der gesamte im Feuerraum auf dem Rost gelagerte Brennstoff in Glut, weil die in den unteren Schichten freigesetzen Verbrennungsgase mit der Verbrennungsluft den ganzen Brennstoffstapel durchdringen müssen (siehe Bild D3.3-4). Zeitlich im Ablauf der meist diskontinuierlichen Brennstoffzufuhr entsteht periodisch eine hohe Verbren-

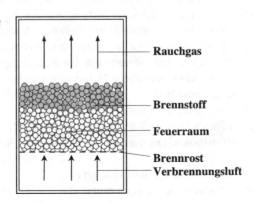

**Bild D3.3-4** Feuerungsanlage mit oberem Abbrand (auch Durchbrand)

Rauchgas

Brennstoff

Feuerraum

Brennrost
Verbrennungsluft

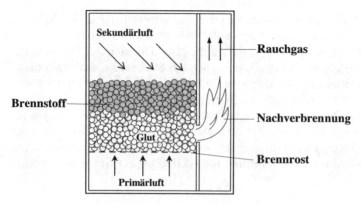

**Bild D3.3-5** Feuerungsanlage mit unterem Abbrand

nungstemperatur. Der Verbrennungsvorgang ist nur durch Verändern der Luftzufuhr zu beeinflussen.

Beim unteren Abbrand (Bild D3.3-5) gelangt lediglich ein Teil der Verbrennungsluft durch den Rost (Primärluft). Der Rest der Verbrennungsluft strömt von oben zu (Sekundärluft) und ermöglicht eine Nachverbrennung im tief abgesaugten Verbrennungsgas-Luftgemisch. Mit dieser gestuften Verbrennungsluftzufuhr lässt sich der Reaktionsablauf beeinflussen und damit gezielt erreichen, dass sich weniger Schadstoffe bilden. Zudem ist ein besserer Ausbrand mit einem geringeren Luftüberschuss zu erhalten.

Die verschiedenen Brennroste müssen zusammen mit den Einrichtungen für die Verbrennungsluftzufuhr und die Brennstoffbeschickung betrachtet werden. Eine Übersicht mit schematischen Darstellungen über sie gibt Tabelle D3.3-2 aus [D3.3-1]. Planrost und Treppenrost sind fest; Wanderrost, Schürrost (Vorschub- und Rückschubrost) und Unterschubrost sind beweglich. Der Brennstoff wird entweder periodisch von Hand (bei größeren Leistungen auch mit einem Wurfgerät) zugeführt oder rutscht kontinuierlich aus einem Füllraum (Füllschacht) auf den Rost (Treppenrost, Wanderrost, Schürrost). Beim Unterschubrost transportiert eine Schnecke oder ein sich hin und her bewegender Kolbenmechanismus (Stoker) den Brennstoff von der unteren Füllschachtöffnung nach oben auf den Rost. Die Verbrennungsluft wird bei kleinen Leistungen durch den Unterdruck im Feuerungsraum (Naturzug) angesaugt oder durch einen Ventilator (Unterwindgebläse) zugeführt. Da mit der Zwangsluftzufuhr eine bessere Vermischung der Luft mit den Verbrennungsgasen zu erreichen ist, ist hier mit einem geringeren Luftüberschuss auszukommen (nur 30 bis 50% im Vergleich zu 80 bis 100%). Durch zonenweise Luftzufuhr ist insbesondere bei den Wanderrosten der Reaktionsablauf zu beeinflussen.

Wirbelschicht- und Kohlenstaubfeuerungen kommen ohne Rost aus. Sie werden nur in Großfeuerungsanlagen eingesetzt und erlauben sowohl eine gestufte

**Tabelle D3.3-2** Schematische Darstellung der Brennroste nach [D3.3-1].

| Brennroste | Brennstoffzufuhr | Brennstoffbewegung | Brennstoffart |
|---|---|---|---|
| Planrost | von Hand oder Wurfgerät | keine | alles |
| Treppenrost | Füllschacht | treppab durch Schwerkraft | Brennstoffe mit größerem Feinanteil und Wasser, z.B. Rohbraunkohle oder Torf |
| Wanderrost | Füllschacht | Rost mit Förderketten | nichtbackende Kohle mit Körnung bis 50 mm |
| Schürrost | Füllschacht | Hin- und Herbewegung der Rostelemente und Schwerkraft | alles |
| Unterschubrost | mit Schnecke oder Schubkolben aus Füllschacht | durch Fördereinrichtung und Schwerkraft | bevorzugt gasreiche Kohle |

Luft- wie auch Brennstoffzufuhr. Zusätzlich kann bei der Wirbelschichtfeuerung Kalkstein ($CaCO_3$) oder Kalkhydrat ($CaOH_2$) als Additiv eingeblasen werden. Hierdurch wird das bei der Verbrennung entstehende Schwefeldioxid gebunden und mit der Asche abgeführt.

### D3.3.1.4
### Ölbrenner

Allgemein bestehen Ölbrenner aus folgenden getrennt betrachtbaren, aber teilweise zusammengefassten Einrichtungen zur:
- Ölförderung,
- Luftförderung,
- Ölaufbereitung (Vorwärmung, Schicht- oder Spraybildung, Verdampfung),
- Mischung von Brennstoff und Luft,
- Regelung und Flammenüberwachung.

Die Hauptunterscheidung bei den Ölbrennern richtet sich nach der Brennstoffaufbereitung. Wie beim festen Brennstoff die erforderliche Oberflächenvergrößerung durch Zerkleinern erreicht wird, muss das Öl vor der Verbrennung entweder zu einer dünnen Schicht ausgebreitet oder zerstäubt werden. Dadurch wird die erforderliche Verdampfung des Öls erleichtert. Man sollte daher „Schichtungs"- und Zerstäuberbrenner unterscheiden und nicht in Verdampfungs- und Zerstäuberbrenner gliedern – wie dies immer noch im Sprachgebrauch ist [D3.3-6 und 7] –, denn bei beiden Brennerarten wird der Brennstoff so aufbereitet, dass eine Verdampfung ermöglicht wird.

Beim **Schichtungsbrenner** lässt sich die erforderliche dünne Ölschicht entweder auf dem Boden eines nach oben offenen Topfes erzeugen oder auf der Innenwand eines horizontal gelagerten rotierenden Rohrs.

Bild D3.3-6 zeigt die moderne Ausführung eines Topfbrenners. Das am Boden des Gefäßes zu einer dünnen Schicht ausgebreitete Öl wird durch die Rückstrah-

**Bild D3.3-6**  Topfbrenner
(Schichtungsprinzip)

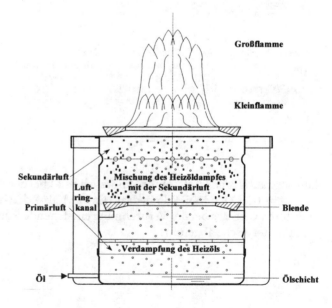

lung aus der Flamme erhitzt und verdampft. Die Luft tritt von der Seite in vielen Strahlen ein. Dadurch wird eine gute Öldampf-Luftvermischung und eine weitgehend blaue Flamme am obersten Ring erreicht (es gibt auch Konstruktionen mit drei Ringen). Die Luft strömt dem Brennertopf entweder aufgrund des Unterdrucks im Feuerraum zu oder mit Hilfe eines Ventilators; dann ist der Brennertopf von einem Blechmantel umhüllt, so dass sich im Zwischenraum die Verbrennungsluft auf die Durchlässe gleichmäßig verteilen kann. Generell gilt für eine Luftzufuhr mit Gebläse, dass dadurch im Unterschied zum schwankenden Schornsteinzug sich die Verbrennungsqualität weniger verändert und so kleinere Luftzahlen ermöglicht werden.

Topfbrenner sind generell in ihrer Leistung regelbar. Die erforderliche Ölzufuhr wird über einen Ölstandsregler, der auch Sicherheitsaufgaben wahrnimmt, eingestellt. Die Kleinststellung liegt bei etwa einem Fünftel der Nennleistung. Moderne Topfbrenner werden generell vollautomatisch gezündet (z.B. mit einer elektrischen Zündeinrichtung); bei älteren Geräten gibt es auch einen Handbetrieb mit einem Anzünder (Einzelheiten siehe auch [D3.3-8]).

Beim Rotationsrohr (s. Bild D3.3-7) fließt das Öl über einer Leitung drucklos auf die Innenseite eines rotierenden Rohres. Die Verbrennungsluft wird mit einem Ventilator über eine Blende axial durch dieses Verdampferrohr geblasen und induziert dabei heiße Verbrennungsgase aus der Flamme. Dadurch und durch die Rückstrahlung aus der Flamme wird das Verdampferrohr erhitzt. Für den Kaltstart des Brenners besitzt das Verdampferrohr eine elektrische Heizwicklung. Auch hier mischen sich, wie beim Topfbrenner, Öldampf und Verbrennungsluft vor der Flamme. Hinzukommt die Rückmischung von heißem Rauchgas. Ergebnis ist eine horizontal brennende blaue Flamme mit wenig $NO_X$, $C_XH_Y$ und CO im Abgas.

Bei **Zerstäuberbrennern** wird das Heizöl auf verschiedene Weise in feinste Tröpfchen zerstäubt und dann mit Luft und auch rückgeführtem heißem Abgas vermischt. Der dabei erzeugte Brennstoffnebel wird neuerdings Spray genannt. Generell besitzen Zerstäuberbrenner ein Gebläse für die Verbrennungsluft. Vier prinzipiell unterschiedliche Verfahren sind für das Zerstäuben bekannt:

**Bild D3.3-7** Öl-Rotationsrohr nach Füllemann (Schichtungsprinzip)

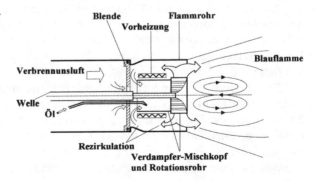

- Rotationszerstäubung,
- Druckzerstäubung.
- Injektionszerstäubung,
- Ultraschallzerstäubung.

Die Rotationszerstäubung ist in der Heiztechnik praktisch nicht zu finden; ihr angestammtes Anwendungsgebiet sind Kraftwerks- oder Schiffskessel. Das Öl wird nahezu drucklos über eine Hohlwelle in einen hochtourig drehenden konischen Zerstäuberbecher geleitet und von der Becherkante als feiner Ölfilm verspritzt.

Die Druckzerstäubung ist das heute am meisten angewandte Verfahren und wird bei Brennern aller Größenordnungen eingesetzt. Das Heizöl (in aller Regel vorgewärmt) wird hier von einer Brennerpumpe auf einen hohen Druck gebracht (6–20 bar bei Kleinbrennern und 20–40 bar bei Großbrennern) und über eine Düse zerstäubt.

Die Injektionszerstäubung ist bei Industrie- und Großbrennern für schweres Heizöl und Teeröl zu finden. Das Öl wird mit vergleichsweise niedrigem Druck zur Düsenmündung geführt und dort von Pressluft- oder Dampfstrahlen fortgerissen und zerstäubt. Eine Variante der Injektionszerstäubung stellen die sog. Druckluftzerstäuber für kleine Leistungen dar. Hier wird ein Teil der Verbrennungsluft (3–5%) auf denselben Druck wie das Öl verdichtet und in die Ölzuleitung zur Düse eingespritzt. Mit der dadurch hervorgerufenen hohen Strömungsgeschwindigkeit in der Düse ist eine hohe Zerstäubungsgüte, insbesondere auch bei Öldurchsätzen unter 1,2 kg/h zu erreichen.

Bei der Ultraschallzerstäubung wird dem der Verbrennung zugeführten Ölstrom eine Frequenz im Ultraschallbereich ($<20$ MHz) aufmoduliert. Der Ölstrom reißt dabei in kleinste Tröpfchen auf. Dieses Zerstäubungsprinzip hat bisher noch keine Marktreife erlangt.

Bei den überwiegend verwendeten Druckzerstäuberbrennern lassen sich, je nach Mischung des Sprays mit der Verbrennungsluft, unterschiedliche Flammen erzeugen:

In der einfachsten Form finden die Mischung des Ölsprays mit der Verbrennungsluft, die Verdampfung der Öltröpfchen und die Verbrennung räumlich und zeitlich zugleich statt (Mischung in der Flamme, s. Bild D3.3-8). Der für die Mischung erforderliche Drall im Luftstrahl wird durch eine Stauscheibe mit Schlitzen erzeugt oder zusätzlich auch durch Drallschaufeln. Da das Öl in der Flamme verdampft und sich dabei auch Flugkoks bildet, leuchtet die Flamme gelblich weiß.

Die Vorgänge Mischung mit der Verdampfung einerseits und Verbrennung andererseits lassen sich auch räumlich trennen, wie dies z.B. bei den Schichtbrennern mit der Vorverdampfung verwirklicht ist. Die Verbrennungsluft wird dabei so geführt, dass sie hinter der Zerstäuberdüse heiße Rauchgase aus der Flamme oder aus dem Feuerraum induziert, sich dann dieses heiße Luft- Abgasgemisch mit dem Ölspray vermischt und dadurch das Öl verdampft. Bild D3.3-9

**Bild D3.3-8** Öl-Zerstäubungsbrenner mit Flammenmi-
schung

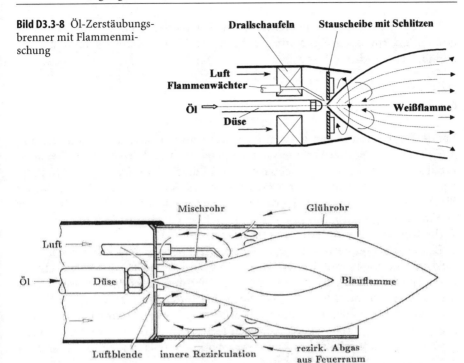

**Bild D3.3-9** Öl-Zerstäubungsbrenner mit Vormischung („Raketenbrenner")

zeigt ein Beispiel für einen derartigen Vormischbrenner [D3.3-9]. Die durch
die Rauchgasrückmischung und die Vorverdampfung erzeugte Blauflamme ist
durch andere Brennergestaltungen ebenfalls zu erzielen. Dabei kann das Misch-
rohr als Venturidüse ausgebildet sein oder ganz darauf verzichtet werden und
statt dessen nur „kalte" Abgase aus dem Feuerraum eingemischt werden. Der
Nachteil der Blauflamme, dass sie weniger strahlt, wird durch ein Glührohr
kompensiert: es erwärmt sich konvektiv und gibt durch Temperaturstrahlung
Wärme an die Brennkammerwände ab. Dadurch wird die Flamme zusätzlich
gekühlt (also nicht nur durch das rezirkulierende Abgas). Die Blauflamme stellt
eine Primärmaßnahme gegen die $NO_X$-Bildung dar.

Die Flamme beim Druckzerstäuberbrenner ist meist horizontal gerichtet; bei
der vertikalen Anordnung lässt man die Flamme überwiegend nach unten brennen („Sturzbrenner").

Zerstäuberbrenner im (Feuerungs-)Leistungsbereich zwischen 1 kg Öl/h und
12 kg/h, d.h. zwischen 12 und 144 kW, werden allein im An-Aus-Betrieb gefahren. Für höhere Leistungen gibt es auch Zweistufenbrenner mit zwei Düsen
oder einer großen Rücklaufdüse, bei der im Teillastbetrieb ein Teil des zur Düse
geförderten Öles rezirkuliert.

Einzelheiten über Brennerventilatoren, Zerstäuberdüsen, Mischeinrichtungen, Ölförderpumpen, Zündeinrichtungen und Flammenüberwachung berichtet Marx [D3.3-8].

### D3.3.1.5
### Gasbrenner

Bei der Verbrennung von gasförmigen Brennstoffen entfällt die Aufbereitung und Verdampfung. Der Verbrennungsvorgang beschränkt sich auf die bei allen Brennstoffen gemeinsam zu beobachtenden Teilvorgänge: Mischung, Zündung, Verbrennungsreaktionen und Wärmeabgabe (s. Kap. D3.3.1.1). Neben dieser Einfachheit des Verbrennungsprozesses ist weiterhin vorteilhaft, dass das in der Leitung herangeführte Gas mit seinem Druck bereits die zur Mischung mit der Verbrennungsluft erforderliche Energie besitzt.

Bei den Gasbrennern ist wie bei den Ölzerstäuberbrennern zu unterscheiden zwischen Brennern mit Flammenmischung und Brennern mit Vormischung. Beide Brennerarten gibt es mit und ohne Verbrennungsluft-Gebläse. Die so gewählte Hauptunterscheidung ist darin begründet, dass hiervon die Feuerraumgestaltung abhängt: Brenner mit Mischung in der Flamme liefern längliche Flammen und benötigen daher auch Feuerräume mit entsprechender Länge; Brenner mit Vormischung besitzen generell kurze Flammen und erfordern daher kurze und breite Feuerräume.

Gasbrenner ohne Gebläse mit Mischung in der Flamme erzeugen eine Diffusionsflamme und sind unter der Bezeichnung Leuchtflammenbrenner bekannt. Die Flamme ist vergleichbar der einer Kerze. Brenner dieser Art werden in der Heiztechnik nicht angewandt. Das Prinzip der Flammenmischung findet in der Heiztechnik nur in Verbindung mit einem Verbrennungsluftgebläse Anwendung. Aufbau und Funktion dieser Gebläse-Gasbrenner müssen DIN 4788 T2 entsprechen [D3.3-10]. Bild D3.3-10 zeigt eine Prinzipskizze eines derartigen Brenners. Eine oder mehrere Stauscheiben in der Brennermündung bewirken,

**Bild D3.3-10** Gasbrenner mit Flammenmischung (Diffusionsflammenbrenner), auch Gebläse-Gasbrenner

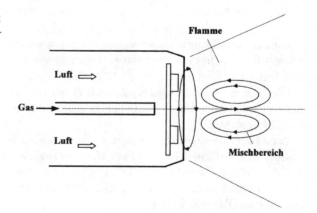

dass sich Brenngas und Verbrennungsluft intensiv und homogen miteinander vermischen. Der Mischvorgang findet innerhalb der Flamme statt („Diffusions-flamme"). Gebläse-Gasbrenner mit Flammenmischung ähneln in Aussehen und Wirkungsweise den entsprechenden Öl-Zerstäuberbrennern. Sie werden daher generell in gleicher Weise, oft parallel zu Ölbrennern und auch als Öl-Gas-Wech-selbrenner eingesetzt.

Über eine Neuentwicklung eines flammenmischenden Brenners berichtet Wünning [D3.3-11]. Hier wird die Verbrennungsluft vorgewärmt und in hohem Maß mit Abgas gemischt. Die Ausblasöffnungen für Luft und Gas sind so gestal-tet, dass eine starke Abgasrezirkulation zum Brennermund auftritt. Erreicht wird hierdurch eine Oxidation ohne sichtbare Flamme. Wegen der niedrigen Temperaturen im Reaktionsbereich bildet sich nur wenig Stickoxid, und es lässt sich auch eine stabile Verbrennung mit Luftzahlen bei 1,05 erzielen (schemati-sche Darstellung in Bild D3.3-11). Anwendung hat dieser neue Brennertyp bis-her nur für die Beheizung von Industrieöfen gefunden.

Vormischende Gasbrenner (sog. Injektionsbrenner) sind zunächst ohne Gebläse bereits im vorherigen Jahrhundert entwickelt worden. Das Prinzip, nachdem sie arbeiten, ist nach dem Chemiker Bunsen benannt: aus einer Düse wird das Brenngas in ein Injektorrohr (Venturirohr) geblasen und saugt dabei Verbrennungsluft (Primärluft) in dieses Rohr (schematische Darstellung in Bild D3.3-12). Gas und Luft mischen sich, verteilen sich als Gemisch in einem rohr-förmigen Körper (dem Brennstab), aus dem das Gemisch durch feine Schlit-

**Bild D3.3-11** „FLOX"-Brenner (Flameless Oxidation, Pro-duktname der WS-Wärme-prozesstechnik GmbH, Ren-ningen)

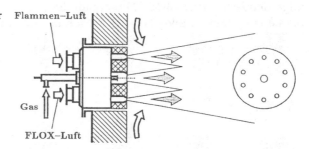

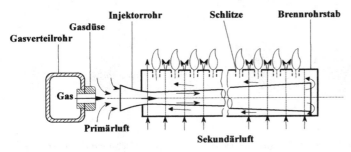

**Bild D3.3-12** Injektionsbrenner

ze austritt und außerhalb des Rohres erst zündet. Mit der dabei entstehenden Flamme wird die Zweitluft angesaugt und so die Hauptflamme gebildet (zusätzlich besteht eine Zündflamme). Zur Verbesserung der Vormischung kann innerhalb des Brennrohrstabes ein zusätzliches Rohr mit einem engen Längsschlitz das Venturirohr umgeben. Der Längsschlitz ist vorzugsweise auf der Unterseite angeordnet. Um zu vermeiden, dass das Gas-Luft-Gemisch bereits vor dem Ausströmen aus dem Brennrohrstab zündet, muss nicht nur die Austrittsgeschwindigkeit des Gemisches hoch genug sein, sondern auch seine Temperatur einen genügenden Abstand von der Zündtemperatur haben. Zu diesem Zweck wird in jedem Fall die Oberfläche des Brennrohrstabes blank gehalten, gelegentlich auch der Brennrohrstab auf besondere Weise (z. B. mit Wasser) gekühlt. Auf das genügende Kühlhalten des Gas-Luft-Gemisches ist vor allem bei voll vormischenden Brennern (ohne Sekundärluft) zu achten.

In Abhängigkeit von der Leistung besitzt ein Gasbrenner nach dem Injektionsprinzip mehrere parallel liegende Brennrohrstäbe. Bei den teilvormischenden Brennern wird zwischen den Brennrohrstäben ein Zwischenraum gelassen, durch den die Sekundärluft zur Flamme gelangen kann. Bei voll vormischenden Brennern wird der Abstand vermieden und die Oberfläche des Brennrohrstabes verbreitert (s. Bild D3.3-13). Injektionsbrenner ohne Verbrennungsluftgebläse besitzen generell nach oben gerichtete Flammen.

Die Vormischung lässt sich weiter verbessern, wenn die Verbrennungsluft durch ein Gebläse herangeführt wird. Derartige Brenner sind vollvormischend und haben eine maximierte Flammenoberfläche z. B. durch eine halbkugelförmige Gemisch-Austrittsfläche. Innerhalb des Mischraums sind zwei Verteilerbleche eingebaut (s. Bild D3.3-14). Wegen der wirksamen Vormischung kann

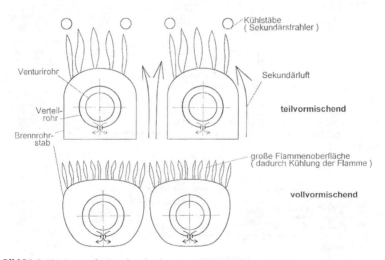

**Bild D3.3-13** Querschnitt durch die Brennrohrstäbe bei teilvormischenden und vollvormischenden Brennern

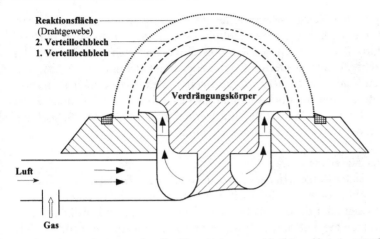

**Bild D3.3-14** Gasbrenner mit voller Vormischung und halbkugelformiger Reaktionsfläche

das Gas-Luft-Gemisch mit niedriger Strömungsgeschwindigkeit austreten; es reagiert auf kürzestem Weg und erreicht wegen der großen Oberfläche im Reaktionsbereich Temperaturen von höchstens 1200 °C, die Verbrennung ist praktisch flammenlos. Die Feuerraumtiefe kann hier extrem klein gehalten werden. Es genügt, lediglich den Platz für den Brenner freizuhalten.

Beim vollvormischenden Gasbrenner mit Gebläse kann die Flammenfront sowohl horizontal wie vertikal angeordnet sein.

Alle Gasbrenner sind in einem weiten Bereich zwischen wenigstens 0,3 und 1 regelbar. Über Einzelheiten der Zündeinrichtungen, Flammenüberwachung, elektrischen Steuereinrichtungen und Gasversorgungseinrichtungen berichten Breton, O. u. Eberhard, R. [D3.3-12], Anforderungen sind im Regelwerk DIN 3368 mit seinem verschiedenen Teilen zu finden [D3.3-13].

## D3.3.2
### Heizkessel

## D3.3.2.1
### Bauarten

Einrichtungen, in denen mit einer Feuerung Wasser erhitzt oder Dampf erzeugt wird, nennt man gemeinhin Kessel. Dienen sie dem Zweck der Heizung, so heißen sie Heizkessel. Im Zuge ihrer Entwicklung wurden zur Abgrenzung weitere Begriffe eingeführt, die entweder in Normen festgehalten sind oder als Firmenbezeichnungen Allgemeingut wurden, so z. B.: Wasserheizer, Umlaufgaswasserheizer, Heiztherme. Obwohl unterschiedliche Normen und Begriffe zu beachten sind – für Heizkessel DIN 4702 und für Wasserheizer DIN 3368 [D3.3.-14 und -15] – wird im Folgenden einheitlich der Begriff Heizkessel verwendet.

Sehr häufig ist der Heizkessel mit einer Einrichtung zur Trinkwassererwärmung – meist in einer konstruktiven Einheit – kombiniert (siehe auch Teil F).

Die Einteilung der Bauarten von Heizkesseln richtet sich primär nach der jeweils unterschiedlichen Gestaltung der Feuerungsseite und der Wasserseite. Beide Seiten sind je nach Material und seiner Verarbeitungsart konstruktiv gekoppelt, d.h. unterschiedlich unabhängig gestaltbar. Es ist sekundär daher auch eine Einteilung nach Werkstoff- und Herstellungsart gegeben. Schließlich wird noch nach der Betriebsweise unterschieden.

**Feuerungsseitige Einteilung**

Der Raumbereich des Kessels, in dem sich die Feuerung befindet und die Abgase strömen (Feuerungs- oder Rauchgasseite), ist entweder dicht an einen Schornstein angeschlossen oder bei Gas als Brennstoff mit einem Brenner ohne Gebläse am Abgasstutzen zur Luft in der Umgebung hin (Atmosphäre) geöffnet. Die Brenner bei der zweitgenannten Variante werden häufig „atmosphärische" Gasbrenner genannt und analog wird von „atmosphärischen" Kesseln gesprochen. Mit der Öffnung im Abgasstutzen (s. Bild D3.3-15) werden Rückwirkungen aus dem Schornstein auf die Gasflamme z.B. durch Windeinfluss vermieden. Diese Anschlussanordnung wird daher Strömungssicherung (auch Zugunterbrecher) genannt. Da bei Gasbrennern die Abgasseite des Kessels ebenfalls zur Umgebung hin offen ist, besitzt der Kessel, aufgrund seiner Bauhöhe, einen definierten Auftrieb („Anschubhöhe"). Er ist ausreichend für die Ansaugung der erforderlichen Zweitluft. Die Strömungssicherung ist daher Bestandteil des Kessels und nicht der Abgasanlage [D3.3-16].

Die Feuerungsseite gliedert sich allgemein in zwei Bereiche: Feuerraum und Nachschaltheizfläche (Leistungsverhältnis etwa 3:1). Der Feuerraum stellt die

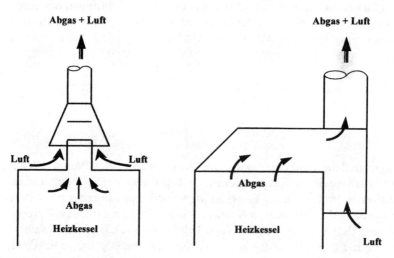

**Bild D3.3-15** Strömungssicherungen (aufgesetzt und integriert) für Heizkessel mit Gasbrenner ohne Gebläse (schematisch).

Umgebung für die Feuerung oder den Brenner dar. Die Wärme wird hier weit überwiegend durch Strahlung übertragen. In der Nachschaltheizfläche wird das Abgas weiter auf die Kesselaustrittstemperatur (Abgastemperatur) abgekühlt. Hier dominiert der konvektive Wärmeübergang.

Der Feuerraum ist in seiner Form auf die Brennstoff- und Feuerungsart abgestimmt. Daher werden die Kesselbauarten auch häufig nach den Brennstoffarten eingeteilt. Darüber hinaus gibt es Kesselbauarten, deren Feuerraum zwar für Festbrennstoffe gestaltet ist, die aber entweder nach entsprechenden Umbaumaßnahmen oder mit angebautem Gebläsebrenner im Wechsel auch die Verfeuerung von Öl oder Gas erlauben: Umstellbrand- oder Wechselbrandkessel. Als Regeln für die Gestaltung des Feuerraums gelten:

Für die Verfeuerung von Festbrennstoffen sind die Brennräume stehend angeordnet (Höhe > Tiefe); die Bilder D3.3-4 und -5 sowie Tabelle D3.3-2 veranschaulichen dies. Die stehende Feuerraumanordnung ist ebenfalls die Regel bei allen Öl- und Gasbrennern ohne Gebläse. Im Unterschied zu Feststoff- und Ölfeuerungen benötigen vormischende Gasbrenner (ohne Gebläse) eine Feuerraumhöhe, die kleiner ist als die Tiefe (s. Bild D3.3-16).

Bei Öl- und Gasbrennern mit Gebläse dominiert die horizontale Flammführung und infolgedessen ein liegender Feuerraum. Bei diesen Brennern ist auch eine vertikale Flammführung möglich; verwirklicht wird dies dann meist mit einem Sturzbrenner (Flamme von oben nach unten) und entsprechend mit

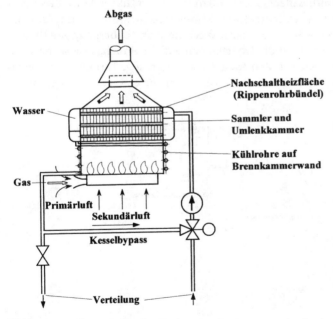

**Bild D3.3-16** Teilvormischender Gasbrenner im Zwangsumlaufgaskessel („Umlaufgaswasserheizer", Prinzipdarstellung).

einem stehenden Feuerraum. Tiefe $L_F$ und Durchmesser $D_F$ (eingeschriebener Kreis) des Feuerraums sind nach DIN 4702 T1 [D3.3-14] empfohlen, um Brenner verschiedener Fabrikate einbauen zu können ($L_F \approx 0{,}063\ \dot{Q}_N^{0,5}$ und $D_F \approx 0{,}084\ \dot{Q}_N^{0,288}$, Abmessungen in m und Nennleistung in kW).

Je nach dem, ob das Abgas am Feuerraumende hinten oder im Brennerbereich vorn austritt, entsteht eine Einwegflamme oder eine Umkehrflamme; eine Zwischenlösung mit dem sog. Teilstromprinzip ist auch vielfach verwirklicht (Bild D3.3-17).

Weiterhin ist danach zu unterscheiden, ob die Umfassungsflächen des Feuerraums wassergekühlt sind oder ob eine heiße Sekundärheizfläche die Flamme umgibt und Wärme aus der Flamme als Temperaturstrahler an die Kesselflächen überträgt. Bild D3.3-17 zeigt wassergekühlte – also „kalte" – Feuerräume. Drei Beispiele für einen heißen Feuerraum zeigt Bild D3.3-18. Bei der Ausführung mit Umkehrflamme kann der Boden des Feuerraumtopfes auch mit einem feuerfesten Material bedeckt sein (ist der Feuerraum kürzer als die Flamme, wird durch das feuerfeste Material mit seiner erhöhten Temperatur der Ausbrand verbessert). Es gibt auch Konstruktionen mit doppelten Sekundärheizflächen. Vorteilhaft ist in jedem Fall eine Rückmischung von bereits abgekühltem Abgas in die Brennermündung. Der heiße Feuerraum verbessert die Wärmeübertragung – insbesondere aus nicht leuchtenden Flammen – an die Kesselwand. Zusätzlich wird der konvektive Wärmeübergang erhöht und die Wärmestromdichte vergleichmäßigt. Ergebnis ist ein vergleichsweise kompakter Feuerraum.

Da an die Nachschaltheizflächen die Wärme im wesentlichen konvektiv übertragen wird und wegen der niedrigen Strömungsgeschwindigkeiten (die meisten Heizkessel sind ohne Saugzug ausgeführt) die Wärmeübergangskoeffizienten relativ klein sind, erhalten die Oberflächen auf der Rauchgasseite meistens Rippen und sind zusätzlich in den Rauchgaskanälen sog. Turbulatoren eingebaut. Diese sorgen außer für Turbulenz vor allem für eine erhöhte Geschwin-

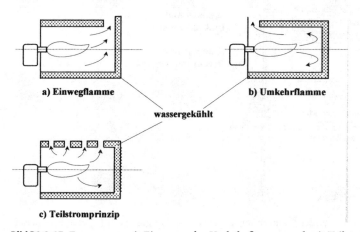

**Bild D3.3-17**  Feuerraum mit Einweg- oder Umkehrflamme und mit Teilstromprinzip

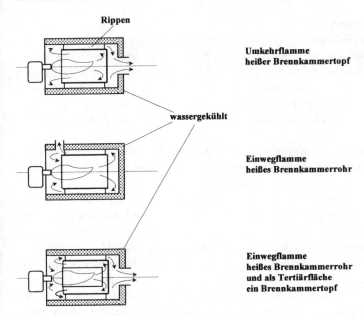

**Bild D3.3-18** Feuerraum mit heißer Sekundärheizfläche

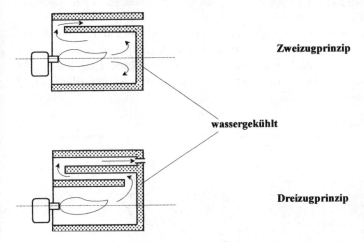

**Bild D3.3-19** Feuerraum und Nachschaltheizflächen nach Zweizug- oder Dreizugprinzip

digkeit und wirken auch als konvektiv erhitzte Sekundärheizflächen. Die Nachschaltheizfläche kann direkt auf der Feuerkammer aufgesetzt (Einzugprinzip, s. Bild D3.3-16) oder parallel zum Feuerraum angeordnet sein, so dass die Abgase ein zweites Mal den Weg der Feuerraumlänge zurücklegen (Zweizugprinzip, s. Bild D3.3-19 oben) oder noch einen zusätzlichen Weg strömen (Dreizugprinzip, s. Bild D3.3-19 unten).

## Wasserseitige Einteilung

Die Hauptunterschiede auf der Wasserseite der Heizkessel sind am besten durch Begriffe aus der klassischen Dampfkesseltechnik zu beschreiben. Dabei sei am Rande erwähnt, dass die Entwicklungen bei Heizkesseln und bei Dampfkesseln seit der viele Jahrzehnte zurückliegenden Dampfheizungszeit völlig getrennt verliefen. Funktionsbedingt haben sich dennoch gleiche Grundkonzepte herausgebildet: man unterscheidet Flammrohr-Rauchrohr-Kessel und Wasserrohrkessel.

Der **Flammrohr-Rauchrohr-Kessel** geht auf die Urform aller Kessel zurück und hat von daher auch seinen Namen: ein Kessel ist seit altersher ein großer Topf. Ein Flammrohr-Rauchrohr-Kessel ist ein großer geschlossener Wasserbehälter, der zur Verbesserung des Wirkungsgrades nicht von außen, sondern durch eingebaute Flammrohre und Rauchrohre von innen beheizt wird (s. Bild D3.3-20). Im Flammrohr liegt die Feuerung (man sprach auch von der Feuerbuchse), die Rauchrohre dienen als Nachschaltheizfläche. Alle Heizflächen sind von Wasser umgeben; es zirkuliert in dem vom Kessel gebildeten großen Wasserraum aufgrund von Dichtedifferenzen (daher auch „Großwasserraumkessel"). Maßgeblich ist, dass die von der Feuerungsseite her beheizten Flächen ohne äußere Hilfe ständig von Wasser nur durch freie Konvektion gekühlt werden. Kessel mit einer derartigen Wasserführung sind unabdingbar für Feuerungen, die nicht schnell abschaltbar sind, also im wesentlichen für Feuerungen mit Festbrennstoffen.

In **Wasserrohrkesseln** bewegt sich das Wasser nicht frei zur Heizfläche hin, sondern wird in Rohren geführt. Der Wasserinhalt derartiger Kessel ist wesentlich kleiner als der der vorbeschriebenen Flammrohr-Rauchrohr-Kessel. Bei Dampfkesseln dieser Bauart kennt man den so genannten **Naturumlauf** (durch

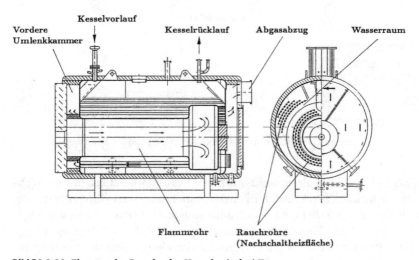

**Bild D3.3-20** Flammrohr-Rauchrohr-Kessel mit drei Zügen

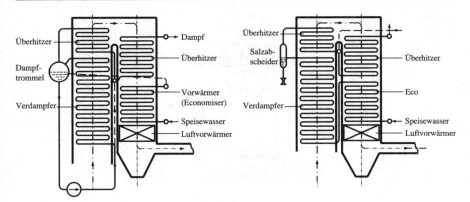

**Bild D3.3-21** Prinzipschema für Dampfkessel mit Zwangsumlauf (links) und Zwangsdurchlauf

Dichteunterschiede steigt das Wasser in den beheizten Rohren auf und strömt in Fallrohren – unbeheizt – zu den Steigrohren zurück), den **Zwangsumlauf** (eine Pumpe bewirkt den Wasserumlauf) und den **Zwangsdurchlauf**, bei dem es keine Rückführung gibt. Systemskizzen für Zwangsumlauf- und Zwangsdurchlaufdampfkessel zeigt Bild D3.3-21 und für Heizkessel entsprechend Bild D3.3-16 (Umlauf) und -26 (Durchlauf). Zum Wasserrohrkessel mit Naturumlauf gibt es bei den Heizkesseln keine Entsprechung.

### Einteilung nach Werkstoff- und Herstellungsart
Die Art des Materials und seiner Verarbeitung sind für die unterschiedlichen Bauweisen bestimmend. Es kommen Grauguss, Stahl, Edelstahl, Aluminium, Kupfer und neuerdings auch Keramik in Frage. Häufig werden verschiedene Materialien auch kombiniert. Für die Auswahl des Werkstoffs sind Möglichkeit und Erfahrung in der Bearbeitung (Fertigungskapazitäten), die erforderliche Festigkeit oder Korrosionsbeständigkeit maßgebend. Drei Grundformen haben sich herausgebildet: Die Gliederbauweise, die Blockbauweise und – in Anlehnung an die Dampfkesselterminologie – die Wasserrohrbauweise.

Die **Gliederbauweise** ist beim Werkstoff **Grauguss** vorherrschend. Kessel dieser Art sind wasserseitig der Rauchrohr-Flammrohr-Grundform zuzuordnen (auf der Wasserseite herrscht freie Konvektion vor). Der Kessel ist modular aus einem Frontglied, einem oder mehreren Mittelgliedern und einem Endglied oder auch nur aus Mittelgliedern und einem oder zwei Endgliedern zusammengesetzt (s. Bilder D3.3-22 und -23). Die Rauchgase strömen entweder senkrecht zur Gliedebene durch Kanäle, die durch die Gliederaneinanderreihung hergestellt sind (s. Bild D3.3-22), oder parallel zur Gliedebene durch die Spalte zwischen den Gliedern (s. Bild D3.3-23).

Wasserseitig sind die einzelnen Glieder durch Stahlnippel in einer oberen und in einer unteren Nabe miteinander verbunden (s. Bild D3.3-24). Nach

**Bild D3.3-22** Gliederkessel aus Grauguss (Rauchgasströmung senkrecht zur Gliedebene)

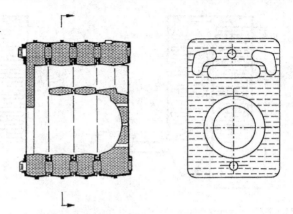

**Bild D3.3-23** Gliederkessel aus Grauguss (Rauchgasströmung parallel zur Gliedebene)

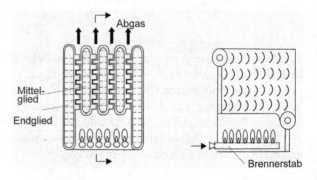

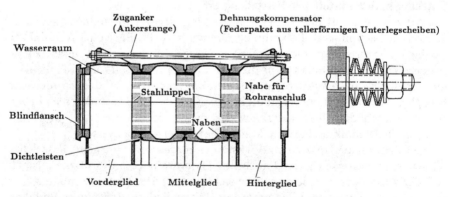

**Bild D3.3-24** Nippel-Naben-Verbindung von Gussheizkesseln

außen und zwischen den Rauchgaskanälen sind besondere temperaturbeständige Dichtungen eingelegt (s. Bild D3.3-25).

Über die Gliedgröße wird der Nennleistungsbereich in großen Stufen variiert (z.B. in sechs Stufen von 15–1200 kW). Zwischenstufen lassen sich über die Anzahl der Kesselglieder herstellen.

**Bild D3.3-25** Dauerelastische
Abdichtung zwischen den
einzelnen Gusskesselgliedern

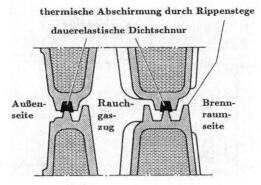

Die **Blockbauweise** ist typisch für den Werkstoff **Stahl**. Auch dieser Kessel ist wasserseitig der Flammrohr-Rauchrohr-Grundform zuzuordnen. Die zylindrische Brennkammer ist entweder wassergekühlt, wie es Bild D3.3-17a und b zeigt, oder besitzt zusätzlich einen heißen Innenmantel in Topf- oder Rohrausführung nach Bild D3.3-18. Der heiße Innenmantel wird überwiegend bei Kesseln mit kleinen und mittleren Leistungen (bis etwa 100 kW) angewandt. Regelmäßig ist dann der wassergekühlte Zylinderteil berippt und bildet zusammen mit dem heißen Innenmantel die Nachschaltheizfläche. Die Blockbauweise gibt es auch mit stehender Brennkammer, wobei mit einem sog. Sturzbrenner als Gebläsebrenner für Öl oder Gas die Flamme von oben nach unten gerichtet ist. Abgesehen von Vorteilen der Bedienung des Brenners (erleichterte Zugänglichkeit) ist die stehende Heizflächenanordnung auch betrieblich vorteilhaft: die bei niedrigen Heizflächentemperaturen auskondensierende Rauchgasfeuchte fließt dem heißeren Abgas entgegen und verdampft wieder.

Bei Kesseln größerer Leistung (etwa oberhalb 100 kW) ist die Nachschaltheizfläche bei der Blockbauweise in Form von Rauchrohren mit einem oder zwei Zusatzzügen in den Wasserraum eingebaut (s. Bild D3.3-20).

Die **Wasserrohrbauweise** (aus den verschiedensten Materialien) entspricht bei den Dampfkesseln dem Zwangsumlauf- oder Zwangsdurchlaufprinzip. Diese Bauweise wurde zunächst nur für gasbeheizte Trinkwassererwärmer, die so genannten Durchlauf-Gaswasserheizer und später daraus – in der Fachsprache der Gas-Wasser-Fachleute (DVGW) – der Umlauf-Gaswasserheizer entwickelt. Mit dem Begriff Umlauf ist hier abweichend von der herkömmlichen Kesselterminologie das Umwälzen von Heizwasser in einem geschlossenen Heizkreis gemeint. Tatsächlich handelt es sich gemäß DIN 4702 T1 [D3.3-14] um einen Zwangsumlaufkessel, wie es das Prinzipschaltbild D3.3-16 zeigt, in besonders kompakter Bauweise. Fehlt der Kesselbypass, wäre es ein Zwangsdurchlaufkessel (s. Bild D3.3-26). Passend zu der kurzen Gasflamme ist die Brennkammer sehr niedrig gehalten und wegen der weitgehenden Staubfreiheit des Abgases können die Spaltweiten der Rippen in der zwangsdurchströmten Nachschaltheizfläche auch sehr eng sein (> 3 mm). Da als Gasbrenner für diese Kessel meistens solche ohne Verbrennungsluftgebläse eingesetzt werden, sind diese

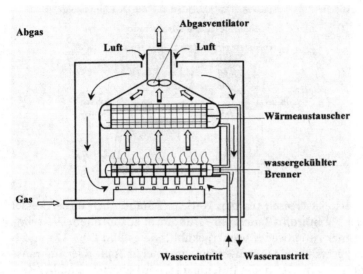

**Bild D3.3-26** Zwangsdurchlaufkessel mit vollvormischendem Gasbrenner (Prinzipdarstellung).

Kessel regelmäßig auch mit einer Strömungssicherung (s. Bild D3.3-15) ausgerüstet. Wegen des extrem kleinen Wasserinhalts und der kompakten Bauweise können Kessel dieser Art an der Wand aufgehängt werden. Der Nachteil der geringen Speicherkapazität (häufige Brennerstarts) lässt sich durch die Kombination dieses Kessels mit einem Pufferspeicher ausgleichen.

Statt der aus Rippenrohren zusammengesetzten Nachschaltheizfläche (als Rohrmaterial häufig Kupfer) gibt es auch Plattenwärmetauscher aus Edelstahl. Neben der beschriebenen Anordnung mit dem unten angeordneten Gasbrennern und den nach oben strömenden Abgasen kommen außerdem Ausführungen mit vollvormischenden Gebläsegasbrennern vor, bei denen die Flammenfront vertikal steht oder „über Kopf liegt" und die Nachschaltheizfläche unterhalb der Brennkammer angeordnet ist (s. Bild D3.3-27).

### Einteilung nach der Betriebsweise

Besonderheiten der Kesselkonstruktion und der Materialwahl richten sich auch nach der Betriebsweise. So kennt man neben dem normal betriebenen Kessel (Standardkessel) Niedertemperaturkessel und Brennwertkessel. Der althergebrachte Betrieb („normal") bei Wassertemperaturen von über 70 °C ist im Zuge der Bemühungen, den Nutzungsgrad zu steigern, dem bei weit niedrigeren Temperaturen gewichen. Die von staatlicher Seite geförderten Niedertemperaturkessel gelten als solche, wenn die maximale Kesselwasserbetriebstemperatur 75 °C beträgt und die Kesseltemperatur abhängig von der Außentemperatur bis auf 40 °C und tiefer geregelt wird oder wenn sie konstante Betriebstemperatur von

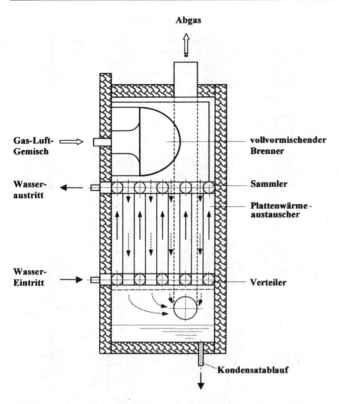

Abgas

Gas-Luft-Gemisch

vollvormischender Brenner

Wasseraustritt

Sammler

Plattenwärmeaustauscher

Wasser-Eintritt

Verteiler

Kondensatablauf

**Bild D3.3-27** Wandhängender Zwangsdurchlaufkessel mit Plattenwärmetauschern und oben angeordnetem vollvormischenden Gebläse-Gasbrenner (Brennwertkessel).

55 °C und weniger besitzen. Bei derart niedrigen Temperaturen besteht die Gefahr, dass der Wassertaupunkt des Abgases unterschritten wird (s. Bild D3.3-28). Schwefel-, Chlor- oder Stickoxide werden von der nassen Oberfläche absorbiert und bilden aggressive Säuren. Der hierdurch entstehenden Korrosionsgefahr kann man auf zwei Weisen begegnen. Entweder verhindert man durch Maßnahmen auf der Abgasseite oder der Wasserseite, dass die Taupunkttemperatur unterschritten wird, oder man setzt korrosionsbeständige Materialien ein. Maßnahmen auf der Rauchgasseite sind zweischalige Heizflächen („Hybrid"-Heizflächen), mit denen ein größerer Abstand zur Wassertemperatur hergestellt wird. Als Maßnahme auf der Wasserseite ist die Mischung von Wasser aus dem Kesselvorlauf mit dem des Rücklauf bekannt. Materialtechnische Maßnahmen stellen die Emaillierung oder ähnliches (keramische Sinterschicht) und auch der Einsatz z. B. von Edelstahl dar.

Während sich bei Niedertemperaturkesseln die Feuchte aus den Rauchgasen nur in extremen Betriebssituationen niederschlägt, wird dies bei Brennwertkesseln bewusst während des gesamten Betriebsablaufs in einem möglichst

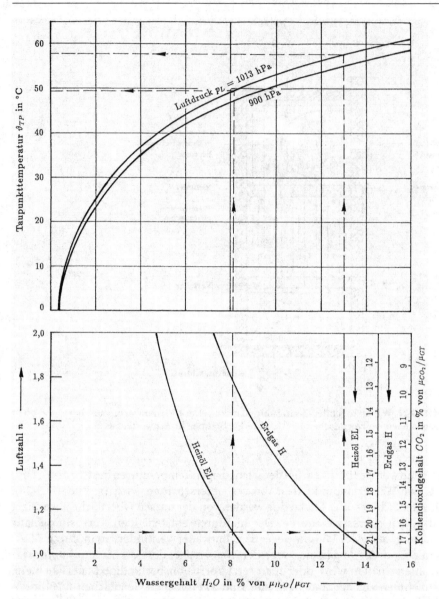

**Bild D3.3-28** Wassergehalt und Wassertaupunkt von Abgas (massenbezogen, Verbrennungsluft ist trocken)

hohen Maß herbeigeführt. Hierzu ist erforderlich, dass insbesondere im Bereich der Nachschaltheizfläche die Oberflächentemperaturen ständig deutlich unter dem Taupunkt gehalten werden und das anfallende Kondensat abfließt. Entgegen einer weit verbreiteten Fehlvorstellung ist eine niedrige Abgastemperatur

**Bild D3.3-29** Abgaswärmeaustauscher für Brennwertbetrieb (Beispiel).

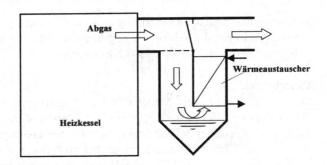

für sich allein nicht maßgebend für den sog. Brennwertbetrieb; sie ist untergeordnet nur mitbestimmend für die Oberflächentemperatur. Allerdings ist ein
Brennwertbetrieb wegen des erhöhten Aufwandes z. b. zur Kondensatabfuhr
und gegen Korrosionsschäden nur über eine entsprechend größere Energieausbeute zu begründen. Deswegen wird zusätzlich in DIN 4702 T6 und T7 [D3.3-17
und -18] eine deutlich abgesenkte Abgastemperatur gefordert. Hierzu muss entweder die Nachschaltheizfläche innerhalb des Kessels vergrößert oder dem Kessel ein zusätzlicher Wärmetauscher angefügt werden (siehe Bild D3.3-29).

### D3.3.2.2
### Bewertung, Leistungsmessung, Auslegung

Die Bewertung richtet sich danach, ob und wie weit die in Tabelle D3.1-1 zusammengestellten Sollfunktionen von dem zu beurteilenden Heizkessel erfüllt werden. Vor allem aus Gründen der Sicherheit und des Umweltschutzes sind bei den
Heizkesseln zahlreiche Normen zu beachten, wobei die bereits zitierten deutschen Normen DIN 4702 T1, 6 und 7 [D3.3-14, -17 und -18] teilweise durch europäische DIN-EN 303-1 und 2 [D3.3-19 und -20] abgelöst werden. Die dort vorgeschriebenen verschiedenen Bauanforderungen sollen hier nicht wiedergegeben
werden. Sie stellen zum größten Teil Festforderungen dar und werden bei allen
marktgängigen Heizkesseln durch eine Baumusterprüfung festgestellt. Wesentliche Unterscheidungsmerkmale sind hingegen bei den Funktionen, die den
Energiebedarf, die Wirtschaftlichkeit und Umweltbelastung betreffen, zu finden. Dabei spielen neben den im stationären Betrieb festgestellten Eigenschaften die im instationären eine besondere Rolle; wichtig ist demnach auch die
Regelung und Steuerung des Kessels.

Vorauszuschicken ist, dass auch im stationären Betrieb der Feuerung eines
Heizkessels unterschiedliche Brennstoffströme oder bei Festbrennstoff unter-
schiedliche Luftströme zugeführt werden. Im instationären Betrieb wird der
Brennstoffstrom (oder Luftstrom) stufenlos variiert („moduliert"), bei Öl und
Gas darüber hinaus auch ein- oder mehrstufig zugeschaltet. Die Temperatur des
Heizmittels im Vorlauf wird entweder konstant gehalten oder in Abhängigkeit
vom Leistungsbedarf verändert („gleitender Betrieb"). Bei der Herleitung der

Hauptbewertungsgrößen Wirkungsgrad und Nutzungsgrad wird von den Ausführungen in Band 1 Teil H2 ausgegangen, und es werden die durch Norm festgelegten Begriffe [D3.3-14 und -19] verwendet.

**Dauerbetrieb**

Der an das Heizmittel oder den Dampf übertragene Wärmestrom gilt als die Wärmeleistung des Kessels $\dot{Q}_K$. Je nach Brennstoffdurchsatz ist sie innerhalb eines vom Kesselhersteller festgelegten Wärmeleistungsbereiches unterschiedlich hoch. Die obere Grenze ist zunächst grob durch die Größe der Brennkammer, genau aber durch die Grenzabgastemperatur vorgegeben. Diese Grenzabgastemperatur darf nach DIN 4702 Teil 1 bei Öl- und Gasfeuerungen nicht über 240 °C und bei Kesseln für Festbrennstoffe nicht über 300 °C liegen; in der Regel legt der Hersteller die Grenzabgastemperatur deutlich tiefer fest. Da die Abgastemperatur mit abnehmender Wärmeleistung sinkt, ist der Wärmeleistungsbereich nach unten durch die zum Schutz des Schornsteins als Minimalwert zugelassene Abgastemperatur begrenzt (es könnte die Taupunkttemperatur unterschritten werden).

Bei öl- und gasbefeuerten Kesseln ist ein stationärer Betrieb mit gleichbleibenden Temperaturen des Abgases und des Heizmittels herstellbar. Bei Kesseln für Festbrennstoffe und diskontinuierlicher Beschickung verändern sich, wie Bild D3.3-30 zeigt, die Wärmeleistung und damit auch die Temperaturen des Abgases und des Heizmittels mit der Zeit. Daher lässt sich sehr einfach bei öl- und gasbefeuerten Kesseln die vom Hersteller festzulegende „Nennwärme-

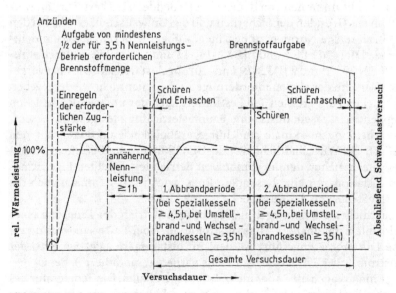

**Bild D3.3-30** Rel. Wärmeleistung von Kesseln mit festen Brennstoffen im Prüfversuch nach DIN 4702 T2 E [D3.3-22] (Beispiel)

leistung $\dot{Q}_N$" als Höchstwert im Wärmeleistungsbereich des Kessels definieren, bei Kesseln für Festbrennstoffe mit diskontinuierlicher Beschickung (Handbeschickung) ist die Nennwärmeleistung die höchste mittlere Leistung gemäß Bild D3.3-30.

Anknüpfend an Band 1 Teil H2 ist der dem Kessel mit dem Brennstoff und der Verbrennungsluft zugeführte Energiestrom

$$\dot{Q}_Z = \dot{m}_B \left[ H_u + \bar{c}_B \left( \vartheta_B - \vartheta_b \right) + \mu_L \, \bar{c}_{pL} \left( \vartheta_L - \vartheta_b \right) \right] \tag{H2-7}$$

$B$   Brennstoff
$L$   Luft
$b$   Bezugszustand

Durch Norm ist für die mit dem Brennstoff eingebrachte Energie der Heizwert $H_u$ festgelegt [D3.3-14 und -19]. Der Heizwert gilt für eine international festgelegte Bezugstemperatur $\vartheta_b = 25\,°C$ [D3.3-23 und -24].

Ein Teil des zugeführten Energiestroms wird normgemäß Feuerungs-Wärmeleistung (im Gasfach „Wärmebelastung") genannt:

$$\dot{Q}_B = \dot{m}_B \, H_u \tag{D3.3-1}$$

Als Kesselwirkungsgrad ist definiert

$$\eta_K = \frac{\dot{Q}_K}{\dot{Q}_B} \tag{D3.3-2}$$

Bei genauer Betrachtung ist der Nennwärmeleistung $\dot{Q}_{K,N}$ auch eine Nenn-Feuerungs-Wärmeleistung $\dot{Q}_{B,N}$ und ein Nennwirkungsgrad

$$\eta_{K,N} = \frac{\dot{Q}_{K,N}}{\dot{Q}_{B,N}} \tag{D3.3-3}$$

zuzuordnen. Diese Unterscheidung ist notwendig, da, wie Bild D3.3-31 zeigt, der Kesselwirkungsgrad mit abnehmender Wärmeleistung (stationärer Dauerbetrieb) steigt. Die Wärmeleistung lässt sich unter die Nennwärmeleistung dadurch senken, dass z.B. bei Festbrennstofffeuerung der Verbrennungsluftstrom reduziert oder beim Ölzerstäuberbrenner eine Zerstäuberdüse mit kleinerer Düsenbohrung eingesetzt wird. Die relative Feuerungsleistung hängt mit der relativen Wärmeleistung zusammen gemäß

$$\frac{\dot{Q}_B}{\dot{Q}_{B,N}} = \frac{\dot{Q}_K}{\dot{Q}_{K,N}} \frac{\eta_{K,N}}{\eta_K} \tag{D3.3-4}$$

Da hier zunächst nur ein stationärer Kesselbetrieb betrachtet wird, gelten die einzusetzenden Werte für die Wirkungsgrade, die Wärmeleistungen und ebenso die Darstellung in Bild D3.3-31 bei einer gleich bleibenden mittleren Kesseltemperatur (Mittelwert aus den Temperaturen im Kesselvorlauf und -rücklauf).

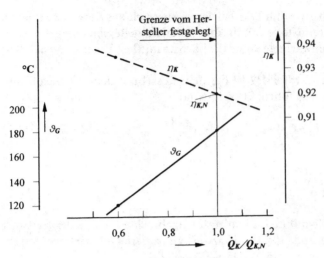

**Bild D3.3-31** Kesselwirkungsgrad $\eta_K$ und Abgastemperatur $\vartheta_G$ abhängig von der relativen Kesselleistung für die konstante mittl. Kesseltemperatur $\vartheta_W = 70\,°C$

Nach den Normvorschriften [D3.3-22] darf bei der Bestimmung der Normwärmeleistung für Kessel im Normalbetrieb die mittlere Übertemperatur nicht kleiner sein als 50 K und bei Niedertemperaturkesseln nicht kleiner als 30 K.

Für mehrere verschiedene (gleichbleibende) Kesseltemperaturen erhielte man ein Kennlinienfeld, aus dem sich für einen Betrieb mit gleitender Kesseltemperatur die hierfür geltende Kennlinie ableiten lässt.

Im Dauerbetrieb hat der Kessel Verluste über das Abgas (G), ggf. über die Asche oder die Schlacke (S), durch unvollkommene Verbrennung (CO) und an die Umgebung (U) (s. Band 1, Teil H2). Abweichend zu den Kesselnormen seien die auf die Feuerungs-Wärmeleistung bezogenen Verluste mit $l$ und nicht $q$ bezeichnet ($q$ ist international einer Wärmestromdichte oder einem Wasserstrom zugeordnet).

Der auf die Feuerungswärmeleistung bezogene Abgasverlust ist nach Band 1, Teil H2, Gl. H2-22):

$$l_G = \frac{\dot{Q}_G}{\dot{Q}_B} = \frac{\dot{m}_B\,\mu_G\,\bar{c}_{pG}\,(\vartheta_G - \vartheta_b)}{\dot{m}_B H_u} = \frac{\mu_G}{H_u}\,\bar{c}_{pG}\,(\vartheta_G - \vartheta_b)$$

$\mu_G$    auf die Brennstoffmasse bezogene Rauchgasmasse

$\vartheta_G$    Abgastemperatur

$\vartheta_b$    genormte Bezugstemperatur für den Heizwert (keinesfalls die Verbrennungslufttemperatur)

Der bezogene Verlust aus unvollkommener Verbrennung errechnet sich aus Gleichung H2-24:

$$l_{CO} = \frac{V_{GT}}{H_u} \, y_{COT} \, H_{uCOn}$$

$V_{GT}$  bezogenes trockenes Rauchgasvolumen
$H_{uCOn}$  Heizwert von Kohlenmonoxid
$y_{COT}$  Volumenanteil

Der bezogene Verlust durch die Asche bzw. die Schlacke ist nach Gleichung H2-25:

$$l_S = \frac{\gamma_A}{H_u} \, \overline{c}_S \left( \vartheta_S - \vartheta_b \right)$$

$\gamma_A$   Aschegehalt im Brennstoff
$\overline{c}_S =$  1,0 kJ/(kgK)

Der Umgebungsverlust (auch Oberflächenverlust oder fälschlich Strahlungs-verlust genannt) setzt sich grob betrachtet aus zwei Anteilen zusammen: Der Verlust über die wasserberührte Oberfläche $\dot{Q}_{U,W}$ und der über die rauchgasbe-rührte Oberfläche $\dot{Q}_{U,G}$. Im instationären Kesselbetrieb ist die Zeitabhängigkeit dieser beiden Verlustarten stark unterschiedlich. Damit gilt für den bezogenen Umgebungsverlust:

$$l_U = \frac{\dot{Q}_{U,W} + \dot{Q}_{U,G}}{\dot{Q}_B} \tag{D3.3-5}$$

Der Verlust über die wasserberührte Oberfläche $\dot{Q}_{U,W}$ kann bei abgeschalte-ter Feuerung (gasseitig abgedichtet) aus dem Wasserstrom und der Temperatur-differenz zwischen Ein- und Austritt gemessen werden. Er liegt bezogen auf $\dot{Q}_B$ bei etwa 1%. Der Verlust über die rauchgasberührte Oberfläche $\dot{Q}_{UG}$ kann aus dem im Leistungsversuch gemessenen Umgebungsverlust $l_U$ errechnet werden; er ist von etwa gleicher Größe.

Allgemein errechnet sich der Kesselwirkungsgrad aus Gleichung H2-28

$$\eta_K = 1 - l_G - l_{CO} - l_S - l_U$$

Die Gleichung gilt unter der Voraussetzung, dass der Brennstoff und die Ver-brennungsluft mit der Bezugstemperatur $\vartheta_b$ zugeführt werden; meist sind die Abweichungen von der Bezugstemperatur so klein, dass die beiden Temperatur-Ausdrücke in Gleichung H2-7 gegenüber dem Heizwert vernachlässigt werden können. Bei vorschriftsmäßig betriebenen öl- und gasbefeuerten Kesseln kön-nen die Verluste durch Unverbranntes und durch Schlacke vernachlässigt wer-den. Für derartige Kessel gilt somit

$$\eta_K = 1 - l_G - l_U \tag{D3.3-6}$$

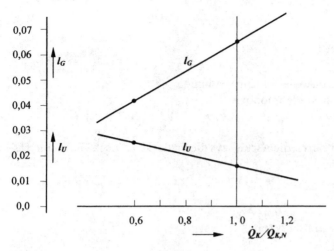

**Bild D3.3-32** Bezog. Abgasverlust $l_G$ und Umgebungsverlust $l_U$ abhängig von der relativen Kesselleistung für die konstante mittl. Kesseltemperatur $\vartheta_W = 70\,°C$

Für den Kessel mit der in Bild D3.3-31 gezeigten Wirkungsgradkennlinie sind der bezogene Abgasverlust und Umgebungsverlust in Bild D3.3-32 eingetragen. Der Abgasverlust sinkt nach Gleichung H2-22 linear mit der Abgastemperatur. Der bezogene Umgebungsverlust steigt mit abnehmender relativer Kesselleistung, da der Absolutwert des Umgebungsverlustes bei stationärem Kesselbetrieb in guter Näherung als konstant angenommen werden kann:

$$l_U = \frac{\dot{Q}_{U,W} + \dot{Q}_{U,G}}{\dot{Q}_{B,N}} \frac{\dot{Q}_{B,N}}{\dot{Q}_B} = \frac{\dot{Q}_{U,W} + \dot{Q}_{U,G}}{\dot{Q}_{B,N}} \frac{\dot{Q}_{K,N}\,\eta_K}{\dot{Q}_K\,\eta_{K,N}} \tag{D3.3-7}$$

Häufig ist von einem „feuerungstechnischen" Wirkungsgrad die Rede, so auch in der Verordnung zur Heizkesselüberprüfung. Er ist eine Umschreibung des nach oben begrenzten Abgasverlustes:

$$\eta_F = 1 - l_G \tag{D3.3-8}$$

**Teillastbetrieb**

Bei der Beurteilung eines Kessels über seinen Wirkungsgrad wird grundsätzlich von einem stationären Volllastbetrieb ausgegangen. Die Volllast kann mit einer Wärmeleistung innerhalb des Wärmeleistungsbereichs, also auch unter der Nennwärmeleistung abgegeben werden. Im üblichen Heizbetrieb wird die Volllast nicht auf Dauer angefordert, es genügt eine Teillast $\dot{Q}_H$. Eingestellt wird diese Teillast im wesentlichen auf der Feuerungsseite (über die Heizmitteltempe-

ratur ist nur ein geringer Einfluss möglich). Drei Betriebsweisen sind bekannt.
Die Feuerung wird entweder

- einstufig geschaltet (An-Aus-Betrieb),
- mehrstufig geschaltet (über längere Zeit bleibt eine Stufe im Dauerbetrieb)
  oder
- modulierend betrieben (maximaler Bereich 0,2 bis 1).

Beim weitverbreiteten Einstufenbetrieb (s. Bild D3.3-33) läuft der Öl- oder Gasbrenner während der so genannten Brennerlaufzeit $t_B$ unter Volllast mit der
Feuerungsleistung $\dot{Q}_B$ oder bei Maximaleinstellung mit $\dot{Q}_{B,N}$. Im Aus-Betrieb
tritt beim auf Temperatur gehaltenen Kessel ein zusätzlicher Verlust, der sog.
Auskühlverlust $l_L$ auf: über Undichtigkeiten am Brenner strömt Luft durch den

**Bild D3.3-33** Oben: Verlauf
der bezogenen Verlustleis-
tungen $l_G$, $l_U$ und $l_L$ bei An-
Aus-Betrieb mit den mittle-
ren Verlusten in einer Schaltperiode (für $\Phi_B = 0{,}3$)
Unten: Mittlere Verluste über
dem Brennerlaufzeitgrad $\Phi_B$
(beides schematisch für ein
Beispiel)

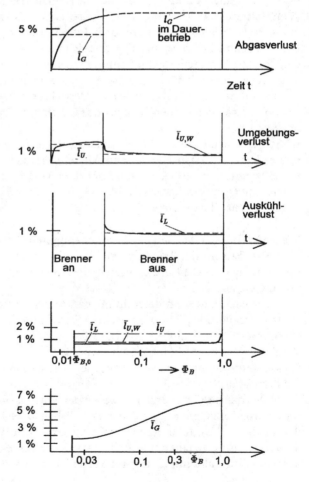

Kessel. In ihm ist auch der zusätzliche Lüftungsverlust durch das sog. Vorspülen vor dem Brennerstart enthalten.

Beim Mehrstufenbetrieb tritt dieser Auskühlverlust nur in der kleinsten Brennerstufe im An-Aus-Betrieb auf. Im höheren Lastbereich wird die Leistung zwar in Stufen verändert, aber es entstehen keine Auskühlzeiten. Es kann daher in diesem Betriebsbereich mit mittleren Wirkungsgraden aus einem Dauerbetriebsversuch z. B. aus Bild D3.3-31 gerechnet werden.

Beim modulierenden Betrieb bestehen etwa die gleichen Bedingungen wie beim Mehrstufenbetrieb mit dem Unterschied, dass die Leistung stufenlos verändert wird. Auch hier gibt es nur im Schwachlastbereich bei Brennerstillstand einen Auskühlverlust. Der modulierende Betrieb wird insbesondere bei Kesseln mit Festbrennstofffeuerung verwendet. Die Kesselleistung lässt sich auf 20 bis 30% herunterregeln.

Für den An-Aus-Betrieb eines Kessels ist es vorteilhaft, nicht Leistungen wie bei einem Dauerbetrieb miteinander zu vergleichen, sondern Engergiemengen, denn während die Feuerung ausgeschaltet ist, wird dem Kessel Heizenergie entnommen (in dieser Phase wäre formal ein Wirkungsgrad unendlich hoch). Da Heizkessel üblicherweise im Teillastbereich unterhalb 50% der Nennleistung laufen, wäre ihre Beurteilung mit Kenngrößen aus einem Dauerbetrieb irreführend.

Üblicherweise wird der Heizlastverlauf aus Tagesmitteltemperaturen berechnet. Es soll deshalb im Folgenden der Betrieb an einem Tag während der Heizperiode betrachtet werden. Vier grundsätzlich verschiedene Betriebszeiten treten auf:

- die Bereitschaftszeit $t_0$, während der Kessel auf Temperatur gehalten wird;
- die Heizzeit $t_H$, während der dem Kessel Heizwärme entnommen wird;
- die Brennerlaufzeit $t_B$, während der dem Kessel eine bestimmte Feuerungsleistung $\dot{Q}_B$ zugeführt wird und
- die Kesselstillstandszeit 1d − $t_0$.

Die Heizzeit ist in der Bereitschaftszeit enthalten. Abgesehen von einer Anlaufphase bei Beginn der Tagesheizzeit sind die Brennerlaufintervalle weitgehend gleichmäßig über die Heizzeit verteilt und werden zu einer Gesamtbrennerlaufzeit am Tag aufaddiert.

In der nachfolgenden Betrachtung gelte vereinfachend: Es gibt keine Kesselstillstandszeit und $t_0 = t_H$; die einzelnen Verlustanteile sollen als Mittelwerte eingesetzt werden (s. Bild D3.3-33). Die Höhe der Mittelwerte hängt nicht nur vom Verhältnis der Brennerlaufzeit zur Heizzeit $t_B/t_H$, dem sog. Brennerlaufzeitgrad $\Phi_B$ ab, sondern auch von der Dauer des Brennerlaufintervalls selbst (bzw. der Zahl der Brennerstarts).

Das Verhältnis der Energiemenge auf der Nutzenseite zu der auf der Aufwandseite wird Nutzungsgrad genannt. Er soll hier abweichend zu Band 1 Teil H2 und auch der Handhabung in der Praxis eine vom Wirkungsgrad abweichende Bezeichnung erhalten. Dadurch lässt sich einerseits eine Verwechslung mit dem auch im Zahlenwert deutlich verschiedenen Wirkungsgrad und andererseits eine Anhäufung von Indizes vermeiden. Der Tagesnutzungsgrad für einen Kessel lässt sich vereinfacht aus den mittleren Einzelverlusten analog zu Gleichung D3.3-6 errechnen:

$$v_{K,d} = 1 - \left( \overline{l}_G + \overline{l}_U \right) - \frac{t_H - t_B}{t_B} \left( \overline{l}_{UW} + \overline{l}_L \right) \tag{D3.3-9}$$

Der erste Teil der Gleichung kann als ein mittlerer Kesselwirkungsgrad aufgefasst werden

$$\overline{\eta}_K = 1 - \left( \overline{l}_G + \overline{l}_U \right) \tag{D3.3-10}$$

Er ist, wie die Einzelverluste auch, abhängig vom Brennerlaufzeitgrad $\Phi_B$ und von der Dauer des Brennerlaufintervalls selbst.

Der Tagesnutzungsgrad erhält dann die vereinfachte Form

$$v_{K,d} = \overline{\eta}_K - \left( \frac{1}{\Phi_B} - 1 \right) \left( \overline{l}_{U,W} + \overline{l}_L \right) \tag{D3.3-11}$$

Die damit gefundene Nutzungsgradkennlinie als Funktion abhängig vom Brennerlaufzeitgrad schneidet die Abszisse (s. Bild D3.3-34) beim Laufzeitgrad $\Phi_{B,0}$ ($v_{K,d} = 0$):

$$\overline{\eta}_{K,0} \, \Phi_{B,0} = \left( 1 - \Phi_{B,0} \right) \left( \overline{l}_{U,W} + \overline{l}_L \right)_0 \tag{D3.3-12}$$

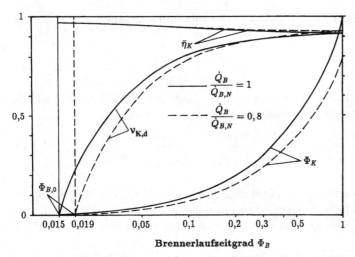

**Bild D3.3-34** Tagesnutzungsgrad $v_{K,d}$, mittlerer Kesselwirkungsgrad $\overline{\eta}_K$ (Gl. D3.3-10) und rel. Kesselleistung $\Phi_K$ (Gl. D3.3-16) über dem Brennerlaufzeitgrad $\Phi_B$ für zwei relative Feuerungsleistungen (Beispiel)

$$\Phi_{B,0} = \frac{\left(\overline{l}_{UW} + \overline{l}_L\right)_0}{\eta_{K,0} - \left(\overline{l}_{UW} + \overline{l}_L\right)_0} \qquad (D3.3\text{-}13)$$

Dieser Brennerlaufzeitgrad $\Phi_{B,0}$ ist identisch mit dem sog. Bereitschaftsverlust (der in der Normpraxis bisher mit $q_b$ bezeichnet ist) unter der Voraussetzung, dass der Brennstoff und die Verbrennungsluft dem Kessel mit der Bezugstemperatur zugeführt werden (vergleiche die Formel H2-7). Allgemein aber gilt:

$$\Phi_{B,0} \left( 1 + \frac{\overline{c}_B \left(\vartheta_B - \vartheta_b\right)}{H_u} + \frac{\mu_L \, \overline{c}_{pL} \left(\vartheta_L - \vartheta_b\right)}{H_u} \right) = l_0 \qquad (D3.3\text{-}14)$$

Bei mehrstufigem oder modulierendem Betrieb (aber Dauerbetrieb) ist der Nutzungsgrad mit einem $\overline{\eta}_k$ z.B. aus Bild D3.3-31 für Dauerbetrieb gleichzusetzen:

$$v_{K,d} = \overline{\eta}_K \qquad (D3.3\text{-}15)$$

Die übliche Darstellung des Kesselnutzungsgrades in Abhängigkeit von der sog. relativen Kesselleistung oder – wie man auch sagt – dem Kesselbelastungsgrad, erhält man aus der Definitionsgleichung mit der mittleren Teillast $\overline{\dot{Q}}_H$

$$\Phi_K = \frac{\overline{\dot{Q}_H}}{\dot{Q}_{K,N}} \equiv \frac{\dfrac{Q_{H,d}}{t_H}}{\dot{Q}_{K,N}} \qquad (D3.3\text{-}16)$$

Die Tagesnutzenergie lässt sich mit dem Tagesnutzungsgrad, der Feuerungsleistung und der Brennerlaufzeit berechnen

$$Q_{H,d} = v_{K,d} \, \dot{Q}_B \, t_B \qquad (D3.3\text{-}17)$$

zusammen mit dem Normwirkungsgrad aus Gleichung D3.3-3 erhält man eine Abhängigkeit der relativen Kesselleistung vom Brennerlaufzeitgrad

$$\Phi_K = \frac{v_{K,d} \, \dot{Q}_B \, t_B}{\eta_{K,N} \, t_H \, \dot{Q}_{B,N}} = \frac{v_{K,d}}{\eta_{K,N}} \, \Phi_B \, \frac{\dot{Q}_B}{\dot{Q}_{B,N}} \qquad (D3.3\text{-}18)$$

Das Feuerungsleistungsverhältnis $\dot{Q}_B/\dot{Q}_{B,N}$ kennzeichnet die Brennereinstellung. Die relative Kesselleistung wird mit dem Kesselnutzungsgrad zu 0, auch wenn der Brennerlaufzeitgrad $>0$ ist (sie ist ebenfalls im Bild D3.3-34 eingezeichnet).

Eine Nutzungsgradkennlinie abhängig von der relativen Kesselleistung zeigt Bild D3.3-35. Die gewählte logarithmische Teilung der Abszisse hat den Vorteil, dass der eigentlich interessierende Betriebsbereich bei niedrigen relativen Kes-

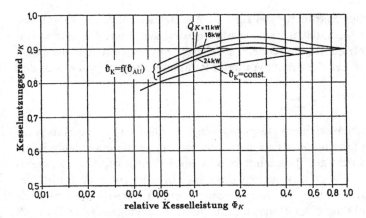

**Bild D3.3-35** Nutzungsgrad über der relativen Kesselleistung (Gl. D3.3-16) für drei Kessel-größen gekennzeichnet durch ihre Nennwärmeleistungen (Kesseltmperatur $\vartheta_K$ ist von der Außentemperatur $\vartheta_{AU}$ geführt)

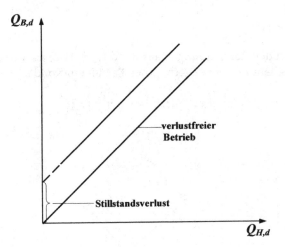

**Bild D3.3-36** Zusammenhang zwischen der Brennstoffen-ergie $Q_{B,d}$ und der Kesselnut-zenergie $Q_{H,d}$ für einen Tag (Beispiel)

selleistungen deutlicher herausgestellt werden kann als bei einer linear geteil-ten Abszisse.

Aus den oben aufgeführten Gleichungen lässt sich ein in der Darstellung sehr einfacher Zusammenhang zwischen der Brennstoffenergie $Q_{B,d}$ und der Kes-selnutzenergie $Q_{H,d}$ für einen bestimmten Zeitraum, hier z.B. ein Tag, ableiten. Man erhält mit genügender Genauigkeit einen linearen Zusammenhang zwi-schen der Brennstoffenergie und der Kesselnutzenergie (s. Bild D3.3-36).

$$Q_{B,d} = Q_{H,d} \frac{1-\Phi_{B,0}}{\overline{\eta}_K + \Phi_{B,0}\left(\overline{\eta}_{K,0} - \overline{\eta}_K\right)}$$

$$+ \frac{\dot{Q}_{K,N}\,\dot{Q}_B}{\eta_{K,N}\,\dot{Q}_{B,N}} \frac{\overline{\eta}_{K,0}\,\Phi_{B,0}}{\left[\overline{\eta}_K + \Phi_{B,0}\left(\overline{\eta}_{K,0} - \overline{\eta}_K\right)\right]}$$

(D3.3-19)

Die vorstehenden Betrachtungen zum An-Aus-Betrieb führen zu Kennlinien und Kenngrößen, die zunächst nur für eine bestimmte mittlere Kesseltemperatur gelten. Ein Betrieb mit gleitenden Kesseltemperaturen lässt sich aus einem Kennlinienfeld mit der Kesseltemperatur als Parameter ableiten (siehe auch Bild D3.3-35).

**Brennwertbetrieb**

Bei Brennwertbetrieb (siehe letzten Absatz in Kap. D3.3.2.1) ist zusätzlich die mit dem anfallenden Kondensat aus dem Rauchgas abgegebene Verdampfungswärme zu berücksichtigen. Es genügt keineswegs, lediglich die Abgastemperatur zu messen und davon auszugehen, dass das Abgas feucht gesättigt ist. Der Prozessverlauf für die Abgase im Kondensationsbereich eines Brennwertkessels ist schematisch in einem h,x-Diagramm für feuchte Rauchgase (Bild D3.3-37) dargestellt. Über einer Oberfläche, die kälter ist als der Taupunkt, kühlt sich das Abgas in Richtung auf den Sättigungspunkt mit der Oberflächentemperatur $\vartheta_O$ ab. Dabei wird das Abgas vom Feuchtegehalt

$$x_{G,1} = \frac{\mu_{H_2O}}{\mu_{G,T}}$$ (D3.3-20)

(mit den Bezeichnungen aus Band 1, Teil H-2) auf den Feuchtegehalt am Austritt aus dem Kessel $x_{G2}$ getrocknet. Es fällt ein Kondensatstrom $\dot{m}_{H_2O}$ an:

$$\dot{m}_{H_2O} = \dot{m}_{G,T}\left(x_{G,1} - x_{G,2}\right) = \dot{m}_B\,\mu_{G,T}\left(x_{G,1} - x_{G,2}\right)$$ (D3.3-21)

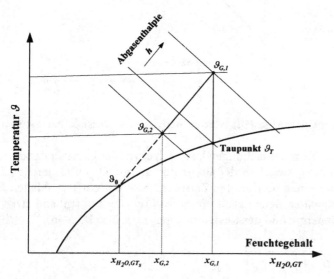

**Bild D3.3-37** Prozessverlauf für die Abgase im Kondensationsbereich eines Brennwertkessels im h,x-Diagramm für feuchte Rauchgase (schematisch)

Die damit zusätzlich übertragene Wärmeleistung stammt aus der Verdampfungsenthalpie:

$$\dot{Q}_{H_2O} = \dot{m}_B \, \mu_{G,T} \left( x_{G,1} - x_{G,2} \right) r_0 \qquad (D3.3\text{-}22)$$

Bezogen auf die Feuerungsleistung vergrößert sich der Wirkungsgrad um

$$l_{H_2O} = \frac{\mu_{G,T} \left( x_{G,1} - x_{G,2} \right) r_0}{H_u} \qquad (D3.3\text{-}23)$$

Da die durch Definition eingeführte Bewertungsgröße den Betrag von 1 überschreiten kann, wird der Begriff Heizzahl $\eta_H$ eingeführt (siehe Band 1, Teil H-2):

$$\eta_H = \eta_K + l_{H_2O} \qquad (D3.3\text{-}24)$$

Analog ist – aufbauend auf Gleichung D3.3-11 – beim Nutzungsgrad für den An-Aus-Betrieb vorzugehen (und entsprechend auch für mehrstufigen oder modulierenden Betrieb mit Gleichung D3.3-12):

$$v_{H,d} = v_{K,d} + l_{H_2O} \qquad (D3.3\text{-}25)$$

Der Mehrbetrag durch Kondensation $l_{H_2O}$ ist zunächst davon abhängig, wie tief die Oberflächentemperatur unter dem Taupunkt liegt, dann aber auch von der Größe der Kühlfläche im Kondensationsbereich, das heißt von ihrer Abkühlzahl $\Phi_1$

$$l_{H_2O} = f\left( \left( \vartheta_T - \vartheta_0 \right), \Phi_1 = \frac{\vartheta_{G,1} - \vartheta_{G,2}}{\vartheta_{G,1} - \vartheta_0} \right) \qquad (D3.3\text{-}26)$$

(siehe auch Bild D3.3-37).

## Jahresbewertung

Für einen Wirtschaftlichkeitsvergleich von Kesseln sind, abgesehen vom Anschaffungspreis („kapitalgebundene Zahlung"), die voraussichtlichen sog. verbrauchsgebundenen Zahlungen[6] maßgebend [D3.3-25]. Sie hängen vor allem vom Energiebedarf in der betrachteten Periode ab. Dies ist in aller Regel ein Jahr. Da die Heizlast und der Nutzungsgrad zeitlich korrelieren (auch bei

---

[6] Die neue VDI 2067, Bl. 1 [D33-25] hat aus VDI 6025 im Einklang mit den Fachbegriffen der Betriebswirtschaftslehre den gewohnten Begriff „Kosten" durch den Begriff „Zahlungen" ersetzt.

gleitender Kesseltemperatur), kann der Jahresenergiebedarf eines Kessels $Q_{B,a}$ aus dem Jahresenergiebedarf der Heizanlage $Q_{H,a}$ über einen Jahresnutzungsgrad des Kessels $v_{K,a}$, berechnet werden. Allgemein stellt dieser Jahresnutzungsgrad den Integralmittelwert der Tagesnutzungsgrade innerhalb der Heizperiode mit der Dauer $t_{HP}$ dar:

$$v_{K,a} = \frac{1}{t_{HP}} \int_0^{t_{HP}} v_{K,d} \, dt \qquad\qquad \text{(D3.3-27)}$$

Der Jahresenergiebedarf des Kessels ist demnach

$$Q_{B,a} = \frac{1}{v_{K,a}} Q_{Ha} \qquad\qquad \text{(D3.3-28)}$$

Üblicherweise ist nicht der Verlauf der Tagesnutzungsgrade über der Zeit bekannt (wie dies für Gleichung D3.3-27 vorausgesetzt ist), sondern der Verlauf der Heizlast. Den typischen Verlauf für Mitteleuropa zeigt Bild D3.3-38. Er liegt der Berechnungsregel von DIN 4702 Teil 8 zugrunde [D3.3-26]. Die Gesamtfläche unter der Heizlastkurve lässt sich in fünf flächengleiche Rechtecke aufteilen (relative Heizlast bei 63, 48, 39, 30 und 13%). In aller Regel liegt die Wärmeleistung des Kessels $\dot{Q}_K$ (häufig auch identisch mit der Nennwärmeleistung $\dot{Q}_{K,N}$) über der maximalen Heizlast der Anlage $\dot{Q}_{H,max}$. Hierzu sei ein Dimensionierungsfaktor (für die Leistung $P$) eingeführt.

$$f_P = \frac{\dot{Q}_K}{\dot{Q}_{H,max}} \qquad\qquad \text{(D3.3-29)}$$

Die in der Norm festgelegten Belastungsgrade $\Phi_{K,N,j}$ für den Heizbetrieb sind mit diesem Dimensionierungsfaktor umzurechnen nach

$$\Phi_{K,j} = \frac{\Phi_{K,N,j}}{f_P} \qquad\qquad \text{(D3.3-30)}$$

Mit den so berechneten relativen Kesselleistungen sind aus der Nutzungsgradkennlinie $v_{K,d} = f(\Phi_K)$ für den zu beurteilenden Kessel die Nutzungsgrade abzugreifen und daraus der Jahresnutzungsgrad nach folgender in DIN 4702 Teil 8 angegebenen Formel zu berechnen

$$v_{K,a} = \frac{5}{\displaystyle\sum_{j=1}^{5} \frac{1}{v_{K,d}}} \qquad\qquad \text{(D3.3-31)}$$

Nach der zitierten Norm ist ein Norm-Nutzungsgrad zu ermitteln für ein $f_P = 1$. Er dient einem anlagenunabhängigen energetischen Vergleich von Kesseln.

**Bild D3.3-38** Verlauf der relativen Heizlast („Kesselbelastungsgrad") über der Zeit für Mitteleuropa [D3.3-26]

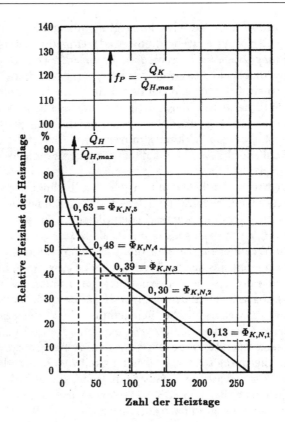

## Wärmetechnische/Energetische Bewertung

Bei der Bewertung eines Heizkessels sind zwei grundsätzlich unterschiedliche Fragen zu stellen:

- Wie gut sind die Wärmeübertragungseigenschaften? (Hauptfrage des Kesselkonstrukteurs).
- Wie gut ist die Energieausbeute oder wie klein sind die Verluste? (Hauptfrage des Anlagenplaners).

Die Wärmeübertragungseigenschaften des Kessels lassen sich im Unterschied zu den energetischen Eigenschaften am einfachsten im stationären Betrieb des Heizkessels z.B. bei Volllast und einer bestimmten Kesseltemperatur feststellen. Ermittelt wird zu diesem Zweck der Kesselwirkungsgrad und die Abgastemperatur. Daraus lässt sich nach Gleichung H2-22 der bezogene Abgasverlust und mit Gleichung D3.3-6 der Umgebungsverlust bestimmen, sofern der Wirkungsgrad direkt aus der Wärmeleistung und der Feuerungsleistung berechnet ist. Streng genommen gilt der Kesselwirkungsgrad nur für einen bestimmten Brennstoff; im Prinzip würde es zur Beurteilung der Wärmeübertragungseigenschaften eines Kessels auch ausreichen, nur für einen zu vereinbarenden

Brennstoff den Kesselwirkungsgrad anzugeben (vorteilhaft, weil eindeutig, wäre der Nenn-Kesselwirkungsgrad). Ohnehin unterscheiden sich die Kesselwirkungsgrade für verschiedene Brennstoffe (z. B. Öl oder Erdgas) nur geringfügig. In jedem Fall aber gilt voraussetzungsgemäß der Kesselwirkungsgrad nur für einen Kesselbetrieb, bei dem kein Wasser aus dem Abgas kondensiert. Um einen einheitlichen Maßstab für die Beurteilung der Wärmeübertragungseigenschaften aller Kesselkonstruktionen zu erhalten, müsste daher die Kesseltemperatur, bei der ein Wirkungsgradversuch durchgeführt wird, einheitlich so hoch gewählt werden, dass bei keinem gängigen Brennstoff der Taupunkt der Abgase unterschritten wird.

Selbstverständlich könnten die Randbedingungen für einen Leistungsvergleich nach Gleichung D3.3-1 und -2 so verändert werden, dass statt des Heizwertes $H_u$ der Brennwert $H_0$ in den Gleichungen auftritt und als neue Feuerungsleistung dann das Produkt $\dot{m}_b\, H_0$ als Bezugsgröße zu verwenden wäre. Durch diese Veränderung ist über die Wärmeübertragungseigenschaften des Kessels jedoch keine zusätzliche Information zu gewinnen; im Gegenteil man erhielte für ein und dieselbe Konstruktion je nach Brennstoff deutlich unterschiedliche Wirkungsgrade (für den Brennstoff Gas besonders niedrige).

Für die **energetische** Beurteilung eines Heizkessels muss der gesamte Betriebsablauf von Schwachlast bis Volllast auch bei unterschiedlichen Kesselwassertemperaturen beachtet werden. Hierzu ist der Tagesnutzungsgrad (z. B. nach Gleichung D3.3-9) in Abhängigkeit vom Brennerlaufzeitgrad oder der relativen Wärmeleistung festzustellen, weiterhin auch der bezogene Bereitschaftsverlust nach Gleichung D3.3-13 oder -14. Daraus ist in einem zweiten Schritt der Jahresnutzungsgrad nach Gleichung D3.3-27 oder -31 zu errechnen. Bei Brennwertkesseln ist zusätzlich nach Gleichung D3.3-25 die Kondensationswärme zu berücksichtigen.

## Leistungsmessung

Die Verfahren zur Messung der Wärmeleistung und des Wirkungsgrades eines Heizkessels sind in DIN 4702 Teil 2 geregelt [D3.3-22]. Die Norm gilt sowohl für Warmwasser- wie für Dampfkessel. Die Wärmeleistung kann entweder unmittelbar am Kessel oder mittelbar an einem Wärmeaustauscher gemessen werden. Bild D3.3-39 zeigt schematisch einen Prüfstand für das erstgenannte Verfahren. Der Wasserstrom durch den Kessel wird nach dem Wägeverfahren bestimmt und aus der zwischen Vor- und Rücklauf gemessenen Temperaturdifferenz die Wärmeleistung errechnet. Bei der mittelbaren Leistungsmessung ist ein Wärmeaustauscher in den geschlossenen Heizkreis geschaltet. Mit ihm wird das Kesselwasser abgekühlt und die hierfür erforderliche Kühlleistung am Wärmeaustauscher – wie vorher beim Kessel – gemessen.

Der Kesselwirkungsgrad kann entweder direkt aus der Wärmeleistung des Kessels und der hierfür erforderlichen Feuerungsleistung nach Gleichung D3.3-2 oder -3 errechnet oder aus den Verlustgliedern z. B. nach Gleichung D3.3-6 ermittelt werden. Die erstgenannte direkte Methode ist zu bevorzugen.

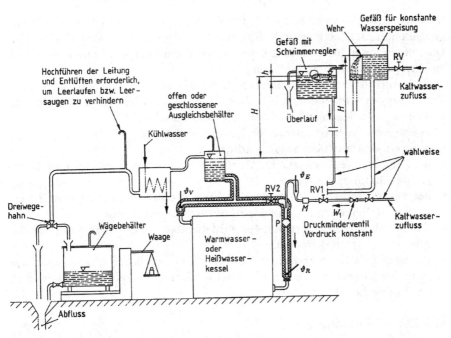

**Bild D3.3-39** Kesselprüfstand mit Kurzschlussstrecke und drei möglichen Anordnungen für die Kaltwassereinspeisung [D3.3-22]

Im Unterschied zur Prüfung z. B. von Heizkörpern wird bei Heizkesseln nach DIN 4702 Teil 2 nicht die bei der Prüfung festgestellte Leistung als Prüfergebnis angegeben, sondern bescheinigt, dass bei der vom Hersteller vorgegebenen Nennleistung die in der Norm festgelegten Bedingungen eingehalten werden.

Ergänzend zur Leistungsmessung und Wirkungsgradbestimmung regelt DIN 4702 auch die Messung von Emissionen im Abgas, der heizgasseitigen Dichtigkeit und des (bezogenen) Bereitschaftsverlustes (siehe auch Gleichungen D3.3-13 und -14).

## Auslegung

Die Auslegung hat zum Inhalt, die Nennwärmeleistung des oder der für die Heizanlage erforderlichen Heizkessel auszuwählen und zusätzlich die maximale Vorlauftemperatur festzulegen. Wichtige Bestimmungen hierzu enthalten die Energieeinsparverordnung (EnEV) [D3.3-27] und die Verdingungsordnung für Bauleistungen, VOB [D3.3-28]. Die EnEV bezieht sich auf die EG-Richtlinie 92/42/EWG [D3.3-29], in der auch die amtlichen Definitionen für Standardkessel, Niedertemperaturkessel und Brennwertkessel mit den zugehörigen Anforderungen zu finden sind. Die einzelnen Bestimmungen sollen hier nicht wiedergegeben werden, zumal sie von Zeit zu Zeit Änderungen unterworfen sind. Abgekürzt gilt, dass die Nennwärmeleistung von Standardkesseln und Zwangsumlaufkesseln (Wasserinhalt $< 0,13\,l/kW$) nicht größer sein darf als die Norm-gebäudeheizlast. Zuschläge z.B. für eine Trinkwassererwärmung sind nur bei Leistungen unter $20\,kW$ zulässig. NT-Kessel, Brennwertkessel und Mehrkessel-anlagen sind frei in ihrer Auslegung.

Richtwert für die Dimensionierung eines Kessels ist – unabhängig von allen Verordnungen – in jedem Fall die Norm-Gebäudeheizlast. Allgemein sind die Folgen einer Auslegung über diesen Wert hinaus:
* es entstehen Mehrkosten für den Kessel,
* es ist ein erhöhter Platzbedarf erforderlich,
* die Zahl der Brennerstarts und damit die Emissionen beim An- und Abfahren des Brenners nehmen zu oder
* der energetisch vorteilhafte Betriebsbereich einer mehrstufig geschalteten oder modulierenden Feuerung wird nur teilweise genutzt,
* durch verkürzte Brennerlaufzeiten wird die Abgasanlage nicht genügend aufgeheizt und somit gefährdet
* der häufig als Hauptargument vorgebrachte Hinweis auf eine Verschlechterung des Jahresnutzungsgrades ist bei modernen Kesseln nicht mehr angebracht (die Reduktion ist marginal).

Eine Überdimensionierung
* ist häufig unvermeidlich, da die verfügbare Nennwärmeleistung größer ist als die Gebäude-Normheizlast der nach den neuesten Vorschriften gedämmten Gebäude,
* ist erforderlich wegen des Leistungsbedarfs für die Trinkwassererwärmung, ferner,
* um die Leistungsreserve bei den Raumheizflächen abzudecken (s. Kap. D1.6.4)

Kein Grund, eine erhöhte Leistung beim Kessel zu installieren, ist das häufig vorgebrachte Argument, dass man damit die Aufheizzeit – z.B. nach einer Nachtabsenkung – möglichst kurz halten will; die üblicherweise mit Schaltuhren ausgerüsteten Regeleinrichtungen erlauben eine rechtzeitige Inbetriebnahme der Heizanlage ohne Behaglichkeitseinbußen in den wenigen Räumen, die in dieser Anfahrzeit genutzt werden sollen (zudem wäre die erhöhte Leistung nur bei einer entsprechenden Leistungsreserve in den Raumheizflächen zu übertragen).

Sehr häufig ist nicht die Norm-Gebäudeheizleist die maßgebliche Auslegungsleistung, sondern die von der vorgesehenen Nutzung her voraussagbare maximale Wärmeleistung $\dot{Q}_{H,max}$. Sie hängt mit der Normgebäudeheizlast zusammen nach

$$\dot{Q}_{H,max} = f_Q \, \dot{Q}_{N,G} \qquad\qquad (D3.3\text{-}32)$$

Dieser Minderungsfaktor $f_Q$ ist aus vier Gründen $< 1$:

1. nicht gleichzeitige Nutzung der Räume
2. innere Wärmequellen (Personen, Licht, Geräte)
3. Sonneneinstrahlung
4. Dämpfung und Zeitverschiebung der Lasten durch Speichereffekte im Gebäude.

Der Minderungsfaktor ist am niedrigsten bei Gebäuden mit einem hohen Anteil nichtbeheizter Räume; so beträgt er bei Wohngebäuden erfahrungsgemäß rund 0,7, hingegen bei Bürogebäuden oder Schulen etwa 0,9. Gleichmäßig genutzte Gebäude wie Krankenhäuser oder Altersheime lassen einen Wert von 1,0 erwarten. Häufig (allerdings nur bei Kesseln, nicht bei Wärmepumpen oder Fernwärme-Hausstationen) besteht wegen der oben angegebenen Überdimensionierungsgründe keine Gelegenheit, den Minderungsfaktor bei der Auslegung zu berücksichtigen; er liefert aber eine gute Begründung dafür, auf etwaige Sicherheitszuschläge zu verzichten.

Die Nachteile einer Überdimensionierung im Hinblick auf die erhöhte Zahl der Brennerstarts, der damit verbundenen erhöhten Emissionen und kritischen Folgen für die Abgasanlage können weitgehend vermieden werden, wenn parallel zum Heizkessel und zum Verbraucherbereich ein Pufferspeicher angeordnet wird (siehe folgende Kap. D3.3.2.3). Ein derartiger Pufferspeicher könnte auch eine Leistungsreserve für Regelungsaufgaben und für die Trinkwassererwärmung bilden.

### D3.3.2.3
**Kesselschaltungen, Pufferspeicher**

Beim Entwurf der sog. Kesselschaltung geht es darum, den Kessel so an das Verteilsystem anzuschließen, dass
- einerseits der Übergabebereich und der Verteilbereich die dort geforderten Sollfunktionen erfüllen können und
- andererseits die Sollfunktionen des Kessels selbst zu erfüllen sind.

Beim Kessel ist in aller Regel im Hinblick auf die hydraulische Einbindung ins Verteilsystem gefordert, dass
1. die Vorlauftemperatur für die Verteilung eine bestimmte Höhe (z. B. 60 °C) aus Gründen der Energieeinsparung und neuerdings auch der Sicherheit nicht überschreitet;
2. eine bestimmte Kesselrücklauftemperatur nicht unterschritten wird, um Korrosionen auf der Abgasseite der Kesseloberfläche zu vermeiden (Ausnahme: Brennwertkessel);
3. eine örtliche Überhitzung im Kessel durch einen genügend hohen Wasserstrom verhindert wird;
4. die mittlere Kesselwassertemperatur möglichst niedrig gehalten wird, um Verluste zu mindern;

5. Brennerlaufzeiten möglichst ausgedehnt werden (die Zahl der Brennerstarts niedrig gehalten wird), um Start-Stopp-Emissionen zu minimieren;
6. der Aufwand an Hilfsenergie für Umwälzpumpen möglichst gering gehalten wird;
7. der Kessel die Aufgabe der Trinkwassererwärmung übernehmen kann (und für diesen Zweck eine genügend hohe Vorlauftemperatur – zeitweise – bereithält);
8. mit der Regelung des Kessels zugleich die Vorlauftemperaturregelung für die Heizanlage übernommen wird und dazu die Schwankungen der Vorlauftemperatur in einem für die Übergabe erträglichen Rahmen gehalten werden.

All diese Forderungen gelten für Ein- wie für Mehrkesselanlagen. Bei diesen wird darüberhinaus gefordert, dass

9. abgeschaltete Kessel zur Vermeidung von Verlusten wasserseitig absperrbar sein müssen (HeizAnlV [D3.3-27]) und
10. der Wasserstrom unbeeinflusst von der Verteilung in jedem Kessel konstant (oder besser noch auf den Brennerbetrieb abgestimmt) sein soll.

Aus den aufgezählten Forderungen geht hervor, dass das Problem der Kesselschaltung eng verknüpft ist mit der Regelung und Steuerung des Kessels sowie der Heizanlage insgesamt.

Der Anforderungskatalog ist auf zwei Grundforderungen zu reduzieren:
- bestimmte Vorlauftemperaturen sind im Heizkreis herzustellen und damit auch der für die Verbraucher benötigte Wasserstrom;
- im Kessel müssen die Temperaturen innerhalb eines vorgegebenen Bereiches liegen. Dazu ist bei der aufgeprägten Feuerung ein genügend hoher Wasserstrom durch den Kessel erforderlich.

Diese beiden Hauptforderungen sind mindestens im stationären Betrieb einer Heizanlage zu erfüllen, wenn der Kessel auf die einfachste Weise in den Verteilkreis eingebunden ist (siehe Kap. D2.2.2.4). In Bild D3.3-40 ist – wie in den nachfolgenden Bildern auch – nur das wesentliche der hydraulischen Schaltung wiedergegeben; eigentlich erforderliche Absperrorgane im Verteilnetz und am Kes-

**Bild D3.3-40** Einfachste Kesselschaltung

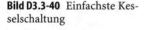
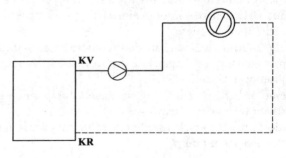

sel sind genauso weggelassen wie die Sicherheitseinrichtungen am Kessel und die Regelsysteme. Bei der einfachen Schaltung nach Bild D3.3-40 sind die Temperaturen im Vorlauf und Rücklauf des Kessels identisch gleich den Temperaturen im Heiznetz und beide nicht regelbar. Die eingezeichnete (Haupt-)Verteilpumpe sorgt zugleich für den erforderlichen Wasserstrom durch den Kessel und für die Belieferung der Verbraucher (grundsätzlich ist auch ein Schwerkraftbetrieb ohne Pumpe möglich). Nachteil dieser Schaltung ist, dass alle Temperaturschwankungen des Kesselbetriebs sich auch bei der Wärmeübergabe im Raum auswirken und dass die nach der EnEV [D3.3-27] vorgeschriebene zentrale Regelung „zur Verringerung und Abschaltung der Wärmezufuhr in Abhängigkeit von der Außentemperatur oder einer anderen geeigneten Führungsgröße und der Zeit" nur begrenzt über die Kesseltemperatur möglich ist. Eine Verbesserung der Schaltung von Bild D3.3-40 stellt die von Bild D3.3-41 dar. Hier kann die Vorlauftemperatur für die Verbraucher entweder zentral (links) oder strangweise (rechts) geregelt werden. Die Kesselrücklauftemperatur ist wie in Bild D3.3-40 identisch mit der aus dem Netz. Dies bedeutet aber nicht, dass die niedrigste Temperatur im Kessel ebenfalls der Rücklauftemperatur entspricht: sie kann durch (kesselinterne) Mischung des Rücklaufwassers mit dem Kesselvorlaufwasser genügend hoch angehoben sein. Nur bei Brennwertkesseln wird dies vermieden und die unterste Kesseltemperatur so tief wie möglich gehalten.

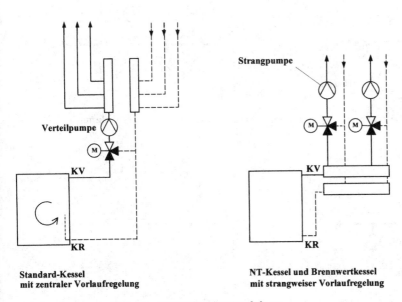

Bild D3.3-41 Kesselschaltungen ohne Rücklauftemperaturanhebung bei Standard- und NT-Kessel, zwingend beim Brennwertkessel

Größere Standardkessel ($\geq 100\,\text{kW}$), die keine interne Mischung von Rücklaufwasser mit Vorlaufwasser oder andere konstruktive Maßnahmen zur Anhebung der abgasseitigen Oberflächentemperatur besitzen, benötigen eine externe Anhebung der Temperatur des Kesselrücklaufs. Der Aufwand hierfür ist unterschiedlich: Die Kesselrücklauftemperatur ist ungeregelt oder geregelt, der Kesselwasserstrom ist variabel oder es ist ein fester Mindestwasserstrom vorgehalten. In jedem Fall müssen die verschiedenen Kesselschaltungen einen eigenen Kesselkreis besitzen.

Eine besonders einfache, aber praktisch nicht mehr angewandte Schaltung ist mit einem so genannten Vierwegventil herzustellen (siehe Bild D3.3-42 links). Mit ihr ist zugleich die Heizkreis-Vorlauftemperatur zu regeln, nicht aber die Kesselrücklauftemperatur; auch ändert sich abhängig vom Wasserstrom im Heizkreis der Kesseldurchfluss stark und kann dabei unter einen für den Kessel erforderlichen Mindestwasserstrom absinken. Dies ist dadurch zu vermeiden, dass in den Kesselkreis ein Kesselbypass mit einer kleinen Pumpe (kleine Druckhöhe und Mindestwasserstrom für den Kessel) eingefügt wird (s. Bild D3.3-42 rechts). Die Kesselrücklauftemperatur ist hier ebenfalls ungeregelt. Die Temperaturen im Vorlauf des Kessels und in dem der Verteilung sind identisch; die geforderte Regelung der Vorlauftemperatur wird vom Kessel wahrgenom-

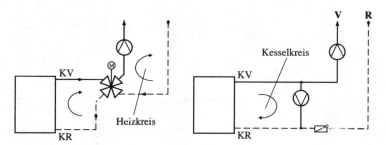

**Bild D3.3-42** Kesselschaltungen mit ungeregelter Rücklauftemperaturanhebung

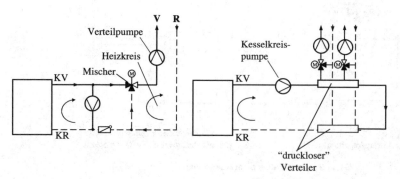

**Bild D3.3-43** Kesselschaltungen mit Kesselkreispumpe ohne Regelung der Kesselrücklauftemperatur

men. Die eigene Regelung der Vorlauftemperatur im Heizkreis ist mit einem Dreiweg-Mischventil herzustellen, entweder mit einem Mischer zentral, wie es Bild D3.3-43 links zeigt, oder strangweise mit mehreren und einem so genannten differenzdrucklosen Verteiler (s. Bild D3.3-43 rechts). Sammler und Verteiler sind hier miteinander verbunden. Die Kesselkreispumpe muss ständig in Betrieb sein und einen höheren Wasserstrom fördern als die Strangpumpen zusammen, damit die angestrebte Anhebung der Rücklauftemperatur auch erreicht wird. Der Kesselkreis ist bei dieser Schaltung vom Verteilkreis hydraulisch vollständig getrennt. Ein differenzdruckloser Verteiler ist in Verbindung mit einem Brennwertkessel oder einem Pufferspeicher zu vermeiden, weil in beiden Fällen eine möglichst niedrige Rücklauftemperatur angestrebt wird. Auch hier ist die Kesselrücklauftemperatur ungeregelt.

Ein eigener Kesselkreis mit geregelter Anhebung der Rücklauftemperatur ist dadurch zu verwirklichen, dass die Kesselkreispumpe so an den Kessel angeschlossen wird, dass der von dieser Pumpe geförderte Wasserstrom vollständig durch den Kessel fließt, und entweder an einen Bypass ein Mischventil im Rücklauf (s. Bild D3.3-44 links) oder ein Verteilhahn im Vorlauf (Bild D3.3-44 rechts) gesetzt wird. Die Pumpe ist so lange ständig im Betrieb, wie geheizt wird und der Kessel in Bereitschaft läuft; im Unterschied dazu können die Strangpumpen strangweise oder gemeinsam abgeschaltet sein. Bild D3.3-44 zeigt eine Schaltung mit einem so genannten differenzdruckbehafteten Verteiler (gemeint ist der Differenzdruck zwischen Verteiler und Sammler). Dass im Vorlauf ein Verteilhahn erforderlich ist und nicht ein Verteil-Ventil, liegt darin begründet, dass aus Stabilitätsgründen der Ventilkegel von unten angeströmt sei muss.

Bei den in den Bildern D3.3-40 bis -44 gezeigten Schaltungen ist die für die Brennerlaufzeiten maßgebliche Speicherkapazität gemeinsam im Verteilsystem und Kessel vorgehalten. Wird eine Verlängerung der Brennerlaufzeiten und damit eine Verminderung der Zahl der Brennerstarts angestrebt, lässt sich die Speicherkapazität vorteilhaft mit einem parallel zum Kessel anzuordnenden Pufferspeicher vergrößern. Alternativ die Speicherkapazität im Verteilnetz

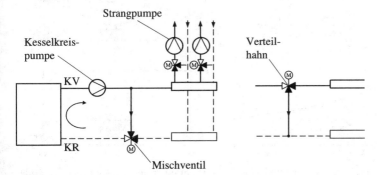

**Bild D3.3-44** Kesselschaltungen mit eigenem Kesselkreis und differenzdruckbehaftetem Verteiler, links mit Mischventil im Rücklauf, rechts mit Verteilhahn im Vorlauf

zu erhöhen, hat regeltechnische und damit energetische Nachteile. Eine Erhöhung des Kesselinhalts ist ebenfalls nachteilig, weil bei gleichem Wasservolumen ein Kessel ein deutlich kleineres Speichervermögen besitzt als ein für eine maximale Spreizung konzipierter Pufferspeicher. Zu diesem Zweck ist er als sog. Schichtspeicher auszuführen (siehe auch D3.5.4.2). Sein Speichervolumen lässt sich besser ausnutzen als das des sog. Mischspeichers (s. Bild D3.3-45). Beim Schichtspeicher werden Mischvorgänge innerhalb des Speicherbehälters, ausgelöst durch einen Strahl am Wassereintritt oder Thermik z.B. an erwärmten Flächen, sorgfältig vermieden, u.a. auch dadurch, dass eine schlanke aufrecht stehende Behälterform gewählt wird. Während beim Mischspeicher die Entladetemperatur während des Entladungsvorganges sinkt und bei Entladungsende im Speicher ein für Heizzwecke nicht mehr nutzbarer Wärmeinhalt verbleibt (s. Bild D3.3-45 unten), verharrt die Entladungstemperatur beim Schichtspeicher auf einem fast konstanten Wert und der Speicher ist bei Beladungsende vollständig mit Wasser der Rücklauftemperatur gefüllt (s. Bild D3.3-45 rechts). Dies hat für einen Brennwertbetrieb auch den Vorteil, dass während der Beladung des Speichers, also wenn der Kessel läuft, die Temperatur des Wassers aus dem Rücklauf den angestrebten niedrigen Wert besitzt.

Der Pufferspeicher ist, wie Bild D3.3-46 zeigt, immer parallel zum Kessel geschaltet und schließt den Kesselkreis. (Durch eine Reihenschaltung würden die dynamischen Eigenschaften des Verteilnetzes wegen der damit bewirkten

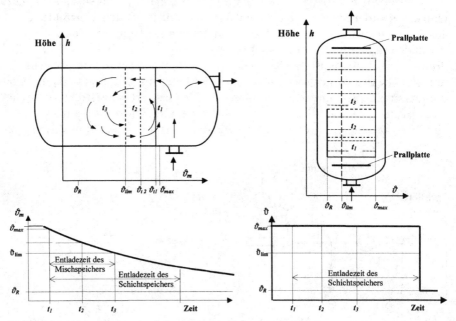

**Bild D3.3-45** Temperaturverlauf über der Höhe (oben) und über der Zeit (unten) beim Entladen eines Mischspeichers (links) und eines Schichtspeichers (rechts); die untere Grenztemperatur für die Nutzung ist $\vartheta_{lim}$.

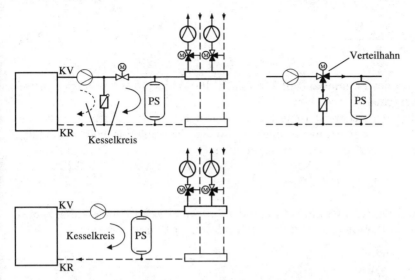

**Bild D3.3-46** Kesselkreis mit Pufferspeicher PS, unten für Brennwertbetrieb (Kesselkreispumpe schaltet verzögert ein). Für Wärmepumpen siehe auch Bild D2.5-16 und -17.

Verzögerung verschlechtert). Beim Standard- und NT-Kessel ist vor dem Speicher eine Bypassleitung mit einer Rückschlagklappe zu legen (s. Bild D3.3-46 oben). Eine Armatur zur Regelung der Ladetemperatur bleibt für den Weg zum Speicher so lange geschlossen, bis die Soll-Ladetemperatur erreicht ist, dann wird der Bypass gedrosselt und der Speicher beladen; zugleich kann auch Wasser zum Verteiler fließen. Diese Armatur kann entweder als Durchgangsventil im Speichervorlauf (mit einer Drossel im Bypass) oder als Dreiwegverteiler (in Hahnenkonstruktion) ausgeführt sein. Die Kesselkreispumpe läuft nur bei Brennerbetrieb und nach Abschalten des Brenners einige Minuten nach, bis der Kessel vollständig abgekühlt ist. Ein Bereitschaftsverlust kann auf diese Weise vollständig vermieden werden.

Ein Brennwertbetrieb ist mit der in Bild D3.3-46 unten gezeigten Schaltung möglich. Hier läuft die Kesselkreispumpe verzögert nach dem Brennerstart an, wenn die Soll-Ladetemperatur im Kessel erreicht ist. Wie beim Standard- und NT-Kessel schaltet sie ebenfalls nach einer Nachlaufzeit ab.

Bei Festbrennstoffkesseln (insbesondere mit Holz als Brennstoff) ist ein Pufferspeicher wegen der stark veränderlichen Wärmeleistung des Kessels und der Ungleichzeitigkeit von Feuerungs- und Heizbetrieb unabdingbar. Hier ist eine Schaltung erforderlich wie in Bild D3.3-46 oben.

Das erforderliche Volumen des Pufferspeichers ist abhängig von der Wärmeleistung bzw. Nennwärmeleistung des Kessels, der gewünschten Mindestlaufzeit des Brenners $\Delta t_B$ und der Temperaturdifferenz zwischen Kesselvorlauf und Anlagenrücklauf $\Delta \vartheta_{PS} = \vartheta_{K,V} - \vartheta_R$. Unter der Annahme, dass das Verteilsystem keine Speicherkapazität besitzt, gilt:

$$V_{PS} = \frac{\dot{Q}_{K,N}\, \Delta t_B}{c_W\, \rho_W\, \Delta \vartheta_{PS}}$$

(D3.3-33)

Der Mindestbrennerlaufzeit kann auch die Abbrandzeit bei Festbrennstoffen entsprechen.

Ein Pufferspeicher ist weiterhin dazu geeignet, Spitzenleistungen abzudecken. Die Spitzenleistung in einer Heizanlage ist abhängig vom maximalen Summenvolumenstrom der Strangpumpen $\dot{V}_P$:

$$f_P\, \dot{Q}_{max} = \rho_W\, c_W \sum \dot{V}_P\, (\vartheta_{K,V} - \vartheta_i)$$

(D3.3-34)

Die Rücklauftemperatur während der Spitzenlastzeit in einer Aufheizphase liegt bei der Raumtemperatur. Die Spitzenlastzeit ist mindestens:

$$\Delta t_{Spitze} = \frac{V_{PS}}{\sum \dot{V}P}$$

(D3.3-35)

Besteht die Wärmeerzeugung aus mehreren Kesseln (z.B. auch Kombinationen von Gas- oder Ölkesseln mit einem Festbrennstoff-Kessel) gelten zunächst einmal alle Schaltregeln wie bei Einkesselanlagen auch. Zusätzlich ist aber auf die vorn erwähnten Forderungen 9 und 10 zu achten. Im Sinne der Minimierung des Hilfsenergieaufwandes bei den Pumpen ist vorzugsweise jedem Kessel eine eigene Pumpe zuzuordnen und bei mehr als zwei Kesseln der Rücklauf nach Tichelmann zu verlegen. Um die nicht erwünschten Rückwirkungen vom Heizkreis auf den Kesselkreis zu vermeiden, ist am besten vor dem Verteiler eine Ausgleichsleitung („hydraulische Weiche") oder ein Pufferspeicher zwischenzuschalten. Die Pumpen können zentral (Bild D3.3-47) oder dezentral angeordnet sein (Bild D3.3-48). Die Absperrbarkeit abgeschalteter Wärmeerzeuger ist durch Verordnung vorgeschrieben [D2.3-10].

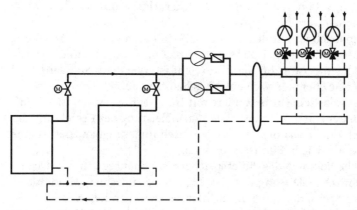

**Bild D3.3-47** Mehr-Kesselanlage mit den vorgeschriebenen Absperrventilen, zentral angeordneten Pumpen und Ausgleichsleitung („hydraulische Weiche") oder Pufferspeicher

**Bild D3.3-48** Mehrkesselanlage mit dezentral angeordneten Pumpen (die Tichel-
mann-Schaltung im Rück-
lauf ist nicht zwingend, die
Absperrbarkeit aber muss
gewährleistet sein)

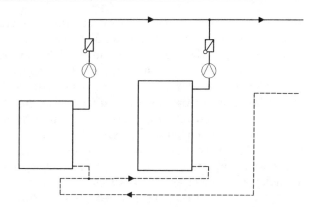

## D3.3.2.4
### Heizraum und Schornstein

Der **Heizraum** als Aufstellungsort eines Kessels im Gebäude und der Schornstein, durch den die Abgase aus dem Kessel ins Freie gelangen, werden als bauliche Notwendigkeiten im Grenzgebiet zwischen mehreren Gewerken durch eine
Vielzahl von Verordnungen, Vorschriften, Richtlinien und Normen behandelt.
Die Verordnungen und Vorschriften sind zum Teil in den Bundesländern und
sogar Gemeinden unterschiedlich. Besondere Richtlinien gelten auch bei einigen großen öffentlichen Bauträgern. Eine Übersicht zum Themenkreis Heizraum gibt das Beiblatt der VDI-Richtlinie 2050 [D3.3-30]. Planung und Ausführung von Heizzentralen in Gebäuden beschreibt Blatt 1 und von freistehenden
Heizzentralen Blatt 2 [D3.3-31 und -32]. Für Hausschornsteine wesentlich ist
DIN 18160 [D3.3-33], die Berechnung gibt sehr ausführlich DIN 4705 [D3.3-34]
vor.

Für die Aufstellung von Heizkesseln (und allgemein auch von Wärmeerzeugern) ist insbesondere zu beachten, dass
- genügend Raum vorgesehen ist für Betrieb und Wartung, aber auch Instandhaltung, ferner
- die Brennstoffzufuhr und die Lagerung sowie der Abtransport von Verbren-
  nungsrückständen ermöglicht ist,
- der Heizkessel an eine Abgasanlage anzuschließen ist,
- die Verbrennungsluft ungestört zuströmen kann und der Raum insgesamt
  genügend zu lüften ist,
- Anschlussmöglichkeiten für Strom, Wasser und Abwasser bestehen,
- der Schutz gegen Brand und Verpuffungen sowie Schwingungen und Schall
  gewährleistet ist und ausreichende Fluchtmöglichkeiten bestehen.

Darüberhinaus muss auch der Raum bedacht werden für weitere zentrale Einrichtungen der Heizanlage wie die Hauptverteilung, die Umwälzpumpen, MSR-

Anlagen[7] oder Einrichtungen für die zentrale Wassererwärmung. Gegebenenfalls sind hierfür auch besondere Räume vorzusehen.

Allgemein gilt, dass Heizkessel mit einer Nennwärmeleistung unter 50 kW (in einigen Bundesländern auch unter 35 kW) keinen besonderen Heizraum in der vorgeschriebenen Bauausführung benötigen. Sie können in üblichen Aufenthaltsräumen, normalen Kellerräumen und auch in Fertigungsräumen aufgestellt werden. Voraussetzung ist aber, dass mit Sicherheit die Verbrennungsluft von außen zuströmen kann; vorgeschrieben ist eine Außenluftöffnung von mindestens 0,015 m² (ein auch vorgeschriebenes Raumvolumen für die Verbrennungsluftversorgung setzt Undichtigkeiten des Raums an Fenstern und Türen voraus). Meistens werden Heizkessel in einem besonderen Heizraum aufgestellt. Er liegt vorzugsweise im Erdgeschoss, das heißt er ist ebenerdig und damit leicht mit schweren Anlagenteilen auszurüsten. Am häufigsten ist der Heizraum im Untergeschoss untergebracht, wo zwar die Kesselmontage schwieriger, die Brennstoffzufuhr aber vergleichbar einfach ist. Die dritte Variante, den Kessel im Dachgeschoss unterzubringen ("Dachzentrale"), ist nur bei flüssigen oder gasförmigen Brennstoffen möglich; sie ist in hochwassergefährdeten Gegenden zu empfehlen.

Die besonderen baulichen Anforderungen an Heizräume sind in VDI 2050 Blatt 1 [D3.3-31] geregelt. Die erforderlichen Mindestmaße für die Nutzfläche und die Raumhöhe zeigt Bild D3.3-49.

Für große Kesseleinheiten – etwa über 1 MW – sind eigene freistehende Heizzentralen vorteilhaft. Die baulichen Anforderungen sind in VDI 2050 Blatt 2 [D3.3-32] zusammengestellt. Die erforderlichen Grundflächen und Gebäudehöhen zeigt Bild D3.3-50.

Der **Schornstein** ist der wesentliche Teil einer sog. Abgasanlage, die zusätzlich einen Verbindungskanal zwischen Kessel und Schornstein enthält (bei größeren Verbindungskanälen, insbesondere, wenn sie gemauert sind, spricht man auch vom Fuchs), ferner eine Absperr- oder Nebenluftvorrichtung, einen Abgasventilator ("Saugzug") oder eine Kondensatableitung. Ein Abgasschalldämpfer kann ebenfalls Bestandteil einer Abgasanlage sein.

Feuerstätten ganz allgemein – also nicht nur Heizkessel – werden grundsätzlich an einen eigenen Schornstein angeschlossen. Abweichend von diesem Grundsatz darf ein Schornstein auch mehrfach belegt sein, wenn sich durch geeignete Maßnahmen jeweils nur eine Feuerstätte betreiben lässt. Weiter sind ausgenommen: Feuerstätten für feste oder flüssige Brennstoffe mit einer Nennwärmeleistung von je höchstens 20 kW oder Gasfeuerstätten mit jeweils höchstens 30 kW, wenn es nicht mehr als drei sind.

Eine ausführliche Beschreibung der Schornsteinbauarten gibt Hausladen [D3.3-34]. Man unterscheidet einschalige, mehrschalige und feuchteunempfindliche Schornsteine. Letztere sind mit einer besonderen feuchtedichten Innen-

---

[7]  M̲essen, S̲teuern, R̲egeln

**Bild D3.3-49** Mindestnutz-
fläche und -raumhöhe von
Heiz- und Maschinenräu-
men in Gebäuden [D3.3-31]
**a** Heizzentrale mit Warm-
wasserversorgung (getrennt
aufgestellter Speicher); **b** Anlage mit mehreren Kesseln;
**c** Anlage mit einem Kessel; **d** Maschinenraum für
Pumpen, Apparate, Verteiler,
Sammler, Schaltwarte

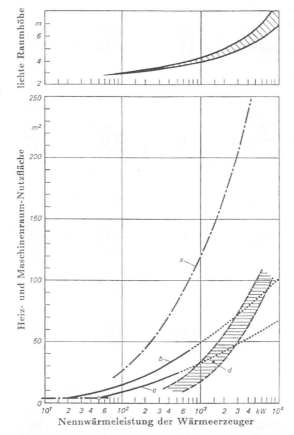

schale z.B. aus innen glasierten Schamotterohren, Glas- oder Edelstahlrohren
ausgerüstet. Eine Besonderheit stellen die sog. Luft-Abgas-Schornsteine (LAS)
dar. Sie besitzen einen zweiten Schacht, durch den die Verbrennungsluft zu den
angeschlossenen raumluftunabhängigen Gasfeuerstätten strömen kann (zunehmende Bedeutung). Hier können maximal 10 Feuerstätten (2 je Geschoss) mit
einer Höchstleistung von jeweils 24 kW angeschlossen werden.

Bei allen bisher beschriebenen Schornsteinen muss die Differenz der Dichte des Abgases im Schornstein und der Luft in der Umgebung einen genügend
hohen Unterdruck (Zug) an der Kesselanschlussstelle bewirken, dass alle Widerstände in der Abgasanlage überwunden werden und das Abgas von alleine ins
Freie fortströmen kann („Naturzug"). Voraussetzung für einen ausreichenden Naturzug ist, dass die Abgase sich im Schornstein nicht allzu stark abkühlen, das heißt, dass der Wärmedurchlasswiderstand des Schornsteins genügend hoch ist. Man unterscheidet drei Wärmedurchlasswiderstandsgruppen (s.
Tabelle D3.3-3). Eine hier nicht aufgeführte vierte Gruppe gilt für Stahlschorn-
steine bei verminderten Anforderungen. Bei einschaligen (III), zweischaligen

**Bild D3.3-50** Räumlichkeiten für frei stehende Heizzentralen: Grundflächen und Gebäudehöhen abhängig von der Nennwärmeleistung [D3.3-32]
**a** Aufstellungsraum für Wärmeerzeuger; **b** Maschinenraum für Pumpen, Ventilatoren, Apparate, Verteiler, Sammler, Schaltwarte, Transformatoren, Ersatzraum, Werkstätten, Lagerräume; **c** Wasch-, Aufenthalts-, Bereitschafts-, Umkleideräume, Toiletten; **d** Gebäudehöhe

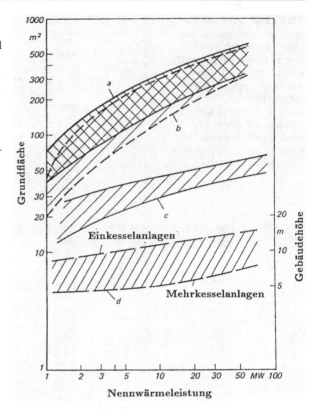

**Tabelle 3.3-3** Wärmedurchlasswiderstandsgruppen für Schornsteine

| Wärmedurchlasswiderstand $1/\Lambda$ | Wärmedurchlasswiderstandsgruppe |
|---|---|
| $>0{,}65\,\mathrm{m^2/K}$ | I |
| $0{,}22\,\mathrm{m^2/K} < 1/\Lambda < 0{,}64\,\mathrm{m^2/K}$ | II |
| $0{,}12\,\mathrm{m^2/K} < 1/\Lambda < 0{,}21\,\mathrm{m^2/K}$ | III |

(II) und dreischaligen Schornsteinen (I) darf der Taupunkt der Abgase auf der Schornsteininnenwandung nicht unterschritten werden. Bei den feuchtigkeitsunempfindlichen Schornsteinen (hinterlüftet, innen glasiert) ist ein Feuchteniederschlag zulässig, dennoch müssen die Abgastemperaturen – und damit die Dämmung – ausreichend sein für den erforderlichen Naturzug. Die Abgastemperatur sollte in jedem Fall über 40 °C liegen.

Neben den beschriebenen normalen Schornsteinen gibt es noch Abgasanlagen mit Abgasgebläse (vor allem bei Brennwertfeuerstätten). Hier wird die Abgasleitung mit Überdruck betrieben. Sie muss daher besonders dicht sein und obendrein feuchteunempfindlich. Zu normalen Schornsteinen können Abgasleitungen mit einem kleineren Querschnitt ausgeführt werden.

Der Druckverlauf entlang des Strömungsweges durch Brenner, Kesselverbindungsstück und Schornstein ist in Bild D3.3-51 für einen Naturzug- und Überdruckkessel mit einem Normalschornstein schematisch dargestellt und in Bild D3.3-52 für einen Überdruck-Brennwertkessel und Abgasventilator. Für die eingetragenen Druckdifferenzen werden abweichend zu DIN 4705 die international vorgeschriebenen und auch in der Strömungstechnik üblichen Begriffe und Bezeichnungen verwendet (Band 1, Teil J2). In den beiden Bildern sind die Unterschiede zum Umgebungsdruck auf Kesselraumhöhe in Abhängigkeit vom Strömungsweg aufgetragen. Der Einfluss der Höhe $\Delta H$ auf den Umgebungsdruck macht sich bei dieser Voraussetzung erst vom Abgaseintritt in den Schornstein ab bemerkbar. Für Schornsteinhöhen, bei denen eine Veränderung der Dichte der Außenluft vernachlässigt werden kann, lässt sich die Änderung des Luftdruckes mit der Höhenänderung $\Delta H$ nach der „hydrostatischen" Gleichung gem. Bd. 1, Teil B berechnen

$$\Delta p_g \approx - g\,\rho\,\Delta H \qquad\qquad (B1\text{-}1)$$

Verwendet man zur Veranschaulichung die für das Meeresniveau festgelegten Werte für die trockene Normalatmosphäre $g_n = 9,80665\,\text{m/s}^2$, $\varrho_n = 1,2250\,\text{kg/m}^3$, $\vartheta_n = 15\,°C$, dann erhält man

$$\Delta p_g \approx -12\cdot\Delta H\;Pa$$

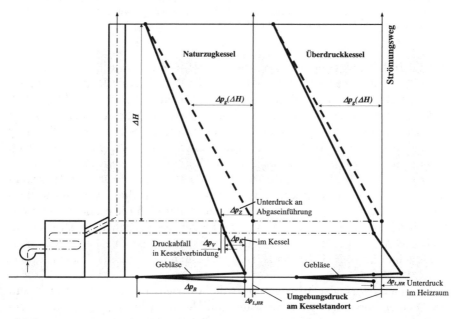

**Bild D3.3-51** Druckverlauf entlang des Strömungsweges durch Brenner, Kesselverbindungsstück und Schornstein für (links) Naturzug- und (rechts) Überdruckkessel

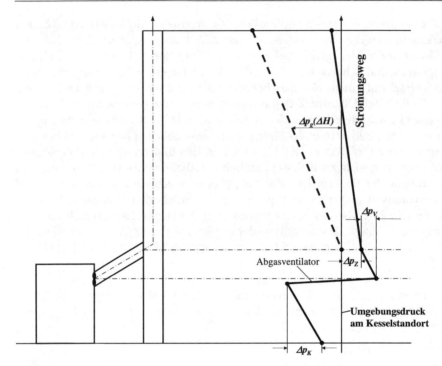

**Bild D3.3-52** Druckverlauf entlang des Strömungsweges durch Kessel mit Brenner, Kesselverbindungsstück und Schornstein für dichte Abgasleitung und Abgasventilator (z.B. bei Brennwertkesseln, Bezeichnungen wie in Bild D3.3-51)

mit der Höhenänderung $\Delta H$ in m. Die $\Delta p_g(\Delta H)$-Gerade ist in Bild D3.3-51 und -52 gestrichelt eingezeichnet. Die dargestellten Differenzdrücke gelten für Kessel mit Gebläsebrenner. Bei modernen Ausführungen beträgt der Überdruck nach dem Gebläse etwa 2000 Pa. Bei Naturzugkesseln („Kessel mit Zugbedarf") wird dieser Überdruck $\Delta p_B$ in der Mischeinrichtung des Brenners vollständig aufgebraucht. Vor dem Brennergebläse entsteht durch die Luftregelklappen und das üblicherweise vorgeschaltete Schalldämmgehäuse ein Unterdruck fast der gleichen Größe. Der vorgeschriebene maximale Unterdruck im Heizraum $\Delta p_{L,HR} = 3$ Pa ist bei Gebläsebrennern vernachlässigbar (bei Festbrennstofffeuerungen und „atmosphärischen Gasbrennern" natürlich nicht). Bei Kesseln mit Überdruck im Brennraum wird vom Brennergebläse zusätzlich der Druckabfall im Kessel $\Delta p_K$ aufgebracht. Die in DIN 4702 hierfür vorgeschriebenen Maximalwerte zeigt Bild D3.3-53 (in der Norm spricht man hier vom maximalen Förderdruck $P_W$).

Bei einem Normalschornstein muss die Auftriebs-Druckdifferenz aufgrund der Dichteunterschiede im Schornstein und der Umgebung $\Delta p_{\Delta\varrho}$ (in der Norm Ruhedruck $P_H$ genannt) groß genug sein, um die Widerstände im Schornstein und im Verbindungsstück zu überwinden. Bei Heizkesseln mit Unterdruck im

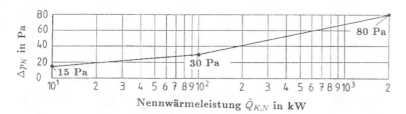

**Bild D3.3-53** Druckabfall in Öl- und Gaskesseln mit Gebläsebrennern nach DIN 4702 T 1 [D3.3-14]

Brennraum (Naturzugkessel) muss zusätzlich auch der Druckabfall im Kessel und bei Feuerungen ohne Gebläse auch der im Heizraum $\Delta p_{L,HR}$ aufgebracht werden:

$$\Delta p_{\Delta\rho} = \Delta H \cdot g \left( \rho_L - \bar{\rho}_G \right) \qquad (D3.3\text{-}36)$$

Dabei sind $\bar{\varrho}_G$ die mittlere Dichte des Abgases im Schornstein und $\varrho_L$ die Dichte der Luft in der Umgebung. Mit dem Druckabfall durch Wandreibung im Schornstein $\Delta p_R$ und durch Einzelverluste $\Delta p_E$ lautet die Bedingung für den Fall mit Naturzugkessel

$$\Delta p_{\Delta\rho} \geq \Sigma \left( \Delta p_R + \Delta p_E \right) + \Delta p_K + \Delta p_V \qquad (D3.3\text{-}37)$$

und für den Fall einer Feuerung mit Überdruck

$$\Delta p_{\Delta\rho} \geq \Sigma \left( \Delta p_R + \Delta p_E \right) + \Delta p_V \qquad (D3.3\text{-}38)$$

Der Unterdruck an der Abgaseinführung (Zug) ist jeweils

$$\Delta p_Z = \Delta p_{\Delta\rho} - \Sigma \left( \Delta p_R + \Delta p_E \right) \qquad (D3.3\text{-}39)$$

Bei Abgasanlagen mit dichten Abgasleitungen, wie sie in der Heiztechnik für Brennwertfeuerstätten verwendet werden, ist wegen der zu geringen Dichtedifferenz zwischen Abgas und Umgebungsluft ein Abgasventilator erforderlich, der den Druckabfall durch Reibung und Einzelverluste im Schornstein aufbringt. Üblicherweise besitzen die zugehörigen Kessel auch eine Überdruckfeuerung. Der Druckverlauf derartiger Anlagen ist in Bild D3.3-52 dargestellt.

Die sog. feuerungstechnische Berechnung der Schornsteinabmessungen ist ausführlich in DIN 4705 geregelt [D3.3-34]. Auszugehen ist vom Massenstrom und der Temperatur des Abgases aus dem Kessel sowie des für ihn erforderlichen sog. Förderdrucks, dem Druckabfall (früher Zug genannt) $\Delta p_K$.

Mit der auf die Brennstoffmasse bezogenen Rauchgasmasse $\mu_G$, der Feuerungs-Wärmeleistung $\dot{Q}_B$ aus Gleichung D3.3-1 sowie dem Nennwirkungsgrad aus Gleichung D3.3-3 lässt sich der Abgasmassenstrom $\dot{m}_G$ errechnen.

$$\dot{m}_G = \frac{\dot{Q}_{K,N}\,\mu_G}{\eta_{K,N}\,H_u} \qquad (D3.3\text{-}40)$$

Für erste Abschätzungen bei Öl- und Gasfeuerungen moderner Bauart kann ein leistungsbezogener Abgasstrom $\dot{m}_G/\dot{Q}_{K,N} \approx 4,5 \cdot 10^{-4}\,\text{kg/(s kW)}$ angesetzt werden (für Öl z. B. $\mu_G = 16,2\,\text{kg/kg}$, $H_u = 42\,\text{MJ/kg}$, $\eta_{K,N} = 0,9$).

Der Druckabfall im Kessel („maximaler Förderdruck") ist in DIN 4702 vorgegeben (s. Bild D3.3-53); ebenso auch die Kesselabgastemperatur indirekt durch die Anforderungen an den Wirkungsgrad. Aufgrund der strengen Energieeinsparbestimmungen ist heute davon auszugehen, dass die Abgastemperaturen nur in einem engen Bereich um 160°C (im Dauerbetrieb) variieren. Es ist weiter zu berücksichtigen, dass im meist praktizierten An-Aus-Betrieb die mittlere Abgastemperatur etwa 30–40 K tiefer liegt. Weiterhin ist die Abkühlung der

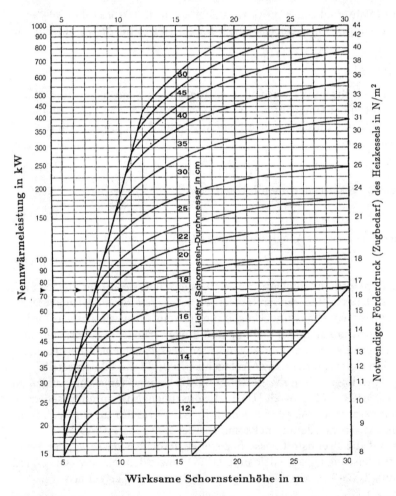

**Bild D3.3-54** Schornsteinabmessungen abhängig von der Nennwärmeleistung für öl- und gasgefeuerte Heizkessel mit Zugbedarf für Abgastemperaturen am Kesselende zwischen 140 und 190°C

Abgase im Schornstein auf etwa 20 K abzuschätzen (das in der Norm vorgeschriebene Berechnungsverfahren geht von stationären Bedingungen aus und
erlaubt die Erfassung untergeordneter Einflüsse mit übertriebener Genauigkeit;
die vielfältigen Annahmen können einfacher durch Abschätzung des Endergeb-
nisses – der Abkühlung – ersetzt werden). Für die allermeisten Anwendungsfälle bei Heizkesseln mit Zugbedarf kann die Abgasdichte in Gleichung D3.3-36
für 100 °C berechnet werden. Die Druckabfallwerte in den Gleichungen D3.3-37
und -38 lassen sich nach den Angaben in Band 1 Teil J2 bestimmen. Zu beachten
sind noch zwei zusätzliche Kriterien: die Mindestgeschwindigkeit des Abgases
im Schornstein von 0,5 m/s (Vermeidung von Falschlufteinbruch an der Schorn-
steinmündung) und die sog. „maximale Schlankheit" als Verhältnis von Höhe zu
innerem fluidmechanischem Durchmesser. Man erhält ein vereinfachtes Auslegungsdiagramm, wie es Bild D3.3-54 zeigt.

Für Abgasanlagen, die planmäßig mit Überdruck betrieben werden (in aller
Regel für Abgase mit niedrigen Temperaturen) muss der Überdruck an der
Abgaseinführung ausreichen, um den Druckabfall durch Reibung und Einzel-
verluste zu überwinden. Einzelheiten sind DIN 4705 [D3.3-34] zu entnehmen.

## D3.4
### Wärmeerzeugung aus Strom

Strom wird zum Zweck der Heizung überwiegend unmittelbar im Raum als
elektrische Direktheizung oder als elektrische Speicherheizung eingesetzt (siehe Teil D Kapitel 1.3.2.5 sowie 1.3.3.2 und -3). Es gibt aber auch elektrisch betriebene zentrale Wärmeerzeuger, entweder als Direktheizung (in einem kleineren
Umfang) oder als Speicherheizung.

Bei den direkt betriebenen Elektro-Heizkesseln gibt es zwei Methoden zur
Wassererwärmung: mit Widerstandheizkörpern oder mit Elektroden.

Die Kessel mit Widerstandsheizkörpern arbeiten nach dem Prinzip der
Durchflusserwärmer für Trinkwasser. Bei den Elektrodenkesseln wird das
Wasser direkt als Widerstand verwendet. Die Leistungen betragen bei Betrieb
an Niederspannung 35–650 kW und bei Betrieb an Mittelspannung 700 kW –
70 MW [D1.3-14].

Weiter verbreitet als die zentrale Elektro-Direktheizung ist die Speicherheizung. Hier sind zwei Systeme bekannt: Wasserspeicher oder Feststoffspei-
cher.

Die Wasserspeicher (gut gedämmte Heizwasserspeicher) werden entweder
mit einem Elektro-Heizkessel kombiniert oder besitzen eigene Elektro-Heiz-
körper.

Feststoff-Zentralspeicher sind als Luftheizung im Teil D Kapitel 1.3.4.3
beschrieben. Sie können auch für Warmwasserheizungen vorteilhaft angewandt werden, wobei ein genügend temperaturbeständiger Ventilator Luft
im Speichergerät umwälzt und die durch das Speichermaterial erhitzte Luft
Wärme an einen wasserdurchströmten Austauscher abgibt (Luft hier als Wär-

meträger!). Gegenüber Wasserwärmespeichern können so erheblich höhere Speichertemperaturen und damit ein kleineres Bauvolumen erreicht werden.

Elektrozentralspeicher werden in Niedertarifzeiten aufgeladen und überwiegend in Hochtarifzeiten entladen. In der Kombination mit einer Warmwasserheizung kann im Unterschied z.B. zu dezentralen Speicherheizgeräten die Wärmeübergabe im Raum optimiert und damit der Gesamtenergiebedarf (von der Übergabe bis zur Erzeugung) reduziert werden.

## D3.5
## Wärmepumpen (Wärmeerzeugung aus Umweltenergie und Strom oder Brennstoff)

### D3.5.1
### *Übersicht*

Heizwärme mit einer Wärmepumpe zu erzeugen, gehört zu den modernen Methoden rationeller Energienutzung (siehe Band 1, Teil A10), obwohl das physikalische Prinzip der Wärmepumpe aus der Kältetechnik schon seit weit über 100 Jahren bekannt und dort auch längst zur technischen Reife gelangt ist. Im Unterschied zu Kälteanlagen, für die es zur stetigen Kälteerzeugung keine konkurrierenden Verfahren in größerem Maßstab gibt, ist es bis heute wesentlich billiger und dazu noch einfacher, Wärme durch Verbrennung fossiler Energieträger zu erzeugen. Nun spielen bei der Entscheidung für einen Wärmeerzeuger nicht nur wirtschaftliche Kriterien eine Rolle. Neben der Nutzung der Abwärme aus Prozessen der Kraftwärmekopplung (Fernwärme) bietet die Wärmepumpe die besonders gute Möglichkeiten, den Primärenergiebedarf bei der Heizwärmeerzeugung zu senken und so auch einen bedeutenden Beitrag zur Umweltentlastung zu leisten.

Wie bereits in Kap. D3.1 dargelegt, werden bei der Wärmepumpe zwei Einsatzenergien zugeführt: Umweltenergie (in der Umwelt gespeicherte Sonnenenergie) und eine „höherwertige" Energie wie z.B. elektrischer Strom oder Wärme aus Brennstoffenergie (Bild D3.1-3). Der Energiewandlungsprozess (Bild D3.5-1) beginnt auf dem niedrigen Temperaturniveau der jeweils zur Verfügung stehenden Umweltenergie (Wärmequelle) und liefert die Zielenergie Heizwärme nach einer Wärmeübertragung vom erhitzten Arbeitsmittel (Kältemittel) auf einem zu Heizzwecken gerade noch ausreichenden Temperaturniveau. Erhitzt wird das Arbeitsmittel z.B. dadurch, dass es mit einem Kompressor auf einen höheren Druck und so auf eine erhöhte Kondensationstemperatur gebracht wird; hierzu ist die mechanische Antriebsenergie für den Kompressor aufzuwenden (Kompressionswärmepumpe). Statt mechanischer Energie kann auch Wärme auf einem höheren Temperaturniveau als Zweitenergie Einsatz finden (Absorptionswärmepumpe).

Bei den Kompressionswärmepumpen werden je nach Wärmeleistungsbereich unterschiedliche Verdichter eingesetzt:

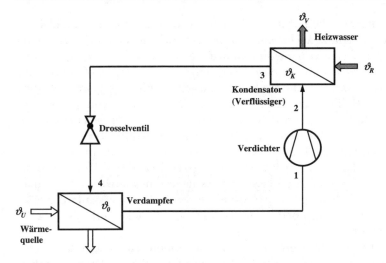

**Bild D3.5-1** Schema einer Kompressionswärmepumpe

- Hubkolbenverdichter von 0,09 bis etwa 200 kW, meist ausgeführt als sog. hermetische Hubkolbenverdichter (bis etwa 50 kW) mit Verdichter und Antrieb in einem nicht zugänglichen Gehäuse; die sog. halbhermetischen Hubkolbenverdichter (30–200 kW) sind für Reparaturzwecke zugänglich und sind über Zylinderabschaltung oder Drehzahlstufung in der Leistung schaltbar.
- Rotationsverdichter bis etwa 500 kW, mit dem Vorteil gegenüber Kolbenverdichtern, dass sie vibrationsarm laufen. Man unterscheidet Rollkolbenverdichter (bis 12 kW), Spiralverdichter (12–60 kW, in der modernsten Ausführung als Scroll-Verdichter) und Schraubenverdichter (100–500 kW).

Die Verdichter werden in den allermeisten Fällen elektrisch angetrieben. Verbrennungsmotoren werden nur bei größeren Leistungen eingesetzt. Bei Heizleistungen unter 10 kW sind keine Alternativen zum Elektroantrieb vorhanden. da hierfür keine Verbrennungsmotoren aus anderen Verwendungsbereichen zur Verfügung stehen, von denen eine ausreichende Lebensdauer erwartet werden könnte: Geht man von einem 10-jährigen Betrieb aus, so ergeben sich für eine knapp dimensionierte bivalent-parallel[8] betriebene Wärmepumpe 20.000 bis 30.000 Betriebsstunden. Dies übersteigt die Erfahrungswerte für die Lebensdauer kleiner Motoren um ein Mehrfaches, so dass eine Ersatzbeschaffung schon nach einem entsprechenden Bruchteil der vorgenannten Betriebszeit zu kalkulieren wäre. Damit ist unter keinen Umständen ein wirtschaftlicher Betrieb möglich.

---

[8] Siehe am Schluss dieses Kapitels

Der grundsätzliche Unterschied zwischen Verbrennungsmotor- und Elektromotor-Antrieb besteht zunächst darin, dass zusätzlich zu der vom Wärmepumpenkreislauf gelieferten Wärme die Abwärme vom Kühlwasser, Schmieröl und Abgas genutzt werden kann. Dadurch ist es möglich, die Brennstoffenergie, die im Motor zunächst nur zu 30–35% in mechanische Energie umgewandelt wird, zu über 90% für Heizzwecke einzusetzen. Weiterhin kann die von der Wärmepumpe her beschränkte Heizmittelvorlauftemperatur in nachgeschalteten Wärmetauschern noch erhöht werden, so dass Heizmitteltemperaturen von 70 °C und mehr erreichbar sind. Ein zusätzlicher Vorteil des Verbrennungsmotor-Antriebs besteht darin, dass sich eine Leistungsregelung durch Drehzahländerung relativ leicht durchführen lässt (gibt es neuerdings auch für Elektroantriebe). Dies erlaubt eine gewisse Anpassung des Leistungsverlaufs der Wärmepumpe an den Leistungsbedarf der Heizanlage, was eine Verbesserung der Energiebilanz bewirkt.

Für große Leistungen werden neben Kolbenmotoren auch Gasturbinen (meist für Turboverdichter) verwendet. Aus Umweltschutzgründen und da Wärmepumpen vor allem für Grundlastbetrieb vorgesehen sind, wird Gas gegenüber Diesel (bzw. Heizöl) als Brennstoff bevorzugt. Die Antriebsenergie bei der Absorptionswärmepumpe (Wärme auf höherem Temperaturniveau) kann entweder aus einem Verbrennungprozess stammen oder Abwärme sein aus einem beliebigen anderen thermischen Prozess.

Die Hauptwärmeaustauscher jeder Wärmepumpe sind der Verdampfer und der Kondensator (Verflüssiger; s. Bild D3.5-1 und -8). Im Verdampfer wird die aus der Wärmequelle stammende Wärme an das Arbeitsmittel übertragen, das dabei verdampft. Bei Wasser-Wärmequellen (s. Kap. D3.5-3) werden Rohrbündel-, Coaxial- und Platten-Wärmeaustauscher eingesetzt; bei Luft-Wärmequellen verwendet man Rippenrohr- oder Lamellenrohr-Wärmetauscher. Diese Verdampferart arbeitet generell nach dem Prinzip der sog. Trockenexpansion: das Arbeitsmittel strömt durch die Rohre und verdampft nach und nach. Bei der zweiten Verdampferart, dem sog. überfluteten Verdampfer strömt das Wasser aus der Wärmequelle durch die Rohre und das Arbeitsmittel siedet im Mantelraum.

Im Kondensator (Verflüssiger) wird die Wärme vom Arbeitsmittel an das Heizmittel oder direkt an die Luft (bei Luftheizung) übertragen. Es werden die gleichen Wärmetauscherbauarten eingesetzt wie beim Verdampfer.

Wegen der im Vergleich zum Heizkessel wesentlich höheren Investitionskosten strebt man danach, die Wärmepumpe im Grundlastbereich einzusetzen, um für sie eine möglichst große Auslastung zu erreichen. Dies bedeutet, dass neben der Wärmepumpe auch ein Heizkessel betrieben wird (parallel oder alternativ). Man nennt dies die bivalente Betriebsweise. Vom monovalenten Betrieb wird gesprochen, wenn die Wärmepumpe allein die zu erwartende Maximallast abzudecken hat. Dies lässt sich nur bei einer Wärmequelle mit genügend hohen Temperaturen während der Maximallastzeit wirtschaftlich verwirklichen.

Als Besonderheit gibt es noch den sog. monoenergetischen Betrieb; hier wird zu einer Elektro-Wärmepumpe die Spitzenlast durch eine elektrische Direktheizung gedeckt. Eine elektrische Speicherheizung ist auch denkbar, wenn der Wärmepumpe ein genügend großer Speicher zugeordnet ist (s. Kap. D3.5.4.2).

## D3.5.2
### Wärmepumpen – Prozesse

Die thermodynamischen Grundlagen für Wärmepumpen – Kreisprozesse sind in Band 1, Teil F2 und F3 beschrieben.

### Kompressionswärmepumpe

Für die Bewertung der verwendbaren Kältemittel und der Wärmepumpe selbst eignet sich ein idealisierter Kältemaschinenprozess der einfachsten Form (ohne Unterkühlung und Vorwärmung siehe Bild D3.5-2 und -3). Während im T,s-Diagramm die Wärmemengen als Flächen erscheinen, werden sie im p,h-Diagramm[9] als waagrechte Strecken sichtbar; hier lassen sich somit die wesentlichen Größen für die energetische Bewertung eines realen Prozesses abgreifen. Der im Verdampfer anfallende Kältemitteldampf wird isentrop von 1 nach 2 verdichtet, kondensiert dann (isobar) von 2 nach 3, das Kondensat wird anschließend vom Kondensationsdruck auf den Verdampferdruck gedrosselt. Mit der Zufuhr von Umweltwärme wird anschließend das Kondensat-Dampfgemisch wieder vollständig verdampft (isobar) von 4 nach 1.

Die theoretische Leistungszahl (Leistungsverhältnis für einen stationären Prozess) lässt sich am besten aus dem p,h-Diagramm (s. D3.5-3) ablesen:

$$\varepsilon_{th} = \frac{h_2 - h_3}{h_2 - h_1} \qquad (D3.5\text{-}1)$$

**Bild D3.5-2** Idealisierter Vergleichsprozess einer Kaltdampf-Kompressionswärmepumpe im T,s-Diagramm

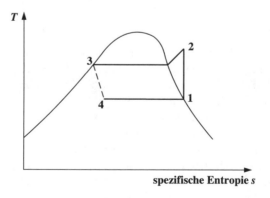

spezifische Entropie $s$

---

[9] Vorzugsweise ist die p-Achse logarithmisch geteilt

**Bild D3.5-3** Idealisierter Vergleichsprozess einer Kaltdampf-Kompressionswärmepumpe im p,h-Diagramm

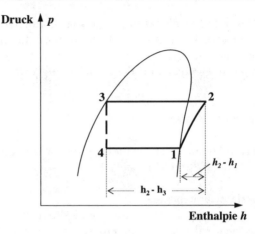

Dabei gilt für eine isentrope Verdichtung des Kältemitteldampfes mit dem spezifischen Volumen $v_1$ von $p_1$ nach $p_2$ mit dem Isentropenexponenten $\kappa$:

$$h_2 - h_1 = \frac{\kappa}{\kappa - 1} p_1 v_1 \left[ \left( \frac{p_2}{p_2} \right)^{\frac{\kappa}{\kappa - 1}} - 1 \right] \qquad (D3.5\text{-}2)$$

Die sog. volumetrische Kälteleistung (besser wäre volumenbezogene Kühl-Enthalpie-Differenz) ist:

$$q_{O,K} = \frac{h_1 - h_4}{v_1} \qquad (D3.5\text{-}3)$$

und die volumetrische Heizleistung

$$q_{O,H} = \frac{h_2 - h_3}{v_1} = \frac{\varepsilon_{th}}{\varepsilon_{th} - 1} \, q_{O,K} \qquad (D3.5\text{-}4)$$

Mit den beiden letztgenannten Begriffen lassen sich die thermodynamischen Eigenschaften der verwendbaren Kältemittel [D3.5-1] bewerten (siehe Tabelle D3.5-1). Die bisher in der Kälte- und Wärmepumpentechnik üblichen voll- und teilhalogenierten Fluor-Chlor-Kohlen-Wasserstoffe (FCKW) wurden als unbrennbare und ungiftige sog. Sicherheitskältemittel von der chemischen Industrie bereits in den dreißiger Jahren eingeführt. Beispiele sind hierfür das R 12 und das R 22. Diese Stoffe werden mit der beobachteten Zerstörung der stratosphärischen Ozonschicht in Verbindung gebracht. Sie sind oder werden als Kältemittel auf Grund internationaler Vereinbarungen oder Beschlüsse der Regierung einem Herstellungsverbot unterzogen und müssen ersetzt werden. Entwickelt wurden für eine Übergangsphase eine Reihe von chlorfreien Substanzen, fluorierte Kohlenwasserstoffe (HFKW), die aber längerfristig

**Tabelle D3.5-1** Stoffdaten für beispielhaft aufgeführte Kältemittel aus VDI-Wärmeatlas [D3.2-6] und Firmenunterlagen [D3.5-2]

| Kältemittel | Formel | Isentropen-exponent $\kappa$ bei 0 °C | spez. Volumen $v_1$ (Bild D3.5-3) m³/kg | Verdampfungs-druck $p_0$ bei 0 °C bar | Kond.-druck $p_K$ bei 50 °C bar | „volumetr. Kälteleistung" $q_{0,K}$ bei 0 und 50 °C kJ/m³ | theor. Leistungs-zahl $\varepsilon_{th}$ | Bemerkungen |
|---|---|---|---|---|---|---|---|---|
| R 12 | $CF_2$ | 1,15 | 0,0567 | 3,1 | 12,3 | 1850 | 4,95 | FCKW verboten ab 1.1.1995 |
| R 22 | $CHF_2Cl$ | 1,19 | 0,0472 | 5,0 | 19,3 | 2960 | 4,88 | HFCKW verboten ab 1.1.2000 |
| R 134a | $CH_2F\text{-}CF_3$ | 1,12 | 0,0686 | 2,93 | 13,2 | 1829 | 4,83 | HFCW (chlorfrei) Ersatz für R 12 und R 22 |
| R 290 | $C_3H_8$ | 1,10 | 0,0962 | 4,7 | 17,4 | 2568 | 4,93 | Propan |
| R 717 | $NH_3$ | 1,31 | 0,2897 | 4,3 | 20,3 | 3540 | 5,39 | Ammoniak |
| R 718 | $H_2O$ | 1,30 | 206,2 | 0,0061 | 0,1234 | 11,1 | 5,20 | Wasser |

auch nicht zugelassen werden. Daneben existieren seit langem bekannte sog. „natürliche" Kältemittel wie z.B. Propan (R 290) oder Ammoniak (R 717). Sie haben den Vorteil, sehr preisgünstig zu sein, sind allerdings beide brennbar und Ammoniak darüber hinaus giftig. Da sie als natürliche Stoffe immer schon in unserer Biosphäre vorhanden waren, sind sie mit Sicherheit als umweltverträglich einzustufen; sie haben kein Ozonzerstörungspotenzial und kein oder fast kein Treibhauspotenzial.

Die Giftigkeit des Ammoniak wird in der Wirkung relativiert durch seinen stechenden Geruch, der weit unterhalb der Gefährdungsgrenze eine hohe Vorwarnwirkung besitzt. Ammoniak hat sich bei Großanlagen daher immer schon gegenüber den Sicherheitskältemitteln behaupten können.

Propan ist besonders vorteilhaft für kleine und mittlere Anlagen. Hier kann die bestehende Technik weiter verwendet werden. Im Temperaturverhalten entspricht es etwa R 12; gegenüber R 22 ist das Kältemittelfüllgewicht etwa halb so groß. Aus diesem Grunde ist das Problem der Brennbarkeit beherrschbar.

Grundsätzlich wäre auch Wasser als Kältemittel einsetzbar (R 718). Im betrachteten Temperaturbereich wären aber die Abmessungen eines Verdichters sowie der Wärmeaustauscher und Rohrleitungen um Größenordnungen größer. Den schematischen Aufbau einer Kompressionswärmepumpe mit ihren vier wesentlichen Bestandteilen zeigt Bild D3.5-1: **Verdampfer** und **Kondensator** (Verflüssiger), zwei Wärmeaustauscher, deren Auslegung wesentlichen Einfluss auf den Temperaturabstand zwischen Kondensation und Verdampfung hat, der **Verdichter**, dessen innere Verluste die erforderliche Antriebsleistung des Motors mitbestimmen, sowie das **Drosselventil**. Bei einer betriebsfähig ausgeführten Wärmepumpe kommen dazu noch eine ganze Reihe von Bauteilen, die aus Gründen der Betriebssicherheit, der Steuerung und Regelung und anderem mehr erforderlich sind, die aber für das Verständnis der Funktion keine Bedeutung haben [D3.5-3].

Nicht zur Wärmepumpe selbst gehören zwei Systembereiche, die für die Konzeption der Gesamtanlage jedoch maßgeblich sind: eine **Wärmequelle**, der die im Verdampfer zuzuführende Wärme entnommen werden kann und das **Heizsystem**, an das die Wärmepumpe die Heizwärme $Q_H$ abgibt.

Zur Beurteilung der Wärmepumpe dient die Leistungszahl $\varepsilon_{eff}$, die für den stationären Betrieb das Verhältnis von abgegebener Heizleistung $\dot{Q}_H$ zu aufgenommener Antriebsleistung P angibt:

$$\varepsilon_{eff} = \frac{\dot{Q}_H}{P} \qquad\qquad (D3.5\text{-}5)$$

Die mit Gleichung D3.5-1 vor allem für die Beurteilung von Kältemitteln eingeführte theoretische Leistungszahl lässt sich durch Verbesserungen des Kreisprozesses zum Beispiel durch Unterkühlung des Kältemittelkondensats und Vorwärmung des Kältemitteldampfes („Regenerativ-Vorwärmung") anheben auf die theoretische Prozessleistungszahl $\varepsilon_{th,p}$ (Prozesspunkte 1-, 2-, 3- und 4- in Bild D3.5-4). Aus ihr lässt sich schrittweise die effektive Leistungszahl bestimmen. Statt der im theoretischen Prozess angenommenen isentropen Verdich-

**Bild D3.5-4** Prozess einer Kaltdampf-Kompressions-wärmepumpe mit Unterkühlung, Überhitzung und polytroper Verdichtung im p,h-Diagramm

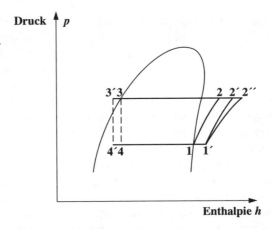

tung (von 1' nach 2') liegt eine Polytrope vor (von 1' nach 2''). Die dabei zusätzlich aufzubringende Enthalpiedifferenz wird mit dem sog. indizierten Wirkungsgrad $\eta_i$ (liegt bei etwa 0,75) bestimmt:

$$\Delta h = \left( h_{2'} - h_{1'} \right) \left( \frac{1}{\eta_i} - 1 \right) \tag{D3.5-6}$$

Weiterhin ist ein sog. mechanischer Wirkungsgrad $\eta_m$ ($\approx 0,85$) für die im Verdichter auftretenden mechanischen Reibungsverluste anzusetzen und schließlich ein Wirkungsgrad, der die Verluste der Antriebsmaschine (häufig ein Elektromotor, daher $\eta_{el}$; er ist von der Motorleistung abhängig: $\approx 0,82$ bei 1 kW, $\approx 0,84$ bei 4 kW) berücksichtigt.

Für die effektive Leistungszahl gilt daher:

$$\varepsilon_{eff} = \left( \varepsilon_{th,P} + \frac{1}{\eta_i} - 1 \right) \eta_i \, \eta_m \, \eta_{el} \tag{D3.5-7}$$

Soll der Leistungsaufwand vollständig erfasst werden, sind noch die Leistungen zur Überwindung des Druckabfalls im Verdampfer und Kondensator mitzuberücksichtigen; der zusammenfassende Begriff im Ausland hierfür ist der Coefficient of Performance (COP).

Einfacher noch lässt sich die effektive Leistungszahl aus der leicht zu berechnenden Carnot-Leistungszahl (s. Band 1, Kap. F1.5.4) abschätzen:

$$\varepsilon_{Carnot} = \frac{T_K}{T_K - T_0} \tag{D3.5-8}$$

Grob gilt

$$\varepsilon_{eff} \approx 0,5 \; \varepsilon_{Carnot} \tag{D3.5-9}$$

In Bild D3.5-5 sind die effektiven Leistungszahlen für drei Kondensations-temperaturen in Abhängigkeit der Wärmequellentempertur dargestellt. Zusätz-lich sind auch die Kurven für die Leistungen zur Heizung $\dot{Q}_H$, an der Wärme-quelle $\dot{Q}_0$ und für den Antrieb $P_{WP}$ eingetragen. Die Kurven gelten nur bei-spielhaft für eine bestimmte Wärmepumpenausführung mit dem zugehörigen Kältemittel. Das Bild zeigt typische Betriebsverhalten einer Luft-Wasserwärme-pumpe. Als Wärmequelle dient hier Außenluft; im Kondensator wird Heizwas-ser erwärmt. Parameter ist die Kondensationstemperatur. Für das Betriebsver-halten gilt danach allgemein:

- die Heizleistung der Wärmepumpe steigt mit kleiner werdendem Tempera-turabstand zwischen Verdampfung und Kondensation, das heißt zwischen Wärmequelle und Heizmittel. Dabei steigt sowohl die effektive Leistungszahl als auch die Antriebsleistung.
- Bei gleich bleibendem Temperaturabstand zwischen Heizmittel und Wärme-quelle steigt sowohl die Heizleistung als auch die Antriebsleistung mit stei-gendem Temperaturniveau; die Leistungszahl bleibt dabei praktisch kon-stant.

**Bild D3.5-5** Typisches Betriebsverhalten einer Luft-Wasser-Wärmepum-pe. Effektive Leistungszahl $\varepsilon_{eff}$ und Leistungen abhän-gig von der Wärmequellen-temperatur für unterschied-liche Kondensationstempe-raturen $\vartheta_K$

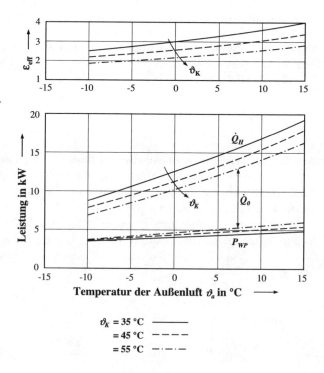

(Als Schätzwerte für die Änderung der Heizleistung gelten 3 bis 4% Leistungserhöhung bei 1 K Zunahme der Verdampfertemperatur und 1 bis 2% Leistungsrückgang bei 1 K Zunahme der Kondensationstemperatur.)

Daraus ergeben sich für die Gestaltung der Systeme auf der „kalten" und der „warmen" Seite der Wärmepumpe folgende Forderungen:

- bei hoher Heizlast, d.h. niedrigen Außentemperaturen, sollte die Wärmequelle möglichst warm sein.
- Das Wärmeübergabesystem sollte für möglichst niedrige Temperaturen ausgelegt sein.

Zusätzlich ist zu bedenken, dass es aus physikalisch-technischen Gründen heute noch nicht möglich ist, mit Kompressions-Wärmepumpen Heizmitteltemperaturen über 60 °C zu erzielen. Bei Verbrennungsmotorantrieb kann diese Grenze um etwa 10 K überschritten werden, da dort auch die Abwärme aus Abgas und Kühlwasser zu nutzen ist (Nachwärmung hinter dem Kondensator).

Die Erfüllung der Forderungen ist regelmäßig dadurch erschwert, dass der Verlauf von Klima und Heizlast dem thermodynamisch gegebenen Betriebsverlauf der Wärmepumpe entgegengerichtet ist. Hinzu kommt, dass bei hoher Heizlast auch erhöhte Heizmitteltemperaturen erforderlich sind.

Dieses betriebliche Verhalten von Wärmequelle und Heizsystem stellt bei der Auslegung der Wärmepumpe ganz besondere Anforderungen an die Leistungsregelung. Der Einfachheit wegen werden vor allem kleine Wärmepumpen (Heizleistung bis 20 kW) meist nur mit Ein-/Ausschaltung betrieben. Drehzahlregelung ist im Versuchsstadium (z.B. bei Rotationsverdichtern, insbesondere Scroll-Verdichtern). Um die Taktzahlen niedrig und die zusammenhängenden Laufzeiten hoch zu halten, sind daher regelmäßig Pufferspeicher parallel zur Wärmepumpe angeordnet (siehe Abschn. D3.5.4.2).

**Absorptionswärmepumpe**
Der Prozess einer Absorptionswärmepumpe lässt sich am einfachsten mit Hilfe des Carnot-Prozesses erklären (s. Bild D3.5-6): Dem eigentlichen linksläufigen Wärmepumpenprozess, aus dem die Heizwärme $Q_H$ stammt, ist ein rechtsläufiger zweiter Prozess mit der zugelieferten „Antriebswärme" vorgeschaltet. Dem gekoppelten System wird die Wärme $Q$ mit der Temperatur $T$ zugeführt. Davon ist der arbeitsfähige Anteil (Exergie):

$$E_x = Q\left(1 - \frac{T_U}{T}\right)$$

(D3.5-10)

(zu vergleichen mit Gl. F1-3 in Band 1)

Als Nutzwärme fällt aus dem Prozess die Heizwärme $Q_H$ bei der Kondensationstemperatur $T_K$ an. Ihr Exergieanteil muss genau so groß sein wie der der zugeführten Wärme und wird entsprechend berechnet. Zur Bewertung des

**Bild D3.5-6** Carnot-Prozess für Absorptionswärmepumpe im T,s-Diagramm

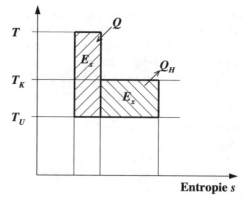

Gesamtprozesses wird ein so genanntes Wärmeverhältnis $\zeta$ eingeführt. Bei Verwendung von Carnot-Prozessen gilt:

$$\zeta_{Carnot} \equiv \frac{Q_H}{Q} = \frac{T - T_U}{T_K - T_U} \frac{T_K}{T} \tag{D3.5-11}$$

Dieses ideale Wärmeverhältnis ist in Bild D3.5-7 über der Temperatur, bei der die Wärme zugeführt wird, mit der Kondensationstemperatur und der Umgebungstemperatur als Parameter aufgetragen [D3.5-4].

Die Arbeitsweise einer Absorptionswärmepumpe ist in ihrer einfachsten Weise schematisch in Bild D3.5-8 dargestellt. Verwirklicht wird der Prozess mit einem Gemisch von zwei Stoffen. Der eine ist leichtsiedend und der andere schwersiedend (z.B. Ammoniak und Wasser, wobei Ammoniak mit einem Normalsiedepunkt von –33,4 °C die leichter siedende Komponente darstellt). Das eigentliche Kältemittel (z.B. Ammoniak) durchläuft einen ähnlichen Kreisprozess wie bei der Kompressionswärmepumpe; die Verdichtung mit der Temperaturerhöhung wird aber nicht von einem mechanischen Kompressor bewirkt, sondern durch einen Lösungsmittelkreislauf, der auch als „thermischer Kompressor" bezeichnet wird. Dabei wird von einer Lösungspumpe der Druck des in Lösung befindlichen Arbeitsmittels erhöht, die Temperatur wird anschließend durch die zusätzliche Wärmezufuhr im Austreiber angehoben, wo das Arbeitsmittel sich als Dampf vom Lösungsmittel trennt. Dabei verarmt das Gemisch an Kältemittel (hier Ammoniak). Die sog. arme Lösung strömt durch eine Drossel zum Absorber zurück und wird dort vom Rücklaufwasser anschließend gekühlt, so dass es wieder aufnahmefähig wird für den aus dem Verdampfer zuströmenden Kältemitteldampf.

Der besondere Vorteil der Absorptionswärmepumpe besteht darin, dass sie außer der Lösungsmittelpumpe keine bewegten, dem Verschleiß unterliegenden Teile besitzt, so dass mit ausreichender Lebensdauer dieses Wärmeerzeugers gerechnet werden kann. Weiterhin ist auch vorteilhaft, dass die zum Antrieb erforderliche Energie im wesentlichen in Form von Wärme auf einem mäßig hohen Temperaturniveau zugeführt werden kann. Damit lassen

**Bild D3.5-7** Ideales Wärmeverhältnis $\zeta_{Carnot}$ einer Absorptionswärmepumpe über der Temperatur $\vartheta$, bei der die Wärme zugeführt wird, mit der Kondensationstemperatur $\vartheta_K$ und der Umgebungstemperatur als Parameter

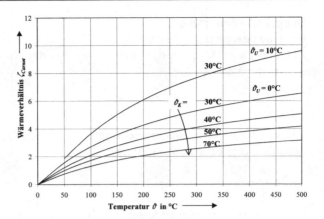

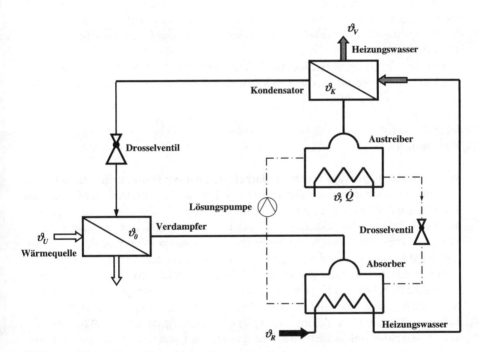

**Bild D3.5-8** Schema einer Absorptionswärmepumpe

sich sowohl alle Arten von Brennstoffen als auch Abwärme aus anderen Prozessen nützen. Allerdings wird bei kleinen Anlagen das Problem bestehen, dass nicht für jeden Brennstoff entsprechend kleine Wärmeerzeuger realisierbar sind.

**Energetische Bewertung**

Für eine energetische Bewertung sind Energieverhältnisse (für einen längeren Zeitraum, z.B. Heizperiode) einzusetzen. Bei der Kompressionswärmepumpe ist dies die Arbeitszahl

$$\beta = \frac{Q_H}{W_t} \qquad \qquad (D3.5\text{-}12)$$

und bei der Absorptionswärmepumpe das bereits erwähnte Wärmeverhältnis nun allerdings für eine reale Anlage

$$\zeta = \frac{Q_H}{Q} \qquad \qquad (D3.5\text{-}13)$$

Bei einem Vergleich unterschiedlicher Arten von Wärmepumpen ist unbedingt darauf zu achten, dass bei der aufgenommenen Leistung oder Arbeit alle zum Betrieb notwendigen Nebenaggregate mitberücksichtigt werden, so z.B. Brennerpumpen und Gebläse, Förderpumpen für das Wärmequellenmedium, Abtauheizung u.ä.

Für den Vergleich verschiedener Wärmepumpen (und der Leistungsangaben der Hersteller) genügt es, die durch Norm [D3.5-5] vorgeschriebenen Angaben der Hersteller zu prüfen.

### D3.5.3
*Wärmequellen*

Wie im vorhergehenden Abschnitt dargelegt, hat die Wärmequelle eine ganz entscheidende Bedeutung für das Betriebsverhalten der Wärmepumpe und ihre erreichbare Arbeitszahl. Das Temperaturverhalten sowie die zeitliche Verfügbarkeit der Wärmequelle bestimmen die Betriebsweise und damit die Auslegung der Wärmepumpe. Die Kosten für die Erschließung hängen hauptsächlich von der Art der Wärmequelle und weniger von der Auslegung der Wärmepumpe ab.

Im folgenden werden die einzelnen Wärmequellen mit ihren wichtigsten Eigenschaften, Vor- und Nachteilen, sowie den Anforderungen bei der Erschließung aufgeführt. Auf detaillierte Ausführungsanleitungen, Darstellung der Erkenntnisse über die Beeinflussung der Umgebung durch den Wärmeentzug sowie vielfältige behördliche Bestimmungen wird verzichtet; die neuesten Auskünfte hierzu erteilen das Informationszentrum Wärmepumpen + Kältetechnik (IZW) [D3.5-6] oder andere Stellen (z.B. [D3.5-7]).

Folgende Wärmequellen sind für Wärmepumpen denkbar:

Außenluft                                Grundwasser
Sonnenstrahlung                          Oberflächenwasser
Erdspeicher                              Abwärme
Erdreich (Flachverlegung, Erdwärmesonde)  Rücklauf der Fernwärme
                                         Geothermische Wärme

**Bild D3.5-9** Jahreszeitliche Temperaturschwankung von Wärmequellen (die mit der Außentemperatur korrelieren)

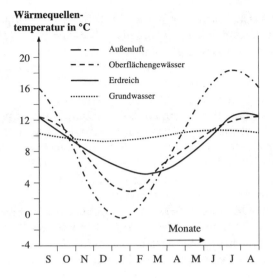

Beim Temperaturverhalten ist zwischen solchen Wärmequellen zu unterscheiden, deren Temperatur vom täglichen oder jährlichen Gang der Außentemperatur und Sonneneinstrahlung abhängig ist und solchen, deren Temperatur davon ganz oder weitgehend unabhängig ist (Bild D3.5-9).

Bei der Entscheidung für eine Wärmequelle ist vorrangig zu klären, in welchem Umfang sie zeitlich und örtlich verfügbar ist.

## Außenluft

Bei einer größeren Verbreitung von Wärmepumpen als Wärmeerzeuger vor allem für kleinere Heizanlagen wird Außenluft die wichtigste Wärmequelle sein. Da die Heizlast mit fallender Außentemperatur zunimmt, ergibt sich für die Abhängigkeit von der Außentemperatur das gegenläufige Verhalten für Heizlast und Wärmepumpen-Heizleistung. Dies muss bei der Auslegung berücksichtigt werden, was üblicherweise zu einer bivalenten Anlage mit Zusatzheizung führt, bei der die Wärmepumpe nur einen Teil der Maximallast (z. B. 50%) abdecken kann.

Wärmepumpen für die Wärmequelle Luft werden in zwei unterschiedlichen Ausführungen angeboten: als Kompaktgeräte, bei denen das vollständige Gerät mit Verdampfer und Ventilator in einem Gehäuse untergebracht ist, und als geteilte Geräte – Splitausführung –, bei denen Verdampfer mit Ventilator in ein von der übrigen Wärmepumpe getrenntes Gehäuse eingebaut sind. Kompaktgeräte sind üblicherweise für die Aufstellung im Gebäude vorgesehen, es werden jedoch auch solche für Aufstellung im Freien angeboten. Der Verdampferteil der Splitgeräte ist regelmäßig für die Aufstellung im Freien ausgerüstet, er kann aber auch im Gebäude untergebracht werden, z. B. auf dem Dachboden. Befindet sich der Verdampfer im Gebäude, so sind Luftkanäle und Wanddurchbrüche und zur Minderung des Ventilatorgeräusches meist Schalldämpfer erforderlich.

Bei Aufstellung im Freien ist ein Wetterschutz nötig, bei größeren Entfernungen zu Gebäuden kann eventuell auf Schalldämpfer verzichtet werden. Der Einbau von Schalldämpfern hat einen erheblichen zusätzlichen Druckabfall zur Folge, was bei der Auslegung des Ventilators berücksichtigt werden muss.

Da die Oberflächentemperaturen des Verdampfers immer deutlich unter der Lufttemperatur liegen müssen, ist abhängig vom Feuchtegehalt der Luft mit Kondensatanfall zu rechnen. Bei Verdampfungstemperaturen über 0 °C bleibt dieses Kondensat flüssig und kann abtropfen, liegen die Verdampfungstemperaturen unter 0 °C, wird sich auf den Verdampferflächen Reif bilden, was den Wärmeübergang erheblich verschlechtert und zu erhöhtem luftseitigen Druckabfall führt. Daher sind Einrichtungen zum Abtauen des Reifniederschlags notwendig. Zwei Arten werden angewandt:

*   Die sog. Heißgasbypass-Abtauung, bei der zeitweise ein Teil des verdichteten Heißgases dem Verdampfer zugeführt wird und
*   die Umkehrung der Kreislaufrichtung über ein 4-Wege-Ventil, bei der kurzfristig die Funktion von Verdampfer und Kondensator vertauscht wird.

Die zum Abtauen erforderliche Energie verschlechtert in jedem Fall die Energiebilanz der Wärmepumpe. Nach bisherigen Erfahrungen liegt der Aufwand hierfür deutlich unter 5% der Heizwärme

Da die wesentlichen Bauteile des Verdampferteils, nämlich Verdampfer, Ventilator, Abtaueinrichtung und zugehörige Regelelemente, zum Lieferumfang der Wärmepumpe gehören müssen, sind bei der Bemessung von Kanälen und Schalldämpfern sowie bei der Bestimmung des Raumbedarfs unbedingt die Herstellerangaben zu beachten (die nur vergleichbar sind, wenn sie auf der einheitlichen Basis der DIN 8900 [D3.5-5] beruhen).

Auf Einzelheiten bei der Dimensionierung der Wärmepumpe und davon abhängig der Wärmequellen-Anlage wird in Kap. D3.5.4.1 eingegangen.

## Strahlung

Zur Nutzung der Strahlungsenergie aus der Umwelt werden in jüngster Zeit eine Vielzahl von unterschiedlichsten Bauelementen angeboten (meist unter dem Begriff Solarabsorber, Ausführung z.B. als Dach- oder Fassadenelemente, Rohrbündel-, Plattenwärmetauscher usw.), deren Wirkung darauf beruht, dass sie bei direkter Sonneneinstrahlung diese als Wärmequelle nutzen und bei fehlender Einstrahlung durch freie Konvektion der Luft Wärme entzogen wird. Für die Abhängigkeit der Heizleistung von der Außentemperatur gilt das bereits für Außenluft gesagte. Die bei direkter Bestrahlung auftretenden hohen Wärmequellen-Temperaturen erfordern allerdings noch technische Entwicklungen bei der Wärmepumpe selbst. Erste Betriebserfahrungen mit Energieabsorbern lassen erkennen, dass die erreichbaren Arbeitszahlen (Gl. D3.5-12) der Wärmepumpen-Anlagen kaum höher liegen, als bei Luft als Wärmequelle. Auch bei der Auslegung ist wie bei Luft vorzugehen, allerdings ist zu berücksichtigen, dass zum Wärmetransport zwischen Absorber und Wärmepumpe üblicherweise ein

Solekreislauf zwischengeschaltet wird; Absorber mit Direktverdampfung sind bisher nicht bekannt geworden.

### Erdspeicher

Erdspeicher werden als Wärmequelle zusammen mit Energieabsorbern oder Solarkollektoren betrieben. Durch seine Einfügung in die Wärmequellen-Anlage kann die Außentemperatur-Abhängigkeit der Heizleistung verringert werden, da die in Zeiten mit wenig Heizleistungsbedarf anfallende Strahlungsenergie für längere Zeit gespeichert werden kann. Während strahlungsarmer Zeiten mit niedrigen Lufttemperaturen wird dann nur der Speicher als Wärmequelle herangezogen. Die Speicherkapazität des Erdreiches kann erheblich erhöht werden, wenn der als Speicher vorgesehene Bodenbereich z. B. durch Folien abgedichtet und vollständig mit Wasser getränkt wird. Die zum Wärmeentzug bzw. zur Aufwärmung notwendigen Rohrschlangen werden in mehreren Lagen übereinander in den Erdspeicher eingebettet.

### Erdreich

Eine seit längerem bewährte Wärmequelle stellt das Erdreich als direkter Solarspeicher dar, dem im Erdreich verlegte Rohre Wärme entziehen. Durch die Sonneneinstrahlung kann sich der abgekühlte Bereich in der heizfreien Zeit wieder mehr oder weniger regenerieren. Ob eine dauernde Temperaturabsenkung erhalten bleibt – was die Eignung als Wärmequelle im Laufe der Zeit einschränken kann – hängt von der Bodenstruktur und dem flächenbezogenen Wärmestrom ab. Je feuchter das Erdreich ist und je mehr Fläche zur Verfügung steht, desto sicherer ist eine dauernde Nutzung möglich.

Bewährt hat sich die Verlegung der Rohre in eine Tiefe von 1,4 bis 1,8 m mit einem Abstand von 03, bis 0,6 m. Bei einer durchaus möglichen monovalenten Auslegung ist je nach Bodenart die 1,5 bis 2,5-fache Erdreichfläche bezogen auf die zu beheizende Wohnfläche erforderlich. Die Rohrverlegung sollte möglichst in mehreren parallelen Kreisen erfolgen, was nach Beschädigungen durch Abklemmen des defekten Kreises einen weiteren Betrieb zulässt. Auch hier wird üblicherweise Sole als Transportmedium zur Wärmepumpe benützt, gelegentlich werden die Rohre auch als Direktverdampfer betrieben. Aufgrund der benötigten großen Bodenfläche wird die Wärmequelle Erdreich nur selten verwendet. Dieser Nachteil wird mit den sog. Erdwärmesonden vermieden. Bei ihnen wird das wärmeaufnehmende Vor- und Rücklaufrohr vertikal 50–150 m tief wie eine Haarnadel in das Erdreich gesenkt. Hier kommt es mehr noch als bei den horizontal verlegten Rohren auf die thermische Regeneriermöglichkeit des umgebenden Erdreichs an. Um genügend lange Erholungsperioden zu erhalten, ist ein bivalent-paralleler Betrieb wegen der langen Betriebszeiten ohne Unterbrechung nicht sinnvoll.

## Grundwasser

Als Wärmequelle hat Grundwasser nur dort eine Bedeutung, wo es reichlich vorkommt und nicht oder nur kaum als Trinkwasser verwendet wird. Es ist aber eine sehr günstige Wärmequelle, da die Grundwassertemperatur das ganze Jahr über nahezu gleich bleibt und durch ihre Höhe von ca. 8 bis 12 °C beste Voraussetzungen für die Wärmepumpe ergibt. Zur Gewinnung sind in der Regel zwei Brunnen zu bohren, da das abgekühlte Grundwasser wieder ins Erdreich zurückgeführt werden muss. Die Errichtung einer Brunnenanlage erfordert erhebliche Sorgfalt und sollte nur von erfahrenen Fachfirmen durchgeführt werden. Nahezu immer ist eine behördliche Genehmigung erforderlich. Mit Grundwasser als Wärmequelle lässt sich bei ausreichender Schüttung des Brunnens am ehesten eine monovalente Wärmepumpen-Anlage realisieren.

## Oberflächenwasser

In seltenen Fällen steht Oberflächenwasser als Wärmequelle zur Verfügung. Zum Wärmeentzug können Verdampferflächen direkt in das Gewässer gehängt werden (selten), oder das Wasser wird über ein Einlaufbauwerk der Wärmepumpe zugeleitet und dem Gewässer nach der Abkühlung wieder zugeführt, oder es wird über einen Zwischenkreislauf mit einem Frostschutzgemisch die Verbindung zum Verdampfer hergestellt. Da bei den meisten Oberflächengewässern in längeren Kälteperioden eine Abkühlung bis nahe 0 °C möglich ist, sind bivalente Anlagen meist erforderlich.

## Abwärme

Abwärmenutzung als Wärmequelle für Wärmepumpen ist generell am günstigsten, ist aber normalerweise nur dort anwendbar, wo zwischen Abwärmeanfall und Heizleistungsbedarf ein fester proportionaler Zusammenhang besteht Dies kann z. B. innerhalb eines Gewerbebetriebes vorkommen. Ist dies der Fall, so kann unter Berücksichtigung des Temperaturganges der Abwärme u. U. auch eine monovalente Anlage in einem besonders günstigen Betriebsbereich realisiert werden. Auch aus der Fortluft einer raumlufttechnischen Anlage – selbst nach einem Wärmerückgewinner – lässt sich für die Heizung noch ein Anteil herausholen, dann ist allerdings eine monovalente Anlage nicht ausreichend.

## Rücklauf der Fernwärme

Bei Fernwärmesystemen mit Kraft-Wärme-Kopplung lässt sich eine bessere Ausnutzung erzielen, wenn der Rücklauf mit Hilfe einer Wärmepumpenanlage weiter abgekühlt wird (s. auch Teil G). Durch die Absenkung der Rücklauftemperatur verbessert sich der Prozesswirkungsgrad des wärmeliefernden Heizkraftwerkes. Wärmepumpenanlagen mit dieser Wärmequelle eignen sich nur als Erweiterungs-Wärmeerzeuger für die vorhandene Fernwärme; ein Parallelbetrieb ist nicht sinnvoll.

## Geothermische Wärme

Während bei den Wärmequellen Erdreich und Grundwasser im wesentlichen Solarenergie genutzt wird, entstammt die geothermische Wärme dem Erdinneren. Mit Bohrungen bis 300 oder gar 2000 m Tiefe, können Thermalwässer mit Temperaturen zwischen 20 und 70 °C angezapft und zur Erdoberfläche gepumpt werden. Der meist großtechnische Aufwand ist erheblich und nur bei Arbeitszahlen von deutlich über vier vertretbar. Eine vorteilhafte Anwendung ist z. B. bei Thermalbädern gegeben.

In Tabelle D3.5-2 sind für sämtliche Wärmequellen die wesentlichen Kriterien zur Beurteilung zusammengefasst.

## D3.5.4
### Wärmepumpen-Anlagen

### D3.5.4.1
#### Auslegung

Im Unterschied zu einem Heizkessel ist die Wärmepumpe in ihrer Leistungsabgabe und mehr noch in ihrer Leistungsaufnahme vom thermischen Verhalten der mit ihr verbundenen Systeme, der Wärmequellen und der Heizanlage, abhängig. Ist schon bei der Kesselauslegung die alleinige Beachtung der Gebäudeheizlast nicht ausreichend, obwohl häufig in der Praxis leider so vorgegangen wird, führt das Nichtbeachten des dynamischen Verhaltens der Wärmepumpe selbst und der mit ihr gekoppelten Systeme zu einer grobfehlerhaften Konzeption der Gesamtanlage und somit auch falschen Auswahl und Auslegung der Wärmepumpe. Zu den, im Vergleich zu einem konventionellen Wärmeerzeuger erheblich höheren Investitionskosten, insbesondere für Wärmequellenerschließung, kommen als Folgen des fehlerhaften Vorgehens bei der Planung dann noch eine wesentlich niedrige Verfügbarkeit sowie höhere Wartungs- und Instandhaltungskosten, häufig auch höhere verbrauchsgebundene Kosten für einen an sich vermeidbaren Energiemehrbedarf.

Bei der Konzeption und Auslegung einer Wärmepumpe müssen das thermische Betriebsverhalten des Gebäudes (Heizlastverlauf), der Wärmequelle, des Wärmeverbrauchers (Heizanlage, Trinkwassererwärmung) und der Wärmepumpe selbst gemeinsam berücksichtigt werden. Dazu ist es zweckmäßig, die verschiedenen Kennlinien dieser Bereiche nebeneinander zu betrachten und aufeinander abzustimmen. Da der Jahresbetriebsablauf hier wichtiger ist als eine Nennleistung, ist ein Vorgriff auf Abschn. E „Betriebsverhalten von Heizanlagen" unumgänglich. Vor einer synoptischen Darstellung der Leistungs- und Temperaturverläufe wird zunächst auf das Verhalten einzelner Bereiche gesondert eingegangen.

## Monovalenter Betrieb

Begonnen wird mit einer Wärmepumpe, deren Wärmequelle über das Jahr hinweg eine gleichbleibende Temperatur besitzt (z. B. Grundwasser). In Bild D3.5-10

**Tabelle 3.5-2** Beurteilungskriterien für Wärmequellen

| Wärmequelle | Verfügbarkeit | | Temp.bereich des Wärmequellenmediums | Auslegung der WP | | erreichbare mittlere Arbeitszahl $\beta_{Kl\text{-}H}$ | Kosten | | Berücksichtigung bei der Gebäudeplanung |
|---|---|---|---|---|---|---|---|---|---|
| | örtlich | zeitlich | | Betriebsweise | Heizwassertemp. | | Erschließung | Betrieb | |
| Luft | gut | gut | $+15°C \geq -12°C$ | bivalent | $\leq 50°C$ | 2,2 | mäßig | hoch | teilweise notwendig |
| Strahlung | gut | mäßig (Platzbedarf) | $\geq 15°C \geq -12°C$ | bivalent | $\leq 50°C$ | 2,2 | hoch | hoch | teilweise notwendig |
| Erdspeicher | mäßig | gut | $+10°C \geq -5°C$ | mono- oder bivalent | $\leq 50°C$ | 2,7 | mäßig | mäßig | nur Grundfläche |
| Erdreich | s. selten | gut (gr. Fläche) | $+10°C \geq -5°C$ | mono- oder bivalent | $\leq 50°C$ | 2,7 | hoch | mäßig | nur Grundfläche |
| Erdsonde | gut | sehr gut | $+12°C \geq +8°C$ | monovalent | $\leq 50°C$ | 2,9 | mäßig | gering | teilweise notwendig |
| Grundwasser | s. selten | sehr gut | $+12°C \geq +8°C$ | monovalent | $\leq 50°C$ | 2,9 | hoch | gering | nur Grundfläche |
| Oberflächenwasser | s. selten | gut | $+15°C \geq 0°C$ | bivalent | $\leq 50°C$ | 2,7 | mäßig | mäßig | nur Grundfläche |
| Abwärme | s. selten | gut | $\geq +15°C$ | monovalent | $\leq 50°C$ | 3,0 | mäßig | gering | teilweise notwendig |
| Rücklauf der Fernwärme | selten | sehr gut | $\geq +40°C$ | monovalent | $\leq 50°C$ | $\geq 3{,}0$ | mäßig | gering | teilweise notwendig |

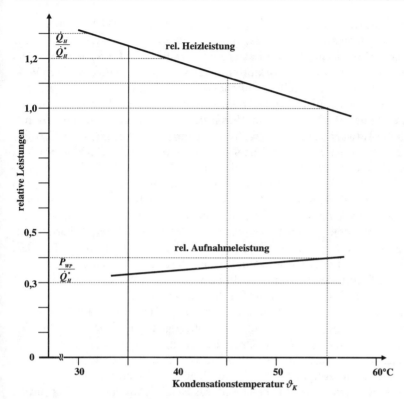

**Bild D3.5-10** Relative Heiz- und Aufnahmeleistung einer Kompressions-Wärmepumpe über der Kondensationstemperatur für konstante Wärmequellentemperatur $\vartheta_0 = 10\,°C$ (aus Herstellerunterlagen)

sind beispielhaft nach Herstellerangaben Relativwerte der Heizleistung und der Leistung, die die Wärmepumpe aufnimmt, über der Kondensationstemperatur $\vartheta_K$ aufgetragen. Als Bezugswert ist die Heizleistung $\dot{Q}_H^*$ bei $\vartheta_K = 55\,°C$ gewählt.

In einem zweiten Schritt wird der Zusammenhang der Kondensationstemperatur mit der Vorlauftemperatur $\vartheta_V$ und der Außentemperatur $\vartheta_a$ hergestellt. Üblicherweise wird die Funktion $\vartheta_V(\vartheta_a)$ durch die sog. Heizkurve wiedergegeben, deren Verlauf mit der Krümmung aus dem Wärmeabgabeverhalten des jeweiligen Übergabesystems resultiert. Da genau genommen mit der Funktion $\vartheta_V(\vartheta_a)$ eine von der Außentemperatur geführte Steuerung der Vorlauftemperatur ermöglicht werden soll, sie somit wegen der vielen weiteren Einflussgrößen auf den Heizlastgang nur eine grobe Vorsteuerung darstellt und die Wärmeabgabe im Gebäude ohnehin durch Einzelraumregelung dem jeweiligen Heizlastgang angepasst werden muss, genügt es, für $\vartheta_V(\vartheta_a)$ eine lineare Funktion vorzugeben: Bei der Heizgrenze von 12 °C Außentemperatur soll die Vorlauftemperatur noch 25 °C betragen, und im Auslegungsfall (Außentemperatur –10 °C) sollen 50 °C ausreichend sein. Diese „Heizkurve" ist in Bild D3.4-11 oben (als Gerade!) eingetragen.

Der gesuchte Verlauf der Kondensationstemperatur über der Außentemperatur im Zusammenhang mit der Vorlauftemperatur ist aus dem thermischen Verhalten des Kondensators abzuleiten: Üblicherweise wird die Heizwasser-Eintrittstemperatur durch Rückmischung aus dem Vorlauf auf etwa 5 K unter $\vartheta_V$ eingeregelt; dabei ist der Heizwasserstrom durch den Kondensator konstant. Damit bleibt auch die Aufwärmzahl $\Phi_2$ gleich. Im Auslegungspunkt mit $\vartheta_K = 55\,°C$, $\vartheta_V = 50\,°C$ und der Aufwärmung $\sigma = 5\,K$ ist $\Phi_2 = \sigma/(\vartheta_K - \vartheta_{21}) = 5\,K/(55\,°C - 45\,°C) = 0,5$. Da die Aufwärmung $\sigma$ konstant bleiben soll, gilt dies auch für $(\vartheta_K - \vartheta_{21}) = 10\,K$. Aus $\vartheta_V - 5\,K = \vartheta_K - 10\,K$ folgt $\vartheta_K = \vartheta_V + 5\,K$. Diese Gerade ist ebenfalls in Bild D3.5-11 oben eingezeichnet. Beim zusätzlich zu betrachtenden Betrieb zur Trinkwassererwärmung muss die Kondensationstemperatur konstant auf 55 °C gehalten werden (gestrichelt eingetragen). Aus Bild D3.5-10 kann nun die gesuchte Wärmepumpen-Kennlinie mit der relativen Heizleistung über der Außentemperatur aufgetragen werden; für den Betrieb zur Trinkwassererwärmung liegt die Kennlinie horizontal (s. Bild D3.5-11 unten). In der gleichen Weise lässt sich die zugehörige Kennlinie für die Aufnahmeleistung ableiten.

In einen dritten Schritt wird nun noch der relative Heizlastverlauf für das zu beheizende Gebäude in die Betrachtung miteinbezogen (s. Bild D3.5.12). Zweckmäßigerweise wird als einheitliche Ordinate für die beiden Darstellungen die relative Heizlast verwendet, so dass als Abszisse für den geordneten Heizlastverlauf die Summenhäufigkeit als Zahl der Tage im Jahr und im rechten Diagramm die Außenlufttemperatur erscheint. Als Heizlast soll hier ein **Tagesmittelwert** verstanden werden, der konsequent mit der Tagesmitteltemperatur korreliert. An der Heizgrenze nimmt die Heizlast definitionsmäßig den Wert Null an (dass bei der Heizgrenztemperatur in der Praxis dennoch Heizwärme angefordert wird, steht nicht im Widerspruch zu dieser Definition und bestätigt nur die Erfahrung nicht optimal gestalteter Heizanlagen).

Als Bezugswert für die Heizlast ist hier abweichend zu den Bildern D3.5-10 und -11 die maximale Heizlast $\dot{Q}_{max}$ eingesetzt, die wegen Ungleichzeitigkeiten im Heizbetrieb in aller Regel kleiner ist als die Normgebäudeheizlast (s. Kap. D1.2.1). Im vorliegenden Beispiel ist die Auslegungsvorlauftemperatur 50 °C und die dabei erreichbare Heizleistung der Wärmepumpe $\dot{Q}_H^*$ (wegen der nur in Stufen erhältlichen Wärmepumpen ist das Beispiel eigentlich unrealistisch, weil üblicherweise $\dot{Q}_H^*$ nicht zufällig mit $\dot{Q}_{max}$ übereinstimmt).

Die Heizleistungskennlinie im linken Diagramm ist aus dem rechten abgeleitet, indem aus der Summenhäufigkeitskurve der Bezug zur Außentemperatur in der eingezeichneten Weise hergestellt wird. Das Verhältnis aus der relativen Heizlast zur relativen Heizleistung stellt die Auslastung dar. Die Auslastung ließe sich erhöhen, wenn die Wärmpumpe zusätzlich auch für die Erwärmung des Trinkwassers herangezogen wird. Sie arbeitet in diesem Fall in Vorrangschaltung mit einer Vorlauftemperatur von 50 °C (die Kennlinie der Wärmepumpe im Trinkwassererwärmungsbetrieb verläuft wie auch in Bild D3.5-11 horizontal).

**Bild D3.5-11** Ableitung des Temperaturzusammenhangs $\vartheta_K(\vartheta_a)$ von der „Heizkurve" $\vartheta_V(\vartheta_a)$ und Herstellen des Zusammenhangs der relativen Heizleistung mit der Außentemperatur (Wärmepumpen-Kennlinien, Beispiel für Heizbetrieb und Trinkwassererwärmung)

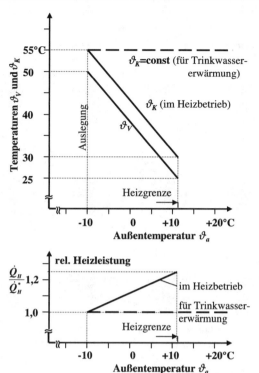

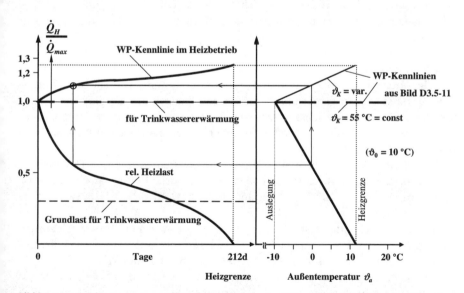

**Bild D3.5-12** Auslegungsnomogramm für monovalenten Wärmepumpenbetrieb und konstante Wärmequellentemperatur, Leistungskennlinien der Wärmepumpe aus Bild D3.5-11 mit $\dot{Q}_H^* = \dot{Q}_{max}$ ($\dot{Q}_{max}$ ist die max. Tagesmittel-Heizlast)

**Bild D3.5-13** Geordneter
Last- und Leistungsverlauf
bei „monoenergetischem"
Betrieb

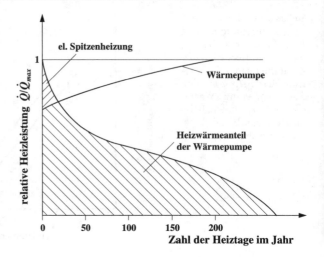

In der Praxis ist im Allgemeinen eine Wärmepumpe exakt für die Auslegungsleistung $\dot{Q}_{max}$ nicht zu erhalten. Die Heizleistung der nur in Stufen auswählbaren Wärmepumpe sollte unter die erwartbare Maximallast $\dot{Q}_{max}$ gelegt werden, um eine bessere Auslastung zu erhalten. Die verbleibende Spitze (s. Bild D3.5-13) kann durch eine elektrische Zusatzheizung abgedeckt werden („monoenergetischer Betrieb"). Die elektrische Zusatzheizung wird zweckmäßigerweise in dem zur Wärmepumpe parallel geschalteten Pufferspeicher (s. Kap. D3.3.4.2) angeordnet. Auf diese Weise ließe sich Niedertarifstrom verwenden. Über die Zusatzheizung könnten auch Spitzen aus der Trinkwassererwärmung abgedeckt werden.

**Bivalenter Betrieb**

Ziel der Auslegung eines bivalenten Erzeugungssystems (Kessel mit Wärmepumpe) muss sein, mit einer möglichst kleinen Wärmepumpe (niedrige Investitionskosten) einen möglichst hohen Anteil am Gesamtenergiebedarf der Anlage zu decken. Beispielhaft wird das Vorgehen für eine Anlage mit Außenluft als Wärmequelle gezeigt.

Bei dem angestrebten bivalenten Erzeugungssystem können im Unterschied zu dem oben beschriebenen monovalenten die Vorlauftemperaturen im Auslegungspunkt ($\vartheta_a = -10\,°C$) und an der Heizgrenze ($\vartheta_a = +12\,°C$) etwas höher zugelassen werden ($\vartheta_V = 55$ und $30\,°C$).

Folgende Werte sind festzulegen: Leistung der Wärmepumpe, Auslegungstemperaturen der Raumheizflächen, Umschaltpunkt auf Alternativ-Wärmerzeuger oder Zuschaltpunkt bei Parallel-Betrieb (Bivalenzpunkt).

Man beginnt mit der Auswahl einer Wärmepumpe, deren Heizleistungskennlinien erfahrungsgemäß in dem erwünschten Außentemperaturbereich unter 50% der maximalen Heizlast liegen. Die Leistungskennlinien dieser Wärmepumpe werden in das mittlere Feld des Auslegungsdiagramms eingetragen

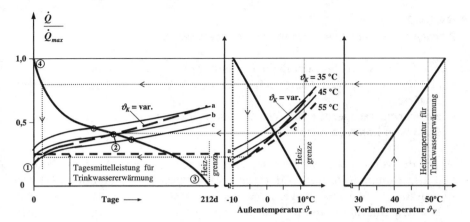

**Bild D3.5-14** Auslegungsnomogramm für bivalente Wärmepumpen-Heizanlage mit Trinkwassererwärmung (Außenluft als Wärmequelle); a,b,c Wärmeleistungs-Kennlinien der Wärmepumpe (c Kennlinie für Trinkwassererwärmung, Wärmeleistungs-Kennlinien nach Herstellerangaben)

(Bild D3.5-14). Man erhält für jede durch die Kondensationstemperatur gekennzeichnete Kennlinie einen anderen möglichen Bivalenzpunkt im mittleren und im linken Feld. Zweckmäßigerweise wird ein mittlerer für die Auslegung auch der Raumheizflächen gewählt und die (lineare) Heizkurve im rechten Feld (Bild D3.5-14) durch die zugehörige Vorlauftemperatur ($\vartheta_V = \vartheta_K - 5\,K$) gelegt (Begründung wie beim monovalenten Betrieb). Man erhält daraus (gestrichelt im mittleren Feld) die Wärmepumpenkennlinie für eine variable Kondensationstemperatur und kann nun auch diese Kennlinie punktweise in das linke Feld übertragen, wodurch man die Aufteilung des Energiebedarfs zwischen Wärmepumpe und Zusatzheizung erfährt. (Die Gesamtfläche unter der Summenhäufigkeitskurve entspricht dem gesamten Heizenergiebedarf für eine Heizperiode). Somit gibt die Kurve unter dem Kurvenzug 1-2-3 den Heizenergieanteil der Wärmepumpe im Parallelbetrieb an; die Fläche, die von dem Kurvenzug 1-2-4-1 eingeschlossen ist, entspricht dem Anteil der Zusatzheizung. Es lässt sich erkennen, dass durch ein Absenken der Heizflächen-Auslegungstemperaturen und einer Verschiebung der Wärmepumpenkennlinie in den Bivalenzpunkt der Kennlinie a der Wärmepumpenanteil zur Energiebedarfsdeckung nur unwesentlich ausgeweitet werden kann.

Im vorliegenden Beispiel wird der Gleichgewichtspunkt für 40 °C Vorlauftemperatur gewählt, die Wärmepumpe soll aber auch bei tieferen Außentemperaturen noch (parallel) im Betrieb bleiben, wodurch die Vorlauftemperatur bis zum Grenzwert von 50 °C abhängig von der Außentemperatur ansteigt. Für den Parallelbetrieb bis zu tiefsten Außentemperaturen muss die Heizmittelrücklauftemperatur $\vartheta_R$ so niedrig gewählt werden, dass sie in jedem Betriebsfall genügend unter der von der Wärmepumpe vorgegebenen Maximaltemperatur liegt und die Wärmepumpe ihren Leistungsanteil auch an das Heizmittel abgeben kann.

### D3.5.4.2
*Wärmepumpenschaltungen, Pufferspeicher, Tagesspeicher*

Generell gibt es zwei Einsatzmöglichkeiten für eine Wärmepumpe
- als Einzelraum- oder Mehrraum-Direktheizgerät (das die Raumluft direkt erwärmt)
- als Wärmeerzeuger für eine Warmwasserzentralheizung (andere Heizmittel als Wasser kommen nicht in Frage).

Wegen der Vorzüge der Warmwasserzentralheizung (s. Kap. D1.2.2 und D1.6.1) und der Kombinierbarkeit mit einem Wasser-Pufferspeicher dominiert die Anwendung als Wärmeerzeuger in einer Warmwasserheizung.

Für den Anschluss an ein Wärmeverteilsystem können nicht einfach die Anschlussmöglichkeiten z.B. für einen Heizkessel übernommen werden. Es sind Besonderheiten zu beachten:
- Den Betriebstemperaturen der Wärmepumpe sind enge Grenzen gesetzt. Die maximal mögliche Kondensationstemperatur (Verflüssigungstemperatur) ist vorgegeben durch die Einstellung des sog. Hochdruckpressostaten und die minimal mögliche Verdampfungstemperatur durch die Einstellung des Niederdruckpressostaten. Um Betriebsstörungen zu vermeiden, wird zwischen den Temperaturen im Kondensator und im Verdampfer ein Sicherheitsabstand von etwa 5 K zu den durch die Pressostaten vorgegebenen Extremtemperaturen eingehalten (s. Bild D3.5-15). Damit der Verdampfer und der Kon-

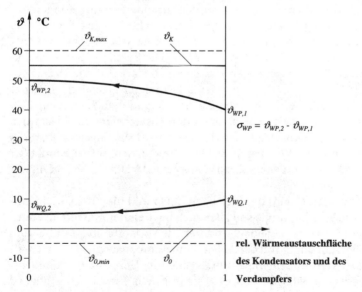

**Bild D3.5-15** Temperaturverläufe im Verdampfer unten und im Kondensator (Verflüssiger) oben (Beispiel)

densator nicht zu groß werden, ist ein Temperaturabstand („Grädigkeit")
zwischen dem kondensierenden Arbeitsmittel und dem Wärmepumpenvor-
lauf bzw. zwischen dem verdampfenden Arbeitsmittel und dem austretenden
Wärmequellenstoffstrom notwendig. Wegen der Begrenztheit der Kondensa-
torgröße kann das Heizwasser nur um einen vergleichsweise kleinen Betrag
durch die Wärmepumpe erwärmt werden. Dieser Betrag liegt in aller Regel
unter der Spreizung der Heizanlage oder eines Wärmespeichers. Um dies einhalten zu können, muss der Wasserstrom durch den Kondensator genügend
hoch und gleichbleibend sein.
- Während es bei Brennern für öl- oder gasbefeuerte Kessel technisch keine
  Schwierigkeiten bereitet, 100 und mehr Brennerstarts pro Tag zu schaffen,
  sollte eine Wärmepumpe möglichst weniger als fünfmal pro Tag gestartet
  werden. Die Wärmequellenleistung kann variabel sein oder bei Luft als Wärmequelle in Abtauzeiten sogar ganz ausfallen.
- Stromlieferzeiten können begrenzt oder für bestimmte Tageszeiten bevorzugt sein (Niedertarifstrom).

Die Besonderheiten der Wärmepumpen zwingen in jedem Fall dazu, der Wärmepumpe einen eigenen Wärmeerzeugerkreis mit eigener Umwälzpumpe zu
geben. Die technische Notwendigkeit, mit weniger als 5 Starts pro Tag auszukommen, erfordert einen parallel geschalteten **Pufferspeicher**. Vorteilhaft ist
ein größerer **Tagesspeicher**. Beide werden als Wasserspeicher ausgeführt. Wie
gelegentlich vorgeschlagen, die erforderliche Speicherkapazität ins Heiznetz
zu legen (z.B. Fußbodenheizung oder Heizkörper mit großem Wasserinhalt)
ist falsch, weil hierdurch zwar ein Pufferspeicher gespart, aber ein erheblicher
Energiemehrbedarf wegen der schlechteren Regelbarkeit der Wärmeübergа-
be verursacht wird (Größenordnung bis zu 20%). Ähnlich ungünstig ist es, die
Speicherkapazität des Verteilnetzes in Anspruch zu nehmen oder einen Pufferspeicher in Reihe in den Vorlauf zu schalten (hierbei hätte man noch nicht einmal den Speicher gespart).
Zu unterscheiden sind zwei Arten der Speicherladung:
- in der regelungstechnisch einfachen Stufenladung wird in mehreren nach-
  einander ablaufenden Zyklen der Speicher stufenweise auf die vorgegebene
  Ladetemperatur $\vartheta_{Lad}$ gebracht (s. Bild D3.5-16). Im Extremfall liegt die Ladetemperatur um die Wärmepumpenspreizung über der am unteren Speicherfühler $\vartheta_{Aus}$. Die beim oberen Speicherfühler eingestellte Einschalttemperatur
  $\vartheta_{Ein}$ muss größer als die Rücklauftemperatur sein.
- Bei der Schichtladung wird der Speicher in einem Schritt mit der Ladetemperatur gefüllt, wobei der untere Teil des Speichers die Rücklauftemperatur
  behält (Schichtspeicher). Mit einer hierfür erforderlichen Laderegelung mit
  einem Dreiwegmischer im Wärmepumpen-Rücklauf wird durch Rückfüh-
  ren erwärmten Wassers die erforderliche Wärmepumpeneintrittstemperatur
  $\vartheta_{WP1}$ hergestellt (s. Bild D3.5-17).

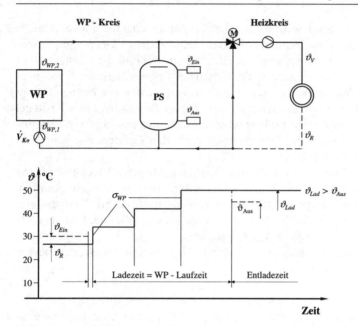

**Bild D3.5-16** Stufenladung (mit der Wärmepumpenspreizung $\sigma_{WP}$), Schaltung und Temperaturlauf

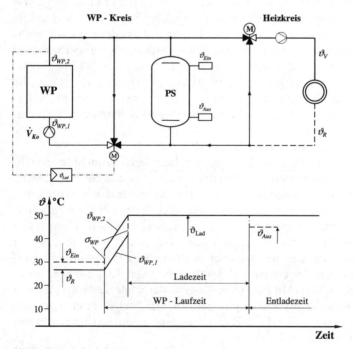

**Bild D3.5-17** Schichtladung, Schaltung und Temperaturlauf

Bei der Schichtladung kann die Heizmittelspreizung $\sigma_{WP}$ etwa 50% größer gewählt werden als bei der Stufenladung; entsprechend kleiner ist der Volumenstrom $\dot{V}_{Ko}$ der Umwälzpumpe im Wärmepumpenkreis durch den Kondensator

$$\dot{V}_{Ko} = \frac{\dot{Q}_{WP}}{\sigma_{WP}\, c_W\, \rho_W} \qquad\qquad (D3.5\text{-}14)$$

Stellt man sich $n_d$ Schaltungen pro Tag bei der Wärmepumpe vor und ist die Spreizung am Speicher $\sigma_{Sp} = \vartheta_{Lad} - \vartheta_R$, dann ist das Volumen eines Pufferspeichers im Minimum

$$V_{Sp,min} = \frac{\dot{Q}_{WP}}{\sigma_{Sp}\, c_w\, \rho_w\, n_d}\left(24h\, 3600\,\frac{s}{h}\right) \qquad\qquad (D3.5\text{-}15)$$

Für die Rücklauftemperatur wird der Maximalwert, der beim Wärmepumpenbetrieb auftreten kann, eingesetzt. Beim Tagesspeicher ist die Anzahl der Schaltungen pro Tag mit 1 vorgegeben. Das tatsächliche Speichervolumen ist um das Volumen, das sich über dem Einschaltfühler und das Volumen, das unter dem Ausschaltfühler stehen bleibt, gegenüber dem errechneten zu vergrößern.

Beispiel:
Bei einer Wärmepumpenleistung von 3 kW, einer Spreizung von 25 K, den Stoffgrößen $c_W$ = 4,178 kJ/(kg K) sowie $\rho_W$ = 994 kg/m³ und 5 Schaltungen pro Tag muss der Speicher ein Volumen von 0,5 m³ besitzen.

Speicher mit Stufenladung sind alleinig bei Heizanlagen für Einfamilienhäuser mit nur einem Heizkreis und bei Beschränkung auf einen Pufferspeicher zu empfehlen. Der Pufferspeicher bietet die gewünschte hydraulische Entkopplung vom Heizkreis, eine reduzierte Schalthäufigkeit und bei Verwendung von Außenluft als Wärmequelle die erforderliche Energie für Abtauvorgänge. Tagesspeicher bieten darüber hinaus eine größere Lebensdauer der Wärmepumpe, einen größeren Anteil an Niedertarifstrom, die Überbrückung längerer Sperrzeiten und die Überbrückung von Angebotslücken der Wärmequelle. Sie sollten generell mit Schichtladung betrieben werden. Vorzugsweise ist ein Tagesspeicher auch bei bivalentem Betrieb, in Kombination mit einem Kessel, zu nutzen. Die Ladetemperatur des Speichers kann vom Kessel dann angehoben und damit die Speicherkapazität erweitert werden (s. Bild D3.5-18). Beim Unterschreiten der zum Bivalenzpunkt gehörenden Außentemperatur öffnet bei Wärmepumpenbetrieb das Dreiwege-Umschaltventil den Abzweig zum Kessel, wobei der Kessel bei einer kurzen Vorlaufzeit zugleich in Betrieb geht. Damit erhöht sich die Ladetemperatur um die Spreizung am Kessel:

$$\sigma_K = \frac{\dot{Q}_K}{\dot{V}_{Ko}\, c_W\, \rho_W} \qquad\qquad (D3.5\text{-}16)$$

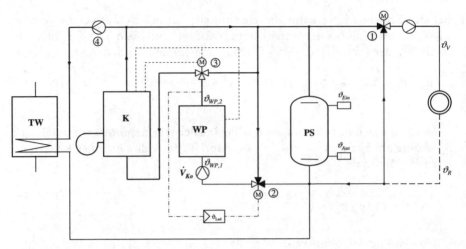

**Bild D3.5-18** Schaltung für bivalent-parallelen Betrieb von Wärmepumpe und Kessel mit Pufferspeicher PS und Trinkwassererwärmer TW

Darin ist $\dot{Q}_K$ die Kesselleistung, $\dot{V}_{Ko}$ der Heizmittelstrom der Umwälzpumpe am Kondensator. Auch die Trinkwassererwärmung (BW) kann über eine eigene Umwälzpumpe (4) aus dem Speicher versorgt werden (Bild D3.5-18).

## D3.6
## Blockheizkraftwerke (BHKW)

### D3.6.1
### *Allgemeines*

Nach der Systeme-Übersicht in Teil B (siehe Tabelle B-4) werden in diesem Teil in Abgrenzung zur Fernwärme aus größeren Heizkraftwerken für ganze Stadtgebiete nur Wärmeerzeuger als Komponenten eines Heizsystems für ein Gebäude oder einen Gebäudekomplex behandelt. Für derart begrenzte größere Versorgungssysteme hat sich der Begriff „Nahwärmeversorgung" durchgesetzt. Soll hierfür die Heizwärme in Kraft-Wärme-Kopplungsprozessen erzeugt werden, kommen dazu im wesentlichen nur Blockheizkraftwerke (BHKW) in Frage (siehe auch Kapitel 3.1). Sie bestehen im Allgemeinen aus einem oder mehreren sog. BHKW-Modulen und einer Spitzenkesselanlage. Ein BHKW-Modul ist als Block meist auf einem gemeinsamen Grundrahmen mit Verbrennungsmotor, Generator, Wärmeaustauschern und Nebeneinrichtungen montiert. Ein darüber gesetztes Gehäuse sorgt für den Schallschutz. Von dieser Bauweise und auch in Erinnerung an den zu versorgenden Häuserblock rührt auch die Bezeichnung „Blockheizwerk". Sie kam erst in den Siebzigern auf, als man sich auch mit staatlicher Förderung darauf besann, die seit langem bekannten thermodynamischen Vorteile der Kraft-Wärme-Kopplung (KWK) vor allem für kleinere

Leistungen verbrauchernah einzuführen. Als KWK-Aggregate wurden seiner-
zeit neben Hubkolben-Verbrennungsmotoren auch Gas- und Dampfturbinen
angesehen, wie es der Geltungsbereich des für Wirtschaftlichkeitsberechungen
bei BHKW maßgeblichen Blattes 7 der VDI 2067 [D3.6-1] angibt. Heute wird der
Begriff BHKW enger gefasst: in der VDI 3085 [D3.6-2], in der Grundsätze für
Planung, Ausführung und Abnahme der BHKW aufgestellt sind, wird nur noch
von Verbrennungskraftmaschinen, also Hubkolbenmotoren und Gasturbinen
gesprochen. Beschränkt man sich, wie hier beabsichtigt, auf Wärmeerzeuger
für einen Bereich mit den Systemgrenzen eines Gebäudes oder eines Gebäudekomplexes, also einer sog. Nahwärmeversorgung, dann ergibt sich eine weitere Begriffseinengung: auf Hubkolben-Verbrennungsmotoren als allein in Frage
kommende BHKW-Aggregate [D3.6-3].

Eine typische Anwendung für Nahwärmeversorgung sind kommunale Gebäu-
dekomplexe, die z.B. aus einem Schwimmbad und einer Schule bestehen, oder
Neubaugebiete. Der maximale Wärmeleistungsbedarf liegt hier bei 10 MW, die
maximale thermische Leistung des Motorteils bei ca. 3 MW und entsprechend
die elektrische Leistung bei 2 MW. Dies ist die untere Grenze für einen Einsatz von Gasturbinen. Auch bei der Brennstoffauswahl besteht eine Einengung.
Während bei Dampfheizkraftwerken z.B. Braunkohle oder Müll genutzt werden
können, sind Verbrennungskraftmaschinen auf höherwertige flüssige und gasförmige Brennstoffe angewiesen. Wegen der Verbrauchernähe sind dies hauptsächlich Erdgas und leichtes Heizöl. Prinzipiell verwendbares Klärgas und
Deponiegas kommt nur in Ausnahmefällen in Betracht, da Deponien und Klär-
anlagen normalerweise weit ab von Nahversorgungsgebieten liegen.

Die Leistungsgrößen variieren bei den Motoren zwischen 10 kW bis 5 MW
(Dieselmotoren auch darüber, gemeint ist immer die elektrische Leistung). Die
Motoren werden unterschieden nach:

- der Prozessart und zwar dem Gleichraumprozess (Ottomotor) und dem
  Gleichdruckprozess (Dieselmotor),
- dem Arbeitsverfahren (Viertakt-Verfahren oder Zweitakt-Verfahren) und
- dem Verfahren zur Minderung der Abgasemissionen.

Bei Leichtöl als Brennstoff kommen nur Dieselmotoren in Frage (man spricht
dann von Dieselkraftstoff). Die Abgas-Schadstoffanteile an CO und unvollkommen verbrannten Kohlenwasserstoffen liegen bei modernen Dieselmotoren
unter den von der TA Luft vorgegebenen Grenzwerten [D3.6-4]. Dagegen sind
zum Einhalten der Anteile an Ruß und $NO_x$ besondere Abgasnachbehandlungs-
maßnahmen erforderlich. Für einen sauberen Langzeitbetrieb wird daher Gas
als Hauptbrennstoff bevorzugt. Üblich sind:

- Lambda-1-Otto-Gasmotoren mit Dreiwegkatalysator
- Otto-Gasmotoren mit Magerverbrennung und Gemischaufladung ohne oder
  höchstens mit ungeregeltem Oxidationskatalysator
- Diesel-Gas-Motor mit Selected Catalytic Reduction (SCR)- und Oxidationskatalysator

Beim Lambda-1-Verfahren mit Dreiwegkatalysator muss der Motor für die volle Wirkung des Dreiwegkatalysators „schwach überfettet", also mit einer Luftzahl von $\lambda = 0,99 \pm 0,02$ betrieben werden. Nur in diesem engen Bereich ist die angestrebte Dreifach-Reaktion realisierbar: 1. Reduktion von NO und $NO_2$ zu $N_2$ und $O_2$, daneben 2. und 3. die Oxidation von CO und unvollständig verbrannten Kohlenwasserstoffen. Das Verfahren eignet sich vor allem für Leistungen bis etwas 200 kW. Bei größeren Leistungen hat sich die Magerverbrennung mit Gemischaufladung durchgesetzt. Die mit der Luftzahl einhergehende Verdünnung der Gasladung im Zylinder und damit Verringerung der Motorleistung wird durch die Aufladung überkompensiert.

Der Diesel-Gasmotor ist ein Gasmotor, der mit zur Selbstzündung eingespritztem Dieselkraftstoff gestartet wird. Aufgrund dieser speziellen Ausrüstung kann der Motor mit Gas und Zündstrahl aber auch als „Voll-Dieselmotor" mit Dieselkraftstoff betrieben werden. Damit eignet er sich als Notstromanlage oder auch bei Anlagen mit unsicherem Gasbezug. Diese Motoren verlangen wegen der heterogenen Brennstoffaufbereitung generell, wie auch die Dieselmotoren, eine Abgasnachbehandlung durch einen SCR-Katalysator (Selected Catalytic Reduction) mit $NH_3$- oder Harnstoff-Einspritzung. Immer ist bei ihnen ein Oxidationskatalysator nachgeschaltet.

Nach den Definitionen von VDI 3985 [D3.6-2] besteht ein BHKW-Aggregat (siehe Bild D3.6-1) aus dem Hubkolben-Verbrennungsmotor (1), dem Generator (2), Kupplung und Lagerung (3); das BHKW-Modul aus dem BHKW-Aggregat, dem Abgaswärmeaustauscher (4), dem Kühlwasserwärmeaustauscher (5), dem Abgasschalldämpfer (6), der Abgasreinigungsanlage (7), dem Brennstofftank bzw. der Gasversorgung (8), der Schmierölversorgung (9) und der Aggregatüberwachung (10). Häufig besteht ein Blockheizkraftwerk aus mehreren BHKW-Modulen, fast immer ist es um eine Kesselanlage und gegebenenfalls um einen Wärmespeicher ergänzt.

Die Abwärme aus dem Abgaskühler und dem Kühlwasser wird grundsätzlich vom Nahwärme-Verteilsystem übernommen; ein Wärmespeicher kann gegebenenfalls den Verteil- und Erzeugungsbetrieb bis zu einem gewissen Grad entkoppeln. Eine zusätzliche „Notkühlung" wird vermieden, so dass bei zu geringer Wärmeabnahme das BHKW infolge mangelnder Kühlung abgeschaltet werden muss.

Die je nach der Prozessart und dem Verfahren zur Minderung der Abgasemissionen unterschiedlichen Motoren besitzen auch energetisch unterschiedliche Eigenschaften, wobei zudem die Leistungsgröße von Einfluss ist. In Bild D3.6-2 ist eine Übersicht über Anhaltswerte für energetische Bewertungsgrößen, also vor allem Nutzungsgrade gegeben. Der Unterschied zwischen der Energiekenngröße Nutzungsgrad und der Leistungskenngröße Wirkungsgrad ist gering, da die BHKW's ganz überwiegend im Volllastbetrieb laufen (als Faustregel genügt, dass der Nutzungsgrad etwa ein Prozentpunkt kleiner ist als der Wirkungsgrad). Der elektrische Nutzungsgrad wächst mit der Generator-Nennleistung von etwa 0,89 bis 0,97. Der Gas-Diesel-Motor (erhältlich nur für größere Leistungen) ist

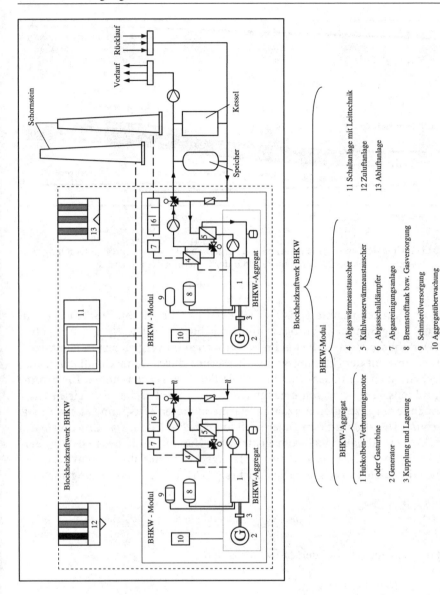

**Bild D3.6-1** Definition und Abgrenzung der BHKW-Komponenten aus VDI 3085 [D3.6-2]

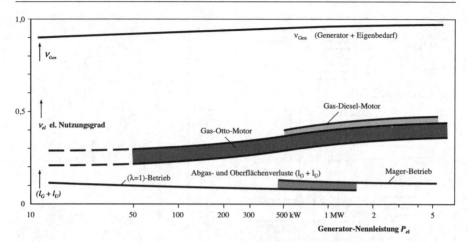

**Bild D3.6-2** Übersicht über Anhaltswerte für energetische Bewertungsgrößen (Nutzungsgrade sowie Abgas- und Oberflächenverluste) über der Generator-Nennleistung

etwa zwei Prozentpunkte günstiger als der Gas-Otto-Motor. Zusätzlich ist im Bild noch die Summe der Abgas- und Umgebungsverluste $(l_G + l_U)$ eingetragen. Der höhere Abgasverlust beim Magerbetrieb im Vergleich zum Lambda-1-Betrieb wird mit der Nutzungsgradverbesserung durch Gemischaufladung ausgeglichen. Auch beim Gas-Dieselmotor ist der Abgasverlust höher. Die Stromkennzahl als Verhältnis von erzeugter nutzbarer elektrischer Energie in einer Zeitspanne zur erzeugten nutzbaren Wärme in dieser Zeitspanne lässt sich aus Gleichung D3.1-10 und den Daten in Bild D3.6-2 ableiten. Das Ergebnis ist in Bild D3.6-3 in Abhängigkeit vom elektrischen Nutzungsgrad des BHKW $v_{el}$ dargestellt. Bequemer ist es, statt mit Nutzungsgraden mit ihrem Kehrwert, den Aufwandszahlen, zu rechnen. Die Gleichung D3.1-10 lautet etwas umgeformt:

$$\frac{Q_{B,HKW}}{\int P_{el}\, dt}(1 - l_G - l_U) = \frac{Q_H}{\int P_{el}\, dt} + \frac{1}{v_{Gen}}$$

und mit den entsprechenden Aufwandszahlen

$$e_{el,HKV}\,(1 - l_G - l_U) = S + e_{Gen} \qquad\qquad\qquad\qquad \text{(D3.6-1)}$$

Bei der geringen Veränderung der Aufwandszahl für den Generator und der Abgas- und Umgebungsverluste ist die Stromkennzahl praktisch linear abhängig von der elektrischen Aufwandszahl des BHKWs.

Die Betriebsweise des BHKW (strom- oder wärmegeführt) richtet sich nach den durch den Versorgungsbereich gegebenen Randbedingungen und den Anforderungen des Auftraggebers oder Betreibers. Randbedingungen sind Art und Umfang der Verbraucher (wetter- oder nutzungsbestimmt). Bei den Anfor-

**Bild D3.6-3** Stromkennzahl $S$ in Abhängigkeit des elektrischen Nutzungsgrades

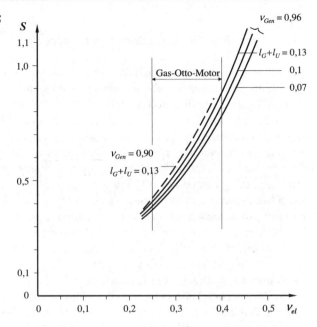

derungen bestehen die üblichen Vorstellungen zur Wärmeerzeugung und darüber hinaus besondere Anforderungen in Hinblick auf Wirtschaftlichkeit, Energie zu sparen, Umwelt zu schonen oder weltanschaulich geprägte Wünsche wie „Großtechniken"(z. B. Kernkraftwerke) überflüssig zu machen. Die Gewichtung derartiger Anforderungen kann entscheidend sein für die Wahl der Betriebsweise. Bei der wärmegeführten Betriebsweise richtet sich die Anlage allein nach der Heizlast. Dabei wird weit überwiegend die Grundlast abgedeckt und der in fester Kopplung erzeugte Strom soweit möglich in demselben Verbrauchergebiet benutzt oder in das öffentliche Netz eingespeist. Die Heizlastspitzen übernimmt ein Kessel.

Bei der stromgeführten Betriebsweise richtet sich die Anlage nach dem Stromlastgang. Dabei versorgt das BHKW in seltenen Fällen das Verbrauchergebiet allein (Inselbetrieb) oder – dieses ist meist der Fall – parallel zum öffentlichen Netz die Verbraucher bis zum Erreichen seiner maximalen elektrischen Leistung oder gezielt in Spitzenlastsituationen, um Stromspitzen zu vermeiden. Mit besonderer Leittechnik sind auch Kombinationen beider letztgenannter Betriebsweisen möglich. Weiterhin kann ein BHKW unter Berücksichtung entsprechender Zusatzmaßnahmen auch zur Ersatzstromversorgung eingesetzt werden. Allerdings muss die Brennstoffversorgung in diesem Fall gesichert sein (z. B. Umschaltung des Gas-Diesel-Motors auf reinen Dieselbetrieb mit entsprechender Brennstoffbevorratung oder besonders gesicherter Gasversorgung).

## D3.6.2
### Auslegung von BHKW für eine Nahwärmeversorgung

Neben dem Einsatz eines BHKW für eine Nahwärmeversorgung ist auch ein Einsatz in der Industrie oder in Gewerbebetrieben möglich. Die dabei auftretenden Besonderheiten sollen hier nicht behandelt werden. Eine ausführliche Anleitung für die Planung gibt die VDI 3985 [D3.6-2]. Bei BHKW für eine Nahwärmeversorgung ist eine gegenüber dieser Richtlinie vereinfachte Auslegung möglich, weil hier meist eine <u>wärmegeführte Betriebsweise</u> angezeigt ist. Dabei genügt es, sich nach der <u>Jahresdauerlinie der Heizlast zu</u> richten. Auch auf eine Aufteilung des Jahres auf Typtage, wie es die VDI 2067 [D3.6-1] vorschlägt, kann bei den meisten Projekten verzichtet werden [D3.6-6]. Sind aus Messungen der Jahreswärmeverbrauch, die maximale Wärmeleistung (meistens deutlich kleiner als die Summe der Normgebäudeheizlasten) und die mittleren Lasten in den Monaten außerhalb der Heizperiode bekannt, lassen sich die Leistungen der BHKW-Module genügend genau abschätzen, da der Einfluss der Form der Jahresdauerlinie auf die Laufzeit der Module gering ist (siehe Bild D3.6-4). Die erforderlichen Daten können ebenfalls mit Hilfe einer rechnerischen Analyse nach VDI 2067 Blatt 10 und 11 ermittelt werden (siehe auch Teil H3).

Neben allen als Wünsche vorgebrachten Anforderungen spielt die Wirtschaftlichkeit deshalb eine entscheidende Rolle, weil der Preis eines BHKW's ein Vielfaches beträgt von dem eines ebenso verwendbaren Kessels. In Bild D3.6-5 sind über der Nennwärmeleistung die hierauf bezogenen Preise (Anhaltswerte im Jahr 1997) für BHKW und Kessel aufgetragen. Üblicherweise werden BHKW-Preise nur bezogen auf die elektrische Leistung angegeben. Sie lassen

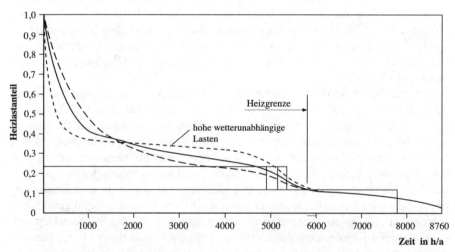

**Bild D3.6-4** Geordnete Summenhäufigkeit (Jahresdauerlinie) der Heizlast für eine mittlere relative Heizlast $\beta_{Q,2} = 0{,}235$ (siehe H3) für drei unterschiedliche Lastgänge (hohe, mittlere und niedrige wetterunabhängige Lasten)

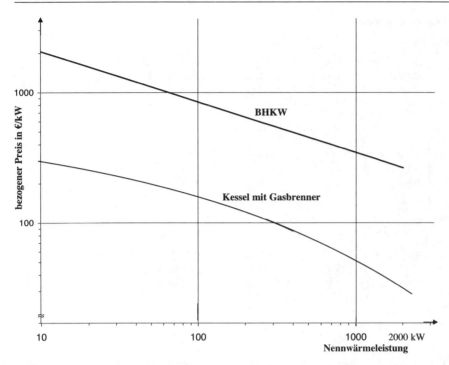

**Bild D3.6-5** Auf die Nennwärmeleistung bezogene Richtpreise für Erdgas-BHKW und Kessel (Stand 2002)

sich aber mit der Stromkennzahl nach Bild D3.6-3 für einen Vergleich mit Kesseln umrechnen. Die Preise gelten für gasbetriebene BHKW; sie variieren insbesondere bei den großen Leistungen um mehr als ± 10% um die eingetragene Ausgleichskurve.

Aus der Jahresdauerlinie von Bild D3.6-4 lässt sich das Verhältnis der BHKW-Wärmeerzeugung zur gesamten erforderlichen Wärmeerzeugung abhängig vom Anteil der BHKW-Leistung an der Maximalheizlast $\dot{Q}_{2,max}$ (am Eintritt in die Verteilung) bestimmen (Integration in vertikaler Richtung). Es wird im unteren Teil von Bild D3.6-6 auf der Abszisse und auf der rechten Ordinate das zugehörige Leistungsverhältnis aufgetragen, auf der linken Ordinate zusätzlich die mittlere Modullaufzeit. Bei steigender Modulleistung nimmt die anteilige Jahresarbeit zunächst rasch zu; sie erreicht z.B. bei 10% der maximalen Heizlast $\dot{Q}_{2,max}$ bereits 35% der gesamten Jahresarbeit. Bei einem höheren Leistungsanteil ist der Arbeitszuwachs geringer: so bewirkt eine Leistungserhöhung von 20% auf 30% nur noch eine Arbeitserhöhung um 15%. Der günstigste Leistungsanteil ist über eine Wirtschaftlichkeitsbetrachtung zu erhalten.

Das Wärmeversorgungsgebiet mit der Jahresdauerlinie nach Bild D3.6-4 wird für zwei deutlich unterschiedliche Strombedarfssituationen untersucht. Die eine sei typisch für ein reines Wohngebiet – Stromleistungs- und -arbeitsbedarf

Wärmegestehungskosten

in €/MWh

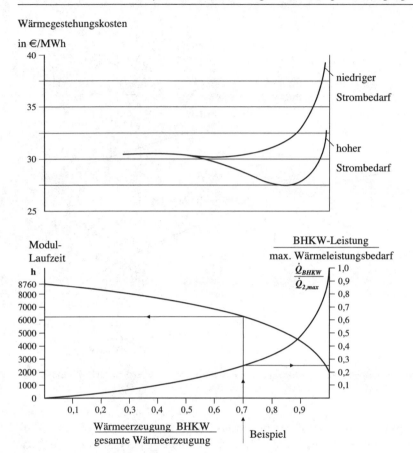

**Bild D3.6-6** Wärmegestehungskosten (oben), mittlere Modul-Laufzeit und Wärmeleistungs-
anteil über dem Jahresarbeitsanteil (unten) des BHKW

ist klein –, die andere ist ergänzt um einige Gewerbebetriebe mit einem vergleichsweise hohen Bedarf an Stromleistung und Stromarbeit. Es wird ein Gasarbeitspreis von 0,02 €/kWh (Heizwert-Basis) angenommen und beim Strom
ein Verkaufspreis von 0,035 €/kWh zu Niedertarifzeit sowie 0,045 €/kWh zur
Hochtarifzeit; der HT-Bezugspreis sei 0,07 €/kWh. Die errechneten Wärmegestehungskosten zeigt das obere Diagramm in Bild D3.6-6. Beim niedrigen Strombedarf liegt das flache Minimum etwa bei 60% Jahresarbeitsanteil und der Wär-
meleistungsanteil bei knapp 20%. Dies entspricht einer mittleren theoretischen
Laufzeit von etwa 6800 h/a. Bei dem hohen Stromverbrauch wäre der Jahresarbeitsanteil etwa 85%, der Leistungsanteil etwa 40% und die mittlere theoretische
Laufzeit 5000 h/a. Wie ausführliche Variantenuntersuchungen zeigen [D3.6-8],
ist die Lage des Minimums und die Höhe der Wärmeentstehungskosten stark
abhängig von Gasarbeitspreis und der Strombewertung. Gering wirken sich

Variationen beim Zinssatz, Gasleistungspreis und der angenommenen Lebensdauer der Anlagenkomponenten aus (auf eine Besonderheit der Wirtschaftlichkeitsrechnung für BHKW sei hingewiesen: hier werden generell Instandhaltung und Wartung zusammengefasst und üblicherweise mit 0,018 €/kWh Stromerzeugung berechnet). Bei Versorgungsgebieten mit hohem Strombedarf ist abgesehen von der Verschiebung des Minimums zu einem höheren Leistungsanteil auch zu erkennen, dass eine stromgeführte Fahrweise Vorteile bieten kann. Um dies nachzuweisen, sind Tagesstromlastgänge erforderlich. Die Wirtschaftlichkeit ergibt sich aus einem hohen Anteil von Stromeigennutzung (Ersparnis an Bezugskosten) und dem Vermeiden von Spitzenleistungen (Einsparung beim Leistungspreis). Für einen stromgeführten Betrieb sind allerdings besondere Steuerungs- und Messeinrichtungen Voraussetzung. Bei reiner Stromführung können mittlere Modullaufzeiten von unter 3000 h/a schon von Interesse sein, während bei der Wärmeführung mehr als 4500 Stunden anzustreben sind.

Wie bei der Wahl des Leistungsanteils wird auch die Wahl der Anzahl der BHKW-Module stark von den jeweils gegebenen Randbedingungen beeinflusst, bei denen die Stromvergütung die größte Rolle spielt, aber auch die Platzverhältnisse zu beachten sind. Erfahrungsgemäß ist eine Ein-Modul-Anlage aus wirtschaftlicher Sicht am günstigsten, im wesentlichen, weil mit der Modul-Leistung der elektrische Nutzungsgrad steigt und die leistungsbezogenen Kosten für die Investitionen und Wartung sinken. Zu beachten ist zusätzlich die zu bezahlende Stromleistungsspitze. Während bei einer Ein-Modul-Anlage im Allgemeinen nicht mit einer Entlastung bei der Stromspitze gerechnet werden kann, gilt für Mehr-Modul-Anlagen als Regelannahme, dass bei Anforderung der Leistungsspitze bis auf ein Modul alle übrigen zur Verfügung stehen.

Die Betriebsweise, wärme- oder stromgeführt, hat ebenfalls Einfluss auf die Wirtschaftlichkeitsbewertung eines Wärmespeichers. Zweck eines Wärmespeichers ist eine Laufzeitverlängerung des BHKW. Bei Wärmeführung ist hierfür nur der Betrieb im Sommer von Interesse; d.h. eine Speicherausnutzung gering. Bei Stromführung hingegen ist mit einem Speicher eine kurzzeitige Entkopplung ermöglicht, wodurch bei den für Stromlastgänge typischen starken Kurzzeitschwankungen Spitzenleistungen besser und sicherer abzufangen sind. Dadurch lassen sich bei den üblichen Leistungspreisen von z.B. 130 €/kW hohe Einsparungen realisieren und Wärmespeicher rasch amortisieren.

## D3.7
### Sicherung der Wärmeerzeuger

Heizanlagen – vom Kleinraum-Heizgerät bis zur Zentralheizung für einen größeren Gebäudekomplex – werden in der Mehrzahl der Fälle von technisch nicht geschulten Personen bedient. Beim heutigen Stand der Technik kann ein selbsttätiger Betrieb der Anlagen vorausgesetzt werden, so dass insbesondere der Wärmeerzeuger über längere Zeit – dies können Monate sein – ohne Aufsicht ist. Die Anlagen sind daher so auszubilden, dass ihre Sicherheit weder durch Betriebsstörungen noch durch Bedienungsfehler in Frage gestellt wird. Da Sicherheit als das Nichtvorhandensein von Gefahr verstanden wird, ist zunächst festzustellen, welche Gefahren auftreten können.

Wenn man einmal von der Gefahr absieht, sich an einer zu heißen Heizfläche die Finger zu verbrennen, gehen die Gefahren stets vom Wärmeerzeuger aus. Ein Grund hierfür ist die im Vergleich zu allen anderen Bereichen einer Heizanlage besonders hohe Leistungsdichte. Dies gilt insbesondere für Feuerungen, aber auch für die Heizmittelseite. Bei Feuerungen ist nicht nur im Vergleich z. B. zu elektrischen Wärmerzeugern oder Wärmepumpen das Verhältnis der Feuerungsleistung zum Volumen des Verbrennungsraums sehr hoch, es ist zusätzlich auch schwieriger, die Energiezufuhr zum Verbrennungsraum genügend schnell abzustellen und einen Austritt von verbrennungsfähigen Gasen mit Sicherheit zu verhindern. Auf der Wasserseite des Wärmerzeugers kann ein Vorhandensein von Gasen (Dampf oder Luft) die Energiedichte stark anheben, was bei Materialversagen ein erhöhtes Zerstörungspotenzial entstehen lässt. Gasansammlungen können außerdem die Wasserzufuhr zu den von der Feuerungsseite her hoch belasteten Oberflächen behindern, wodurch das Material überhitzt und ein Versagensvorgang beschleunigt wird. Hervorgerufen werden derartige Gefahren dadurch, dass entstehender Dampf oder freigesetzte Gase nicht sachgerecht abgeführt und das Nachtströmen von Rücklaufwasser nicht gewährleistet ist. Außer durch die hohe Leistungsdichte kann eine Gefährdung auch durch die je nach Temperatur unterschiedliche Ausdehnung des Heizmediums auftreten. Wird beispielsweise ein Kessel angeheizt, der im Vor- und Rücklauf völlig abgesperrt ist, so wird er durch die Ausdehnung des Wassers schon gesprengt, bevor das Wasser zum Sieden kommt. Gefährdet sind nicht nur der Wärmeerzeuger, sondern die gesamte flüssigkeitsgefüllte Anlage, sofern kein genügend großes Ausdehnungspolster (Ausdehnungsgefäß) vorhanden ist. Schließlich ist noch die Einfriergefahr bei Warmwasserheizungen anzuführen. Sie besteht bei Rohren und Heizflächen, die nicht genügend gegen Wettereinflüsse geschützt sind, oder bei längeren Unterbrechungen des Heizbetriebs.

Von einem Wärmeerzeuger können auch schädliche Umwelteinwirkungen z. B. durch Luftverunreinigungen, Geräusche oder Erschütterungen ausgehen. Die Gefahr besteht hier in den durch derartige Emissionen verursachten möglichen Schäden in der Umwelt, vor denen mit sicherheitstechnischen Maßnahmen zu schützen ist. Auch bei der Bevorratung und Zufuhr flüssiger oder gasförmiger Brennstoffe bestehen Gefahren. So kann austretendes Gas zu Explosionen und Vergiftungen führen, austretendes Öl zu Sachbeschädigungen oder Umweltverschmutzungen.

Da das Nichtbeachten all der beschriebenen Gefahren große Schäden an den Anlagen, den Gebäuden mit ihren Ausstattungen und – im schlimmsten Fall – auch an Personen verursachen kann, wurden für die verschiedenen Gefahrenbereiche Sicherheitsbestimmungen durch Gesetze, Verordnungen, Verwaltungsvorschriften, Normen oder Richtlinien erlassen. Diese Bestimmungen sind international gesehen in den einzelnen Ländern je nach Erfahrungshin-

tergrund, historischer Entwicklung und Rechtstradition in ihrer Aussage und
Vielfalt stark unterschiedlich. Allen Vorschriftensystemen gemeinsam ist aber
die Gliederung in einen „imperativen" (d.h. zwingend auszuführenden) und in
einen „optionalen" (also freiwillig anzuwendenden) Teil. Imperativen Charak-
ter haben z.B. Gesetze und Verordnungen, optionalen Normen und Richtlini-
en. Letztere können aber auch durch ihre Aufnahme in Verordnungen zu zwingend anzuwendenden Regeln angehoben werden. Dies ist bei sicherheitstechnischen Vorschriften sehr häufig der Fall. Eine Übersicht über das Regelwerk in
Deutschland gibt Tabelle D3.7-1. Wegen der föderalen Struktur der Bundesrepublik sind im imperativen Bereich neben den Bundesvorschriften auch Lan-
desvorschriften zu befolgen, in denen vergleichbare Sachverhalte gelegentlich
differenziert geregelt sind.

Der Festlegung der einzelnen sicherheitstechnischen Maßnahmen sind generell die Vorschriften, wie die Einhaltung der sicherheitstechnischen Maßnahmen zu kontrollieren ist, vorangestellt. Die Kontrolle beinhaltet die Genehmigung der Errichtung und des Betriebs der Anlagen, ferner die Überwachung
und sicherheitstechnischen Prüfungen. Mit der Hierarchie der Bestimmungen
nach Tabelle D3.7-1 ist zugleich die Rangfolge der mit den Kontrollen befassten
Behörden festgeschrieben. Das sind bei den nach dem BImSchG zu genehmi-
genden Anlagen die Umweltbehörde, für erlaubnisbedürftige Dampfkesselanlagen die Gewerbeaufsicht und für allein baurechtlich zu genehmigende Anlagen
die Bauaufsichtsbehörde. In den verschiedenen Gesetzen und Verordnungen ist
auch der Einsatz von Sachverständigen und Gutachtern in den Genehmigungs-
und Überwachungsverfahren geregelt. Aufgrund der Zuständigkeiten sind drei
Rechtsgebiete hergestellt, denen eine zu errichtende Anlage je nach Auslegungsgröße (z.B. Leistung oder Druck) zugeordnet ist. Da der Genehmigungs- und
Überwachungsaufwand mit der Hierarchiestufe steigt, ist es zweckmäßig, mit
der Wahl der Auslegungsparameter die festgelegten Abgrenzungen zu beachten.

Das erste Rechtsgebiet ist mit dem Bundesimmissionsschutzgesetz (BImSchG)
gegeben. Zu seiner Durchführung sind bisher 19 Verordnungen erlassen worden, wovon die erste und die vierte BImSchV für Wärmerzeuger von besonderem Interesse sind. Die erste hat den Untertitel Kleinfeuerungsanlagenverord-
nung und die vierte „Verordnung über genehmigungsbedürftige Anlagen"; in
ihr ist festgelegt, bis zu welchen Leistungsgrenzen *keine* Genehmigung für die
Errichtung, die Beschaffenheit und den Betrieb einer Feuerungsanlage erforderlich ist und für die die 1. Verordnung gilt. Eine Übersicht über die Genehmigungsgrenzen gibt Tabelle D3.7-2. Als Leistungswert ist hier die Feuerungs-
wärmeleistung (Produkt aus Brennstoffstrom und Heizwert) maßgeblich. Der
Unterschied zwischen üblichen und besonderen Brennstoffen ist in der Klein-
feuerungsanlagenverordnung definiert.

Das zweite Rechtsgebiet wird aus dem Gerätesicherheitsgesetz, früher der
Gewerbeordnung abgeleitet. Seine Ausführung ist in der Dampfkessel- und
Druckbehälter-Verordnung geregelt. Für die Gliederung des hier behandelten

**Tabelle D3.7-1** Hierarchie der Sicherheitsbestimmungen in Deutschland

| | Bund | | Länder | | |
|---|---|---|---|---|---|
| Gesetze | Bundesimmissionsschutzgesestz (BlmSchG) | [D3.7-1] | Bauordnung (BauO) | [D3.7-3] | *imperativ* |
| | Gerätesicherheitsges. (GSG) | [D3.7-2] | | | |
| Verordnungen | Verordnung über Kleinfeuerungsanlagen (1.BlmSchV) | [D3.7-4] | Feuerungsverordnung (FeuVO) | [D3.7-8] | |
| | Verordnung über genehmigungsbedürftige Anlagen (4.BlmSch) | [D3.7-5] | | | |
| | Verordnung über Dampfkessel (DampfkesselV) | [D3.7-6] | | | |
| | Verordnung über Druckbehälter u.Füllanlagen (DruckbehälterV) | [D3.7-7] | | | |
| Verwaltungsvorschriften | Techn. Regeln für Dampfkessel (TRD) | [D3.7-9] | Feuerungs-Richtlinie (FeuR) | [D3.7-11] | |
| | Techn. Regeln für Druckbehälter (TRB) | [D3.7-10] | | | |
| Richtlinien, Normen | DIN 4747, T1 | [D3.7-12] | DIN 4757 T1 bis 3 | [D3.7-16] | *optional* |
| | DIN 4751, T1 bis 3 | [D2.2-5] | DIN 4759 T1 | [D3.7-17] | |
| | DIN 4752 | [D3.7-13] | DIN 4787 T1 | [D3.7-18] | |
| | DIN 4754 | [D3.7-14] | DIN 3440 | [D3.7-19] | |
| | DIN 47551 T1 u. 2 | [D3.7-15] | DIN EN 264 | [D3.7-20] | |
| | DIN 4756 | [D3.3-16] | DIN EN 161 | [D3.7-21] | |

**Tabelle D3.7-2** Genehmigungsgrenzen der Feuerungswärmeleistung bei Feuerungsanlagen nach 4. BImSchV (vereinfachtes Genehmigungsverfahren: ohne Offenlegung und öffentl. Anhörung von Einwänden; förmliches: vollständig) [D3.7-5]

| Brennstoff | vereinfachtes Verfahren | förmliches Verfahren |
|---|---|---|
| übliche, allgemein | >1,0 MW | >50,0 MW |
| Heizöl EL | >5,0 MW | >50,0 MW |
| gasförmig | >10,0 MW | >50,0 MW |
| besondere | >0,1 MW | >1,0 MW |

Gebietes ist die Definition des Dampfkessels maßgeblich. Danach sind Dampfkessel: „Anordnungen, in denen Wasserdampf mit höherem als atmosphärischen Druck (Dampferzeuger) bzw. Heißwasser von einer höheren Temperatur als der dem atmosphärischen Druck entsprechenden Siedetemperatur (Heißwassererzeuger) zum Zwecke der Verwendung außerhalb dieser Anordnung erzeugt wird". Genehmigungsgrenze ist hier also der dem atmosphärischen Druck entsprechende Dampfdruck oder die zugehörige Siedetemperatur. Eine weitere Genehmigungsgrenze ist der Wasserinhalt des Dampfkessels. Nach der Dampfkesselverordnung, die im übrigen die Grundlage der TRD-Richtlinien bildet, werden Dampfkessel in vier Prüfgruppen (I–IV) eingeteilt. Warmwasserkessel fallen nicht in den Geltungsbereich der Dampfkesselverordnung. Bei ihnen muss sichergestellt sein, dass die maximale Vorlauftemperatur 100 °C nicht überschreitet. Hierfür sorgt ein sog. Sicherheitstemperaturbegrenzer (STB), der auch für die anderen Grenztemperaturen eingesetzt wird. Für die Prüfung der Warmwasser- oder Dampfkessel wird es als zulässig angesehen, wenn die Temperatur nach Abschaltung des Wärmerzeugers (der Wärmezufuhr) durch den Sicherheitstemperaturbegrenzer höchstens 10 K überschritten wird (überschwingt), siehe auch DIN 4751/Teil 2. Die Abgrenzung vom Dampfkessel, in der Untergliederung Dampferzeuger, Heißwassererzeuger, zum Warmwasserkessel zeigt Tabelle D3.7-3.

Bei schnellabschaltbaren Feuerungen (Gas, Öl) wirkt der Sicherheitstemperaturbegrenzer unmittelbar auf den Brenner. Bei Festbrennstoffkesseln in geschlossenen Anlagen (dies ist heute die Regel) – dazu gehören auch Umstell- und Wechselbrandkessel – ist eine sog. thermische Ablaufsicherung vorzusehen.

**Tabelle D3.7-3** Abgrenzung vom Dampfkessel zum Warmwasserkessel, atmosphärischer Druck $p_{amb}$, Absicherungstemperatur $\vartheta_{STB}$

| Kesselart | | Druck | $\vartheta_{STB}$ |
|---|---|---|---|
| Dampfkessel | Dampferzeuger | > $p_{amb}$ | – |
| | Heißwassererzeuger | > $p_{amb}$ | > 100°C |
| Warmwasserkessel | | < $p_{amb}$ | ≤ 100°C |

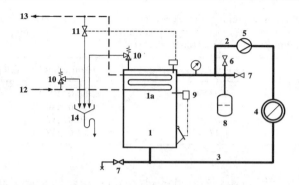

| 1 | Festbrennstoff-Heizkessel | 5 | Heizungsumwälzpumpe | 11 | thermostatisches Ablaufventil |
|---|---|---|---|---|---|
| 1a | Trinkwasser-Durchflusserwärmer oder | 6 | Be- und Entlüftung | 12 | Kaltwasser (Zulaufdruck mind. 2,0 bar) |
| | einfacher Wärmeaustauscher | 7 | Entleerung | 13 | Trinkwasser oder Ablaufwasser |
| 2 | Heizungsvorlauf | 8 | geschlossenes Druckausdehnungsgefäß | 14 | Ablaufsiphon |
| 3 | Heizungsrücklauf | 9 | Feuerungsregler für Luftklappe | | |
| 4 | Heizkreis mit Wärmeverbraucher | 10 | Sicherheitsventil | | |

**Bild D3.7-1** Sicherheitseinrichtungen für Festbrennstoff-Heizkessel in geschlossenen Anlagen bis 100 kW Nennwärmeleistung

**Tabelle D3.7-4** Dampfkesselgruppen I bis III nach DampfkV [D3.7-6], Gruppe IV sind alle Dampfkessel, die nicht zur Gruppe I bis III gehören.

| Dampfkessel der Gruppe | | Inhalt $V_K$ | Betriebsüberdruck $p_{e,zul}$ | $\vartheta_{STB}$ |
|---|---|---|---|---|
| I | | $< 10\,\ell$ | – | – |
| II | Dampferzeuger | $> 10\,\ell$ | $\leq 1\,bar$ | – |
| | Heißwassererzeuger | | – | 120 °C |
| III | Dampferzeuger | $> 10\,\ell$ | $> 1\,bar$ und * | – |
| | Heißwassererzeuger | $< 50\,\ell$ | – | 120 °C und * |

* zusätzlich gilt $V_K \cdot p_{e,zul} < 1000\ (l \cdot bar)$

Sie besteht aus einem in den Kessel eingebauten oder unmittelbar am Kessel angebautem Wärmeaustauscher mit einem thermisch gesteuerten Ablaufventil. Der Wärmeaustauscher kann als Trinkwassererwärmer genutzt sein; in jedem Fall muss im unabsperrbaren Kaltwasserzulauf ein Mindestdruck von 2 bar vorhanden sein (siehe Bild D3.7-1).

Die Gruppeneinteilung der Dampfkessel zeigt Tabelle D3.7-4. Generell bedarf es bei der Errichtung und dem Betrieb einer Dampfkesselanlage der Erlaubnis einer zuständigen Behörde.

Ausgenommen von der Erlaubnispflicht sind Dampfkessel, deren zulässiger Betriebsüberdruck höchsten 32 bar beträgt. Bei den Gruppen II bis IV darf zusätzlich die Feuerungswärmeleistung 1 MW nicht überschreiten. Einzelheiten über die Anzeige- und Erlaubnisverfahren sowie die erforderlichen Prüfungen sind in den Verordnungen geregelt.

Im dritten Rechtsgebiet (hier genehmigt die Bauaufsichtsbehörde) sind die Bauordnungen der Länder maßgeblich; sie sind ebenfalls Gesetze. Alle Vorgänge, die nicht von den beiden übergeordneten Rechtsgebieten erfasst sind, und das ist die weitaus überwiegende Zahl der Anlagen, wird im Rahmen baurechtlicher Regelungen geplant und installiert. Auch nach der DampfkV *anzeigebedürftige* Dampfkesselanlagen fallen im wesentlichen in dieses Gebiet. Hier sind zwar zusätzlich auch die Vorschriften der TRD zu beachten, bestimmend für den Träger des Verfahrens ist aber die zuständige Bauaufsichtsbehörde. Der Anwendungsbereich der Bauordnung erstreckt sich auf alle baulichen Anlagen, sowie auf andere Anlagen, an die durch BauO Anforderungen gestellt werden. Aber auch genehmigungsfreie Vorhaben müssen grundsätzlich den materiellen Vorschriften der Bauordnung entsprechen.

Eine Besonderheit sind Feuerungsanlagen; sie sind grundsätzlich baugenehmigungsbedürftig. Je nach Länderregelung gibt es hierfür Ausnahmen für Feuerungsanlagen bis 50 kW Nennwärmeleistung und für Gasfeuerungsanlagen bis 90 kW. Zur Vereinheitlichung haben die zuständigen Minister der Länder (ARGEBAU) eine Musterbauordnung (MBO) verabredet, nach der Feuerungsanlagen grundsätzlich von einer Baugenehmigungsbedürftigkeit freigestellt sind.

Anforderungen an die sicherheitstechnische Ausstattung werden in den Normen DIN 4751 Teil 1 bis 3 für Wasserheizungsanlagen mit offenen und geschlossenen physikalisch abgesicherten sowie geschlossenen thermostatisch abgesicherten Wärmerzeugungsanlagen beschrieben. Die DIN 4752 gilt analog für Heißwasserheizungsanlagen und die DIN 4747 für Fernwärmeanlagen. Die allgemeinen Anforderungen an die sicherheitstechnische Ausrüstung beinhalten
- Einrichtungen gegen Überschreiten der zulässigen Vorlauftemperatur,
- Einrichtungen gegen Überschreiten des zulässigen Betriebsdruckes,
- Wassermangelsicherungen und
- Einrichtungen zum Ausgleich der Wasservolumenänderungen

Für die Kontrolle der Vorlauftemperatur ist eine Temperaturregel- und eine Temperaturbegrenzungseinrichtung vorgeschrieben. Man unterscheidet den Sicherheitstemperaturwächter (ohne Werkzeug rückstellbar) und den Sicherheitstemperaturbegrenzer (siehe oben). Als Einrichtungen gegen Überschreiten des zulässigen Betriebsdruckes sind Sicherheitsventile (SV) und Druckbegrenzer vorgeschrieben. Letztere sind obligatorisch für Wärmeerzeuger, die über 3 bar abgesichert und mehr als 350 kW Nennwärmeleistung haben. Als Wassermangelsicherung sind bei zwangsdurchströmten Wärmeerzeugern Strömungsbegrenzer zu verwenden, die beim Unterschreiten eines vorgegebenen Wasserstroms die Brennstoffzufuhr unverzüglich abschalten und gegen selbsttätiges Wiedereinschalten verriegeln. Bei Naturumlaufkesseln werden Wasserstandsbegrenzer eingesetzt; sie wirken bei Unterschreitung einer bestimmten Grenze des Wasserstandes. Alle beschriebenen Einrichtungen müssen bauteilgeprüft sein. Die Einrichtungen zum Ausgleich der Wasservolumenänderungen sind in Kapitel D2.2.2.5 beschrieben.

Für die Sicherheit auf der Feuerungsseite ist zwischen Festbrennstoffen einerseits und flüssigen sowie gasförmigen Brennstoffen andererseits zu unterscheiden. Festbrennstoffe haben zunächst den Vorteil, dass bei ihnen eine ungewollte Zufuhr zur Feuerung unmöglich ist und sie sich im Unterschied zu flüssigen und gasförmigen Brennstoffen auch nicht von alleine in die Umwelt ausbreiten können. Es besteht aber der Nachteil, dass sich eine Feststofffeuerung im Störfall nicht abschalten und nur allmählich herunterregeln lässt. Die dabei auftretende Überschussleistung wird wie beschrieben mit einer thermisch gesteuerten Ablaufsicherung abgeführt (siehe DIN 3440).

Die Schnellabschaltbarkeit von Öl- und Gasfeuerungen erhöht die Betriebssicherheit der damit ausgerüsteten Wärmeerzeuger erheblich, was zu den entsprechenden Vereinfachungen bei den Genehmigungsverfahren geführt hat. In Konsequenz davon werden aber an die Sicherheitsabsperr- und die Überwachungseinrichtungen der Öl- und Gasbrenner besondere Anforderungen gestellt. Sie sind in DIN 4787 und DIN EN 264 für Ölbrenner und in DIN 4788 sowie DIN EN 161 für Gasbrenner angegeben. Hiernach genügt es, bei Öl bis zu einem Durchsatz von 30 kg/h und bei Gas bis zu einer Feuerungswärmeleistung von 350 kW nur eine Sicherheitsabsperreinrichtung mit Schnellschlusseigenschaften in die Brennstoffleitung einzubauen, bei höheren Brennstoffströmen müssen zwei Sicherheitsabsperreinrichtungen in Serienschaltung vorgesehen werden.

Eine weitere Sicherheitsfunktion ist bei den Öl- und Gasbrennern mit der Flammenüberwachung vorgeschrieben. Sie hat den vollautomatischen Betrieb von der Luftvorspülung und dem Zünden bis zum Ausschalten des Brenners zu überwachen. Sie besteht aus einem Steuergerät mit einem Flammenwächter und einem extern angebrachten Flammenfühler. Für den Sensor kommen verschiedene Messprinzipien in Frage: ein Fotoelement, das eine elektrische Spannung erzeugt, ein Fotowiderstand, der je nach Lichteinfall unterschiedlich hoch ist, eine Ionisationssonde, eine UV-Fotodiode und eine Infrarot-Fotodiode. Allen Flammenüberwachungseinrichtungen ist gemeinsam, dass sie beim Ausbleiben oder Abreißen der Flamme die Sicherheitsabschaltung betätigen.

## Literatur

### Literatur D3.1

[D3.1-1]    Bach, H. e.a.: Niedertemperaturheizung, Verlag C. F. Müller 1981
[D3.1-2]    Baehr, H. D.: Thermodynamik, Springer-Verlag, Berlin, Göttingen, Heidelberg, New York 1973.
[D3.1-3]    Rant, Z.: Exergie, ein neues Wort für „Technische Arbeitsfähigkeit". Forsch. Ing. Wesen 22 (1956), S. 36/37.

## Literatur D3.2

[D3.2-1]  Erfahrungen mit solarbeheizten Schwimmbädern – EG und BMFT-Programm Aug. 1993

[D3.2-2]  Digel, R.: Optimierung eines hocheffizienten Sonnenflachkollektors mit luftdurchströmter, transparenter Kapillarstruktur. Diss., Universität Stuttgart 1994.

[D3.2-3]  Hottel, H. C. und Woertz, B. B.: The Performance of Flat-Plate Solar-Heat Collectors. Trans. ASME, Feb. 1942.

[D3.2-4]  DIN 4757, Teil 4: Sonnenheizungsanlagen, Sonnenkollektoren; Bestimmung von Wirkungsgrad, Wärmekapazität und Druckabfall. Ausgabe Juli 1982. Zurückgezogen, Ersatz: DIN EN 12975-1: 2001-03 und -2: 2002-12

[D3.2-5]  ISO TC 180 SC5/ISO 9806-1

[D3.2-6]  VDI-Wärmeatlas: Berechnungsblätter für den Wärmeübergang, (C) Hrsg. VDI, 6. Auflage, Düsseldorf 1991.

[D3.2-7]  DIN EN 247 Wärmeaustauscher – Terminologie. 1997-07

[D3.2-8]  VDI 2076 Leistungsnachweis für Wärmeaustauscher mit zwei Massenströmen. Ausgabe August 1969

## Literatur D3.3

[D3.3-1]  Günther, R.: Verbrennung und Feuerung. Springer-Verlag Berlin Heidelberg New York Tokyo 1984.

[D3.3-2]  Görner, K.: Technische Verbrennungssysteme. Springer-Verlag Berlin Heidelberg New York Tokyo 1991.

[D3.3-3]  Warnatz, J. und Mass, U.: Technische Verbrennung. Springer-Verlag Berlin Heidelberg New York Tokyo 1993.

[D3.3-4]  DIN 51794: Bestimmung der Zündtemperatur. Ausgabe: 05-2003.

[D3.3-5]  Eberius, H., Just, Th. und Kelm, S.: $NO_x$-Schadstoffbildung

[D3.3-6]  DIN 4731: Ölheizeinsätze mit Verdampfungsbrenner: 1989-07

[D3.3-7]  DIN 4787/EN 267: Ölzerstäubungsbrenner. Entwurf Mai 1994

[D3.3-8]  Marx, E.: Ölfeuerungstechnik. Verlag G. Kopf GmbH, Waiblingen. 1992.

[D3.3-9]  Buschulte, W.: Untersuchungen über die $NO_x$-Reduzierung bei blaubrennenden Haushaltsölbrennern. VDI-Berichte 574.

[D3.3-10]  DIN 4788: Gasbrenner Teil 2: Gasbrenner mit Gebläse. Begriffe, sicherheitstechnische Anforderungen, Prüfung, Kennzeichnung. Ausgabe Februar 1990.

[D3.3-11]  Wünning, J. G.: Flammlose Oxidation als neues Verbrennungsverfahren für die Beheizung von Industrieöfen. Härterei-Technische Mitteilungen. 48. Jahrgang 1993/2.

[D3.3-12]  Brenton, O. und Eberhard, R.: Handbuch der Gasverwendungstechnik. Oldenbourg, München, Wien 1987.

[D3.3-13]  DIN 3368-2 Gasgeräte, Umlaufwasserheizer: 1989-03

[D3.3-14]  DIN 4702: Heizkessel Teil 1: Begriffe, Anforderungen, Prüfung, Kennzeichnung: 1990-03

[D3.3-15]  DIN 3368: Gasgeräte Teil 2: Umlauf-Wasserheizer, Kombi-Wasserheizer, Anforderungen, Prüfung. Ausgabe März 1989.

[D3.3-16]  DIN 4756: Gasfeuerungsanlagen, Gasfeuerungen in Heizanlagen. Sicherheitstechnische Anforderungen. Ausgabe Februar 1986. Zurückgezogen

[D3.3-17]  DIN 4702: Heizkessel Teil 6; Brennwertkessel für gasförmige Brennstoffe. Ausgabe März 1990.

[D3.3-18]  DIN 4702: Heizkessel Teil 7: Brennwertkessel für flüssige Brennstoffe. Entwurf August 1994.

[D3.3-19]  DIN EN 303 Heizkessel mit Gebläsebrenner Teil 1: Begriffe, allgemeine Anforderungen, Prüfung und Kennzeichnung. Entwurf Dezember 1994.

[D3.3-20]  DIN EN 303 Heizkessel mit Gebläsebrenner Teil 2: Spezielle Anforderungen an Heizkessel mit Ölzerstäubungsbrennern. Entwurf Dezember 1994.

[D3.3-21]  DIN EN 303 Heizkessel mit Gebläsebrenner Teil 4: Mit einer Leistung bis 70 kW und einem maximalen Betriebsdruck von 3 bar; Begriffe, besondere Anforderungen, Prüfung und Kennzeichnung. Entwurf Dezember 1994.
[D3.3-22]  DIN 4702: Heizkessel Teil 2: Regeln für die heiztechnische Prüfung. Entwurf Januar 1993.
[D3.3-23]  DIN 51900: Prüfung fester und flüssiger Brennstoffe; Bestimmung des Brennwertes mit dem Bombenkalorimeter und Berechnung des Heizwertes. Teil 1: Allgemeine Angaben, Grundgeräte, Grundverfahren: 2000-04
[D3.3-24]  DIN 51850: Brennwert und Heizwert gasförmiger Brennstoffe. Ausgabe April 1980. Zurückgezogen, Ersatz: DIN 51857: 1997-03
[D3.3-25]  VDI 2067 Bl. 1 Berechnung der Kosten von Wärmeversorgungsanlagen Entwurf 1999.
[D3.3-26]  DIN 4702: Heizkessel Teil 8: Ermittlung des Norm-Nutzungsgrades und des Norm-Emissionsfaktor. Ausgabe März 1990.
[D3.3-27]  Verordnung über energiesparende Anforderungen an heizungstechnischen Anlagen und Brauchwasseranlagen (Heizanlagen-Verordnung – HeizAnl-V), 22. März 1994 (BGBL. I).
ersetzt durch:
Verordnung über energiesparenden Wärmeschutz und energiesparende Anlagentechnik bei Gebäuden (Energieeinsparverordnung – EnEV) vom 21.11.2001, BGBl. I S. 3085
[D3.3-28]  Verdingungsverordnung für Bauleistungen (VOB) Beuth Verlag GmbH, Berlin, Köln. Ausgabe 1992.
[D3.3-29]  Richtlinie 92/42/EWG 21.05.1992.
[D3.3-30]  VDI 2050: Heizzentralen. Beiblatt: Gesetze, Verordnungen, Technische Regeln Entwurf August 1995.
[D3.3-31]  VDI 2050: Heizzentralen. Blatt 1: Heizzentralen in Gebäuden; Technische Grundsätze für Planung und Ausführung. Ausgabe Dezember 1990.
[D3.3-32]  VDI 2050: Heizzentralen. Blatt 2: Freistehende Heizzentren; Technische Grundsätze für Planung und Ausführung. Ausgabe Februar 1987.
[D3.3-33]  DIN 18160: Hausschornsteine. Teil 1: Anforderungen, Planung und Ausführung: 2001-12
[D3.3-34]  DIN 4705: Feuerungstechnische Berechnungen von Schornsteinabmessungen. Teil 1: Begriffe, ausführliches Berechnungsverfahren. Ausgabe Oktober 1993. Zurückgezogen, Ersatz: DIN EN 13384-1: 2003-03
[D3.3-35]  Hausladen G.: Handbuch der Schornsteintechnik. R. Oldenbourg Verlag München Wien 1988.

## Literatur D3.5

[D3.5-1]  Bitzer Report 8, Ausg. 9. 1999, Hrsg. Bitzer Kühlmaschinenbau GmbH, Sindelfingen
[D3.5-2]  Solkane – Taschenbuch Kälte- und Klimatechnik, 1. Aufl. 1997, Hrsg. Solvay Fluor & Derivate GmbH, Hannover
[D3.5-3]  WPZ-Bulletin Nr. 20; Juni 1999; Wärmepumpentest- und Ausbildungszentrum Winthur-Töss, Schweiz
[D3.5-4]  Glaser, H.: Thermodynamische Grundlagen der Absorptionswärmepumpen. Tagungsber. Wärmepumpen. Vulkan-Verlage, Essen 1978, S. 62–72
[D3.5-5]  DIN 8900: Wärmepumpen, 6 Teile. Ausgabe April 1980 bis Dez. 1987. Zurückgezogen, Ersatz: DIN EN 255-1: 1989
[D3.5-6]  Informationszentrum Wärmepumpen + Kältetechnik, Karlsruhe
[D3.5-7]  Baumgartner, Th. u.a.: Wärmepumpen, RAVEL, Heft 3, Bundesamt für Konjukturfragen, Bern, Juni 1993

## Literatur D3.6

[D3.6-1]   VDI 2067, Bl. 7: Berechnung der Kosten von Wärmeversorgungsanlagen – Blockheizkraftwerke. Dez. 1988

[D3.6-2]   VDI 3985: Grundsätze für Planung, Ausführung und Abnahme von Kraft-Wärme-
Kopplung mit Verbrennungskraftmaschinen. Entw. Febr. 1996

[D3.6-3]   Ersing, M.: Planung und Ausführung von Heizzentralen mit BHKW/Holzhack-
schnitzelanlagen. TAE-Lehrgang 22790/17142 Vortr. 2/22.10.98

[D3.6-4]   Erste Allgem. Verwaltungsvorschrift zum Bundes-Immissionsschutzgesetz (Technische Anleitung zur Reinhaltung der Luft – TA-Luft) vom 24.07.02, GMBl S. 511

[D3.6-5]   DIN 6280 Tl. 1 bis 4: Hubkolben-Verbrennungsmotoren-Stromerzeugungsaggre-
gate, Tl. u. 2, 2/1983, Tl. 3, 9/1984, Tl. 4, 2/1983. Zurückgezogen, Ersatz: DIN ISO
8528-1: 1997

[D3.6-6]   Lillich, K. H.: Optimale Auslegungsverfahren einer Kraft-Wärme-Kopplung. HLH
47 (1996), Nr. 11

[D3.6-7]   VDI 2067 Bl. 10 u. 11: Wirtschaftlichkeit gebäudetechnischer Anlagen – Energiebedarf beheizter und klimatisierter Gebäude. Entw. 1998

[D3.6-8]   Bach, H. u. Schmid, J.: Entwicklung optimierter Anlagenkonzepte und Auslegung
für kombinierte Wärmeerzeugungssysteme durch Betriebssimulation – CAE. Forschungsbericht zum AIF-Vorhaben Nr. 7537, 1992.

## Literatur D3.7

[D3.7-1]   Gesetz zum Schutz vor schädlichen Umwelteinwirkungen durch Luftverunreinigungen, Geräusche, Erschütterungen u.ä. Vorgänge (Bundes-Immissionsschutzgesetz – BImSchG) in der Fassung der Bekanntmachung vom 26.09.2002, BGBl I,
S. 3830

[D3.7-2]   Gesetz über technische Arbeitsmittel (Gerätesicherheitsgesetz – GSG) i.d.F. vom
11.05.2001, BGBl. I, Nr. 22 S. 866; 23.3.2002, S. 1159

[D3.7-3]   Bauordnung, landesrechtliche Gesetze im Rahmen d. Musterbauordnung (MBO)
vom 11.12.1993 i.d.F. 06.1996, Zusammenstellung b. Sartorius: Verf.- u. Verw.-
gesetze

[D3.7-4]   Kleinfeuerungsverordnung, Erste Verordnung zur Durchführung des Bundes-
Immissionsschutzgesetzes (1. BImSchV, Verordnung über kleine u. mittlere Feu-
erungsanlagen) vom 14.03.1997, BGBl I, S. 490, geändert am 14.08.03, BGBl I,
S. 1614

[D3.7-5]   Verordnung über genehmigungsbedürftige Anlagen (4. BImSchV) vom 24.7.1985

[D3.7-6]   Verordnung über Dampfkesselanlagen (DampfkV) vom 27.12.1993

[D3.7-7]   Verordnung über Druckbehälter und Füllanlagen vom 27.2.1980, BGBl I, S. 173

[D3.7-8]   Feuerungsverordnung, landesrechtliche Verordnungen im Rahmen d. Musterfeue-
rungsverordnung (FeuVO), z.B. FeuVO HH vom 18.02.1997, S. 20

[D3.7-9]   Technische Regeln für Dampfkessel (TRD). Aufgestellt vom Deutschen Dampfkes-
sel- und Druckgefäß-Ausschuss (DDA) und veröffentlicht im Bundesarbeitsblatt.
TRD 001, Ausg. 11.1993: Aufbau und Anwendung der TRD

[D3.7-10]  Technische Regeln für Druckbehälter siehe [D3.7-9]

[D3.7-11]  Feuerungs-Richtlinie (FeuRL), im Anhang der Verwaltungsvorschriften der Bauordnungen (siehe [D3.7-3]) aufgeführt

[D3.7-12]  DIN 4747, T 1, Fernwärmeanlagen; Sicherheitstechnische Ausführung von Haus-
stationen zum Anschluss an Heizwasserfernwärmenetze: 2003-12

[D3.7-13]  DIN 4752 Heißwasserheizungsanlagen mit Vorlauftemperaturen von mehr als
110 °C (Absicherung auf Drücke über 0,5 bar); Ausrüstung und Aufstellung. 01.67.
Zurückgezogen, Ersatz: DIN EN 12953-6: 2000-08 und -2: 2002-12

[D3.7-14]  DIN 4754 Wärmeübertragungsanlagen mit organischen Wärmeträgern; Sicherheitstechnische Anforderungen, Prüfung: 1994-05

[D3.7-15]   DIN 4755 Ölfeuerungsanlagen; T 1 Ölfeuerungen in Heizungsanlagen; Sicherheitstechnische Anforderungen 09.81; T 2 Heizölversorgung, Heizöl-Versorgungsanlagen; S. t. Anforderungen, Prüfung: 2001-02

[D3.7-16]   DIN 4756 Gasfeuerungsanlagen; Gasfeuerungen in Heizungsanlagen; Sicherheitstechnische Anforderungen 02.86. Zurückgezogen

[D3.7-17]   DIN 4757, T 1 Sonnenheizungsanlagen mit Wasser oder Wassergemischen als Wärmeträger; Anforderungen an die sicherheitstechnische Ausführung 11.80. Zurückgezogen, Ersatz: DIN EN 12976-1: 2001-03

[D3.7-18]   DIN 4759 T 1 Wärmeerzeugungsanlagen für mehrere Energiearten; Eine Feststofffeuerung und eine Öl- oder Gasfeuerung und nur ein Schornstein; Sicherheitstechnische Anforderungen und Prüfungen 1986-04

[D3.7-19]   DIN 4787 T 1 Ölzerstäubungsbrenner; Begriffe, Sicherheitstechnische Anforderungen, Prüfung, Kennzeichnung 1981-09, Nachfolge: DIN EN 267: 1991-10

[D3.7-20]   DIN 3440 Temperaturregel- und -begrenzungseinrichtungen für Wärmeerzeugungsanlagen; Sicherheitstechnische Anforderungen und Prüfung 06.94 E

[D3.7-21]   DIN EN 264 Sicherheitseinrichtungen für Feuerungsanlagen mit flüssigen Brennstoffen; Sicherheitstechnische Anforderungen und Prüfungen 07.91

[D3.7-22]   DIN EN 161 Automatische Absperrventile für Gasbrenner und Gasgeräte 09.91

# E Betriebsverhalten von Heizanlagen

HEINZ BACH

## E1
## Allgemeines

Beim Betrieb von beheizten Gebäuden ändert sich die Heizlast mit Tagesgang, Wetter und Nutzung. Die Veränderungen wirken sich je nach Gestaltung, Speicherfähigkeit und Dämmung des Gebäudes unterschiedlich aus. Die Zusammenhänge werden in Band 4 beschrieben und auch in Teil D angesprochen, da das Betriebsverhalten bereits bei der Auswahl, Bewertung und Auslegung der Anlagenkomponenten im Hinblick auf die Anpassungsfähigkeit an den Sollbetrieb und auf den Energieaufwand (Teil H) zu beachten ist.

In 3 Grundvarianten werden Gebäude, d.h. ihre beheizbaren Räume, betrieben:

- räumlich und zeitlich gleichmäßige Beheizung aller Räume (Normbedingung),
- zeitlich eingeschränkte Beheizung (ZEB) wie Nachtabsenkung für alle Räume,
- teilweise eingeschränkte Beheizung (TEB), d.h. ein Teil der Räume wird ständig eingeschränkt beheizt.

Je nach Art der Nutzung eines Gebäudes erfahren die Grundvarianten weitere Variationen z.B. durch unterschiedliche Belüftung, Beleuchtung, Wärme abgebende Geräte usw. Bedenkt man nun, dass die Heizanlage auf all diese Unterschiedlichkeiten abgestimmt sein sollte, ist ohne eine quantitative Untersuchung der Einzelheiten bereits zu erkennen, dass das Gebäude mit seinen thermischen Eigenschaften nur eine von vielen Einflussgrößen darstellt.

Für die Heizanlage sind drei Grundformen des Betriebs zu unterscheiden:
1. Stationärer Betrieb im und unterhalb des Auslegungspunktes (Teillast)
2. Instationärer Betrieb beim Aufheizen
3. Instationärer Betrieb bei Teillast und beim Absenken.

Bei Übergabesystemen, deren Wärmekapazität klein ist gegenüber der des Gebäudes einschließlich der Einrichtungen – und das ist die Mehrzahl –, kann die erstgenannte Grundform genügend genau als Modell für quasistationäres

Teillastverhalten in der überwiegenden Betriebszeit verwendet werden. Gleiches gilt für den Bereich der Wärmeverteilung und auch für den der Wärmeerzeugung, wenn man den modulierenden oder taktenden Betrieb über Nutzungsgradansätze als quasistationär behandelt (siehe Teil D, Kapitel 3.3.2.2).

Der als zweite Grundform aufgeführte Aufheizbetrieb hat lediglich bei den Anlagen mit hoher Speicherkapazität einen nennenswerten Anteil an der gesamten Betriebszeit (meist nur einmal pro Tag Aufheizen) und wirkt sich untergeordnet auf den Energiebedarf aus.

Einen größeren Einfluss hat dagegen der Absenkbetrieb (Fall 3), der abgesehen von einer bewusst herbeigeführten Lastabsenkung auch durch das Auftreten größerer Fremdlasten ausgelöst werden kann; hier gibt es im Unterschied zu Grundform 1, bei der die Wärmezufuhr graduell verändert wird, in den meisten Fällen eine vollständige Betriebsunterbrechung.

Während bei Grundform 1 quasistationäres Teillastverhalten vorliegt, ist bei den Grundformen 2 und 3 und generell bei stark speichernden Systemen **dynamisches Verhalten** zu beachten.

# E2
# Teillastverhalten

## E2.1
### Wärmeübergabe

Die in Teil D und dort in Kapitel 1.3. und 1.4 behandelten **Direktheizgeräte** (für Einzelraum, Mehrraum und Großraum) besitzen im wesentlichen ein einheitliches Verhalten: Die über die Feuerung oder einen elektrischen Heizwiderstand aufgeprägte Leistung erzeugt auf der wärmeabgebenden Oberfläche **die** Übertemperatur, die bei den herrschenden Wärmeübergangsbedingungen (freie Konvektion und Strahlung) für die Wärmeabgabe erforderlich ist. Wärmeerzeugung und Wärmeabgabe sind meist fest gekoppelt. Für eine Lastanpassung lässt sich nur die Wärmeerzeugung beeinflussen (Energiewandlung).

Bei **Speicherheizgeräten** wird die Wärme stark verzögert abgegeben. Das Zeitprofil der Übergabeleistung ist wesentlich flacher als das der Erzeugung. Die an den Raum abgegebene Energiemenge – ob benötigt oder nicht – entspricht im wesentlichen der erzeugten Heizwärmemenge. Eine Lastanpassung ist nur grob durch die vorab eingesetzte Energie möglich (also prinzipiell ungünstiger als bei Direktheizgeräten).

Im Unterschied dazu lässt sich die Wärmeabgabe bei modernen Elektrospeicherheizgeräten weitgehend unabhängig von der Einspeicherung der Wärme (siehe D1.3.3.3) regeln; in der Reihenfolge der gewählten Gerätesystematik (D1) kann also erst bei ihnen von einem gezielten Heizbetrieb die Rede sein.

Für die Wärmeabgabe von Elektrospeicherheizgeräten unterscheidet man die **aktive Abgabe** mit Abkühlung des Speicherkerns durch zwangsbewegte Luft (mit Ventilator) und die **passive** durch Auskühlung ohne Ventilatoreinsatz.

Moderne Geräte besitzen darüber hinaus eine Zusatzdirektheizung mit einem weiteren Heizstab meist im Kern.

Das Betriebsverhalten eines Speicherheizgerätes auf dem Prüfstand zeigen drei Diagramme (Bilder E2-1 bis -3). Es sind die Auskühlkurven mit Temperaturen und Leistungen für die drei Betriebsweisen eingetragen (passiv, passiv + aktiv, passiv + aktiv + Direktheizung). Hervorzuheben ist die starke Veränderlichkeit der Oberflächentemperatur des Gerätes.

Das Betriebsverhalten eines Elektrospeicherheizgerätes im Gebäude zeigen beispielhaft die Bilder E2-4 und -5. Maßgeblich für das Verhalten sind neben den Geräteeigenschaften vor allem die vom Energieversorgungsunternehmen festgelegten Freigabezeiten. Sie können sich, wie Bild E2-4 und -5 zeigen, gliedern in Freigabezeiten für die Aufladung und den für die Direktheizung mit einer deutlich kleineren Leistung (meist etwa 1/3 der Aufladeleistung). In dem gezeigten Beispiel sind der Übersicht und Einfachheit wegen Auflade- und Entladebetrieb zeitlich getrennt. Das Gerät hier besitzt eine Aufladeleistung von 2 kW und eine Direktheizung mit 0,73 kW; der Ventilator nimmt 30 W auf. Es ist mit einer Vorwärtssteuerung ausgestattet, was bedeutet, dass die Aufladung des Speichers mit der Freigabe durch das EVU beginnt und entweder mit deren Beendigung oder mit Erreichen der maximal zulässigen Kerntemperatur endet. Die vom EVU festgesetzten Freigabezeiten können je nach Außentemperatur

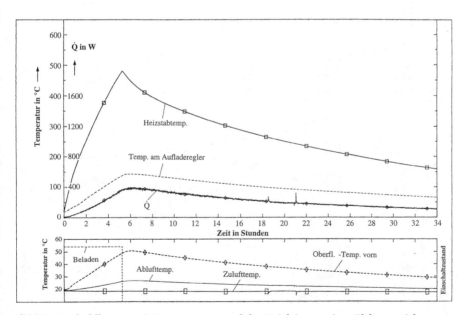

**Bild E2-1** Auskühlkurven mit Temperaturen und der Heizleistung eines Elektrospeichergerätes (Nenn-Ladeleistung 2,1 kW mit 700 W Zusatzdirektheizung im Kern) auf dem Prüfstand; **Betriebsweise „passiv"**, Zu- und Ablufttemperatur in der Zu- und Abluftöffnung der Prüfkabine gemessen

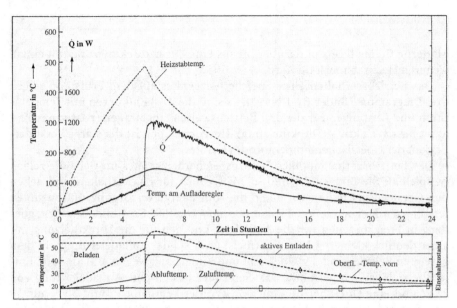

**Bild E2-2** Auskühlkurven mit Temperaturen und der Heizleistung eines Elektrospeichergerätes (Nennladeleistung 2,1 kW mit 700 W Zusatzdirektheizung im Kern) auf dem Prüfstand; **Betriebsweise „passiv + aktiv",** Zu- und Ablufttemperatur in der Zu- und Abluftöffnung der Prüfkabine gemessen

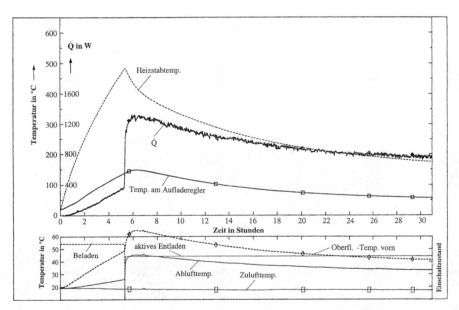

**Bild E2-3** Auskühlkurven mit Temperaturen und der Heizleistung eines Elektrospeichergerätes (Nennladeleistung 2,1 kW mit 700 W Zusatzdirektheizung im Kern) auf dem Prüfstand; **Betriebsweise „passiv + aktiv + Direktheizung",** Zu- und Ablufttemperatur in der Zu- und Abluftöffnung der Prüfkabine gemessen

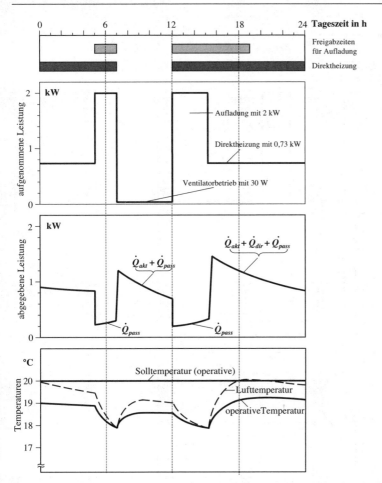

**Bild E2-4** Betriebsverhalten eines Elektrospeicherheizgerätes im Gebäude (Nordraum)mit durchgehender Nutzung ohne Innenlasten an einem Wintertag (Beispiel aus einer rechnerischen Simulation)

gestaffelt sein; hier wird einheitlich ein Wintertag für einen Nordraum und einen Südraum in einem Gebäude betrachtet. Für den Nordraum (Bild E2-4) ist durchgehende Nutzung vorgesehen, Innenlasten sollen nicht auftreten. Der Südraum (Bild E2-5) soll zeitweise beheizt sein und zwischen 6 und 21:30 Uhr eine operative Temperatur von 20 °C besitzen. Bei ihm sind zeitlich wechselnde Innenlasten zwischen 250 und 625 W angenommen.

Die beiden Bilder zeigen neben den Freigabezeiten im oberen Diagramm den Verlauf der zugeführten Leistung, im mittleren Diagramm den der Wärmeabgaben und im unteren Diagramm neben der Solltemperatur auch die Lufttemperatur sowie die erreichte operative Temperatur. Der Temperaturverlauf im Nordraum lässt erkennen, dass hier die Wärmeabgabe des Gerätes nicht ausreicht, die

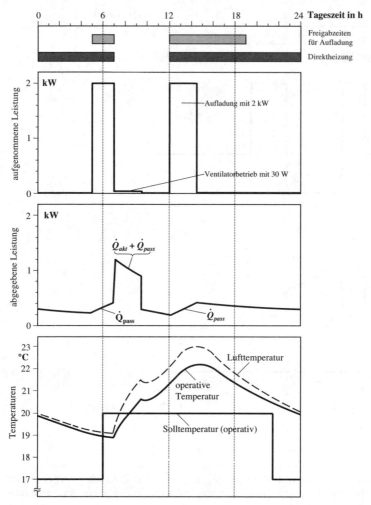

**Bild E2-5** Betriebsverhalten eines Elektrospeicherheizgerätes im Gebäude (Südraum) mit zeitweiser Nutzung und wechselnden Innenlasten an einem Wintertag (Simulationsbeispiel)

Heizlast so zu decken, um die geforderte Temperatur von 20 °C im vorgegebenen Nutzungszeitraum einzuhalten. Auch im Südraum wird die Solltemperatur erst um 8:00 Uhr erreicht, weil während der Freigabezeit eine aktive Entladung voraussetzungsgemäß nicht möglich ist. Wegen der auf 0,5 K eingestellten Temperaturabweichung wird über 8:00 Uhr hinaus weitergeheizt. Zusammen mit der passiven Wärmeabgabe und der Sonneneinstrahlung kommt es zu einem kräftigen Überschwingen der Temperaturen.

In Hinblick auf einen energetischen Vergleich mit anderen Heizsystemen sei daran erinnert, dass ein Heizsystem, mit dem die Raumsolltemperatur nicht erreicht werden kann, entweder aus dem Vergleich ausscheidet oder auf eine höhere Wärmeabgabe umgestellt werden muss. Nur ein ideales Heizsystem vermag dem Solltemperaturverlauf zu folgen, solange geheizt wird (Kühlen ist voraussetzungsgemäß nicht möglich). Jede Zufuhr von Heizwärme oberhalb der Solltemperatur muss als Verlust gezählt werden. Im vorliegenden Beispiel kann daher gerade noch das Gerät für den Südraum mit Einschränkung (die Solltemperatur wird zweieinhalb Stunden zu spät erreicht) für einen energetischen Vergleich herangezogen werden: Die Tagesnutzwärme bei idealer Beheizung ist 6,3 kWh und der Energieaufwand hierfür 9,4 kWh; die Aufwandszahl beträgt demnach in diesem Fall 9,4 kWh/6,3 kWh = 1,49. Der überhöhte Aufwand entsteht vor allem durch die passive Wärmeabgabe.

Auf der nächsten Entwicklungsstufe bei den Übergabesystemen nach der in D1 gewählten Gerätesystematik steht die **Luftheizung** mit indirekter Erwärmung der Luft über Heizwasser. Eine passive Wärmeabgabe ist hier praktisch ausgeschlossen; eine gezielter Heizbetrieb ist regeltechnisch leicht zu verwirklichen. Das Betriebsverhalten einer Luftheizung ist maßgeblich von dem verwendeten wasserbeheizten Lufterwärmer abhängig.

Es gibt zwei grundsätzlich unterschiedliche Möglichkeiten, die Wärmeabgabe zu beeinflussen:

- durch Verändern der Heizwassereintrittstemperatur $\vartheta_{11}$ (Bezeichnungen siehe Bild E2-6) oder
- durch Verändern des Heizwasserstroms $\dot{m}_1$.

Als drittes ließe sich grundsätzlich auch der Luftstrom variieren, wie man es aus der Raumlufttechnik von den Variabelluftstromanlagen (normgemäß: Variabelvolumenstromanlagen) her kennt. Wegen der meist erforderlichen Grundlüftung ist der Regelspielraum nicht groß genug und eine Kombination mit der Vorlaufregelung unumgänglich. Es genügt daher, die beiden erstgenannten Varianten zu untersuchen. Bei den nachfolgenden Betrachtungen – auch zu den

**Bild E2-6** Temperaturverlauf in einem Gegenstrom-Wärmeaustauscher über dem relativen Strömungsweg $\ell$ auf der warmen Seite (Bezeichnungen siehe Text)

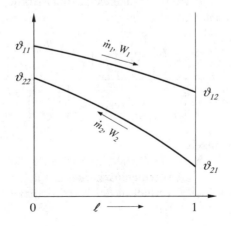

Raumheizflächen – wird vorausgesetzt, dass die jeweilige Regelgröße ideal eingestellt wird, so dass allein das thermische Verhalten der Wärmeaustauschfläche zu erkennen ist.

Wird die **Vorlauftemperatur** als Stellgröße für die Wärmeabgabe verwendet, ist zwar der anlagentechnische Aufwand mit einer speziellen Umwälzpumpe und einem Mischventil (siehe Bild D2.2-25) vergleichsweise hoch, aber der Wärmeübertragungsmechanismus sehr einfach. Mit dem Index 0 für die Auslege- oder Ausgangssituation erhält man den linearen Zusammenhang:

$$\frac{\dot{Q}}{\dot{Q}_0} = \frac{\left(\vartheta_{11} - \vartheta_{21}\right)}{\left(\vartheta_{11} - \vartheta_{21}\right)_0} \tag{E2-1}$$

Voraussetzung für diesen einfachen Zusammenhang ist, dass Luft- und Wasserstrom gleich bleiben.

Wird der **Wasserstrom** als Stellgröße verwendet, ist dies sehr einfach mit einem Drosselventil zu verwirklichen. Der Zusammenhang zwischen Wärmeleistung und Wasserstrom ist allerdings komplexer als die lineare Beziehung E2-1. Nun ändert sich die Abkühlzahl von $\Phi_{1,0}$ auf $\Phi_1$, während der Abstand ($\vartheta_{11} - \vartheta_{21}$) gleichbleibt, was auch annähernd für die spezifische Wärmekapazität des Wassers zutrifft:

$$\frac{\dot{Q}}{\dot{Q}_0} = \frac{\Phi_1 \left(\vartheta_{11} - \vartheta_{21}\right) W_1}{\Phi_{1,0} \left(\vartheta_{11} - \vartheta_{21}\right) W_{1,0}} = \frac{\Phi_1 \, \dot{m}_1}{\Phi_{1,0} \, \dot{m}_{1,0}} \tag{E2-2}$$

Vereinfachend ist anzunehmen, dass es sich bei dem Lufterwärmer um einen Gegenstromwärmeaustauscher handelt. Mit der Spreizung auf der Wasserseite $\sigma_{1,0}$, der Abkühlzahl $\Phi_{1,0}$, der im vorliegenden Fall mit dem Luftstrom konstant bleibenden Wärmeaustauscherkennzahl $\kappa_2$ und dem Verhältnis der Wärmekapazitäten der Stoffströme (Wärmekapazitätsströme) im Auslegungsfall $(W_1/W_2)_0$ gilt ausführlich:

$$\frac{\dot{Q}}{\dot{Q}_0} = \frac{1}{\Phi_{1,0}} \frac{\dot{m}_1}{\dot{m}_{1,0}} \frac{1 - \exp\left(-\kappa_2 \left[\left(\frac{\sigma_1}{\sigma_2}\right)_0 \frac{\dot{m}_{1,0}}{\dot{m}_1} - 1\right]\right)}{1 - \left(\frac{\sigma_2}{\sigma_1}\right)_0 \frac{\dot{m}_1}{\dot{m}_{1,0}} \exp\left(-\kappa_2 \left[\left(\frac{\sigma_1}{\sigma_2}\right)_0 \frac{\dot{m}_{1,0}}{\dot{m}_1} - 1\right]\right)} \tag{E2-3}$$

darin sind im einzelnen

$\Phi_{1,0} = \sigma_{1,0}/(\vartheta_{11} - \vartheta_{21})$   Abkühlzahl im Auslegungsfall
$\kappa_2 = kA/W_2$                                      Wärmetauscherkennzahl
$(W_1/W_2)_0 = (\sigma_2/\sigma_1)_0$   Verhältnis der Wärmekapazitätsströme im Auslegungsfall

Die Abhängigkeit der relativen Wärmeleistung vom relativen Heizmittelstrom (der Bezugswert gilt jeweils für die Auslegung) zeigt Bild E2-7. Die Steigung der Kurven im 0-Punkt ist der Kehrwert der Abkühlzahl im Auslegungsfall[1]. Sie ist in Bild E2-8 über der Wärmetauscherkennzahl aufgetragen; Parameter ist das

**Bild E2-7** Bezogene Wärmeleistung über dem bezoge-
nen Heizmittelstrom mit den
Parametern Wärmetauscher-
kennzahl $\kappa_2$ und Spreizungs-
verhältnis $(\sigma_2/\sigma_1)$

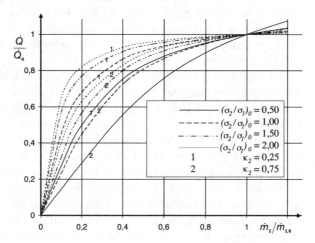

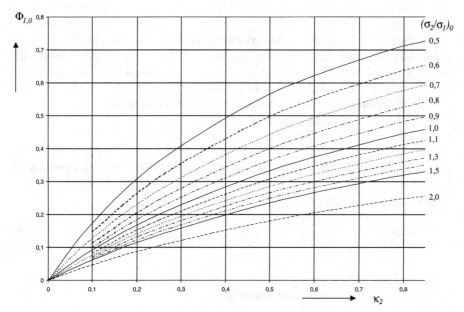

**Bild E2-8** Abkühlzahl im Auslegefall $\Phi_{1,0} = \sigma_{1,0}/(\vartheta_{11} - \vartheta_{21})$ in Abhängigkeit von der Wärmeaustauscherkennzahl $\kappa_2$ und dem Verhältnis der Spreizungen im Auslegefall $(\sigma_2/\sigma_1)_0$

---

[1]  Herleitung in Teil D1, Gleichungen D1.6-60 und -61

Verhältnis der Spreizungen im Auslegungsfall. Die Wärmeleistungskennlinie ist um so flacher, je kleiner die Übertemperatur und je größer die Spreizung, d.h. je kleiner der Heizmittelstrom ist. Bild E2-8 zeigt darüber hinaus den Aufwand für die Abkühlzahl im Auslegungsfall. Die Wärmetauscherkennzahl ist ein Maß für die relative Größe und Leistungsfähigkeit eines Wärmeaustauschers. Sie wirkt sich um so stärker aus, je kleiner die Lufterwärmung im Verhältnis zur Wasserabkühlung ist. Demnach führen große Wärmetauscherkennzahlen und eine niedrige Luftaufwärmung zu einer weniger gekrümmten Leistungskennlinie, was für das Teillastverhalten vorteilhaft ist.

Bei den vorstehenden Betrachtungen wird als Bezugwert die jeweilige Auslegungsgröße verwendet. Der Gedankengang und die Ergebnisse ändern sich nicht, wenn statt dessen die durch eine Vorlauftemperaturregelung eingestellte Übertemperatur des eintretenden Wassers und die zugehörige Spreizung für den Heizmittelstrom bei voll geöffnetem Ventil eingesetzt wird. Betrachtet wird hier lediglich das Verhalten eines Lufterwärmers bei Drosselung des Wasserstroms. Bliebe nun der Heizmittelstrom so hoch wie im Auslegungsfall (bei höchster Vorlauftemperatur und Leistung), würde die Spreizung bei abgesenkter Vorlauftemperatur relativ abnehmen und sich dadurch das Teillastverhalten verschlechtern. Es ist daher anzustreben, bei Teillast nicht nur die Vorlauftemperatur, sondern auch den Heizmittelstrom zu senken. Für das angeschlossene Verteilsystem ist daraus die Forderung abzuleiten, dass mit abnehmender Heizlast auch der Heizmittelstrom herunterzuregeln ist (geregelte Umwälzpumpen!).

Das Teillastverhalten der **Raumheizflächen** in Zentralheizungen ist dem der wasserbeheizten Lufterwärmer sehr ähnlich. Der wesentliche Unterschied besteht darin, dass der Wärmeübergang von der Übertemperatur der Heizfläche beeinflusst wird, am stärksten bei Raumheizkörpern. Auch hier gibt es die beiden Möglichkeiten, die Wärmeabgabe der Heizlast anzupassen:

• Verändern der Vorlauftemperatur,
• verändern des Heizmittelstroms.

Bei Variationen der **Übertemperatur** gilt für Fußboden- und Deckenheizsysteme sowie analog Deckenstrahlplatten (Führung des Heizwassers in Rohren, Kennlinienhochzahl nahe 1) gemäß Gleichung D1.6-26

$$\frac{q}{q_0} = \frac{\Delta \vartheta_V}{\Delta \vartheta_{V,0}} \tag{E2-4}$$

Bei Raumheizkörpern mit einer Potenzfunktion nach D1.6-43 als Kennlinie[2] erhält man den impliziten Zusammenhang

---

[2]  Die Hochzahl $n_{eff}$ ist größer als die bei der Prüfung gemessene. Sie gilt für die mit der logarithmischen Übertemperatur gebildeten Potenzfunktion auch unter Berücksichtigung von Mischvorgängen; sie deckt den Betriebsbereich vollständig ab.

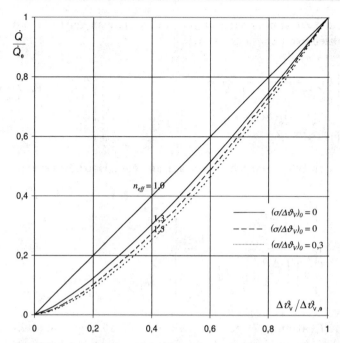

**Bild E2-9** Bezogene Wärmeleistung von Raumheizkörpern über der bezogenen Vorlaufüber-temperatur mit den Parametern Hochzahl $n_{eff}$ und Verhältnis $(\sigma/\Delta\vartheta_V)_0$

$$\left(\frac{\dot{Q}}{\dot{Q}_0}\right)^{\frac{1}{n_{eff}}} - \frac{1}{2}\left(\frac{\sigma}{\Delta\vartheta_V}\right)_0 \left[\left(\frac{\dot{Q}}{\dot{Q}_0}\right)^{\frac{1}{n_{eff}}} - \left(\frac{\dot{Q}}{\dot{Q}_0}\right)\right] = \frac{\Delta\vartheta_V}{\Delta\vartheta_{V,0}}$$

(E2-5)

Eine graphische Wiedergabe der Gleichungen E2-4 und E2-5 zeigt Bild E2-9. Die parabolischen Kurven für die relative Leistung von Raumheizkörpern sind in ihrem Verlauf maßgeblich von der Hochzahl $n_{eff}$ und nur untergeordnet vom Verhältnis $(\sigma/\Delta\vartheta_V)_0$ abhängig.

Dient der **Wasserstrom** als Stellgröße zur Regelung der Wärmeabgabe einer Raumheizfläche, so gilt mit der gleichen Unterscheidung, wie oben abgeleitet aus Gleichung D1.6-26, für integrierte Heizflächen und Deckenstrahlplatten:

$$\frac{q}{q_0} = \left(\frac{\Delta\vartheta_V}{\sigma}\right)_0 \left[1-\left(1-\left(\frac{\sigma}{\Delta\vartheta_V}\right)_0\right)^{\frac{\dot{m}_0}{\dot{m}}}\right]\frac{\dot{m}}{\dot{m}_0}$$

(D2-6)

Bei Raumheizkörpern mit inneren Mischvorgängen, quantifiziert durch den Beimischwert $b$, kann aus Gleichung D1.6-49 eine ebenfalls implizite Bestimmungsgleichung für den Zusammenhang zwischen der relativen Leistung und dem relativen Heizmittelstrom abgeleitet werden:

$$\frac{\dot{Q}}{Q_0}=\left(\frac{\Delta\vartheta_V}{\sigma}\right)_0\frac{\dot{m}}{\dot{m}_0}\left[1+\cfrac{1}{(b-1)-b\exp\left[\kappa_{HK}\left(\frac{\dot{m}}{\dot{m}_0}\right)^{-1}\left(\frac{\dot{Q}}{\dot{Q}_0}\right)^{1-\frac{1}{n_{eff}}}\right]}\right] \qquad \text{(E2-7)}$$

Dabei ist $\kappa_{HK}$ die der Wärmetauscherkennzahl analoge „Heizkörperkennzahl":

$$\kappa_{HK}=\frac{\sigma_0}{b\,\Delta\vartheta_{\mathrm{lg},eff,0}}=\ln\left[\cfrac{\left(\frac{\Delta\vartheta_V}{\sigma}\right)_0}{b\left(\left(\frac{\Delta\vartheta_V}{\sigma}\right)_0-1\right)}+\frac{b-1}{b}\right] \qquad \text{(E2-8)}$$

Beide Funktionen (E2-6 und -7) besitzen, wie Bild E2-10 zeigt, im Nullpunkt die Steigung $\Delta\vartheta_{V,0}/\sigma_0$ und ähneln damit den entsprechenden Kennlinien der Lufterwärmer (Bild E2-7), d.h. ihre Krümmung zwischen 0 und 1 sinkt mit $\Delta\vartheta_{V,0}/\sigma_0$ (und die Heizkörperkennzahl – Bild E2-11 – steigt). Regeltechnisch ausgedrückt (siehe Bd 1, Teil K) besitzen Raumheizflächen (und Lufterwärmer) ein arbeitspunktabhängiges Übertragungsverhalten. Da die zugehörigen Stellglieder und Regeleinrichtungen der Veränderlichkeit des Übertragungsbeiwertes nicht oder nicht genügend genau folgen können oder fehlerhaft eingestellt

**Bild E2-10** Zusammenhang zwischen der relativen Leistung (z.B. einer Fußbodenheizung oder von Raumheizkörpern) und dem relativen Heizmittelstrom mit den Parametern $b$ und $\Delta\vartheta_{V,0}/\sigma_0$

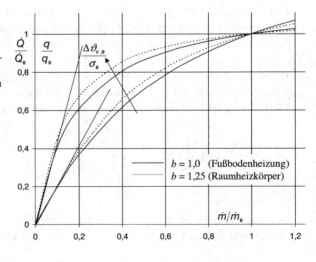

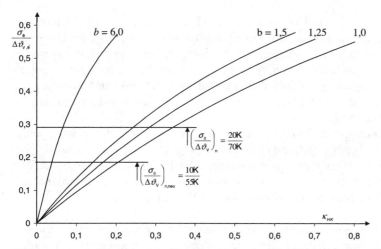

**Bild E2-11** Das Verhältnis $\sigma_0/\Delta\vartheta_{V,0}$ in Abhängigkeit von der Heizkörperkennzahl $\kappa_{HK}$ und dem Beimischwert b als Parameter

sind, treten auch bei einem stationären Betrieb Regelabweichungen auf, die zu einem Energiemehrbedarf führen. Wenig gekrümmte Kennlinien sind daher zu bevorzugen. Das Regelverhalten der Raumheizflächen ist folglich um so günstiger, **je kleiner die Vorlaufübertemperatur** und **je größer die Spreizung** im Auslegungspunkt bzw. Ausgangspunkt (bei Vorlauftemperaturregelung) ist. Auch bei ihnen wäre wie bei den Lufterwärmern anzustreben, mit der Vorlauftemperatur zugleich den Heizmittelstrom zu senken.

Das beschriebene thermische Verhalten der Raumheizflächen tritt genau so bei An-Aus-Regelung mit einer Verstellung der Relation von Öffnungszeit zu Schließzeit auf, wenn die Öffnungs- und Schließperiode unter etwa 5 min bleibt (je nach Wasserinhalt des Heizkörpers); siehe auch Teil D, Kapitel 2.3.3.2.

## E2.2
## Wärmeverteilung

Während die Wärmeübergabe wie beschrieben mit der zugehörigen Drossel- oder Temperaturregelung ein eigenes thermisches Betriebsverhalten besitzt, ist das Verhalten der Wärmeverteilung auf das der Wärmeübergabe ausgerichtet und von dem des Wärmerzeugungssystems abhängig. (Das Wärmerzeugungssystem ist der Wärmerzeuger mit allen Einrichtungen im Wärmeerzeugerkreis).

Die maßgeblichen Betriebsgrößen sind die (zentrale) Vorlauftemperatur und der Heizmittelstrom (die Betrachtung sei auf Wasser als Heizmittel eingeschränkt). Die gewünschte zentrale Vorlauftemperatur kann entweder durch entsprechende Regelung des Wärmerzeugungssystems selbst hergestellt werden (Austrittstemperatur aus dem Wärmerzeugungssystem und Vorlauftemperatur sind dann identisch) oder extern durch Beimischen von Rücklaufwasser (die Vorlauftemperatur ist dann kleiner oder höchstens gleich der Austrittstemperatur) oder durch Kombination von beidem. Der gewünschte Wasserstrom lässt sich am einfachsten durch zentrale oder dezentrale Drosselung herstellen, energetisch günstiger jedoch durch gestufte oder stufenlose Anpassung der Pumpenleistung an den Bedarf oder durch Kombination von Leistungsanpassung und Drosselung.

Für Betrachtungen des Betriebsverhaltens, insbesondere der Wärmeverteilung, kann von einer weitgehend einheitlichen regeltechnischen Ausstattung bei modernen Heizanlagen ausgegangen werden. Die den modernen Möglichkeiten entsprechenden Anforderungen sind zum Beispiel in der für Deutschland geltenden sog. Heizanlagen-Verordnung [D2.3-10] formuliert:

*„Zentralheizungen sind mit zentralen selbsttätig wirkenden Einrichtungen zur Verringerung und Abschaltung der Wärmezufuhr in Abhängigkeit von"*

1. der Außentemperatur oder einer anderen geeigneten Führungsgröße und
2. der Zeit auszustatten.

*„Heizungstechnische Anlagen sind mit selbsttätig wirkenden Einrichtungen zur raumweisen Temperaturregelung auszustatten".*

Forderungen dieser Art haben zur Folge, dass heute nahezu jede Anlage mit einer „witterungsgeführten"[3] Vorlauftemperaturregelung im zentralen Bereich und Heizkörper-Anlagen dezentral mit Thermostatventilen ausgerüstet sind. Diese Ausstattung mit einer zentralen Temperatursteuerung und einer dezentralen Drosselregelung lässt sich gedanklich so aufgliedern, dass zunächst die Vorlaufübertemperatur (bei konstant angenommener Innentemperatur) mit dem Wetter (zum Beispiel der Außentemperatur) verändert und der Heizmittelstrom in der Verteilung konstant bleibt; anschließend wird die dezentrale Wärmeabgabe durch Drosselung des Heizmittelstroms an den tatsächlichen Heizlastverlauf durch Fremdlasteinwirkung (zum Beispiel Sonneneinstrahlung und Innenlasten) angepasst. Bei jeder Wettersituation oder Außentemperatur liegt demnach für die Raumheizflächen eine spezielle Leistungs-Heizmittelstrom-Kennlinie gemäß Bild E2-10 vor; sie ist insbesondere gekennzeichnet durch das Verhältnis von Vorlaufübertemperatur zu Spreizung im Ausgangspunkt (siehe unten). Wird der Sonderfall eines einheitlichen Verhaltens bei den dezentralen Raumheizflächen angenommen (liegt z.B. in Großräumen mit mehreren Heizkörpern vor), lassen sich die im vorausgehenden Abschnitt hergeleiteten Zusammenhänge direkt für das auf die Übergabe ausgerichtete Verhalten der Wärmeverteilung anwenden. Für eine lastgerechte ideale Temperaturanpassung

---

[3]  Bei konsequenter Anwendung der in Bd. 1, Teil B verwendeten Begriffedefinitionen müsste es richtiger heißen: „wettergeführt"

beim Vorlauf kann der Leistungs-Übertemperatur-Zusammenhang nach Bild E2-9 als „Heizkurve" verwendet werden (Heizkurve im eigentlichen Sinn ist der Zusammenhang zwischen der Luftaußentemperatur und der Vorlauftemperatur). Das Ergebnis dieses Vorgehens gibt die Kurve a im Bild E2-12 wieder. Ist die Vorlaufübertemperatur der (realen) Heizlast im betreffenden Raum genau angepasst, kann der Auslegungswasserstrom (ungedrosselt) beibehalten werden. Für diesen Fall ist allerdings eine alleinige Steuerung durch die Außentemperatur nicht ausreichend, weil neben der Außenlast weitere Lasten (häufig gleichgewichtig) anliegen.

Im allgemeinen Fall mit raumweise unterschiedlich variierenden Heizlasten ist eine dezentrale Lastanpassung erforderlich. Sie wird immer durch eine Veränderung des Heizmittelstroms am Übergabeort hergestellt, entweder durch einfache Drosselung oder durch aufwändigere Rücklaufbeimischung. Hierfür sind aber gegenüber der Kurve a in Bild E2-12 auch andere, einfachere Heizkurven, nämlich Geraden einstellbar, mit denen bewusst – wie z.B. bei der Wärmepumpenauslegung (Teil D3.5.4.1) – eine Mindestübertemperatur gehalten (Gerade b) oder zusätzlich eine Schnellaufheizreserve vorgesehen ist (Gerade c). Bei den beiden letztgenannten Fällen ist der angestrebte Betriebszustand nur mit einem gegenüber dem Ausgangspunkt gedrosselten Heizmittelstrom herzustellen. Im Unterschied zu den Betrachtungen im vorherigen Kapitel für die Wärmeübergabe ist hier zwischen dem **Ausgangspunkt** (gekennzeichnet durch den Index *0*) und dem **Auslegungspunkt** zu unterscheiden; der Ausgangspunkt gilt für den ungedrosselten Zustand; im Auslegungspunkt kann dagegen wie bei Heizkurve c der Heizmittelstrom angedrosselt sein (z.B. wegen

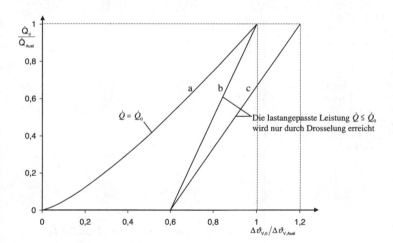

**Bild E2-12** Auf die Auslegungsleistung bezogene Wärmeleistung von Raumheizkörpern über der analog bezogenen Vorlaufübertemperatur (beide im „Ausgangspunkt", d.h. im ungedrosselten Zustand) für verschiedene Heizkurven (a: aus Bild E2-9, b: Mindestübertemperatur halten, c: Mindestübertemperatur halten und schnell aufheizen)

der überhöhten Vorlauftemperatur). Bei einem konstant gehaltenen Heizmittelstrom gilt:

$$\frac{\dot{Q}_0}{\dot{Q}_{Ausl}} = \frac{\sigma_0}{\sigma_{Ausl}} \tag{E2-9}$$

Die Heizkurve a aus Bild E2-12 kann nun direkt umgerechnet werden in das Verhältnis der Nullpunktsteigungen der Leistungs-Wasserstrom-Kurven gemäß Bild E2-10

$$\frac{\left(\dfrac{\Delta\vartheta_V}{\sigma}\right)_0}{\left(\Delta\vartheta_V\right)_{Ausl}} = f\left(\frac{\dot{Q}_0}{\dot{Q}_{Ausl}}\right), \tag{E2-10}$$

das in Bild E2-13 grafisch dargestellt ist (Heizkurve a gilt für konstanten Wasserstrom!).

Bei den beiden anderen beispielhaft in Bild E2-12 eingetragenen Heizkurven b und c ist ein gleichbleibender Heizmittelstrom nicht vorausgesetzt (er sei ideal an die Heizlast angepasst). Das Steigungsverhältnis nach Gleichung E2-10 kann daher nicht aus Bild E2-12 direkt abgeleitet, sondern muss für ein Beispiel ($\Delta\vartheta_{Ausl} = 30$ K und $\sigma_{Ausl} = 7$ K) aus dem Heizkörperdiagramm in Bild C1-8 berechnet werden. Das Ergebnis ist in Bild E2-13 eingetragen und zeigt, dass mit überhöht eingestellten Heizkurven ein günstigeres Betriebsverhalten bei

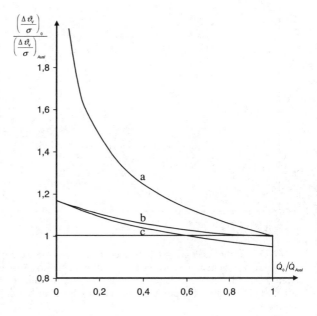

**Bild E2-13** Verhältnis der Nullpunktsteigungen der Leistungs-Wasserstrom-Kurven gemäß Bild E2-10 für die Heizkurven aus Bild E2-12 über dem Leistungsverhältnis, bei Kurve a mit Gleichung E2-9, bei den Kurven b und c (Wasserstrom variabel) mit der Beispielvorgabe $\Delta\vartheta_{V,Ausl} = 30$ K und $\sigma_{Ausl} = 7$ K

den Heizflächen zu erzielen ist. Voraussetzung ist freilich, dass im Betrieb auch tatsächlich die beabsichtigte Drosselung des Heizmittelstroms umgesetzt wird. Statt der Drosselung könnte energetisch vorteilhaft zusätzlich der Heizmittelstrom zentral durch leistungsgeregelte Umwälzpumpen abgesenkt werden; eine Kombination von zentraler Regelung der Vorlauftemperatur und des Heizmittelstroms wäre anzustreben.

Der oben gezeigte Vorteil einer überhöht eingestellten Heizkurve mit der dadurch erzwungenen stärkeren Drosselung (größere Spreizung) geht, worauf Esdorn [E2-1] und Mügge [E2-2] hingewiesen haben, verloren, wenn die Stellabweichung beim Heizmittelstrom zu groß ist. Im gleichen Maß, wie mit sinkendem Steigungsverhältnis $(\Delta\vartheta_V/\sigma)_0$ die Reaktionsfähigkeit bei der Wärmeübergabe verbessert wird, steigt nämlich die Anforderung an die Genauigkeit bei den Stellgrößen der Vorlaufübertemperatur und insbesondere der Spreizung; vor allem steigt die Anforderung an die Disziplin des Betreibers: Missbrauch aus Gleichgültigkeit oder Unkenntnis wirkt sich relativ stärker aus.

Ein Betrieb mit zeitlichen Schwankungen der Vorlauftemperatur, wie er am ausgeprägtesten in seinem sägezahnförmigen Verlauf bei der direkt im Wärmeerzeuger vorgenommenen Regelung zum Beispiel in der Einfachschaltung nach Bild D3.3-40 vorkommt, kann genügend genau als quasistationär angenommen werden. Die durch den An-Aus-Betrieb des Wärmeerzeugers hervorgerufenen Schwankungen wirken sich nur nachteilig auf den Wärmeerzeugerbetrieb aus (zum Beispiel erhöhte Freisetzung von Schadstoffen oder erhöhte Störanfälligkeit).

Neben den beiden oben behandelten Hauptbetriebsgrößen Vorlauftemperatur und Heizmittelstrom tritt als weiterer wichtiger Problembereich die Druckverteilung, die in Abhängigkeit zu sehen ist von der Bedarfsverteilung und den Hauptbetriebsgrößen. Eine korrekte Rohrnetzauslegung vorausgesetzt, treten Probleme bei der Druckverteilung eigentlich nur in Lastabsenksituationen auf, wenn zentral der Sollwert der Vorlauftemperatur abgesenkt wird und sowohl die Umwälzpumpe unabhängig von diesem Absenkvorgang weiterläuft, als auch die mit der Zentrale nicht gekoppelten dezentralen Regelorgane der Absenkabsicht entgegenwirken. Eine derartige Situation ist nicht immer – wie häufig angenommen wird – durch eine darauf geschickt eingehende Auslegung des Verteilsystems zu beherrschen, sondern durch die oben bereits vorgeschlagene Kopplung der Pumpensteuerung mit der zentralen Vorlaufregelung oder durch eine Kopplung der dezentralen Regler mit dem zentralen Regler oder durch beides kombiniert.

## E2.3
## Wärmeerzeugung

Das Betriebsverhalten des Wärmeerzeugers in Zentralheizungen wird bereits in Teil D im Zusammenhang mit ihrer Auswahl, Bewertung und Auslegung angesprochen. Hier ist besonders einzugehen auf ihr wasserseitiges Verhalten. Die Unterscheidung zwischen einem stationären oder qasistationären Teillastver-

halten in oder außerhalb des Auslegungspunktes einerseits und einem dynamischen Verhalten bei Aufheiz- und Abkühlvorgängen andererseits spielt bei
modernen Wärmeerzeugungssystemen im Vergleich zur Wärmeübergabe nur
eine nachrangige Rolle, insbesondere in energetischer Hinsicht; selbstverständlich ist das dynamische Verhalten bei der Steuerung des Wärmerzeugers zu
beachten. Maßgeblich ist die Auswirkung des thermischen Verhaltens auf die
Wärmeverteilung und die Wärmeübergabe. Es ist daher das vollständige Wärmeerzeugungssystem zusammen mit einem Pufferspeicher und eigenem Erzeu-
gungskreis zu betrachten. Häufig liegen auch kombinierte Systeme vor, (z.B.
mit einem Kollektorsystem, Speicher und Kessel oder mit einer Wärmepumpe,
Pufferspeicher und Kessel). Unter dem Aspekt der Auswirkung des thermischen
Verhaltens auf Verteilung und Übergabe genügt es, lediglich drei anlagentechnische Varianten für die Wärmeerzeugung zu betrachten:

- Wärmeaustauscher,
- Heizkessel,
- Wärmepumpen.

**Wärmeaustauscher** sind in ihrem thermischen Verhalten maßgeblich bei Solarenergienutzung als Übergangskomponente zwischen Solarkreis und Heizkreis,
analog auch zwischen einem BHKW und einem Heizsystem oder ganz allgemein als Haustation bei der Fernwärme.

Bei den hierfür eingesetzten Wasser-Wasser-Wärmetauschern sind im Unterschied zum Lufterwärmer (Kapitel E2-1) beide Wasserströme veränderlich: der
wärmere ist so eingeregelt, dass der Sollwert für die Austrittstemperatur $\vartheta_{12}$ eingehalten wird; der kältere stellt sich mit der Vorlauftemperatur-Steuerung der
Heizanlage so ein, dass bei der je nach Heizlast veränderlichen Rücklauftemperatur $\vartheta_R = \vartheta_{21}$ die geforderte Heizleistung übertragen wird. Wegen der Beimisch-
regelung (siehe Bild D3.2-11) ist der (kältere) Wasserstrom durch den Wärmetauscher immer kleiner als der durch die Heizanlage und damit die Austrittstemperatur $\vartheta_{22}$ immer höher als die Heizungsvorlauftemperatur $\vartheta_V$. Da hier
allein das Betriebsverhalten des Wärmeaustauschers bei veränderter Heizlast
interessiert, werden die Randbedingungen auf der Fernwärmeseite, also der
warmen Seite als konstant angenommen, demnach ist die Eintrittstemperatur
$\vartheta_{11}$ als feste Größe gegeben (siehe Temperaturverläufe in Bild E2-14) und damit
auch die Spreizung $\sigma_1 = \vartheta_{11} - \vartheta_{12}$. Der wärmere Wasserstrom ist folglich der vom
Gebäude geforderten Wärmeleistung proportional. Aus der unabhängigen Vari-
ablen $\vartheta_{21}$ können mit der Abkühlzahl $\Phi_1 = \sigma_1/(\vartheta_{11} - \vartheta_{21})$ nach Gleichung D3.2-35
und dem Diagramm in Bild E2-15 die in einem Teillastfall zu erwartende Was-
serströme sowie die Heizwassererwärmung $\sigma_2$ berechnet werden.

Beispiel:
Angelehnt an das Beispiel in Teil D3.2.2.3 lauten
die *Auslegungsdaten* für einen Wärmeaustauscher in einer Fernwärmeüberga-
bestation:

**Bild E2-14** Temperaturverlauf in einem Wasser-Wasser-Wärmeaustauscher

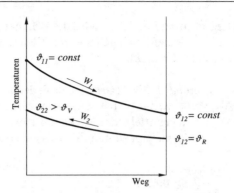

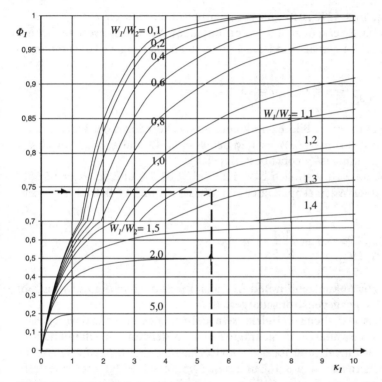

**Bild E2-15** Abkühlzahl $\Phi_1$ in Abhängigkeit von der Wärmetauscherkennzahl $\kappa_1$. Beispiel: $\Phi_1 = 0{,}742$, $\kappa_1 = 5{,}45$, Ergebnis $W_1/W_2 = 1{,}26$

Warme Seite: $\vartheta_{11} = 110\,°\mathrm{C}$, $\vartheta_{12} = 48\,°\mathrm{C}$,
kältere Seite: $\vartheta_{22} = 60\,°\mathrm{C}$, $\vartheta_{21} = 44\,°\mathrm{C}$,
das Verhältnis der Wärmekapazitäten der Wasserströme $W_1$ und $W_2$ ist $W_1/W_2 = 0{,}222$ und
die Abkühlzahl $\Phi_1 = 72\,\mathrm{K}/76\,\mathrm{K} = 0{,}947$.

Aus dem Diagramm in Bild E2-15 wird die Wärmetauscherkennzahl $\kappa_1 = kA/W_1 = 3{,}5$ abgelesen (sie ließe sich genauer mit Gleichung D3.2-30 berechnen: $\kappa_1 = \sigma_1/\Delta\vartheta_m = 72\,K/20{,}68\,K = 3{,}48$).

Die *Betriebssituation bei Teillast* (46% der Auslegeleistung) sei:
Warme Seite: $\vartheta_{11} = 100\,°C$, die Austrittstemperatur ist eingeregelt auf $\vartheta_{12} = 48\,°C$, kältere Seite: $\vartheta_{22}$ ist zu ermitteln, der Rücklauf liefert $\vartheta_R = \vartheta_{21} = 30\,°C$, das Verhältnis der Wärmekapazitäten der Wasserströme $W_1$ Betrieb zu Auslegung ist:

$$\frac{W_1}{W_{1,Ausl}} = \frac{0,46 \cdot 72K}{52K} = 0,636,$$

die Abkühlzahl $\Phi_1 = 52\,K/70\,K = 0{,}742$ im vorliegenden Betrieb.

Die Wärmetauscherkennzahl $\kappa_1$ kann aus dem Auslegungswert berechnet werden, dabei sei $kA$ gemäß Bild D3.2-17 in erster Näherung als konstant angenommen:

$$\kappa_1 = \kappa_{1,Ausl} \cdot \frac{52K}{0,46 \cdot 72K} = 3,5 \cdot 1,57 = 5,5$$

Aus dem Diagramm in Bild E2-15 kann nun das Verhältnis der Wärmekapazitäten der Wasserströme $W_1/W_2 = 1{,}26$ bei $\Phi_1 = 0{,}742$ und $\kappa_1 = 5{,}5$ abgelesen werden (die Annahme $kA \approx const$ bestätigt sich).

Die Aufwärmung ist demnach $\sigma_2 = 1{,}26 \cdot \sigma_1 = 65{,}5\,K$ und so $\vartheta_{22} = 95{,}5\,°C$. Das Verhältnis der Wärmekapazitäten der Wasserströme $W_2$ Betrieb zu Auslegung ist:

$$\frac{W_2}{W_{2,Ausl}} = \frac{\dot{Q} \cdot \sigma_{2Ausl}}{\dot{Q}_{Ausl} \cdot \sigma_2} = 0,46 \cdot \frac{16K}{65,5K} = 0,113$$

Ergänzend zur Abkühlzahl in Bild E2-15 ist im Bild E2-16 die Aufwärmzahl (zusätzlich für Kreuzgegenstrom) dargestellt.

Für das Teillastverhalten von **Heizkesseln** kann genügend genau davon ausgegangen werden, dass über die aufgeprägte Feuerungsleistung eine damit nahezu fest verbundene Nutzleistung abgegeben wird. Es gilt daher näherungsweise für den zeitlichen Mittelwert der Spreizung zwischen Kesselvorlauf und -rücklauf:

$$\overline{\sigma}_K = \frac{\dot{Q}_B \, \overline{\eta}_K}{\dot{m}_K \, c_W} \tag{E2-11}$$

$\overline{\sigma}_K = \overline{\vartheta}_{K,V} - \overline{\vartheta}_{K,R}$  Spreizung zwischen Kesselvorlauf und -rücklauf
$\dot{Q}_B$     Feuerungs-Wärmeleistung
$\eta_K$     mittlerer Kesselwirkungsgrad im Teillastbetrieb gemäß Gleichung D3.3-10
$\dot{m}_K$     Wasserstrom durch den Kessel

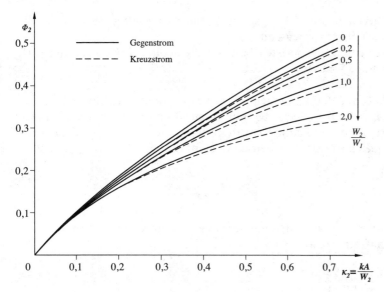

**Bild E2-16** Aufwärmezahl $\Phi_2$ in Abhängigkeit von der Wärmetauscherkennzahl $\kappa_2$

Die Gleichung E2-11 gilt sowohl für den sog. modulierenden Betrieb wie für An- Aus-Betrieb, sofern die Schaltdifferenz bei der Kesseltemperatur unter etwa 10 K gehalten wird.

Bei den meisten Kesseln wird die Feuerung einstufig geschaltet, d.h. der Öl- oder Gasbrenner liefert eine bestimmte Feuerungsleistung oder ist abgeschaltet. Selbst bei Kesseln mit modulierend betreibbaren Brennern gibt es wegen der unteren Leistungsbegrenzung (z.B. 30%) grundsätzlich einen An-Aus-Betrieb allerdings mit wesentlich größeren Brennerlaufzeiten und weniger Starts. Auch die in Stufen schaltbaren Brenner – für größere Kesselleistungen – bieten diesen Vorteil, der bei modernen Kesseln mit ihren Nutzungsgraden von über 90% energetisch nur noch als marginal anzusehen ist. Eine wesentlich größere Beachtung verdient allerdings die Anzahl der Starts und Stops der Brenner wegen der dabei auftretenden Verbrennungsunvollkommenheiten (siehe Teil D, Kapitel 3.3.1.2). Es sei daher auf die hierfür am meisten kritische Betriebsweise, nämlich wenn die Feuerung einstufig geschaltet wird, eingegangen.

Maßgeblich ist in diesem Fall die Anzahl der täglichen Brennerstarts, Sie ist abhängig von
- der Tagesnutzenergie $Q_{H,d}$ (siehe Gleichung D3.3-17),
- der Speicherkapazität des Kessels $C_K$ aus dem Wasserinhalt und dem Kesselkörper,
- der vorgegebenen Schaltdifferenz $\sigma_{Sch}$ zwischen der Kesseltemperatur $\vartheta_K$ und der unteren Kesseltemperatur $\vartheta_K - \sigma_{Sch}$,
- der Feuerungsleistung $\dot{Q}_B$ gemäß Geleichung D3.3-1,

- einem mittleren Kesselwirkungsgrad $\overline{\eta}_K$ nach Gleichung D3.3-10 für den betrachteten Teillastbereich und
- der Tagesverteilung der je nach Last unterschiedlichen Heizleistungen $\dot{Q}_H$ (siehe Gleichung D3.3-16).

Für die nachfolgende Betrachtungen sei der Kessel ununterbrochen in Betriebsbereitschaft ($t_0$ = 24 h/d). Selbst bei nur einem Brennerstart muss der Kessel daher lediglich um die Schaltdifferenz $\sigma_{Sch}$ erwärmt werden. Findet dabei keine Entnahme von Heizwärme statt, beträgt die Einzelbrennerlaufzeit $t_{B,1}$ hierfür

$$t_{B,1} = \frac{C_K \, \sigma_{Sch}}{\dot{Q}_B \, \overline{\eta}_K} \tag{E2-12}$$

Bei $n_B$ Brennerstarts am Tag mit einer Gesamtbrennerlaufzeit $t_B$ ist die mittlere Brennerlaufzeit pro Start

$$\overline{t}_{B,i} = \frac{t_B}{n_B} \tag{E2-13}$$

In Bild E2-17 ist nach Simulationsrechnungen von Ast [E2-3] für einen Kessel mit der Mindestlaufzeit $t_{B,1,0}$ = 200 s die Schalthäufigkeit über der relativen Tagesnutzenergie aufgetragen. Bezugswert ist die maximale Tagesnutzenergie, die bei Dauerbetrieb auftritt:

$$Q_{H,d,\max} = \dot{Q}_B \, \eta_K \, 24h \, 3600 \frac{s}{h} \tag{E2-14}$$

Der Kesselwirkungsgrad im Dauerbetrieb $\eta_K$ ist wegen der sich dabei einstellenden maximalen Abgastemperatur kleiner als der Mittelwert des Wirkungsgrades $\overline{\eta}_K$ im Teillastbereich. Für die Simulationsrechnung ist der Kesselthermostat auf einen festen Sollwert (65 °C) eingestellt. Unter Betriebsbereitschaftsbedingungen (der Kessel gibt keine Nutzenergie ab) startet bei dem betrachteten Kessel der Brenner viermal am Tag (linker Eckpunkt der Kurve). Im Teillastbereich nimmt die Schalthäufigkeit zunächst mit der Tagesnutzenergie zu. Die Schalthäufigkeit erreicht ihr Maximum, wenn Ein- und Ausschaltzeit des Brenners in einer Schaltperiode übereinstimmen. Dann gibt der Kessel die Hälfte der maximalen Tagesnutzenergie ab. Bei einem weiteren Anstieg der Einschaltzeit (der Kehrwert der mittleren Laufzeit ist ebenfalls eingetragen) sinkt die Schalthäufigkeit, bei Volllast läuft der Brenner durch (rechter Eckpunkt der Kurve). Wie aus den beiden als Beispiel eingetragenen Schalthäufigkeitskurven zu erkennen ist, hängt die Schalthäufigkeit auch von der Verteilung der Heizleistung ab. Ist ihr Verlauf konstant, taktet der Brenner häufiger als bei starken Veränderungen. Dies führt dazu, dass bei gleicher Tagesnutzenergie an trüben Tagen die Schalthäufigkeit etwas höher ist als an heiteren Tagen, an denen die Heizleistung durch die Sonnenstrahlung nachmittags deutlich reduziert wird.

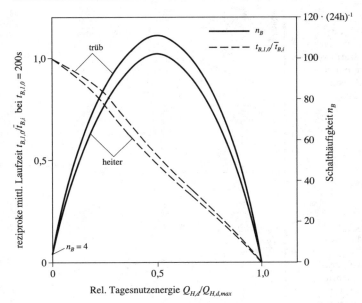

**Bild E2-17** Schalthäufigkeit $n_B$ und mittlere Laufzeit pro Start des Brenners an allen Typtagen der Heizzeit. Die Kesselthermostat ist fest auf 65 °C eingestellt. Aus [E2-3]

Die mittlere Laufzeit pro Brennerstart $\bar{t}_{B,i}$ (Tagesmittelwert) ist bezogen auf $t_{B,1,0}$ als Kehrwert in Bild E2-17 eingetragen. In dieser Kehrwert-Darstellung erhält man einen nahezu linearen Verlauf, der sich aus folgendem ergibt

$$\frac{t_{B,1,0}}{\bar{t}_{B,i}} = 1 - \frac{\dot{Q}_H - \dot{Q}_B\left(\bar{\eta}_{K,i} - \bar{\eta}_K\right)}{\dot{Q}_B\,\bar{\eta}_K} \tag{E2-15}$$

Hierin bedeutet $\bar{\eta}_{K,i}$ den im jeweiligen Lastbereich gültigen mittleren Kesselwirkungsgrad; der Subtrahend im Zähler des Bruches ist im Allgemeinen vernachlässigbar.

Die für ein Beispiel durch Simulationsrechnung ermittelte Kurve der Schalthäufigkeit kann mit guter Genauigkeit auf andere Kessel umgerechnet werden mit folgendem Faktor

$$\left(\frac{t_{B,1,0}}{t_{B,1}}\right) = \frac{t_{B,1,0}\,\dot{Q}_B\,\bar{\eta}_K}{C_K\,\sigma_{Sch}} \tag{E2-16}$$

Die Speicherkapazität des Kessels in dieser Formel kann auch erweitert werden um die Speicherkapazität eines zusätzlichen Pufferspeichers, der parallel zum Kessel geschaltet ist. Eine Speicherkapazität in der Wärmeverteilung oder bei den Übergabesystemen wäre regeltechnisch in Reihe zum Kessel geschaltet

**Bild E2-18** Änderung der Heizleistung einer Wärmepumpe durch Änderung der Verdampfungstemperatur (entspricht der Wärmequellentemperatur) bei konstanter Kondensationstemperatur $\vartheta_{K,0}$

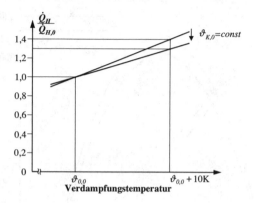

**Bild E2-19** Änderung der Heizleistung einer Wärmepumpe durch Änderung der Kondensationstemperatur (entspricht der Heizmitteltemperatur) bei konstanter Verdampfungstemperatur $\vartheta_{0,0}$

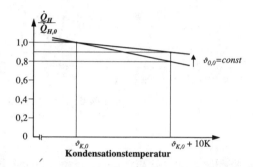

und würde sich daher nur in einer Vergrößerung der Totzeit des gesamten Heizsystems – also regeltechnisch und energetisch negativ – auswirken.

Im Unterschied zum Heizkessel ist bei der **Wärmepumpe** die Heizleistung stark abhängig von den thermischen Randbedingungen auf der Wärmequellen- und Heizanlagenseite:

- Je niedriger die Verdampfungstemperatur, desto niedriger die Heizleistung (Bild E2-18),
- je höher die Kondensationstemperstur desto niedriger die Heizleistung (Bild E2-19),
- je kleiner der Temperaturunterschied zwischen Wärmequelle und Heizanlage, desto höher die Arbeitszahl (Gleichung D3.5-12).

Wie Bild E2-18 zu entnehmen ist, hat die Änderung der Verdampfungstemperatur um 1K eine Veränderung der Heizleistung von etwa 3–4% zur Folge. Die Veränderung bei der Kondensationstemperatur wirkt sich etwa halb so stark aus (Bild E2-19).

Das quasistationäre Betriebsverhalten einer Wärmepumpe über die ganze Heizperiode hinweg lässt sich anschaulich im Leistung-Temperatur-Diagrammen wie in Bild D3.5-12 und -14 darstellen. Zu beachten ist, dass die Temperatur des Heizwassers am Eintritt in den Kondensator der Wärmepumpe durch Bei-

mischung aus dem wärmeren Vorlauf in aller Regel höher ist als die Rücklauftemperatur aus dem Heizungsnetz.

# E3
# Dynamisches Verhalten

## E3.1
## Gebäude

Das thermische Verhalten des Gebäudes unter dem Einfluss der veränderlichen
äußeren und inneren thermischen Lasten ist maßgeblich für das thermische
Betriebsverhalten der Heizanlage. Bei der Gliederung dieses Teiles E in quasistationäres Teillastverhalten und dynamisches Verhalten beim Aufheiz- und
Absenkbetrieb wurde hiervon ausgegangen; die in Mitteleuropa in Hinblick
auf die Speichermasse des Gebäudes überwiegende mittelschwere bis schwere Bauweise erlaubt die Annahme, dass der zeitlich am häufigsten vorkommende Betrieb mit sich ändernden äußeren und inneren Lasten als quasistationär
betrachtet werden kann und lediglich beim Aufheizen und Absenken dynamisches Verhalten zu beachten ist. Diese Annahme gilt bei leichten Gebäuden
nur mit Einschränkung. Am stärksten wirkt sich das Gebäude auf das Verhalten der Nutzenübergabe aus; gemeint ist hier die Übergabe von Wärme, Kühle[4] und Luft. Bei genauerer Betrachtung steht daher das thermische Verhalten
des Raumes als Teil eines Gebäudes im Vordergrund. Die hierfür wesentlichen
Eigenschaften eines Raumes können einerseits unveränderlich sein, wie die
Dämmung und Speicherkapazität der Wände, die Größe und Ausführung der
Fenster und die Anordnung im Gebäude; andererseits können sie veränderlich
sein wie der Sonnenschutz oder ein temporärer Wärmeschutz vor den Fenstern; schließlich spielt auch der Raumbetrieb eine Rolle wie die Lüftung, die
Nacht- und Wochenendabsenkung der Raumsolltemperatur, die Zusatzlüftung
aufgrund überhöhter Geruchsbelästigung oder Schadstofffreisetzung oder auch
aufgrund überhöhter äußerer und innerer thermischer Lasten, wenn eine obere
Grenztemperatur von z.B. 26 °C überschritten wird und die Außenlufttemperatur niedriger ist, insbesondere im Sommer (besondere Lüftungssteuerung).

Eine Übersicht über die vielfältigen Untersuchungen der das thermische
Verhalten des Gebäudes beeinflussenden Größen gibt Mügge [E2-2]. Die wichtigsten Erkenntnisse haben Eingang gefunden in die Lastberechnungsregeln
DIN 4701, Regeln für die Berechnung des Wärmebedarfs von Gebäuden [E3-1]
und in VDI 2078, Berechnung der Kühllast klimatisierter Gebäude [E3-2]. Einen
besonders wichtigen Einfluss hat die Lüftung. Je nach Art der Luftzufuhr unterscheidet man Fugenlüftung, Fensterlüftung und kontrollierte Lüftung.

---

4   Gewünscht ist z.B. ein genügend „kühles" Schlafzimmer, nicht ein „kaltes", mithin wird
    „Kühle" erwartet, nicht „Kälte".

Bei der Fugenlüftung – im Ausland auch Infiltration genannt – dringt der Luftstrom bei geschlossenen Fenstern durch Fassadenundichtigkeiten ein. In DIN 4701 ist die Berechnung der sich daraus ergebenden Lüftungsheizlast festgelegt.

Bei der Fensterlüftung tritt die Außenluft durch das geöffnete Fenster ein. Während die Fugenlüftung sozusagen eine Gebäudeeigenschaft ist, muss die vom Nutzer bewusst herbeigeführte Fensterlüftung der Nutzung des Gebäudes zugeordnet werden. Über einen längeren Betrachtungszeitraum gesehen überlagern sich Fugen- und Fernsterlüftung. Bei der heute vorgeschriebenen dichten Bauweise ist die nutzerabhängige Festerlüftung dominierend (d.h. der Nutzer berücksichtigt unbewusst den gewohnten Fugenlüftungsanteil).

Bei der kontrollierten Lüftung wird die Außenluft über eine Lüftungsanlage dem Gebäude zugeführt; es wird deshalb auch von maschineller Lüftung gesprochen. Der Luftstrom ist den Räumen des Gebäudes fest aufgeprägt und weitgehend von äußeren Einflüssen unabhängig. Wenn auch die Abluft mit Ventilatorhilfe fortgeführt wird, ist Wärmerückgewinnung möglich. Die kontrollierte Lüftung ist gänzlich von der Nutzung abhängig.

Um das thermische Verhalten von Räumen vollständig zu erfassen, müssen neben den Wärmeleit- und -speichervorgängen in den Wänden auch die Wärmeübertragungs- und Luftströmungsvorgänge im Raum beachtet werden. Knabe [E3-3], der den Raum (= Luftraum) als Regelstrecke untersucht, weist auf den grundsätzlichen Unterschied zwischen Räumen, die über Heizflächen beheizt werden, und Räumen die mit raumlufttechnischen Anlagen (Luftheizung) ausgerüstet sind, hin. Das Regelverhalten von Räumen mit Heizflächen ist abhängig von den Wärmeübertragungsvorgängen an den Heizflächen, dem Strömungsfeld im Raum, der Wärmeaufnahme der Umfassungsflächen sowie der Einstrahlung von Wänden und Heizflächen auf die Umfassungsflächen und den Menschen. Bei Räumen mit raumlufttechnischen Anlagen bestimmen neben der Einstrahlung von den Wänden und von den Heizflächen auf Umfassungsflächen und den Menschen die Raumluftströmung besonders das Regelverhalten der Räume. Bei der Raumluftströmung sind drei Prinzipien der Lastabführung zu unterscheiden (siehe Bild E3-1): Verdrängen, Verdünnen, Zonieren. Das Zonierungsprinzip ist vor allem anzuwenden, wenn im Raum zwei stabile Luftschichten unterschiedlicher Dichte – also zwei Zonen übereinander – herzustellen sind. Dabei lässt sich häufig die Lüftungsaufgabe auf den unteren (Aufenthalts-)Bereich begrenzen. Im oberen Bereich treten wesentlich höhere Lufttemperaturen und (Stoffkonzentrationen) auf.

Je nach Übergabesystem sind unterschiedliche Reaktionsfähigkeiten auf das dynamische Verhalten der Räume zu beobachten. Besonders deutlich wird dies, wenn man von einer Pauschalbetrachtung am Menschen hinsichtlich der Behaglichkeit (mit einer vom ganzen Körper empfundenen Temperatur) zu einer örtlichen Betrachtung (Halbraumstrahlung, gerichtete Luftgeschwindigkeiten) übergeht (siehe Teile A2, C3 und D1.2.2). In Hinblick auf das Betriebsverhalten von Übergabesystemen wirken sich die Unterschiede bei der Raumluft-

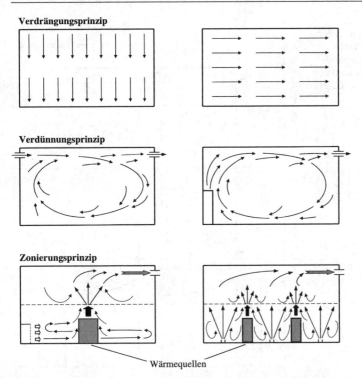

**Verdrängungsprinzip**

**Verdünnungsprinzip**

**Zonierungsprinzip**

Wärmequellen

**Bild E3-1** Drei Prinzipien der Lastabführung bei der Raumluftströmung

strömung lediglich bei großen Räumen, Hallen, deutlich aus. Bei Raumgrößen, wie man sie im Wohnbereich kennt, sind die Unterschiede bei der Raumluftströmung gering und es dominieren im Regelverhalten derartiger Räume die Wärmeleit- und -speichervorgänge in den Raumumfassungsflächen. Ihr Einfluss vor allem auf den Jahresheizenergiebedarf ist in vielen Forschungsarbeiten untersucht worden; Sommer [E3-4] gibt hierüber eine Übersicht und zeigt, dass entgegen einer weit verbreiteten Vorstellung der Jahresheizenergiebedarf bei einer täglichen Beheizungsunterbrechung (ZEB) gegenüber dem Durchheizen zunehmen kann (bei schwerer Bauart). Mügge [E2-2] veranschaulicht den Einfluss der Bauschwere auf den Zeitverlauf der Innentemperatur und der erforderlichen Heizleistung bei Nachtunterbrechung (Bild E3-2). Räume mit geringer Speicherfähigkeit kühlen schneller aus als Räume mit hoher Speicherfähigkeit. Je nach Dauer der Beheizungseinschränkung und der Auskühlgeschwindigkeit ergibt sich für den jeweiligen Raum eine Absenkung der Innentemperatur im Tagesmittel. Sie liegt bei Räumen leichter Bauart niedriger als bei Räumen schwerer Bauart, woraus unmittelbar der höhere Einspareffekt durch ZEB bei leichter Bauart resultiert.

Ein besonders einfaches Maß für die Speicherfähigkeit eines Raumes oder Gebäudes ist die Schwere der Bauart. Nach DIN 4701 [E3-1] werden hier nur 3

**Bild E3-2** Zeitverlauf der
Innentemperatur $\vartheta_i$ und der
Heizleistung $\dot{Q}$ bei Nacht-
unterbrechung für Gebäude
in schwerer und in leichter
Bauart (schematisch) [E2-2]

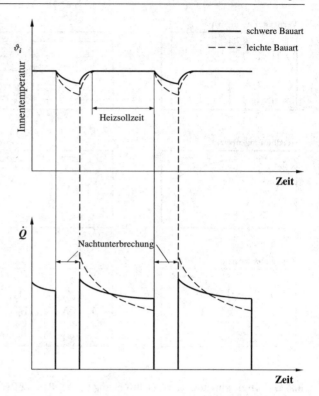

Fälle unterschieden: leichte, schwere und sehr schwere Bauart. Dabei wird die
Speichermasse $m$ des Raumes berechnet nach der Formel:

$$m = \sum \left(0,5 m_{STAHL} + 2,5 m_{HOLZ} + m_{REST}\right)_a +$$
$$0,5 \sum \left(0,5 m_{STAHL} + 2,5 m_{HOLZ} + m_{REST}\right)_i \qquad \text{(E3.1-1)}$$

Darin bedeuten die Indizes der Massekomponenten „Stahl" Bauteile aus Stahl,
„Holz" Bauteile aus Holz, „Rest" Bauteile aus sonstigen Stoffen, „a" Massen der
Außenflächen und „i" Massen der Innenflächen. Die Speichermasse wird auf die
Summe aller Außenflächen des Raumes (Fenster und Außenwände) bezogen.
Man erhält so folgende Zuordnungen:

| $m/\sum A_a$ | $\leq 600$ | $\leq 1400$ | $> 1400$ | kg/m$^2$ |
|---|---|---|---|---|
| Bauart | leicht | schwer | sehr schwer | |

$\sum A_a$ ist die Summe der Außenflächen

Differenzierter ist die Kennzeichnung der Kühllastregel [E3-2], in der vier
Typräume vorgegeben sind: Sehr leicht (XL), leicht (L), mittel (M) und schwer
(S). Alle Typräume haben die gleichen Abmessungen und die gleiche Wärme-
dämmung, jedoch unterschiedliche Wandaufbauten. Hier ist im Unterschied

zur DIN 4701 die Summe der Speichermassen auf die Fußbodenfläche bezogen. Aus den in [E3-2] mitgeteilten Einzelheiten über die Wände, den Boden und die Decke ergibt sich folgende Einteilung:

| Bauart | XL | L | M | S | |
|---|---|---|---|---|---|
| $\sum m / A_{FB}$ | $\leq 150$ | $\leq 300$ | $\leq 800$ | $> 800$ | kg/m$^2$ |
| $\sum m c / A_{FB}$ | $\leq 50$ | $\leq 100$ | $\leq 200$ | $> 200$ | Wh/Km$^2$ |

$A_{FB}$ ist die Fußbodenfläche

Etwas weitergehender als die beiden erwähnten Kennzeichnungen der thermischen Trägheit ist die Angabe einer Auskühl-Zeitkonstanten, wenn vereinfachend für das instationäre thermische Verhalten von Räumen eine Regelstrecke erster Ordnung angenommen wird

$$T_{Ra} = \frac{\sum_{j=1}^{n} w_j \left(\rho\,c\,s\,A\right)_j}{\sum\left(k\,A\right)_a + \beta\,\rho_L\,c_L\,V_{Ra}} \qquad (E3.1\text{-}2)$$

Hierin bedeuten:

$(\varrho c s A)_j$     die Wärmekapazität einer Bauteilschicht der Dicke $s$

$w_j$     Wichtungsfaktor

$\sum(kA)_a + \beta_{\varrho_L} c_L V_{Ra}$     Wärmedurchlässigkeit nach außen (Luftwechsel)

Aus der Gleichung wird deutlich, dass nicht nur die Schwere bzw. die Wärmekapazität des Raumes oder Gebäudes für das dynamische thermische Verhalten maßgeblich ist, sondern auch die jeweilige Wärmedurchlässigkeit nach außen einschließlich der durch Lüftung. Tatsächlich gibt es aber noch mehr Einflüsse, die keinesfalls mit den drei einfachen Bewertungsgrößen erfasst werden können. Dies alles zu erfassen, gelingt nur durch eine rechnerische Strukturmodellierung und Systemsimulation. Drei grundsätzlich unterschiedliche Verfahren werden hierbei angewandt:

- Die von Stevenson und Mitalas [E3-5 und -6] in den USA und parallel dazu von Masuch [E3-7] in Deutschland entwickelte Response- oder Gewichtsfaktorenmethode (Übernahme des Faltungsprinzips aus der Regelungstechnik),
- Finite-Differenzen-Verfahren, die auf eine von Crank und Nikolson [E3-8] vorgeschlagene Lösungsmethode von partiellen Differentialgleichungen zurückgehen, und
- die Anlehnung an das „Beuken-Modell" mit einem Schaltkreis-Analyse-Verfahren und Zweikapazitäten-Modell [E3-9].

Wegen ihrer Einfachheit hat sich die erstgenannte Methode weitgehend durchgesetzt; sie liegt auch der VDI-Kühllastregel [E3-2] zu Grunde (ebenso dem verbreiteten TRNSYS, Transient System Simulation Program). Genauere Ergebnisse liefert die jüngst veröffentlichte – noch einfachere und numerisch stabilere – drittgenannte Methode; sie wird in der übergreifenden VDI 2067 Bl. 10 u. 11 angewandt [E3-10].

Ein besonderer Vorteil der Systemsimulation gegenüber empirischen Untersuchungen des thermischen Verhaltens von Gebäuden – auch auf der Basis sehr vieler Verbrauchsmessungen – besteht darin, dass sich hiermit sowohl der Heizlastverlauf als auch der Jahresenergiebedarf bei **idealer** Beheizung als Bezugssituation gegenüber einer beliebigen realen Heizung herstellen lässt (siehe auch Teil G3). Vor dem Hintergrund einheitlicher klimatischer Bedingungen (Testreferenzjahr [E3-11]) können neben dem Heizlastverlauf und dem Jahresenergiebedarf zudem weitere für den Heizbetrieb wichtige Größen reproduzierbar berechnet werden wie z.B. die Raumtemperaturen. Häufig werden hierfür neben den Lufttemperaturen auch Mittelwerte von Luft- und Wandtemperaturen als ein Maß für die operative Temperatur verwendet. Sie werden durch Vergleich von Soll- und Ist-Wert zunächst für die Entscheidung benötigt, ab wann Heizwärmezufuhr als Verlust zu zählen ist, dann aber auch dazu, ab wann Fremdwärme – von außen oder innen – nicht mehr der Entlastung der Heizung dient, sondern „abgelüftet" wird (z.B. durch Öffnen der Fenster), und wenn eine vorgegebene Behaglichkeitsgrenze im Raum (z.B. 26 °C) überschritten wird. Beispielhaft zeigt Bild E3-3 den Verlauf der Mitteltemperaturen im Mai beim vorgegebenen Betrieb und Bild E3-4 die Mitteltemperatur oberhalb 26 °C in unterschiedlich schweren Räumen aufgetragen über der Summenhäufigkeit innerhalb eines Jahres.

Die Mitteltemperaturen in Bild E3-4 treten im wärmsten Raum des simulierten Gebäudes (Süd-Mittelraum) während eines Jahres auf. Die vier Varianten des Gebäudes, unterschieden durch ihre Schwere, besitzen eine einheitliche Wärmedämmung (mittlerer Wärmedurchgangkoeffizient $k_m$ = 0,74 W/m²K); auch die

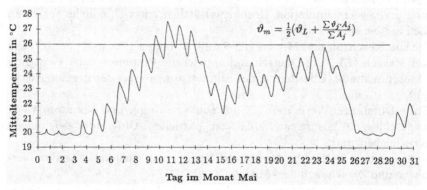

**Bild E3-3** Gang der Mittelwerte aus Luft- und Wandtemperaturen eines nach Süden gerichteten Raumes im Mittenbereich eines dreigeschossigen schweren Gebäudes (Beispiel gerechnet mit TRY Typ 5 und dem Programm TRNSYS)

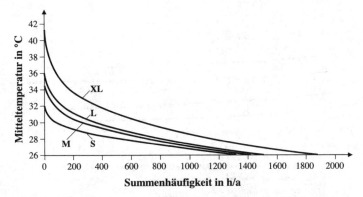

**Bild E3-4** Die Mitteltemperatur oberhalb 26 °C in unterschiedlich schweren Räumen aufgetragen über der Summenhäufigkeit innerhalb eines Jahres

Fensterflächen sind mit 6 m²/Raum (40% der Außenfläche) gleichgehalten. Die unterschiedliche Schwere wird durch Variation des Wand-, Boden- und Deckenaufbaus erreicht. Die Räume werden einheitlich mit einem Luftwechsel von $0.5\,h^{-1}$ gelüftet. Die Temperaturen deutlich über 40 °C, wie sie bei dem sehr leichten (XL) Gebäude auftreten, fallen außerhalb der Heizzeit im Sommer an. Während der Heizzeit treten nicht ganz so hohe Überschreitungen der Behaglichkeitsgrenze auf. Sie werden bei einem realen Betrieb des Gebäudes vom Nutzer durch zusätzliches Lüften vermieden. Das Überangebot von Fremdwärme ist bei leichten Gebäuden höher als bei schweren; oder anders ausgedrückt, der Grad der Fremdwärmeausnutzung steigt mit der Schwere des Gebäudes.

Eine weitere Größe, die Aufschluss gibt über das thermische Verhalten von Gebäuden, ist der (Jahres-)Referenzenergiebedarf [E3-10]. Er stellt die Heizenergie dar, die das Gebäude bei idealer Beheizung (trägheitslos) und einem vereinfachten in VDI 2067 Bl. 10 definierten Betrieb (durchgehende Beheizung, konstante Sollraumtemperaturen und konstante Lüftung) benötigt (siehe Teil H, Kapitel 3). In Bild E3-5 ist der flächenbezogene Gebäude-Grund-Energiebedarf $Q_{0,N}$ (ohne Innenlast, Definition nach [E3-10]) für das beschriebene Gebäude über der Gebäudeschwere dargestellt. Die geringfügige Abnahme des Bedarfs mit der Schwere zeigt, wie wenig sich in Wirklichkeit der Grad der Fremdwärmeausnutzung ändert. Die Unterschiede in der Schwere wirken sich im wesentlichen nur bei der Behaglichkeit aus. Neben dem Basisfall sind noch drei Varianten in der Gebäudehülle in das Diagramm eingetragen: Halbierung der Fensterfläche (Kurve Fe/2), Zusatzdämmung der Außenwände, des Daches und des Kellerbodens, so dass die Transmissionswerte auf ein Drittel reduziert sind (Kurve D), und Einbau einer Wärmeschutzverglasung mit einer Verbesserung des Wärmedurchgangskoeffizienten von 2,3 auf $1.3\,W/m^2K$ (Kurve Fe → 1,3). Bild È3-6 zeigt den Einfluss durch Veränderung des Heizbetriebes durch Nutzervorgaben. Hier wird der Basisfall $Q_{0,G}$ mit zwei Variationen $Q_{0,N}$ verglichen: Tägliche Nachtabsenkung zwischen 22 Uhr und 6 Uhr (Kurve N) und Nacht- mit

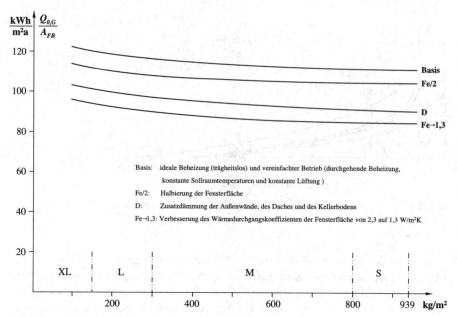

**Bild E3-5**  Flächenbezogener Gebäude-Grund-Energiebedarf $Q_{0,G}$ (ohne Innenlasten) abhängig von der Gebäudeschwere (Beispiele)

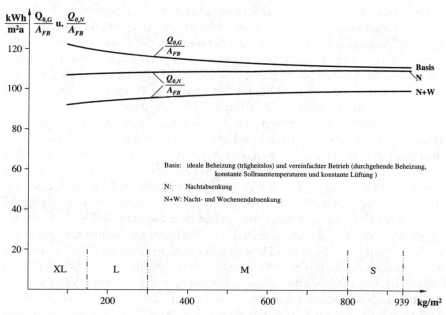

**Bild E3-6**  Flächenbezogener Gebäude-Grund-Energiebedarf $Q_{0,G}$ verglichen mit dem Gebäude-Referenz-Energiebedarf $Q_{0,N}$ beim Absenkungbetrieb abhängig von der Gebäudeschwere (Beispiele, Begriffe nach [E3-10])

Wochenendabsenkung, wie er bei einem Bürobetrieb üblich ist (Kurve N + W). Die theoretische Einsparung (ideale Beheizung) durch einen Absenkbetrieb nimmt mit der Schwere des Gebäudes ab. Sie beträgt bei mittelschweren bis schweren Gebäuden zwischen 4 und 3 %.

## E3.2
## Wärmeübergabe

### E3.2.1
### *Aufheizbetrieb*

Für das Zeitverhalten einer Heizanlage im Aufheizbetrieb ist das Übergabesystem maßgeblich. Um dies für sich zu betrachten, wird vorausgesetzt, dass bei Beginn des Aufheizbetriebs aus der Verteilung eine Vorlauftemperatur $\vartheta_{V,0}$ und ein Heizmittelstrom $\dot{m}_0$ geliefert wird, vor dem Aufheizbetrieb die Raumheizfläche mit ihrem Wasserinhalt die Temperatur des umgebenden Raumes hat und der Raum diese Temperatur für die Betrachtungszeit beibehält.

Vereinfachend sei für die Raumheizfläche angenommen, dass
- ihre Wärmeabgabe unabhängig von der Übertemperatur, also $kA$ = konst ist,
- wasserseitig keine Mischung (und in Strömungsrichtung auch keine Wärmeleitung) stattfindet,
- die Heizflächenwände keine Speicherkapazität besitzen.

Man könnte sie sich als ein dünnes Rohr vorstellen.

Bei Beginn der Aufheizzeit hat die betrachtete Heizfläche eine Übertemperatur $\Delta\vartheta_{V,0}$ (siehe Bild E3-7). Im vorderen Bereich der bereits mit warmem Wasser gefüllten Heizfläche bis zu der Temperaturstufe zu dem noch kalten Teil gilt für die Wärmeabgabe eines Längenelementes $dl$ ($l$ = relative Länge der Heizfläche)

$$d\dot{Q} = kA \; dl \; \Delta\vartheta \tag{E3.2-1}$$

**Bild E3-7** Verlauf der Übertemperatur einer Heizfläche bei Beginn der Aufheizzeit über der relativen Länge der Heizfläche

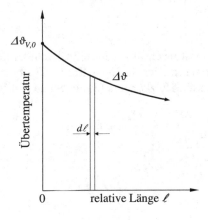

Bis zu der betrachteten Stelle 1 hat die (nichtspeichernde!) Heizfläche die Leistung $\dot{Q}|_0^l$ abgegeben:

$$\dot{Q}|_0^l = \dot{m}_0\, c_W \left( \Delta\vartheta_{V,0} - \Delta\vartheta \right) \tag{E3.2-2}$$

Nach der Übertemperatur differenziert:

$$d\dot{Q} = -\dot{m}_0\, c_W\, d\Delta\vartheta \tag{E3.2-3}$$

Wird dieser Ausdruck in Gleichung E3.2-1 eingesetzt, erhält man folgende Integralgleichung

$$\int_0^l \frac{d\Delta\vartheta}{\Delta\vartheta} = -\frac{kA}{\dot{m}_0\, c_W}\, l \tag{E3.2-4}$$

An der Stelle l = 0 ist $\Delta\vartheta = \Delta\vartheta_{V,0}$, also

$$\ln\frac{\Delta\vartheta}{\Delta\vartheta_{V,0}} = -\frac{kA}{\dot{m}_0\, c_W}\, l \tag{E3.2-5}$$

oder

$$\frac{\Delta\vartheta}{\Delta\vartheta_{V,0}} = \exp\left( -\frac{kA}{\dot{m}_0\, c_W}\, l \right) \tag{E3.2-6}$$

Ist die gesamte Heizfläche ($l = 1$) mit warmem Heizwasser gefüllt, dann stellt sich die Rücklaufübertemperatur $\Delta\vartheta_{R,0}$ wie im stationären Betrieb ein:

$$\frac{\Delta\vartheta_{R,0}}{\Delta\vartheta_{V,0}} = \exp\left( -\frac{kA}{\dot{m}_0\, c_W} \right) \tag{E3.2-7}$$

Man erhält somit schließlich für den Temperaturverlauf

$$\frac{\Delta\vartheta}{\Delta\vartheta_{V,0}} = \left( \frac{\Delta\vartheta_{R,0}}{\Delta\vartheta_{V,0}} \right)^l \tag{E3.2-8}$$

Das Übertemperaturverhältnis in den Gleichungen E3.2-7 und E3.2-8 sei im Folgenden $\Theta_{R,0}$ genannt. Für die logarithmische Übertemperatur im erwärmten Teil des vereinfachten Heizkörpers bis zur Stelle $l$ ist

$$\Delta\vartheta_{\lg,l} = \frac{\Delta\vartheta_{V,0} - \Delta\vartheta}{\ln\dfrac{\Delta\vartheta_{V,0}}{\Delta\vartheta}} = \frac{1 - \Theta_{R,0}^l}{l\dfrac{1}{\ln\Theta_{R,0}}}\, \Delta\vartheta_{V,0} \tag{E3.2-9}$$

und die Wärmeleistung bis zu dieser Stelle

$$\dot{Q}(l) = kA\,l\,\Delta\vartheta_{V,0}\,\frac{1-\Theta_{R,0}^{l}}{l\dfrac{1}{\ln\Theta_{R,0}}} \tag{E3.2-10}$$

und bezogen auf die Wärmeleistung $\dot{Q}_0$

$$\frac{\dot{Q}(l)}{\dot{Q}_0} = \frac{1-\Theta_{R,0}^{l}}{1-\Theta_{R,0}} \tag{E3.2-11}$$

Für die Strecke $l$ benötigt das zuströmende Wasser $\dot{m}_0$ die Füllzeit $t$

$$t = \frac{m_{HK}}{\dot{m}_0}\,l \tag{E3.2-12}$$

mit dem Wasserinhalt $m_{HK}$.
In Gleichung E3.2-11 eingesetzt

$$\frac{\dot{Q}(t)}{\dot{Q}_0} = \left(1-\Theta_{R,0}\right)^{-1}\left(1-\Theta_{R,0}^{\frac{\dot{m}_0}{m_{HK}}t}\right) \tag{E3.2-13}$$

nach der Zeit differenziert

$$\frac{d\dfrac{\dot{Q}}{\dot{Q}_0}}{dt} = \frac{\ln\Theta_{R,0}}{\Theta_{R,0}-1}\,\Theta_{R,0}^{\frac{\dot{m}_0}{m_{HK}}t}\,\frac{\dot{m}_0}{m_{HK}} \tag{E3.2-14}$$

Damit ist die Zeitkonstante für den vereinfachten Heizkörper im Aufheizbetrieb:

$$T = \frac{\Theta_{R,0}-1}{\ln\Theta_{R,0}}\,\frac{m_{HK}}{\dot{m}_0} = \frac{\Delta\vartheta_{lg,0}}{\Delta\vartheta_{V,0}}\,\frac{m_{HK}}{\dot{m}_0} \tag{E3.2-15}$$

Beim stationären Betrieb mit den Eingangsbedingungen $\dot{m}_0$ und $\Delta\vartheta_0$ besteht die Wärmedurchgangsbeziehung

$$\dot{Q}_0 = kA\,\Delta\vartheta_{lg,0} \tag{E3.2-16}$$

und die Wärmebilanz

$$\dot{Q}_0 = \dot{m}_0\,c_W\left(\Delta\vartheta_{V,0}-\Delta\vartheta_{R,0}\right) = \dot{m}_0\,c_W\,\sigma_0 \tag{E3.2-17}$$

Voraussetzungsgemäß gilt $kA = (kA)_n$ auch unter Normbedingungen. Die Frage nun, bei welchem **Betrieb** eine bestimmte Raumheizfläche mit der angestrebten kleinen Zeitkonstante einen Raum aufheizen kann, beantwortet der zweite Term in der folgenden aus E3.2-15 mit E3.2-16 und -17 hergeleiteten Gleichung:

$$T = \frac{m_{HK}\, c_W}{(kA)_n} \frac{\sigma_0}{\Delta \vartheta_{V,0}}$$
(E3.2-18)

D.h., die Vorlauftemperatur muss beim Aufheizbetrieb möglichst hoch und die Spreizung möglichst klein eingestellt sein. Die **Auswahl der Raumheizfläche** richtet sich nach dem ersten Term in E3.2-18: Sie muss ein großes Leistungsvermögen $(kA)_n$ und einen kleinen Wasserinhalt besitzen.

Trotz der vereinfachenden Annahmen zu dem thermischen Verhalten der vorstehend betrachteten Raumheizfläche (konstantes $kA$ und keine Speicherkapazität des Rohrmaterials) gelten die Aussagen zum Aufheizbetrieb und zur Heizflächenauswahl allgemein sowohl für integrierte wie für freie Raumheizflächen und auch für Lufterwärmer.

Die Auswahlaussage ist zusätzlich für den instationären Teillast- und den Absenkbetrieb zu überprüfen.

### E3.2.2
#### Instationärer Teillast- und Absenkbetrieb

Um das instationäre Teillastverhalten bei Veränderung (Absenken) des Heizmittelstromes von einem Ausgangspunkt 1 kennenzulernen, werde auch hier wie für den Aufheizvorgang ein vereinfachtes Verhalten der Raumheizfläche mit kA = const untersucht; allerdings braucht die Speicherkapazität des Rohrmaterials nicht vernachlässigt zu werden. Die Gesamtkapazität sei $C_{HK}$ mit der Einheit J/K. Während die Vorlaufübertemperatur $\Delta \vartheta_{V,1} = \Delta \vartheta_{V,0}$ konstant bleibt,

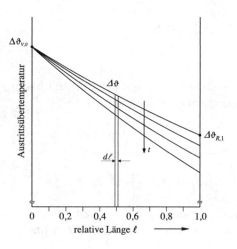

**Bild E3-8** Der zeitabhängige Austrittstemperaturverlauf einer Heizfläche über der relativen Länge der Heizfläche bei Veränderung (Absenken) des Heizmittelstromes

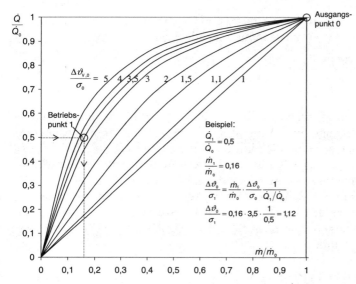

**Bild E3-9** Stationäres Verhalten einer Raumheizfläche im $\dot{Q}$, $\dot{m}$-Diagramm (Bezugswerte im Ausgangspunkt 0) mit $kA$ = const und Umrechnung von einem stationären Betriebspunkt 1 auf einen neuen Ausgangspunkt

sinkt mit dem Heizmittelstrom die Rücklaufübertemperatur $\Delta\vartheta_R$ von einem Ausgangswert $\Delta\vartheta_{R,1}$ ab. Der in Bild E3-8 wiedergegebene Ausgangstemperaturverlauf folgt Gleichung E3.2-8. Das stationäre Verhalten der betrachteten Heizfläche zeigt Bild E3-9. Jeder stationäre Betriebspunkt 1 (z.B. $\dot{Q}_1/\dot{Q}_0 = 0,5$ mit $\dot{m}_1/\dot{m}_0 = 0,16$ auf der Kennlinie mit $\Delta\vartheta_{V,0}/\sigma_0 = 3,5$) kann in einen neuen Ausgangspunkt 0 (bei $\dot{Q}/\dot{Q}_0 = 1$) auf die zugehörige Kennlinie (hier dann mit $\Delta\vartheta_{V,0}/\sigma_1 = \Delta\vartheta_{V,0}/\sigma_0 = 1,12$) verlegt werden. Man erhält so einen einheitlichen stationären Arbeitspunkt mit $\dot{m}_1 = \dot{m}_0$.

Gesucht ist zunächst an der Stelle l die örtliche Veränderung der Übertemperatur $\Delta\vartheta$ mit der Zeit bei einem Sprung des Heizmittelstromes vom Ausgangswert $\dot{m}_0$ im Beharrungszustand auf einen anderen $\dot{m}$. Daraus werden der gesamte zeitabhängige Temperaturverlauf, der zugehörige mittlere wirksame Temperaturabstand und die Wärmeabgabe berechnet.

Die Wärmebilanz für das Heizflächenelement $dl$ besagt, dass der Eintrittswärmestrom $\dot{m}\,c_W\,\Delta\vartheta_l$ der Gesamtwärmeabgabe des Elementes aus dem Austrittswärmestrom $\dot{m}\,c_w\,\Delta\vartheta_{l+dl}$, der Wärmeabgabe in den Raum $d\dot{Q}$ und der gespeicherten Wärme $C_{HK}\,dl\,d\Delta\vartheta/dt$ gleich ist:

$$-\dot{m}\,c_W\,\frac{\partial\Delta\vartheta}{\partial l}\Big|_l\,dl = kA\,dl\,\Delta\vartheta\,\Big|_l + C_{HK}\,dl\,\frac{d\Delta\vartheta}{dt} \tag{E3.2-19}$$

In Anlehnung an die übliche Vorgehensweise beim Untersuchen dynamischer Systeme (Band 1 Teil K und [E3-12]) werden für die Eingangs- und Ausgangsgröße normierte Größen $u = \dot{m}/\dot{m}_0$ und $\Theta = \Delta\vartheta/\Delta\vartheta_{V,0}$ eingeführt. Die Differentialgleichung E3.2-19 erhält somit folgende Form

$$\dot{\Theta} = -\frac{kA}{C_{HK}}\Theta - \frac{\partial\Theta}{\partial l}\frac{\dot{m}_0\,c_W}{C_{HK}}u \tag{E3.2-20}$$

Da das Verstärkungsprinzip in diesem Fall nicht erfüllt ist (ein konstanter Faktor vor der Eingangs- und Ausgangsgröße lässt sich nicht herauskürzen), handelt es sich hier um eine nichtlineare Differentialgleichung. Üblicherweise schränkt man die Untersuchung nichtlinearer Systeme auf die Betrachtung kleiner Änderungen um einen Arbeitspunkt ein, wobei das Verhalten des nichtlinearen Systems mit hinreichender Genauigkeit durch eine lineare Systembeschreibung ersetzt werden kann. Im mit 0 gekennzeichneten Arbeitspunkt sei das System in Beharrung. Betrachtet wird die zeitabhängige relative Abweichung von diesem Punkt:

$$\Theta(t) = \Theta_0 + \Delta\Theta(t) \text{ und } u(t) = u_0 + \Delta u(t) \tag{E3.2-21}$$

Mit $\dot{\Theta} = f(\Theta, u)$ lässt sich die durch E3.2-20 wiedergegebene Funktion formal in eine Taylor-Reihe entwickeln:

$$\Delta\dot{\Theta} = f\left(\dot{\Theta}_0, u_0\right) + \frac{\partial f}{\partial\Theta}\Big|_{\Theta_0, u_0}\Delta\Theta(t) + \frac{\partial f}{\partial u}\Big|_{\Theta_0, u_0}\Delta u(t) + \dots.. \tag{E3.2-22}$$

Sie wird nach den ersten linearen Gliedern abgebrochen. Vor dem partiellen Differenzieren der Funktion $f(\Theta, u)$ ist zu beachten, dass die örtliche Veränderung der Übertemperatur aus Gleichung E3.2-6 von der Eingangsgröße $u$ abhängt:

$$\Theta = \frac{\Delta\vartheta}{\Delta\vartheta_{V,0}} = \exp\left(-\frac{kA}{\dot{m}_0\,c_W}\frac{\dot{m}_0}{\dot{m}}l\right) = \Theta_{R,0}^{\frac{1}{u}} \tag{E3.2-23}$$

$$\frac{\partial\Theta}{\partial l} = \frac{1}{u}\Theta_{R,0}^{\frac{l}{u}}\ln\Theta_{R,0} \tag{E3.2-24}$$

Nach der Differentiation und mit $u_0 = 1$ bleibt:

$$\Delta\dot{\Theta} = \left[-\frac{kA}{C_{HK}}\Theta_0 - \frac{\dot{m}_0\,c_W}{C_{HK}}\Theta_{R,0}^{l}\ln\Theta_{R,0}\right]$$
$$-\frac{kA}{C_{HK}}\Delta\Theta(t) + \frac{\dot{m}_0\,c_W}{C_{HK}}\Theta_{R,0}^{l}\,l\left(\ln\Theta_{R,0}\right)^2\Delta u(t) \tag{E3.2-25}$$

Um auf die übliche Form einer linearen Differentialgleichung zu kommen, werden $\Delta\Theta(t)$ durch $x(t)$ und $\Delta u(t)$ durch $u(t)$ ersetzt:

$$\dot{x}(t) = f_0 - a\ x(t) + b\ u(t) \tag{E3.2-26}$$

Im Beharrungszustand, also in der Ausgangsruhelage mit $\Delta\dot{\Theta} = 0$, $\Delta\Theta(t) = 0$ und $\Delta u(t) = 0$, erhält man mit $f_0 = 0$ eine Bestimmungsgleichung für $\Theta_0$:

$$\Theta_0 = \Theta_{R,0}^l,\ \frac{\dot{m}_0\ c_W}{kA} = 1\frac{1}{\ln\Theta_{R,0}}\ \text{und}\ b = a\left(\frac{kA}{\dot{m}_0\ c_W}\right)l\ \Theta_{R,0}^l \tag{E3.2-27}$$

So vereinfacht sich Gleichung E2-3-26 zu

$$\dot{x}(t) = -a\ x(t) + b\ u(t) \tag{E3.2-28}$$

Zur Berechnung der Systemantwort auf eine Standard-Eingangsfunktion wird $x(0) = 0$ gesetzt. Eine Standard-Eingangsfunktion kann z.B. eine Sprungfunktion sein, bei der $\Delta u(t)$ oder hier $u(t)$ zum Zeitpunkt $t = 0$ vom Wert 0 auf den Wert 1 springt. Die Sprungantwort lautet:

$$x(t) = \frac{b}{a}\left[1 - e^{-at}\right]\ \text{für}\ t > 0 \tag{E3.2-29}$$

bzw.

$$\Delta\Theta(t) = +\frac{kA}{\dot{m}_0\ c_W}l\,\Theta_{R,0}^l\left[1 - e^{-\frac{kA}{C_{HK}}t}\right]\ \text{oder} \tag{E3.2-30}$$

$$\Delta\Theta(t) = -\ln\Theta_{R,0}\,l\,\Theta_{R,0}^l\left[1 - e^{-\frac{kA}{C_{HK}}t}\right]$$

Dies ist die Übergangsfunktion eines $PT_1$-Gliedes mit der sog. Zeitkonstanten

$$T_1 = \frac{C_{HK}}{kA} \tag{E3.2-31}$$

oder unter Beachtung der Vereinfachung $kA = (kA)_n$

$$T_1 = \frac{C_{HK}}{(kA)_n}$$

und dem Übertragungsbeiwertbeiwert

$$K_l = +\frac{(kA)_n}{\dot{m}_0\ c_W}l\,\Theta_{R,0}^l \tag{E3.2-32}$$

Zunächst gilt die Übergangsfunktion nur für das Zeitverhalten der Heizfläche an der Stelle l. Ihr Verhalten auf der gesamten Länge $l = 1$ liefert der Integralmittelwert der Gleichung E3.2-30. Es genügt dabei, lediglich den Übertragungsbeiwert zu betrachten; der zeitabhängige zweite Term verändert sich beim Integrieren nicht. Die Zeitkonstante an der Stelle l gilt somit auch für die Veränderung der mittleren wirksamen Übertemperatur und genauso für die Veränderung der Wärmeabgabe der gesamten Heizfläche.

Das bestimmte Integral für den Übertragungsbeiwert lautet:

$$\int_{l=0}^{l=1} K_l \, dl = -\ln\Theta_{R,0} \int_0^1 l\,\Theta_{R,0}^l \, d\,l$$

$$\bar{K} = \left[ \frac{\Theta_{R,0}^l}{\ln\Theta_{R,0}} \left( 1 - l \, \ln\Theta_{R,0} \right) \right]_0^1$$

Der Übertragungsbeiwert der vollständigen Fläche beträgt:

$$\bar{K} = \frac{1}{\ln\Theta_{R,0}} \left[ \Theta_{R,0} \left( 1 - \ln\Theta_{R,0} \right) - 1 \right] \tag{E3.2-33}$$

Die Sprungantwort bei der mittleren Übertemperatur läuft auf den Endwert

$$\Delta\vartheta_{lg} - \Delta\vartheta_{lg,0} = \bar{K} \, \Delta\vartheta_{V,0} \tag{E3.2-34}$$

Mit der logarithmischen Übertemperatur der Heizfläche im Bezugspunkt (E3.2-9) erhält man für die relative Abweichung der Übertemperatur, die zugleich auch die relative Abweichung bei der Wärmeleistung ist:

$$\frac{\dot{Q} - \dot{Q}_0}{\dot{Q}_0} = \frac{\Delta\vartheta_{lg} - \Delta\vartheta_{lg,0}}{\Delta\vartheta_{lg,0}} = \frac{1 - \Theta_{R,0}\left(1 - \ln\Theta_{R,0}\right)}{1 - \Theta_{R,0}} \tag{E3.2-35}$$

Das Übertemperaturverhältnis $\Theta_{R,0} = \Delta\vartheta_{R,0}/\Delta\vartheta_{V,0}$ werde ersetzt durch die Abkühlzahl der Heizfläche:

$$\Phi_0 = \frac{\sigma_0}{\Delta\vartheta_{V,0}} = 1 - \Theta_{R,0} \tag{E3.2-36}$$

Man erhält schließlich als Übertragungsbeiwert für die Veränderung der Wärmeleistung aus Gleichung E3.2-35

$$K_Q = \frac{\dot{Q} - \dot{Q}_0}{\dot{Q}_0} = 1 - \left( \frac{1}{\Phi_0} - 1 \right) \ln\frac{1}{1 - \Phi_0} \tag{E3.2-37}$$

Diese Gleichung ist identisch mit der Ableitung der Kennlinienfunktion $\dot{Q}/\dot{Q}_0 = f(\dot{m}/\dot{m}_0)$. Ihr Verlauf ist in Bild E3-9 wiedergegeben. Die Krümmung der Leistungskennlinie (Bild E3-10) nimmt mit einer zunehmenden Abkühlzahl $\Phi_0$ ab.

**Bild E3-10** Übertragungsbeiwert $K_Q$ für die Veränderung der Wärmeleistung
in Abhängigkeit von der
Abkühlzahl $\Phi_0$

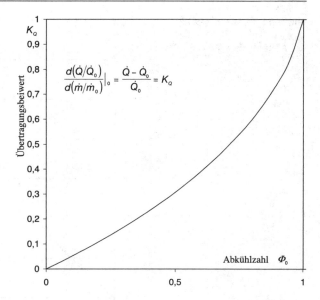

$$\frac{d(\dot{Q}/\dot{Q}_0)}{d(\dot{m}/\dot{m}_0)}\Big|_0 = \frac{\dot{Q}-\dot{Q}_0}{\dot{Q}_0} = K_Q$$

D.h., das Übertragungsverhalten wird mit wachsender Abkühlzahl immer weniger vom Arbeitspunkt abhängig. Da das stationäre und dynamische Verhalten einer Heizfläche nur im Zusammenhang mit einem zugehörigen Regelsystem zu beurteilen ist und reale Regler mehr (z.B. P-Regler) oder weniger (z.B. PI-Regler) unvollkommen auf das arbeitspunktabhängige Übertragungsverhalten reagieren, sind im Hinblick auf das Regelverhalten große Übertragungsbeiwerte und damit große Abkühlzahlen anzustreben. Was diese Forderung für die Auslegung bedeutet, ist aus dem mit E3.2-27 mitgeteilten Zusammenhang

$$\frac{(kA)_n}{\dot{m}_0\,c_W} = \ln\frac{1}{\Theta_{R,0}} = \ln\frac{1}{1-\Phi_0} \tag{E3.2-38}$$

abzuleiten. In Bild E3-11 ist dies auch graphisch dargestellt. Somit ist die Raumheizfläche für ein möglichst hohes Leistungsvermögen (hohe Normleistung) und einen möglichst kleinen Heizmittelstrom auszulegen.

Wie bereits erwähnt, darf das Zeitverhalten der Raumheizfläche nicht ohne den zugehörigen Regler beurteilt werden. Die weitaus am meisten bei Raumheizflächen eingesetzten Regler besitzen ein Proportionalverhalten (Thermostatventile). Für sie ist in Hinblick auf den als wünschenswert erkannten hohen Übertragungsbeiwert bei der Heizfläche eine gegenüber bisher kleinere bleibende Regelabweichung zu fordern; von den häufig bei Thermostatventilen empfohlenen 2 K sollte man auf 0,5 K heruntergehen. Ohnehin wären Regelsysteme ohne bleibende Regelabweichung anzustreben.

Weitere Hinweise für die Auswahl der Raumheizfläche liefert auch die Zeitkonstante (Gleichung E3.2-31). Im Unterschied zu der für den Aufheizbetrieb

**Bild E3-11** Kennzahl $(kA)_n$/ $\dot{m}_0 c_W$ in Abhängigkeit von der Abkühlzahl $\Phi_0$

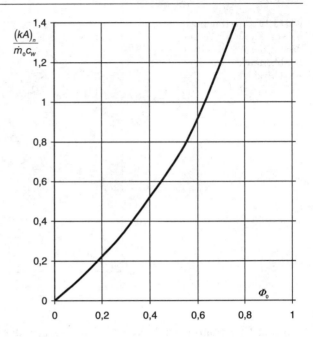

hergeleiteten Zeitkonstanten ist hier keine Vorschrift für einen vorteilhaften Betrieb enthalten. Aber ebenso wie beim Aufheizbetrieb sollte die Speicherkapazität einer Raumheizfläche möglichst klein und das Leistungsvermögen möglichst groß sein. Werden also Heizflächen für eine kleine Übertemperatur ausgelegt und müssen daher eine große Normleistung und somit ein großes Leistungsvermögen besitzen, sollten Heizflächen mit einem möglichst kleinen Wasserinhalt bevorzugt werden.

## E3.3
### Wärmeverteilung und -erzeugung

Das Zeitverhalten der **Wärmeverteilung** ist bei einer sprunghaften Veränderung der Eintrittstemperaturen in einem Leitungsteil zu erkennen: Die Austritttemperatur (z. B. bei der Wärmeübergabe) folgt der Veränderung der Eingangsgröße erst nach einer bestimmten Laufzeit, der Totzeit $T_t$ (siehe Bd. 1, Teil K4.2.7). Die Wärmeverteilung hat demnach das Übertragungsverhalten eines Totzeitgliedes. Die Totzeit ist abhängig von der Wassergeschwindigkeit w im betrachteten Rohrstück und seiner Länge l

$$T_t = \frac{l}{w} \tag{E3.3-1}$$

Da die Geschwindigkeit hier meist unter 1 m/s liegt, ist mit Totzeiten von einigen Sekunden für die Strecke von 1 m zu rechnen. Nur bei ausgedehnten Heizanlagen, wenn die Totzeit sich gegenüber der Zeitkonstanten des Wärmeübergabesystems bemerkbar macht, wirkt sie sich auf die Regelgüte des Gesamtsystems verschlechternd aus.

Das Zeitverhalten des **Wärmeerzeugers** oder Wärmeerzeugungssystems ist im wesentlichen nur bei seiner Steuerung (z.B. Schalten des Brenners) zu beachten. Die meist vorkommende Betriebssituation lässt sich am Beispiel des Kessels mit aufgeprägter Feuerungsleistung $\dot{Q}_B$ erläutern. Es soll vereinfachend angenommen werden, dass auch die Entnahmeleistung $\dot{Q}_H$ konstant ist. Der Wärmeerzeuger verhält sich dann wie ein integrierendes Übertragungsglied (I-Glied), bei dem die Veränderungsgeschwindigkeit der Ausgangsgröße (Kesselvorlauftemperatur) proportional ist der Eingangsgröße, die hier in etwa die Differenz zwischen Feuerungs- und Entnahmeleistung darstellt; oder integriert gemäß Gleichung K4-4 in Bd. 1:

$$\vartheta_{K,V}(t) = K_I\, t \qquad\qquad\qquad\qquad \text{(E3.3-2)}$$

mit dem Integralbeiwert:

$$K_I = \frac{\dot{Q}_B\, \overline{\eta}_{K,0} - \dot{Q}_H}{C_K} \qquad\qquad\qquad \text{(E3.3-3)}$$

$C_K$  Speicherkapazität des Kessels (Wasserinhalt und Kesselkörper)
$\overline{\eta}_{K,0}$  mittlerer Kesselwirkungsgrad für einen Teillastbereich (Gleichung D3.3-10) im Ausgangspunkt 0.

Der mittlere Kesselwirkungsgrad $\overline{\eta}_K$ ist wegen der nach dem Brennerstart zunehmender Abgastemperatur geringfügig zeitabhängig, so dass sich die Ausgangsgröße $\vartheta_{K,V}$ unterproportional mit der Zeit verändert (siehe Bild E3-12).

Im Unterschied zum quasistationären Verhalten, wie es in Kap. E2.3 beschrieben ist, darf die Kapazität eines parallel geschalteten Pufferspeichers nicht generell der Kesselkapazität zugerechnet werden. Ist der Pufferspeicher – was anzustreben ist – in der Regelung vom Kessel getrennt (z.B. Bild D3.3-46), darf seine

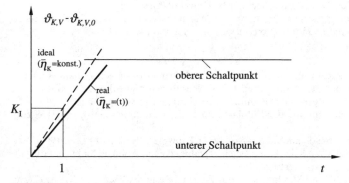

**Bild E3-12** Zeitverhalten eines Kessels (I-Glied)

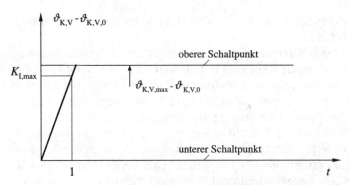

**Bild E3-13**  Zeitverhalten eines Wärmeerzeugers bestehend aus Kessel und Pufferspeicher bei idealer Laderegelung (mit einer Schaltung nach Bild D3.3-46)

Kapazität zwar für eine Vergrößerung der mittleren Brennerlaufzeit, nicht aber für den Integralbeiwert des Kessels herangezogen werden. Mit einer Laderegelung für den Pufferspeicher lässt sich die Heizleistung $\dot{Q}_H$ in Gleichung E3.3-3 so verändern, dass im Idealfall der Kessel mit einem maximalen Integralwert

$$K_{I,\max} = \frac{\dot{Q}_B \, \overline{\eta}_{K,0}}{C_K} \qquad (E3.3-4)$$

hochgefahren wird bis zum oberen Schaltpunkt, dann die Heizleistung $\dot{Q}_H$ genau auf $\dot{Q}_N \overline{\eta}_K$ abgestimmt und die Ausgangsgröße konstant gehalten wird, bis der Pufferspeicher gefüllt ist (Bild E3-13).

## Literatur

### Literatur E 2
[E2-1]     Esdorn, H.: Zur Bandbreite des Jahresenergieverbrauchs von Gebäuden. HLH Bd. 36 (1985), Nr. 12, S. 620–622.

[E2-2]     Mügge, G.: Die Bandbreite des Heizenergieverbrauchs – Analyse theoretischer Einflussgrößen und praktischer Verbrauchsmessungen. VDI-Fortschrittsbericht, Rh. 19, Nr. 69. Dissertation, Technische Universität Berlin 1993

[E2-3]     Ast, H.: Energetische Beurteilung von Warmwasserheizanlagen durch rechnerische Betriebssimulation. Dissertation, Universität Stuttgart, 1989.

### Literatur E 3
[E3-1]     DIN 4701: Regeln für die Berechnung des Wärmebedarfs von Gebäuden; Teil 1: Grundlage der Berechnung, Teil 2: Tabellen, Bilder, Algorithmen, Ausgabe März 1983, Teil 3: Auslegung der Raumheizeinrichtungen, Ausgabe August 1989.

[E3-2]     VDI 2078: Berechnung der Kühllast klimatisierter Räume (VDI-Kühllastregeln); 10.94.

[E3-3]     Knabe, G.: Gebäudeautomation. Verlag für Bauwesen, Berlin, München 1992.

[E3-4]     Sommer, K.: Einfluss der Wärmespeicherfähigkeit von Wohngebäuden auf die Jahresheizenergie. Dissertation, TU Berlin.

[E3-5]     Stephenson, D. und Mitalas, G.: Room Thermal Response Factors. ASHRAE-Trans. 73 (1967). No. 2019, S. III2.1-III2.10.

[E3-6]    Mitalas, G.: Transfer Funktion Method of Calculation Cooling Loads, Heat Extraction and Space Temperature. ASHRAE-Journal 14 (1972). H 12, S. 54–56.

[E3-7]    Masuch, J.: Analytische Untersuchungen zum regeldynamischen Temperaturverhalten von Räumen. VDI-Forschungsheft 557 (1973).

[E3-8]    Crank, J. und Nicolson, P.: A Practical Method for Numerical Evaluation of Solutions of Partial Equations of the Heatconductions Type. Proceedings of the Cambridge Philosophical Society, Vol. 43 (1947) P.1.

[E3-9]    Rouvel, L. u. Zimmermann, F.: Ein regeltechnisches Modell zur Beschreibung des thermisch dynamischen Raumverhaltens. HLH Bd. 48 u. 49 (1997/98), Nr. 10 S. 66–75, Nr. 12 S. 24–31, Nr. 1 S. 18–29.

[E3-10]   VDI 2067 Bl. 10 u. 11: Energiebedarf beheizter und klimatisierter Gebäude.

[E3-11]   Peter, R.; Hollan, E.; Blümel, K.; Kähler, M.; Jahn, A.: Entwicklung von Testreferenzjahren (TRY) für Klimaregionen der Bundesrepublik Deutschland. Forschungsbericht T 86-051, BMFT Bonn, 1986

[E3-12]   DIN 19226 Regelungstechnik und Steuerungstechnik; Teil 2: Begriffe zum Verhalten dynamischer Systeme. 02.1994.

# F Trinkwassererwärmung

Heinz Bach

## F1
## Übersicht

Die Technik, Trinkwasser zu erwärmen, ist eng verwandt mit der Technik der Zentralheizung. Wärmeerzeuger für Heizanlagen und Wassererwärmer werden sehr häufig beim selben Hersteller produziert, meist sogar als kombinierte Anlagen; auch die Installation im Gebäude ist häufig in einer Hand. Es ist daher naheliegend, die eigentlich zum Gebiet der Sanitärtechnik gehörende Trinkwassererwärmung bei der Heiztechnik mit zu behandeln.

In der älteren Literatur und auch in überholten Normen findet man für die Trinkwassererwärmung häufig den Begriff der Warmwasserbereitung. Diese Bezeichnung konnte sich nicht halten, weil eine Verwechslung mit dem Heizmittel in Warmwasserheizungen möglich war. Man führte daher den Begriff „Brauchwassererwärmung" ein [F-1] und bezeichnete erwärmtes Trinkwasser (maximale Erwärmung auf 95 °C) kurz als „Brauchwasser". Da einige Fachleute eine Verwechslung mit dem Begriff „Betriebswasser" (das kein Trinkwasser darstellt) befürchten, hat man sich in den DIN-Normen 1988, 4708 und 4753 [F-2 bis -6] auf den Begriff Trinkwassererwärmung geeinigt. Trinkwasser selbst liegt als Kaltwasser mit Temperaturen zwischen 5 und 15 °C, je nach Jahreszeit, vor und muss bezüglich Aussehen, Geruch, Geschmack sowie chemischer, physikalischer und bakteriologischer Gesichtspunkte bestimmten Anforderungen genügen. Im folgenden wird für Trinkwasser in Wortkombinationen die Abkürzung TW verwendet.

Anknüpfend an die in Teil A und B eingeführte Betrachtungsweise besteht die Nutzenübergabe hier zunächst in der Erwärmung des Trinkwassers, dann in seiner Weitergabe über Leitungen und in der Abgabe des erwärmten Trinkwassers an unterschiedlichen Zapfstellen. Es gibt eine Analogie zur Luftheizung: dort wird die Luft zunächst erwärmt – direkt oder indirekt – und über Luftkanäle (für die ähnliche Hygieneanforderungen bestehen sollten wie für Trinkwasserleitungen) und Luftdurchlässe dem Raum zugeführt. Die Trinkwasserleitungen gehören wie bei der Luftheizung die Luftkanäle zum Bereich der Nutzenübergabe. Bei direkter TW-Erwärmung sind Übergabe und Erzeugung (hier besser „Energiewandlung") eine Einheit. Wie bei Einzelraumheizgeräten wirken sich z. B. Schwankungen im Wandlungsprozess unmittelbar auf die Übergabe aus und bewirken dort eine Aufwandserhöhung – auch energetisch. Die anlagentechnische Aufgliederung des TW-Erwärmungssystems in einen Verteilbereich und einen Erzeugungsbereich ist nur möglich, wenn der TW-Erwärmer räumlich getrennt ist vom Wärmeerzeuger (z. b. Heizkessel oder Fernheizung), also bei indirekter TW-Erwärmung mit Warmwasser aus einer Heizanlage. Der Wandlungsprozess wirkt sich hier nur vernachlässigbar oder gar nicht auf die Übergabe aus. Es können daher die Bereiche Übergabe, Verteilung und Erzeugung getrennt gestaltet und energetisch bewertet werden.

Wegen der gegenüber dem „Nutzstoff" Luft wesentlich einfacheren Verteilmöglichkeit des Nutzstoffes „erwärmtes Trinkwasser" dominiert seine zentrale Erwärmung auch oder gerade, wenn Heizwasser zum Erwärmen verwendet wird. Dennoch sind im Unterschied zu ganz überwiegend zentral ausgeführten Heizanlagen dezentrale Systeme mit direkter Erwärmung des Trinkwassers (meist elektrisch oder mit Gas) weit verbreitet. Hier ist der Wärmeerzeuger direkt an der Zapfstelle angeordnet. Eine Übersicht über die verschiedenen Systeme gibt Bild F-1. Dezentrale TW-Erwärmer sind in unmittelbarer Nähe einer oder weniger Zapfstellen angebracht (Einzelversorgung, Gruppenversorgung); sie gehören zu einer Nutzereinheit. Zentrale TW-Erwärmer versorgen mehrere Nutzereinheiten mit entsprechend viel unterschiedlichen Zapfstellen und besitzen immer Verteilleitungen für das erwärmte Trinkwasser. Die Besonderheiten von Trinkwasser-Rohrnetzen werden daher zusammen mit den zentralen TW-Erwärmern behandelt.

Der TW-Erwärmer (zentral oder dezentral) kann mit oder ohne Speicher – dann immer als Durchfluss-Erwärmer (Bilder F-2, -3 und -8) – ausgeführt sein. Bei Speichersystemen sind die Wärmeaustauschflächen (als Wasserrohre, Rauchrohre oder Heizstäbe) meist innerhalb des Speichers (siehe z. B. Bild F-9)

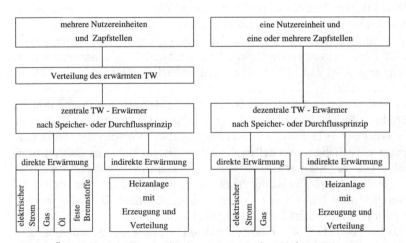

**Bild F-1** Übersicht über die verschiedenen Systeme der Trinkwassererwärmung

angeordnet, gelegentlich in einem Durchfluss-Erwärmer (als Rohre oder Platten) mit einer Ladeeinrichtung auch außerhalb (siehe z. B. Bild F-10).

In der Ausführung zu unterscheiden sind weiterhin offene und geschlossene Anlagen. Offene Anlagen stehen in Verbindung mit der Atmosphäre, das heißt die Zapfarmatur ist in Wasserströmungsrichtung vor dem Erwärmer angeordnet (Bild F-11). Geschlossene Anlagen besitzen den Druck des Wassernetzes; das Trinkwassernetz – Frischwassernetz – ist gegen den TW-Erwärmer durch einen sog. Rückflussverhinderer (Bild F-12) gesichert.

Generell besitzen TW-Erwärmer Einrichtungen zur Temperaturbegrenzung. Dies dient dem Schutz gegen Verbrühen (Sicherheit!), der Vermeidung von Korrosion und Steinablagerungen im Versorgungssystem und der Energieeinsparung (maximal 60 °C nach der Heizanlagen-Verordnung [D3.3-27]).

Die von einem TW-Erwärmer erwarteten Eigenschaften seien nach dem Schema Bild A2-1 gegliedert: Technische Grundanforderungen, Regeln und Vorschriften bedingen die sog. immanenten Eigenschaften wie Dichtigkeit, Druckfestigkeit, Korrosionsbeständigkeit, Anschlussmöglichkeit und Sicherheit. Fallbezogene Eigenschaften, die im Sinne der (speziellen) Anforderungen etwas bewirken, also Funktionen, sind in Tabelle F-1 beispielhaft zusammengestellt.

Die geforderte Beherrschung der drei Hauptprobleme in Trinkwassersystemen – Korrosion, Steinbildung und Vermehrung von Mikroorganismen – schränkt die Wahl der Werkstoffe für Wassererwärmer und Rohrleitungen ein: für Durchlauferwärmer Kupfer oder Edelstahl, für Speicher darüber hinaus Normalstahl mit Email- oder Kunststoffbeschichtung und für Rohrleitungen verzinkter Stahl, Kupfer, Edelstahl, Glas und Kunststoff (siehe Band 1, Teil 2).

Die Wahl des geeigneten TW-Erwärmers oder TW-Erwärmungssystems (bei zentralen Anlagen die Art der Kombination mit einem Wärmeerzeuger, die Verteilrohre, die Zirkulation) richtet sich nach der Art des Nutzungsbereichs, den

**Tabelle F-1** Denkbare Sollfunktionen von TW-Erwärmern

| Festanforderungen | Grenzanforderungen | Wünsche |
|---|---|---|
| Sollbedarf decken<br>  Dauerleistung einhalten<br>  Speicherkapazität besitzen<br>Sicherheit gewährleisten<br>  Temperatur begrenzen<br>  Brandschutz gewährleisten<br>  Rauchgasaustritt vermeiden<br>  VDE-Vorschriften einhalten<br>Hygiene gewährleisten (Wasserqualität …)<br>  Mikroorganismenflora begrenzen<br>  Reinigung ermöglichen<br>  Rückfluss verhindern | Nutzen sichern<br>  Mindestnutztemperatur erreichen<br>  Mindestnutztemperatur einhalten<br>Leistungskennzahl erreichen<br>Anlagen-Energiebedarf begrenzen<br>  Mindestnutzungsgrad einhalten<br>  Zirkulation abschalten<br>Wirtschaftlichkeit verwirklichen<br>  Investitionskosten begrenzen | Nutzen verbessern<br>  Temperaturkonstanz verbessern<br>Anlagen-Energiebedarf minimieren<br>  Regenerativ-Energien nutzen<br>Wirtschaftlichkeit verbessern<br>  Gesamtkosten minimieren<br>Techn. Anpassungsfähigkeit schaffen<br>  Umstellbarkeit vorbereiten<br>  Kombinationsmöglichkeiten vorsehen<br>Bedienbarkeit erleichtern<br>  Bedarfskontrolle einrichten |

Nutzanforderungen (insbesondere Grenzanforderungen und Wünsche nach
Tabelle F-1) sowie den Gegebenheiten des Gebäudes, der Heizanlage und der
Energieversorgung. Unter Umständen spielt auch die Wasserbeschaffenheit
eine Rolle.

Drei grundsätzlich unterschiedliche Nutzungsbereiche gibt es:

- Bereiche mit geringer Gleichzeitigkeit im Bedarf (Wohnungen, Wohnheime
  und ähnliches, wo die gleichzeitige Entnahme an allen vorhandenen Zapfstellen praktisch ausgeschlossen ist).
- Bereiche mit hoher Gleichzeitigkeit (für Wasch- und Brauseeinrichtungen in
  Fertigungsstätten, Kasernen, Sportstätten, Badeanstalten, Schulen oder Kindergärten).
- Bereiche mit hohem Bedarf und hoher Gleichzeitigkeit (für gewerbliche Nutzung z.B. in Wäschereien, Fleischereien oder Großküchen, in Krankenhäusern, in Laboratorien u.ä.).

Eine Besonderheit stellt die Erwärmung von Trinkwasser auf Temperaturen
über 90 °C dar; man spricht dann von Kochendwassererwärmern (Wäscherei-
en, Küchen).

Eine weitere Besonderheit sind die Schwimmbadwasser-Erwärmungsanla-
gen, mit denen die Temperatur des Wassers im Schwimmbecken auf dem Sollwert (25 bis 30 °C) gehalten wird (hohe Gleichzeitigkeit).

Prinzipiell lassen sich Trinkwassererwärmer in allen Kombinationen, wie
sie Bild F-1 als Übersicht bietet, herstellen. Es ist auch der Übergang zwischen
zentralen und dezentralen Trinkwassererwärmern fließend. Aus Gründen der
Wirtschaftlichkeit, der Energiedarbietung und der Komforterwartungen haben
sich aber nur bestimmte Arten von TW-Erwärmern und TW-Erwärmungsanlagen durchgesetzt. Sie seien im Folgenden behandelt. Dabei wird allgemein von
Wassererwärmern gesprochen, da sie sich sowohl zur Erwärmung von Trinkwasser als auch Betriebswasser eignen. Eine umfassende Darstellung des Fach-
gebietes der Trinkwasser-Installationen geben die Beuth-Kommentare zu DIN
1988 [F-7].

## F2
## Grundausführungen der Trinkwassererwärmer

### F2.1
### Durchfluss-Wassererwärmer

### F2.1.1
### *Allgemeines*

Durchfluss-Wassererwärmer sind Wärmeaustauscher, durch die das Wasser
während der Entnahme zwangsweise fließt und sich dabei auf die Zapftemperatur erwärmt. Der Vorteil gegenüber Speicher-Wassererwärmern, in denen das

erwärmte Wasser unregelmäßig lang vorgehalten wird und wegen der meist freien Strömung in Totzonen auch stehen bleiben kann, besteht darin, dass das gezapfte Wasser immer frisch ist und sich allfällige Mikroorganismen nicht unkontrolliert vermehren können. Der Nachteil gegenüber Speichern resultiert aus dem üblicherweise stark schwankenden Bedarf, dem ein Speicher ohne hohen Regelaufwand leicht folgen kann. Bei Durchfluss-Wassererwärmern ist die Zapftemperatur vom Entnahmestrom abhängig; sie eignen sich daher besonders für Bereiche mit hoher Gleichzeitigkeit, z.B. auch als Schwimmbadwasser-Erwärmer.

Statt des in der Norm festgelegten Begriffes **Durchfluss** findet man die Bezeichnung **Durchlauf**; sie ist in der Fachsprache besonders kompakten Dampfkesselkonstruktionen zugedacht (Umlaufkessel, Durchlaufkessel).

Der Durchfluss-Wassererwärmer kann zugleich ein Wärmeerzeuger sein (Wärme aus Brennstoff oder elektrischem Strom); dann spricht man von direkter Beheizung. In ihm kann aber auch von einem Heizmittel aus einer Heizanlage die Wärme an das Trinkwasser übertragen werden; dann liegt indirekte Beheizung vor. Dezentrale Durchfluss-Wassererwärmer sind meist direkt beheizt, hingegen zentrale überwiegend indirekt.

## F2.1.2
### Dezentrale direkt beheizte Durchfluss-Wassererwärmer

Zur direkten Beheizung von Durchfluss-Wassererwärmern wird heute überwiegend elektrischer Strom oder Gas verwendet.

Elektrisch beheizte Geräte sind besonders einfach aufgebaut (DIN 44851 [F-8]) und lassen sich mit ihren modernen Ausführungen mit Hilfe der Leistungselektronik nahezu trägheitsfrei auch starken Lastschwankungen anpassen. Bild F-2 zeigt das Prinzip eines elektrischen Durchfluss-Wassererwärmers mit Stufenregelung.

Gas-Durchfluss-Wassererwärmer (Gas-Durchlauf-Wasserheizer nach DIN EN 26 [F-9]) sind im Prinzip aufgebaut, wie es Bild F-3 zeigt. Die Hauptheizfläche ist ein Lamellenrohrpaket oberhalb der wassergekühlten Brennkammer, auf deren Blechmantel wasserduchflossene Kupferrohre gelötet sind. Gelegentlich wird auch der Gasbrennerrost mit Wasser gekühlt (zur $NO_x$-Reduktion, siehe Teil D3.3.1.5). Generell werden Gasbrenner ohne Gebläse (sog. atmosphärische) eingesetzt. Die Geräte sind nach Durchflussströmen gestuft (5, 7, 13 oder 16 l/min für eine Wassererwärmung von 25 K). Bei konstanter Leistung verändert sich die Aufwärmung des Wassers etwa nach einer Hyperbel (s. Bild F-4 links). Neuzeitliche Geräte können den Durchflussstrom stufenlos zwischen 35 und 100% variieren; man erhält Kennlinienfelder, wie sie in Bild F-4 rechts dargestellt sind.

Gasdurchfluss-Wassererwärmer gehören zu den geschlossenen Anlagen; sie sind also druckfest (für Wasserleitungsdruck). Es gibt sie in zwei Ausführungen, für Schornsteinanschluss und für Außenwandmontage.

**Bild F-2**  Prinzipdarstellung
eines elektrischen Durch-
fluss-Wassererwärmers

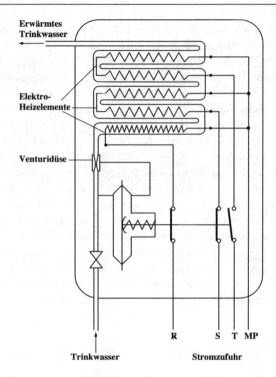

**Bild F-3**  Schematische Darstellung eines Gas-Durch-
fluss-Wassererwärmers

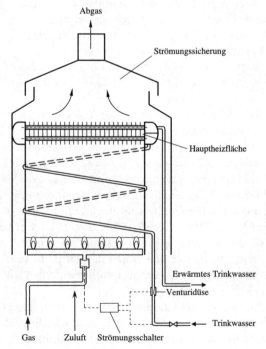

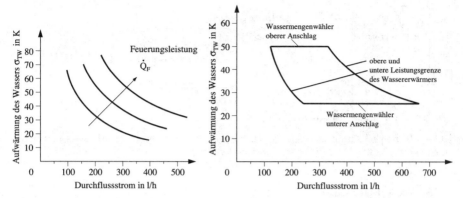

**Bild F-4**  links: Die Aufwärmung des Wassers verändert sich bei konstanter Leistung etwa nach einer Hyperbel. rechts: Beispiel eines Kennlinienfeldes für einen neuzeitlichen Wassererwärmer.

## F2.1.3
### *Zentrale indirekt beheizte Durchfluss-Wassererwärmer*

Mit der breiten Einführung der Zentralheizung auch für kleinere Einheiten ab etwa 1950 wurde sie mit der zentraler Trinkwassererwärmung kombiniert. Dabei waren Durchflusssysteme, vor allem der niedrigen Investitionskosten wegen, vorherrschend. (In den Großanlagen in der Zeit davor dominierten separate so genannte „Boiler" mit Schwerkraftzirkulation.) Die für die Durchflusssysteme verwendeten Wasser-Wasser-Wärmeaustautauscher sind Kupferrohrschlangen, die entweder in den Wasserraum des Heizkessels selbst oder in einen parallel zum Heizkessel geschalteten Heizwasserspeicher eingebaut sind (s. Bild F-5). Während die Rohre innen auf der Trinkwasserseite zwangsdurchströmt sind, dort daher Wärmeübergangskoeffizienten von 4000 bis 7000 W/m²K vorliegen, besteht auf der Außenseite freie Konvektion mit deutlich niedrigeren Wärmeübergangskoeffizienten. Die Außenseite der Kupferrohre ist daher auch berippt. Wegen der begrenzt einbaubaren Heizfläche und der für Durchflusserwärmer erforderlichen hohen Leistung, werden Temperaturabstände zwischen Trink- und Heizwasser von mindestens 60 K benötigt (Verkalkung!). Bei den heute üblichen Niedertemperaturkesseln sind derartige Forderungen nicht mehr zu erfüllen. Durchflusserwärmer werden daher nur noch bei Fernwärmeanschluss als Rohrbündel – oder Plattenwärmeaustauscher eingesetzt (s. Teil D3.2.2).

Die Aufwärmkurven $\sigma_{TW}$ ($\dot{V}_{TW}$) von indirekt beheizten Durchflusserwärmern liegen flacher als die der direkt mit aufgeprägter Leistung beheizten Wassererwärmer. Ihr Verlauf entspricht denen eines Wasser-Wasser-Wärmeaustauschers (s. Bild F-6).

Das thermisch-dynamische Verhalten von Durchflusserwärmern zeigt vergleichend Bild F-7. Bemerkenswert ist die nachteilig hohe Totzeit bei Durchflusserwärmern, die in einem Heizwasserspeicher eingebaut sind (oberste Kur-

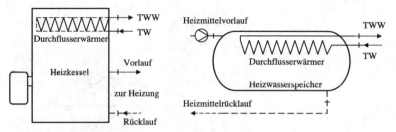

**Bild F-5** Prinzipschaltung eines im Heizkessel (links) und eines im Heizwasserspeicher (rechts) eingebauten Durchfluss-Trinkwassererwärmers

**Bild F-6** Die Aufwärmkurven $\sigma_{TW}$ ($V_{TW}$) von indirekt und direkt beheizten Durchflusserwärmern

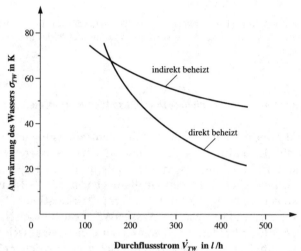

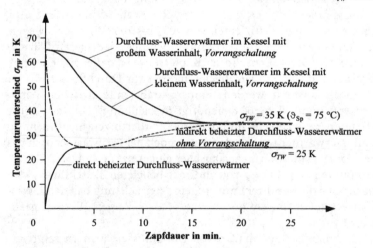

**Bild F-7** Zeitverlauf des Temperaturunterschiedes $\sigma_{TW}$ bei verschiedenen Durchfluss-Wassererwärmern

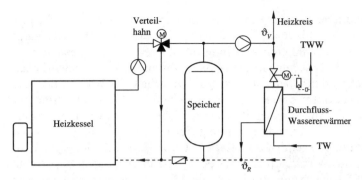

**Bild F-8** Parallelschaltung eines indirekt beheizten Durchfluss-Wassererwärmers zu Heizkessel und Heizwasserspeicher

ve). Die vorteilhaft kürzere Totzeit einer selten realisierten Variante, nämlich des indirekt beheizten Durchfluss-Wassererwärmers mit einer Entladeumwälzpumpe, ist in dem Diagramm Bild F-7 zu erkennen; die Schaltung zeigt Bild F-8. Hier werden die Vorteile eines Schichtspeichers konsequent genutzt und mit den vielfältigen Möglichkeiten einer modernen Regelung (z.B. auch regelbaren Umwälzpumpen) verbunden.

## F2.2
## Speicher-Wassererwärmer

### F2.2.1
### *Allgemeines*

Im Unterschied zu den Durchfluss-Wassererwärmern sind bei den Speicher-Wassererwärmern die Vorgänge der Beheizung und der Entnahme zeitlich getrennt – bei indirekt beheizten auch räumlich –, so dass zusätzlich die Leistungen für die Beheizung und bei der Entnahme sich stark unterscheiden können. Auf diese Weise lässt sich zum Beispiel die Beheizung vorteilhaft in die Niedertarifzeit bei Strombeheizung oder in die Schwachlastzeit der Heizung legen; zudem kann die Heizleistung minimiert oder die Wärmeerzeugung aus Brennstoffen durch Reduktion der Zahl der Brennerstarts optimiert werden. Es ist auch die stark schwankend anfallende Wärme aus Solarkollektoren bis zur Nutzung zwischenzulagern. Weiterhin lässt sich mit Speichern die Regelung für die Trinkwassererwärmung sehr einfach gestalten; gleichbleibende Temperaturen sind ohne Schwierigkeiten einzuhalten.

Es gibt Speicher mit innerer oder äußerer Beladung. Bei der inneren Beladung sind die Heizflächen im Speicher angeordnet; die Wärme auf der Trinkwasserseite wird durch freie Konvektion übertragen. Bei äußerer Beladung wird das Trinkwasser außerhalb des Speichers in einem zwangsweise durchströmten Wärmetauscher erwärmt; eine Speicherladepumpe ist erforderlich.

Während bei äußerer Beladung die günstigste Speicherart, der Schichtspeicher, verwirklicht wird (dadurch Minimierung des Speichervolumens möglich), erhält man bei der inneren Beladung im unteren Teil des Speichers, in der die Wärmetauschfläche angeordnet ist, eine Mischzone mit veränderlichen Temperaturen während des Ladevorgangs (und unterhalb des Wärmetauschers einen kalten Totraum). Im oberen Teil des Speichers bleibt bei gleichzeitiger Entladung und Beheizung eine stabile Warmschicht – soweit es die Speicherform zulässt –; bei reiner Entladung (ohne gleichzeitige Beheizung) verhalten sich Speicher mit innenliegenden Heizflächen ebenfalls wie Schichtspeicher. Im Hinblick auf eine aus Wirtschaftlichkeits- oder Platzüberlegungen angestrebte Minimierung des Speichervolumens ist in jedem Fall ein stehend angeordneter Speicher dem liegenden vorzuziehen.

Im Unterschied zu Durchfluss-Wassererwärmern können Speicher-Wassererwärmer auch als offene Anlagen, die in Verbindung mit der Atmosphäre stehen, betrieben werden. Diese sind dann generell direkt beheizte Speicher-Wassererwärmer.

Wie bei den Durchfluss-Wassererwärmern sind dezentrale Speicher-Wassererwärmer meist direkt beheizt; zentrale direkt oder indirekt, letzteres überwiegt allerdings.

### F2.2.2
*Dezentrale Speicher-Wassererwärmer*

Die dezentrale Trinkwassererwärmung ist am einfachsten mit elektrisch beheizten Speicher-Wassererwärmern zu verwirklichen. Sie bestehen aus einem wärmegedämmten Behälter mit einem innen angeordneten elektrischen Heizkörper (wie Tauchsieder) und einer Temperaturregeleinrichtung. Die Geräte sind meist unmittelbar an der Zapfstelle montiert und besitzen je nach Verwendungszweck entweder den kleineren Inhalt von 5, 10 oder 15 l (für Waschbecken) oder den größeren von 80 bzw. 120 l für den Einsatz in Bädern. Es gibt sie als offene oder geschlossene Systeme (s. Bilder F-10 und -11); geschlossene Systeme haben den Vorteil, dass handelsübliche Auslaufarmaturen verwendet werden können. Bei offenen Systemen findet man auch sog. Kochendwassergeräte für die Bereitung z.B. von Kaffee- oder Teewasser. Diese Geräte können variabel gefüllt werden, der Wasserstand ist von außen an einer Skala erkennbar.

Dezentrale Speicher-Wassererwärmer mit einer Wärmeerzeugung aus Brennstoff gibt es ebenfalls in offener und geschlossener Ausführung. Für eine direkte Beheizung kommen feste Brennstoffe, Öl oder Gas in Frage, letzteres überwiegt heute. Im Unterschied zu den elektrisch beheizten Geräten werden nur größere Speicher über 80 l Inhalt verwendet. Die direkt beheizten Speicher sind, unabhängig vom Brennstoff, einheitlich aufgebaut: sie besitzen im Zentrum des zylindrischen Speichers ein Rauchrohr. Bei gasgefeuerten Geräten sind meistens im Rauchrohr zur Verbesserung des Wirkungsgrades noch Sekundärheizflächen als Strahlungswandler und „Wirbulatoren" eingebaut.

Dezentrale Speichersysteme können in Verbindung mit einer Etagenheizung (meist Gas als Brennstoff) auch indirekt beheizt sein. Die erwärmtes Trinkwasser speichernden Behälter haben Inhalte zwischen 50 und 130 l. Sie sind mit dem Wärmeerzeuger in der gleichen Weise kombiniert wie zentrale Speichersysteme mit dem Unterschied, dass sie meist als Wandgeräte ausgeführt sind.

### F2.2.3
### *Zentrale Speicher-Wassererwärmer und Rohrnetze*

Zentrale Speicher-Wassererwärmer werden generell geschlossen, also druckfest, ausgeführt.

Anlagen mit direkter Beheizung entsprechen bei Speicherinhalten von 100–200 l in der Ausführung denen der dezentralen Speicher-Wassererwärmer. Bei größeren Speichern (gasbefeuert bis 1000 l, ölbefeuert bis 3000 l) sind Brennkammer und Rauchrohre im Speicher wie bei einem Heizkessel (siehe Teil D Kapitel 3.3.2.1) angeordnet.

Indirekt beheizte Speicher sind mit dem Heizkessel kombiniert (gemeinsames Gehäuse, nur bei kleineren Leistungen,) oder heute zunehmend und bei größeren Leistungen immer neben dem Heizkessel stehend oder liegend aufgestellt (dies erleichtert häufig die Montage). Bei den Speichern liegt die Heiz-

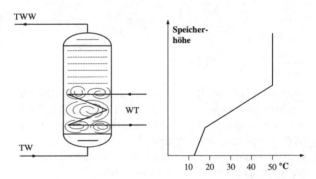

**Bild F-9** Speicher-Wassererwärmer mit innenliegendem Wärmetauscher („innere Beladung")

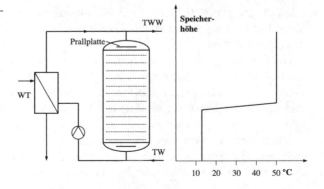

**Bild F-10** Speicher-Wassererwärmer mit externer Beladung

**Bild F-11** Schematische Darstellung eines offenen Trinkwassererwärmers

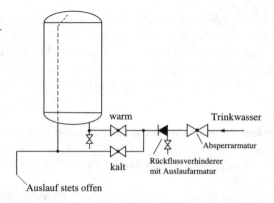

**Bild F-12** Schematische Darstellung eines geschlossenen
Trinkwassererwärmers

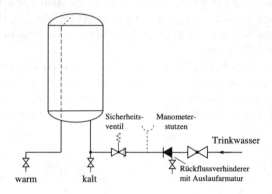

fläche als Rohrschlange meist innen (innere Beladung). Nur bei getrennter Aufstellung gibt es auch eine externe Beladung (siehe Bilder F-9 und -10). Eine weit
verbreitete Kessel-Speicher-Anordnung in einem Gehäuse zeigt Bild F-13. Die
Tiefanordnung des TW-Speichers hat den Vorteil, dass eine ungewollte Schwerkraftzirkulation vermieden wird. Obendrein lassen sich Wartungsarbeiten am
Kessel und Brenner leichter ausführen.

Die Nebenanordnung eines Speichers für erwärmtes Trinkwasser ist dann
besonders vorteilhaft, wenn zwei Wärmeerzeuger (Kessel und Wärmepumpe,
siehe Bild F-14 ) oder ein Wärmeerzeuger mit einem Heizwasserspeicher parallel geschaltet sind.

Die Schaltung für eine externe Beladung gemäß Bild F-10 zeigt Bild F-15. Der
externe Wärmetauscher kann ein Röhrenbündel- oder Plattenwärmeaustauscher sein. Dieses Speicherladesystem wird überwiegend für größere Anlagen
und die Fernheizung verwendet; es ist aber auch in Verbindung mit anderen
Wärmeerzeugersystemen einsetzbar, insbesondere bei Solarenergienutzung.

Die solare Trinkwassererwärmung nimmt eine Sonderstellung ein. Hier ist
nicht nur die Entnahme von erwärmtem Trinkwasser stark schwankend wie
sonst auch, sondern ebenfalls die Erwärmung durch die Sonne; außerdem ist

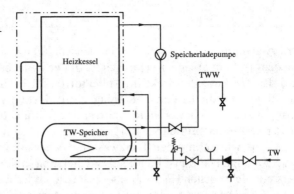

**Bild F-13** Schematische Darstellung einer weit verbreiteten Kessel-Speicher-Anordnung, Vorteil der unteren Speicheranordnung: keine ungewollte Schwerkraftzirkulation (Symbole siehe Tabelle D2.1-2 und -3)

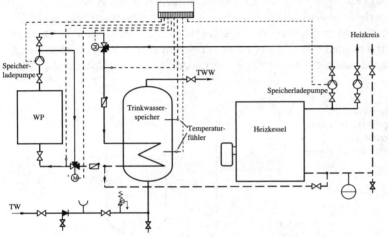

**Bild F-14** Schaltung eines Trinkwasserspeichers mit zwei Wärmeerzeugern: Wärmepumpe ausschließlich zur TW-Erwärmung mit geregelter Rücklaufanhebung; Kessel für die Spitzenlast, zugehörige Speicherladepumpe nur dann im Betrieb, Einspeisung durch Mischventil über Temperaturen im Speicher und im Mischwasserstrom geregelt (Symbole siehe Tabelle D2.1-2 und -3)

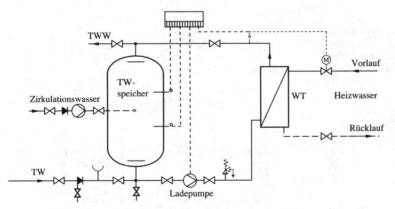

**Bild F-15** Trinkwassererwärmung im Speicherladesystem mit externem Wärmeaustauscher; die Ladepumpe wird nach der Temperatur im Speicher geschaltet, der Heizwasserstrom wird nach der Temperatur des erwärmten Trinkwassers geregelt (Symbole siehe Tabelle D2.1-2 und -3)

die Erwärmung auf die tägliche Sonnenscheindauer beschränkt. Es ist daher in jedem Fall ein Speicher erforderlich. In der einfachsten und billigsten Form wird das Trinkwasser direkt im Kollektor (s. D3.2.1 und Bild F-16.) erwärmt. Allerdings sind derart einfache Anlagen nur dort zu verwenden, wo es keinen Frost gibt, oder wo in der kalten Jahreszeit der Kollektor entleert werden kann. Stärker verbreitet sind daher in Mitteleuropa Anlagen mit einem eigenen Kollektorkreis, wie es für einen Trinkwasserspeicher mit internem Wärmetauscher Bild F-17 zeigt. Häufig ist hier als Zusatzheizung in der oberen Hälfte des Speichers ein elektrischer Heizstab und zusätzlich oder alternativ ein zweiter, von einem Kessel versorgter Wärmetauscher angebracht. Da das Trinkwasser wegen der Gefahr erhöhten Kalkausfalles und auch aus Sicherheitsgründen nicht über 60 °C erhitzt werden darf, ist die Speicherkapazität bei diesen Schaltungen begrenzt, und es bleibt verfügbare Solarwärme ungenutzt. Wesentlich günstiger sind da Kombinationen von zwei Speichern, von denen der größere und billige-

**Bild F-16** Schematische Darstellung einer solaren Trinkwassererwärmung mit Schwerkraftumlauf im Kollektorkreis

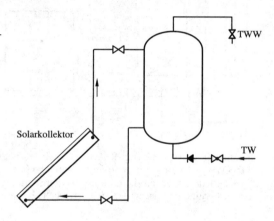

**Bild F-17** Schematische Darstellung eines Solarkollektorkreises mit Zwangsumlauf für einen Trinkwasserspeicher mit internem Wärmeaustauscher

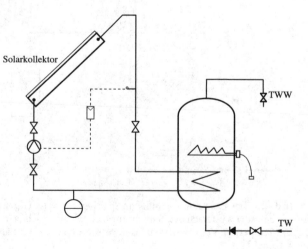

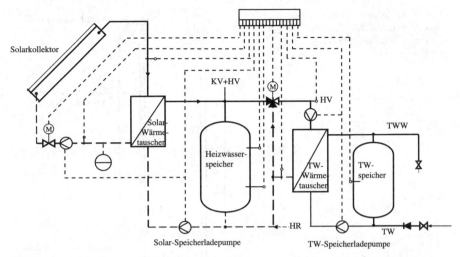

**Bild F-18** Kombination von Trinkwasser- und Heizwasserspeicher (ein nicht eingezeichneter Kessel ist über KV + HV und HR parallel geschaltet); die Speicherladepumpen werden über die Speichertemperaturen, die Pumpen im Solar- sowie TW-Kreis über die zugehörigen WT-Eintrittstemperaturen geschaltet und die Wasserströme nach den Spreizungen geregelt. Die Temperatur des Heizwasserspeichers wird auf einem für die TW-Erwärmung genügend hohen Niveau gehalten. Solarenergielieferung hat Vorrang.

re Heizwasser enthält und bis auf 95 °C aufgeladen werden kann und der kleinere das Trinkwasser. Eine Prinzipschaltung zeigt Bild F-18. Der Heizwasserspeicher (meist als Tagesspeicher ausgelegt) ist zudem als Pufferspeicher für einen Kessel mit zu verwenden (Heizungsvorlauf HV, Heizungsrücklauf HR). Es mag eingewandt werden, dass bei dieser Schaltung zu viele Umwälzpumpen erforderlich sind. Dem ist zu entgegnen, dass beim heutigen Entwicklungsstand Umwälzpumpen (auch regelbare) weniger kosten als Stellventile. Auch spielt bei Anwendung moderner Steuerungs- und Regelkonzepte der Energieaufwand hierfür keine allzu große Rolle.

Mit einem Speicher ist das Problem der starken Schwankungen des Solarenergieangebots noch nicht vollständig gelöst. Es bleibt die Veränderlichkeit der Kollektoraustrittstemperatur. Über eine regelbare Umwälzpumpe im Kollektorkreis lässt sich die Austrittstemperatur aus dem Kollektorfeld nur in Grenzen stabil halten. Um das unterschiedlich warm anfallende Wasser ohne Vermischungsverluste im Speicher einschichten zu können, ist das sog. low-flow-Konzept [F-10] vorgeschlagen worden. Einerseits wird der Wasserstrom durch die Kollektoren minimiert, so dass genügend hohe Austrittstemperaturen entstehen, andererseits werden selbstregelnde Ladevorrichtungen in einem Schichtspeicher angeordnet (s. Bild F-19). Im Speicher stehende Rohre haben seitliche Austrittsöffnungen mit Membranklappen, die nur öffnen, wenn das außenstehende Speicherwasser kälter ist als das im Rohr fließende. Derartige Speicher sind sowohl für Heizwasser als auch für Trinkwasser verwendbar, hauptsäch-

**Bild F-19** Prinzipdarstellung
der selbstregelnden Ladevorrichtungen in einem Schichtspeicher

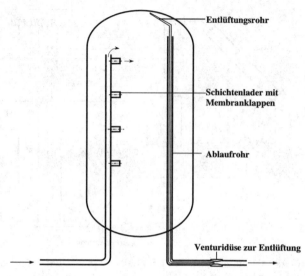

lich dazu, um mit dem Rücklauf aus der Zirkulation nicht allzu sehr die Schichtung zu stören.

Ein besonderes Problem ist die Entlüftung von Trinkwasserspeichern. Sie
gelingt am einfachsten, wenn am Kopf des Speichers das erwärmte Trinkwasser nach oben ausströmen kann. Dies wird gelegentlich vermieden, um Platz
über dem Speicher zu sparen oder um die Wärmedämmung nicht zu unterbre-
chen. So kann sich im Speicherkopf Luft ansammeln. Eine gesonderte Entlüftung ist bei Trinkwasserspeichern nicht zulässig. Eine selbsttätige innere Entlüftung nach dem Venturiprinzip ist in Bild F-19 zu erkennen.

Bei allen Verbesserungsbemühungen im Hinblick auf einen sorgsamen
Umgang mit der Energie zur Erwärmung von Trinkwasser sollte bedacht werden, dass der tatsächliche Aufwand hierfür und damit auch das Einsparpotenzial sehr klein ist. Eine einfache Überschlagsrechnung soll dies verdeutlichen:

Der Durchschnittsbedarf an erwärmtem Trinkwasser liegt bei einer Person
in Mitteleuropa etwa bei 45 l/d (hoch gegriffen!), der Nutzenergiebedarf also bei
rund 1,8 kWh[1]. Berücksichtigt man alle Verluste und stelle sich dabei eine Wassererwärmung mit einem Ölkessel vor, so kommt man auf einen Brennstoffenergiebedarf im Jahr für eine Person von rund 1000 kWh; das sind 100 $\ell$ Öl und
kostet bei einem Brennstoffpreis von 0,30 €/$\ell$ rund € 30,– (pro Jahr und Person!).

Bei einer zentralen Versorgung mit erwärmtem Trinkwasser müssen über
ein Leistungssystem die Verbraucherstellen und der zentrale Wassererwärmer
miteinander verbunden werden. Hierbei stellt sich als besonderes Problem die

---

[1]      45 kg · 4,18 kJ/kgK · 35 K/3600 s/h ≈ 1,8 kWh

bedarfsgerechte Wahl der Rohrdurchmesser. Generell gelten die selben Regeln wie für die Gestaltung von Kaltwasserrohrnetzen. Sie sind in großer Ausführlichkeit in DIN 1988 wiedergegeben [F2 und F1-7]. Die Berechnungsgrundsätze können im Bd. 1, Teil J, Kap. 2 und in Bd 3, Kap. D2.6 nachgelesen werden. Im Unterschied zu Heizungsverteilsystemen sind zehnmal höhere Druckabfallwerte und damit etwa dreimal höhere Strömungsgeschwindigkeiten zulässig. Eine Grenze ist von der Geräuschentwicklung gegeben: Im Einzelfall maximal 2 m/s. Der Druckabfall bis zur am weitesten entfernten Verbraucherstelle darf höchstens so groß sein, dass vor der letzten Armatur ein Mindestdruck von 1 bar erhalten bleibt (Mindestfließdruck).

Um eine Abkühlung des Wassers in den Leitungen unter die gewünschte Zapftemperatur zu vermeiden, gibt es elektrische Begleitheizungen (selbstregelndes elektrisches Heizband) oder den Zirkulationsbetrieb – beide für die Hauptbereiche des Verteilsystems und für die übliche Tagesnutzungsdauer. Abgesehen von Anwendungen in Laborbetrieben und ähnlichem ist überwiegend der Zirkulationsbetrieb zu finden. Die früher übliche Schwerkraftzirkulation über eine zu den Verteil- und Steigleitungen parallel geschaltete ungedämmte „Fallleitung" ist heute einem Zirkulationssystem mit Umwälzpumpe und Zeitschaltuhr gewichen. Die Nennweitenabstimmung zwischen Zirkulation und TWW-Leitung ist in DIN 1988 Tl. 3 [F-2] angegeben. Neuerdings werden die Zentralsysteme durch elektrische Durchfluss-Wassererwärmer an den Zapfstellen ergänzt. Der Stromaufwand hierfür kann deutlich kleiner sein als der für eine elektrische Begleitheizung. Auch ist eine Nachrüstung bei einer Sanierung problemlos. Bei kleineren Anlagen kann auf eine Zirkulationsleitung verzichtet werden: Bei einem Rohr mit einem Innendurchmesser von 16 mm und einer Länge von 10 m beträgt der Wasserinhalt 2 ℓ!

Hauptsächlich aus Gründen einer einfachen Verarbeitung, aber auch wegen der Korrosion, werden gegenüber früher mit den verzinkten Stahlrohren heute überwiegend Kupferrohre verwendet; Kunststoff- bzw. Verbundwerkstoffrohre kommen zunehmend auf.

Die Konzeption der Leitungsnetze folgt den örtlichen Gegebenheiten; die Rohrdurchmesser, werden normgemäß rechnerisch bestimmt. Da die der Rechnung zugrunde zu legenden Bedarfswerte der verschiedenen Verbraucherstellen durch Norm vorgegeben sind und die zugehörigen Leitungslängen und Einzelwiderstände in den meisten Gebäuden in groben Grenzen übereinstimmen, könnten die zu wählenden Nennweiten auch direkt (ohne Druckabfallrechnung) nach einfachen Regeln den Verbraucherstellen zugeordnet werden.

## F3
## Bedarf, Auslegung, Leistungsprüfung

### F3.1
### Allgemeines

Da das Fachgebiet der Trinkwassererwärmung im Übergangsbereich zwischen der Heiztechnik und der Sanitärtechnik liegt, stehen die hier gebräuchlichen Fachausdrücke häufig nicht im Einklang mit denen der Heiztechnik. Sie widersprechen auch denen in den Grundsatz-Normen der Gruppe DIN 1304, 1345. Um den Gesamtzusammenhang in diesem Buch zu erhalten und auch um beizutragen, dass normgerechte Begriffe und Bezeichnungen sich im gesamten Fachgebiet durchsetzen, sind einige Umbenennungen und Veränderungen bei den Bezeichnungen nicht zu vermeiden (bisher Übliches und zum Teil auch Genormtes ist in Klammern gesetzt).

Für die Auswahl und Auslegung von Trinkwassererwärmern ist ganz allgemein das Bedarfsprofil ausgedrückt durch Wassermenge, Wasserstrom und Wassertemperatur in vorgegebenen Zeiträumen maßgeblich. Zu unterscheiden ist die Entnahme von erwärmtem Trinkwasser aus dem Erwärmer selbst und aus einer oder mehreren Zapfstellen. Im ersten Fall soll generell von Entnahme, im zweiten Fall von Zapfen[2] gesprochen werden. Am Trinkwassererwärmer treten daher die Entnahmemenge $m_{TW,E}$, der Entnahmestrom $\dot{m}_{TW,E}$ und die Entnahmetemperatur $\vartheta_{TW,E}$ auf; entsprechend an der Zapfstelle die Zapfmenge $m_{TW,Z}$, der Zapfstrom $\dot{m}_{TW,Z}$ und die Zapftemperatur $\vartheta_{TW,Z}$. Die Zapftemperatur ist in aller Regel kleiner als die Entnahmetemperatur. Durch Mischen mit kaltem Trinkwasser erhält man an den Zapfstellen in der Summe gegenüber der Erwärmer-Entnahme erhöhte Zapfmengen und Zapfströme. Die Bedarfszeit $\Delta t$ (sonst $z$) ist die Dauer, in welcher erwärmtes Wasser gezapft wird. Bei instationär betriebenen Erwärmern ist die Aufheizzeit $t_2 - t_1$ von Interesse. Energiemengen werden einheitlich mit $Q$ (und nicht mit $W$) bezeichnet, Leistungen mit $P$, oder wenn die Wärme aus Heizwasser übertragen wird, mit $\dot{Q}$.

Abweichend von der Gepflogenheit der Praktiker, Wassermenge und Wasserstrom in Volumeneinheiten anzugeben, wird hier zunächst mit Masseeinheiten gerechnet, weil überwiegend Energiebilanzen zu bilden sind. Nur bei Pumpen und Speichern interessiert das Volumen, auch die Geschwindigkeit in den Rohren sind nur Zwischenrechenwerte. Im übrigen ändern sich die Zahlenwerte bei den Rechnungen mit den konkurrierenden Einheiten nicht, wenn als Volumeneinheit hier der Liter $\ell$ verwendet und für die Dichte $\varrho_w = 1\,kg/\ell$ eingesetzt wird.

Die für Auslegung und Energiebedarfsermittlung maßgebenden Bedarfswerte werden personenbezogen angegeben und mit kleinen Buchstaben gekenn-

---

[2]  In Normen und Richtlinien ist auch hier häufig von Entnahme die Rede

zeichnet, also für den Wasserbedarf einer Person $v$ in l und den zugehörigen Energiebedarf $q$ in kWh. Als Basis für Bedarfswerte ist in VDI 2067 Bl. 12 [F-13] ein sog. Referenznutzen mit dem Index $N$ definiert. Er umfasst die Bandbreite des üblichen Bedarfs an der Zapfstelle bei einer Nutzung (d.h. einem Vorgang) mit der Bedarfszeit $\Delta t$ und der Nutztemperatur $\vartheta_N$ (siehe Tabelle F-2). Unter den so definierten Bedingungen sind $m_{TW;Z} = v_N \cdot \varrho_W$ und $\vartheta_{TW,Z} = \vartheta_N$.

Der Rechengang bei der Auslegung ist unterschiedlich, je nach dem, ob dezentrale oder zentrale Wassererwärmer eingesetzt werden sollen. Beim dezentralen Wassererwärmer ist die für die *Auslegung* maßgebliche Entnahmemenge (oder Entnahmestrom) der möglichen Zapfmenge (Zapfstrom) gleichzusetzen (ohne Mischung mit Kaltwasser); sind mehrere Zapfstellen vorgesehen, gilt der Summenbetrag. Beim zentralen Wassererwärmer ist die Entnahmemenge wegen der wahrscheinlichen Ungleichzeitigkeit der Zapfungen abhängig von der Zahl der Zapfstellen deutlich kleiner als die Summe der möglichen Zapfmengen.

Die Anschlussleistung des Wassererwärmers ist stark unterschiedlich, je nach dem ob es sich um einen Durchflusserwärmer oder einen Speichererwärmer handelt; letzterer benötigt die kleineren Leistungen. Wichtig für die Berechnung der Speicher-Erwärmer ist auch die Art der Aufladung; bei intern beheizten Speichern mit ständiger Bereitschaft zum Nachladen, sind Wahrscheinlichkeitsbetrachtungen Grundlage der Berechnung (Leistungskennzahl $N_L$ und Bedarfskennzahl $N$ nach DIN 4708 [F-3], erläutert im nachfolgenden Kap. F3.2). Tagesspeicher, die nur einmal täglich in entnahmeschwachen Zeiten geladen werden (vorzugsweise extern), sind für die Summe der wahrscheinlichen Entnahmemengen zu dimensionieren (die Anwendung von DIN 4708 entfällt).

### F3.2
### Auslegung dezentraler Wassererwärmer

Maßgeblich sind Art und Anzahl der Zapfstellen, denen der Wassererwärmer zugeordnet ist. Anhaltswerte für Zapf**mengen** bei unterschiedlichen Nutzungen (Referenznutzen) gibt Tabelle F-2. Tabelle F-3 enthält Erfahrungswerte für Zapf**ströme** unterschiedlicher Armaturen. Der für die angegebenen Werte geltende Fließdruck $p_{TW,0}$ beträgt 3 bar. Bei einem davon abweichenden Druck $p_{TW}$ ist der Zapfstrom

$$\dot{m}_{TW,Z} \sim \sqrt{\frac{p_{TW}}{p_{TW,0}}} \tag{F3-1}$$

Die erforderliche Anschlussleistung bei einem **Durchlauferhitzer** ist:

$$P = c_W \left( \vartheta_{TW,Z} - \vartheta_{TW} \right) \Sigma \dot{m}_{TW,Z} \tag{F3-2}$$

mit $\vartheta_{TW}$ der Temperatur des kalten Trinkwassers (nach DIN 4708 $t_e$) und $\vartheta_{TW,Z}$ der Zapftemperatur (siehe Kapitelbeginn).

**Tabelle F-2** Wasser- und Wärmebedarf für erwärmtes Trinkwasser (Referenznutzen) nach VDI 2067 Bl. 12 [F-13]

| 1 | 2 | 3 | 4 | 5 | 6 | 7 | 8 | 9 | 10 | 11 |
|---|---|---|---|---|---|---|---|---|---|---|
| | | | | | personenbezogener Referenzwarmwasserbedarf bei der Nutztemperatur $h_N$ | | | personenbezogener Referenzenergiebedarf | | |
| Grundnutzen | Durchfluss $\dot{V}$ | Dauer der Entnahme $\Delta t$ | Nutzungsfrequenz $f$ | Nutztemperatur $\vartheta_m$ | $v_N$ | $v_{N,d}$ | $v_{N,a}$ | $q_N$ | $q_{N,d}$ | $q_{N,a}$ |
| | $l/min$ | $min$ | $d^{-1}$ | $°C$ | $l$ | $l/d$ | $m^3/a$ | $kWh$ | $kWh/d$ | $kWh/a$ |
| **Ganzreinigung des Körpers** | | | | | | | | | | |
| nur Dusche | 6 bis 10 | 2 bis 6 | 0,5 | 40 | 12 bis 60 | 6 bis 30 | 2,1 bis 10,4 | 0,4 bis 2,1 | 0,2 bis 1,0 | 70 bis 360 |
| nur Wanne, normal | – | – | 0,3 | 40 | 80 bis 130 | 24 bis 39 | 8,3 bis 13,5 | 2,8 bis 4,5 | 0,8 bis 1,4 | 290 bis 470 |
| nur Wanne, groß | – | – | 0,3 | 40 | 130 bis 180 | 39 bis 54 | 13,5 bis 18,5 | 4,5 bis 6,3 | 1,4 bis 1,9 | 470 bis 650 |
| Dusche und | – | – | 0,4 | 40 | – | – | – | – | – | – |
| Wanne, normal oder | – | – | 0,1 | 40 | – | 13 bis 37 | 4,4 bis 12,8 | – | 0,4 bis 1,3 | 150 bis 440 |
| Wanne, groß | – | – | 0,1 | 40 | – | 18 bis 42 | 6,1 bis 14,5 | – | 0,6 bis 1,5 | 210 bis 500 |
| **Teilreinigung des Körpers** | | | | | | | | | | |
| Waschtisch | 4 | 1 bis 2 | 2[1] | 40 | 4 bis 6 | 8 bis 16 | 2,8 bis 5,5 | 0,1 bis 0,3 | 0,3 bis 0,6 | 100 bis 190 |
| Bidet | 6 | 1 bis 2 | 0,5 | 40 | 6 bis 12 | 3 bis 6 | 1,0 bis 2,1 | 0,2 bis 0,4 | 0,1 bis 0,2 | 40 bis 70 |
| **Reinigung des Geschirrs** | | | | | | | | | | |
| nur von Hand (Spüle) | – | – | 0,6 | 50 | 8 | 5 | 1,7 | 0,4 | 0,2 | 80 |
| Maschine (TWK)[2] von Hand[3] | – | – | 0,13 | 50 | 8 | 1 | 0,3 | 0,4 | 0,05 | 20 |
| Maschine (TWW)[4] von Hand[3] | – | – | 0,2 / 0,13 | 55 / 60 | – | 3 bis 5 | 1,1 bis 1,7 | – | 0,15 bis 0,25 | 60 bis 80 |

[1] berücksichtigt nur den Bedarf für die morgendliche und abendliche Benutzung. Zwischenzeitlicher Bedarf wird wegen Geringfügigkeit nicht erfasst.
[2] nur an die Kaltwasserleitung (TWK) angeschlossen.
[3] der Rest wird von Hand gespült.
[4] auch an die Warmwasserleitung (TWW) angeschlossen

**Tabelle F-3** Anhaltswerte für Zapfströme (Durchflüsse) von marktgängigen Zapfarmaturen bei Vollöffnung und 3 bar Fließdruck

| Armaturenart | | Zapfstrom $\dot{m}_{TW,Z}$ in kg/min, entspricht Durchfluss $\dot{V}$ in l/min |
|---|---|---|
| Waschtischarmatur (auch für Küche, Bidet u.ä.)[a] | | 13 |
| Brausearmatur (auch Schlauchbrause usw.) | | 19 |
| Thermostatarmatur | 1/2″ über Putz | 21 |
| | 1/2″ unter Putz | 21 |
| | 3/4″ unter Putz | 32 |
| kombinierte Wannenfüll- und Brausearmatur | Wannenfüllung | 20 |
| | Duschen | 19 |
| Unterputzventil | 1/2″ | 30 |
| | 3/4″ | 48 |

[a] mit Steuer(-Spar-)patrone etwa die Hälfte

Bei **Speichererwärmern** richtet sich das Speichervolumen je nach beabsichtigter Nutzzeit des Speichers nach der für diese Zeit erforderlichen Zapfmenge und Zapfanzahl $n_Z$:

$$V_{Sp} = \frac{m_{TW,E}}{\rho_W} n_Z \qquad (F3\text{-}3)$$

Die Zapfanzahl entspricht der „Nutzfrequenz" f in $d^{-1}$ bei einer Tagesnutzungszeit. Die Entnahmemenge steht mit der Zapfmenge im Zusammenhang.

$$m_{TW,E} = m_{TW,Z} \frac{(\vartheta_{TW,Z} - \vartheta_{TW})}{(\vartheta_{TW,E} - \vartheta_{TW})} \qquad (F3\text{-}4)$$

Die zugehörige Anschlussleistung des Speichers ist meist dem Speichervolumen fest zugeordnet (Norm). Von ihr hängt die Aufheizzeit für den Speicher mit dem Nutzungsgrad $\nu_{Sp}$ ab.

$$t_2 - t_1 = \frac{V_{Sp}\, \rho_W\, c_W\, (\vartheta_{TW,E} - \vartheta_{TW})}{P\, \nu_{Sp}} \qquad (F3\text{-}5)$$

In aller Regel erübrigt sich bei dezentralen Wassererwärmern eine ausführliche Rechnung, weil den üblichen Zapfstellen bestimmte und nur in Stufen erhältliche Wassererwärmer aus Erfahrung fest zugeordnet sind.

## F3.3
### Auslegung zentraler Wassererwärmer

Die Auslegung zentraler Wassererwärmer richtet sich entscheidend nach dem Grad der Gleichzeitigkeit der Zapfungen.

Liegt eine hohe Gleichzeitigkeit vor, wie z.B. bei Wasch- und Brauseeinrichtungen in der Industrie, in Sportstätten, Schwimmbädern, Badeanstalten, Schulen, Kindergärten oder Kasernen, dann lässt sich die Vielzahl der Zapfstellen zusammenfassen, und man kann bei der Berechnung des zentralen Wassererwärmers vorgehen wie bei einem dezentralen (zusätzlich ist das Rohrnetz zu berücksichtigen). Ähnlich zu verfahren ist bei Anlagen mit ebenfalls hoher Gleichzeitigkeit und zusätzlich hohem Einzelbedarf wie zum Beispiel in Wäschereien, Schlachthäusern, Großküchen und ähnlichem.

Für Bereiche mit niedriger Gleichzeitigkeit wie zum Beispiel Wohnbauten eignen sich am besten Speicher-Erwärmer. Auch hier gestaltet sich die Rechnung sehr einfach, wenn die zu versorgenden Bereiche nur aus wenigen Nutzereinheiten bestehen. Bei Annahme einer Durchschnittsbelegung lassen sich zum Beispiel in einem Einfamilienhaus ohne jede Berechnung Speicher der gestuften Größe von 120 oder 150 $\ell$ – je nach Ausstattung – zuordnen; bei Zweifamilienhäusern werden üblicherweise 160 bis 200 $\ell$ vorgesehen. Erst bei Mehrfamilienhäusern ist der Grad der Gleichzeitigkeit rechnerisch zu ermitteln und dies auch nur bei intern beheizten Speichern mit ständiger Bereitschaft zum Nachwärmen.

In 4708 Teil 1 und 2 [F-3 und -4] ist ein Rechenverfahren für eine energetische Kennzeichnung von Wassererwärmern angegeben, das über statistische

**Tabelle F-4** Mittelwerte aus statistischen Untersuchungen für die Personenbelegung von Wohnungen nach [F-4]

| Raumzahl | Personenzahl $n_p$ |
|----------|--------------------|
| 1        | 2,0[a]             |
| 1,5      | 2,0[a]             |
| 2        | 2,0[a]             |
| 2,5      | 2,3                |
| 3        | 2,7                |
| 3,5      | 3,1                |
| 4        | 3,5                |
| 4,5      | 3,9                |
| 5        | 4,3                |
| 5,5      | 4,6                |
| 6        | 5,0                |
| 6,5      | 5,4                |
| 6        | 4,6                |
| 7        | 5,6                |

[a] Wenn in dem zu versorgenden Wohngebäude überwiegend 1- und/ oder 2-Zimmerwohnungen vorhanden sind, ist die Personenzahl $n_p$ für diese Wohnungen um 0,5 zu erhöhen.

Betrachtungen die Gleichzeitigkeit des zu deckenden Bedarfs erfasst. Es gibt die Anzahl von Einheitswohnungen an, die mit einem nach Norm zu kennzeichnenden Wassererwärmer versorgt werden können (Leistungskennzahl $N_L$). Zugleich ist festgelegt, wie eine Bedarfskennzahl $N$ für ein Gebäude mit unterschiedlichen Wohnungen berechnet werden kann. Die Personenbelegung der Wohnungen richtet sich entweder nach vorgegebenen Planungszahlen oder nach Mittelwerten aus statistischen Untersuchungen (siehe Tabelle F-4); die Personenzahl $n_P$ ist der Raumzahl $n_{RA}$ zugeordnet (nach Norm Raumzahl $r$ und Belegungszahl $p$). Die Ausstattung der Wohnung mit Zapfstellen ist analog festzulegen wie die der Belegung. Gibt es keine speziellen Planungsvorgaben, so gelten die in der Norm vorgegebenen Ausstattungen (siehe Tabelle F-5 und -6).

Die zu erwartenden Zapfmengen $m_{TW,Z}$ (nach Norm $V_E$) und der zugehörige Energiebedarf $Q_Z$ (nach Norm $w_V$) sind in Tabelle F-7 angegeben.

Die Zahl der Zapfstellen $n_Z$ ist nur bei Wohnungen mit Komfortausstattung von Belang (s. Tabelle F-6). Es wird nun für alle Wohnungen (Anzahl $n_{Wo}$) eines Gebäudes, die gleiche Größe und Ausstattung besitzen, das Produkt $(n_{Wo} \cdot n_P \cdot n_Z \cdot Q_Z)$ gebildet, die verschiedenen Produktwerte des Gebäudes aufsummiert und durch das Produkt für die Einheitswohnung $(n_P \cdot Q_Z)_N$ dividiert; man erhält so die Bedarfskennzahl $N$

$$N = \frac{\Sigma(n_{Wo}\, n_p\, n_Z\, Q_Z)}{(n_p\, Q_Z)_N} \tag{F3-6}$$

Normgemäß ist das Produkt für die Einheitswohnung $(n_p\, Q_Z)_N = 3{,}5 \cdot 5820\,\text{Wh}$ festgelegt, dabei ist $Q_{Z,N}$ (normgemäß $w_V$) der Zapfstellenbedarf (für ein Wannenbad) der Einheitswohnung. Diese Größe ist für eine wirtschaftlich vernünftige Dimensionierung der am häufigsten eingesetzten Speichererwärmer, die

**Tabelle F-5** Normalausstattung nach [F-4][a]

| lfd. Nr. | vorhandene Ausstattung | bei der Bedarfsermittlung nach Gl. F3-6 sind einzusetzen |
|---|---|---|
| 1 | Bad | |
| 1.1 | 1 Badewanne (nach Tabelle F-7 lfd. Nr. 1) oder | 1 Badewanne (nach Tabelle F-7 lfd. Nr. 1) |
| | 1 Brausekabine mit /ohne Mischbatterie und Normalbrause (nach Tabelle F-7 lfd. Nr. 6) | |
| 1.2 | 1 Waschtisch (nach Tabelle F-7 lfd. Nr. 8) | bleibt unberücksichtigt |
| 2 | Küche | |
| | 1 Küchenspüle(nach Tabelle F-7 lfd. Nr. 11) | bleibt unberücksichtigt |

[a] Komfortausstattung liegt vor, wenn andere oder umfangreichere Einrichtungen als in Tabelle F-2 für Normalausstattung angegeben, je Wohnung vorhanden sind.

**Tabelle F-6** Komfortausstattung nach [F-4]

| lfd. Nr. | vorhandene Ausstattung je Wohnung | bei der Bedarfsermittlung nach Gl. F3-6 sind einzusetzen |
|---|---|---|
| 1 | Bad | |
| 1.1 | Badewanne[a] | wie vorhanden nach Tabelle F-7 lfd. Nr. 2 bis Nr. 4 |
| 1.2 | Brausekabine[a] | wie vorhanden, nach Tabelle F-7 lfd. Nr. 6 oder Nr. 7, wenn von der Anordnung her eine gleichzeitige Benutzung möglich ist[b] |
| 1.3 | Waschtisch[a] | bleibt unberücksichtigt |
| 1.4 | Bidet | bleibt unberücksichtigt |
| 2 | Küche | |
| 2.1 | Küchenspüle | bleibt unberücksichtigt |
| 3 | Gästezimmer | je Gästezimmer |
| 3.1 | Badewanne oder | wie vorhanden, nach Tabelle F-7 lfd. Nr. 1 bis Nr. 4, mit 50% des Zapfstellenbedarfs $Q_Z$ |
| 3.2 | Brausekabine | wie vorhanden, nach Tabelle F-7 lfd. Nr. 5 bis Nr. 7, mit 100% des Zapfstellenbedarfs $Q_Z$ |
| 3.3 | Waschtisch | mit 100% des Zapfstellenbedarfs $Q_Z$ nach Tabelle F-7[c] |
| 3.4 | Bidet | mit 100% des Zapfstellenbedarfs $Q_Z$ nach Tabelle F-7[c] |

[a] Größe abweichend von der Normalausstattung

[b] Soweit keine Badewanne vorhanden ist, wird wie bei der Normalausstattung anstatt einer Brausekabine eine Badewanne (siehe Tabelle F-7) lfd. Nr.1 angesetzt, es sei denn, der Zapfstellenbedarf der Brausekabine übersteigt den der Badewanne (z.B. Luxusbrause). Sind mehrere unterschiedliche Brausekabinen vorhanden, wird für die Brausekabine mit dem größten Zapfstellenbedarf mindestens eine Badewanne angesetzt.

[c] Soweit dem Gästezimmer keine Badewanne oder Brausekabine zugeordnet ist

intern beheizten Speicher mit ständiger Bereitschaft zum Nachladen, nicht ausreichend: die wahrscheinliche zeitliche Verteilung des Leistungsbdarfs (also der Last) um eine Leistungsspitze herum ist zusätzlich maßgebend. Das mathematische Modell hierzu haben Dittrich e.a. [F-11] entwickelt:

Zwei sich überlagernde Gauß'sche Glockenkurven überdecken den gesamten Tagesenergiebedarf eines Gebäudes für erwärmtes Trinkwasser $N \cdot Q_{Z,N}$ (siehe Bild F-20). Die größere berücksichtigt die durchschnittlich verteilten Zapfungen, die kleinere zusätzliche Zapfungen während der Spitzenlastzeit, so dass die Maximalleistung $\dot{Q}_0$ aus $N \cdot Q_{Z,N}$ in der genormten Wannen-Füllzeit von $10\,\text{min} = 0{,}166\,\text{h}$ erbracht werden kann. Der Verlauf der Kurven ist in DIN 4708 Teil 1 [F-3] genormt. Für die Dauer der Bedarfsperiode in Stunden gilt:

$$2T_N = 7{,}42 \frac{\sqrt{N}}{1+\sqrt{N}} \tag{F3-7}$$

**Tabelle F-7**  Zapfstellenbedarf $Q_Z$

| lfd. Nr | Benennung der Zapfsäule bzw. der sanitären Ausstattung | Kurzzeichen | Entnahmemenge $m_{TW,Z}$ je Benutzung[a] kg | Zapfstellenbedarf $Q_Z$ je Entnahme Wh |
|---|---|---|---|---|
| 1 | Badewanne | NB 1 | 140 | 5820 |
| 2 | Badewanne | NB 2 | 160 | 6510 |
| 3 | Kleinraum-Wanne und Stufenwanne | KB | 120 | 4890 |
| 4 | Großraumwanne (1800 mm · 750 mm) | GB | 200 | 8720 |
| 5 | Brausekabine[b] mit Mischbatterie und Sparbrause | BRS | 40[c] | 1630 |
| 6 | Brausekabine[b] mit Mischbatterie und Normalbrause[d] | BRN | 90[c] | 3660 |
| 7 | Brausekabine[b] mit Mischbatterie und Luxusbrause[e] | BRL | 180[c] | 7320 |
| 8 | Waschtisch | WT | 17 | 700 |
| 9 | Bidet | BD | 20 | 810 |
| 10 | Handwaschbecken | HT | 9 | 350 |
| 11 | Spüle für Küchen | SP | 30 | 1160 |

[a]  Bei Badewannen zugleich Nutzinhalt
[b]  Nur zu berücksichtigen, wenn Badewanne und Brausekabine räumlich getrennt sind, d.h. eine gleichzeitige Nutzung möglich ist
[c]  Entspricht einer Benutzungszeit von 6 Minuten
[d]  Armaturen-Durchflussklasse A nach DIN EN 200
[e]  Armaturen-Durchflussklasse C nach DIN EN 200

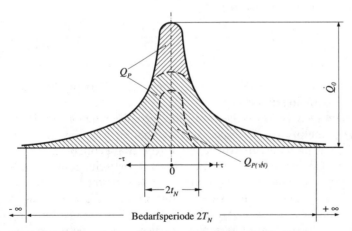

**Bild F-20**  Mittelwertkurve des Leistungsbedarfes für die Trinkwassererwärmung in Wohnbauten nach DIN 4708, Teil 1 [F-3], als Gauß'sche Normalverteilung mit Bernoulli-Spitzenanhebung und für die Spitzenverteilungszeit

$$2t_N = 0,5\frac{2T_N}{7,42} \tag{F3-8}$$

Als Integralwert für die beiden Gauß'sche Glockenkurven gilt die in der Norm tabellierte Funktion $K(u)$. Die Hilfsgrößen $u_1$ und $u_2$ beschreiben die Gesamtkurve mit der Fläche $Q_P = N \cdot Q_{Z,N}$ und $u_3$ und $u_4$ die Spitzenlastkurve. Die ersten beiden Hilfsgrößen sind von der Bedarfszeit $\tau \le T_N$ und der Zahl der Einheitswohnungen $N$ abhängig:

$$u_1 = \tau \cdot 0,244 \cdot \frac{1+\sqrt{N}}{\sqrt{N}} \tag{F3-9}$$

$$u_2 = \tau \cdot 3,599 \cdot \frac{1+\sqrt{N}}{\sqrt{N}} \tag{F3-10}$$

Die beiden übrigen Hilfsgrößen sind zeitunabhängig.

$$u_3 = \frac{1}{6} \cdot 0,244 \cdot \frac{1+\sqrt{N}}{\sqrt{N}} \tag{F3-11}$$

$$u_4 = \frac{1}{6} \cdot 3,599 \cdot \frac{1+\sqrt{N}}{\sqrt{N}} \tag{F3-12}$$

Der Wärmebedarf in der Bedarfszeit $\tau$ ist:

$$Q_\tau = Q_{Z,N} \cdot N \cdot \left[ K(u_1) + \frac{K(u_2)}{\sqrt{N}} \right] \tag{F3-13}$$

Bei $\tau = T_N$ haben die beiden K-Funktionen den Wert 1. Der Wärmebedarf des Spitzenlastanteils wird analog berechnet.

Neuere Untersuchungen [F-12] weisen auf ein gegenüber der Norm [F-3] zugrunde liegende Annahme verändertes Nutzerverhalten hin: Es gibt nicht mehr den einheitlichen Badetag am Wochenende (der maßgeblich ist für die Auslegung); der Bedarf an erwärmtem Trinkwasser ist statistisch über die ganze Woche verteilt, wobei gleichwohl drei Tagestypen: der „Normaltag", der „Duschtag" und der „Badetag" auszumachen sind. Weiterhin sind die Zapfmengen deutlich kleiner als die in der Norm angegebenen Werte. Für die Bestimmung der Bedarfskennzahl $N$ haben diese Diskrepanzen aber keine wesentliche Auswirkung, da die Annahmen für die Zähler- und Nennerprodukte in Gl. F3-6 auf der gleichen Basis beruhen.

Ein zentraler Wassererwärmer mit ständiger Bereitschaft zum Nachladen ist nach DIN 4708 Teil 1 durch eine Leistungskennzahl $N_L$ gekennzeichnet, die nach DIN 4708 Teil 3 [F-5] im Versuch bestimmt wird. Hier sollten die Erkenntnisse aus [F-12] Berücksichtigung finden; man erhielte höhere $N_L$-Werte. Die Leistungskennzahl muss mindestens so groß sein wie die nach Gleichung F3-6 berechnete Bedarfszahl $N$.

Die Leistungskennzahl $N_L$ kann der Wassererwärmer nur erbringen, wenn die Wärmeleistung des Wärmeerzeugers, der den Wassererwärmer versorgen soll, größer oder mindestens gleich ist der sog. Dauerleistung $\dot{Q}_D$. Sie ist eine weitere nach Teil 3 von DIN 4708 [F-5] festzustellende Kenngröße.

Als Drittes ist in DIN 4708 Teil 2 [F-4] noch geregelt, welche Leistungsergänzung bei der Auslegung von Wärmeerzeugern zu beachten ist, wenn zugleich die Heizung und die Trinkwassererwärmung versorgt werden. Diese Leistungsergänzung für die Trinkwassererwärmung $\dot{Q}_{WW}$ ist nur bei Kesseln mit einer Nennleistung unter 20 kW erforderlich und kann entfallen, wenn dem Wärmeerzeuger ein Pufferspeicher parallel geschaltet ist.

Sogenannte **Vorrats-Wassererwärmer mit nicht ständiger Beheizung** (Tagesspeicher oder Halbtagsspeicher) sind für die zu erwartende Entnahmemenge im vorgesehenen Entnahmezeitraum auszulegen.

### F3.4
**Leistungsprüfung bei Wassererwärmern**

In Teil 3 der DIN 4708 [F-5] sind die Regeln zu Leistungsprüfung von Wassererwärmern zu finden. Genaugenommen gelten sie nur für die – allerdings meist verwendeten – Speicherwassererwärmer mit Bereitschaft zum Nachladen. Die Leistungsprüfung bei Vorrats-Wassererwärmern mit nichtständiger Beheizung (Tagesspeicher oder Halbtagsspeicher) könnte einfacher gestaltet sein. Es genügte, das wirksame Speichervolumen $V'_{Sp}$ ($V'$) oder die nutzbare Speicherkapazität $C'_{Sp}$ ($C$ oder $W_{Sp}$), die Wärmeleistung des Ladewärmetauschers $\dot{Q}_{WW}$, den Oberflächenverlust an die Umgebung $\dot{Q}_U$ bei voller Beladung und den Druckabfall bei der Spitzenentnahme festzustellen. Ähnlich einfach ist die Leistungsprüfung bei dezentralen Wassererwärmern.

Für Speicherwassererwärmer mit ständiger Bereitschaft zum Nachladen ist normgemäß zusätzlich die Leistungskennzahl $N_L$ und die Dauerleistung $\dot{Q}_D$ zu ermitteln. Während beim Dauerleistungsversuch mit dem Entnahmewasserstrom $\dot{m}_{TW,E,D}$ (normgemäß $r_D$) und einer Trinkwassererwärmung von 35 K stationäre Versuchsbedingungen eingehalten werden, ist beim $N_L$-Versuch ein Entnahmeprogramm mit fünf Entnahmezeiten $\Delta t_1, \Delta t_3, \Delta t_5, \Delta t_7$ und $\Delta t_9$, mit dazwischen liegenden Wartezeiten ($\Delta t_2, \Delta t_4, \Delta t_6$ und $\Delta t_8$) zu durchfahren (in der Norm $z_1$ bis $z_9$). Die Entnahmeströme variieren dabei in nur drei Stufen: $\dot{m}_{TW,E,1}$ für $\Delta t_1$ und $\Delta t_9$, $\dot{m}_{TW,E,3}$ für $\Delta t_3$ und $\Delta t_7$ sowie $\dot{m}_{TW,E,5}$ für $\Delta t_5$ (Einzelheiten siehe [F-5]). Der Entnahmestrom $\dot{m}_{TW,E,5}$ ist der Spitzenwasserstrom für den $N$-abhängigen Spitzenwärmebedarf $Q_{ZB}$ ($W_{ZB}$) [F-3]; die Entnahmezeit und Entnahmeströme sind $N$-abhängig. Wie bereits erwähnt, sollte die von Loose [F-12] beobachtete Veränderung des Verbraucherverhaltens bei der Bestimmung von $N_L$ berücksichtigt werden. Dies müsste sich ausdrücken in einer Abflachung der Häufigkeitsverteilung, wie sie in Teil 1 der DIN 4708 beschrieben ist. Dadurch würde insbesondere der Spitzenwärmebedarf $Q_{ZB}$ abgesenkt und die $N_L$-Zahl bei gegebenem Speichervolumen angehoben werden (Bild F-20).

## F4
## Energieaufwand für Trinkwassererwärmung

Die Vorausberechnung des Energieaufwands für Trinkwassererwärmung dient ähnlich der Bestimmung des Jahresenergieaufwands für die Heizung (Teil G) dem Vergleich von Anlagenvarianten in der Konzeptionsphase von Gebäude und technischer Ausrüstung. Einen gemessenen Energieverbrauch „nachzurechnen" oder zu analysieren ist keinesfalls das Ziel. Die vorgegebene Struktur, Ausführung und Nutzung des Gebäudes muss daher in jedem Fall bei der Vergleichsrechnung einheitlich sein; eine Übereinstimmung mit der tatsächlichen Situation im ausgeführten Gebäude oder gar im Betrieb ist in der Konzeptionsphase weder zu garantieren noch für eine Vergleichsrechnung notwendig. Trotzdem sollten insbesondere die verwendeten Bedarfswerte (Referenznutzen nach VDI 2067 Bl. 12 [F-13]) für das zu erwärmende Trinkwasser mit Sorgfalt festgelegt oder besser parameterartig für den Erfahrungsbereich variiert werden, um über eine Sensitivitätsanalyse die Entscheidung für ein bestimmtes Wassererwärmungssystem abzusichern.

Aus den einzelnen Energieaufwandswerten können nämlich auch Schlussfolgerungen für eine zweckmäßige Gestaltung der Unterbereiche einer TW-Erwärmungsanlage gezogen werden, z. B. für die Trinkwasserleitungen, die Zirkulation oder die Speichergröße. Auch für einen vorteilhaften Betrieb der TW-Erwärmungsanlage sind Hinweise abzuleiten.

Die Methode für die Vorausberechnung des Energieaufwands für TW-Erwärmungsanlagen ist in VDI 2067 Bl. 22 [F-14] angegeben. Nach der in Kapitel F1 beschriebenen Betrachtungsweise mit der Anlagenaufgliederung in die Bereiche Nutzenübergabe, Verteilung und Erzeugung (s. Bild F-21) gehören beim indirekten – also dem allgemeinsten – TW-Erwärmungssystem die Zapfarmaturen, die Trinkwasserleitungen bis hin zur Oberfläche des Wärmeaustauschers zur Nutzenübergabe. Das Verbindungssystem zwischen dem Wärmeaustauscher und dem Wärmeerzeuger (es entfällt bei vielen TW-Erwärmern) stellt analog zur zentralen Warmwasserheizung die eigentliche Verteilung dar; die Wärmeerzeugung mag aufgebaut sein wie in Kapitel D3 beschrieben. Der eigentliche Trinkwassererwärmer gehört demnach im wesentlichen zum Bereich der Nutzenübergabe. Häufig ist der Wärmeerzeuger mit ihm fest gekoppelt oder bei direkter Erwärmung gar in ihn integriert. In diesen Fällen erübrigt sich eine Aufgliederung in die erwähnten drei Bereiche. Erzeugung und Übergabe müssen wie bei Einzelheizungen gemeinsam behandelt werden.

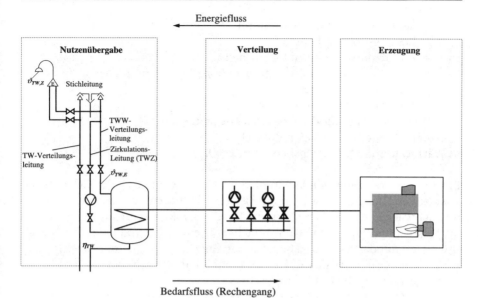

**Bild F-21** Schematische Darstellung der Aufgliederung einer TW-Erwärmungsanlage

Da bei der Ein- und Nachregulierung von Armaturen durch das ungenutzt abfließende Wasser ein den erwünschten Nutzen übersteigender Wasseraufwand entsteht, der einen entsprechenden Energieaufwand nach sich zieht, ist der Berechnung des Energieaufwands der des Wasseraufwands zur Seite zu stellen. Auf diese Weise wird eine Beurteilung unterschiedlicher Zapfarmaturen und Zapfsituationen ermöglicht. So entsteht z.B. kein zusätzlicher Aufwand, da das zu Beginn einer Zapfung auslaufende mindertemperierte Wasser genutzt werden kann (wie bei der Füllung einer Badewanne). Einen Einfluss auf einen erhöhten Wasseraufwand hat auch eine Stichleitung (Bild F-21). Ihr Wasserinhalt kann bei Beginn einer Zapfung zu kalt sein.

Die Wasser- und Energiemengen, die im Bereich der Nutzenübergabe anfallen, setzen sich zusammen aus:

- dem Referenzbedarf an Wasser und Energie für erwärmtes Trinkwasser $V_N$ und $Q_N$, tabelliert als personenbezogene Werte $v_N$ und $q_N$ für einen Tag ($d$) und ein Jahr ($a$), siehe Tabelle F-2;

und dem zusätzlichen Aufwand gemäß VDI 2067 Bl. 22 [F-14]:

- durch Ein- und Nachstellen an den Zapfarmaturen $V_E$ und $Q_E$,
- für den Stichleitungsbetrieb $V_S$ und $Q_S$,
- für die Verteilung des erwärmten Trinkwassers:
  - ∘ Wärmeaufwand $Q_V$, unterschieden in:
    - – Zirkulationsbetrieb, nicht unterbrochen
      Leitungen einzeln gedämmt

       Leitungen gemeinsam gedämmt
       Rohr-in-Rohr-System
- Zirkulationsbetrieb, unterbrochen
- Stromaufwand für die Zirkulationspumpe $W_P$, unterschieden in:
  - Auslegungsdaten bekannt
  - Auslegungsdaten unbekannt
- Wärmeaufwand für die elektrische Begleitheizung $Q_V$
- Stromaufwand für die Ladepumpe $Q_{LP}$
- Wärmeaufwand für den Speicherbetrieb $Q_B$

Ein Teil der Wärmeaufwände kommen als Heizgewinne $Q_{HG}$ der Gebäudeheizung zugute; auch ihre Berechnung ist geregelt. Wegen der generell anzunehmenden Gleichheit des Tagesbetriebs für die Trinkwassererwärmung werden die Wasser- und Energiemengen zunächst für einen Tag und dann durch Multiplikation mit der Zahl 365 d bzw. für den Aufwand zur Ein- und Nachregulierung sowie für den Stichleitungsbetrieb mit 365 d-20 d (Urlaub), also 345 d auf einen Jahresenergiebedarf hochgerechnet.

Der **Referenzenergiebedarf** errechnet sich aus dem Bedarf für erwärmtes Trinkwasser mit der vereinbarten Zapftemperatur z. B. von 40 °C (s. Tabelle F-2) und der Kaltwassertemperatur von 10 °C. Für eine vereinfachte summarische Bewertung wird von Erfahrungswerten, die sowohl personen- wie auch wohnungsbezogen sind und als Mittelwert für den Tag gelten, ausgegangen. Die Bereiche für niedrigen, mittleren und hohen Bedarf sind in [F-13] angegeben. Da voraussetzungsgemäß eine Energieaufwandsrechnung nur für Vergleichszwecke in der Konzeptionsphase beabsichtigt ist, genügt es, mit jeweils einem vereinbarten Mittelwert für den angenommenen Bedarfsbereich zu rechnen. Gegebenenfalls sind parameterartig die drei Mittelwerte der Bedarfsbereiche für eine Sensitivitätsanalyse einzusetzen.

Die Bedarfswerte allein mit der Personenzahl in dem zu versorgenden Gebäude in Beziehung zu setzen, ist sicher nicht ausreichend (siehe auch [F-13]). Es wird empfohlen, auch die Zahl der Haushalte in die Rechnung miteinzubeziehen. Den Bedarf hierfür gibt VDI 2067 [F-13] ebenfalls an, wenn als Maximalanteil für Bad und Dusche 70%, für Handwaschbecken 10% und für die Küche 30–20% mitgeteilt werden. Der Tagesbedarf an erwärmtem Trinkwasser für eine Person und einen Haushalt sowie die zugehörige bezogene Referenzenergiemenge sind $q_N$ und $q_{N,Wo}$ (s. Tabelle F-8). Die Werte für die Personenzahlen (Belegungszahl) sind Tabelle F-4 zu entnehmen. Der Tagesreferenzenergiebedarf für ein Gebäude ist demnach:

$$Q_{N,d} = n_p \, q_N + n_{Wo} \, q_{N,Wo} \tag{F4-1}$$

Die Berechnung des **Wasser- und Energieaufwands** ist ausführlich in VDI 2067 Bl. 22 beschrieben und durch Beispiele verdeutlicht. In dieser Richtlinie sind auch alle erforderlichen Zahlenwerte angegeben, z. B. für die Wärmeabga-

**Tabelle F-8** Tageswasser- und -energiebedarf [F-13]

| erwärmtes Trinkwasser $\vartheta_{TW} = 10\,°C, \vartheta_{TW,Z} = 40\,°C$ in kg/d | | bezogene Nutzenergiemenge in Wh/d | |
|---|---|---|---|
| je Person | je Wohnung | je Person $q_N$ | je Wohnung $q_{N,Wo}$ |
| niedrig 20 | 10 | 698 | 349 |
| mittel 40 | 10 | 1395 | 349 |
| hoch 80 | 20 | 2791 | 698 |

be der Verteilrohre in den denkbaren Einbausituationen. Vorgegangen wird in der Reihenfolge wie in der einleitenden Aufzählung. Der **Stromaufwand** für eine Zirkulationspumpe, eine elektrische Begleitheizung und für eine Ladepumpe wird ergänzend bestimmt.

Aus den Jahresaufwänden an Wasser und Wärme werden durch Bezug auf die entsprechenden Referenzbedarfswerte die **Aufwandszahlen** ermittelt. Die Wasseraufwandszahl lautet:

$$e_W = \frac{V_{N,a} + V_{E,a} + V_{S,a}}{V_{N,a}} \qquad (F4\text{-}2)$$

Für die Wärmeaufwandszahl gilt:

$$e_1 = \frac{Q_{N,a} + Q_{E,a} + Q_{S,a} + Q_{V,a} + Q_{B,a}}{Q_{N,a}} \qquad (F4\text{-}3)$$

Die Aufwandszahlen für Wasser können Werte annehmen zwischen 1,05 und 1,1, die für die Wärme zwischen 1,05 und 2,2 (bei ungünstigen Anlagen auch darüber).

## Literatur

[F-1]   Schmitz, H.: Die Technik der Brauchwassererwärmung. Verl. C. Marhold, Berlin 1983.
[F-2]   DIN 1988-1 bis -8, Technische Regeln für Trinkwasserinstallationen (TRWI)1988-12
[F-3]   DIN 4708 Teil 1, Zentrale Wassererwärmungsanlagen: 1994-04
[F-4]   DIN 4708 Teil 2, Zentrale Wassererwärmungsanlagen: 1994-04
[F-5]   DIN 4708 Teil 3, Zentrale Wassererwärmungsanlagen: 1994-04
[F-6]   DIN 4753 Teil 1, Wassererwärmungsanlagen für Trink- und Betriebswasser: 1988-03
[F-7]   Boger, G.-A. et al.: Beuth-Kommentare-zu DIN 1988 Teil 1 bis 8 (TRWI). Beuth Verlag, Berlin, Köln; Gentner Verlag, Stuttgart, 1989.
[F-8]   DIN 44851 T1 bis T4 Elektr., geschlossene Durchlauferhitzer 11.89 bis 5.92. Zurückgezogen, Ersatz: DIN EN 50193: 1999-06
[F-9]   DIN EN 26 Gas-Durchlauf-Wasserheizer: 1993-05

[F-10]    SOLVIS Energiesysteme: Technische Unterlagen „Wärme von der Sonne", Braunschweig 1997.

[F-11]    Dittrich, A., Linneberger, B. und Wegener W.: Theorien zur Bedarfsermittlung und Verfahren zur Leistungskennzeichnung von Brauchwasser-Erwärmern. HLH Bd. 23 (1972) Nr. 2, S. 44–51 und Nr. 3, S. 78–84.

[F-12]    Loose, P.: Der Tagesgang des Trinkwasserbedarfes. HLH Bd. 42 (1991), Nr. 2, S. 108–121.

[F-13]    VDI 2067 Bl. 12, Wirtschaftlichkeit gebäudetechnischer Anlagen; Nutzenergiebedarf für die Trinkwassererwärmung. Düsseldorf, VDI-Verlag, 2000-06

[F-14]    VDI 2067 E Bl. 22, Wirtschaftlichkeit gebäudetechnischer Anlagen; Energieaufwand der Nutzenübergabe bei Anlagen zur Trinkwassererwärmung. Düsseldorf, VDI-Verlag, 2003-10

# G Jahresenergiebedarf

HEINZ BACH

## G1
## Übersicht, Begriffe

Der Heizenergiebedarf für ein Gebäude hat eine zunehmende Bedeutung wegen der dadurch verursachten verbrauchsgebundenen Kosten und Umweltbelastungen, weiter auch wegen des Bedürfnisses, die Ressourcen zu schonen oder die Versorgung nachhaltig zu sichern. Verstärkt wird die Entwicklung durch das wachsende Bewusstsein der Energieproblematik und durch die hierdurch ausgelösten staatlichen Verordnungen zum Energiesparen.

Der Energiebedarf spielt daher eine wichtige Rolle bereits beim architektonischen Entwurf eines Gebäudes, bei der Konzeption der Heizanlage, beim Vergleich verschiedener Varianten oder der Entwicklung neuer Komponenten, aber auch bei der Beurteilung bestehender Gebäude mit ihren Anlagen für die Heizung und Trinkwassererwärmung. Eine Besonderheit in der Phase des architektonischen Entwurfs und der Anlagenkonzeption stellt auch die Klärung der Frage dar, was in Hinblick auf das Gesamtziel, Energie zu sparen, günstiger ist, die Dämmung des Gebäudes zu erhöhen oder die Anlagentechnik zu optimieren. Weiterhin können Methoden der Bedarfsberechnung herangezogen werden für die Beurteilung von gemessenen Verbrauchswerten oder für ihre nutzengerechte Aufteilung. Insbesondere bei der letztgenannten Aufgabenstellung geht es nicht nur um Bedarfswerte für ein Jahr oder eine Heizperiode, sondern gegebenenfalls um eine wesentlich feinere Aufteilung auf Monate oder Tage.

Die Unterschiede im Anlass und beim Ziel einer Bedarfsrechnung begründen die Verschiedenheit der jeweils zweckmäßigen Vorgehensweise. Und umgekehrt richtet sich die Breite und Detailliertheit in der Aussage der hierfür entwickelten Methoden nicht nur nach den jeweils vorhandenen Rechenmöglichkeiten, sondern auch nach dem Umfang der gestellten Fragen. So war bei der Einführung der ersten Richtlinie VDI 2067 im Jahr 1957 [G-1] lediglich nach dem Wirtschaftlichkeitsvergleich für verschiedene Brennstoffe gefragt. Damals wurde neben den in Europa traditionell verwendeten Festbrennstoffen Kohle und Koks zunehmend auch Heizöl als Brennstoff eingesetzt. Verglichen wurden nur Warmwasserheizungen, die sich lediglich in der Wärmeerzeugung unterschieden. Die gebäudeseitigen und betrieblichen Randbedingungen waren weitgehend einheitlich. Es lag daher nahe, eine Methode in der Richtlinie zu verankern, bei der Gebäude und Anlage nahezu als „Black-Box" betrachtet werden (Bild G-1). In der Berechnungsformel für den sog. „Jahresbrennstoffverbrauch" wird als Hauptkenngröße für die zu beurteilende Heizanlage der Gesamtwirkungsgrad des Kessels eingesetzt. Für das Gebäude steht der sog. „stündliche Wärmebedarf", der der Gebäudenormheizlast entspricht. Die Formel in der damaligen Richtlinie stützt sich auf zahlreiche gemessene Verbräuche, wobei die jeweiligen Wetterunterschiede über Gradtage (siehe später) verrechnet und Unterschiede für den Zustand von Heizanlage und Gebäude sowie in der Betriebsführung über Berichtigungsfaktoren berücksichtigt werden. D.h., die Berichtigungsfaktoren werden über ein einfaches stationäres Modell aus gemessenen Verbräuchen errechnet und für die Richtlinie übernommen. Die Berechnungsmethode kann daher als erfahrungsbasiert bezeichnet werden. Alle späteren Ausgaben der Richtlinie VDI 2067 einschließlich der Ausgabe von 1993 [G-2] behalten trotz aller Erweiterungen und Korrekturen diese Grundstruktur bei.

Eine Variante des Black-Box-Ansatzes stellt der Vorschlag von Esdorn [G-3] dar, den Mügge [G-4] und beide [G-5] weiterverfolgen. Hier wird die Verlustseite des Gesamtsystems Gebäude mit Heizanlage genauer betrachtet und detailliert auch der Fremdwärmebezug mit einbezogen. Während die traditionelle 2067-Betrachtung sich auf ein mittleres Nutzerverhalten abstützt (Verwendung von mittleren Verbrauchswerten aus vielen Messungen) wird ein unterer und ein oberer Grenzwert, zwischen denen der tatsächliche Verbrauch üblicherweise liegen muss, eingeführt. Die sog. „minimale Jahresheizwärmeabgabe" ist der Anteil des Jahres-Gebäudewärmebedarfs, der bei optimaler Nutzung der Fremdwärme durch die Heizung zu decken ist. Er ist vorgegeben durch die Eigenschaften sowie die Nutzung (Innentemperatur, Lüftung, innere Fremdwärme) des Gebäudes und die meteorologischen Randbedingungen. Im Unterschied hierzu ergibt sich die sog. „maximale Jahresheizwärmeabgabe" nur aus Eigenschaften der Heizanlage – also ihrer Dimensionierung und der verwendeten Heizkurve. Bei der Minimumbetrachtung in der Black-Box-Darstellung (Bild G-1) umfasst die Systemgrenze ein Gebäude mit einer Idealheizanlage, d.h., anlagentechnische Unterschiede spielen hier keine Rolle. Mithin ist eine Black-Box-

**Bild G-1** Black-Box-Darstellung der Energieströme in ein und aus einem beheizten Gebäude

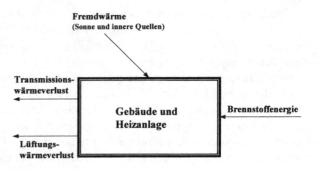

Untersuchung auch ausreichend. Bei der Maximumbetrachtung ist die Systemgrenze um eine quasistationär betriebene reale Heizung (die selbstverständlich zu einem bestimmten Gebäude gehört) gezogen. Eine detaillierte Bewertung des Innern der Black-Box findet ebenso wie bei der historischen VDI 2067, abgesehen von der Wärmeerzeugung und der Wärmeverteilung, nur stark vereinfacht statt. Eine energetische Bewertung insbesondere des Übergabesystems ist daher nicht möglich. Dies ist ein prinzipieller Nachteil aller Black-Box-Methoden zur Vorausberechnung des Energieverbrauchs.

Mit den neuen Möglichkeiten der rechnerischen Betriebssimulation sind nunmehr die Vorgänge sozusagen im Innern der Black-Box und dabei insbesondere der Prozess der Übergabe darzustellen (reproduzierbar). So entstand die so genannte „Bedarfsentwicklungsmethode", auf der die neue VDI 2067 aufbaut [G-6]. Wie Bild G-2 zeigt, wird die Bedarfsentwicklung durch die Anlage hindurch von der Übergabe über die Verteilung bis zur Erzeugung verfolgt. Ausgegangen wird von einem Referenzenergiebedarf, der begrifflich identisch ist mit der von Esdorn eingeführten „Minimalen Jahresheizwärmeabgabe"[1]. Unterschieden wird zwischen dem durch die Nutzung bedingten Referenzenergiebedarf $Q_{0,N}$ und dem bauphysikalisch bedingten $Q_{0,G}$ (für Einheitsbedingungen mit durchgehender Beheizung und ohne inneren Lasten). Der in der Anlage vom Referenzenergiebedarf $Q_{0,N}$ über den jeweiligen Aufwand sich weiterentwickelnde Bedarf ($Q_1$ für die Übergabe, $Q_2$ für die Verteilung und $Q_3$ für die Erzeugung) wird bereichsweise über Aufwandszahlen $e_1$ bis $e_3$ unter Berück-

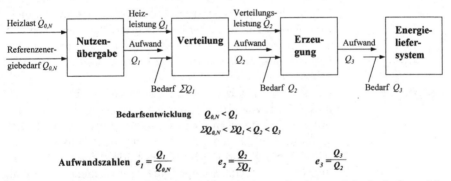

**Bild G-2** Schematische Darstellung der Gliederung einer Heizanlage und der Bedarfsentwicklung

---

[1] Anstelle der zunächst verwendeten Bezeichnung „Mindestjahresenergiebedarf" wurde der allgemeinere „Referenzenergiebedarf" eingeführt mit Rücksicht auf den in der Raumlufttechnik vorkommenden Fall, dass das vorgegebene einfache Referenzsystem einen höheren Bedarf hat als das komplexere real ausgeführte System; da generell bei Wirtschaftlichkeitsbetrachtungen Jahresbeträge verwendet werden, ist auch der Hinweis auf das Jahr in der Bezeichnung entbehrlich.

sichtigung aller Verknüpfungen und zeitlichen Zuordnungen berechnet (siehe Bild G-2).

Die mit der Bedarfsentwicklungsmethode gebotene Darstellbarkeit des Übergabeprozesses liefert nun auch die Möglichkeit, den Energieaufwand von Einzelraumheizgeräten, wie Öfen, Elektrodirekt- oder -speicherheizgeräten, reproduzierbar zu bestimmen. Im Unterschied zur dreigegliederten Warmwasser-Zentralheizung ist hier eine Aufteilung oder gar Trennung von Übergabe und Erzeugung nicht sinnvoll. Aus dem Referenzenergiebedarf $Q_{0,N}$ entwickelt sich ohne Aufgliederungsmöglichkeit unmittelbar der $Q_3$ entsprechende Gesamtaufwand $Q_{ges}$, der zugleich den Gesamtbedarf darstellt.

Die Diskussion über Fragen des Heizenergiebedarfs von Gebäuden mit ihren Heizanlagen wird mit nicht immer eindeutig verwendeten Begriffen geführt. Beispiele sind hier Wärmeverbrauch, Wärmebedarf, Wärmeverlust und Wärmeabgabe. Häufig werden auch genormte Benennungsgrundsätze für physikalische Größen nicht beachtet [G-7], was das Verständnis der komplexen Zusammenhänge bei der Entstehung des Bedarfs oder Aufwandes erschwert. Hinzu kommt, dass vor allem von den Praktikern Begriffe verwendet werden, die vor Jahrzehnten geprägt und alle Normungs- und Vereinheitlichungsbemühungen überdauert haben. Selbst bestehende Fachnormen und -richtlinien enthalten solche Relikte. Um hier Klarheit zu schaffen, wird im Folgenden eine Übersicht über die wichtigsten Begriffe mit ihren Definitionen gegeben:

**Verbrauch:**      Ein Verbrauch wird nach einer Verbrauchszeit durch eine Messung festgestellt. Es kann sich dabei um eine Menge an Wasser, elektrischen Strom oder Brennstoff handeln. Je nachdem wird von Wasserverbrauch, Stromverbrauch, Brennstoffverbrauch oder bei letzteren allgemein auch von Wärmeverbrauch bzw. Energieverbrauch gesprochen. Zur Präzisierung wird zusätzlich der Verbrauchszeitraum angegeben z. B. Jahresenergieverbrauch.

**Bedarf:**      Der Bedarf an Heizwärme oder allgemein an Energie, auch in der Form von elektrischem Strom oder Brennstoff, wird unter definierten Randbedingungen vorausberechnet. Diese Randbedingungen gelten für die Wetter, das Gebäude, seine Nutzung und die Heizanlage. Meist wird unter dem Begriff Bedarf eine Menge, eine Energiemenge, gemeint. Gelegentlich spricht man aber auch von einem Leistungsbedarf und versteht darunter die zu installierende Leistung (ebenfalls errechnet). In diesem Sinne ist auch vom „Wärmebedarf" immer noch die Rede, so auch dem Norm-Wärmebedarf nach DIN 4701. Für Wärmebedarf wird heute der treffendere Begriff Heizlast verwendet.

**Bedarf/Aufwand:**      Das Begriffspaar Bedarf/Aufwand stellt Wegmarken auf dem Entwicklungsweg des Bedarfes durch eine Anlage dar (siehe Bild G-2). Jede Anlage lässt sich in Untersysteme aufgliedern, an deren Grenzen jeweils am Eingang ein Bedarf ansteht und am Ausgang ein Aufwand hierfür festzustellen ist. Z.B. wird die Aufwands-Bedarfs-Beziehung hergestellt für die Übergabe, die Verteilung, die Erzeugung oder die Gesamtanlage im Gebäude, wobei der Aufwand bei der Erzeugung identisch ist mit dem Aufwand bei der Gesamtanlage und zahlenmäßig gleich ist dem Bedarf des nachfolgenden Systems, der Energieversorgung; hier wird dann vom Energiebedarf des Gebäudes gesprochen.

**Nutzungsgrad:** Der Nutzungsgrad ist das Verhältnis von Bedarf zu Aufwand; er ist immer ein Energiemengen-Verhältnis und gilt nur für ein bestimmtes System sowie einen bestimmten Zeitraum.

**Aufwandszahl:** Die Aufwandszahl ist der Kehrwert des Nutzungsgrades

**Gradtage:** Die Gradtage stellen das Integral der Differenzkurve zwischen der Außentemperatur und der Heizgrenztemperatur über der Zeit in Tagen gezählt dar. Als Außentemperatur wird der Tagesmittelwert verwendet. Die Integrationsgrenzen sind gegeben durch den Schnitt der Temperaturkurve mit der Heizgrenztemperatur (z.B. 15 °C; man verwendet dann die Bezeichnung $G_{15}$). Die Zeitspanne zwischen den beiden Grenzen sind die Heiztage z. Die in Deutschland meist angegebenen Gradtage $G_t$ besitzen nach einem Vorschlag von Raiß [G-8] zusätzlich einen Summanden, gebildet aus dem Produkt Heiztage mal der Temperaturdifferenz gegenüber der Heizgrenze (z.B. 20 °C – 15 °C)[2].

**Energiekennwert:** Gemäß VDI 3807 [G-11] ist der Energieverbrauchkennwert (Energiebedarfskennwert) das Verhältnis des jährlichen Energieverbrauchs (Energiebedarfs) zu einer das Gebäude kennzeichnenden Fläche. Als Bezugsfläche wird die Summe aller beheizbaren Brutto-Grundflächen eines Gebäudes genommen. Es wird generell ein auf ein Durchschnittsklima über die Gradtage umgerechneter sog. „bereinigter Energieverbrauch" eingesetzt.

**Raumlast:** Nach einem Vorschlag von Esdorn [G-9] sind Raumlasten Energieströme oder Stoffströme, die in einem Raum wirksam werden und z.B. als Heizlasten durch Heizen „weggetragen" werden. Bei ausschließlichem Heizen (keine weitere Luftbehandlung, deswegen werden Stofflasten auch nicht beachtet) ist diese Art von Wärmelast nur sensibel. Zusam-

---

[2] Der häufig zu findende Begriff **Gradtagszahl** wird unter Beachtung von DIN 5485 [G-7] vermieden, da der Begriff „-zahl" speziellen Größen der Dimension 1 vorbehalten ist.

men mit den übrigen dem Raum von innen und außen zugeführten Energieströmen (Fremdlasten) muss mit der über
die Heizanlage zugeführten Heizleistung, die den negativen Wert der Heizlast besitzt, die Energiebilanz des Raums
ausgeglichen sein. Die Normheizlast entspricht einer speziellen Heizlast unter in DIN 4701 festgelegten Bedingungen, bei denen insbesondere keine Fremdlast berücksichtigt wird.

**Referenzheiz-energiebedarf:** Der Referenzheizenergiebedarf ist das Integral der Heizlast
über das Jahr. Maßgeblich ist der Referenzenergiebedarf,
bei dem die spezielle Nutzung des Gebäudes berücksichtigt ist ($Q_{0,N}$). Dieser Referenzheizenergiebedarf entspricht
in etwa der sog. „minimalen Jahresheizwärmeabgabe" nach
Esdorn [G-3].

**Gebäudewärme-verlust:** Der Gebäudewärmeverlust ist der Energiestrom, der sich
zu einem Zeitpunkt aufgrund von Transmission durch die
Außenbauteile an die Außenluft und das Erdreich sowie
durch Lüftung, also durch den Austausch wärmerer Raumluft durch kalte Außenluft ergibt. Der Begriff „Gebäudewärmeverlust" wird auch für die entsprechende Energie-
**menge** gebraucht, die während eines Zeitraumes z. B. einer
Heizperiode, vom Gebäude an seine Umgebung abgegeben
wird. Da im Gebäudewärmeverlust auch alle Fremdlasten
mit eingehen, stellt er nicht einmal annähernd ein Maß für
den realen Jahres-Heizenergiebedarf dar!

**Relative Heizlast:** Die relative Heizlast ist das Verhältnis von Heizlast zu
Normheizlast.[3] Das Jahresmittel der relativen Heizlast als
Verhältnis des Referenz-Heizenergiebedarfs zum Produkt
aus Normheizlast und Jahresstunden lässt sich als Maß
für den Fremdlasteinfluss verwenden, wenn die Nutzung
des Gebäudes nach Art und Ablauf festgelegt ist. Die relative Heizlast unterscheidet sich nach ihrer Definition zum
„Belastungsgrad" nach Esdorn [G-3]. Er ist das Verhältnis von Temperaturdifferenzen Innen-Außen im Betriebspunkt zum Normpunkt.

---

[3]   Der Begriff „-grad" wird hier vermieden; er ist gemäß DIN 5485 [G-7] dem Verhältnis
     zweier **messbaren Größen** gleicher Dimension vorbehalten. Hier ist der Bezugswert eine
     reine Rechengröße.

# G2
# „Black-Box"-Methode

Um die Vorgehensweise bei der „Black-Box"-Methode zu verdeutlichen, seien lediglich die Grundzüge der historischen VDI 2067 [G-2] dargelegt. Es werden die Begriffe und Bezeichnungen dieser Richtlinie verwendet, soweit hier (Band 1) nicht bereits Festlegungen getroffen sind.

Der voraussichtliche Jahresheizwärmeverbrauch $Q_{Ha}$ (eigentlich ein Bedarf) wird in zwei Schritten berechnet:

Der sog. „Jahresheizwärmeverbrauch" ohne Berücksichtigung von Fremdwärmegewinn $Q_{Ga}$ wird aus dem Gebäude-Normwärmebedarf $\dot{Q}_{N,Geb}$, einer mittleren relativen Übertemperatur $(\overline{\vartheta}_i - \overline{\vartheta}_a)/(\vartheta_{iN} - \vartheta_a)$, der Heizzeit $Z$ in Stunden und einem Produkt von fünf Korrekturfaktoren berechnet:

$$Q_{Ga} = \dot{Q}_{N,Geb} \frac{\left(\overline{\vartheta}_i - \overline{\vartheta}_a\right)}{\left(\overline{\vartheta}_{i,N} - \overline{\vartheta}_{a,N}\right)} Z \prod_{i}^{i=5} f_i \qquad (G2-1)$$

Die Heizzeit $Z$ errechnet sich aus den tabellierten Heiztagen $z$ im Jahr [G-2] mit dem Faktor $24\,\mathrm{h/d}$, so dass $[Q_{Ga}] = $ Wh. Die mittlere Außentemperatur $\overline{\vartheta}_a$ erhält man aus den tabellierten Gradtagen $G_t$ gemäß

$$\overline{\vartheta}_a = 20°C - \frac{G_t}{z} \qquad (G2-2)$$

Es folgt im zweiten Schritt der Jahres-Fremdwärmegewinn $Q_{FG}$ aus dem sog. äußeren Fremdwärmeanfall durch die Sonne $Q_{Sa}$ und den inneren Fremdwärmeanfall $Q_{Ia}$:

$$Q_{FG} = f_6 \left(Q_{Sa} + Q_{Ia}\right) \qquad (G2-3)$$

mit Berücksichtigung des Fremdwärmegewinns erhält man demnach

$$Q_{Ha} = Q_{Ga} - Q_{FG} \qquad (G2-4)$$

Daraus lässt sich nun der sog. „Jahresbrennstoffverbrauch" $B_{Ha}$ mit dem Heizwert $H_U$ und einem sog. „Jahresnutzungsgrad der Gesamtanlage" $\eta_{ges}$ berechnen:

$$B_{Ha} = \frac{Q_{Ha}}{H_U\,\eta_{ges}} \qquad (G2-5)$$

Dieser „Jahresnutzungsgrad der Gesamtanlage" setzt sich zusammen aus dem „mittlerem Jahresnutzungsgrad von Wärmeerzeugungsanlagen" $\eta_a$ und dem Verteilungsnutzungsgrad $\eta_V$ zu Berücksichtigung von Rohrleitungsverlusten:

$$\eta_{ges} = \eta_a\,\eta_V \qquad (G2-6)$$

Der Jahresnutzungsgrad für den Wärmerzeuger und für die Verteilung sind die einzigen Kenngrößen, die eine Anlagenvariante für ein Bauobjekt als solche von anderen unterscheidet.

Für die fünf Korrekturfaktoren in Gleichung G2-1 und den sechsten in G2-3 wird in [G-2] folgendes angegeben:

- Der erste Faktor soll einen zusätzlichen „Lüftungswärmeverbrauch" aufgrund der Nutzergewohnheiten berücksichtigen.

- Der zweite Faktor erfasst „die Verminderung des Wärmeverbrauchs durch zeitlich eingeschränkten Betrieb von einzelnen Räumen, Heizzonen, Gebäuden oder Gebäudeteilen". Dabei wird die Gebäudeschwere (Abstufung etwa wie bei der Kühllastregel VDI 2078 [G-10]) durch eine tabellierte Abkühlzeitkonstante des Gebäudes berücksichtigt.

- Mit dem dritten Faktor lässt sich der räumlich eingeschränkte Heizbetrieb in Abhängigkeit vom Anteil der unbeheizten Fläche berücksichtigen.

- Der Faktor $f_4$ ist nun für die Ausstattung mit Regelgeräten vorgesehen. Er gilt nur für die in den Tabellen aufgelisteten Stellorgane und Regeleinrichtungen und erfasst nicht – abgesehen von der Unterscheidung Radiatorenheizung/Fußbodenheizung – den erheblichen Einfluss der verschiedenen Heizflächen mit ihren unterschiedlichen Zeitkonstanten und Auslegungstemperaturen (vergl. Kap. E).

- Mit dem fünften Faktor können Raumtemperaturen, die vom Normwert abweichen, berücksichtigt werden.

- Der sechste Faktor soll die Ausnutzung der Fremdwärme erfassen. Er ist das Produkt aus einem sog. Bewertungsfaktor für Fremdwärme $f_F$, der wie bei $f_4$ gerätebezogen tabelliert ist, und dem als reine Gebäudeeigenschaft aufgefassten Fremdwärmenutzungsgrad $\eta_F$. Dass vor allem die Eigenschaften der Raumheizfläche in Verbindung mit dem jeweiligen Regelsystem für die Nutzung der Fremdwärme maßgeblich sind, bleibt unbeachtet.

Abgesehen von Kesseln, eigentlich speziellen Wärmeerzeugern, und der Wärmeverteilung ist eine energetische Beurteilung von Anlagenkonzepten anhand der bestehenden VDI 2067 [G-2] nicht möglich. Als Ergebnis erhält man lediglich rechnerische „Verbräuche" auf der Grundlage von vereinbarten Ausgangsdaten, die zu den speziellen Eigenschaften der zu beurteilenden Anlage wenig Bezug haben. Die vorausberechneten „Verbräuche" liegen in einem Unsicherheitsband von wenigstens ± 40%. Dieses einzugrenzen ist neben anderem Ziel der Vorschläge von Esdorn und Mügge [G-3 bis -5]. Der häufig vorgebrachte Einwurf, allein der Nutzer würde durch sein unterschiedliches Verhalten eine derart große Streubreite hervorrufen, ist in Hinblick auf den Verbrauch zutreffend (bei schlecht gedämmten Gebäuden verhalten sich die Verbräuche etwa wie 1:2, bei gut gedämmten wie 1:4), geht aber am Ziel einer Vorabbewertung z.B. im Rahmen einer Wirtschaftlichkeitsbetrachtung vorbei! Vergleiche unter verschiedenen Anlagenkonzepten (siehe Teil C) dürfen nur bei vollständig gleichen Bedingungen stattfinden, d.h. also auch gleichem Nutzerverhalten. Auch diese eigentlich selbstverständliche Bedingung ist in der notwendigen Klarheit in der VDI 2067 [G-2] nicht enthalten. Das geht allein schon aus der Weiterbenutzung des Begriffes „Verbrauch" hervor, wo doch bei der Weiterentwicklung der Richtlinie bis zur Fassung von 1993 [G-2] eigentlich „Bedarf" gemeint war. Tatsächlich aber eignet sich der Ansatz nach Gleichung G2-1 und -4, insbesondere mit der Anwendung der Gradtage nach G-2 nur für die Vorausberechnung eines wahrscheinlichen Verbrauchs auf der Basis eines gemessenen unter der Annahme, dass die betrachtete Anlage gleich bleibt und zudem der Nutzer sich weiter gleich verhält. Diese Annahmen liegen auch der Berechnung von Energieverbrauchskennwerten für Gebäude zu Grunde [G-11].

Um sich über die energetische Qualität eines Gebäudes mit seinen Anlagen rasch verständigen zu können, wurde als Kenngröße die sog. „Energiekennzahl" vorgeschlagen. Sie wird generell als Verhältnis des jährlichen Energieverbrauchs (Brennstoff, Wärme, elektrische Energie) zu einer das Gebäude kennzeichnenden Fläche dargestellt. Eine erste Regel wurde hierüber in der Schweiz geschaffen [G-12]. Da ein solcher Kennwert z.B. auch als Richtwert und Vorgabe bei Planungen von Neu- und Umbauten verwendet werden soll, werden neben Verbrauchswerten auch Bedarfswerte benötigt (siehe Begriffe in Kapitel H1). In der später erschienenen entsprechenden deutschen Richtlinie [G-11] wird daher ausdrücklich zwischen diesen beiden Begriffen unterschieden. Es wird dort auch vom *Kennwert* gesprochen, da der Begriff -zahl nach internationalen Begriffsvereinbarungen [G-7] Größen der Dimension 1 vorbehalten ist. Besteht also nur die Absicht, ein bestimmtes Gebäude mit festgelegter Nutzung in seinem energetischen Verhalten in bestimmten Zeitabständen zu beurteilen oder gar Gebäude gleicher Art und Nutzung miteinander zu vergleichen, dann sind Energie**verbrauchskennwerte** zu verwenden.

Unter Energieverbrauch wird der gemessene Energieeinsatz $E_{Vg}$ verstanden; mit den Begriffen und Bezeichnungen der VDI 3807:

$$E_{Vg} = B_{Vg} H \qquad (G2\text{-}7)$$

Mit der gemessenen verbrauchten Energiemenge in der jeweiligen Mengeneinheit (z.B. $\ell$ bei Heizöl El) $B_{Vg}$ und dem Heizwert $H$ in kWh je Mengeneinheit (ohne Index $u$, da ja auch die Energieart elektrischer Strom mitbehandelt wird). Der sog. „bereinigte Energieverbrauch" $E_V$ liegt vor, wenn als wesentlicher Einfluss das Wetter über die Heizgradtage erfasst wird:

$$E_V = E_{Vg} \frac{\overline{G}_{15}}{G_{15}} \qquad (G2\text{-}8)$$

Die hier verwendeten Gradtage ($G_{15}$ steht beispielsweise für die jeweils aufgetretenen Heizgradtage und $\overline{G}_{15}$ für einen langjährigen Mittelwert) unterscheiden sich von den in VDI 2067 [G-2] definierten Gradtagen $G_t$, dass hier die Temperaturkurve über der Zeit nur bis zu einer mittleren Heizgrenze von 15 °C integriert wird (siehe Bild G-3). Im Unterschied dazu wird nach der Definition in der VDI 2067 und auch in Band 1 Teil B der Rechteckblock zwischen der Heiz-

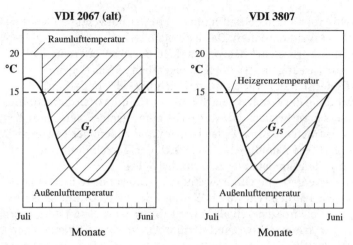

**Bild G-3** Schematische Darstellung der „Gradtagzahl" $G_t$ nach VDI 2067 und der Heizgradtage $G_{15}$ nach VDI 3807 z.B. für die Heizgrenztemperatur 15 °C

grenztemperatur und der Raumlufttemperatur hinzuaddiert. Die Heizgradtage $G_{15}$ sind die Summe der Differenzen zwischen der Heizgrenztemperatur von 15 °C und den Tagesmitteln der Außentemperaturen $\overline{\vartheta}_{a,n}$ über alle Kalendertage mit einer Tagesmitteltemperatur unter 15 °C:

$$G_{15} = \sum_{n=1}^{z} \left(15° C - \overline{\vartheta}_{a,n}\right) \tag{G2-9}$$

Der Zusammenhang mit den Heizgradtagen nach VDI 2067 [G-2] lautet mit der Zahl der Heiztage $z$ und der Temperaturdifferenz 5 K

$$G_{15} = G_{t,a} - 5K \cdot z \tag{G2-10}$$

Dieser im übrigen auch international übliche Ansatz für die Gradtage geht von der Annahme aus, dass der Rechteckblock zwischen der Heizgrenze und der Raumtemperatur vollständig durch Fremdwärmezufuhr aufgebracht wird. Dies mag insbesondere an Tagen mit niedriger Außentemperatur nicht vollständig zutreffen, ist aber bei einem an die Außentemperatur angepassten Nutzerverhalten (weniger Lüften an den kalten Tagen) auch nicht unwahrscheinlich. In jedem Fall aber trifft dieser Ansatz an Tagen mit einer Außentemperatur in der Nähe der Heizgrenze exakt zu. Neuere Überlegungen im VDI 4710-Ausschuss zur Verbesserung des Gradtageverfahrens führen dazu, objektbezogen veränderliche Heizgrenztemperaturen einzuführen. Unterschiede bei den Dämmqualitäten der Gebäude, der Lüftung und der gewählten realen Rauminnentemperatur legen diesen Gedanken auch nahe.

Als Bezugsfläche $A_E$ wird nach VDI 3807 „die Summe aller beheizbaren Brutto-Grundflächen eines Gebäudes" genommen. Die Grundflächen werden nach den *Außenmaßen* der Vollgeschosse eines Gebäude ermittelt. Sie darf nicht verwechselt werden mit der sog. Wohnfläche, in der z.B. auch andere Nutzflächen wie Balkone enthalten sind, oder mit der Nettogrundfläche, die ohne Mauerwerk zu verstehen ist.

Der so definierte Energieverbrauchskennwert lautet nunmehr:

$$e_V = \frac{E_V}{A_E} \qquad \text{(G2-11)}$$

Ist allein Heizenergie gemeint, so ist im Index von $E$ noch $H$ hinzuzufügen, und ist die Energie elektrischer Strom, dann ein $S$.

Wenn Bedarfswerte verwendet werden, ändert sich die Bezeichnung des Energiebedarfs zu $E_B$ und des Energiebedarfskennwertes zu $e_B$; die übrigen Definitionen bleiben erhalten.

Analog zur Anwendung der Gradtage bei den Energieverbrauchskennwerten ist bei der Heizkostenverteilung (siehe Teil H) vorzugehen. Auch hier dürfen nur die Gradtage mit der Heizgrenztemperatur als oberem Grenzwert eingesetzt werden. D.h. die vom Wetteramt mitgeteilten Gradtage, die meist für den oberen Grenzwert 20°C gelten, sind umzurechnen, indem von den veröffentlichten Werten gemäß Gleichung G2-10 das Produkt aus der Anzahl der jeweiligen Heiztage und der Differenz zwischen Heizgrenztemperatur und 20°C abzuziehen ist (gerade in den Übergangszeiten würden ohne diese Korrektur erhebliche Verbrauchsunterschiede errechnet werden).

## G3
# Bedarfsentwicklungsmethode

### G3.1
### Referenzenergiebedarf

Die Entwicklung des Bedarfs in einem Gebäude mit der zugehörigen Nutzung hin zum Bedarf bei der Verteilung bis zu dem bei der Erzeugung lässt sich nur verfolgen, wenn zunächst raumweise der zeitliche Verlauf sämtlicher Energieströme aufgenommen wird. Es genügt keinesfalls, unter Annahme annähernd konstanter Bedingungen Tages- oder gar Jahresenergiemengen zu betrachten. Die erforderliche Untersuchungsgenauigkeit liefert die VDI-Kühllastregel [G-10]; sie ist auch auf den Heizfall anwendbar. In der dort entwickelten Betrachtungsweise werden alle Energieströme positiv gezählt, wenn sie dem Raum zugeführt werden (siehe Bild G-4, die verwendeten Bezeichnungen und Begriffe sind eingetragen). Man unterscheidet, ob die Heiz- oder RLT-Einrichtungen konvektiv oder radiativ wirken, und spricht dann von konvektiver oder Strahlungsraumbelastung durch die Anlage ($\dot{Q}_{KA}$ und $\dot{Q}_{SA}$). Die Heizlast des Raumes ist nach dieser Kühllast-Definition negativ:

$$\dot{Q}_{HR} = -\left(\dot{Q}_{KA} + \dot{Q}_{SA}\right) \qquad \text{(G3-1)}$$

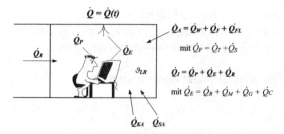

**Bild G-4** Die dem Raum zugeführten Energieströme $\dot{Q}(t)$
$\dot{Q}_A$ äußere Kühllast, Indizes: Außenwand W, Fenster F, Fensterlüftung FL, Transmission T, Strahlung S
$\dot{Q}_I$ innere Kühllast, Indizes: Personen P, elektr. Geräte E, Räume R, Beleuchtung B, Maschinen M, Geräte G, Kühlung C
$\dot{Q}_{KA}$, $\dot{Q}_{SA}$ „Belastung" durch die Anlage, konvektiv K, radiativ S

Aus Energiebilanzgründen muss für jeden Zeitpunkt gelten:

$$\dot{Q}_I + \dot{Q}_A + \dot{Q}_{KA} + \dot{Q}_{SA} = 0 \tag{G3-2}$$

Im Heizfall, also wenn die Außentemperaturen deutlich unter der Heizgrenztemperatur liegen, sind alle Terme, aus denen sich die äußere Kühllast $\dot{Q}_A$ zusammensetzt, negativ bis auf $\dot{Q}_S$, der Kühllast infolge Strahlung durch das Fenster; die inneren Kühllasten $\dot{Q}_I$ sind alle positiv.

Die sich aus der Bilanz (G3-2) ergebende Rauminnentemperatur $\vartheta_i$ ist zunächst unbekannt. Die Raumbelastung durch die Anlage ($\dot{Q}_{KA}$ und $\dot{Q}_{SA}$) kann aber auch so gewählt werden, dass ein gewünschter Temperaturverlauf entsteht (Solltemperatur). Um insbesondere die Funktionen einer Heizanlage, die Behaglichkeitsdefizite beseitigen sollen, bewerten zu können, wird nach einem Vorschlag von Bauer [G-13] eine rechnerisch reproduzierbare Referenzsituation hergestellt, bei der eine örtlich wirksame Heizlast als ein Behaglichkeitsdefizit aufgefasst wird. Dies soll in aller Strenge auch dann gelten, wenn das rechnerisch feststellbare Behaglichkeitsdefizit unterhalb der Empfindungsschwelle von Raumnutzern liegt. Bei einer Idealheizung soll die konvektive Heizlast $\dot{Q}_{KR}$ exakt mit der konvektiven Raumbelastung durch die Anlage $\dot{Q}_{KA}$ ausgeglichen werden; entsprechendes gilt für die Strahlungsheizlast des Raumes $\dot{Q}_{SR}$.

Der konvektive Anteil der Heizlast beinhaltet zum einen die Lüftungswärmeverluste zum Erwärmen der Außenluft auf Raumtemperatur, zum anderen auch das Erwärmen der Fallluftströme an kalten Umfassungsflächen $A_{UF}$

$$\dot{Q}_{K,R} = \dot{m}_{ZU}\, c_{pL}\left(\vartheta_R - \vartheta_{AU}\right) + \sum_{j=1}^{n}\left[\alpha_{K,UF}\, A_{UF}\left(\vartheta_R - \vartheta_{UF}\right)\right]_j \tag{G3-3}$$

$\vartheta_{UF}$  die Temperatur der Umfassungsfläche j
$\alpha_{K,UF}$  der konvektive Wärmeübergangskoeffizient an dieser Fläche.

Im radiativen Anteil sind die Strahlungsdefizite der Umfassungsflächen enthalten

$$\dot{Q}_{S,R} = \sum_{j=1}^{n} \left[ \alpha_{S,UF} \, A_{UF} \left( \vartheta_R - \vartheta_{UF} \right) \right]_j \tag{G3-4}$$

Vereinfachend wird der Wärmeübergang durch Strahlung in linearer Form angegeben mit $\alpha_{S,UF}$ dem Wärmeübergangskoeffizienten für die Strahlung.

Die Referenzsituation für die Bewertung einer Heizanlage ist durch folgendes Gleichungssystem beschrieben:

$$\dot{Q}_{K,R} = -\left( \dot{Q}_{K,A} \right)$$
$$\dot{Q}_{S,R} = -\left( \dot{Q}_{S,A} \right) \tag{G3-5}$$
$$\dot{Q}_{O,N} = \dot{Q}_{H,R}$$

Die Heizlast in der Referenzsituation für einen Raum mit einer bestimmten Nutzung wird mit $\dot{Q}_{0,N}$ bezeichnet. Das zeitliche Integral über diese Heizlast ist der Referenzenergiebedarf $Q_{0,N}$.

$$Q_{0,N} = \int_{t=0}^{t} Q_{0,N} \, dt \tag{G3-6}$$

Es wird zwischen zwei Werten des Referenzenergiebedarfs unterschieden:
- für einen Grundnutzen mit der Bezeichnung $Q_{0,G}$, um überwiegend Gebäudeeigenschaften beurteilen zu können, und
- für eine spezielle Nutzung des Gebäudes mit der Bezeichnung $Q_{0,N}$, um die energetische Qualität einer Heiz- oder/und RLT-Anlage beurteilen zu können.

Der Referenzenergiebedarf wird ausgehend von der VDI-Kühllastregel [G-10] mit einem weiterentwickelten Algorithmus nach der neuen VDI-2067 [G-14] berechnet. Dabei wird ein definierter Satz von Klimadaten verwendet (Testreferenzjahr TRY des Standortes [G-15]). Der Umfang der Eingabedaten geht nur unwesentlich über den der Daten für eine Heizlastberechnung heraus; es sind im einzelnen:
- Abmessungen der Räume einschließlich aller Teilflächen wie Fenster, Türen, Brüstungen u.a.,
- bei den nicht transparenten Bauteilen ihr Schichtaufbau (Dicke, Dichte, Leitfähigkeit, Wärmekapazität),
- bei den Fenstern Transmissions- sowie Reflektionseigenschaften, Energiedurchlassgrade, Sonnenschutzeinrichtungen,
- Orientierung der Außenwände und Fenster.

Der Grundnutzen für $Q_{0,G}$ ist folgendermaßen definiert:
*   Raumtemperatur 22 °C und konstant,
*   Außenluftwechsel 0,8 h$^{-1}$ und konstant,
*   Sonnenschutz, soweit vorhanden, betätigt für alle Außentemperaturen $\geq 15\,°C$
*   Innenlasten: keine innere Quelle.

Der gebäudeeigene Nutzen für $Q_{0,N}$ enthält in jedem Fall:
*   Außenluftwechsel 0,8 h$^{-1}$ und konstant,
*   Sonnenschutz, soweit vorhanden, betätigt für alle Außenlufttemperaturen $\geq 15\,°C$.

Und ggf. zusätzlich:
*   zum festen Außenluftwechsel einen maschinellen,
*   maschineller Luftwechsel als Zeitprofil,
*   veränderliche Raumtemperatur als Zeitprofil,
*   innere Lasten als Zeitprofil.

Nahezu im gleichen Rechengang wie für den Referenzenergiebedarf fällt auch die Normheizlast $\dot{Q}_N$ an. Mit ihr lässt sich in einem weiteren Schritt das Jahresmittel der relativen Heizlast berechnen:

$$\beta_Q = \frac{Q_{0,N}}{t_{Jahr}\,\dot{Q}_N} \tag{G3-7}$$

Mit der Jahreszeit $t_{Jahr}$ = 8760 h. Diese relative Heizlast ist ein Maß für die Belastungssituation, die für die dynamischen Eigenschaften des Übergabesystems der Heizanlage wesentlich ist. Für Abschätzungen liegt die relative Heizlast beim Dämmstandard „Altbau" (errichtet vor etwa 1985) zwischen 0,24 und 0,1. Geringe Fremdlasten (wenig Sonne und Geräte) führen zu dem höheren Wert, hohe zu dem kleineren; Wohnräume tendieren demnach zu den höheren, Räume auf Gebäudesüdseiten sowie Büroräume zu den niedrigeren Werten. Auch der Heizbetrieb beeinflusst $\beta_Q$, so reduziert die Nachtabsenkung sie um etwa 6%. Der Dämmstandard durch die WSV 95 verringert den oberen Betrag von 0,24 auf unter 0,22 und die Energiesparverordnung (EnEV) weiter auf unter 0,2; beim unteren Betrag wirkt sich die erhöhte Dämmung etwas stärker aus.

## G3.2
### Energieaufwand einer Warmwasserheizung

Um den Heizenergiebedarf eines oder mehrerer Räume in einem Gebäude decken zu können, entsteht bei einer realen Heizanlage ein über den Bedarf hinaus gehender Aufwand. Dieser Aufwand wird bei Warmwasserheizungen wegen der stark unterschiedlichen Gestaltung ihrer Hauptbereiche, Übergabe, Verteilung und Erzeugung, zweckmäßigerweise, aber auch einer detaillierten Bewertbarkeit wegen, in die Teilaufwände aufgegliedert (siehe Bild G-2).

Der Teilaufwand für die **Übergabe** gestaltet sich am unterschiedlichsten, da hier einerseits die größte Variationsbreite bei den anlagentechnischen Möglichkeiten besteht, andererseits bei den vielfältigen Nutzenanforderungen (festgelegt in der Referenzsituation) die dargebotene Heizleistung verschieden gut an die Heizlast anzupassen ist. Neben dem durch die Lastschwankungen hervorgerufenen zeitlichen Anpassungsproblem (es wächst mit steigender Gebäudedämmung) besteht auch ein räumliches. Hierauf hat bereits Rietschel [G-16] hingewiesen: „Die vollkommenste Heizungsanlage würde diejenige sein, die an jeder Stelle eines Wärmeverlustes einen gleich großen Wärmeersatz zu liefern im Stande wäre". Beim Ausgleich der verschiedenen Behaglichkeitsdefizite ist ausschlaggebend, ob die von einer Heizfläche an den Raum abgegebenen Wärme in der vorgegebenen Anforderungszone [A-9] wirksam wird, also zu nutzen ist. Da es nicht darum geht, einfach nur Wärme zu übergeben, teilweise ohne Behaglichkeitseffekt, wird im Sinne einer genaueren Quantifizierung des **Aufwandes** von **Nutzenübergabe** gesprochen. Die den räumlich und zeitlich vorgegebenen Nutzen (Bedarf) überschreitende Wärmezufuhr wird als Mehraufwand aufintegriert. Voraussetzungsgemäß wird dabei die Anlage so betrieben, dass ein Unterschreiten der Nutzenvorgaben nicht auftritt. Das unvermeidliche Überschwingen der Temperaturen im Raum über den Sollwert wird nicht als Maß für einen Mehraufwand herangezogen, weil es 1. von Fremdlasten herrühren und 2. ein Zuviel an Heizleistung über die Strahlung auch gespeichert sein kann, ohne dass eine Veränderung der Raumtemperatur auftritt. Auch die jedermann geläufige stationäre Betrachtungsweise, nach der die Temperaturdifferenz zwischen innen und außen ursächlich für die Heizwärmeströme nach außen ist, geht erheblich an der Realität eines dynamischen Heizbetriebs vorbei: Wenn die Fremdlast ein Vielfaches der Heizlast beträgt, besteht nahezu keine Abhängigkeit mehr von der Temperaturdifferenz innen – außen, wohl aber vom Verlauf der Fremdlast (siehe Bild G-5).

Die Aufwandszahl für die Nutzenübergabe, definiert (für eine Einzelheizfläche) als

$$e_1 = \frac{Q_1}{Q_{0,N}} \qquad\qquad\qquad (G3\text{-}8)$$

mit $Q_{0,N}$, dem Referenzenergiebedarf nach Gleichung G3-6, und $Q_1$, dem Jahresenergieaufwand für die Übergabe.

Dieser ist abhängig von:
- der Zeitkonstanten T der Raumheizfläche (z.B. Fußboden Heizfläche, Heizkörper, Lufterwärmer),
- der Auslegungsabkühlzahl $\Phi_0$ bei Einbau eines realen Reglers,
- dem Jahresmittel der relativen Heizlast $\beta_Q$,

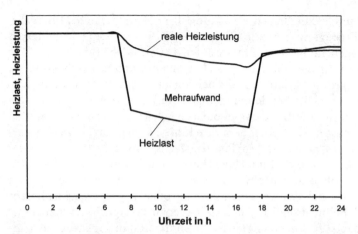

**Bild G-5** Beispiel einer Simulation des Übergabevorgangs: Heizlastgang vor allem durch Fremdwärmeströme beeinflusst, reale Heizleistung folgt nur unvollkommen. Unter der Heizlastkurve liegt die $Q_{0,N}$-Fläche, unter der Heizleistungskurve die $Q_1$-Fläche, die Differenz der Flächen ist der Mehraufwand

- dem Übertragungsverhalten des (realen) Heizflächenreglers und
- der Heizflächenanordnung.

Wie in Teil E dargelegt, sind bei realem instationären Heizbetrieb von den drei Betriebsformen: Aufheizen, instationäre Teillast und Absenken in Hinblick auf den Energieaufwand nur die beiden letztgenannten maßgeblich. Das Zeitverhalten der Heizflächen hierfür lässt sich mit den gleichen Bewertungsgrößen beschreiben:

- der Zeitkonstanten $T$ nach Gleichung E3.2-31 und
- dem Übertragungsbeiwert $K_Q$ nach Gleichung E3.2-37.

Die Aufwandszahl $e_1$ ist um so näher an 1, je kleiner die Zeitkonstante ist, d.h. Gewicht und Wasserinhalt der Heizfläche müssen klein sein und ihre Normleistung möglichst hoch. Allerdings sinkt das Leistungsvermögen $kA$ nach Gleichung D1.6-52 geringfügig mit der mittleren Übertemperatur $\Delta\vartheta_H$ der Heizfläche, weshalb dadurch entsprechend die Zeitkonstante zunimmt

$$\frac{T}{T_n} = \frac{(kA)_n}{kA} = \left(\frac{\Delta\vartheta_n}{\Delta\vartheta}\right)^{n-1} \tag{G3-9}$$

und die Wahl der Übertemperatur bei der Auslegung der Raumheizfläche sich auf die Aufwandszahl auswirkt: Sie steigt bei gleichbleibender Heizflächenart gering mit abnehmender Übertemperatur, weil die Heizfläche an sich größer wird.

Bei der Auslegung ist auf eine weitere Einflussgröße zu achten, nämlich das Verhältnis von Vorlaufübertemperatur zu Spreizung, also $1/\Phi_0$. Reale Heizflächenregler reagieren generell in einem gewissen Maß unvollkommen auf Änderungen beim arbeitspunktabhängigen Übertragungsverhalten der Heizfläche. Hierfür ist der Übertragungsbeiwert $K_Q$ maßgeblich. Nach Gleichung E3.2-37 ist $K_Q$ abhängig von der Auslegungsabkühlzahl $\Phi_0$ ($=(\sigma/\Delta\vartheta_V)_0$; siehe auch Gleichung E3.2-36). Aus Gleichung E3.2-38 lässt sich mit den Normwerten (Übertemperaturverhältnis 55/45) ein Zusammenhang zwischen der Auslegungsabkühlzahl und dem Auslegungsmassenstromverhältnis herstellen:

$$\ln\frac{1}{1-\Phi_0}=\frac{\sigma_n}{\Delta\vartheta_{lg,n}}\frac{\dot{m}_n}{\dot{m}_0}=\frac{\dot{m}_n}{\dot{m}_0}\ln\frac{55}{45}=0,201\frac{\dot{m}_n}{\dot{m}_0} \qquad \text{(G3-10)}$$

Damit ist z.B. im Heizkörper-Auslegungs-Diagramm (Bilder C1-8 und -9) für eine mindest erforderliche Auslegungsabkühlzahl das maximal zulässige Massenstromverhältnis aufzufinden und der Auslegungsbereich einzugrenzen (siehe auch VDI 6030 [A-9], dort wird vereinfacht eine Mindestspreizung für $\Phi_{0,min}=1/3$ angegeben).

Neben den beiden auslegungsbestimmten und heizflächeneigenen Größen, der Zeitkonstanten T und der Abkühlzahl $\Phi_0$ hat die Belastungssituation einen starken Einfluss auf den energetischen Aufwand bei der Übergabe. Je höher der Anteil der Fremdlasten – also der Summe der Wärmeströme aus äußeren- und inneren Wärmequellen – wird, um so stärker verändert sich zeitlich die relative Heizlast. Für einen festgelegten Nutzen lässt sich, wie Bauer [G-13] nachweist, dieser Einfluss auch mit einer Jahresbetrachtung erfassen und genügend genau durch nur eine Größe, nämlich das Jahresmittel der relativen Heizlast $\beta_Q$, kennzeichnen (siehe Gleichung G3-7).

Eine Zusammenfassung der ersten vier Einflüsse auf die Aufwandszahl für die Wärmeübergabe bei Heizkörpern zeigt Bild G-6 in einer Prinzipdarstel-

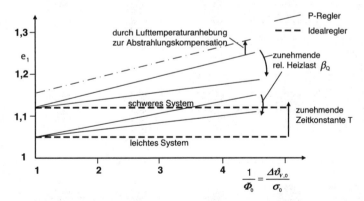

**Bild G-6** Prinzipieller Einfluss der Auslegungsabkühlzahl $\Phi_0$ auf den Energieaufwand $e_1$ von Raumheizflächen mit unterschiedlichen Reglern und den Parametern Zeitkonstante $T$ sowie relativer Heizlast $\beta_Q$; zusätzlich: Einfluss einer Lufttemperaturanhebung zur Kompensation eines fehlenden Abstrahlungsausgleiches (alles qualitativ und vereinfacht)

lung. Hier ist die Aufwandszahl $e_1$ über dem Kehrwert der Auslegungsabkühlzahl $\Phi_0$ aufgetragen. Bei Heizflächen mit realen Reglern steigt die Aufwandszahl mit $1/\Phi_0$ an (hier vereinfacht linear). Dabei ist der Ausgangspunkt dieser
Geradenscharen von der Zeitkonstanten $T$ der Raumheizfläche abhängig (die
Geraden gelten demnach für eine bestimmte mittlere Übertemperatur). Ihre
Steigung hängt von dem Jahresmittel der relativen Heizlast $\beta_Q$ ab. Die Geraden liegen flacher bei einer hohen relativen Heizlast (siehe Bild G-6). Die Steigung hängt aber auch von Übertragungsverhalten des Heizflächenreglers ab;
je günstiger, um so flacher. Bei Raumheizflächen mit idealer Regelung, also
ohne bleibende Regelabweichung, bestimmt allein die Zeitkonstante $T$ die Aufwandszahl. In diesem Fall wirkt sich weder die relative Heizlast noch die Auslegungsabkühlzahl, also auch nicht die Auslegungsvorlauftemperatur oder die
Spreizung aus.

Für bestimmte Raumheizflächen-Regler-Kombinationen geben im untersuchten Bereich Hyperbeln den Zusammenhang zwischen der Aufwandszahl
$e_1$ und dem Jahresmittel der relativen Heizlast $\beta_Q$ wieder (eine Extrapolation
über den untersuchten Bereich hinaus ist nicht zulässig). Einige typische Beispiele (Auszüge aus [G-17]) zeigen Bild G-7 für Raumheizkörper und Bild G-8
für Fußbodenheizungen. In Bild G-7 sind als Parameter der Reglereinfluss und
die Auslegevorlauftemperatur, in Bild G-8 die Speicherkapazität gewählt. Die
Aufwandszahlen $e_1$ für übliche Kombinationen von Raumheizfläche und Regler
sind in der VDI-Regel 2067 Blatt 20 [G-17] mit Angabe der Randbedingungen
tabellarisch zusammengestellt (Beispiele siehe Tabelle G-1). Die Grundlagen
hierzu sind bei Bauer [G-13] zu finden. Die $e_1,\beta_Q$-Hyperbeln (als Regressions-

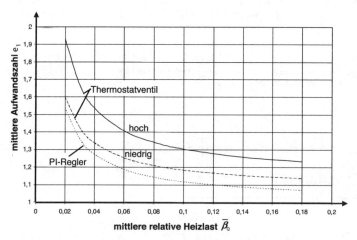

**Bild G-7** Mittlere Aufwandszahl $\overline{e}_1$ über der mittleren relativen Heizlast $\overline{\beta}_Q$ von unterschiedlich geregelten leichten Heizkörpern in Räumen mit Nachtabsenkung; Auslegung mit hoher
(>71 °C) und niedriger (<50 °C) Vorlauftemperatur; Proportionalitätsbereich des Thermostatventils 2 K

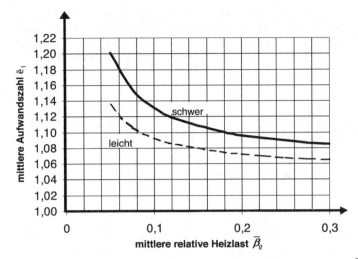

**Bild G-8** Mittlere Aufwandszahl $\bar{e}_1$ über der mittleren relativen Heizlast $\bar{\beta}_Q$ für einheitlich mit PI-Regler (stetig, mit Hilfsantrieb) ausgerüstete Fußbodenheizung in leichter und schwerer Ausführung, ohne Nachtabsenkung (Auszug aus [G-17])

kurven der Simulationsergebnisse) haben die für die Tabellierung verwendete Form:

$$e_1 = a + \frac{b}{\beta_Q} \tag{G3-11}$$

Der an fünfter Stelle als wesentlich aufgezählte Einfluss ist die Heizflächenanordnung. Er ist insbesondere dann zu beachten, wenn z.B. ein Strahlungsausgleich vor einer kalten Fläche nicht hergestellt wird. Ist gemäß Teil C3 eine vollständige Vergleichbarkeit gefordert, besteht in diesem Fall nur die Möglichkeit, durch Anheben der Raumlufttemperatur ersatzweise die Gleichwertigkeit des betrachteten Heizsystems mit der ungünstig angeordneten Heizfläche zu dem mit einer optimal angeordneten herzustellen. Dies führt zu einer Parallelverschiebung der für eine Heizflächen-Regler-Kombination geltenden Geraden, wie sie beispielhaft in Bild G-6 eingezeichnet ist.

Zur Gesamtbewertung einer vollständigen Warmwasser-Heizanlage ist zunächst aus dem bisher behandelten Einzelaufwand einer Übergabestelle das Zusammenwirken mehrerer gegebenenfalls verschieden großer oder verschiedenartiger Übergabestellen festzustellen. Es sei beschrieben durch eine mittlere Aufwandszahl $\bar{e}_1$, mit der die von der Verteilung anzuliefernde Gesamtwärmemenge zu berechnen ist. Analog zu Gleichung G3-8 wird definiert:

$$\sum Q_1 = \bar{e}_1 \cdot \sum Q_{0,N} \tag{G3-12}$$

**Tabelle G-1** Parameter der Regressionskurven nach Gleichung G3-11 aus VDI 2067, Bl. 20 [G-17] für schwere (s) und leichte (l) Raumheizflächen mit hoher ($\geq 71\,°C$), mittlerer ($51\,°C \leq \vartheta_V \leq 70\,°C$) und niedriger Vorlauftemperatur (h, m, n). Das Thermostatventil hat einen Auslegungsproportionalbereich von 2 K, der PI-Regler ist stetig und hat Hilfsantrieb, Schnellaufheizung durch zentrales Anheben der Vorlauftemperatur.

| Betriebsführung: | | Durchheizen | | Nachtabsenkung | | mit Schnellaufheizung | |
|---|---|---|---|---|---|---|---|
| | | a | b | a | b | a | b |
| **Heizkörper** | | | | | | | |
| s, m | Thermostatventil | 1,0752 | 0,0089 | 1,1016 | 0,0143 | 1,1556 | 0,0114 |
| l, m | | 1,0817 | 0,0071 | 1,1003 | 0,0126 | 1,0919 | 0,0126 |
| l, n | | 1,0765 | 0,0044 | 1,0793 | 0,0104 | 1,0795 | 0,0112 |
| l, h | | 1,1455 | 0,0083 | 1,1453 | 0,0157 | 1,1312 | 0,0159 |
| s, n | | 1,0543 | 0,0090 | 1,0650 | 0,0130 | 1,0831 | 0,0133 |
| s, h | | 1,1441 | 0,0094 | 1,1306 | 0,0176 | 1,149 | 0,0158 |
| **Heizkörper** | | | | | | | |
| s, m | PI-Regler | 1,0008 | 0,0088 | 1,0170 | 0,0155 | 1,0026 | 0,0143 |
| l, m | | 1,0011 | 0,0049 | 1,0350 | 0,0103 | 1,0387 | 0,0056 |
| l, n | | 0,9851 | 0,0091 | 1,0125 | 0,0148 | 1,0924 | 0,0043 |
| l, h | | 1,0068 | 0,0042 | 1,0316 | 0,0098 | 1,0962 | 0,0092 |
| s, n | | 0,9651 | 0,0202 | 0,9950 | 0,0260 | 1,0062 | 0,0209 |
| s, h | | 1,0114 | 0,0065 | 1,0304 | 0,0126 | 1,0759 | 0,0110 |
| **Fußbodenhzg.** | ohne Raum-Regler (Altanl.) | | | | | | |
| s | | 1,2576 | 0,0242 | 1,3180 | 0,0294 | – | – |
| l | | 1,1747 | 0,0216 | 1,2625 | 0,0280 | – | – |
| **Fußbodenhzg.** | PI-Regler | | | | | | |
| s | | 1,0411 | 0,0070 | 1,1211 | 0,0124 | 1,0475 | 0,0130 |
| l | | 1,0308 | 0,0042 | 1,0687 | 0,0114 | 1,0077 | 0,0111 |

Genügend genau kann für eine Gruppe von Raumheizflächen unterschiedlicher Größe, aber gleicher Art (einschließlich Regelung), die zugehörige mittlere Aufwandszahl $\overline{e}_1$ über einer mittleren relativen Heizlast $\overline{\beta}_Q$ im $e_1,\beta_Q$-Diagramm (Bild G-7 oder -8) abgelesen werden. Sie lautet analog zu Gleichung G3-7:

$$\overline{\beta}_Q = \frac{\sum Q_{0,N}}{t_{Jahr} \cdot \sum \dot{Q}_N} \tag{G3-13}$$

Die Summen werden für die jeweilige Heizflächengruppe mit der zugehörigen Hyperbel im $e_1,\beta_Q$-Diagramm gebildet. Bei mehreren verschiedenartigen Heizflächen und entsprechend verschiedenen Hyperbeln sind die gefundenen mittleren Aufwandszahlen $\bar{e}_{1,i}$ mit den $(\sum Q_{0,N})_i$ gewichtet zu mitteln:

$$\bar{e}_1 = \frac{\sum\left(\bar{e}_{1,i}\cdot\left(\sum Q_{0,N,}\right)_i\right)}{\sum_{ges} Q_{0,N}}$$

(G3-14)

Der so gefundene Mittelwert $\bar{e}_1$ liefert mit Gleichung G3-12 den Gesamtaufwand der Übergabe $\sum Q_1$, der für den nachfolgenden Systembereich, die Verteilung, zugleich den Bedarf und somit die Eingangsgröße für die Restanlage darstellt. Wie hier weiter vorzugehen ist, teilen Hirschberg und der Verfasser in [G-18] als vorläufigen Ersatz zu den noch fehlenden Blättern der neuen VDI 2067 [G-6] mit (zeitgleich mit dieser Veröffentlichung wird die „alte VDI 2067, Blatt 2 [G-2] zurückgezogen).

Der Aufwand der **Verteilung** besteht in der Wärmeabgabe des Verteilsystems und in dem Stromaufwand für die Umwälzung. Auf letzteres wird zunächst nicht eingegangen. Die Verteilung übernimmt die mittlere Belastung der Übergabe, allerdings nur während der Heizzeit $t_H$, in der sie in Betrieb ist[4]. Die mittlere Belastung der Verteilung ist demnach:

$$\bar{\beta}_D = \bar{e}_1 \cdot \bar{\beta}_Q \cdot \frac{t_a}{t_H}$$

(G3-15)

mit $t_a$, den Jahresstunden 8760 h/a; der Index D steht für Distribution.

Da die Wärmeübergabe unabhängig von der Art der Regelung nur von der (logarithmischen) Übertemperatur abhängt und diese Übertemperatur zeitgleich auch in der Verteilung herrscht, gilt.

$$\Delta\bar{\vartheta} = \beta_D^{1/n} \cdot \Delta\vartheta_{\lg,0}$$

(G3-16)

mit $n$, der Hochzahl in der Potenzfunktion für die Raumheizflächen, und $\Delta\vartheta_{\lg,o}$, der logarithmischen Übertemperatur im Auslegepunkt. Danach kann für verschiedene Auslegetemperaturen die längenbezogene Wärmeabgabe $q_2$ für Rohrleitungen im beheizten (Bild G-9) und unbeheizten Bereich (Bild G-10) des betreffenden Gebäudes in Abhängigkeit von der mittleren Belastung in der Verteilung $\bar{\beta}_D$ angegeben werden. Die eingezeichneten Kurven gelten für Dämmschichtdicken und Wärmeleitkoeffizienten, wie sie in den neuesten Wärmeschutzbestimmungen vorgeschrieben sind.

---

[4] Die Heizzeit ist entweder bei der jeweils gewählten zentralen Steuerung durch eine bestimmte Außentemperaturgrenze gegeben oder fällt bei der Berechnung des Referenzenergiebedarfs nach VDI 2067, Bl. 11 an.

**Bild G-9** Längenbezogene Wärmeabgabe $q_2$ von
Rohrleitungen im beheiz-
ten Bereich von Gebäuden
abhängig von der mittleren
Belastung $\beta_D$ der Verteilung
nach Gleichung G3-14

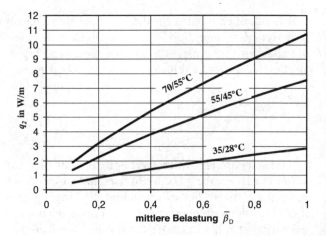

**Bild G-10** Längenbezogene Wärmeabgabe $q_2$ von
Rohrleitungen im unbeheizten Bereich von Gebäuden
abhängig von der mittleren
Belastung $\bar{\beta}_Q$ der Verteilung
nach Gleichung G3-14

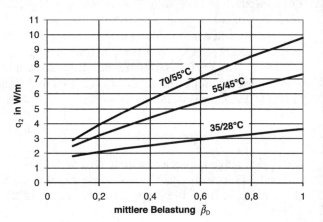

Mit den Rohrlängen $L_i$ in den verschiedenen Bereichen des Verteilsystems
mit seinen Anbindungs-, Strang- und Verteilleitungen sowie den zugehörigen
eine nicht nutzbare Wärmeabgabe erfassenden Faktoren $f_{n,i}$ (siehe unten) kann
der Zusatzaufwand berechnet werden.

$$\Delta Q_2 = t_H \cdot \underset{i}{\Sigma}\, L_i \cdot q_{2,i} \cdot f_{n,i} \tag{G3-17}$$

Dabei wird die Heizzeit $t_H$ für das Verteilsystem gleich angenommen. Die längenbezogene Wärmeabgabe $q_2$ ist in den Diagrammen Bild G-9 und -10 je nachdem, ob die Leitungen im beheizten oder unbeheizten Gebäudebereich liegen,
abzulesen. Die Faktoren für die nichtnutzbare Wärmeabgabe betragen:

$f_n$ = 0,12  für Anbindungsleitungen im beheizten Bereich

$f_n$ = 0,15  für Strang- und Verteilleitungen im beheizten Bereich

$f_n$ = 1     für Verteilleitungen im unbeheizten Bereich.

Die mittlere Aufwandszahl für die Wärmeabgabe der Verteilung ist definiert:

$$\bar{e}_2 = \frac{\Sigma Q_1 + \Delta Q_2}{\Sigma Q_1} = 1 + \frac{\Delta Q_2}{\Sigma Q_1} \tag{G3-18}$$

Für die von der Verteilung bei der Übergabe anzuliefernde Gesamtwärmemenge folgt aus den Gleichungen G3-12 und -13

$$\Sigma Q_1 = \bar{e}_1 \cdot \bar{\beta}_Q \cdot t_a \cdot \Sigma Q_N \tag{G3-19}$$

Damit kann die mittlere Aufwandszahl der Verteilung auch dargestellt werden durch

$$\bar{e}_2 = 1 + \frac{\Delta Q_2 / \left( t_a \cdot \Sigma \dot{Q}_N \right)}{\bar{e}_1 \cdot \bar{\beta}_Q} \tag{G3-20}$$

Der Zählerausdruck in Gleichung G3-20 gibt den mittleren relativen Zusatzaufwand der Verteilung an, der Nennerausdruck stellt die Verknüpfung zur Übergabe dar: Je kleiner die relative Heizlast ist, um so größer wird die Aufwandszahl für die Wärmeabgabe der Verteilung. Auch hier besteht wie beim Aufwand für die Übergabe eine hyperbolische Abhängigkeit.

Die Wärmeabgabe der Rohrleitungen und Armaturen im Anschlussbereich des Wärmeerzeugers sind gesondert im Zusammenhang mit diesem zu erfassen. Sie können bei kleinen Anlagen (unter 20 kW) die Größenordnung der Wärmeabgabe der Verteilung insgesamt erreichen, weil die Armaturen oder Pumpen usw. häufig nur wenig oder gar nicht gedämmt sind (siehe D2.3.2.4). Zu ihrer Berechnung kann sinngemäß das Diagramm in Bild G-10 herangezogen werden. Wie bereits erwähnt, ist beim energetischen Aufwand der Verteilung neben dem für die Wärmeabgabe auch der für den Bedarf an elektrischem Strom zur Umwälzung zu erfassen. Er hängt von der Art der Regelung bei der Übergabe, der Gestaltung des Verteilsystems, der Art der zentralen Vorlaufregelung, von den Umwälzpumpen (geregelt, ungeregelt) und von der Betriebsführung ab (siehe Teil D2 und Vorarbeiten von Hirschberg [G-20] zu VDI 2067 Blatt 30 [G-21]).

Der Aufwand bei der **Wärmeerzeugung** ist unterschiedlich zu bestimmen, je nach dem ob diese durch Wärmeübertragung (Sonne, Fernwärme), aus Brennstoff, aus Strom, mit einer Wärmepumpe oder einem Blockheizkraftwerk vorgenommen wird.

Bei Wärmeübertragung von der Sonne, also Solaranlagen (siehe D3.2.1), ist vom Vorhandensein eines parallel betriebenen weiteren Wärmerzeugungssystem auszugehen. Mit der Solaranlage wird daher nur eine Verminderung des Heizenergiebedarfs der Verteilung $Q_2$ erreicht. Der Minderungsbetrag ist ein Ergebnis ihrer Auslegung (siehe D3.2.1.3). Als einziger energetischer Aufwand ist bei Solaranlagen der Strombedarf für Umwälzpumpen und ähnliches zu berücksichtigen.

Bei Wärmeübertragung aus Fernwärme mit Wasser/Wasser-Wärmeaustau-
schern (siehe D3.2.2) sind lediglich die Oberflächenverluste des Wärmeaustauschers zusammen mit der Übergabestation $\Delta Q_U$ zu erfassen. Die Aufwandszahl
lautet

$$\bar{e}_3 = 1 + \frac{\Delta Q_U}{\bar{e}_2 \cdot \Sigma Q_1} \tag{G3-21}$$

Generell wird der Aufwand im Prozessbereich der Wärmeerzeugung (aus
Brennstoff oder Strom mit einem Kessel, mit einer Wärmepumpe oder einem
BHKW) durch die vorgelagerten Prozesse und maßgeblich durch das Verhältnis
der Summe der Normheizlasten $\Sigma \dot{Q}_N$ zur Nennwärmeleistung des Wärmeer-
zeugers $\dot{Q}_{K,N}$ bestimmt. Die mittlere Belastung des Wärmeerzeugers $\bar{\beta}_G$ (Index
G für Generator) beträgt dann:

$$\bar{\beta}_G = \bar{\beta}_D \frac{\Sigma \dot{Q}_N}{\dot{Q}_{K,N}} \tag{G3-22}$$

Ausgehend von den Wirkungsgradanforderungen für Niedertemperatur-
und Brennwertkessel nach der europäischen Wirkungsgradrichtlinie [G-22]
können die mittleren Aufwandszahlen $\bar{e}_3$ in Abhängigkeit der Nennwärmeleistung und der mittleren Belastung des Wärmeerzeugers angegeben werden (Bilder G-11 und -12). Damit beträgt der Aufwand für die Wärmeerzeugung, oder
aus der Sicht des nachfolgenden Systems, dem Energielieferanten, der Bedarf an
zuzuführender Energie:

$$Q_3 = \bar{e}_3 \cdot Q_2 = \bar{e}_1 \cdot \bar{e}_2 \cdot \bar{e}_3 \cdot \Sigma Q_{0,N} \tag{G3-23}$$

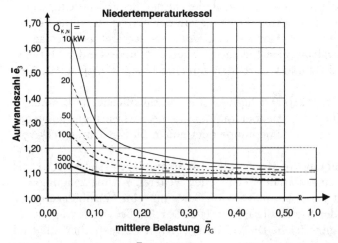

**Bild G-11** Aufwandszahlen $\bar{e}_3$ für Niedertemperaturkessel über der mittleren Belastung $\bar{\beta}_G$ für
Kesselnennleistungen von 10 bis 1000 kW

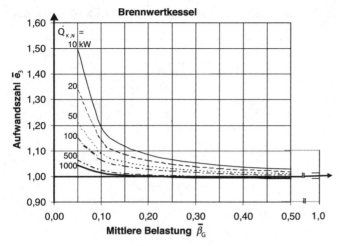

**Bild G-12** Aufwandszahlen $\overline{e}_2$ für Brennwertkessel über der mittleren Belastung $\overline{\beta}_G$ für Kesselnennleistungen von 10 bis 1000 kW

Analog ist bei der Wärmeerzeugung aus Strom, mit Wärmepumpen oder mit Blockheizkraftwerken vorzugehen, wobei die jeweils gültigen Aufwandszahl-Belastungs-Kennlinien wie in den Bildern G-11 und -12 anzuwenden sind.

**Beispiele**

**1.** Für ein Einfamilienhaus soll der Jahresheizenergiebedarf bestimmt werden. Das Gebäude besitzt folgende Kenndaten (siehe auch Tabelle G-2):

| | |
|---|---|
| Nutzfläche: | $A_N = 150\,\text{m}^2$ |
| Referenz-Heizenergiebedarf für einen Betrieb mit Nachtabsenkung, nach VDI 2067, Bl. 11: | $\sum Q_{0,N} = 8490\,\text{kWh/a}$ |
| Heizstunden: | $t_H = 5100\,\text{h/a}$ |
| Normheizlast nach DIN 4701, T 1 und 2: | $\sum \dot{Q}_N = 7{,}0\,\text{kW}$ |
| Die Warmwasserheizung mit Raumheizkörpern ist ausgelegt für eine Vorlauftemperatur von (mittlere Auslegung) | $\vartheta_V = 55\,°\text{C}$ |
| und hat eine mittlere Rücklauftemperatur von | $\vartheta_R = 42\,°\text{C}$ |

Die Heizkörper werden mit Thermostatventilen geregelt (Proportionalitätsabweichung 1 K)

In der Verteilung haben

| | |
|---|---|
| die Anbindungsleitungen eine Gesamtlänge von | 85 m |
| die Strangleitungen | 12 m |
| und die Verteilleitungen im unbeheizten Bereich | 32 m |

Die Erzeugung ist mit einem gasgefeuerten Brennwertkessel (Nennwärmeleistung 11 kW) geplant.

**Tabelle G-2** Berechnung der Aufwandszahlen und des Gesamtaufwands nach [G-18] für das 1. Beispiel

| Bezeichnung | | Formel | Wert | Einheit |
|---|---|---|---|---|
| Referenzenergiebedarf | $Q_{0,N}$ | $\sum Q_{0,N}$ | 8490 | kWh/a |
| Normheizlast | $\dot{Q}_N$ | $\sum \dot{Q}_N$ | 7,0 | kW |
| mittlere relative Heizlast | $\bar{\beta}_Q$ | $\dfrac{\Sigma Q_{0,N}}{\Sigma \dot{Q}_N \cdot 8760 h/a}$ | 0,138 | |
| mittlere Aufwandszahl der Übergabe | $\bar{e}_1$ | aus Bild G-7 1,20–0,02 (für 1 K P-Bereich) | 1,18 | |
| Aufwand der Übergabe | $Q_1$ | $\bar{e}_1 \cdot \sum Q_{0,N}$ | 10018 | kWh/a |
| mittlere Belastung der Verteilung | $\bar{\beta}_D$ | $\bar{e}_1 \cdot \bar{\beta}_Q \cdot \dfrac{8760}{5100}$ | 0,28 | |
| Wärmeabgabe der Anbindungsleitungen | $\Delta Q_{2,A}$ | $\dfrac{5100h/a}{1000} \cdot 85m \cdot 2,5\dfrac{W}{m} \cdot 0,12$ | 130 | kWh/a |
| Wärmeabgabe der Strangleitungen | $\Delta Q_{2,S}$ | $\dfrac{5100h/a}{1000} \cdot 12m \cdot 2,5\dfrac{W}{m} \cdot 0,15$ | 23 | kWh/a |
| Wärmeabgabe der Verteilleitungen | $\Delta Q_{2,V}$ | $\dfrac{5100h/a}{1000} \cdot 32m \cdot 3,3\dfrac{W}{m} \cdot 1,0$ | 539 | kWh/a |
| Wärmeabgabe der Verteilung | $\Delta Q_2$ | Gleichung G3-17 | 692 | kWh/a |
| mittlere Aufwandszahl der Verteilung | $\bar{e}_2$ | $1 + \dfrac{692}{10018}$ | 1,07 | 1 |
| Aufwand der Verteilung | $Q_2$ | $\bar{e}_2 \cdot \sum Q_1 = 1,07 \cdot 9810\,kWh/a$ | 10710 | kWh/a |
| mittlere Belastung des Wärmeerzeugers | $\bar{\beta}_G$ | $\bar{\beta}_D \cdot \dfrac{7kW}{11kW}$ (Gl. G3-22) | 0,178 | 1 |
| mittlere Aufwandszahl der Erzeugung | $\bar{e}_3$ | aus Bild G-12 | 1,10 | 1 |
| Aufwand der Erzeugung | $Q_3$ | $\bar{e}_3 \cdot Q_2$ | 11781 | kWh/a |
| Gesamtaufwandszahl | $e_{ges}$ | $\bar{e}_1 \cdot \bar{e}_2 \cdot \bar{e}_3 = \dfrac{Q_3}{Q_{0,N}}$ | 1,388 | 1 |

Der Rechengang ist in der Tabelle G-2 zusammengestellt.

Ohne Nachtabsenkung läge der Referenzenergiebedarf bei $\sum Q_{0,N} = 9000\,\text{kWh/}$ a und bei gleicher Anlage die mittlere Aufwandszahl der Übergabe bei $\bar{e}_1 = 1,09$. Der Aufwand der Erzeugung betrüge wegen der deutlichen Verbesserung der Übergabe $Q_3 = 11432\,\text{kWh/a}$ mit $e_{ges} = 1,27$ und wäre geringfügig kleiner als der mit Nachtabsenkung.

2. Für ein Verwaltungsgebäude soll der Jahresheizenergiebedarf bestimmt werden. Das Gebäude besitzt folgende Kenndaten (siehe auch Tabelle G-3):

Nutzfläche: $A_N = 9000\,\text{m}^2$

Referenz-Heizenergiebedarf (ohne Nachtabsenkung): $Q_{0,N} = 300\,\text{MWh/a}$

Heizstunden: $t_H = 4050\,\text{h/a}$

Normheizlast nach DIN 4701, T 1 und 2: $\sum \dot{Q}_N = 400\,\text{kW}$

Die Warmwasserheizung mit Raumheizkörpern

ist ausgelegt für eine Vorlauftemperatur von $\vartheta_V = 60\,°C$

und hat eine mittlere Rücklauftemperatur von $\vartheta_R = 45\,°C$

Die Heizkörper werden mit Thermostatventilen geregelt (Proportionalitätsabweichung 1 K)

In der Verteilung haben

die Anbindungsleitungen eine Gesamtlänge von      5000 m

die Strangleitungen      675 m

und die Verteilleitungen im unbeheizten Bereich      500 m

Die Erzeugung ist mit 2 NT-Kesseln (Nennwärmeleistung je 230 kW) geplant.

Der Rechengang ist in der nachstehenden Tabelle G-3 zusammengestellt.

## G3.3
### Energieaufwand von Einzelraumheizgeräten

Wie einleitend in G1 festgestellt, bietet die Bedarfsentwicklungsmethode mit der Darstellbarkeit des Übergabeprozesses nun auch die Möglichkeit, den Energieaufwand von Einzelraumheizgeräten zu bestimmen. Allerdings ist im Unterschied zur Warmwasser-Zentralheizung die Berechnung komplexer, da bei diesen Geräten der Übergabe- und Erzeugungsprozess eine nicht aufgliederbare Einheit bildet. Weiter ist die energetische Beurteilbarkeit bei ihnen – abgesehen von den Elektrodirektheizgeräten – dadurch erschwert, dass ihr Betrieb nur begrenzt oder gar nicht einer vollautomatischen Regelung unterliegt. Dipper [G-23] hat beilspielhaft nach der Bedarfsentwicklungsmethode den Energieaufwand einiger typischer Einzelheizgeräte untersucht:

• Vollautomatische Elektrodirektheizgeräte (mit 30% Strahlungswärmeabgabe),
• Elektrospeicherheizgeräte mit unterschiedlicher Ladesteuerung und
• mit Festbrennstoffen gefeuerte Kachelöfen mit Unterschieden bei der nutzerabhängigen Brennstoffbeschickung.

**Tabelle G-3** Berechnung der Aufwandszahlen und des Gesamtaufwands nach [G-18] für das 2. Beispiel

| Bezeichnung | | Formel | Wert | Einheit |
|---|---|---|---|---|
| Referenzenergiebedarf | $Q_{0,N}$ | $\sum Q_{0,N}$ | 300 | MWh/a |
| Normheizlast | $\dot{Q}_N$ | $\sum \dot{Q}_N$ | 400 | kW |
| mittlere relative Heizlast | $\bar{\beta}_Q$ | $\dfrac{\sum Q_{0,N}}{\sum \dot{Q}_N \cdot 8760h/a}$ | 0,085 | 1 |
| mittlere Aufwandszahl der Übergabe | $\bar{e}_1$ | aus Tabelle G-1 | 1,108 | 1 |
| Aufwand der Übergabe | $Q_1$ | $\bar{e}_1 \cdot \sum Q_{0,N}$ | 332,4 | MWh/a |
| mittlere Belastung der Verteilung | $\bar{\beta}_D$ | $\bar{e}_1 \cdot \bar{\beta}_Q \cdot \dfrac{8760}{4050}$ | 0,2037 | 1 |
| Wärmeabgabe der Anbindungsleitungen | $\Delta Q_{2,A}$ | $\dfrac{4050h/a}{1000} \cdot 5000m \cdot 2,5\dfrac{W}{m} \cdot 0,12$ | 6075 | kWh/a |
| Wärmeabgabe der Strangleitungen | $\Delta Q_{2,S}$ | $\dfrac{4050h/a}{1000} \cdot 675m \cdot 2,5\dfrac{W}{m} \cdot 0,15$ | 1025 | kWh/a |
| Wärmeabgabe der Verteilleitungen | $\Delta Q_{2,V}$ | $\dfrac{4050h/a}{1000} \cdot 500m \cdot 3,3\dfrac{W}{m} \cdot 1,0$ | 6682,5 | kWh/a |
| Wärmeabgabe der Verteilung | $\Delta Q_2$ | Gleichung G3-17 | 13783 | kWh/a |
| mittlere Aufwandszahl der Verteilung | $\bar{e}_2$ | $1+\dfrac{13783}{332400}$ | 1,04 | 1 |
| Aufwand der Verteilung | $Q_2$ | $\bar{e}_2 \cdot \sum Q_1 = 1,04 \cdot 332,4\,kWh/a$ | 346,183 | MWh/a |
| mittlere Belastung des Wärmeerzeugers | $\bar{\beta}_G$ | $\bar{\beta}_D \cdot \dfrac{400kW}{460kW}$    (Gl. G3-22) | 0,177 | 1 |
| mittlere Aufwandszahl der Erzeugung | $\bar{e}_3$ | aus Bild G-11 | 1,11 | 1 |
| Aufwand der Erzeugung | $Q_3$ | $\bar{e}_3 \cdot Q_2$ | 384,263 | MWh/a |
| Gesamtaufwandszahl | $e_{ges}$ | $\bar{e}_1 \cdot \bar{e}_2 \cdot \bar{e}_2 = \dfrac{Q_3}{Q_{0,N}}$ | 1,28 | 1 |

Genauso wie bei der Nutzenübergabe von Warmwasserheizungen der vom Nutzer verlangte Heizbetrieb vorgegeben sein muss, ist bei den Kachelöfen zusätzlich die beabsichtigte Bedienhäufigkeit für die Rechnung festzulegen. Analog spielt auch die Einstellung der Aufladung bei den Elektrospeichergeräten ein wichtige Rolle.

Der Gesamtenergieaufwand der Einzelraumheizgeräte wird analog zu Gleichung G3-23 aus dem Referenzbedarf des Einzelraums berechnet nach

$$Q_{ges} = e_{ges} \cdot Q_{0,N} \qquad \text{(G3-24)}$$

Die Gesamtaufwandszahl $e_{ges}$ ist ebenfalls von einer mittleren relativen Heizlast $\beta_Q$ abhängig, wobei der Zusammenhang durch eine Hyperbel wie Gleichung G3-11 beschrieben ist. Für die drei typischen Einzelheizgeräte sind aus [G-23] die Gesamtaufwandszahlen in den Bildern G-13, -14 und -15 beispielhaft aufgetragen. Während bei den Elektroheizgeräten zur energetischen Vergleichbarkeit z. B. mit Öl- oder Gas-Warmwasserheizungen noch zusätzlich der Primärenergieaufwand für die Stromerzeugung zu berücksichtigen ist, kann der Kachelofen unmittelbar verglichen werden: Der energetische Gesamtaufwand liegt bei eifriger Bedienung nur unwesentlich über dem einer modernen Warmwasserheizung.

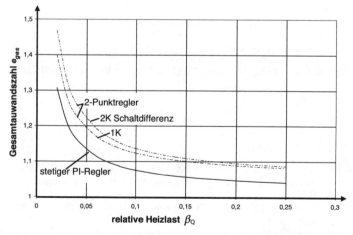

**Bild G-13** Gesamtaufwandszahl $e_{ges}$ über der relativen Heizlast $\beta_Q$ für ein elektrisches Direktheizgerät mit 30% Strahlungsanteil (Vergleich des Reglereinflusses)

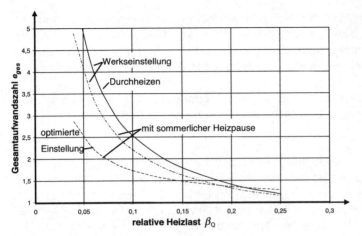

**Bild G-14** Gesamtaufwandszahl $e_{ges}$ über der relativen Heizlast $\beta_Q$ für ein Elektrospeicherheizgerät mit 8 h Nachtladung (Vergleich unterschiedlicher Betriebsarten und Einstellungen)

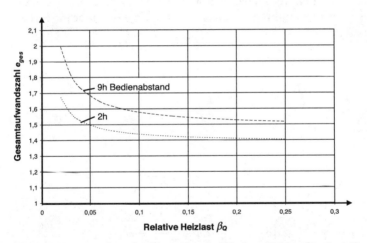

**Bild G-15** Gesamtaufwandszahl $e_{ges}$ über der relativen Heizlast für einen Kachelofen mit unterschiedlicher Bedienung

## Literatur

[G-1] VDI 2067: Richtwerte zur Vorausberechnung der Wirtschaftlichkeit verschiedener Brennstoffe (Koks, Heizöl und Gas) bei Warmwasser-Zentralheizungsanlagen, Ausgabe Januar 1957.

[G-2] VDI 2067: Berechnung der Kosten von Wärmeversorgungsanlagen; Blatt 2: Raumheizung, Ausgabe Dezember 1993.

[G-3] Esdorn, H.: Zur Bandbreite des Jahresenergieverbrauches von Gebäuden. HLH Bd. 36 (1985), Nr. 12, S. 620–622.

[G-4]   Mügge, G.: Die Bandbreite des Heizenergieverbrauches – Analyse theoretischer
        Einflussgrößen und praktischer Verbrauchsmessungen. Dissertation, Techn. Uni.
        Berlin, VDI-Fortschrittsber.; Rh 19, Nr. 69, Düsseldorf, 1993
[G-5]   Esdorn, H. und Mügge, G.: Neue Rechenansätze für den Jahresenergieverbrauch.
        HLH Bd. 39 (1988), Nr. 2. S. 57–64; Nr. 3, S. 113–121
[G-6]   Diehl, J., Bach, H. und Bauer M.: Anmerkungen zur künftigen VDI 2067. BBauBl,
        Heft 3 (März 1995). S. 198–200.
[G-7]   DIN 5485: Benennungsgrundsätze für physikalische Größen. Wortzusammenset-
        zung mit Eigenschafts- und Grundwörtern, Ausgabe August 1986.
[G-8]   Raiß, W.: Der Einfluß des Klimas auf den Heizwärmebedarf in Deutschland. Gi 54
        (1933). S. 397–403.
[G-9]   Esdorn, H.: Zur einheitlichen Darstellung von Lastgrößen für die Auslegung
        Raumlufttechnischer Anlagen. HLH 30 (1979) Nr. 10, S. 385–387.
[G-10]  VDI 2078: Berechnung der Kühllast klimatisierter Räume (VDI-Kühllastregel),
        Ausg. Oktober 1994.
[G-11]  VDI 3807: Energieverbrauchskennwerte für Gebäude; Blatt 1: Grundlagen, Ausga-
        be Juni 1994.
[G-12]  SN 520 180/4 Energiekennzahl (SIA 180/4).
[G-13]  Bauer, M.: Methode zur Berechnung und Bewertung des Energieaufwandes für die
        Nutzenübergabe bei Warmwasserheizanlagen. Dissertation, Universität Stuttgart
        1999.
[G-14]  VDI 2067: Wirtschaftlichkeit gebäudetechnischer Anlagen; Blatt 10: Energiebedarf
        beheizter und klimatisierter Gebäude, Entwurf Juni 1998; Blatt 11: Rechenverfah-
        ren zum Energiebedarf beheizter und klimatisierter Gebäude, Entwurf Juni 1998.
[G-15]  Peter, R., Hollan, E., Blümel, K., Kühler, M. und Jahn, A.: Entwicklung von Test-
        referenzjahren (TRY) für Klimaregionen der Bundesrepublik Deutschland, For-
        schungsbericht T86-051, Bonn: Bundesministerium für Forschung und Technolo-
        gie 1986.
[G-16]  Rietschel, H.: Leitfaden zum Berechnen und Entwerfen von Lüftungs- und Hei-
        zungsanlagen. Julius Springer-Verlag, Berlin 1893.
[G-17]  VDI 2067, Bl. 20: Wirtschaftlichkeit gebäudetechnischer Anlagen; Energieaufwand
        der Nutzenübergabe bei Warmwasserheizungen. August 2000
[G-18]  Bach, H. u. Hirschberg, R.: Kurzverfahren zur Bestimmung des Energiebedarfs von
        Warmwasserheizungen (Ersatz für die zurückgezogene VDI 2067 – Bl. 2, 01 1994).
        HLH Bd. 53 (2002) Nr. 10, S. 22–26
[G-19]  EnEV-Energieeinsparverordnung, Bundesgesetzblatt Nr. 59, 21.11.2001, Bundes-
        anzeiger-Verlag Köln
[G-20]  Hirschberg, R.: An die Übergabe gekoppelt. Berechnung der Wärmeabgabe von
        Heizrohrnetzen und des elektrischen Energieaufwands für die Umwälzung. HLH
        Bd. 53 (2002) Nr. 9, S. 32–35
[G-21]  VDI 2067 Bl. 30: Wirtschaftlichkeit gebäudetechnischer Anlagen. Energiebedarf
        der Verteilung (in Bearbeitung)
[G-22]  Richtlinie 92/42/EWG des Rates vom 21.05.1992 über die Wirkungsgrade von mit
        flüssigen oder gasförmigen Brennstoffen beschickten neuen Warmwasserheizkes-
        seln (EG-Abl. L 167 22.06.1992), geändert durch L 220 30.08.1993
[G-23]  Dipper, J.: Der Energieaufwand der Nutzenübergabe bei Einzelheizgeräten. Diss.,
        Universität Stuttgart, 2002

**Abrechnung der verbrauchsabhängigen Kosten für Heizung und Trinkwassererwärmung**

HEINZ BACH

# H1
# Allgemeines

Heiz- oder Trinkwassererwärmungssysteme mit zentraler Wärmeerzeugung, die mehr als eine Wohnung – oder allgemeiner ausgedrückt mehr als eine Nutzeinheit – versorgen, besitzen neben ihren vielen betrieblichen und energetischen Vorteilen einen Nachteil: die Aufteilung der durch den Verbrauch hervorgerufenen Kosten ergibt sich nicht wie z.B. bei der Einzelofenheizung von alleine. Der Einfachansatz, die Kosten etwa nach der beheizten Wohnfläche umzulegen, wird von den meisten Wohnungseigentümern oder Mietern als zu ungenau verworfen, weil jeder von dem anderen vermutet, dass dieser zu großzügig mit der Heizwärme oder dem erwärmten Trinkwasser umgeht. Ähnlich ist auch die Einstellung des Gesetz- und Verordnungsgebers gegenüber den Bewohnern von Mehrfamilienhäusern; auch hier wird eine große Sorglosigkeit im Umgang mit Energie unterstellt. So wurde in der Bunderepublik Deutschland ein Energieeinspargesetz [H-1] beschlossen, das die Bundesregierung ermächtigt, neben anderem eine Heizkostenverordnung [H-2] zu erlassen. Mit den Maßnahmen nach dieser Verordnung sollte dem wärmeverbrauchenden Bürger bewusst gemacht werden, wie hoch sein Verbrauch an Wärme ist. Daran wurde die Erwartung geknüpft, dass er disziplinierter mit dieser Energieform umgeht, sich für bessere Wärmedämmung und die wärmetechnische Qualität seiner Heizungsanlage verstärkt interessiert. Um die Verordnung auch fachlich abzusichern, wurde für die verbrauchsabhängige Wärmekostenabrechnung die Norm DIN 4713 aufgestellt [H-3]; in der Zwischenzeit wurden Teile dieser Norm durch eine europäische Norm DIN EN 834, 835 und 1434 ersetzt [H-4, -5 und -6].

Welche Kosten, die im Zusammenhang mit der Bereitstellung von Heizwärme anfallen, auf die einzelnen Parteien[1] in einem Gebäude zu verteilen sind,

---

[1] der normgemäße Begriff für „Partei" lautet „Nutzeinheit". Zusammen bilden die Nutzeinheiten eine Abrechnungseinheit; Gruppen von Nutzeinheiten mit z.B. technischen Unterschieden zu anderen (Gewerberäume gegenüber Wohnungen) heißen „Nutzergruppen".

regelt die Heizkostenverordnung [H-2]. Unter Verwendung der Kostenbegriffe nach VDI 2067 Blatt 1 [H-7] sind z.B. die kapitalgebundenen Kosten nicht umlegbar; hierzu gehören die Investitionskosten für die gesamte Heizanlage, aber auch Instandhaltungskosten wie beispielsweise für die Reinigung der Öltanks. Umlegbar sind dagegen alle verbrauchs- und betriebsgebundenen Kosten wie z.B. für den Brennstoff, die Hilfsenergie, die Bedienung und Überwachung der Anlage.

Von den umlegbaren Kosten kann nur ein Teil nach dem in der Nutzeinheit erfassten Wärmeverbrauch verteilt werden. Es entstehen nämlich unabhängig von dem vom Nutzer bewirkten Verbrauch Wärmeverluste im Gesamtsystem:

- im Stillstand des Wärmerzeugers bei Betriebsbereitschaft,
- im Anschlussbereich des Wärmerzeugers,
- in der Verteilung (gelegentlich auch innerhalb der Nutzeinheiten).

Weiterhin tritt auch ein Verbrauch für Gemeinschaftsräume auf (Treppenhäuser, Wasch- und Trockenräume u.ä.). Die Kosten für diese Verluste und Verbräuche „sind nach der Wohn- oder Nutzfläche oder nach dem umbauten Raum zu verteilen" [H-2]. Da dem Verordnungsgeber kein genügend einfaches und allgemein einsetzbares Berechnungsverfahren für diese Kosten vorlag, überließ er es dem Gebäudeeigentümer, den Prozentsatz an den Gesamtkosten im Bereich von 30 bis 50% festzulegen. Es wird häufig hier auch von einem Festkostensatz gesprochen, obwohl sich der Betrag mit dem Energiepreis verändern kann – lediglich der Anteil an den verbrauchs- und betriebsgebunden Kosten ist fest. Um nach der Auffassung des Verordnungsgebers einen möglichst hohen Sparanreiz beim Nutzer zu erzielen, sollte ein Anteil der variablen, verbrauchsabhängig umzulegenden Kosten von weniger als 70% nur auf Grund besonderer Umstände gewählt werden. Der niedrigste Grundkostenanteil von 50% ist z.B. zu empfehlen, wenn die Heizungsrohre ungedämmt durch die Räume der Nutzeinheiten laufen und der Nutzer die Wärmeabgabe nur an dem jeweiligen Heizkörper beeinflussen kann; die umständliche Erfassung der Rohrwärme wäre so entbehrlich.

Die Pflicht zur Heizkostenverteilung gilt nicht generell, es gibt auch Ausnahmen aus wirtschaftlichen oder betrieblichen Gründen, die in der Heizkostenverordnung angegeben sind. Insbesondere können Ausnahmen zugelassen werden, wenn die Heizwärme aus Solaranlagen stammt oder mit Wärmepumpen erzeugt wird, und weiter, wenn sie aus Anlagen der Kraft-Wärmekopplung oder als Abwärme aus fremden Prozessen zugeleitet wird. In allen diesen Fällen wirkt sich eine Energieeinsparung bei der Heizung nur gering und in einigen Fällen gar nicht auf einen Primärenergieverbrauch aus. Bei allen Bestrebungen aber, über die Heizkostenabrechnung den Anreiz zum Energiesparen aufrechtzuerhalten oder gar zu einer „gerechten" Kostenverteilung zu gelangen, dürfen die eigentlichen Funktionen einer Heizung oder Trinkwassererwärmungsanlage nicht in Frage gestellt werden: Die Kosten für die Abrechnung dürfen nicht in die Größenordnung der Heizkosten insgesamt wachsen (was bei Niedrigenergiehäusern bereits der Fall ist), und die verwendeten Verteileinrichtungen sollten nicht ästhetische Effekte zunichte machen (z. B. Heizkostenverteiler auf der Frontseite von Badheizkörpern). Bei den Heizkostenverteilsystemen kommt es daher in besonders hohem Maße auf Wirtschaftlichkeit und Anpassungsfähigkeit in Hinblick auf die jeweiligen Bedingungen insbesondere der Heizanlage an.

Es gibt drei sich grundsätzlich unterscheidende Verfahren zur Erfassung des Verbrauchs von Heizwärme:

1. Erfassung der Wärmeabgabe (die von der Übertemperatur der Raumheizfläche abhängt),
2. Erfassung der Wärmeverteilung (auf der Wasserseite),
3. Messung mit Wärmezähler.

Für die Erfassung des Verbrauchs von erwärmtem Trinkwasser hat sich nur das dritte Verfahren mit Wasserzählern durchgesetzt.

Beim erstgenannten Verfahren, der **Erfassung der Wärmeabgabe**, muss die Normleistung der Raumheizfläche, bei der der Wärmeverbrauch festgestellt werden soll, bekannt sein. Der Verbrauch lässt sich dann auf zwei unterschiedlichen Wegen ermitteln:

1. Mit einem Analogverfahren, bei dem die Verdunstungsmenge aus einer Flüssigkeit während einer bestimmten Zeit, z. B. der Heizperiode, gemessen wird; die Flüssigkeit ist in einem Röhrchen dicht am Heizkörper untergebracht und hat so in etwa die Temperatur des Heizkörpers („Geräte nach dem Verdunstungsprinzip, HKVV").
2. Mit einem Messwerteverfahren, bei dem eine oder zwei Temperaturen auf dem Heizkörper und zusätzlich auch ein mit der Raumtemperatur zusammenhängender Wert elektrisch gemessen wird. Im einfachsten Fall wird nur eine Temperatur gemessen und die Differenz zu einem Festwert über der Zeit aufintegriert (Einfühlerverfahren); beim Zweifühler- und Dreifühlerverfahren wird statt des Festwertes ein mit der Raumtemperatur zusammenhängender Wert verarbeitet („Geräte mit elektrischer Energieversorgung, HKVE").

Bei den Methoden zur **Erfassung der Wärmeverteilung** wird die Normwärmeleistung der Verbrauchsstelle nicht benötigt. Hier wird der umgewälzte Wasserstrom in der Heizanlage zentral gemessen und die Wasserverteilung bis hin zur Verbrauchsstelle aus einfachen Hilfsmessungen errechnet. Die so bestimmten Wasserströme werden für jeden Verbraucher aufsummiert und aus den zusätzlich bestimmten Temperaturen der Wärmeverbrauch errechnet.

Mit den beiden erstgenannten Verfahren nach dem Prinzip der Wärmeabgabe- und Wärmeverteilungserfassung kann der Wärmeverbrauch nicht als physikalische Größe festgestellt werden. Geräte nach diesem Verfahren sind daher nicht eichfähig. Man nennt diese Verfahren im messtechnischen Zusammenhang deshalb auch Ersatz- oder Hilfsverfahren.

**Wärmezähler** sind eichfähige Messgeräte. Sie messen direkt beim Verbraucher oder auch bei einer Verbrauchergruppe die Wasserströme und die Temperaturen und geben den daraus errechneten Wärmeverbrauch als physikalische Größe unmittelbar an. Zur Erfassung der Trinkwasserwärme genügen einfache Wasserzähler

## H2
# Verfahren zur Heizkostenverteilung

## H2.1
### Verfahren mit Erfassung der Wärmeabgabe

### H2.1.1
*Allgemeines*

Bei den Verfahren mit Erfassung der Wärmeabgabe wird von der Kenntnis der Normwärmeleistung der Raumheizfläche, bei der der Verbrauch festgestellt werden soll, ausgegangen. Wie in Teil D1.6.4 beschrieben, gilt die Normwärmeleistung nur für eine bestimmte Übertemperatur des Heizwassers (und nicht der Heizkörperoberfläche). Allgemein folgt die Wärmeleistung einer Potenzfunktion der Heizwasserübertemperatur. Da in den Geräten zur Erfassung der Wärmeabgabe der Erfassungsfühler eine Temperatur $\vartheta_F$ annimmt, die je nach Heizkörperart unterhalb der mittleren Wassertemperatur an der Montagestelle $\overline{\vartheta}_W$ liegt, muss experimentell eine Kennzahl für die thermische Kopplung der jeweiligen Heizkörper-Heizkostenverteiler-Kombination festgestellt werden. Der Erfassungsfühler ist beim Heizkostenverteiler nach dem Verdunstungsprinzip die mit der Messflüssigkeit gefüllte Ampulle und beim Heizkostenverteiler mit elektrischer Energieversorgung ein elektrischer Temperaturfühler (Sensor). Die Kennzahl wird c-Wert genannt:

$$c = \frac{\overline{\vartheta}_W - \vartheta_F}{\overline{\vartheta}_W - \vartheta_L} \tag{H2-1}$$

Da der c-Wert-Versuch unter nahezu gleichen Bedingungen durchgeführt wird wie die Leistungsmessung bei Raumheizkörpern (siehe Teil D1.6), wird hier auch die gleiche Bezugslufttemperatur $\vartheta_L$ verwendet. Der c-Wert ist verwandt mit dem sog. Rippenwirkungsgrad $\eta_R$, wie man ihn für die Berechnung des Wärmeübergangs an berippten Oberflächen verwendet [H-8]. Mit dem Unterschied, dass als Ausgangstemperatur nicht die einer Oberfläche, sondern die des Wassers eingesetzt wird, lautet mit den Temperaturbezeichnungen für den c-Wert:

$$\eta_R = \frac{\vartheta_F - \vartheta_L}{\overline{\vartheta}_W - \vartheta_L} = 1 - c \tag{H2-2}$$

Da der Wärmeübergang am Erfassungsfühler zur Luftseite hin durch konstruktive Maßnahmen am Erfassungsgerät soweit möglich unterdrückt wird und der Wärmeübergangskoeffizient nur in der Wurzel Einfluss auf den Rippenwirkungsgrad nimmt, kann der c-Wert in erster Annäherung als unabhängig von der Übertemperatur des Heizkörpers angenommen werden.

Erfassungsgeräte mit nur einem Erfassungsfühler müssen auf dem Heizkörper an der Stelle angebracht sein, an der die für die Wärmeabgabe wirksame Temperatur auftritt. Ist der Heizkörper wie üblich gleich- oder wechselseitig angeschlossen, wandert diese Stelle bei der üblichen Drosselregelung mit abnehmendem Heizmittelstrom vom geometrischen Mittelpunkt in das obere Drittel des Heizkörpers. Langjährige Erfahrung hat gelehrt, dass der dadurch entstehende Anzeigefehler minimiert wird, wenn eine Anordnungsstelle des Heizkostenverteilers in einer Höhe von 70 bis 80% der Heizkörperhöhe gewählt wird. Die theoretische Absicherung hierfür lieferte Zöllner [H-9].

Generell wird der Anzeigewert z von Heizkostenverteilsystemen durch Summation oder Integration der Anzeigegeschwindigkeit $dz/dt$ über die Zeit gebildet[2]. Diese Anzeigegeschwindigkeit ergibt sich bei den HKVV aus der Verdunstungsgeschwindigkeit und bei den HKVE aus der Temperatur am Sensor (oder den Übertemperaturen). Da einerseits die Anzeigegeschwindigkeit je nach Heizkörper-Heizkostenverteiler-Kombination verschieden ist und andererseits auch der Anzeigewert (Jahresergebnis) von der Art und Größe des Heizkörpers abhängt, müssen die Anzeigewerte der einzelnen Heizkostenverteiler über Bewertungsfaktoren in eine für die verbrauchsabhängige Abrechnung der Heizkosten geeignete Form überführt werden. Man kommt mit **drei Bewertungsfaktoren** aus:

Mit dem **Bewertungsfaktor $K_c$** wird der Einfluss der verschiedenen c-Werte auf die Anzeigegeschwindigkeit berücksichtigt. Bei der gleichen Heizwassertemperatur ändert sich die Temperatur am Erfassungsfühler gemäß Gleichung H2-1 mit dem c-Wert nach

$$\vartheta_F = \overline{\vartheta}_W - c\left(\overline{\vartheta}_W - \vartheta_L\right) \tag{H2-3}$$

Da in guter Näherung der c-Wert als temperaturunabhängig anzusehen ist, kann der Einfluss auf die Anzeigegeschwindigkeit konstant angenommen werden. Führt man nun einen sog. Basisheizkörper ein, so lässt sich für einen Basiszustand (oberer Vorlaufanschluss, mittlere Heizwassertemperatur $\overline{\vartheta}_W = 50\,°C$ bis 65 °C, Referenz-Lufttemperatur $\vartheta_L = 20$ ($\pm 2$) °C, „alter" Norm-Heizmittelstrom[3]) eine Basisanzeigegeschwindigkeit $(dz/dt)_{Basis}$ feststellen. Für den selben Basiszustand ist nun bei der jeweiligen HKV-Heizkörperkombination analog

---

[2] Die Bezeichnung in der Norm für die Anzeigegeschwindigkeit ist R, was in der Messtechnik unüblich ist.

[3] Für die alten Normbedingungen $\vartheta_V/\vartheta_R/\vartheta_L = 90\,°C/70\,°C/20\,°C$

die Anzeigegeschwindigkeit $(dz/dt)_{Bewertung}$ zu ermitteln. Der Quotient aus beiden Anzeigegeschwindigkeiten ist der Bewertungsfaktor $K_c$:

$$K_c = \frac{\dfrac{dz}{dt}_{Basis}}{\dfrac{dz}{dt}_{Bewertung}} \tag{H2-4}$$

Die einen Heizkörper kennzeichnende Wärmeleistung ist die Norm-Wärmeleistung (in Verbindung mit der Heizkostenverteilung gelten die alten Normbedingungen[4]). Sie wird verändert von einer besonderen Anschlussart (z.B. reitend), einem besonderen Heizkörpereinbau (mit Verkleidung) oder von der Heizkörperlänge, sofern diese stark von den Normvorgaben abweicht. Die sich daraus ergebende Heizkörperleistung im Normzustand „alt" $\dot{Q}_n^*$ wird in Bezug gesetzt zur Wärmeleistung des Basis-Heizkörpers (siehe oben); diese Relation ist der **Bewertungsfaktor $K_Q$**.

$$K_Q = \frac{\dot{Q}_n^*}{\dot{Q}_{Basis}} \tag{H2-5}$$

Als Bezugsleistung $\dot{Q}_{Basis}$ kann auch eine andere einheitlich festgelegte Leistung angesetzt werden, für die das Anzeigesystem eingerichtet ist.

Ein kombinierter Einfluss auf die Anzeige und die Anzeigegeschwindigkeit geht von der Raumlufttemperatur aus, wenn sie von der üblichen Auslegung mit 20 °C nach unten abweicht. Ihr Einfluss auf die Temperatur des Erfassungsfühlers lässt sich mit der c-Wert-Gleichung H2-3 und der auf die Wärmeleistung mit der bekannten Potenzfunktion für Heizkörper (D1.6-54) berechnen. Der (selten angewandte) **Bewertungsfaktor $K_T$** fasst beides zusammen.

Der Gesamtbewertungsfaktor K ist das Produkt der einzelnen Bewertungsfaktoren:

$$K = K_Q \, K_c \, K_T \tag{H2-6}$$

Die Anforderungen an die Geräte sowie die Prüfverfahren hierzu sind durch DIN-EN 834 und 835 [H-4 und -5] festgelegt.

### H2.1.2
*Heizkostenverteiler nach dem Verdunstungsprinzip (HKVV)*

Als Analogverfahren wird bei Heizkostenverteilern mit Erfassung der Wärmeabgabe das Verdunsten einer Flüssigkeit aus einer am Heizkörper befestigten Ampulle genutzt. Den prinzipiellen Aufbau eines Heizkostenverteilers nach

---

[4]   Für die alten Normbedingungen $\vartheta_V/\vartheta_R/\vartheta_L = 90\,°C/70\,°C/20\,°C$

**Bild H-1** Prinzipieller Aufbau eines Heizkostenverteilers nach dem Verdunstungsprinzip

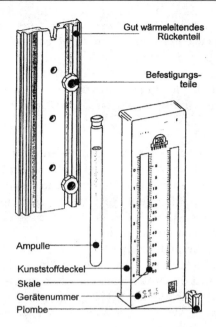

Gut wärmeleitendes Rückenteil

Befestigungsteile

Ampulle

Kunststoffdeckel

Skale

Gerätenummer

Plombe

dem Verdunstungsprinzip (HKVV) zeigt Bild H-1. Drei Hauptfunktionen muss er aufweisen:

1. Er muss die Ampulle halten und schützen; dazu dient ein metallisches Rückenteil mit definierten Anlageflächen an der Ampulle.
2. Er muss eine Ableseskale tragen.
3. Der HKVV muss am Heizkörper gut wärmeleitend befestigbar sein.

Nebenfunktionen sind:

Zu 1   Der Flüssigkeitsstand in der Ampulle muss ablesbar,
die Ampulle darf für den Nutzer nicht zu entfernen (Plombe),
die Ampulle darf nicht verrückbar sein,
der Verdunstungsstrom muss ungehindert entweichen können,
die Ampulle ist gegen eine Wärmeabgabe zu schützen (Strahlungsschutz).

Zu 2   Die Skale muss ebenfalls unverrückbar befestigt,
das Gerät muss mit unterschiedlichen Skalen ausrüstbar sein (Produktenskale).

Zu 3   Die Befestigung des HKVV am Heizkörper muss für den Nutzer unlösbar sein (Klemmverbindung an Gliederheizkörpern, Schweißbolzen und Verschraubung auf flächigen Heizkörpern); alternativ muss die unbefugte Lösung der Befestigung nachträglich zu erkennen sein (Klebeverbindungen).

Je nach Hersteller der HKVV gibt es noch Varianten zu den Nebenfunktionen:
Zu 1    Im Gehäuse muss zusätzlich die verschlossene Ampulle aus dem Vorjahr untergebracht werden.
Zu 2    Die Ableseskale wird zusätzlich mit einer unverrückbaren Marke für den Vorjahresverbrauch ausgerüstet,
die Skale wird mit einer zusätzlichen Codierung für Ablesegeräte versehen.

Das metallische Gehäuse, das die Ampulle aufnimmt, ist meist aus einer Aluminiumlegierung hergestellt (Druckguss, Ziehprofil). Die Gehäusevorderteile bestehen aus temperaturfestem Kunststoff und dienen auch als Skalenträger.

   Die Ampulle besteht in der Regel aus Glas, ein Material, das gegen die Messflüssigkeit resistent ist, auf Dauer durchsichtig bleibt und sich mit der erforderlichen Genauigkeit (Wiederholpräzision) verarbeiten lässt. Es werden zwei unterschiedliche Ampullenformen eingesetzt: die durchgehend zylindrische Ampulle und die zylindrische Ampulle mit Einschnürung (siehe Bild H-2). Die Einschnürung wird durch Verengen der Glasampulle oder durch einen Kunststoffstopfen mit einer kleinen Öffnung erreicht. Die Ampulle mit Einschnürung hat den Vorteil, dass die Skale im unteren Teil eine größere Teilungsdichte besitzt und damit besser ablesbar ist. Zur Gestaltung der Skale muss der Verdunstungsvorgang in der Ampulle näher betrachtet werden:

   Beim Verdunsten der Messflüssigkeit diffundiert der dabei entstehende Dampf durch die über der Flüssigkeitsoberfläche stehende Luftsäule innerhalb der Ampulle und tritt über die Öffnung in die Umgebung aus. Da bei abnehmendem Flüssigkeitsstand die Länge der Luftsäule um $h_i$ (siehe Bild H-2) zunimmt, ändert sich der Diffusionswiderstand. Die hier vorliegende einseitige Diffusion (Verdunstung) aus einer Röhre von einem Flüssigkeitsspiegel in ein Gas

**Bild H-2** Bauformen von Ampullen für HKVV

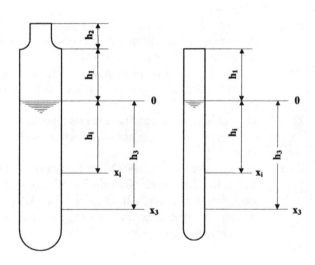

wird in Band 1 Teil G2.2.2 behandelt. Es wird auf den dort hergeleiteten Zusammenhang zwischen dem Dampfstrom $\dot{m}_D$ und dem Sättigungsdruck $p_D$ auf dem Flüssigkeitsspiegel zurückgegriffen. In der aufnehmenden Luft herrsche der Dampfteildruck $p_{DL}$. Mit den Bezeichnungen aus Bild H-2, dem Gesamtdruck $p$, dem Diffusionskoeffizienten $\delta_{DL}$, der Gaskonstanten für den Dampf $R_D$ und der Temperatur der Messflüssigkeit $T_{Fl}$ gilt für die zylindrische Ampulle unter der Annahme, dass der Teildruck des Dampfes in der Umgebung vernachlässigt werden kann, also $p_{DL} = 0$:

$$\dot{m}_D = \frac{A_1 \, \delta_{DL} \, p}{R_D \, T_{Fl} \, (h_1 + h_i)} \ln \frac{p}{p - p_D''} \qquad \text{(H2-7)}$$

Bei der eingeschnürten Ampulle werden die beiden Bereiche mit unterschiedlichen Innenquerschnitten $A_1$ und $A_2$ (zu den Bereichen $h_1$ oder $h_2$ gehörend) getrennt behandelt. Man erhält:

für den Bereich mit dem Querschnitt $A_1$

$$\dot{m}_D = \frac{A_1 \, \delta_{DL} \, p}{R_D \, T_{Fl} \, (h_1 + h_i)} \ln \frac{p - p_2}{p - p_D''} \qquad \text{(H2-8)}$$

und für den Bereich mit dem Querschnitt $A_2$

$$\dot{m}_D = \frac{A_2 \, \delta_{DL} \, p}{R_D \, T_{Fl} \, h_2} \ln \frac{p}{p - p_2} \qquad \text{(H2-9)}$$

Durch Eliminieren des Druckes $p_2$ wird aus den Gleichungen H2-8 und -9 für die eingeschnürte Ampulle:

$$\dot{m}_D = \frac{\delta_{DL} \, p}{R_D \, T_{Fl}} \frac{A_1}{\left( h_1 + h_2 \dfrac{A_1}{A_2} + h_i \right)} \ln \frac{p}{p - p_D''} \qquad \text{(H2-10)}$$

Aus der Gleichung H2-7 für die durchgehend zylindrische Ampulle und der Gleichung H2-10 für die zylindrische Ampulle mit Einschnürung ersieht man, dass der verdunstete Dampfstrom außer von den Stoffkonstanten der verwendeten Messflüssigkeit und der Temperatur der Flüssigkeit noch von den geometrischen Abmessungen der Ampulle sowie dem variablen Flüssigkeitsstand ($h_i$) abhängt. Da bei einem bestimmten Heizkostenverteiler zweckmäßigerweise die gleiche Ampulle und die gleiche Messflüssigkeit eingesetzt wird, braucht zur Erfassung des Verdunstungsverhaltens nur die Temperatur und die Absenkung der Messflüssigkeit beachtet zu werden.

Der Temperatureinfluss lässt sich für den Einsatzbereich der HKVV über Näherungsbeziehungen für den Diffusionskoeffizienten und den Sättigungsdruck berechnen. Als Näherungsfunktion für den Diffusionskoeffizienten wird eine Potenzfunktion verwendet

$$\delta_{DL} \approx \delta_{DL,K} \frac{T_{Fl}^{(1+k)}}{T_0} \tag{D2-11}$$

Darin ist $\delta_{DL,K}$ ein Bezugs-Diffusionskoeffizient, der für den Exponenten-Summanden $k$ gilt. Die Näherungsfunktion für den Sättigungsdruck ist eine Exponentialfunktion mit den zu der jeweiligen Messflüssigkeit gehörenden Faktoren $C_D$ und $C_T$

$$p_D'' \approx C_D \exp\left(-\frac{C_T}{T_{Fl}}\right) \tag{H2-12}$$

In den Gleichungen H2-7 und H2-10 lässt sich der Logarithmus naturalis für die hier vorliegenden kleinen Werte des relativen Sättigungsdruckes annähern durch

$$\ln \frac{1}{1 - \frac{p_D''}{p}} \approx \frac{p_D''}{p}$$

Wird nun noch die sog. Ampullenkontante $K_a$ eingeführt

$$K_a = h_1 + h_2 \frac{A_1}{A_2} \tag{H2-13}$$

so ist aus den Gleichungen H2-7 und H2-10 für die beiden Ampullenformen ein Näherungszusammenhang zwischen dem Dampfstrom und der Flüssigkeitstemperatur zu erhalten

$$\dot{m}_D \approx \left(\frac{C_D \, \delta_{DL,K}}{R_D}\right)\left(\frac{A_1}{K_a + h_i}\right)\left(\frac{T_{Fl}^K}{T_0^{1+k}}\right)\exp\left(-\frac{C_T}{T_{Fl}}\right) \tag{H2-14}$$

Wird nun eine bestimmte Ampulle mit einem bestimmten Messflüssigkeitsstand betrachtet und der Dampfstrom für eine bestimmte Flüssigkeitstemperatur normiert, dann erhält man die alleinige Abhängigkeit von der Flüssigkeitstemperatur bei einer konstanten Raumtemperatur von $\vartheta_L = 20\,°C$ und es ließe sich der Verlauf der normierten Verdunstungsgeschwindigkeit z. B. über der Übertemperatur eines Heizkörpers auftragen (siehe Bild H-3). Zum Vergleich ist die Kennlinie eines Heizkörpers eingezeichnet; auch hier ist die Wärmeleistung normiert. Das Bild zeigt, dass sich die Verdunstungscharakteristik und die Leistungskennlinie eines Heizkörpers zweimal schneiden. Es sind drei durch die Schnittpunkte begrenzte Bereiche zu unterscheiden:

1. Der Bereich hoher Übertemperaturen; hier verhält sich die Verdunstung überproportional gegenüber der Wärmeabgabe.

**Bild H-3** Verdunstungsgeschwindigkeit und Wärmeleistung in Abhängigkeit von der Übertemperatur $\Delta\vartheta$ (Prinzipzeichnung)

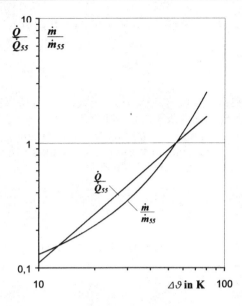

2. Der Bereich mittlerer Übertemperaturen; hier ist die Verdunstung geringfügig unterproportional.

3. Der Bereich niedriger Übertemperaturen. Hier ist die Verdunstung stark überproportional. Allerdings sind in diesem Bereich die Flüssigkeitstemperaturen so gering, dass – in Hinblick auf die Gesamtverdunstung über die Heizperiode – der Verdunstungsanteil in diesem Bereich nur wenig ins Gewicht fällt. Man nennt diesen Anteil die Kaltverdunstung.

Die Gleichung H2-14 lässt sich auch für die Gestaltung der Skale heranziehen. Hierbei interessiert nur die Abhängigkeit des Dampfstroms vom Abstand $h_i$ bei Verdunstungsbeginn (Skalen-Null-Strich).

Die Teilung der Skale muss auf das Diffusionsverhalten der verdunsteten Flüssigkeit abgestimmt sein. Die Teilstrichabstände sind so zu wählen, dass sich in Teilstrichen gemessen über der gesamten Skalenhöhe $h_3$ (siehe Bild H-2) unabhängig vom Flüssigkeitsstand in gleich langer Zeit bei gleichen Temperaturen eine gleich große Anzeige ergibt. Bezieht man den Dampfstrom beim Abstand $h_i$ auf den Dampfstrom beim Skalen-Null-Strich $\dot{m}_{D,0}$ so erhält man aus Gleichung H2-14:

$$\dot{m}_D\left(h_i\right) = \dot{m}_{D,0} \frac{K_a}{\left(K_a + h_i\right)} \tag{H2-15}$$

Die zeitliche Volumenabnahme $\dot{h}_i$ ist

$$\dot{h}_i = \frac{\dot{m}_{D,0}}{\rho A_1} \frac{K_a}{K_a + h_i} \tag{H2-16}$$

Die Integration dieser Differentialgleichung führt zu

$$t = \frac{\rho A_1}{2\dot{m}_{D,0}} \frac{1}{K_a} \left[ h_i^2 + 2K_a h_i \right]_{h_i=0}^{h_i} \tag{H2-17}$$

Für die Skalenhöhe $h_3$ ist $h_i = h_3$ zu setzen. Wenn insgesamt $z_3$ Striche bis zur Skalenhöhe $h_3$ vorhanden sind, soll die Zeit für einen Strichabstand $t/z_3$ sein; für die Stelle $i$ gilt dann $t/z_3 = t_i/z_i$. Mit diesen Bedingungen lässt sich aus Gleichung H2-17 die nachfolgende Bestimmungsgleichung für den Abstand eines Teilstriches vom Skalen-Nullstrich $h_i$ ableiten

$$h_i^2 + 2K_a h_i = \frac{z_i}{z_3} \left[ h_3^2 + 2K_a h_3 \right]$$

Ihre explizite Form ist in DIN-EN 835 [H-5] angegeben:

$$h_i = \sqrt{K_3^2 + \left( h_3^2 + 2K_a h_3 \right) \frac{z_i}{z_3}} - K_a \tag{H2-18}$$

In Zusammenfassung der bisher gegebenen Erklärungen für die Bezeichnungen bedeuten:

$h_i$    Abstand in mm vom Skalen-Null-Strich bis zur Markierung des Teilstriches i.

$z_i$    Anzeigewert des Teilstriches i

$K_a$    Ampullenkonstante

$h_3$    Skalenhöhe in mm (Skalenlänge)

$z_3$    Anzeigewert $h_3$

Die Ampullenkonstante $K_a$ wird berechnet nach Gleichung H2-13; sie kann auch experimentell bestimmt werden.

Es gibt zwei unterschiedliche Skalenarten: die Einheitsskale und die Verbrauchsskale (Produktskale). Die Einheitsskale kann, wie ihr Name sagt, einheitlich für verschiedene Heizkörperarten und Größen verwendet werden. Das Ableseergebnis einer solchen Skale wird nachträglich mit den Bewertungsfaktoren $K_Q$, $K_c$ und $K_T$ multipliziert. Im Unterschied dazu sind alle diese Bewertungsfaktoren in der Bewertung der Skalenstriche bei der Verbrauchsskale eingearbeitet. Das Ableseergebnis einer solchen Skale kann direkt zur Abrechnung der Heizkosten herangezogen werden. Während bei der Einheitsskale die Lagerhaltung der Skalen für ein Messdienstunternehmen einfach ist, besteht bei der Verbrauchsskale der Nachteil, eine ganze Reihe unterschiedlicher Skalen vorzuhalten (Aufwand, Verwechslungsgefahr).

Aus Bild H-3 ist zu erkennen, welche Hauptanforderungen an die Messflüssigkeit gestellt werden: Sie soll bei den in Wohnräumen üblichen Temperaturen möglichst wenig verdunsten, bei den üblichen Heizkörpertemperaturen jedoch eine genügend hohe Verdunstungsgeschwindigkeit besitzen. Letzere Anforderung ist in der Norm [H-5] quantifiziert: Das Anzeigeverhältnis muss mindestens 7 betragen; es ist definiert als der Quotient aus den Werten der Anzeigegeschwindigkeit bei 50 und bei 20 °C. Da die hierfür in Frage kommenden Flüssigkeiten (Alkohole) alle mehr oder weniger hygroskopisch sind, ist die Wasseraufnahme der Messflüssigkeit bei 20 °C nach näheren Angaben in der Norm begrenzt. Weiter „muss nachgewiesen werden, dass für die Dämpfe der Messflüssigkeit bei bestimmungsgemäßer Verwendung keine gesundheitsschädlichen Wirkungen zu erwarten sind". Die heute meist verwendete Messflüssigkeit ist Methylbenzoat.

In der Norm sind nicht nur die Anforderungen an das Gerät und die Messflüssigkeit aufgeführt, sondern auch Vorschriften für die Befestigung, den Befestigungsort am Heizkörper und den Umgang mit dem Gerät enthalten. Geregelt ist ferner die Prüfung durch anerkannte Prüfstellen. Für den Umgang mit dem Gerät sei die sog. Kaltverdunstungsvorgabe hervorgehoben: „zum Ausgleich der Kaltverdunstung wird die Ampulle über den Skalen-Null-Strich hinaus gefüllt. Diese Kaltverdunstungsvorgabe ist für mindestens 120 Tage bei einer Messflüssigkeitstemperatur von 20 °C zu bemessen". Verschärft wird diese Vorschrift für Heizsysteme, deren mittlere Heizmitteltemperaturen (Mittelwert zwischen Vorlauf und Rücklauf) im Auslegefall unter 60 °C liegen; dies kann heute als Regelfall angesehen werden. Hier ist die Kaltverdunstungsvorgabe für mindestens 220 Tage zu bemessen.

Der Anwendungsbereich der HKVV ist begrenzt durch:
- Die obere und untere Temperatureinsatzgrenze,
- Randbedingungen, bei denen der Bewertungsfaktor $K_Q$ für die Wärmeleistung nicht eindeutig definiert ist oder
- bei denen die wasserberührte Heizfläche nicht zugänglich ist.

Die Temperatureinsatzgrenzen sind für den Fall der Auslegung festgelegt. Verwendet wird der Mittelwert der Vor- und Rücklauftemperatur. Für die untere Temperaturgrenze gibt die Norm zwei Werte an: Für ein unter 12 liegendes Anzeigeverhältnis 60 °C und für ein mindestens 12 betragendes Anzeigeverhältnis 55 °C. Für die obere Temperatur-Einsatzgrenze gelten 120 °C. Weitere Details hierzu sind in [H-5] aufgeführt.

Die weiteren Eingrenzungen des Anwendungsbereiches der HKVV werden durch Beispiele verdeutlicht. So kommen HKVV nicht in Frage für:
- Integrierte Raumheizflächen (D1.6.2),
- Raumheizkörper mit luftseitiger Klappenumsteuerung oder mit Gebläse,
- Warmlufterzeuger,
- Badewannenkonvektoren,
- Raumheizkörper mit Dampf als Heizmittel.

Die bisher ebenfalls ausgeschlossene Einrohrheizung, bei der die Leitung über mehr als eine Nutzereinheit geführt ist (horizontal oder vertikal), kann nach neueren Untersuchungen der Prüfinstitute nun doch mit HKVV ausgerüstet werden. Der bisher befürchtete systematische Fehler bei der Verteilung liegt in dem auch sonst zu erwartenden Unsicherheitsbereich. Es erübrigt sich daher auch die in der Norm [H-5] vorsorglich aufgeführte Korrektur mit dem Bewertungsfaktor $K_E$ (streng betrachtet, ist sie unzulässig; siehe H4.1). Die Untersuchungen haben ferner gezeigt, dass in den meisten Fällen bei senkrechten Einrohr-Anlagen auf eine besondere Erfassung der Rohrwärmeabgabe verzichtet werden kann, wenn ein Grundkostenanteil von 50% gewählt wird. Auch hier war zunächst die Einsetzbarkeit von HKVV in Frage gestellt.

### H2.1.3
*Heizkostenverteiler mit elektrischer Energieversorgung (HKVE)*

Die Hauptschwäche des Analogverfahrens mit der verdunstenden Flüssigkeit: der unterschiedliche Verlauf von Verdunstungscharakteristik und Heizkörperkennlinie ist mit einem Messwerteverfahren zu beseitigen. Generell werden hierfür Geräte mit elektrischer Energieversorgung eingesetzt. Sie müssen drei Hauptfunktionen aufweisen:
1. Sie müssen mindestens eine Temperatur messen,
2. sie müssen das Messsignal verarbeiten und zeitlich aufsummieren,
3. sie müssen einen Summenwert für die Wärmeabgabe anzeigen.

Nebenfunktionen sind zu allen drei Hauptfunktionen:
• Sie müssen mindestens eine Heizperiode unabhängig von einer äußeren elektrischen Energieversorgung sein,
• Recheneinheit, Sensoren und Verbindungskabel müssen geschützt sein gegen die Wirkung von magnetischen Wechsel- und Gleichstromfeldern, gegen elektromagnetische Strahlung und gegen elektrostatische Entladungen,
• Alterungsprozesse dürfen sich nicht merklich auswirken.

Zu 1.  Der oder die Sensoren müssen thermisch und mechanisch geschützt sein.
Zu 2.  Die Recheneinheit soll die Temperaturdifferenz $\Delta\vartheta$ zu einer Potenz $\Delta\vartheta^n$ (Anzeigegeschwindigkeit) verarbeiten.
Es soll eine Zählbeginntemperatur $\vartheta_Z$ einstellbar sein.
Zu 3.  Die Anzeigeeinrichtung soll gegen Überlauf gesichert sein.

Den prinzipiellen Aufbau eines HKVE in Form einer Blockschaltung zeigt Bild H-4.
Je nach Messverfahren werden alle oder nur ein Teil der für die Wärmeabgabe maßgeblichen Temperaturen erfasst. Üblich sind:
• Einfühler-Messverfahren; es wird nur eine Temperatur auf der Oberfläche des Heizkörpers gemessen und mit einem Festwert, der einer Raumtemperatur von 20 °C entspricht, verglichen.

**Bild H-4** Blockschaltbild eines elektronischen Heizkostenverteilers

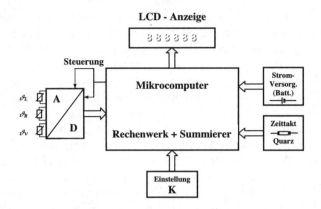

- Zweifühler-Messverfahren; ein Sensor erfasst eine Temperatur der Raumheizfläche, der zweite eine Temperatur, die in einem definierten Zusammenhang mit der Raumtemperatur steht.
- Dreifühler-Messverfahren; ein Sensor erfasst die Vorlauftemperatur, der zweite die Rücklauftemperatur und der dritte eine Temperatur, die in einem definierten Zusammenhang mit der Raumtemperatur steht.

Bei allen HKVE kann das Messsignal aus dem Analog-Digital-Wandler rechnerisch auf die Potenzfunktion der Heizkörperkennlinie abgestimmt werden. Die Anzeigegeschwindigkeit lautet danach

$$\frac{dz}{dt} = K_{HK}\, \Delta\vartheta^x \tag{H2-19}$$

Die zum Heizkörper gehörende Konstante $K_{HK}$ ist bei der Recheneinheit einstellbar, die Hochzahl x meist fest eingegeben. Von der Recheneinheit wird die Anzeigegeschwindigkeit in Zeitschritten $\Delta t$ aufsummiert und das Ergebnis auf dem Display (LCD) angezeigt:

$$z = \sum\left(\frac{dz}{dt}\,\Delta t\right) \tag{H2-20}$$

Beim Einfühlerverfahren wird die Temperaturdifferenz $\Delta\vartheta$ aus dem Messsignal des Heizflächensensors $\vartheta_{HS}$ und des Konstantwertes für die Lufttemperatur $\vartheta_{L,konst}$ gebildet, beim Zweifühlergerät ist der Subtrahend das Messsignal des zweiten Sensors $\vartheta_{LS}$, und beim Dreifühlergerät ist die bestmögliche Anpassung an die Heizkörperkennlinie mit der logarithmischen Übertemperatur möglich:

$$\Delta\vartheta_{lg} = \frac{\vartheta_{VS} - \vartheta_{RS}}{\ln\dfrac{\vartheta_{VS} - \vartheta_{LS}}{\vartheta_{RS} - \vartheta_{LS}}} \tag{H2-21}$$

Bei den meisten HKVE sind die in Bild H-4 gezeigten Blöcke in einem Gerät vereinigt. Man spricht dann von Kompaktgeräten. Beim Ein- und Zweifühler- verfahren können die Kompaktgeräte wie HKVV direkt auf der Heizkörper- oberfläche montiert sein (es gelten dann die gleichen Regeln wie dort). Es ist aber auch eine Montage in der Nähe des Heizkörpers möglich; der Heizflächen- sensor ist dann mit dem Gerät durch ein Kabel verbunden. Natürlich muss das Gerät so angebracht sein, dass die Anzeige abzulesen ist. Beim Dreifühlerver- fahren sind die Sensoren auf dem Vor- und Rücklauf immer über Kabel mit dem neben dem Heizkörper angebrachten Gerät verbunden.

Neben den dezentral auf der Oberfläche oder in der Nähe der Heizkörper angebrachten Verteilgeräten gibt es auch zentrale Heizkostenverteilsysteme, bei denen die Recheneinheit die Messsignale von mehreren Heizkörpern in einer Nutzeinheit oder sogar von mehreren Nutzeinheiten zentral verarbeitet und anzeigt. Während die dezentralen Geräte für die Stromversorgung mit einer Batterie ausgerüstet sind, ist bei den Zentralgeräten eine Versorgung aus dem Stromnetz möglich. In jedem Fall darf die Stromversorgung innerhalb der Able- seperiode nicht unterbrochen werden, bei Batterieversorgung muss eine Min- destkapazität für 15 Monate vorhanden sein. Lithiumbatterien haben sich als besonders geeignet erwiesen. Während die obere Temperatur-Einsatzgrenze für die HKVE bei der Prüfung aus der Temperurbeständigkeit der verwende- ten Materialen und Bauelemente festgelegt wird, gibt es bei der unteren Tempe- ratur-Einsatzgrenze für Geräte nach den Einfühler-Messverfahren in der Norm einen vorgeschriebenen Grenzwert. Er liegt bei 55 °C. Bei den Geräten der bei- den übrigen Messverfahren folgt die untere Einsatzgrenze aus den Anforderun- gen zum Einhalten der Fehlergrenzen (bisherige Erfahrungen führten zu 40 °C). Damit bei sommerlichen Raumtemperaturen und abgestellter Heizanlage keine Fehlanzeigen auftreten, müssen die Geräte die Funktion einer sog. Messwertun- terdrückung besitzen. Die hierfür einzustellende Zählbeginntemperatur $\vartheta_Z$ ist durch Norm festgelegt. Bei Einfühlergeräten mit einer unteren Temperatur-Ein- satzgrenze $\vartheta_{min} \geq 60\,°C$ gilt:

$$\vartheta_Z \leq 0{,}3\,(\vartheta_{min} - 20\,°C) + 20\,K$$

und für $\vartheta_{min}$ zwischen 55 und 60 °C: $\vartheta_Z \leq 28\,°C$.

Für Geräte mit raumseitigem Sensor (also alle übrigen Messverfahren) lautet das Kriterium für den Zählbeginn: $\vartheta_Z - \vartheta_L \leq 5\,K$.

Eine Weiterentwicklung des Dreifühler-Messverfahrens stellt die Kombi- nation eines zentralen Heizkostenverteilsystems mit einem Regelungssys- tem dar. Es besteht aus einer Verbraucherzentraleinheit und einem Raummo- dul, das die Raumtemperatur sowie die Vor- und Rücklauftemperatur des Heiz- körpers erfasst. Die Verbraucherzentraleinheit übernimmt die Berechnung der Verbrauchseinheiten und die Regelung der Raumtemperatur mit thermoelekt- risch angetrieben Heizkörperventilen als Stellorganen. Auf diese Weise ist der unbefugte Einfluss des Nutzers auf die Anzeige durch Erwärmen des Raumsen- sors ausgeschlossen (die Heizkörperventile würden schließen).

Für zentrale Heizkostenverteilsysteme eignen sich neben den Dreifühlergeräten auch Zweifühlergeräte. Die Anzeigewerte lassen sich über ein Bussystem sammeln, wobei weitere für den Betrieb eines Gebäudes wichtige Daten z. B. von Wasser- und Stromzählern ebenfalls verarbeitet werden können. Hier gibt es einen fließenden Übergang zu den sog. Gebäudemanagementsystemen.

Nach DIN-EN 834 [H-4] sind ähnlich wie bei den Heizkostenverteilern nach dem Verdunstungsprinzip die HKVE in folgenden Fällen nicht zugelassen: für einen Einsatz bei integrierten Raumheizflächen, Raumheizkörpern mit luftseitiger Klappensteuerung oder Gebläse und Raumheizkörpern mit Dampf als Heizmittel. Der Anwendungsbereich der HKVE ist breiter als der der HKVV insbesondere deshalb, weil sich bei ihnen die Anbringungsorte für den Sensor und das Registriergerät räumlich trennen lassen.

## H2.2
### Verfahren mit Erfassung der Wärmeverteilung

Die Hauptnachteile der Verfahren mir Erfassung der Wärmeabgabe (HKVV und HKVE) sind
• die Einschränkung im wesentlichen auf Raumheizkörper,
• die notwendige Identifikation der Raumheizkörper mit ihrer Normleistung und
• die beim modernen Heizbetrieb zunehmende Ungenauigkeit wegen der niedrigen Heizmitteltemperaturen im Auslegezustand und der geringeren Heizmittelströme.

Bei einer auf die Nutzererwartungen bestmöglich eingehenden Anlagenplanung kann nicht hingenommen werden, dass sich die Wahl der Raumheizflächen nach den Zwängen der vorgeschriebenen Heizkostenverteilung richtet. Selbstverständlich müssen Kombinationen der verschiedenen Raumheizkörper auch mit Raumheizflächen möglich sein, für die HKVV oder HKVE nicht zugelassen sind.

Beim zweitgenannten Nachteil, der Identifikation, muss ausgesprochen werden, dass bei über 40.000 verschiedenen Heizkörpertypen nur sehr erfahrene Wärmemessdienstfirmen genügend zuverlässig die Identifikation bewältigen. Es kommen jährlich mehrere hundert neue Heizkörper hinzu, darunter auch viele an Gebäude und Nutzung angepasste Spezialausführungen. Der drittgenannte Nachteil, die steigende Ungenauigkeit, ist eine der indirekten negativen Folgen der durch die Wärmeschutzverordnungen erreichten verbesserten Wärmedämmung. Die unmittelbar die höheren Ungenauigkeiten verursachenden abgesenkten Heizmitteltemperaturen und niedrigen Heizmittelströme sind allerdings auch vorteilhaft für eine verbesserte Regelung der Heizleistung (siehe Teil E3.2).

Eine Heizkostenverteilung ohne die Hauptnachteile der Methoden mit Erfassung der Wärmeabgabe ist möglich, wenn auf die technisch aufwendigeren Verfahren mit Erfassung der Wärmeverteilung übergegangen wird. Hier wird die Verteilung der Heizwassermengen mit ihren Temperaturen und damit der zugeführten Wärmemengen festgestellt. Bei genügend feiner zeitlicher Auflösung der Wärmemengen sind auch die Wärmeströme zu erhalten; diese sind gleichermaßen Zielgröße der Verbrauchserfassung und Stellgröße bei der Raumtemperaturregelung. Die kombinierte Übernahme der beiden Funktionen Heizkostenverteilung und Regelung durch **ein** System ist für beides vorteilhaft. Abgesehen davon, dass die Nachteile der Verfahren mit Erfassung der Wärmeabgabe zu vermeiden sind, schließt die Verwendung der Raumtemperatur für beide Funktionen ihre Manipulation bei der Heizkostenverteilung aus, und es werden systematische Verteilfehler vermieden. Auch bei der Regelung eröffnen sich Verbesserungsmöglichkeiten: Die Information über die Heizmittelströme erlaubt eine Betriebsoptimierung der Umwälzpumpe.

Die derzeit bekannten Verfahren mit Erfassung der Wärmeverteilung sind alle als kombinierte Heizkostenverteil- und Regelsysteme ausgeführt. Bekannt ist ein Verfahren mit Simulation des Rohrnetzes [H-10] und eines mit Strangventil und Differenzdruckmessung [H-11].

### Verfahren mit Simulation des Rohrnetzes (RHKVS)

Voraussetzung für dieses Verfahren ist die Fähigkeit, den Netzbetrieb mit seinen variablen Wasserströmen an den verschiedenen Stellen rechnerisch zu simulieren. Ein hierfür geeignetes Analogieverfahren ist in Teil D2.6.5 angegeben. Es eignet sich sowohl für die Analyse wie für die Betriebsüberwachung. Das Rohrnetz wird mit parallel und in Reihe geschalteten Widerständen durch ein Simulationsmodell dargestellt. Dabei werden unter Anwendung der aus der Elektrotechnik bekannten Knoten- und Maschenregel die einzelnen Widerstände bei bekannter Netzstruktur sukzessiv festgestellt und zusammengefasst, bis der Gesamtwiderstand des Rohrnetzes für die Netzkennlinie vorliegt. Durch Schnitt der Netzkennlinie mit der gegebenen Pumpenkennlinie erhält man den Gesamtvolumenstrom durch das Netz. Er wird unter Berücksichtigung der aus der Analyse bekannten Widerstände auf die einzelnen Zweige des Netzes verteilt, so dass schließlich für jeden Verbraucher der Wasserstrom und Differenzdruck angegeben werden kann. Bei Kenntnis aller momentanen Ventilstellungen im Netz ist es damit möglich, für beliebige Betriebspunkte die Massenstromverteilung in den einzelnen Zweigen des Rohrnetzes zu berechnen. Die Werte für die Widerstände im Netz erhält man aus einer analog durchgeführten Analyse des Netzes.

Ein Rechner in der Leitzentrale, mit dessen Hilfe das Netz simuliert wird, übernimmt auch die Regelung der Wärmeübergabe im Raum und zusätzlich die der Umwälzpumpe. Ein Blockschaltbild des RHKVS zeigt Bild H-5. Es verdeutlicht die Verbindung der bisher getrennt voneinander ausgeübten Funktionen: Wärmeübergaberegelung, Heizkostenverteilung und Pumpenregelung.

- Bei der **Wärmeübergaberegelung** erfasst ein digital arbeitender Regler (z.B. mit PID-Regelalgorithmus) die Abweichung der Ist-Raumtemperatur mit der Solltemperatur und steuert über einen Umsetzer ein unstetig arbeiten-

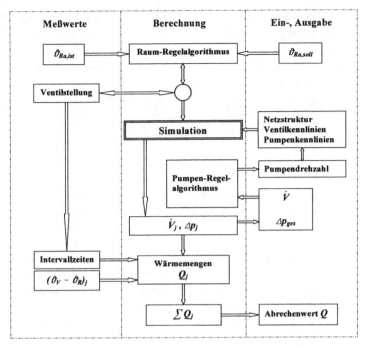

**Bild H-5** Blockschaltbild des kombinierten Heizkostenverteil- und Regelsystems (RHKVS, IKE [H-10])

des Ventil (mit elektromagnetischem oder elektromotorischem Antrieb) an. Der in aller Regel hierbei hergestellte Auf-Zu-Betrieb liefert in einfacher Weise eine definierte Widerstandsverteilung im Netz, die für eine vorgegebene Abtastzeit von z. B. 3 Minuten aufrechterhalten wird.

- Für die **Heizkostenverteilung** wird die Kenntnis der Ventilstellungen aus dem Regelvorgang übernommen und mit der beschriebenen Betriebssimulation die momentane Verteilung der Wasserströme $\dot{V}_j$ und daraus die Druckabfallwerte $\Delta p_j$ an den einzelnen Verbraucherstellen berechnet. Als ein Ergebnis der Simulation lassen sich hieraus mit den Intervallzeiten der jeweils geöffneten Ventile und den Temperaturdifferenzen zwischen Vorlauf und Rücklauf die Wärmemengen der einzelnen Verbraucherstellen bestimmen.

- Ein zweites Ergebnis aus der Betriebssimulation ist der Gesamtwasserstrom und die Gesamtdruckdifferenz im Netz. Sie sind die Eingangsgrößen für die **Pumpenregelung**. Über einen entsprechenden Pumpen-Regelalgorithmus kann über die Verstellung der Pumpendrehzahl eine mit dem Volumenstrom zunehmende Druckhöhe hergestellt werden. Dadurch erleichtert der Betrieb der zentralen Pumpe die Übergabe von Teilleistungen beim Verbraucher (eine zentrale Vorlauftemperaturregelung wäre in diesem Fall nicht zwingend erforderlich).

- In einer weiteren Ausbaustufe ist es zweckmäßig, das RHKVS in die Gebäudeleittechnik (GLT) zu integrieren, da es eine günstige Ergänzung zu den vorhandenen GLT-Programmsystemen darstellt. Die verschiedenen Teilaufgaben sollten dann dezentralisiert und auf unterschiedliche Hierarchie-Ebenen aufgeteilt werden. Während die Berechnung der Wärmeverteilung weiterhin vom zentralen Leitrechner durchgeführt werden muss, kann die Regelung eines Teilbereiches (z.B. einer Wohnung) auf dezentrale Automatisierungs-Einheiten [H-10] übertragen werden. Durch die dezentrale Struktur lässt sich die Zuverlässigkeit des Betriebs eines RHKVS gegenüber dem mit einem einzigen zentralen Prozessrechner steigern.

### Verfahren mit Strangventil und Differenzdruckmessung

Dieses kombinierte System hat die Firma Landis & Gyr (zwischenzeitlich Landis & Stäfa, heute Siemens) unter dem Namen „Synergyr"[5] entwickelt. Bild H-6 zeigt den prinzipiellen Gesamtaufbau des Systems und zusätzlich die eingeschränkte Einsatzmöglichkeit: Man benötigt für jede Nutzeinheit **ein** Regel- und Heizkostenverteilventil (1); dadurch ist die sog. waagrechte Verteilung eine zwingende Voraussetzung (für die senkrechte Verteilung ist es nicht konzipiert). Die Funktionsweise ist ebenfalls dem Bild H-6 zu entnehmen:

Das Zweifunktionenventil (1) ist in den Rücklauf eines Teilstranges zu einer Nutzeinheit eingebaut. Ein Raumtemperaturregler (2 oder 3) in einem Pilotraum benutzt es als Stellorgan. In diesem wahlweise analog oder digital arbeitenden Raumgerät wird die Raumtemperatur gemessen und der Sollwert fest oder zeitabhängig eingegeben. Die anderen, vom gleichen Teilstrang versorgten Räume der Nutzeinheit besitzen eine systemunabhängige Raumtemperaturregelung (z.B. Thermostatventile). Das Zweifunktionenventil (siehe Bild H-7) arbeitet taktend in den Stellungen „Auf" oder „Zu". Der Raumtemperaturregler passt die Intervallzeit für die Stellung „Auf" der Abweichung der Raumtemperatur vom Sollwert innerhalb einer vorgegebenen Zykluszeit an (Impulsbreitenmodulation). Der für die Berechnung des Wasserstroms notwendige Differenzdruck am Zweifunktionenventil $\Delta p_V$ wird gemessen. Mit der für die „Auf"-Stellung kennzeichnenden Konstante $C_V$ errechnet sich die Größe $V_S$, die in weiten Grenzen proportional ist zum Volumenstrom im Teilstrang:

$$V_S = C_V \sqrt{\Delta p_V} \sim \dot{V}$$ 
(H2-22)

Das Produkt aus der Größe $V_S$ und der Differenz der zentral gemessenen Vorlauftemperatur und der im Ventil gemessenen Rücklauftemperatur ist proportional der dem Strang zugeführten Wärmeleistung. Die Integration dieses Produktes über die Dauer des Betriebszustandes „Auf" ist ein Maß für den Wärmemengenanteil der Nutzeinheit.

---

[5]   Für wohnungsähnliche größere Bauten auf den Markt gebracht.

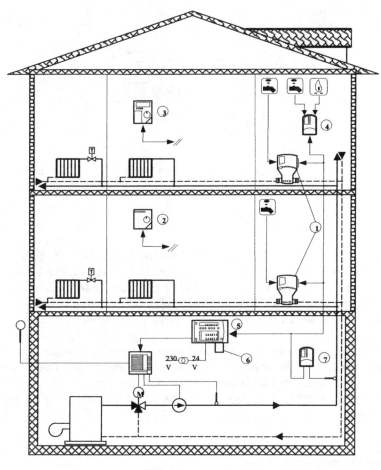

| 1 | Regel- und Heizkostenverteilventil. | 6 | Speicherkarte |
|---|---|---|---|
| 2, 3 | Raumgeräte | 7 | Temperaturmessgerät mit Fühler für die |
| 4 | Universaladapter | | Erfassung der Zonenvorlauftemperatur |
| 5 | Gebäudezentrale | | |

**Bild H-6** Verfahren mit Strangventil und Differenzdruckmessung zur Erfassung der Wärme-verteilung [H-11]

Da sich der Differenzdruck im Ventil mit dem Quadrat des Volumenstroms verändert, ist das Ventil zur Vermeidung zu großer Messunsicherheiten zweistufig ausgeführt (siehe Bild H-7).

An das Zweifunktionenventil können bei Bedarf zusätzliche Impulsgeber wie z.B. Zähler für Strom, Gas oder Wasser, direkt oder über einen Adapter ((4) in Bild H-6) angeschlossen werden. Sämtliche Verbrauchswerte werden in einer Gebäudezentrale (5) gesammelt und gespeichert. Am Ende einer Abrechnungs-

**Bild H-7** Zweifunktionenventil zum Verteilsystem nach Bild H-6

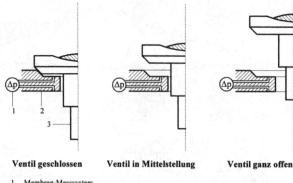

|  Ventil geschlossen | Ventil in Mittelstellung | Ventil ganz offen |

1   Membran-Messsystem

2   Blende

3   Zweistufiger Ventilkegel

periode werden die Daten von dort über eine Schnittstelle an einen PC überragen oder über ein spezielle Speicherkarte (6) ausgelesen. Grundsätzlich könnte auch dieses kombinierte Heizkostenverteil- und Regelsystem über die Gebäudezentrale (5) Informationen über die Volumenströme und den Druckabfall sammeln und damit einen Regler für die Umwälzpumpe über den Betriebszustand informieren.

Würde die Messeinrichtung in dem kombinierten Verteil- und Regelsystem nicht nur ein Maß für die Wasser- oder Energiemengen angeben, sondern die Verbrauchswerte in ihren physikalischen Einheiten direkt anzeigen, hätte man es mit eichpflichtigen Zählern zu tun, wie sie im nachfolgenden Abschn. H3 behandelt werden.

## H3
## Wärme- und Warmwasserzähler

**Wärmezähler** messen die Durchflussgeschwindigkeit des Wassers und gleichzeitig Temperaturunterschiede zwischen Vorlauf und Rücklauf z.B. in einem Heizkreis einer Nutzeinheit; durch zeitliche Integration berechnen sie die verbrauchten Wärmemengen und zeigen sie in einer physikalischen Einheit z.B. in kWh an. Wenn das Anzeigeergebnis Grundlage der Abrechnung von Kosten ist, sind Wärmezähler nach dem Eichgesetz [H-12] eichpflichtig.

Wärmezähler werden generell im Falle der Wärmelieferung installiert in:
- Fernwärme-Hausstationen und
- bei Nutzeinheiten oder Nutzergruppen (mehrere Nutzeinheiten) mit eigenem Heizwasseranschluss (z.B. horizontale Einrohr- oder Zweirohrringverteilung für je eine Nutzeinheit oder Nutzergruppe).

Für den Einsatz bei einzelnen Raumheizflächen sind Wärmezähler insbesondere aus wirtschaftlichen und ästhetischen Gründen ungeeignet (zu teuer, zu groß).

**Bild H-8** Blockschaltbild eines Wärmezählers mit hydraulischem Geber H, Temperaturfühlerpaar $\vartheta_V$ und $\vartheta_R$ sowie elektronischem Rechner R

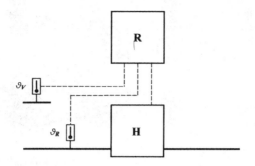

Üblicherweise bestehen Wärmezähler aus drei deutlich unterscheidbaren Komponenten (siehe Bild H-8):
- dem sog. hydraulischen Geber, mit dem aus der Durchflussgeschwindigkeit das Wasservolumen in einem Erfassungszeitraum oder der momentane Wasserstrom gemessen wird,
- dem Temperaturfühlerpaar in Vor- und Rücklauf und
- dem elektronischen Rechenwerk mit der Anzeigeeinrichtung.

Als Bauarten unterscheidet man:
- Kompaktwärmezähler, für deren Bauartzulassung die (Gesamt-)Eichfehlergrenzen maßgeblich sind (siehe [H-3]), und
- Kombinationswärmezähler mit der Möglichkeit einer jeweiligen Einzelzulassung und Beglaubigung der drei Komponenten, für die (Komponenten-)Eichfehlergrenzen gelten.

**Warmwasserzähler** messen im Unterschied zu Wärmezählern alleinig die Durchflussgeschwindigkeit des erwärmten Trinkwassers und zeigen sie in der physikalischen Einheit m³ an. Sie sind wie Kaltwasserzähler eichpflichtig. Anlage 6 der Eichordnung [H-13] definiert Wasser als kalt, wenn seine Temperatur zwischen 0 °C und 30 °C liegt (Frischwasser), als warm, wenn seine Temperatur höher als 30 °C ist, aber 90 °C nicht übersteigt (erwärmtes Trinkwasser). Der hydraulische Geber eines Warmwasserzählers ist baugleich mit einem Wärmezähler; das Rechenwerk mit der Anzeige kann aber im Unterschied zum Wärmezähler mechanisch ausgeführt sein.

Als **hydraulische Geber** kommen nur Geräte in Frage, die die Durchflussgeschwindigkeit messen. Durchflussmengenzählende Geräte nach dem Füllkammerprinzip, wie z. B. dem Ovalradzähler, werden wegen ihres erhöhten Druckabfalls nicht verwendet.

Bei den mechanisch arbeitenden hydraulischen Gebern sind Flügelradzähler am weitesten verbreitet (siehe Bild H-9). Das Wasser strömt tangential ein senkrecht gelagertes Flügelrad an. Seine Drehzahl ist ein Maß für die Durchflussgeschwindigkeit. In der einfachsten Form (z. B. bei Wasserzählern) werden die Umdrehungen über ein Zahnradgetriebe direkt auf ein Zählwerk übertra-

**Bild H-9** Flügelradmesser
(Einstrahlzähler)

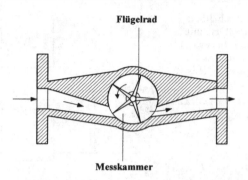

gen. Hierbei befinden sich Getriebe und Zählwerk im Wasser, im sog. Nassteil. Das Anzeigefeld mit den Umdrehungszeigern ist durch ein druckfestes Uhrenglas abgedeckt. Bei Wärmezählern, durch die weniger reines, schwebstoffhaltiges Heizwasser strömt, bevorzugt man eine indirekte Kopplung von Flügelrad und Zählwerk, z. B. über eine Magnetkupplung. Das Zählwerk befindet sich dadurch außerhalb des Wassers im sog. Trockenteil. Statt der Magnetkupplung, die den Nachteil hat, die Ablagerung von Magnetit zu fördern, gibt es neuerdings auch rückwirkungsfreie Verfahren zum Abtasten der Drehbewegung des Flügelrades (z. B. mit Ultraschall, über die Kopplungsänderung von Schwingkreisen oder durch kapazitive Messung). Die Zählimpulse werden weitergegeben an das elektronische Rechenwerk.

Beim Flügelradmesser unterscheidet man Einstrahl- (Bild H-9) und Mehrstrahlzähler: Die Anzahl der auf das Flügelrad treffenden Wasserstrahlen wird erhöht durch einen zusätzlich eingebauten Flügelbecher (wie die Leitschaufeln bei einer Turbine), der zweigeteilt ist in eine untere Hälfte mit den Eintrittsstrahlen und eine obere Hälfte mit den Austrittsstrahlen. Diese Bauweise wird hauptsächlich bei Wasserzählern im Wohnungsbereich angewandt.

Für große Wasserströme werden statt der Flügelradzähler Turbinenzähler (Woltmann-Zähler) eingesetzt. Hier wird der Drehkörper axial angeströmt. Er besitzt um die Drehachse mehrere steilgängige, schraubenförmig ausgebildete Laufschaufeln (Bild H-10). Die Drehzahl wird entweder von der Achse des Drehkörpers oder über einen Schneckentrieb direkt oder indirekt wie beim Flügelradzähler übertragen.

Trotz aller Verbesserungen bei den Verfahren zum Abtasten der Drehbewegung des Drehkörpers bleibt bei dem schwebstoffhaltigen Heizungswasser die Gefahr von Ablagerungen in den Lagern des Flügelrades erhalten. Zwei die Durchflussgeschwindigkeit messende hydraulische Geber, deren Funktion auf physikalischen Prinzipien beruht und bei denen man ohne Drehkörper auskommt, konnten sich auf dem Markt als Wärmezähler auch für kleine Wasserströme durchsetzen:

- Magnetisch-induktive Durchlussgeber und
- Ultraschalldurchflussgeber.

**Bild H-10** Turbinenzähler mit direkter Messwertübertragung und horizontaler bzw. vertikaler Drehachse

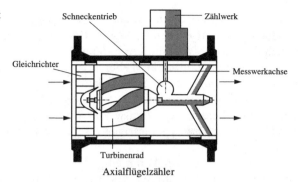

Axialflügelzähler

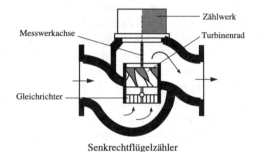

Senkrechtflügelzähler

**Bild H-11** Prinzip eines magnetisch-induktiven Durchflussgebers (MID)

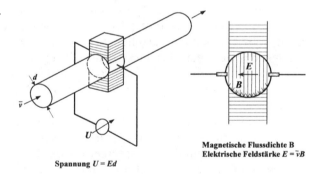

Der magnetisch-induktive Durchflussgeber (MID) arbeitet nach dem Prinzip eines magneto-hydrodynamischen Generators (siehe Bild H-11): Das Heizwasser hat eine elektrische Leitfähigkeit. Es wird durch ein Rohr mit der mittleren Geschwindigkeit $\bar{v}$ bewegt. An der Messstelle wirkt ein Magnetfeld mit der magnetischen Flussdichte (magnetischen Induktion) B. Senkrecht zur Strömung und zum Magnetfeld entsteht dann ein elektrisches Feld mit der Feldstärke E. Ist der Abstand der senkrecht zu den Magnetpolen angebrachten Elektroden $d$, so herrscht zwischen ihnen die Spannung.

$$U = Ed = \bar{v}\,B \cdot d \qquad\qquad\qquad\qquad\qquad\qquad\text{(H3-1)}$$

Die induzierte Spannung ist demnach proportional zum Volumenstrom. Voraussetzung für eine einwandfreie Funktion ist allerdings eine elektrische Leitfähigkeit des Wasser von mindestens 500 µS/m.

Beim Ultraschalldurchflussgeber wird das physikalische Phänomen genutzt, dass die Fortpflanzungsgeschwindigkeit von Schallwellen in einem Fluid stromaufwärts geringer als stromabwärts ist (siehe Bild H-12). Der Frequenz-Unterschied für die beiden Wege vom Sender $S_1$ zum Empfänger $E_1$ und vom Sender $S_2$ zum Empfänger $E_2$ wird gemessen. Er ist proportional zur mittleren Strömungsgeschwindigkeit.

Weitere Verfahren zur Volumen- oder Massenstrommessung, die außer im Labor auch in der Verfahrens- und Kraftwerkstechnik angewandt werden, wie z.B. Wirkdruckverfahren (Normblende, Normdüse, Venturirohr) oder Masse-Durchflussmesser, die den Effekt der Coriolisbeschleunigung nutzen, finden vor allem des Aufwandes wegen für Wärmezähler bisher keine Anwendung.

Als **Temperaturgeber** werden hauptsächlich Widerstandstemperaturfühler verwendet. Das Material für den temperaturveränderlichen Widerstand ist überwiegend reines Platin (Pt). Eingeteilt werden die Widerstandsthermometer nach dem Widerstand bei 0 °C; bei 100 Ohm spricht man von einem PT-100-Fühler und bei 500 Ohm von einem PT-500-Fühler. Es gibt auch Nickel als Widerstandsmaterial, das aber trotz seines gegenüber Platin größeren Temperaturkoeffizienten wenig verbreitet ist. Ähnlich ist es bei Halbleiterwiderstandsfühlern (mit negativem Temperaturkoeffizienten): Der große Strombedarf, hohe Anforderungen an die Stromkonstanz und die geringe mechanische Stabilität der Fühler stehen einer größeren Verbreitung im Wege. Auch Thermoelemente wären als Temperaturfühler zu verwenden. Hier bereitet die Herstellung genügend reiner Thermoelement-Materialien Schwierigkeiten, auch ist die vom Thermoelement gelieferte Spannung – bei gleicher Temperaturdifferenz – etwa um eine Größenordnung kleiner als die eines PT-100-Fühlerpaares.

**Elektronische Rechenwerke** arbeiten heute überwiegend digital (siehe Bild H-13). Sie haben gegenüber den analog arbeitenden Rechenwerken den Vorzug, dass neben der einfachen Multiplikation von Volumenstrom und Temperaturunterschied und der Aufsummierung des Produktes als zusätzliche Algorithmen Kalibrierfunktionen für die Temperaturen und Volumenströme sowie zusätzlich Korrekturfunktionen für die Dichte und spezifische Wärmekapazität

**Bild H-12** Prinzip eines Ultraschall-Durchflussgebers

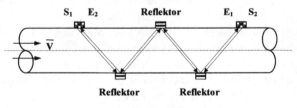

Sender $S_1$ und $S_2$
Empfänger $E_1$ und $E_2$

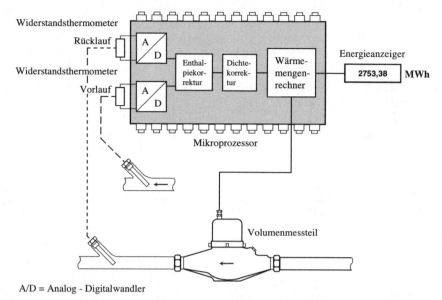

A/D = Analog - Digitalwandler

**Bild H-13** Blockschaltbild eines elektronischen Rechenwerkes

eingegeben werden können. Die Rechner besitzen Mikroprozessoren und lie-fern über den Anzeigeteil nicht nur Wärme- und Wassermengen, sondern auch die Temperaturen, Datum und Uhrzeit sowie die Betriebsstundenzahl der ein-gesetzten Batterie und vieles mehr.

# H4
# Bewertung von Verteilverfahren

## H4.1
## Allgemeines

Bei der Heizkostenverteilung ist es so ähnlich wie bei der Heizung: auch hier sind Vorurteile bei der Bewertung der verschiedenen Verteilverfahren weit ver-breitet. Die meisten Nutzer, die auf Grund der Heizkostenverordnung [H-2] gezwungen sind, mit Heizkostenverteilsystemen umzugehen und sie eigentlich auch haben wollen, obwohl sie Mehrkosten verursachen, besitzen etwa folgen-des Beurteilungsschema: „Die Verdunster sind ungenau, aber billig, die Elek-tronischen sind wesentlich genauer, aber teurer, und die Wärmezähler messen genau – sie sind ja geeicht – sind aber noch teurer". Es kommen weitere Vor-urteile hinzu: Die Heizkostenverteiler (HKVV und HKVE) können nicht den sog. „Wärmeklau" erfassen; gemeint ist damit der Wärmestrom von einer stär-ker beheizten Wohnung in eine kühl gehaltene. Verwunderlich ist, dass die glei-che Anforderung bei Wohnungen, die mit Elektrospeicherheizung oder Gas-

Etagenheizung ausgerüstet sind, nicht erhoben wird. Ähnlich ist es mit dem sog. Lageausgleich (gemeint ist hier ein Ausgleich bei den Heizkosten für Wohnungen mit einem überdurchschnittlich hohen Außenflächenanteil). Auch hier erwartet man von der Heizkostenverteilung eine Art Sozialausgleich, an den niemand bei einer Einzelraumheizung dächte und der allenfalls bei der Miete Berücksichtigung finden könnte.

Löst man sich aus dem Bereich der Vorurteile über die Genauigkeit der Heizkostenverteilung und strebt eine quantitative Bewertung an, ist es nützlich, die normgerechten Begriffe der Messtechnik zur besseren Allgemeinverständlichkeit zu verwenden [H-14 und -15]. Die Bewertung wird in zwei Schritten vorgenommen. Im ersten Schritt geht es um die Messgenauigkeit eines bestimmten Verteilgerätes, im zweiten um die Verteilgenauigkeit einer größeren Anzahl von Verteilgeräten in einer Abrechnungseinheit; d.h. es interessiert, wie genau die Verteilung der unterschiedlichen Wärmeverbräuche der Nutzeinheiten in der Abrechnungseinheit festgestellt werden kann. Unterschiede in der Messgenauigkeit sind Folge der Unvollkommenheit des Erfassungsgerätes und seiner Handhabung. Sie können auch verursacht werden durch Nutzereinfluss (Manipulation) oder besondere Umgebungsbedingungen (elektrische, elektrostatische und magnetische Beeinflussungen). Klammert man zur Beurteilung eines Verteilgerätes alle vermeidbaren Mängel durch unsachgemäße Handhabung, durch unerlaubten Nutzereinfluss oder durch extreme Umgebungsbedingungen aus, so verbleiben jene Abweichungen, für die Maximalwerte als zu prüfende Anforderungen in der Norm vorgegeben sind [H-4 und -5]. Diese Maximalwerte sind als Fehlergrenzen zu verstehen, innerhalb derer die systematisch wirkenden Abweichungen durch zufällige Unvollkommenheiten des Gerätes bei der Verbrauchserfassung liegen müssen. Im Prinzip wären diese Abweichungen durch Kalibrierung jedes einzelnen Gerätes ausgleichbar. Bis auf den Gehäuseeinfluss beim HKVV sind die Fehlergrenzen symmetrisch, d.h. die obere und untere Fehlergrenze sind gleich. Während bei den Wärmzählern und den HKVE die Gesamtfehlergrenzen durch Norm vorgegeben sind, müssen die beim HKVV durch verschiedene Anforderungen festgelegten Einzelfehlergrenzen mit dem Fehlerfortpflanzungsgesetz errechnet werden (siehe Teil H4.2).

Der erste Beurteilungsschritt mit der Feststellung, in welchem Umfang ein Erfassungsgerät unrichtig sein darf, ist notwendig aber nicht ausreichend für die Bewertung seiner Genauigkeit, wenn man das Ziel des Geräteeinsatzes im Auge behält: Die Verteilung von Heizkosten in einer Abrechnungseinheit. Es sollen die Anteile des Wärmeverbrauchs verschiedener Nutzeinheiten bei variablen Heizflächentemperaturen, unterschiedlichen Heizflächen und verschiedenen Raumtemperaturen, wie sie sich bei dem voneinander abweichenden Nutzerverhalten ergeben, möglichst genau erfasst werden. Nun reagieren die Erfassungsgeräte auf die Betriebsverläufe auch noch unterschiedlich, z.B. auf Grund des unterschiedlichen Verlaufes der Kennlinien für Verdunstung und Wärmeabgabe. Da alle Abweichungen durch das Verhalten der Nutzer, der Anlage und der Geräte absichtlich herbeigeführt sind, handelt es sich um systematische Abweichungen, die bei bestimmten definierten Betriebsabläufen auch zu berechnen wären. Es ist jedoch voreilig, hieraus den Schluß zu ziehen, derartige systematische Abweichungen wären zu korrigieren. Bei der realen Heizkostenverteilung mit unsynchronisiertem Nutzerverhalten ist davon auszugehen, dass die systematischen Abweichungen generell unbekannt bleiben. Es ist daher weder möglich noch zulässig, die unterschiedlichen systematischen Abweichungen durch Korrektion zu berücksichtigen. Wenn man sich hingegen zur allgemeinen Beurteilung der Verteilgenauigkeit der verschiedenen Verfahren definierte Bedingungen beim Heizbetrieb und bei der Nutzerverteilung vorgibt, dann sind durch rechnerische Betriebssimulation nicht nur alle denkbaren systematischen Abweichungen zu erkennen, sondern insbesondere auch ihre Maximalwerte und deren Abhängigkeit von den verschiedenen Randbedingungen. Auf diese Weise ist nachvollziehbar festzustellen, für welche Einsatzgebiete unter Beachtung des Wirtschaftlichkeitsgebots sich die jeweiligen Verteilsysteme eignen.

## H4.2
## Messgenauigkeit

Für die in den Normen [H-3, -4 und -5] behandelten Verfahren mit Erfassung der Wärmeabgabe (HKVV und HKVE) und für die Wärmezähler lassen sich ausgehend von den genormten Anforderungen quantitative Aussagen in Form von Fehlergrenzen machen. Es wird dabei vorausgesetzt, dass alle vermeidbaren Mängel durch unsachgemäße Handhabung, durch unerlaubten Nutzereinfluss oder auf Grund von extremen Umgebungsbedingungen nicht auftreten.

Die Fehlergrenzen beim Heizkostenverteiler nach dem Verdunstungsprinzip müssen aus fünf verschiedenen in der Norm [H-5] aufgeführten Anforderungen abgeleitet werden:

1. „Das Gehäuse darf die Verdunstungsgeschwindigkeit um nicht mehr als 15% reduzieren". (Abschn. 5.1, Abs. 3 der Norm).
2. „Ampulle und Skale müsse im Gehäuse so gelagert sein, dass der Skalennullstrich und der Sollwert des Flüssigkeits-Nullstandes in der Ampulle um nicht mehr als $\pm 0,75$ mm voneinander abweichen". (Abschn. 5.1, Abs. 4).
3. „Die Toleranzen müssen bei der Ampullenfertigung so bemessen sein, dass die Standardabweichung des Anzeigewertes nicht größer als 2% ist". (Abschn. 5.2, Abs. 4).
4. „Beim Abfüllen der Messflüssigkeit sind Abweichungen von $\pm 0,5$ mm, bei einer Flüssigkeitstemperatur von 20 °C, zugelassen". (Abschn. 5.3, Abs. 1).
5. Beim Skalensystem: „Die Abweichung eines Teilstriches von seiner berechneten Lage darf nicht größer als $\pm 0,3$ mm sein".

Alle übrigen in der Norm aufgeführten Anforderungen betreffen die Gestaltung des Verteilgerätes, die Eigenschaft der Messflüssigkeit und den Umgang mit dem Gerät; sie wirken sich einheitlich beim Verteilgeschehen aus und verursachen dadurch keine Fehler.

Von den fünf aufgezählten Abweichungen stellt die erstgenannte eine bewusst durch die Gehäusekonstruktion herbeigeführte systematische Abweichung dar. Sie wirkt sich konstant bei der Anzeige aus, da die Veränderung der Verdunstungsgeschwindigkeit mit der Skalenhöhe bei der Skalenteilung nach Gleichung H2-18 berücksichtigt ist. Insofern hat eine durch das Gehäuse verminderte Verdunstungsgeschwindigkeit auch keinen Einfluss auf die Verteilgenauigkeit. Trotzdem muss diese systematische Abweichung durch Korrektur der Anzeige berücksichtigt werden, damit die übrigen vier Abweichungen richtig gewichtet sind. Für eine bestimmte Messflüssigkeit – Ampullen-Kombination, für die normgemäß die Skala nach Gleichung H2-18 vorliegt, ist z.B. durch Betriebssimulation die Anzeige $z_{simu}$ festgestellt worden. Maximal darf die Reduktion der Verdunstungsgeschwindigkeit durch den Gehäuseeinfluss $b_G$ 15% betragen. Durch Korrektur erhält man die richtige Anzeige $z_{simu,r}$ nach:

$$z_{simu,r} = \left(1 - b_G\right) z_{simu} \tag{H4-1}$$

Da ein Teil der übrigen vier Abweichungen sich auf die Füllhöhe (nicht die Anzeige) auswirkt, wird auch die korrigierte, richtige Füllhöhe benötigt. Aus Gleichung H2-18 folgt

$$h_{simu,r} = -K_a + \sqrt{K_a^2 + \left(h_3^2 + 2K_a h_3\right) \frac{z_{simu,r}}{z_3}} \tag{H4-2}$$

Alle Abweichungen nach 2.) bis 5.) werden nun für die Anzeige nach Gleichung H4-1 oder die Füllhöhe nach Gleichung H4-2 gerechnet. Da die Beträge der zugelassenen positiven und negativen Abweichungen gleich groß sind, ergeben sich symmetrische Fehlergrenzen $G$. Hier gilt für die Anzeige $z_a$ die Grundbeziehung:

$$z_r - G \leq z_a \leq z_r + G \tag{H4-3}$$

Innerhalb dieser Fehlergrenzen darf die Anzeige vom richtigen Wert $z_r$ abweichen, also unrichtig sein.

Bei 2.) wird eine Abweichung beim Skalen-Nullstrich vom Flüssigkeits-Nullstand $\Delta h_0 \leq 0{,}75$ mm zugelassen. Die obere Anzeigengrenze beträgt hier:

$$z_{simu,r} + G_0 = z_3 \frac{\left(h_{simu,r} + \Delta h_0\right)^2 + 2K_a \left(h_{simu,r} + \Delta h_0\right)}{h_3^2 + 2K_a h_3} \tag{H4-4}$$

also die Fehlergrenze:

$$G_0 = z_3 \frac{\Delta h_0^2 + 2\Delta h_0 \left(h_{simu,r} + K_a\right)}{h_3^2 + 2K_a h_3} \tag{H4-5}$$

Die Toleranzen für die Ampullenfertigung bei 3.) gelten direkt für die Anzeige, so dass bei einem Vertrauensbereich von 95% (Stichprobenumfang 100 Ampullen) die Fehlergrenze hier unmittelbar mit der zugelassenen Standardabweichung $s_{Amp}$ gebildet werden kann:

$$G_{Amp} = 1{,}98 s_{Amp}\, z_{simu,r} \qquad\qquad \text{(H4-6)}$$

Der vierte Fall betrifft die Toleranz bei der Kaltverdunstungsvorgabe; sie gilt hier nur für die Füllhöhe. Wenn beispielsweise die Ampulle um den Toleranzwert $\Delta h_{KV}$ unterhalb des richtigen Standes der Kaltverdunstungsvorgabe $h_{KV}$ befüllt ist, erhält man bei einer bestimmten Verdunstungsmenge einen höheren Anzeigewert $z_A$, da der effektive Start-Anzeigewert $z_{Start,A}$ unterhalb des richtigen $z_{Start,r}$ liegt. Da die Anzeigedifferenzen bei gleicher Verdunstungsmenge gleich sein sollen, gilt:

$$z_A - z_{Start,A} = z_{simu,r} - z_{Start,r} \qquad\qquad \text{(H4-7)}$$

Aus dieser Bedingung lässt sich die Fehlergrenze für eine nicht exakte Kaltverdunstungsvorgabe ableiten

$$G_{KV} = z_A - z_{simu,r} = z_{Start,A} - z_{Start,r} \qquad\qquad \text{(H4-8)}$$

Analog zu Gleichung H4-5 lautet die Bestimmungsgleichung für die Fehlergrenze

$$G_{KV} = z_3 \frac{\Delta h_{KV}^2 + 2\Delta h_{KV}\left(h_{KV} + K_a\right)}{h_3^2 + 2K_a h_3} \qquad\qquad \text{(H4-9)}$$

Beim 5. Fall geht es um die maximale Strichabweichung $\Delta h_{Str}$; ebenfalls nach Gleichung H4-5 berechnet bewirkt sie eine Fehlergrenze:

$$G_{Str} = z_3 \frac{\Delta h_{Str}^2 + 2\Delta h_{Str}\left(h_{simu,r} + K_a\right)}{h_3^2 + 2K_a h_3} \qquad\qquad \text{(H4-10)}$$

Eine Gesamtfehlergrenze für HKVV wird in üblicher Weise aus der Wurzel der Summe der Fehlerquadrate gebildet. Die relative Gesamtfehlergrenze lautet dann:

$$\frac{G_{HKVV}}{z_{simu,r}} = \frac{\sqrt{G_0^2 + G_{Amp}^2 + G_{KV}^2 + G_{Str}^2}}{z_{simu,r}} \qquad\qquad \text{(H4-11)}$$

**Bild H-14**  Relative Gesamtfehlergrenze für HKVV mit
$K_a = 30\,\text{mm}$ und $h_3 = 70\,\text{mm}$
abhängig von der relativen
Anzeige $z_{simu,r}/z_3$ mit $z_{simu}$
der Anzeige durch Betriebssimulation, $r$ für richtig, siehe Gleichung H4-1

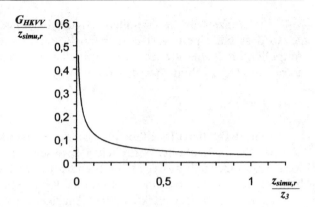

Sie sinkt, wie Bild H-14 für ein bestimmtes Beispiel zeigt, mit wachsender Anzeige.

Während bei Heizkostenverteilern nach dem Verdunstungsprinzip (HKVV) die Gesamtfehlergrenze aus Einzelfehlergrenzen für einen bestimmten Verbrauch, d.h. für eine bestimmte zeitliche Verteilung von Temperaturen berechnet wird, liegt bei Heizkostenverteilern mit elektrischer Energieversorgung (HKVE) ein genormter Verlauf der Gesamtfehlergrenze in Abhängigkeit der Heizmittelübertemperatur vor [H-4]. Diese Gesamtfehlergrenzen müssen im Prüfversuch bei bestimmten konstanten Heizmittelübertemperaturen eingehalten sein (siehe Bild H-15). Dies bedeutet für den Hersteller, dass er bei der Konzeption seiner Verteilgeräte dafür zu sorgen hat, die Einzelfehlergrenzen beim Temperaturfühlerpaar genügend niedrig zu legen (die zugelassenen Abweichungen lassen sich dann z.B. durch eine Nullpunkt- und Steigungsabweichung für das Fühlerpaar angeben). Da die gestufte Fehlergrenze in Bild H-15 durch das Verteilgerät nicht wiedergegeben werden kann und die reale ungünstigste Grenze eher den Verlauf der gestrichelten Kurve einnimmt, sei diese einer Betriebssimulation mit der zugelassenen Abweichung bei der Temperaturmessung zugrundegelegt. Die Betriebssimulation führt für ein bestimmtes Verbraucherverhalten zu einer dazugehörigen zeitlichen Temperaturverteilung, woraus man die simulierte Anzeige $z_{simu,A}$ erhält. Die richtige Anzeige ohne die zugelassene Temperaturabweichung wäre $z_{simu,r}$. Die Fehlergrenze des HKVE ist mithin

$$G_{HKVE} = z_{simu,A} - z_{simu,r} \tag{H4-12}$$

Die Anzeige $z_{simu,r}$ ist das Simulationsergebnis für $G_{HKVE,\Delta\vartheta} = 0$. Der relative Grenzfehler ist

$$\frac{G_{HKVE}}{z_{simu,r}} = \frac{z_{simu,A}}{z_{simu,r}} - 1 \tag{H4-13}$$

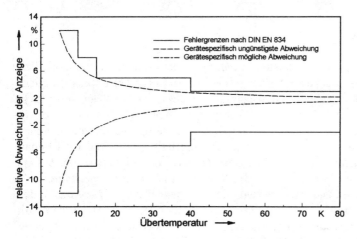

**Bild H-15** Relative Fehlergrenze (relative Abweichungen der Anzeige) beim HKVE

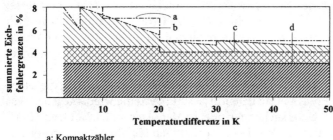

a: Kompaktzähler
b: Temperaturfühler
c: Rechenwerk
d: Volumen-Messteil

**Bild H-16** Eichfehlergrenzen für Wärmezähler und Wärmezählerteilgeräte in Abhängigkeit von der Temperaturdifferenz $\Delta\vartheta$

Für die Simulation des Anzeigewerts $z_{simu,A}$ kann auch die reale Fehlerkurve (also nicht die maximale) eines speziellen Heizkostenverteilers verwendet werden (strichpunktierte Kurve in Bild H-15).

Bei der Berechnung des Grenzfehlers für Wärmezähler und Wärmezählerteilgeräte ist in einer den HKVE analogen Weise vorzugehen. Die Eichfehlergrenzen für Wärmezähler und Wärmezählerteilgeräte in Abhängigkeit von der Temperaturdifferenz zeigt Bild H-16.

## H4.3
## Verteilgenauigkeit

Der Hauptzweck der Heizkostenverteilung besteht darin, unterschiedliche Wärmeverbräuche auf Grund unterschiedlichen Nutzerverhaltens möglichst genau festzustellen. Es geht dabei primär um die Relationen der Verbräuche, nicht so sehr um die Beträge der Verbräuche selbst. Würden sich alle Nutzer unter gleichen Randbedingungen gleich verhalten, erhielte man trotzdem Anzeigenunterschiede, die unsystematisch innerhalb der in Teil H4.2 behandelten Fehlergrenzen lägen. Der Fall gleichen Verbrauchs ist allerdings äußerst unwahrscheinlich; Unterschiede in der Nutzung und im Nutzerverhalten müssen als normal vorausgesetzt werden. Sie sind begründet in der Anzahl, dem Alter, der Gesundheit und den Lebensgewohnheiten der Personen in den Wohnungen, der Nutzungsdauer, der Anzahl und Betriebsweise der wärmeabgebenden Geräte, den Lüftungsgewohnheiten, dem Lebensstandard und vielem mehr, wobei die Gründe meist eng zusammenhängen. Jedenfalls ist erkennbar, dass die häufig zur Beurteilung der Verteilgenauigkeit vorgenommene etwas moralisierende Einteilung der Nutzer in Verschwender und Sparer unangemessen ist. Auch die alleinige Diskussion eines Viel- und Wenigverbrauchers ist nicht genügend aufschlussreich, da die verschiedenen zu einem Viel- oder Wenigverbrauch führenden Parameter sich unterschiedlich auf die Verteilgenauigkeit auswirken.

Zu klären ist in Hinblick auf die Verteilgenauigkeit, wie zuverlässig die Unterschiede durch die jeweils betrachteten Erfassungssysteme wiedergegeben werden. Während erste Untersuchungen hierzu der Anwendbarkeit der HKVV generell gewidmet waren [H-16], dann der richtigen Montage [H-9], später dem Nachweis von Verbesserungen bei neuentwickelten HKVV [H-17], zeigen neuere Arbeiten mit Verfeinerung der Simulationstechniken [H-18 bis -20], dass eine Vielzahl von Einflüssen aus der unterschiedlichen Gestaltung des Gebäudes und der Heizanlage sowie aus unterschiedlichen Verhaltensweisen der Nutzer zu einem differenzierten Beurteilungsbild führt. Dabei hat sich herausgestellt, dass unter der vereinfachenden Annahme stationärer Betriebsbedingungen, z.B. von Tagesmittelwerten der Außentemperaturen und Innenlasten, einige Grundeigenschaften der Heizkostenverteiler bereits zu erkennen sind. Hierzu werden die interessierenden Einflussparameter nur in zwei Extremwerten variiert (z.B. Heizmittelstrom oder Raumtemperatur). Tritschler [H-20] zeigt, dass für derartige Betrachtungen das *Übertragungsverhalten* des Teilsystems Heizkörper-Heizkostenverteiler besonders aufschlussreich ist.

Das Übertragungsverhalten des Teilsystems Heizkörper-Heizkostenverteiler wird wiedergegeben durch den Zusammenhang der sog. Empfindlichkeit mit einer wesentlichen Einflussgröße, also z.B. der Vorlauftemperatur des Heizkörpers. Nach [H-14] ist die Empfindlichkeit eines Messgerätes definiert als „der Quotient einer beobachteten Änderung des Ausgangssignals (oder der Anzeige) durch die sie verursachende (hinreichend kleine) Änderung des Eingangssignals (oder der Messgröße)". Hier ist das Ausgangssignal die Anzeige z und das Eingangssignal die Wärmemenge Q. Die Empfindlichkeit ist demnach:

$$E = \frac{dz}{dQ} \tag{H4-14}$$

Die Empfindlichkeit gilt für einen bestimmten Betriebspunkt der Heizfläche bei stationären Bedingungen. Je größer die Empfindlichkeit eines Systems ist, desto eher lässt sich eine Änderung des Verbrauchsverhaltens erkennen. Die Empfindlichkeit im Basiszustand beträgt z.B. bei HKVV je nach verwendeter Messflüssigkeit ca. 10 bis 50 Striche/MWh und beim HKVE üblicherweise 1000 Anzeigeeinheiten/MWh.

Die Vergleichbarkeit der verschiedenen Systeme wird verbessert, wenn eine relative Empfindlichkeit eingeführt wird, wobei als Bezugsgröße die Empfindlichkeit beim Basiszustand gilt ($\vartheta_m = 55\,°C$, $\vartheta_L = 20\,°C$; Normheizmittelstrom; Montageort: 75% der Heizkörperhöhe; $c = 0$):

$$e = \frac{E}{E_{Basis}} \tag{H4-15}$$

Die Bilder H-17, -18 und -19 zeigen für drei verschiedene Heizkostenverteiler beispielhaft die relative Empfindlichkeit in Abhängigkeit von der Vorlauftemperatur. Die Diagramme gelten einheitlich für einen Heizkörper mit vertikaler Durchströmung und einen $c$-Wert (der die Verbindung zwischen Heizkostenverteiler und Heizkörper beschreibt) von 0,15. Die technischen Daten der Heizkostenverteiler entsprechen denen marktgängiger Gerätetypen. Die das Über-

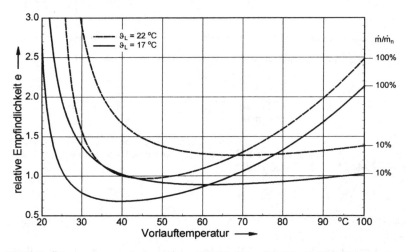

**Bild H-17** Übertragungsverhalten eines HKVV (Messflüssigkeit Methylbenzoat) an einem vertikal durchströmten Heizkörper ($n = 1,3$) für unterschiedliche Massenströme und Lufttemperaturen, relative Montagehöhe 75%, c-Wert 0,15 (aus [H-20])

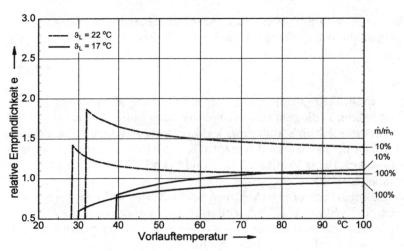

**Bild H-18** Übertragungsverhalten eines HKVE-Einfühler (ohne Startfühler) an einem vertikal durchströmten Heizkörper ($n = 1,3$) für unterschiedliche Massenströme und Lufttemperaturen, relative Montagehöhe 75%, c-Wert 0,15 (aus [H-20])

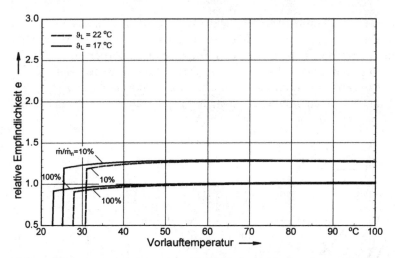

**Bild H-19** Übertragungsverhalten eines HKVE-Zweifühlers an einem vertikal durchströmten Heizkörper ($n = 1,3$) für unterschiedliche Massenströme und Lufttemperaturen; relative Montagehöhe 75%, c-Wert 0,15 (aus [H-20])

tragungsverhalten wiedergebenden $e$, $\vartheta_v$-Kurven sind für zwei unterschiedliche Wasserströme und Raumlufttemperaturen berechnet.

Im Unterschied zu den beiden HKVE steigt beim HKVV die Empfindlichkeit bei niedrigen und hohen Vorlauftemperaturen stark an: Bei hohen Vorlauftemperaturen ist der Anstieg dem exponentiellen Verlauf der Verdunstungscharakteristik zuzuschreiben; bei den niedrigen Vorlauftemperaturen, wo die Empfindlichkeit gegen Unendlich strebt, wirkt sich die Kaltverdunstung aus. Der sprunghafte Anfangsanstieg der Empfindlichkeit bei den HKVE ist die Folge der vorgeschriebenen Starttemperaturen (Einfühlergeräte registrieren ab einer mittleren Heizkörpertemperatur von 28 °C, Zweifühlergeräte ab einer Übertemperatur von 5 K). Bei Zweifühlergeräten verändert sich die Empfindlichkeit oberhalb des Ansprechschwelle nur ganz unwesentlich; bei Einfühlergeräten ist dieses Verhalten lediglich bei niedrigen Raumtemperaturen zu beobachten, während die Empfindlichkeit bei höheren Raumtemperaturen kräftig mit abnehmender Vorlauftemperatur anwächst.

Die in den drei Diagrammen dargestellte Empfindlichkeit gibt auch an, in welch ungleicher Weise die Heizkostenverteiler das unterschiedliche Verhalten der Nutzer bewerteten. Das Verhalten ist hier ausgedrückt durch den relativen Heizmittelstrom mit $\dot{m}/\dot{m}_n$ und in den beiden Raumtemperaturen 22 und 17 °C. Dabei darf man sich nicht vorstellen, dass ein regelndes Ventil (Thermostatventil) die Wärmeabgabe des vorgegebenen Heizkörpers jeweils so verändert, dass die eingetragenen Raumtemperaturen auftreten: Hier wird der Wassersstrom fest eingestellt; die Raumtemperaturen ergeben sich auf Grund einer entsprechenden Lüftung oder zusätzlich durch veränderte thermische Randbedingungen für den Raum (z.B. für kühle Innenwände). Vier unterschiedliche Verhaltensweisen der Nutzer können ausgemacht werden:
Bei einer Raumtemperatur von 22 °C:
- Ventil auf einen 100% Durchsatz geöffnet, mäßige Lüftung,
- Ventil auf 25% angedrosselt, kaum gelüftet.

Bei einer Raumtemperatur von 17 °C:
- Ventil auf einen 100% Durchsatz geöffnet, starke Lüftung,
- Ventil auf 25% angedrosselt, mäßige Lüftung.

Wer von den Nutzern als der Vielverbraucher oder der Wenigverbraucher einzuordnen ist, kann nicht ohne weiteres festgestellt werden. Aber es ist z.B. beim HKVV (Bild H-17) für die Vorlauftemperatur 80 °C zu erkennen, dass der Verbrauch des erstgenannten Nutzers (Typ 1) am höchsten und der des letztgenannten Nutzers (Typ 4) am geringsten belastet wird. Nimmt man eine andere Vorlauftemperatur, z.B. 40 °C, ist die höchste Belastung beim Typ 2 und die geringste beim Typ 3 zu finden. D.h. hier zahlt Typ 3 für den gleichen Verbrauch weniger als Typ 2, oder bei 80 °C Typ 4 weniger als Typ 1.

Überschneidungen bei gleicher Raumtemperatur gibt es bei den HKVE abgesehen vom Starttemperatur-Bereich nicht. Die Unterschiedlichkeit in der Verbrauchsbewertung ist beim Zweifühlergerät deutlich größer als beim HKVV (insbesondere bei höheren Raumtemperaturen); d.h. bei ihnen sind die Verteilergebnisse schlechter als bei den HKVV.

Während es bei den Verfahren mit Erfassung der Wärmeabgabe (HKVV und HKVE) mehr oder weniger deutliche Unterschiede in der Verbrauchsbewertung gibt, ist das Übertragungsverhalten der Systeme mit Erfassung der Wärmeverteilung (Teil H2.2) und der Wärmezähler (Teil H3) vollständig einheitlich: hier ist die relative Empfindlichkeit $e = 1$; unabhängig von $\dot{m}/\dot{m}_n$ und $\vartheta_L$ (für die in Frage kommenden Vorlauftemperaturen). Daraus ist der Schluss zu ziehen, dass nur bei den Verfahren mit Erfassung der Wärmeabgabe, also den HKVV und HKVE, eine Untersuchung des gesamten Betriebsablaufes mit unterschiedlichen Betriebsweisen usw. über die rein statische Betrachtungsweise hinaus, z.B. durch eine Betriebssimulation, zusätzlich Informationen über die Verteilgenauigkeit liefert.

Die relativen Empfindlichkeiten verteilen sich je nach Auslegung und Betriebsweise der Heizanlage auf unterschiedliche Temperaturbereiche, und die sich im Laufe der Heizzeit verändernden Verbräuche werden mit e variierend belastet bzw. bewertet. Dabei ist die Empfindlichkeit $E_i$ bei einem bestimmten Verbraucher unter den jeweiligen Bedingungen (Gebäude und Anlage) dem Verbrauch Q zugeordnet, so dass gilt

$$\int E_i(Q)\,dQ = \overline{E}_i\,Q_i = \int dz = z_i \qquad \text{(H4-16)}$$

Der Verbrauch $Q_i$ des betrachteten Nutzers wird zweckmäßigerweise durch eine Simulationsrechnung bestimmt, auch der Anzeigewert $z_i$. Ebenso lässt sich die Summe aller Anzeigen in einer Abrechnungseinheit $\sum z_i$ und die Summe aller Verbräuche $\sum Q_i$ ermitteln. Das Verhältnis der Gesamtanzeige zum Gesamtenergieverbrauch könnte man mittlere Abrechnungsempfindlichkeit nennen und die mittlere Empfindlichkeit **einer** Nutzeinheit $\overline{E}_i$ hierauf beziehen. Wenn der Betrachtungszeitraum ein Jahr ist, erhielte man so ein relatives Jahresmittel der Empfindlichkeit für eine Nutzeinheit

$$\overline{e}_i = \frac{\dfrac{z_i}{Q_i}}{\dfrac{\sum z_i}{\sum Q_i}} = \frac{\overline{E}_i}{\dfrac{\sum z_i}{\sum Q_i}} \qquad \text{(H4-17)}$$

Die richtige Anzeige für den betrachteten Nutzer erhielte man mit $Q_i/\sum Q_i$. Die relative (systematische) Abweichung der Verteilung in der Anzeige $a_{Vert,i}$ kann mit Gleichung H4-16 weiter aus dem relativen Jahresmittel der Empfindlichkeit $\overline{e}_i$ für die betrachtete Nutzeinheit ausgedrückt werden:

$$a_{Vert,i} = \frac{\dfrac{z_i}{Q_i}}{\dfrac{\sum z_i}{\sum Q_i}} - 1 = \overline{e}_i - 1 \qquad \text{(H4-18)}$$

Diese relative Abweichung ist der auch bisher schon verwendete sog. Verteilfehler [H-9]. Aus dem Zusammenhang mit der Empfindlichkeit ist nun zu erkennen, dass der Verteilfehler um so kleiner wird, je näher die mittlere Empfindlichkeit $\overline{E}_i$ beim Durchschnitt der Empfindlichkeiten $\sum z_i / \sum Q_i$ liegt. Das relative Jahresmittel der Empfindlichkeit $\overline{e}_i$ strebt dann gegen 1. Wie bereits die statische Betrachtung lehrt (z.B. Bild H-17), kann selbst bei einem sehr kleinen Verteilfehler die mittlere Empfindlichkeit $\overline{E}_i$ weit über 1 liegen; nur die Unterschiedlichkeit der Betriebsparameter (der Nutzer) führt zu größeren Verteilfehlern. So gewinnt man aus der Betrachtung **mehrerer** unterschiedlicher Nutzer keine Verdeutlichung der Verteilqualität; ein Mittelwert, wie er mit der von Zöllner vorgeschlagenen Bewertungsziffer

$$z = \frac{1}{n} \sum_{i=1}^{n} a_{Vert,i}$$

mit $n$ Nutzern vorgeschlagen wurde, würde die Aussage sogar verwischen: Wenn in einer großen Abrechnungseinheit sich nur ein Nutzer in seinem Verhalten stark von allen anderen unterschiede, wäre sein Verteilfehler groß und der der anderen klein; die Bewertungsziffer wäre hier nahe 0. Man gewänne so den falschen Eindruck, es handle sich um ein gutes System – tatsächlich aber haben sich nur genügend viele Nutzer gleich oder annähernd gleich verhalten. Einen Mittelwert der Verteilfehler oder der Einzelwerte der relativen Jahresmittel der Empfindlichkeit $\overline{e}_i$ zu bilden, ist daher nicht zielführend. Informativer ist die **Relation** der $\overline{e}_i$-Werte, die maximal auseinander liegen. Es sei $\overline{e}_1$ größer als $\overline{e}_2$. Man erhielte so eine Kennzahl, die nach einem Vorschlag von Tritschler [H-20] als Mehranzeige M bezeichnet wird.

$$M = \frac{\overline{e}_1}{\overline{e}_2} \qquad (H4\text{-}19)$$

Diese Mehranzeige könnte man ebenfalls als relatives Jahresmittel der Empfindlichkeit für einen Nutzer $\overline{e}_1$ in einer genügend großen Abrechungseinheit verstehen, in der die übrigen $n$ Nutzer sich einheitlich mit der mittleren Empfindlichkeit $\overline{e}_2$ verhalten:

$$\lim_{n \to \infty} \frac{\dfrac{z_1}{\sum_{n+1} z_i}}{\dfrac{Q_1}{\sum_{n+1} Q_i}} = \lim_{n \to \infty} \frac{\dfrac{z_1}{Q_1}}{\dfrac{\sum_{n+1} z_i}{\sum_{n+1} Q_i}} = \lim_{n \to \infty} \frac{\overline{e}_1}{\dfrac{(z_1 + n z_2)}{(Q_1 + n Q_2)}} = \frac{\overline{e}_1}{\overline{e}_2} = M \qquad (H4\text{-}20)$$

Daraus lässt sich für die gewählten Nutzer 1 und 2 ein maximaler Verteilfehler ableiten:

$$a_{Vert,max} = M - 1 \qquad (H4\text{-}21)$$

Analog könnte man auch einen minimalen Verteilfehler finden:

$$a_{Vert,\min} = \frac{1}{M} - 1 \qquad\qquad (H4\text{-}22)$$

Mehranzeigen $M > 1$ bedeuten Mehrkosten. Da es sich bei der Mehranzeige nach Gleichung H4-20 um einen Grenzwert handelt, gilt sie für den am stärksten benachteiligten Nutzer. Er hätte den größten positiven Verteilfehler und damit relativ am meisten Kosten zu tragen. Die Mitbewohner sind um den auf sie verteilten Mehrbetrag entlastet. Nur der maximale Verteilfehler wird kri-

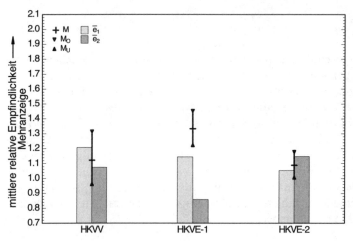

**Bild H-20** Relative Empfindlichkeiten $\bar{e}_1$ und $\bar{e}_2$ (Balken) sowie Verteil- mit Messgenauigkeit (Grenzstriche) für Nutzereinfluss (Nutzer 1 mit 22 °C, Nutzer 2 mit 17 °C, beide mit Luftwechsel $\beta = 0.5\,h^{-1}$); Heizkörperauslegung: $\vartheta_{V,0} = 75\,°C$, $\vartheta_{R,0} = 46\,°C$ (aus [H-20])

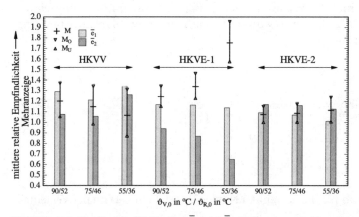

**Bild H-21** Relative Empfindlichkeiten $\bar{e}_1$ und $\bar{e}_2$ (Balken) sowie Verteil- mit Messgenauigkeit (Grenzstriche) für Auslegungseinfluss (Nutzer wie H-20; aus [H-20]); Variation der Vorlauftemperatur

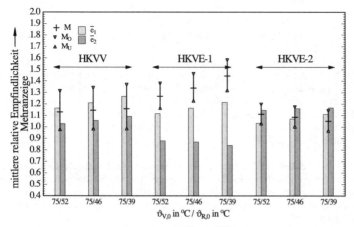

**Bild H-22** Relative Empfindlichkeiten $\bar{e}_1$ und $\bar{e}_2$ (Balken) sowie Verteil- mit Messgenauigkeit (Grenzstriche) für Auslegungseinfluss (Nutzer wie H-20; aus [H-20]); Variation der Spreizung (des Wasserstroms)

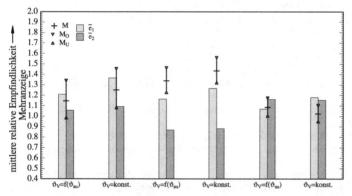

**Bild H-23** Relative Empfindlichkeiten $\bar{e}_1$ und $\bar{e}_2$ (Balken) sowie Verteil- mit Messgenauigkeit (Grenzstriche) für Auslegungs- und Betriebseinfluss (Nutzer wie H-20; aus [H-20]); Heizkörperauslegung: $\vartheta_{V,0} = 75\,°C$, $\vartheta_{R,0} = 46\,°C$

tisch betrachtet und beklagt, der minimale wird still als Geschenk mitgenommen.

Die in den Bildern H-20 bis -23 wiedergegebenen Balkendiagramme zeigen Ergebnisbeispiele aus Betriebssimulationen [H-20] für den Einfluss zunächst nur der Nutzer, dann zusätzlich der Heizkörperauslegung mit Variation der Vorlauftemperatur und der Spreizung sowie des Anlagenbetriebs bei gesteuerter oder konstanter Vorlauftemperatur. Die Vorurteile gegen den Verdunster („ungenau") sind nicht aufrecht zu erhalten.

# Literatur

[H-1]     Energiespargesetz vom 22. Juli 1976 (BGBl. I. S. 1873), geändert durch Gesetze vom 20. Juni 1980 (BGBl. I. S. 701).

[H-2]     Verordnung über Heizkostenabrechnung vom 20. Januar 1989 (BGBl. I. S. 115).

[H-3]     DIN 4713: Verbrauchsabhängige Wärmekostenabrechnung; Teil 1: Allgemeines, Begriffe, Ausgabe Dezember 1980, Teil 2: Heizkostenverteiler ohne Hilfsenergie nach dem Verdunstungsprinzip, Ausgabe März 1990, Teil 3: Heizkostenverteiler mit Hilfsenergie, Ausgabe Januar 1989; Teil 4: Wärmezähler und Wasserzähler, Ausgabe Dezember 1980; Teil 5: Betriebskostenverteilung und Abrechnung, Ausgabe Dezember 1980. Zurückgezogen, Ersatz: DIN EN 835 [H-5] und DIN EN 834 [H-4]

[H-4]     DIN EN 834: Heizkostenverteiler für die Verbrauchswerterfassung von Raumheizflächen; Geräte mit elektrischer Energieversorgung, Ausgabe November 1994.

[H-5]     DIN EN 835: Heizkostenverteiler für die Verbrauchswerterfassung von Raumheizflächen; Geräte ohne elektrische Energieversorgung nach dem Verdunstungsprinzip, Ausgabe April 1995.

[H-6]     DIN EN 1434: Wärmezähler; Teil 1: Allgemeine Anforderungen, Ausgabe April 1997; Teil 5:Ersteichung, Ausgabe April 1997; Teil 6: Einbau, Inbetriebnahme, Überwachung und Wartung, Ausgabe April 1997.

[H-7]     VDI 2067: Wirtschaftlichkeit gebäudetechnischer Anlagen, Blatt 1: Grundlagen und Kostenberechnung. Ausg. Sept. 2000

[H-8]     VDI-Wärmeatlas: Berechnungsblätter für den Wärmeübergang. Hrsg. Verein Deutscher Ingenieure. 6. Aufl., Düsseldorf: VDI-Verl., 1991

[H-9]     Zöllner, G. u. Bindler, J.-E.: Montageort für Heizkostenverteiler nach dem Verdunstungsprinzip. HLH 31 (1980), Nr. 6, S. 195–201.

[H-10]    Bach, H., Striebel, D. und Tritschler, M.: Rechnergestützte Analyse und hydraulischer Abgleich von Rohrnetzen angewandt auf die Entwicklung eines kombinierten Regelungs- und Heizkostenverteilsystems. IKE 7-16, Universität Stuttgart, 1991.

[H-11]    Synergyr, Regel und Heizkostenverteilventil, Systembeschreibung. Landis und Gyr, Zug, 1993

[H-12]    Gesetz über das Mess- und Eichwesen (Eichgesetz) BGBl. I. 01.03.1985

[H-13]    Eichordnung, Anl. 6. (E06): Volumenmessgeräte für strömendes Wasser. Dt. Eichverlg. Braunschweig 1988.

[H-14]    DIN 1319: Grundlagen der Messtechnik, Teil 1: Grundbegriffe, Ausgabe Januar 1995; Teil 2: Begriffe für die Anwendung von Messgeräten, Entwurf Februar 1996; Teil 3: Auswertung von Messungen einer einzelnen Messgröße, Messunsicherheit, Ausgabe Mai 1996.

[H-15]    DIN 55350: Begriffe der Qualitätssicherung und Statistik; Teil 13: Begriffe zur Genauigkeit von Ermittlungsverfahren und Ermittlungsergebnissen, Ausgabe Juli 1987.

[H-16]    Hausen, H.: Ermittlung von Heizkostenverteilern nach dem Verdunstungsprinzip. HLH 16 (1965) Nr. 8, S. 314–320 u. Nr. 9, S. 347–351.

[H-17]    Zöllner, G. u. Römer, U.: Eine verbesserte Anwendung des Verdunstungsprinzips bei der Neuentwicklung von Heizkostenverteilern ohne Hilfsenergie. Fernwärme international 18 (1989), Nr. 1, S. 65–71.

[H-18]    Tscherry, J. u. Zweifel, G.: Jahresfehler von Heizkostenverteilern. Forsch.ber. EMPA, CH-Dübendorf, 1989.

[H-19]    Mügge, G.: Vergleich verschiedener Heizkostenverteilsysteme. HLH 44 (1993), Nr. 2, S. 77–80 u. Nr. 3, S. 153–157.

[H-20]    Tritschler, M.: Beurteilung der Genauigkeit von Heizkostenverteilern durch rechnerische Betriebssimulation. Diss., Uni. Stuttgart. 1999.

# J Regelung, Steuerung und Überwachung

SIEGFRIED BAUMGARTH · GEORG-PETER SCHERNUS

## J1 Übersicht

Von den vielfältigen am Markt befindlichen Heizsystemen wird im Rahmen der folgenden Betrachtungen exemplarisch nur die Wasser-Zentralheizung behandelt, die insbesondere in dem wichtigen Komfortbereich heute in Europa vorherrschend ist. Die Wärme wird unter Zwischenschaltung des Wärmeträgers Wasser den einzelnen Räumen zur Erwärmung zugeführt. Die Heizanlage, lässt sich funktional in drei Bereiche aufteilen, den *Wärmeerzeuger* (Heizzentrale), das *Verteilnetz* und die *Verbraucher* (Bild J1-1). Diese Bereiche werden regelungs- und steuerungstechnisch zunächst getrennt betrachtet.

## J2 Wärmeerzeuger

Die Heizzentrale kann einen oder mehrere Heizkessel besitzen. An Stelle von Heizkesseln kann bei Fernwärmeversorgung auch eine Wärmeübergabestation treten. Auch Wärmepumpen, Blockheizkraftwerke oder Solarkollektoren können eingebunden sein.

Die Hauptaufgabe von Regelung und Steuerung des Wärmeerzeugers besteht darin, die erzeugte Wärmeenergie dem Bedarf anzupassen, wobei sowohl ökonomische als auch ökologische Gesichtspunkte zu berücksichtigen sind. Dabei

**Bild J1-1** Heizanlage mit den Teilbereichen Wärmeerzeuger (Heizzentrale), Verteilnetz und Verbraucher

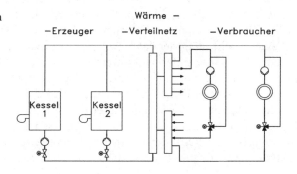

sind je nach Kesselart eine Reihe von technisch bedingten Zusatzforderungen zu erfüllen, wie z. B.

Einhaltung    einer minimal zulässigen Kesseltemperatur,
              einer minimal zulässigen Rücklauftemperatur,
              eines Minimaldurchflusses,
              einer Mindestlaufzeit des Brenners,
oder bei Brennwertnutzung:
              Erzielung einer möglichst niedrigen Rücklauftemperatur.

## J2.1
## Einkesselanlage

### J2.1.1
### *Kesseltemperaturregelung bei Einsatz von Gebläsebrennern*

Sowohl für Gas- als auch für Ölfeuerung gibt es einstufige, zweistufige und stetig arbeitende (modulierende) Brenner. Die einstufige Leistungsregelung erfolgt nur durch Ein- und Ausschalten des Brenners (Zweipunktregelung). Zur besseren Leistungsanpassung und Wirkungsgraderhöhung werden insbesondere bei größeren Wärmeerzeugern Zweistufenbrenner eingesetzt. Sie weisen zwei Düsen auf oder arbeiten mit einer Düse bei zwei unterschiedlichen Öldrücken.

Modulierende Brenner lassen sich stetig zwischen einer Grundlast und Volllast regeln. Bei einem Leistungsbedarf unterhalb der Grundlast (30 ... 40% der Volllast) arbeiten auch diese Brenner im intermittierenden Ein-Aus-Betrieb. Wegen des höheren konstruktiven Aufwandes werden modulierende Brenner meistens erst bei großen Leistungen eingesetzt.

Die Heizungsanlagenverordnung schreibt vor, dass Zentralheizungen mit einer Nennwärmeleistung von mehr als 120 kW mit Einrichtungen für eine mehrstufige oder stufenlos verstellbare Feuerungsleistung oder mit mehreren Wärmeerzeugern auszustatten sind.

Den geringsten technischen Aufwand für die Regelung der Kesseltemperatur erfordert die Zweipunktregelung mit einem einstufigen Brenner als Stellglied. Dieses Verfahren ist deshalb am häufigsten anzutreffen.

Bei kaltem Kessel ist das Schaltglied des Kesseltemperaturreglers ($\triangleq$ Kesseltemperaturwächter) geschlossen. Der Brenner ist eingeschaltet und erwärmt das Kesselwasser bis zu der geforderten Temperatur $\vartheta_o$ (z. B. 62 °C) (Bild J2-1). Ist diese erreicht, so öffnet das Schaltglied, und der Brenner wird ausgeschaltet. Bei Erreichen einer unteren Temperaturgrenze $\vartheta_u$ (z. B. 58 °C) wird der Brenner erneut eingeschaltet. Der Regler verfügt über eine Schaltdifferenz (Hysterese) $x_{Sd}$ (in diesem Fall 4 K). Tatsächlich wird die Kesseltemperatur aber stärker schwanken als es der Schaltdifferenz entspricht, da beispielsweise nach dem Abschalten des Brenners die heißen Rauchgase mit ihrer weit über der Kesselwassertemperatur liegenden Temperatur das Wasser noch weiter erwärmen. Es wirkt sich eine Totzeit $T_t$ aus. Ebenso ist auch nach der Brennereinschaltung

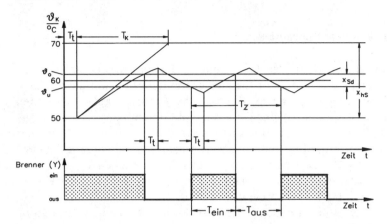

**Bild J2-1** Verlauf der Kesselwassertemperatur bei Zweipunktregelung und mittlerer Wärme-abgabe

eine Totzeit wirksam. Bild J2-1 zeigt den prinzipiellen Temperaturverlauf einer Regelschwingung. Dabei sind zusätzlich die Zeitkonstante $T_K$ des Kessels und der Regelbereich $x_{hS}$ (hier 20 K) gekennzeichnet.

- Jeder Brennerstart hat hohe Schadstoffemissionen (insbesondere CO und $NO_X$) zur Folge, die bis zum 10-fachen Wert gegenüber dem stationären Dauerbetrieb betragen können.
- Jeder Brennerstart ist wegen der erforderlichen Kesselvorbelüftung mit zusätzlichen Energieverlusten verbunden.

Man bemüht sich deshalb, die Zahl der Brennerstarts zu reduzieren. Die Schalthäufigkeit wird im wesentlichen bestimmt von der Kesselauslastung, der Schaltdifferenz des Reglers und dem Wasserinhalt des Kessels. Das Maximum der Schalthäufigkeit liegt bei ca. 50% Kesselbelastung. Dieser Fall ist in Bild J2-1 dargestellt. Die Einschaltdauer $T_{ein}$ verhält sich zur Zykluszeit $T_Z$ wie $1:2=0,5$. Sowohl bei größerem als auch bei kleinerem Wärmebedarf nimmt die Zykluszeit $T_Z$ zu und damit die Schalthäufigkeit ab. In den beiden Extremfällen „Volllast" und „keine Wärmeabnahme" wird gar nicht mehr geschaltet.

Mit Vergrößerung der Schaltdifferenz $x_{Sd}$ verringert sich zwar die Schalthäufigkeit, aber die Amplitude der Temperaturschwankung nimmt zu. Während man früher der kleineren Schwankungen wegen mit $x_{Sd} \approx 4$ K arbeitete, hält man heute Schaltdifferenzen bis ca. 10 K für günstiger.

## J2.1.2
### Steuerung von Öldruckzerstäubungsbrennern

Bei der Ölfeuerung ist die Öldruckzerstäubung das am meisten angewandte
Verfahren. Ölpumpe und Ventilator für die Verbrennungsluft werden von dem
gleichen Elektromotor angetrieben. Das von der Ölpumpe auf einen hohen
Druck gebrachte Öl wird durch eine Düse zerstäubt und mit der Verbrennungs-
luft gemischt. Eine elektrische Hochspannungszündeinrichtung zündet das
Gemisch. Zur Koordinierung und Überwachung der Schaltvorgänge dienen
Brennersteuergeräte. Sie gewährleisten u. a. folgende Funktionen:

- Ein- bzw. Ausschaltung des Brennermotors in Abhängigkeit von der Kesseltemperatur über den Kesseltemperaturwächter,
- Zünden des Brennstoff-Luft-Gemisches über Zündelektroden in Verbindung
  mit einem Zündtransformator,
- selbsttätiges Ausschalten des Zündtransformators nach erfolgter Zündung,
  erforderlichenfalls erst nach einer „Nachzündzeit",
- Ausschalten der gesamten Anlage, wenn innerhalb der „Sicherheitszeit" keine Zündung erfolgte,
- Überwachung der Flamme: „Wiederzündung" oder „Wiederanlauf", sobald
  die Flamme erlischt (z. B. bei Luftblasen in der Ölleitung),
- endgültiges Abschalten der Anlage, wenn Wiederzündung bzw. Wiederanlauf
  erfolglos bleiben,
- Abschaltung, wenn vor Inbetriebnahme des Brenners das Vorhandensein
  einer Flamme vorgetäuscht wird („Fremdlichtempfindlichkeit"),
- nach einem vorübergehenden Ausfall der Netzspannung vollständig neuer
  Anlauf wie nach Regelabschaltung,
- erforderlichenfalls Vor- und/oder Nachbelüftung des Verbrennungsraumes,
- Meldung von Störungen.

Alle Steuergeräte müssen DIN EN 230 entsprechen. Als sog. „sicherheitsrelevante" Geräte sind sie einer „Baumusterprüfung" durch eine anerkannte Prüfstelle
zu unterziehen und erhalten erst dann eine Zulassungsnummer.
   Steuergeräte für Gasgebläsebrenner arbeiten ähnlich.

## J2.1.3
### Sicherheitseinrichtungen

Wichtigste Sicherheitseinrichtung eines Heizkessels ist der Sicherheitstemperaturbegrenzer (STB). Steigt die Temperatur infolge einer Störung auf einen
unzulässigen Wert (z. B. 110 °C), so wird der Brenner abgeschaltet. Die Rückstel-
lung (nach Behebung der Störungsursache) muss von Hand unter Zuhilfenah-
me eines Werkzeugs erfolgen. Große Kessel verfügen auch über Druckbegrenzer
und/oder Wassermangelwächter, die den Brenner im Störungsfall ausschalten.

### J2.1.4
*Kessel mit konstanter Wassertemperatur*

Kessel älterer Bauart werden mit konstanter hoher Wassertemperatur (z.B. 90 °C) betrieben. In Sonderfällen, wo neben der Raumheizung auch Prozesswärme benötigt wird, muss u.U. generell die Wassertemperatur auf einem konstanten Wert gehalten werden.

Bei derartigen konventionellen Heizkesseln darf die Rücklauftemperatur einen Minimalwert nicht unterschreiten, da sonst Korrosionsgefahr in Folge von Rauchgaskondensation besteht. In solchen Fällen ist eine Beimischung von heißem Vorlaufwasser zum kalten Rücklaufwasser erforderlich. Vorteilhaft ist die geregelte Beimischung über ein Dreiwegeventil nach Bild J2-2. Beim Anfahren des Kessels gewährleistet diese Schaltung, dass das Verbrauchernetz erst freigegeben wird, wenn die minimal zulässige Rücklauftemperatur überschritten wird. Die Kondensationsphase wird damit schnell durchlaufen.

Bei Kleinanlagen kann eine Rücklauftemperaturanhebung bei Teillast auch durch Einsatz eines Vierwegemischers nach Bild J2-3 erreicht werden.

Die oft als Standard angesehene Kesselbeimischpumpe mit Zweipunktregelung nach Bild J2-4 stellt zwar eine billige Lösung dar, führt aber zu stark schwankenden Kesselvolumenströmen und unübersichtlichen Druck-, Temperatur- und Volumenstromänderungen im Netz. Das Gleiche gilt für eine Steuerung, wobei der Temperatursensor im Rücklauf vor der Mischstelle liegt. Diese Verfahren sind unter regelungstechnischen Gesichtspunkten nicht empfehlenswert.

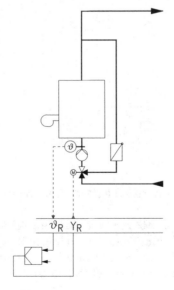

**Bild J2-2** Geregelte Rücklauftemperaturanhebung

$\vartheta_R$  $Y_R$

**Bild J2-3** Rücklauftemperaturanhebung bei Vierwege-
mischer

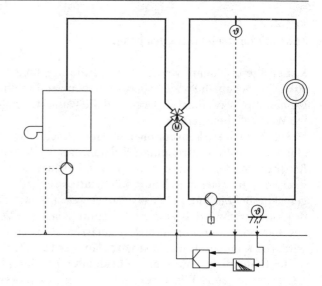

**Bild J2-4** Rücklauftemperaturanhebung mit Kesselbeimischpumpe

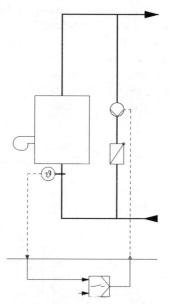

## J2.1.5
### *Kessel mit gleitender Wassertemperatur (Niedertemperaturkessel)*

Hohe Kesseltemperaturen führen insbesondere bei kleineren Kesseln (große
Oberfläche im Vergleich zum Volumen) zu hohen Bereitschaftsverlusten.

Besteht für die Kesseltemperatur keine untere Beschränkung, was in der Regel
für moderne Niedertemperaturkessel (NT-Kessel) zutrifft, so kann die Kessel-

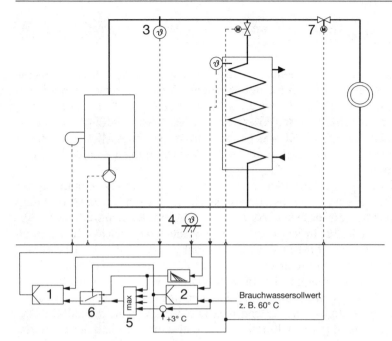

**Bild J2-5** Gleitende Kesseltemperaturregelung bei Einkesselanlage mit Brauchwasserspeicher
1 Kesselvorlauftemperaturregler, 2 Brauchwassertemperaturregler (Zweipunktregler), 3 Vorlauftemperaturfühler, 4 Außentemperaturfühler, 5 Maximalauswahl, 6 Sollwertumschalter,
7 Absperrventil

temperatur (u. U. unter Einsparung einer Mischeinrichtung) außentemperaturabhängig gefahren werden. Die Regelung der Kesseltemperatur kann auch hier
stetig oder schaltend erfolgen. Die mitunter auch bei NT-Kesseln geforderte
Einhaltung einer Mindestrücklauftemperatur kann mit der Schaltung nach Bild
J2-2 gewährleistet werden.

Auch bei Niedertemperaturkesseln schlägt sich kurzzeitig Kondensat nieder,
durch konstruktive Maßnahmen (z.B. Doppelschaligkeit) oder spezielles Kes-
selmaterial wird jedoch eine hinreichende Korrosionsresistenz erreicht.

Ist neben der Heizung eine Brauchwassererwärmung vorgesehen, so ist der
Speicherladung Vorrang zu geben, wobei auf eine Begrenzung der Heizungsvorlauftemperatur zu achten ist (insbesondere bei Fußbodenheizungen).

Eine einfache Lösung zeigt Bild J2-5, bei der die Heizkreise während der
Ladung über ein Ventil abgesperrt werden.

Da die Aufheizung je nach Speichergröße nur wenige Male täglich erfolgt, ist
der Wirkungsgrad der Heizungsanlage nicht wesentlich verringert.

## J2.1.6
### Brennwertkessel

Der gesamte Energieinhalt eines Brennstoffs setzt sich aus dem Wärmeinhalt der Verbrennungsgase und der Kondensationswärme des enthaltenen
Wasserdampfes zusammen. Er wird als Brennwert $H_o$ (früher: oberer Heizwert) bezeichnet. Um auch den Energieinhalt des Wasserdampfes zu gewinnen, muss man das anstreben, was bei den zuvor genannten Kesseln vermieden werden sollte: Kondensation des in den Verbrennungsgasen enthaltenen
Wasserdampfes.

Im Vergleich zum erforderlichen Aufwand ist die Brennwertnutzung bei
Gas wesentlich effektiver als bei Heizöl, so dass sich die Brennwertnutzung
z. Zt. hauptsächlich auf gasbefeuerte Anlagen beschränkt. Grundsätzlich kann
ein Gasbrennwertkessel in jedes Heizungsnetz integriert werden. In welchem
Umfang die Kondensationswärmenutzung möglich ist, wird jedoch bestimmt
von der Höhe der Rücklauftemperatur und von den Stunden, in denen ein kon-
densierender Betrieb möglich ist. In besonderem Maße sind natürlich Nie-
dertemperaturheizsysteme mit Fußbodenheizungen oder sehr großflächi-
gen Heizkörpern geeignet, die z. B. mit maximal 40 °C Vorlauf und 30 °C Rücklauf betrieben werden können. Kondensation tritt dann während der gesamten
Betriebsdauer ein.

Bei der Brennwertnutzung ist generell zu beachten, dass alle hydraulischen
Schaltungen, bei denen die Rücklauftemperatur durch Beimischen von Vorlaufwasser angehoben wird, hier schädlich sind.

Die folgenden Bilder zeigen zwei unterschiedliche Lösungen für Abgaskon-
densation.

Die Kompaktbauweise mit integriertem Wärmetauscher (Bild J2-6) eignet
sich hauptsächlich für kleine und mittlere Leistungen. Für Anlagen mit großen
Leistungen wird der Abgaskondensator dem Kessel meistens separat nachgeschaltet (Bild J2-7).

**Bild J2-6** Schema eines
Brennwertkessels in Kom-
paktbauweise

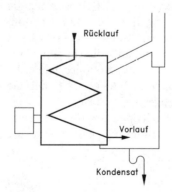

Rücklauf

Vorlauf

Kondensat

**Bild J2-7** Schema eines Heizkessels mit separat nachgeschaltetem Abgaskondensator

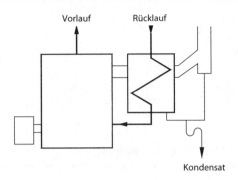

Vorlauf    Rücklauf

Kondensat

## J2.2
## Mehrkesselanlagen

### J2.2.1
### *Kesselfolgestrategien*

Am häufigsten sind Anlagen mit zwei Kesseln gleicher Leistung anzutreffen. Die folgenden Ausführungen gelten sinngemäß auch für Anlagen mit mehr als zwei Kesseln.

Reicht die Leistung eines Kessels (Führungskessel) nicht mehr aus, so wird der zweite Kessel (Folgekessel) hinzugeschaltet („Kesselfolgeschaltung"). Damit die energetischen Vorteile einer Mehrkesselanlage nicht wieder verloren gehen, muss der stillstehende Kessel zur Vermeidung von fortwährenden Auskühlungsverlusten vom übrigen Netz abgetrennt werden. Außerdem sollte darauf geachtet werden, dass der Folgekessel einerseits zur Vermeidung von Anfahrverlusten und erhöhten Schadstoffemissionen und andererseits zur Vermeidung von verstärkter Korrosion beim Hochheizen so selten wie möglich zu- und abgeschaltet wird.

Am einfachsten ist die Wahl der gemeinsamen Vorlauftemperatur als Kriterium für die Zuschaltung eines zweiten Kessels, wobei jeder Kessel z.B. mit intermittierendem Brenner arbeitet. Der Sollwert des Zweipunktreglers des Folgekessels wird dabei um 4 … 6°C niedriger gewählt als der des Führungskessels. Dieses einfache und immer noch anzutreffende Verfahren hat den Nachteil, dass die Vorlauftemperatur bei hoher Leistungsanforderung niedriger ist als bei geringer, was einer bleibenden Regelabweichung entspricht. Das Problem ist vermeidbar, wenn ein PI-Regler verwendet wird, dessen stetiges Ausgangssignal Y = 0 … 100% in aufeinanderfolgende Schaltsignale für die Brenner entsprechend Bild J2-8 umgewandelt wird.

Um ein zu häufiges Zu- und Abschalten („Takten") des Folgekessels zu vermeiden, ist die Integrationszeit des Reglers hinreichend groß zu wählen.

Bei konventionellen druckbehafteten Verteilern mit einer gemeinsamen Pumpe ohne hydraulische Entkopplung der Kessel kann es infolge von Durch-

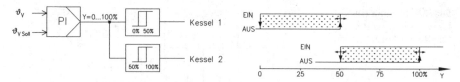

**Bild J2-8** Stetiger PI-Regler mit nachgeschalteter Aufteilung des Stellsignals in zwei Stufen

flussänderungen in den Kesseln und damit verbundenen Temperaturanhebungen oder -senkungen zu ungewollten Schaltvorgängen kommen, die nur schwer zu beherrschen sind.

Bei der in Bild J2-9 dargestellten hydraulischen Schaltung sind beide Kessel hydraulisch entkoppelt (differenzdruckarmer Verteiler). Dabei muss jeder Kessel eine eigene Pumpe besitzen. Zusätzlich zur Regelung sind die Ansteuerungen des Absperrventils und der Pumpe des Folgekessels K2 dargestellt. Erst nach dem Hochheizen ($\vartheta_{K2} \geq \vartheta_V$) werden das Absperrventil Y2 (Ausgang A3) geöffnet und die Pumpe P2 (Ausgang A4) eingeschaltet. Wird Kessel 2 bei sinkendem Wärmebedarf wieder ausgeschaltet, so wird das Absperrventil verzögert geschlossen. Die Verzögerungszeit muss der Anlage angepasst sein. Ist sie zu lang, gelangt kaltes Rücklaufwasser über Kessel 2 in den Vorlauf und täuscht einen zu großen Wärmebedarf vor.

Außer der gemeinsamen Vorlauftemperatur können auch andere Kriterien als Maß für die Belastung herangezogen werden, wie z.B. das Verhältnis von Ein- zu Ausschaltzeit der Brenner oder der gemessene Wärmeverbrauch.

Bei dem Verfahren, das die Führungskesselbelastung zu Grunde legt, dient das Tastverhältnis τ der Brennerlaufzeiten als Maß für die Kesselbelastung (Bild J2-10, $t_E$ = Einschaltzeit, $t_A$ = Ausschaltzeit). Läuft der Brenner des Führungskessels ununterbrochen ($\tau = 1$), so ist seine Leistungsgrenze gerade erreicht bzw. überschritten.

$$\tau = t_E / t_{ges} = t_E/(t_E + t_A)$$

Nach dem Zuschalten des Folgekessels werden beide Kessel mit gleichem Tastverhältnis takten. Unterschreitet das Tastverhältnis den Wert 0,5 (Annahme gleicher Brennerleistungen für Führungs- und Folgekessel), so reicht die Leistung eines Kessels allein wieder aus.

Das Prinzip des Verfahrens ist in Bild J2-11 dargestellt.

Als Zuschaltkriterium dienen die <u>absolute</u> Zeit und die Vorlauftemperatur: Läuft der Brenner länger als z.B. 20 min ununterbrochen und liegt die Vorlauftemperatur unterhalb der unteren Schaltschwelle des Zweipunktreglers N1 (z.B. 87 °C bei Sollwert 90 °C und Schaltdifferenz 6 °C ), so ist anzunehmen, dass die Leistung des Führungskessels nicht ausreicht. Der Brenner von Kessel K2 wird freigegeben und taktet im gleichen Rhythmus wie der von Kessel K1 mit einem Tastverhältnis τ ≥ 0,5.

**Bild J2-9** Prinzipschema einer Kesselfolgeschaltung mit differenzdruckarmem Verteiler zur hydraulischen Entkopplung der Kessel

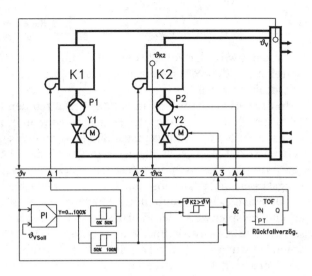

**Bild J2-10** Brennerein- und -ausschaltzeiten

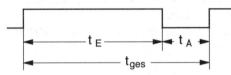

**Bild J2-11** Folgeschaltung für zwei Kessel gleicher Leistung unter Berücksichtigung der Brennerlaufzeiten

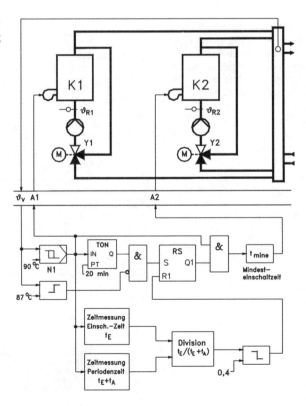

Gesperrt wird der Folgekessel erst dann, wenn das Tastverhältnis 0,5 unterschreitet, z. B. den Wert 0,4 erreicht. Das entspricht einem Verhältnis von Ein- zu Ausschaltzeit von 0,7.

In der beschriebenen Form hat das Verfahren den Nachteil, dass beide Kessel takten. Soll der Brenner des Folgekessels ununterbrochen laufen, so ist die abgeänderte Steuerschaltung nach Bild J2-12 zu verwenden. Dazu muss aber die Leistung des Folgekessels kleiner sein als die des Führungskessels. Nur so ist gewährleistet, dass nach dem Zuschalten des Folgekessels der Brenner des Führungskessels nicht ganz abschaltet, sondern weiterhin taktet.

Bei einer Leistungsaufteilung Führungskessel 60% und Folgekessel 40% arbeitet beispielsweise der Führungskessel nach dem Zuschalten des Folgekessels mit einem Tastverhältnis von $\tau = t_E / (t_E + t_A) = 1/3$ (Leistungsdifferenz zwischen Führungs- und Folgekessel = 1/3 der Leistung des Führungskessels).

Unterschreitet das Tastverhältnis $\tau$ den Wert von etwa 20%, so kann angenommen werden, dass der Führungskessel die abverlangte Leistung wieder allein aufbringen kann.

Folgeschaltungen lassen sich auch mit stetigen (modulierenden) Brennern realisieren.

**Bild J2-12** Folgeschaltung für zwei Kessel ungleicher Leistung unter Berücksichtigung der Brennerlaufzeiten (ununterbrochener Betrieb des zugeschalteten Kessels)

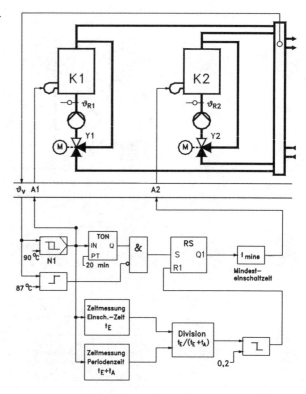

Bei Vorhandensein von zwei Kesseln mit konstanter Temperatur und stetigen Brennern wird üblicherweise zunächst der Führungskessel bis zu seiner Maximalleistung hochgefahren. Ist die Leistungsgrenze erreicht, so wird der Folgekessel dazugeschaltet und ebenfalls bis zur vollen Leistung hochgefahren. Dazu muss das vom Temperaturregler zur Verfügung gestellte Gesamt-Stellsignal Y-RE in zwei Einzelstellsignale aufgeteilt werden.

Bild J2-13 zeigt den Verlauf der Gesamtstellgröße. Naheliegend ist es, wie bei vielen anderen Anwendungsfällen in der Regelungstechnik praktiziert, die Gesamtstellgröße entsprechend Bild J2-14 in zwei Einzelsignale in Sequenz umzuwandeln.

Bei Mehrkesselanlagen kann diese Vorgehensweise zu Schwierigkeiten führen. Zu beachten ist nämlich, dass der Folgekessel bei Teillast eine geringere Temperaturerhöhung erbringt als der bei Volllast betriebene Führungskessel. Das Hinzuschalten des Folgekessels führt zunächst zu einer Erhöhung der für beide Kessel gleichen Rücklauftemperaturen (rückströmendes Vorlaufwasser durch den Verteiler) und hat damit eine Erhöhung der Führungskessel-Vorlauftemperatur zur Folge. Der Vorlauftemperaturfühler misst die Mischtemperatur beider Wasserströme im gemeinsamen Vorlauf, die auf einen konstanten Wert geregelt wird. Insbesondere bei 90°/70°-Anlagen kann die Temperatur des Führungskessels so stark ansteigen, dass der Temperaturbegrenzer anspricht. Besser ist es deshalb, die Stellgröße des Führungskessels im Zuschaltaugenblick auf 50% herunter zu fahren, während der Folgekessel mit einer Anfangsstellgröße von 50% gestartet wird. Anschließend werden beide Kessel parallel hoch-

**Bild J2-13** Gesamtstellsignal Y-RE in Abhängigkeit von der gemeinsamen Vorlauftemperatur $\vartheta_V$

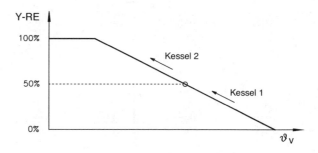

**Bild J2-14** Aufteilung des Stellsignals Y-RE in eine Sequenz von zwei Einzelstellsignalen

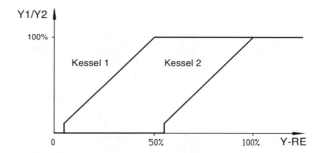

gefahren. Außerdem wird damit ein Takten des Folgekessels in der Grundlast-
stufe vermieden. Das Funktionsblockdiagramm nach Bild J2-15 verdeutlicht die
beschriebene Strategie.

Stetige (modulierende) Brenner sind teurer als intermittierend arbeitende
Brenner. Um den Vorteil der stetigen Leistungssteuerung zu haben, genügt es,
wenn nur ein Kessel stetig arbeitet. Dabei kann folgendermaßen verfahren werden:

Es wird zunächst mit dem einen stetigen Kessel als Führungskessel gefahren.
Reicht die Leistung nicht mehr aus (Brennerstellgröße 100%), so wird der zweite Kessel mit konstanter Leistung zugeschaltet. Die Leistung des Führungskessels muss nach dem Zuschalten so weit zurückgefahren werden, dass die dem
Verbrauchernetz zugeführte Gesamtleistung im Umschaltzeitpunkt keinen störenden Sprung macht (Bild J2-16).

Man sieht, dass die Leistung des zugeschalteten Kessels mit konstanter Leistung kleiner als die Maximalleistung des stetigen Kessels sein muss, um ein Takten des stetigen Kessels im Bereich der Grundstufe zu vermeiden.

Um eine gleichmäßige Beanspruchung der einzelnen Kessel und Brenner zu
erzielen, ist ein Funktionstausch zwischen Führungs- und Folgekessel bzw. bei

**Bild J2-15** Stellsignalauftei-
lung und Sequenz zur Ver-
meidung einer unzulässigen
Temperaturüberhöhung im
Führungskessel 1

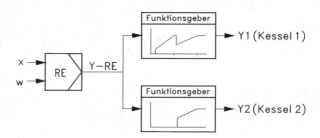

**Bild J2-16** Steuerungsprinzip
bei Folgeschaltung mit steti-
gem Brenner des Führungs-
kessels

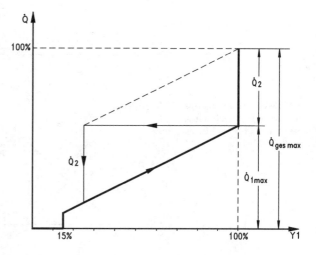

**Bild J2-17** Periodische
Zyklusvertauschung bei
einer Folgeschaltung mit
4 Kesseln

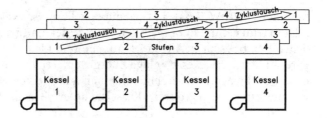

mehr als 2 Kesseln ein zyklischer Wechsel sinnvoll. Der Wechsel kann am einfachsten periodisch nach der Zeit oder besser nach den echten Betriebsstunden der einzelnen Kessel erfolgen (Bild J2-17). So ergeben sich z.B. gleiche Wartungsintervalle für alle Kessel.

Zu beachten ist aber, dass u.U. ein Kessel längere Zeit (mehrere Monate)
wegen einer Reparatur außer Betrieb war. Werden die Betriebsstunden zugrunde gelegt, so würde dieser Kessel nach Wiederinbetriebnahme so lange ununterbrochen laufen, bis er die Betriebszeit der übrigen Kessel erreicht hat.

## J2.2.2
### Besonderheiten für Kessel mit gleitenden Temperaturen

Nur bei Kesseln mit konstanter Temperatur liegt der maximale Wirkungs- bzw.
Nutzungsgrad bei der Bemessungsleistung (Maximalleistung). Bei gleitender
Kesseltemperatur liegt dagegen das Nutzungsgradmaximum in der Regel im
Teillastbereich (30% bis 50% Auslastung), da sich bei abgesenkter Kesseltem-
peratur Abgas-, Abstrahlungs- und Bereitschaftsverluste verringern. Das lässt
u.a. den Schluss zu, dass es bei modernen Kessel- und Brennerkonstruktionen
wirtschaftlicher ist, einen großen anstelle mehrerer kleiner Kessel einzusetzen.
Bild J2-18 zeigt die Nutzungsgradverläufe in Abhängigkeit von der Belastung

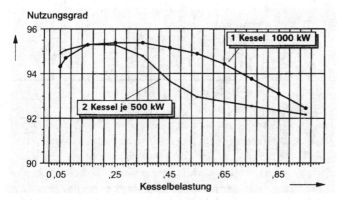

**Bild J2-18** Nutzungsgradverlauf für einen großen bzw. zwei kleine Heizkessel in Abhängigkeit
von der Belastung (nach Andreas/Viessmann)

für einen 1000 kW-Kessel in Gegenüberstellung zu zwei parallelen 500 kW-Kesseln. Fast im gesamten Bereich erweist sich der eine große Kessel als wirtschaftlicher. Erst bei sehr geringen Leistungen (ein kleiner Kessel in Teillastbetrieb) wird mit einer Zweikesselanlage Energie eingespart. Aus gleichem Grund ist es meistens auch sinnvoll, in einen kleinen Sommerkessel für die Trinkwassererwärmung und einen größeren Kessel zu unterteilen, der im Winter dazugeschaltet wird.

Aus den einschlägigen Veröffentlichungen geht allerdings nicht eindeutig hervor, inwieweit die elektrischen Antriebsleistungen für Brennermotoren und Pumpen mitberücksichtigt wurden.

Wenn aus Gründen der erhöhten Anlagenverfügbarkeit Mehrkesselanlagen mit Niedertemperaturkesseln vorgesehen sind, erscheint es berechtigt, die bisher besprochenen sequentiellen Folgeschaltungen, bei denen der Führungskessel immer erst bis zu seiner Maximalleistung hochgefahren wird, in Frage zu stellen. Zunehmend trifft man deshalb auf Anlagen mit parallel arbeitenden Kesseln. Dabei kann es sich auch um autonome Kessel handeln, wobei jeder einen eigenen Kesseltemperaturregelkreis besitzt und alle Regeleinrichtungen den gleichen (z.B. außentemperaturabhängigen) Sollwert erhalten (Bild J2-19).

Allerdings laufen stets beide Pumpen und beide Brenner, was zu erhöhten elektrischen Verbräuchen gegenüber einer Sequenzschaltung führt.

**Bild J2-19** Parallelbetrieb von
zwei autonomen Kesseln bei
außentemperaturgeführter
gleitender Kesseltemperatur

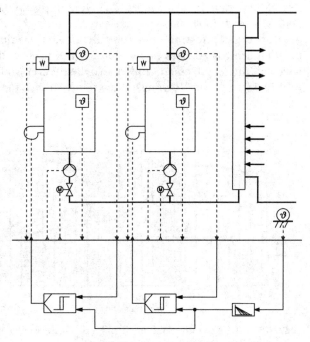

### J2.2.3
#### Schaltstrategien für Kessel mit zweistufigen Brennern

Eine häufig anzutreffende Kombination besteht aus zwei Heizkesseln mit jeweils zweistufigen Brennern. Bei Kesseln mit konstanter (hoher) Temperatur ist die konventionelle Reihenfolge zu wählen (Bild J2-20).

Da das Wirkungsgradoptimum bei Kesseln mit gleitender Temperatur mitunter schon bei 30% ... 50% Auslastung liegt, wird bei solchen Kesseln ein zeitweiliger Parallelbetrieb beider Kessel auf Brennerstufe I wirtschaftlicher als die konventionelle Folge sein. Die Reihenfolge entspricht dann Bild J2-21.

Ein Kompromiss zwischen minimalen Betriebsbereitschaftsverlusten und minimalen Abgasverlusten lässt sich realisieren, wenn die Leistungen der ersten Brennerstufen jeweils größer als die der zweiten Stufen sind. Dann empfiehlt sich die Schaltreihenfolge nach Bild J2-22. Im unteren Leistungsbereich ist dann nur ein Kessel in Betrieb.

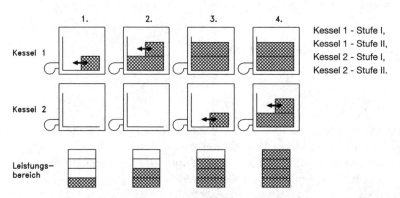

**Bild J2-20** Konventionelle Folgeschaltung für zwei Kessel mit zweistufigen Brennern

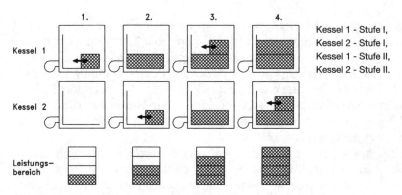

**Bild J2-21** Folgeschaltung mit Parallelbetrieb der 1. Brennerstufen

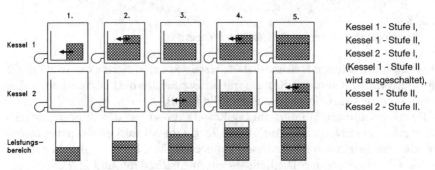

**Bild J2-22** Optimale Folgeschaltung mit kombiniertem Folge- und Parallelbetrieb

Die Steuerungslogik für Kessel mit zwei Leistungsstufen ist im Prinzip gleich wie für zwei einzelne Kessel. Lediglich die Anfahrphase entfällt beim Schalten auf Brennerstufe II, und die Trennung vom Netz geschieht erst nach Abschaltung von Stufe I.

## J3
# Wärmeverteiler und Wärmeverbraucher

### J3.1
### Übersicht

Die wesentlichen Abnehmer der in der Zentrale erzeugten Wärme sind, die Raumheizflächen, die Trinkwassererwärmer und ggf. die Wärmeübertrager in raumlufttechnischen Anlagen. In diesem Abschnitt wird die Regelung der Wärmeübertrager für die Raumheizung behandelt.

### J3.2
### Mehrzonenanlagen

Da die Verbraucher von Heizenergie oftmals unterschiedlichen Energiebedarf haben, erfolgt die Verteilung der Energie auf einzelne Zonen im Allgemeinen über witterungsgeführte Vorlauftemperatur-Regelungen. Dabei wird entweder ein druckbehafteter Verteiler (Vorlaufverteiler und Rücklaufsammler, Bild J3-1) oder ein druckarmer Verteiler (auch als druckentlasteter Verteiler oder hydraulische Weiche bezeichnet, Bild J3-2) verwendet. Der Vorteil des druckarmen gegenüber dem druckbehafteten Verteiler liegt in der hydraulischen Entkopplung der einzelnen Verbraucherkreise.

Die im Verbraucherkreis geforderte Heizenergie wird über eine Vorlauftemperatur-Regelung jedem Kreis angepasst. Da die Energieanforderung abhängig ist von der Außentemperatur, wird die Vorlauftemperatur außentemperaturabhängig geführt und über eine Rücklaufbeimischung hergestellt (Bild J3-3).

**Bild J3-1** Gliederung in Wärme-Erzeuger, -Verteiler und -Verbraucher mit druckbehaftetem Verteiler

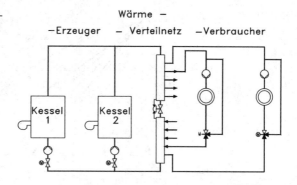

**Bild J3-2** Gliederung in Wärme-Erzeuger, -Verteiler und -Verbraucher mit einem druckarmen Verteiler

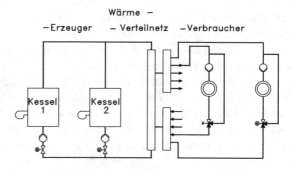

**Bild J3-3** Außentemperatur-abhängige Vorlauftemperatur-Regelung

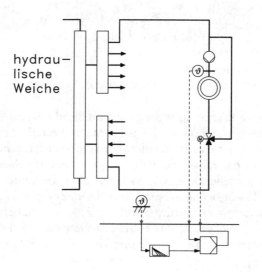

Wenn auch Wind, Sonne etc. mit berücksichtigt werden, spricht man von einer witterungsgeführten Vorlauftemperatur-Regelung. In der Praxis werden diese Begriffe häufig nicht korrekt unterschieden. Der Windeinfluss kann z.B. über einen leicht beheizten Außentemperatursensor erfasst werden, da bei Wind

**Bild J3-4** Heizkurven a1 – a4 linearisiert und b reale Heizkurve

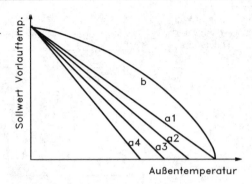

mehr Wärme vom Sensor abgeführt wird und somit eine scheinbar tiefere Außentemperatur gemeldet wird.

Die sog. „Heizkurve" legt den Zusammenhang zwischen der gewünschten Vorlauftemperatur und der Außentemperatur fest (Bild J3-4). Je nach den Heizflächen der einzelnen Zonen kann eine unterschiedliche Heizkurve erforderlich sein. Die Heizkurve lässt sich in ihrer Neigung verändern und parallel verschieben. Häufig wird nur mit linearisierten Heizkurven gearbeitet (z.B. mit a1 bis a4 in Bild J3-4), obgleich sie eigentlich entsprechend Kurve b in Bild J3-4 gekrümmt sein sollten. Mathematisch lässt sich die lineare Heizkurve darstellen als

$$W\vartheta_{Vorlauf} = \frac{(W\vartheta_{Vorlauf,max} - W\vartheta_{Vorlauf,min})}{(\vartheta_{außen,max} - \vartheta_{außen,min})} (\vartheta_{außen,max} - \vartheta_{außen}) + W\vartheta_{Vorlauf,min}$$

mit　$\vartheta$ = Temperatur,
　　　$W\vartheta$ = Sollwert der Temperatur.

Bezüglich der Ventilauslegung wird auf Band 2, Kap. M verwiesen. Im Falle einer hydraulischen Weiche und Anschluss des Verteil- oder Beimischventils in der Nähe des druckarmen Verteilers wird ein Ventil mit linearer Kennlinie nach der Nennweite der Verteilerabgänge ausgewählt. Handelt es sich um einen druckbehafteten Verteiler, so muss das Ventil über die Ventilautorität ausgewählt werden, und zwar bei Linearventil mit einer Ventilautorität von $a_V$ > = 0,5 und bei gleichprozentigen Ventilen von $0,1 < a_V < 0,3$. Dabei ist ein gleichprozentiges Ventil vorzuziehen, da am Ventil ein geringerer Druckabfall als beim Linearventil erforderlich ist, so dass die Betriebskosten der Pumpe geringer ausfallen.

### J3.3
### Einzelraumautomation (Einzelraumregelung)

Die Vorlauftemperatur-Regelung kombiniert mit einer Einzelraumregelung über Thermostatventile ist die am häufigsten anzutreffende Regelung der Raumtem-

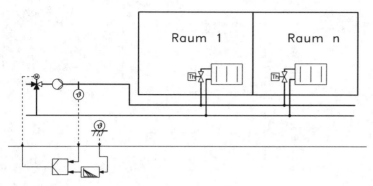

**Bild J3-5** Einzelraum-Regelung mit Thermostatventilen und außentemperaturabhängiger Vorlauftemperatur-Regelung

**Bild J3-6** Prinzipieller Aufbau eines Thermostatventils

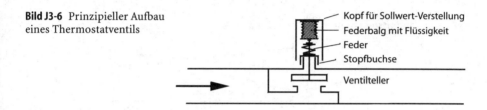

peratur (Bild J3-5). Beim Thermostatventil (Regler ohne Hilfsenergie) handelt es sich um einen P-Regler mit entsprechender bleibender Regelabweichung. Im Ventilkopf befindet sich ein Federbalg mit einer Flüssigkeit, die sich mit zunehmender Temperatur ausdehnt und auf den Ventilstift drückt (Bild J3-6). Durch Verstellen des Ventilkopfes wird der Sollwert der Raumtemperatur verändert.

Würde das Thermostatventil ohne eine vorweg eingesetzte außentemperaturabhängige Vorlauftemperatur-Regelung arbeiten, d.h. bei konstanter Vorlauftemperatur (z.B. 90 °C), dann würde es im Raum durch die P-Regelung zu erheblichen bleibenden Regelabweichungen kommen. Im Bild J3-7 wird dies verdeutlicht. Aufgetragen ist die Raumtemperatur in Abhängigkeit von der Ventilstellung bei 3 verschiedenen Außentemperaturen (Regelstreckenkennlinien RS für $\vartheta_{Au1}$, $\vartheta_{Au2}$ und für $\vartheta_{Au3}$). Bei gleichbleibender Heizungsvorlauftemperatur verlaufen die Kennlinien mit dem Regelbereich $x_{hS}$ parallel. Zeichnet man in dieses Kennlinienfeld die Reglerkennlinie mit ein, deren Steigung durch den Proportionalbereich $x_P$ gegeben ist und die mit entgegengesetzter Steigung verläuft (je wärmer es im Raum wird, desto weiter muss das Ventil schließen), so lässt sich die bleibende Regelabweichung $x_{wb}$ im Diagramm ablesen.

Geht man vom Schnittpunkt A der Reglerkennlinie mit der Regelstreckenkennlinie für $\vartheta_{Au2}$ in Bild J3-7 (durch Einstellen des Sollwertes zu erreichen) aus, so ergibt sich bei Abnahme der Außentemperatur auf $\vartheta_{Au3}$ ein neuer Schnittpunkt B mit der Reglerkennlinie. Die Abweichung der sich nun einstellenden Temperatur von der vorhergehenden wird als bleibende Regelabweichung $x_{wb}$

**Bild J3-7** Bleibende Regelabweichung $x_{wb}$ bei konstanter
Vorlauftemperatur

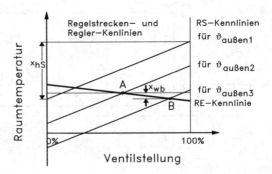

**Bild J3-8** Bleibende Regelabweichung vernachlässigbar
gering (nicht mehr darstellbar) bei außentemperaturabhängiger Vorlauftemperatur

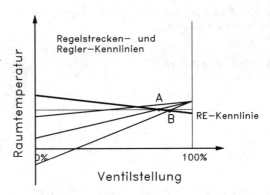

bezeichnet. Diese ist um so größer, je größer der Proportionalbereich $x_P$ am
Regler eingestellt ist.

Ist dagegen die Vorlauftemperatur außentemperaturabhängig geführt, so
ergibt sich das Kennlinienfeld entsprechend Bild J3-8. Hier liegt der Arbeitspunkt A der mittleren Regelstreckenkennlinie bei einer relativ großen Ventilstellung. Sinkt die Außentemperatur auf die unterste Streckenkennlinie, so stellt
sich der Punkt B als Schnittpunkt ein. Die bleibende Regelabweichung ist jetzt
nur noch so gering, dass sie praktisch im Diagramm kaum mehr darstellbar
ist.

Im ersten Fall (konstante Vorlauftemperatur) ist nicht nur die bleibende Regelabweichung sehr viel größer, sondern die Thermostatventile müssen
bei geringer Leistungsanforderung bis in den Schließbereich arbeiten, was zu
Geräuschen führen kann. Mit einer Vorlauftemperatur-Regelung sind die Heizkurven jedoch so eingestellt, dass sich die Raumtemperatur-Streckenkennlini-
en entsprechend Bild J3-8 in einem Punkt treffen. Dadurch wird die bleibende
Regelabweichung wesentlich geringer, und die Ventile arbeiten fast nur noch im
oberen Drittel des Öffnungsbereiches.

Die Einzelraumautomation beinhaltet nicht nur die Heizung, sondern ggf.
auch die Kühlung, die z.B. über eine Kühldecke oder über eine zusätzliche Lüftungsanlage erfolgen kann. Da bei der Kombination Heizen/Kühlen eine einfa-

che Sequenz durch Aufsplittung eines Reglerausgangssignals auf zwei Stellantriebe es nicht erlaubt, zwischen Heizen und Kühlen eine veränderliche neutrale Zone zu legen, müssen hier zwei Regler eingesetzt werden, deren Sollwerte je nach Betriebsart verändert werden müssen.

Im Bild J3-9 ist die Regelungsstrategie für eine Einzelraumregelung mit statischen Heizflächen und einer mengengeregelten Kühldecke dargestellt. Die Sollwerte für Heizen und Kühlen sind je nach Betriebsart (Bereitschaft oder Komfort) unterschiedlich weit voneinander entfernt. Der Regler 1 wirkt bei Unterschreiten des Sollwertes für die Raumtemperatur auf die statischen Heizflächen. Wird die Soll-Raumtemperatur überschritten, so wirkt der Regler 2 auf das Kühlsystem. Durch den Einsatz von zwei Reglern können jeweils PI-Regler gewählt werden, ohne dass innerhalb der neutralen Zone geheizt bzw. gekühlt wird.

Zwischen Heiz- und Kühlsollwert liegt eine neutrale Zone, die je nach Betriebsart verändert werden kann. So wird z.B. unterschieden zwischen Komfort-Betrieb, aktiviert über einen Anwesenheitswächter, Bereitschaftsbetrieb (am Tage bei Personenabwesenheit), Nachtbetrieb (über eine zentrale Zeitschaltuhr) und Frostschutzbetrieb (bei Fensteröffnung). In den einzelnen Betriebsarten wird lediglich die neutrale Zone zwischen den Sollwerten für Heizen und Kühlen verändert, wie Bild J3-10 für den Komfort- und den Bereitschaftsbetrieb zeigt. Zu beachten ist, dass die Kaltwasservorlauftemperatur einer Kühldecke den Taupunkt nicht unterschreiten darf. Wenn es sich bei den Kühldeckenregelungen entsprechend Bild J3-9 um mengengeregelte Systeme handelt, muss in der Zentrale die Überwachung der Taupunkttemperatur erfolgen, indem die Kaltwasservorlauftemperatur immer mindestens 1 K über der Taupunkttemperatur gehalten wird. Liegt eine beimischgeregelte Kühldecke vor, so wird die Kühlung über eine Kaskadenregelung erfolgen, wobei die Kaltwasservorlauftemperatur vom Raumtemperatur-Regler geführt wird (Bild J3-11). Hier kann der Sollwert der Kaltwasservorlauftemperatur zusätzlich oberhalb der Taupunkttemperatur des Raumes gehalten werden (über eine Maximalauswahl).

**Bild J3-9** Mengengeregelte Kühldecke und statische Heizung (Konvektor oder Radiator)

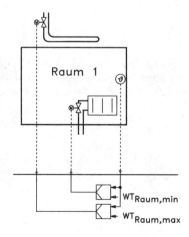

**Bild J3-10** Reglerkennlinien von zwei Einzelraumreglern mit neutraler Zone und Sollwertveränderung um max. ±3 K für den Komfort- und für den Bereitschaftsbetrieb

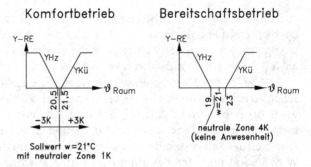

**Bild J3-11** Regelungsstrategie für einen Einzelraum mit beimischgeregelter Kühldecke und Konvektor-Heizung unter Einbeziehung der Taupunkttemperatur mit 4 Betriebsarten (über das Betriebsarten-Makro) und Verknüpfung zur Zentrale (siehe Abschn. J4)

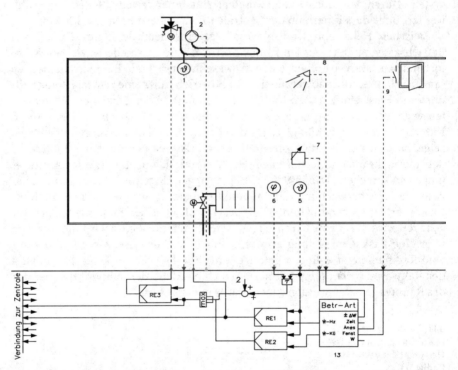

# J4
# Energieoptimierung der Gesamtanlage

## J4.1
### Energieoptimierung bei Raumautomation

Bei der Einzelraumautomation mit witterungsgeführter Vorlauftemperatur-Regelung werden die Heizkurven meistens viel zu hoch eingestellt, um keine Klagen über zu geringe Raumtemperaturen zu erhalten. Damit steigen aber die Transportverluste durch unnötig hohe Vorlauftemperaturen.

Der Raum mit dem höchsten Energiebedarf lässt sich an der Ventilstellung der Heizkörperventile ermitteln. Wenn alle Ventile relativ weit geschlossen sind, ist die gemeinsame Vorlauftemperatur zu hoch eingestellt. Wenn die Vorlauftemperatur so eingestellt ist, dass das Ventil im Raum höchster Last (maximale Ventilstellung aus allen Räumen) gerade fast geöffnet hat (z.B. 90%), dann muss bei weiterer Raumlast das Ventil noch mehr öffnen, so dass die Vorlauftemperatur automatisch in Abhängigkeit von der maximalen Ventilstellung angehoben bzw. abgesenkt werden kann. Notwendig ist aber, dass die Ermittlung der optimalen Vorlauftemperatur aus dem tatsächlichen Bedarf heraus nicht unmittelbar nach Änderung einer Ventilstellung erfolgt, sondern dass hier ein Verzögerungsglied (P-$T_1$-Glied) mit in den Regelkreis integriert wird (Bild J4-1). Diese Art der bedarfsabhängigen Führung der Vorlauftemperatur lässt sich jedoch nicht mit Thermostatventilen realisieren. Hier ist eine Kopplung der gesamten Einzelraumregelung über ein Bus-System, z.B. Europäischer Installationsbus EIB oder local operating network LON erforderlich, um sämtliche Informationen in der Zentrale verarbeiten zu können (Bild J4-2 und J4-3).

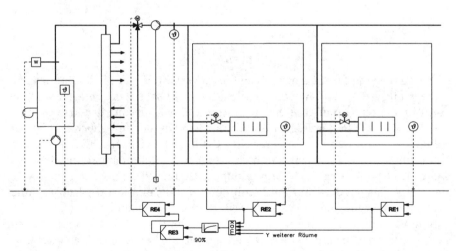

**Bild J4-1** Ermittlung der Vorlauftemperatur aus den Raumlasten über eine Maximalauswahl der Ventilstellungen

**Bild J4-2** Einzelraumregelung
mit Radiatorheizung und
Kühldecke, Fensterkontakt,
Jalousiesteuerung, Raum-
temperaturregler, Schalter
für eine Lampe und Präsenz-
sensor (jeweils mit Busan-
koppler BA)

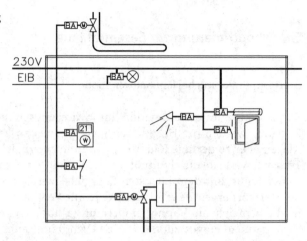

**Bild J4-3** Raumautomati-
on mit Heizen/Kühlen und
Energieoptimierung in der
Zentrale über Bus-Systeme

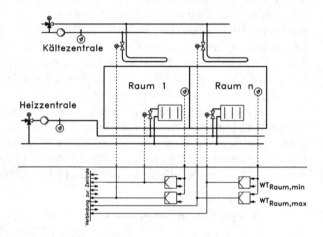

Voraussetzung für die Anwendung dieses Verfahrens auf die Raumtemperaturregelung ist der Einsatz von Ventilen, die nicht sehr stark entartet sind, da
sonst im oberen Öffnungsbereich kaum noch eine Änderung der Raumtemperatur erfolgt. Am besten ist hier der Einsatz von Ventilen mit gleichprozentiger
Kennlinie. Damit ergibt sich gerade im Öffnungsbereich um 90% eine große
Änderung des Volumenstroms und damit auch der Raumtemperatur. Bild J4-3
zeigt die Verknüpfung der Ventilstellungen der Einzelraumregelungen sowohl
der Heiz- als auch der Kühlventile mit der Zentrale, um dort die Heizung und
die Kälteversorgung optimal an den Bedarf anpassen zu können.

Ein Verfahren, das unabhängig von der Ventilart und der Ventilautorität arbeitet, beruht auf der Übertragung der bleibenden Regelabweichung.
Hier wird eine Heizkurve in Abhängigkeit von der Außentemperatur eingestellt, die entschieden zu geringe Vorlauftemperaturen liefert. In den Räumen

befinden sich PI-Regler, die durch die zu geringe zur Verfügung gestellte Leistung eine bleibende Regelabweichung aufweisen. Der Raum mit der höchsten Regelabweichung wird über den Bus ausgewählt und proportional zu dieser Regelabweichung wird die Heizkurve angehoben. Da der Proportionalitätsfaktor sehr groß gewählt werden kann, wird die Vorlauftemperatur stark angehoben. Dadurch sinkt die bleibende Regelabweichung im Raum und die Vorlauftemperatur wird wieder abnehmen, so dass letztlich der Raum höchster Last eine Abweichung von ca. 0,1 K vom Sollwert hat. Die übrigen Räume werden auf den exakten Sollwert geregelt. Hier ist die Kennlinie des Ventils nicht von Bedeutung, da der Raum höchster Last immer mit 100% geöffnetem Ventil arbeitet.

Das gleiche Prinzip kann auch für die Festlegung der Kühlwasser-Vorlauftemperatur angewandt werden. Hier muss aber die Taupunkttemperatur mit berücksichtigt werden.

## J4.2
### Energieoptimierung in der Energieverteilung

Ein hohes Einsparpotenzial ist gegeben, wenn in der Energieverteilung der tatsächliche Bedarf berücksichtigt wird. Als Beispiel soll die Energieversorgung eines druckarmen Unterverteilers herangezogen werden, die exakt an den Bedarf angepasst werden kann. Bild J4-4 zeigt die Heizzentrale und eine Unterverteilung, von der die Versorgung der einzelnen Heizzonen erfolgt. Die Pumpe, die den Unterverteiler versorgt, sollte nur so viel Wasser umwälzen, wie in der Zone für die Energieversorgung benötigt wird. Das Prinzip der Auswahl desjenigen Ventils mit größter Öffnung kann auch hier herangezogen werden. In dem Abnehmerkreis mit höchster Last wird auch das Ventil

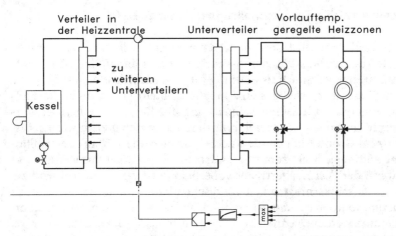

**Bild J4-4** Energieoptimierung in der Energieverteilung über drehzahlgeregelte Versorgungspumpe

**Bild J4-5** Rückströmung im
druckarmen Verteiler

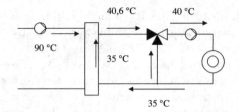

am weitesten geöffnet haben. Wird diese Ventilstellung in einen Regler als Ist-wert eingegeben und mit einem Sollwert von 90% verglichen, so kann der Reg-lerausgang direkt auf den Frequenzumrichter der Versorgungspumpe für den druckarmen Unterverteiler wirken. Hat das Ventil weniger als 90% geöffnet, so steht zu viel Energie zur Verfügung und die Drehzahl kann zurückgenom-men werden. Bei einer Öffnung über 90% muss die Drehzahl der Pumpe ange-hoben werden.

Zu beachten ist hier aber, dass in dem druckarmen Verteiler (hydraulische Weiche) eine Rückströmung stattfinden muss. Wie Bild J4-5 zeigt, kann bei einer Vorlauftemperatur von 90 °C aus dem Kesselkreis in dem Abnehmerkreis z. B. keine Vorlauftemperatur von 40 °C erreicht werden bei 90% Ventilöffnung, wenn nicht im druckarmen Verteiler eine sehr starke Rückströmung vorhanden ist. Vor dem 3-Wege-Ventil muss eine Temperatur von ca. 41 °C vorliegen, damit bei 90% Ventilöffnung 40 °C im Vorlauf erreicht werden. Hier ist es gleichgül-tig, welcher der Abnehmerkreise die meiste Energie benötigt und damit ver-antwortlich ist für die Drehzahl der Versorgungspumpe. Die Energieeinsparung der Pumpe ist sehr hoch, da sich die Pumpenleistung kubisch mit der Drehzahl ändert.

### J4.3
### Energieoptimierung in der Energieverteilung mit Brennwertkessel

Beim Brennwertkessel wird die Kondensationswärme des Abgases genutzt, wenn die Heizungsrücklauftemperatur unterhalb des Taupunktes des Abga-ses liegt. Aus diesem Grunde muss dafür gesorgt werden, dass dem Kessel bzw. dem Wärmeübertrager im Abgas eine möglichst niedrige Heizungsrücklauf-temperatur zugeführt wird. Eine Beimischung mit Kesselvorlaufwasser wür-de die Energieeinsparung sehr stark reduzieren bzw. unwirksam werden las-sen. Aus diesem Grunde sollten die Rücklaufstränge, die z. B. aus der Fußbo-denheizung kommen, direkt zum Abgaswärmeübertrager geführt werden. Das geht nur, wenn der Wärmeübertrager außerhalb des Kessels angeordnet bzw. eine separate Anschlussmöglichkeit vorgesehen ist. Um den Brennwert opti-mal zu nutzen, sollte der gemeinsame Rücklauf auch dem Abgaswärmeüber-trager zugeführt werden, wenn dessen Rücklauftemperatur niedrig genug ist. Dies kann über ein geregeltes 3-Wege-Ventil erfolgen, wie es Bild J4-6 zeigt. Durch die Beimischung der gemeinsamen Rücklauftemperatur wird die Was-

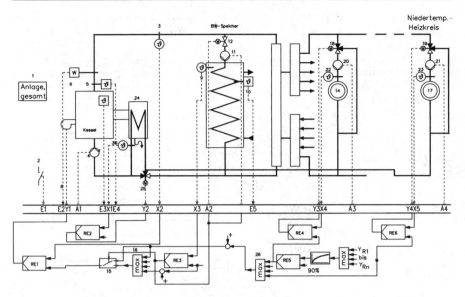

**Bild J4-6** Vollständige Regelungsstrategie für energieoptimierten Brennwertkessel-Einsatz

seraustrittstemperatur aus dem Abgaswärmeübertrager auf einen Sollwert, z. B. 50 °C geregelt.

Bild J4-6 zeigt die optimierte Regelungsstrategie der Gesamtanlage. Die Vorlauftemperatur der einzelnen Zonen kann entweder außentemperaturabhängig oder besser bedarfsabhängig aus den Ventilstellungen der Einzelraumregelungen geführt werden. Das Maximum der Sollwerte der einzelnen Vorlauftemperaturen bestimmt den Sollwert der Kesseltemperatur, wobei aus Gründen evtl. Verluste im Verteilsystem noch 1 bis 2 K zum Sollwert hinzuaddiert werden sollten.

Ist auch ein Brauchwasserspeicher in dem System vorhanden, so hat die Überlagerung der Kesseltemperatur durch die Mindestvorlauftemperatur des Brauchwasserspeichers im Falle der Aufladung des Speichers Vorrang, wie bereits in Bild J2-5 dargestellt.

Auch beim Brennwertkessel lässt sich eine hydraulische Weiche einsetzen. Jedoch muss eine Strömung von Kesselvorlaufwasser direkt in den Kesselrücklauf über den druckarmen Verteiler verhindert werden. Im druckarmen Verteiler muss der Massenstrom in der Mitte auf 0 geregelt werden. Erreicht wird dies durch eine Regelung der Kesselkreispumpe entsprechend Bild J4-7. Dazu wird die Kesselvorlauftemperatur ($\vartheta$1) zu der Abnehmerrücklauftemperatur ($\vartheta$3) addiert und als Sollwert einem Regler zugeführt, dessen Istwert sich aus der Kesselrücklauftemperatur ($\vartheta$4) plus der Abnehmervorlauftemperatur ($\vartheta$2) zusammensetzt. Der Reglerausgang wirkt auf den Frequenzumrichter der Kesselkreispumpe. Stimmen die beiden summierten Temperaturen nicht überein,

**Bild J4-7** Regelung der Kesselrücklauftemperatur auf
$(\vartheta 1 + \vartheta 3) = (\vartheta 2 + \vartheta 4)$ bei
Einsatz eines Brennwertkes-
sels, so dass im druckarmen
Verteiler kein Vorlaufwasser
in den Rücklauf gelangt

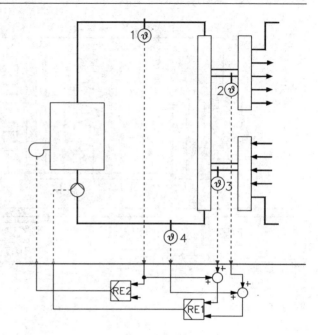

so wird die Drehzahl der Pumpe erhöht bzw. erniedrigt, bis sich wieder gleiche
Temperatursummenwerte eingestellt haben. Die Kesselvorlauftemperatur ($\vartheta 1$)
wird über einen zweiten Regler (RE2) auf den Maximalwert geregelt, der sich
entsprechend Bild J4-6 aus den einzelnen Zonen der Vorlauftemperaturregelun-
gen ergibt. Damit liegt eine optimale Anpassung der zur Verfügung gestellten
Leistung an die Verbraucher vor.

# K Wasserbehandlung in Systemen mit erwärmtem Brauch- oder Trinkwasser sowie in Dampferzeugungs- und Wasserheizanlagen

LUDWIG HÖHENBERGER

## K1 Systeme zur Erzeugung und Verteilung von erwärmtem Brauch- und Trinkwasser

### K1.1 Allgemeines, Aufgaben, Grenzen

Während für Trinkwasser die Qualitätsanforderungen klar durch die Trinkwasserverordnung [1] definiert sind, ergeben sich für Brauchwasser (siehe Bd. 1, L4) die Anforderungen aus den betrieblichen Erfordernissen, die erst eindeutig festzulegen sind. Brauchwasser wird z.B. als Brühwasser in Schlachthöfen, Ansetz- und Spülwasser für Färbereien und Textilausrüster, sowie für Spül- und Reinigungszwecke benötigt.

Hauptaufgabe einer ggf. durchzuführenden Wasserbehandlung ist der Schutz vor Ablagerung und Korrosion im Wassererwärmer, im Verteilsystem und beim Verbraucher.

Zum Schutz des Trinkwassers vor Verunreinigung sind hygienisch-toxikologische Faktoren vorrangig. Vor der Erstellung einer chemischen Wasserbehandlung sollen die physikalisch gegebenen Möglichkeiten zum Stein- und Korrosionsschutz genutzt werden (siehe Bd. 1, L6–L7), wie z.B. niedrige Wärmestromdichte und hoher Massenfluss bzw. hohe Fließgeschwindigkeit an der Heizfläche, um die Temperatur lokal niedrig zu halten, richtige Werkstoffwahl und angepasste konstruktive Ausführung.

Grenzen der Wasserbehandlung für die betreffenden Systeme ergeben sich sowohl aus der Trinkwasserverordnung [1], die nun die früher existente Trinkwasser Aufbereitungsverordnung einschließt, der DIN 1988 und DIN 2000 sowie aus den Abwassergesetzen [2–4], speziell den Abwasser-Verwaltungsvorschriften [5] und den lokal gültigen (erfragen!) Einleitbedingungen der Abwasserentsorger.

## K1.2
### Belagbildung und Schutzverfahren

## K1.2.1
### *Belagbildung*

Belagbildung in Anlagen für erwärmtes Trink- und Brauchwasser kann auf die Abscheidung von Wasserstein (meist Kalk) oder lokal gebildete Korrosionsprodukte zurückzuführen sein.

Die Wassersteinbildung ist überwiegend von der Zusammensetzung und der Temperatur des Wassers, sowie von der Temperatur und dem Werkstoff der Oberfläche abhängig. Die Kalkausscheidung zeigt sich fast immer zuerst im Wassererwärmer (heißeste Stelle), kann aber, speziell bei Wassertemperaturen > 60–70 °C auch im Rohrnetz auftreten.

Störende Beläge durch Korrosionsprodukte sind bei metallenen Werkstoffen möglich. Sie sind vor allem in Rohrnetzen aus verzinktem Stahl nicht selten und können zu Durchflussstörungen führen.

Grundlegende Ausführungen über die Bildung von Wasserstein und Korrosion sowie über Schutzmaßnahmen sind Band 1, L4 und VDI 2035 [6] zu entnehmen.

## K1.2.2
### *Schutz vor Belagbildung*

Für **Trink- und Brauchwasser** bestehen folgende Möglichkeiten zur Verminderung der Kalkausscheidung, ohne das Lebensmittel Trinkwasser in unzulässiger Art zu beeinflussen:

- Begrenzung der Trink- bzw. Brauchwassertemperatur auf 50–55 °C, max. 60 °C, bei verzinkten Materialien auch aus Korrosionsgründen (siehe Bd. 1, L7.3). Niedrigere Temperaturen sind bezüglich Wassersteinbildung wünschenswert, können aber zu Problemen mit Legionellen führen, besonders wenn die Bakterien bei langen Verweilzeiten im Netz viel Zeit zur Vermehrung haben (siehe [7] und DVGW-Merkblatt W 551 [8] und 552 [9]).
- Verwendung von Wärmeaustauschern mit geringer Grädigkeit, d.h. geringer Temperaturdifferenz zwischen erwärmtem Wasser und Heizmittel, z.B. zerlegbare Plattenwärmetauscher mit möglichst glatten Oberflächen aus korrosionsbeständigem Material, wie Werkstoff 1.4571 oder 1.4404 für Wässer mit Chloridkonzentrationen bis zu etwa 50–70 mg/l oder 1.4539 für Chloridgehalte bis ca. 150–200 mg/l, bei höheren Chloridwerten empfiehlt sich Titan. Wichtig ist eine möglichst niedrige Wärmestromdichte und ein guter Massenfluss an der Heizfläche.
- Verminderung der Verweilzeit des Wassers bei erhöhter Temperatur durch kleine Speicher- bzw. Netzvolumina, was sich auch bezüglich einer potenziellen Vermehrung von Legionellen positiv auswirkt. Optimal wären leis-

tungsfähige Durchlauferhitzer, z.B. Plattenwärmetauscher, mit Heizmittelspeicher.

- Dosierung (siehe Bd. 1, L5.3) von Polyphosphaten in einer Konzentration von 2–4 mg/l $PO_4$ (nach TrinkwV. [1] max. 6,7 mg/l $PO_4$) zur Stabilisierung des ausfällbaren Calciumhydrogenkarbonats für einen Zeitraum von ca. 8–12 Stunden.
- Enthärtung (siehe Bd. 1, L5.6.3 und DIN 19636) und Verschneiden mit Rohwasser (siehe TVO [1]) auf eine Erdalkalikonzentration (Härte) von 1,5–2,0 mmol/l, bei unverzinktem und verzinktem Eisen im System mit nachfolgender Dosierung alkalisierender Phosphate und/oder Silikate.
- Versuchsweise Verwendung sog. physikalischer Wasserbehandlungsgeräte mit der Vereinbarung des *uneingeschränkten* Rechtes auf Rückgabe innerhalb einer zu vereinbarenden Zeit von 6–12 Monaten.

Um die Wassersteinbildung in Systemen für erwärmtes Trink- und Brauchwasser in vertretbaren Grenzen zu halten, empfehlen sich folgende Maßnahmen:

Bei Wässern mit Gehalten an Calciumhydrogenkarbonat (Calciumkarbonathärte) von

| | |
|---|---|
| < 2 mmol/l | reichen die genannten physikalische Maßnahmen aus, |
| 2–2,5 mmol/l | sind physikalische Maßnahmen in den meisten Fällen ausreichend, ggf. ist die Dosierung von Polyphosphat unterstützend vorzusehen, |
| > 2,5 mmol/l | sind physikalischen Maßnahmen alleine oft nicht mehr ausreichend, es ist mindestens die Dosierung von Polyphosphat vorzusehen, |
| > 3 mmol/l | ist neben den physikalischen Maßnahmen die Enthärtung und nachfolgende Verschneidung vertretbar bzw. notwendig. |

Für **Brauchwasser** mit Temperaturen > 60 °C, speziell für Wässer mit 80–90 °C, besteht praktisch nur die Möglichkeit der Enthärtung und des nachträglichen Verschneidens auf eine Erdalkalikonzentration (Härte) von 0,5–1,0 mmol/l, wenn nicht entkarbonisiertes Wasser (siehe Bd. 1, L5) geeigneter Qualität zur Verfügung steht. Bei Wassertemperaturen > 60 °C kommt verzinkter Stahl für Rohre und Behälter aus Korrosionsgründen nicht mehr in Frage, u. U. aber unlegierter Stahl, wenn sich dünne Kalkbeläge als „Korrosionsschutzschichten" auf dem Grundwerkstoff ausbilden. Erhitztes Wasser bis zu 90 °C kann im reinen Durchlaufbetrieb mit Polyphosphaten ausreichend stabilisiert werden, wenn die Verweilzeit im Netz kurz ist (< 30 Minuten) und kaum Turbulenzzonen (z. B. Drosselventile, Pumpen) gegeben sind.

Brauchwasser, das für besondere betriebliche Anforderungen durch Enthärtung, Entkarbonisierung, Entsalzung oder Vollentsalzung aufbereitet wurde, benötigt keine besonderen Schutzmaßnahmen gegen Wassersteinbildung, da die so behandelten Wässer keine ausscheidbare Härte mehr aufweisen.

## K1.3
### Korrosion und Korrosionsschutz

### K1.3.1
*Korrosion*

In Anlagen für erwärmtes Trink- und Brauchwasser ist die Korrosion von der Zusammensetzung und der Temperatur des Wassers sowie von den eingesetzten Werkstoffen und deren Betriebsbedingungen abhängig. Sie kann im Wassererwärmer, in Speichern und im Rohrnetz auftreten. Erhöhte Gehalte von Korrosionsprodukten im Wasser, verminderter Wasserfluss und Leckagen können die Folge sein. Ursprünglich einwandfreies Trinkwasser kann dadurch in unzulässigem Maße verunreinigt werden.

Beim Brauchwasser können sich unerwünschte Effekte beim Verbraucher, z.B. Rostflecken und Farbveränderungen auf Textilien, einstellen.

Generelle Ausführungen über die Korrosion und den Korrosionsschutz gebräuchlicher Werkstoffe sind Band 1, L7 zu entnehmen.

### K1.3.2
*Korrosionsschutz*

Für Trink- und Brauchwassersysteme bestehen folgende Möglichkeiten zur deutlichen Minderung der Korrosionsbelastung, ohne das Lebensmittel Trinkwasser in unzulässiger Art zu beeinflussen, wobei die Dosierung von Chemikalien nur wirkt, wenn ausreichender Wasserfluss bezüglich Dauer und Menge gegeben ist!

- Generell: Auswahl geeigneter Werkstoffe, deren sachgerechte Verarbeitung und Inbetriebnahme (u.a. Spülung), abgestimmt auf die Medium- und Betriebsbedingungen (siehe Bd. 1, L7.3–7.4 und DIN 50930).
- Bei verzinkten und unverzinkten Eisenwerkstoffen: Entsäuerung und/oder Dosierung von alkalischen Mitteln (Phosphate, Silikate) zum Korrosionsschutz (nicht zum Steinschutz!). Bei verzinktem Stahl und Nitratgehalten > ca. 25 mg/l $NO_3$ ist das nicht immer wirksam, bei Nitratgehalten > ca. 40 mg/l $NO_3$ oft unwirksam.
- Bei Kupferwerkstoffen: Entsäuerung und pH-Wert Anhebung bei „weichen" Wässern bzw. Enthärtung, Verschneiden und Dosierung alkalischer Mittel bei „harten" Wässern. Beide Maßnahmen sind nur begrenzt wirksam bei Sulfatgehalten > 60–80 mg/l $SO_4$. Kupferinstallationen können auch durch mikrobielle Einflüsse korrodieren, weshalb saubere Verarbeitung, Spülung und ggf. Konservierung wichtig ist.
- Speicher können durch kathodische Schutzverfahren mit oder ohne Fremdstrom vor Korrosion geschützt werden (siehe Bd. 1, L7.4.4).

- Durch anorganische und organische Beschichtungen können vor allem größere Bauteile geschützt werden. Die Beschichtungen müssen den KTW-Regeln [10] entsprechen (siehe Bd. 1, L7.4).
  Seit einiger Zeit versucht man auch geschädigte Rohrsysteme im eingebauten Zustand mit Kunstharzen gegen fortschreitende Korrosion zu schützen. Voraussetzungen sind eine *optimale* Reinigung und die Einhaltung der Anwendungsbedingungen für die Beschichtung. Die Ergebnisse sind nicht immer befriedigend.

Bereits geschädigte Systeme müssen zur Entfernung von lockeren Korrosionsprodukten zumindest pulsierend mit Luft/Wasser oder Hochdruckwasser gespült (oder noch besser durch „Sandstrahlen" gereinigt) werden, bevor Chemikalien zum Korrosionsschutz eingesetzt werden.

Chemische Reinigungen mit Säuren sind nur mit Einschränkungen zu empfehlen, da bei Lecks die sekundären Schäden groß werden können und das Reinigungsmittel oft nur schwer aus dem System zu entfernen ist. Wenn nach einer Säurebehandlung Reste des Reinigungsmittels in Spalten und nicht gelösten Korrosionsprodukten verbleiben, ist dort die Korrosionsgefahr potenziert. Verzinkte Oberflächen werden durch Säuren (auch durch inhibierte Säuren) meist zu stark angegriffen. Kupferwerkstoffe lassen sich gut mit Zitronensäure reinigen.

Im Anschluss an jede Säurebehandlung muss eine einwandfreie Spülung und Neutralisation erfolgen, bevor durch Dosierung von Chemikalien der Aufbau von Schutzschichten erfolgen kann oder eine Beschichtung aufgebracht wird.

Durch unsachgemäße Desinfektion von Trink- und Brauchwassersystemen mit stark alkalischen Mitteln, wie Chlorbleichlauge und sauren Mitteln, wie Peressigsäure, können metallische Oberflächen stark geschädigt werden. Desinfektionsmittel sind immer in Anwendungsverdünnung einzubringen!

## K1.4
### Schutz von Trinkwassersystemen vor Verunreinigung

Im Trinkwasserbereich dürfen nur DIN/DVGW-geprüfte Mittel zur Herstellung (z.B. Gewindeschneidöle, Dichtpasten, Löthilfsmittel) und zum Betrieb nur zugelassene Schutzanoden und organische Beschichtungen nach DIN 4753 verwendet werden, um sowohl sensorische als auch hygienische Beeinträchtigungen zu vermeiden. Der Schutz des Trinkwassers vor Verunreinigungen mit Heizmedien ist in DIN 1988, Teil 4 geregelt. Je nach den Inhaltsstoffen des Heizmediums sind korrosionsgeschützte oder korrosionsbeständige Heizflächen oder auch Zwischenmedium Wärmeübertrager vorzusehen. Auch die Medien in Wärmepumpen und Solaranlagen sind in diesem Sinne zu behandeln.

Bei geeigneten Werkstoffen kann Trinkwasser innerhalb der Grenzen der TVO [1] frei von Korrosionsprodukten gehalten werden.

## K1.5
### Wasseraufbereitung und Konditionierung

Für **Trinkwasser** soll an der Übergabestelle in das Verbrauchsnetz immer ein Feinfilter eingebaut werden (siehe Bd. 1, L5.2).

Abhängig von der Rohwasser-Zusammensetzung, von den Werkstoffen und Temperaturen im System sowie den Anforderungen der Verbraucher sind ggf. abgestimmte Maßnahmen zum Korrosions- und Steinschutz, in Ausnahmefällen auch zur Entsalzung und weiterer Aufbereitung vorzusehen (siehe Bd. 1, L5–L6). Als solche sind u. a. zu nennen:

- Mengenabhängige Dosierung von in der TVO [1] zugelassenen Mitteln zum Korrosions- oder Steinschutz z. B. auf Basis Phosphat/Silikat (siehe K1.2 und K1.3)
- Enthärtung und Verschneiden mit Rohwasser auf eine Erdalkalikonzentration von 1,5–2 mmol/l und nachfolgende Chemikaliendosierung, siehe K1.2.
- Entsalzung mittels Umkehrosmose und nachfolgendes Verschneiden sowie Chemikaliendosierung, z. B. von stark salzhaltigem Wasser in Trockengebieten.
- Entkarbonisierung oder Entbasung (d.h. durch stark saure Kationenaustauscher in $H^+$-Form behandeltes Wasser) und Zusatz von Kalkwasser oder Kalkmilch, z. B. für die Getränkeindustrie.

Für **Brauchwasser** sind, je nach Anforderung der Verbraucher, alle im Band 1 beschriebenen Aufbereitungsverfahren möglich. Die Verfahren sind unter wirtschaftlichen und ökologischen Gesichtspunkten unter Einbeziehung der Qualität des Bedienungspersonals und des Aufstellungsortes (z. B. Salzsäurelagerung wegen des Korrosionseffekts nicht in Technikräumen!) auszuwählen.

Bei mehreren Wasserverbrauchern ist zu prüfen, ob nicht alle aus einer Wasseraufbereitungsanlage, ggf. aus verschiedenen Aufbereitungsstufen, zu versorgen sind. Wird z. B. für eine Geschirrspülanlage heißes Wasser und für Rückkühlwerke und Düsenbefeuchter kaltes Wasser benötigt, so kann bei einem Rohwasser mit > 2 mmol/l Karbonathärte wie folgt verfahren werden:

Für *Wassermengen > 120 m³/Tag* ist die Entkarbonisierung des Rohwassers mittels Ionenaustauscher, nachgeschaltetem Kohlensäure-Rieseler und Dosierung von Natronlauge auf einen pH-Wert von ca. 8–8,5 sowie nachfolgende Entsalzung des Teilstroms für die Düsenbefeuchter in Mischbettpatronen oder einer Vollentsalzungsanlage auf eine Leitfähigkeit < 1 µS/cm die beste Lösung.

Das entkarbonisierte, verrieselte und neutralisierte Wasser ist sowohl für die Spülmaschine als auch zum Nachspeisen der Rückkühlwerke gut verwendbar, da es kaum mehr ausscheidbare Härte aufweist. Für ein korrosionsbeständig ausgeführtes Rückkühlwerk kann das entkarbonisierte Wasser auch direkt verwendet werden, wenn es oben in das Rückkühlwerk eingespeist wird und beim Verrieseln die freie Kohlensäure an die Luft abgegeben werden kann. Das teilentsalzte Wasser erhöht den Wasserdurchsatz von Mischbettfiltern oder Vollentsalzungsanlagen, weil es um die Karbonathärte salzärmer ist als Rohwasser. Die Entkarbonisierung ist bei größerem Wasserverbrauch wirtschaftlicher und umweltfreundlicher als eine Enthärtungsanlage.

Für *Wassermengen* $< 70\,m^3/Tag$ (und schwacher Personalbesetzung oder weniger qualifiziertem Bedienungspersonal) ist eine Enthärtung mit nachgeschalteter Umkehrosmose eine brauchbare Alternative. Für die Spülmaschine und das Rückkühlwerk reicht enthärtetes und auf ca. 0,5–1 mmol/l mit Rohwasser verschnittenes Weichwasser aus, wenn in das Kühlwasser noch Mittel zur Härtestabilisierung und zur pH-Wert-Regulierung dosiert werden. Für den Düsenbefeuchter wird reines Weichwasser in einer guten Umkehrosmose-Anlage weiter behandelt, um eine elektrische Leitfähigkeit $< 20$, besser $< 10\,\mu S/cm$ zu erreichen. Durch diese Art der Aufbereitung werden etwas schlechtere Wasserqualitäten erreicht als vorbeschrieben, so dass mehr Korrektivchemikalien eingesetzt und Abstriche bei der Luftreinheit durch den Düsenbefeuchter hingenommen werden müssen.

# K2
# Warmwasser-, Heißwasser- und Fernwärme-Heiznetze

## K2.1
### Allgemeines, Aufgaben, Abgrenzungen

Ein in Kreislaufsystemen zum Wärmetransport dienendes Heizwasser muss so beschaffen sein, dass weder im Kessel oder Wärmeaustauscher, noch im Verteilnetz und an den Heizflächen Probleme oder Schäden durch Ablagerungen und Korrosion auftreten. Das Wasserheizsystem selbst muss so erstellt und betrieben werden, dass ordnungsgemäß konditioniertes Heizwasser nicht nachteilig verändert, d.h. primär der übermäßige Zutritt von Luft (Sauerstoff) und anderen Schadstoffen, z.B. Erdalkalien vermieden wird.

Dient Heizwasser zur Bereitung von erwärmtem Trinkwasser, so ist dessen Schutz vor Verunreinigung nach DIN 1988 hinsichtlich der Zusammensetzung des Heizwassers zu berücksichtigen.

Von den technisch gegebenen Klassifikationen von Wasserheizsystemen der DIN 4751, Teil 1–3 sind folgende Einstufungen wasser- und korrosionschemisch relevant:

Die Betriebstemperatur
- Warmwasserheizanlagen mit Temperaturen $< 100\,°C$.
- Niederdruckheißwassernetze mit Temperaturen von $100$–$120\,°C$.
- Hochdruckheißwassersysteme mit Temperaturen $> 120\,°C$.

Die Art der Druckhaltung
- Offene, d.h. mit der Atmosphäre direkt in Verbindung stehende, partiell belüftete Anlagen.

* Geschlossene, d.h. mit der Atmosphäre nicht direkt in Verbindung stehende Anlagen.

Folgende Faktoren sind weiterhin bedeutsam:
* Die Größe des Rohrnetzes (wegen der erhöhten Gefahr von Leckagen und Lufteinbrüchen bei großen Netzen) sowie das Füllvolumen und der Bedarf an Ergänzungswasser wegen der Masse an ausscheidbaren Wasserinhaltsstoffen, siehe abscheidbare Kalkmenge nach VDI 2035 [6])
* Die Art der Beheizung. Es ist wichtig, ob es sich um Systeme mit direkt befeuerten Kesseln (mit hohen Wandungstemperaturen), mit Mischkondensation (Kaskaden) oder um solche mit Wärmeaustauschern handelt.

Die wasser- und korrosionschemischen Anforderungen und Probleme sind bei großen Warm- und Heißwasserheizungen sehr ähnlich und werden deshalb gemeinsam behandelt. Dies zeigen auch die wasserchemisch relevanten Richtlinien der VdTÜV bzw. AGFW [11].

Für Anlagen zur Fernwärmeversorgung gelten die obigen Ausführungen sinngemäß. Fernwärmenetze sind in der Regel für Temperaturen $\geq 100\,°C$ ausgelegt und haben ein sehr verzweigtes Rohrsystem mit großem Füllvolumen.

## K2.2
### Belagbildung und Schutzverfahren

### K2.2.1
*Belagbildung*

Belagbildung in Kesseln und Wärmeaustauschern von Heizanlagen ist überwiegend auf die Abscheidung von Kesselstein (meist Kalk) zurückzuführen, siehe VDI 2035. Problematische Beläge aus Erdalkali-Silikaten können entstehen, wenn mit Silikaten konditioniertes Heizwasser Erdalkalien enthält oder durch Rohwasser verunreinigt wird.

Korrosionsprodukte (meist Eisenoxide) und Rückstände von der Fertigung können sich sedimentieren oder an Stellen hoher Wärmestromdichte fest brennen. Zu starke Belagbildung auf Heizflächen kann bei Kesseln zu thermisch bedingtem Werkstoffversagen und bei Wärmeübertragern zu schlechterer Grädigkeit und zu Korrosionsschäden führen, siehe Bilder K2-1 und K2-2.

Übermäßige Bildung von Korrosionsprodukt kann eine Verschlammung von Flächenheizungen und Durchflussstörungen an Ventilen und Wärmezählern zur Folge haben, siehe K2.3.

Chemisch-physikalische Faktoren der Belagbildung in Heizanlagen werden im Band 1, L6.4 beschrieben. Beim Einsatz von Frostschutzmitteln und Sonderchemikalien zur Konditionierung kann es bei unsachgemäßer Anwendung ebenfalls zur Bildung störender Ausscheidungen kommen.

**Bild K2-1** Calciumsilikat-Ablagerungen auf der Außenseite von Rohren (15 × 1,5 mm) aus Werkstoff 1.4541 des Wärmetauschers einer Heißwasseranlage der von innen mit HD-Dampf beheizt wurde. Unter dem Belag haben sich Chloride angereichert und an dem nichtrostenden Cr-Ni-Stahl zu Spannungsrisskorrosion (SpRK) geführt, siehe auch Bilder K2-2 a/b.

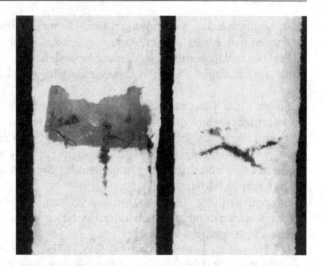

**Bild K2-2 a/b** Geätzte Mikroschliffe (Vergrößerung 100:1) mit Rissbeginn (a) und Rissauslauf (b) durch ein Rohr von Bild K2-1 mit chloridinduzierter, transkristalliner Spannungsrisskorrosion an dem ansonsten unauffälligen Cr-Ni-Stahl.

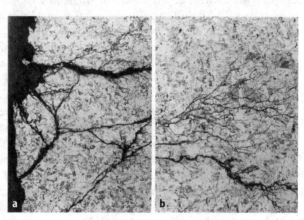

## K2.2.2
### Schutz vor Belagbildung

Belagbildung in Wasser-Heizkreisläufen ist vermeidbar, wenn die Qualität des Umwälz- und Ergänzungswassers richtig auf das System und dessen Betriebsverhältnisse abgestimmt wird. Für Systeme mit Heizkesseln sind bezüglich des Erdalkaligehaltes im Heizwasser ab einer bestimmten Heizleistung und bei Temperaturen > 100 °C schärfere Anforderungen zu stellen als für solche mit Wärmeübertragern.

In **Warmwasserheizungen mit Kesseln** sind gewisse Erdalkalikonzentrationen im Wasser und bestimmte Kalk-Belagdicken auf den Kesselheizflächen tolerierbar. Die Anforderungen an das Füll- und Ergänzungswasser in Abhängigkeit von der Gesamtkesselleistung und ausführliche Informationen über die Belagbildung durch Kalkausscheidungen sowie Schutzmaßnahmen sind VDI 2035 [6] zu entnehmen. Als Extrakt ergeben ergeben sich folgende Aussagen:

Für Heizanlagen mit einer Gesamtkesselleistung $< 100\,kW$ ist die Verwendung von unbehandeltem Trinkwasser als Füll- und Ergänzungswasser ausreichend.

Bis zu einer Gesamtkesselleistung von ca. $350\,kW$ ist unbehandeltes Wasser akzeptabel, wenn die Calcium-Karbonathärte (nicht die „Gesamthärte") im Füll- und Ergänzungswasser $< 2\,mmol/l$ beträgt und nicht mehr als das 3fache Anlagenvolumen eingespeist wird. Das trifft für viele Anwendungsfälle zu und ergibt bei einer Nachspeisung von 10% des Netzvolumens pro Jahr eine Zeitspanne von 20 Jahren.

Bei Anlagen mit einer Gesamtkesselleistung $> 350\,kW$ bis $1\,MW$ kann das 3fache Anlagenvolumen mit Wasser bis zu einer Calcium-Karbonathärte von $1,5\,mmol/l$ eingespeist werden.

Mit steigender Kesselleistung $> 1\,MW$, steigendem Netzvolumen und zunehmender Konzentration an Calciumhydrogenkarbonat (Ca-Karbonathärte $> 1,5$ bzw. $2\,mmol/l$) im Füll- und Ergänzungswasser sind abgestimmte Maßnahmen zur Wasseraufbereitung vorzusehen.

In den meisten Fällen reicht es für Anlagen von 1 bis 3 MW, wenn die Netzfüllung mit aufbereitetem Wasser (das man mit mobilen Enthärtungs- oder Entsalzungsanlagen herstellt oder sich z.B. von Kraftwerken besorgt) erfolgt und unbehandeltes Wasser unter Mengenerfassung nachgespeist wird.

Zur Wasseraufbereitung für Warmwasserheizanlagen ist die Enthärtung das gebräuchlichste Verfahren. Wenn Rohwässer mit einer Säurekapazität ($K_{S4,3}$) $\geq 4$–$5\,mmol/l$ nur enthärtet werden, kann sich durch Zersetzung des gebildeten Natriumhydrogenkarbonats längerfristig ein zu hoher pH-Wert im Heizungswasser ergeben. Bei stark salzhaltigem Rohwasser (über ca. $1000\,\mu S/cm$ elektrischer Leitfähigkeit und einer Säurekapazität ($K_{S4,3}$) $\geq 5\,mmol/l$) kann die Entsalzung mit Umkehrosmoseanlagen oder Ionenaustauschern notwendig werden.

Füll-, Ergänzungs- und Umwälzwasser mit einer Erdalkalikonzentration $< 0,5\,mmol/l$ schließt die Entstehung störender Kalkbeläge aus. Salzarmes Kreislaufwasser mit einer elektrischen Leitfähigkeit $< 100\,\mu S/cm$ ist für Anlagen mit $> 1\,MW$ Gesamtkesselleistung anzustreben, aber auch für kleinere Anlagen vorteilhaft. Wenn es auch noch schwach alkalisch (pH-Wert 8,8–9,5) und sauerstoffarm ($O_2$ $< 0,05\,mg/l$) ist, sind auch Korrosionsvorgänge minimiert, siehe K2.3.2 und K2.4.

Für **Warmwasserheizungen mit Wärmeaustauschern** sind im Heizwasser prinzipiell höhere Gehalte an Erdalkalien möglich, weil Heizflächen nicht thermisch geschädigt werden können. Da sich aber bei erhöhtem Erdalkaligehalt an den Heizflächen mehr Beläge bilden, dadurch der Wärmeübergang verschlechtert wird und die Korrosionsgefahr steigt, sind großzügigere Bedingungen als für Systeme mit Kesseln nicht erstrebenswert.

In **Heißwasseranlagen** mit Heizkesseln ist eine belagarme Betriebsweise der Heißwassererzeuger durch Einhaltung der in der TRD 612 [12] geforderten Qualität des Kreislaufwassers, siehe K2.4, Tabelle K2-1 sicherzustellen. Um die u. a. geforderte Erdalkalikonzentration von < 0,02 mmol/l einzustellen, ist zumindest die Enthärtung des Füll-, Ergänzungs- und Umwälzwassers erforderlich. Während in der TRD 612 nur die sicherheitstechnisch relevanten Mindestanforderungen für direkt befeuerte Heißwassererzeuger enthalten sind, berücksichtigt die VdTÜV bzw. AGFW-Richtlinie TCh 1466 bzw. 5/15 [11] auch Anforderungen, die sich aus dem Heiznetz selbst ergeben, sowie indirekt mit Wärmeaustauschern und Mischkaskaden beheizte Systeme, siehe K2.4, Tabelle K2-1 und K2-2. Sie bezieht wirtschaftliche, betriebliche und toxikologische Gesichtspunkte mit in die Betrachtungen ein. Für Anlagen mit Wärmeaustauschern wird eine Erdalkalikonzentration ≤ 0,2 mmol/l im Kreislaufwasser empfohlen.

Für Anlagen zur **Fernwärmeversorgung** gelten obige Ausführungen sinngemäß. In der VGB-Richtlinie M 410 [13] sind Anforderungen an die Qualität des Fernheizwassers beschrieben, siehe K2.4, Tabelle K2-3, bei deren Einhaltung sowohl Belagbildung als auch Korrosion vermieden wird. Diese Richtlinie gilt primär für große Fernwärmenetze und setzt eine salzarme Betriebsweise voraus.

Die Menge und Qualität des Ergänzungswassers soll bei allen Heißwasserheizungen erfasst werden, um sowohl den Eintrag belagbildender Stoffe beurteilen zu können, als auch Angaben über Leckraten zu erhalten.

## K2.3
## Korrosion und Korrosionsschutz

### K2.3.1
### *Korrosion*

In Wasserheizsystemen kann Korrosion auf der Wasser- und der Rauchgasseite auftreten. Rauchgasseitige Probleme sind primär bei Kesseln mit Öl-, Kohleoder Abfallfeuerung relevant und werden hier nicht behandelt; Hinweise dazu gibt die VDI 2035, Teil 3.

In Warmwasser- und Heißwasserheizungen tritt Korrosion bevorzugt durch erhöhten Zutritt von Luft bzw. Sauerstoff auf. Der Sauerstoff der Luft wird korrosiv verbraucht und zu Eisenoxiden umgesetzt, der im System verbleibende Stickstoff führt zu Gaspolstern (wichtiger Hinweis auf zu starken Luftzutritt!).

Auch geschlossene Wasserheizanlagen sind nur mehr oder weniger sauerstoffdicht. Vor allem an Armaturen (besonders wenn zu starke Umwälzpumpen eingebaut sind) oder wenn im Netz Unterdruck auftritt, wird häufig etwas Luft eingesaugt. Auch durch Flächenheizsysteme aus nicht sauerstoffdichten Kunststoffrohren (siehe DIN 4726) kann übermäßig viel Sauerstoff in Heiznetze gelangen.

Solange der Sauerstoffgehalt im Kreislaufwasser ≤ 0,05 mg/l $O_2$ liegt, ist kaum Korrosionsgefahr gegeben. Derart niedrige Gehalte führen in der Regel zur Flächenkorrosion, ohne die Lebensdauer von Stahlbauteilen deutlich zu mindern. Bei Gehalten $\geq 0,1$ mg/l $O_2$ kann an unlegiertem Stahl lokal Sauerstoff- bzw. Lochkorrosion auftreten. Dabei entstehen unter Materialverlust Eisenoxide, die in Form von Rostpusteln zu Querschnittverengungen und in Partikelform bei Sedimentation im System zur Verschlammung bzw. zu Umlaufproblemen führen können. Im ungünstigsten Fall kommt es zu korrosionsbedingten Leckagen.

Auch ein pH-Wert $\leq 8,5$ im Kreislaufwasser kann zu verstärktem Eisenangriff führen. Dies ist der Fall, wenn z.B. Reste von Frostschutzmitteln im System verblieben sind oder saure Chemikalien, wie Ascorbinsäure zur Sauerstoffbindung, verwendet werden. In Heiznetzen verbliebene Reste von Frostschutzmittel können sich durch Sauerstoff (auch in geringen Mengen) in organische Säuren umwandeln und zu flächenförmiger Korrosion im Netz führen. Durch Ausfällung der Korrosionsprodukte an Heizflächen kann es zu thermischen Schäden an Heizkesseln kommen.

Es ist wichtig, Frostschutzmittel durch mehrmaligen Wasserwechsel so weit aus dem Netz auszuspülen, bis der Gehalt an organischen Stoffen < 10 mg/l TOC (Total Organic Carbon) liegt.

Bei Verwendung von Natriumsulfit als Sauerstoffbindemittel kann es zur Bildung von Sulfiden kommen, die Buntmetalle unter Bildung von schwarzem Kupfersulfid korrosiv schädigen und zuerst dünnwandige Teile, wie Dehnungsbälge zerstören.

Wenn im Heizwasser Ammoniumgehalte über ca. 10 mg/l $NH_3$ vorliegen, kann an Buntmetallen und bei Chloridkonzentration über ca. 200 mg/l Cl an nichtrostendem Stahl Spannungsrisskorrosion auftreten (siehe Bd. 1, L7.3).

Bei erhöhten Gehalten an Chlorid (ca. > 80–100 mg/l Cl) und Natriumhydrogenkarbonat (> 5 mmol/l) im Wasser ist an Messing mit < 60% Cu Entzinkung möglich.

Ein pH-Wert > 9,0 im Heizungswasser kann zu Korrosionsschäden an Aluminiumbauteilen führen.

Durch pH-Werte über 10,5–11 im Kreislaufwasser können hanfgedichtete Gewinde, Ventilpackungen und Flächendichtungen zerstört und undicht werden. Dies tritt zuerst bei nicht sachgemäß ausgeführter handwerklicher Arbeit und nicht nachgezogenen Dichtflächen z.B. an Heizkörpern (auch bei niedrigerem pH-Wert) auf. Manche Dichtungen sind aber auch nicht ausreichend alkalibeständig.

Verschiedene organische Chemikalien, z.B. filmbildende Amine (z.B. Cetamin, Helamin, Odacon) und Korrosionsschutzöle können, vor allem bei Überdosierung, Elastomere, z.B. Gummikompensatoren und Membranen schädigen.

Schäden an Gleitringdichtungen sind meist auf das Auskristallisieren von Wasserinhaltsstoffen zurückzuführen, wenn das Medium in der Dichtung aufgrund der Druck- und Temperaturverhältnisse verdampfen kann. Auch erhöhte Gehalte an abrasiven Stoffen (z.B. Eisenoxide) können zur Schädigung beitragen.

## K2.3.2
### Korrosionsschutz

In Heizanlagen sind Eisenwerkstoffe (Stahl, Stahlguss, Gusseisen und nicht-rostender Stahl) und Buntmetalle (Kupfer, Messing, Rotguss) üblicherweise nebeneinander eingebaut. Aluminiumlegierungen nehmen eine Sonderstellung ein.

Eisen- und Kupferwerkstoffe sind problemlos vor Korrosion zu schützen, wenn ein schwach alkalisches, sauerstoffarmes Heizwasser, möglichst mit niedrigem Salzgehalt, vorliegt, das den Tabellen K2-1 bis K2-3 in Abschn. 2.4 entspricht. Der Tabelle K2-1 sind die Abgrenzungen für salzhaltiges und salzarmes Kreislaufwasser zu entnehmen.

In geschlossenen Heizanlagen nach DIN 4751 mit Ausdehnungsgefäßen mit Stickstoffpolster stellt sich ein ausreichend niedriger Sauerstoffgehalt von $\leq 0,05$ mg/l $O_2$ in der Regel von selbst ein. Auch der erwünschte pH-Wert von ca. 9 stellt sich nach ca. einem Monat Heizbetrieb oft von selbst ein, ggf. muss der pH-Wert durch schrittweise Zugabe von etwas Natriumhydroxid angehoben werden. Unter diesen Bedingungen bilden die genannten Eisen- und Kupferwerkstoffe Schutzschichten aus, die im praktischen Betrieb ein sehr ähnliches Korrosionspotenzial zeigen, so dass Kontaktkorrosion kein Problem darstellt.

Für Aluminium ist der für Eisen- und Kupferwerkstoffe ideale pH-Wert von 9–10 zu hoch. Ein pH-Wert von 9 ist als Kompromiss noch akzeptabel, wenn salzarmes Kreislaufwasser mit einer elektrischen Leitfähigkeit $< 100\,\mu S/cm$ gewählt wird.

Generell gilt, dass ein geringer Salzgehalt (entsprechend einer niedrigen elektrischen Leitfähigkeit) des Kreislaufwassers Korrosionsvorgängen entgegenwirkt, weshalb – besonders bei großen Netzen – salzarmes Wasser mit einer Leitfähigkeit $< 100$ bzw. besser $< 30\,\mu S/cm$ sehr von Vorteil ist. Bei salzarmem Wasser kann auch lokal und zeitlich befristet ein etwas höherer Sauerstoffgehalt toleriert werden, als bei salzhaltigem Wasser, siehe Tabelle K2-1.

Technisch richtig gebaute und betriebene Warm- und Heißwasserheizanlagen benötigen außer ggf. geringen Mengen an Alkalisierungsmitteln zur Einstellung des pH-Wertes keine speziellen chemischen Mittel, siehe K2.4. Dies gilt besonders, wenn durch salzarmes Füllwasser oder Teilstromentsalzung im Netz salzarmes Kreislaufwasser zirkuliert. Auch in Systemen mit salzhaltigem Kreislaufwasser mit einer elektrischen Leitfähigkeit $> 100\,\mu S/cm$ ist der Zusatz besonderer Chemikalien nicht zwangsläufig erforderlich, wenn dessen Sauerstoffgehalt 0,02 mg/l nicht übersteigt. Das ist in vielen Anlagen gegeben und durch Sauerstoffmessung nachzuprüfen.

Wenn durch Flächenheizsysteme aus nicht sauerstoffdichten Kunststoffrohren (siehe DIN 4726) zuviel Sauerstoff in Heiznetze gelangt und zur Verschlammung und zu Korrosionsschäden führt, schafft eine Systemtrennung (mit einem abgetrennten sauerstoffhaltigen Kreislauf in korrosionsbeständiger Ausführung) dauerhafte Abhilfe. Als Kompromiss ist der Einsatz von Korrosionsinhibitoren und Sauerstoffbindemitteln möglich, wenn eine regelmäßige Kontrolle der Wirksamkeit der Mittel erfolgt; unter Umständen ist in Abständen ein Ersatz der Wasserfüllung notwendig. Bei sauerstoffdichten Kunststoffrohren ist keine dieser Maßnahmen erforderlich.

Der Einsatz von Frostschutzmitteln ist nur in Warmwasserheizungen und in Heißwasseranlagen mit Wärmeübertragern erlaubt. Die andere Viskosität, Wärmeleitfähigkeit und spezifische Wärmekapazität von Glykol-Wasser-Gemischen kann in Heißwassererzeugern die thermischen Bedingungen so verändern, dass die Kühlung der Heizflächen unzureichend wird und Schäden auftreten. Die vom Mittelhersteller geforderte Mindestkonzentration ist auch aus Gründen des Korrosionsschutzes einzuhalten.

Systeme zum Abscheiden von Gasen sind in technisch richtig gebauten und betrieben Warmwasserheizungen im Dauerbetrieb nicht erforderlich, können aber die Entlüftung komplexer und schlecht entlüftbarer Anlagen bei der Inbetriebnahme sehr erleichtern.

Wenn Gasabscheider mit automatischer Nachspeisung (ohne Wassermesser) und ohne Anzeige der Entlüftungsintervalle eingebaut sind, bleiben unter Umständen gewisse Mängel an Heizanlagen unentdeckt. Manuell häufig notwendiges Nachspeisen fällt auf und weist auf Wasserverluste hin. Häufig notwendiges Entlüften ist ein sicheres Anzeichen für zu starkes Lufteinziehen, siehe K2.3.1.

## K2.4
## Wasseraufbereitung, Konditionierung und chemische Anforderungen für Wasserheizsysteme

In **Warmwasserheizanlagen** ist die Art der Wasserbehandlung abhängig von deren Wasserinhalt bzw. Heizleistung, siehe K2.2.2. Für Anlagen bis zu 100 kW werden keine, für Anlagen bis 1 MW eingeschränkte Anforderungen an die Beschaffenheit des Füll- und Ergänzungswasser gestellt. Mit steigender Heizleistung kann eine Enthärtung oder Entsalzung durch Ionenaustauscher oder Umkehrosmose (siehe Bd. 1, L5) erforderlich werden, um zu starke Belagbildung auf Heizflächen zu vermeiden.

Für größere Heiznetze (etwa $\geq 1$ MW Gesamtheizleistung) sollte salzarmes Kreislaufwasser mit einer elektrischen Leitfähigkeit $< 100\,\mu S/cm$ angestrebt werden, um Korrosion und Belagbildung zu minimieren. Solche Anlagen werden zweckmäßig mit Leitungswasser abgedrückt, normal entleert und dann mit entsalztem oder vollentsalztem Wasser wieder gefüllt. Dabei kann ein Rest von bis zu ca. 10% des Füllvolumens an Rohwasser im System verbleiben, was sich meist positiv auf die Alkalisierung des Kreislaufwassers und die Nachdichtung von Dichtflächen auswirkt. Salzarmes Füllwasser kann mittels Tankwagen von Kraftwerken als VE-Wasser (vollentsalztes Wasser), durch mobile (auszuleihende) Mischbettfilter, mobile Umkehrosmose-Anlagen oder durch vorhandene Entsalzungsanlagen erhalten werden. Wenn die Anlagen geringe Leckverluste aufweisen, reicht oft unbehandeltes Wasser zur Nachspeisung aus.

Die chemischen Mindestanforderungen an das Kreislaufwasser von konventionellen Warmwasserheizungen lauten wie folgt:

| | |
|---|---|
| pH-Wert bei 25 °C: | 8,8–9,5 (max. 10) |
| pH-Wert bei 25 °C bei Aluminiumbauteilen: | 8,5–9,0 |
| Sauerstoffgehalt ($O_2$): | $\leq 0{,}05$ (max. 0,1*) mg/l |
| Elektrische Leitfähigkeit bei 25 °C: | < 500 (besser $\leq 100$) µS/cm als Ausnahme max. 1000 µS/cm** |
| Calcium-Karbonathärte: | möglichst < 1 mmol/l I |

* Nur in salzarmem Wasser mit elektrischer Leitfähigkeit bei 25 °C < 30 µS/cm
** Nur bei einem pH-Wert bei 25 °C von 9,5–10

Wenn sich im Heizwasser ein pH-Wert von 8,8–9,5 nicht von selbst einstellt, ist das Wasser mit geringen Mengen an Natriumhydroxid (Natronlauge) oder Trinatriumphosphat schrittweise mit kleinen Mengen dieser Stoffe zu alkalisieren. Wegen der Gefahr von Spannungsrisskorrosion an Messing nicht Ammoniak und wegen der Belagbildung bei erdalkalihaltigem (nicht härtefreiem) Wasser keinesfalls Silikate verwenden! Für salzarmes Wasser reichen meist ca. 4 g Natriumhydroxid (NaOH) pro m³ Wasser aus, um den pH-Wert auf ca. 9 anzuheben. Wenn sich z. B. beim Einsatz von enthärtetem Wasser oder durch dauernde Chemikalienzugabe ein zu hoher pH-Wert ergibt, ist die Anlage zu entleeren und mit entsalztem Wasser mit 10% Rohwasserbeimischung zu füllen.

Sollte nach einem Monat Dauerbetrieb noch ein Sauerstoffgehalt $\geq 0{,}1$ mg/l $O_2$ gemessen werden, müssen primär die Ursachen für den Sauerstoffzutritt beseitigt werden. Erst dann ist an eine Teilstrom-Vakuumentgasung oder den Zusatz von Sauerstoffbindemitteln (siehe Bd. 1, L5.8) oder Korrosionsinhibitoren zu denken. Sauerstoffbindemittel oder spezielle Korrosionsinhibitoren sind in der Regel nur notwendig, wenn Flächenheizungen mit nicht sauerstoffdichten Kunststoffrohren vorliegen und eine Systemtrennung nicht praktikabel ist.

Für **Heißwasserheizanlagen** mit befeuerten Heißwassererzeugern ist zumindest erdalkalifreies (härtefreies) Füll-, Ergänzungs- und Kreislaufwasser nach Tabelle K2-1 erforderlich, siehe TRD 612 [12] und VdTÜV/AGFW Merkblatt [11]. Lediglich für indirekt beheizte Anlagen mit Wärmeübertragern sind Erdalkaligehalte bis zu 0,2 mmol/l im Kreislaufwasser zu tolerieren. Bei Heißwasseranlagen ist für das Füll- und Ergänzungswasser zumindest eine Enthärtung, bei einer Säurekapazität bis pH 4,3 ($K_{S4\,3}$) im Rohwasser > 5 mmol/l und bei Leitfähigkeiten > 1000 µS/cm ggf. auch eine Teilentsalzung oder Entsalzung mittels Umkehrosmose bzw. Ionenaustauscher (siehe Bd. 1, L5) vorzusehen. Bei alleiniger Enthärtung des Füll- und Ergänzungswassers ist meist nur der Betrieb mit salzhaltigem Heizwasser nach Tabelle K2-1 möglich, bei dem der Sauerstoffgehalt auf unter 0,02 mg/l beschränkt ist. Durch Verwendung salzarmen Wassers (Permeat, entsalztes oder vollentsalztes Wasser, Kondensat) lässt sich der Betrieb mit salzarmem Kreislaufwasser realisieren, welcher das Korrosionsri-

**Tabelle K2-1** Richtwerte für das Kreislaufwasser in Heißwasser und Warmwasserheizanlagen mit befeuerten Heißwasser-Erzeugern *(Zusammengefasster Auszug aus der TRD 612 und der VdTÜV-Richtlinie TCh 1466 bzw. dem AGFW-Merkblatt 5/15).*

| | Einheit | salzarm | | salzhaltig |
|---|---|---|---|---|
| Elektr. Leitfähigkeit bei 25 °C | µS/cm | 10–30 | >30–100 | >100–1500 |
| Allgemeine Anforderungen | – | klar, ohne Sedimente | | |
| ph-Wert bei 25 °C | – | 9–10[1,*] | 9–10,5[1,*] | 9–10,5[1,*] |
| Sauerstoff ($O_2$) | mg/l | <0,1[2,*] | <0,05[2,*] | <0,02[2,3,*] |
| Erdalkalien (Ca + Mg) | mmol/l | <0,02 | <0,02 | <0,02 |
| Phosphat ($PO_4$)[1] | mg/l | <5[4] | <10[4] | <15 |
| Bei Einsatz von Sauerstoffbindemitteln: | | | | |
| Hydrazin ($N_2H_4$)[5] | mg/l | 0,3–3 | 0,3–3 | 0,3–3 |
| Natriumsulfit ($Na_2SO_3$) | mg/l | – | – | <10 |

[1] Sollen die Bestimmungen der Trinkwasser-Verordnung eingehalten werden, dürfen der pH-Wert 9,5 und die $PO_4$-Konzentration von 7 mg/l nicht überschritten werden.
[2] Im Dauerbetrieb stellen sich normalerweise deutlich niedrigere Werte ein.
[3] Werden geeignete Korrosionsinhibitoren verwendet, kann die Sauerstoffkonzentration im Kreislaufwasser bis zu 0,1 mg/l betragen.
[4] Für Heißwassererzeuger mit Rauchrohrheizflächen, z.B. Flammrohr-Rauchrohr-Kessel, ist als untere Phosphat-Konzentration der halbe Maximalwert von 2,5 bzw. 5 mg/l $PO_4$ einzuhalten.
[5] Nur für Heizsysteme ohne direkte Trinkwassererwärmung.
* Anforderung gemäß TRD 611

siko deutlich vermindert. Bei Leitfähigkeiten < 100 µS/cm können deshalb für eine begrenzte Zeit höhere Sauerstoffgehalte toleriert werden, wobei sich im ungestörten Dauerbetrieb aber weit niedrigere Sauerstoffkonzentrationen einstellen, als die maximal zulässigen Werte.

Salzarmes Kreislaufwasser mit einer elektrischen Leitfähigkeit < 100 µS/cm ist anzustreben für Systeme mit

- stark verzweigten großen Rohrnetzen (große Industrie- und Fernwärmesysteme),
- längeren Stagnationszeiten, auch von Teilen des Rohrnetzes,
- stark schwankenden Drücken und Temperaturen und
- einer Vielzahl verschiedener Werkstoffe.

Das VdTÜV/AGFW-Merkblatt [11] gibt Hinweise für die Aufbereitung, Konditionierung und Qualität von Kreislaufwasser in Heißwasser- und Warmwasser-Heizanlagen der Industrie und Fernwärmeversorgung und gilt für Heißwasserheizungssysteme mit zulässigen Vorlauftemperaturen > 100 °C, unabhängig von der tatsächlichen Betriebstemperatur, sowie für Warmwasserheizanlagen im Verbund mit Fernwärmenetzen.

Es werden sicherheitstechnisch ausreichende Lösungen für den Regelfall aufgezeigt und hygienisch-toxikologische sowie wirtschaftliche Aspekte berücksichtigt.

Anlagenspezifische und wasserchemische Besonderheiten von Heißwassersystemen werden behandelt für Anlagen mit

- direkter (unmittelbarer) Beheizung in Heißwassererzeugern, siehe Tabelle K2-1
- indirekter (mittelbarer) Beheizung, z. B. in Wärmetauschern
- Anlagen mit Mischkondensation (Mischkaskaden), bei denen das Überlaufwasser der Heizanlage als Speisewasser für Dampferzeuger dient, siehe Tabelle K2-2.

In dem Merkblatt wird auch auf hygienische Gesichtspunkte bei der Trinkwassererwärmung und den Anschluss von Trinkwassererwärmern eingegangen. Es enthält ferner Hinweise zur

- Dosierung, Probenahme und Korrosionskontrolle,
- Ausführung der Gesamtanlage (Werkstoffe, Druckhaltung und Wasserbevorratung), soweit diese relevant für Korrosion und Belagbildung sind,
- Konservierung von Heißwasseranlagen.

**Tabelle K2-2**  Richtwerte für das Kreislaufwasser von Heißwasser-Heizanlagen mit Mischkondensation (Kaskadensysteme) *(Auszug aus der VdTÜV-Richtlinie TCh 1466 bzw. dem AGFW-Merkblatt 5/15).*

|  | Einheit | salzarm | salzhaltig |
|---|---|---|---|
| Elektr. Leitfähigkeit bei 25 °C | µS/cm | < 50 | < 250 |
| Allgemeine Anforderungen | – | klar, ohne Sedimente | |
| pH-Wert bei 25 °C | – | 9–10 | 9–10,5 |
| Säurekapazität bis pH 8,2 ($K_{S\,8,2}$) | mmol/l | 0,02–0,2 | 0,02–0,5 |
| Erdalkalien (Ca + Mg) | mmol/l | < 0,01 | < 0,01 |
| Sauerstoff ($O_2$) | mg/l | < 0,02[1] | < 0,02[1] |
| Phosphat ($PO_4$)[1] | mg/l | < 3 | < 3 |
| Öl/Fett | mg/l | < 1 | < 1 |
| Bei Einsatz von Sauerstoffbindemitteln: | | | |
| Hydrazin ($N_2H_4$)[2] | mg/l | 0,1–0,5 | 0,2–2,0 |
| Natriumsulfit ($Na_2SO_3$) | mg/l | 3–6 | 3–6 |

[1] Richtwert für die Verwendung als Kesselspeisewasser (Vorlauf); im salzarmen Kreislaufwasser ist im Rücklauf eine $O_2$-Konzentration bis < 0,05 mg/l tolerierbar.
[2] Nur für die Heizsysteme mit indirekter Trinkwassererwärmung.

Nach der TRD 604 [16] ist einmal wöchentlich die Zusammensetzung des Kreislaufwassers zumindest auf die in TRD 612 [12] genannten Parameter zu überprüfen.

Bei nicht ständiger Beaufsichtigung von Heißwassererzeugern nach TRD 604 sind unterschiedliche Maßnahmen zur Absicherung gegen Belagbildung und Korrosion durch Fremdstoffeinbrüche (z.B. Erdalkalien, Säuren, Laugen, Salze, Öl/Fett) vorzusehen, die auch für dauernd beaufsichtigte Dampferzeuger empfehlenswert sind.

Für große Netze und Fernwärmesysteme kann eine Teilstromentgasung erforderlich werden, wenn die Sauerstoffkonzentration über den Richtwerten der Tabellen K2-1 und K2-3 liegt und chemische Methoden ausgeschlossen sind, siehe Bd. 1, L5.8. Mischkondensationssysteme haben einen Entgaser in Form der Kaskade für die volle Umwälzwassermenge eingebaut, wenn man aus dieser etwas Schwadendampf abzieht. Für Heißwasseranlagen ist die Überdruckentgasung einer Vakuumentgasung vorzuziehen.

Die *Überdruckentgasung* ist einfacher zu regeln, führt dem System Energie und Wasser in Form von Kondensat zu und erniedrigt die Leitfähigkeit des Kreislaufwassers. Sie erfordert aber Dampf mit $\geq 0,5$ bar Überdruck und ist bei vorhandener Dampfversorgung wirtschaftlicher als die Vakuumentgasung.

Die *Vakuumentgasung* ist nur einfach zu regeln, wenn die Temperatur des Wassers nicht mehr als um $\pm 10$ K schwankt, entzieht dem System Energie und Wasserdampf und erhöht die Leitfähigkeit des Kreislaufwassers. Bei Leckagen am Vakuumentgaser kann der Sauerstoffgehalt sogar erhöht werden!

Die Nach- und Rückspeisegefäße von Heißwasseranlagen sollten indirekt auf etwa 105 °C beheizt werden, um das Ergänzungswasser thermisch zu entgasen und das Überlaufwasser aus dem Netz sauerstoffarm speichern zu können. Zum Minimieren von Energieverlusten soll das Brüdenventil des Gefäßes ca. 15 Minuten vor dem Nachspeisen von Ergänzungswasser öffnen, während der Nachspeisung offen bleiben und ca. 30–60 Minuten danach wieder schließen. Während der übrigen Zeit wird im Speichergefäß ein geringer Überdruck durch indirekte Beheizung gehalten.

Technisch richtig gebaute und betriebene Heißwasserheizanlagen benötigen als Chemie nur geringe Mengen von Alkalisierungsmitteln (z.B. zur Trinkwasserbehandlung zugelassenes Natriumhydroxid oder Trinatriumphosphat), insbesondere wenn salzarmes Kreislaufwasser vorliegt.

Der Zusatz von Sauerstoffbindemitteln, speziellen Korrosionsinhibitoren und schutzfilmbildenden Chemikalien in Heißwasserheizkreisen ist in aller Regel nicht notwendig und bei Netzen mit erdverlegten Leitungen bei Leckagen auch nicht ohne Probleme.

Der Einsatz besonderer Chemikalien ist nur dann akzeptabel, wenn die grundlegenden physikalischen Möglichkeiten nicht ausgeschöpft und dazu notwendige technische Änderungen nicht realisiert werden können. Die Chemie beseitigt hier nicht die Ursache von technischen Mängeln, sondern deren Auswirkungen! Wenn Leckagen durch Außenkorrosion verursacht werden, nutzen Chemikalien im Heizwasser ohnehin nicht.

Für den Ersatz von Sauerstoffbindemitteln (siehe Bd. 1, L5.8) ist das Merkblatt Hydrazin der BG Chemie M 011 in der aktuellen Fassung (letzte Fassung Juni 1995 [14]) zu berücksichtigen, das auch Alternativen zum Einsatz von Hydrazin beschreibt.

Für **Heißwasseranlagen zur Fernwärmeversorgung** gelten die obigen Ausführungen zu den direkt oder indirekt beheizten Systemen sinngemäß. Wegen der Größe der Netze und der großen Netzvolumina ist aber salzarmes Wasser mit einer elektrischen Leitfähigkeit $< 30\,\mu S/cm$, unbedingt aber solches mit $< 100\,\mu S/cm$ anzustreben, um die Korrosionsgefahr zu minimieren. Beim Einsatz von magnetisch-induktiven Durchflussmessern ist eine Mindestleitfähigkeit von ca. $10\,\mu S/cm$ erforderlich. Spezielle wasser- und korrosionschemische Informationen über die Aufbereitung von Fernwärmeheizwasser können der VGB-Richtlinie M 410 [13], siehe auch Tabelle K2-3, entnommen werden.

Um den Betrieb mit salzarmem Wasser sicherzustellen, sind neben geeigneten Anlagen zur Entsalzung und Entgasung des Füll- und Ergänzungswassers auch Teilstromverfahren für 2–6% der Umwälzmenge zur Aufbereitung (z.B. Filtration, Entsalzung und Entgasung, siehe Bd. 1, L5) des zirkulierenden Wassers vorzusehen.

Beim direkten Anschluss von Verbrauchern (ausgenommen Lufterhitzer) kann die Gefahr von Schadstoffeinbrüchen in Fernwärmesysteme bestehen. Obwohl wärmetechnisch schlechter, empfiehlt es sich aus diesem Grund, Verbraucher, die ein System mit Öl, Fett, Säuren und Salzen verunreinigen können, nur indirekt anzuschließen, da derartige Verunreinigungen nur mit großem Aufwand wieder entfernt werden können.

Für Fernwärmenetze sind die technischen Anschlussbedingungen für Kunden, inklusive der zugelassenen Werkstoffe, sauber zu definieren.

**Tabelle K2-3** Qualitätsanforderungen an Fernheizwasser (*Auszug aus dem VGB-Merkblatt M 410 N*).

| Parameter | Einheit | Richtwert | Normal-Betriebsart |
|---|---|---|---|
| elektrische Leitfähigkeit bei 25 °C | $\mu S/cm$ | $< 100$ | $< 30$ |
| elektrische Leitfähigkeit hinter starksaurem Kationenaustauscher bei 25 °C | $\mu S/cm$ | – | $< 10$ |
| pH-Wert bei 25 °C | | 9 bis 10 | 9,5 bis 10 |
| Sauerstoff ($O_2$) | mg/l | 0,02 | $< 0,01$ |
| Chlorid (Cl) | mg/l | – | $< 1$ |
| Gesamt-Eisen (Fe) | mg/l | – | $< 0,03$ |

## K3
# Dampferzeugung und Dampf-/Kondensatnetze

### K3.1
### Allgemeines, Aufgaben, Abgrenzungen

Dampf wird für die verschiedensten Zwecke in Form von Niederdruck(ND)dampf (mit ≤ 1 bar Überdruck) oder Hochdruck(HD)dampf (mit > 1 bar Überdruck) in befeuerten Kesseln und in indirekt mit Dampf oder Heißwasser beheizten Dampfumformern und in sog. Reindampferzeugern hergestellt. Für kleine Dampfmengen sind Elektrodampferzeuger mit Widerstandsheizstäben oder Induktionsheizung gebräuchlich, die in der Haustechnik meist nur ND-Dampf erzeugen.

Dampf wird direkt (zur Befeuchtung, Sterilisation und Mischkondensation) und indirekt, unter Verwendung von Wärmeübertragern, für Heizzwecke verwendet. Dampfproduktion zur Energieerzeugung mittels Turbinen wird hier nicht betrachtet.

An den Dampf sind, abhängig vom Verwendungszweck, unterschiedliche Qualitätsanforderungen zu stellen, die wie folgt umrissen werden können:

- Zur indirekten Beheizung, z.B. Raum- und Produktheizung (ausgenommen Lebensmittel-, Pharma- und Kosmetikindustrie) sowie Heiz- und Brauchwasserbereitung brauchen an den Dampf nur die Anforderungen gestellt zu werden, die sich aus den Werkstoffen der Dampf- und Kondensatleitungen sowie der Heizflächen ergeben. Sattdampf und Kondensat, mit ≥ 5 mg/l freiem Kohlendioxid ($CO_2$, Kohlensäure), meist herrührend von unzureichender Speisewasserbehandlung, lösen unlegierten Stahl langsam auf.
- Zur indirekten Beheizung von z.B. Lebensmitteln, Pharmazeutika und Kosmetika sowie zur Trinkwasserbereitung müssen an den Dampf, über die genannten korrosionschemischen Betrachtungen hinaus, auch toxikologische Anforderungen gestellt werden, sofern bei Leckagen Dampf in das Produkt eindringen kann. Sie können entfallen, wenn die Heizfläche gegen das Primär- *und* Sekundärmedium korrosionsbeständig ist oder durch Zwischenmedium-Wärmeaustauscher vom Primärdampf getrennt ist.
- Zur direkten Beheizung von z.B. Brauchwasser, Waschlauge, Heizwasser in Mischkondensationssystemen und zur Entgasung braucht der Dampf keine besondere Qualität aufzuweisen, das Kondensat verbleibt im erwärmten Medium.
- Zur direkten Verwendung von Dampf z.B. zur Luftbefeuchtung, Desinfektion und Sterilisation sind an diesen primär toxikologische Anforderungen zu stellen. Der Dampf muss dabei weitgehend frei von nicht flüchtigen Stoffen (z.B. Salzen aus mitgerissenen Kesselwasser) sein, um die Bildung von Rückständen zu vermeiden, siehe Bd. 2, O3.3.1. Der Gehalt an nicht kondensierbaren Gasen (z.B. Stickstoff, Sauerstoff) ist beim Einsatz in Sterilisatoren nach EN 285 begrenzt.

Durch entsprechende Aufbereitung des Kesselspeise- und Kesselwassers (siehe K3.4) muss nach TRD 601, 604 und 611 [12, 15–16] für befeuerte Kessel ein sicherheitstechnisch unbedenklicher Betrieb hergestellt werden können, d.h. ein Betrieb ohne störende Ablagerungen und Korrosion.

Für Dampfkesselanlagen ergeben sich auch Grenzen durch die lokalen Abwassersatzungen (erfragen!) für die Einleitung in Kanalsysteme sowie bei Direkteinleitung durch den Anhang 31 der Rahmen-AbwasserVwV [5].

## K3.2
## Belagbildung und Schutzverfahren

### K3.2.1
### *Belagbildung*

Auf der Heizfläche von Dampferzeugern können sich durch die Verdampfung von Wasser nichtflüchtige Inhaltsstoffe anreichern, beim Überschreiten der Löslichkeit ursprünglich gelöster Stoffe abscheiden und zu störenden Belägen führen.

Auch ungelöste Stoffe, wie Korrosionsprodukte, können an Stellen hoher Wärmestromdichte und an beheizten Phasengrenzen (Wasser/Dampf) festbrennen und zur Überhitzung des Werkstoffes sowie zur Korrosion führen. Sedimente ungelöster Stoffe können Sicherheits- und Regeleinrichtungen blockieren. Belagbildung ist deshalb an befeuerten HD- und ND-Dampferzeugern sicherheitstechnisch relevant und weitestgehend zu vermeiden. Bei indirekt und elektrisch beheizten Kesseln ist Belagbildung primär ein Faktor der Verfügbarkeit.

Am häufigsten sind Ablagerungen von Kesselstein (z.B. Karbonate und Phosphate der Erdalkalien im Gemisch mit Eisenoxiden, siehe Bd. 1, L6), die den Wärmeübergang mäßig behindern und relativ leicht wieder zu entfernen sind (siehe Bd. 1, L9). Sulfatstein (Gips) ist relativ selten. Silikatstein aus Erdalkalisilikaten und/oder reiner Kieselsäure behindert den Wärmeübergang 10mal mehr als Kesselstein, d.h. 0,1 mm Silikatstein haben den selben Effekt wie 1 mm Karbonatstein. Silikate sind nur in Flusssäure wieder aufzulösen.

Organische Stoffe, z.B. von Produkteinbrüchen, aber auch Ionenaustauscher-Harze von der Wasseraufbereitung, können zur Bildung sehr problematischer Beläge führen, sofern diese z.B. Eiweiß, Fett und Kohlenstoff enthalten. Diverse organische Stoffe sind in der Lage, den Geruch von Dampf langfristig zu beeinträchtigen.

Durch Korrosionsvorgänge, meist durch Sauerstoff- oder Stillstandskorrosion (siehe Bd. 1, L7), lokal entstandene Beläge führen direkt nur selten zu Problemen durch Belagbildung, können aber nach dem Abplatzen an ungünstigen Stellen sedimentieren und dann Störungen verursachen.

## K3.2.2
### *Schutz vor Belagbildung*

Störende Beläge in Dampferzeugern sind durch entsprechende Aufbereitung und Behandlung des Speise- und Kesselwassers zu vermeiden. Die Wahl des Aufbereitungsverfahrens ist von mehreren Faktoren abhängig, die in K3.4 beschrieben sind. Erdalkalifreies Speisewasser wird nach den relevanten Regeln (TRD 611 [12]) und Richtlinien (VdTÜV, TCh 1453 [16]) vorausgesetzt, in welchen auch weitere wasserchemische Bedingungen für einen belag- und korrosionsfreien Kesselbetrieb genannt sind. Wasserchemische Anforderungen und Richtwerte sind den Tabellen K3-1 und K3-2 zu entnehmen, siehe K3.4.

Für Dampferzeuger schädliche Stoffe dürfen weder im aufbereiteten Zusatzwasser (möglich sind Erdalkalien, Kieselsäure, Regeneriermittel und u. U. auch Ionenaustauscherharz) noch im Kondensat (möglich sind z. B. Korrosionsprodukte, Erdalkalien und Stoffe von der Produktion) enthalten sein. Eine übermäßige Anreicherung von Kesselwasser-Inhaltsstoffen muss durch ausreichende Absalzung bzw. Abflutung von Kesselwasser in Grenzen gehalten werden, was auch bei Verwendung von entsalztem und vollentsalztem Speisewasser gilt.

Da keine Wasser- und Kondensataufbereitung hundertprozentig wirkt, ist immer mit Spuren von Verunreinigungen zu rechnen, die sich, abhängig von der Eindickungszahl des Speisewassers, im Kesselwasser anreichern. Bei einer hohen Eindickungszahl von z. B. 1 : 100, entsprechend 1% Absalzung bzw. Abflutung bezogen auf die Speisewassermenge (d. h. Produktion von 99% Dampf aus 100% Speisewasser) ergibt sich eine 100fache Aufkonzentration, die in Dampferzeugern der Haustechnik und Industrie, selbst bei Einsatz von vollentsalztem Wasser, nicht überschritten werden soll. Um diesen Effekt und technisch nicht vermeidbare Fehler in der Wasseraufbereitung zu kompensieren, werden dem Kesselwasser Chemikalien zugesetzt, die eine Belagbildung vermindern (z. B. Phosphate) oder verhindern (z. B. Mittel mit komplexbildenden Eigenschaften). Sie werden teils als Kesselsteingegenmittel bezeichnet und wurden bis 2002 – wenn es sich um unbekannte Gemische handelte – von der Aufsichtsbehörde zugelassen und mit Kennzeichen z. B. KG 01/99 versehen. In der neuen Betriebssicherheitsverordnung (die seit 1.1.2003 die Dampfkesselverordnung ersetzt) ist eine derartige Prozedur nicht mehr vorgesehen. Besondere Zusatzmittel werden nach einem Anhang der TRD 611 beurteilt.

Bei nicht ständiger Beaufsichtigung von Dampferzeugern nach TRD 604 [16] ist bei der Möglichkeit eines den Dampferzeuger gefährdenden Einbruches von Fremdstoffen (z. B. Öl, Fett, Säuren, Laugen, Salze) eine selbsttätige, kontinuierliche Überwachung des Speisewassers erforderlich. Durch geeignete, zuverlässige Maßnahmen ist sicherzustellen, dass die Grenzwerte der TRD 611 nicht überschritten werden. Bei Überschreitung der Grenzwerte der TRD 611 ist die Beheizung abzuschalten und zu verriegeln.

Verunreinigungen durch Salze, Säuren, Laugen und z. T. Rohwasser können z. B. durch Leitfähigkeitsmessgeräte, Erdalkalien durch Härtemessgeräte ausreichend sicher erfasst werden. Die Absicherung soll möglichst nahe am potentiellen Verunreiniger erfolgen, um Fremdstoffeinbrüche konzentriert zu erfassen und eine Kontamination des gesamten Speisewassers zu vermeiden. Bei Überwachung der Teilströme des Speisewassers (Zusatzwasser und Kondensat) ist die Abschaltung der Feuerung dann meist zu vermeiden, siehe K3.3.2.

Eine Absicherung gegen Fremdstoffeinbrüche ist auch für dauernd beaufsichtigte Dampferzeuger empfehlenswert.

## K3.3
## Korrosion und Korrosionsschutz

### K3.3.1
### *Korrosion*

An Dampferzeugern kann Korrosion auf der Wasserseite und auf der Rauchgasseite auftreten. Rauchgasseitige Probleme sind primär bei Kesseln mit Öl-, Kohle- und/oder Abfallfeuerung relevant und werden hier nicht behandelt.

Korrosion kann in allen wasserbeaufschlagten Bereichen der Kesselanlage z. B. in der Wasseraufbereitungsanlage, im Entgaser, Speisewasserbehälter, Economiser und Kessel, aber auch in Speisewasser- und Kondensatleitungen und -behältern auftreten. Die Korrosionsarten (siehe Bd. 1, L7) sind vielfältig.

An **un- und niedriglegiertem Stahl** am häufigsten anzutreffen ist die Sauerstoffkorrosion, die durch Luftzutritt nach dem Abstellen und Abkühlen von dampfführenden Komponenten entsteht und sowohl im Kessel als auch im Speisewasser- und Kondensatbereich zu Lochkorrosion führt. Auch Korrosion durch Kohlensäure ist nicht selten. Sie wird bei zu hohen Gehalten an gebundener Kohlensäure im Speisewasser während des Betriebes im Kessel freigesetzt und führt primär in Kondensatleitungen aus Stahl zu Schäden durch Flächenkorrosion.

Laugeninduzierte Spannungsrisskorrosion (SpRK) ist an Heizflächen mit beheizten Phasengrenzen, in beheizten Spalten und unter Ablagerungen möglich, wenn sich örtlich Laugekonzentrationen > 4 Gew.-% einstellen und gleichzeitig erhebliche Zugspannungen, z. B. an Schweißnähten, vorliegen.

An Heizflächen aus **nichtrostendem Stahl** kann durch unzureichende Qualität des Speise- oder Kesselwassers an beheizten Phasengrenzen und Spalten sowie unter Belägen durch lokale Anreicherung, selbst bei niedrigen Zugspannungen, sowohl chlorid- als auch laugeninduzierte SpRK auftreten.

**Kupferwerkstoffe** unterliegen bei zu hohen pH-Werten, insbesondere in Anwesenheit von Sauerstoff, der Flächenkorrosion, Messing zusätzlich der Entzinkung.

Bei Fremdstoffeinbrüchen können im Kessel Säurekorrosion, laugeninduzierte Spannungsrisskorrosion und Schäden durch Überhitzung (u. a. bei Fett-/

Öl-Einbrüchen) eintreten. Zu hohe pH-Werte im Kesselwasser können auch an Wasserstandsgläsern, Dichtungen und Packungen zu Schäden führen.

### K3.3.2
*Korrosionsschutz*

Im **Dauerbetrieb** können Anlagen zur Dampferzeugung und -verteilung aus unlegiertem Stahl sicher vor Korrosion geschützt werden, wenn die betreffenden wasserchemischen Richtwerte der Tabellen K3-1 und K3-2 (siehe K3.4) eingehalten werden. Zusätzliche Hinweise enthalten die relevanten Regeln (TRD 611 [12]) und die Richtlinien der VdTÜV, TCh 1453 [17], in welchen auch die wasserchemischen Voraussetzungen für einen belag- und korrosionsfreien Kesselbetrieb beschrieben sind.

Salzarmes Speisewasser mit einer elektrischen Leitfähigkeit $< 50\,\mu S/cm$ erleichtert den Korrosionsschutz, vor allem im Kondensatsystem, wenn es auf $< 0{,}02\,mg/l\ O_2$ entgast ist und einen niedrigen Gehalt an gebundener Kohlensäure ($< 5\,mg/l\ CO_2$) aufweist. Unter diesen Umständen ist der Wasser-/Dampfkreislauf durch Dosierung von geringen Mengen an nicht flüchtigen (z.B. Trinatriumphosphat oder Natriumhydroxid) und flüchtigen (z.B. Ammoniak $< 1\,mg/$ kg) Alkalisierungsmitteln so zu konditionieren, dass die wasser- und dampfbeaufschlagten Teile nach dem Stand der Technik vor Korrosion geschützt sind. Der dabei erzeugte Dampf kann für alle gängigen Zwecke, auch zur Luftbefeuchtung und Sterilisation in Krankenhäusern, in Lebensmittelbetrieben und indirekt zur Trinkwassererwärmung eingesetzt werden.

Für nur **zeitweilig betriebene** Anlagen aus unlegiertem Stahl ist der Korrosionsschutz erschwert, da beim Abstellen und Auskühlen Lufteinbrüche und als Folge Sauerstoffkorrosion im System unvermeidlich sind. Dampferzeuger müssen in diesen Fällen konserviert werden (siehe Bd.1, L8), was am einfachsten durch vollständiges Auffüllen mit entgastem Speisewasser mit 5–10 mg/l Sauerstoffbindemittel erfolgen kann. Das Restsystem ist für ca. 2–3 Tage ausreichend geschützt, wenn gute Schutzschichten (siehe Bd. 1, L1) vorliegen und vorher ein Betrieb mit salzarmem Speisewasser nach Tabelle K3-1b und K3-2b/c vorgelegen hat. Für sensible Dampfverbraucher, z.B. für Sterilisatoren in Krankenhäusern empfehlen sich Anschlussleitungen aus nichtrostendem Stahl.

Systeme mit langen und häufigen Stillständen zwischen den Betriebsphasen müssen entweder durch Wahl geeigneter Werkstoffe, wie z.B. nichtrostenden Stahl, Werkstoff 1.4571, oder durch Einsatz filmbildender Amine vor Korrosion geschützt werden.

Letztere sind bei ausreichender Dosierung in der Lage, auf unlegiertem Stahl Schutzfilme aufzubauen, die 2–4 Wochen vor Korrosion schützen. Da diese Stoffe dampfflüchtig sind und für diesen Zweck auch sein müssen, ist zu prüfen, ob der erzeugte Dampf diese Stoffe enthalten darf. Bei Kontakt mit z.B. Lebensmitteln sind diese Stoffe nicht erlaubt. Ebenso soll Dampf zur Luftbefeuchtung frei von solchen Mitteln sein.

Ein erhöhtes Korrosionsrisiko durch im Kreislauf verbleibende Kohlensäure ist bei manchen geschlossenen Kondensatsystemen zu beobachten. Die Energieeinsparung darf nicht dazu führen, dass auf die Entgasung des Zusatzwassers und auf eine geringe Schwadenableitung aus dem Kondensatgefäß verzichtet wird.

Bei nicht ständiger Beaufsichtigung von Dampferzeugern nach TRD 604 [16] sind bei der potenziellen Gefahr von Fremdstoffeinbrüchen, die den Kesselbetrieb gefährden (z. B. Säuren, Laugen, Salze, Öl/Fett), angepasste Maßnahmen zur Absicherung gegen Belagbildung und Korrosion vorzusehen, die auch für dauernd beaufsichtigte Dampferzeuger empfehlenswert sind, siehe K3.2.2. Möglichkeiten zur Absicherung sind durch technische Maßnahmen (Druckgefälle zum Verbraucher, Beheizung durch Sekundärsystem) und durch Mess- und Kontrollgeräte gegeben (Leitfähigkeitsmessung für Säuren/Laugen/Salze; Trübungsmessung für Öl/Fett). Wenn die Absicherung nicht im Speisewasser erfolgt, sondern in dessen Teilströmen (Zusatzwasser und Kondensat), kann ein Abschalten der Feuerung meist vermieden werden.

Wenn Dampferzeuger länger als ein bis zwei Wochen außer Betrieb sind, ist eine Konservierung vorzunehmen (siehe Bd.1, L8).

## K3.4
### Wasseraufbereitung, Konditionierung und chemische Anforderungen für Dampferzeugungssysteme

Art und Umfang der Wasseraufbereitung und Konditionierung für Dampferzeuger inklusive Dampfnetz, Verbraucher und Kondensatsystem sind abhängig von folgenden Faktoren:
- Bauart und Betriebsweise des Dampferzeugers,
- Betriebsüberdruck und konstruktive Eigenheiten des Kessels,
- Zusammensetzung und Qualitätsschwankungen des Rohwassers,
- Kondensatqualität und Kondensatanteil am Speisewasser,
- Anforderungen an die Reinheit des Dampfes,
- Werkstoffe des Kessels und der sonstigen dampf- und kondensatberührten Oberflächen.

Die Aufbereitungsanlage muss geeignet sein, Wasser zu liefern, das bezüglich Qualität und Menge die Einhaltung der verbindlichen Richtwerte der Tabellen K3-1 und K3-2 [11, 16] ermöglicht, und soll eine physikalische Entgasung des Speisewassers einschließen, siehe Bd. 1, L5.8.

Für Sattdampferzeuger bis 20 bar Überdruck aus normalem Kesselbaustahl reicht häufig eine Enthärtung des Zusatzwassers aus, wenn > 80 % des Kondensates zurück fließen und nur Heizdampfqualität gefordert ist. Bei niedrigerem Kondensatanteil am Speisewasser und/oder hohem Gehalt an gebundener Kohlensäure im Rohwasser > 5 mmol/l sowie bei höheren Anforderungen an die Dampffreiheit (siehe K3.1) kann eine Entkarbonisierung, Entsalzung mit

Ionenaustauschern oder Umkehrosmose ggf. auch eine Vollentsalzung erforderlich werden, siehe Bd. 1, L5.

Eine hohe Dampfreinheit erfordert einen leistungsmäßig großzügig ausgelegten Dampferzeuger mit ausreichendem Dampfraum und in der Regel eine
Entsalzung des Zusatzwassers. Der Kessel kann aus normalem Stahl gefertigt
sein.

Zur Einstellung des pH-Wertes im Speisewasser, ggf. auch im Kesselwasser, ist
es meistens notwendig Alkalisierungsmittel zuzusetzen. Manchmal ergibt sich
der in den Richtwerten genannte pH-Wert > 9 im Speisewasser durch die Art
der Wasseraufbereitung und Entgasung von selbst.

Als nicht dampfflüchtige Alkalisierungsmittel sind Natriumhydroxid und
Trinatriumphosphat gebräuchlich. Als dampfflüchtige – und damit im Dampf-
kondensat wirkende Mittel – sind gebräuchlich Ammoniak und (kurzkettige)
alkalisierende sowie filmbildende Amine. Letztere haben sich in Systemen mit
thermisch nicht zu hoch belasteten Dampferzeugern und nicht extrem schwan-
kender Dampferzeugung bewährt, wenn diese nur wenige Stunden pro Tag
betrieben und am Wochenende abgestellt werden.

Im Kesselwasser stellt sich fast immer (ausgenommen bei vollentsalztem
Speisewasser) die notwendige Alkalität durch die Anreicherung von Inhaltsstoffen des Speisewassers selbständig ein, sie muss sogar durch Abflutung (Absalzung) von Kesselwasser begrenzt werden.

Beim Einsatz von Sauerstoff-Bindemitteln (siehe Bd. 1, L5.8) ist das Merkblatt
Hydrazin der BG-Chemie M 011 in der aktuellen Fassung [14] zu berücksichtigen, das auch Alternativen und Ersatzmaßnahmen zum Einsatz von Hydrazin
beschreibt.

Bei Mängeln an der Wasseraufbereitung oder bei Kondensatverunreinigun-
gen können sich auf den Kesselheizflächen Beläge bilden. Deren Entstehung
kann entgegengewirkt werden, wenn man sog. Kesselsteingegenmittel, siehe
K3.2.2, zusetzt. Phosphate können in begrenztem Maße Erdalkali-Verunreini-
gungen als Schlamm in der Wasserphase dispergiert halten, zumindest aber die
Bildung von Kalkbelägen vermindern. Moderne Kesselsteingegenmittel sind in
der Lage, Erdalkaliverbindungen in weiten Konzentrationen echt in Lösung zu
halten und Beläge zu vermeiden.

Bei nicht ständiger Beaufsichtigung von Dampferzeugern nach TRD 604 [16]
sind, abhängig von der unbeaufsichtigten Zeit von 24 oder 72 Stunden, unterschiedliche Maßnahmen zur Absicherung gegen Belagbildung und Korrosion
durch Fremdstoffeinbrüche vorzusehen, siehe K3.2.2 und K3.3.2. Bei häufigeren
geringen Rohwassereinbrüchen in das Kondensat ist der Einbau eines Konden-
sat-Enthärtungsfilters als aktive Maßnahme einer Qualitätsüberwachung des
Kondensates mit Ableitung vorzuziehen.

Für befeuerte Dampferzeuger aus un- und niedrig legiertem Kesselbaustahl
sind die sicherheitstechnisch relevanten Mindestanforderungen der TRD 611
[12] verbindlich, siehe Tabellen K3-1 und K3-2. Die im VdTÜV-Merkblatt [17]
genannten Richtwerte berücksichtigen zusätzlich die den Kesseln nachgeschal-

teten Verbraucher und geben darüber hinaus Hinweise für die Aufbereitung und Konditionierung des Speise- und Kesselwassers für Dampferzeuger aus den schon genannten Stählen. Sie gelten für befeuerte Dampferzeuger der Gruppe IV nach der bisher gültigen DampfkV. [18] mit zulässigen Betriebsüberdrücken bis 68 bar, zeigen sicherheitstechnisch ausreichende Lösungen für den Regelfall auf und berücksichtigen auch wirtschaftliche Aspekte. Da die genannten VdTÜV-Richtlinien ausgabebedingt noch nicht mit den Richtwerten der TRD 611 übereinstimmen, wurden sie in den Tabellen K3-1 und K3-2 entsprechend korrigiert dargestellt. Die Richtlinien gelten nicht für Elektrokessel und Dampferzeuger aus nichtrostendem Stahl.

**Tabelle K3-1** Richtwerte für das Speisewasser von Dampferzeugern aus un- und niedrig legiertem Stahl mit Natur- oder Zwangumlauf bis 68 bar zulässigem Betriebsüberdruck *(Zusammengefasster Auszug aus der TRD 611 und der VdTÜV-Richtlinie TCh 1453)*

| |
|---|
| **Definitionen nach TRD 611:** |
| <u>Salzfreies Speisewasser</u> ist Wasser mit einer Leitfähigkeit bei 25 °C hinter Kationenfilter von < 0,2 μS/cm und einer Kieselsäurekonzentration < 0,02 mg/l. Dabei ist vorausgesetzt, dass freie Basen wie Natriumhydroxid nicht vorhanden sind. |
| <u>Salzarmes Speisewasser</u> ist Wasser mit einer Original-Leitfähigkeit bei 25 °C < 50 μS/cm |
| <u>Salzhaltiges Speisewasser</u> ist Wasser mit einer Original-Leitfähigkeit bei 25 °C ≥ 50 μS/cm |
| Die Kesselbauarten sind bei den Tabellen K3-2 erklärt. |

**Tabelle K3-1a** Salzfreies Speisewasser für Umlauf- und Durchlaufkessel

| Parameter | | Richtwert | Grenzwert für kurzzeitig zul. Abweichungen |
|---|---|---|---|
| Allgemeine Anforderung | – | farblos, klar, ohne Sediment | |
| Leitfähigkeit bei 25 °C hinter Kationenfilter | | < 0,2* | < 5 |
| pH-Wert bei 25 °C | – | > 9* | > 6,5 |
| Sauerstoff ($O_2$) | mg/l | < 0,10* | < 0,30 |
| Kieselsäure ($SiO_2$) | mg/l | < 0,02[1] | < 0,10 |
| Eisen, gesamt (Fe) | mg/l | < 0,03[1] | < 0,2 |
| Kupfer, gesamt (Cu) | mg/l | < 0,005[1] | < 0,05 |
| Oxidierbarkeit ($KMnO_4$) | mg/l | < 3[2] | – |
| Öl/Fett | mg/l | < 1[3] | – |

\* Anforderungen gemäß TRD 611 für Kessel < 68 bar
[1] Nur für Kessel > 10 bis 68 bar,
[2] Für Kessel ≤ 1 bar: < 10 mg/l
[3] Für Kessel ≤ 1 bar: < 3 mg/l
Als Einspritzwasser zur Dampftemperatur-Regelung soll nur salzfreies Speisewasser verwendet werden, das zudem nur mit flüchtigen Mitteln konditioniert ist. In Ausnahmefällen ist auch reines Kondensat verwendbar.

**Tabelle K3-1b**  Salzarmes und salzhaltiges Speisewasser für Umlaufkessel

| Parameter | | Richtwert | Grenzwert für kurzzeitig zul. Abweichungen |
|---|---|---|---|
| Allgemeine Anforderung | – | farblos, klar, ohne Sediment | |
| pH-Wert bei 25 °C | – | $>9^*$ | $>8$ |
| Summe Erdalkalien (Ca + Mg) | mmol/l | $<0,010^{*,1}$ | $<0,050$ |
| Sauerstoff ($O_2$) | mg/l | $<0,02^{*,2}$ | Anfahrbedingte Überschreitung zulässig |
| Kohlensäure ($CO_2$) gebund. | mg/l | $<25$ | – |
| Oxidierbarkeit ($KMnO_4$) | mg/l | $<10$ | – |
| Öl/Fett | mg/l | $<1^3$ | – |
| Eisen, gesamt (Fe) | mg/l | $<0,03^4$ | $<0,2$ |
| Kupfer, gesamt (Cu) | mg/l | $<0,005^4$ | $<0,05$ |
| Kieselsäure ($SiO_2$) | mg/l | Nur Richtwerte für Kesselwasser maßgeblich | |

[*] Anforderungen gemäß TRD 611 für Kessel $<68$ bar
[1] Nur für Kessel $\leq 1$ bar: $<0,015$ mmol/l
[2] Für Kessel $\leq 1$ bar: $<0,1$ mg/l
[3] Für Kessel $\leq 1$ bar: $<3$ mg/l
[4] Nur für Kessel $\geq 10$ bis $68$ bar

**Tabelle K3-2** Richtwerte für das Kesselwasser von Dampferzeugern aus un- und niedrig legiertem Stahl mit Natur- oder Zwangumlauf bis 68 bar zulässigem Betriebsüberdruck *(Zusammengefasster Auszug aus der TRD 611 und den VdTÜV-Richtlinien TCh 1453)*

---

**Definitionen:**
Bei <u>Wasserrohrkesseln</u> zirkuliert das Kesselwasser in Rohren, die außen, z.B. vom Rauchgas beheizt sind. Der Wasserumlauf erfolgt auf natürlichem Weg (Naturumlauf) und/oder mittels Umwälzpumpe (Zwangumlauf). In beiden Fällen handelt es sich um Umlaufkessel.

Bei <u>Flammrohr-Rauchrohrkesseln</u>, auch Großwasserraumkessel genannt, ist das Rauchgas in den Rauchrohren bzw. die Flamme im Flammrohr. Das Kesselwasser zirkuliert auf natürlichem Weg um die Rohre. Auch diese Kessel sind Umlaufkessel, müssen aber wegen der praktisch immer gegebenen beheizten Spalte zwischen Rauchrohr und Rohrboden besonders betrachtet werden, s. Anmerkung[2] der Tafel K3-2a.

Bei <u>Durchlaufkesseln</u> (hier nicht behandelt) wird Speisewasser mittels Pumpen durch ein beheiztes Rohrsystem gedrückt und verläßt den Kessel als trockener Dampf. Alle nicht flüchtigen Bestandteile des Speisewassers verbleiben im Rohrsystem.

<u>Schnelldampferzeuger</u> arbeiten mit salzarmem oder salzhaltigem Speisewasser als Umlauf- oder Durchlaufkessel. Sie sind in kurzer Zeit betriebsbereit. Bei Durchlaufkesseln enthält der Dampf definierte Mengen an Kesselwasser, damit sich die darin gelösten Salze nicht im Rohrbündel ausscheiden.

---

**Tabelle K3-2a** Kesselwasser für Wasserrohrkessel[1] und Flammrohr-Rauchrohrkessel[2] bei salzfreiem Speisewasser

| Zulässiger Betriebsüberdruck | | < 68 bar | |
|---|---|---|---|
| Chemische Betriebsweise: | | mit festen und flüchtigen Alkalisierungsmitteln | nur mit flüchtigen Alkalisierungsmitteln |
| Allgemeine Anforderung | | farblos, klar, ohne Sedimente | |
| pH-Wert bei 25 °C | – | 9,5–10,5* | > 8 |
| Leitfähigkeit b. 25 °C hinter stark saurem Kationenaustauscher | µS/cm | < 150* | < 3* |
| Leitfähigkeit b. 25 °C ohne stark sauren Kationenaustauscher | µS/cm | < 50* | – |
| Phosphat ($PO_4$) | mg/l | < 6 | – |
| Kieselsäure ($SiO_2$) | mg/l | < 4[3] | < 4 |

[1] Die v.g. Werte für den Einsatz von festen und flüchtigen Alkalisierungsmitteln gelten nur für konventionelle Wasserrohrkessel, die weder stark beheizte Spalte, z.B. direkt von Rauchgasen beheizte Wasserrohr/Sammler-Verbindungen, noch beheizte Phasengrenzen aufweisen. Wenn Vorgenanntes nicht sicher ausgeschlossen werden kann, soll entweder die Betriebsweise nur mit flüchtigen Alkalisierungsmitteln praktiziert oder die Anmerkung[2] beachtet werden.

[2] Bei Flammrohr-Rauchrohrkesseln und Wasserrohrkessel, die stark beheizte Spalte, z.B. direkt von Rauchgasen beheizte Wasserrohr/Sammler-Verbindungen oder beheizte Phasengrenzen aufweisen, wird von Natrium- oder Kaliumhydroxid als festen Alkalisierungsmittel abgeraten und statt dessen Trinatriumphosphat empfohlen. Bei einem eingeschränkten pH-Bereich von 9,5 bis 10,2 soll die Feststoff-Grundalkalisierung mit Trinatriumphosphat erfolgen. Die Phosphatkonzentration kann dann bis auf 10 mg/l $PO_4$ angehoben werden. Der Zusatz von Natriumhydroxid ist erlaubt, wenn bei ausreichendem Phosphatgehalt der untere pH-Wert nicht eingehalten werden kann.

[3] Für Betriebsdrücke unter 40 bar: < 30 mg/l

* Anforderung gemäß TRD 611

**Tabelle K3-2b** Kesselwasser für Wasserrohrkessel[1] aus salzarmem und salzhaltigem Speisewasser

| Zulässiger Betriebsüberdruck | | ≤1 bar | ≤22 bar[2] | ≤44 bar | ≤68 bar |
|---|---|---|---|---|---|
| Allgem. Anforderung | – | farblos, klar, ohne Sedimente | | | |
| pH-Wert bei 25 °C | – | 10,5–12 | 10,5–12* | 10–11,8* | 10–11* |
| Säurekapazität bis pH-Wert 8,2 | mmol/l | 1–12 | 1–12 | 0,5–6 | 0,1–1 |
| Leitfähigkeit bei 25 °C | µS/cm | < 5000 | < 8000* | < 4000* | < 2000* |
| Kieselsäure ($SiO_2$) | mg/l | – | < 160 | < 48 | < 10 |
| Phosphat ($PO_4$)[3] | mg/l | 10–20 | 10–20 | 5–15 | 5–15 |

\* Anforderung gemäß TRD 611
[1] Bei salzarmem Speisewasser sind die v.g. Richtwerte nur anwendbar für konventionelle Wasserrohrkessel, die weder stark beheizte Spalte, z.B. direkt von Rauchgasen beheizte Wasserrohr/Sammler-Verbindungen, noch beheizte Phasengrenzen aufwesen. Wenn Vorgenanntes nicht sicher ausgeschlossen werden kann, sollen immer die Richtwerte der nächst höheren Druckstufe (ausgenommen Kieselsäure) zur Anwendung gelangen. Zusätzlich ist der empfohlene Phosphatüberschuß einzuhalten.
[2] Für Kessel mit Überhitzer sind die Werte ≤ 44 bar anzuwenden
[3] Phosphatdosierung empfohlen, aber nicht immer erforderlich

**Anmerkung:** Wenn eine verbesserte Dampfreinheit erforderlich ist, z.B. bei Überhitzerbetrieb, empfiehlt es sich, die Kesselwasser-Leitfähigkeit bei 25 °C für alle Druckstufen nur zu 50% auszunutzen.

**Tabelle K3-2c** Kesselwasser von Flammrohr-Rauchrohrkesseln bei salzarmem und salzhaltigem Speisewasser

| Zulässiger Betriebsüberdruck | | ≤22 bar | ≤30 bar | ≤22 bar | ≤30 bar |
|---|---|---|---|---|---|
| Speisewassertyp | | salzarm | | salzhaltig | |
| Allgem. Anforderung | – | farblos, klar, ohne Sedimente | | | |
| pH-Wert bei 25 °C | – | 10,5–11,5*[1] | 10–11*[1] | 10,5–12* | 10–11,8* |
| Säurekapazität bis pH-Wert 8,2 | mmol/l | 0,5–3[1] | 0,1–1[1] | 1–12 | 0,5–6 |
| Leitfähigkeit bei 25 °C | µS/cm | < 4000 | < 4000* | < 8000* | < 4000* |
| Kieselsäure ($SiO_2$) | mg/l | < 100 | < 60 | < 160 | < 80 |
| Phosphat ($PO_4$) | mg/l | 7–15 | 7–15 | 5–15[2] | 5–15[2] |

\* Anforderung gemäß TRD 611
[1] Bei salzarmem Speisewasser sind Alkalität bzw. pH-Wert primär mit Trinatriumphosphat einzustellen und die angegebenen Phosphatgrenzen einzuhalten. Wenn der Mindest-pH-Wert dadurch nicht erreicht wird, soll zusätzlich Natriumhydroxid dosiert werden.
[2] Phosphatdosierung empfohlen, aber nicht immer erforderlich

**Anmerkung:** Wenn eine verbesserte Dampfreinheit erforderlich ist, z.B. bei Überhitzerbetrieb, empfiehlt es sich, die Kesselwasser-Leitfähigkeit bei 25 °C für alle Druckstufen auf < 2000 µS/cm zu begrenzen

Für Flammrohr-Rauchrohr-Kessel (Großwasserraumkessel, engl. Shell Boiler) existiert eine prEN 12953-10 vom April 2003 in englischer Sprache, deren deutsche Fassung demnächst auch die deutschen Richtlinien ersetzen wird. Für Wasserrohrkessel gibt es eine prEN 12952-12 vom April 2003 ebenfalls in englischer Sprache. Beide Normen [12] beinhalten primär sicherheitsrelevante Anforderungen, vergleichbar mit TRD 611.

Die Zusammensetzung des Kesselspeise- und Kesselwassers ist nach TRD 604 [16] bei ständiger Beaufsichtigung mindestens einmal täglich und bei eingeschränkter Beaufsichtigung entweder täglich oder alle drei Tage, zumindest auf

**Tabelle K3-3** Richtwerte für Dampferzeuger bis 5 bar Betriebsüberdruck aus nichtrostendem Stahl[1] *(vgl. [19])*

**Tabelle K3-3a** Kesselspeisewasser[4]

| Kesselwerkstoffe: | Cr-Ni-Mo-Stahl[2] | Cr-Ni-Stahl |
|---|---|---|
| Aussehen | farblos, klar, ohne Bodensatz | |
| $K_{S8,2}$ (p-Wert) | 0–0,05 mmol/l | 0–0,05 mmol/l |
| pH-Wert | 7–9 | 7,5–9 |
| Summe Erdalkalien (Härte) | < 0,02 mmol/l | < 0,02 mmol/l |
| Salzgehalt/Leitfähigkeit | < 10 mg/l ≙ 20 µS/cm | < 5 mg/l ≙ 10 µS/cm |

**Tabelle K3-3b** Kesselwasser[4]

| Kesselwerkstoffe: | Cr-Ni-Mo-Stahl[2] | Cr-Ni-Stahl |
|---|---|---|
| Aussehen | farblos, klar, ohne Bodensatz | |
| $K_{S8,2}$ (p-Wert) | 0,1–2 mmol/l | 0,01–0,5 mmol/l |
| pH-Wert | 9–11[3] | 8,5–10,5[3] |
| Summe Erdalkalien (Härte) | < 0,02 mmol/l | < 0,02 mmol/l |
| Phosphat | < 10 mg/l $PO_4$ | < 5 mg/l $PO_4$ |
| Chloride | < 100 mg/l | < 50 mg/l |
| Leitfähigkeit | < 500 µS/cm | < 250 µS/cm |
| Kieselsäure | < 20 mg/l $SiO_2$ | < 10 mg/l $SiO_2$ |

[1] Zu unterscheiden ist zwischen Chrom-Nickel-Molybdän-Stählen (Cr-Ni-Mo-Stahl), wie z. B. Werkstoff 1.4571 und stabilisierten Chrom-Nickel-Stählen (Cr-Ni-Stahl), wie z. B. Werkstoff 1.4541.
[2] Wenn sich örtlich Salze und Alkalien, z. B. in Spalten und an Phasengrenzen, anreichern können, wird die Einhaltung der Richtwerte für Cr-Ni-Stahl empfohlen.
[3] Alkalisierung durch nicht flüchtige Alkalien wie z. B. Trinatriumphosphat.
[4] Anforderungen für „Reindampferzeuger" für Sterilisatoren siehe auch DIN 58946 Teile 6 und 7 bzw. DIN/EN 285 (Entwurf).

die in der TRD 611 [12] genannten Parameter zu untersuchen und zu dokumentieren.

Für Dampferzeuger aus nichtrostendem Stahl sind die Richtwerte des Kesselherstellers maßgeblich. Im Regelfall ist bei Einhaltung der Richtwerte der Tabelle K3-3 ein problemloser Betrieb möglich.

Für elektrisch beheizte Dampfkessel mit Heizstäben aus Kupfer oder vernickeltem Kupfer können die Richtwerte der Tabellen K3-1b und K3-2b der Druckstufe >22 bis ≤44 bar und bei Heizstäben aus nichtrostendem Stahl die der Tabelle K3-3 empfohlen werden. Induktiv beheizte Kessel müssen je nach Bauart einen gewissen, vom Hersteller vorzugebenden, Salzgehalt aufweisen, damit die Heizwirkung sichergestellt ist.

## Literatur

[1]    Verordnung über Trinkwasser und Wasser für Lebensmittelbetriebe (Trinkwasserverordnung – TVO) vom 5.12.1990, gültig bis zum 31.12.2002.
Verordnung über die Qualität von Wasser für den menschlichen Gebrauch, TrinkwV. 2001 – Trinkwasserverordnung, 21. Mai 2001, BGBl. I Nr. 24 vom 28.5.2001, S. 959, gültig seit dem 1.1.2003.

[2]    Gesetz zur Ordnung des Wasserhaushalts (Wasserhaushaltsgesetz, WHG), Neufassung 23. Sept. 1983 (BGBl. I, S. 1529, berichtigt S. 1624).

[3]    Gesetz über Abgaben für das Einleiten von Abwasser in Gewässer (Abwasserabgabengesetz, AbwAG), bekannt gemacht am 5.3.1987, BGBl. I, S. 880.

[4]    Verordnung über die Genehmigungspflicht für das Einleiten wassergefährdender Stoffe in Sammelkanalisationen und ihre Überwachung, VGS. Siehe Länderverordnungen, z.B. Bayerisches Gesetz- und Verordnungsblatt Nr. 21, 1985, von Abwasser S. 624–636.

[5]    Allgemeine Rahmen-Verwaltungsvorschrift über Mindestanforderungen an das Einleiten von Abwasser in Gewässer, Rahmen-AbwasserVwV, vom 8.9.1989, BMBl. 1989, S. 515 ff., Anhang 31, Wasseraufbereitung, Kühlsysteme, Dampferzeugung.

[6]    VDI 2035 – Blatt 1: Vermeidung von Schäden in Warmwasserheizanlagen, Steinbildung in Wassererwärmungs- und Warmwasserheizanlagen, Ausgabe September 1994.
VDI 2035 – Blatt 2: Vermeidung von Schäden in Warmwasserheizanlagen, Wasserseitige Korrosion, Ausgabe September 1998.
VDI 2035 – Blatt 3: Vermeidung von Schäden in Warmwasserheizanlagen, Abgasseitige Korrosion.

[7]    Vermehrung von Krankheitserregern in Wasserinstallationssystemen; K. Botzenhart und T. Hahn, GWF – Wasser Abwasser 130 (1989) Nr. 9, S. 432–440.

[8]    DVGW-Arbeitsblatt W 551, 03.1993: Trinkwassererwärmungs- und Leitungsanlagen; Technische Maßnahmen zur Verminderung des Legionellenwachstums.

[9]    DVGW-Arbeitsblatt W 552, 04.1996: Trinkwassererwärmungs- und Leitungsanlagen; Technische Maßnahmen zur Verminderung des Legionellenwachstums; Sanierung und Betrieb. Zusammenfassung von W 551 und W 552 ist in Arbeit!

[10]    KTW Empfehlungen bis zum 30. Juni 1994. Kunststoffe im Lebensmittelverkehr, Empfehlungen des Bundesinstitutes für gesundheitlichen Verbraucherschutz und Veterinärmedizin ab 1.7.1994, Stand Januar 2002.

[11]    Richtlinien für das Kreislaufwasser in Heißwasser- und Warmwasserheizungsanlagen (Industrie- und Fernwärmenetze) der VdTÜV/AGFW, (VdTÜV-Merkbl. TCh 1466 bzw. AGFW-Merkbl. 5/15), Ausg. Februar 1989.

[12]    TRD Technische Regeln für Dampfkessel (mit Dampfkesselverordnung, seit
        1.1.2003 ersetzt durch Betriebssicherheitsverordnung) Taschenbuchausgabe,
        VdTÜV, Essen; C. Heymanns, Köln und Beuth, Berlin.
        TRD 611: Speisewasser und Kesselwasser von Dampferzeugern der Gruppe IV, Fas-
        sung August 2001.
        TRD 612: Wasser für Heißwassererzeuger der Gruppen II–IV.
        **Achtung:** Für Dampf- und Heißwassererzeuger gibt es Entwürfe von DIN-EN in
        englischer Sprache:
        pr-EN 12953-10: Großwasserraumkessel (Shell Boiler) und Heißwassererzeuger,
        Anforderungen an die Speisewasser- und Kesselwasserqualität, letzter Entwurf
        04.2003.
        pr-EN 12952-12: Wasserrohrkessel, Anforderungen an das Speisewasser und Kes-
        selwasser, letzter Entwurf 04.2003.
[13]    VGB-Merkblatt M 410 N: Qualitätsanforderungen an Fernheizwasser, Ausg. 1992,
        VGB Kraftwerkstechnik GmbH, Essen.
[14]    Hydrazin, Merkblatt M 011/ZH 1/127 der BG Chemie 6/1995, Umgang mit Lösun-
        gen ≤ 64%, Ersatzstoffe, Ersatzverfahren.
[15]    TRD 601: Betrieb von Dampfkesselanlagen, siehe [12].
[16]    TRD 604: Betrieb von Dampf- und Heißwassererzeugern der Gruppe IV ohne
        ständige Beaufsichtigung, siehe [12].
[17]    VdTÜV-Richtlinien für Speisewasser, Kesselwasser und Dampf von Dampfer-
        zeugern bis 68 bar zulässigem Betriebsüberdruck, VdTÜV-Merkblatt TCh 1453,
        (04.1983), TÜV Rheinland.
[18]    Dampfkesselverordnung, DampfkV, seit 1.1.2003 ersetzt durch Betriebssicher-
        heitsverordnung, siehe [12],
[19]    Handbuch der Kesselbetriebstechnik, F. Mayr, 9. Aufl. 2001, Resch Verlag, Gräfel-
        fing.

# Schall- und Schwingungsdämpfung in Heizanlagen

EDELBERT SCHAFFERT

## L1
## Einleitung

Beim Betrieb von Wasserheizungen kann es zu deutlich wahrnehmbaren Geräusch- und Schwingungsimmissionen in angrenzenden Wohnungen oder in der Nachbarschaft, insbesondere zur Nachtzeit, kommen. Die wesentlichen Entstehungsmechanismen sind ebenso bekannt wie Methoden zur Vermeidung oder Reduzierung der die Immissionen verursachenden Emissionen. Von Bedeutung ist die praktische Um- und Durchsetzung der Erkenntnisse beim Bau von Anlagen.

Dem heutigen Stand der Technik entsprechend ausgeführte Wasserheizungen lassen die in den entsprechenden Regelwerken geforderten Schall- und Erschütterungspegel selbst für erhöhte Anforderungen einhalten. Es geht also darum, Fehler in der Planung und in der Ausführung zu vermeiden.

Wesentliche Geräuschquellen in Wasserheizungen sind:
- das Zusammenwirken von Brenner, Heizkessel und Kamin
- die Pumpen
- die Ventile, insbesondere Thermostatventile
- die Befestigungselemente z.B. von Rohrleitungen

Mittelbare Probleme können auftreten durch:
- Körperschall- und Schwingungsübertragung, ausgehend von Kessel, Pumpen und Rohrleitungen
- Beeinträchtigung der Luftschalldämmung von Bauteilen z.B. durch Durchbrüche
- Trittschallschutzminderung z.B. durch in schwimmenden Estrichen verlegte Rohrleitungen

## L2
## Anforderungen

Die in den nächsten Abschnitten gemachten Angaben zu den Anforderungen sind Zitate aus einschlägigen Regelwerken. Von normativen Vorgaben abweichende Festlegungen sind gesondert zu vereinbaren und zahlenmäßig vertraglich festzulegen. Besondere Tatbestände können beispielsweise vorliegen bei Gebäuden oder Räumen mit überdurchschnittlich hohen Anforderungen und bei Bauvorhaben in besonders ruhiger, geschützter Umgebung.

Die als Empfehlung gekennzeichneten Werte geben den Diskussionsstand in der fachlichen Öffentlichkeit wieder, der sich in entsprechenden VDI-Richtlinien oder Norm-Entwürfen niedergeschlagen hat.

## L2.1
### Anforderungen in Gebäuden

Akustisch schutzbedürftige Räume sind Wohn- und Arbeitsräume. Die einschlägigen Regelwerke differenzieren nach der Art der Nutzung und der Tageszeit. Die Einteilung und Differenzierung der schutzbedürftigen Räume folgt dabei dem Muster der Immissionsschutzgesetzgebung.

Ähnlich wie bei der Wärmebedarfsberechnung ist für jeden Raum eine der Nutzung entsprechende Anforderung gemäß den nachfolgenden Abschnitten festzulegen.

## L2.1.1
### *Schalldruckpegel in schutzbedürftigen Räumen*

Die Norm DIN 4109[1] ist von den obersten Bauaufsichtsbehörden der Länder als technische Baubestimmung eingeführt. Die Regelungen in dieser Norm gelten als einzuhaltende Mindestanforderungen.

Der übliche 24-stündige Betrieb von Wasserheizungen (mindestens zeitweise in der Nacht) fordert bei der Formulierung der Anforderungen für Wohn- und Schlafräume keine Differenzierung nach der Tageszeit. Die Auslegung der Anlage erfolgt demnach unter Berücksichtigung des erhöhten Ruhebedürfnisses während der Abend- und Nachtstunden.

Aus demselben Grund handelt es sich bei den einzuhaltenden A-bewerteten Schalldruckpegeln um Maximalpegel.

Die A-bewerteten Schalldruckpegel sind in Anlehnung an DIN 52219[2] beim Betrieb der Heizanlage (während der Heizperiode) etwa in Raummitte mit einem Schallpegelmesser der Klasse 1 nach DIN EN 60651[3] zu bestimmen. In der Tabelle L2-1 sind die maximal zulässigen A-bewerteten Schalldruckpegel (Bd. 1, Teil D, Tabelle D10-1) $L_{Amax}$ angegeben.

---

[1] **DIN 4109**, Ausgabe 1989-11, Schallschutz im Hochbau, Anforderungen und Nachweise; sowie DIN 4109 Beiblatt 1, Ausgabe: 1989-11, Schallschutz im Hochbau; Ausführungsbeispiele und Rechenverfahren

[2] **DIN 52219**, Ausgabe: 1993-07, Bauakustische Prüfungen; Messung von Geräuschen der Wasserinstallationen in Gebäuden

[3] **DIN EN 61672-1**, Ausgabe 2003-10, Elektroakustik – Schallpegelmesser – Teil 1: Anforderungen (IEC 61672-1: 2002)

**Tabelle L2-1** A-bewertete maximal zulässige Schalldruckpegel in akustisch schutzbedürftigen Räumen

| Art des Raumes | Mindestanforderung DIN 4109 $L_{Amax}$ [dB(A)] | gehobener Komfort VDI 4100[a] $L_{Amax}$ [dB(A)] |
|---|---|---|
| Wohnraum | 30 | 25 |
| Schlafraum | 30 | 25 |
| Arbeitsraum | 35 | - |
| Unterrichtsraum | 35 | - |

Ton- oder impulshaltige Geräusche können wegen besonderer Auffälligkeit auch dann als mangelhaft angesehen werden, wenn o.g. Werte eingehalten sind.
[a] **VDI 4100**, Ausgabe: 1994-09, Schallschutz von Wohnungen – Kriterien für Planung und Beurteilung

Eine sehr weitgehende Differenzierung nach Art der Räume enthält Tabelle 4 der DIN 1946-2[4] hinsichtlich Richtwerten für Schalldruckpegel von RLT-Anlagen, wobei jeweils noch zwischen hoher und niedriger Anforderung unterschieden wird. Die niedrige Anforderung entspricht der öffentlich-rechtlichen Anforderung der DIN 4109.

## L2.1.2
### Anforderungen an den Schwingungsschutz

Hinsichtlich der Schwingungsanforderungen geben die Norm DIN 4150[5] und die VDI-Richtlinie 2057[6] sowohl für Wohn- als auch für Arbeitsräume einzuhaltende Werte vor.

Zweck der erwähnten Richtlinien ist die angemessene Berücksichtigung des Erschütterungsschutzes beim Immissionsschutz für Wohnungen und vergleichbar genutzte Räume durch Festlegen von Anhaltswerten für die bewertete Schwingstärke KB. Die bewertete Schwingstärke berücksichtigt als Einzahlkriterium die unterschiedliche Empfindlichkeit des Menschen in dem angegebenen Frequenzbereich.

Ausgangspunkt für die Ermittlung dieser KB-Werte sind die mittleren bzw. maximalen Beschleunigungspegel im Frequenzbereich von 1 Hz bis 80 Hz. Damit werden in ähnlicher Weise wie beim A-bewerteten Schalldruckpegel subjektive Bewertungskriterien den physikalisch messbaren Größen überlagert. Der

---

[4] **DIN 1946-2**, Ausgabe: 1994-01, Raumlufttechnik; Gesundheitstechnische Anforderungen (VDI-Lüftungsregeln)

[5] **DIN 4150-2**, Ausgabe: 1999-06, Erschütterungen im Bauwesen – Teil 2: Einwirkungen auf Menschen in Gebäuden

[6] **VDI 2057 Blatt 1**, Ausgabe: 2002-09, Einwirkung mechanischer Schwingungen auf den Menschen – Ganzkörper-Schwingungen

**Tabelle L2-2** Bewertete Schwingstärke (KB) in schutzbedürftigen Räumen

| bewertete Schwingstärke | subjektive Wahrnehmung |
| --- | --- |
| $KB \leq 0,1$ | im Allgemeinen nicht spürbar |
| $0,1 > KB \leq 0,4$ | gerade spürbar |
| $0,4 > KB \leq 1,6$ | gut spürbar |
| $1,6 > KB \leq 6,3$ | stark spürbar |
| $KB > 6,3$ | sehr stark spürbar |

Zusammenhang zwischen bewerteter Schwingstärke KB und subjektiver Wahrnehmung gemäß VDI-Richtlinie 2057 wird in Tabelle L2-2 gegenübergestellt.

Die Erfahrung zeigt, dass bei Wasserheizungen Schwingungen mit KB-Werten $> 0,1$ üblicherweise nicht erreicht werden. Das heißt, die von diesen Anlagen ausgehenden Schwingungen liegen unterhalb der allgemeinen Fühlschwelle. In besonderen Fällen kann eine Schwingungsberechnung durch einen Sonderfachmann notwendig werden.

### L2.1.3
#### Schalldruckpegel in Zentralen von Wasserheizungen

Die wesentlichen Geräuschquellen in Zentralen von Wasserheizungen sind Gebläsebrenner, und zwar die Brenner selbst und das Abgasverbindungsstück zwischen Kessel und Abgaskamin. Grundsätzlich gilt, dass die Schalldruckpegel proportional zur installierten Kesselleistung ansteigen. Der Frequenzschwerpunkt der Geräusche liegt dabei zwischen 250 Hz und 4000 Hz.

Erfahrungsgemäß ergeben sich keine Probleme, wenn im Heizraum A-bewertete Schalldruckpegel von 85–90 dB(A) beim Betrieb der Anlage nicht überschritten werden.

Bei Zentralen in Wohngebäuden sollte daher der A-bewertete Schalldruckpegel auf maximal 90 dB(A) begrenzt werden.

Die bisher bekannten Abschätzformeln zur Bestimmung der Schallleistung von Kesselanlagen haben nur noch eine bedingte Gültigkeit. Das Bemühen der Kessel- und Brennerhersteller um eine Verbesserung des Feuerungswirkungsgrades hat auch eine um bis zu 10 dB höhere Geräuschemission zur Folge. Die Hersteller sind jedoch verpflichtet, die Schallleistung der von ihnen vertriebenen Produkte nach der DIN EN ISO 3746[7] anzugeben.

---

[7]   **DIN EN ISO 3746**, Ausgabe: 1995-12 Akustik – Bestimmung der Schallleistungspegel von Geräuschquellen aus Schalldruckmessungen – Hüllflächenverfahren der Genauigkeitsklasse 3 über einer reflektierenden Ebene

Die insgesamt in einem Heizraum installierte Schallleistung kann ermittelt werden, indem die Schallleistungspegel der einzelnen Aggregate, das heißt der Kessel und Brenner – ggf. der Pumpen –, addiert werden gemäß:

$$L_{WAges} = 10 \lg \sum_{i=1}^{n} 10^{0,1 \cdot L_{WAi}} \quad \left[ dB(A) \right] \tag{L2-1}$$

$L_{WAges}$  Gesamtschallleistung
n       Anzahl der Quellen
$L_{WAi}$  Schallleistung einer Quelle (z. B. des Kessels)

Aus dem Gesamtschallleistungspegel (vgl. Bd. 1, Teil D, Gl. D2-9) lässt sich der Schalldruckpegel im Raum mit dem empirischen Faktor k abschätzen:

$$L_{p,Heizraum} = L_{WAges} - k\,(dB) \quad \left[ dB(A) \right] \tag{L2-2}$$

k...   7 dB     bei S ≤ 25 m²
k...   10 dB    bei S ≤ 60 m²
k...   13 dB    bei S ≤ 120 m²

mit:
S    in m² Grundfläche des Raumes.

Sollen z. B. in Grenzfällen genauere Berechnungen durchgeführt werden, so wird der Schalldruckpegel im Raum nach Bd. 1, Teil D, Gl. D2-2 wie folgt ermittelt:

$$L_p = L_W - 10 \lg \left( \frac{A}{4m^2} \right) \quad \left[ dB \right] \tag{L2-3}$$

$L_p$   = mittlerer Schalldruckpegel im Raum
$L_w$   = Schallleistungspegel
A    = Äquivalente Absorptionsfläche

mit der äquivalenten Absorptionsfläche A nach Bd. 1, Teil D, Gl. D7-3

$$A = \sum_{i=1}^{n} \alpha_i S_i \quad (m^2) \tag{L2-4}$$

Analog Bd. 1 Kap. D7 sind in der Tabelle L2-3 Verläufe von Schallabsorptionsgraden $\alpha$ für in der Praxis üblicherweise verwendete Anordnungen angegeben. Die Berechnung ist frequenzabhängig durchzuführen. Der A-bewertete Gesamtpegel ist dann nach Bd. 1, Teil D, Gl. D2-4 zu bestimmen.

**Tabelle L2-3**  Schallabsorptionsgrade α in Oktavschritten von preisgünstigen Materialien zur Dämpfung des Luftschalls in Heizzentralen

| Nr. | 125 Hz | 250 Hz | 500 Hz | 1 kHz | 2 kHz | 4 kHz |
|---|---|---|---|---|---|---|
| 1 | 0,10 | 0,20 | 0,60 | 0,75 | 0,60 | 0,80 |
| 2 | 0,15 | 0,46 | 0,50 | 0,41 | 0,60 | 0,78 |
| 3 | 0,51 | 0,84 | 0,96 | 0,88 | 0,99 | 1,06 |

1  25 mm Holzwolleleichtbauplatten, 30 mm Deckenabstand
2  25 mm Holzwolleleichtbauplatten, 200 mm Deckenabstand
3  50 mm Holzwolleleichtbauplatten, 200 mm Deckenabstand, 50 mm Mineralwolle im Deckenhohlraum

## L2.2
## Anforderungen an die einzuhaltenden Immissionen in der Nachbarschaft

Die Anforderungen hinsichtlich der Geräuschimmissionen in der Nachbarschaft ergeben sich aus der TA Lärm[8]. Die einzuhaltenden Beurteilungspegel sind in Tabelle L2-4 dargestellt.

Hauptgeräuschquelle ist für die Nachbarschaft in aller Regel die Abgaskaminmündung. Aus dem A-bewerteten Schallleistungspegel an der Abgaskaminmündung $L_W$ ergibt sich aus dem Abstand r zum Nachbargrundstück der A-bewertete Schalldruckpegel $L_p$ gemäß der Gleichung D6-2 (Band 1)

$$L_p = L_W - 10 \lg\left( \frac{2\pi r^2}{1 m^2} \right)\ [dB] \tag{L2-5}$$

Der Schalldruckpegel ist am Nachbarhaus 0,5 m vor dem geöffneten Fenster eines wohnmäßig genutzten Raumes zu ermitteln.

In reinen Wohngebieten ergibt sich bei den dort üblichen Abständen von ca. 30 m bereits bei einem Schallleistungspegel an der Mündung von $L_W \geq 75$ dB(A) ein Problem.

Hierzu ein einfaches Beispiel:
In 25 m Entfernung von einer Abgaskaminmündung soll die Anforderung für Allgemeines Wohngebiet (WA) eingehalten werden. Wie hoch darf die Schalleistung an der Mündung maximal sein?

---

[8]  6. Allgemeine Verwaltungsvorschrift zum Bundesimmissionsschutzgesetz in der vom Bundeskabinett am 11.08.1998 beschlossenen Fassung (Technische Anleitung zum Schutz gegen Lärm – TA Lärm) nach § 48 des Bundesimmissionsschutzgesetzes

**Tabelle L2-4** Immissionsrichtwerte in der Nachbarschaft gemäß TALärm

| Gebietsausweisung bzw. tatsächliche Nutzung gemäß BauNVO[a] | Tag 06:00–22:00 Uhr dB(A) | Nacht 22:00–06:00 Uhr dB(A) |
|---|---|---|
| Reines Wohngebiet (WR) | 50 | 35 |
| Allgemeines Wohngebiet (WA) | 55 | 40 |
| Kern-Dorf-Mischgebiet (MK) | 60 | 45 |
| Gewerbegebiet (GE) | 65 | 50 |
| Industriegebiet (GI) | 70 | 70 |

[a] Verordnung über die Bauliche Nutzung der Grundstücke in der Fassung der Bekanntmachung vom 23. Januar 1990

Nach Gl. (L2-5) gilt:

$$L_w = L_p + 10 \lg \left( \frac{2\pi r^2}{1m^2} \right) \; [dB]$$

$$L_w = 40 dB + 10 \lg \left( \frac{2\pi 25^2}{1m^2} \right) \; [dB]$$

$$L_w = 40 dB + 10 \lg (3926{,}99) \; [dB]$$

$$L_w = 40 dB + 35{,}94 \; [dB]$$

$$L_w = 75{,}94 \; [dB]$$

## L3
## Geräusch- und Schwingungsquellen in Wasserheizungen und Möglichkeiten zu deren Minderung

Den praktischen Erfordernissen folgend werden in den folgenden Abschnitten die physikalisch-technischen Entstehungsmechanismen erläutert und mögliche Maßnahmen zur Vermeidung oder Minderung angegeben.

In der Immissionsschutzpraxis (Geräusche und Erschütterungen) wird allgemein in primäre und sekundäre Maßnahmen unterschieden. Primäre Maßnahmen greifen direkt am Schallentstehungsmechanismus an und vermeiden oder verringern die Entstehung. Mit sekundären Maßnahmen werden all jene Maßnahmen bezeichnet, die entstandenen Schall und Schwingungen auf ihrem Ausbreitungsweg mindern.

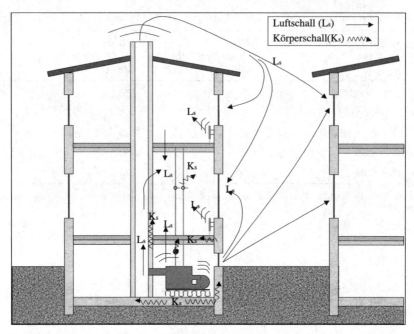

**Bild L3-1** Geräusch- und Schwingungsübertragung bei Wasserheizungen $L_S$ = Luftschall; $K_S$ = Körperschall;

In Bild L3-1 sind die üblichen Geräusch- und Schwingungsquellen bei Heizanlagen sowie deren Übertragungswege schematisch dargestellt.

## L3.1
### Brenner-Kessel-System

Die Geräuschursachen bei Öl- und Gasgebläsebrennern sind vergleichbar.

Im Heizraum sind die Gebläsebrenner selbst in der Regel geräuschbestimmend. In benachbarten Räumen sind häufig die Verbrennungsgeräusche wahrnehmbar.

Stellten in der Vergangenheit Brenner-Kessel-Abgas-Systeme mit Leistungen von bis zu 100 kW keine ernst zu nehmenden akustischen und schwingungstechnischen Probleme dar, hat sich dies in letzter Zeit durch das Bemühen der Heizkessel- und Brennerhersteller um bessere Feuerungswirkungsgrade geändert.

Moderne Hochleistungskessel weisen heute einen höheren gasseitigen Gegendruck auf, um den Wärmeübergang im Kessel zu verbessern. Um diesen höheren Strömungswiderstand zu überwinden, mussten auch die Öl- und Gasgebläsebrenner entsprechend in der Druckerhöhung gesteigert werden. Moderne Gebläsebrenner betreiben Ventilatoren mit Drehzahlen von in der Regel ca. 2.800 min$^{-1}$.

Akustische Messungen in Abgasrohren zeigen, dass bei vergleichbarer Wärmeleistung die erzeugten Schallleistungspegel um 15 dB bis 20 dB über denen von Naturzugkesseln liegen. Die erhöhte Schallleistung wird sowohl in den Heizraum abgegeben wie auch über die Abgasanlage und den Abgaskamin in die Umgebung. Insbesondere beim Austausch älterer Anlagen gegen moderne in Mehrfamilienhäusern können dadurch Probleme entstehen.

### L3.1.1
#### Geräusche von Gebläsebrennern

Die wesentlichen Geräusche gehen vom Ventilator aus. Drosseleinrichtungen wie Drallregler bei Brennern großer Leistung führen zur weiteren Erhöhung im Teillastbereich. Verschmutzungen im Bereich der Luftansaugung können zu tonalen Komponenten führen, die aus dem Gesamtgeräusch deutlich und auffällig hervortreten.

Lärmminderungsmaßnahmen an Gebläsebrennern sind in aller Regel nur in Abstimmung mit dem Hersteller durchführbar, die in der Regel genaue Angaben über die Schallleistungspegel ihrer Produkte machen. Viele Hersteller bieten für ihre Brenner optimierte Brennerkapseln an. Bei diesen von den Herstellern angebotenen Brennerkapseln ist davon auszugehen, dass keine Beeinträchtigung der Brennerleistung durch eine eingeschränkte Luftzufuhr auftritt. Auch die Kühlluftversorgung des Antriebsmotors und für elektrische Schaltteile ist durch die Verbrennungsluftansaugung in aller Regel bei herstellerseitig gelieferten Brennerkapseln gewährleistet. Die damit erzielbaren Pegelminderungen liegen bei maximal 20 dB(A), da die vom Gebläse abgestrahlten Strömungs- und Verbrennungsgeräusche im tief- bis mittelfrequenten Bereich liegen.

### L3.1.2
#### Anfahrgeräusche

Anfahrgeräusche können sowohl bei Gebläsebrennern als auch bei atmosphärischen Gasbrennern entstehen. In aller Regel sind sie auf die plötzlich einsetzende Volumenexpansion im Kesselsystem zurückzuführen. Dadurch können bewegliche Teile des Kessels oder des Abgassystems und eventuelle sonstige Einrichtungen zur Schwingung angeregt werden. Diese Schwingungsereignisse können wiederum zu einer „Sekundärgeräuschabstrahlung" führen. Die Volumenexpansion selbst führt zu einem sehr tieffrequenten, verpuffungsartigen Geräusch.

Als Lärmminderungsmaßnahme kann nur die Vermeidung dieser verpuffungsähnlichen Anfahrvorgänge empfohlen werden. Dazu ist bei Gebläsebrennern die Abstimmung zwischen Brenner und Kessel zu verbessern, das heißt ein möglichst frühzeitiger Zündzeitpunkt zu wählen. Bei atmosphärischen Brennern sind verpuffungsartige Anfahrvorgänge meist auf Verschmutzungen oder eine zu niedrig eingestellte Zündflamme (atmosphärische Gasbrenner) zurück-

zuführen. Änderungen der Zündzeitpunkte und Veränderungen an der Zündflamme sind immer in Abstimmung mit dem Hersteller vorzunehmen. Wenn
eine Beseitigung nicht möglich ist, sollten bewegliche Teile so gestaltet werden,
dass durch hitzebeständige Anschläge eine Sekundärgeräuscherzeugung vermieden werden kann.

Die in Abschn. L3.1.3.1 beschriebenen Abgasschalldämpfer können nur
bedingt die sehr tieffrequenten Primärgeräusche mindern.

## L3.1.3
### Verbrennungsgeräusche

Das Verbrennungsgeräusch entsteht im Kessel und wird vom Kessel und vom
Brenner in den Heizraum abgestrahlt, über den Abgaskamin wird es in angren-
zende Wohnungen und die Nachbarschaft übertragen (vgl. Bild L3-1).

Hauptursache sind dabei die flammenerregten Hohlraumschwingungen, die
durch die Rückwirkung der Druckschwankung im Kessel und im Abgaskamin
erzeugt und durch tieffrequente Töne gekennzeichnet sind. Der Frequenzbereich der angeregten Töne liegt etwa zwischen 30 Hz und 80 Hz und hängt von
dem komplexen Zusammenwirken zwischen Brenner/Kessel/ Abgaskamin ab.

Die Flamme pendelt quasi in Abhängigkeit von der Zünd- und Strömungsgeschwindigkeit vor dem Brenner hin und her. Wenn diese Pendelfrequenz mit
einer Eigenfrequenz des angekoppelten Systems zusammenfällt, werden tonale Überhöhungen erzeugt oder verstärkt. Auffällig ist, dass bei den modernen
„Brennwertkesseln" diese Effekte stärker hervortreten als bei herkömmlichen
Kesseln, was eine bis zu 10 dB höhere Schallleistung zur Folge hat.

Eine Lärmminderung der Verbrennungsgeräusche ist aufgrund der komplexen Abhängigkeiten schwierig. Erfolge sind meist nur durch ein empirisches
Vorgehen erzielbar. Oberstes Ziel muss sein, auftretende tonale Komponenten
im Verbrennungsgeräusch zu verringern. Dies kann beispielsweise erreicht werden durch eine Änderung der Flammengeometrie, den Einbau von Stauscheiben, anderen Flammentrichtern oder Mischköpfen.

Auch Düsenwechsel, die eine Änderung der Zerstäubungscharakteristik nach
sich ziehen (Sprühformwechsel, Hohl- oder Vollkegel), oder eine Änderung des
Öl- und Gasdruckes können das Problem beseitigen.

Nachträglich lässt sich eine Veränderung der Geometrie des Feuerraumes
nicht durchführen, aber eine Eigenfrequenzänderung des Gesamtsystems kann
durch Zusatzeinbauten oder durch Wegnehmen von Einbauten im Bereich des
Kessels und der Abgasführung zum Erfolg führen.

Eine Änderung des Brennstoff-Luft-Verhältnisses kann ebenfalls Lärmmin-
derungserfolge zeitigen, allerdings einhergehend mit einer Einbuße im Feue-
rungswirkungsgrad.

Die oben beschriebenen mehr oder weniger primären Maßnahmen, die auf
eine Vermeidung hinzielen, sollten nur in Abstimmung mit dem Hersteller des
Kessels und des Brenners durchgeführt werden. Die notwendige Abstimmung

zwischen Brenner und Kessel, die nicht nur aus akustischen sondern insbesondere aus verbrennungstechnischen Gründen notwendig ist, hat bereits zur Entwicklung von sog. *Units* (Einheiten von Kessel und Brenner aus einer Hand) geführt.

Sekundäre Maßnahmen, beispielsweise der Einbau eines Rauchgasschalldämpfers (siehe Abschn. L3.1.3.1), sind gerade bei den meist tieffrequenten Verbrennungsgeräuschen nur bedingt erfolgreich. Gerade die tiefen Frequenzen im Bereich zwischen 30 Hz und 80 Hz, die als tonale Komponenten große Auffälligkeiten aufweisen, sind durch herkömmliche Absorptionsschalldämpfer nicht wesentlich minderbar. In diesem Falle sind auf die jeweilige Frequenz abzustimmende Reflexionsschalldämpfer einzubauen, wie sie in Auspuffanlagen von Verbrennungskraftmaschinen üblich sind; damit sind dann in diesem Frequenzbereich Minderungen von bis zu 20 dB möglich.

## L3.1.3.1
### Abgasschalldämpfer

Als Bauelemente des sekundären Schallschutzes sind Abgasschalldämpfer möglichst dicht am Kessel und noch vor dem Eintritt des Rauchgases in den Kamin zu installieren.

Die geräuschmindernde Wirkung von Schalldämpfern wird durch das Einfügungsdämm-Maß $D_e$ gekennzeichnet.

$$D_e = L_{Wo} - L_{Wm} \quad (dB) \tag{L3-1}$$

worin

$D_e$　　Einfügungsdämm-Maß
$L_{Wo}$　Schallleistung im Abgasrohr ohne Schalldämpfer
$L_{Wm}$　Schallleistung im Abgasrohr mit Schalldämpfer

Zur Kennzeichnung kann auch die Schalldruckpegeldifferenz, beispielsweise gemessen an der Explosionsklappe mit und ohne Schalldämpfer, herangezogen werden.

Das Einfügungsdämm-Maß $D_e$ eines Schalldämpfers ist eine frequenzabhängige Größe. Je nach akustischer Wirkung unterscheidet man zwischen reaktiven und dissipativen Dämpfern. Bei den reaktiven Dämpfern – auch Reflexionsdämpfer genannt –, wie sie üblicherweise bei Verbrennungskraftmaschinen eingesetzt werden, beruht die Geräuschminderung in der Hauptsache auf Reflexion an Unstetigkeitsstellen des Kanals. Die Wirkung von reaktiven Dämpfern kann nur im Gesamtzusammenhang Kessel-Brenner-Kamin betrachtet werden und findet erst allmählich Eingang in die Heizungstechnik.

Bei den dissipativen Dämpfern – auch Absorptionsdämpfer genannt – beruht die Geräuschminderung auf der Schallabsorption an den mit Absorbern belegten Kanalwänden. Die Bauformen dieser Schalldämpfer können sehr unterschiedlich sein. In der Heizungstechnik haben sich zylindrische Schalldämpfer durchgesetzt, bei denen die Kanalwandung mit Absorptionsmaterial versehen ist.

Die Dämpfungswirkung eines Absorptionsschalldämpfers lässt sich abschätzen mit der Beziehung

$$D \approx 1{,}5 \cdot \alpha \cdot \frac{U}{S} \cdot l \qquad \text{(dB)} \qquad\qquad\qquad \text{(L3-2)}$$

worin

| | |
|---|---|
| $\alpha$ | Absorptionsgrad der Auskleidung |
| U | absorbierend belegter Kanalumfang (in m) |
| S | freier Kanalquerschnitt (in m$^2$) |
| l | Länge des Schalldämpfers (in m) |

Die Formel verliert ihre Gültigkeit bei Schalldämpfern von über 2,5 m Länge. Bei vorgegebenem Querschnitt dämpft der Kanal mit kreisförmigem Querschnitt am wenigsten. Da $\alpha$ frequenzabhängig ist, weist das Einfügungsdämm-Maß $D_e$ auch einen entsprechenden Frequenzgang auf. In Bild L3-2 ist der typische Frequenzgang des Einfügungsdämm-Maßes eines handelsüblichen Abgasschalldämpfers nach dem Absorptionsprinzip dargestellt.

Zur Dimensionierung eines Abgasschalldämpfers benötigt man die vom Kessel und Brenner in das Abgasrohr eingespeiste Schallleistung[9]. Aus der Anforderung hinsichtlich des Schallschutzes, in angrenzenden Wohnräumen oder in ruhigen Wohngegenden einen niedrigen Immissionswert in der Nachbarschaft bei einem gelegentlichen Nachtbetrieb einzuhalten, ergibt sich dann frequenz-

**Bild L3-2** Frequenzgang des Einfügungsdämm-Maßes eines Abgasrohrschalldämpfers, ausgelegt für eine Kesselleistung von 51–200 kW; Abgasrohrdurchmesser 150–180 mm

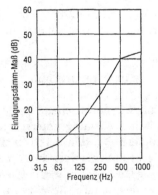

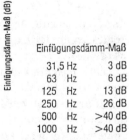

| Einfügungsdämm-Maß | |
|---|---|
| 31,5 Hz | 3 dB |
| 63 Hz | 6 dB |
| 125 Hz | 13 dB |
| 250 Hz | 26 dB |
| 500 Hz | >40 dB |
| 1000 Hz | >40 dB |

---

[9]   Es empfiehlt sich – solange keine verlässlichen Informationen vorliegen – die bestehende Anlage so zu planen, dass ein ausreichend groß dimensionierter Schalldämpfer zwischen Kessel und Abgaskamin noch installiert werden kann. Nach Inbetriebnahme der Anlage kann der Schalldämpfer durch eine Vergleichsmessung dimensioniert werden.

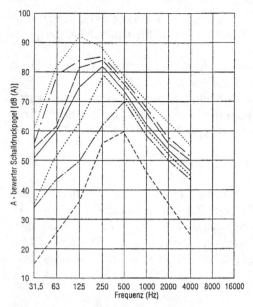

**Bild L3-3** A-bewertete Frequenzanalyse von Verbrennungsgeräuschen in Abhängigkeit von der Kesselleistung, gemessen im Bereich der Explosionsklappe

abhängig das erforderliche Einfügungsdämm-Maß. Bei dieser Vorgehensweise ist davon auszugehen, dass es im Abgaskamin selbst zu keiner weiteren Pegelminderung kommt. In Folge der Mündungsreflexionen am Abgaskaminaustritt vermindert sich das Abgasgeräusch um ca. 3 dB.

In Bild L3-3 ist der A-bewertete Frequenzverlauf von Heizkesselverbrennungsgeräuschen in Abhängigkeit von der Kesselleistung, gemessen im Bereich der Explosionsklappe, dargestellt.

## L3.1.4
### Schwingungsisolierung

In Wasserheizungen gibt es eine ganze Reihe von Einrichtungen, die schwingungsisoliert, das heißt, körperschallgedämmt, in Gebäuden aufzustellen sind. Dazu zählen der Heizkessel, größere Warmwasserbereiter, eventuell Ausdehnungsgefäße und die Vor- und Rücklaufverteiler mit ihren Umwälzpumpen.

Ziel der schwingungsisolierten, körperschalldämmenden Aufstellung und Befestigung dieser Einrichtung ist es, Schwingungen, die vom System erzeugt werden, an ihrer Übertragung und damit Weiterleitung im Bauwerk zu hindern. Als einzusetzende Materialien kommen im Bereich der Wasserheizungen punktförmige oder flächige elastische Materialien (Elastomere) und Stahlfedern mit gegebenenfalls parallel geschalteten Elastomeren oder – bei großen Anlagen – hydraulischen Dämpfereinheiten in Betracht. Bei einer im Untergeschoss untergebrachten Zentrale können ab Kesselleistungen von 30 kW Schwingungsisolierungen erforderlich werden. In der Regel bieten die Kesselhersteller geeignete Elemente an.

Wesentliches Auslegungskriterium ist die Resonanzfrequenz der Schwingungsisolierung. Je tiefer diese Resonanzfrequenz gewählt werden kann, desto besser ist der Isolierwirkungsgrad. Grundsätzlich gilt, dass die Resonanzfrequenz $f_{res}$ des Schwingungsisolierungssystems maximal bei der Hälfte der Erregerfrequenz des zu isolierenden Bauteiles $f_{err}$ liegen soll.

$$f_{res} \leq \frac{1}{2} f_{err} \tag{L3-3}$$

Die Erregerfrequenzen in Wasserheizungsanlagen liegen im Bereich zwischen 30 und 80 Hz, so dass gemäß obiger Beziehung gilt, dass die Resonanzfrequenz $f_{res}$ der schwingungsisolierten Lagerung 20 Hz auf keinen Fall überschreiten soll. Wird die schwingungsisolierte Aufstellung in erster Linie als ein „Einmassensystem" betrachtet, so gilt für die Resonanzfrequenz der elastischen Aufstellung

$$f_{res} = \frac{1}{2\pi} \sqrt{\frac{s}{m}} \quad (Hz) \tag{L3-4}$$

worin

s      Steifigkeit in N/m

m     Masse in kg.

Aus dieser Beziehung und aus der oben genannten Forderung, dass die Resonanzfrequenz $f_{res} \leq 20$ Hz sein soll, ergibt sich für die senkrechte Schwingungseinrichtung ein Steife-Masse-Verhältnis von

$$\frac{s}{m} \leq 16.000 \tag{L3-5}$$

Mit Elastomerlagern (heute handelsüblich) lassen sich Resonanzfrequenzen von bis zu 7 Hz realisieren. Sollen niedrigere Eigenfrequenzen realisiert werden, müssen andere Systeme eingesetzt werden.

Mit Federdämmbügeln, wie sie heute im Lieferumfang von Kesselherstellern angeboten werden, lassen sich Werte von

$$\frac{s}{m} \approx 2.500 \tag{L3-6}$$

erreichen.

Noch niedrigere Werte lassen sich mit Stahlfedern erreichen. Zur Erhöhung der Dämpfung und Dämmung bei hohen Frequenzen empfiehlt es sich, zusätzlich eine elastomere Zwischenlage in das Federelement einzulegen.

## L3.1.5
### *Luftschalldämmung*

Schallwellen, die auf Wände, Platten oder schwere Folien auftreffen, werden zum Teil reflektiert und nur zu einem geringen Teil durchgelassen. Die schalldämmende Wirkung eines Wandelementes nimmt proportional mit der Frequenz und bei einschaligen Bauteilen der flächenbezogenen Masse zu. Sie wird durch das Schalldämm-Maß R in dB gekennzeichnet.

Die Luftschalldämmung beruht im wesentlichen auf der Massenträgheit der Wandelemente gegenüber den von den Schalldruckwellen an der Wand verursachten Wechselkräften.

Der Verlauf des Schalldämm-Maßes R ist stark frequenzabhängig. Für die Anwendung in der Praxis hat sich die Einführung des bewerteten Schalldämm-Maßes, bei dem der Verlauf der Schalldämmung im Frequenzbereich von 50 Hz bis 3150 Hz betrachtet wird, bewährt.

In der Norm DIN 4109 sind für die üblichen Baukonstruktionen (Decken, Wände, Fenster) die bewerteten Schalldämm-Maße angegeben. Für die Überprüfung, ob die bauseits vorgesehene Schalldämmung der Decke oder beispielsweise des Fensters im Heizraum ausreichend ist, ist eine Überprüfung gemäß nachstehender Gleichung sinnvoll.

$$L_{pI} = L_{pH} - R + 10 \lg\left(\frac{S}{A}\right) \quad (dB) \tag{L3-7}$$

worin

$L_{pI}$   Schalldruckpegel am Immissionsort
$L_{pH}$   mittlerer Schalldruckpegel im Heizraum
R     Schalldämm-Maß (frequenzabhängig) des Trennelementes (Decke, Fenster, Lüftungsöffnung)
S     Fläche des Trennelementes [m²]
A     Äquivalente Absorptionsfläche im Heizraum [m²]

## L3.2
### Umwälzpumpen

Die Geräusche, die von den meist im Heizraum installierten Umwälzpumpen ausgehen, setzen sich zusammen aus
- Laufgeräusch von Pumpe und Antriebsmotor
- Strömungsgeräusch
- Kavitation
- Körperschallanregung des Rohrsystems

## L3.2.1
*Laufgeräusch*

Die Schallabstrahlung vom Pumpengehäuse selbst in den Heizraum bzw. Aufstellungsraum ist bei Nassläuferpumpen aufgrund der Lagerung (Gleitlager) und des nicht erforderlichen Lüfterrades für die Kühlung des Motors vernachlässigbar. Bei Trockenläuferpumpen wird die Schallabstrahlung fast ausnahmslos von der Schallleistung des Kühlventilators zur Kühlung der Antriebsmotoren bestimmt. Die dadurch verursachten Luftschallpegel sind unvergleichlich höher als die wasserseitig erzeugten Luftschallpegel, stellen aber selbst in diesem Falle in der Regel keine Probleme für den Schallpegel im Heizraum dar.

## L3.2.2
*Strömungsgeräusch*

Strömungsgeräusche entstehen immer dann, wenn zu hohe Fließgeschwindigkeiten in den Rohrleitungen oder bei Pumpen in den Anschlussquerschnitten auftreten. Strömungsgeschwindigkeiten von maximal 5 m/s sollten in den Anschlussquerschnitten einer Pumpe nicht überschritten werden. Geschwindigkeiten darüber beinhalten die Gefahr, dass es zu Geräuschen und gegebenenfalls saugseitig auch zu Kavitationserscheinungen kommt.

Das an die Pumpe angekoppelte Rohrsystem sollte so ausgelegt werden, dass in der Heizzentrale die Strömungsgeschwindigkeiten zwischen 2 m/s und bis zu 5 m/s liegen und im restlichen Rohrsystem bei weniger als 2 m/s.

Strömungsgeräusche werden als Wasserschall über die Rohrleitungen zu den einzelnen Heizkörpern transportiert und von diesen als Luftschall abgestrahlt. In Abhängigkeit von der Art des Heizkörpers (Konvektor- oder Plattenheizkörper) können selbst geringe, im Heizraum selbst nicht feststellbare Strömungsgeräusche zu Schallpegeln im Wohnraum führen, die aufgrund ihrer deutlichen Zuordnung als störend empfunden werden können.

Die Ursache für die Strömungsgeräusche ist die zu hohe Strömungsgeschwindigkeit, die auf eine falsche Auslegung der Pumpe (zu große Pumpe) oder auf ein zu kleines Rohrnetz zurückzuführen ist. Auslegungsungenauigkeiten und auch Betriebsbereiche, die zunehmend durch verstärkte Regelung und Einsatz von Thermostatventilen mit beeinflusst werden, führen dazu, dass Pumpen mit Förderströmen gefahren werden, die nicht mit den Auslegungsdaten übereinstimmen.

Strömungsgeräusche können vermieden werden durch eine exakte Anpassung der Pumpenleistung an das Rohrnetz. Dabei sind auch Teillastbereiche, wie sie häufig in der Übergangszeit auftreten, zu berücksichtigen. Pumpen mit einer niedrigeren Drehzahl, z.B. 1450 min$^{-1}$ anstelle 2800 min$^{-1}$, weisen ein günstigeres Geräuschverhalten auf; ebenso regelbare Pumpen, die sich an den sich ändernden Widerstand des Rohrnetzes im Teillastbetrieb anpassen (siehe auch J3-3, J4).

## L3.2.3
### Kavitation

In strömenden Flüssigkeiten nimmt der statische Druck bei der Umströmung von Hindernissen oder bei der Durchströmung von sich verengenden Querschnitten ab. Auf der Saugseite einer Umwälzpumpe kann es bei ungünstiger, das heißt bei falscher Auslegung der Pumpe und der Druckverteilung (siehe D2.6.2.1) dazu kommen, dass der statische Druck in der Flüssigkeit unter deren Dampfdruck absinkt.

In diesem Fall bilden sich Gasblasen, die wieder in sich zusammenfallen (implodieren), wenn der Umgebungsdruck über den Dampfdruck ansteigt. Dies ist in der Regel bei den Umwälzpumpen innerhalb des Laufrades der Fall. Dieser Implosionsvorgang, der mit Schallgeschwindigkeit abläuft, wird mit Kavitation bezeichnet. Die Pumpenhersteller stellen zu diesem Problem meist genaue Unterlagen zur Verfügung.

Neben den zerstörenden Beanspruchungen für das im Kavitationsgebiet befindliche Material haben Kavitationserscheinungen hohe Geräuschemissionen zur Folge, die sich über das Rohrnetz störend in den Räumen bemerkbar machen (Schallabstrahlung über die Heizkörper). Die Überhöhungen im Geräusch können bis zu 20 dB betragen.

## L3.2.4
### Körperschallanregung und -übertragung

Mit Körperschall werden Festkörperschwingungen im Frequenzbereich zwischen 20 Hz und 20 000 Hz bezeichnet. (Vergleiche hierzu auch Band 1 Kap. D3.) Sie sind nicht direkt an der Pumpe hörbar, pflanzen sich aber im Rohrsystem (unter anderem auch über die im Rohr befindliche Flüssigkeit) fort und werden von dort auf den Baukörper und die Heizkörper übertragen, von dem sie dann mehr oder weniger gut abgestrahlt werden. Überhöhungen der Abstrahlung können auftreten, wenn die Körperschallschwingungen Eigenfrequenzen der angekoppelten Bauteile anregen.

Umwälzpumpen können aufgrund ihrer rotierenden Teile (Welle, Rotor, Laufrad etc.) wechselnde Lagerkräfte erzeugen, die sich über das Gehäuse auf das Rohrsystem übertragen. Solche Unwuchten sind jedoch ungewöhnlich.

Aufgrund des komplexen Zusammenwirkens zwischen Pumpe und dem angekoppelten Rohrsystem, das wiederum mit dem Bauwerk verbunden ist, ist oftmals zu beobachten, dass identische Pumpen je nach Anlagenart entweder völlig unproblematisch betrieben werden können, oder dass es zu Problemen, das heißt zu Geräuschabstrahlung in Wohnräumen, kommt.

Ursache ist in diesem Fall meist der Umstand, dass die Körperschallschwingungen, die von der Pumpe erzeugt werden, mit Eigenfrequenzen der angekoppelten Systeme, meist der Heizkörper und des Rohrsystems, zusammenfallen.

Verständlicherweise sind aus diesen Gründen keine allgemein gültigen Regeln zur Verminderung anzugeben. Es muss vielmehr das gesamte Heizkörper-Rohr-System einschließlich der integrierten Pumpen betrachtet werden.

Aber grundsätzlich gilt auch hier, dass speziell Nassläuferpumpen gegenüber Trockenläuferpumpen eine wesentlich geringere schwingungserregende Intensität aufweisen. Ferner gilt das bereits zuvor Gesagte, dass bei der Auswahl der Pumpe auf eine möglichst angepasste, das heißt auf eine Pumpe, die dem Rohrsystem entspricht, zurückgegriffen werden soll. Die Auslegung soll so erfolgen, dass die Pumpe im Bereich des besten Wirkungsgrades betrieben wird.

Pumpen mit einem niedrigeren Drehzahlniveau weisen auch in aller Regel eine niedrigere Schwingungsintensität auf.

Kompensatoren, also elastische Verbindungen der Pumpe mit dem Rohrsystem, sind aufgrund der kritischen Auswirkung auf die Pumpe selbst äußerst schwierig zu dimensionieren und sollten nur in einzelnen Fällen und nur bei genauester Kenntnis des Einsatzes der Pumpe und der Betriebsbedingungen vorgesehen werden.

Hingegen wird empfohlen, die Pumpen schwingungsisoliert unter Verwendung von handelsüblichen Elastomerlagern (Resonanzfrequenz $f_{Res} < 15\,Hz$) an der Wand oder auf dem Boden des Heizraumes zu befestigen.

### L3.3
### Thermostatventile und sonstige Armaturen

Bei Wasserheizungen muss an jedem Heizkörper die Möglichkeit zur Begrenzung der Durchflussmenge vorhanden sein. Üblicherweise sind nach der Wärmeschutzverordnung heute Thermostatventile vorzusehen.

Zur Regulierung ganzer Bereiche werden in großen Anlagen einzelne Regulierventile (Strangregulierventile) zum Abgleich der Anlage installiert.

Die Geräusche, die an Ventilen entstehen können, sind im Wesentlichen Strömungsgeräusche, in ungünstigen Betriebsfällen auch Kavitationsgeräusche.

Es gilt für die Geräuschminderung das bereits zuvor bei den Umwälzpumpen Gesagte. Kavitationserscheinungen sind unbedingt zu vermeiden und die Strömungsgeschwindigkeit im engsten Querschnitt ist auch bei fast geschlossenem Ventil zu begrenzen. Sinnvollerweise macht man das bei den angesprochenen Regelarmaturen durch eine Begrenzung des Differenzdruckes. Bei Strangabsperrventilen sollte der Differenzdruck auf 300–400 mbar begrenzt werden, bei Thermostatventilen auf maximal 200 mbar.

Bei besonders hohen Anforderungen bzw. bei großen, flächigen Heizkörpern (Plattenheizkörper) ist es empfehlenswert, den Differenzdruck eines Thermostatventils auf etwa 100 mbar zu begrenzen.

Eine weitere Schwierigkeit ergibt sich durch das Regeln, das heißt Schließen und Öffnen der Thermostatventile. Es entstehen in der Anlage Veränderungen des Pumpenförderstromes, was beim Schließen zwangsläufig zu einem ansteigenden Pumpendruck führt. Damit steigt der Betriebspunkt auf der Pumpenkennlinie, was in aller Regel zu einer Erhöhung des Differenzdruckes an den

Thermostatventilen führt. Wenn dieser Differenzdruck dann kritische Größen übersteigt, kommt es zu Geräuschen. Um in diesen Fällen von vornherein eine gewisse Stabilität in der Anlage vorzusehen, soll das Verhältnis des Druckverlustes im Ventil $\Delta p_V$ zum Gesamtdruckabfall in dem betrachteten Teil der Anlage $\Delta p_A + \Delta p_V$ im Auslegungspunkt (Ventilautorität a) zwischen 0,3 und maximal 0,7 liegen, siehe D2.3-11.

$$a = \frac{\Delta p_V}{\Delta p_V + \Delta p_A} \qquad\qquad (L3-8)$$

Die Auswahl von Umwälzpumpen mit einer flachen Kennlinie ist eine weitere Möglichkeit, den ansteigenden Differenzdruck zu minimieren. Umwälzpumpen mit sehr flachen Kennlinien benötigen relativ große Antriebsmotoren, was zumindest in Teillastbereichen zu sehr unwirtschaftlichen Betriebsweisen führen kann. Mit drehzahlumschaltbaren Pumpen kann hier eine Anpassung an den Auslegungszustand und an Übergangsbereiche (Teillastbereiche) geschaffen werden. Am elegantesten kann dieses Problem mit geregelten Pumpen, bei denen eine Pumpenleistungsregelung eingesetzt wird, gelöst werden. In sehr großen Anlagen mit einzelnen separat zu regelnden Bereichen sind Differenzdruckregler vorzusehen, die ebenfalls – wie oben ausgeführt – den ungünstigen Anstieg des Differenzdruckes am Thermostatventil selbst verringern.

### L3.3.1
*Geräuschentstehung*

Die im Regelventil erzeugten Schwingungen werden auf die Rohrleitungen, insbesondere auf die Heizkörper, übertragen. Das Problem stellt häufig die nachträgliche Nachrüstung mit Thermostatventilen dar, bei der das Pumpen- und Rohrleitungssystem nicht auf die zusätzlichen Stellglieder abgestimmt ist. In diesem Fall treten durch Herauf- und Herunterfahren der Umwälzpumpe auf ihrer Kennlinie hohe Drücke auf, die an den Ventilen abgebaut werden müssen. Die einzig sichere Lösung bei ausgedehnten Rohrnetzen sind richtige Ventilauslegung und Strangdruckregler.

Die Überdimensionierung von Umwälzpumpen führt zu ähnlichen Effekten.

Die Geräusche, die dabei entstehen, weisen häufig tonale Komponenten auf, die auch bei geringer Intensität starke Störwirkung hervorrufen können.
- Änderung des Öffnungsquerschnittes ändert den Strömungswiderstand
- Geräuschentstehungsmechanismen sind:
  - Wirbelablösung, Auftreten von Wechselkräften
  - Kavitation
  - Resonanzschwingungen des Systems

## L3.4
### Verlegung von Rohrleitungen

Rohrleitungen übertragen Körperschall und das in den Rohrleitungen geführte Wasser Strömungsgeräusche. Bei nicht fachgerechter Installation entstehen zusätzliche Körperschallanregungen – beispielsweise an den Befestigungspunkten – durch Längenänderungen bei Temperaturänderungen, siehe auch D2.3.2.3.

Mittelbar führen falsch verlegte Rohrleitungen in schwimmenden Estrichen zu einer Verschlechterung der Trittschalldämmung des schwimmenden Estrichs.

### L3.4.1
*Körperschalldämmende Befestigungen*

Bei Temperaturänderungen – beispielsweise durch eine Tag-/Nachtabsenkung – treten Längenänderungen im Rohrnetz auf. Wenn diese Längenänderungen (durch Einklemmung o. ä.) behindert werden, kommt es zu ruckartigen Entspannungsvorgängen mit der Folge einer hohen Körperschallanregung meist der angekoppelten Wand. Die Übertragung kann hier entweder über die Rohrschellen auf die Wand oder direkt vom Rohr auf die Wand (bei einzementierter Rohrleitung) erfolgen. Die Folge sind deutlich wahrnehmbare Knackgeräusche, die als Spitzenpegel in den Räumen 50 dB(A) und mehr erreichen können.

Üblicherweise ist die für die Begrenzung der Wärmeverluste erforderliche Dämmung ein wirksamer Körperschallschutz, wenn die Dämmung vollständig ausgeführt wird und bis zum Verschließen der Wände unbeschädigt bleibt. Hierfür sind alle gängigen Materialien, die auf dem Markt angeboten werden, geeignet. Rohrschellen sind üblicherweise als Gleitrohrschellen mit einer entsprechenden körperschalldämmenden Einlage auszuführen. Das Rohr muss relativ leicht mit einem geringen Reibungswiderstand in der Rohrschelle gleiten können. Notwendige Festpunkte sind unter Berücksichtigung der Krafteinleitungsrichtung so auszuführen, dass sie den auftretenden Kräften standhalten.

### L3.4.2
*Verlegung von Rohrleitungen in schwimmenden Estrichen*

Rohrleitungen, die auf der Rohdecke bzw. unter oder in schwimmenden Estrichen verlegt werden, haben häufig eine Verschlechterung der Trittschalldämmung des Fußbodenaufbaus zur Folge. Um dies zu vermeiden, dürfen die Rohre keine einzige feste Verbindung zur Estrichplatte aufweisen. Die am Bau üblichen Toleranzen sind dabei zu berücksichtigen.

Einer Rohrleitungsführung, die, wenn sie eine Verlegung auf der Rohdecke oder im schwimmenden Estrich erfordert, möglichst Gehbereiche vermeidet, also nicht quer durch den Raum verläuft und auch nicht Eingangsbereiche kreuzt, ist der Vorzug zu geben.

Die Rohrleitungen sind in jedem Fall mit einer Trittschalldämmschicht abzudecken (falls der Architekt keine ausreichende Höhe eingeplant hat, mindestens 5 mm dick). Das Trittschalldämmmaterial ist seitlich dicht an die Rohrleitungen heranzuführen und muss auch die Bereiche zwischen den Rohrleitungen bedecken. Das Auffüllen von Lücken zwischen Rohrleitung und Trittschalldämmung mit nicht nachgiebigem Material stellt oftmals eine Körperschallbrücke dar und verschlechtert damit ebenfalls die Trittschalldämmung. Die heute handelsüblich für diesen Zweck angebotenen Rohrhülsen bieten bei falscher Anwendung auch nicht die Gewähr dafür, dass die oben geschilderten Fehler vermieden werden.

# Sachverzeichnis

Druck:          Strauss GmbH, Mörlenbach
Verarbeitung:   Schäffer, Grünstadt